航天科技图书出版基金资助出版
试验物理与计算数学国家重点实验室系列丛书

CRC Press
Taylor & Francis Group

电磁场理论与应用

Electromagnetic Fields Theory and Applications

[印] 艾哈迈德·沙希德·汗 (Ahmad Shahid Khan)
绍拉夫·库马尔·慕克吉 (Saurabh Kumar Mukerji) 著
刘佳琪 任爱民 高 路 邬润辉 艾 夏 译

中国宇航出版社
·北京·

Electromagnetic Fields Theory and Applications / by Ahmad Shahid Khan and Saurabh Kumar Mukerji / ISBN：978-0-367-49430-8

著作权合同登记号：图字：01－2023－2636 号

图书在版编目（CIP）数据

电磁场理论与应用 /（印）艾哈迈德·沙希德·汗（Ahmad Shahid Khan），（印）绍拉夫·库马尔·慕克吉（Saurabh Kumar Mukerji）著；刘佳琪等译. -- 北京：中国宇航出版社，2023.5

书名原文：Electromagnetic Fields Theory and Applications

ISBN 978-7-5159-2251-5

Ⅰ.①电… Ⅱ.①艾… ②绍… ③刘… Ⅲ.①电磁场－高等学校－教材 Ⅳ.①O441.4

中国国家版本馆 CIP 数据核字(2023)第 101125 号

责任编辑 侯丽平　　**封面设计** 王晓武

出版发行	中国宇航出版社	**版　次**	2023 年 5 月第 1 版 2023 年 5 月第 1 次印刷
社　址	北京市阜成路 8 号　**邮　编** 100830 (010)68768548	**规　格**	787×1092
网　址	www.caphbook.com	**开　本**	1/16
经　销	新华书店	**印　张**	38.5
发行部	(010)68767386　(010)68371900 (010)68767382　(010)88100613（传真）	**字　数**	940 千字
零售店	读者服务部　(010)68371105	**书　号**	ISBN 978-7-5159-2251-5
承　印	北京中科印刷有限公司	**定　价**	120.00 元

本书如有印装质量问题，可与发行部联系调换

航天科技图书出版基金简介

航天科技图书出版基金是由中国航天科技集团公司于2007年设立的，旨在鼓励航天科技人员著书立说，不断积累和传承航天科技知识，为航天事业提供知识储备和技术支持，繁荣航天科技图书出版工作，促进航天事业又好又快地发展。基金资助项目由航天科技图书出版基金评审委员会审定，由中国宇航出版社出版。

申请出版基金资助的项目包括航天基础理论著作，航天工程技术著作，航天科技工具书，航天型号管理经验与管理思想集萃，世界航天各学科前沿技术发展译著以及有代表性的科研生产、经营管理译著，向社会公众普及航天知识、宣传航天文化的优秀读物等。出版基金每年评审1～2次，资助20～30项。

欢迎广大作者积极申请航天科技图书出版基金。可以登录中国航天科技国际交流中心网站，点击“通知公告”专栏查询详情并下载基金申请表；也可以通过电话、信函索取申报指南和基金申请表。

网址：http：//www.ccastic.spacechina.com

电话：（010）68767205，68767805

前　言

电磁学是电气电子工程学科中最基本的课程之一。一般来说，这门课程在本科阶段教授。有些院校在研究生阶段提供电磁学的应用课程，有些院校还提供研究设施。尽管这门课程因广泛应用于各种设备和系统而具有重要意义，但从未得到应有的青睐。近年来，电磁学深度涉及的领域越来越多。这些领域卓有成效的发展期待着更多精通电磁场理论的人才。

电磁场理论围绕着一些既看不见也不易测量的量。这些量大多依靠想象力，且只能通过数学语言来描述。该特点使这门课程易受排斥，学生通常避免专攻场论相关的领域。在这种情况下，涉及场论领域的任何进一步发展似乎都很遥远。事实上，这种状况导致在全球和区域各级进行了许多调查。这些调查报告成为编写本书的基本动力，并尽量采纳了调查报告给出的可行性建议。

本书包含了理解电磁学所需要的相关内容。本书试图以一种简化的方式表述基本概念，使复杂的数学易于读者理解，并用实例来补充对重要数学表达式的理解。

本书共有 22 章。前两章包括介绍和应用，接下来两章详细介绍了一些必要的数学工具，第 5 至 15 章介绍了电磁场理论的基础知识，最后 7 章讨论了电磁学的一些应用。本书的内容简述如下。

第 1 章 强调了场论的本质，介绍了电磁学领域的发展简史，给出了本课程在世界范围内的教学方法和学生的反应。

第 2 章 描述了场的分类，介绍了电磁场理论在不同学科领域中的应用，包括从机器到微波，从计算机到通信，从传输线到电视，从无线电波到雷达，还包括许多其他领域。

第 3 章 介绍了坐标系和矢量代数。这些内容都是理解和解释不同场现象的基本工具。

第 4 章 简要介绍了梯度、散度和旋度运算，介绍了德尔塔算子和拉普拉斯算子，线积分和面积分，以及理解和解释场现象所需的各种定理。

第 5 章 介绍了库仑定律和电场强度，得到了不同电荷分布下电场强度的关系式。

第 6 章 介绍了高斯定律、电通量和电通量密度，讨论了各种电荷分布的电通量密度关系式。

第 7 章 介绍了电势差、电势、偶极子产生的场以及静电场中储存的能量，还包括各种电荷分布的势场关系和等势面构型。

第 8 章 讨论了静电场的电流和电流密度，不同类型的电材料、极化、连续方程、弛豫时间和边界条件，介绍了两个基本电路元件——电阻和电容。

第 9 章 讨论了与拉普拉斯场相关的边值问题，在直角坐标系、柱坐标系和球坐标系中处理了一维场、二维场和三维场的边值问题。

第 10 章 讨论了与泊松场相关的边值问题，在笛卡儿坐标系、柱坐标系和球坐标系中处理了一维场和二维场的边值问题。

第 11 章 讨论了稳恒磁场，给出了相关的场量（$\boldsymbol{H}$、$\varPhi$ 和 $\boldsymbol{B}$）和定律，即毕奥-萨伐尔定律和安培环路定律，还介绍了标量磁势和矢量磁势。

第 12 章 讨论了不同电流分布的力、转矩、偶极矩、磁化强度、磁化率、相对磁导率、磁性材料的性质以及静磁场的边界条件。

第 13 章 介绍了磁路和电感，讨论了磁场中储存的能量。

第 14 章 讨论了两个与静磁场相关的边值问题。

第 15 章 讨论了法拉第电磁感应定律和时变场问题，包括位移电流、麦克斯韦方程组、延迟势和坡印亭定理，描述了相对论效应对场关系的影响。

第 16 章 描述了在无耗和有耗介质中的平面波传播问题，解释了衰减、传播、相速度、特征阻抗、极化、趋肤深度和表面阻抗的含义。

第 17 章 讨论了平面波正入射和斜入射情况下，理想导体和理想介质体的反射和折射，讨论了在电离层这种非理想介质中的反射和折射现象。

第 18 章 论述了输电线路理论，研究了控制传输线特性的方程、表征参数、在超高频及以上的线段应用以及线段匹配；简要介绍了各种传输线结构；介绍了史密斯图及其在输电线路中的应用。

第 19 章 介绍了矩形波导和圆形波导以及不同谐振腔的理论，包括模态的数学问题、特征参数、场模式以及它们的激励方法。

第 20 章 讨论了辐射机理，包括相关的数学问题；描述了远场和近场、辐射波形以及长度和地面的影响。

第 21 章 论述了涡流的生成、重要性及其应用，包括了某些一维、二维和三维涡流问题的解。

第 22 章 讨论了电磁兼容问题，包括电磁干扰的来源、类型、耦合机制和电磁兼容控制方案。

每章包含解题示例、习题和叙述题，提供了延伸阅读的参考资料。由于第 3 章和第 4

章所需要的扩展阅读几乎相同，因此，所有扩展阅读都在第 4 章末给出。同样，第 5 章到第 15 章需要的扩展阅读几乎相同，因此，所有扩展阅读都在第 15 章末给出。其他章中，扩展阅读列在章的末尾。

作者对第一作者 A. S. Khan 的女儿 Nazia Shahid 女士的逝世深表哀悼，她在本书编写期间去世。

最后，感谢来自家人和同事的帮助和鼓励。

A. S. Khan 和 S. K. Mukerji

作者简介

Ahmad Shahid Khan

分别于1968年、1971年和1980年在阿里格尔穆斯林大学（AMU）获得工程学学士学位、硕士学位和博士学位。1972年3月，进入阿里格尔穆斯林大学工作，曾担任多个职务，包括电子工程系教授和主任，AMU教务主任和产业主任（刊宪）。2006年12月从AMU退休后，曾在IIMT Meerut、VCTM Aligarh和JCET Rampur担任董事。他还担任KIET Ghaziabad和IMS Ghaziabad的教授。这些工程学院都隶属于印度勒克瑙U. P. 技术大学（现在是APJ Abul Kalam）。他还担任了隶属于哈里亚纳邦MDU Rohtak的MEC（Wakf）Palla的访问教授。他有近45年的教学、研究和行政经验。

Khan博士是印度电子与电信工程师学会（Institute of Electronics and Telecommunications Engineers）会员、印度工程师学会（Institute of Engineers）终身会员、印度技术教育学会终身会员和印度系统学会终身会员。他参加过许多电子和电信新兴领域的国际、国内会议和进修/前导课程。他的研究领域主要涉及电磁学、天线和波传播、微波和雷达系统。发表论文23篇，主要涉及电磁学领域。他的博士工作与电磁场在电机中的应用相关。他在印度《工程师学会杂志》上发表的一篇研究论文获得了潘迪特·马丹·莫汉·马尔维亚纪念金质奖章。

Khan博士编辑了一本名为《电子和通信工程实验室实践指南》（*A Guide to Laboratory Practices in Electronics & Communication Engineering*）的书，出版于1998年。其修订版于2002年出版。两者都是由阿里格尔大学电子工程系出版的。Khan博士修订了Kraus和Marhefka的《适用于各种应用的天线》（*Antennas for All Applications*）一书。2006年，在新德里的塔塔麦格劳希尔出版社出版的印度版第3版中，他的名字被添加为合著者。2010年4月出版的第4版的新标题是《天线与波的传播》（*Antennas and Wave Propagation*）。Khan博士在这个版本中增加了6个新的章节。2017年12月，该书第19次重印。本书第5版，带有学习目标模式，于2019年出版。他的著作《微波工程：概念和基础》（*Microwave Engineering: Concepts and Fundamentals*）于2014年3月由Taylor & Francis集团CRC出版社出版。Khan博士也是另一本书《电机电磁学》（*Electromagnetics for Electrical Machines*）的合著者，该书于 2015 年 3 月由 CRC 出版社出版。

Saurabh Kumar Mukerji

1958 年在阿里格尔穆斯林大学获得电气工程学士学位，分别于 1963 年和 1968 年从印度理工学院孟买分校毕业并获得电气工程硕士和博士学位。他有超过 50 年的教学和研究经验。在此期间，他曾担任多种职务，包括阿里格尔穆斯林大学电气工程系教授和主任，该大学位于阿里格尔（印度）。他还曾在瓜廖尔（印度）的马达夫工程学院、巴雷利（印度）S. R. M. S. 工程与技术学院和马六甲（马来西亚）M. M. U. 担任教授等职务。他还曾担任印度阿里格尔曼加拉亚坦大学的高级教授。他在国内外的期刊和会议上发表了 40 多篇论文。20 多年来，他一直在给研究生教授电机和电磁场课程。他还教授网络理论、优化技术、电机设计、天线与波传播、微波工程、电气测量和测量仪器等课程。他的主要研究领域是电磁场在电机中的应用。

Mukerji 教授是印度《工程师学会杂志》、美国麻省理工学院《电磁研究进展》（PIER）和《电磁波与应用杂志》（JEMWA）、马来西亚《工程科学与技术杂志》（JESTEC）研究论文的审稿人。他曾担任马来西亚汤姆森乔治出版社的执行编辑。2015 年 3 月，CRC 出版社出版了以 Mukerji 博士为主要作者的《电机电磁学》一书。

目　录

第1章 概 述

1.1 引言

存在某些物理态的空间区域称为场。场可以含有某些固态、液态或气态物质。场具有某种形式的能量，能量形式可以是落体运动、热交换、流体运动、电荷运动、磁吸引或排斥。工程师们研究空气间隙中的磁通量分布、厚导体中的电流、机械设备中的应力变化以及从大坝中涌出的水所形成的漩涡或涡流的方式。任何电气或电子工程师都必须始终关注电场的特征结构、性质和来源、相关的量以及对电气和电子设备运行的效用。

纵观历史，人们始终在试图解开生活、环境和宇宙之谜。电子科学（特别是电磁领域中）的巨人包括库仑（Coulomb）、高斯（Gauss）、安培（Ampere）、亨利（Hennery）、伏特（Volta）、法拉第（Faladay）、柯西霍夫（Kirchhoff）、加尔瓦尼（Galvani）、奥斯特（Oersted）、弗莱明（Fleming）、麦克斯韦（Maxwell）、博思（Boss）等。他们所播种的，我们今天来收获，而我们今天所培育的，将由我们的后代来收获。人们必须了解这些巨人做了什么，他们的继任者如何利用这些成就造福人类。在1.2节中，将给出电磁学研究历史的简短回顾。

1.2 历史回顾

历史回顾分为三个阶段：1）概念阶段；2）基本定律时代；3）发明时代。

1.2.1 概念阶段

静电概念不是新概念。公元前600年，米利都的希腊思想家泰利斯（Thales）记录了摩擦后的琥珀吸引光粒子的能力。后来的2000年，这个概念几乎被这段历史所禁锢。据报道，公元1296年，马可波罗（Marco Polo）从忽必烈汗的宫廷带回一个磁性指南针到威尼斯。1600年，英国科学家威廉·吉尔伯特（William Gilbert）论证了金属球（类似于地球）对指南针的影响，并出版了《磁》一书。托马斯·布朗（Thomas Browne）爵士在1646年首次使用“电流”这个术语，1650年，奥托·冯·格里克（Otto Von Guerlicke）制造出了第一台静电发电机。1733年，查尔斯·杜费（Charles Du Fay）发现了两种电荷，命名为正电荷和负电荷。他还指出，异类电荷相吸，同类电荷相斥。1735年，斯蒂芬·格雷（Stephen Grey）论证了导电与介电特性。1745年，E. J. G. 冯·克莱斯特（E. J. G. Von Kleist）和P. V. 马森布洛克（P. V. Musschenbrock）发明了莱顿瓶（第一个电容器）。1746 年，本杰明·富兰克林（Benjamin Franklin）将电分为负电（电子过剩）和正电（电子缺失）两类。他还证明了闪电的电特性，并于 1752 年发明了避雷针。1782 年，M. 拉蒙德（M. Lammond）发明了电话。1790 年，亚历山德罗·伏特（Alessandro Volta）发现两种不同金属之间的化学反应会生成电流，并于 1800 年发明了光伏堆电池。

1.2.2　基本定律时代

库仑首次完成了相同电荷之间作用力与不同电荷之间作用力的测量。1785 年，他首次发表了测量结果，即我们现在熟知的库仑定律。1820 年，奥斯特证明了电流对指南针的影响。1820 年，毕奥-萨伐尔（Biot - Savart）定律也被提出。1822 年，安培提出了载流导体之间作用力的定律，即著名的安培（力）定律。1826 年，欧姆提出了另一个关于电压、电流和电阻之间关系的定律，即众所周知的欧姆定律。1831 年，法拉第提出了电磁感应定律。他在伦敦皇家学会提出了电磁场的概念，还研究了电流对磁体的影响和磁体感应电流的效应。1835 年，高斯发表了他的数学理论，即现在众所周知的高斯定律。

1.2.3　发明时代

1832 年，皮克西（Pixii）发明了第一个实用的发电机（Dynamo）。1934 年，安培发明了电流计。1838 年，摩尔斯（Morse）和惠斯通（Wheatstone）各自发明了磁电报机。1844 年，摩尔斯和维奥（Viol）完成了首次长距离电报传送。1864 年，卢米斯（Loomis）发明了无线电报。同年，麦克斯韦预示了电磁波的存在。1873 年，他的《**电磁论**》（*Treatise on Electricity and Magnetism*）发表。麦克斯韦方程组成为用本构关系表征的材料介质中所有宏观电磁现象的控制定律。1873 年，格拉姆（Gramme）发明了直流电动机。1876 年，贝尔（Bell）发明了扩音器。贝尔还发明了电话，并获得当年的专利。爱迪生（Edison）在 1878 年和 1879 年分别发明了留声机和白炽灯。

后来的几年中，出现了很多重要装置的发明和重要现象的发现，包括 1878 年克鲁克斯（Crookes）的阴极射线管，1885 年斯坦雷（Stanley）的变压器，1888 年特斯拉（Tesla）的感应电动机，1888 年赫兹（Hertz）的电磁波的存在性，1894 年玻色（J. C. Bose）的电磁波传播，1899 年波尔森（Poulsen）的磁带记录机，1990 年肖特（Short）的扬声器和 1900 年马可尼（Marconi）发明的无线电报。

从 20 世纪初开始，在已有知识的基础上，发现和发明的速度大大增加。1900 年，马可尼成功地建立了美国和英国战舰相隔 38 英里之间的通信。1901 年 12 月 12 日，马可尼首次接收到跨大西洋的无线电报信号。1902 年的发明包括丹尼尔森（Danielson）的同步电机，科恩（Korn）的光电电池，波尔森和费森登（Fessenden）的无线电话。接下来几年的发明和发现，包括 1903 年艾因托芬（Einthoven）的心电图仪（ECG 或 EKG），1905 年科特雷尔（Cottrel）的静电沉淀器。1906 年德·弗雷斯特（Lee De Forest）的真空三极管，1913 年亚历山德森（Alexanderson）和费森登的无线电接收机，1920 年 L. 盖斯特（L. Guest）和 H. O. 梅利曼（H. O. Merriman）的电学录音方法。

1922年，A. H. 泰勒（A. H. Taylor）和L. C. 杨（L. C. Young）发明了雷达，这是一种最引人注目和最有用的设备。电视作为另一种有用的设备，随着时间的推移，由菲罗·法恩思沃斯（Philo Farnsworth）(1923)、C. 弗朗西斯·詹金斯（C. Francis Jenkins）(1925)、约翰·贝尔德（John Baird）（1926）和P. T. 法恩思沃斯（P. T. Farnsworth）(1927）发明成功。接下来若干年，又有更多有用工具被发明，如1929年汉斯·伯格（Hans Berger）的脑电图仪（EEG），1931年詹斯基（Jansky）和雷博（Reber）的射电望远镜。1943年，佐尔坦·贝（Zoltan Bay）将超短波无线电波发送到了月球。1946年，迪克（Dicke）和贝林格（Beringer）在天文语境下使用了微波这个术语。后来的发明包括1946年AT & T和Southwestern Bell的移动电话，1947年莫克里（Mauchly）和埃克特（Eckert）采用电子管技术的第一代计算机，1947年W. 肖克利（W. Shockley）、J. 巴丁（J. Bardeen）和W. 布拉顿（W. Brattain）的晶体管，1952年N. S. 卡帕尼（N. S. Kapany）的光纤，1958年基尔比（Kilby）和诺伊斯（Noyce）的集成电路，1958年史密斯（Smith）的通信卫星，诺伊斯和摩尔（Moore）的微处理器，豪斯菲尔德（Hounsfield）爵士的计算机化断层扫描仪（CAT－SCAN），1971年V. 达马迪安（V. Damadian）的磁共振成像（MRI），1977年贝尔实验室的移动电话。磁悬浮的概念是1988年提出的，maglev是magnetic levitation（磁悬浮）的缩写。1993年，美国国防部提出了全球定位系统（GPS）。

1.3 电磁学领域

“field”一词被用于很多不同的场景。它被用于耕地、游乐场，也被用于研究领域，如“医药领域”“工程领域”等。因此，“场”一词涵盖了各领域和各种特性，不必限定为生物，其特性也可能属于微小粒子等非生命体。

1.3.1 微小带电粒子

自然界中所有物质都是由称为原子的微小粒子组成的，原子本身又由很多亚原子粒子（电子、质子和中子）组成。电子和质子被称为带电粒子，因为它们具有被称为电荷的电特性。假设电子的电荷电量$[(1.60210\pm0.00007)\times10^{-19}\,C]$为负，而质子的电荷电量极性相反（正），但量级相同。电子的（静止）质量为$[(9.1091\pm0.0004)\times10^{-31}\,kg]$，半径（静止）为$3.8\times10^{-15}\,m$。对这些微小粒子运动的研究不仅彻底改变了世界，而且几乎影响了人类生活的各个领域。

1.3.2 微小带电粒子的特性

上述的微小带电粒子表现为多种形式。当电荷静止时，它们产生的场称为**静电场**。运动电荷（匀速）形成稳恒电流，稳恒电流产生**磁场**。静止电荷产生一种“静电”效应，但它不具有任何磁效应。在导体中流动的稳恒电流（DC）会产生磁场，但没有任何电场。

但是，如果导体中有时变或交变（AC）的电流流动，则会产生电场和磁场，这种场称为**电磁场**或**时变场**。带电粒子在自由空间（或真空中）与在有物质存在的介质中表现不同。正是因为这些粒子的特性，导致了材料的基本分类，如**导体**、**半导体**和**绝缘体**（或电介质）。因此，需要对不同材料中因电荷特性不同而产生的场进行完整和系统的研究。

1.3.3 麦克斯韦方程的作用

电磁场与空间、时间、时空频率、空间矢量、复数矢量（或相量）、能量以及在三维空间和时间上的分布相关。电磁场以一组最基本的方程为基础，即麦克斯韦方程组。这些方程已在几乎所有自然科学和现代技术领域中得到应用，包括电磁学及其他的分支学科。因此，电磁学研究主要围绕麦克斯韦方程组开展。事实上，如 1.2.3 节中所列，所有装置的运行都涉及这样或那样的场现象。为了理解电磁学的本质，在关于电磁学应用的第 2 章中，简要地讨论了电磁学涉及的一些最常见的设备。

1.4 电磁学教学

电磁学（EM）不是理工科本科生的新课程。在高中或高中同等水平（这通常是理工科本科生的入门点），几乎所有与场相关的术语、定律、定理和方程都会在物理课程中简要介绍。新生完全具有电荷、电流、电压、功率、力、频率和转矩等概念。他们也熟悉库仑定律、高斯定律、毕奥-萨伐尔定律、安培回路定律和法拉第电磁感应定律。此外，在进入理工科课程之前，学生已经通晓了矢量代数、矢量计算，积分和微分计算，坐标系和立体几何以及其他相关的数学领域的知识。在这样的坚实基础下，电磁学的研究实际上重复了很多理工科学生已经学过的内容。因此，本科的这门课程将以更精细的方式呈现，具有更新的视角并更加强调实用意义。

1.4.1 电磁学的重要性

电磁学的重要性无可置疑，它是电气和电子工程专业所有大学课程中最基础的课程之一。在某些院校中，研究生也会开设电磁学的高级课程。虽然一些学术院校也包括研究设施，但很少有学生利用这一优势。对任何工程院校课程的审查表明，电磁学的重要性得到了应有的认可。

1.4.2 课程的可接受性

从学生的角度看，这门课程还不是很受欢迎。大多数学生认为学习这门课程是无法避免的烦心事。不喜欢这门课程的原因通常是过于数学化和太抽象，且至少在初学者看来缺少实际应用价值。对这门课程的厌恶感在学生内心根深蒂固，如果有选择，很少有学生选择专门从事这个领域。这是一种很遗憾的情况，因此，只有采取新的教学方法才能改变这种状况。新的教学方法可以使这门课程既有趣又信息丰富，从而可以清晰地展示所研究概念的意义和应用。

1978年，在印度坎普尔理工学院研讨了电磁场教学问题。所讨论的内容包括什么时间教、教什么和怎么教，以便使该课程在覆盖面和学生反应方面都得到应有的地位。从那时起，近40年过去了，电磁学已经确定了更多的应用领域，电磁学在电气和电子学科中的相关性和重要性已经得到了充分的认可。但是，对该课程的不喜欢仍然存在，有必要通过创新和精心设计，使这门课程流行起来，至少消除学生对该课程的不喜欢。

1.4.3　目前的情况

为了掌握世界范围内的电磁学教学和学生对该课程的反应情况，1990年，在13个国家开展了调查，这些国家包括：澳大利亚、比利时、巴西、中国、埃及、德国、印度、以色列、日本、立陶宛、南非、瑞典和英国。这个调查基于一些普遍的问题，包括：1）大学生和研究生数量；2）总课时和起始点；3）通常采用的教学方法；4）每周课时数；5）学期长度；6）采用的教材；7）使用何种新颖或创新技术；8）学生的反应；9）有效的新教学方法。对这些问题的调查表明，学生对电磁学的兴趣普遍下降。值得注意的是，大多数课程采用的是传统的教学方法，而学生对采用计算机和软件仿真的应用课程更感兴趣。

2005年，在某些北美和加拿大的大学完成了另一项调查。在该报告中，调查委员会列出了下列电磁学教学方法：

- 传统模式：从矢量分析开始，接下来是静电场和某些基本时变场。然后，给出传输线、平面波等其他概念。
- 第二种模式：从传输线理论的时域和频域分析开始，然后是矢量综述、静电场和时变场。
- 第三种模式：从一般时变场开始，接下来是麦克斯韦方程组，然后引入静电场。

这个调查结果表明，尽管物理和数学基础不同，但学生普遍发现，电磁学课程非常具有挑战性，且具有很高的要求。该报告建议采用仿真和可视化手段，包括由各大学教师制作的一些流行的商业计算机辅助电磁学软件。报告还进一步提出了与抽象理论一起讨论实际应用的重要性。委员会还指出，教师对学生的适当激励有可能大大改善这种状况。调查发现，文献报告中的大多数倡议属于下列类别之一：

- 采用建模、仿真和可视化软件以提高理解力。
- 电磁场分析中的矢量运算替代方法。
- 虚拟实验室环境的开发。
- 将主动式（体验式）教学融入课堂。
- 将基于问题的教学活动与其他课程相结合。
- 将电磁兼容（EMC）问题结合到该课程中。
- 开发评估工具，如概念清单。
- 基于互联网的教学。

报告还建议电子与电气工程师协会（IEEE）、天线与传播学会（APS）、微波理论与技术学会（MTT）、电磁兼容学会（EMC）等，应该对创新与有趣的教学工具开发计划予以支持。

1.4.4　本书的特点

• 本书基于发展中国家许多院校遵循的传统模式。

• 本书包含与电磁场理论相关的所有内容。

• 本书试图以这样一种方式介绍场的概念，即读者通过自学就能够对课程予以理解。这些概念通过图示、数学关系和大量解决的实例加以辅助。

• 本书试图解决数学上的复杂性，使其便于读者阅读。

• 本书包括场理论的某些重要应用。

• 本书包括两章详细的静电场边值问题［涉及拉普拉斯（Laplacian）和泊松（Poissonion）场］，一章关于静磁场边值问题，一章关于涡电流问题，还有一章关于电磁兼容问题。

• 本书不包含基于 MATLAB® 的问题和实验方法。

叙述题

1. 列出与电磁场现象相关的基本定律。
2. 列出 10 个普遍使用的与电磁场现象相关的电气和电子设备。
3. 微小带电粒子特性如何产生不同形式的场？
4. 为什么电子科学专业的学生必须要学习电磁学？
5. 针对你所读过的电磁学教科书，给出你的正面或负面评价。

扩展阅读

H. Roussel, M. Hèlier, "Difficulties in teaching electromagnetism: an eight year experience at Pierre and Marie Curie University," *Advanced Electromagnetics*, Vol. 1, No. 1, May 2012.

J. Leppäivirta, H. Kettunen, A. Sihvola, "Complex problem exercises in developing engineering student's conceptual and procedural knowledge of electromagnetics," *IEEE Transactions on Education*, Vol. 54, No. 1, Feb. 2011.

X. M. Zhang, S. L. Zheng, Y. Du, X. F. Ye, K. S. Chen, "Perspective of electromagnetics education," in *Progress in Electromagnetics Research Symposium Proceedings*,

Xi'an, China, March 22 - 26, pp. 131 - 134, 2010.

M. Lumori, E. Kim, "Engaging students in applied electromagnetics at the University of San Diego," *IEEE Transactions on Education*, Vol. 53, No. 3, Aug. 2010.

J. Bunting, R. Cheville, " VECTOR: a hands - on approach that makes electromagnetics relevant to students," *IEEE Transactions on Education*, Vol. 52, No. 3, August 2009.

L. Sevgi, "A new electromagnetic engineering program and teaching via virtual tools," *Progress in Electromagnetics Research B*, Vol. 6, pp. 205 - 224, 2008.

Y. J. Dori, E. Hult, L. Breslow, J. Belcher, "How much have they retained? Making unseen concepts seen in a freshman electromagnetism," *Course at MIT*, *Journal of Science Education and Technology*, Vol. 16, No. 4, August 2007.

L. Ding, R. Chabay, B. Sherwood, R. Beichner, "Evaluating an electricity and magnetism assessment tool: brief electricity and magnetism assessment," *Physical review special Topics - Physics Education Research*, Vol. 2, 2006.

M. Popovic, D. D. Giannacopoulos, "Assessment - based use of CAD tools in electromagnetic field courses," *IEEE Transactions*, Vol. 41, No. 5, pp. 1824 - 1827, May 2005.

S. Rengarajan, D. Kelley, C. Furse, L. Shafai, " Electromagnetics education in North America," *in Proceedings of the URSI General Assembly*, New Delhi, India, Oct. 2005.

J. Mur, A. Usón, J. Letosa, M. Samplón, S. J. Artal, "Teaching electricity and magnetism in electrical engineering curriculum: applied methods and trends," *in Proceedings of the International Conference in Engineering Education*, Gainesville, FL, Oct. 16 - 21, 2004.

A. Norman, M. Mani, "A new approach in teaching electromagnetism: how to teach EM to all levels from freshman to graduate and advanced - level students," *in Proceedings of the American Society for Engineering Education Annual Conference*, lowa State University, 2003.

D. L. Evans, D. Gray, S. Krause, J. Martin, C. Midkiff, B. M. Notaros, M. Pavelich, D. Rancour, T. Reed - Rhoads, P. Steif, R. Streveler, K. Wage, "Progress on concept inven - tory assessment tools," *in Proceedings of the 33rd ASEE/IEEE FIE*, Boulder, CO, Nov. 5 - 8, 2003, pp. T4G. 1 - T4G. 8.

A, Fagen, C. Crouch, E. Mazur, "Peer instruction: results from a range of classrooms," *The Physics Teacher*, Vol. 40, Apr. 2002.

M. F. Iskander, "Technology - based electromagnetic education," *IEEE Transactions on Microwave Theory and Techniques*, Vol. 50, No. 3, pp. 1015 - 1020, Mar. 2002.

B. M. Notaros, " Concept inventory assessment instruments for electromagnetics education," *in IEEE Antennas Propagation Society International Symposium Digest*, San Antonio, TX, June 16 - 21, 2002, Vol. 1, pp. 684 - 687.

D. Ioan, I. Munteanu, "Symbolic computation with Maple V for undergraduate electromag netics education," *IEEE Transactions on Education*, Vol. 44, p. 217, 2001.

B. Beker, D. W. Bailey, G. J. Cokkinides, "An application - enhanced approach to introduc tory electromagnetics," *IEEE Transactions on Education*, Vol. 41, No. 1, pp. 31 - 36, Feb. 1998.

K. F. Warnick, R. H. Selfridge, D. V. Arnold, "Teaching electromagnetic field theory using differential forms," *IEEE Transactions on Education*, Vol. 40, No. 1, pp. 53 - 68, Feb. 1997.

O. de los Santos Vidal, R. Jameson, M. Iskander, "Interaction and simulation - based multimedia modules for electromagnetics education, in *FIE'96 Proceedings*, 1996.

Fred J. Rosenbaum, "Teaching electromagnetics around the world: a survey," *IEEE Transactions on Education*, Vol. 33, No. 1, pp. 22 - 34, February 1990.

Course organized by IIT Kanpur on "Electromagnetics, Computer Techniques and RecentTrends," Dec. 11 - 22, 1978.

第 2 章　场的应用

2.1　引言

现今时代，电力已经成为全球经济的支柱。电能的生成、输运、转化和其他方面都与电磁学密切相关。涉及电能的设备、方法和系统都需要应用电磁理论对其设计和运行进行深入的理解。在这个信息技术时代，有线和无线的信息传送需要良好的电磁场知识。在电磁学中，电场和磁场都是以它们产生的力来定义的。因此，牢固掌握场的理论，对于正确使用场来产生力、运动并作有用的功，以及传输载有信息的无噪声信号至关重要。

在电磁场理论中，并不缺少实际应用的例子。如果没有电荷或电流的存在，就无法构想出电气和电子的设备和系统，因此，场概念的介入迫在眉睫。从云层到地面的闪电、电子手表、咖啡机、汽车门遥控器、发电厂、舰载飞机的推力发动机、通信卫星、移动电话，所有这些都涉及电磁现象。在 1.2.3 节中涉及的所有装置都属于电磁学领域。电路理论中涉及的电气元件，如电阻（R）、电感（L）、电容（C）和电导（G），其真正的含义都源自场的理论。很多术语，如电流、电势、电势差、能流、贮存的能量、施加的力和产生的扭矩等，在不考虑场的情况下都很难完全理解。场的概念深深地根植在电磁波的辐射、传播、反射、折射、散射和极化现象之中。没有场的理论，整个通信系统的结构将会崩溃。电磁场应用如此广泛，以至于它直接或间接关系到人类生活的方方面面，因此，深入研究并正确理解电磁场理论非常重要。

场论的核心是麦克斯韦的四个神奇的方程。没有麦克斯韦方程组，人类可能仍然停留在那个没有电能，没有电子通信，也没有计算机的黑暗时代（Dark Ages）。为了理解麦克斯韦方程组的实质，有必要简要描述一些众所周知的实际应用。在 2.2 节中，给出了场的分类，在 2.3 节、2.4 节和 2.5 节，介绍了一些大多数人日常生活所遇到的一般应用。这些讨论有助于读者理解电磁学的重要性，甚至有助于提升他们对该课程的兴趣。

2.2　场的分类

通常，场分类包括静电场、静磁场和电磁场。下面对各类场给予简要描述。

2.2.1　静电场

> 在固有边界的有限空间中，描述静止电荷或电荷分布之间相互作用相关的物理现象的理论称为**静电学**。在很长一段时间里，静电学（也称为电学）被认为是与磁学、力学、光学和热力学等其他物理学科相同的独立物理学科。
>
> 博·赛德：《电磁场理论》

物理学家和哲学家皮埃尔·杜衡（1861—1916年）曾写道：

> 静电学的整个理论由一组抽象概念和一般命题组成，用清晰简洁的几何和代数语言表述，并通过严格的逻辑规则相互联系起来。这完全满足了法国物理学家的理性以及他的清晰、简单和有序的品位。

电场（包括静电场）是一种通过电荷特性作用于物体上的力场。电场与重力场类似，重力场是通过质量特性作用在物体上的力场。静电场（或稳态电场）由静态（准静态）点电荷、离散的电荷簇、线电荷、面电荷或体电荷分布产生。静电场对其他（运动的或静止的）电荷施加作用力。尽管这个静电感应的力很弱，但氢原子中，电子和质子之间的静电力大小是它们之间引力大小的36倍（参考 http//en. wikipedia. org/…/Electrostatics）。这类场参数包括电场强度、电通量密度和电势等。只要这个场在本质上仍然是静电态的，这些量就与其他类型的场（如静磁场和电磁场）无关。

2.2.2　静磁场

> 静电学处理的是静止电荷，而静磁学处理的是静止电流（即匀速运动的电荷）以及电流之间的相互作用。
>
> 博·赛德：《电磁场理论》

磁场（或静磁场）是作用于运动电荷的力场。静磁场的源可以是永久磁铁、稳恒（时不变的，如直流 DC）电流或随时间线性变化的电场。电流分布可以是线电流密度、面电流密度或体电流密度的分布形式。这一点可以同静电类比，静电场的源是静止电荷分布。在静磁场中，磁化不一定是静态的，静磁学方程可用于预测时间尺度为纳秒或更短的快速磁开关事件。对于流不是快速交变的情况，静磁学是一种很好的近似。这种情况下，场量包括磁场强度、磁通量密度、磁标量势和磁矢量势等。只要这个场是静磁态的，这些量就与其他两类场（即静电场和电磁场）无关。

2.2.3　电磁场

在场是动态的或随时间变化的情况下，电场和磁场的独立性将不复存在，两类场所涉及的量会变得相互依赖。因此，变化的磁场可以产生电场，而变化的电场可以产生磁场。

这样的场称为电磁场。可以想象，仅在变化随时间是周期的或非周期的时，这类场才有意义。

2.3　静电场应用

静电力在工业中的应用非常普遍。这些应用包括：1）用于传感器与控制装置的微静电电机；2）用于高电压、低电流场合（例如，电子显微镜、离子注入等）的静电发电机；3）用于从气体中分离悬浮粒子的静电沉淀器；4）染料或其他材料的静电喷涂；5）复印过程中的静电成像；6）$X-Y$ 记录仪；7）高敏感度电荷耦合器件（CCD）相机；8）非接触打印（如喷墨打印机）和 9）用于医疗的电泳器（采用电场分离带电的胶体微粒）等。下面几小节将介绍一些相关的应用。

2.3.1　静电发电机

当物体表面电荷失衡时，就会出现吸引力或排斥力并产生静电。由于接触起电现象和摩擦生电效应，两个不同的表面接触然后分离就会产生静电。两种非导电物体的摩擦可以产生大量的静电。不仅是摩擦，甚至两种非导体表面排列放置在一起也能使它们带电。由于大多数表面纹理粗糙，通过简单的物体接触充电比摩擦充电需要更长的时间。物体的摩擦增加表面间的黏性接触量。通常绝缘体（如橡胶、塑料、玻璃和木芯）能够很好地实现表面电荷的生成和保持。除非金属表面受到固态或液态非导体冲击，否则导体很难产生电荷的失衡。带电接触期间交换的电荷将存储在每个物体的表面上。静电发电机依据的就是这种效应。这类发电机能够以非常低的电流产生非常高的电压，因此可以用于物理课堂演示。电流的存在不会减弱静电力，也不会减弱电晕放电和其他现象，且两种现象可以共存于相同的系统中。

2.3.2　静电过滤器

静电过滤器用于去除排放气体中的微粒。微粒是带电的，通过强电场将它们与其他气体分离，然后将它们吸附到收集污染物的电极上。

2.3.3　复印机

现代复印机都使用硒作为光敏材料。硒通常是介电性的，但当被光照射时就会变为导电性的。复印过程是，首先对感光板的整个表面充电，然后用资料的图像来照射。含有字符或图表的黑暗地方被充电，其他地方被光致放电，因而得到资料的图像。接下来是在纸上获得图像副本的过程，这个过程要求电荷的图像（即面电荷）必须在底片上停留足够长的时间。这个时间可以用欧姆定律（$\boldsymbol{J}=\sigma\boldsymbol{E}$）、连续方程（$\nabla\cdot\boldsymbol{J}=-\partial\rho/\partial t$）和麦克斯韦方程组的第一个方程（$\nabla\cdot\boldsymbol{D}=\nabla\cdot(\varepsilon\boldsymbol{E})=\rho$）来确定。在这些关系中，$\rho$ 是电荷体密度，ε 为电容率，σ 为黑色硒的电导率。假定 $t=0$ 时，$\rho=\rho_0$，则可以得到另一个关系式，$\rho=$

$\rho_0 e^{-(\sigma/\varepsilon)t} = \rho_0 e^{-t/\tau}$。式中的量 ($\tau = \varepsilon/\sigma$) 称为**电荷迁移时间常数**或松弛时间常数，类似于 RC 电路中的 RC 时间常数。

2.3.4 静电分离器

静电分离器在工业上可用于食品和矿物的提纯，以及根据大小和重量对可回收废物进行分类。在所有过程中，都是给颗粒充电，然后用电力或者电力与其他力组合将其分离。

2.3.5 离子生成

在真空或稀薄气体中的电荷能够被静止电荷的电场所推动。在这种情况下，点形式的欧姆定律不再成立。在稀薄气体中，两次连续碰撞之间加速离子的路径相对较长，离子能够获得相当大的动能。因此，能够产生各种新的效应。最广为人知的可能是高速离子与中性分子碰撞产生新离子对的连锁反应，取决于结构的几何形状和电压，这种连锁反应可能会导致电晕（带电体周围的电离层）或气体击穿（放电）。

2.3.6 双探针或四探针探测仪

在半导体实验室中，通常采用双探针或四探针探测仪测量材料的电阻。双探针探测仪仅有两个探针，用于向材料中注入电流并测量两点之间的电压。四探针探测仪含有两个电流探针和两个电压探针。在这种情况下，由两个电流探针在样品表面建立电场，然后用电压探针测量两点之间的电压。在这种方法中，电流探针与材料的接触（这是很难控制的）实际上不影响测量结果。探头与材料之间接触的双探针具有不确定性，不能给出精确结果。

2.4 静磁场应用

静磁学广泛应用于如磁记录设备模块这样的微磁领域。静磁学也用于无损测试、高速车辆磁悬浮、磁流体动力（MHD）泵、发电机以及可控核聚变等。在我们日常生活中起重要作用的马达、变压器、扬声器、指南针、电话铃、电视聚焦控制、广告显示、存储、磁性分离器等技术的发展都涉及静磁现象。在下面几小节中将讨论上述部分应用，有些将在电磁场应用中介绍。

2.4.1 无损测试

无损测试采用磁感应器件，可用于探测金属绳索的缺陷。该器件含有两个永久磁铁，两磁铁间隔一定距离布置并与绳索紧密贴合。两个磁铁之间的磁通量会穿过绳索。绳索中任何缺陷都会导致磁铁的主通量降低或者磁通路径改变。这些缺陷包括局部缺陷（LF）或金属面积损失（LMA）。通量降低或路径改变的量取决于绳索的磁性特征。通量的变化可以通过贴在绳索不同位置的通量传感器进行观测。根据这种原理设计的磁感应仪器可按测量通量的方法进行分类，在 LF 情况下测量漏通量，而在 LMA 情况下测量主通量。

2.4.2　磁力悬浮

磁力悬浮（磁悬浮）是一种通过悬浮来导引和推动车辆（主要是列车）的交通运输系统，它利用大量磁铁产生的磁悬浮力来提升和推进车辆，主要是火车。与轮式公共交通系统相比，这种交通系统的优势是更快、更安静、更平稳。在真空管道中，这种技术具有提供超过6400 km/h 速度的潜力。在非真空管道中，悬浮需要的能量通常占比不大，大部分能量用于克服高速列车的空气阻力。磁悬浮列车速度的最高纪录是日本 2003 年实现的 581 km/h。

两类主要的磁悬浮技术是电磁悬浮（EMS）和电动悬浮（EDS）。在电磁悬浮中，列车内电子控制的电磁铁将列车吸引到磁性（通常为钢）导轨上。电动悬浮采用超导电磁铁或强永磁体产生磁场，当列车发生相对运动时，在附近的金属导体中感应电流，从而推动或拉动列车维持在设计的导轨悬浮位置上。

2.4.3　磁性分离器

磁性分离是一种通过磁力将磁性材料从混合体中提取出来的过程。这种技术在铁的开采中很有用，因为铁会被磁铁吸引。这种技术也用于从废料中分离出磁性材料的电磁起重机。采用永磁体的磁性分离器仅产生低强度的磁场。采用电磁铁的高强度磁性分离器对收集微小的顺磁微粒更有效。

2.4.4　磁存储

磁存储和磁记录是指在磁化介质上存储数据。磁存储是应用磁性材料中不同的磁化图形来存储数据，是一种不变性记忆方式。存储的信息可以通过读/写来存取。磁性存储介质，主要是硬盘，被广泛用于存储计算机数据以及音频、视频信号。磁性存储介质的其他例子包括软盘、磁带和信用卡的磁条。

2.4.5　磁流体发电机

磁流体发电机直接将热能和动能转化为电能。与电动发电机不同的是，这种发电机没有运动部件且在高温下运行。和传统的发电机一样，这种发电机也是通过移动导体使之穿过磁场而生成电流。它使用热等离子体作为运动导体。洛仑兹力 [$\boldsymbol{F}=Q(\boldsymbol{v}\times\boldsymbol{B})$] 描述了在稳恒磁场中带电粒子的运动效应。在这个关系式中，$\boldsymbol{F}$ 是作用在粒子上的力，Q 是粒子的电荷电量，$\boldsymbol{v}$ 是粒子的运动速度，$\boldsymbol{B}$ 是磁场。根据右手定则，矢量 $\boldsymbol{F}$ 垂直于 $\boldsymbol{v}$ 和 $\boldsymbol{B}$。

2.5　电磁场应用

电磁场（或时变场）在电气工程和电子工程中都有非常广泛的应用。这些应用可以根据时变的速率进一步细分为两类：1）慢速时变场；2）快速时变场。采用该类应用的设备有时称为低频设备和高频设备。变压器、继电器、断路开关和多数测量设备都属于低速时变场类。这些设备的运行与场的现象密切相关。电磁场的安培定律、法拉第定律和洛仑兹定律构成旋转电机设计和分析的基础。场现象也是磁带记录的基础。同样还有很多应用属于快速时变场。电磁波的辐射和传播，工作在高频的设备和系统都是这类应用的例子。下面将介绍一些这类应用。需要注意的是，在一些设备和系统中，会同时应用静电场、静磁场和电磁场。

2.5.1 电机

电机用于制造、供水、数据设备和其他许多系统。在现代家庭中，电机包括计算机硬盘驱动器、DVD 播放机和用于电器和空间调节的大型马达。现代混合动力汽车采用电动马达提供动力、转向助力、制冷和其他功能。此外，工业自动化和机器人都依赖于电机。据保守估计，电机消耗了世界上大约 70% 的电力。

旋转电机、变压器、感应器和其他设备需要适当的磁场分布。在微机电系统（MEMS）中（系统尺度小到纳米级），通常采用磁场和电场来控制电机。电动马达、发电机和执行机构都属于能量转化设备。这些电能与机械能之间的转化发生在耦合场中。因此，在所有旋转电机的设计和操作中，都必不可少地涉及电磁场理论。

2.5.2 变压器

国家和全球电网输配电都是由变压器实现的，变压器将电压和电流转换到人们所期望的数值。变压器能够实现高电压长距离的电力输送。它们能为电子设备和家用电器提供低压电力。变压器的设计和操作要求清晰地理解电磁学，包括与安培和法拉第基本定律相关的涡流和磁滞损耗效应。

2.5.3 传输线

电力输送网为全球城市和乡村提供了巨大的能源。承载数百万米长线路的输电塔电压可达百万伏，每根导线的电流达几百安培。电磁理论是输电线路以及线路内连接的其他设备（如电路开关、继电器等）设计和运行的重要工具。

2.5.4 电路原理

很多电路原理定律（如欧姆定律，柯西霍夫电压、电流定律等）都是从电磁理论的定律中导出的。当计算机信号的时钟频率增加时，计算机电路和芯片中的电信号会变得更具有电磁相关性。因此，对这些信号的处理需要对电磁学有基本了解。

2.5.5 功率电子学

电力电子电路用于计算机电源、汽车传动系统、替代能源生成、电机控制器、高效光源、便携式电子设备和很多其他领域。这些电路采用晶体管和二极管这样的硅开关器件管理能量流，也涉及高频磁性元件，包括用于能量存储的变压器和电感。在能量转换中，磁性元件通常是最大和最昂贵的元件。因此，对磁性设计的深刻理解是磁性应用的基础。电磁理论在功率转换电路设计中起到另一种作用。大电流和高电压快速开关会辐射电磁能量，这些电磁能量会与附近的器件相互作用，产生的噪声和干扰很难控制。耦合电容、互感和信号泄漏等概念在其中起到重要作用。只有在一定的电磁理论背景下才能理解这些概念。

2.5.6 电子管

对微波管（如速调管、磁电管、行波管、回波振荡器和其他交叉场器件）、阴极射线管（CRT）、电视显像管、计算机监视器和雷达显示器等工作的理解都依赖于电磁学。在大多数电子管中，需要研究的是电子的特性。这些电子从阴极发出之后会受到静电场、静磁场或电磁场的影响，不同应用目的对电子的特性要求不同，如电子束的加速、控制和聚焦。

2.5.7 半导体器件

半导体（SC）器件，如半导体二极管、双极结晶体管（BJT）、异质结双极晶体管（HBT）、场效应晶体管（FET）、金属氧化物半导体场效应晶体管（MOSFET）、金属半导体场效应晶体管（MESFET）、高电子迁移率晶体管（HEMT）；光学器件，如发光二极管（LED）和光二极管（PD）；各种类型的微波半导体器件，如隧道、耿氏效应、p-型、内在层、n-型（PIN）、冲击崩塌触发时间（IMPATT）、捕获等离子体崩塌触发时间（TRAPATT）、屏障注入触发时间（BARITT）等二极管，都需要电磁场理论来解释它们的工作原理和特性。

2.5.8 信号处理

电磁学是高科技中最基础的领域。在信号处理方面，高科技系统和元件中处理的绝大多数信号都是电磁波。因此，需要知道所关心的物理介质（光纤、同轴电缆、双绞线和空气）内，模拟信号是如何传播的。为了在有噪声的信道上可靠地传输数据，在设计算法和体系结构的同时，通信系统设计人员也需要应用电磁学知识。

2.5.9 天线

天线理论、分析和设计完全以电磁场理论为基础。辐射波形、辐射阻抗、增益、方向性、有效孔径、极化和很多其他天线参数都根据场量来定义。因此，没有电磁学参与，就不可能有天线。在天线阵列情况下，如果没有对场现象的深刻理解，就无法考虑各阵元之间的互耦效应。天线是雷达、卫星、导航系统和其他无线系统中的关键部件。

2.5.10 波的传播

平面波传播是使用最广泛的远距离通信手段。平面电磁波传播提供了研究大气层外目标的唯一方法，构成了雷达和无线电设备的基础。在不同折射指数的介质分界面上的反射和折射知识，对理解电磁波的特性至关重要。平面波在低层大气中的弯曲和被电离层反射实际上涉及反射和折射概念。光纤通信和某些超视距通信系统利用的就是介质界面的反射原理。

相速度和群速度的概念已在雷达的探测和测距、测向的干涉仪与声表面波（SAW）设备上得到了应用。极化的重要性可以通过一些例子来说明，例如，在地波中使用垂直极化和水平极化，视线（LOS）传播，以及通过卫星信号的法拉第旋转研究电离层。通过用于矿山和潜艇通信的甚低频（ELF）波传播的例子，可以理解在导体和有耗介质中的传播和趋肤深度的重要性。因为在甚低频的频率下，潜艇在水面下的深度与海水的趋肤深度相比是小量。

在平流层、对流层和电离层中无导向波的传播，需要研究并深入理解电磁场特性对波传播的影响。类似地，在平行平面、平行导线、同轴电缆之间及不同形状和尺寸波导中的波传播，需要理解麦克斯韦方程组和相关电磁场现象。控制光波在光纤中传播的基本特征方程本质上是从麦克斯韦方程导出的。要了解任何天线辐射方向图，需要了解电磁学，比如波束的形成、辐射阻抗、增益和方向性。此外，不理解相关设备所涉及的电磁场本质，就不能完全理解微波器件和平面线（如带状线、微条带、共面线、槽线和细线等），微波集成电路（MIC）和多元天线阵等。

2.5.11 雷达系统

雷达（radar）这个词是无线电（RAdio）、探测（Detect）、和（And）以及测距（Ranging）英文单词的首字母缩写。雷达的工作频率范围很宽。视距（OTH）雷达应用短波（3～30 MHz），大多数雷达工作在微波范围（3～30 GHz），还有些雷达采用毫米波（30～300 GHz）。雷达在地面、空中、海面和太空工作。雷达通常被用于：1）军用和民用设施；2）目标的探测、测距和跟踪；3）各种应用目的的遥感，如用于矿山和水资源勘测、土地测绘，用于农业的农作物评估，用于火车和公共汽车线路，用于灾害评估（如地震、山崩、森林火灾、洪水等造成的破坏）、用于飞机失事定位等；4）飞机、舰船和空间飞行器的制导和导航；5）评估导航浮标的尺寸、使用时间和移动情况，评估海浪的速度、方向和亮度。

由于毫米波雷达技术具有很多固有优点，如带宽大，空间分辨率高，被截获与干扰的概率低，天线和设备的尺寸小、重量轻，坚固耐用，系统灵活性高，耗电低等，毫米波雷达技术得到不断发展。从军事方面来说，在监视和武器系统中，这些特点使得装备性能更好、精准度更高、机动性更强。但是，毫米波系统会遭遇大气衰减，由于 H_2O 的衰减峰值出现在 22.183 GHz 和 325 GHz，O_2 的衰减峰值出现在 19 GHz 和60 GHz，可以利用的低衰减窗口是 35 GHz、94 GHz、140 GHz 和 240 GHz。毫米波雷达主要用于短距离目标的探测和跟踪。通过特殊设计，正常应用距离能达到 10 km、50 km 或者更远。

飞机的起飞和着陆、航路引导、空中的地面探测设备（ASDE）以及飞机滑行与停机都需要雷达。航路导航需要的雷达类型包括测高、测向、导航、通信和仪表。雷达还被用于航行安全，包括天气规避、天气跟随、地形规避、地形跟随、碰撞规避和敌我识别（信标/IFF）。

我们可以很容易得到这样的结论，即雷达技术领域是一个广阔的领域，即雷达的频率范围和应用范围都很广。这里讨论的雷达系统涉及天线和无线电波传播，因此，没有对电磁学（电磁波传播和天线理论的精髓）的深刻理解，很难完全理解这些问题。

2.5.12　导航

导航是对飞机、舰船或空间飞行器沿着预定的路径从一点到另一点运动定向/导引的过程。无线电导航以采用电磁波对目标定位为基础。导航包括航路导引、测向、测高。导航仪器和微波着陆系统还包括电磁波和复杂的天线系统。导航系统包括基本 r/l 测向、自动测向仪（ADF）、Ballini－Tosi 系统或测角仪、长波测距、甚高频全向测距（VOR）、采用双曲线系统的微分测距，如长距离空中导航（LORAN）、台卡导航仪、欧米茄导航仪、距离测量仪（DME）、战术空中导航（TACAN）和 VORTAC（VOR+TACAN）。

2.5.13　空间探测

人类在物理上被限定在太阳系内部。只有通过电磁场才能了解更广阔的宇宙。巨型光学和射电望远镜是现代技术的伟大成就。这些探测手段使得人类能够接收宇宙最外层发出的电磁波，能够成像并分析存在其中的各种物体的实质。熟悉电磁场知识不仅对于设计和建造设备，而且对于解释它们的发现都是必要的。

2.5.14　无线技术

电磁波是所有无线系统的基础。无线电波将承载的能量和信息从空间的一个点传送到另一个点。无线电波也是远距离探测物体的理想工具。用于探测和测距的雷达也使用无线电波，无线电波是电磁波的一个子集。无线电磁波提供了任何时间、任何地点的互联网访问、音频与视频通信、智能应用控制，以及娱乐和很多其他服务。除了电力和计算机外，无线技术在很多工程学科都发挥着重要作用，包括机械工程、化学与材料工程、环境与市政工程，以及生物工程。

所有无线通信系统都包含用于发射和接收信号的天线，它是依据电磁学原理工作的。无线通信系统还包括移动通信、寻呼、Wi－Fi、私人通信、通信卫星、遥感卫星等。遥感提供了监测全球环境状况的必要信息，对追寻人类社会可持续发展至关重要。电磁学原理的应用可以扩展到遥感和地下探测领域。

2.5.15 高频器件

频率高于几千兆赫兹的电子器件将不再认为是简单的集总元件。当波长减小到与集成电路尺寸相当时，所谓**传输线效应**的电磁现象变得至关重要。传输线效应包括导体损耗、介质损耗和辐射损耗。在这个阶段，有必要对电路各部分之间进行最优匹配，并限制由传输线效应引起的信号衰减。而这需要牢固的电磁学基础。

2.5.16 集成电路

根据电磁学原理，电信号从集成电路的一部分传到另一个部分。只有应用电磁学的基本知识，才能解释和解决不同集成电路各部分之间出现的不必要的电信号耦合问题。如果系统中的元件是非电磁兼容的，则系统将无法正常工作。

由微芯片组成的电路可能会受到串扰的影响。计算机芯片中的串扰可能由芯片的高时钟频率引起。高时钟频率会造成非接触线路间明显的电容和电感耦合。即使电路中仅有一条线路被激发，也可以引发其他线路上的电磁泄漏。这种系统的分析需要用计算电磁学建立微芯片中的小尺度模型。

2.5.17 计算机

由于嵌入式微处理器时钟频率的增加远高于 20 MHz 以上，因此，电路板会辐射电磁能量。这种辐射波能够在相邻电路板的线性电子线路和回路中感应噪声，这种噪声的作用就像小天线。如果这种辐射足够强，感应的噪声能够导致相邻电路故障。

此外，附近过多的无线射频设备也会干扰嵌入式系统的运行。这样的干扰源包括数量不断增加的卫星、无线电广播站、电视台、蜂窝式电话、无绳电话、无线远程控制设备、无线汽车钥匙、无线网络，甚至包括能够无线传回图像的太空舱。此外，还有附近大量的辐射设备，开关电源、采用最新的数字信号处理技术的数字视频与音频设备，以及个人计算机设备。这样频谱丰富的电磁环境要求计算机工程师必须知道如何设计“电磁兼容”（EMS）的系统，即使存在周围电子设备无意的电磁辐射，计算机系统性能依然良好。此外，还需要设计出自身不污染电磁频谱环境的系统。因此，设计者必须具有电场、磁场、波的传播、信号耦合机理、滤波、屏蔽和接地技术等方面的知识。对于高效嵌入式数字系统设计，电磁学、麦克斯韦方程、电波传播、传输线以及波导等方面的深刻理解是必不可少的。

2.5.18 数字用户线

用于宽带服务的数字用户线（DSL）采用铜质双绞电话线，这种线已经达到或接近基本数据承载的极限。这种高性能的传输要求对物理隧道，特别是电磁场理论有基本的理解。双绞线由一系列微元电路组成。每个这样的电路都以电阻、电感、电容和电导等基本的无源电路元件来表征。这些元件通常以频率的函数关系变化。以基本麦克斯韦方程为基础的电磁场理论是构建这些微元电路和级联电路的基础。通过分段计算各种传递函数和阻抗，然后表征 DSL 的可实现数据率。因此，电磁场理论是理解和设计 DSL 系统的基础。

最近，电磁理论已用于铜双绞线捆扎的隔离传输线建模，采用矢量或矩阵方法，将电话线视为大天线，相互辐射并接收对方的信号。这种“串扰”建模对于理解捆扎中所有线路的传输极限和它们的相互影响非常重要。电磁场理论能够用于各传输线之间相互影响的表征和计算。

2.5.19　光纤

在光纤网络中，信号以光速传输，可以达到每秒千兆比特以上的传输数据率。当不同波长的光波以不同速度传播时，信号会产生色散。这就导致光信号在长距离光纤中传播时信息会发散。由于色散，0 km 处的清晰信号，在 120 km 处就会变得无法辨识。

据报道，一种称为智能时钟数据恢复（CDR）的芯片组能够补偿 12.5 Gb/s 的光学线路的发散。这种算法结合了信号传输电磁特性和先进的统计学方法，通过高频混合信号集成电路实现。对时钟数据恢复的基本要求包括：1）适当的输入匹配，以减少模拟信号进入设备中的反射；2）对感应器建模，以便为时钟恢复单元（CUR）寻求高频、低相位噪声、电压可控的振荡器；3）对互联网和终端建模，以保证 12.5 GHz 时钟信号从 CUR 到模拟信号转换器之间的同步传输；4）设计输出缓存和封装跟踪，以便为数字芯片提供一个平衡的 32 位、1.56 Gb/s 的端口。上述所有步骤都需要具备良好的电磁学知识。

摩尔（Moore）定律能够精确地预测芯片密度的增长率（以此来决定计算能力）。类似地，斯涅尔（Snell）定律与波在不同介质中传输时的反射角和折射角相关。当光学信号和电信号通过光纤、电缆、导线，进出电路板和芯片以及穿过封装时就会发生这些现象。先进的高科技产品（如智能 CDR）的开发，需要利用这两个定律来实现系统性能，否则将不可能实现。这些定律，特别是斯涅尔定律，归于电磁学领域。

2.5.20　光学通信

光学通信系统目前已成为用于高速互联网的关键手段，该光学通信系统工作在太赫兹（THz）频段。由于光遵循电磁学理论，经典电磁学对于理解导波现象起着至关重要的作用。波导系统涉及四个重要设备领域，包括光的生成、调制、传输和探测。光的波动特性在这些器件中起着关键作用，因此，具有电磁学知识是绝对必要的。

2.5.20.1　光的生成

光的生成采用半导体激光器、发光二极管（LED）和掺铒光纤放大器来实现。激光器结构需要波导或谐振腔，将光以光学谐振腔模式约束其中。光在波导或谐振腔中的传播现象服从麦克斯韦方程，方程的解必须满足由激光器腔体决定的边界条件。高提取效率的 LED 设计也需要很好地理解几何光学。

2.5.20.2　光的调制

光可以通过光电调制器、电子吸收调制器和光相位调制器来调制。在这些器件中，材料的折射指数和吸收系数起着决定性作用。这些参数可通过施加电磁场或电压来控制。这些器件通常具有较大体积或介质波导几何形状，这也涉及麦克斯韦方程。

2.5.20.3　光的传输

光的传输需要光纤和光学介电波导，因此，麦克斯韦方程应用必不可少。

2.5.20.4　光探测

光探测过程是将载有传输数据的调制光照射到半导体光探测器的有源区域，然后光探测器将这些光转换为光电流。掌握光探测器的正入射性和波导几何特征，需要对电磁波理论有深刻的理解。

2.5.21　生物医学的光学成像

光与生物组织和细胞会发生相互作用。这种相互作用能够有助于提供这些组织和细胞的结构与功能方面的诊断信息。光学生物成像依赖于探测这种相互作用后光学特性的差别。因此，需要了解光学特性，光在组织中的传播、散射和吸收效应，以及极化特性的变化。所有这些光的特性都属于电磁学领域。

生物组织的组成部分，如血液中的血红素、皮肤中的黑色素以及无所不在的水，在可见光和近红外频谱中都有与波长相关的光学特性。因此，光所包含的光谱波长提供了一个新维度的诊断信息。这就推动了新的光学成像诊断技术的发展。

光学相干断层成像（OTC）是一种生物医学成像技术。这种技术依据的是组织内的光学测距原理，是对超声成像原理的光学模拟。由于光波长小于声波长，OTC能够高分辨率成像，在几毫米深度的组织中分辨单个细胞。这种技术可以用于“光学活检”，避免为了检查而切除组织。电磁学的研究有利于理解光与组织如何相互作用，生物医学成像新技术的发展也以电磁学为基础。

2.5.22　核磁共振成像

核磁共振成像（MRI）是一个很好的电磁学应用实例。图像形成过程应用了三次磁场与核自旋系统的相互作用，分别用于信号生成、探测和空间信息编码。

某些原子量为奇数和（或）原子序数为奇数的原子核，它们固有的角动量称为自旋。这种自旋与磁偶极子矢量相关。在热平衡条件下，这些磁偶极子的指向是随机的，因此，无法探测其宏观磁性。

根据磁偶极子矢量可以建立物体的图像。核磁共振成像首先采用强磁场（$\boldsymbol{B}_0$）为物体建立非零的体磁化，然后采用一个短暂、振荡的场（$\boldsymbol{B}_i$）或者射频脉冲；第二个场在射频范围内振荡，使体磁化偏离$\boldsymbol{B}_0$磁场方向。尽管磁偶极子属于量子力学范畴，但经典电磁理论能够精确地描述体磁化矢量。这个倾斜的体磁化矢量围绕$\boldsymbol{B}_0$场进动，因而根据法拉第感应定律，会在物体附近的接收线圈中感应到电信号。核磁共振成像在$\boldsymbol{B}_0$场上进一步施加一个线性变化的场，以便使磁共振信号的频率和（或）相位依赖于信号的空间位置。采用傅里叶变换或拉东（Radon）变换很容易处理空间编码的磁共振信号，使之生成所希望的图像。核磁共振成像是一个充满活力的领域，具有很多新技术发展的机会，这个领域需要良好的电磁学背景。

2.5.23　纳米技术

据文献报道，一种称为限流静电喷涂（FFESS）的新工艺被用于生产各种尖端科学需要的图案、薄膜、纳米微粒、纳米纤维和纳米线。在这个过程中，将产生特定材料的精确控制尺寸和电荷量的均匀液滴。通过电荷注入针插入到液相材料中注入电荷，激发场电离或场发射。在这种带电材料上施加电力，扰乱带电表面的液体。采用电磁力（如洛仑兹力）控制带电液体流向基板的轨迹，最后产生具有头发丝直径 1/10000 的纳米微粒。这种工艺也能用于生产生物降解材料、铜和银的纳米纤维。在一种平板（场发射）显示器中，采用 100 nm 直径的纤维作为电子发射器。

根据一种先进的紧凑型电磁轨道炮的研制报道，该轨道炮能加速 3 mm×6 mm 冻结的氢珠到 3 km/s 的速度，这比任何高速子弹都快。其中，加速氢珠的电枢是通过击穿氢气产生的高密度等离子体。这些超高速氢珠为磁约束聚变装置补充了燃料，这种燃料由氢同位素混合物组成。

2.6　结论

综上所述，可以得出结论：电磁学是对很多研究领域都有深远影响的重要领域，包括新兴的纳米技术领域。MEMS、纳米结构、高速芯片和生物传感器都与电磁学相关。此外，从所讨论的应用来看，电磁学理论毫无疑问是人类智慧的最高成就之一。电磁学在科学和工程中的可用性，使得它成为任何技术领域和物理研究中必不可少的工具。这都是将电磁学纳入教学课程，特别是电气工程和电子工程必修课程中的充分理由，必须得到学生和研究人员的足够重视。

需要注意，上面某些小节中给出的量和关系式将在后面章节中详细讨论。

叙述题

1. 根据源的性质讨论电磁场的分类。
2. 讨论静电场和静磁场的实际应用。
3. 讨论电磁场的实际应用。
4. 描述静磁场在磁悬浮和磁流体发电机中的应用。
5. 讨论场理论与磁共振工作的相关性。
6. 讨论在通信技术领域中涉及的场理论。

扩展阅读

C. Aldo, F. Fabio and V. Bruno, "3D magnetostatic analysis of magneto - inductive devices for non - destructive - testing (NDT) ", in *8th EMF Conference*, 2009. http://www.polito.it/cadema.

A. J. Mestel, "Magnetic levitation of liquid metals", *Journal of Fluid Mechanics* Vol. 117, p. 27, 2006. Bibcode: 1982JFM...117...27M.

J. R. Hull, "Attractive levitation for high - speed ground transport with large guide way clearance and alternating - gradient stabilization", *IEEE Transactions on Magnetics* Vol. 25, No. 5, p. 3272, 1989. Bibcode: 1989ITM.... 25. 3272H. doi: 10. 1109/20. 42275.

E. R. Laithwaite, "Linear electric machines—a personal view", *Proceedings of IEEE* Vol. 63, No. 2, p. 250, 1975. doi: 10. 1109/PROC. 1975. 9734.

M. Tsuchiya, H. Ohsaki, "Characteristics of electromagnetic force of EMS - type maglev vehicle using bulk superconductors", *IEEE Transactions on Magnetics* Vol. 36, No. 5, pp. 3683 - 3685, Sept. 2000. doi: 10. 1109/20. 908940.

R. Goodall, "The theory of electromagnetic levitation", *Physics in Technology* Vol. 16, No. 5, pp. 207—213, Sept. 1985. doi: 10. 1088/0305 - 4624/16/5/I02.

Marc T. Thompson, R. D. Thornton, "Flux - canceling electrodynamic maglev suspension: part II test results and scaling laws", *IEEE Transactions on Magnetics* Vol. 35, No. 3, May 1999.

Richard F. Post, "MagLev: a new approach", Scientific American, pp. 64 - 69, Jan. 2000. G. Areq, "Maglev—a super fast train", *The Journal of the Acoustical Society of America* Vol. 108, No. 5, p. 2527, Nov. 2000.

J. P. Eckert, "A survey of digital computer memory systems", *Proceedings of IRE*, Oct. 1953.

D. R. Edwin, Milestones in Computer Science and Information Technology, GreenwoodPress, Westport, CT, 2003, p. 164. ISBN 1 - 57356 - 521 - 0.

Jay W. Forrester, "Digital information in three dimensions using magnetic cores", *Journal of Applied Physics* Vol. 22, pp. 44 - 48, 1951.

H. K. Messerle, *Magneto - Hydrodynamic Power Generation*, Part of the UNESCO Energy Engineering Series, John Wiley, Chichester, 1994.

R. J. Rosa, *Magneto - Hydrodynamic Energy Conversion*, Hemisphere Publishing, Washington, DC, 1987.

G. J. Womac, *MHD Power Generation*, Chapman and Hall, London, 1969.

H. C. Bazett, "An analysis of the time - relations of electrocardiograms", *Heart* Vol 7, pp. 353 – 370, 1920.

J. W. Hurst, "Naming of the waves in the ECG, with a brief account of their genesis", *Circulation* Vol. 98, No. 18, pp. 1937 – 1942, 1998. doi: 10. 1161/O1. CIR. 98. 18. 1937. PMID 9799216.

G. T. Herman, *Fundamentals of Computerized Tomography: Image Reconstruction from Projection*, 2nd Ed, Springer, 2009.

J. K. Udupa, G. T. Herman, *3D Imaging in Medicine*, 2nd ed. CRC Press, 2000.

W. H. Oldendorf, "The quest for an image of brain: a brief historical and technical review ofbrain imaging techniques", *Neurology* Vol. 28, No. 6, pp. 517 – 533, June 1978.

F. Natterer, *The Mathematics of Computerized Tomography (Classics in Applied Mathematics)*, Society for Industrial Mathematics. ISBN 0898714931.

第3章　坐标系与矢量代数

3.1　引言

人类天生具有某些被称为**感官**的内在品质。这些感官帮助我们观察周围世界、听声音、辨别气味、区分味道以及感觉温度、硬度和柔软度。视觉是所有感官中最重要的。它能够帮助我们认识物体的形状、大小、颜色和阴影等。我们在解决这些方面细节的能力相当有限。要突破这些局限性，必须开发大量的工具。尽管科学上取得了巨大进步，但许多方面仍有待人类的感官或工具来解决。因此，这些局限性产生了对一种完全不同工具的应用需求，这种工具就是众所周知的**数学**。数学不仅仅是一种物理工具，有助于扩展我们的推理能力，引导我们的思维，还能使我们做出简洁、准确和明确的陈述。

在电磁学中有很多量（如电量、通量、通量密度、场强等）既观察不到，也不便于测量。但是，它们的集体效应（即电流、电压、功率等）却产生实际的物理作用（如作用力、扭转、运动、加热、有线或无线连接的远距离信息和能量传输等）。数学工具常常用于处理和解决场问题，因而在本章和下一章将对相关数学问题进行简要的介绍。因为我们的目标是理解电气和电子设备与系统相关的电磁场现象，而不是研究数学，这些工具仅进行简要的介绍。如果读者需要更详细地研究，可参考下章后面所列的扩展阅读。本章主要介绍坐标系统，下一章讨论各种矢量运算。

3.2　坐标系统

几何学是数学的一个分支，主要处理线、角、面和体的测量、性质和关系。研究实际装置或部件内部的场分布特性，需要在描述装置或部件的形状和大小时，使所有物理特征都完全符合几何特征。处理物体几何特征的系统称为**坐标系统**。为突破这些局限性，必须开发大量的工具。坐标系统有助于我们观察各独立的点或它们所属的线、面或体的相对位置。因此，在引入坐标系统时，认为读者已经完全理解了点、面、线和体的含义，也已知法向、切向和几何特性。此外，当要表示系统上的任何点、线段、面积和体积时，其描述应该完全适合所选择的坐标系统。以下几小节将介绍坐标系类型。

3.2.1　坐标系的类型

坐标系有很多种，每种坐标系都可以分为二维（2D）和三维（3D）系统两大类。

3.2.1.1　二维坐标系

二维坐标系包括：1）笛卡儿坐标系；2）极坐标系；3）双极坐标系；4）抛物线坐标

系；5）双曲线坐标系；6）椭圆坐标系。所有这些坐标系都是正交坐标系，各坐标轴之间都是相互垂直的。

3.2.1.2　三维坐标系

三维坐标系可以进一步分类为：1）平行坐标系：在该坐标系中，n 维空间中的一个点被视为连接 n 条垂直线的多线连接点；2）曲线坐标系：该坐标系是基于曲线交点的广义坐标系；3）极坐标系：在该坐标系中，用一个角度和一个到原点的距离来表示平面上的一个点；4）普吕克（Plüker）坐标系：在该坐标系中，采用六元数作为齐次坐标来表示三维欧几里德空间中的线；5）采用力学拉格朗日（Lagrangian）处理的广义坐标系；6）采用力学哈密尔顿（Hamiltonian）处理的正则坐标系；7）正交坐标系，在该坐标系中，坐标面相交为直角。最后一个坐标系是场论研究最常用的坐标系统。

3.2.2　正交坐标系

正交坐标系包括：1）笛卡儿坐标系；2）柱坐标系；3）球坐标系；4）抛物面柱坐标系；5）抛物面坐标系；6）扁球坐标系；7）长球坐标系；8）椭球坐标系；9）椭圆柱坐标系；10）环形坐标系；11）双球坐标系；12）双极圆柱坐标系；13）圆锥坐标系；14）扁圆环坐标系；15）扁盘环坐标系；16）帽形环坐标系；17）双环坐标系；18）单中心凹体双正弦坐标系；19）双中心凹体双正弦坐标系；20）凸反正弦球坐标系；21）准随机截断的笛卡儿坐标系。

3.2.2.1　常用正交坐标系

前面所列的正交坐标系中，最常用的正交坐标系是笛卡儿坐标系、柱坐标系和球坐标系。

笛卡儿坐标系使用三个数来表示至三维坐标面（即 $x=0$，$y=0$，$z=0$ 的平面）的距离。在柱坐标系中，空间中一个点的位置用该点到轴线的距离 ρ 和角度 φ 以及从原点沿 z 轴到该点的高度来表示。在球坐标系中，空间中的一个点用两个角度 θ 和 φ 以及原点到该点的距离 r 来表示。图 3－1 给出了点 P 在这三种坐标系中的位置示意图。需要注意，两个角 θ 和 φ 是用相对于笛卡儿空间坐标系统的三个轴定义的。

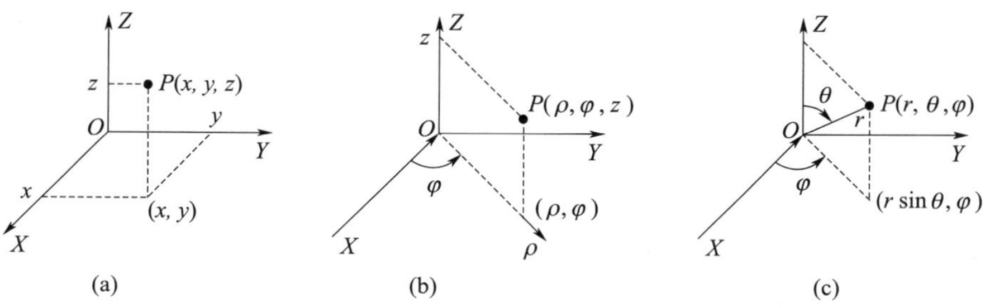

图 3－1　点 P 在（a）笛卡儿坐标系（b）柱坐标系（c）球坐标系中的位置示意图

通过图 3－2 可以进一步理解正交坐标系的含义。图 3－2（a）中，笛卡儿坐标系有三

个正交坐标轴 (X, Y, Z)，其中直线 (OX, OY, OZ) 是相互垂直的。图 3－2（b）表明柱坐标系具有三个正交的坐标 (ρ, φ, z)，图 3－2（c）表明球坐标系中有三个正交坐标 (r, θ, φ)。

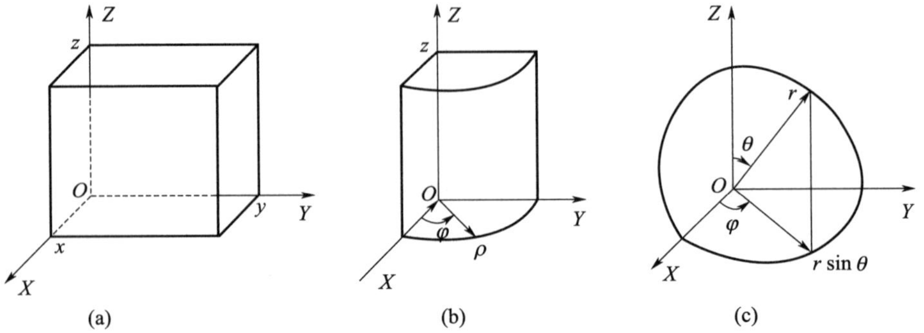

图 3－2　（a）笛卡儿坐标系；（b）柱坐标系；（c）球坐标系

依据惯例，正交的坐标轴用大写的 (X, Y, Z) 来表示，而沿 (X, Y, Z) 的点位置用小写的 (x, y, z) 来表示，柱坐标系的坐标轴用 (ρ, φ, z) 来表示，球坐标系的坐标轴用 (r, θ, φ) 来表示，而不是用 (P, Φ, Z) 和 (R, Θ, Φ) 来表示。与 (x, y, z) 类似，分别用 (ρ, φ, z) 和 (r, θ, φ) 来表示沿 (P, Φ, Z) 和 (R, Θ, Φ) 轴上点的位置。在本书中全部都采用这个惯例。

3.2.2.2　右手系和左手系

正交坐标系可以进一步分为右手系和左手系，如图 3－3 所示。

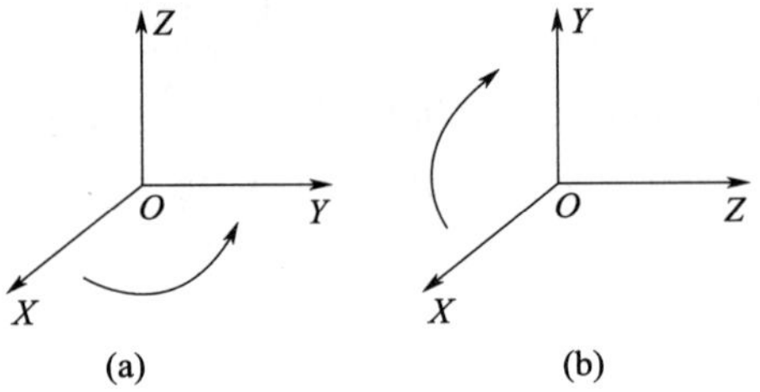

图 3－3　（a）右手坐标系；（b）左手坐标系

图 3－3（a）所示的是坐标顺序为 (X, Y, Z) 的右手系。如果一个沿 z 轴放置的（右旋的）螺钉从 x 轴向 y 轴方向旋转，它的位置会沿 z 轴方向移动。图 3－3（b）所示的是一个左手系情况。如果一个沿 z 轴放置的（左旋的）螺钉从 x 轴向 y 轴方向旋转，它的位置会沿 z 轴负方向移动。在处理矢量时，维持这种坐标顺序的三个坐标系统是：1）笛卡儿坐标系 (x, y, z)；2）柱坐标系 (ρ, φ, z)；3）球坐标系 (r, θ, φ)。

在本书中，始终采用右手系的笛卡儿坐标系、柱坐标系和球坐标系。因此，在下面几节中将详细讨论这几个坐标系统。

3.2.3　笛卡儿坐标系

笛卡儿坐标系是最简单的三正交坐标系，如图 3－4 所示。这个坐标系应用最普遍且最为直观，也被称为空间坐标的直角坐标系。它有三个正交的坐标 X、Y 和 Z 。当处理矢量问题时，必须保持这个顺序。图 3－4（a）给出了点 P 在该坐标系中的表示。沿坐标 X、Y 和 Z 的值 x 、y 和 z ，可以是 $-\infty$ 到 $+\infty$ 之间的任意值。

3.2.3.1　体积元

图 3－4（b）给出了体积元 $\mathrm{d}v$ 的形状以及它的侧面 $\mathrm{d}x$ 、$\mathrm{d}y$、$\mathrm{d}z$ ，在笛卡儿坐标系中

$$\mathrm{d}v=\mathrm{d}x\cdot\mathrm{d}y\cdot\mathrm{d}z \tag{3-1}$$

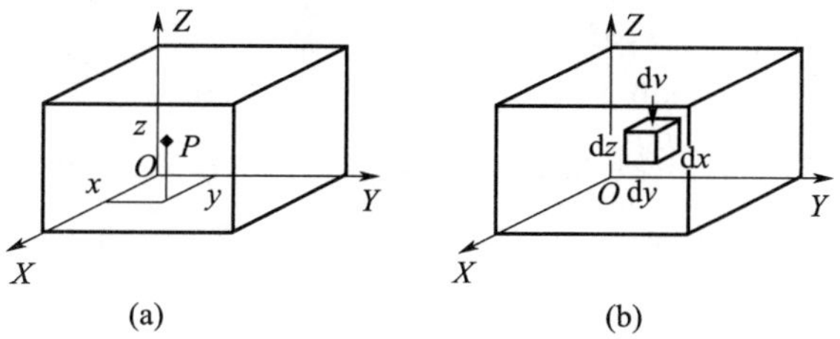

图 3－4　（a）位于（x，y，z）的点 P；（b）体积元

3.2.3.2　常数坐标面的形状

图 3－5 的（a）（b）和（c）分别给出了 x 为常数、y 为常数和 z 为常数的表面示意图。所有这些表面的形状都为矩形，就像沿不同轴切割的面包。

3.2.3.3　应用

这个坐标系用于相互正交平面的情况，如平面电流层、矩形波导和平面线等。

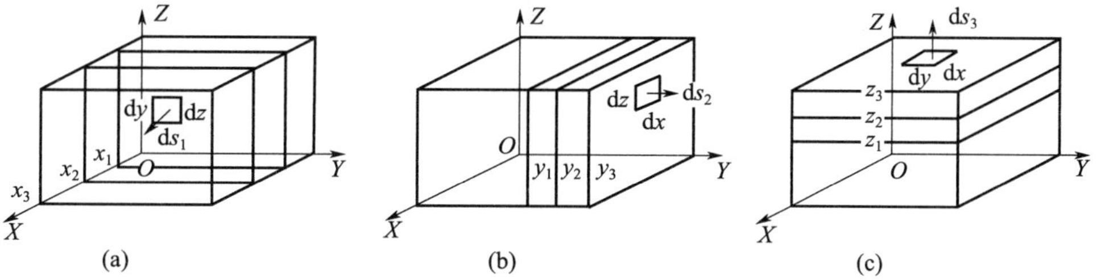

图 3－5　在笛卡儿坐标系中：（a）常数 x 的表面；（b）常数 y 的表面；（c）常数 z 的表面

3.2.4　柱坐标系

对柱坐标系的想象要比笛卡儿坐标系稍微难一点。柱坐标系有三个正交坐标（ρ，φ，z）。当处理矢量时，需要保持这种顺序。如图 3－6（a）所示，该坐标系中任意位置的一点 P 用 ρ、φ 和 z 的值来表示。在该坐标系中，ρ 的变化范围是 $0\sim\infty$，φ 的变化范围是 $0\sim2\pi$，z 的变化范围是 $-\infty\sim+\infty$ 。

3.2.4.1　体积元

图 3－6（b）给出了体积元 dv 的形状以及它的侧面 $d\rho$、$\rho d\varphi$、dz。在柱坐标系中

$$dv=(d\rho)\cdot(\rho d\varphi)\cdot(dz)=\rho\cdot d\rho\cdot d\varphi\cdot dz \tag{3-2}$$

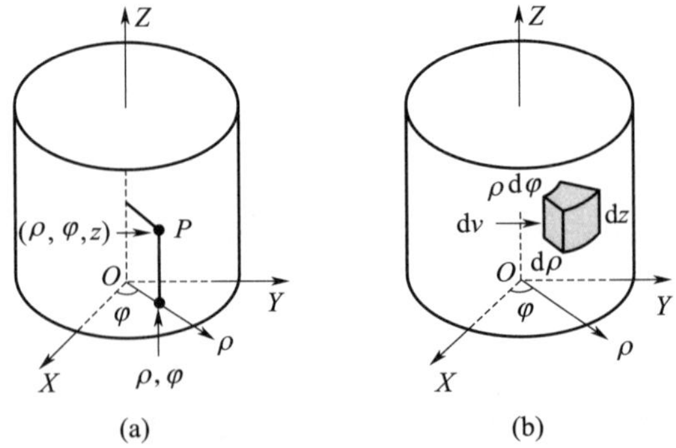

图 3－6　(a) 位于 $(\rho,\ \varphi,\ z)$ 的点 P；(b) 体积元

3.2.4.2　常数坐标面的形状

图 3－7（a）给出了 ρ 为常数的表面，它们就像不同半径圆管的外表面，在轴向上无限长。图 3－7（b）是 φ 为常数的表面示意图，这些半无限平面就像从 z 轴延伸出的书页。图 3－7（c）是 z 为常数的表面示意图，它们就像平行叠落在 $z=0$ 平面上的扁平圆形硬币。

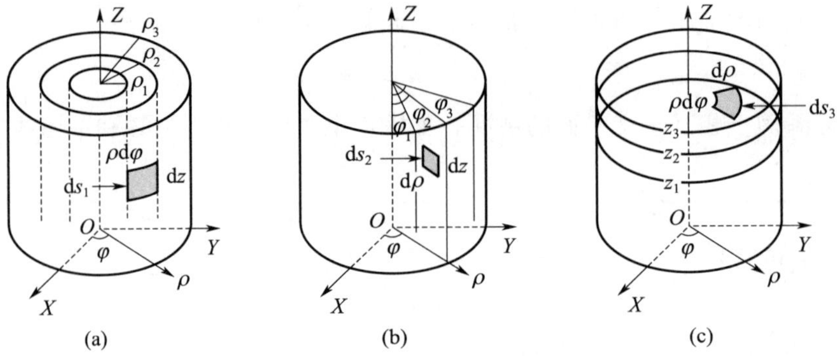

图 3－7　柱坐标系中：(a) ρ 为常数的表面；(b) φ 为常数的表面；(c) z 为常数的表面

3.2.4.3　应用

可以采用这个坐标系解决同轴电缆、螺线管、电机的圆柱形转子、圆柱形低速波结构和类似的物理设备（涉及圆柱形状的）问题。

3.2.5　球坐标系

球坐标系是三个常用坐标系的最后一个。球坐标系有三个正交坐标（r，θ，φ）。当处理涉及矢量的问题时，需要保持这种顺序。如图 3－8（a）所示，该坐标系中任意位置

的点 P 用（r，θ，φ）的值来表示。在该坐标系中，r 的变化范围是 $0 \sim \infty$，θ 的变化范围是 $0 \sim \pi$，φ 的变化范围是 $0 \sim 2\pi$。

3.2.5.1　体积元

图 3－8（b）给出了体积元 $\mathrm{d}v$ 的形状以及它的三个正交面 $\mathrm{d}r$，$r\sin\theta \cdot \mathrm{d}\varphi$，$r\mathrm{d}\theta$，在球坐标系中

$$\mathrm{d}v = (\mathrm{d}r) \cdot (r\mathrm{d}\theta) \cdot (r\sin\theta \cdot \mathrm{d}\varphi) = r^2 \sin\theta \cdot \mathrm{d}r \cdot \mathrm{d}\varphi \cdot \mathrm{d}\theta \tag{3-3}$$

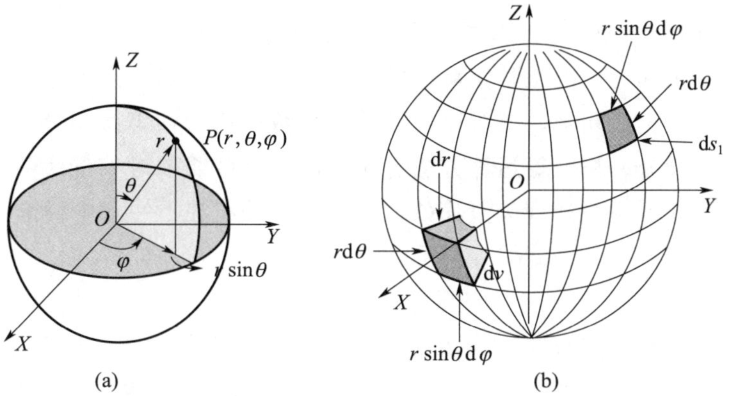

图 3－8　（a）位于（r，θ，φ）的点 P；（b）体积元

3.2.5.2　常数坐标面的形状

图 3－9（a）给出了 r 为常数的表面，它们就像以不同半径分层的球形表面。图 3－9（b）给出了 θ 为常数的表面，它们是具有公共顶点的圆锥曲面族，顶角 θ 从 0 到 π。图 3－9（c）给出了 φ 为常数的表面，这些半无限平面就像一本书的书页，每页都是半圆形且都从 z 轴延伸出来。

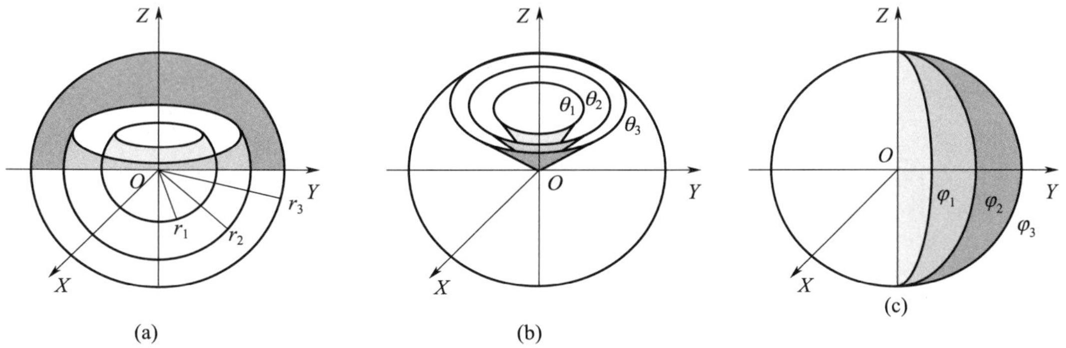

图 3－9　球坐标系中：（a）r 为常数的表面；（b）θ 为常数的表面；（c）φ 为常数的表面

3.2.5.3　应用

球坐标系适合处理与球面形状相关的问题。例如，从短偶极子或点源发出的电磁波辐射问题。

在某些问题，比如线性天线中，也可采用混合坐标系。

3.3 标量和矢量

我们仅研究那些可归类为标量或矢量的量。标量是仅具有大小的量（带有加减号），矢量是既有大小还有空间方向的量。基本代数学中使用的（x，y，z）、长度 l 、时间 t 、某一点的温度 T 、质量 m 、密度 d 、压力 P 、体积 v 、电阻 ρ 等都是标量。力 $\boldsymbol{F}$ 、速度 $\boldsymbol{v}$ 、加速度 $\boldsymbol{a}$ 、面电流密度 $\boldsymbol{K}$ 、体电流密度 $\boldsymbol{J}$ 、电场强度 $\boldsymbol{E}$ 和磁场强度 $\boldsymbol{H}$ 等都是矢量。矢量通常用黑体字来标记。电磁学领域中的量既有矢量也有标量。因此，理解两者的性质很有必要。只要涉及标量问题，就可以用简单的代数运算和初等微积分来解决。然而，矢量的加、减、乘、微分、积分等运算方法有所不同。这就要求对矢量代数和矢量微积分有深入的研究。下面几节主要处理矢量代数，矢量微积分将在下一章中讨论。

3.3.1 矢量表示

矢量用一个带有箭头的直线段来表示，线段的长度表示大小，箭头表示方向。图 3 - 10 给出了点 1 和点 2 之间的两个线段。从点 1 到点 2 的线段用 $\boldsymbol{R}_{12}$ 来表示，而从点 2 到点 1 的线段用 $\boldsymbol{R}_{21}$ 来表示。这种有方向的线段（ $\boldsymbol{R}_{12}$ 和 $\boldsymbol{R}_{21}$ ）称为矢量。

$\boldsymbol{R}_{12}$ 和 $\boldsymbol{R}_{21}$ 的大小可以分别写为 $|\boldsymbol{R}_{12}|$（或 R_{12} ）和 $|\boldsymbol{R}_{21}|$（或 R_{21} ）。它们的方向可以分别用 $\boldsymbol{a}_{R_{12}}$ 和 $\boldsymbol{a}_{R_{21}}$ 来表示，称为单位矢量。这两个单位矢量定义为

$$\boldsymbol{a}_{R_{12}}=\frac{\boldsymbol{R}_{12}}{|\boldsymbol{R}_{12}|}=\frac{\boldsymbol{R}_{12}}{R_{12}} \tag{3-4a}$$

$$\boldsymbol{a}_{R_{21}}=\frac{\boldsymbol{R}_{21}}{|\boldsymbol{R}_{21}|}=\frac{\boldsymbol{R}_{21}}{R_{21}} \tag{3-4b}$$

从图 3 - 10 中可以看出

$$\boldsymbol{R}_{12}=-\boldsymbol{R}_{21} \tag{3-4c}$$

$$\boldsymbol{a}_{R_{12}}=-\boldsymbol{a}_{R_{21}} \tag{3-4d}$$

$$R_{12}=R_{21} \tag{3-4e}$$

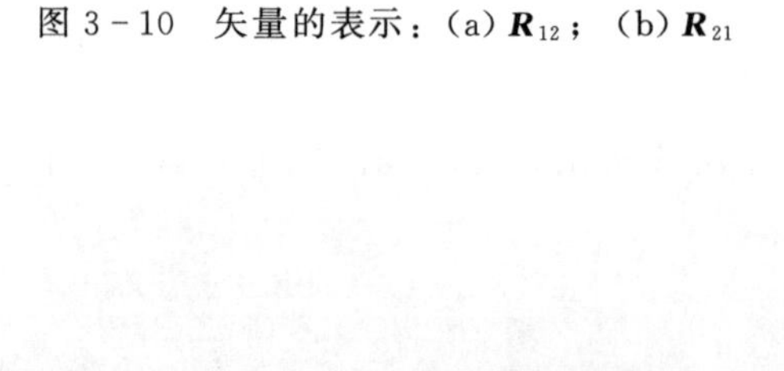

图 3 - 10　矢量的表示：(a) $\boldsymbol{R}_{12}$ ；(b) $\boldsymbol{R}_{21}$

3.3.2　矢量代数

图 3-11（a）是用线段 1-2 表示的矢量 $\boldsymbol{A}$，图 3-11（b）是用线段 3-4 表示的另一个矢量 $\boldsymbol{B}$，两个矢量的加法和减法分别在 3.3.2.1 节和 3.3.2.2 节中介绍。

3.3.2.1　矢量加法

矢量 $\boldsymbol{A}$ 和矢量 $\boldsymbol{B}$ 几何相加是将点 2（$\boldsymbol{A}$ 的头或末端点）和点 3（$\boldsymbol{B}$ 的尾或起始点）连接。这个步骤如图 3-12（a）所示。图 3-12（b）中的线段（带有箭头的）1-4 为矢量和 $\boldsymbol{A}+\boldsymbol{B}$ 。

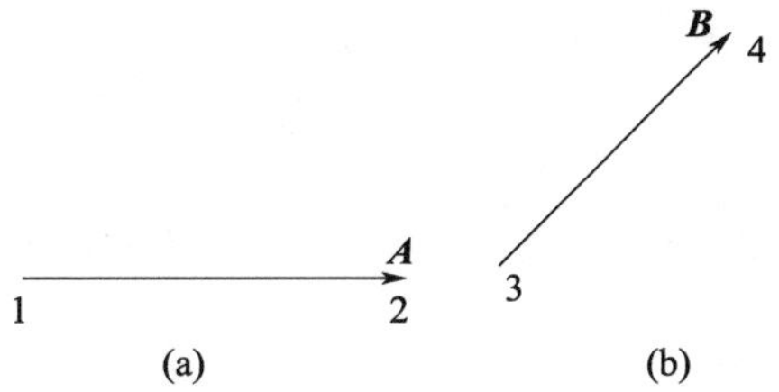

图 3-11　（a）矢量 $\boldsymbol{A}$；（b）矢量 $\boldsymbol{B}$

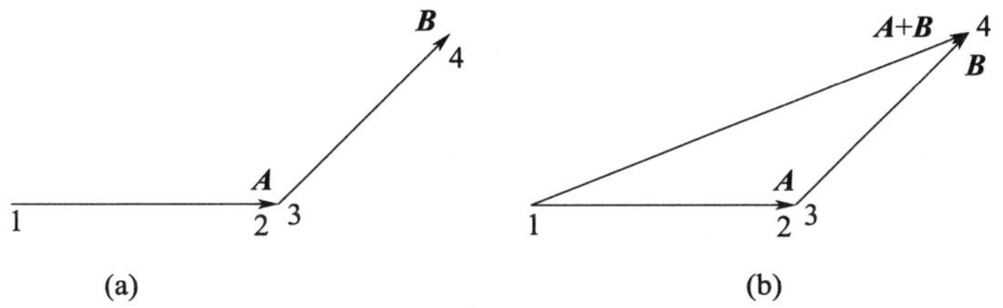

图 3-12　（a）$\boldsymbol{A}$ 的点 2 连接到 $\boldsymbol{B}$ 的点 3；（b）由线 1-4 表示的合成矢量

只有将图形表示的矢量和转换为适当的数学（代数）语言才有实际价值，使用图 3-13 能够实现这种转换。令 θ 为矢量 $\boldsymbol{A}$ 方向和 $\boldsymbol{B}$ 方向的夹角，该图中给出了矢量 $\boldsymbol{B}$ 在 $\boldsymbol{A}$ 所在的水平面和垂直 $\boldsymbol{A}$ 所在平面上的投影，两个投影的大小分别为 $\boldsymbol{B}\cos\theta$ 和 $\boldsymbol{B}\sin\theta$ 。在图中的和矢量 $\boldsymbol{R}_s$ 可以写为

$$\boldsymbol{R}_s=\boldsymbol{A}+\boldsymbol{B}=A\boldsymbol{a}_A+B\boldsymbol{a}_B \tag{3-5a}$$

式中，$\boldsymbol{a}_A$ 和 $\boldsymbol{a}_B$ 分别为矢量 $\boldsymbol{A}$ 和矢量 $\boldsymbol{B}$ 方向上的单位矢量，而 $A=|\boldsymbol{A}|$ 和 $B=|\boldsymbol{B}|$ 为相应矢量的大小。根据毕达哥拉斯（Pythagorean）理论（也称为毕达哥拉斯定理），从图 3-13 中可以看出矢量 $\boldsymbol{R}_s$ 的大小为

$$R_s=|\boldsymbol{R}_s|=\sqrt{(A+B\cdot\cos\theta)^2+(B\cdot\sin\theta)^2} \tag{3-5b}$$

合成矢量 $\boldsymbol{R}_s$ 方向上的单位矢量 $\boldsymbol{a}_{R_s}$ 可写为

$$\boldsymbol{a}_{R_s}\overset{\text{def}}{=\!=}\frac{\boldsymbol{R}_s}{R_s}=\frac{A\boldsymbol{a}_A+B\boldsymbol{a}_B}{\sqrt{(A+B\cdot\cos\theta)^2+(B\cdot\sin\theta)^2}} \tag{3-5c}$$

如果三个或者更多矢量相加，即使所有矢量都在同一个平面上，采用图形方法也非常不方便。更好的方法是每个矢量都用笛卡儿坐标分量与相应单位矢量来表示，因此，矢量

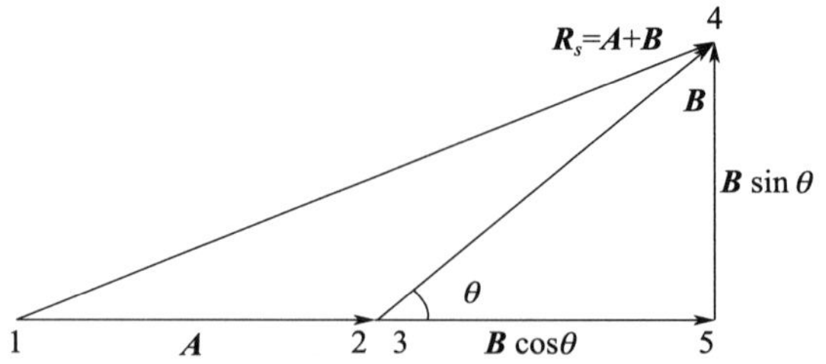

图 3-13　矢量相加图

$\boldsymbol{A}_m$ 可写为

$$\boldsymbol{A}_m = A_{mx}\boldsymbol{a}_x + A_{my}\boldsymbol{a}_y + A_{mz}\boldsymbol{a}_z \tag{3-6a}$$

因此，矢量和如下

$$\boldsymbol{A}_R = \sum_{m=1}^{n} \boldsymbol{A}_m = \sum_{m=1}^{n} (A_{mx}\boldsymbol{a}_x + A_{my}\boldsymbol{a}_y + A_{mz}\boldsymbol{a}_z)$$

或

$$\boldsymbol{A}_R = \boldsymbol{a}_x \sum_{m=1}^{n} A_{mx} + \boldsymbol{a}_y \sum_{m=1}^{n} A_{my} + \boldsymbol{a}_z \sum_{m=1}^{n} A_{mz} \tag{3-6b}$$

即矢量和为

$$\boldsymbol{A}_R = A_R \boldsymbol{a}_R \tag{3-7a}$$

其中

$$A_R = |\boldsymbol{A}_R| = \sqrt{\left(\sum_{m=1}^{n} A_{mx}\right)^2 + \left(\sum_{m=1}^{n} A_{my}\right)^2 + \left(\sum_{m=1}^{n} A_{mz}\right)^2} \tag{3-7b}$$

$$\boldsymbol{a}_R = \frac{\boldsymbol{A}_R}{A_R} \tag{3-7c}$$

这种方法可以同时对多个矢量进行加和减的运算，对于作减运算的矢量，只需改变它的笛卡儿标量分量的符号。

3.3.2.2　矢量减法

矢量 $\boldsymbol{A}$ 减去矢量 $\boldsymbol{B}$ 的运算首先将矢量 $\boldsymbol{B}$ 变号，表示为 $(-\boldsymbol{B})$， 然后如图 3-14（a）所示，将它们相加，即将点 2 和点 3 连接在一起。由图中的线段 1-4 所示的合成矢量 $(\boldsymbol{A}-\boldsymbol{B})$， 也称为差矢量 $(\boldsymbol{R}_d)$ 可以写为

$$\boldsymbol{R}_d = \boldsymbol{A} - \boldsymbol{B} = A\boldsymbol{a}_A - B\boldsymbol{a}_B \tag{3-8a}$$

式中，$\boldsymbol{a}_A$ 和 $\boldsymbol{a}_B$ 分别为矢量 $\boldsymbol{A}$ 和矢量 $\boldsymbol{B}$ 方向上的单位矢量。

可以采用图 3-15 将差矢量变换。图中给出了矢量 $-\boldsymbol{B}$ 在平行和垂直矢量 $\boldsymbol{A}$ 的平面上的投影。两个投影的大小分别为 $-\boldsymbol{B}\cos\theta$ 和 $-\boldsymbol{B}\sin\theta$ 。在这个图中，差矢量 $\boldsymbol{R}_d$ 可以写为

$$\boldsymbol{R}_d = (A - B\cos\theta)\boldsymbol{a}_A - (B\sin\theta)\boldsymbol{a}_B \tag{3-8b}$$

它的大小为

$$|\boldsymbol{R}_d| = \sqrt{(A - B\cdot\cos\theta)^2 + (B\cdot\sin\theta)^2} \tag{3-8c}$$

表示该矢量方向的单位矢量 $\boldsymbol{a}_{R_d}$ 可写为

$$\boldsymbol{a}_{R_d}=\frac{\boldsymbol{R}_d}{R_d} \tag{3-8d}$$

这种加和减的运算方法可以用来获得任意多个矢量的和矢量与差矢量。

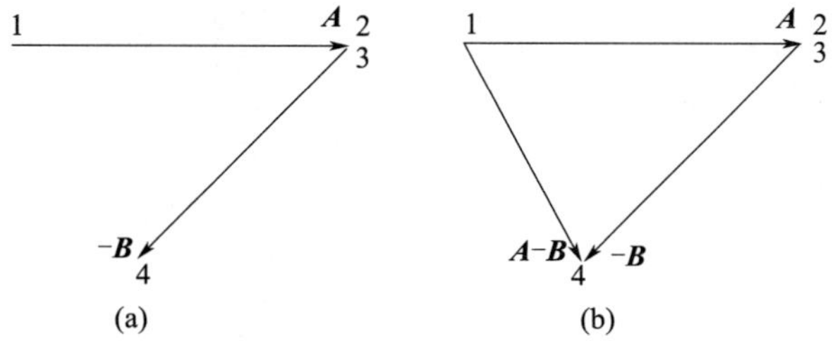

图 3 - 14　(a) **A** 的点 2 连接到 −**B** 的点 3；(b) 由线段 1 - 4 表示的差矢量

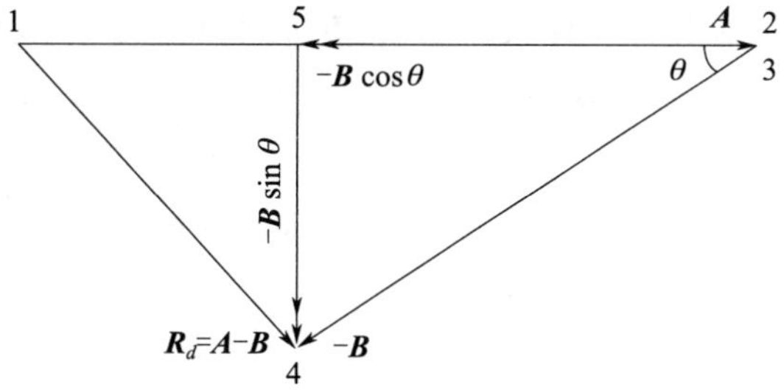

图 3 - 15　差矢量图

3.3.2.3　矢量乘法

矢量相乘定义了两种乘法，称为标量积和矢量积。

(1) 标量积

标量积也称为**点积**，因为用“·”作为两个矢量（比如 **A** 和 **B**）点积的运算符，读作“**A** 点乘 **B**”。**A** 和 **B** 的点积是 **A** 和 **B** 的大小与它们之间较小夹角余弦的乘积。较小夹角的含义如图 3 - 16 (a) 所示。在数学上，点积 ($\boldsymbol{A}\cdot\boldsymbol{B}$) 可以写为

$$\boldsymbol{A}\cdot\boldsymbol{B}=|\boldsymbol{A}||\boldsymbol{B}|\cos\theta \tag{3-9a}$$

因为 $\cos(-\theta)=\cos\theta$，有

$$\boldsymbol{A}\cdot\boldsymbol{B}=\boldsymbol{B}\cdot\boldsymbol{A} \tag{3-9b}$$

两个矢量的点积结果是标量，因此，也常称之为标量积。式 (3 - 9b) 表明，标量积服从**交换律**。

选取适当的矢量 **A**、**B**、**C**，可以证明点积也服从**分配率**，即

$$\boldsymbol{C}\cdot(\boldsymbol{A}+\boldsymbol{B})=\boldsymbol{C}\cdot\boldsymbol{A}+\boldsymbol{C}\cdot\boldsymbol{B} \tag{3-9c}$$

(2) 矢量积

矢量积也称为**叉积**，因为用“×”作为两个矢量（比如 **A** 和 **B**）叉积的运算符，读作“**A** 叉乘 **B**”。**A** 和 **B** 叉积的大小等于 **A** 和 **B** 的**大小**与它们之间较小夹角（比如 θ）正弦的乘积。因为叉积的结果是矢量，所以也可以表示为它的大小乘以一个单位矢量（比如

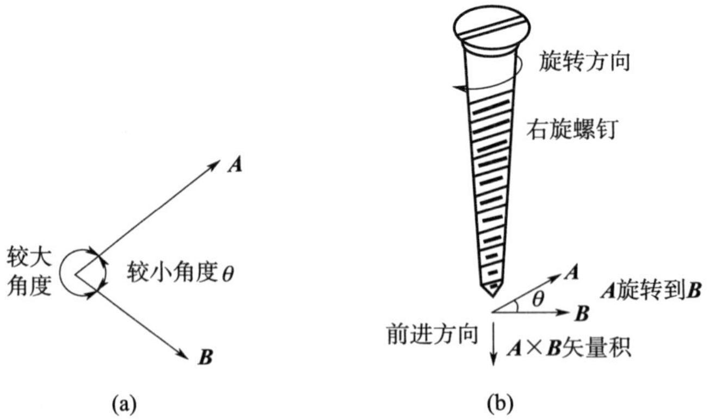

图 3－16 (a) 较小的角和较大的角；(b) 叉积示意图

$\boldsymbol{a}_N$)。该单位矢量的方向垂直于包含矢量 $\boldsymbol{A}$ 和 $\boldsymbol{B}$ 的平面。该垂线的方向为右旋螺钉从 $\boldsymbol{A}$ 转到 $\boldsymbol{B}$ 时的前进方向。矢量 $\boldsymbol{A}$ 和 $\boldsymbol{B}$ 以及矢量 $\boldsymbol{A}\times\boldsymbol{B}$ 的方向如图 3－16 (b) 所示。在数学上有

$$\boldsymbol{A}\times\boldsymbol{B}=|\boldsymbol{A}|\,|\boldsymbol{B}|\cdot\sin\theta\cdot\boldsymbol{a}_N \tag{3-10a}$$

如果叉积中的两个矢量顺序相反，单位矢量的方向也相反。即

$$\boldsymbol{B}\times\boldsymbol{A}=|\boldsymbol{A}|\,|\boldsymbol{B}|\cdot\sin\theta\cdot(-\boldsymbol{a}_N)=-|\boldsymbol{A}|\,|\boldsymbol{B}|\cdot\sin\theta\cdot\boldsymbol{a}_N=-\boldsymbol{A}\times\boldsymbol{B} \tag{3-10b}$$

因此，叉积不服从交换律，即

$$\boldsymbol{B}\times\boldsymbol{A}\neq\boldsymbol{A}\times\boldsymbol{B} \tag{3-10c}$$

3.4 在不同坐标系中的矢量运算

本节中首先说明线矢量和面矢量，然后讨论不同坐标系中的矢量相乘。

3.4.1 笛卡儿坐标系

在 3.2.3 节中已经简要描述了笛卡儿坐标系。在那里已经给出了体积元的表达式。引入了矢量之后，现在可以给出微元长度和微元表面了。

3.4.1.1 微元（矢量）长度

矢量形式的微元长度可以写为

$$\mathrm{d}\boldsymbol{\ell}=\mathrm{d}x\boldsymbol{a}_x+\mathrm{d}y\boldsymbol{a}_y+\mathrm{d}z\boldsymbol{a}_z \tag{3-11}$$

3.4.1.2 微元（矢量）表面

图 3－17 给出了三个矢量面元及所涉及的边。

用 $\mathrm{d}\boldsymbol{s}_x$、$\mathrm{d}\boldsymbol{s}_y$、$\mathrm{d}\boldsymbol{s}_z$ 表示的矢量形式的矢量面元，可以写为

$$\mathrm{d}\boldsymbol{s}_x=\mathrm{d}y\cdot\mathrm{d}z\cdot\boldsymbol{a}_x \tag{3-12a}$$

$$\mathrm{d}\boldsymbol{s}_y=\mathrm{d}z\cdot\mathrm{d}x\cdot\boldsymbol{a}_y \tag{3-12b}$$

$$\mathrm{d}\boldsymbol{s}_z=\mathrm{d}x\cdot\mathrm{d}y\cdot\boldsymbol{a}_z \tag{3-12c}$$

式中，$\boldsymbol{a}_x$、$\boldsymbol{a}_y$、$\boldsymbol{a}_z$ 分别是沿 x 轴、y 轴和 z 轴方向的单位矢量。这是所有单位矢量（即 $\boldsymbol{a}_x$，$\boldsymbol{a}_y$，$\boldsymbol{a}_z$）为常量的唯一的空间坐标系。

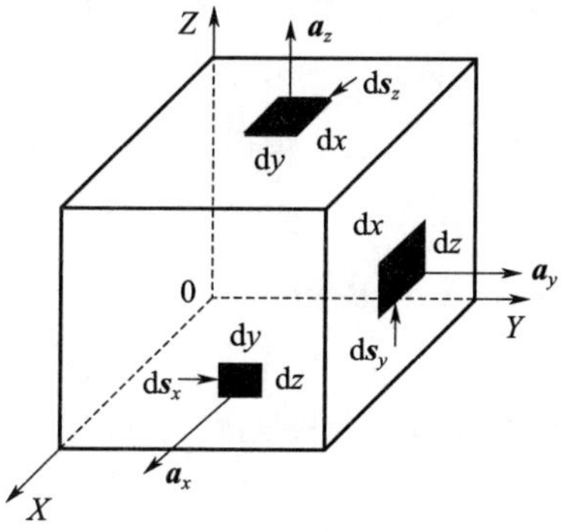

图 3－17　在笛卡儿坐标系中的微元（矢量）表面

3.4.1.3　矢量表达式

前面我们用图 3－10 所示的直线段来表示两个矢量。在图 3－18 中，我们用分别赋予坐标 (x_1, y_1, z_1) 和 (x_2, y_2, z_2) 的点 1 和点 2 来再次表示同样的矢量。在图中，一个矢量的指向（即方向）是从点 1 到点 2，而另一个是从点 2 到点 1。

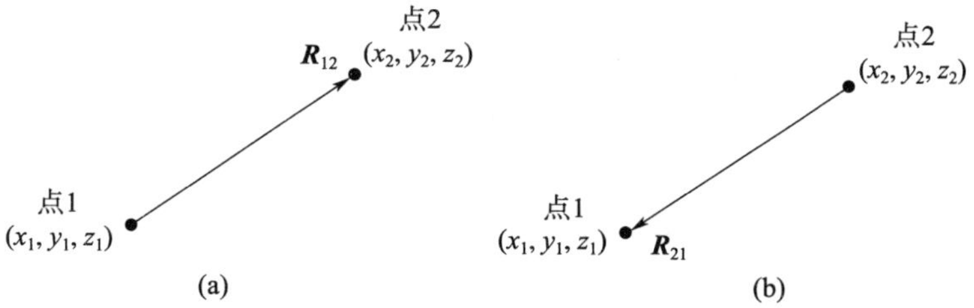

图 3－18　(a) 矢量 $\boldsymbol{R}_{12}$；(b) 矢量 $\boldsymbol{R}_{21}$

矢量 $\boldsymbol{R}_{12}$ 和 $\boldsymbol{R}_{12}$ 可以用两点的坐标来写出

$$\boldsymbol{R}_{12} = (x_2 - x_1)\boldsymbol{a}_x + (y_2 - y_1)\boldsymbol{a}_y + (z_2 - z_1)\boldsymbol{a}_z \tag{3-13a}$$

$$\boldsymbol{R}_{21} = (x_1 - x_2)\boldsymbol{a}_x + (y_1 - y_2)\boldsymbol{a}_y + (z_1 - z_2)\boldsymbol{a}_z \tag{3-13b}$$

式中，$\boldsymbol{a}_x$、$\boldsymbol{a}_y$、$\boldsymbol{a}_z$ 分别是沿 x 轴、y 轴和 z 轴方向的单位矢量。

上述矢量的模 $|\boldsymbol{R}_{12}|$ 和 $|\boldsymbol{R}_{21}|$ 可以写为

$$|\boldsymbol{R}_{12}| = [(x_2 - x_1)^2 + (y_2 - y_1)^2 + (z_2 - z_1)^2]^{1/2} \tag{3-13c}$$

$$|\boldsymbol{R}_{21}| = [(x_1 - x_2)^2 + (y_1 - y_2)^2 + (z_1 - z_2)^2]^{1/2} \tag{3-13d}$$

如前所述，矢量 $\boldsymbol{R}_{12}$ 和 $\boldsymbol{R}_{21}$ 的方向（或指向）可以用单位矢量 $\boldsymbol{a}_{R_{12}}$ 和 $\boldsymbol{a}_{R_{21}}$ 来指定。这两个单位矢量定义为

$$\boldsymbol{a}_{\boldsymbol{R}_{12}} = \frac{\boldsymbol{R}_{12}}{|\boldsymbol{R}_{12}|} \tag{3-13e}$$

$$\boldsymbol{a}_{\boldsymbol{R}_{21}} = \frac{\boldsymbol{R}_{21}}{|\boldsymbol{R}_{21}|} \tag{3-13f}$$

如同前面给出的方程（3－4），从方程（3－13a）和（3－13b）可以看出

$$\boldsymbol{R}_{12}=-\boldsymbol{R}_{21} \tag{3-13g}$$

在笛卡儿坐标系中，方程（3－13a）和（3－13b）的矢量 **A** 可以写为

$$\mathbf{A}=A_x\boldsymbol{a}_x+A_y\boldsymbol{a}_y+A_z\boldsymbol{a}_z \tag{3-14}$$

式中，A_x、A_y、A_z 为模分量，$\boldsymbol{a}_x$、$\boldsymbol{a}_y$、$\boldsymbol{a}_z$ 是沿 x 轴、y 轴和 z 轴正方向的单位矢量。

3.4.1.4 两矢量点积

令笛卡儿坐标系中的两个矢量 **A** 和 **B** 为

$$\mathbf{A}=A_x\boldsymbol{a}_x+A_y\boldsymbol{a}_y+A_z\boldsymbol{a}_z \tag{3-15a}$$

$$\mathbf{B}=B_x\boldsymbol{a}_x+B_y\boldsymbol{a}_y+B_z\boldsymbol{a}_z \tag{3-15b}$$

两个矢量的点积可以写为

$$\begin{aligned}\mathbf{A}\cdot\mathbf{B}&=(A_x\boldsymbol{a}_x+A_y\boldsymbol{a}_y+A_z\boldsymbol{a}_z)\cdot(B_x\boldsymbol{a}_x+B_y\boldsymbol{a}_y+B_z\boldsymbol{a}_z)\\&=A_xB_x(\boldsymbol{a}_x\cdot\boldsymbol{a}_x)+A_xB_y(\boldsymbol{a}_x\cdot\boldsymbol{a}_y)+A_xB_z(\boldsymbol{a}_x\cdot\boldsymbol{a}_z)\\&\quad+A_yB_x(\boldsymbol{a}_y\cdot\boldsymbol{a}_x)+A_yB_y(\boldsymbol{a}_y\cdot\boldsymbol{a}_y)+A_yB_z(\boldsymbol{a}_y\cdot\boldsymbol{a}_z)\\&\quad+A_zB_x(\boldsymbol{a}_z\cdot\boldsymbol{a}_x)+A_zB_y(\boldsymbol{a}_z\cdot\boldsymbol{a}_y)+A_zB_z(\boldsymbol{a}_z\cdot\boldsymbol{a}_z)\end{aligned} \tag{3-16}$$

在方程（3－16）中，点积结果为 9 项，每一项都带有两个单位矢量的乘积。根据方程（3－9a），在相同单位矢量点积中，两个矢量夹角的余弦为 1，而不相同的两个单位矢量夹角的余弦为 0。因此

$$\boldsymbol{a}_x\cdot\boldsymbol{a}_x=\boldsymbol{a}_y\cdot\boldsymbol{a}_y=\boldsymbol{a}_z\cdot\boldsymbol{a}_z=1 \tag{3-17a}$$

$$\boldsymbol{a}_x\cdot\boldsymbol{a}_y=\boldsymbol{a}_y\cdot\boldsymbol{a}_x=\boldsymbol{a}_y\cdot\boldsymbol{a}_z=\boldsymbol{a}_z\cdot\boldsymbol{a}_y=\boldsymbol{a}_z\cdot\boldsymbol{a}_y=\boldsymbol{a}_x\cdot\boldsymbol{a}_z=0 \tag{3-17b}$$

根据方程（3－17a）和（3－17b），方程（3－16）可简化为

$$\mathbf{A}\cdot\mathbf{B}=A_xB_x+A_yB_y+A_zB_z \tag{3-18a}$$

根据方程（3－18a），如果用 **A** 来替换 **B**，结果为

$$\mathbf{A}\cdot\mathbf{A}=A_xA_x+A_yA_y+A_zA_z=A_x^2+A_y^2+A_z^2=A^2 \tag{3-18b}$$

3.4.1.5 两矢量叉积

由方程（3－15a）和（3－15b）确定的笛卡儿坐标系中的两个矢量叉积为

$$\begin{aligned}\mathbf{A}\times\mathbf{B}&=(A_x\boldsymbol{a}_x+A_y\boldsymbol{a}_y+A_z\boldsymbol{a}_z)\times(B_x\boldsymbol{a}_x+B_y\boldsymbol{a}_y+B_z\boldsymbol{a}_z)\\&=A_xB_x(\boldsymbol{a}_x\times\boldsymbol{a}_x)+A_xB_y(\boldsymbol{a}_x\times\boldsymbol{a}_y)+A_xB_z(\boldsymbol{a}_x\times\boldsymbol{a}_z)\\&\quad+A_yB_x(\boldsymbol{a}_y\times\boldsymbol{a}_x)+A_yB_y(\boldsymbol{a}_y\times\boldsymbol{a}_y)+A_yB_z(\boldsymbol{a}_y\times\boldsymbol{a}_z)\\&\quad+A_zB_x(\boldsymbol{a}_z\times\boldsymbol{a}_x)+A_zB_y(\boldsymbol{a}_z\times\boldsymbol{a}_y)+A_zB_z(\boldsymbol{a}_z\times\boldsymbol{a}_z)\end{aligned} \tag{3-19}$$

在方程（3－19）中，叉积结果为 9 项，每一项都带有两个标量乘积（两个分量的大小）和两个单位矢量的叉积。根据方程（3－10a），相同单位矢量的叉积为 0，不相同的两个单位矢量叉积为一个**新的单位矢量**，该单位矢量垂直于参与运算的两个单位矢量，符号取决于参与运算的两个单位矢量的顺序。因此

$$\boldsymbol{a}_x\times\boldsymbol{a}_x=\boldsymbol{a}_y\times\boldsymbol{a}_y=\boldsymbol{a}_z\times\boldsymbol{a}_z=\mathbf{0} \tag{3-20a}$$

$$\boldsymbol{a}_x\times\boldsymbol{a}_y=\boldsymbol{a}_z,\quad \boldsymbol{a}_y\times\boldsymbol{a}_x=-\boldsymbol{a}_z$$

$$\boldsymbol{a}_y\times\boldsymbol{a}_z=\boldsymbol{a}_x,\quad \boldsymbol{a}_z\times\boldsymbol{a}_y=-\boldsymbol{a}_x$$

$$\boldsymbol{a}_z \times \boldsymbol{a}_x = \boldsymbol{a}_y, \quad \boldsymbol{a}_x \times \boldsymbol{a}_z = -\boldsymbol{a}_y \tag{3-20b}$$

在这些矢量积中，单位矢量的顺序符合右手坐标系约定时，叉积结果为正，当顺序相反时取负号。根据方程（3－20a）和（3－20b），方程（3－19）可简化为

$$\begin{aligned}\boldsymbol{A} \times \boldsymbol{B} &= A_x B_x(0) + A_x B_y(\boldsymbol{a}_z) + A_x B_z(-\boldsymbol{a}_y) + A_y B_x(-\boldsymbol{a}_z) + A_y B_y(0) \\ &\quad + A_y B_z(\boldsymbol{a}_x) + A_z B_x(\boldsymbol{a}_y) + A_z B_y(-\boldsymbol{a}_x) + A_z B_z(0) \\ &= A_x B_y \boldsymbol{a}_z - A_x B_z \boldsymbol{a}_y - A_y B_x \boldsymbol{a}_z + A_y B_z \boldsymbol{a}_x + A_z B_x \boldsymbol{a}_y - A_z B_y \boldsymbol{a}_x \\ &= (A_y B_z - A_z B_y)\boldsymbol{a}_x + (A_z B_x - A_x B_z)\boldsymbol{a}_y + (A_x B_y - A_y B_x)\boldsymbol{a}_z \end{aligned} \tag{3-21a}$$

采用矩阵行列式，方程（3－21a）可以写为下列形式

$$\boldsymbol{A} \times \boldsymbol{B} = \begin{vmatrix} \boldsymbol{a}_x & \boldsymbol{a}_y & \boldsymbol{a}_z \\ A_x & A_y & A_z \\ B_x & B_y & B_z \end{vmatrix} \tag{3-21b}$$

3.4.2　柱坐标系

在 3.2.4 节中已给出了柱坐标系及其体积元的表达式。本节将给出矢量形式的微分长度和面元。

3.4.2.1　微元（矢量）长度

在柱形空间坐标系中，矢量形式的微元长度可以写为

$$\mathrm{d}\boldsymbol{\ell} = \mathrm{d}\rho \cdot \boldsymbol{a}_\rho + \rho \cdot \mathrm{d}\varphi \cdot \boldsymbol{a}_\varphi + \mathrm{d}z \cdot \boldsymbol{a}_z \tag{3-22}$$

3.4.2.2　微元（矢量）表面

图 3－19 给出了三个矢量面元 $\mathrm{d}\boldsymbol{s}_\rho$，$\mathrm{d}\boldsymbol{s}_\varphi$，$\mathrm{d}\boldsymbol{s}_z$ 及所涉及的边。这些矢量面元的数学形式可以写为

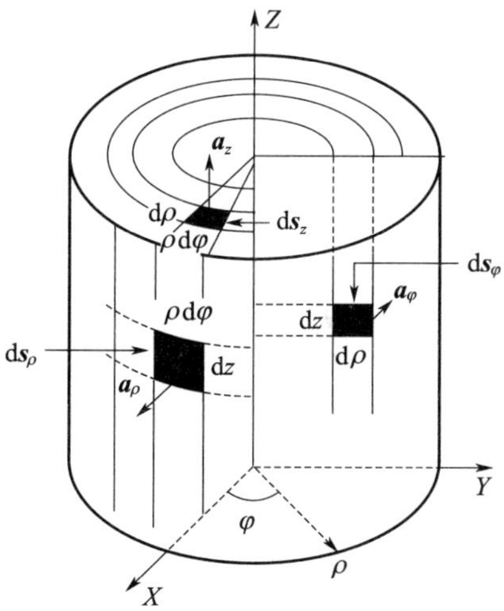

图 3－19　柱坐标系中常数 ρ、常数 φ 和常数 z 的表面

$$\mathrm{d}\boldsymbol{s}_\rho = \rho \cdot \mathrm{d}\varphi \cdot \mathrm{d}z \cdot \boldsymbol{a}_\rho \tag{3-23a}$$

$$ds_\varphi = dz \cdot d\rho \cdot \boldsymbol{a}_\varphi \tag{3-23b}$$

$$ds_z = \rho \cdot d\rho \cdot d\varphi \cdot \boldsymbol{a}_z \tag{3-23c}$$

式中，$\boldsymbol{a}_\rho$、$\boldsymbol{a}_\varphi$、$\boldsymbol{a}_z$ 分别是沿 ρ、φ 和 z 正方向的单位矢量。每个单位矢量都具有长度的维度。

需要指出，ρ 和 z 自身就有长度的维度，而 φ 的单位为弧度（或角度），只有和 ρ 相乘才会变为长度的维度。因此，体积元和面元的表达式中 $d\varphi$ 必须用 ρ 来相乘。

3.4.2.3　矢量表达式

在柱坐标系中，矢量 $\boldsymbol{A}$ 可写为

$$\boldsymbol{A} = A_\rho \boldsymbol{a}_\rho + A_\varphi \boldsymbol{a}_\varphi + A_z \boldsymbol{a}_z \tag{3-24}$$

式中，A_ρ、A_φ、A_z 为模分量，$\boldsymbol{a}_\rho$、$\boldsymbol{a}_\varphi$、$\boldsymbol{a}_z$ 是沿 ρ、φ 和 z 轴方向的单位矢量。

需要指出，这个矢量与方程（3－14）和图 3－18（a）给出的矢量相同。但是，在这种情况下，点 1 和点 2 的坐标要用（ρ，$\rho\varphi$，z）来表示，而不是用（x，y，z）来表示 。

3.4.2.4　两矢量的点积

令柱坐标系中的两个矢量 $\boldsymbol{A}$ 和 $\boldsymbol{B}$ 为

$$\boldsymbol{A} = A_\rho \boldsymbol{a}_\rho + A_\varphi \boldsymbol{a}_\varphi + A_z \boldsymbol{a}_z \tag{3-25a}$$

$$\boldsymbol{B} = B_\rho \boldsymbol{a}_\rho + B_\varphi \boldsymbol{a}_\varphi + B_z \boldsymbol{a}_z \tag{3-25b}$$

两个矢量的点积可以写为

$$\begin{aligned}\boldsymbol{A} \cdot \boldsymbol{B} &= (A_\rho \boldsymbol{a}_\rho + A_\varphi \boldsymbol{a}_\varphi + A_z \boldsymbol{a}_z) \cdot (B_\rho \boldsymbol{a}_\rho + B_\varphi \boldsymbol{a}_\varphi + B_z \boldsymbol{a}_z) \\ &= A_\rho B_\rho (\boldsymbol{a}_\rho \cdot \boldsymbol{a}_\rho) + A_\rho B_\varphi (\boldsymbol{a}_\rho \cdot \boldsymbol{a}_\varphi) + A_\rho B_z (\boldsymbol{a}_\rho \cdot \boldsymbol{a}_z) \\ &\quad + A_\varphi B_\rho (\boldsymbol{a}_\varphi \cdot \boldsymbol{a}_\rho) + A_\varphi B_\varphi (\boldsymbol{a}_\varphi \cdot \boldsymbol{a}_\varphi) + A_\varphi B_z (\boldsymbol{a}_\varphi \cdot \boldsymbol{a}_z) \\ &\quad + A_z B_\rho (\boldsymbol{a}_z \cdot \boldsymbol{a}_\rho) + A_z B_\varphi (\boldsymbol{a}_z \cdot \boldsymbol{a}_\varphi) + A_z B_z (\boldsymbol{a}_z \cdot \boldsymbol{a}_z)\end{aligned} \tag{3-26}$$

在方程（3－26）中，点积结果为 9 项，每一项都带有两个单位矢量的标量积。根据方程（3－9a），在相同单位矢量点积中，两个矢量夹角的余弦为 1，而不相同的两个单位矢量夹角的余弦为 0。因此，**对于一个给定的点**，不同单位矢量的标量积为

$$\boldsymbol{a}_\rho \cdot \boldsymbol{a}_\rho = \boldsymbol{a}_\varphi \cdot \boldsymbol{a}_\varphi = \boldsymbol{a}_z \cdot \boldsymbol{a}_z = 1 \tag{3-27a}$$

$$\boldsymbol{a}_\rho \cdot \boldsymbol{a}_\varphi = \boldsymbol{a}_\varphi \cdot \boldsymbol{a}_\rho = \boldsymbol{a}_\varphi \cdot \boldsymbol{a}_z = \boldsymbol{a}_z \cdot \boldsymbol{a}_\varphi = \boldsymbol{a}_z \cdot \boldsymbol{a}_\rho = \boldsymbol{a}_\rho \cdot \boldsymbol{a}_z = 0 \tag{3-27b}$$

根据方程（3－27a）和（3－27b），方程（3－26）可简化为

$$\boldsymbol{A} \cdot \boldsymbol{B} = A_\rho B_\rho + A_\varphi B_\varphi + A_z B_z \tag{3-28a}$$

根据方程（3－28a），如果用 $\boldsymbol{A}$ 来替换 $\boldsymbol{B}$， 结果为

$$\boldsymbol{A} \cdot \boldsymbol{B} = \boldsymbol{A} \cdot \boldsymbol{A} = A_\rho A_\rho + A_\varphi A_\varphi + A_z A_z = A_\rho^2 + A_\varphi^2 + A_z^2 = A^2 \tag{3-28b}$$

3.4.2.5　两矢量的叉积

由方程（3－25a）和（3－25b）确定的两个矢量的叉积为

$$\begin{aligned}\boldsymbol{A} \times \boldsymbol{B} &= (A_\rho \boldsymbol{a}_\rho + A_\varphi \boldsymbol{a}_\varphi + A_z \boldsymbol{a}_z) \times (B_\rho \boldsymbol{a}_\rho + B_\varphi \boldsymbol{a}_\varphi + B_z \boldsymbol{a}_z) \\ &= A_\rho B_\rho (\boldsymbol{a}_\rho \times \boldsymbol{a}_\rho) + A_\rho B_\varphi (\boldsymbol{a}_\rho \times \boldsymbol{a}_\varphi) + A_\rho B_z (\boldsymbol{a}_\rho \times \boldsymbol{a}_z) \\ &\quad + A_\varphi B_\rho (\boldsymbol{a}_\varphi \times \boldsymbol{a}_\rho) + A_\varphi B_\varphi (\boldsymbol{a}_\varphi \times \boldsymbol{a}_\varphi) + A_\varphi B_z (\boldsymbol{a}_\varphi \times \boldsymbol{a}_z)\end{aligned}$$

$$+A_zB_\rho(\boldsymbol{a}_z\times\boldsymbol{a}_\rho)+A_zB_\varphi(\boldsymbol{a}_z\times\boldsymbol{a}_\varphi)+A_zB_z(\boldsymbol{a}_z\times\boldsymbol{a}_z) \tag{3-29}$$

由方程（3－29）确定的叉积结果共有 9 项，每一项都带有两个标量乘积（两个分量的大小）和两个单位矢量的叉积。根据方程（3－10a），相同的单位矢量叉积为 0，而不相同的两个单位矢量叉积为一个**新的单位矢量**，该单位矢量垂直于参与运算的两个单位矢量。因此

$$\boldsymbol{a}_\rho\times\boldsymbol{a}_\rho=\boldsymbol{a}_\varphi\times\boldsymbol{a}_\varphi=\boldsymbol{a}_z\times\boldsymbol{a}_z=\boldsymbol{0} \tag{3-30a}$$

$$\begin{aligned}\boldsymbol{a}_\rho\times\boldsymbol{a}_\varphi&=\boldsymbol{a}_z,\quad \boldsymbol{a}_\varphi\times\boldsymbol{a}_\rho=-\boldsymbol{a}_z\\ \boldsymbol{a}_\varphi\times\boldsymbol{a}_z&=\boldsymbol{a}_\rho,\quad \boldsymbol{a}_z\times\boldsymbol{a}_\varphi=-\boldsymbol{a}_\rho\\ \boldsymbol{a}_z\times\boldsymbol{a}_\rho&=\boldsymbol{a}_\varphi,\quad \boldsymbol{a}_\rho\times\boldsymbol{a}_z=-\boldsymbol{a}_\varphi\end{aligned} \tag{3-30b}$$

在这些矢量叉积中，单位矢量的顺序符合右手坐标系约定时，叉积结果为正。当顺序相反时取负号。根据方程（3－30a）和（3－30b），方程（3－29）可简化为

$$\begin{aligned}\boldsymbol{A}\times\boldsymbol{B}&=A_\rho B_\rho(0)+A_\rho B_\varphi(\boldsymbol{a}_z)+A_\rho B_z(-\boldsymbol{a}_\varphi)+A_\varphi B_\rho(-\boldsymbol{a}_z)+A_\varphi B_\varphi(0)\\&\quad+A_\varphi B_z(\boldsymbol{a}_\rho)+A_zB_\rho(\boldsymbol{a}_\varphi)+A_zB_\varphi(-\boldsymbol{a}_\rho)+A_zB_z(0)\\&=A_\rho B_\varphi\boldsymbol{a}_z-A_\rho B_z\boldsymbol{a}_\varphi-A_\varphi B_\rho\boldsymbol{a}_z+A_\varphi B_z\boldsymbol{a}_\rho+A_zB_\rho\boldsymbol{a}_\varphi-A_zB_\varphi\boldsymbol{a}_\rho\\&=(A_\varphi B_z-A_zB_\varphi)\boldsymbol{a}_\rho+(A_zB_\rho-A_\rho B_z)\boldsymbol{a}_\varphi+(A_\rho B_\varphi-A_\varphi B_\rho)\boldsymbol{a}_z\end{aligned} \tag{3-31a}$$

采用矩阵行列式，方程（3－31a）可以写为下列形式

$$\boldsymbol{A}\times\boldsymbol{B}=\begin{vmatrix}\boldsymbol{a}_\rho & \boldsymbol{a}_\varphi & \boldsymbol{a}_z\\ A_\rho & A_\varphi & A_z\\ B_\rho & B_\varphi & B_z\end{vmatrix} \tag{3-31b}$$

3.4.3　球坐标系

在 3.2.5 节中已给出了球坐标系及其体积元和一些应用。这节中将给出矢量形式的微元长度和面元。

3.4.3.1　微元（矢量）长度

在这种情况下，矢量形式的微元长度可以写为

$$\mathrm{d}\boldsymbol{\ell}=\mathrm{d}r\cdot\boldsymbol{a}_r+r\cdot\mathrm{d}\theta\cdot\boldsymbol{a}_\theta+r\sin\theta\cdot\mathrm{d}\varphi\cdot\boldsymbol{a}_\varphi \tag{3-32}$$

3.4.3.2　微元（矢量）表面

矢量形式的面元为

$$\mathrm{d}\boldsymbol{s}_r=r^2\sin\theta\cdot\mathrm{d}\theta\cdot\mathrm{d}\varphi\cdot\boldsymbol{a}_r \tag{3-33a}$$

$$\mathrm{d}\boldsymbol{s}_\theta=r\sin\theta\cdot\mathrm{d}r\cdot\mathrm{d}\varphi\cdot\boldsymbol{a}_\theta \tag{3-33b}$$

$$\mathrm{d}\boldsymbol{s}_\varphi=r\cdot\mathrm{d}r\cdot\mathrm{d}\theta\cdot\boldsymbol{a}_\varphi \tag{3-33c}$$

在图 3－20 中给出了所有这些面元的示意图。可以想象，$\mathrm{d}\boldsymbol{s}_r$ 如同足球外表面上黑色或白色的小块；$\mathrm{d}\boldsymbol{s}_\theta$ 如同锥形表面的一个小块，$\mathrm{d}\boldsymbol{s}_\varphi$ 像西瓜切开后的半圆形平面上的种子形小块。

需要指出，θ 和 φ 以弧度（或角度）为单位，当它们与 r 相乘之后为长度单位。因此，体积元或面元的表达式中 $\mathrm{d}\theta$ 和 $\mathrm{d}\varphi$ 总是以与 r 相乘的形式出现。此外，图 3－8（a）中，r

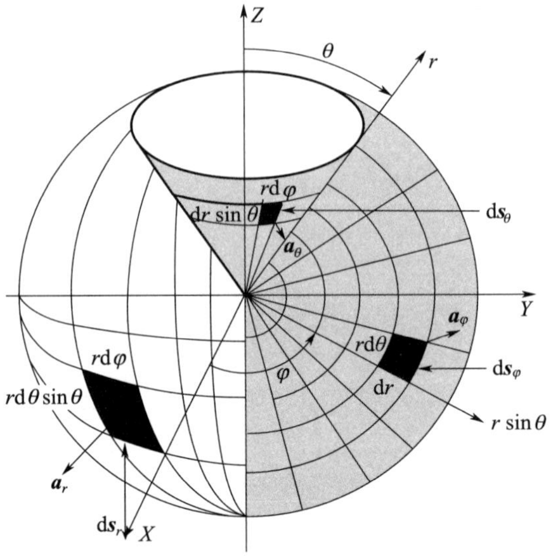

图 3－20　球坐标系中常数 r、常数 θ 和常数 φ 的表面

和 φ 不在同一平面内。因此，位于（r，θ）的 P 点在 φ 平面上投影变为 $r\sin\theta$ ，从 $\mathrm{d}\boldsymbol{v}$ 、$\mathrm{d}\boldsymbol{s}_r$ 和 $\mathrm{d}\boldsymbol{s}_\theta$ 的表达式可以看出，在 r 和 $\mathrm{d}\varphi$ 一起出现的地方，它们的乘积总是再与 $\sin\theta$ 相乘。

3.4.3.3　矢量表达式

在球坐标系中，矢量 **A** 可写为

$$\mathbf{A} = A_r\boldsymbol{a}_r + A_\theta\boldsymbol{a}_\theta + A_\varphi\boldsymbol{a}_\varphi \tag{3-34}$$

式中，A_r、A_θ、A_φ 为矢量 A 的标量分量，$\boldsymbol{a}_r$、$\boldsymbol{a}_\theta$、$\boldsymbol{a}_\varphi$ 是沿 r、θ 和 φ 轴方向的单位矢量。再次指出，这个矢量与方程（3－15a）和图 3－18（a）给出的矢量相同。在这种情况下，点 1 和点 2 的坐标要用（r，$r\theta$，$r\varphi\sin\theta$）来表示，而不是用（x，y，z）来表示 。

3.4.3.4　两矢量的点积

令球坐标系中的两个矢量 **A** 和 **B** 为

$$\mathbf{A} = A_r\boldsymbol{a}_r + A_\theta\boldsymbol{a}_\theta + A_\varphi\boldsymbol{a}_\varphi \tag{3-35a}$$

$$\mathbf{B} = B_r\boldsymbol{a}_r + B_\theta\boldsymbol{a}_\theta + B_\varphi\boldsymbol{a}_\varphi \tag{3-35b}$$

两个矢量的点积可以写为

$$\begin{aligned}\mathbf{A}\cdot\mathbf{B} &= (A_r\boldsymbol{a}_r + A_\theta\boldsymbol{a}_\theta + A_\varphi\boldsymbol{a}_\varphi)\cdot(B_r\boldsymbol{a}_r + B_\theta\boldsymbol{a}_\theta + B_\varphi\boldsymbol{a}_\varphi)\\ &= A_rB_r(\boldsymbol{a}_r\cdot\boldsymbol{a}_r) + A_rB_\theta(\boldsymbol{a}_r\cdot\boldsymbol{a}_\theta) + A_rB_\varphi(\boldsymbol{a}_r\cdot\boldsymbol{a}_\varphi)\\ &\quad + A_\theta B_r(\boldsymbol{a}_\theta\cdot\boldsymbol{a}_r) + A_\theta B_\theta(\boldsymbol{a}_\theta\cdot\boldsymbol{a}_\theta) + A_\theta B_\varphi(\boldsymbol{a}_\theta\cdot\boldsymbol{a}_\varphi)\\ &\quad + A_\varphi B_r(\boldsymbol{a}_\varphi\cdot\boldsymbol{a}_r) + A_\varphi B_\theta(\boldsymbol{a}_\varphi\cdot\boldsymbol{a}_\theta) + A_\varphi B_\varphi(\boldsymbol{a}_\varphi\cdot\boldsymbol{a}_\varphi)\end{aligned} \tag{3-36}$$

在方程（3－36）中，点积结果为 9 项之和，每一项都带有两个单位矢量的点积。根据方程（3－9a），在相同单位矢量点积中，两个矢量夹角的余弦为 1，而不相同的两个单位矢量夹角的余弦为 0。因此

$$\boldsymbol{a}_r\cdot\boldsymbol{a}_r = \boldsymbol{a}_\theta\cdot\boldsymbol{a}_\theta = \boldsymbol{a}_\varphi\cdot\boldsymbol{a}_\varphi = 1 \tag{3-37a}$$

$$\boldsymbol{a}_r \cdot \boldsymbol{a}_\theta = \boldsymbol{a}_\theta \cdot \boldsymbol{a}_r = \boldsymbol{a}_\theta \cdot \boldsymbol{a}_\varphi = \boldsymbol{a}_\varphi \cdot \boldsymbol{a}_\theta = \boldsymbol{a}_\varphi \cdot \boldsymbol{a}_r = \boldsymbol{a}_r \cdot \boldsymbol{a}_\varphi = 0 \quad (3-37\text{b})$$

根据方程（3-37a）和（3-37b），方程（3-36）可简化为

$$\mathbf{A} \cdot \boldsymbol{B} = A_r B_r + A_\theta B_\theta + A_\varphi B_\varphi \quad (3-38\text{a})$$

根据方程（3-38a），如果用 **A** 来替换 ***B***，结果为

$$\mathbf{A} \cdot \boldsymbol{B} = \mathbf{A} \cdot \mathbf{A} = A_r A_r + A_\theta A_\theta + A_\varphi A_\varphi = A_r^2 + A_\theta^2 + A_\varphi^2 = A^2 \quad (3-38\text{b})$$

3.4.3.5　两矢量的叉积

由方程（3-35a）和（3-35b）确定的两个矢量叉积为

$$\begin{aligned}\mathbf{A} \times \boldsymbol{B} &= (A_r\boldsymbol{a}_r + A_\theta\boldsymbol{a}_\theta + A_\varphi\boldsymbol{a}_\varphi) \times (B_r\boldsymbol{a}_r + B_\theta\boldsymbol{a}_\theta + B_\varphi\boldsymbol{a}_\varphi)\\ &= A_rB_r(\boldsymbol{a}_r \times \boldsymbol{a}_r) + A_rB_\theta(\boldsymbol{a}_r \times \boldsymbol{a}_\theta) + A_rB_\varphi(\boldsymbol{a}_r \times \boldsymbol{a}_\varphi)\\ &\quad + A_\theta B_r(\boldsymbol{a}_\theta \times \boldsymbol{a}_r) + A_\theta B_\theta(\boldsymbol{a}_\theta \times \boldsymbol{a}_\theta) + A_\theta B_\varphi(\boldsymbol{a}_\theta \times \boldsymbol{a}_\varphi)\\ &\quad + A_\varphi B_r(\boldsymbol{a}_\varphi \times \boldsymbol{a}_r) + A_\varphi B_\theta(\boldsymbol{a}_\varphi \times \boldsymbol{a}_\theta) + A_\varphi B_\varphi(\boldsymbol{a}_\varphi \times \boldsymbol{a}_\varphi)\end{aligned} \quad (3-39)$$

这个叉积的结果有 9 项，每一项都带有两个标量乘积（两个分量的大小）和两个单位矢量的叉积。根据方程（3-10a），相同的单位矢量叉积为 0，不相同的两个单位矢量叉积为一个**新的单位矢量**，该单位矢量垂直于参与运算的两个单位矢量。因此

$$\boldsymbol{a}_r \times \boldsymbol{a}_r = \boldsymbol{a}_\theta \times \boldsymbol{a}_\theta = \boldsymbol{a}_\varphi \times \boldsymbol{a}_\varphi = \mathbf{0} \quad (3-40\text{a})$$

$$\begin{aligned}&\boldsymbol{a}_r \times \boldsymbol{a}_\theta = \boldsymbol{a}_\varphi, \quad \boldsymbol{a}_\theta \times \boldsymbol{a}_r = -\boldsymbol{a}_\varphi\\ &\boldsymbol{a}_\theta \times \boldsymbol{a}_\varphi = \boldsymbol{a}_r, \quad \boldsymbol{a}_\varphi \times \boldsymbol{a}_\theta = -\boldsymbol{a}_r\\ &\boldsymbol{a}_\varphi \times \boldsymbol{a}_r = \boldsymbol{a}_\theta, \quad \boldsymbol{a}_r \times \boldsymbol{a}_\varphi = -\boldsymbol{a}_\theta\end{aligned} \quad (3-40\text{b})$$

在这些矢量叉积中，单位矢量的顺序符合右手坐标系约定时，叉积结果为正；当顺序相反时取负号。根据方程（3-40a）和（3-40b），方程（3-39）可简化为

$$\begin{aligned}\mathbf{A} \times \boldsymbol{B} &= A_rB_r(0) + A_rB_\theta(\boldsymbol{a}_\varphi) + A_rB_\varphi(-\boldsymbol{a}_\theta) + A_\theta B_r(-\boldsymbol{a}_\varphi) + A_\theta B_\theta(0)\\ &\quad + A_\theta B_\varphi(\boldsymbol{a}_r) + A_\varphi B_r(\boldsymbol{a}_\theta) + A_\varphi B_\theta(-\boldsymbol{a}_r) + A_\varphi B_\varphi(0)\\ &= A_rB_\theta\boldsymbol{a}_\varphi - A_rB_\varphi\boldsymbol{a}_\theta - A_\theta B_r\boldsymbol{a}_\varphi + A_\theta B_\varphi\boldsymbol{a}_r + A_\varphi B_r\boldsymbol{a}_\theta - A_\varphi B_\theta\boldsymbol{a}_r\\ &= (A_\theta B_\varphi - A_\varphi B_\theta)\boldsymbol{a}_r + (A_\varphi B_r - A_rB_\varphi)\boldsymbol{a}_\theta + (A_rB_\theta - A_\theta B_r)\boldsymbol{a}_\varphi\end{aligned} \quad (3-41\text{a})$$

采用矩阵行列式，方程（3-41a）可以写为下列形式

$$\mathbf{A} \times \boldsymbol{B} = \begin{vmatrix} \boldsymbol{a}_r & \boldsymbol{a}_\theta & \boldsymbol{a}_\varphi \\ A_r & A_\theta & A_\varphi \\ B_r & B_\theta & B_\varphi \end{vmatrix} \quad (3-41\text{b})$$

在 3.4.1 节、3.4.2 节和 3.4.3 节中，参数 x、y、z、ρ、r 的单位通常为米（m）或厘米（cm），除非特别规定，θ、φ 的单位为弧度。

3.5　坐标变换

如前所述，所研究的三个坐标系都是正交坐标系，因为对于直角坐标系的（x，y，z）坐标、柱坐标系的（ρ，φ，z）坐标和球坐标系的（r，θ，φ）坐标，各坐标之间都是相互垂直的。另外，只要维持各自系统中的坐标顺序（x，y，z）、（ρ，φ，z）和（r，θ，φ），都被

称为右手坐标系。如果这个顺序改变了，如 (x, z, y)、(ρ, z, φ) 和 (r, φ, θ)，则被称为左手坐标系。

3.5.1 坐标系之间的关系

柱坐标系是参照空间笛卡儿直角坐标系定义的。从图 3－2（b）或图 3－6（a）可以看出，笛卡儿坐标系和柱坐标系有明确的关系。图 3－2（c）或图 3－8（a）表明，笛卡儿坐标系与球坐标系也是相关的。下面将给出这些关系式。

3.5.1.1 笛卡儿坐标系与柱坐标系之间的关系

图 3－6（a）中，柱坐标系是叠加在直角坐标系之上的。两个坐标系之间的关系见表 3－1。

表 3－1 笛卡儿坐标系与柱坐标系之间的关系

$x = \rho\cos\varphi$	$y = \rho\sin\varphi$	$z = z$
$\rho = (x^2 + y^2)^{1/2}$	$\varphi = \tan^{-1}(y/x)$	$z = z$
$\sin\varphi = \dfrac{y}{\rho} = \dfrac{y}{\sqrt{x^2 + y^2}}$	$\cos\varphi = \dfrac{x}{\rho} = \dfrac{x}{\sqrt{x^2 + y^2}}$	$\tan\varphi = \dfrac{y}{x}$

3.5.1.2 笛卡儿坐标系与球坐标系之间的关系

球坐标系是参照空间笛卡儿坐标系定义的。由图 3－8（a）可知，球坐标系是叠加在直角坐标系之上的。两个坐标系之间的关系见表 3－2。

表 3－2 笛卡儿坐标系与球坐标系之间的关系

$x = r\sin\theta\cos\varphi$	$y = r\sin\theta\sin\varphi$	$z = r\cos\theta$
$r = \sqrt{x^2 + y^2 + z^2}$	$\theta = \cos^{-1}\left(z/\sqrt{x^2 + y^2 + z^2}\right)$	$\varphi = \tan^{-1}(y/x)$
$\cos\theta = \dfrac{z}{\sqrt{x^2 + y^2 + z^2}}$	$\sin\theta = \dfrac{r'}{r}\ \dfrac{\sqrt{x^2 + y^2}}{\sqrt{x^2 + y^2 + z^2}}$	$r' = \sqrt{x^2 + y^2}$
$\sin\varphi = \dfrac{y}{r'} = \dfrac{y}{\sqrt{x^2 + y^2}}$	$\cos\varphi = \dfrac{x}{r'} = \dfrac{x}{\sqrt{x^2 + y^2}}$	$\tan\varphi = \dfrac{y}{x}$

为了简化实际问题，有时迫切需要坐标变换。这种变换是一个双向的过程，即将直角坐标系变换到柱坐标系或球坐标系，或者从柱坐标系或球坐标系变换到直角坐标系。有时也会涉及从柱坐标系变换到球坐标系问题或者从球坐标系变换到柱坐标系问题。如果有这样的需要，可以基于直角坐标系来完成。因此，可以先将球坐标系变换到直角坐标系，然后再将得到的矢量变换到柱坐标系。从柱坐标系变换到球坐标系可以采用相反的过程，中间通过直角坐标系。下面将讨论这两种常用的坐标变换。

3.5.2 直角坐标系与柱坐标系之间的变换

图 3－21 在直角坐标系之上叠加了一个柱坐标系。图中标出了直角坐标系的单位矢量和柱坐标系的单位矢量之间的夹角。表 3－3 中给出了这些夹角下的单位矢量点积。

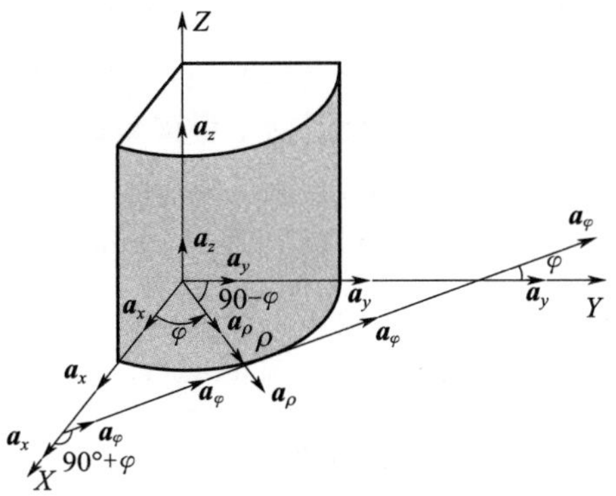

图 3－21　各单位矢量之间夹角

表 3－3　单位矢量、夹角和点积

单位矢量	单位矢量之间夹角	点积
$\boldsymbol{a}_x$ & $\boldsymbol{a}_\rho$	φ	$\boldsymbol{a}_x \cdot \boldsymbol{a}_\rho = \cos\varphi$
$\boldsymbol{a}_x$ & $\boldsymbol{a}_\varphi$	$90° + \varphi$	$\boldsymbol{a}_x \cdot \boldsymbol{a}_\phi = -\sin\varphi$
$\boldsymbol{a}_x$ & $\boldsymbol{a}_z$	$90°$	$\boldsymbol{a}_x \cdot \boldsymbol{a}_z = 0$
$\boldsymbol{a}_y$ & $\boldsymbol{a}_\rho$	φ	$\boldsymbol{a}_y \cdot \boldsymbol{a}_\rho = \sin\varphi$
$\boldsymbol{a}_y$ & $\boldsymbol{a}_\varphi$	$90° - \varphi$	$\boldsymbol{a}_y \cdot \boldsymbol{a}_\phi = \cos\varphi$
$\boldsymbol{a}_y$ & $\boldsymbol{a}_z$	$90°$	$\boldsymbol{a}_y \cdot \boldsymbol{a}_z = 0$
$\boldsymbol{a}_z$ & $\boldsymbol{a}_\rho$	$90°$	$\boldsymbol{a}_z \cdot \boldsymbol{a}_\rho = 0$
$\boldsymbol{a}_z$ & $\boldsymbol{a}_\varphi$	$90°$	$\boldsymbol{a}_z \cdot \boldsymbol{a}_\rho = 0$
$\boldsymbol{a}_x$ & $\boldsymbol{a}_z$	0	$\boldsymbol{a}_z \cdot \boldsymbol{a}_z = 1$

点积的定义使坐标变换变得非常容易。如果要得到给定矢量 **A** 的各分量，就用该矢量与相应的单位矢量相乘。因此

$$A_x = \mathbf{A} \cdot \boldsymbol{a}_x = (A_x\boldsymbol{a}_x + A_y\boldsymbol{a}_y + A_z\boldsymbol{a}_z) \cdot \boldsymbol{a}_x \tag{3-42a}$$

$$A_y = \mathbf{A} \cdot \boldsymbol{a}_y = (A_x\boldsymbol{a}_x + A_y\boldsymbol{a}_y + A_z\boldsymbol{a}_z) \cdot \boldsymbol{a}_y \tag{3-42b}$$

$$A_z = \mathbf{A} \cdot \boldsymbol{a}_z = (A_x\boldsymbol{a}_x + A_y\boldsymbol{a}_y + A_z\boldsymbol{a}_z) \cdot \boldsymbol{a}_z \tag{3-42c}$$

由方程（3－14）（3－24）和（3－34）给定的矢量 **A** 在三个坐标系中是同一个物理量。将方程（3－14）和（3－24）给定的矢量 **A** 重新列在这里

$$\mathbf{A} = A_x\boldsymbol{a}_x + A_y\boldsymbol{a}_y + A_z\boldsymbol{a}_z \tag{3-14}$$

$$\mathbf{A} = A_\rho\boldsymbol{a}_\rho + A_\varphi\boldsymbol{a}_\varphi + A_z\boldsymbol{a}_z \tag{3-24}$$

方程（3－14）中的 A_x、A_y、A_z 可以通过方程（3－24）得到

$$A_x = \mathbf{A} \cdot \boldsymbol{a}_x = (A_\rho\boldsymbol{a}_\rho + A_\varphi\boldsymbol{a}_\varphi + A_z\boldsymbol{a}_z) \cdot \boldsymbol{a}_x \tag{3-43a}$$

$$A_y = \mathbf{A} \cdot \boldsymbol{a}_y = (A_\rho\boldsymbol{a}_\rho + A_\varphi\boldsymbol{a}_\varphi + A_z\boldsymbol{a}_z) \cdot \boldsymbol{a}_y \tag{3-43b}$$

$$A_z = \mathbf{A} \cdot \boldsymbol{a}_z = (A_\rho\boldsymbol{a}_\rho + A_\varphi\boldsymbol{a}_\varphi + A_z\boldsymbol{a}_z) \cdot \boldsymbol{a}_z \tag{3-43c}$$

同样，方程（3－24）中的 A_ρ、A_φ、A_z 可以通过方程（3－14）得到

$$A_\rho = \mathbf{A} \cdot \boldsymbol{a}_\rho = (A_x\boldsymbol{a}_x + A_y\boldsymbol{a}_y + A_z\boldsymbol{a}_z) \cdot \boldsymbol{a}_\rho \tag{3-43d}$$

$$A_\varphi = \boldsymbol{A} \cdot \boldsymbol{a}_\varphi = (A_x\boldsymbol{a}_x + A_y\boldsymbol{a}_y + A_z\boldsymbol{a}_z) \cdot \boldsymbol{a}_\varphi \qquad (3-43e)$$

$$A_z = \boldsymbol{A} \cdot \boldsymbol{a}_z = (A_x\boldsymbol{a}_x + A_y\boldsymbol{a}_y + A_z\boldsymbol{a}_z) \cdot \boldsymbol{a}_z \qquad (3-43f)$$

在方程（3－43a）至（3－43f）中涉及下列单位矢量的点积

$\boldsymbol{a}_\rho \cdot \boldsymbol{a}_x$，$\boldsymbol{a}_\varphi \cdot \boldsymbol{a}_x$，$\boldsymbol{a}_z \cdot \boldsymbol{a}_x$，$\boldsymbol{a}_\rho \cdot \boldsymbol{a}_y$，$\boldsymbol{a}_\varphi \cdot \boldsymbol{a}_y$，$\boldsymbol{a}_z \cdot \boldsymbol{a}_y$，$\boldsymbol{a}_\rho \cdot \boldsymbol{a}_z$，$\boldsymbol{a}_\varphi \cdot \boldsymbol{a}_z$，$\boldsymbol{a}_z \cdot \boldsymbol{a}_z$

表 3－3 中给出了这些点积的值。如果 A_ρ、A_φ、A_z 根据 ρ、φ、z 给出，则通过表 3－1 可以得到用 x、y、z 表示的 A_x、A_y、A_z。同样，对于用 x、y、z 给出的 A_x、A_y、A_z，也可以用该表得到用 ρ、φ、z 表示的 A_ρ、A_φ、A_z。

3.5.3 笛卡儿坐标系与球坐标系之间的变换

图 3－22 给出了直角坐标系的单位矢量和球坐标系的单位矢量之间的夹角。表 3－4 中给出了这些角度下的单位矢量点积。

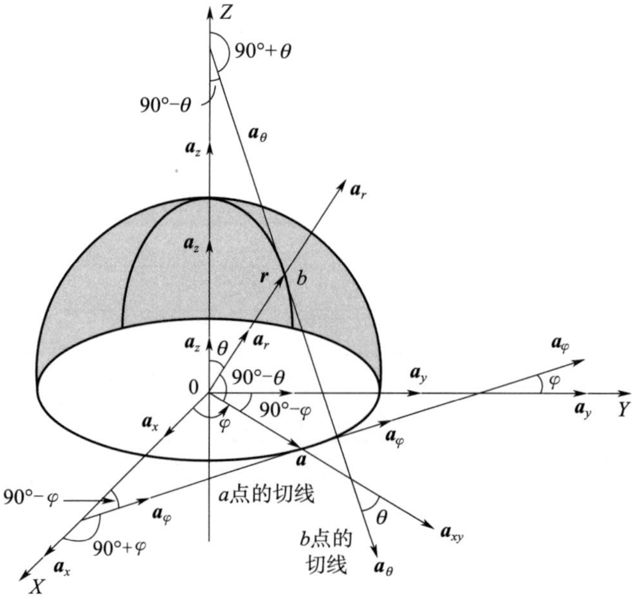

图 3－22　各单位矢量之间的夹角

说明：$\boldsymbol{a}_{xy}$ 是沿着 $\boldsymbol{r}$ 在 x、y 平面投影方向上的单位矢量，它与 $\boldsymbol{a}_\theta$ 和 $\boldsymbol{a}_r$ 的夹角分别为 θ 和 $90°-\theta$。

矢量 $\boldsymbol{A}$ 在直角坐标系和球坐标系中可表示为

$$\boldsymbol{A} = A_x\boldsymbol{a}_x + A_y\boldsymbol{a}_y + A_z\boldsymbol{a}_z \qquad (3-14)$$

$$\boldsymbol{A} = A_r\boldsymbol{a}_r + A_\theta\boldsymbol{a}_\theta + A_\varphi\boldsymbol{a}_\varphi \qquad (3-34)$$

方程（3－14）中的 A_x、A_y、A_z 可以通过方程（3－34）得到

$$A_x = \boldsymbol{A} \cdot \boldsymbol{a}_x = (A_r\boldsymbol{a}_r + A_\theta\boldsymbol{a}_\theta + A_\varphi\boldsymbol{a}_\varphi) \cdot \boldsymbol{a}_x \qquad (3-44a)$$

$$A_y = \boldsymbol{A} \cdot \boldsymbol{a}_y = (A_r\boldsymbol{a}_r + A_\theta\boldsymbol{a}_\theta + A_\varphi\boldsymbol{a}_\varphi) \cdot \boldsymbol{a}_y \qquad (3-44b)$$

$$A_z = \boldsymbol{A} \cdot \boldsymbol{a}_z = (A_r\boldsymbol{a}_r + A_\theta\boldsymbol{a}_\theta + A_\varphi\boldsymbol{a}_\varphi) \cdot \boldsymbol{a}_z \qquad (3-44c)$$

同样，方程（3－34）中的 A_r、A_θ、A_φ 可以通过方程（3－14）得到

$$A_r = \boldsymbol{A} \cdot \boldsymbol{a}_r = (A_x\boldsymbol{a}_x + A_y\boldsymbol{a}_y + A_z\boldsymbol{a}_z) \cdot \boldsymbol{a}_r \tag{3-44d}$$

$$A_\theta = \boldsymbol{A} \cdot \boldsymbol{a}_\theta = (A_x\boldsymbol{a}_x + A_y\boldsymbol{a}_y + A_z\boldsymbol{a}_z) \cdot \boldsymbol{a}_\theta \tag{3-44e}$$

$$A_\varphi = \boldsymbol{A} \cdot \boldsymbol{a}_\varphi = (A_x\boldsymbol{a}_x + A_y\boldsymbol{a}_y + A_z\boldsymbol{a}_z) \cdot \boldsymbol{a}_\varphi \tag{3-44f}$$

在方程（3-44）中产生了下列单位矢量的点积

$\boldsymbol{a}_r \cdot \boldsymbol{a}_x$， $\boldsymbol{a}_\theta \cdot \boldsymbol{a}_x$， $\boldsymbol{a}_\varphi \cdot \boldsymbol{a}_x$， $\boldsymbol{a}_r \cdot \boldsymbol{a}_y$， $\boldsymbol{a}_\theta \cdot \boldsymbol{a}_y$， $\boldsymbol{a}_\varphi \cdot \boldsymbol{a}_y$， $\boldsymbol{a}_r \cdot \boldsymbol{a}_z$， $\boldsymbol{a}_\theta \cdot \boldsymbol{a}_z$， $\boldsymbol{a}_\varphi \cdot \boldsymbol{a}_z$

表 3-4 中给出了这些点积的值。如果 A_r、A_θ、A_φ 根据 r、θ、φ 给出，则通过表 3-2 可以得到用 x、y、z 表示的 A_x、A_y、A_z。同样，对于用 x、y、z 给出的 A_x、A_y、A_z，也可以用该表得到用 r、θ、φ 表示的 A_r、A_θ、A_φ。

表 3-4　单位矢量、夹角和点积

单位矢量	单位矢量之间夹角	点积
$\boldsymbol{a}_{xy}$ & $\boldsymbol{a}_r$	$\angle 90° - \theta$	$\boldsymbol{a}_{xy} \cdot \boldsymbol{a}_r = \sin\theta$
$\boldsymbol{a}_{xy}$ & $\boldsymbol{a}_\theta$	$\angle\theta$	$\boldsymbol{a}_{xy} \cdot \boldsymbol{a}_\theta = \cos\theta$
$\boldsymbol{a}_x$ & $\boldsymbol{a}_r$	$\angle(\boldsymbol{a}_r$ & $\boldsymbol{a}_{xy}) \cdot \angle(\boldsymbol{a}_{xy}$ & $\boldsymbol{a}_x) = \angle 90° - \theta \cdot \angle\varphi$	$\boldsymbol{a}_x \cdot \boldsymbol{a}_r = \sin\theta\cos\varphi$
$\boldsymbol{a}_x$ & $\boldsymbol{a}_\theta$	$\angle(\boldsymbol{a}_\theta$ & $\boldsymbol{a}_{xy}) \cdot \angle(\boldsymbol{a}_{xy}$ & $\boldsymbol{a}_x) = \angle\theta \cdot \angle\varphi$	$\boldsymbol{a}_x \cdot \boldsymbol{a}_\theta = \cos\theta\cos\varphi$
$\boldsymbol{a}_x$ & $\boldsymbol{a}_\varphi$	$\angle 90° + \theta$	$\boldsymbol{a}_x \cdot \boldsymbol{a}_\varphi = -\sin\theta$
$\boldsymbol{a}_y$ & $\boldsymbol{a}_r$	$\angle(\boldsymbol{a}_r$ & $\boldsymbol{a}_{xy}) \cdot \angle(\boldsymbol{a}_{xy}$ & $\boldsymbol{a}_y) = \angle 90° - \theta \cdot \angle 90° - \varphi$	$\boldsymbol{a}_y \cdot \boldsymbol{a}_r = \sin\theta\sin\varphi$
$\boldsymbol{a}_y$ & $\boldsymbol{a}_\theta$	$\angle(\boldsymbol{a}_\theta$ & $\boldsymbol{a}_{xy}) \cdot \angle(\boldsymbol{a}_{xy}$ & $\boldsymbol{a}_y) = \angle\theta \cdot \angle 90° - \varphi$	$\boldsymbol{a}_y \cdot \boldsymbol{a}_\theta = \cos\theta\sin\varphi$
$\boldsymbol{a}_y$ & $\boldsymbol{a}_\varphi$	$\angle\varphi$	$\boldsymbol{a}_y \cdot \boldsymbol{a}_\varphi = \cos\varphi$
$\boldsymbol{a}_z$ & $\boldsymbol{a}_r$	$\angle\theta$	$\boldsymbol{a}_z \cdot \boldsymbol{a}_r = \cos\theta$
$\boldsymbol{a}_z$ & $\boldsymbol{a}_\theta$	$\angle 90° + \theta$	$\boldsymbol{a}_z \cdot \boldsymbol{a}_\theta = -\sin\theta$
$\boldsymbol{a}_z$ & $\boldsymbol{a}_\varphi$	$\angle 90°$	$\boldsymbol{a}_z \cdot \boldsymbol{a}_\varphi = 0$

3.5.4　复杂的几何问题

在处理实际场问题的时候，可能会遇到与前述三个坐标系不相符的几何外形情况。在这种情况下，可能需要尝试使用在 3.2.1.2 节中所列的其他坐标系。如果没有找到符合外形的坐标系，可以诉诸以下选择。

3.5.4.1　外形区域划分

第一个选择是，将这个外形划分为适当的段（或区域），每个段独立获得相应的解。然后将这些解在连接区域的边界上匹配。涉及典型几何形状（如电机）或不同材料（如介电波导和阶跃折射率光纤）配置的问题，这种选择最合适。

3.5.4.2　使用多个坐标系

在这个选择中，可以使用多个坐标系。然后，将获得的解变换到一个更合适的坐标系中。使用这种方法的例子包括变压器箱中的涡流、导线束产生的磁场、平板上的环形槽、螺旋天线、螺旋体与喇叭的组合或螺旋体与角反射器的组合等问题。这种外形的问题不能采用任何单一的坐标系来解决。

例 3.1 矢量 $\boldsymbol{R}_{12}$ 从 ($x_1=1$，$y_1=2$，$z_1=3$) 延伸到 ($x_2=-3$，$y_2=3$，$z_2=1$)，求 $|\boldsymbol{R}_{12}|$ 和 $\boldsymbol{a}_{R_{12}}$ 。

解： 根据方程（3－13a）（3－13c）和（3－13e)，有

$$\boldsymbol{R}_{12}=(-3-1)\boldsymbol{a}_x+(3-2)\boldsymbol{a}_y+(1-3)\boldsymbol{a}_z=-4\boldsymbol{a}_x+\boldsymbol{a}_y-2\boldsymbol{a}_z$$

$$|\boldsymbol{R}_{12}|=\sqrt{(-4)^2+(1)^2+(-2)^2}=\sqrt{21}=4.5826$$

$$\boldsymbol{a}_{R_{12}}=\frac{\boldsymbol{R}_{12}}{|R_{12}|}=\frac{-4\boldsymbol{a}_x+\boldsymbol{a}_y-2\boldsymbol{a}_z}{4.5826}=-0.87287\boldsymbol{a}_x+0.2182\boldsymbol{a}_y-0.4364\boldsymbol{a}_z$$

例 3.2 如果在柱坐标系中点 1 和点 2 的位置为 $\left(\rho=1，\varphi=\frac{\pi}{6}，z=3\right)$ 和 $\left(\rho=2，\varphi=\frac{\pi}{3}，z=4\right)$，根据它们的分量写出 $\boldsymbol{R}_{12}$。

解： 根据方程（3－24）可以得到

$$\boldsymbol{R}_{12}=(2-1)\boldsymbol{a}_\rho+\left(2\times\frac{\pi}{3}-1\times\frac{\pi}{6}\right)\boldsymbol{a}_\varphi+(4-3)\boldsymbol{a}_z=\boldsymbol{a}_\rho+\frac{\pi}{2}\boldsymbol{a}_\varphi+\boldsymbol{a}_z$$

例 3.3 如果在球坐标系中点 1 和点 2 的位置分别为 $\left(r_1=1，\theta_1=\frac{\pi}{6}，\varphi_1=\frac{\pi}{4}\right)$ 和 $\left(r_2=2，\theta_2=\frac{\pi}{3}，\varphi_2=\frac{\pi}{3}\right)$，根据它们的分量写出 $\boldsymbol{R}_{12}$。

解：根据方程（3－34）可以得到

$$\boldsymbol{R}_{12}=(2-1)\boldsymbol{a}_r+\left(2\times\frac{\pi}{3}-1\times\frac{\pi}{6}\right)\boldsymbol{a}_\theta+\left(2\times\frac{\pi}{3}\sin\frac{\pi}{3}-1\times\frac{\pi}{4}\sin\frac{\pi}{6}\right)\boldsymbol{a}_\varphi$$

$$=\boldsymbol{a}_r+\frac{\pi}{2}\boldsymbol{a}_\theta+\left\{\left(\frac{2\pi}{3}\right)\left(\frac{\sqrt{3}}{2}\right)-\frac{\pi}{4}\frac{1}{2}\right\}\boldsymbol{a}_\varphi=\boldsymbol{a}_r+\frac{\pi}{2}\boldsymbol{a}_\theta+\left\{\left(\frac{\pi}{\sqrt{3}}\right)-\frac{\pi}{8}\right\}\boldsymbol{a}_\varphi$$

$$=\boldsymbol{a}_r+(1.571)\boldsymbol{a}_\theta+\{1.8138-0.3927\}\boldsymbol{a}_\varphi=\boldsymbol{a}_r+1.571\boldsymbol{a}_\theta+1.4211\boldsymbol{a}_\varphi$$

例 3.4 如果 $\boldsymbol{A}=5\boldsymbol{a}_x+6\boldsymbol{a}_y-\boldsymbol{a}_z$ 和 $\boldsymbol{B}=3\boldsymbol{a}_x-2\boldsymbol{a}_y+3\boldsymbol{a}_z$，求 $\boldsymbol{A}+\boldsymbol{B}$ 和 $\boldsymbol{A}-\boldsymbol{B}$。

解：

$$\boldsymbol{A}+\boldsymbol{B}=(5\boldsymbol{a}_x+6\boldsymbol{a}_y-\boldsymbol{a}_z)+(3\boldsymbol{a}_x-2\boldsymbol{a}_y+3\boldsymbol{a}_z)=8\boldsymbol{a}_x+4\boldsymbol{a}_y+2\boldsymbol{a}_z$$

$$\boldsymbol{A}-\boldsymbol{B}=(5\boldsymbol{a}_x+6\boldsymbol{a}_y-\boldsymbol{a}_z)-(3\boldsymbol{a}_x-2\boldsymbol{a}_y+3\boldsymbol{a}_z)=2\boldsymbol{a}_x+8\boldsymbol{a}_y-4\boldsymbol{a}_z$$

例 3.5 如果 $\boldsymbol{A}=3\boldsymbol{a}_x+2\boldsymbol{a}_y-\boldsymbol{a}_z$ 和 $\boldsymbol{B}=-2\boldsymbol{a}_x+3\boldsymbol{a}_y+4\boldsymbol{a}_z$，求标量积 $\boldsymbol{A}\cdot\boldsymbol{B}$ 和两矢量的夹角。

解： 将矢量 $\boldsymbol{A}$ 和 $\boldsymbol{B}$ 与方程（3－15a）和（3－15b）比较，得到

$$A_x=3,A_y=2,A_z=-1,B_x=-2,B_y=3,B_z=4$$

将这些分量代入方程（3－18a）得到

$$\boldsymbol{A}\cdot\boldsymbol{B}=A_xB_x+A_yB_y+A_zB_z=-6+6-4=-4$$

应用方程（3－9a）（$\boldsymbol{A}\cdot\boldsymbol{B}=|\boldsymbol{A}||\boldsymbol{B}|\cos\theta$）有

$$|\boldsymbol{A}|=\sqrt{(3)^2+(2)^2+(-1)^2}=\sqrt{14}\qquad|\boldsymbol{B}|=\sqrt{(-2)^2+(3)^2+(4)^2}=\sqrt{29}$$

$$\boldsymbol{A}\cdot\boldsymbol{B}=\sqrt{14}\sqrt{29}\cos\theta=-4\qquad\cos\theta=\frac{-4}{\sqrt{14}\sqrt{29}}=-0.1985$$

因此，$\theta=\cos^{-1}(-0.1985)=101.45°$。

例 3.6　如果 $\boldsymbol{A}=2\boldsymbol{a}_x+2\boldsymbol{a}_y+4\boldsymbol{a}_z$ 和 $\boldsymbol{B}=-2\boldsymbol{a}_x-3\boldsymbol{a}_y+3\boldsymbol{a}_z$，求矢量积 $\boldsymbol{A}\times\boldsymbol{B}$。

解：矢量 $\boldsymbol{A}$ 和 $\boldsymbol{B}$ 的分量为：$A_x=2$，$A_y=2$，$A_z=4$，$B_x=-2$，$B_y=-3$，$B_z=3$，根据方程（3-21a）有

$$\begin{aligned}\boldsymbol{A}\times\boldsymbol{B}&=(A_yB_z-A_zB_y)\boldsymbol{a}_x+(A_zB_x-A_xB_z)\boldsymbol{a}_y+(A_xB_y-A_yB_x)\boldsymbol{a}_z\\&=[2\cdot3-4\cdot(-3)]\boldsymbol{a}_x+[4\cdot(-2)-2\cdot3]\boldsymbol{a}_y+[2\cdot(-3)-2\cdot(-2)]\boldsymbol{a}_z\\&=(6+12)\boldsymbol{a}_x+(-8-6)\boldsymbol{a}_y+(-6+4)\boldsymbol{a}_z=18\boldsymbol{a}_x-14\boldsymbol{a}_y-2\boldsymbol{a}_z\end{aligned}$$

例 3.7　将矢量 $\boldsymbol{A}=x\boldsymbol{a}_x+y\boldsymbol{a}_y-z\boldsymbol{a}_z$ 从笛卡儿坐标系变换到柱坐标系。

解：根据方程（3-43d）到（3-43f），有

$$A_\rho=(x\boldsymbol{a}_x+y\boldsymbol{a}_y-z\boldsymbol{a}_z)\cdot\boldsymbol{a}_\rho=x\boldsymbol{a}_x\cdot\boldsymbol{a}_\rho+y\boldsymbol{a}_y\cdot\boldsymbol{a}_\rho+z\boldsymbol{a}_z\cdot\boldsymbol{a}_\rho$$

$$A_\varphi=(x\boldsymbol{a}_x+y\boldsymbol{a}_y-z\boldsymbol{a}_z)\cdot\boldsymbol{a}_\varphi=x\boldsymbol{a}_x\cdot\boldsymbol{a}_\varphi+y\boldsymbol{a}_y\cdot\boldsymbol{a}_\varphi+z\boldsymbol{a}_z\cdot\boldsymbol{a}_\varphi$$

$$A_z=(x\boldsymbol{a}_x+y\boldsymbol{a}_y-z\boldsymbol{a}_z)\cdot\boldsymbol{a}_z=x\boldsymbol{a}_x\cdot\boldsymbol{a}_z+y\boldsymbol{a}_y\cdot\boldsymbol{a}_z+z\boldsymbol{a}_z\cdot\boldsymbol{a}_z$$

根据表 3-3，上述分量可以写为

$$A_\rho=x\cos\varphi+y\sin\varphi\qquad A_\varphi=-x\sin\varphi+y\cos\varphi\qquad A_z=-z$$

根据表 3-1，$x=\rho\cos\varphi$，$y=\rho\sin\varphi$ 和 $z=z$，有

$$A_\rho=\rho(\cos^2\varphi+\sin^2\varphi)=\rho\qquad A_\varphi=-\rho\cos\varphi\sin\varphi+\rho\sin\varphi\cos\varphi=0$$

$$A_z=-z$$

因此，在柱坐标系中，$\boldsymbol{A}=\rho\boldsymbol{a}_\rho-z\boldsymbol{a}_z$

例 3.8　将矢量 $\boldsymbol{A}=\rho\boldsymbol{a}_\rho-\rho\boldsymbol{a}_\varphi+z\boldsymbol{a}_z$ 从柱坐标系变换到笛卡儿坐标系。

解：根据方程（3-43a）到（3-43c），有

$$A_x=(\rho\boldsymbol{a}_\rho-\rho\boldsymbol{a}_\varphi+z\boldsymbol{a}_z)\cdot\boldsymbol{a}_x=\rho\boldsymbol{a}_\rho\cdot\boldsymbol{a}_x-\rho\boldsymbol{a}_\varphi\cdot\boldsymbol{a}_x+z\boldsymbol{a}_z\cdot\boldsymbol{a}_x$$

$$A_y=(\rho\boldsymbol{a}_\rho-\rho\boldsymbol{a}_\varphi+z\boldsymbol{a}_z)\cdot\boldsymbol{a}_y=\rho\boldsymbol{a}_\rho\cdot\boldsymbol{a}_y-\rho\boldsymbol{a}_\varphi\cdot\boldsymbol{a}_y+z\boldsymbol{a}_z\cdot\boldsymbol{a}_y$$

$$A_z=(\rho\boldsymbol{a}_\rho-\rho\boldsymbol{a}_\varphi+z\boldsymbol{a}_z)\cdot\boldsymbol{a}_z=\rho\boldsymbol{a}_\rho\cdot\boldsymbol{a}_z-\rho\boldsymbol{a}_\varphi\cdot\boldsymbol{a}_z+z\boldsymbol{a}_z\cdot\boldsymbol{a}_z$$

根据表 3-3，上述分量可以写为

$$A_x=\rho\cos\varphi+\rho\sin\varphi\qquad A_y=\rho\sin\varphi-\rho\cos\varphi\qquad A_z=z$$

代入 $\rho=(x^2+y^2)^{1/2}$，$\varphi=\tan^{-1}\left(\dfrac{y}{x}\right)$（由此得到 $\sin\varphi=\dfrac{y}{\sqrt{x^2+y^2}}$ 和 $\cos\varphi=\dfrac{x}{\sqrt{x^2+y^2}}$，从表 3-1 得到 $z=z$）得到

$$A_x=\rho(\cos\varphi+\sin\varphi)=(x^2+y^2)^{1/2}\left(\frac{x}{\sqrt{x^2+y^2}}+\frac{y}{\sqrt{x^2+y^2}}\right)=x+y$$

$$A_y=\rho(\sin\varphi-\cos\varphi)=(x^2+y^2)^{1/2}\left(\frac{y}{\sqrt{x^2+y^2}}-\frac{x}{\sqrt{x^2+y^2}}\right)=x-y$$

$$A_z=z$$

因此，在直角坐标系中，$\boldsymbol{A}=(x+y)\boldsymbol{a}_x+(x-y)\boldsymbol{a}_y+z\boldsymbol{a}_z$

例 3.9　将矢量 $\boldsymbol{A}=x\boldsymbol{a}_x-y\boldsymbol{a}_y+z\boldsymbol{a}_z$ 从笛卡儿坐标系变换到球坐标系。

解：根据方程（3－44d）到（3－44f），有

$$A_r=(x\boldsymbol{a}_x-y\boldsymbol{a}_y+z\boldsymbol{a}_z)\cdot\boldsymbol{a}_r=x\boldsymbol{a}_x\cdot\boldsymbol{a}_r-x\boldsymbol{a}_y\cdot\boldsymbol{a}_r+z\boldsymbol{a}_z\cdot\boldsymbol{a}_r$$
$$A_\theta=(x\boldsymbol{a}_x-y\boldsymbol{a}_y+z\boldsymbol{a}_z)\cdot\boldsymbol{a}_\theta=x\boldsymbol{a}_x\cdot\boldsymbol{a}_\theta-x\boldsymbol{a}_y\cdot\boldsymbol{a}_\theta+z\boldsymbol{a}_z\cdot\boldsymbol{a}_\theta$$
$$A_\varphi=(x\boldsymbol{a}_x-y\boldsymbol{a}_y+z\boldsymbol{a}_z)\cdot\boldsymbol{a}_\varphi=x\boldsymbol{a}_x\cdot\boldsymbol{a}_\varphi-x\boldsymbol{a}_y\cdot\boldsymbol{a}_\varphi+z\boldsymbol{a}_z\cdot\boldsymbol{a}_\varphi$$

根据表 3－4，将涉及的点积代入，可以得到

$$A_r=x\sin\theta\cos\varphi-y\sin\theta\sin\varphi+z\cos\theta$$
$$A_\theta=x\cos\theta\cos\varphi-y\cos\theta\sin\varphi-z\sin\theta$$
$$A_\varphi=-x\sin\theta-y\cos\varphi$$

用表 3－2 进行替换：$x=r\sin\theta\cos\varphi$，$y=r\sin\theta\sin\varphi$，$z=r\cos\theta$

$$A_r=r\sin\theta\cos\varphi\sin\theta\cos\varphi-r\sin\theta\sin\varphi\sin\theta\sin\varphi+r\cos\theta\cos\theta$$
$$A_\theta=r\sin\theta\cos\varphi\cos\theta\cos\varphi-r\sin\theta\sin\varphi\cos\theta\sin\varphi-r\cos\theta\sin\theta$$
$$A_\varphi=-r\sin\theta\cos\varphi\sin\theta-r\sin\theta\sin\varphi\cos\varphi$$

即

$$A_r=r(\sin^2\theta\cos^2\varphi-\sin^2\theta\sin^2\varphi+\cos^2\theta)$$
$$A_\theta=r(\sin\theta\cos\theta\cos^2\varphi-\sin\theta\cos\theta\sin^2\varphi-\cos\theta\sin\theta)$$
$$A_\varphi=-r(\sin^2\theta\cos\varphi+\sin\theta\sin\varphi\cos\varphi)$$

因此

$$\begin{aligned}\mathbf{A}=r\,[&(\sin^2\theta\cos^2\varphi-\sin^2\theta\sin^2\varphi+\cos^2\theta)\boldsymbol{a}_r\\&+(\sin\theta\cos\theta\cos^2\varphi-\sin\theta\cos\theta\sin^2\varphi-\cos\theta\sin\theta)\boldsymbol{a}_\theta\\&-(\sin^2\theta\cos\varphi+\sin\theta\sin\varphi\cos\varphi)\boldsymbol{a}_\varphi]\end{aligned}$$

例 3.10 将矢量 $\mathbf{A}=r\boldsymbol{a}_r+r\boldsymbol{a}_\theta-r\boldsymbol{a}_\varphi$ 从球坐标系变换到笛卡儿坐标系。

解：根据方程（3－44a）至（3－44c），有

$$A_x=(r\boldsymbol{a}_r+r\boldsymbol{a}_\theta-r\boldsymbol{a}_\varphi)\cdot\boldsymbol{a}_x=r\boldsymbol{a}_r\cdot\boldsymbol{a}_x+r\boldsymbol{a}_\theta\cdot\boldsymbol{a}_x-r\boldsymbol{a}_\varphi\cdot\boldsymbol{a}_x$$
$$A_y=(r\boldsymbol{a}_r+r\boldsymbol{a}_\theta-r\boldsymbol{a}_\varphi)\cdot\boldsymbol{a}_y=r\boldsymbol{a}_r\cdot\boldsymbol{a}_y+r\boldsymbol{a}_\theta\cdot\boldsymbol{a}_y-r\boldsymbol{a}_\varphi\cdot\boldsymbol{a}_y$$
$$A_z=(r\boldsymbol{a}_r+r\boldsymbol{a}_\theta-r\boldsymbol{a}_\varphi)\cdot\boldsymbol{a}_z=r\boldsymbol{a}_r\cdot\boldsymbol{a}_z+r\boldsymbol{a}_\theta\cdot\boldsymbol{a}_z-r\boldsymbol{a}_\varphi\cdot\boldsymbol{a}_z$$

根据表 3－4 得到

$$A_x=r\sin\theta\cos\varphi+r\cos\theta\cos\varphi+r\sin\varphi$$
$$A_y=r\sin\theta\sin\varphi+r\cos\theta\sin\varphi-r\cos\varphi$$
$$A_z=r\cos\theta-r\sin\theta$$

即

$$A_x=r(\sin\theta\cos\varphi+\cos\theta\cos\varphi+\sin\varphi)$$
$$A_y=r(\sin\theta\sin\varphi+\cos\theta\sin\varphi-\cos\varphi)$$
$$A_z=r(\cos\theta-\sin\theta)$$

根据表 3－2 有

$$r=\sqrt{x^2+y^2+z^2},\cos\theta=\frac{z}{\sqrt{x^2+y^2+z^2}},\sin\theta=\frac{\sqrt{x^2+y^2}}{\sqrt{x^2+y^2+z^2}},$$
$$\cos\varphi=\frac{x}{\sqrt{x^2+y^2}},\sin\varphi=\frac{y}{\sqrt{x^2+y^2}}$$

于是得到用笛卡儿坐标（x，y，z）表示的 A_x、A_y、A_z。

习　题

3.1　矢量从 $(x_1=2, y_1=2, z_1=4)$ 延伸到 $(x_2=-1, y_2=3, z_2=1)$，求 $\boldsymbol{R}_{12}$、$|\boldsymbol{R}_{12}|$ 和 $\boldsymbol{a}_{R_{12}}$。

3.2　矢量从 $\left(\rho_1=2, \varphi_1=\frac{\pi}{4}, z_1=2\right)$ 延伸到 $\left(\rho_2=1, \varphi_2=\frac{\pi}{3}, z_2=4\right)$，求 $\boldsymbol{R}_{12}$、$|\boldsymbol{R}_{12}|$ 和 $\boldsymbol{a}_{R_{12}}$。

3.3　矢量从 $\left(r_2=3, \theta_2=\frac{\pi}{3}, \varphi_2=\frac{\pi}{3}\right)$ 到 $\left(r_1=2, \theta_1=\frac{\pi}{6}, \varphi_1=\frac{\pi}{4}\right)$，求 $\boldsymbol{R}_{21}$、$|\boldsymbol{R}_{21}|$ 和 $\boldsymbol{a}_{R_{21}}$。

3.4　如果 $\boldsymbol{A}=2\boldsymbol{a}_x+3\boldsymbol{a}_y-7\boldsymbol{a}_z$ 和 $\boldsymbol{B}=3\boldsymbol{a}_x-2\boldsymbol{a}_y+3\boldsymbol{a}_z$，求 $\boldsymbol{B}+\boldsymbol{A}$ 和 $\boldsymbol{B}-\boldsymbol{A}$。

3.5　如果 $\boldsymbol{A}=5\boldsymbol{a}_x+2\boldsymbol{a}_y-2\boldsymbol{a}_z$ 和 $\boldsymbol{B}=-3\boldsymbol{a}_x+\boldsymbol{a}_y+3\boldsymbol{a}_z$，求 $\boldsymbol{B}\cdot\boldsymbol{A}$ 和两矢量的夹角。

3.6　如果 $\boldsymbol{A}=5\boldsymbol{a}_x+3\boldsymbol{a}_y-4\boldsymbol{a}_z$ 和 $\boldsymbol{B}=-3\boldsymbol{a}_x-3\boldsymbol{a}_y+4\boldsymbol{a}_z$，求 $\boldsymbol{B}\times\boldsymbol{A}$。

3.7　将矢量 $\boldsymbol{A}=3\boldsymbol{a}_x+5\boldsymbol{a}_y-2\boldsymbol{a}_z$ 从笛卡儿坐标系变换到柱坐标系。

3.8　将矢量 $\boldsymbol{A}=5\boldsymbol{a}_\rho-2\boldsymbol{a}_\varphi+3\boldsymbol{a}_z$ 从柱坐标系变换到笛卡儿坐标系。

3.9　将矢量 $\boldsymbol{A}=2\boldsymbol{a}_x-3\boldsymbol{a}_y-2\boldsymbol{a}_z$ 从笛卡儿坐标系变换到球坐标系。

3.10　将矢量 $\boldsymbol{A}=2\boldsymbol{a}_r-3\boldsymbol{a}_\theta+2\boldsymbol{a}_\varphi$ 从球坐标系变换到笛卡儿坐标系。

叙述题

1. 说明笛卡儿坐标系、柱坐标系和球坐标系的体积元，根据相关参数写出它们的数学关系式。

2. 说明笛卡儿坐标系、柱坐标系和球坐标系中的不同面元，根据相关参数写出它们的数学关系式。

3. 说明：1）柱坐标系中常数 ρ 表面和常数 φ 表面；2）球坐标系中常数 r 表面、常数 θ 表面和常数 φ 表面。

4. 图释两个矢量 $\boldsymbol{A}\angle 30°$ 和 $\boldsymbol{B}\angle 30°$ 的加和减。

扩展阅读

在第 4 章末给出。

第 4 章　矢量微积分

4.1　引言

在第 3 章中，我们简要讨论了常用坐标系和矢量代数基本知识。本章将讨论另一个数学工具-矢量微积分，内容包括梯度、散度和旋度的物理描述与数学公式，还包括矢量算子 Del、“标量”运算的标量拉普拉斯算子以及不同坐标系中的矢量函数。最后，简要描述矢量微积分中涉及的一些常用定理（散度定理、拉普拉斯定理和格林定理）。下面介绍电磁学研究所需的矢量微积分。

4.2　梯度运算

对于任意连续可微标量函数 V，矢量函数“grad$V$”为标量函数 V 的梯度

$$\text{grad}V \overset{\text{def}}{=\!=} \nabla V \tag{4-1}$$

在笛卡儿坐标系中，标量函数 V 的梯度为

$$\nabla V=\frac{\partial V}{\partial x}\cdot \boldsymbol{a}_x+\frac{\partial V}{\partial y}\cdot \boldsymbol{a}_y+\frac{\partial V}{\partial z}\cdot \boldsymbol{a}_z \tag{4-1a}$$

式中，∇ 是矢量微分算子，称为 Del 算子。在笛卡儿坐标系中，见下式

$$\nabla=\boldsymbol{a}_x\cdot\frac{\partial}{\partial x}+\boldsymbol{a}_y\cdot\frac{\partial}{\partial y}+\boldsymbol{a}_z\cdot\frac{\partial}{\partial z} \tag{4-1b}$$

4.2.1　物理描述

某点的梯度是该点斜率的别称，是标量函数在该点相对于空间坐标的变化率。标量函数的梯度是矢量，矢量的方向指向函数增量变化率最大的方向，矢量的大小为函数增量变化率的最大值。在局部极大值和局部极小值位置，梯度为零。如同方程（4－1a），梯度通常是一个或多个空间变量标量函数的导数（一阶），带有适当的单位矢量。常数的梯度为零矢量。

单变量函数的普通导数给出该函数随该变量的变化率。例如，标量函数 F 对变量 x 的导数 $\mathrm{d}F/\mathrm{d}x$ 是在给定点 x，当 x 有微小的变化时，函数 F 的变化量。导数是函数 F 相对 x 变化曲线的斜率。如果这个标量函数 F 有多个变量（如 α、β、γ），在函数空间中不同方向的斜率用偏导数（如 $\partial F/\partial\alpha$、$\partial F/\partial\beta$、$\partial F/\partial\gamma$）与适当的因子来表示。每个斜率表示矢量的标量分量，称为标量函数 F 的梯度。因此，在 n 维函数空间中，含有 n 个变量的函数将有包含 n 个分量的梯度。$F(x)$ 只有一个变量和一个普通导数，而 $F(x，y，z)$ 有

三个变量和三个偏导数。多变量函数的梯度在每个方向上都有一个分量。在任意给定点上，标量函数的梯度表述了该点处函数最大增长率的大小和方向。

在矢量微积分中，只对标量函数定义梯度。标量函数的梯度是一个矢量函数。由于梯度对标量函数的每个变量都有导数，在笛卡儿坐标中可以写成

$$\mathrm{grad}F(x,y,z) \stackrel{\mathrm{def}}{=} \nabla F(x,y,z) = \frac{\partial F}{\partial x}\boldsymbol{a}_x + \frac{\partial F}{\partial y}\boldsymbol{a}_y + \frac{\partial F}{\partial z}\boldsymbol{a}_z \tag{4-2}$$

在给定点处，三个单位矢量的系数表示标量函数值在相应方向上的变化率。由于这些方向相互垂直，总的变化可写为

$$|\nabla F| = \sqrt{\left(\frac{\partial F}{\partial x}\right)^2 + \left(\frac{\partial F}{\partial y}\right)^2 + \left(\frac{\partial F}{\partial z}\right)^2} \tag{4-2a}$$

因此，该矢量的大小给出了函数在该点最大的变化量，最大变化的方向就是这个矢量的方向。用单位矢量 $\boldsymbol{a}_{\max}$ 来表示这个方向，有

$$\boldsymbol{a}_{\max} = \frac{\nabla F}{|\nabla F|} \tag{4-2b}$$

标量函数的梯度也可写为

$$\mathrm{grad}F(x,y,z) \stackrel{\mathrm{def}}{=} \left(\frac{\partial F}{\partial x},\frac{\partial F}{\partial y},\frac{\partial F}{\partial z}\right) \tag{4-3}$$

在本书的讨论中，梯度是通常的导数概念向多变量函数求导的推广。一个多变量可微函数 $f(x_1, \cdots, x_n)$ 可称为 n 维标量场，标量场的梯度是一个矢量，涉及 n 个一阶偏导数，得到的矢量函数称为矢量场。每一个偏导数都给出了在各自方向上的斜率。在任意点梯度矢量的大小和方向给出了在该点标量函数最大增长率的幅度和方向。梯度的分量（通常）是图像中切线方程的非常数系数。

许多实例有助于正确理解梯度，下面将简要介绍一些类似的例子。

我们来考虑一个温度随空间变化的房间。假定温度是时变的，温度由标量场 T 给出。在房间内某空间位置 (x, y, z)，标量场的值由 $T(x, y, z)$ 给出。房间内任意一点的梯度 T 表示在该点温度上升速率最大的幅度和方向。

考虑一个位于海平面以上的表面，在点 (x, y) 处，表面的高度为 $h(x, y)$。在表面某一点上，h 的梯度是指向该点上斜率最陡方向的矢量。在该点最陡斜率是梯度矢量的大小。

梯度不仅意味着变化最大的方向，还可以通过与这个方向上的单位矢量做点积，来测量标量场在其他方向上的变化。假设山上最陡的坡度为 30%。如果一条路是直接上山的，则这条路最陡的坡度也是 30%。对于以某个角度环绕山的路，它的坡度就取决于这个角度。如果这条路和上山方向之间的夹角（投影到水平面上）是 60°，则沿着道路的最陡的坡度将是 15%，即 30% 乘以 cos 60°。用数学语言描述为，如果山高函数 h 是可微的，则 h 的梯度与单位矢量的标量积就给出了该矢量方向上山的斜率。更精确地说，当 h 可微时，h 的梯度与给定单位矢量的点积就等于 h 在该单位矢量方向上的方向导数。

4.2.2　数学公式

设想有一个大水箱，水箱上有两个相距较远的孔洞，两个孔分别标记为 A 和 B，如图 4－1（a）所示。每个孔都与一根管道相连，用来加注和排出不可压缩流体。如果孔的尺寸远小于水箱的尺寸，则孔洞 A 和 B 可看作是点。当流体从 A 孔注入罐内时，流体会向罐内所有可能的方向流动。在孔洞 B 中，流体将从所有可能的方向流出。因此，A 可以被称为源点，B 可以被称为汇点。假设流体从 A 到 B（在容器内）的流动可通过一些离散的路径。这些路径可用 A 点到 B 点之间的线来表示，如图 4－1（b）中所示的虚线族。该图还显示了另一组实线。这两组线（也称为轨迹）相互正交。

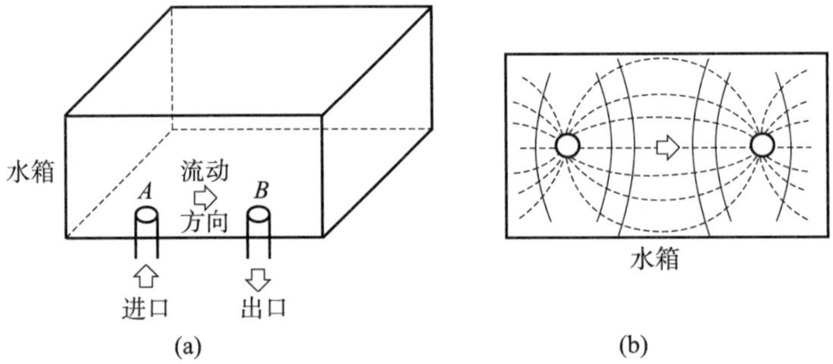

图 4－1　（a）连接有入水管和出水管的水箱；（b）正交线

为了理解正交轨迹的意义，让我们假设流体流动的速度矢量 $\boldsymbol{v}(x, y)$ 定义在 $x-y$ 平面的各点上。如果这个矢量只依赖于平面上点的位置，与时间无关，则这种运动被称为稳态运动。我们进一步假定所讨论的流体运动属于这一类。假定存在一个速度势函数 $u(x, y)$，使得矢量 $v(x, y)$ 在坐标轴上的投影 $v_x(x, y)$ 和 $v_y(x, y)$ 是该势函数对 x 和 y 的偏导数，因此

$$\nabla u = \boldsymbol{v} \tag{4-4a}$$

$$\frac{\partial u}{\partial x} = v_x \tag{4-4b}$$

$$\frac{\partial u}{\partial y} = v_y \tag{4-4c}$$

满足下列方程的线称为**等势线**或**势相等的线**

$$u(x.y) = C \tag{4-5}$$

式中，C 是常数，是势的量值。

如果曲线上各点的切线都与矢量 $\boldsymbol{v}(x, y)$ 重合，则该曲线称为**流线**，流线描述了运动点的轨迹。

为了表明流线是一族等势线的正交轨迹，令 φ 为速度矢量 $\boldsymbol{v}$ 与 x 轴的夹角。因此，在方程（4－5）中

$$\frac{\partial u(x, y)}{\partial x} = |\boldsymbol{v}| \cdot \cos(\varphi) \tag{4-6a}$$

$$\frac{\partial u(x,y)}{\partial y}=|\boldsymbol{v}|\cdot\sin(\varphi) \tag{4-6b}$$

流线切线的斜率可写为

$$\tan(\varphi)=\frac{\partial u(x,y)}{\partial y}\Big/\frac{\partial u(x,y)}{\partial x} \tag{4-7a}$$

等势线切线的斜率可通过方程（4－5）对 x 的微分得到

$$\frac{\partial u}{\partial x}+\frac{\partial u}{\partial y}\cdot\frac{\partial y}{\partial x}=0 \tag{4-7b}$$

由此得到

$$\frac{\partial y}{\partial x}=-\left(\frac{\partial u}{\partial x}\right)\Big/\left(\frac{\partial u}{\partial y}\right)=0 \tag{4-7c}$$

因此，在大小和符号上，等势线切线的斜率是流线斜率的倒数，且符号相反。这表明**等势线**和**流线**是相互正交的。

流体流动可以类比电场和磁场。在两种情况下，场的力线都是等势线族的正交轨迹。为了将梯度概念与电场关联起来，考虑图 4－2 所示的两个点 A 和 B，假设这两个点上有电量相等、符号相反的两个点电荷。则 $\boldsymbol{E}$ 场线从 A 的正电荷出来，终止于 B 的负电荷。这些虚线表示的 $\boldsymbol{E}$ 场线和前面提到的流线相同；另一组正交的实线表示 $\boldsymbol{E}$ 场区域的**等势线**，也与前所述的流体流动的等势线相同 。

需要注意的是，$\boldsymbol{E}$ 场线的发出和终止是三维现象，而图中的 $\boldsymbol{E}$ 场线只显示了二维视图。事实上，图 4－2 所示的**等势线**是称为**等势面**（见第 7 章）的表面。等势面可以定义为具有相同静电势的所有点所构成的表面。三维视图是围绕 A 点和 B 点的轴旋转图像。这两组正交的旋转曲面可以认为是等势面族和 $\boldsymbol{E}$ 线族。前者是一组开放曲面，每个曲面的面积都是无限大的，而后者是一组封闭曲面，每个曲面的面积都是有限大的。因此，图 4－2 可以看作是穿过旋转轴的平面的横截面视图。平行于任何等势面的电场分量必然为零，因为这个面上所有点之间电势的变化为零。这意味着电场方向垂直于等势面。

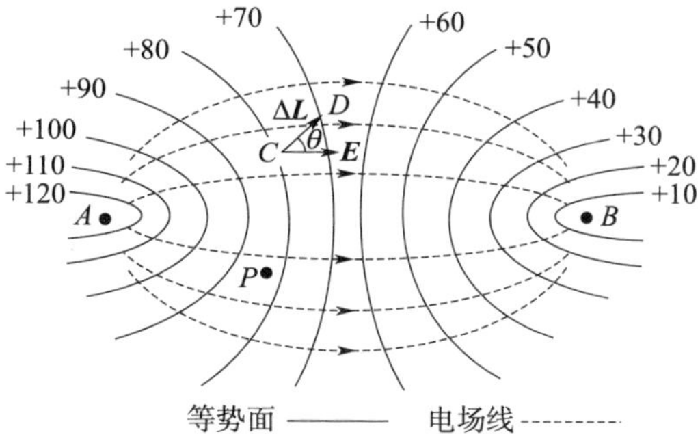

图 4－2　流线（或 $\boldsymbol{E}$ 场线）和等势线

图 4－2 中，在矢量场 $\boldsymbol{E}$ 区域内，两点（ C 和 D ）之间的矢量增量距离为 $\Delta\boldsymbol{L}$ ，增量电势差 ΔV 可以写为 $\Delta V=-\boldsymbol{E}\cdot\Delta\boldsymbol{L}$ 的点积形式。图 4－2 中所示的长度 $\Delta\boldsymbol{L}$ 需要指定一个方向使它成为一个矢量。如果点 C 和 D 的间隔距离为 L，则可以通过 $\boldsymbol{E}$ 沿 L 的积分来计

算电势差 V 。对 $\Delta\boldsymbol{L}$ 的积分可以用 $\mathrm{d}\boldsymbol{\ell}$ 来替换，结果为

$$V=-\int_0^L \boldsymbol{E}\cdot\mathrm{d}\boldsymbol{\ell} \tag{4-8a}$$

如果 $\boldsymbol{E}$ 场和 $\Delta\boldsymbol{L}$ 之间的夹角为 θ，增量电势差可以写为

$$\Delta V=-\boldsymbol{E}\cdot\Delta\boldsymbol{L}=-E\cdot\Delta L\cdot\cos\theta \tag{4-8b}$$

这个方程可以重新整理为下列形式

$$\lim_{\Delta L\to 0}\frac{\Delta V}{\Delta L}=\frac{\mathrm{d}V}{\mathrm{d}L}=-E\cdot\cos\theta \tag{4-8c}$$

当 $\theta=0$ 时，比率 $\mathrm{d}V/\mathrm{d}L$ 有最大值，可以写为

$$\left.\frac{\mathrm{d}V}{\mathrm{d}L}\right|_{\max}=-E \tag{4-8d}$$

方程（4-8d）左端表示电势随位移的最大变化率。由于在等势面上的任何一点 $\boldsymbol{E}$ 都是矢量，因此需要指定它的方向。可以通过这样的方法来实现，调整这个方程的范围，用垂直于场点所在的等势面方向的增量长度 $\mathrm{d}L_N$ 替换增量长度 $\mathrm{d}L$，并将结果表达式乘以沿着增量长度 $\mathrm{d}L_N$ 方向的单位矢量 $\boldsymbol{a}_N$（$\boldsymbol{a}_N=\mathrm{d}\boldsymbol{L}_N/\mathrm{d}L_N$）。选择的单位矢量 $\boldsymbol{a}_N$ 方向是 V 增加的方向。因此

$$\boldsymbol{E}=-\left(\frac{\mathrm{d}V}{\mathrm{d}L_N}\right)\cdot\boldsymbol{a}_N \tag{4-8e}$$

方程（4-8e）右端表达式（没有负号）称为标量（这里是 V）的梯度，由下式给出

$$\left(\frac{\mathrm{d}V}{\mathrm{d}L_N}\right)\cdot\boldsymbol{a}_N \overset{\mathrm{def}}{=\!=} \mathrm{grad}V \overset{\mathrm{def}}{=\!=} \nabla V \tag{4-9}$$

因此，方程（4-8e）可以写为

$$\boldsymbol{E}=-\nabla V \tag{4-10}$$

方程（4-10）建立了电场强度矢量 $\boldsymbol{E}$ 和电势 V 之间的关系。该矢量在某一点的大小等于标量随空间的最大变化率，该矢量的方向为变化率最大的方向。

4.2.3 梯度关系式传递的信息

梯度关系方程（4-10）表明，任意一点的电场强度为该点电势的负梯度，电场强度的方向为梯度方向。这个方程还表明，以标量势梯度表示的场是保守场。因为，将点电荷以恒定速度从 A 点移动到 B 点所做的功，仅取决于两点之间的电势差。如果忽略能量辐射，则做功与路径无关。此外，因为在闭合路径上运动所做的总功等于零，所以场不是湍动场。正如前面指出的，因为点电荷不可能在没有加速度和功率辐射的情况下围绕一个闭合路径运动，所以，这种情况本质上是近似的。静电场线（也称为电力线或通量线）是有箭头的定向线。这些线自身不会闭合，它们发自于称为**源**的正电荷，终止于一个称为**汇**的负电荷。势场由源产生。在这种情况下，在一个无源区域内的场，必然由该区域外有限距离的源所产生。通常情况下，如果电势的梯度取散度，可能会得到非零值。但是，在无源均匀区域内，电势梯度的散度为零。在后面关于时变电磁场一章中，我们将遇到闭合的电力线。这些电力线既不产生于正电荷，也不终止于负电荷。

4.2.4　不同坐标系中的梯度表达式

由于 V 可能是一个 $\boldsymbol{a}_N$ 坐标的函数，在笛卡儿坐标系中 $\boldsymbol{a}_N$［方程（4－8e）］可以用 $\boldsymbol{a}_x$、$\boldsymbol{a}_y$、$\boldsymbol{a}_z$ 来取代，在柱坐标系中用 $\boldsymbol{a}_\rho$、$\boldsymbol{a}_\varphi$、$\boldsymbol{a}_z$ 来取代，在球坐标系中用 $\boldsymbol{a}_r$、$\boldsymbol{a}_\theta$、$\boldsymbol{a}_\varphi$ 来取代。梯度在各坐标系中的表达式为

$$\nabla V=\frac{\partial V}{\partial x}\cdot\boldsymbol{a}_x+\frac{\partial V}{\partial y}\cdot\boldsymbol{a}_y+\frac{\partial V}{\partial z}\cdot\boldsymbol{a}_z\quad\text{（笛卡儿坐标系）}\tag{4-11a}$$

$$\nabla V=\frac{\partial V}{\partial \rho}\cdot\boldsymbol{a}_\rho+\left(\frac{1}{\rho}\right)\frac{\partial V}{\partial \varphi}\cdot\boldsymbol{a}_\varphi+\frac{\partial V}{\partial z}\cdot\boldsymbol{a}_z\quad\text{（柱坐标系）}\tag{4-11b}$$

$$\nabla V=\frac{\partial V}{\partial r}\cdot\boldsymbol{a}_r+\left(\frac{1}{r}\right)\frac{\partial V}{\partial \theta}\cdot\boldsymbol{a}_\theta+\left(\frac{1}{r\sin\theta}\right)\frac{\partial V}{\partial \varphi}\cdot\boldsymbol{a}_\varphi\quad\text{（球坐标系）}\tag{4-11c}$$

这些表达式也可写为下列形式

$$\nabla V=\boldsymbol{a}_x\cdot\frac{\partial V}{\partial x}+\boldsymbol{a}_y\cdot\frac{\partial V}{\partial y}+\boldsymbol{a}_z\cdot\frac{\partial V}{\partial z}\quad\text{（笛卡儿坐标系）}\tag{4-12a}$$

$$\nabla V=\boldsymbol{a}_\rho\cdot\frac{\partial V}{\partial \rho}+\boldsymbol{a}_\varphi\cdot\left(\frac{1}{\rho}\right)\frac{\partial V}{\partial \varphi}+\boldsymbol{a}_z\cdot\frac{\partial V}{\partial z}\quad\text{（柱坐标系）}\tag{4-12b}$$

$$\nabla V=\boldsymbol{a}_r\cdot\frac{\partial V}{\partial r}+\boldsymbol{a}_\theta\cdot\left(\frac{1}{r}\right)\frac{\partial V}{\partial \theta}+\boldsymbol{a}_\varphi\cdot\left(\frac{1}{r\sin\theta}\right)\frac{\partial V}{\partial \varphi}\quad\text{（球坐标系）}\tag{4-12c}$$

4.2.5　矢量微分算子 Del

在上述方程中，不同坐标系中 Del 算子的表达式如下

$$\nabla\equiv\boldsymbol{a}_x\cdot\frac{\partial}{\partial x}+\boldsymbol{a}_y\cdot\frac{\partial}{\partial y}+\boldsymbol{a}_z\cdot\frac{\partial}{\partial z}\quad\text{（笛卡儿坐标系）}\tag{4-13a}$$

$$\nabla\equiv\boldsymbol{a}_\rho\cdot\frac{\partial}{\partial \rho}+\boldsymbol{a}_\varphi\cdot\left(\frac{1}{\rho}\right)\frac{\partial}{\partial \varphi}+\boldsymbol{a}_z\cdot\frac{\partial}{\partial z}\quad\text{（柱坐标系）}\tag{4-13b}$$

$$\nabla\equiv\boldsymbol{a}_r\cdot\frac{\partial}{\partial r}+\boldsymbol{a}_\theta\cdot\left(\frac{1}{r}\right)\frac{\partial}{\partial \theta}+\boldsymbol{a}_\varphi\cdot\left(\frac{1}{r\sin\theta}\right)\frac{\partial}{\partial \varphi}\quad\text{（球坐标系）}\tag{4-13c}$$

4.2.6　应用

梯度运算在许多科学和工程领域都有应用，包括流体流动、热流和电磁学的研究。梯度的应用使电磁学问题得到很大程度的简化。

4.3　散度运算

矢量算子 ∇ 和任意矢量（比如 $\boldsymbol{F}$）点积会得到一个标量函数，称为这个矢量的散度，是矢量算子 ∇ 作用于矢量 $\boldsymbol{F}$ 的运算，写作 $\nabla\cdot\boldsymbol{F}$ 或 div$\boldsymbol{F}$。在方程（3－9b）中已经指出，点积服从交换律（即 $\boldsymbol{A}\cdot\boldsymbol{B}=\boldsymbol{B}\cdot\boldsymbol{A}$）。但是，交换律在散度运算上不成立（$\boldsymbol{F}\cdot\nabla\neq\nabla\cdot\boldsymbol{F}$），因为 ∇ 不是简单的矢量，而是微分矢量算符。需要注意，$\boldsymbol{F}\cdot\nabla$ 是一个标量微分算子，

而 $\nabla \cdot \boldsymbol{F}$ 是一个标量数学表达式。

4.3.1 物理描述

为了进一步阐述散度运算的含义，考虑描述流体流动的矢量场 $\boldsymbol{F}$ 。图 4 - 3 为流体流动的二维速度图。图 4 - 3（a）为从原点向外扩展的流体，而图 4 - 3（b）为向原点汇集（收缩）的流体。流体在速度场 $\boldsymbol{F}$ 中的扩张（或收缩）可以用 $\boldsymbol{F}$ 的散度（或 div）来表示。对于扩张或向外流动，矢量场的散度为正，对于汇集或向内流动，矢量场的散度为负。

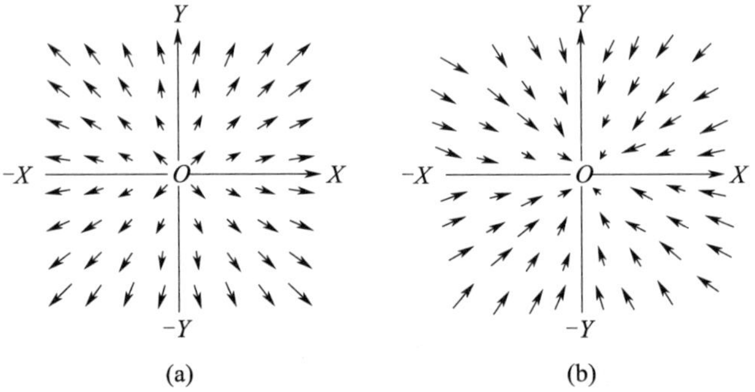

图 4 - 3 流体流动：（a）扩散和（b）收缩

假设在流体中有一个以原点为中心的虚拟球形区域。在扩散情况下，流体以所有可能的方向流出球体。在球体内各处，这种流动具有正散度。由于矢量场在所有位置都为正散度，即使将球体移开原点（即从位置 1 移动到位置 2），球体的流出也是正的，如图 4 - 4（a）所示。如果矢量场表示流体的流动速度，则无论球体的位置如何，从球体流出的都比进入球体的多。即使球体变得越来越小，直到变成一个点，情况也是如此。这表明矢量场处处具有正散度。该图还显示，箭头在背离原点方向持续变长，表明流体在离开球体时比进入球体时流动得更快。此外，由于箭头是辐射向外的，流体总是通过不到球体一半的表面进入球体，在超过球体一半的表面流出球体，因此，球体流出量总是大于球体的流入量。矢量场的散度能给出给定点上流体扩散了多少，不能给出扩散的方向，因此，散度是一个标量。

图 4 - 4（b）表明，在不影响散度性质的情况下，图 4 - 4（a）中无穷小的球体可以用无穷小的立方体来代替。这个立方体的六个小面（或无穷小的面）能够更深入地观察流动过程。现在可以很容易地看到，通过一个特定面进入的流体将通过它相对的面流出。如果考虑这种流动是三维现象，流动方向沿着正坐标方向，则流体将通过三个表面进入（离原点较近），通过其余三个面（离原点较远）离开。通过这样的描述，我们可以得出以下结论：

- 进入或离开表面（现在称为曲面）的流体、电通量或磁通量是标量，可以用一个标量函数表示（比如 Ψ ）。函数 Ψ 可根据具体情况称为流线或通量。
- 进入和离开的量之差可以是正的、负的或零。

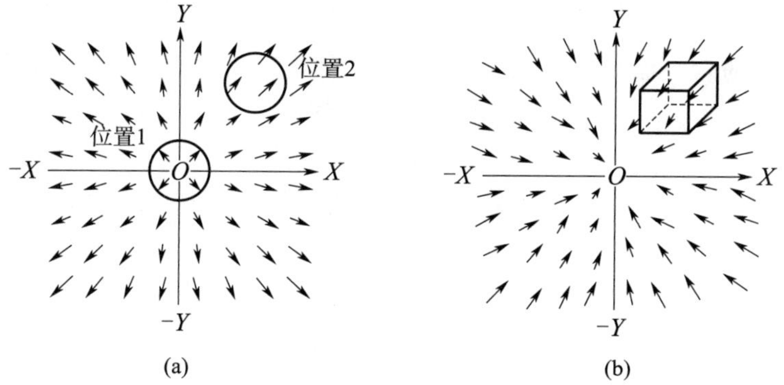

图 4-4　(a) 球的移动；(b) 立方体位置

4.3.2　数学公式

矢量函数 $\boldsymbol{F}$ 可以用于广义的数学处理。在流体流动情况下，它可以表示速度，而在电场或磁场中，它可以表示电通量密度或磁通量密度。

4.3.2.1　场的构型

考虑图 4-5 (a) 的体积元 ($\Delta v=\Delta x\Delta y\Delta z$)，体积元的中心包含一个点 $P(x_0, y_0, z_0)$，体积元由六个面元封闭，可以通过指定单位矢量将面元表示为矢量面，如图 4-5 (b)、(c) 和 (d) 所示。假设该体积元位于矢量场 $\boldsymbol{F}$ 所在的区域。假设在该体积元位置上，$\boldsymbol{F}$ 沿三个坐标 x、y、z 正方向（笛卡儿）递增变化。因此，在体积元不同面上的 $\boldsymbol{F}$ 值不同。如果矢量场 $\boldsymbol{F}$ 与矢量曲面点积，则得到的结果是一个标量，比如 Ψ。标量 Ψ 作为矢量 $\boldsymbol{F}$ 的通量，可以用来表示流体、气体的流量或电通量。为了计算不同面元上 Ψ 的值，令 $\boldsymbol{F}_0$ 为在点 P [位于体积元 Δv 或 dv 的中心，坐标为 (x_0, y_0, z_0)] 处的矢量 $\boldsymbol{F}$，则 $\boldsymbol{F}_0$ 的分量为

$$\boldsymbol{F}_0=F_{x_0}\cdot\boldsymbol{a}_x+F_{y_0}\cdot\boldsymbol{a}_y+F_{z_0}\cdot\boldsymbol{a}_z \tag{4-14}$$

此外，不同表面的 Ψ 计算，需要各表面矢量形式的面积和各表面的 $\boldsymbol{F}$ 值。

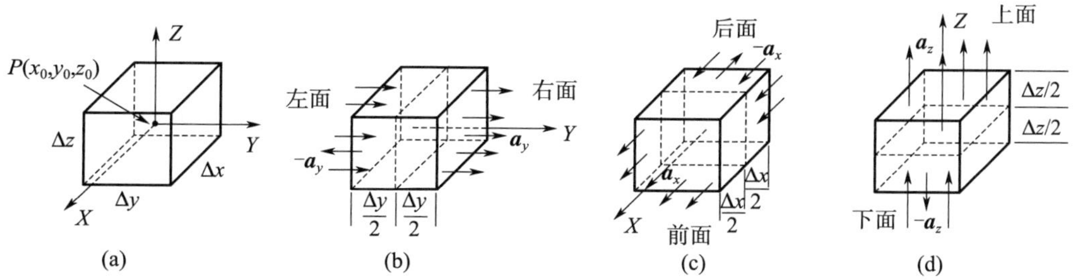

图 4-5　(a) 为内部中心含有点 P 的体积元 Δv；(b) 左面和右面的单位矢量 $-\boldsymbol{a}_y$ 和 $\boldsymbol{a}_y$ 的表面；(c) 为前面和后面的单位矢量 $\boldsymbol{a}_x$ 和 $-\boldsymbol{a}_x$ 的表面；(d) 为上面和下面的单位矢量 $-\boldsymbol{a}_z$ 和 $\boldsymbol{a}_z$ 的表面

4.3.2.2 矢量面

围成体积 Δv 的六个面元的面积可以写为矢量形式

$$\Delta \boldsymbol{s}_{\text{left}} = \Delta z \Delta x\,(-\boldsymbol{a}_y) \tag{4-15a}$$

$$\Delta \boldsymbol{s}_{\text{right}} = \Delta z \Delta x\,(\boldsymbol{a}_y) \tag{4-15b}$$

$$\Delta \boldsymbol{s}_{\text{front}} = \Delta y \Delta z\,(\boldsymbol{a}_x) \tag{4-15c}$$

$$\Delta \boldsymbol{s}_{\text{back}} = \Delta y \Delta z\,(-\boldsymbol{a}_x) \tag{4-15d}$$

$$\Delta \boldsymbol{s}_{\text{botton}} = \Delta x \Delta y\,(-\boldsymbol{a}_z) \tag{4-15e}$$

$$\Delta \boldsymbol{s}_{\text{top}} = \Delta x \Delta y\,(\boldsymbol{a}_z) \tag{4-15f}$$

4.3.2.3 各表面的通量密度

取泰勒级数的前两项，在六个表面上的 F 值可以写为

$$F_{\text{front}} \approx F_{x_0} + \left(\frac{\Delta x}{2}\right) \times (F_x \text{ 随 } x \text{ 的变化率}) \approx F_{x_0} + \frac{\Delta x}{2} \cdot \frac{\partial F_x}{\partial x} \tag{4-16a}$$

$$F_{\text{back}} \approx F_{x_0} - \left(\frac{\Delta x}{2}\right) \times (F_x \text{ 随 } x \text{ 的变化率}) \approx F_{x_0} - \frac{\Delta x}{2} \cdot \frac{\partial F_x}{\partial x} \tag{4-16b}$$

$$F_{\text{left}} \approx F_{y_0} - \left(\frac{\Delta y}{2}\right) \times (F_y \text{ 随 } y \text{ 的变化率}) \approx F_{y_0} - \frac{\Delta y}{2} \cdot \frac{\partial F_y}{\partial y} \tag{4-16c}$$

$$F_{\text{right}} \approx F_{y_0} + \left(\frac{\Delta y}{2}\right) \times (F_y \text{ 随 } y \text{ 的变化率}) \approx F_{y_0} + \frac{\Delta y}{2} \cdot \frac{\partial F_y}{\partial y} \tag{4-16d}$$

$$F_{\text{botton}} \approx F_{z_0} - \left(\frac{\Delta z}{2}\right) \times (F_z \text{ 随 } z \text{ 的变化率}) \approx F_{z_0} - \frac{\Delta z}{2} \cdot \frac{\partial F_z}{\partial z} \tag{4-16e}$$

$$F_{\text{top}} \approx F_{z_0} + \left(\frac{\Delta z}{2}\right) \times (F_z \text{ 随 } z \text{ 的变化率}) \approx F_{z_0} + \frac{\Delta z}{2} \cdot \frac{\partial F_z}{\partial z} \tag{4-16f}$$

4.3.2.4 穿过不同表面的通量

方程（4-16）的 $\boldsymbol{F}$ 与方程（4-15）对应矢量表面点积，可以得到不同面元流出的小通量。如果将各小面元分别命名前面（ft）、后面（bk）右面（rt）、左面（lt）、上面（tp）和下面（bm），这些通量值为

$$\Delta \Psi_{\text{ft}} \approx \left(F_{x_0} + \frac{\Delta x}{2} \cdot \frac{\partial F_x}{\partial x}\right)\boldsymbol{a}_x \cdot \Delta y \Delta z\,(\boldsymbol{a}_x) \approx \left(F_{x_0} + \frac{\Delta x}{2} \cdot \frac{\partial F_x}{\partial x}\right)\Delta y \Delta z \tag{4-17a}$$

$$\Delta \Psi_{\text{bk}} \approx \left(F_{x_0} - \frac{\Delta x}{2} \cdot \frac{\partial F_x}{\partial x}\right)\boldsymbol{a}_x \cdot \Delta y \Delta z\,(-\boldsymbol{a}_x) \approx \left(-F_{x_0} + \frac{\Delta x}{2} \cdot \frac{\partial F_x}{\partial x}\right)\Delta y \Delta z \tag{4-17b}$$

$$\Delta \Psi_{\text{lt}} \approx \left(F_{y_0} - \frac{\Delta y}{2} \cdot \frac{\partial F_y}{\partial y}\right)\boldsymbol{a}_y \cdot \Delta z \Delta x\,(-\boldsymbol{a}_y) \approx \left(-F_{y_0} + \frac{\Delta y}{2} \cdot \frac{\partial F_y}{\partial y}\right)\Delta z \Delta x \tag{4-17c}$$

$$\Delta \Psi_{\text{rt}} \approx \left(F_{y_0} + \frac{\Delta y}{2} \cdot \frac{\partial F_y}{\partial y}\right)\boldsymbol{a}_y \cdot \Delta z \Delta x\,(\boldsymbol{a}_y) \approx \left(F_{y_0} + \frac{\Delta y}{2} \cdot \frac{\partial F_y}{\partial y}\right)\Delta z \Delta x \tag{4-17d}$$

$$\Delta\boldsymbol{\Psi}_{\mathrm{bm}} \approx \left(F_{z_0} - \frac{\Delta z}{2} \cdot \frac{\partial F_z}{\partial z}\right)\boldsymbol{a}_{zx} \cdot \Delta x \Delta y(-\boldsymbol{a}_z) \approx \left(-F_{z_0} + \frac{\Delta z}{2} \cdot \frac{\partial F_z}{\partial z}\right)\Delta x \Delta y \tag{4-17e}$$

$$\Delta\boldsymbol{\Psi}_{\mathrm{tp}} \approx \left(F_{z_0} + \frac{\Delta z}{2} \cdot \frac{\partial F_z}{\partial z}\right)\boldsymbol{a}_{zx} \cdot \Delta x \Delta y(\boldsymbol{a}_z) \approx \left(F_{z_0} + \frac{\Delta z}{2} \cdot \frac{\partial F_z}{\partial z}\right)\Delta x \Delta y \tag{4-17f}$$

值得注意的是，在方程（4－17a）至（4－17f）中，与 **F** 分量相关的所有单位矢量均取正，因为假定通量密度沿坐标的正方向递增。而在方程（4－15a）至（4－15f）和图 4－5（b）、图 4－5（c）和图 4－5（d）给出的面元中，单位矢量可能是正号或负号。

4.3.2.5　总通量

前面和后面、左面和右面、上面和下面的通量相加得到

$$\Delta\boldsymbol{\Psi}_{(\mathrm{ft+bk})} \approx \left(\frac{\partial F_x}{\partial x}\right)\Delta x \Delta y \Delta z \tag{4-18a}$$

$$\Delta\boldsymbol{\Psi}_{(\mathrm{rt+lk})} \approx \left(\frac{\partial F_y}{\partial y}\right)\Delta x \Delta y \Delta z \tag{4-18b}$$

$$\Delta\boldsymbol{\Psi}_{(\mathrm{tp+bm})} \approx \left(\frac{\partial F_z}{\partial z}\right)\Delta x \Delta y \Delta z \tag{4-18c}$$

方程（4－18a）（4－18b）和（4－18c）给出的通量值是离开和进入相对面元的通量差。如果将这些通量相加得到净通量 $\Delta\boldsymbol{\Psi}$ 为

$$\Delta\boldsymbol{\Psi} \approx \left(\frac{\partial F_x}{\partial x} + \frac{\partial F_y}{\partial y} + \frac{\partial F_z}{\partial z}\right) \cdot \Delta x \Delta y \Delta z \stackrel{\mathrm{def}}{=} \left(\frac{\partial F_x}{\partial x} + \frac{\partial F_y}{\partial y} + \frac{\partial F_z}{\partial z}\right) \cdot \Delta v \tag{4-19a}$$

根据方程（4－19a）有

$$\left(\frac{\partial F_x}{\partial x} + \frac{\partial F_y}{\partial y} + \frac{\partial F_z}{\partial z}\right) \approx \frac{\Delta\boldsymbol{\Psi}}{\Delta v} \tag{4-19b}$$

对方程（4－19a）两端积分得到

$$\int \mathrm{d}\boldsymbol{\Psi} = \boldsymbol{\Psi} = \iiint_v \left(\frac{\partial F_x}{\partial x} + \frac{\partial F_y}{\partial y} + \frac{\partial F_z}{\partial z}\right) \cdot \mathrm{d}v \tag{4-19c}$$

4.3.2.6　数学表达式

方程（4－19b）的左边表示在笛卡儿坐标系中，矢量算子 ∇ 与矢量 **F** 的点积，定义它为矢量场 **F** 的散度，可以写为

$$\left(\frac{\partial F_x}{\partial x} + \frac{\partial F_y}{\partial y} + \frac{\partial F_z}{\partial z}\right) = \nabla \cdot \boldsymbol{F} \stackrel{\mathrm{def}}{=} \boldsymbol{F}\text{ 的散度} = \mathrm{div}\boldsymbol{F} \tag{4-20a}$$

在方程（4－20a）中，根据方程（4－19b）得到了在任意空间坐标系中任意点上任意矢量的散度一般定义

$$\boxed{\nabla \cdot \boldsymbol{F} \stackrel{\mathrm{def}}{=} \lim_{\Delta v \to 0}\left(\frac{\Delta\boldsymbol{\Psi}}{\Delta v}\right) = \lim_{\Delta v \to 0}\left(\frac{\oiint_s \boldsymbol{F} \cdot \mathrm{d}\boldsymbol{s}}{\Delta v}\right)} \tag{4-20b}$$

式中，s 是包围 P 点的体积元 Δv 的总表面。沿闭合曲面 s 的积分给出从体积元 Δv 发出的总通量。

将方程两边对由 s 面界定的体积 v 积分，得到**散度定理**如下

$$\Psi = \boxed{\oiint_s \boldsymbol{F} \cdot \mathrm{d}\boldsymbol{s} = \iiint_v (\nabla \cdot \boldsymbol{F}) \cdot \mathrm{d}v} \tag{4-20c}$$

4.3.2.7 数学关系的物理解释

方程（4-20b）右边的标量可以是正的、负的或零。在开始时，假设了通量密度 $\boldsymbol{F}$ 沿 x、y、z 轴正方向递增。图 4-5（b）、图 4-5（c）和图 4-5（d）给出了从体积元的左面、后面和下面流入的通量和从右面、前面和上面流出的通量。这就导致了以下三种情况：

• 当流出通量大于流入通量时，净通量为正。因此，可以想象在体积元内存在某种**源**（正源）使得增加了进入的流量。

• 当方程（4-20b）右边为负时，则在体积元内部有某种**汇**（负源），从体积元三个侧面的流出量减少了，使对面的三个表面的流出量小于流入量。

• 如果方程（4-20b）的右边为零，则既没有源也没有汇，进入体积元的流量全部流出。

4.3.3 无散场

如上所述，当没有源也没有汇时，方程（4-20b）的右边将变为零。因此，当矢量场的散度为零时，这种矢量场称为**无散场**。

4.3.4 不同坐标系中的散度

在不同坐标系中的散度表达式为

$$\nabla \cdot \boldsymbol{F} \equiv \frac{\partial F_x}{\partial x} + \frac{\partial F_y}{\partial y} + \frac{\partial F_z}{\partial z} \quad \text{（笛卡儿坐标系）} \tag{4-21a}$$

$$\nabla \cdot \boldsymbol{F} \equiv \frac{1}{\rho}\frac{\partial(\rho \cdot F_\rho)}{\partial \rho} + \frac{1}{\rho}\frac{\partial F_\varphi}{\partial \varphi} + \frac{\partial F_z}{\partial z} \quad \text{（柱坐标系）} \tag{4-21b}$$

$$\nabla \cdot \boldsymbol{F} \equiv \frac{1}{r^2}\frac{\partial(r^2 \cdot F_r)}{\partial r} + \frac{1}{r \cdot \sin\theta}\frac{\partial(\sin\theta \cdot F_\theta)}{\partial \theta} + \frac{1}{r \cdot \sin\theta}\frac{\partial F_\varphi}{\partial \varphi} \quad \text{（球坐标系）} \tag{4-21c}$$

4.3.5 应用

散度运算在包括电磁学在内的许多科学和工程领域都有应用。某些应用将在后面的章节中出现。

4.4　旋度

矢量算子 ∇ 和任意矢量 $\boldsymbol{F}$ 的叉积得到一个矢量，称为 $\boldsymbol{F}$ 的旋度。场的旋度由场中各点的矢量来表示，该矢量的长度和方向表征了该点的旋转。旋度的方向沿着旋转轴，由右手定则决定，旋度的幅度就是旋转的大小。如果矢量场表示流体的流动速度，那么旋度就是流体的环流密度。旋度是矢量场的一种矢量微分形式。有时旋度也用**旋转度**(或旋转）来表示。因此，矢量场 $\boldsymbol{F}$ 的旋度记为 curl$\boldsymbol{F}$、$\nabla\times\boldsymbol{F}$ 或 rot$\boldsymbol{F}$ 。

图 4－6 是矢量场 $\boldsymbol{F}$ 在某点的旋度定义示意图，是根据矢量场在通过该点的不同直线上的投影来定义的。如果 $\boldsymbol{n}$ 是任意单位矢量，$\boldsymbol{F}$ 的旋度在 $\boldsymbol{n}$ 上的投影定义为，对于垂直于 $\boldsymbol{n}$ 的平面上的闭合曲线积分，当积分路径 C 变得无限接近于该点时的积分极限值，除以封闭曲线所围的面积 A 。

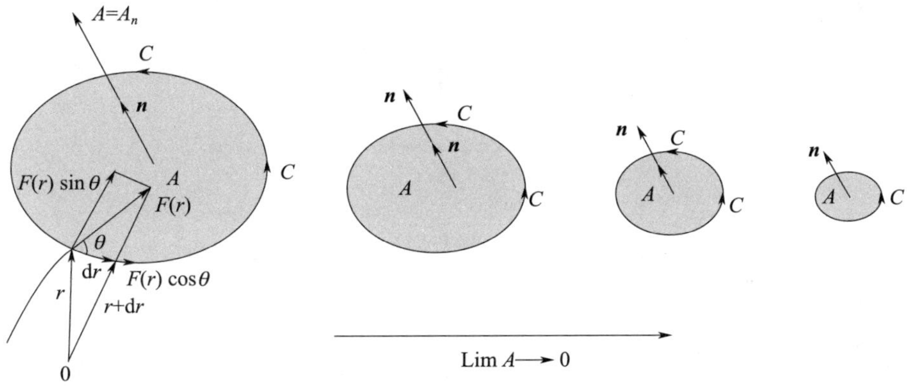

图 4－6　在包围平面矢量区域 $A = A_n$ 平面上的闭合曲线 C 上 r 点，场 $\boldsymbol{F}$ 的法向分量和切向分量

4.4.1　物理描述

设想一个装满不可压缩流体的大水箱，水箱内的液体逆时针旋转（或流动）。此外，假设水箱中放置了一个中心固定在某点上的小球（或桨轮）。如果这个球的表面是粗糙的，流动的流体将迫使这个球旋转。图 4－7 描绘了一些涉及或需要考虑的参数。流体流动的矢量场描述了速度场（$\boldsymbol{v}$）。旋转轴（$\boldsymbol{n}$）的方向（根据右手法则）指向球心点场的旋度方向，旋转的角速度（ $\boldsymbol{\omega}$ ）是该点旋度大小的一半。该图仅说明了流体在一个平面中的两维旋转。

图 4－8 是罐内流体的三维旋转示意图。观察该图发现，如果桨轮放在 x—y 平面的任何地方，它将有顺时针旋转的趋势。在右手坐标系中，旋度在负 z 方向。因为旋度是一个矢量，它的方向垂直于矢量场所在的表面，大小是单位面积上的环量。按照约定，逆时针环量给出指向页面外的旋度。类似地，如果桨轮放在 y—z 平面或在 z—x 平面，它将在自身位置绕 x 轴或 y 轴方向旋转。

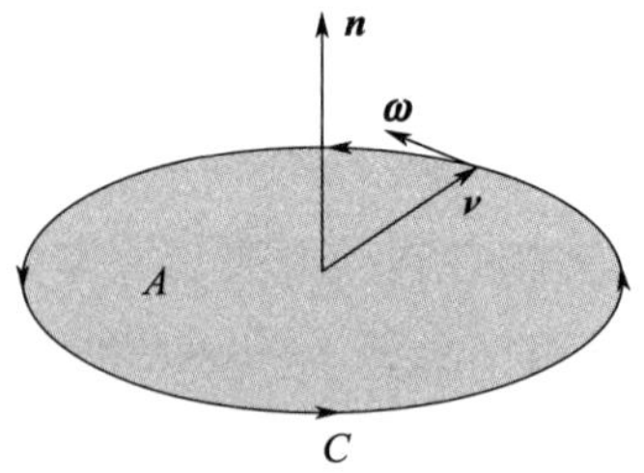

图 4－7 矢量的方向和相关参数

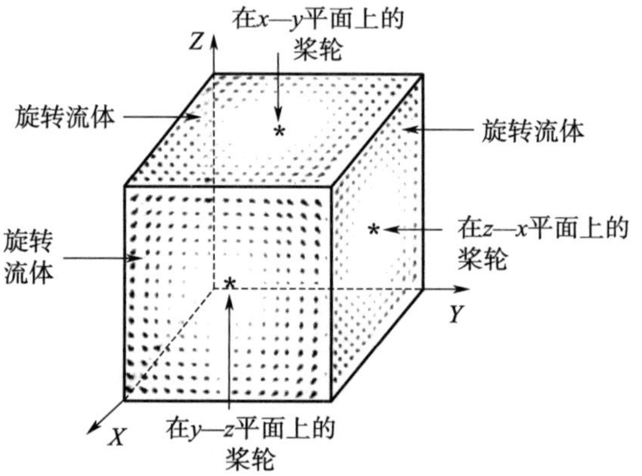

图 4－8 三维旋转流体

图 4－9 将进一步加深对旋度（环量或旋转）的理解。图中描述了一个矢量场 $\boldsymbol{v}$，它是河流中流体（如水）的速度场。假设河流两岸的连接线为 x 轴方向，水流流动沿 y 轴方向，河流深度沿 z 轴方向。众所周知，水流的速度：1）随河流深度变化［图 4－9（a）］；2）在两岸之间变化［图 4－9（b）］；3）沿河的流向变化。沿 z 轴方向在河床处流速为零，向上增加，并在距离上表面约三分之一深度处达到最大值。沿 x 轴方向，河岸中间的速度最大。一般情况下，由于水是不可压缩的流体，流速随着河流的宽度和（或）深度逐渐增加，沿 y 轴方向水的流速会逐渐减小。

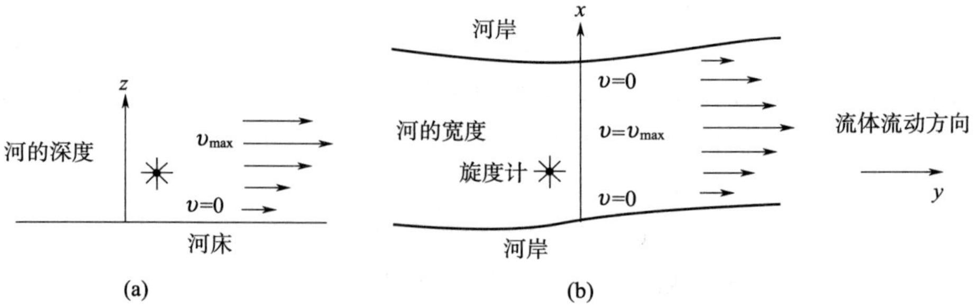

图 4－9 （a）沿 z 轴一定深度的旋度计；（b）沿 x 轴的旋度计

我们假设有一种叫做**旋度计**的设备，它包含三个正交的圆形外围，外围的轴分别垂直

于 x 轴、y 轴和 z 轴。这些外围附着许多微小的类似叶片的涡轮。如果将旋度计的叶片平面沿着水流方向放在水流中，由于速度沿 z 轴的变化，只要不是在最大速度位置，它的一组叶片就会受到不相等的力。旋度计会旋转，转动的方向取决于它的位置。如果上面的叶片受到的力大于下面的叶片，就会顺时针方向旋转，如果下面的叶片受到的力大于上面的叶片，就会逆时针方向旋转。类似地，如果这个旋度计位于 x 轴或 y 轴上，它的另一组叶片可能会经历类似的情况，旋度计将沿着相应的轴顺时针或逆时针旋转。因此，根据所在位置和施加的力，旋度计叶片可以同时旋转。在旋度计叶片受力相等的位置，叶片不会旋转。叶片的旋转是河流中不同位置水流速度矢量的旋度的指示器。为了更直观，在下面的小节中，将给出在笛卡儿坐标系下的旋度运算数学公式。

4.4.2　数学公式

图 4-10（a）给出了在常数 x、y 和 z 平面上单独显示的三个微元闭合回路。图 4-10（b）中给出了将所有这些环量重叠后的示意图。图中也给出了环量各边的微元长度。这些环量的中心位于相同的位置，即 x_0、y_0 和 z_0。旋度运算的数学公式，可以从任何矢量场 $\boldsymbol{F}$ 出发，而不赋予它任何物理意义。假设这个三维矢量场沿坐标轴的正方向递增，在不同位置上变化性质不同。假设在 x_0、y_0 和 z_0 处 $\boldsymbol{F}$ 的值为

$$\boldsymbol{F}_0 = F_{x_0}\boldsymbol{a}_x + F_{y_0}\boldsymbol{a}_y + F_{z_0}\boldsymbol{a}_z \tag{4-22}$$

在 x、y 和 z 平面闭合环量具有增量长度 (Δy，Δz)、(Δx，Δz) 和 (Δx，Δy)，它们的各边分别标记为（1—2，2—3，3—4，4—1）、（5—6，6—7，7—8，8—5）和（9—10，10—11，11—12，12—9）。

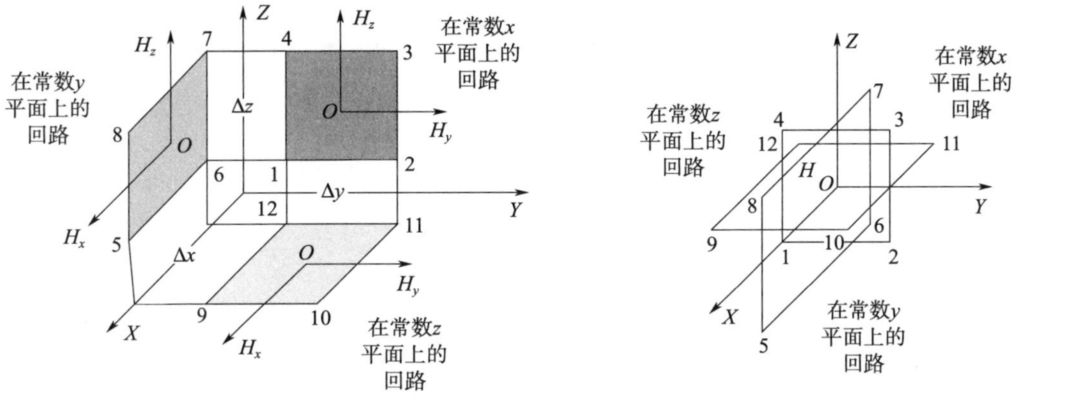

图 4-10　在恒定 x、y 和 z 平面上的微元闭合回路：（a）为在不同平面的视图；（b）为重叠到一起的视图

4.4.2.1　不同环路线段的 $\boldsymbol{F}$ 值

假设环路（1—2—3—4—1）位于特定的 x 平面上。考虑 $\boldsymbol{F}$ 的相关分量在线段方向上相对 $\boldsymbol{F}_0$ 的变化率，可以得到 $\boldsymbol{F}$ 在不同环路线段上的近似值如下

$$F_{y_{12}} \approx F_{y_0} - \frac{\Delta z}{2} \cdot \frac{\partial F_y}{\partial z} \tag{4-23a}$$

$$F_{z_{23}} \approx F_{z_0} + \frac{\Delta y}{2} \cdot \frac{\partial F_z}{\partial y} \tag{4-23b}$$

$$F_{y_{34}} \approx F_{y_0} + \frac{\Delta z}{2} \cdot \frac{\partial F_y}{\partial z} \tag{4-23c}$$

$$F_{z_{41}} \approx F_{z_0} - \frac{\Delta y}{2} \cdot \frac{\partial F_z}{\partial y} \tag{4-23d}$$

4.4.2.2　不同环路线段的长度

矢量形式的环路段长度为

$$1\text{—}2\text{ 段}: \Delta y \boldsymbol{a}_y \tag{4-24a}$$

$$2\text{—}3\text{ 段}: \Delta z \boldsymbol{a}_z \tag{4-24b}$$

$$3\text{—}4\text{ 段}: -\Delta y \boldsymbol{a}_y \tag{4-24c}$$

$$4\text{—}1\text{ 段}: -\Delta z \boldsymbol{a}_y \tag{4-24d}$$

4.4.2.3　**F** 的曲线积分

方程（4-23a）至（4-23d）给出了 **F** 在不同线段方向上标量形式的分量值。如果这些分量乘以相应的单位矢量就变成了矢量形式。这些结果进一步乘以（点积）由方程（4-24a）到（4-24d）给出的相应段的矢量长度，得到各乘积之和可以近似等于图 4-10（a）和图 4-10（b）所示的 1—2—3—4—1 环路段的闭合曲线积分。因此

$$\begin{aligned}\oint_{1,2,3,4,1} \boldsymbol{F} \cdot \mathrm{d}\boldsymbol{\ell} &\approx F_{y_{12}} \boldsymbol{a}_y \cdot \Delta y \boldsymbol{a}_y + F_{z_{23}} \boldsymbol{a}_z \cdot \Delta z \boldsymbol{a}_z \\ &\quad + F_{y_{34}} \boldsymbol{a}_y \cdot (-\Delta y \boldsymbol{a}_y) + F_{z_{41}} \boldsymbol{a}_z \cdot (-\Delta z \boldsymbol{a}_z) \\ &\approx F_{y_{12}} \Delta y + F_{z_{23}} \Delta z - F_{y_{34}} \Delta y - F_{z41} \Delta z \\ &\approx \left(F_{y_0} - \frac{\Delta z}{2} \cdot \frac{\partial F_y}{\partial z}\right) \Delta y + \left(F_{z_0} + \frac{\Delta y}{2} \cdot \frac{\partial F_z}{\partial y}\right) \Delta z \\ &\quad - \left(F_{y_0} + \frac{\Delta z}{2} \cdot \frac{\partial F_y}{\partial z}\right) \Delta y - \left(F_{z_0} + \frac{\Delta y}{2} \cdot \frac{\partial F_z}{\partial y}\right) \Delta z \\ &\approx \left(\frac{\partial F_z}{\partial y} - \frac{\partial F_y}{\partial z}\right) \Delta y \Delta z\end{aligned}$$

或

$$\oint_{1,2,3,4,1} \boldsymbol{F} \cdot \mathrm{d}\boldsymbol{\ell} \approx \left(\frac{\partial F_z}{\partial y} - \frac{\partial F_y}{\partial z}\right) \Delta y \Delta z \tag{4-25a}$$

类似有

$$\oint_{5,6,7,8,5} \boldsymbol{F} \cdot \mathrm{d}\boldsymbol{\ell} \approx \left(\frac{\partial F_x}{\partial z} - \frac{\partial F_z}{\partial x}\right) \Delta x \Delta z \tag{4-25b}$$

$$\oint_{9,10,11,12,9} \boldsymbol{F} \cdot \mathrm{d}\boldsymbol{\ell} \approx \left(\frac{\partial F_y}{\partial x} - \frac{\partial F_x}{\partial y}\right) \Delta x \Delta y \tag{4-25c}$$

如果方程（4－25a）两端除以 $\Delta y\Delta z$ 取 $\Delta y\Delta z$ 趋于零的极限，得到

$$\lim_{\Delta y\Delta z\to 0}\left(\frac{\oint\limits_{1,2,3,4,1}\boldsymbol{F}\cdot\mathrm{d}\boldsymbol{\ell}}{\Delta y\Delta z}\right)\approx\left(\frac{\partial F_z}{\partial y}-\frac{\partial F_y}{\partial z}\right)\tag{4-26a}$$

类似地，方程（4－25b）两端除以 $\Delta x\Delta z$ 取 $\Delta x\Delta z$ 趋于零的极限和方程（4－25c）两端除以 $\Delta x\Delta y$ 取 $\Delta x\Delta y$ 趋于零的极限，可以得到

$$\lim_{\Delta x\Delta z\to 0}\left(\frac{\oint\limits_{5,6,7,8,5}\boldsymbol{F}\cdot\mathrm{d}\boldsymbol{\ell}}{\Delta x\Delta z}\right)\approx\left(\frac{\partial F_x}{\partial z}-\frac{\partial F_z}{\partial x}\right)\tag{4-26b}$$

$$\lim_{\Delta x\Delta y\to 0}\left(\frac{\oint\limits_{9,10,11,12,9}\boldsymbol{F}\cdot\mathrm{d}\boldsymbol{\ell}}{\Delta x\Delta y}\right)\approx\left(\frac{\partial F_y}{\partial x}-\frac{\partial F_x}{\partial y}\right)\tag{4-26c}$$

注意到闭合曲线积分是在相互垂直的平面上进行的，令上述每个方程都乘以对应平面的单位矢量然后相加，结果为

$$\lim_{\Delta s_n\to 0}\left[\frac{\oint_c\boldsymbol{F}\cdot\mathrm{d}\boldsymbol{\ell}}{\Delta s_n}\right]\boldsymbol{a}_n=\left(\frac{\partial F_z}{\partial y}-\frac{\partial F_y}{\partial z}\right)\boldsymbol{a}_x+\left(\frac{\partial F_x}{\partial z}-\frac{\partial F_z}{\partial x}\right)\boldsymbol{a}_y+\left(\frac{\partial F_y}{\partial x}-\frac{\partial F_x}{\partial y}\right)\boldsymbol{a}_z\tag{4-27}$$

符号 Δs_n 为由闭合曲线 C 界定的面元面积，$\boldsymbol{a}_n$ 是垂直于该面元的单位矢量。

4.4.2.4　旋度的定义

矢量（如 $\boldsymbol{F}$）的旋度定义为

$$\boxed{\nabla\times\boldsymbol{F}\overset{\text{def}}{=\!=}\lim_{\Delta s_n\to 0}\left[\frac{\oint_c\boldsymbol{F}\cdot\mathrm{d}\boldsymbol{\ell}}{\Delta s_n}\right]\boldsymbol{a}_n}\tag{4-28}$$

由于方程（4－28）中的闭合曲线积分推导是在笛卡儿坐标系完成的，因此，笛卡儿坐标系中矢量 $\boldsymbol{F}$ 的旋度表达式为

$$\nabla\times\boldsymbol{F}=\left(\frac{\partial F_z}{\partial y}-\frac{\partial F_y}{\partial z}\right)\boldsymbol{a}_x+\left(\frac{\partial F_x}{\partial z}-\frac{\partial F_z}{\partial x}\right)\boldsymbol{a}_y+\left(\frac{\partial F_y}{\partial x}-\frac{\partial F_x}{\partial y}\right)\boldsymbol{a}_z\tag{4-29}$$

4.4.2.5　旋度的一些重要特征

• 在描述旋转圆盘（刚性）各部分线速度的矢量场中，各点的旋度值相同。

• 采用旋度符号能够简洁地描述稳恒场的法拉第定律（在第 15 章讨论）和安培定律（在第 11 章讨论）。

• 法拉第定律指出，电场的旋度等于磁场时间变化率的负值。

• 时变场的安培定律（在第 15 章讨论）建立了磁场的旋度与电流密度和电场通量密度变化率的联系。

• 有旋度的场不是保守场。因此，在一个有旋度（比如漩涡）的场中，质量为零的物体可以沿着扭转方向自由运动。这种随电流做圆周运动不需要能量。任何与流动相反的运动都需要能量。非零质量的物体会受到旋转离心力的作用而被抛出。

• 保守场的旋度为零。重力场和静电场是保守场。当举起一块石块，然后让它下落时，从下落中获得的能量与举起石块所投入的能量相同。从理论上讲，如果忽略风的摩擦，整个过程中不会有能量获得或能量损失。

4.4.3 有旋场

如前所述，矢量 $\boldsymbol{F}$ 的旋度可以写为 curl$F$、$\nabla\times\boldsymbol{F}$ 或 rot$\boldsymbol{F}$。词 rot 是旋转 rotation 一词的缩写。这个术语表明，矢量场可以是有旋的，也可以是无旋的。无旋场的旋度可以写为

$$\nabla\times\boldsymbol{F}=\boldsymbol{0}\text{（无旋）}\tag{4-30a}$$

$$\nabla\times\boldsymbol{F}\neq\boldsymbol{0}\text{（有旋）}\tag{4-30b}$$

4.4.4 不同坐标系中的旋度表达式

由于 $\boldsymbol{F}$ 可以是一个以上坐标的函数，在方程（4－28）中，$\boldsymbol{a}_n$ 在笛卡儿坐标系可用 $\boldsymbol{a}_x$、$\boldsymbol{a}_y$、$\boldsymbol{a}_z$ 来替换，在柱坐标系中可用 $\boldsymbol{a}_\rho$、$\boldsymbol{a}_\varphi$、$\boldsymbol{a}_z$ 来替换，在球坐标系中可用 $\boldsymbol{a}_r$、$\boldsymbol{a}_\theta$、$\boldsymbol{a}_\varphi$ 来替换。不同坐标系中的旋度表达式为

$$\nabla\times\boldsymbol{F}=\left[\frac{\partial F_z}{\partial y}-\frac{\partial F_y}{\partial z}\right]\boldsymbol{a}_x+\left[\frac{\partial F_x}{\partial z}-\frac{\partial F_z}{\partial x}\right]\boldsymbol{a}_y+\left[\frac{\partial F_y}{\partial x}-\frac{\partial F_x}{\partial y}\right]\boldsymbol{a}_z\text{（笛卡儿坐标系）}\tag{4-31a}$$

$$\nabla\times\boldsymbol{F}=\left[\left(\frac{1}{\rho}\right)\frac{\partial F_z}{\partial\varphi}-\frac{\partial F_\varphi}{\partial z}\right]\boldsymbol{a}_\rho+\left[\frac{\partial F_\rho}{\partial z}-\frac{\partial F_z}{\partial\rho}\right]\boldsymbol{a}_\varphi+\left\{\left(\frac{1}{\rho}\right)\left[\frac{\partial(\rho F_\varphi)}{\partial\rho}-\frac{\partial F_\rho}{\partial\varphi}\right]\right\}\boldsymbol{a}_z\text{（柱坐标系）}\tag{4-31b}$$

$$\begin{aligned}\nabla\times\boldsymbol{F}=&\left\{\left(\frac{1}{r\sin\theta}\right)\left[\frac{\partial(\sin\theta\cdot F_\varphi)}{\partial\theta}-\frac{\partial F_\theta}{\partial\varphi}\right]\right\}\boldsymbol{a}_r+\left\{\frac{1}{r}\left[\frac{1}{\sin\theta}\frac{\partial F_r}{\partial\varphi}-\frac{\partial(r\cdot F_\varphi)}{\partial r}\right]\right\}\boldsymbol{a}_\theta\\&+\left\{\left(\frac{1}{r}\right)\left[\frac{\partial(r\cdot F_\theta)}{\partial r}-\frac{\partial F_r}{\partial\theta}\right]\right\}\boldsymbol{a}_\varphi\text{（球坐标系）}\end{aligned}\tag{4-31c}$$

这些方程也可写成行列式的形式

$$\nabla\times\boldsymbol{F}=\begin{vmatrix}\boldsymbol{a}_x&\boldsymbol{a}_y&\boldsymbol{a}_z\\\dfrac{\partial}{\partial x}&\dfrac{\partial}{\partial y}&\dfrac{\partial}{\partial z}\\F_x&F_y&F_z\end{vmatrix}\quad\text{（笛卡儿坐标系）}\tag{4-32a}$$

$$\nabla\times\boldsymbol{F}=\frac{1}{\rho}\begin{vmatrix}\boldsymbol{a}_\rho&\rho\cdot\boldsymbol{a}_\varphi&\boldsymbol{a}_z\\\dfrac{\partial}{\partial\rho}&\dfrac{\partial}{\partial\varphi}&\dfrac{\partial}{\partial z}\\F_\rho&\rho\cdot F_\varphi&F_z\end{vmatrix}\quad\text{（柱坐标系）}\tag{4-32b}$$

$$\nabla\times\boldsymbol{F}=\frac{1}{r^2\sin\theta}\begin{vmatrix}\boldsymbol{a}_r & r\cdot\boldsymbol{a}_\theta & r\cdot\sin\theta\cdot\boldsymbol{a}_\varphi\\ \dfrac{\partial}{\partial r} & \dfrac{\partial}{\partial\theta} & \dfrac{\partial}{\partial\varphi}\\ F_r & r\cdot F_\theta & r\cdot\sin\theta\cdot F_\varphi\end{vmatrix}\quad(\text{球坐标系})\tag{4-32c}$$

4.4.5　应用

旋度运算广泛应用于包括电磁学在内的许多科学和工程领域。它的应用将在后续章节中出现。

4.5　拉普拉斯算子及其应用

本节介绍拉普拉斯（Laplacian）算子的意义及其应用。

4.5.1　拉普拉斯算子

拉普拉斯算子是一个标量微分算子，用 $|\nabla|$ 的平方或两个 Del 算子点积来表示，即

$$\nabla\cdot\nabla=\nabla^2\tag{4-33a}$$

在笛卡儿空间坐标系中的表达式为

$$\nabla^2=\left(\boldsymbol{a}_x\frac{\partial}{\partial x}+\boldsymbol{a}_y\frac{\partial}{\partial y}+\boldsymbol{a}_z\frac{\partial}{\partial z}\right)\cdot\left(\boldsymbol{a}_x\frac{\partial}{\partial x}+\boldsymbol{a}_y\frac{\partial}{\partial y}+\boldsymbol{a}_z\frac{\partial}{\partial z}\right)\equiv\frac{\partial^2}{\partial x^2}+\frac{\partial^2}{\partial y^2}+\frac{\partial^2}{\partial z^2}\tag{4-33b}$$

4.5.1.1　标量的拉普拉斯运算

在任意坐标系中，标量 V 拉普拉斯运算的一般定义为

$$\nabla^2V\overset{\text{def}}{=}\nabla\cdot(\nabla V)\tag{4-34}$$

在不同坐标系中，标量函数 V 的拉普拉斯表达式为

$$\nabla^2V=\frac{\partial^2V}{\partial x^2}+\frac{\partial^2V}{\partial y^2}+\frac{\partial^2V}{\partial z^2}\quad(\text{笛卡儿坐标系})\tag{4-35a}$$

$$\nabla^2V=\frac{1}{\rho}\cdot\frac{\partial}{\partial\rho}\left(\rho\cdot\frac{\partial V}{\partial\rho}\right)+\frac{1}{\rho^2}\frac{\partial^2V}{\partial\varphi^2}+\frac{\partial^2V}{\partial z^2}\quad(\text{柱坐标系})\tag{4-35b}$$

$$\nabla^2V=\frac{1}{r^2}\cdot\frac{\partial}{\partial r}\left(r^2\cdot\frac{\partial V}{\partial r}\right)+\frac{1}{r^2\sin\theta}\cdot\frac{\partial}{\partial\theta}\left(\sin\theta\cdot\frac{\partial V}{\partial\theta}\right)+\frac{1}{r^2\sin^2\theta}\cdot\frac{\partial^2V}{\partial\varphi^2}\quad(\text{球坐标系})\tag{4-35c}$$

4.5.1.2　矢量的拉普拉斯运算

因为没有定义矢量的梯度，所以矢量的拉普拉斯运算需要重新定义。在任意坐标系统中，矢量 $\boldsymbol{A}$ 拉普拉斯运算的一般定义为

$$\nabla^2\boldsymbol{A}\overset{\text{def}}{=}\nabla(\nabla\cdot\boldsymbol{A})-\nabla\times(\nabla\times\boldsymbol{A})\tag{4-36}$$

因此，**矢量算符**的“Del 平方”是该算符散度的梯度减去它的旋度的旋度。为了理解这样定义的优点，令矢量在笛卡儿坐标系分量表达式为

$$\boldsymbol{A} \overset{\text{def}}{=\!=} A_x \cdot \boldsymbol{a}_x + A_y \cdot \boldsymbol{a}_y + A_z \cdot \boldsymbol{a}_z \tag{4-37a}$$

因此

$$\nabla \cdot \boldsymbol{A} = \frac{\partial A_x}{\partial x} + \frac{\partial A_y}{\partial y} + \frac{\partial A_z}{\partial z} \tag{4-37b}$$

方程（4－36）的分量为

$$\nabla \cdot \boldsymbol{A} = \boldsymbol{a}_x \frac{\partial}{\partial x}\left(\frac{\partial A_x}{\partial x} + \frac{\partial A_y}{\partial y} + \frac{\partial A_z}{\partial z}\right) + \boldsymbol{a}_y \frac{\partial}{\partial y}\left(\frac{\partial A_x}{\partial x} + \frac{\partial A_y}{\partial y} + \frac{\partial A_z}{\partial z}\right) + \boldsymbol{a}_z \frac{\partial}{\partial z}\left(\frac{\partial A_x}{\partial x} + \frac{\partial A_y}{\partial y} + \frac{\partial A_z}{\partial z}\right) \tag{4-38a}$$

$$\nabla \times \boldsymbol{A} = \boldsymbol{a}_x \left(\frac{\partial A_z}{\partial y} - \frac{\partial A_y}{\partial z}\right) + \boldsymbol{a}_y \left(\frac{\partial A_x}{\partial z} - \frac{\partial A_z}{\partial x}\right) + \boldsymbol{a}_z \left(\frac{\partial A_y}{\partial x} - \frac{\partial A_x}{\partial y}\right) \tag{4-38b}$$

$$\begin{aligned}\nabla \times (\nabla \times \boldsymbol{A}) = &\ \boldsymbol{a}_x \left[\frac{\partial}{\partial y}\left(\frac{\partial A_y}{\partial x} - \frac{\partial A_x}{\partial y}\right) - \frac{\partial}{\partial z}\left(\frac{\partial A_x}{\partial z} - \frac{\partial A_z}{\partial x}\right)\right] \\ & + \boldsymbol{a}_y \left[\frac{\partial}{\partial z}\left(\frac{\partial A_z}{\partial y} - \frac{\partial A_y}{\partial z}\right) - \frac{\partial}{\partial x}\left(\frac{\partial A_y}{\partial x} - \frac{\partial A_x}{\partial y}\right)\right] \\ & + \boldsymbol{a}_z \left\{\frac{\partial}{\partial x}\left[\frac{\partial A_x}{\partial z} - \frac{\partial A_z}{\partial x}\right) - \frac{\partial}{\partial y}\left(\frac{\partial A_z}{\partial y} - \frac{\partial A_y}{\partial z}\right)\right]\end{aligned} \tag{4-38c}$$

$$\begin{aligned}& \nabla (\nabla \cdot \boldsymbol{A}) - \nabla \times (\nabla \times \boldsymbol{A}) \\ = &\ \boldsymbol{a}_x \left\{\frac{\partial}{\partial x}\left(\frac{\partial A_x}{\partial x} + \frac{\partial A_y}{\partial y} + \frac{\partial A_z}{\partial z}\right) - \left[\frac{\partial}{\partial y}\left(\frac{\partial A_y}{\partial x} - \frac{\partial A_x}{\partial y}\right) - \frac{\partial}{\partial z}\left(\frac{\partial A_x}{\partial z} - \frac{\partial A_z}{\partial x}\right)\right]\right\} \\ & + \boldsymbol{a}_y \left\{\frac{\partial}{\partial y}\left(\frac{\partial A_x}{\partial x} + \frac{\partial A_y}{\partial y} + \frac{\partial A_z}{\partial z}\right) - \left[\frac{\partial}{\partial z}\left(\frac{\partial A_z}{\partial y} - \frac{\partial A_y}{\partial z}\right) - \frac{\partial}{\partial x}\left(\frac{\partial A_y}{\partial x} - \frac{\partial A_x}{\partial y}\right)\right]\right\} \\ & + \boldsymbol{a}_z \left\{\frac{\partial}{\partial z}\left(\frac{\partial A_x}{\partial x} + \frac{\partial A_y}{\partial y} + \frac{\partial A_z}{\partial z}\right) - \left[\frac{\partial}{\partial x}\left(\frac{\partial A_x}{\partial z} - \frac{\partial A_z}{\partial x}\right) - \frac{\partial}{\partial y}\left(\frac{\partial A_z}{\partial y} - \frac{\partial A_y}{\partial z}\right)\right]\right\}\end{aligned}$$

或

$$\begin{aligned}\nabla (\nabla \cdot \boldsymbol{A}) - \nabla \times (\nabla \times \boldsymbol{A}) = &\ \boldsymbol{a}_x \left(\frac{\partial^2 A_x}{\partial x^2} + \frac{\partial^2 A_x}{\partial y^2} + \frac{\partial^2 A_x}{\partial z^2}\right) + \boldsymbol{a}_y \left(\frac{\partial^2 A_y}{\partial x^2} + \frac{\partial^2 A_y}{\partial y^2} + \frac{\partial^2 A_y}{\partial z^2}\right) \\ & + \boldsymbol{a}_z \left(\frac{\partial^2 A_z}{\partial x^2} + \frac{\partial^2 A_z}{\partial y^2} + \frac{\partial^2 A_z}{\partial z^2}\right)\end{aligned}$$

因此

$$\nabla^2 \boldsymbol{A} = \boldsymbol{a}_x \nabla^2 A_x + \boldsymbol{a}_y \nabla^2 A_y + \boldsymbol{a}_z \nabla^2 A_z \tag{4-38d}$$

或

$$\nabla^2 \boldsymbol{A} = \boldsymbol{a}_x [\nabla \cdot (\nabla A_x)] + \boldsymbol{a}_y [\nabla \cdot (\nabla A_y)] + \boldsymbol{a}_z [\nabla \cdot (\nabla A_z)] \tag{4-38e}$$

因此，在笛卡儿坐标系中，矢量的拉普拉斯运算是它的各标量分量拉普拉斯运算与相应单位矢量乘积之和，每个标量分量的拉普拉斯运算是该分量梯度的散度。

在方程（4－31）和方程（4－36）中，拉普拉斯算子可能会与任意标量（比如 V）或矢量（比如 $\boldsymbol{A}$）相互作用。每个运算都可能导致四种类型的方程，称为**拉普拉斯方程**（*Laplace's equation*）、**泊松方程**（*Poission's equation*）、**波动方程**（*wave equation*）**和扩散（或涡流）方程**[*diffusion* (*or eddy current*) *equation*]，将分别在第 9、10、16 和 22 章

中讨论。

方程（4-38）最终引出方程（4-36）。

4.5.2 有定义运算和无定义运算

在 4.2 节、4.3 节和 4.4 节中讨论的矢量运算可以分为有定义类和无定义类。有定义类的运算包括标量的梯度、矢量的散度和旋度，无定义类的运算包括矢量的梯度、标量的散度和旋度。因此，$\nabla(\nabla\cdot\boldsymbol{V})$、$\nabla\cdot(\nabla S)\equiv\nabla^2 S$、$\nabla\cdot(\nabla\times\boldsymbol{V})\equiv 0$、$\nabla\times(\nabla\times S)\equiv 0$ 和 $\nabla\times(\nabla\times\boldsymbol{V})\equiv\nabla(\nabla\cdot\boldsymbol{V})-\nabla^2\boldsymbol{V}$ 都属于有定义类的关系式。$\nabla(\nabla S)$、$\nabla(\nabla\times\boldsymbol{V})$、$\nabla\cdot(\nabla V)$ 和 $\nabla\times(\nabla\cdot\boldsymbol{V})$ 都属于无定义类的关系式。

4.5.3 矢量恒等式

矢量恒等式有助于简化对场的分析。下面列出一些常用的梯度、散度和旋度运算的恒等式。在这些恒等式中，V 和 W 是标量，$\boldsymbol{A}$、$\boldsymbol{B}$ 和 $\boldsymbol{C}$ 是矢量

$$\nabla(V+W)\equiv\nabla V+\nabla W \tag{4-39a}$$

$$\nabla(VW)\equiv V(\nabla W)+W(\nabla V) \tag{4-39b}$$

$$\nabla(\boldsymbol{A}\cdot\boldsymbol{B})\equiv(\boldsymbol{A}\cdot\nabla)\boldsymbol{B}+(\boldsymbol{B}\cdot\nabla)\boldsymbol{A}+\boldsymbol{A}\times(\nabla\times\boldsymbol{B})+\boldsymbol{B}\times(\nabla\times\boldsymbol{A}) \tag{4-39c}$$

$$\nabla\cdot(\boldsymbol{A}+\boldsymbol{B})\equiv\nabla\cdot\boldsymbol{A}+\nabla\cdot\boldsymbol{B} \tag{4-40a}$$

$$\nabla\cdot(V\boldsymbol{A})\equiv\boldsymbol{A}\cdot(\nabla V)+V(\nabla\cdot\boldsymbol{A}) \tag{4-40b}$$

$$\nabla\cdot(\boldsymbol{A}\times\boldsymbol{B})\equiv\boldsymbol{B}\cdot(\nabla\cdot\boldsymbol{A})-\boldsymbol{A}\cdot(\nabla\times\boldsymbol{B}) \tag{4-40c}$$

$$\nabla\cdot(\nabla S)\equiv\nabla^2 S \tag{4-40d}$$

$$\nabla\cdot(\nabla\times\boldsymbol{V})\equiv 0 \tag{4-40e}$$

$$\nabla\times(\boldsymbol{A}+\boldsymbol{B})\equiv\nabla\times\boldsymbol{A}+\nabla\times\boldsymbol{B} \tag{4-41a}$$

$$\nabla\times(V\boldsymbol{A})\equiv(\nabla V)\times\boldsymbol{A}+V(\nabla\times\boldsymbol{A}) \tag{4-41b}$$

$$\nabla\times(\boldsymbol{A}\times\boldsymbol{B})\equiv\boldsymbol{A}(\nabla\cdot\boldsymbol{B})-\boldsymbol{B}(\nabla\cdot\boldsymbol{A})+(\boldsymbol{B}\cdot\nabla)\boldsymbol{A}-(\boldsymbol{A}\cdot\nabla)\boldsymbol{B} \tag{4-41c}$$

$$\nabla\times(\nabla\times\boldsymbol{A})\equiv\nabla(\nabla\cdot\boldsymbol{A})-\nabla^2\boldsymbol{A} \tag{4-41d}$$

$$\nabla\times(\nabla V)\equiv 0 \tag{4-41e}$$

4.6 积分

积分是场论的组成部分。积分可以分为 3 类：1）有定义的积分和无定义的积分；2）开放域积分和闭合域积分；3）线积分、面积分和体积分。本节简要介绍线积分、面积分和体积分。与前文相同，在线积分和面积分中，场矢量用 $\boldsymbol{F}$ 表示。

4.6.1 线积分

图 4-11 是从 A 到 B 的连续曲线 AB。该曲线位于空间矢量场 $\boldsymbol{F}$ 中，被分为 n 个无限小的矢量单元 $\mathrm{d}\boldsymbol{\ell}_1$、$\mathrm{d}\boldsymbol{\ell}_2$、…、$\mathrm{d}\boldsymbol{\ell}_n$，令各矢量单元长度中心点 $\boldsymbol{F}$ 的值分别为 $\boldsymbol{F}_1$、$\boldsymbol{F}_2$、

…、$\boldsymbol{F}_n$，$\boldsymbol{F}$ 与 $\mathrm{d}\boldsymbol{\ell}$ 点积结果的各个分量可以表示为 $\boldsymbol{F}_1\cdot\mathrm{d}\boldsymbol{\ell}_1$、$\boldsymbol{F}_2\cdot\mathrm{d}\boldsymbol{\ell}_2$、…、$\boldsymbol{F}_n\cdot\mathrm{d}\boldsymbol{\ell}_n$。沿整个曲线长度的标量积之和 S 可写为

$$S=\sum_{A}^{B}\boldsymbol{F}_n\big|_{\mathrm{d}\boldsymbol{\ell}_n}\cdot\mathrm{d}\boldsymbol{\ell}_n \tag{4-42a}$$

如果线段数量足够大（即 $n\to\infty$），则求和可以用积分 n 来替换，方程（4-42a）变为

$$I=\int_A^B\boldsymbol{F}\big|_{\mathrm{d}\boldsymbol{\ell}}\cdot\mathrm{d}\boldsymbol{\ell} \tag{4-42b}$$

方程（4-42b）称为 $\boldsymbol{F}$ 沿曲线 AB 从 A 到 B 的线积分。

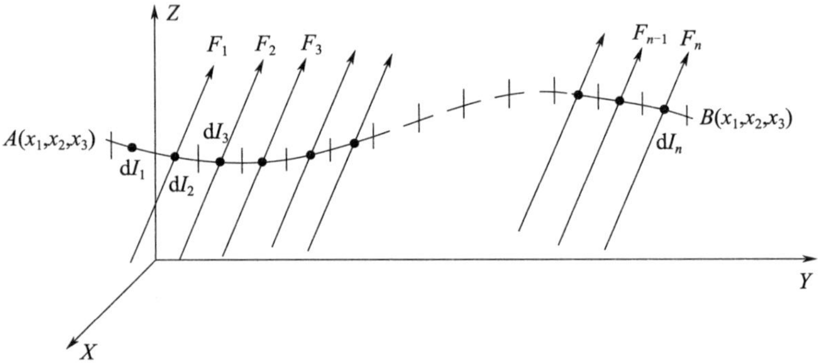

图 4-11　曲线段 $A-B$ 和场 F

4.6.1.1　不同坐标系中的线积分

根据方程（3-14）（3-24）和（3-34）的矢量表达式和方程（3-11）（3-22）和（3-32）的增量长度表达式，不同坐标系中的线积分可以写为

$$\int_A^B\boldsymbol{F}\cdot\mathrm{d}\boldsymbol{\ell}=\begin{cases}\int_A^B(F_x\mathrm{d}x+F_y\mathrm{d}y+F_z\mathrm{d}z)\quad（笛卡儿坐标系） & (4-43a)\\ \int_A^B[F_\rho\mathrm{d}\rho+F_\varphi(\rho\cdot\mathrm{d}\varphi)+F_z\mathrm{d}z]\quad（柱坐标系） & (4-43b)\\ \int_A^B[F_r\mathrm{d}r+F_\theta(r\cdot\mathrm{d}\theta)+F_\varphi(r\sin\theta\,\mathrm{d}\varphi)]\ （球坐标系） & (4-43c)\end{cases}$$

如果图 4-11 中 A 和 B 的坐标分别为 (x_1, y_1, z_1) 和 (x_2, y_2, z_2)，则方程（4-43a）（4-43b）和（4-43c）的右端可写为

$$\int_A^B(F_x\mathrm{d}x+F_y\mathrm{d}y+F_z\mathrm{d}z)=\int_{x_1}^{x_2}F_x\mathrm{d}x+\int_{y_1}^{y_2}F_y\mathrm{d}y+\int_{z_1}^{z_2}F_z\mathrm{d}z \tag{4-44a}$$

$$\int_A^B[F_\rho\mathrm{d}\rho+F_\varphi\rho\mathrm{d}\varphi+F_z\mathrm{d}z]=\int_{\rho_1}^{\rho_2}F_\rho\mathrm{d}\rho+\int_{\varphi_1}^{\varphi_2}F_\varphi(\rho\cdot\mathrm{d}\varphi)+\int_{z_1}^{z_2}F_z\mathrm{d}z \tag{4-44b}$$

$$\int_A^B[F_r\mathrm{d}r+F_\theta r\mathrm{d}\theta+F_\varphi r\sin\theta\mathrm{d}\varphi]=\int_{r_1}^{r_2}F_r\mathrm{d}r+\int_{\theta_1}^{\theta_2}F_\theta r\mathrm{d}\theta+\int_{\varphi_1}^{\varphi_2}F_\varphi r\sin\theta\mathrm{d}\varphi \tag{4-44c}$$

4.6.1.2　线积分的计算

方程（4-44）给出了不同坐标系中线积分的表达式。在上述积分中，若 A 和 B 是已知的积分上下限，则积分结果是确定量。无法通过矢量的一个分量（比如 F_x）对单一变

量（比如 x ）的积分得到结果，因为 F_x 可能是三个变量的函数。假设 x、y 和 z 的函数 F_x 可写为 $F_x=f_1(x, y, z)$，类似的 $F_y=f_2(x, y, z)$ 和 $F_z=f_3(x, y, z)$，则方程（4－44a）可写为

$$\int_A^B \boldsymbol{F}\cdot \mathrm{d}\boldsymbol{\ell}=\int_{x_1}^{x_2} f_1(x,y,z)\mathrm{d}x+\int_{y_1}^{y_2} f_2(x,y,z)\mathrm{d}y+\int_{z_1}^{z_2} f_3(x,y,z)\mathrm{d}z \quad (4-45a)$$

如果已知 x、y 和 z 之间的某些参数关系，在第一个积分中用 x 来替换 y、z；在第二个积分中用 y 来替换 x、z；在第三个积分中用 z 来替换 x、y，则方程（4－45a）可以变换为

$$\int_A^B \boldsymbol{F}\cdot \mathrm{d}\boldsymbol{\ell}=\int_{x_1}^{x_2} f_1(\text{随 } x \text{ 变化})\mathrm{d}x+\int_{y_1}^{y_2} f_2(\text{随 } y \text{ 变化})\mathrm{d}y+\int_{z_1}^{z_2} f_3(\text{随 } z \text{ 变化})\mathrm{d}z \quad (4-45b)$$

假设点 B 和 A 之间通过直线连接。则 B 到 A 的直线方程可以根据 B 和 A 的坐标写出（即 x_A，x_B，y_A，y_B，z_A.z_B 或 x_1，x_2，y_1，y_2，z_1，z_2）

$$y-y_B=\frac{y_A-y_B}{x_A-x_B}(x-x_B) \quad \text{或} \quad y-y_2=\frac{y_1-y_2}{x_1-x_2}(x-x_2) \quad (4-46a)$$

$$z-z_B=\frac{z_A-z_B}{y_A-y_B}(y-y_B) \quad \text{或} \quad z-z_2=\frac{z_1-z_2}{y_1-y_2}(y-y_2) \quad (4-46b)$$

$$x-x_B=\frac{x_A-x_B}{z_A-z_B}(z-z_B) \quad \text{或} \quad x-x_2=\frac{x_1-x_2}{z_1-z_2}(z-z_2) \quad (4-46c)$$

如果考虑直线是从 A 到 B，则需要改变上述关系式中的正负号。方程（4－46a）建立了 y 与 x 的关系，方程（4－46b）建立了 z 与 y 的关系，方程（4－46c）建立了 x 与 z 的关系。这些关系可以用于计算比如方程（4－45b）形式的积分。计算方程（4－44b）和（4－44c）的积分也需要经过类似的变换。具体方法将在线积分例题中给出。

4.6.1.3　应用

线积分在很多领域都有应用，包括第 7 章中描述做功、电势差和绝对电势的关系式。

4.6.2　面积分

本小节中介绍场论中经常遇到的矢量面积分。

4.6.2.1　表面及其类型

在数学中，**表面**是一种类似变形平面的几何形状。如果表面没有边界曲线则被称为**闭合**表面，边界曲线则被定义为一个分隔表面内部和外部的曲线。球、立方体、实心圆柱、环形体都是闭合的。立方体是闭合的，它有棱边，但没有边界。一个表面如果有一个或多个边界曲线，则称表面是**开放**的。一个圆盘、一张纸、一端开口的圆柱（但无体积）都是开放的表面。

4.6.2.2　面积分的计算

图 4－12 为一个表面 $\boldsymbol{s}$ 示意图，矢量场 $\boldsymbol{F}$ 以某特定方向通过该表面。该表面被分为 n 个矢量面元，分别标识为 $\Delta\boldsymbol{s}_1$，$\Delta\boldsymbol{s}_2$，…，$\Delta\boldsymbol{s}_n$。如果对应 $\Delta\boldsymbol{s}_1$，$\Delta\boldsymbol{s}_2$，…，$\Delta\boldsymbol{s}_n$ 上的矢量 $\boldsymbol{F}$

的值为 $\boldsymbol{F}_1$，$\boldsymbol{F}_2$，…，$\boldsymbol{F}_n$，则点积 $\boldsymbol{F}\cdot \mathrm{d}\boldsymbol{s}$ 可以通过乘积 $\boldsymbol{F}_1\cdot\Delta\boldsymbol{s}_1$，$\boldsymbol{F}_2\cdot\Delta\boldsymbol{s}_2$，…，$\boldsymbol{F}_n\cdot\Delta\boldsymbol{s}_n$ 的相加来计算。这个乘积和可以写为

$$\sum_{i=1}^{i=n}\boldsymbol{F}_i\cdot\Delta\boldsymbol{s}_i \tag{4-47}$$

如果面元无限小（即 $\Delta\boldsymbol{s}_i\to 0$）且 n 非常大（$n\to\infty$），则方程（4－47）变为积分，可以写为

$$\lim_{n\to\infty,\Delta s_i\to 0}\sum_{i=1}^{i=n}\boldsymbol{F}_i\cdot\Delta\boldsymbol{s}_i=\iint_s\boldsymbol{F}\cdot\mathrm{d}\boldsymbol{s} \tag{4-48a}$$

式中，$\boldsymbol{F}$ 是三个空间变量的函数，两个变量沿着面元（用于完成积分），另一个变量标识面元的位置。如果方程（4－48）写为下列形式，则需要考虑第三个变量

$$\lim_{\substack{n\to\infty\\ \Delta s_i\to 0}}\sum_{i=1}^{i=n}\boldsymbol{F}_i\mid_{s_i}\cdot\Delta\boldsymbol{s}_i=\iint_s\boldsymbol{F}\mid_s\cdot\mathrm{d}\boldsymbol{s} \tag{4-48b}$$

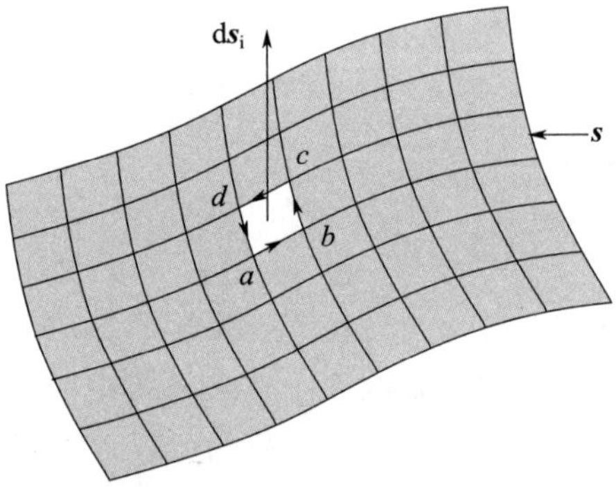

图 4－12　表面、面元和面元矢量

方程（4－48b）可以根据坐标分量写出

$$\int_{z_1}^{z_2}\int_{y_1}^{y_2}\boldsymbol{F}\mid_x\cdot\mathrm{d}\boldsymbol{s}_x+\int_{z_1}^{z_2}\int_{x_1}^{x_2}\boldsymbol{F}\mid_y\cdot\mathrm{d}\boldsymbol{s}_y+\int_{y_1}^{y_2}\int_{x_1}^{x_2}\boldsymbol{F}\mid_z\cdot\mathrm{d}\boldsymbol{s}_z\text{（笛卡儿坐标系）} \tag{4-49a}$$

$$\int_{z_1}^{z_2}\int_{\varphi_1}^{\varphi_2}\boldsymbol{F}\mid_\rho\cdot\mathrm{d}\boldsymbol{s}_\rho+\int_{z_1}^{z_2}\int_{\rho_1}^{\rho_2}\boldsymbol{F}\mid_\varphi\cdot\mathrm{d}\boldsymbol{s}_\varphi+\int_{\varphi_1}^{\varphi_2}\int_{\rho_1}^{\rho_2}\boldsymbol{F}\mid_z\cdot\mathrm{d}\boldsymbol{s}_z\text{（柱坐标系）} \tag{4-49b}$$

$$\int_{\varphi_1}^{\varphi_2}\int_{\theta_1}^{\theta_2}\boldsymbol{F}\mid_r\cdot\mathrm{d}\boldsymbol{s}_r+\int_{\varphi_1}^{\varphi_2}\int_{r1}^{r2}\boldsymbol{F}\mid_\theta\cdot\mathrm{d}\boldsymbol{s}_\theta+\int_{\theta_1}^{\theta_2}\int_{r1}^{r2}\boldsymbol{F}\mid_\varphi\cdot\mathrm{d}\boldsymbol{s}_\varphi\text{（球坐标系）} \tag{4-49c}$$

方程（4－48）称为矢量 $\boldsymbol{F}$ 在曲面 $\boldsymbol{s}$ 上的面积分。如果表面是开放的，矢量面元 $\mathrm{d}\boldsymbol{s}$ 的符号可以任意定义。如果是闭合曲面，则规定面元矢量 $\mathrm{d}\boldsymbol{s}$ 的正方向为从闭合曲面指向外面，因此，外法线方向为正。外法线方向取决于哪个矢量面元取正号。在上述关系式中，矢量 $\boldsymbol{F}$ 可以表示在该表面上定义的任何场量。

4.6.2.3　应用

面积分可能出现在很多场的应用中，包括第 11 章中的磁通量计算。

4.7　定理

本节简要介绍散度定理、斯托克斯（Stokes）定理和格林（Green）定理。

4.7.1　散度定理

作为矢量分析重要定理的散度定理也称为高斯（Gauss）定理。该定理建立了闭合曲面积分和体积分之间的联系。这个定理在电磁学和流体动力学中都有应用。以下给出该定理的表述。

4.7.1.1　定理的表述

任意矢量场 A 的法向分量在一个闭合曲面上的积分，等于该矢量场在这个闭合曲面所包围的整个体积内散度的积分。

4.7.1.2　数学公式

该定理的数学表达式为

$$\oiint_{s} \boldsymbol{A} \,|_{s} \cdot \mathrm{d}\boldsymbol{s} \equiv \iiint_{v} (\nabla \cdot \boldsymbol{A})\, \mathrm{d}v \tag{4-50}$$

式中，$\boldsymbol{s}$ 是包围体积 v 的闭合曲面。

在该方程的左边，必须考虑表面 $\boldsymbol{s}$ 上的矢量 $\boldsymbol{A}$ ；在方程右边，必须考虑体积内每一点的矢量 $\boldsymbol{A}$ 的散度。

4.7.2　斯托克斯定理

斯托克斯定理建立了闭合曲线积分与面积分之间的关系。斯托克斯定理在电磁学和其他工程领域有广泛的应用。下面给出定理的表述和数学公式。

4.7.2.1　定理的表述

矢量场 A 的旋度在任意表面 s 的积分，等于 A 沿该表面围线的闭合曲线的积分。

这个理论的一个推论是："矢量场 $\boldsymbol{A}$ 的旋度沿任何闭合曲面的积分恒等于零"。

4.7.2.2　数学公式

斯托克斯定理的数学描述为

$$\iint_{s} (\nabla \times \boldsymbol{A}) \,|_{s} \cdot \mathrm{d}\boldsymbol{s} = \oint_{c} \boldsymbol{A} \,|_{c} \cdot \mathrm{d}\boldsymbol{\ell} \tag{4-51a}$$

$$\oiint_{s} (\nabla \times \boldsymbol{A}) \,|_{s} \cdot \mathrm{d}\boldsymbol{s} = 0 \tag{4-51b}$$

方程的右端是沿着任意开放表面 $\boldsymbol{s}$ 的闭合边界线 c 的线积分，方程的左端是具有同样闭合边界线 c 的任意表面的面积分。对于一个给定的闭合边界，会存在各种形状和尺寸不同的表面。图 4-12 给出了表面 $\mathrm{d}\boldsymbol{s}_i$ 和其相应的闭合路径 $a-b-c-d-a$ 。

4.7.3 格林定理

令 $\boldsymbol{A}$ 是标量函数 u 和另外一个标量函数 w 的梯度的乘积

$$\boldsymbol{A}=u\nabla w \tag{4-52}$$

在笛卡儿坐标系中，方程（4-52）的散度表达式为

$$\begin{aligned}\nabla\cdot\boldsymbol{A}&=\frac{\partial A_x}{\partial x}+\frac{\partial A_y}{\partial y}+\frac{\partial A_z}{\partial z}=\frac{\partial}{\partial x}\left(u\frac{\partial w}{\partial x}\right)+\frac{\partial}{\partial y}\left(u\frac{\partial w}{\partial y}\right)+\frac{\partial}{\partial z}\left(u\frac{\partial w}{\partial z}\right)\\&=u\left(\frac{\partial^2 w}{\partial x^2}+\frac{\partial^2 w}{\partial y^2}+\frac{\partial^2 w}{\partial z^2}\right)+\frac{\partial u}{\partial x}\frac{\partial w}{\partial x}+\frac{\partial u}{\partial y}\frac{\partial w}{\partial y}+\frac{\partial u}{\partial z}\frac{\partial w}{\partial z}\end{aligned}$$

或

$$\boxed{\nabla\cdot(u\nabla w)=u\nabla^2 w+\nabla u\cdot\nabla w} \tag{4-53}$$

4.7.3.1 格林定理第一恒等式

方程（4-53）对体积 v 积分并应用高斯（或散度）定理得到格林定理第一恒等式，即

$$\boxed{\iiint_v(u\nabla^2 w+\nabla u\cdot\nabla w)\,\mathrm{d}v=\oint\!\!\!\oint_s(u\nabla w)\cdot\mathrm{d}\boldsymbol{s}} \tag{4-54}$$

4.7.3.2 格林定理第二恒等式

方程（4-53）的 u 和 w 互换得到

$$\iiint_v(w\nabla^2 u+\nabla w\cdot\nabla u)\,\mathrm{d}v=\oint\!\!\!\oint_s(w\nabla u)\cdot\mathrm{d}\boldsymbol{s} \tag{4-55}$$

用方程（4-54）减去方程（4-55）得到

$$\boxed{\iiint_v(u\nabla^2 w-w\nabla^2 u)\,\mathrm{d}v=\oint\!\!\!\oint_s(u\nabla w-w\nabla u)\cdot\mathrm{d}\boldsymbol{s}} \tag{4-56}$$

这种变换称为**格林定理第二恒等式**。

这些变换在电磁场和流体力学场研究中非常重要。

4.8 其他有用的工具

在第 3 章中简要介绍了坐标系、矢量代数和坐标变换，在 4.2～4.4 节描述了梯度、散度和旋度运算，在 4.2.5 小节中，讨论了与梯度、散度和旋度运算相关的 Del 算子。除此之外，通过场分析最终得到了称为麦克斯韦方程组的一组方程。这些方程也涉及散度和旋度运算以及 Del 算子。通过麦克斯韦方程组的运算得到了另外一系列方程，称为拉普拉斯方程、泊松方程、波动方程和涡流方程。这组方程涉及 4.5 节中给出的拉普拉斯算子。Del 算子和拉普拉斯算子都与偏导数相关。只要场问题是二维或三维的，所涉及的算子（Del 算子和拉普拉斯算子）就有偏导数形式。在一维情况下，偏导数会变为全导数。

此外，处理实际的场问题需要涉及许多其他的数学领域。在场论相关问题中被频繁应用的还有指数函数、对数函数、三角函数、双曲函数、微分和积分。同样，也经常涉及级数求和、傅里叶级数和傅里叶积分，尤其是在边值问题中。在某些情况下，比如处理时谐场时，通常会使用复数。有些问题需要使用线性代数方程和矩阵，而有些问题则需要使用特殊函数（贝塞尔函数和勒让德函数）。在本书后面的讨论中，读者会发现上述数学工具在某阶段会涉及，并且有些使用得很频繁。对所涉及的一些数学工具进行简短的描述，以便读者在心理上有所准备，充满信心地面对这种情况。在第 1 章中曾指出，当学生学习电磁学基础课程时，他/她不仅需要熟悉而且应该完全掌握上述所有数学工具。最后指出，在没有封闭形式解的情况下，可以使用数值计算方法。

例 4.1　求 $V=5(x+1)^2(y-2)^2(z+4)$ 在 $x=y=z=1$ 点的梯度。

解：已知 $V=5(x+1)^2(y-2)^2(z+4)$，根据方程（4－11a），可得

$$\nabla V=\frac{\partial V}{\partial x}\cdot \boldsymbol{a}_x+\frac{\partial V}{\partial y}\cdot \boldsymbol{a}_y+\frac{\partial V}{\partial z}\cdot \boldsymbol{a}_z$$

$$=10(x+1)(y-2)^2(z+4)\boldsymbol{a}_x+10(x+1)(y-2)(z+4)\boldsymbol{a}_y+5(x+1)^2(y-2)^2\boldsymbol{a}_x$$

$$\nabla V|_{x=y=z=1}=100\boldsymbol{a}_x-200\boldsymbol{a}_y+20\boldsymbol{a}_x$$

例 4.2　求 $V=3\rho^2(2\cos^2\varphi-\sin^2\varphi)z$ 在 $\rho=1$，$\varphi=\frac{\pi}{4}$，$z=2$ 的梯度。

解：已知 $V=3\rho^2(2\cos^2\varphi-\sin^2\varphi)z$，由于 $\sin^2\varphi=1-\cos^2\varphi$

$2\cos^2\varphi-\sin^2\varphi=3\cos^2\varphi-1$，$\cos^2\varphi=\dfrac{\cos2\varphi+1}{2}$

$3\cos^2\varphi-1=\dfrac{3\cos2\varphi+1}{2}$，因此，$V=3\rho^2(1.5\cos2\varphi+0.5)z$

根据方程（4－11b）

$$\nabla V=\frac{\partial V}{\partial \rho}\cdot \boldsymbol{a}_\rho+\frac{1}{\rho}\frac{\partial V}{\partial \varphi}\cdot \boldsymbol{a}_\varphi+\frac{\partial V}{\partial z}\cdot \boldsymbol{a}_z$$

$$=9\rho^2(1.5\cos2\varphi+0.5)z\boldsymbol{a}_\rho-9\rho^2\sin2\varphi z\boldsymbol{a}_\varphi 3\rho^3(1.5\cos2\varphi+0.5)\boldsymbol{a}_x$$

$$\nabla V|_{\rho=1,\varphi=\frac{\pi}{4},z=2}=9\boldsymbol{a}_\rho-18\boldsymbol{a}_\varphi+1.5\boldsymbol{a}_x$$

例 4.3　求 $V=r^2\cos\theta\sin\varphi$ 在 $r=2.\theta=\pi/4$，$\varphi=\pi/3$ 的梯度。

解：已知 $V=r^2\cos\theta\sin\varphi$，根据方程（4－11c），可得

$$\nabla V=\frac{\partial V}{\partial r}\cdot \boldsymbol{a}_r+\frac{1}{r}\frac{\partial V}{\partial \theta}\cdot \boldsymbol{a}_\theta+\left(\frac{1}{r\sin\theta}\right)\frac{\partial V}{\partial \varphi}\cdot \boldsymbol{a}_\varphi$$

$$=2r\cos\theta\sin\varphi\boldsymbol{a}_r-r\sin\theta\sin\varphi\boldsymbol{a}_\theta+r\cot\theta\cos\varphi\boldsymbol{a}_\varphi$$

$$\nabla V|_{r=2,\theta=\frac{\pi}{4},\varphi=\frac{\pi}{5}}=4\left(\frac{1}{\sqrt{2}}\right)\left(\frac{\sqrt{3}}{2}\right)\boldsymbol{a}_r-2\left(\frac{1}{\sqrt{2}}\right)\left(\frac{\sqrt{3}}{2}\right)\boldsymbol{a}_\theta+2\cdot 1\cdot\left(\frac{1}{2}\right)\boldsymbol{a}_\varphi$$

$$=2\left(\frac{\sqrt{3}}{\sqrt{2}}\right)\boldsymbol{a}_r-\left(\frac{\sqrt{3}}{\sqrt{2}}\right)\boldsymbol{a}_\theta+\boldsymbol{a}_\varphi=2.45\boldsymbol{a}_r-1.225\boldsymbol{a}_\theta+\boldsymbol{a}_\varphi$$

例 4.4 计算矢量 $\boldsymbol{D}=(6\boldsymbol{a}_x+8\boldsymbol{a}_y+10\boldsymbol{a}_z)\mathrm{e}^{-3x}\mathrm{e}^{-4y}\mathrm{e}^{-5z}$ 在 $x=0.5$ 的散度。

解： 已知 $\boldsymbol{D}=(6\boldsymbol{a}_x+8\boldsymbol{a}_y+10\boldsymbol{a}_z)\mathrm{e}^{-3x}\mathrm{e}^{-4y}\mathrm{e}^{-5z}$

$$D_x=6\mathrm{e}^{-3x}\mathrm{e}^{-4y}\mathrm{e}^{-5z}\boldsymbol{a}_x, D_y=8\mathrm{e}^{-3x}\mathrm{e}^{-4y}\mathrm{e}^{-5z}\boldsymbol{a}_y, D_z=10\mathrm{e}^{-3x}\mathrm{e}^{-4y}\mathrm{e}^{-5z}\boldsymbol{a}_z,$$

$$\frac{\partial D_x}{\partial x}=-18\mathrm{e}^{-3x}\mathrm{e}^{-4y}\mathrm{e}^{-5z}, \frac{\partial D_y}{\partial y}=-32\mathrm{e}^{-3x}\mathrm{e}^{-4y}\mathrm{e}^{-5z}, \frac{\partial D_z}{\partial z}=-50\mathrm{e}^{-3x}\mathrm{e}^{-4y}\mathrm{e}^{-5z}$$

根据方程（4－21a）

$$\nabla\cdot\boldsymbol{D}=\frac{\partial D_x}{\partial x}+\frac{\partial D_y}{\partial y}+\frac{\partial D_z}{\partial z}$$

$$=(-18-32-50)\mathrm{e}^{-3x}\mathrm{e}^{-4y}\mathrm{e}^{-5z}=-100\mathrm{e}^{-3x}\mathrm{e}^{-4y}\mathrm{e}^{-5z}$$

$$\nabla\cdot\boldsymbol{D}\big|_{x=0.5,y=0,z=0}=-100\mathrm{e}^{-1.5}=-22.313$$

例 4.5 计算矢量 $\boldsymbol{D}=(1/\rho^2)\boldsymbol{a}_\rho$ 在 $x=0.5$ 的散度。

解： 已知 $\boldsymbol{D}=(1/\rho^2)\boldsymbol{a}_\rho=D_\rho\boldsymbol{a}_\rho$， 因此，$D_\rho=1/\rho^2$，$D_\varphi=D_z=0$

$$\rho D_\rho=\frac{1}{\rho}, \frac{\partial(\rho D_\rho)}{\partial\rho}=-\frac{1}{\rho^2}, \frac{1}{\rho}\frac{\partial(\rho D_\rho)}{\partial\rho}=-\frac{1}{\rho^3}$$

根据方程（4－21b）

$$\nabla\cdot\boldsymbol{D}=\frac{1}{\rho}\frac{\partial(\rho D_\rho)}{\partial\rho}+\frac{1}{\rho}\frac{\partial D_\varphi}{\partial\varphi}+\frac{\partial D_z}{\partial z}\equiv-\frac{1}{\rho^3}$$

$$\nabla\cdot\boldsymbol{D}\big|_{\rho=x=0.5}=-8$$

例 4.6 计算矢量 $\boldsymbol{D}=(1/r)\boldsymbol{a}_r$ 在 $x=0.5$ 的散度。

解： 已知 $\boldsymbol{D}=(1/r)\boldsymbol{a}_r=D_r\boldsymbol{a}_r$， 因此，$D_r=1/r$，$D_\theta=D_\varphi=0$

$$r^2D_r=r, \quad \frac{\partial(r^2D_r)}{\partial r}=1, \quad \frac{1}{r^2}\frac{\partial(r^2D_r)}{\partial r}=\frac{1}{r^2}$$

根据方程（4－21b）

$$\nabla\cdot\boldsymbol{D}=\frac{1}{r^2}\frac{\partial(r^2D_r)}{\partial r}+\frac{1}{r\sin\theta}\frac{\partial(\sin\theta D_\theta)}{\partial\theta}+\frac{1}{r\sin\theta}\frac{\partial D_\varphi}{\partial\varphi}=\frac{1}{r^2}$$

$$\nabla\cdot\boldsymbol{D}\big|_{r=x=0.5}=4$$

例 4.7 计算矢量 $\boldsymbol{F}=5\mathrm{e}^{2x}\cos y\boldsymbol{a}_x-4\mathrm{e}^{4x}\sin y\boldsymbol{a}_y+3z\mathrm{e}^{5x}\boldsymbol{a}_z$ 在 $x=y=z=0$ 的散度。

解： 已知 $\boldsymbol{F}=5\mathrm{e}^{2x}\cos y\boldsymbol{a}_x-4\mathrm{e}^{4x}\sin y\boldsymbol{a}_y+3z\mathrm{e}^{5x}\boldsymbol{a}_z$

$$F_x=5\mathrm{e}^{2x}\cos y, \quad \frac{\partial F_x}{\partial x}=10\mathrm{e}^{2x}\cos y, \quad \frac{\partial F_x}{\partial x}\bigg|_{x=0,y=0,z=0}=10$$

$$F_y=-4\mathrm{e}^{4x}\sin y, \quad \frac{\partial F_y}{\partial y}=-4\mathrm{e}^{4x}\cos y, \quad \frac{\partial F_y}{\partial y}\bigg|_{x=0,y=0,z=0}=-4$$

$$F_z=3z\mathrm{e}^{5x}, \quad \frac{\partial F_z}{\partial z}=3\mathrm{e}^{5x}, \quad \frac{\partial F_z}{\partial z}\bigg|_{x=0,y=0,z=0}=3$$

根据方程（4－21a）

$$\nabla\cdot\boldsymbol{F}=\frac{\partial F_x}{\partial x}+\frac{\partial F_y}{\partial y}+\frac{\partial F_z}{\partial z}=10-4+3=9$$

例 4.8 计算矢量 $\boldsymbol{F}=2xy\boldsymbol{a}_x+(z^2-y^2)\boldsymbol{a}_y+3yz\boldsymbol{a}_z$ 的旋度。

解： 已知 $\boldsymbol{F}=2xy\boldsymbol{a}_x+(z^2-y^2)\boldsymbol{a}_y+3yz\boldsymbol{a}_z$

$$F_x=2xy,\quad \frac{\partial F_x}{\partial z}=0,\quad \frac{\partial F_x}{\partial y}=2x$$

$$F_y=z^2-y^2,\quad \frac{\partial F_y}{\partial z}=2z,\quad \frac{\partial F_y}{\partial x}=0$$

$$F_z=3yz,\quad \frac{\partial F_z}{\partial y}=3z,\quad \frac{\partial F_z}{\partial x}=0$$

根据方程（4－31a）和上述结果

$$\nabla\times\boldsymbol{F}=\left[\frac{\partial F_z}{\partial y}-\frac{\partial F_y}{\partial z}\right]\boldsymbol{a}_x+\left[\frac{\partial F_x}{\partial z}-\frac{\partial F_z}{\partial x}\right]\boldsymbol{a}_y+\left[\frac{\partial F_y}{\partial x}-\frac{\partial F_x}{\partial y}\right]\boldsymbol{a}_z$$

$$=[3z-2z]\boldsymbol{a}_x+[0-0]\boldsymbol{a}_y+[0-2x]\boldsymbol{a}_z=z\boldsymbol{a}_x-2x\boldsymbol{a}_z$$

例 4.9　求矢量 $\boldsymbol{F}=\left(2-\frac{1}{\rho^2}\right)\sin\varphi\boldsymbol{a}_\rho+\left(2+\frac{1}{\rho^2}\right)\cos\varphi\boldsymbol{a}_\varphi+3\rho z\boldsymbol{a}_z$ 的旋度。

解： 已知 $\boldsymbol{F}=\left(2-\frac{1}{\rho^2}\right)\sin\varphi\boldsymbol{a}_\rho+\left(2+\frac{1}{\rho^2}\right)\cos\varphi\boldsymbol{a}_\varphi+3\rho z\boldsymbol{a}_z$

$$F_\rho=\left(2-\frac{1}{\rho^2}\right)\sin\varphi,\quad \frac{\partial F_\rho}{\partial z}=0,\quad \frac{\partial F_\rho}{\partial\varphi}=\left(2-\frac{1}{\rho^2}\right)\cos\varphi$$

$$F_\varphi=\left(2+\frac{1}{\rho^2}\right)\cos\varphi,\quad \frac{\partial F_\varphi}{\partial z}=0,\quad \frac{\partial(\rho F_\varphi)}{\partial\rho}=\left(2-\frac{1}{\rho^2}\right)$$

$$F_z=3\rho z,\quad \frac{\partial F_z}{\partial\varphi}=0,\quad \frac{\partial F_z}{\partial\rho}=3z$$

根据方程（4－31b）和上述结果

$$\nabla\times\boldsymbol{F}=\left(\frac{1}{\rho}\frac{\partial F_z}{\partial\varphi}-\frac{\partial F_\varphi}{\partial z}\right)\boldsymbol{a}_\rho+\left(\frac{\partial F_\rho}{\partial z}-\frac{\partial F_z}{\partial\rho}\right)\boldsymbol{a}_\varphi+\left(\frac{1}{\rho}\right)\left[\frac{\partial(\rho F_\varphi)}{\partial\rho}-\frac{\partial F_\rho}{\partial\varphi}\right]\boldsymbol{a}_z$$

$$=[0-0]\boldsymbol{a}_\rho+[0-3z]\boldsymbol{a}_\varphi+\frac{1}{\rho}\left[\left(2-\frac{1}{\rho^2}\right)-\left(2-\frac{1}{\rho^2}\right)\cos\varphi\right]\boldsymbol{a}_z$$

$$=-3za_\varphi+\left(\frac{2}{\rho}-\frac{1}{\rho^3}\right)(1-\cos\varphi)\boldsymbol{a}_z$$

例 4.10　求矢量 $\boldsymbol{F}=r\sin\varphi\boldsymbol{a}_r+r^2\cos\theta\cos\varphi\boldsymbol{a}_\theta+3\sin\theta\sin\varphi\boldsymbol{a}_\varphi$ 的旋度。

解： 已知 $\boldsymbol{F}=r\sin\varphi\boldsymbol{a}_r+r^2\cos\theta\cos\varphi\boldsymbol{a}_\theta+3\sin\theta\sin\varphi\boldsymbol{a}_\varphi$

$$F_r=r\sin\varphi,\quad \frac{\partial F_r}{\partial\theta}=0,\quad \frac{1}{r}\frac{1}{\sin\theta}\frac{\partial F_r}{\partial\varphi}=\frac{\cos\varphi}{\sin\theta}$$

$$F_\theta=r^2\cos\theta\cos\varphi,\quad \frac{1}{r\sin\theta}\frac{\partial F_\theta}{\partial\varphi}=-r\cot\theta\sin\varphi,\quad \frac{1}{r}\frac{\partial(rF_\theta)}{\partial r}=3\cos\theta\cos\varphi$$

$$F_\varphi=3\sin\theta\sin\varphi,\quad \frac{1}{r}\frac{\partial(r\cdot F_\varphi)}{\partial r}=\frac{3}{r}\sin\theta\sin\varphi,\quad \frac{1}{r\sin\theta}\frac{\partial(\sin\theta\cdot F_\varphi)}{\partial\theta}=\frac{6}{r}\cos\theta\sin\varphi$$

根据方程（4－31c）和上述结果

$$\nabla\times\boldsymbol{F}=\frac{1}{r\sin\theta}\left[\frac{\partial(\sin\theta\cdot F_{\varphi})}{\partial\theta}-\frac{\partial F_{\theta}}{\partial\varphi}\right]\boldsymbol{a}_{r}$$

$$+\frac{1}{r}\left[\frac{1}{\sin\theta}\frac{\partial F_{r}}{\partial\varphi}-\frac{\partial(rF_{\theta})}{\partial r}\right]\boldsymbol{a}_{\theta}+\frac{1}{r}\left[\frac{\partial(rF_{\theta})}{\partial r}-\frac{\partial F_{r}}{\partial\theta}\right]\boldsymbol{a}_{\varphi}$$

$$=\left(\frac{6}{r}\cos\theta\sin\varphi-r\cot\theta\sin\varphi\right)\boldsymbol{a}_{r}+\left(\frac{\cos\varphi}{\sin\theta}-3r\cos\theta\cos\varphi\right)\boldsymbol{a}_{\theta}+3r\cos\theta\cos\varphi\boldsymbol{a}_{\varphi}$$

例 4.11　计算矢量场 $\boldsymbol{F}=y\boldsymbol{a}_x+x\boldsymbol{a}_y+2\boldsymbol{a}_z$ 在两点 $A(x=0.8,\ y=0.6,\ z=1)$ 和 $B(x=1,\ y=0,\ z=1)$ 之间沿着路径 $x^2+y^2=1$ 和 $z=1$ 的线积分。

解： 由于 $\boldsymbol{F}=y\boldsymbol{a}_x+x\boldsymbol{a}_y+2\boldsymbol{a}_z$，有 $F_x=y$，$F_y=x$，$F_z=2$

根据方程（4-44a）

$$I=\int_{x_1}^{x_2}F_x\,\mathrm{d}x+\int_{y_1}^{y_2}F_y\,\mathrm{d}y+\int_{z_1}^{z_2}F_z\,\mathrm{d}z=\int_{x_1}^{x_2}y\,\mathrm{d}x+\int_{y_1}^{y_2}x\,\mathrm{d}y+\int_{z_1}^{z_2}2\mathrm{d}z$$

$$=\int_{0.8}^{1}y\,\mathrm{d}x+\int_{0.6}^{1}x\,\mathrm{d}y+\int_{1}^{1}2\mathrm{d}z=\int_{0.8}^{1}y\,\mathrm{d}x+\int_{0.6}^{1}x\,\mathrm{d}y+0$$

因为 $x^2+y^2=1$，$x=\sqrt{1-y^2}$ 和 $y=\sqrt{1-x^2}$，所以

$$I=\int_{0.8}^{1}\sqrt{1-x^2}\,\mathrm{d}x+\int_{0.6}^{1}\sqrt{1-y^2}\,\mathrm{d}y$$

因为 $\int\sqrt{a^2-x^2}\,\mathrm{d}x=\frac{x}{2}\sqrt{a^2-x^2}+\frac{a^2}{2}\sin^{-1}\frac{x}{2}+C$，这里有 $a=1$，则

$$\int\sqrt{1-x^2}\,\mathrm{d}x=\frac{x}{2}\sqrt{1-x^2}+\frac{1}{2}\sin^{-1}\frac{x}{2}+C$$

因此

$$I=\left(\frac{x}{2}\sqrt{1-x^2}+\frac{1}{2}\sin^{-1}\frac{x}{2}\right)_{0.8}^{1}+\left(\frac{y}{2}\sqrt{1-y^2}+\frac{1}{2}\sin^{-1}\frac{y}{2}\right)_{0.6}^{0}$$

$$=\frac{1}{2}[(0+1.571-0.48-0.927)+(0+0-0.48-0.644)]=-0.48$$

例 4.12　计算矢量场 $\boldsymbol{F}=\frac{1}{\rho}\boldsymbol{a}_\rho-\frac{1}{\rho}\boldsymbol{a}_\varphi+2\boldsymbol{a}_z$ 在两点 $A(\rho=1,\ \varphi=0°,\ z=0)$ 和 $B(\rho=1,\ \varphi=90°,\ z=5)$ 之间沿着路径 $z=10\varphi$ 和 $\rho=1$ 的线积分。

解： 由于 $F=\frac{1}{\rho}\boldsymbol{a}_\rho-\frac{1}{\rho}\boldsymbol{a}_\varphi+2\boldsymbol{a}_z$，有 $F_\rho=\frac{1}{\rho}$，$F_\varphi=-\frac{1}{\rho}$，$F_z=2$

根据方程（4-44b）

$$I=\int_{\rho_1}^{\rho_2}F_\rho\,\mathrm{d}\rho+\int_{\varphi_1}^{\varphi_2}F_\varphi(\rho\cdot\mathrm{d}\varphi)+\int_{z_1}^{z_2}F_z\,\mathrm{d}z=\int_{1}^{1}\frac{1}{\rho}\mathrm{d}\rho-\int_{0}^{90}\frac{1}{\rho}(\rho\cdot\mathrm{d}\varphi)+\int_{0}^{5}2\mathrm{d}z$$

$$=\rho\,\big|_1^1-\varphi\,\big|_0^{90}+2z\,\big|_0^5=0-\frac{\pi}{2}+10=8.43$$

例 4.13　非均匀场 $\boldsymbol{F}=\left(\frac{1}{r^2}\right)\boldsymbol{a}_r-\left(\frac{1}{r\sin\theta}\right)\boldsymbol{a}_\theta-\left(\frac{1}{r\sin\theta}\right)\boldsymbol{a}_\varphi$ 中有两个点 $A(r=1,\ \theta=\frac{\pi}{4},\ \varphi=0°)$ 和 $B(r=0.5,\ \theta=\frac{\pi}{3},\ \varphi=\frac{\pi}{2})$，计算从 A 到 B 沿着 $\boldsymbol{a}_\varphi$、$\boldsymbol{a}_\theta$、$-\boldsymbol{a}_r$ 的方向和顺

序的线积分。

解： 由于 $\boldsymbol{F}=\left(\frac{1}{r^2}\right)\boldsymbol{a}_r-\left(\frac{1}{r\sin\theta}\right)\boldsymbol{a}_\theta-\left(\frac{1}{r\sin\theta}\right)\boldsymbol{a}_\varphi=F_r\boldsymbol{a}_r+F_\theta\boldsymbol{a}_\theta+F_\varphi\boldsymbol{a}_\varphi$，

有 $F_r=\frac{1}{r^2}$，$F_\theta=\frac{-1}{r\sin\theta}$，$F_\varphi=\frac{-1}{r\sin\theta}$

根据方程（4－44c）

$$I=\int_{r_1}^{r_2}F_r\mathrm{d}r+\int_{\theta_1}^{\theta_2}F_\theta r\,\mathrm{d}\theta+\int_{\varphi_1}^{\varphi_2}F_\varphi r\sin\theta\,\mathrm{d}\varphi$$

$$=\int_1^{0.5}\frac{1}{r^2}\mathrm{d}r-\int_{\pi/4}^{\pi/3}\frac{1}{r\sin\theta}r\,\mathrm{d}\theta-\int_0^{\pi/2}\frac{1}{r\sin\theta}r\sin\theta\,\mathrm{d}\varphi$$

$$=\int_1^{0.5}\frac{1}{r^2}\mathrm{d}r-\int_{\pi/4}^{\pi/3}\frac{1}{\sin\theta}\mathrm{d}\theta-\int_0^{\pi/2}\mathrm{d}\varphi$$

$$=-\frac{1}{r}\Big|_1^{0.5}-\operatorname{logtan}\left(\frac{\theta}{2}\right)\Big|_{\pi/4}^{\pi/3}-\varphi\ |_0^{\pi/2}=-1-\operatorname{logtan}\left(\frac{\pi}{6}\right)+\operatorname{logtan}\left(\frac{\pi}{8}\right)-\frac{\pi}{2}$$

$$=-1-\log(0.5236)+\log(0.3929)-\frac{\pi}{2}=-1-\log(1.33)-\frac{\pi}{2}=-2.695$$

例 4.14　求矢量场 $\boldsymbol{F}=5\frac{\cos(\varphi/2)}{\rho}\boldsymbol{a}_\rho$ 沿半径 $\rho=2\text{cm}$、z 轴 0～1 cm、φ 轴 $\pi/2$ 至 π 的圆柱面的面积分。

解： 已知 $\boldsymbol{F}=5\frac{\cos(\varphi/2)}{\rho}\boldsymbol{a}_\rho$，$\rho=2$ cm，$0\leqslant z\leqslant 1$ cm，$\frac{\pi}{2}\leqslant\varphi\leqslant\pi$

根据方程（4－49b）和（3－23a），面积分 I 可以写为

$$I=\iint_s\boldsymbol{F}\cdot\mathrm{d}\boldsymbol{s}=\int_{\pi/2}^{\pi}\int_0^1 5\frac{\cos(\varphi/2)}{\rho}\boldsymbol{a}_\rho\cdot\rho\cdot\mathrm{d}\varphi\cdot\mathrm{d}z\cdot\boldsymbol{a}_\rho=5\int_{\pi/2}^{\pi}\int_0^1\cos(\varphi/2)\,\mathrm{d}\varphi\cdot\mathrm{d}z$$

$$=5\int_{\pi/2}^{\pi}\cos(\varphi/2)\,\mathrm{d}\varphi=2.5\sin(\varphi/2)\ |_{\pi/2}^{\pi}=2.5\left(1-\frac{1}{\sqrt{2}}\right)=0.73$$

例 4.15　已知 $\boldsymbol{D}=z\boldsymbol{a}_z$，计算区域 $-3\leqslant x\leqslant 1$，$-2\leqslant y\leqslant 2$，$-5\leqslant z\leqslant 5$ 范围内散度定理的两端。

解： 根据方程（4－50），散度定理的数学公式为

$$\oiint_s\boldsymbol{D}\ |_s\cdot\mathrm{d}\boldsymbol{s}\equiv\iiint_v(\nabla\cdot\boldsymbol{D})\,\mathrm{d}v$$

方程的左端计算

$$\oiint_s\boldsymbol{D}\ |_s\cdot\mathrm{d}\boldsymbol{s}=\int_{y=-2}^{2}\int_{x=-3}^{3}z\boldsymbol{a}_z\cdot\mathrm{d}x\,\mathrm{d}y\boldsymbol{a}_z=24z$$

从 $z=-5$ 流出的通量 $24z=24\times5=120$

从 $z=5$ 流出的通量 $24z=24\times5=120$

总通量 $=120+120=240$

方程右端的计算

$$\iiint_v (\nabla \cdot \boldsymbol{D})\,\mathrm{d}v = \int_{z=-5}^{5}\int_{y=-2}^{2}\int_{x=-3}^{3}\left(\frac{\partial D_x}{\partial x}+\frac{\partial D_y}{\partial y}+\frac{\partial D_z}{\partial z}\right)\mathrm{d}x\,\mathrm{d}y\,\mathrm{d}z$$

因为 $\boldsymbol{D}=z\boldsymbol{a}_z$，$D_z=z$，$D_x=D_y=0$，$\dfrac{\partial D_z}{\partial z}=1$，方程右端积分为

$$\int_{z=-5}^{5}\int_{y=-2}^{2}\int_{x=-3}^{3}\left(\frac{\partial D_z}{\partial z}\right)\mathrm{d}x\,\mathrm{d}y\,\mathrm{d}z=\int_{z=-5}^{5}\int_{y=-2}^{2}\int_{x=-3}^{3}1\mathrm{d}x\,\mathrm{d}y\,\mathrm{d}z=240$$

例 4.16 证明 $\boldsymbol{F}=x^2yz\boldsymbol{a}_x+xy^2z\boldsymbol{a}_y+xyz^2\boldsymbol{a}_z$，在 $z=1$ 平面和四个边界点 (0，0)、(1，0)、(1，1)、(0，1) 满足斯托克斯定理。

解：根据方程（4－51a），斯托克斯定理的数学公式为

$$\iint_s (\nabla\times\boldsymbol{F})\,|_s\cdot\mathrm{d}\boldsymbol{s}=\oint_c \boldsymbol{F}\,|_c\cdot\mathrm{d}\boldsymbol{\ell}$$

在笛卡儿坐标系中，散度 $\nabla\times\boldsymbol{F}$ 由方程（4－31a）确定，面元矢量由方程（3－12）确定，长度单元由方程（3－11）确定，因此有

$$\nabla\times\boldsymbol{F}=\left[\frac{\partial F_z}{\partial y}-\frac{\partial F_y}{\partial z}\right]\boldsymbol{a}_x+\left[\frac{\partial F_x}{\partial z}-\frac{\partial F_z}{\partial x}\right]\boldsymbol{a}_y+\left[\frac{\partial F_y}{\partial x}-\frac{\partial F_x}{\partial y}\right]\boldsymbol{a}_z$$

$$\mathrm{d}\boldsymbol{s}=\mathrm{d}x\,\mathrm{d}y\boldsymbol{a}_z,\quad \mathrm{d}\boldsymbol{\ell}=\mathrm{d}x\boldsymbol{a}_x+\mathrm{d}y\boldsymbol{a}_y+\mathrm{d}z\boldsymbol{a}_z$$

斯托克斯定理的左端 $=\iint_s (\nabla\times\boldsymbol{F})\,|_s\cdot\mathrm{d}\boldsymbol{s}$ ；斯托克斯定理的右端 $=\oint_c \boldsymbol{F}\,|_c\cdot\mathrm{d}\boldsymbol{\ell}$

因为 $\boldsymbol{F}=x^2yz\boldsymbol{a}_x+xy^2z\boldsymbol{a}_y+xyz^2\boldsymbol{a}_z=F_x\boldsymbol{a}_x+F_y\boldsymbol{a}_y+F_z\boldsymbol{a}_z$

$$F_x=x^2yz,\quad F_y=xy^2z,\quad F_z=xyz^2$$

$$\nabla\times\boldsymbol{F}=\left[\frac{\partial(xyz^2)}{\partial y}-\frac{\partial(xy^2z)}{\partial z}\right]\boldsymbol{a}_x+\left[\frac{\partial(x^2yz)}{\partial z}-\frac{(xy^2z)}{\partial x}\right]\boldsymbol{a}_y+$$
$$\left[\frac{\partial F_y(xy^2z)}{\partial x}-\frac{\partial(x^2yz)}{\partial y}\right]\boldsymbol{a}_z$$
$$=(xz^2-xy^2)\boldsymbol{a}_x+(x^2y-yz^2)\boldsymbol{a}_y+(y^2z-x^2z)\boldsymbol{a}_z$$

$$\nabla\times\boldsymbol{F}\,|_{z=1}=(x-xy^2)\boldsymbol{a}_x+(x^2y-y)\boldsymbol{a}_y+(y^2-x^2)\boldsymbol{a}_z$$

$$\iint_s(\nabla\times\boldsymbol{F})\,|_{z=1}\cdot\mathrm{d}\boldsymbol{s}=\iint_s[(x-xy^2)\boldsymbol{a}_x+(x^2y-y)\boldsymbol{a}_y+(y^2-x^2)\boldsymbol{a}_z]\cdot\mathrm{d}x\,\mathrm{d}y\boldsymbol{a}_z$$
$$=\iint_s(y^2-x^2)\,\mathrm{d}x\,\mathrm{d}y=\int_{x=0}^{1}\int_{y=0}^{1}(y^2-x^2)\,\mathrm{d}x\,\mathrm{d}y$$
$$=\int_{y=0}^{1}\left(y^2x-\frac{x^3}{3}\right)\Bigg|_{x=0}^{x=1}\mathrm{d}y=\int_{y=0}^{1}\left(y^2-\frac{1}{3}\right)\mathrm{d}y=\left(\frac{y^3}{3}-\frac{y}{3}\right)_{y=0}^{y=1}=0$$

在右端，在 $z=1$，$\mathrm{d}\boldsymbol{\ell}=\mathrm{d}x\boldsymbol{a}_x+\mathrm{d}y\boldsymbol{a}_y$ 的闭合回路积分

$\boldsymbol{F}\,|_{z=1}=(x^2y\boldsymbol{a}_x+xy^2\boldsymbol{a}_y+xy\boldsymbol{a}_z)=x^2y\boldsymbol{a}_x+xy^2\boldsymbol{a}_y+xy\boldsymbol{a}_z=F_x\boldsymbol{a}_x+F_y\boldsymbol{a}_y+F_z\boldsymbol{a}_z$

因此，$F_x=x^2y$，$F_y=xy^2$，$F_z=xy$

$\boldsymbol{F}\cdot\mathrm{d}\boldsymbol{\ell}=(F_x\boldsymbol{a}_x+F_y\boldsymbol{a}_y+F_z\boldsymbol{a}_z)(\mathrm{d}x\boldsymbol{a}_x+\mathrm{d}y\boldsymbol{a}_y)=F_x\mathrm{d}x+F_y\mathrm{d}y$

积分顺序 (0，0)、(1，0)、(1，1)、(0，1) 如下图所示：

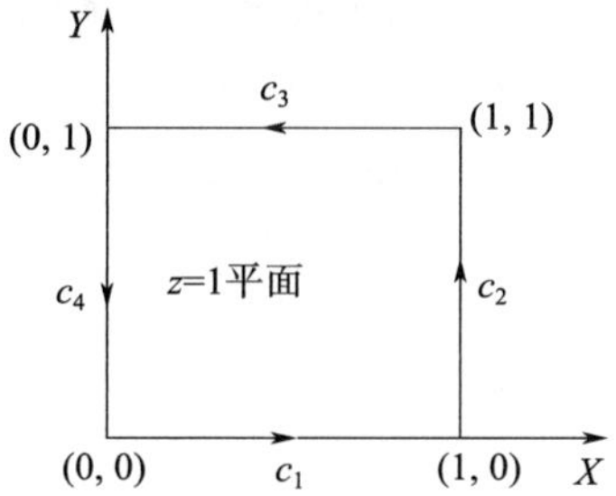

因此，斯托克斯定理右端为

$$\oint_c \boldsymbol{F}|_c \cdot \mathrm{d}\boldsymbol{\ell} = \int_{c_1} F_x \mathrm{d}x + \int_{c_2} F_y \mathrm{d}y + \int_{c_3} F_x \mathrm{d}x + \int_{c_4} F_y \mathrm{d}y$$

$$= \int_0^1 (x^2 y)_{y=0} \mathrm{d}x + \int_0^1 (xy^2)_{x=1} \mathrm{d}y + \int_1^0 (x^2 y)_{y=1} (-\mathrm{d}x) + \int_1^0 (xy^2)_{x=0} (-\mathrm{d}y)$$

$$= 0 + \int_0^1 -y^2 \mathrm{d}y + \int_1^0 x^2 \mathrm{d}x + 0 = -\frac{y^3}{3}\Big|_0^1 + \frac{x^3}{3}\Big|_0^1 = -\frac{1}{3} + \frac{1}{3} = 0$$

左端＝右端，给定的矢量满足斯托克斯定理。

习　题

4.1　求 $V = 5x^2y^3z^4$ 在 $(x=1,\ y=2,\ z=-1)$ 点的梯度。

4.2　求 $V = 5\rho^3(3\cos^2\varphi - 2\sin^2\varphi)z^2$ 在 $(\rho=2,\ \varphi=\pi/2,\ z=1)$ 点的梯度。

4.3　求 $V = r^2(2\cos^2\theta + 3\sin^2\varphi)$ 在 $(r=1,\ \theta=\pi/3,\ \varphi=\pi/6)$ 点的梯度。

4.4　计算矢量 $\boldsymbol{F} = 3\mathrm{e}^x \sin y\boldsymbol{a}_x + 4\mathrm{e}^{2x}\sin y\boldsymbol{a}_y + 3\mathrm{e}^{3z}\boldsymbol{a}_z$ 在 $x=y=z=0$ 的散度。

4.5　计算矢量 $\boldsymbol{F} = \rho^3\boldsymbol{a}_\rho + \rho^2\boldsymbol{a}_\varphi - z^2\boldsymbol{a}_z$ 在 $(\rho=1,\ \varphi=\frac{\pi}{4},\ z=1)$ 点的散度。

4.6　计算矢量 $\boldsymbol{F} = r\boldsymbol{a}_\rho + \left(\frac{1}{r}\right)\boldsymbol{a}_\theta - \left(\frac{3}{r}\right)\boldsymbol{a}_\varphi$ 在 $(r=1,\ \theta=\pi/4,\ \varphi=\pi/6)$ 点的散度。

4.7　计算矢量 $\boldsymbol{F} = \rho^2\boldsymbol{a}_\rho + \rho\boldsymbol{a}_\varphi - 3z\boldsymbol{a}_z$ 在 $(\rho=2,\ \varphi=\pi/2,\ z=1)$ 点的散度。

4.8　求给定场在指定点的散度：

1）$\boldsymbol{D} = 4x^3y^3z^2\boldsymbol{a}_x + 3x^3y^2z^3\boldsymbol{a}_y + 2x^2y^3z^2\boldsymbol{a}_z$ 在 (1，2，3) 点；2）$\boldsymbol{D} = z\sin\varphi\boldsymbol{a}_\rho + z\cos\varphi\boldsymbol{a}_\varphi + \rho\sin\varphi\boldsymbol{a}_z$ 在 (1，π/3，2) 点；3）$\boldsymbol{D} = \frac{\sin\theta}{r}\boldsymbol{a}_r + \frac{\cos\theta(\ln r)}{r}\boldsymbol{a}_\theta$ 在 (2，π/3，π/2) 点。

4.9　计算矢量 $\boldsymbol{F} = r^2\boldsymbol{a}_r + (1/r)\boldsymbol{a}_\theta - 3r\boldsymbol{a}_\varphi$ 在 $(r=1,\ \theta=\pi/6,\ \varphi=\pi/3)$ 点的散度。

4.10　求矢量 $\boldsymbol{F} = 2xz\boldsymbol{a}_x + (x^2-y^2)\boldsymbol{a}_y + 3xy\boldsymbol{a}_z$ 的旋度。

4.11　求矢量 $\boldsymbol{H} = y^2z\boldsymbol{a}_x + 2(x+1)yz\boldsymbol{a}_y - (x+1)z^2\boldsymbol{a}_z$ 的旋度。

4.12　求矢量 $\boldsymbol{F} = \left(\frac{1}{\rho^2}\right)\sin\varphi\boldsymbol{a}_\rho + \left(\frac{1}{\rho}\right)\cos\varphi\boldsymbol{a}_\varphi + 3z\sin\varphi\boldsymbol{a}_z$ 的旋度。

4.13 求 $\nabla \times \boldsymbol{H}$，$\boldsymbol{H}=5\rho\cos\varphi\boldsymbol{a}_\rho-4\rho\sin\varphi\boldsymbol{a}_\varphi+2z\boldsymbol{a}_z$。

4.14 求矢量 $\boldsymbol{F}=r^2\sin\varphi\boldsymbol{a}_r+r\cos\theta\cos\varphi\boldsymbol{a}_\theta+3r\sin\theta\sin\varphi\boldsymbol{a}_\varphi$ 的旋度。

4.15 求 $\nabla \times \boldsymbol{H}$，$\boldsymbol{H}=4r\cos\theta\boldsymbol{a}_r-2r\sin\theta\boldsymbol{a}_\theta$。

4.16 计算矢量场 $\boldsymbol{F}=y\boldsymbol{a}_x+x\boldsymbol{a}_y+z\boldsymbol{a}_z$ 沿路径 $y=x^2$ 在 $A(1, 2, 3)$ 和 $B(2, 4, 5)$ 两点的线积分。

4.17 计算矢量场 $\boldsymbol{F}=y\boldsymbol{a}_x+x\boldsymbol{a}_y+z\boldsymbol{a}_z$ 沿路径 $x=y^2$ 在 $A(1, 2, 3)$ 和 $B(3, 3, 0)$ 两点的线积分。

4.18 计算矢量场 $\boldsymbol{F}=\dfrac{1}{\rho}\boldsymbol{a}_\rho+\dfrac{z}{\rho}\boldsymbol{a}_\varphi+5\boldsymbol{a}_z$ 沿着路径 $z=5\varphi/8$ 在两点 $A(\rho=1, \varphi=0°, z=0$ 和 $B(\rho=2, \varphi=\pi/2, z=5)$ 之间的线积分。

4.19 非均匀场 $\boldsymbol{F}=r^2\boldsymbol{a}_r+\dfrac{1}{r\sin\theta}\boldsymbol{a}_\theta-\dfrac{1}{2r\sin\theta}\boldsymbol{a}_\varphi$ 中有两个点 $A(r=1, \theta=\pi/6, \varphi=0°)$ 和 $B(r=0.5, \theta=\pi/3, \varphi=\pi/2)$，计算从 A 到 B 沿着 $\boldsymbol{a}_\varphi$、$\boldsymbol{a}_\theta$、$-\boldsymbol{a}_r$ 顺序的线积分。

4.20 如果矢量场 $\boldsymbol{F}=r^2\sin\theta\boldsymbol{a}_r+r^2\sin\theta\cos\varphi\boldsymbol{a}_\theta$，计算 $\nabla\times\boldsymbol{F}$ 沿半径为 a 球面的面积分。

4.21 证明矢量场 $\boldsymbol{F}=\rho^2\cos^2\varphi\boldsymbol{a}_\rho$ 在半径 $\rho=4$ 和 $0<z<1$ 的封闭曲面上满足散度定理。

4.22 证明矢量场 $\boldsymbol{F}=2\rho^2\sin\varphi\boldsymbol{a}_\varphi$ 在半径 $\rho=3$、$0.1\pi\leqslant\varphi<0.2\pi$ 和 $0\leqslant z\leqslant 5$ 构成的封闭曲面上满足散度定理。

4.23 计算 $\boldsymbol{F}=10x^2y\boldsymbol{a}_x+15xy^2\boldsymbol{a}_y+x^2y^2z^2\boldsymbol{a}_z$，在 $z=3$ 平面和 (0, 0)、(1, 0)、(1, 1)、(1, 0) 四点界定区域的斯托克斯定理两端。

4.24 计算 $A=2\rho^2(z+1)\sin^2\varphi\boldsymbol{a}_\varphi$，在由 $\rho=4$、$\pi/4\leqslant\varphi\leqslant\pi/2$、$1<z<2$ 界定的圆柱部分的斯托克斯定理两端。

4.25 应用标量函数 V 的梯度表达式，导出柱坐标系中 V 的拉普拉斯表达式。

4.26 应用矢量运算的拉普拉斯定义［方程（4-36）］，导出柱坐标系中矢量 $\boldsymbol{F}$ 的拉普拉斯表达式。

4.27 应用标量函数梯度中的 Del 算子表达式，导出柱坐标系中矢量 $\boldsymbol{A}$ 的散度表达式。

叙述题

1. 如何理解梯度？梯度与散度有什么不同？给出梯度应用的例子。
2. 采用必要的图形解释散度的含义，说明其物理意义，描述矢量场为无散场的条件。
3. 解释旋度的含义，它为什么也被称为旋转？描述矢量场为有旋场的条件。
4. 应用标量函数 V 的梯度表达式，导出球坐标系中 V 的拉普拉斯表达式。
5. 解释线积分的含义，给出不同坐标系中的线积分表达式。

6. 描述计算线积分的过程。
7. 描述计算面积分的过程。
8. 说明和解释散度定理及其在场问题中的应用。
9. 说明和介绍斯托克斯定理及其在场问题中的应用。
10. 列出场问题研究需要的各种数学工具。

扩展阅读

W. H. Hayt, Jr., J. A. Buck, *Engineering Electromagnetics*. 6th Ed, McGraw-Hill, New York, 2001.

M. N. O. Sadiku, *Elements of Electromagnetics*, 3rd Ed, Oxford University Press, New York, 2001.

N. N. Rao, *Elements of Engineering Electromagnetics*, 6th Ed, Prentice-Hall, Upper Saddle River, NJ, 2004.

M. F. Iskander, *Electromagnetic Fields and Waves*. Waveland Press, Prospect Hills, IL, 2000.

F. T. Ulaby, *Fundamentals of Applied Electromagnetics*. Prentice-Hall, Upper Saddle River, NJ, 2001.

U. S. Inan, A. S. Inan, *Engineering Electromagnetics*. Addison-Wesley-Longman, Menlo Park, CA, 1999.

D. K. Cheng, *Field and Wave Electromagnetics*, 2nd Ed. Addison-Wesley, Reading, MA, 1989.

J. D. Kraus, D. A. Fleisch, *Electromagnetics with Applications*, 5th Ed, McGraw-Hill, New York, 1999.

K. R. Demarest, *Engineering Electromagnetics*. Prentice-Hall, Upper Saddle River, NJ, 1998.

S. M. Wentworth, *Fundamentals of Electromagnetics with Engineering Applications*. Wiley, New York, 2005.

C. R. Paul, *Electromagnetics for Engineers with Applications*. Wiley, New York, 2004.

K. E. Lonngren, S. V. Savov, R. J. Jost, *Fundamentals of Electromagnetics with MATLAB*, 2nd Ed, SciTech, Raleigh, NC, 2007.

C. T. A. Johnk, *Engineering Electromagnetic Fields and Waves*, 2nd Ed. Wiley, New York, 1988.

N. Ida, *Engineering Electromagnetics*, 2nd Ed, Springer, New York, 2004.

D. J. Griffiths, *Introduction to Electrodynamics*, 3rd Ed, Pearson-Addison-Wesley,

Upper Saddle River, NJ, 1999.

B. M. Notaroš, *Electromagnetics*. Pearson Prentice - Hall, Upper Saddle River, NJ, 2010.

L. A. Pipes, *Applied Mathematics*, 2nd Ed, McGraw Hill Book Co. , New York, 1958.

Sunil Bhooshan, *Fundamentals of Engineering Electromagnetics*. Oxford University Press, 2012.

N. Piskunov, *Differential and Integral Calculus*, Vol. II, Mir Publishers, Moscow, 1974.

B. M. Budak, S. V. Fomin, *Multiple Integrals, Field Theory and Series*. Mir Publishers, Moscow, 1978.

第 5 章　电场强度

5.1　引言

第 1 章中曾指出，电子和质子具有带电性质，即后来所说的电荷。在某区域内的静态电荷会产生通常称为静电或静电场的效应。这种静电早在公元前 600 年就为希腊人所知。公元 1600 年，内科医生吉尔伯特首次将电作为一种有用的物质进行了探索，发现了同性电荷相互排斥，异性电荷相互吸引的规律。

一个点电荷对另一个点电荷或附近的其他点电荷会施加作用力。力是能够改变物体运动状态的物理原因。法国陆军上校查尔斯·库仑（Charles Coulomb）首次计算了电荷的作用力。库仑 1785 年发表的实验结果现在被称为库仑定律。本章将介绍库仑定律和其相关量，即电场强度。

5.2　库仑定律和电场强度

本节将首先介绍库仑定律及其有效性条件，然后描述电力和引力之间的相似性，讨论矢量形式的库仑电力及其计算，最后介绍电场（或电力）线和电场强度。

5.2.1　库仑定律

库仑定律的表述如下：

在自由空间中相隔“R”距离的两个（点）电荷（Q_1 和 Q_2）之间的斥力（$\boldsymbol{F}_1$ 或 $\boldsymbol{F}_2$）与两个电荷的电量乘积成正比，与两个电荷之间距离的平方成反比。

在自由空间中，对这个力大小的数学描述为

$$|\boldsymbol{F}_1| = k \cdot \frac{|Q_1 \cdot Q_2|}{R^2} \tag{5-1}$$

式中，$|\boldsymbol{F}_1|$ 为作用于电荷 Q_1 上的力 $\boldsymbol{F}_1$ 的大小，k 是比例常数。在 MKS 单位制下，k 的值为

$$k = \frac{1}{4\pi\varepsilon_0} \cong 9 \times 10^9\ \mathrm{Nm^2/C^2} \tag{5-2}$$

式中，ε_0 称为自由空间（或真空）中的介电常数。

$$\varepsilon_0 = 8.854 \times 10^{-12} \cong \frac{10^{-9}}{36\pi}\ \mathrm{F/m}$$

因此，方程（5－1）给出的作用于电荷 Q_1 上力 $\boldsymbol{F}_1$ 的大小（单位 N）可以重新写为

$$|\boldsymbol{F}_1| = \frac{1}{4\pi\varepsilon_0} \frac{|Q_1 Q_2|}{R^2} \tag{5-3}$$

作用于电荷 Q_2 上力 $\boldsymbol{F}_2$ 的大小总是等于作用于电荷 Q_1 上力的大小，因此

$$|\boldsymbol{F}_2| = |\boldsymbol{F}_1| \tag{5-3a}$$

方程（5－3）给出的库仑定律表明，任意两个电荷之间作用力的大小与两个电荷量的乘积成正比，与两个电荷之间距离的平方成反比。根据给定的比例常数，这个作用力与介质常数（即介电常数）成反比。

5.2.2 库仑常数

方程（5－2）给出的比例常数 k 有时称为库仑常数。库仑常数 k 与电子电荷（$e=-1.6\times10^{-19}$ C）平方的乘积即 ke^2 是另一个重要的量，常常用于描述原子和原子核中的电力。

5.2.3 库仑定律的有效性

在图 5－1 中的条件下，方程（5－3）的关系式是正确的。

该图表明，电荷 Q_1 和 Q_2 必须集中在点 1 和点 2 上。两个点可以看作是两个半径为 r（r 趋于零）的无限小的球体。两个电荷之间的间隔 R 大于 r（即 $R\gg r$）。此外，两个电荷离边界的最近点距离 $\Re$ 要远大于距离 R（即 $\Re\gg R$），即两个电荷所在区域的边界必须远离电荷所在的点。此外，电荷必须是平稳和时不变的。两个电荷所在的介质必须是线性、均匀、各向同性和时不变介电常数的介质。因此，点电荷可以看作是位于某点且仅在该点具有特定的电荷量。如果偏离上述任何一种情况，则方程（5－3）将不能给出正确的力值。需要注意的是，电源本质上是单极的或点电荷，因此，方程（5－3）能够可靠地计算由库仑定律确定的两个点电荷之间的力。

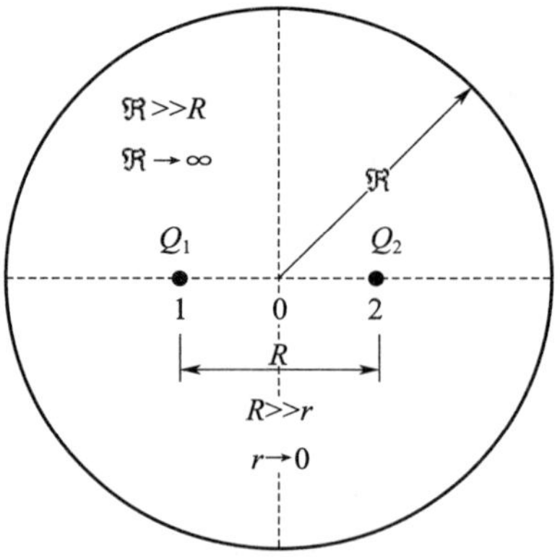

图 5－1 库仑定律有效性条件示意图

综上所述，库仑定律仅适用于点电荷或无穷小体积的情况。由于非点状形式的电荷对其他电荷也有作用力，因此，不能用库仑定律来解决。如图 5－2 所示，如果电荷占据了一

定的体积，则电荷之间距离的确认可能会带来问题。

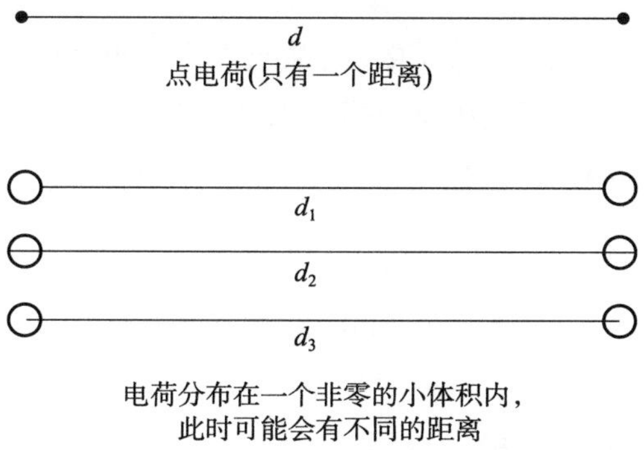

图 5-2　距离确认问题

5.2.4　电力与引力的相似性

用 d 来替换距离 R，则方程（5-1）给出的力的关系式可以改写为

$$|\boldsymbol{F}_1|=|\boldsymbol{F}_2|=k\frac{|Q_1Q_2|}{d^2} \tag{5-4}$$

若将方程（5-4）中的电荷 Q_1 替换为 m_e（地球质量，单位 kg），将电荷 Q_2 替换为质量 m_o（物体质量，单位 kg），将库仑常数 k 替换为引力常数 G［其值为 $6.67\times10^{-11}\mathrm{Nm^2/kg^2}$ 或 $\mathrm{m^3/(kg\cdot s^2)}$］，则表达式变为

$$|\boldsymbol{F}_e|=|\boldsymbol{F}_o|=G\frac{|m_em_o|}{d^2} \tag{5-5}$$

这就是作用在质量 m_o 上的力 $\boldsymbol{F}_o$ 的大小。

方程（5-5）给出的表达式描述了引力，与描述电力的方程（5-4）相似。两种力都遵循平方反比规律，但本质上库仑力是排斥力，而牛顿力是吸引力。图 5-3（a）和图 5-3（b）给出了两种关系的比较。

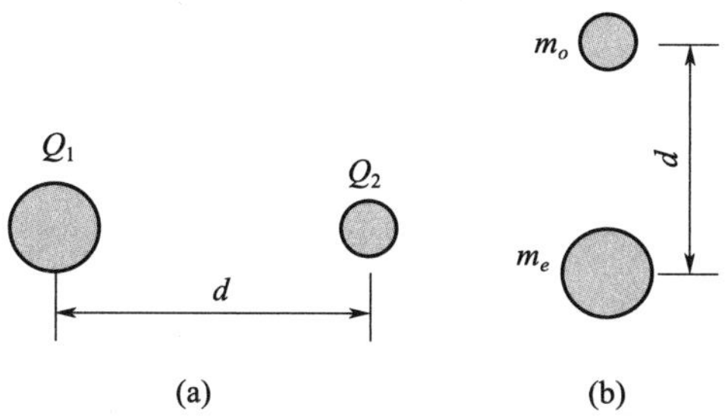

图 5-3　（a）两电荷之间的电力；（b）两质量之间的引力

5.2.5　矢量形式的库仑力

力是矢量，力的方向从施加力的电荷沿直线指向承受力的电荷，可以表示为

$$\boldsymbol{F}_{12}=\frac{1}{4\pi\varepsilon_0}\frac{Q_1Q_2}{R_{12}^2}\boldsymbol{a}_{R_{12}} \tag{5-6a}$$

式中，$\boldsymbol{F}_{12}$ 为 Q_1 作用到 Q_2 上的力矢量，$\boldsymbol{R}_{12}$ 是从点 1 指向点 2 的距离矢量。$|R_{12}|$ 是 $\boldsymbol{R}_{12}$ 的大小，$\boldsymbol{a}_{R_{12}}$（$\boldsymbol{a}_{R_{12}}=\boldsymbol{R}_{12}/|R_{12}|$）是从点 1 指向点 2 的单位矢量。

类似地，Q_2 作用到 Q_1 上的力为

$$\boldsymbol{F}_{21}=\frac{1}{4\pi\varepsilon_0}\frac{Q_1Q_2}{R_{21}^2}\boldsymbol{a}_{R_{21}} \tag{5-6b}$$

式中，$\boldsymbol{R}_{21}$ 是从点 2 指向点 1 的距离矢量。$|R_{21}|$ 是 $\boldsymbol{R}_{21}$ 的大小，$\boldsymbol{a}_{R_{21}}$（$\boldsymbol{a}_{R_{21}}=\boldsymbol{R}_{21}/|R_{21}|$）是从点 2 指向点 1 的单位矢量。

比较方程（5－6a）和（5－6b），有

$$\boldsymbol{a}_{R_{21}}=-\boldsymbol{a}_{R_{12}} \tag{5-6c}$$

如果两个电荷的符号相反，则它们的乘积是负的；因为力的大小不可能是负的，所以负号表示作用在两个电荷上的力方向相反。由此可以得出结论：同类电荷相斥，异类电荷相吸。

在方程（5－6a）和（5－6b）中，如果 Q_1 或 Q_2 乘以 n，则合力也乘以 n 。因此，**库仑定律本质上是线性的**。

5.2.6　电荷积累

即使是外行人也能够理解功率、电压和电流等与电相关的术语。功率的单位是瓦（W），电压的单位是伏（V），电流的单位是安培（A）。电功率（瞬时）w 是电压 v 和电流 i 的乘积，即 $w=vi$ 。如果一个设备消耗 100 W 的电力，那么在 100 V 的电压下工作，它的电流是 1 A。由于在导线中，1 A 电流每秒传输 1 C 的电量，因此 1 C 是 1 s 内通过设备输送的电荷。因此，两个浓度各为 1 C 的电荷，当间距为 1 m 时，应用库仑定律［方程（5－3）］，得到两电荷间的力为 9×10^9 N 或约 101 万 t，这是非常大的。由于两个电荷的极性相同，因此这种力是斥力。所以，这两个电荷将会彼此分开，即使它们不得不从坚固的钢中挣脱出来。但需要指出，自然界绝不允许在某一点聚集 1 C 的电荷，在导体中也不会出现某一点很大程度偏离电中性的情况。

5.2.7　力的计算

设 $\boldsymbol{F}_{12}$ 是位于点 1 (x_1, y_1, z_1) 的电荷 Q_1 作用在位于点 2 (x_2, y_2, z_2) 的电荷 Q_2 上的力，可以采用方程（5－6a）和以下步骤计算该作用力。

1）作为经验法则，用受力的电荷（点 2 或场点）的坐标减去施力的电荷（点 1 或源点）的坐标，得到距离矢量。因此

$$\boldsymbol{R}_{12}=(x_2-x_1)\boldsymbol{a}_x+(y_2-y_1)\boldsymbol{a}_y+(z_2-z_1)\boldsymbol{a}_z \tag{5-7a}$$

2）确定 $\boldsymbol{R}_{12}$ 的 x、y、z 分量的大小，即

$$(x_2-x_1)\text{、}(y_2-y_1)\text{ 和 }(z_2-z_1)$$

3）确定各项的平方和

$$(x_2-x_1)^2+(y_2-y_1)^2+(z_2-z_1)^2$$

4）将上述和取平方根，得到 $\boldsymbol{R}_{12}$ 的大小

$$|\boldsymbol{R}_{12}|=\sqrt{(x_2-x_1)^2+(y_2-y_1)^2+(z_2-z_1)^2} \tag{5-7b}$$

5）计算单位矢量 $\boldsymbol{a}_{R_{12}}$

$$\boldsymbol{a}_{R_{12}}=\boldsymbol{R}_{12}/|\boldsymbol{R}_{12}| \tag{5-7c}$$

6）将方程（5-7a）（5-7b）和（5-7c）代入方程（5-6），得到矢量力 $\boldsymbol{F}_{12}$ 。

7）为了计算 $\boldsymbol{F}_{21}$，首先计算 $\boldsymbol{R}_{21}$ $[\boldsymbol{R}_{21}=(x_2-x_1)\boldsymbol{a}_x+(y_2-y_1)\boldsymbol{a}_y+(z_2-z_1)\boldsymbol{a}_z]$ 。

8）计算 $|\boldsymbol{R}_{21}|$ 和 $\boldsymbol{a}_{R_{21}}$，然后将结果代入方程（5-6b）。

9）如果有多个电荷，应分别计算每个电荷所施加的力。

10）将分别计算的力相加，得到总的力。

5.2.8　力的大小

为了进一步理解电力，考虑体积为 1 cm^3 的两个球体。假定球体材料为理想导电材料，以铜举例。铜原子的最外层轨道有一个电子，该电子在固体物质中可以自由移动。金属铜的密度约为 9 g/cm^3，1 摩尔铜的密度约为 63.5 g。因此，1 cm^3 的铜含有大约七分之一摩尔或大约 8.5×10^{22} 个铜原子。由于每个原子有一个可移动电子（具有 1.6×10^{-19} C 的电量），1 cm^3 体积内将有约 13600 C 的潜在移动电荷。如果从两个球中去掉足够多的电子，则每个球就会留下足够多的净正电荷。如果一个球体悬浮在另一个球体之上（图 5-4），举起其中一个球体的力（0.088 N）等于它的重量。

如图 5-4 所示，这种斥力很可能导致净电荷位于球内彼此最远的地方。设斥力等于一个球的重量。1 cm^3 的球体直径为 1.24 cm，因此可以将斥力看作相距 2.48 cm（即两倍球体直径）的两个点电荷之间的力。应用库仑定律，产生这种斥力需要 7.8×10^{-8} C 的电荷，与 13600 C 的总移动电荷相比，这相当于从每个球中的每 5.7 万亿个（5.7×10^{12}）价电子中移除一个价电子。最终的结果是，只要从每个铜球中的大约 6 万亿个自由电子中移除一个，就会对上面的球产生足够的电斥力，使其克服地球的引力而被抬起。

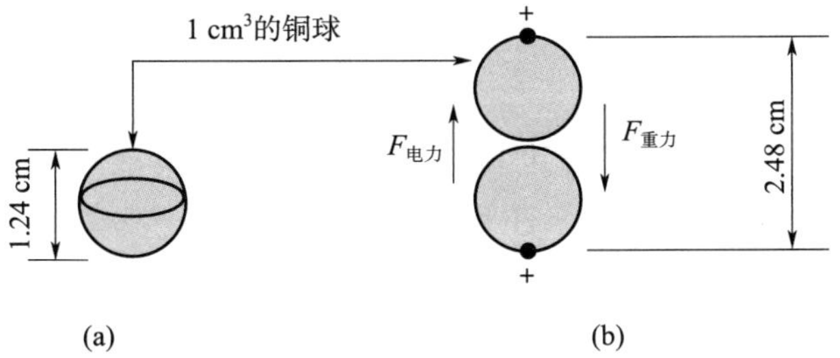

图 5-4　两个铜球之间的力

5.2.9　电通量（或电力）线

图 5-5（a）和图 5-5（b）分别为一个正电荷和一个负电荷。这两种电荷都产生电通

量（或电力）线（只显示截短的线段）。可以看出，这些线从一个孤立的正电荷中均匀地发出（在所有方向上呈放射状向外），并均匀地汇入（从所有方向呈放射状向内）到一个孤立的负电荷。这些线实际上是一个电荷对另一个（或多个）电荷施加力的假想线。另一种说法是，一个电荷沿着这些称为电通量（或电力）线的假想线施加力给另一个电荷（或多个电荷）。

这些线就像章鱼的触须或蜘蛛的腿，通过它们来捕捉猎物。这些力线的数量取决于电荷量。电荷越多，发出（或汇入）的线就越多，施加到其他电荷上的力就越大。

当两种电荷同时存在时，电通量线从正电荷出发，终止于负电荷。正电荷向外施力，负电荷向内施力，在所有方向上均相等且对称。如图 5－6 所示，如果两个电荷的极性相反，它们之间的力是吸引的，如果它们的极性相同，它们之间的力是排斥的。需要注意，大多数通量线是形状和大小不同的曲线。

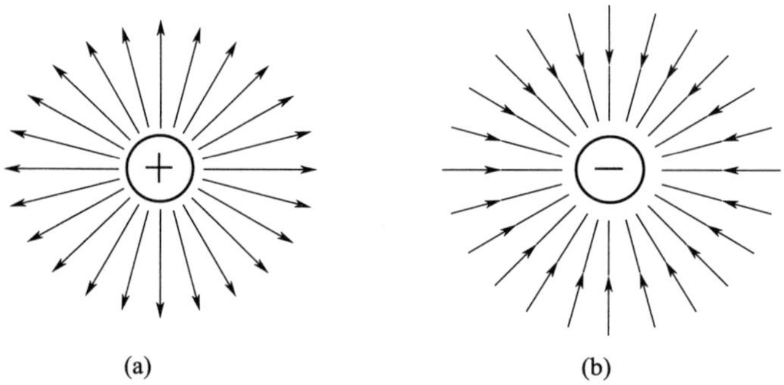

图 5－5 电力线：(a) 正电荷；(b) 负电荷

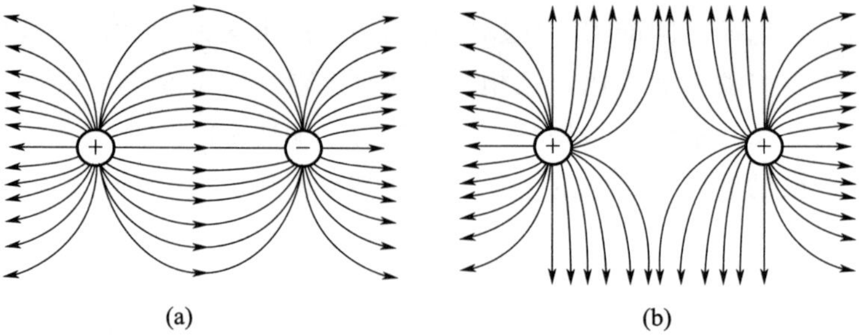

图 5－6 (a) 放置在两个大的平行导电板间的两个不同电荷的电场线；(b) 放置在矩形导电箱中两个相同电荷的电场线（平板和箱子未在图中显示，通量线垂直于导体表面）

5.2.10 电场强度

在方程（5－6a）中，如果用 Q_t（称为试探电荷）替换 Q_2，则 Q_1 作用到 Q_t 上的力 $\boldsymbol{F}_{1t}$ 可以写为

$$\boldsymbol{F}_{1t}=\frac{1}{4\pi\varepsilon_0}\frac{Q_1Q_t}{R_{1t}^2}\boldsymbol{a}_{R_{1t}} \overset{\text{def}}{=} \boldsymbol{F}_t \tag{5-8}$$

如果方程两边同时除以 Q_t，则方程变为

$$\frac{F_t}{Q_t}=\frac{1}{4\pi\varepsilon_0}\frac{Q_1}{R_{1t}^2}\boldsymbol{a}_{R_{1t}} \tag{5-9a}$$

用 $\boldsymbol{E}$ 来表示比值 $\boldsymbol{F}_t/\boldsymbol{Q}_t$，可以写为

$$\boldsymbol{E}\overset{\text{def}}{=\!=}\frac{\boldsymbol{F}_t}{\boldsymbol{Q}_t} \tag{5-9b}$$

如果用 $\boldsymbol{F}$ 来替换 $\boldsymbol{F}_t$，用 Q 来替换 Q_t，则得到表达式

$$\boldsymbol{E}\overset{\text{def}}{=\!=}\frac{\boldsymbol{F}}{Q} \tag{5-9c}$$

力 $\boldsymbol{F}$ 可以写为

$$\boldsymbol{F}=Q\boldsymbol{E} \tag{5-9d}$$

5.3　点电荷的场

本节首先描述单个点电荷引起的电场，随后扩展到离散电荷分布，最后给出引力场和电场之间的类比。

5.3.1　单点电荷的场

矢量 $\boldsymbol{E}$ 称为“电场强度”，单位为伏特/米（V/m）。根据方程（5－9a）和（5－9c），点电荷 Q 引起的 $\boldsymbol{E}$ 的表达式为

$$\boldsymbol{E}=\frac{1}{4\pi\varepsilon_0}\frac{Q}{R^2}\boldsymbol{a}_R \tag{5-10a}$$

方程（5－10a）也可以写为以下形式

$$\boldsymbol{E}=\frac{1}{4\pi\varepsilon_0}\frac{Q}{R_{12}^2}\boldsymbol{a}_{R_{12}} \tag{5-10b}$$

在方程（5－10a）和（5－10b）中，单位矢量 $\boldsymbol{a}_R$ 或 $\boldsymbol{a}_{R_{12}}$ 的方向从电荷所在的源点指向测量电场的场点。符号 R 或 R_{12} 表示源点与场点之间的距离。两个关系式给出了点电荷的电场强度，或者简单说是点电荷的电场。

由于电场的测量与参照系相关，因此，从洛仑兹力定律可以给出更普遍性的电场定义。电场定义为，在电荷静止的参照系中，单位电荷（即 $\boldsymbol{E}=\boldsymbol{F}/Q$）所受的电磁力(emf)。这里 $\boldsymbol{F}$ 的单位是牛顿（N），电荷的单位是库仑（C），$\boldsymbol{E}$ 的单位是 N/C 或 V/m。洛仑兹力定律表明，相对源移动的电荷会受到部分磁力的作用。在数学描述上可以写为

$$\boldsymbol{F}=Q\boldsymbol{E}+Q(\boldsymbol{U}\times\boldsymbol{B}) \tag{5-11}$$

这个关系式由两部分组成。第一部分为电力，第二部分为磁力。洛仑兹力定律将在第 13 章中讨论。

在上述推导中，假定一个试探电荷 Q_t 位于另一个电荷 Q 的场中。如图 5－7（a）所示，其中距离 R 用 d 来表示。图 5－7（b）是试探电荷 Q_t 位于两个相同的或不同的电荷

（Q_1 和 Q_2）场中的示意图。在这种情况下，作用在 Q_t 上的合力可以通过单个电荷 Q_1 和 Q_2 的作用力简单地叠加得到。图中显示的通量线是由单个电荷引起的，然而，由多个电荷综合效应引起的通量线并不是这样的（见图 5－6）。

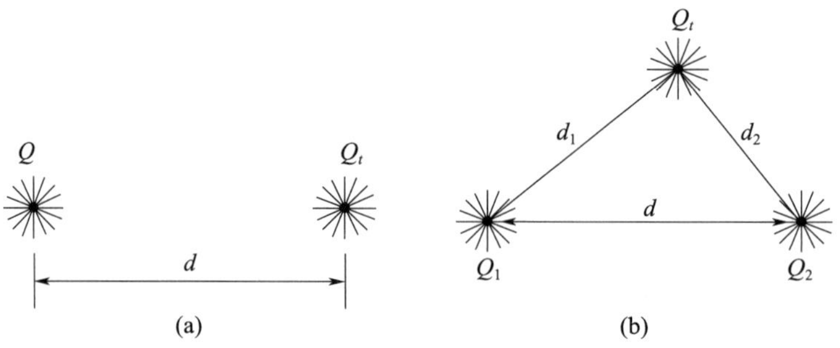

图 5－7　试探电荷：(a) 在另一个点电荷场中；(b) 在两个点电荷的场中

5.3.2　离散电荷的场

如果在某一空间中不同离散位置存在不同确定值的电荷，则称为离散电荷分布。这些电荷还可以沿任意形状和尺寸曲线、曲面分布，或在任意形状和尺寸的体积内分布。这些电荷也可以有不同的极性和电量。这种电荷可以用 Q_n 来表示，其中后缀 n 表示第 n 个电荷，是参与分布的电荷之一。图 5－8 给出了这种离散电荷分布以及每个电荷的场。

在这种情况下，可以通过简单地叠加单个相关电荷的力来计算合力。因此，在某点由 n 个离散分布点电荷产生的电场是单个点电荷产生的电场的矢量和，可以写为

$$\boldsymbol{E}=\frac{1}{4\pi\varepsilon_0}\left[\frac{Q_1}{R_1^2}\boldsymbol{a}_{R_1}+\frac{Q_2}{R_2^2}\boldsymbol{a}_{R_2}+\cdots+\frac{Q_n}{R_n^2}\boldsymbol{a}_{R_n}\right]=\frac{1}{4\pi\varepsilon_0}\sum_{m=1}^{n}\frac{Q_m}{R_m^2}\boldsymbol{a}_{R_m}\tag{5-12}$$

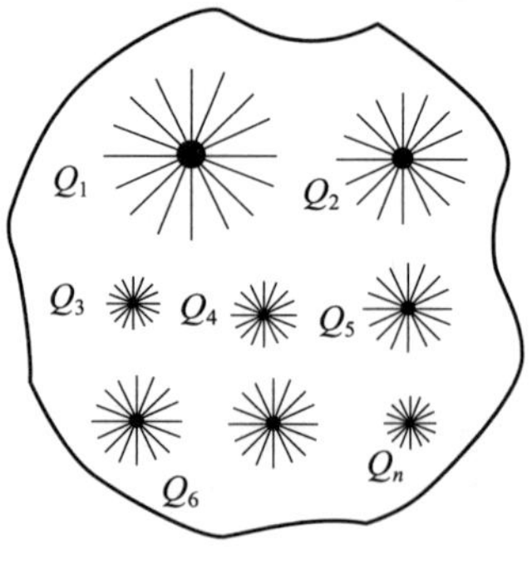

图 5－8　离散电荷分布和单个点电荷的电场

5.3.3　引力场和电场的类比

方程（5－9d）给出的电场力表达式与重力场的力表达式相似。在方程（5－5）中，如果用 g（地球引力加速度）来替换（Gm_e/d^2），则得到重力场作用在质量 m_o 上力的大小表达式为

$$F = m_o g \tag{5-13}$$

因为 G（$G = 6.67 \times 10^{-11}\ \mathrm{Nm^2/kg^2}$ 或 $\mathrm{m^3/kg \cdot s^2}$）是万有引力常数；$m_e$（$m_e = 5.98 \times 10^{24}\ \mathrm{kg}$）是地球质量；$d$（$d = 6.38 \times 10^6\ \mathrm{m}$）是地球半径。因此

$$g = G\frac{m_e}{d^2} = \left[\frac{(6.67 \times 10^{-11}) \times (5.98 \times 10^{24})}{(6.38 \times 10^6)^2}\right] \cong 9.8\ \mathrm{m/s^2} \tag{5-14}$$

从方程（5-9d）可知，电场力与电荷 Q 成线性比例；根据方程（5-13）可知，引力与物体质量 m_o 成线性比例。

上面讨论了单个点电荷、两个点电荷或任意电量和极性的 n 个离散点电荷分布在特定位置的电场计算，除了上述电荷分布外，电荷分布还包括：1）沿着线的连续或分段连续分布；2）沿曲面的连续或分段连续分布；3）在体积内的连续或分段连续分布等其他电荷分布。这些情况下需要计算线积分、面积分或体积分。所有这些积分都必须符合几何形状和尺寸所规定的限制。这些情况将在后面的三节中讨论。

5.4　线电荷的场

如果电荷在一条线上一个接一个地连续分布，这种分布称为线电荷分布。例如，阴极射线管（CRT）中的电子束（忽略束的直径）可以认为是线电荷分布。图 5-9 是不同线电荷分布示意图。沿直线、圆周线段和任意形状线段的电荷分布示意图分别如图 5-9（a）、图 5-9（b）和图 5-9（c）所示。

(a)　(b)　(c)

图 5-9　线电荷分布：（a）直线；（b）圆周线段；（c）任意形状线段

5.4.1　线电荷分布形式

线电荷分布形式分为均匀、非均匀、有限长或无限长的线电荷分布。如果沿线段各点的电荷含量相同，则称电荷分布是均匀的，如图 5-9 所示。如果在分布线上不同点的电荷浓度不同，则称为非均匀分布。根据其长度，有限长和无限长这两个术语具有通常的意义。根据至场点的距离或者需要计算的场点位置，这些通常的含义有时会有所改变。如果点距离一条短线很近，则可以认为短线是无限长的，而对于距离一条长线很远的点，可以认为长线是有限长的甚至是一个点。在接下来几小节中，假定无限长线电荷分布和有限长线电荷分布都是均匀的。

5.4.2 线电荷密度和总电荷量

以 C/m 为单位的线电荷密度 ρ_L 为

$$\rho_L \overset{\text{def}}{=\!=} \lim_{\Delta \ell \to 0} \frac{\Delta Q}{\Delta \ell} = \frac{\mathrm{d}Q}{\mathrm{d}\ell} \tag{5-15a}$$

对于给定的线电荷密度，可以得到沿曲线的总电荷为

$$Q = \int_l \rho_L \mathrm{d}\ell \tag{5-15b}$$

5.4.3 不同类型线电荷的场特征

下面描述无限长和有限长线电荷产生的场特征。

5.4.3.1 无限长线电荷的场

图 5－10（a）给出了从正电荷发出的电场线的二维视图。考虑一个沿 z 轴排列的均匀线电荷，可以将该线电荷分割成大量长度无限小的电荷，每个这样的小电荷可以视为点电荷。由于点电荷沿着直线依次排列，每一个点电荷都会产生如图 5－10（a）所示的通量线。图 5－10（b）为沿 z 轴放置的两个点电荷（1 和 2）。

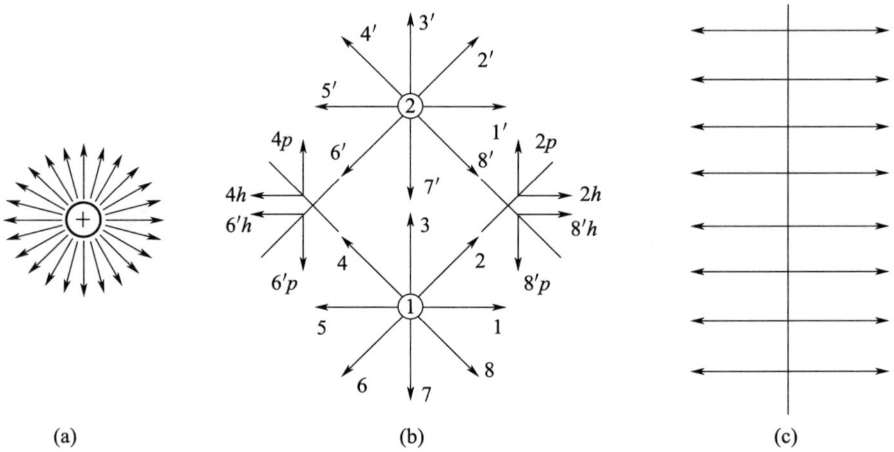

图 5－10 （a）单个点电荷的电场线；（b）两个点电荷并去除分量的电场线；（c）无限长线电荷的电场线最终形式

如图 5－10（b）所示，点电荷 1 产生 1－8 电场线，点电荷 2 产生 1′－8′ 电场线。我们来观察电荷 1 产生的 1－5 电场线和电荷 2 产生的 5′－8′ 及 1′ 电场线。在这些线中，1、5、5′、1′ 沿 ρ 轴方向。由于 3 和 7′ 电场线方向相反，产生的电场相互抵消。电场线 2 倾斜向上，可分解为垂直分量 $2p$ 和水平分量 $2h$ 。同样，电场线 8′ 倾斜向下，也可分解为垂直分量 $8'p$ 和水平分量 $8'h$ 。对于均匀电荷，$2p$ 和 $8'p$ 大小相等，方向相反相互抵消；水平分量 $2h$ 和 $8'h$ 方向相同，相加后产生一个 ρ 分量。电场线 4 和电场线 6′ 采用同样方法处理也可得到同样结果。因此，对于电荷 1 产生的每条（向上）倾斜电场线，都存在电

荷 2 产生的一条（向下）倾斜的电场线使之产生一个 ρ 分量。如果有第三个电荷置于电荷 2 之上，将发生类似的抵消。因此，如果有无限个电荷沿一条直线排列，也只会产生 ρ 分量。图 5－10（c）给出了均匀线电荷产生的场分布的最终形式。结果表明，在均匀线电荷密度的无限长直线上，$\boldsymbol{E}$ 的大小不随 z 或 φ 变化，$\boldsymbol{E}$ 只含有 ρ 分量。由于矢量 $\boldsymbol{E}$ 的方向随 φ 变化，矢量 $\boldsymbol{E}$ 是 φ 的函数。

5.4.3.2　有限长线电荷的场

图 5－11 给出了有限长线电荷的电场线。假定线电荷密度是 z 坐标的偶函数。从图中可以看出，在远离线电荷的中心位置，电场线开始向上（或向下）弯曲。这是由于前面所述的倾斜电场线的垂直分量不能完全抵消。在有限长度线电荷的最上方和最下方，电场线完全向上或向下。在这种情况下，场的变化幅度仍然与 φ 无关（由于对称性），但随 ρ 和 z 变化。在 $\rho=0$ 和 $z=0$ 平面上，场的 z 分量消失，场 $\boldsymbol{E}$ 没有 φ 分量。图 5－11 给出了在线电荷上分别标记为 A 点和 B 点的三维场。

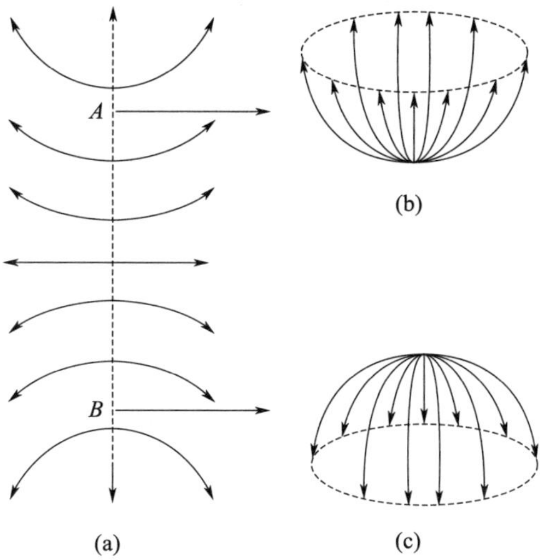

图 5－11　有限长线电荷的场

5.4.4　不同线电荷分布的电场

设 ρ_L 是沿 z 轴从 $-\infty$ 到 $+\infty$ 均匀的线电荷密度分布。由方程（5－15a）可知，长度为 $\mathrm{d}\ell$ 的电荷量为 $\mathrm{d}Q(\mathrm{d}Q=\rho_L\mathrm{d}\ell)$。这个电荷产生的微元电场 $\mathrm{d}\boldsymbol{E}$ 可以写成

$$\mathrm{d}\boldsymbol{E}=\frac{\mathrm{d}Q}{4\pi\varepsilon_0\rho^2}\boldsymbol{a}_\rho=\frac{\rho_L\mathrm{d}\ell}{4\pi\varepsilon_0\rho^2}\boldsymbol{a}_\rho \tag{5－16a}$$

总电场 $\boldsymbol{E}$ 可以写为

$$\boldsymbol{E}=\int_L\frac{\rho_L\mathrm{d}\ell}{4\pi\varepsilon_0\rho^2}\boldsymbol{a}_\rho \tag{5－16b}$$

在后面两小节中，为了获得位于 y 轴和 (ρ,φ,z) 的点 P 的场，计算了这个积分。

由于线电荷沿着 z 轴分布，用 $\mathrm{d}z$ 取代上式中的 $\mathrm{d}\ell$，因此 $\mathrm{d}Q=\rho_L\mathrm{d}z$ 。

5.4.4.1　均匀线电荷在 y 轴上 P 点的场

图 5－12 给出了均匀线电荷引起的电场分量随坐标系的变化示意图。为方便起见，将计算场点 P 取在 y 轴上。从图 5－12 可以看出，y 轴和 ρ 轴相同。

$$\mathrm{d}E_y=\mathrm{d}E_\rho=\mathrm{d}E\cdot\sin\theta \tag{5-17a}$$

$$\sin\theta=\frac{y}{R}=\frac{\rho}{R} \tag{5-17b}$$

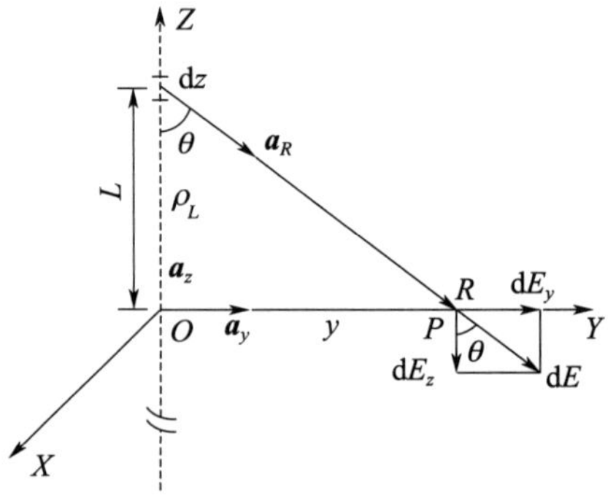

图 5－12　有限长线电荷在 y 轴上 P 点的电场

根据图 5－12 可知，矢量 $\boldsymbol{R}$ 、它的幅度 $|\boldsymbol{R}|$ 和单位矢量 $\boldsymbol{a}_R$ 可以写为

$$\boldsymbol{R}=y\boldsymbol{a}_y-L\boldsymbol{a}_z=\rho\boldsymbol{a}_\rho-L\boldsymbol{a}_z \tag{5-18a}$$

$$|\boldsymbol{R}|=\sqrt{\rho^2+L^2} \tag{5-18b}$$

$$\boldsymbol{a}_R=\frac{\boldsymbol{R}}{|\boldsymbol{R}|}=\frac{\rho\boldsymbol{a}_\rho-L\boldsymbol{a}_z}{\sqrt{\rho^2+L^2}} \tag{5-18c}$$

根据方程（5－16）、（5－17）和（5－18b）

$$\mathrm{d}E_\rho=\frac{\rho_L\mathrm{d}L}{4\pi\varepsilon_0R^2}\cdot\sin\theta=\frac{\rho_L\mathrm{d}L}{4\pi\varepsilon_0R^2}\frac{\rho}{R}=\frac{\rho_L\mathrm{d}L}{4\pi\varepsilon_0}\frac{\rho}{R^3}=\frac{\rho_L\mathrm{d}L}{4\pi\varepsilon_0}\frac{\rho}{(\rho^2+L^2)^{3/2}} \tag{5-19}$$

在 $-\infty$ 到 $+\infty$ 域内积分 $\mathrm{d}E_\rho$，得到 E_ρ 的表达式为

$$E_\rho=\int_{-\infty}^{+\infty}\frac{\rho_L}{4\pi\varepsilon_0}\frac{\rho}{(\rho^2+L^2)^{3/2}}\mathrm{d}L=\frac{\rho\rho_L}{4\pi\varepsilon_0}\int_{-\infty}^{+\infty}\frac{\mathrm{d}L}{(\rho^2+L^2)^{3/2}} \tag{5-20}$$

为了简化，进行参数替换

$$L=\rho\cot\theta \tag{5-21a}$$

$$\mathrm{d}L=-\rho\ \mathrm{cosec}^2\theta\,\mathrm{d}\theta \tag{5-21b}$$

$$\rho^2+L^2=\rho^2+\rho^2\cot^2\theta=\rho^2\ \mathrm{cosec}^2\theta \tag{5-21c}$$

$$(\rho^2+L^2)^{3/2}=\rho^3\ \mathrm{cosec}^3\theta \tag{5-21d}$$

$$\frac{\mathrm{d}L}{(\rho^2+L^2)^{3/2}}=-\frac{\sin\theta}{\rho^2}\mathrm{d}\theta \tag{5-21e}$$

计算上述参数替换的积分限

$$当\ L \to -\infty\ 时,\ \theta = \pi \tag{5-22a}$$

$$当\ L \to +\infty\ 时,\ \theta = 0 \tag{5-22b}$$

根据方程（5 - 21），方程（5 - 20）可以简化为

$$E_\rho = \frac{\rho\rho_L}{4\pi\varepsilon_0}\int_\pi^0 -\frac{\sin\theta}{\rho^2}\mathrm{d}\theta = \frac{\rho_L}{2\pi\rho\varepsilon_0} \tag{5-23}$$

方程（5 - 18c）有两个单位矢量（$\boldsymbol{a}_\rho$ 和 $\boldsymbol{a}_z$），用于表述电场 $\boldsymbol{E}$ 的分量 E_ρ 和 E_z。然而，由于假定线电荷无限长，因而 E_z 等于零。因此，$|\boldsymbol{E}| = E_\rho$ 且

$$\boldsymbol{E} = E_\rho \boldsymbol{a}_\rho = \frac{\rho_L}{2\pi\rho\varepsilon_0}\boldsymbol{a}_\rho \tag{5-24}$$

需要注意，点电荷的电场［方程（5 - 10）］与距离的平方成反比，而方程（5 - 24）表明，线电荷的场仅与距离成反比。

5.4.4.2　均匀线电荷在点 $(\rho,\ \varphi,\ z)$ 的场

如果点 P 取在具有普遍性的任意位置 $(\rho,\ \varphi,\ z)$，可将图 5 - 12 修改为图 5 - 13。与以前一样，$\mathrm{d}Q = \rho_L \mathrm{d}z$ 和 $\mathrm{d}E_y = \mathrm{d}E_\rho$。

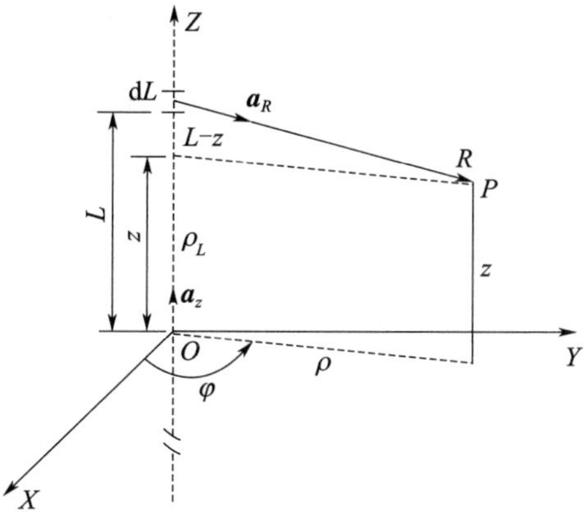

图 5 - 13　无限长线电荷在任意点的电场

矢量 $\boldsymbol{R}$、它的幅度 $|\boldsymbol{R}|$ 和单位矢量 $\boldsymbol{a}_R$ 可以写为

$$\boldsymbol{R} = \rho\boldsymbol{a}_\rho - (L - z)\boldsymbol{a}_z \tag{5-25a}$$

$$|\boldsymbol{R}| = \sqrt{\rho^2 + (L - z)^2} \tag{5-25b}$$

$$\boldsymbol{a}_R = \frac{\boldsymbol{R}}{|\boldsymbol{R}|} = \frac{\rho\boldsymbol{a}_\rho - (L - z)\boldsymbol{a}_z}{\sqrt{\rho^2 + (L - z)^2}} \tag{5-25c}$$

方程（5 - 25）表明，$\boldsymbol{a}_R$ 有两个单位矢量（$\boldsymbol{a}_\rho$ 和 $\boldsymbol{a}_z$），因此，初看上去，电场 $\boldsymbol{E}$ 应该有两个分量 E_ρ 和 E_z。

根据上面关系式和图 5 - 13，场的表达式为

$$\boldsymbol{E} = \int_{L=-\infty}^{L=+\infty} \frac{\rho_L \mathrm{d}L}{4\pi\varepsilon_0\ |\boldsymbol{R}|^2}\boldsymbol{a}_R = \int_{L=-\infty}^{L=+\infty} \frac{\rho_L\ [\rho\boldsymbol{a}_\rho - (L - z)\boldsymbol{a}_z]}{4\pi\varepsilon_0\ [\rho^2 + (L - z)^2]^{3/2}}\mathrm{d}L \overset{\mathrm{def}}{=\!=} E_\rho\boldsymbol{a}_\rho + E_z\boldsymbol{a}_z \tag{5-26a}$$

方程（5-26a）可以单独写为 E_ρ 和 E_ρ 的表达式

$$E_\rho = \frac{\rho_L}{4\pi\varepsilon_0}\int_{L=-\infty}^{L=+\infty} \frac{\rho}{[\rho^2 + (L-z)^2]^{3/2}} \mathrm{d}L \tag{5-26b}$$

$$E_z = \frac{\rho_L}{4\pi\varepsilon_0}\int_{L=-\infty}^{L=+\infty} \frac{-(L-z)}{[\rho^2 + (L-z)^2]^{3/2}} \mathrm{d}L \tag{5-26c}$$

在这种情况下，进行变量替换和相关项为

$$L - z \overset{\text{def}}{=\!=} \rho\cot\theta \tag{5-27a}$$

$$\mathrm{d}L = -\rho\ \mathrm{cosec}^2\theta\,\mathrm{d}\theta \tag{5-27b}$$

$$\rho^2 + (L-z)^2 = \rho^2 + \rho^2\cot^2\theta = \rho^2\ \mathrm{cosec}^2\theta \tag{5-27c}$$

$$(\rho^2 + (L-z)^2)^{3/2} = \rho^3\ \mathrm{cosec}^3\theta \tag{5-27d}$$

$$\frac{\mathrm{d}L}{[\rho^2 + (L-z)^2]^{3/2}} = -\frac{\sin\theta}{\rho^2}\mathrm{d}\theta \tag{5-27e}$$

方程（5-26b）和（5-26c）相应的积分限变为

$$\text{当 } L \rightarrow -\infty \text{ 时}, \theta = \pi \tag{5-28a}$$

$$\text{当 } L \rightarrow +\infty \text{ 时}, \theta = 0 \tag{5-28b}$$

将方程（5-27a）至（5-27e）和（5-28a）（5-28b）代入方程（5-26c）得到 $E_z = 0$，因此，$\boldsymbol{E} = E_\rho \boldsymbol{a}_\rho$，因而再次得到同样的方程，即

$$\boldsymbol{E} = \frac{\rho_L}{2\pi\varepsilon_0\rho}\boldsymbol{a}_\rho \tag{5-29}$$

图 5-12 和图 5-13 给出了简单的线电荷分布情况，即线电荷沿着坐标轴 z 排列且线电荷无限长。因此，在这两种情况下，$\boldsymbol{E}$ 只有 ρ 分量。本节还将探讨如下所述的一些稍微困难的情况。这些情况下的计算方法保持不变，但有以下几点需要考虑。

5.4.4.3 有限长非对称线电荷的场

图 5-14 给出了三种典型的线电荷分布情况。图 5-14（a）为沿 z 轴的线电荷，图 5-14（b）为沿 y 轴的线电荷，图 5-14（c）为沿 x 轴的线电荷。在所有这些情况下，不仅线电荷是有限长的，而且相对于坐标系原点还是非对称的。计算这种线电荷产生的场，需要考虑以下几个方面：

- 线电荷所产生的场将沿电荷线的中心对称，而不是沿坐标系原点对称。
- 场将沿电荷线中的任意电荷为中心绘制的圆的周向对称。
- 在电荷线的上顶端和下顶端，场将沿着线电荷排列的坐标方向。
- 如 5.3.3.2 小节所述，在电荷线的上顶端与下顶端之间和中心，场将开始向前和向后方向弯曲。

5.4.4.4 位于 $x-y$ 平面上无限长线电荷的场

图 5-15（a）给出了位于 $x-y$ 平面的无限长线电荷示意图。通过图 5-15（b）可以计算 z 轴上任意点的场，图 5-15（b）给出了对称位置线电荷元在 z 轴上产生的场分量。根据图 5-15（b），$\boldsymbol{E}$ 仅有 z 分量，即 $\boldsymbol{E} = E_z\boldsymbol{a}_z$，没有其他分量。如果线电荷是有限长并

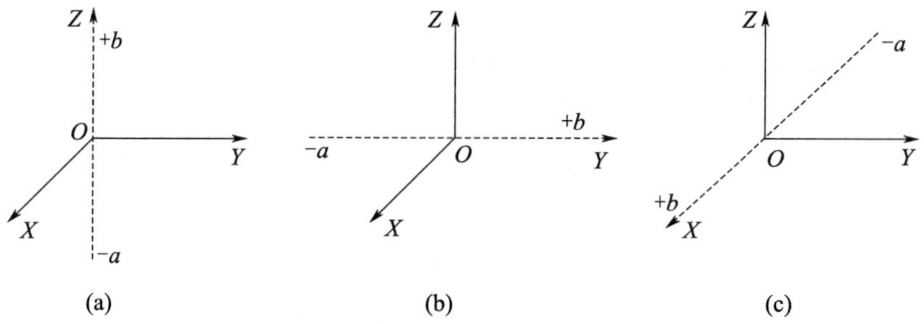

图 5－14　有限长的线电荷：(a) 沿 z 轴；(b) 沿 y 轴；(c) 沿 x 轴

相对于坐标原点对称，则在 z 轴上 $\boldsymbol{E}=E_z\boldsymbol{a}_z$，但在电荷线的两端（位于 $x-y$ 平面），$\boldsymbol{E}=E_{xy}\boldsymbol{a}_{xy}$。在线电荷有限长但相对原点不对称的情况下，问题会变得复杂，沿各坐标轴都会有场的分量。在电荷线的中心和沿周向方向，场仍然是对称的。

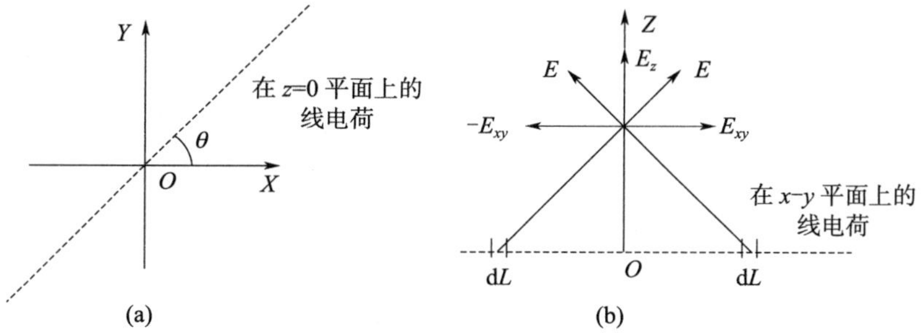

图 5－15　(a) 在 $x-y$ 平面上的无限长线电荷；(b) 在 z 轴上的场分量

5.4.4.5　在 $x-y$ 平面上两个无限长线电荷的场

图 5－16 (a) 显示了 $x-y$ 平面上的两个无限长的线电荷。根据图 5－16 (b) 和图 5－16 (c)，可以分别求出 z 轴上和其他地方任意一点的场，然后通过对这些场的求和得到总场。

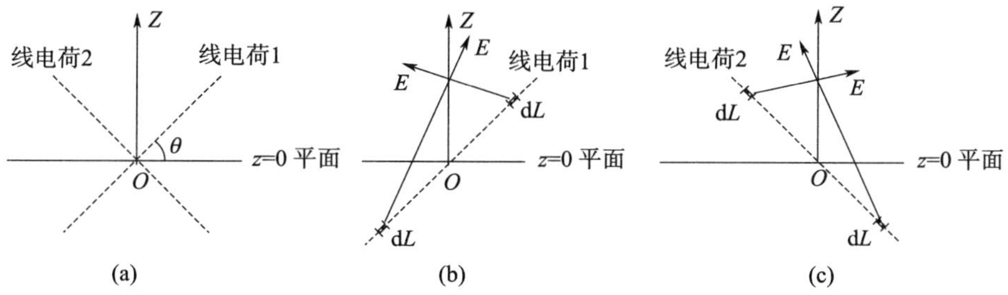

图 5－16　(a) 在 $z=0$ 平面上两个相互垂直的线电荷；(b) 对称于线电荷 1 的电荷元产生的场分量；(c) 对称于线电荷 2 的电荷元产生的场分量

为处理这类对任意点 E 场进行计算的典型情况，需要画出描述坐标系、线电荷位置（源点）和需要获得场的位置（场点）的线形图。用一点想象力就可以很容易地得出以下结论：

• 如果沿电荷线的电荷密度是正的，电场将从电荷线向外发出，如果电荷是负的，电场将汇集到电荷线上。然而，这方面是可以被忽略的，因为在数学上，ρ_L 的符号已说明了这一点。

• 在无限长线电荷的任何位置，电场都沿径向方向。

• 如果线电荷沿任意方向，垂直于该线电荷的方向为径向方向。

• 对于无限长或有限长的线电荷，在围绕线电荷的圆周上，电场不会发生变化。这个圆周对应于一个圆柱体，线电荷位于中心轴上。

• 在有限长线电荷的情况下，在线电荷中心，发出（或汇入）的场仅有径向分量，在线电荷两端点，场仅有切向分量。在线电荷中心至两端之间，场既有径向也有切向分量。在接近线电荷的中心位置，径向分量占主导地位，接近线电荷两端，切向分量占主导地位。

5.5　面电荷分布

如果电荷分布在一个（任何形状的）表面上，或电荷连续分布形成一个电荷层，这样的分布称为面电荷分布。银河系可以归类于这种层，银河系的恒星密度非常大，整个区域就像一片恒星（或光）层。图 5－17 给出了面电荷分布的几个实际例子。图 5－17（a）是平行平板电容器，电荷分布在两个平行（导电）平面上。图 5－17（b）是外表面含有电荷的圆柱体。图 5－17（c）是带电的球体。

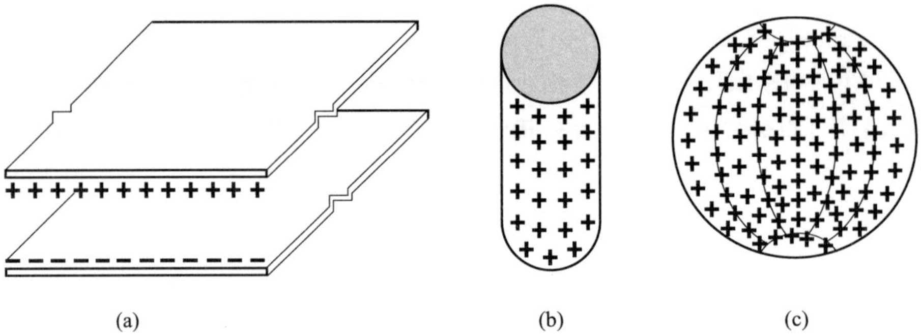

图 5－17　带电结构：（a）平行板；（b）圆柱体；（c）球体

5.5.1　面电荷分布形式

面电荷分布可以是均匀的或非均匀的。当表面上每一点的电荷量都相等时，称电荷分布是均匀的。如果表面上不同点的电荷浓度不同，则称为非均匀的。面电荷分布也可分为有限大的或无限大的。与线电荷的情况相同，这种分类不仅取决于面电荷的大小，还取决于面电荷至场点或需要计算电场的点之间的距离。与场点距离非常近的有限大面电荷可以看作无限大的面电荷，而距离非常远的大面电荷可以看作有限大的面电荷，甚至可以认为是点电荷。在接下来的几小节中，假定无限大和有限大的面电荷分布都是均匀的。

5.5.2　面电荷分布与总电荷量

面电荷密度 ρ_s（单位为 C/m^2）定义为

$$\rho_s \overset{\text{def}}{=\!=} \lim_{\Delta s \to 0} \frac{\Delta Q}{\Delta s} = \frac{dQ}{ds} \tag{5-30a}$$

在给定面电荷密度情况下，可以得到表面上的总电荷为

$$Q = \iint_s \rho_s \cdot ds \tag{5-30b}$$

5.5.3　不同面电荷分布的场

本节讨论有限大和无限大的表面电荷均匀分布的场。

5.5.3.1　均匀面电荷的场

图 5-18 为在无限大平面（如 $x-y$ 平面）均匀分布的面电荷的通量线。因此，从面电荷发出的所有电场线都沿 z 方向，或者从电荷层的两侧及所有位置垂直向外。图 5-18 给出的是电荷层一个面发出的场。

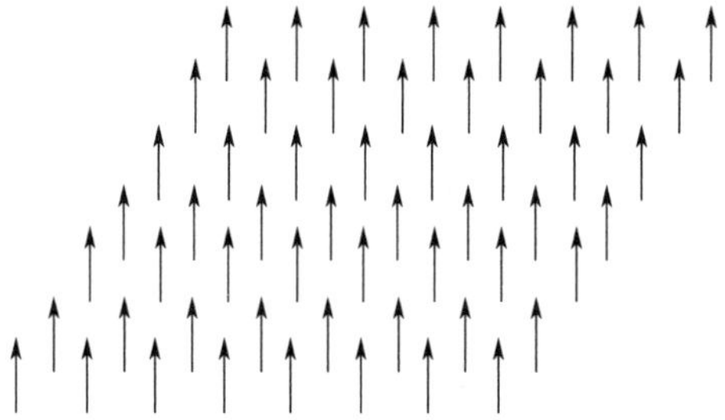

图 5-18　无限大电荷层的场

5.5.3.2　非均匀面电荷的场

图 5-19 给出了有限大薄片发出的电场线。用图 5-11 来类推，电场线仅在中心处垂直于薄片，偏离薄片棱边中心，电场线开始向偏离方向倾斜。在薄片边缘，电场线变得与薄片平行。这种倾斜效应如图中“$A-A$“和“$B-B$”的电场线所示。

5.5.4　不同电荷层的场

考虑一个以电荷密度 ρ_s 均匀分布的表面。该表面沿 y 轴和 z 轴的尺寸都是 $-\infty \sim +\infty$。根据方程（5-30a），面元 ds 的电荷量 $dQ=\rho_s ds$。面元电荷产生的电场 $d\boldsymbol{E}$ 可以写为

$$d\boldsymbol{E} = \frac{dQ}{4\pi\varepsilon_0 R^2}\boldsymbol{a}_R = \frac{\rho_s ds}{4\pi\varepsilon_0 R^2}\boldsymbol{a}_R \tag{5-31}$$

在电荷层的定义域上，对方程（5-31）两端积分，可以得到总的电场强度

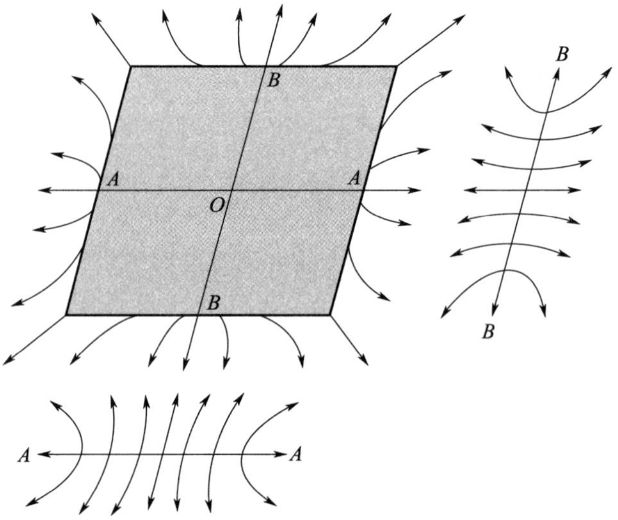

图 5－19　有限电荷层的场

$$\boldsymbol{E}=\iint_s \frac{\rho_s \mathrm{d}s}{4\pi\varepsilon_0 R^2}\boldsymbol{a}_R \tag{5-32}$$

5.5.4.1　*单层面电荷的场*

图 5－20 是置于 $y-z$ 平面上的电荷层示意图。薄层沿 y 和 z 坐标的对称性使 $\boldsymbol{E}$ 的 y 和 z 分量相互抵消，因此，只需用方程（5－32）求 $\boldsymbol{E}$ 的 x 分量（仅存在的）。

另一种方法是，将薄层分成若干不同宽度的条带（ $\mathrm{d}y$ 或 $\mathrm{d}z$ ）。现在，如果 $\mathrm{d}y$（位于 P 点）趋于零，乘积 $\rho_s\mathrm{d}y$ 可以用 ρ_L 来代替，因而将问题简化为线电荷的问题。可以假定，电荷层是由无穷多个这样的线电荷排列而成的。线电荷的场已由方程（5－29）给出。从图 5－20 可以看出，线电荷到 x 轴上 P 点的距离为

$$r=\sqrt{x^2+y^2} \tag{5-33a}$$

如图所示，该线电荷的场 $\mathrm{d}\boldsymbol{E}$ 与原点处电荷层垂线存在一个夹角 θ 。因此，场的法向分量可以由 $E_x=\mathrm{d}E\cos\theta$ 给出，其中

$$\cos\theta=\frac{x}{r}=\frac{x}{\sqrt{x^2+y^2}} \tag{5-33b}$$

根据方程（5－29）（5－33a）和（5－33b），$\mathrm{d}E_x$ 和 E_x 可以写为

$$\mathrm{d}E_x=\frac{\rho_L}{2\pi\varepsilon_0\cdot r}\cos\theta=\frac{\rho_s\mathrm{d}y}{2\pi\varepsilon_0\sqrt{x^2+y^2}}\cos\theta=\frac{\rho_s}{2\pi\varepsilon_0}\frac{x}{\sqrt{x^2+y^2}}\mathrm{d}y \tag{5-34}$$

$$E_x=\frac{\rho_s}{2\pi\varepsilon_0}\int_{-\infty}^{+\infty}\frac{x}{\sqrt{x^2+y^2}}\mathrm{d}y=\frac{\rho_s}{2\pi\varepsilon_0}\left[\tan^{-1}\left(\frac{y}{x}\right)\right]_{y=-\infty}^{y=+\infty}=\frac{\rho_s}{2\varepsilon_0} \tag{5-35}$$

由于 $\boldsymbol{E}=E_x\boldsymbol{a}_x$， 其中单位矢量 $\boldsymbol{a}_x$ 为从电荷层指向外方向，正负号取决于点 P 的位置。如果 P 点在正 x 轴，$\boldsymbol{E}=E_x\boldsymbol{a}_x$， 如果 P 点位于负 x 轴，$\boldsymbol{E}=-E_x\boldsymbol{a}_x$ 。因此，$\boldsymbol{E}$ 的一般关系可以写为

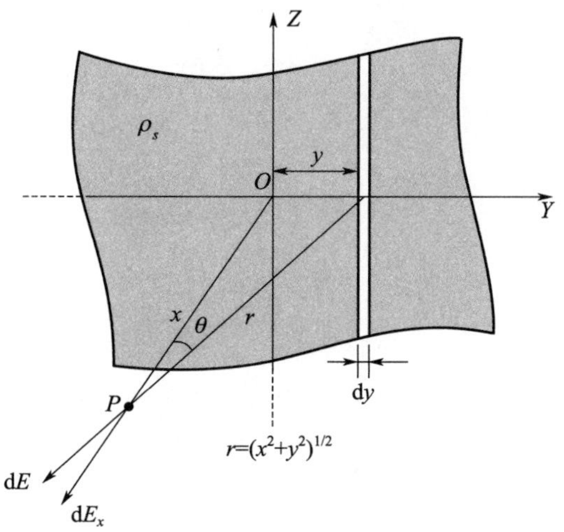

图 5-20　无限大电荷层的电场分量

$$\boldsymbol{E}=\frac{\rho_s}{2\varepsilon_0}\boldsymbol{a}_N \tag{5-36}$$

式中，$\boldsymbol{a}_N$ 是垂直于电荷层向外的单位矢量。可以看出，场 $\boldsymbol{E}$ 不再是到薄层距离的函数。如果在世界不同地方观测，银河系的恒星会出现在同一个位置。正如前面所指出的，可以根据到计算电场位置的距离，确定面电荷是有限的或无限的。下一节将说明，由方程（5-36）给出的关系可以用来计算由多层电荷引起的场。

5.5.4.2　多层电荷的场

图 5-21（a）为两个平行的面电荷层，而图 5-21（b）为两个垂直的面电荷层，图 5-21（c）包含四个电荷层（两个平行层和两个垂直层）。在这些图中，面电荷密度记为 ρ_1、ρ_2 等，各种带箭头的虚线表示从电荷层发出的电场线。

为了计算指定位置的 E 场，将每种构型划分为多个区域，标记为 R_1、R_2 等。根据方程（5-36），场与距离无关。因此，在指定区域内各点的值是相同的，与点的位置无关。带有电荷密度 ρ_n 的特定电荷层的场可以用 E_n 表示（n 可以取值 1、2、3 或 4）。根据区域相对于电荷层的位置，每个 E_n 将赋予一个正负号。根据上述的符号值，通过对该区域中所有场矢量求和，可以得到指定区域的电场计算结果。

为了实现上述过程，我们考虑图 5-21（a）。在区域 R_1、R_2 和 R_3 的场可以分别写为 E_{R1}、E_{R2} 和 E_{R3}，其中 $E_{R1}=-E_1-E_2$，$E_{R2}=E_1-E_2$，$E_{R3}=E_1+E_2$。根据方程（5-36）得到 E_1 和 E_2 为

$$\boldsymbol{E}_1=\frac{\rho_1}{2\varepsilon_0}\boldsymbol{a}_N \tag{5-37a}$$

$$\boldsymbol{E}_2=\frac{\rho_2}{2\varepsilon_0}\boldsymbol{a}_N \tag{5-37b}$$

在方程（5-37a）和（5-37b）中，单位矢量 $\boldsymbol{a}_N$ 垂直或沿着电荷排列的轴或方向。

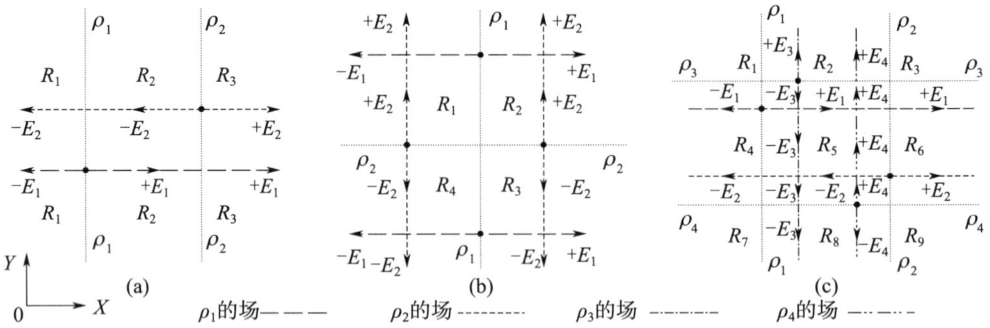

图 5-21　(a) 两个平行面电荷的场；(b) 两个垂直面电荷的场；
(c) 两个平行和两个垂直面电荷的场

5.6　体电荷分布

如果离散电荷密集（或连续）地分布在一个体积中，则形成（分段）连续的电荷体，这种电荷分布称为体电荷分布。

5.6.1　体电荷分布形式

与线电荷分布和面电荷分布一样，在整个体积中，体电荷分布也可以是（分段）均匀的或非均匀的。含有电荷的体积可以是有限的，也可以是无限的。图 5-22 为任意形状有限体积内的电荷分布示意图。可以看出，电荷非常密集，可以认为整个体积中电荷的分布是连续的。可以如同线电荷分布和面电荷分布那样，根据场点的位置，将体电荷看作是一个点，或看作无限大。

需要注意的是，无限大线电荷完全占据了一个维度，因此，场点只能位于其他两个维度中的一个（或两者之间）。有限大线电荷部分地占据了一个维度，因此，场点可以位于其他两个维度中和两个维度之间，或线电荷所在维度中未被占据的部分。同样，无限大的面电荷完全占据二维空间，因此，场点可以位于剩余的第三维空间。有限大面电荷部分占据二维空间，因此，场点可以位于剩余的第三维空间和面电荷占据的二维空间中的剩余部分。在所有情况下，根据场点相对于所考虑线电荷或面电荷位置，**E** 场的单位矢量不同。然而，在体电荷情况下，完全不同于上述两种情况。无限大体电荷完全占据了所有三维空间，没有场点的位置。但是，有限大体电荷只占据三个维度的一部分，因此，场点可以位于任何未占据的位置。在这种情况下，**E** 场的单位矢量方向是场点相对于体电荷位置的方向。

5.6.2　体电荷密度与总电荷

体电荷密度 ρ_v（单位为 C/m^3）定义为

$$\rho_v \stackrel{\text{def}}{=} \lim_{\Delta v \to 0} \frac{\Delta Q}{\Delta v} = \frac{dQ}{dv} \tag{5-38a}$$

对于体电荷分布 ρ_v，给定体积 v 内的总电荷 Q 可以通过电荷密度在该体积上的积分得到

$$Q = \iiint_v \rho_v \cdot dv \tag{5-38b}$$

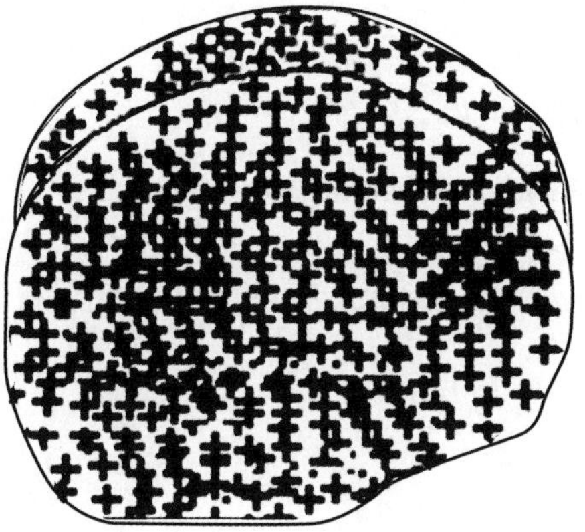

图 5-22　体电荷分布

5.6.3　有限体电荷分布的场

图 5-22 所示的体电荷分布产生的 $\boldsymbol{E}$ 场可以用 $\rho_v dv$ 替换 Q_m，用 Q_m 替换 r，用方程（5-11）的体积分求和得到。在任意场点的场可以写成

$$\boldsymbol{E} = \iiint_v \frac{\rho_v dv}{4\pi\varepsilon_0 r^2} \boldsymbol{a}_N \tag{5-39}$$

式中，$\boldsymbol{a}_N$ 为指向场点的单位矢量。

体电荷密度符号 ρ_v 常常用 ρ 来替换，因此

$$\boldsymbol{E} = \iiint_v \frac{\rho dv}{4\pi\varepsilon_0 r^2} \boldsymbol{a}_N \tag{5-40}$$

例 5.1　真空中的点电荷 $Q_1 = 3 \times 10^{-3}$ C、$Q_2 = 2 \times 10^{-3}$ C 和 $Q_3 = 4 \times 10^{-3}$ C 分别位于（$x_1 = 30$，$y_1 = -10$，$z_1 = 15$）（$x_2 = 20$，$y_2 = 10$，$z_2 = 25$）和（$x_3 = 0$，$y_3 = 0$，$z_3 = 0$）。求作用在 Q_1 上的力：(a) Q_2；(b) Q_3；(c) Q_2 和 Q_3。

解：　根据方程（5-6b）

$$\boldsymbol{F}_{21} = \frac{1}{4\pi\varepsilon_0} \frac{Q_1 Q_2}{R_{21}^2} \boldsymbol{a}_{R21}, \qquad \boldsymbol{F}_{31} = \frac{1}{4\pi\varepsilon_0} \frac{Q_1 Q_3}{R_{31}^2} \boldsymbol{a}_{R31}$$

$$Q_1 Q_2 = 6 \times 10^{-6}, \qquad Q_1 Q_3 = 12 \times 10^{-6}$$

在真空或自由空间

$$\varepsilon_0 = 8.854 \times 10^{-12} = \frac{10^{-9}}{36\pi}, \quad 4\pi\varepsilon_0 = 4\pi \frac{10^{-9}}{36\pi}, \quad \frac{1}{4\pi\varepsilon_0} = 9 \times 10^9$$

根据经验法则，为获得距离矢量，需要将施力电荷的坐标减去受力电荷的坐标。在这种情况下，电荷 Q_2 和 Q_3 施力作用在 Q_1 上，距离矢量为 $\boldsymbol{R}_{21}$ 和 $\boldsymbol{R}_{31}$ 。根据方程（3－13）可以写为：

(a) $\boldsymbol{R}_{21}=10\boldsymbol{a}_x-20\boldsymbol{a}_y-10\boldsymbol{a}_z$，$|\boldsymbol{R}_{21}|^2=600$，$|\boldsymbol{R}_{21}|=24.495$

$\boldsymbol{a}_{R_{21}}=0.408\boldsymbol{a}_x-0.816\boldsymbol{a}_y-0.408\boldsymbol{a}_z$

$\dfrac{Q_1Q_2}{4\pi\varepsilon_0}=6\times10^{-6}\cdot9\times10^{-9}=54000$

$\dfrac{Q_1Q_2}{4\pi\varepsilon_0}\cdot\dfrac{\boldsymbol{a}_{R_{21}}}{R_{21}^2}=\dfrac{54000}{600}\boldsymbol{a}_{R_{21}}=90\boldsymbol{a}_{R_{21}}$

$\boldsymbol{F}_{21}=90(0.408\boldsymbol{a}_x-0.816\boldsymbol{a}_y-0.408\boldsymbol{a}_z)$

(b) $\boldsymbol{R}_{31}=30\boldsymbol{a}_x-10\boldsymbol{a}_y+15\boldsymbol{a}_z$，$|\boldsymbol{R}_{31}|^2=1225$，$|\boldsymbol{R}_{31}|=35$

$\boldsymbol{a}_{R_{31}}=0.857\boldsymbol{a}_x-0.2857\boldsymbol{a}_y+0.4286\boldsymbol{a}_z$

$\dfrac{Q_1Q_3}{4\pi\varepsilon_0}=12\times10^{-6}\cdot9\times10^{9}=108000$

$\dfrac{Q_1Q_3}{4\pi\varepsilon_0}\cdot\dfrac{\boldsymbol{a}_{R_{31}}}{R_{31}^2}=\dfrac{108000}{1225}\boldsymbol{a}_{R_{31}}=88.16\boldsymbol{a}_{R_{31}}$

$\boldsymbol{F}_{31}=88.16(0.857\boldsymbol{a}_x-0.2857\boldsymbol{a}_y+0.4286\boldsymbol{a}_z)$

(c) 作用于 Q_1 上的力 $=\boldsymbol{F}_{21}+\boldsymbol{F}_{31}$

例 5.2　点电荷 $Q=3\times10^{-9}$ C 位于 (－1，－2，－3)。求 (1，2，3) 点的 $\boldsymbol{E}$ 和 $|\boldsymbol{E}|$。

解：在这种情况下，距离矢量 $\boldsymbol{R}_{12}$ 通过场点（要计算 $\boldsymbol{E}$ 的点）坐标减去源点（电荷）的坐标：因此 $\boldsymbol{R}_{12}=2\boldsymbol{a}_x+4\boldsymbol{a}_y+6\boldsymbol{a}_z$，$|\boldsymbol{R}_{12}|=\sqrt{56}$，$\boldsymbol{a}_{R_{12}}=\dfrac{2\boldsymbol{a}_x+4\boldsymbol{a}_y+6\boldsymbol{a}_z}{\sqrt{56}}$

根据方程（5－10b）

$$\boldsymbol{E}=\frac{1}{4\pi\varepsilon_0}\frac{Q}{R_{12}^2}\boldsymbol{a}_{R_{12}}=(9\times10^9)\cdot\frac{3\times10^{-9}}{56}\cdot\frac{2\boldsymbol{a}_x+4\boldsymbol{a}_y+6\boldsymbol{a}_z}{\sqrt{56}}=0.0644(2\boldsymbol{a}_x+4\boldsymbol{a}_y+6\boldsymbol{a}_z)$$

$$\boldsymbol{E}=0.1288\boldsymbol{a}_x+0.2577\boldsymbol{a}_y+0.3864\boldsymbol{a}_z$$

$$|\boldsymbol{E}|=\sqrt{(0.1288)^2+(0.2577)^2+(0.3864)^2}\approx0.482\ \text{V/m}$$

例 5.3　真空中两个点电荷 $Q_1=3\times10^{-9}$ C 和 $Q_2=-3\times10^{-9}$ C 分别位于 x 轴上 $x_1=2$、$x_2=4$。用幅度和在 ($x=2$，$y=-2$，$z=2$) 点的单位矢量表述 $\boldsymbol{E}$ 。

解：设 $x_1=2$ 为点 1，$x_2=4$ 为点 2，($x=2$，$y=-2$，$z=2$) 为点 3

$\boldsymbol{R}_{13}=-2\boldsymbol{a}_x+2\boldsymbol{a}_z$，$|\boldsymbol{R}_{13}|=\sqrt{8}=2.828$，$\boldsymbol{a}_{R_{13}}=\dfrac{-2\boldsymbol{a}_x+2\boldsymbol{a}_z}{2.828}$

$\boldsymbol{R}_{23}=-2\boldsymbol{a}_x-2\boldsymbol{a}_y+2\boldsymbol{a}_z$，$|\boldsymbol{R}_{13}|=\sqrt{12}=3.464$，$\boldsymbol{a}_{R_{23}}=\dfrac{-2\boldsymbol{a}_x-2\boldsymbol{a}_y+2\boldsymbol{a}_z}{3.464}$

因为 $Q_1=3\times10^{-9}$，$Q_2=-3\times10^{-9}$，$\dfrac{1}{4\pi\varepsilon_0}=9\times10^9$，

$\dfrac{Q_1}{4\pi\varepsilon_0}=(3\times10^{-9})(9\times10^9)=27$，$\dfrac{Q_2}{4\pi\varepsilon_0}=(-3\times10^{-9})(9\times10^9)=-27$

根据方程（5－10b）

$$\boldsymbol{E}=\frac{1}{4\pi\varepsilon_0}\frac{Q_1}{R_{13}^2}\boldsymbol{a}_{R_{13}}+\frac{1}{4\pi\varepsilon_0}\frac{Q_2}{R_{23}^2}\boldsymbol{a}_{R_{23}}=\frac{27}{8}\cdot\frac{-2\boldsymbol{a}_x+2\boldsymbol{a}_z}{2.828}-\frac{27}{12}\cdot\frac{-2\boldsymbol{a}_x-2\boldsymbol{a}_y+2\boldsymbol{a}_z}{3.464}$$

因此

$$\boldsymbol{E}=\frac{54}{22.626}(-\boldsymbol{a}_x+\boldsymbol{a}_z)-\frac{54}{41.568}(-\boldsymbol{a}_x-\boldsymbol{a}_y+\boldsymbol{a}_z)$$

$$=2.387(-\boldsymbol{a}_x+\boldsymbol{a}_z)-1.3(-\boldsymbol{a}_x-\boldsymbol{a}_y+\boldsymbol{a}_z)=1.3\boldsymbol{a}_x-1.087\boldsymbol{a}_y+1.087\boldsymbol{a}_z$$

$$|\boldsymbol{E}|=\sqrt{(1.3)^2+(-1.087)^2+(1.087)^2}=\sqrt{4.053}=2.0132$$

$$\boldsymbol{a}_E=\frac{\boldsymbol{E}}{|\boldsymbol{E}|}=\frac{1.3\boldsymbol{a}_x-1.087\boldsymbol{a}_y+1.087\boldsymbol{a}_z}{2.0132}=0.6457\boldsymbol{a}_x-0.5399\boldsymbol{a}_y+0.5399\boldsymbol{a}_z$$

例 5.4　在点（0，1，0）、（0，2，0）和（0，3，0）放置电量为－1 C、－2 C 和－3 C 的三个电荷，使真空中原点 $\boldsymbol{E}$ 的幅度最大，求 $\boldsymbol{E}$ 的最大的幅度。

解：根据给定点的坐标，所有电荷都排列于 y 轴正方向。只有最大电量的电荷距原点最近的情况下，原点 $\boldsymbol{E}$ 为最大值。因此，根据方程（5－10b），$\boldsymbol{E}$ 最大值的电荷排列为：

（0，1，0）点－3 C；（0，2，0）点－2 C，（0，3，0）点－1 C；

这里：$\boldsymbol{R}_1=\boldsymbol{a}_y$，$|\boldsymbol{R}_1|=1$；$\boldsymbol{R}_2=2\boldsymbol{a}_y$，$|\boldsymbol{R}_2|=2$；$\boldsymbol{R}_1=3\boldsymbol{a}_y$，$|\boldsymbol{R}_3|=3$；

$\boldsymbol{a}_{R_1}=\boldsymbol{a}_{R_2}=\boldsymbol{a}_{R_3}=\boldsymbol{a}_y$；因为 $\dfrac{1}{4\pi\varepsilon_0}=9\times10^9$

$$\boldsymbol{E}=\frac{1}{4\pi\varepsilon_0}\frac{Q_1}{R_1^2}\boldsymbol{a}_{R_1}+\frac{1}{4\pi\varepsilon_0}\frac{Q_2}{R_2^2}\boldsymbol{a}_{R_2}+\frac{1}{4\pi\varepsilon_0}\frac{3}{R_{23}^2}\boldsymbol{a}_{R_3}=9\boldsymbol{a}_y\left(\frac{3}{1}-\frac{2}{4}-\frac{1}{9}\right)=21.5\boldsymbol{a}_y$$

或

$$|\boldsymbol{E}|=21.5\ \text{V/m}$$

例 5.5　计算求和：(a) $\displaystyle\sum_{m=0}^{4}\frac{(-2)^m}{m^2+1}$；(b) $\displaystyle\sum_{k=1}^{4}\left[2(k+1)\boldsymbol{a}_x+k^2\boldsymbol{a}_y+\frac{4}{k}\boldsymbol{a}_z\right]$

解：(a) $\displaystyle\sum_{m=0}^{4}\frac{(-2)^m}{m^2+1}=\frac{(-2)^0}{1}+\frac{(-2)^1}{2}+\frac{(-2)^2}{5}+\frac{(-2)^3}{10}+\frac{(-2)^4}{17}$

$$=\frac{1}{1}-\frac{2}{2}+\frac{4}{5}-\frac{8}{10}+\frac{16}{17}=0.9412$$

(b) $\displaystyle\sum_{k=1}^{4}\left[2(k+1)\boldsymbol{a}_x+k^2\boldsymbol{a}_y+\frac{4}{k}\boldsymbol{a}_z\right]=(4\boldsymbol{a}_x+\boldsymbol{a}_y+4\boldsymbol{a}_z)+(6\boldsymbol{a}_x+4\boldsymbol{a}_y+2\boldsymbol{a}_z)$

$$+\left(8\boldsymbol{a}_x+9\boldsymbol{a}_y+\frac{4}{3}\boldsymbol{a}_z\right)+(10\boldsymbol{a}_x+16\boldsymbol{a}_y+\boldsymbol{a}_z)=28\boldsymbol{a}_x+30\boldsymbol{a}_y+8.333\boldsymbol{a}_z$$

例 5.6　自由空间中均匀线电荷 $\rho_L=3\times10^{-9}$ C/m 沿着 z 轴分布，求（1，2，－3）点的 $\boldsymbol{E}$ 及其大小。

解：根据方程（5－29）：$\boldsymbol{E}=E_\rho\boldsymbol{a}_\rho=\dfrac{\rho_L}{2\pi\varepsilon_0\rho}\boldsymbol{a}_\rho=\dfrac{\rho_L}{2\pi\varepsilon_0}\dfrac{1}{\rho}\boldsymbol{a}_\rho$

因为 $\dfrac{1}{2\pi\varepsilon_0}=18\times10^{-9}$，$\rho_L=3\times10^{-9}$，$\dfrac{\rho_L}{2\pi\varepsilon_0}=(18\times10^{-9})(3\times10^{-9})=54$

有 $\boldsymbol{E}=\dfrac{54}{\rho}\boldsymbol{a}_\rho$ 。根据图 5－23，$\boldsymbol{\rho}=\boldsymbol{a}_x+2\boldsymbol{a}_y$，$|\boldsymbol{\rho}|=\sqrt{5}$，$\boldsymbol{a}_\rho=\dfrac{\boldsymbol{a}_x+2\boldsymbol{a}_y}{\sqrt{5}}$。

$$\boldsymbol{E}=\frac{54}{\rho}\boldsymbol{a}_\rho=\frac{54}{\sqrt{5}}\frac{\boldsymbol{a}_x+2\boldsymbol{a}_y}{\sqrt{5}}=10.8(\boldsymbol{a}_x+2\boldsymbol{a}_y)=10.8\boldsymbol{a}_x+21.6\boldsymbol{a}_y$$

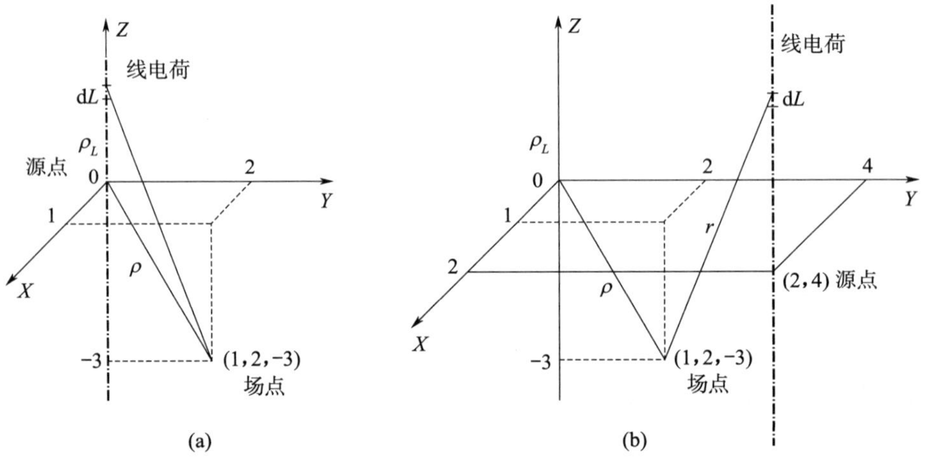

图 5－23　沿 z 轴的均匀线电荷

例 5.7　在 $z=0$ 平面上沿直线 $y=\pm x$ 设置电荷密度为 $\rho_L=10$ nC/m 的两个线电荷。求在（0，0，5）点的 $\boldsymbol{E}$ 。

解：设直线方程为 $y=mx+C$，其中 m 为直线的斜率，C 为直线与 y 轴的交点。据题知，$C=0$，$m=\pm1$，因此，直线通过原点，直线与 x 轴夹角为 $\pm45°$。当考虑沿两条线电荷均匀分布且无限长时，这两条直线的 $\boldsymbol{E}$ 场线将与这两条直线相垂直。

图 5－24 为在 $x-y$ 平面中标记为 1 和 2 的两个线电荷的示意图。在线 1 上有一对点（a 和 b），在线 2 上有一对点（c 和 d）。每对点都对称于标记为 O 的原点。每个点都为源点，每个源点表示为单元长度 dL，从原点到该点的距离为 L 。图中也给出了在 z 轴上至源点的距离为 R 的一个点，称为场点。该场点到原点的距离为 $z=5$。图中所示所有源点都对场点的 $\boldsymbol{E}$ 有作用。根据对称性，仅有 E_z 分量存在，其他分量将会相互抵消。

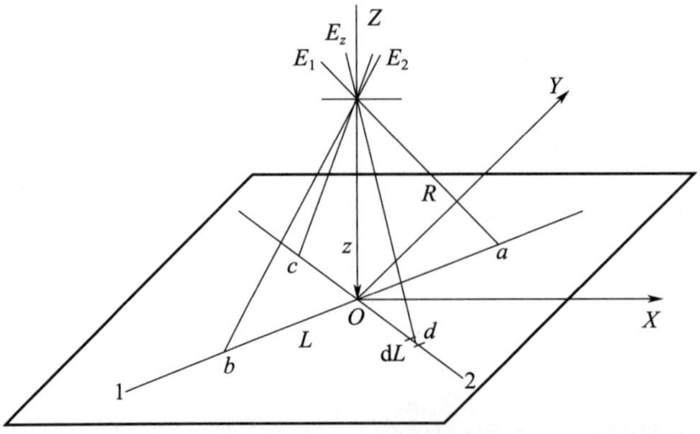

图 5－24　两个无限长的线电荷

两个线电荷上任意一个单元 dL 产生的场强 d$\boldsymbol{E}$ 可以写为

$$\mathrm{d}\boldsymbol{E}=\frac{\rho_L \mathrm{d}L}{4\pi\varepsilon_0 R^2}\boldsymbol{a}_R$$

根据对称性，1) dL 可以选取在任意线电荷上且在任意一侧；2) $\boldsymbol{E}$ 的 x 和 y 分量消失，只存在 z 分量；3) 两个无限长线电荷对 $\boldsymbol{E}$ 的作用相等。因此，在 z 轴上任意一点，场将是单个线电荷场的 2 倍，可以写为

$$\mathrm{d}\boldsymbol{E}=\frac{2\rho_l \mathrm{d}L}{4\pi\varepsilon_0 R^2}\boldsymbol{a}_R, \mathrm{d}E_z=\mathrm{d}E\cos\theta, \cos\theta=\frac{z}{R}=\frac{z}{\sqrt{L^2+z^2}}, R=\sqrt{L^2+z^2}$$

其中 dL、R 和 z 在图中给出。因此

$$\mathrm{d}E_z=\frac{2\rho_L \mathrm{d}L}{4\pi\varepsilon_0 R^2}\cos\theta=\frac{2\rho_L \mathrm{d}L}{4\pi\varepsilon_0}\frac{z}{(L^2+z^2)^{3/2}}$$

$$E_z=\frac{\rho_L}{2\pi\varepsilon_0}\int_{-\infty}^{\infty}\frac{z}{(L^2+z^2)^{3/2}}\mathrm{d}L$$

令 $L=z\cot\theta$，$\mathrm{d}L=-z\ \mathrm{cosec}^2\theta\mathrm{d}\theta$，$(L^2+z^2)^{3/2}=z^3\ \mathrm{cosec}^3\theta$

积分限变为：当 $L=-\infty$，$\theta=\pi$；$L=\infty$，$\theta=0$。因此

$$E_z=\frac{\rho_L}{2\pi\varepsilon_0}\int_{\pi}^{0}\frac{-z^2\ \mathrm{cosec}^2\theta}{z^3\ \mathrm{cosec}^3\theta}\mathrm{d}\theta=\frac{\rho_L}{2\pi\varepsilon_0 z}\int_{\pi}^{0}-\sin\theta\mathrm{d}\theta=\frac{\rho_L}{2\pi\varepsilon_0 z}\cos\theta\ \Big|_{\pi}^{0}=\frac{\rho_L}{\pi\varepsilon_0 z}$$

在点 (0，0，5)

$$E_z=\frac{10\times10^{-9}}{\pi\cdot\dfrac{10^{-9}}{36\pi}\cdot5}=\frac{360}{5}=72$$

$$\boldsymbol{E}=72\boldsymbol{a}_z$$

例 5.8　在自由空间位于 $x=3$ 平面上有一个无限大正电荷层产生电场 $|\boldsymbol{E}|=10$ V/m，在 $y=4$ 平面上有另一个正电荷层产生电场 $|\boldsymbol{E}|=20$ V/m。求以下各点的 $\boldsymbol{E}$：(a) $P_a(5, 5, -2)$；(b) $P_b(6, 2, -2)$；(c) $P_c(2, 3, 3)$；(d) $P_d(1, 5, 4)$。

解： 根据方程 (5 - 36) 和图 5 - 25，根据给定方向，不同点的 E 场为：

(a) 在 $P_a(5, 5, -2)$，$E=10\boldsymbol{a}_x+20\boldsymbol{a}_y$

(b) 在 $P_b(6, 2, -2)$，$E=10\boldsymbol{a}_x-20\boldsymbol{a}_y$

(c) 在 $P_c(2, 3, 3)$，$E=-10\boldsymbol{a}_x-20\boldsymbol{a}_y$

(d) 在 $P_d(1, 5, 4)$，$E=-10\boldsymbol{a}_x+20\boldsymbol{a}_y$

例 5.9　根据体电荷密度 ρ_v，求在指定体积内的总电荷。

(a) $\rho_v=15xy^2z^3$，$1\leqslant x\leqslant2$，$0\leqslant y\leqslant1$，$1\leqslant z\leqslant3$

(b) $\rho_v=20\rho z\sin\varphi$，$1\leqslant\rho\leqslant2$，$0\leqslant\varphi\leqslant\dfrac{\pi}{4}$，$1\leqslant z\leqslant3$

(c) $\rho_v=\dfrac{10}{r^2}\sin\theta\cos\varphi$，$1\leqslant r\leqslant3$，$0\leqslant\theta\leqslant\dfrac{\pi}{4}$，$\dfrac{\pi}{6}\leqslant\varphi\leqslant\dfrac{\pi}{3}$

解： 根据方程 (5 - 38b)

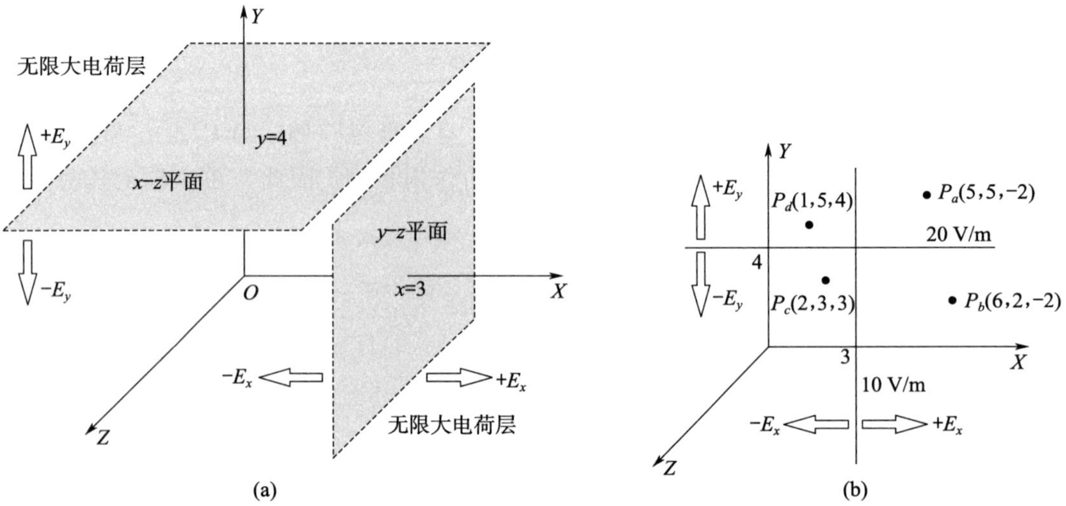

图 5-25 (a) 两个无限大电荷层；(b) 不同位置的 E 场

(a) $Q=\int_1^3\int_0^1\int_1^2(15xy^2z^3)\,\mathrm{d}x\cdot\mathrm{d}y\cdot\mathrm{d}z=15\left.\frac{x^2}{2}\right|_1^2\cdot\left.\frac{y^3}{3}\right|_0^1\cdot\left.\frac{z^4}{4}\right|_1^3=150\ \mathrm{C}$

(b) $Q=\int_1^3\int_0^\pi\int_1^2 20\rho z\sin\varphi\rho\,\mathrm{d}\rho\,\mathrm{d}\varphi\,\mathrm{d}z$

$$=20\left.\frac{\rho^3}{3}\right|_1^2\cdot(-\cos\varphi)\,|_0^{\pi/4}\cdot\left.\frac{z^2}{2}\right|_1^3=-364.16\ \mathrm{C}$$

(c) $Q=\int_{\pi/6}^{\pi/3}\int_0^{\pi/4}\int_1^3\frac{10}{r^2}\sin\theta\cos\varphi r^2\sin\theta\,\mathrm{d}r\,\mathrm{d}\theta\,\mathrm{d}\varphi$

$$=10\,r\,|_1^3\cdot\left.\left(\frac{\theta}{2}-\frac{\sin2\theta}{4}\right)\right|_0^{\pi/4}\cdot\sin\varphi\,|_{\pi/6}^{\pi/3}=10\cdot2\cdot\frac{\pi}{8}\cdot0.366=2.874\ \mathrm{C}$$

习 题

5.1 真空中两个点电荷 $Q_1=3$ mC、$Q_2=-4$ mC 分别位于（-3，7，-4）、（2，4，-1）点，求矢量力 $\boldsymbol{F}$：(a) Q_2 作用于 Q_1；(b) Q_1 作用于 Q_2。

5.2 真空中的点电荷 $Q_1=10^{-3}$ C、$Q_2=3\times10^{-3}$ C 和 $Q_3=5\times10^{-3}$ C 分别位于（$x_1=30$，$y_1=-10$，$z_1=10$）、（$x_2=20$，$y_2=15$，$z_2=30$）和（$x_3=15$，$y_3=10$，$z_3=5$）。求作用在 Q_2 上的力：(a) Q_1；(b) Q_3；(c) Q_1 和 Q_3。

5.3 真空中的点电荷 $Q=7\times10^{-9}$ C 位于（$x_1=-0.2$，$y_1=-0.3$，$z_1=0.6$），求在（$x_2=0.5$，$y_2=0.5$，$z_3=-0.5$）点电场强度的大小。

5.4 真空中两个点电荷 $Q_1=2\times10^{-9}$ C 和 $Q_2=-4\times10^{-9}$ C 分别位于 x 轴上 $x_1=1$、$x_2=2$ 处。用幅度和在（$x=4$，$y=2$，$z=-2$）点的单位矢量表述 $\boldsymbol{E}$。

5.5　真空中的点电荷 $Q=6\times10^{-9}$ C 位于 ($x_1=-0.2$，$y_1=-0.3$，$z_1=0.6$)，求电场强度的大小 $|\boldsymbol{E}|$：(a) 距点电荷 3 m；(b) 在点 ($x_2=-0.4$，$y_2=0.4$，$z_3=-0.3$)。

5.6　真空中两个点电荷 $Q_1=3\ \mu$C 和 $Q_2=-5\ \mu$C 分别位于 (−3，5，−4) 和 (−2，4 −1)。求：(a) $\boldsymbol{E}$；(b) $|\boldsymbol{E}|$；(c) 在点 (10，15，20) 的 $\boldsymbol{a}_E$。

5.7　求级数的和：(a) $\sum\limits_{m=0}^{4}\dfrac{m}{m^2+1}$；(b) $\sum\limits_{m=1}^{6}\dfrac{(-1)^m}{m\sqrt{m+1}}$。

5.8　求和：(a) $\sum\limits_{m=0}^{4}\dfrac{(-1)^m}{m^3+1}$；(b) $\sum\limits_{k=0}^{4}5(k+1)\boldsymbol{a}_x+k^2\boldsymbol{a}_y+\dfrac{6}{k}\boldsymbol{a}_z$。

5.9　自由空间中均匀线电荷 $\rho_L=5\times10^{-9}$ C/m 沿着 $x=2$ 和 $y=4$ 方向，求 (1，2，−3) 点的 $\boldsymbol{E}$ 的大小和方向。

5.10　在 $z=0$ 平面上沿直线 $y=\pm x$ 设置电荷密度为 $\rho_L=5$ nC/m 的两个无限长线电荷，求点 (0，3，0) 的 $\boldsymbol{E}$。

5.11　自由空间中均匀线电荷 $\rho_L=25$ nC/m 平行于 y 轴并位于 ($x=-3$，$z=4$) 点。求在指定点 $\boldsymbol{E}$ 的笛卡儿分量：(a) 在 (0，0，0) 点；(b) $x=2$，$y=5$，$z=3$；(c) $\rho=2$，$\varphi=\pi$，$z=2$.

5.12　自由空间中三个面密度为 2、−5 和 4 μC/m² 的电荷层分别位于 $x=-3$、$x=1$、$x=5$。求在以下点的 $\boldsymbol{E}$：(a) (−4，−2，−5)；(b) (−2.5，−1.5，4.5)；(c) (0，0，0)；(d) (4，0，3)；(e) (6，3，2)。

5.13　自由空间中位于 $x=-5$ 平面有一个无限大的正电荷层产生 $|\boldsymbol{E}|=5$ V/m，位于 $y=2$ 平面有另一个负电荷层产生 $|\boldsymbol{E}|=-10$ V/m，求在以下点的 $|\boldsymbol{E}|$：(a) P_a(2，4，−2)；(b) P_b(−6，4，−2)；(c) P_c(−6，−2，3)；(d) P_d(2，−2，3)；(e) P_e(−2，5，1.5)。

5.14　求指定体积内的总电荷量：

(a) $\rho_v=30xy^2z^3$，$1\leqslant x\leqslant 3$，$0\leqslant y\leqslant 2$，$1\leqslant z\leqslant 2$。

(b) $\rho_v=10\rho\Delta z\cdot\cos\varphi$，$0\leqslant\rho\leqslant 2$，$0\leqslant\varphi\leqslant\pi/6$，$1\leqslant z\leqslant 2$。

(c) $\rho_v=5r^3\sin\theta\cos\varphi$，$0\leqslant r\leqslant 2$，$\pi/4\leqslant\theta\leqslant\pi/2$，$\pi/2\leqslant\varphi\leqslant 2\pi$。

5.15　求指定体电荷密度（单位 C/m³）和体积的总电荷量：

(a) $\rho_v=10z\mathrm{e}^{-0.5x}\sin\pi y$，$-1\leqslant x\leqslant 2$，$0\leqslant y\leqslant 1$，$3\leqslant z\leqslant 3.6$。

(b) $\rho_v=10xyz$，$0\leqslant\rho\leqslant 2$，$0\leqslant\varphi\leqslant\pi/2$，$0\leqslant z\leqslant 3$。

(c) $\rho_v=\dfrac{3\pi\sin\theta\cos^2\varphi}{2r^2(r^2+1)}$，$0\leqslant r\leqslant\infty$，$0\leqslant\theta\leqslant\pi/2$，$0\leqslant\varphi\leqslant 2\pi$。

叙述题

1. 阐述库仑定律，解释力的表达式中每一项的含义，讨论库仑定律成立的条件。
2. 比较电场和引力场的性质和表达式。

3. 证明无限长线电荷仅有径向场。

扩展阅读

在第 15 章末给出。

第 6 章　电通量密度

6.1　引言

在第 5 章中，我们通过**库仑定律**得到了电荷之间静电力的关系式，通过对该表达式的处理得到了**电场强度$\boldsymbol{E}$**这个新的物理量，并针对几种简单的电荷分布情况，给出了电场强度 $\boldsymbol{E}$ 的表达式。在所有这些情况中，都假定电荷沿着直线、在平面上或在规则形状体积内均匀分布。偏离这种假设的分布都必然导致数学运算上的困难。例如，如果线、面是弯曲的或是有限大小的，要计算电场的点相对所选坐标系的原点不对称，就很难求解。同样，如果体积是任意形状的，$\boldsymbol{E}$ 的计算就可能成为非常繁琐的工作。因此，针对这类问题需要有一种简单的解决方法。高斯（Carl Friedrich Gauss）在 1835 年提出的**高斯定律**为简化这类工作提供了解决途径。

6.2　高斯定律

高斯定律的表述：**从任何闭合表面流出的总电通量等于封闭在其中的总电荷量。**

这个简单的表述涉及多个术语，包括**电通量**、**通过**、**闭合表面**和**封闭的电荷**。这些术语看起来很简单，但每一个术语本质上都有特定的含义，需要给予适当的解释。我们将在下一小节中加以说明。

6.2.1　通量及其相关性

通量是一个重要的单位，在数学、电学和磁学等领域中都有涉及。在数学中，通量的概念有助于我们理解 4.3 节中讨论的散度。一般来说，它可以被理解为“物质”穿过一个表面的量。这里的“物质”包括水、气体、风、电通量（Ψ）、磁通量（Φ）、电磁能（ϵ），或者其他任何能够穿越的东西。这种物质的总量取决于它的源强度和穿过的方式，还取决于穿过表面的形状、尺寸和方向。在本章中，所谓物质都是指高斯定律中的电通量。

我们应该记住，通量的源是矢量场，而通量本身不一定是物理对象或物理量。高斯定律中的曲面是通量穿过的闭合边界面。这个闭合边界面的一部分可以是球面、平面或曲面的一部分，或者是桶的顶部。此外，这个边界不需要是一个物理实体，可以是一个想象的球体、圆柱体或圆盘。时间是另一个需要考虑的参数，是计量总通量的时间瞬间，总通量不根据单位面积来计算。总通量与源密切相关，如果将源加倍，则通过表面的通量就加倍。

“表面”的含义在 4.6.2 节中已经做过解释。一个闭合曲面可以由若干个开放表面组成。开放表面是另一个有重要作用的参数。穿过开放表面的总通量取决于场和表面的相对方向。当表面正对场时，穿过的通量最大，可以用帆正面迎风来比喻。如果帆与风互相垂直，或者帆完全面对风，风对帆施加的压力最大；当帆的表面偏离风向时，压力就会减小，当帆和风相互平行时，压力变为零。同样，当表面偏离场的方向时，穿过的通量会减小，当场与边界平行时，穿过的通量为零，即通量沿表面的边界通过而不穿过边界表面。总通量的大小也取决于表面的大小。在同一场中，较大的表面会比较小的表面捕获更多的通量。

在计算开放表面的总通量时，必须已知源的量和由箭头表示的通量方向。通常从闭合表面离开的通量为正，进入闭合表面的通量为负。对于离开的通量，必须有一个产生通量的源（即正电荷），对于进入的通量，必须有一个收纳通量的汇（即负电荷）。术语“源”和“汇”通常用于描述场的性质。我们接下来讨论法拉第实验。

6.2.2　法拉第实验

1837 年，伦敦皇家学会（Royal Society of London）主任迈克尔·法拉第完成了一项形成电通量概念的实验。在这个实验中，法拉第将一个小金属球充电到 $+Q$，然后用两个 3/4 英寸厚的介电半球覆盖这个小金属球外，再用两个金属半球覆盖介电半球外，外金属球表面立刻接地。接下来用电介质材料制成的工具拆卸掉外层金属半球。通过观察，他发现两个金属半球都是带电的。测量两个半球上的电荷并相加，发现总电荷量正好等于内球的电荷量，但是，两个半球的电荷与内球体的电荷极性刚好相反。法拉第实验装置的组成如图 6-1 所示。

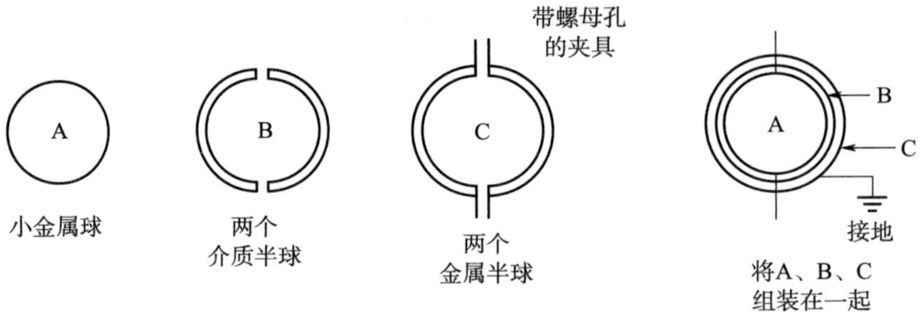

图 6-1　法拉第实验装置的组成

法拉第的结论是，两球之间发生了一些现象，导致内外球体之间在没有任何电接触的情况下外半球带电，他将这种现象称为位移现象，后来又称为位移通量、电通量或通量。在本书中，电通量用 Ψ 来表示。

图 6-2（b）给出了图 6-2（a）所示的两个金属球面之间所发生现象的推测。图中表示出了内球上的正电荷向外发出的电通量。在穿过两个介质半球（位于两者之间）后，这种通量在带负电荷的外导体球上终止。

正是这种位移或电通量导致外球带电，其通量 Ψ 显然等于源电荷 Q，因此有

$$\Psi = Q \tag{6-1}$$

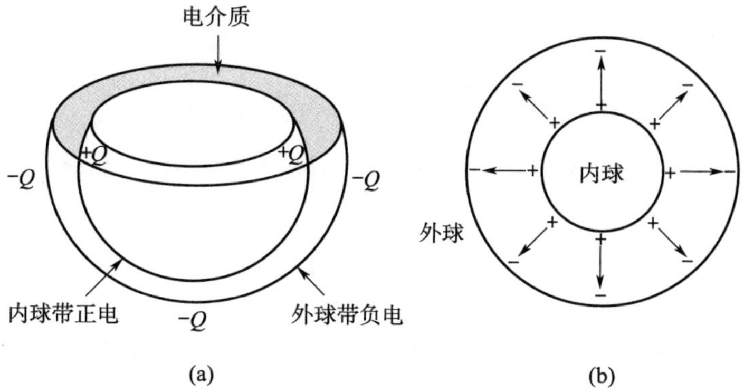

图 6-2　(a) 被介质分隔开的两个带电的金属球；(b) 从正电荷发出的电通量终止于负电荷

6.3　通量密度

通量从较小的球面发出，终止于较大的球面，在两个球体上的浓度或密度应该明显不同。因此，如果将均匀分布的通量除以球面的面积，就会得到一个新的量，通常用 D 来表示，称为位移密度或**(电) 通量密度**，单位是单位面积的电荷量或库仑每平方米 (C/m^2)。

图 6-3 给出了半径分别为 a、b 和 r 的三个同心球（内球、外球、假想球）。半径为 a 的内球面的通量密度 D 为

$$D = \frac{\Psi}{4\pi a^2} = \frac{Q}{4\pi a^2} \tag{6-2a}$$

半径为 b 的外球面的通量密度为

$$D = \frac{\Psi}{4\pi b^2} = \frac{Q}{4\pi b^2} \tag{6-2b}$$

如果半径为 r 的假想球在内球和外球之间，则在该球面的通量密度为

$$D = \frac{\Psi}{4\pi r^2} = \frac{Q}{4\pi r^2} \quad (a \leqslant r \leqslant b) \tag{6-2c}$$

方程 (6-2c) 是方程 (6-2a) 或 (6-2b) 的一般形式，只需将“r”分别替换为“a”或“b”即可。在方程 (6-1) 中，通量 Ψ 等于标量 Q，因此，通量也视为标量。但如图 6-2 所示，当从电荷发出（或终止）时，它又似乎有一定的方向。这个问题将由通量密度 $\boldsymbol{D}$ 作为矢量来考虑。因此，由方程 (6-2a)(6-2b)(6-2c) 给出的 $\boldsymbol{D}$ 表达式为：

在内球 ($r=a$)

$$\boldsymbol{D}\big|_{r=a} = \frac{Q}{4\pi a^2}\boldsymbol{a}_r \tag{6-3a}$$

在外球 ($r=b$)

$$\boldsymbol{D}\big|_{r=b}=\frac{Q}{4\pi b^2}\boldsymbol{a}_r \tag{6-3b}$$

对于任意半径 r 的球（$a\leqslant r\leqslant b$）

$$\boldsymbol{D}=\frac{Q}{4\pi r^2}\boldsymbol{a}_r \qquad (a\leqslant r\leqslant b) \tag{6-3c}$$

方程（6－3a）（6－3b）和（6－3c）给出了对称分布电荷 Q 的通量密度表达式。在某点 P 的通量密度一般定义为

$$\boldsymbol{D}\overset{\text{def}}{=\!=}\lim_{\Delta s\to 0}\frac{\Delta\Psi}{\Delta s}\boldsymbol{a}_n \tag{6-4}$$

式中，$\boldsymbol{a}_n$ 是表示 P 点通量方向的单位矢量，Δs 是平面上 P 点邻域的小面积。

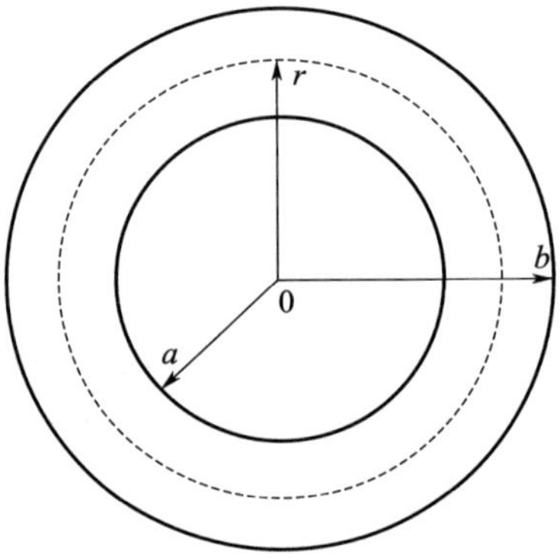

图 6－3　内球、外球和假想球的半径

6.3.1　通量密度与场强的关系

将方程（5－10a）中的 R 替换为 r，$\left(\boldsymbol{E}=\frac{1}{4\pi\varepsilon_0}\frac{Q}{r^2}\boldsymbol{a}_R\right)$ 并与方程（6－3c）$\left(\boldsymbol{D}=\frac{Q}{4\pi r^2}\boldsymbol{a}_r\right)$ 比较，可以得到恒等式

$$\boldsymbol{D}=\varepsilon_0\boldsymbol{E} \tag{6-5}$$

方程（6－5）表明，由于 ε_0 是一个实数正标量，$\boldsymbol{D}$ 矢量和 $\boldsymbol{E}$ 矢量的方向相同，这样的介质称为各向同性介质。在本章中，除非特别说明，假定介质都是各向同性的。

不同于点电荷产生 $\boldsymbol{E}$ 的方程（5－10a），方程（5－16）（5－32）和（5－39）分别定义了线电荷、面电荷和体电荷分布产生的 $\boldsymbol{E}$ 场。表 6－1 给出了这些方程与方程（6－5）关于点、线、面和体电荷分布下 $\boldsymbol{D}$ 的表达式所对应的方程编号和相应的变化。

表 6－1　不同场分布下的 $\boldsymbol{E}$ 和 $\boldsymbol{D}$ 表达式

点电荷	$\boldsymbol{E}=\frac{1}{4\pi\varepsilon_0}\frac{Q}{r^2}\boldsymbol{a}_r$　(5－10a)	$\boldsymbol{D}=\frac{Q}{4\pi r^2}\boldsymbol{a}_r$　(6－5a)
线电荷	$\boldsymbol{E}=\int_l\frac{\rho_L\,\mathrm{d}\ell}{4\pi\varepsilon_0 r^2}\boldsymbol{a}_\rho$　(5－16)	$\boldsymbol{D}=\int_l\frac{\rho_L\,\mathrm{d}\ell}{4\pi r^2}\boldsymbol{a}_\rho$　(6－6a)

续表

面电荷	$\boldsymbol{E}=\iint_s \frac{\rho_s \mathrm{d}s}{4\pi\varepsilon_0 r^2}\boldsymbol{a}_r$　(5-32)	$\boldsymbol{D}=\iint_s \frac{\rho_s \mathrm{d}s}{4\pi r^2}\boldsymbol{a}_r$　(6-6b)
体电荷	$\boldsymbol{E}=\iiint_v \frac{\rho_v \mathrm{d}v}{4\pi\varepsilon_0 r^2}\boldsymbol{a}_N$　(5-39)	$\boldsymbol{D}=\iint_s \frac{\rho_v \mathrm{d}v}{4\pi r^2}\boldsymbol{a}_N$　(6-6c)

6.3.2　电通量计算

电场强度可以用电场线或电通量的浓度或密度来形象地表示。因此，垂直于电场方向上单位面积的电场线数量代表电场强度。如前所述，穿过给定面积的几何表面的电场线数量取决于：1）场强；2）表面面积；3）表面与投射到表面的电场线之间相对方向。下面描述电通量的计算方法。

6.3.2.1　电通量和定向曲面

图 6-4 显示了面积为“S”的多个表面，这些表面指向不同的方向。所有这些表面都位于 $\boldsymbol{E}$ 或（$\boldsymbol{D}$）场中。这些表面上的法向量 $\boldsymbol{n}$ 与 $\boldsymbol{E}$（或 $\boldsymbol{D}$）场形成一个夹角 θ。根据该图，穿过某特定表面的电通量值随该表面相对于 $\boldsymbol{E}$（或 $\boldsymbol{D}$）场的方向变化。在 $\boldsymbol{E}$（或 $\boldsymbol{D}$）场所占据的整个区域中，假定电场均匀且方向相同，所以电场线是平行的。这幅图表明，当 $\boldsymbol{n}$ 平行于 $\boldsymbol{E}$ 时，表面截获的电场线最多，当 n 垂直于 $\boldsymbol{E}$ 时没有电场线通过 S。因此，通过表面的 $\boldsymbol{E}$ 线数量与表面面积 S 和法线 $\boldsymbol{n}$ 与 $\boldsymbol{E}$ 线方向夹角 θ 的余弦成正比。由于 $\boldsymbol{E}$ 或 $\boldsymbol{D}$ 只随因子 ε_0 变化，采用大小为 $|\boldsymbol{D}|=D$ 的电通量密度矢量 $\boldsymbol{D}$ 更加方便。

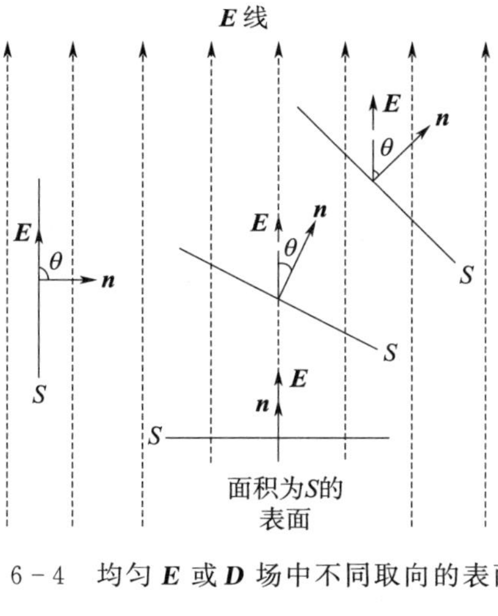

图 6-4　均匀 $\boldsymbol{E}$ 或 $\boldsymbol{D}$ 场中不同取向的表面

让我们将该区域整个表面 S 划分成面积为 ΔS 的小块。通过该面元的通量可以称为增量通量 $\Delta\Psi$。因此，通过面元 ΔS 的增量电通量 $\Delta\Psi$ 是电通量密度 $|\boldsymbol{D}|$、表面 ΔS 和 ΔS 相对于 $\boldsymbol{E}$ 或 $\boldsymbol{D}$ 场的方向角余弦的乘积。用数学术语表述为

$$\Delta\Psi=|\boldsymbol{D}|\cdot\Delta S\cos\theta \tag{6-7a}$$

因为 $\boldsymbol{D}$ 是矢量，微元表面也必须表示为矢量 $\Delta\boldsymbol{S}$。$\Delta\boldsymbol{S}$ 的大小为表面的面积 ΔS，它的

方向为法向量 $\boldsymbol{n}$，$\boldsymbol{n}$ 矢量与 $\boldsymbol{E}$ 或 $\boldsymbol{D}$ 场矢量的夹角为 θ，因此，由方程（6－7a）给定的 $\Delta\Psi$ 可以写为点积的形式

$$\Delta\Psi=\boldsymbol{D}\cdot\Delta\boldsymbol{S} \tag{6-7b}$$

垂直于 ΔS 的单位矢量有两个不同方向。对于封闭表面约定为垂直向外的方向为法向量方向。由于 $\Delta\Psi$ 是通过小面积 ΔS 的通量，这个小面积是大面积 S 的一部分，通过积分整个（开放或闭合）表面 S 上的微分通量，可以得到场通过 S 的总通量 Ψ

$$\Psi=\int\Psi=\iint_s\boldsymbol{D}\cdot\mathrm{d}\boldsymbol{S} \tag{6-8}$$

通过闭合曲面的通量可以写为

$$\Psi=\oiint\boldsymbol{D}\cdot\mathrm{d}\boldsymbol{S} \tag{6-9}$$

6.3.2.2　电通量和立方体结构

图 6－5 显示了位于电场线深处的一个立方体结构。如图所示，这个立方体的两个面垂直于沿 y 轴方向的电场，并假定电场在整个空间中是均匀的。因为方程（6－7）中的余弦项可以是正的也可以是负的，所以通过给定表面的通量也可正可负。

由于立方体的顶部、底部、前面和后面都平行于 $\boldsymbol{E}$ 线，这些表面没有截获任何通量，因此，通过这些表面的通量为零。对于其余的两个（左右）表面，$\boldsymbol{E}$ 线与它们的法向量 $\boldsymbol{n}$ 平行。右侧面的通量为 $\Psi=\boldsymbol{E}\cdot\boldsymbol{S}$，电场线与左侧面的法向量 $-\boldsymbol{n}$ 反向平行，因此，通过这一侧面的通量为 $\Psi=-\boldsymbol{E}\cdot\boldsymbol{S}$. 通过立方体左右表面的总通量就是通过立方体所有表面通量的代数和，这个总通量为零。

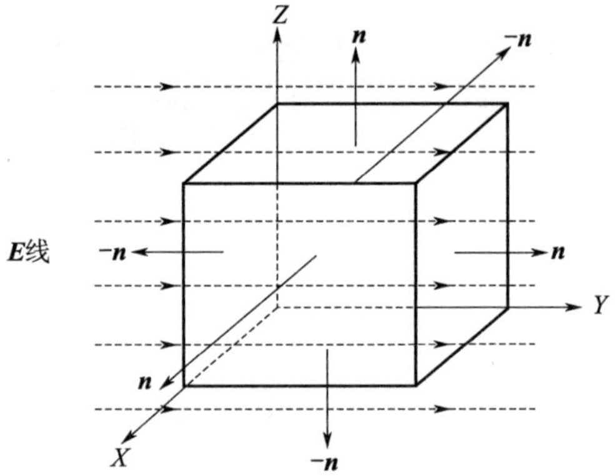

图 6－5　通过立方体表面的电通量

6.4　高斯面

在 6.3.2.2 节中，考虑了通量的分布沿立方体的一个轴方向。因此，通量变为平行于立方体的四个面，垂直于其余两个面。在这种情况下，没有考虑什么样的源会导致这种分布。不难想象，这种通量分布是由均匀分布正电荷的无限大薄片产生，薄片必须平行于

$x-z$ 平面且位于 y 轴负轴上，而且假定源在立方体的外部。如果源在闭合面内，就需要考虑这个表面的性质。显然，这样的表面取决于源的分布性质。从前面的描述中可以得出结论：如果通量垂直或平行于表面，问题就会明显简化。这个结论从而引出了**高斯面**的概念。

高斯面是一个含有对称电荷分布的虚构（闭合）表面。这个表面必须满足这样的条件，即 $\boldsymbol{D}$ 垂直或平行该表面上的面元。垂直时，$\boldsymbol{D}\cdot \mathrm{d}\boldsymbol{s}=D\mathrm{d}s$；平行时，$\boldsymbol{D}\cdot \mathrm{d}\boldsymbol{s}=0$。因此，所选择的表面相对电荷的分布应该具有一定的对称性。计算不同电荷分布和不同形状表面的通量，方程（6-9）是主要的关系式。在下面几小节中将讨论一些这样的问题。

6.4.1　点电荷的高斯面

假设有一个在各方向上都能发出相等通量的正电荷"Q"，封闭这种形状最合适的高斯面是球面，电荷位于球面的中心，如图 6-6（a）所示。电场线的密度代表任意点上 $\boldsymbol{D}$ 的幅度。由于球面面积与 r^2 成正比，场密度的大小与至电荷距离 r 的平方成反比。而且球面上的任何一点都垂直于电场方向，所以通过球面的电场（或通量）线的总数为场密度与球面面积的乘积。因此，电场线总数与球体的大小无关。

此外，电场线的数量只取决于球中心电荷的大小，因为通量与通过该面积的电场线数量成正比，所以通量与表面内的电荷成正比。位于球面中心正点电荷的场是径向的，指向外面或背离点电荷的方向。场处处垂直于该球面，场的幅度为

$$D=\frac{Q}{4\pi r^2} \tag{6-10}$$

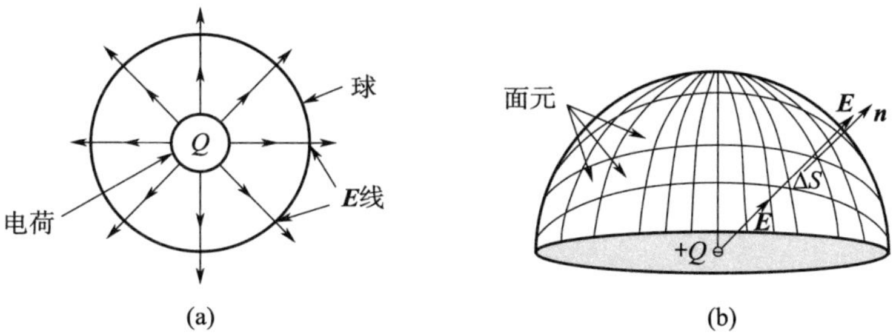

图 6-6　（a）封闭点电荷的球面；（b）分割为小面元的球面和通过面元的 $\boldsymbol{E}$ 矢量和 $\boldsymbol{n}$ 矢量

另外，因为 $\boldsymbol{D}=D\boldsymbol{a}_r$ 和 $\mathrm{d}\boldsymbol{s}=\mathrm{d}s\boldsymbol{a}_r$，位于球心的点电荷 Q 从闭合球面发出的总电通量可以用方程（6-9）来计算

$$\Psi=\oiint \boldsymbol{D}\cdot \mathrm{d}\boldsymbol{s}=\oiint\left(\frac{Q}{4\pi r^2}\boldsymbol{a}_r\right)\cdot(\mathrm{d}s\boldsymbol{a}_r)=\oiint\frac{Q}{4\pi r^2}\cdot \mathrm{d}s \tag{6-11}$$

由于点电荷 Q 和球面半径 r 是常数，可以移到积分号之外，因此

$$\Psi=\left(\frac{Q}{4\pi r^2}\right)\oiint\cdot \mathrm{d}s=\left(\frac{Q}{4\pi r^2}\right)(4\pi r^2)=Q \tag{6-12}$$

因此，从球面发出的总通量等于球面中心的电荷量，这是高斯定律的一个特殊情况。

高斯定律指出，如果电荷位于任何形状和大小的封闭表面内的任何位置，从该表面发出的总通量等于封闭表面内的总电荷。

6.4.2 线电荷的高斯面

考虑一条具有均匀分布正电荷密度 ρ_L 的无限长直线。如图 6－7 所示。对于这种线电荷，最合适的高斯面是圆柱面，因为只要线电荷与柱的轴线重合，就能满足垂直和平行于 $\boldsymbol{D}$ 的要求。如图 6－7 所示，选择沿着 z 轴的线电荷。我们的目标不是求出总通量，因为无限长线电荷的总通量无限大。我们的目标是求出线电荷在某一点的电通量密度 $\boldsymbol{D}$ 和电场强度 $\boldsymbol{E}$ 。实现我们的目标很简单：取一个有限长度 L 和半径 ρ 的圆柱体，圆柱体内包含无限长线电荷的有限长度部分（即 L ）。从该线电荷发出的所有通量线无论位于何处，都会垂直于柱形的曲面，平行于圆柱的顶面和底面。因此，在柱面上通量密度 $\boldsymbol{D}\cdot\mathrm{d}\boldsymbol{s}=D\cdot\mathrm{d}s$， 在上下表面上 $\boldsymbol{D}\cdot\mathrm{d}\boldsymbol{s}=0$。

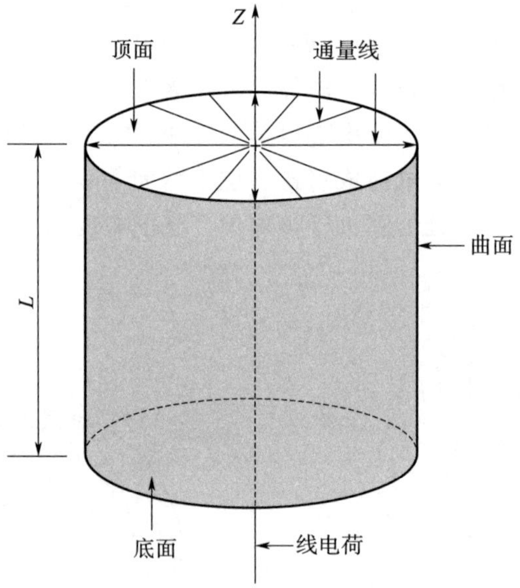

图 6－7　封闭线电荷的圆柱表面

因此，长度为 L 的电量，等于长度为 L 的圆柱面发出的总通量，可以简单地表示为

$$\Psi=Q=\rho_L\cdot L \tag{6-13a}$$

方程（6－9）可以写为

$$\Psi=\oint\!\!\!\oint_s\boldsymbol{D}\cdot\mathrm{d}\boldsymbol{s}=\iint_{s_t}\boldsymbol{D}\cdot\mathrm{d}\boldsymbol{s}+\iint_{s_b}\boldsymbol{D}\cdot\mathrm{d}\boldsymbol{s}+\iint_{s_c}\boldsymbol{D}\cdot\mathrm{d}\boldsymbol{s} \tag{6-13b}$$

没有通量从上表面 s_t 和下表面 s_b 发出，方程右端的前两项等于零。在曲面 s_c 上的所有点，通量密度的大小 D 都相同，方向从电荷线的径向向外，即 $\boldsymbol{D}=D_\rho\boldsymbol{a}_\rho$. 由于 $\mathrm{d}\boldsymbol{s}=\mathrm{d}s\boldsymbol{a}_\rho$， 因此，方程（6－13b）可变为

$$\Psi=\iint_{s_c}\boldsymbol{D}\cdot\mathrm{d}\boldsymbol{s}=\iint_{s_c}D_\rho\cdot\mathrm{d}s=D_\rho\iint_{s_c}\mathrm{d}s=D_\rho\int_0^L\int_0^{2\pi}\rho\,\mathrm{d}\varphi\cdot\mathrm{d}z=2\pi\rho LD_\rho \tag{6-13c}$$

从方程（6－13a）和（6－13c）得到

$$\Psi=\rho_L\cdot L=2\pi\rho L D_\rho \quad 或 \quad D_\rho=\frac{\rho_L}{2\pi\rho}$$

因此

$$\boldsymbol{D}=D_\rho\boldsymbol{a}_\rho=\left(\frac{\rho_L}{2\pi\rho}\right)\boldsymbol{a}_\rho \tag{6－14a}$$

因此，在自由空间中，均匀的长线电荷产生的电场强度为

$$\boldsymbol{E}=E_\rho\boldsymbol{a}_\rho=\frac{D_\rho}{\varepsilon_0}\boldsymbol{a}_\rho=\left(\frac{\rho_L}{2\pi\rho\varepsilon_0}\right)\boldsymbol{a}_\rho \tag{6－14b}$$

6.4.3　同轴电缆的高斯面

在同轴电缆的情况下，同轴电缆内导线取代了前面讨论的线电荷。假定同轴电缆内导线表面有均匀分布的面电荷密度 ρ_s，虽然这个问题与线电荷的问题很相似，但不能用库仑定律简单求解。利用高斯定律，选择适当的高斯面，可以很容易地解决这个问题。半径为 ρ 的同轴虚拟圆柱是最合适的高斯面，它满足矢量 $\boldsymbol{D}$ 的法向分量和切向分量条件。同轴电缆也可以无限长，但我们仅采用长度为 L 的高斯面。假设 D_ρ 是虚拟圆柱形高斯面上的通量密度。采用这个分布可以得到图 6－8。

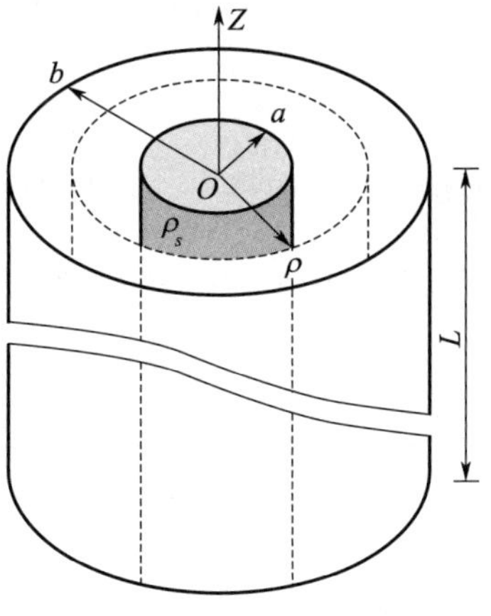

图 6－8　半径为 ρ 的虚拟同轴圆柱

半径为 a 的内导线表面上的总电荷 Q 等于均匀面电荷密度 ρ_s 乘以长度为 L 的内导线表面积

$$Q=\int_0^{2\pi}\int_0^L\rho_s a\,\mathrm{d}\varphi\cdot\mathrm{d}z=2\pi aL\rho_s \tag{6－15a}$$

根据方程（6－13b）

$$Q=\int_0^L\int_0^{2\pi}D_\rho\rho\,\mathrm{d}\varphi\cdot\mathrm{d}z=\rho D_\rho\int_0^L\int_0^{2\pi}\mathrm{d}\varphi\cdot\mathrm{d}z=D_\rho(2\pi\rho L) \tag{6－15b}$$

根据方程（6－15a）和（6－15b）可以得到

$$D_\rho = \frac{a\rho_s}{\rho} \quad \text{或} \quad \boldsymbol{D} = \frac{a\rho_s}{\rho}\boldsymbol{a}_\rho \quad (a \leqslant \rho \leqslant b) \tag{6-16}$$

6.5　非对称场分布

到目前为止，我们的讨论都局限于对称场构型。在非对称的情况下，场在表面上既不是切向的，也不是法向的，也不是常数。如果不满足这些要求，数学公式中的积分就很难计算，除非有其他可替代方法。这种替代方法就是 4.3 节描述的散度运算。在笛卡儿坐标系下散度的表达式由式（4－22a）给出，定义由式（4－21b）给出。如 4.3.2.7 节所述，这些关系式及其物理解释对包括电通量密度 $\boldsymbol{D}$ 在内的任何矢量都有效。因此，用矢量 $\boldsymbol{D}$ 替换矢量 $\boldsymbol{F}$，方程（4－21a）和（4－21b）具有如下形式

$$\left(\frac{\partial D_x}{\partial x} + \frac{\partial D_y}{\partial y} + \frac{\partial D_z}{\partial z}\right) = \nabla \cdot \boldsymbol{D} \overset{\text{def}}{=\!=} (\boldsymbol{D}\text{ 的散度}) \tag{6-17a}$$

$$\nabla \cdot \boldsymbol{D} \overset{\text{def}}{=\!=} \lim_{\Delta v \to 0}\left(\frac{\Delta \Psi}{\Delta v}\right) = \lim_{\Delta v \to 0}\left(\frac{\oiint_s \boldsymbol{D} \cdot \mathrm{d}\boldsymbol{s}}{\Delta v}\right) \tag{6-17b}$$

这些关系式中的各项现在可以赋予符合电磁学的物理含义了。因此，如果方程中的 $\boldsymbol{D}$ 表示电通量密度矢量，则方程（6－17b）左端的表达式将表示体电荷密度 ρ 。

6.5.1　麦克斯韦第一方程

根据高斯定律，对于一个封闭曲面 S 包围一个小体积 Δv 有

$$\oiint_S \boldsymbol{D} \cdot \mathrm{d}\boldsymbol{s} \approx \Delta Q \approx \rho \cdot \mathrm{d}v \tag{6-18a}$$

式中，Q 是小体积 v 中的电荷，ρ 是在 P 点的体电荷密度（注意，符号 ρ 也用于表示柱坐标系中的坐标，根据具体内容应该不会混淆其局部含义），电荷密度 ρ 定义为

$$\rho \overset{\text{def}}{=\!=} \lim_{\Delta v \to 0}\left(\frac{\Delta Q}{\Delta v}\right) \tag{6-18b}$$

根据方程（6－18a）和（6－18b）

$$\rho \approx \frac{\oiint_s \boldsymbol{D} \cdot \mathrm{d}\boldsymbol{s}}{\Delta v} = \lim_{\Delta v \to 0}\left(\frac{\oiint_S \boldsymbol{D} \cdot \mathrm{d}\boldsymbol{s}}{\Delta v}\right) \tag{6-18c}$$

因此，根据（6－17a）和（6－18c）得到

$$\nabla \cdot \boldsymbol{D} = \rho \tag{6-19a}$$

在无电荷区域（$\rho = 0$），方程简化为

$$\nabla \cdot \boldsymbol{D} = 0 \tag{6-19b}$$

方程（6－19a）被称为麦克斯韦第一方程，该方程建立了矢量场的散度（左边）与右边的标量之间的关系。这个方程是基于静电场的法拉第实验，在时变场情况下，麦克斯韦

仍然维持了这个方程，没有任何变化。

6.5.2　不同坐标系下的散度表达式

在方程（4－21a）至（4－21c）中，用矢量 $\boldsymbol{D}$ 代替矢量 $\boldsymbol{F}$，得到不同坐标系下的散度表达式为

$$\nabla\cdot\boldsymbol{D}\equiv\left(\frac{\partial D_x}{\partial x}+\frac{\partial D_y}{\partial y}+\frac{\partial D_z}{\partial z}\right)\quad（笛卡儿坐标系）\tag{6-20a}$$

$$\nabla\cdot\boldsymbol{D}\equiv\frac{1}{\rho}\frac{\partial(\rho\cdot D_\rho)}{\partial x}+\frac{1}{\rho}\frac{\partial D_\varphi}{\partial\varphi}+\frac{\partial D_z}{\partial z}\quad（柱坐标系）\tag{6-20b}$$

$$\nabla\cdot\boldsymbol{D}\equiv\frac{1}{r^2}\frac{\partial(r^2\cdot D_r)}{\partial r}+\frac{1}{r\cdot\sin\theta}\frac{\partial(\sin\theta D_\theta)}{\partial\theta}+\frac{1}{r\cdot\sin\theta}\frac{\partial D_\varphi}{\partial\varphi}\quad（球坐标系）\tag{6-20c}$$

6.5.3　散度定理

在方程（6－1）和（6－9）中

$$Q=\Psi=\oiint_s\boldsymbol{D}\cdot\mathrm{d}\boldsymbol{s}\tag{6-21a}$$

同样，在方程（6－18b）和（6－19a）中，由曲面 S 围成的体积 v 中的总电荷为

$$Q=\iiint_v\rho\,\mathrm{d}v=\iiint_v(\nabla\cdot\boldsymbol{D})\,\mathrm{d}v\tag{6-21b}$$

对比方程（6－21a）和（6－21b），得到

$$\oiint_S\boldsymbol{D}\cdot\mathrm{d}\boldsymbol{s}=\iiint_v(\nabla\cdot\boldsymbol{D})\,\mathrm{d}v\tag{6-22}$$

这个方程与方程（4－50）给出的矢量 $\boldsymbol{A}$ 关系式是相同的。

例 6.1　真空中的原点位置有一个 5 C 的点电荷。求：(a) 在（0.3，0.5，－0.4）的 $|\boldsymbol{D}|$ 和 $\boldsymbol{D}$；(b) 通过第一卦限的总电通量。

解： 已知 $Q=5$ C；给定点与原点之间的距离矢量为：$\boldsymbol{R}=0.3\boldsymbol{a}_x+0.5\boldsymbol{a}_y-0.4\boldsymbol{a}_z$

因此，$|\boldsymbol{R}|=\sqrt{(0.3)^2+(0.5)^2+(0.4)^2}=\sqrt{0.5}$，$|\boldsymbol{R}|^2=0.5$

$$\boldsymbol{a}_R=\frac{\boldsymbol{R}}{|\boldsymbol{R}|}=\frac{0.3\boldsymbol{a}_x+0.5\boldsymbol{a}_y-0.4\boldsymbol{a}_z}{\sqrt{0.5}}$$

(a) 根据方程（6－5c）

$$|\boldsymbol{D}|=\frac{Q}{4\pi|\boldsymbol{R}|^2}=\frac{5}{4\pi\cdot0.5}=0.796\ \mathrm{C/m^2}$$

$$\boldsymbol{D}=|\boldsymbol{D}|\boldsymbol{a}_R=0.796\,\frac{0.3\boldsymbol{a}_x+0.5\boldsymbol{a}_y-0.4\boldsymbol{a}_z}{\sqrt{0.5}}=0.338\boldsymbol{a}_x+0.563\boldsymbol{a}_y-0.45\boldsymbol{a}_z$$

(b) 从球面发出的总通量 Ψ 等于球面封闭的总电荷 Q，即 $\Psi=Q$，从第一象限发出的通量为 $\frac{\Psi}{8}=\frac{Q}{8}=\frac{5}{8}=0.625$ C。

例 6.2 求半径 $\rho=2$，长度 $-1\leqslant z\leqslant 1$ 的圆柱内的总电荷：(a) $\boldsymbol{D}=\dfrac{10}{\rho}\dfrac{z}{|z|}\boldsymbol{a}_z$，单位为 C/m^2；(b) $\boldsymbol{D}=10z^2\sin(\varphi/2)\boldsymbol{a}_\rho$，单位为 C/m^2。

解： 根据方程（6-1）和（6-9），$Q=\Psi=\oiint\limits_S \boldsymbol{D_S}\cdot \mathrm{d}\boldsymbol{s}$

(a) $\boldsymbol{D}=\dfrac{10}{\rho}\dfrac{\boldsymbol{z}}{|\boldsymbol{z}|}\boldsymbol{a}_z$，$\mathrm{d}\boldsymbol{s}=\rho\mathrm{d}\rho\mathrm{d}\varphi\boldsymbol{a}_z$

因此：$Q=\oiint\limits_S \boldsymbol{D}_s\cdot\mathrm{d}\boldsymbol{s}=\oiint\limits_S \dfrac{10}{\rho}\dfrac{z}{|z|}\boldsymbol{a}_z\cdot\rho\mathrm{d}\rho\mathrm{d}\varphi\boldsymbol{a}_z$

$$=\int_0^2\int_0^{2\pi}10\frac{z}{|z|}\mathrm{d}\rho\mathrm{d}\varphi=20\frac{z}{|z|}\int_0^{2\pi}\mathrm{d}\varphi=40\pi\frac{z}{|z|}$$

总电荷等于总通量等于从 $z=1$ 和 $z=-1$ 两个面发出的通量和。

因此：$Q=40\pi+40\pi=80\pi=251.327$ C

(b) $\boldsymbol{D}_s=10z^2\sin(\varphi/2)\boldsymbol{a}_\rho$，$\mathrm{d}\boldsymbol{s}=\rho\mathrm{d}\rho\mathrm{d}\varphi\boldsymbol{a}_\rho$

因此：$Q=\oiint\limits_S \boldsymbol{D}_s\cdot\mathrm{d}\boldsymbol{s}=\oiint\limits_S 10z^2\sin(\varphi/2)\rho\mathrm{d}\varphi\mathrm{d}z$

$$=\int_{-1}^1\int_0^{2\pi}10z^2\sin(\varphi/2)\rho\,|_2\mathrm{d}\varphi\mathrm{d}z=\int_0^{2\pi}20\left.\frac{z^3}{3}\right|_{-1}^{1}\sin(\varphi/2)\rho\mathrm{d}\varphi$$

作 $\theta=\varphi/2$ 的变量替换，则 $\varphi=2\theta$，$\mathrm{d}\varphi=2\mathrm{d}\theta$，积分限变为 $0\leqslant\theta\leqslant\pi$，

因此，$Q=\dfrac{40}{3}\displaystyle\int_0^{2\pi}\sin(\varphi/2)\,\mathrm{d}\varphi=\dfrac{40}{3}\int_0^{\pi}\sin(\theta)2\mathrm{d}\theta=-\dfrac{80}{3}\cos\theta\,|_0^\pi=53.333$ C

例 6.3 自由空间中有三个圆柱形电荷层，在 $\rho=2$ 层 $\rho_s=5$ C/m^2；在 $\rho=4$ 层 $\rho_s=-2$ C/m^2；在 $\rho=5$ 层 $\rho_s=-3$ C/m^2。求以下位置的 D：(a) $\rho=1$；(b) $\rho=3$；(c) $\rho=4.5$；(d) $\rho=6$。

解： 根据图 6-9 和方程 $\boldsymbol{D}=\dfrac{a\rho_s}{\rho}\boldsymbol{a}_\rho$，从每个柱面层向外发出通量。

(a) 在 $\rho=1$，$\boldsymbol{D}=0$（在圆柱内部没有 $\boldsymbol{D}$）

(b) 在 $\rho=3$，$\boldsymbol{D}=\dfrac{a\rho_s}{\rho}\boldsymbol{a}_\rho=\dfrac{2\times5}{3}\boldsymbol{a}_\rho=\dfrac{10}{3}\boldsymbol{a}_\rho$

(c) 在 $\rho=4.5$，$\boldsymbol{D}=\left(\dfrac{2\times5}{4.5}-\dfrac{-2\times4}{4.5}\right)\boldsymbol{a}_\rho=\left(\dfrac{10}{4.5}-\dfrac{-8}{4.5}\right)\boldsymbol{a}_\rho=\dfrac{4}{9}\boldsymbol{a}_\rho$

(d) 在 $\rho=6$，$\boldsymbol{D}=\left(\dfrac{2\times5}{4.5}-\dfrac{-2\times4}{4.5}+\dfrac{-3\times5}{6}\right)\boldsymbol{a}_\rho=-\dfrac{13}{6}\boldsymbol{a}_\rho$

例 6.4 一个区域由四个相同的平面围成，如何放置一个点电荷 Q，使得其他任意三个面穿过的通量为 $Q/6$。

解： 这个区域由四个相同的等边三角形围成。点电荷应该放置在任何一个三角形的三个角平分线（或边的右平分线）相交的点（可以在区域内也可在区域外）。

例 6.5 求出由点电荷 Q 穿过边长为 L 的正方形的电通量：当（a）正方形的每个角

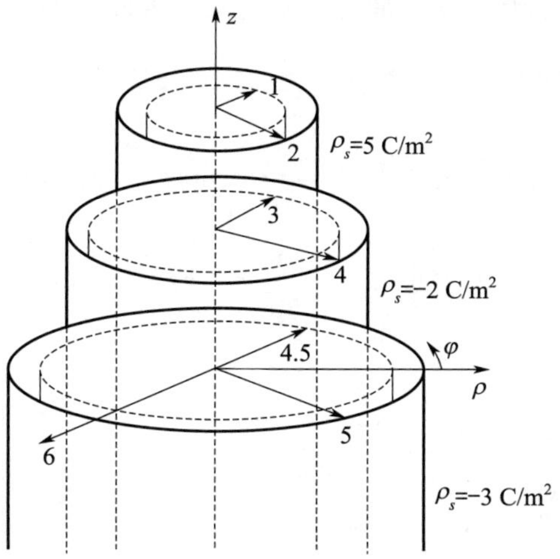

图 6－9　三个圆柱形电荷层

与 Q 的距离都为 $\frac{\sqrt{3}}{2}L$ 时；(b) 当点电荷 Q 与正方形的四个角之一连接的长度为 L 的线段垂直于正方形的平面时。

解：(a) 注意到点电荷相对于正方形是对称的，以这个正方形作为一个面，构建一个立方体，点电荷放在立方体的中心，点电荷至立方体的每个角的距离都是 $\frac{\sqrt{3}}{2}L$ ，每个面的通量为 $Q/6$。

(b) 尽管这个问题中没有不对称性，但可以通过连接给定的正方形并引入三个相似的正方形形成一个尺寸为 $2L \times 2L$ 的大正方形，这样穿过这个大正方形的通量是穿过给定正方形的通量的 4 倍。为了实现对称，设想用 6 个这样的大正方形构成一个点电荷位于中心的立方体，因此，穿过大正方形的通量为 $Q/6$， 通过给定正方形的通量为 $Q/24$。

例 6.6　沿矢量 $5\boldsymbol{a}_x - 3\boldsymbol{a}_y + 4\boldsymbol{a}_z$ 的均匀电通量密度为 5 C/m²，将 D 表示为一个矢量后，计算：(a) 通过以 $y=0$、$y=1$、$z=0$、$z=1$ 界定的 $y-z$ 平面的通量大小；b) 通过以 $z=0$、$z=1$、$x=0$、$x=1$ 界定的 $z-x$ 平面的通量大小；(c) 通过以 $x=0$、$x=1$、$y=0$、$y=1$ 界定的 $x-y$ 平面的通量大小。

解：上述三个平面如图 6－10 所示。给定矢量为 $\boldsymbol{R}=5\boldsymbol{a}_x-3\boldsymbol{a}_y+4\boldsymbol{a}_z$，$|\boldsymbol{R}|=\sqrt{50}$

$$\boldsymbol{a}_R=\frac{5\boldsymbol{a}_x-3\boldsymbol{a}_y+4\boldsymbol{a}_z}{\sqrt{50}}$$

电通量密度 $\boldsymbol{D}=|\boldsymbol{D}|\cdot\boldsymbol{a}_R=5\,\frac{5\boldsymbol{a}_x-3\boldsymbol{a}_y+4\boldsymbol{a}_z}{\sqrt{50}}=\frac{25\boldsymbol{a}_x}{\sqrt{50}}-\frac{15\boldsymbol{a}_y}{\sqrt{50}}+\frac{20\boldsymbol{a}_z}{\sqrt{50}}$

$$=D_x\boldsymbol{a}_x+D_y\boldsymbol{a}_y+D_z\boldsymbol{a}_z$$

$$D_x=\frac{25}{\sqrt{50}},\ D_y=-\frac{15}{\sqrt{50}},\ D_z=\frac{20}{\sqrt{50}}$$

通过表面的通量大小等于对应通量密度分量乘以表面的面积。因此：

(a) 通过 $y-z$ 平面的通量大小等于 $\dfrac{25}{\sqrt{50}}\times 1=3.5353$ C

(b) 通过 $z-x$ 平面的通量大小等于 $\dfrac{-15}{\sqrt{50}}\times 1=2.12133$ C

(c) 通过 $x-y$ 平面的通量大小等于 $\dfrac{20}{\sqrt{50}}\times 1=2.8284$ C

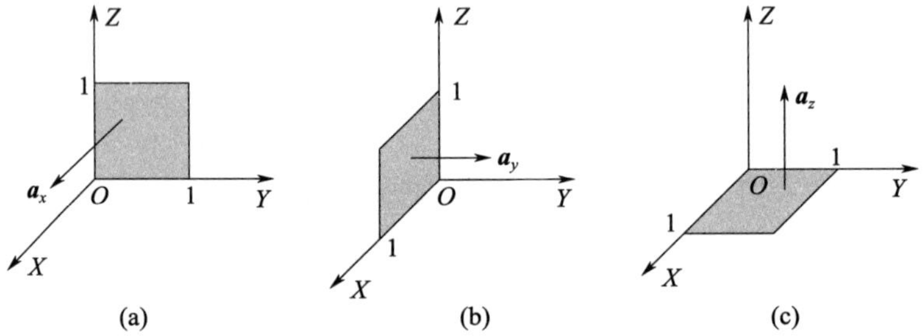

图 6-10　(a) $y-z$ 平面；(b) $z-x$ 平面；(c) $x-y$ 平面

例 6.7　自由空间中沿 z 轴分布线电荷 $\rho_L=10\pi$ C/m，求沿矢量 $3\boldsymbol{a}_x-5\boldsymbol{a}_y-4\boldsymbol{a}_z$ 方向各点的 $\boldsymbol{D}$ 分量：(a) (1，0，1)；(b) (1，2，0)；(c) (2，3，−4)。

解： $\boldsymbol{R}=3\boldsymbol{a}_x-5\boldsymbol{a}_y-4\boldsymbol{a}_z$，$|\boldsymbol{R}|=\sqrt{50}$，$\boldsymbol{a}_R=\dfrac{3\boldsymbol{a}_x-5\boldsymbol{a}_y-4\boldsymbol{a}_z}{\sqrt{50}}$

根据方程 (6-6b)：$\boldsymbol{D}=\dfrac{\rho_L}{2\pi r}\boldsymbol{a}_r=\dfrac{10\pi}{2\pi r}\boldsymbol{a}_r=\dfrac{5}{r}\boldsymbol{a}_r$

(a) 在 (1，0，1)，$\boldsymbol{r}=\boldsymbol{a}_x+\boldsymbol{a}_z$，$|\boldsymbol{r}|=\sqrt{2}$，$\boldsymbol{a}_r=\dfrac{\boldsymbol{a}_x+\boldsymbol{a}_z}{\sqrt{2}}$

$$\boldsymbol{D}=\frac{5}{r}\boldsymbol{a}_r=\frac{5}{\sqrt{2}}\boldsymbol{a}_r=\frac{5}{\sqrt{2}}\,\frac{\boldsymbol{a}_x+\boldsymbol{a}_z}{\sqrt{2}}=2.5(\boldsymbol{a}_x+\boldsymbol{a}_z)$$

$$\boldsymbol{D}\cdot\boldsymbol{a}_R=(2.5\boldsymbol{a}_x+2.5\boldsymbol{a}_z)\cdot\frac{3\boldsymbol{a}_x-5\boldsymbol{a}_y-4\boldsymbol{a}_z}{\sqrt{50}}=\frac{7.5-10}{\sqrt{50}}=-0.35355$$

(b) 在 (1，2，0)，$\boldsymbol{r}=\boldsymbol{a}_x+2\boldsymbol{a}_y$，$|\boldsymbol{r}|=\sqrt{5}$，$\boldsymbol{a}_r=\dfrac{\boldsymbol{a}_x+2\boldsymbol{a}_y}{\sqrt{5}}$

$$\boldsymbol{D}=\frac{5}{r}\boldsymbol{a}_r=\frac{5}{\sqrt{5}}\boldsymbol{a}_r=\frac{5}{\sqrt{5}}\,\frac{\boldsymbol{a}_x+\boldsymbol{a}_z}{\sqrt{5}}=\boldsymbol{a}_x+2\boldsymbol{a}_y$$

$$\boldsymbol{D}\cdot\boldsymbol{a}_R=(\boldsymbol{a}_x+2a_y)\cdot\frac{3\boldsymbol{a}_x-5\boldsymbol{a}_y-4\boldsymbol{a}_z}{\sqrt{50}}=\frac{3-10}{\sqrt{50}}=-0.9899$$

(c) 在 (2，3，−4)，$\boldsymbol{r}=2\boldsymbol{a}_x+3\boldsymbol{a}_y-3\boldsymbol{a}_z$，因为线电荷沿 z 轴，$\boldsymbol{D}$ 和 $\boldsymbol{E}$ 没有 z 分量。因此，$\boldsymbol{r}=2\boldsymbol{a}_x+3\boldsymbol{a}_y$，$|\boldsymbol{r}|=\sqrt{13}$，$\boldsymbol{a}_r=\dfrac{2\boldsymbol{a}_x+3\boldsymbol{a}_y}{\sqrt{13}}$

$$\boldsymbol{D}=\frac{5}{r}\boldsymbol{a}_r=\frac{5}{\sqrt{13}}\boldsymbol{a}_r=\frac{5}{\sqrt{13}}\frac{2\boldsymbol{a}_x+3\boldsymbol{a}_y}{\sqrt{13}}=0.27735(2\boldsymbol{a}_x+3\boldsymbol{a}_y)$$

$$\boldsymbol{D}\cdot\boldsymbol{a}_R=0.27735(2\boldsymbol{a}_x+3\boldsymbol{a}_y)\cdot\frac{3\boldsymbol{a}_x-5\boldsymbol{a}_y-4\boldsymbol{a}_z}{\sqrt{50}}=0.27735\frac{6-15}{\sqrt{50}}=0.353$$

例 6.8　在 $z=0$ 平面上有非均匀电荷密度 $\rho_s=10x^2$（单位为 C/m^2）的无限大平面。计算从中心原点、边缘平行于坐标轴、边长 2 m 的立方体的封闭表面发出的总电通量。

解： 指定的封闭表面如图 6－11 所示。总电通量根据方程（6－22a）计算。

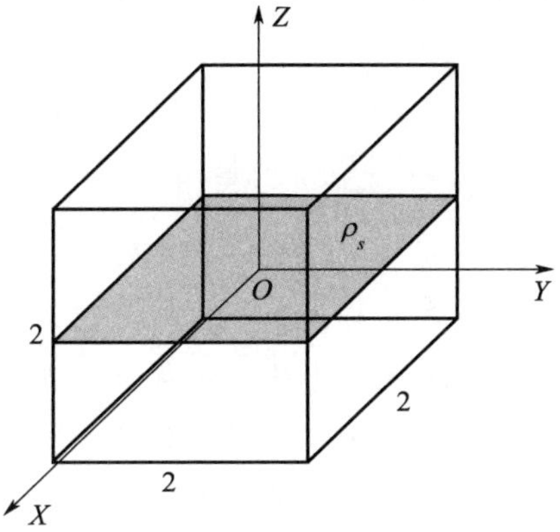

图 6－11　位于立方体中的带电平面

这里 $ds=dx\,dy$，带电面位于 $z=0$ 平面。由于 $\boldsymbol{D}$ 和 $d\boldsymbol{s}$ 方向相同，总通量为

$$\Psi=\oint\!\!\oint\boldsymbol{D}\cdot d\boldsymbol{s}=\int_{y=-1}^{1}\int_{x=-1}^{1}10x^2\,dx\,dy=\int_{-1}^{1}10\left.\frac{x^3}{3}\right|_{-1}^{1}dy=\frac{20}{3}\int_{-1}^{1}dy=\frac{40}{3}\ \text{C}$$

例 6.9　如果 $\boldsymbol{D}=2xyz^3\boldsymbol{a}_x+x^2z^3\boldsymbol{a}_y+3x^2yz^2\boldsymbol{a}_z$（单位为 C/m^2），求包含总电荷量的近似值：(a) 位于 (1，2，3) 点体积为 10^{-12} m³ 的小球；(b) 位于 (2，2，2) 点体积为 10^{-10} m³ 的规则等斜线体。

解： $\boldsymbol{D}=2xyz^3\boldsymbol{a}_x+x^2z^3\boldsymbol{a}_y+3x^2yz^2\boldsymbol{a}_z=D_x\boldsymbol{a}_x+D_y\boldsymbol{a}_y+D_z\boldsymbol{a}_z$

$$D_x=2xyz^3,D_y=x^2z^3,D_z=3x^2yz^2$$

根据方程（6－18a）（6－19a）和（6－20a）

$$\Delta Q\approx\left(\frac{\partial D_x}{\partial x}+\frac{\partial D_y}{\partial y}+\frac{\partial D_z}{\partial z}\right)\cdot\Delta V$$

$$\frac{\partial D_x}{\partial x}=2yz^3,\frac{\partial D_y}{\partial y}=0,\frac{\partial D_z}{\partial z}=6x^2yz$$

$$\Delta Q=(2yz^3+6x^2yz)\cdot\Delta V$$

(a) $\Delta Q|_{x=1,\ y=2,\ z=3}=(108+36)\cdot10^{-12}=144\times10^{-12}$ F

(b) $\Delta Q|_{x=2,\ y=2,\ z=2}=(32+96)\cdot10^{-10}=128\times10^{-10}$ F

例 6.10　求生成电通量密度 $\boldsymbol{D}=\frac{\sin\varphi}{r\sin\theta}\boldsymbol{a}_\varphi$ 的体电荷分布 ρ_v。

解： 问题与球坐标系相关，根据方程（4－20）给出的散度表达式

$$\nabla \cdot \boldsymbol{D} \equiv \frac{1}{r^2}\frac{\partial(r^2 \cdot D_r)}{\partial r}+\frac{1}{r \cdot \sin\theta}\frac{\partial(\sin\theta D_\theta)}{\partial\theta}+\frac{1}{r \cdot \sin\theta}\frac{\partial D_\varphi}{\partial\varphi}$$

给定的电通量密度为 $\boldsymbol{D}=\frac{\sin\varphi}{r\sin\theta}\boldsymbol{a}_\varphi=D_\varphi\boldsymbol{a}_\varphi$，因此 $D_\varphi=\frac{\sin\varphi}{r\sin\theta}$

因为给出了 D 唯一的 φ 分量，只需要计算方程的最后一项

$$\frac{\partial D_\varphi}{\partial\varphi}=\frac{\cos\varphi}{r\sin\theta}$$

$$\nabla \cdot \boldsymbol{D}=\frac{1}{r \cdot \sin\theta}\frac{\partial D_\varphi}{\partial\varphi}=\frac{\cos\varphi}{r^2\sin^2\theta}=\rho_v$$

习　题

6.1　原点处有一个 15π nC 的点电荷，求：(a) 以 (1，2，3) 为圆心，半径 3 m 的球面发出的总通量；(b) 一个中心在原点、边长 2 m 平行于坐标轴的立方体顶面发出的总通量；(c) 半径 3 m 的正圆柱体 $z \geqslant 0$ 部分发出的总通量。

6.2　真空中点（0.5，0.7，−0.2）处有一个 3 C 的点电荷，求：(a) 在（0.1，0.3，0.4）的 $|\boldsymbol{D}|$ 和 $\boldsymbol{D}$；(b) 通过第一卦限的总电通量。

6.3　求半径 $\rho=5$，长度 $0 \leqslant z \leqslant 2$ 的圆柱内的总电荷量：(a) $\boldsymbol{D}=\frac{10z}{\rho}\boldsymbol{a}_z$（单位为 C/m^2）；(b) $\boldsymbol{D}=10z^2\sin(\varphi)\boldsymbol{a}_\rho$（单位为 C/m^2）。

6.4　求 $r=3$ m 的球内的总电荷量：(a) $\boldsymbol{D}=\frac{\boldsymbol{a}_r}{r^2}$；(b) $\boldsymbol{D}=\frac{\boldsymbol{a}_r}{r}$；(c) $\boldsymbol{D}=\frac{\sin\theta}{r}\boldsymbol{a}_r+\frac{\cos\theta\ln(r)}{r}\boldsymbol{a}_\theta$。

6.5　求下列源产生的场在 (2，−3，4) 点的 $|\boldsymbol{D}|$：(a) 在原点处的 0.5 μC 的点电荷；(b) 在 z 轴上 20 nC 的均匀线电荷；(c) 在 $x=3$ 平面上 0.1π nC/m^2 的均匀面电荷。

6.6　求从 $\rho=5.5$、$z=\pm3.5$ 圆柱表面发出的总电通量：(a) 位于 $x=0$，±1，±2，… 的 2 C 点电荷；(b) 位于 x 轴上，电荷密度为 $\rho_L=5\cos(0.1x)$（单位为 C/m）的线电荷；(c) 位于 $z=0$ 平面上，电荷密度为 $\rho_s=0.5\rho^2$（单位为 C/m^2）的面电荷 。

6.7　半径为 $r=2$、4、6 m 的三个同心球体表面（图 6－1）分别载有面电荷电荷密度 $\rho_s=50$、−20、10 $\mu C/m^2$，求 $r=1$、3、5、7 m 的 $|\boldsymbol{D}|$。

6.8　空间中有两个无限大电荷层位于 $x=3$、$\rho_s=3$ C/m^2，$x=6$、$\rho_s=-2$ C/m^2；自由空间中另一组电荷层位于 $y=3$、$\rho_s=5$ C/m^2，$y=6$、$\rho_s=-5$ C/m^2；求 $\boldsymbol{D}$：(a) $x=2$，$y=2$；(b) $x=7$，$y=2$；(c) $x=7$，$y=8$；(d) $x=7$，$y=1$；(e) $x=4$，$y=4$ 。

6.9　沿矢量 $3\boldsymbol{a}_x-5\boldsymbol{a}_y-4\boldsymbol{a}_z$ 的均匀电通量密度为 10 C/m^2，将 D 表示为矢量后计算通过的电通量的大小：(a) 以 $y=1$，$y=3$，$z=0$，$z=2$ 界定的 $y-z$ 平面；(b) 以 $z=1$，$z=3$，$x=0$，$x=2$ 界定的 $z-x$ 平面；(c) 以 $x=2$，$x=3$，$y=3$，$y=4$ 界定的 $x-$

y 平面。

6.10　在自由空间中，沿 z 轴分布有均匀线电荷 $\rho_L=3\pi$ C/m，求给定点处在矢量 $5\boldsymbol{a}_x-3\boldsymbol{a}_y+4\boldsymbol{a}_z$ 方向上的 $\boldsymbol{D}$ 分量：(a) (3，2，0)；(b) (2，－3，－4)。

6.11　在 $x=0$ 平面上有一段电荷密度 $\rho_s=10x^2$ C/m^2 的非均匀无限大表面，求出离开闭合表面的总电通量：(a) 半径 2 m、轴线沿 y 轴 0～3 m 的圆柱体；(b) 以原点为圆心，半径为 2 m 的球体。

6.12　如果 $\boldsymbol{D}=2xy\boldsymbol{a}_x+xy^2\boldsymbol{a}_y+3x^2y^2z^2\boldsymbol{a}_z$（单位为 C/m^2），求包含总电荷量的近似值：(a) 位于 (3，2，3) 点体积为 10^{-10} m^3 的小球；(b) 位于 (3，3，3) 点体积为 10^{-12} m^3 的规则等斜线体。

6.13　如果 $\boldsymbol{D}=\dfrac{100xy}{z^2+1}\boldsymbol{a}_x+\dfrac{50x^2}{z^2+1}\boldsymbol{a}_y+\dfrac{25x^2yz}{(z^2+1)^2}\boldsymbol{a}_z$，求半径为 1 μm 小球体内的总电荷量：(a) 球心在 (3，5，1) 点；(b) 球心在 (1，2，－1) 点。

6.14　求生成电通量密度 $\boldsymbol{D}$ 的体电荷分布 ρ_v：(a) $\boldsymbol{D}=\dfrac{\cos\theta}{r^2}\boldsymbol{a}_\theta$；(b) $\boldsymbol{D}=r^2\boldsymbol{a}_r$。

6.15　求生成电通量密度 $\boldsymbol{D}$ 的体电荷密度：

(a) $\boldsymbol{D}=\mathrm{e}^{2x}\mathrm{e}^{-3y}\mathrm{e}^{-z}(2\boldsymbol{a}_x-3\boldsymbol{a}_y-\boldsymbol{a}_z)$；

(b) $\boldsymbol{D}=\mathrm{e}^{-3z}(2\rho\varphi\boldsymbol{a}_\rho+3\rho\boldsymbol{a}_\varphi-\rho^2\boldsymbol{a}_z)$；

(c) $\boldsymbol{D}=5r\sin\theta\sin\varphi\boldsymbol{a}_r+\left(\dfrac{1}{r}\right)\cos\theta\sin\varphi\boldsymbol{a}_\theta-r\cos\varphi\boldsymbol{a}_\varphi$.

叙述题

1. 解释术语：高斯定律涉及的电通量、通过、闭合表面和封闭的电荷。
2. 讨论影响通量的参数。
3. 解释电通量密度的含义及其与场强的关系。
4. 讨论高斯曲面的意义。讨论不同类型电荷分布的高斯曲面的选择准则。

扩展阅读

在第 15 章末给出。

第 7 章　势与势能

7.1　引言

第 5 章我们介绍了电场强度 $\boldsymbol{E}$，第 6 章介绍了电通量密度 $\boldsymbol{D}$，两者与电荷都有关系。尽管这两个量都是真实的物理实体，但它们并不直观，似乎只是一个数学概念。另一个与电荷相关的量，称为电势或电压，即使是普通人也都熟悉，因为它不仅直观，而且很容易测量。电势与电荷有关。本章主要探讨静电势的含义以及电势与电荷分布的关系。虽然我们将讨论的是由静止电荷单独产生的时不变电场，但在实际处理中，我们将使电荷移动，从而形成一个有些近似的简化理论。

7.2　静电场

静电场的含义在 2.1.1 节中已进行了简单的描述。静电场是由静止（或准静止）的点电荷、离散电荷群、线电荷分布、面电荷分布或体电荷分布产生的。下面几小节将对此进行更详细的讨论。

7.2.1　静电场的成因

库仑发现了静止点电荷之间的相互作用，出现了勒克朗歇（Leclanche）电池、原电池或伏打电池形式的直流电源。丹麦人奥斯特（Oersted）指出，在闭合传导路径中流动的直流电会使附近的磁针发生偏转。由于永磁体也会使附近的磁针偏转，奥斯特通过实验表明，电流与磁铁具有相同的特征。法拉第研究这个实验后指出：“同样，永磁体也应该能使附近的闭合导电回路中的直流电流动”。虽然他的实验并没有支持这一点，但他发现了众所周知的电磁感应定律，该定律指出，沿闭合路径的**电动势（EMF）**等于封闭路径磁通量的衰减率。对于时不变场，从这个定律可以得到

$$emf \overset{\text{def}}{=\!=} \oint_C \boldsymbol{E} \cdot \mathrm{d}\boldsymbol{\ell} = 0 \tag{7-1}$$

式中，C 为任意闭合路径（或环路），$\boldsymbol{E}$ 为该路径上的静电场强度（矢量）。对于时变场，这一定律将在第 15 章中详细讨论。

如果一个点电荷 Q 位于静电场 $\boldsymbol{E}$ 中的某一点，根据库仑定律，该点电荷会受到作用力 $\boldsymbol{F}$ 。在一个大的均匀非导电区域中，某**静止**点处的电场强度定义为：作用于该点处一个**静止**单位点电荷上的力。在 5.2.10 节中已经介绍了**电场强度**，电场强度 $\boldsymbol{E}$ 作用在电荷 Q 上的力为

$$\boldsymbol{F} \stackrel{\text{def}}{=} \boldsymbol{Q} \cdot \boldsymbol{E} \tag{5-9d}$$

经典力学定律指出：作用在物体上的力使物体沿力的方向位移，称为做功，功是力与物体沿力的方向位移的乘积。因此，力 $\boldsymbol{F}$ 使物体移动 $\mathrm{d}l$ 距离所做的功 $\mathrm{d}W$ 就是力 $\boldsymbol{F}$ 与距离 $\mathrm{d}\boldsymbol{\ell}$ 的乘积。由于力 $\boldsymbol{F}$ 和位移 $\mathrm{d}\boldsymbol{\ell}$ 都有方向，因此需要用矢量运算。此外，作用在电荷上的力与电场产生的力总是大小相等、方向相反。因此，所做的功可以写为

$$\mathrm{d}W = -\boldsymbol{F} \cdot \mathrm{d}\boldsymbol{\ell} = -\boldsymbol{Q} \cdot \boldsymbol{E} \cdot \mathrm{d}\boldsymbol{\ell} \tag{7-1a}$$

对方程（7－1a）两端积分，得到总功

$$W = -\int \boldsymbol{F} \cdot \mathrm{d}\boldsymbol{\ell} = -Q\int \boldsymbol{E} \cdot \mathrm{d}\boldsymbol{\ell} \tag{7-1b}$$

指定位移的范围，可将方程进一步修正

$$W = -\int_{\text{initial}}^{\text{final}} \boldsymbol{F} \cdot \mathrm{d}\boldsymbol{\ell} = -Q\int_{\text{initial}}^{\text{final}} \boldsymbol{E} \cdot \mathrm{d}\boldsymbol{\ell} \tag{7-1c}$$

对于闭合路径，起点和终点在相同位置，因此

$$W = -\oint_C \boldsymbol{F} \cdot \mathrm{d}\boldsymbol{\ell} = -Q\oint_C \boldsymbol{E} \cdot \mathrm{d}\boldsymbol{\ell} = 0 \tag{7-1d}$$

方程（7－1d）表明，在任意空间分布的时不变电场中，让电荷沿任意闭合路径移动一周没有做功。然而，这个结论并不正确，可能有多种原因，例如：

1）如果路径上的电场不均匀，运动的电荷相当于处在一个时变电场中。

2）方程（5－9d）或（7－1a）都基于库仑定律，因此，仅在**静态的时不变电荷**情况下成立。

3）方程（7－1d）可能有另外一种解释。

在闭合路径中运动的电荷肯定会加速和减速。1897 年，**约瑟夫·拉莫尔**（Joseph Larmor）推导出了加速的带电粒子辐射功率关系式。辐射功率 $\mathbb{P}$ 的**拉莫尔公式**如下

$$\boxed{\mathbb{P} = \mu_0 \frac{Q^2 a^2}{6\pi c} = \eta_0 \frac{Q^2 a^2}{6\pi c^2}} \tag{7-2}$$

式中，Q 是点电荷，c 为自由空间中的光速，η_0 为自由空间的特征阻抗。带电粒子的加速度“a”定义为

$$a \stackrel{\text{def}}{=} \frac{\mathrm{d}u}{\mathrm{d}t} \tag{7-2a}$$

式中，瞬时速度 $u \ll c$ 。

因此，在任意开放的或闭合的路径上，如果一个点电荷以零初始速度开始运动到最后停止，无论途中是否有电场，都一定会做功。部分功转换为电荷加速或减速所辐射的能量。因此，方程（7－1d）**不能解释**为，在时不变电场中电荷 Q 沿闭合路径运动一周做功为零。在后续静电场问题的研究中，我们将忽略这种能量辐射，尽管它应该始终留在我们的脑海中，以指导我们正确地理解将遇到的场方程。

利用斯托克斯定理，方程（7－1d）可简化为

$$\iint_S (\nabla \times \boldsymbol{E}) \cdot \mathrm{d}\boldsymbol{s} = 0 \tag{7-3}$$

式中，S 是由闭合曲线 C 界定的开放曲面。因为闭合曲线 C 和相关的 S 是任意的，所以，对于静电场（也称时不变电场），必然有

$$\nabla \times \boldsymbol{E} = 0 \tag{7-4}$$

这是时不变电磁场的麦克斯韦方程。斯托克斯定理的详细讨论已在 4.6.2 节中给出。

7.2.2 标量电势

对于任意标量空间函数 V，考虑方程（4-41e）给出的恒等式

$$\nabla \times (\nabla V) \equiv \boldsymbol{0} \tag{7-5}$$

由于时不变电场强度的旋度为零，可以将时不变电场强度表示为一个标量空间函数 V 的负梯度，函数 V 称为标量电势。采用负号是随意的，用于表明场矢量 $\boldsymbol{E}$ 从高电势指向低电势。相比于具有三个标量分量的矢量场，确定标量的电势 V 分布表达式通常比较方便。只要求出标量电势的分布（通过求解拉普拉斯方程或泊松方程的边值问题），就可以很容易地从电势的梯度得到矢量场 $\boldsymbol{E}$［方程（4-10）］

$$\boldsymbol{E} \overset{\text{def}}{=\!=} -\nabla V \tag{7-6}$$

在这种方法中，标量函数 V 不需要附加任何物理意义。虽然 V 称为**标量电势**，但在这个阶段，它只是一个确定矢量场分布 $\boldsymbol{E}$ 的**数学运算的中间副产品**。

另一种方法是采用给定的电场强度矢量 $\boldsymbol{E}$ 表达式求标量电势 V。矢量定理（也称为**梯度基本定理**）表明，对于任意标量空间函数 f 有

$$\int_a^b (\nabla f) \cdot \mathrm{d}\boldsymbol{\ell} \equiv f(b) - f(a) \tag{7-7}$$

这是一个没有任何物理约束的纯数学表述。从 a 点到 b 点的线积分路径没有限制。对于任意标量函数 f，我们可以选择标量电势 V，因此，由方程（7-6）和（7-7）可得

$$V_{ab} \overset{\text{def}}{=\!=} V(b) - V(a) = -\int_a^b \boldsymbol{E} \cdot \mathrm{d}\boldsymbol{\ell} \tag{7-8}$$

此式给出了 a 和 b 两点之间的电势差。如果把 a 点选为无穷远点，b 点为任意点 P，该点电势为 V_P，方程（7-8）可以重写为

$$V_P - V_\infty \overset{\text{def}}{=\!=} V(P) - V(\infty) = -\int_\infty^P \boldsymbol{E} \cdot \mathrm{d}\boldsymbol{\ell} \tag{7-8a}$$

此时，任意选择的无穷远电势作为参考电势，即

$$V_\infty = V(\infty) \overset{\text{def}}{=\!=} 0 \tag{7-9}$$

因此，任意点 P 的标量电势为

$$V \overset{\text{def}}{=\!=} V_P = -\int_\infty^P \boldsymbol{E} \cdot \mathrm{d}\boldsymbol{\ell} \tag{7-10}$$

如果将方程（7-10）两边同乘以 Q

$$Q \cdot V = -\int_\infty^P (Q\boldsymbol{E}) \cdot \mathrm{d}\boldsymbol{\ell} = -\int_\infty^P \boldsymbol{F} \cdot \mathrm{d}\boldsymbol{\ell} \overset{\text{def}}{=\!=} W \tag{7-11}$$

式中，V 为 P 点的标量电势。

这个方程经常被错误地**理解**为，外力驱动点电荷 Q 克服电场 $\boldsymbol{E}$ 作用，从电位为零的

无穷远移动到电位为 V 的 P 点所**做的总功**W。

对标量电势的上述理解存在的问题如下：

1）到目前为止，标量电势 V 仅有数学意义和恒等式。

2）把电荷从一个固定点移到另一个固定点，肯定会被加速或减速，从而产生功率辐射。因此，能量守恒定律表明，将点电荷从一点移动到另一点就必然做功，即使这两个点**最初**具有相同电势。

3）对方程（7-11）的解释存在一个内在的矛盾，因为它基于静止电荷的库仑定律。库仑定律定义的是时不变矢量场 $\boldsymbol{E}$，而我们讨论的又是电荷在电场**非均匀分布**情况下运动所感知的时变场。

7.2.3　带电粒子的势能

静电场中带电粒子的势能正比于电荷电量与带电粒子所在位置标量势的乘积。因此，方程（7-11）并没有给出**所做的总功**，而只是以**势能**形式给出了部分做功，包括：1）电荷 Q 的势能；2）电荷所在位置的静电场势能。所做功的其余部分，从无穷远点到 P 点的过程中，随着加速电荷 Q 辐射的功率而耗散。同样，在时不变的电场情况下，如果电荷移动形成了完整的闭合路径，则方程（7-1b）必须理解为电荷的势能**没有变化**。移动电荷所做的全部功，都作为加速电荷辐射的功率而消散。

假设在具有静电势 V 的点，点电荷 Q 的势能 $\mathcal{E}$ 为

$$\mathcal{E} \stackrel{\text{def}}{=\!=} k \cdot Q \cdot V \tag{7-12}$$

式中，符号 k 为比例常数。

考虑一个大的、非导电、无电荷、所有点静电势都为零的均匀区域。如果将一个点电荷 Q_1 从无穷远处移动到这个区域内的一个静止点 P_1，它的势能保持为零，如果**忽略**功率辐射，则没有做功。然而，在到达位置，这个电荷会形成一个电势场。设点电荷 Q_1 在静止点 P_2 的电势为 $V_{2,1}$，则

$$V_{2,1} = \frac{Q_1}{4\pi\varepsilon \cdot R_{1,2}} \tag{7-13}$$

式中，$R_{1,2}$ 表示点 P_1 和 P_2 之间的距离。

这个方程给出了在空间中除了点电荷 Q_1 所在的 P_1 点外，点电荷 Q_1 在其他各点的静电势，因此，点 P_1 和 P_2 是不相同的。这个区分就避免了 $R_{1,2}$ 为零时电势无限大的可能性。P_1 点的电势是其他所有电荷在该点的电势之和，而不是点电荷 Q_1 的电势。如果 Q_1 是唯一的电荷，则 P_1 点的电势为零。

现在，如果第二个点电荷 Q_2 从无穷远移动到 P_2 点，则获得的势能为

$$\mathcal{E}_2 = k \cdot Q_2 \cdot V_{2,1} \tag{7-14}$$

电荷 Q_2 到达后会形成一个电势场。设点电荷 Q_2 在 P_1 点的电势 $V_{1,2}$ 为

$$V_{1,2} = \frac{Q_2}{4\pi\varepsilon \cdot R_{1,2}} \tag{7-15}$$

在电荷 Q_2 到来之前，P_1 点的电势为零，电荷 Q_1 的势能也为零。由于电荷 Q_2 的到来，

电荷 Q_1 的势能增加至 $\mathcal{E}_1$

$$\mathcal{E}_1 = k \cdot Q_1 \cdot V_{1,2} \tag{7-16}$$

因此，两个点电荷系统的总势能 $\mathcal{E}$ 为

$$\mathcal{E} = \mathcal{E}_1 + \mathcal{E}_2 = k \cdot Q_1 \cdot V_{1,2} + k \cdot Q_2 \cdot V_{2,1} \tag{7-17}$$

如果忽略能量辐射，则略去的这部分能量一定等于将点电荷 Q_2 从无穷远移动到 P_2 点所做的功 W 。因此，应用方程（7－11）

$$W \underline{\underline{\mathrm{def}}} -\int_{\infty}^{P_2} \boldsymbol{F} \cdot \mathrm{d}\boldsymbol{\ell} = Q_2 \cdot V_{2,1} = \mathcal{E} \tag{7-18}$$

因此，根据方程（7－17）

$$Q_2 \cdot V_{2,1} = k \cdot Q_1 \cdot V_{1,2} + k \cdot Q_2 \cdot V_{2,1} \tag{7-19a}$$

或

$$k \cdot Q_1 \cdot V_{1,2} = (1-k) \cdot Q_2 \cdot V_{2,1} \tag{7-19b}$$

根据方程（7－13）和（7－15）

$$Q_1 \cdot V_{1,2} = Q_1 \cdot \frac{Q_2}{4\pi\varepsilon \cdot R_{1,2}} = Q_2 \cdot \frac{Q_1}{4\pi\varepsilon \cdot R_{1,2}} = Q_2 \cdot V_{2,1} \tag{7-20a}$$

因此，方程（7－19b）给出

$$k = (1-k) \tag{7-20b}$$

或

$$k = 1/2 \tag{7-20c}$$

因此，将电荷从无穷远移动过来所做的功，有一半作为这个电荷的势能被储存起来了，而另一半用于增加已存在电荷的势能。需要注意的是，第一个电荷从无穷远移动过来时，没有做功，这个电荷的势能保持为零。第一个电荷的静电场有所不同，因为没有能量储存在该电场中。静电场中储存的能量与生成电场的所有电荷的势能**含义相同**。

如果将方程（7－8）的两端乘以 $\left(\frac{1}{2}Q\right)$，可以得到

$$\frac{1}{2}Q \cdot V(b) - \frac{1}{2}Q \cdot V(a) = -\frac{1}{2}\int_a^b (Q\boldsymbol{E}) \cdot \mathrm{d}\boldsymbol{\ell} = -\frac{1}{2}\int_a^b \boldsymbol{F} \cdot \mathrm{d}\boldsymbol{\ell} \underline{\underline{\mathrm{def}}} \ddot{\mathcal{E}} \tag{7-21}$$

方程（7－21）给出了点电荷 Q 从 a 点移动到 b 点势能 $\mathcal{E}$ 的增加。现在，我们可以解释方程（7－1b）了。该方程表明，点电荷在静电场中沿任意闭合路径上移动一周，势能不会发生变化，尽管必须用能量辐射来解释做功。所做的功与点电荷的路径以及在该路径上的运动描述有关。

点电荷 Q 的势能与点电荷所在点的标量函数 V 成正比。这种空间函数 V 称为标量电势。时变电场强度同时用标量电势和矢量磁势来表述。

7.3　不同源的标量电势

引入做功和势能的概念之后，现在来讨论不同电荷分布的标量电势关系式。

7.3.1　点电荷电势

位于 P_s 点（源点）的静止点电荷 Q 在 P_f 点（称为场点）处的电场强度 $\boldsymbol{E}$ 表达式由方程（5－10a）给出

$$\boldsymbol{E}=\frac{1}{4\pi\varepsilon_0}\frac{Q}{R^2}\boldsymbol{a}_R \quad (R>0) \tag{5-10a}$$

式中，R 是源点 P_s 至场点 P_f 的距离，单位矢量的方向为源点 P_s 指向场点 P_f 。

因此，应用方程（7－10），可以得到场点处点电荷 Q 的标量电势为

$$V=\frac{1}{4\pi\varepsilon_0}\frac{Q}{R} \quad (R>0) \tag{7-22}$$

这个表达式给出了除了点电荷所在的源点（$R=0$）以外，点电荷 Q 在其他所有点的电势。点电荷所在点的电势是除了该点电荷 Q 之外的所有源的电势之和。

7.3.2　n 个点电荷的电势

考虑一个无电荷的场点 P_f，在该点，n 个点电荷产生的电势是所有电荷产生电势的代数和

$$V=\frac{1}{4\pi\varepsilon_0}\cdot\sum_{m=1}^{n}\frac{Q_m}{R_m} \tag{7-23}$$

式中，R_m（对于所有 m，$R_m>0$）是 Q_m 所在的源点 P_m 与计算电势 V 的场点之间的距离。

7.3.3　线电荷分布的电势

考虑在平坦或不平坦表面上的任何形状和长度的线电荷分布。在线电荷上的点 P 附近取长度 $\Delta\ell$ 的线段，线段带有电荷 ΔQ 。P 点处线电荷密度 ρ_L（单位 C/m）的定义如下

$$\rho_L \overset{\text{def}}{=\!=} \lim_{\Delta\ell\to 0}\frac{\Delta Q}{\Delta\ell} \tag{7-24}$$

对于这种连续（或分段连续）的电荷分布，方程（7－23）将转换为如下线积分

$$V=\frac{1}{4\pi\varepsilon_0}\cdot\int_A^B\frac{\rho_L}{R}\cdot \mathrm{d}\ell \tag{7-25}$$

式中，V 为线电荷上任意两点 A 和 B 之间的所有电荷在给定场点处的标量静电势；ρ_L 为这两点之间线电荷源点 P_s 的电荷密度；R 是源点 P_s 到要计算电势 V 的场点 P_f 之间的距离。积分过程中，点 P_s 的位置从点 A 到点 B 变化，而场点 P_f 的位置固定不变。因此，距离 R 通常是一个变量，将其保留在积分号之内。线电荷分布在一个圆环上，而场点在圆环轴线（垂直于圆的平面并通过圆心的直线）上的任何位置的情况例外。如果 A 点和 B 点之间的线电荷是均匀分布，可以将线电荷密度 ρ_L 视为常数从积分符号中移出。

对于平坦或不平坦表面上的任意形状、大小的闭合曲线或围线 C，方程（7－25）可转化为如下闭合曲线积分

$$V=\frac{1}{4\pi\varepsilon_0}\cdot\oint_C\frac{\rho_L}{R}\cdot \mathrm{d}\ell \tag{7-25a}$$

如果线电荷密度为常数，则可将其移到积分号之外。

7.3.4 面电荷分布的电势

考虑任意形状和大小、平坦或不平坦的开放表面 S 上的电荷分布。在这个表面上取一个源点 P_s，设该点附近的一个表面 ΔS 上有电荷 ΔQ，P_s 点的面电荷密度 ρ_S（单位为 C/m^2）可定义为

$$\rho_S \overset{\text{def}}{=\!=} \lim_{\Delta S \to 0} \frac{\Delta Q}{\Delta S} \tag{7-26}$$

对于这种连续（或分片连续）的电荷分布，方程（7-23）可以转换为如下的面积分

$$V = \frac{1}{4\pi\varepsilon_0} \cdot \iint_S \frac{\rho_S}{R} \mathrm{d}s \tag{7-27}$$

式中，V 是给定场点 P_f 处的标量静电势，而 ρ_S 是表面上源点 P_s 处的面电荷密度，R 为点 P_s 到场点（要计算电势 V 的点）P_f 之间的距离。在积分过程中，点 P_s 的位置在整个曲面 S 上变化，而场点 P_f 的位置保持不变。因此，积分过程中，距离 R 通常是变量。对于面电荷均匀分布情况下，面电荷密度 ρ_S 是常数，可以提到积分号外面。

对于闭合曲面 S，方程（7-27）可以转换为如下的闭合曲面积分

$$V = \frac{1}{4\pi\varepsilon_0} \cdot \oiint_S \frac{\rho_S}{R} \mathrm{d}s \tag{7-27a}$$

对于半径为 R 球面，在球心的电势为

$$V = \frac{1}{4\pi R\varepsilon_0} \cdot \oiint_S \rho_S \mathrm{d}s = \frac{Q}{4\pi R \cdot \varepsilon_0} \tag{7-27b}$$

式中，Q 是球面上的总电荷量。

如果电荷在球面上均匀分布，方程（7-27b）可以给出球面内部半径为 R 的任何一点的电势。

7.3.5 体电荷分布的电位

考虑任意形状和大小的体积 v 中的电荷分布，在这个体积中选取一个源点 P_s，设该点附近体积 Δv 内的电荷为 ΔQ 。P_s 点的体电荷密度 ρ_v（单位为 C/m^3）或简称 ρ 可以定义为

$$\rho_v \overset{\text{def}}{=\!=} \rho \overset{\text{def}}{=\!=} \lim_{\Delta v \to 0} \frac{\Delta Q}{\Delta v} \tag{7-28}$$

对于连续（或分区连续）电荷分布，方程（7-23）可以转换为如下体积分

$$V = \frac{1}{4\pi\varepsilon_0} \cdot \iiint_v \frac{\rho}{R} \mathrm{d}v \tag{7-29}$$

式中，V 是给定场点 P_f 处的标量静电势，而 ρ 是体积内的源点 P_s 的体电荷密度，R 为源点 P_s 到场点（要计算电势 V 的点）P_f 之间的距离。在积分过程中，源点 P_s 的位置在整个体积 v 中变化，而场点 P_f 的位置保持不变。因此，距离 R 在积分过程中会发生变化。对于均匀分布的体电荷，体电荷密度 ρ 为常数，可以提到积分号外面。

如果场点与有限大的体电荷源距离很远，在积分过程中，源点在体电荷源中的位置变化远小于场点至源点的距离 R，在这种情况下，远处某点的电势可以近似地表示为

$$V \cong \frac{1}{4\pi R\varepsilon_0} \cdot \iiint_v \rho \mathrm{d}v \stackrel{\text{def}}{=} \frac{Q}{4\pi R\varepsilon_0} \tag{7-29a}$$

式中，Q 为体积中的总电荷。因此，对于远场，体积中的总电荷可以看作是位于体积中间某处电荷量相同的点电荷。

与高斯定律那章节相同，我们发现，电荷在半径为 R 的球内对称分布（即体积电荷密度 ρ 与 θ 和 φ 坐标无关）的情况下，球外各点的电势与这个方程给出的结果相同。因此，对于球外的一点 $r \geqslant R$，其电场（V 和 $\boldsymbol{E}$）与位于球心 $(r=0)$ 的点电荷的电场相同，只要该点电荷的值等于球体中总电荷 Q，即

$$Q = 4\pi \int_0^R \rho(r) r^2 \mathrm{d}r \tag{7-29b}$$

不同类型源分布的电势如表 7-1 所示。

表 7-1　电场强度和电势的表达式

源	电场强度($\boldsymbol{E}$)	电　势(V)
单个点电荷	$\boldsymbol{E} = \frac{1}{4\pi\varepsilon_0}\frac{Q}{R^2}\boldsymbol{a}_R$　(5-10)	$V = \frac{1}{4\pi\varepsilon_0}\frac{Q}{R}$　(7-22)
n 个点电荷	$\boldsymbol{E} = \frac{1}{4\pi\varepsilon_0} \cdot \sum_{m=1}^{n}\frac{Q_m}{R_m^2}\boldsymbol{a}_{Rm}$　(5-12)	$V = \frac{1}{4\pi\varepsilon_0} \cdot \sum_{m=1}^{n}\frac{Q_m}{R_m}$　(7-23)
线电荷分布	$\boldsymbol{E} = \int_l \frac{\rho_L \mathrm{d}\ell}{4\pi\varepsilon_0 R^2}\boldsymbol{a}_R$　(5-24)	$V = \int_A^B \frac{\rho_L \mathrm{d}\ell}{4\pi\varepsilon_0 R}$　(7-25)
面电荷分布	$\boldsymbol{E} = \iint_S \frac{\rho_S \mathrm{d}s}{4\pi\varepsilon_0 R^2}\boldsymbol{a}_R$　(5-32)	$V = \iint_S \frac{\rho_S \mathrm{d}s}{4\pi\varepsilon_0 R}$　(7-27)
体电荷分布	$\boldsymbol{E} = \iiint_v \frac{\rho_v \boldsymbol{a}_r}{4\pi\varepsilon_0 r^2}\mathrm{d}v\boldsymbol{a}_N$　(5-39)	$V = \iiint_v \frac{\rho_v}{4\pi\varepsilon_0 r}\mathrm{d}v$　(7-29)

7.3.6　保守场

在**静电**场强 $\boldsymbol{E}$ 中，如果电荷 Q 绕闭合路径运动一周，则相当于电场强度 $\boldsymbol{E}$ 在闭合回路的积分，其中初始积分限和终止积分限相同。这样的积分为零，势能的净变化为零，因此，电荷在静电场中绕闭合路径运动一周的**势能**是守恒的，即势能保持不变，从这个意义上说，静电场是保守的。如果用“所做的功”代替“势能”来改变这一说法，所得到的保守场概念，最多只能认为是实际问题的近似。在闭合路径上移动的电荷必然会加速和减速而产生能量辐射。辐射能量取决于带电粒子的运动以及带电粒子运动路径的形状和大小。

7.3.7　基尔霍夫电压定律

在电路理论中，基尔霍夫（Kirchhoff）电压定律是处理导线、电阻和电源组成的常规电路的最重要定律之一。电压的基尔霍夫回路定律一般形式由式（7-1）给出，适用于包

含静电场的任何区域。一般来说，这个定律不适用于时变场，但可用于电流和电压随时间变化缓慢的电路（如电源的频率），此时忽略了功率辐射。

7.3.8 无穷远或地面的概念

方程（7-8）和（7-10）分别给出电势差和电势两个术语。电势差（V_{ab}）分别为 b 点电势 $V(b)$ 和 a 点电势 $V(a)$ 之差。点 p 的电势 V 参照无穷远的电势来定义。电势 V 也称为 p 点的绝对电势。因此，假定其中一点为零电势，V 仍然是两点之间的电势差。建立"无穷远"和"零电势"两个术语之间的联系符合实际应用。通常，用电势为零的无穷远平面来表示地面。因此，地球表面或地面是实验或物理电势测量中最普遍的零电势参考点。下面给出接地与电气和电子科学相关问题的一些表述。

• 在电路中，地指的是：1）电压测量参考点；2）电流共用回路参考点；3）与地面直接物理连接的参考点。在**输电**电路中，供电设备和裸露的金属部件接地，避免绝缘失效时用户接触危险电压。

• 在处理易燃产品或静电敏感设备时，接地抑制静电的积聚。

• 在一些电报、电力牵引和电力传输线路中，地球可以用作电路中的导体，可节省安装单独返回导体的成本。

• 在电子电路理论中，地面被理想化为电荷的无穷远源（或汇）。它可以吸收几乎无限量的电流（或电荷）而不改变其电势。

• 地球是非常恒定的电势参考，可以用于测量其他电势。

• 为了作为零电压参考电平，电气接地系统应具有一定的载流能力。当真实的接地连接有明显的电阻时，零电势近似将不再成立，出现杂散电压或地面电势上升效应，可能会在信号中产生噪声，如果噪声足够大甚至会产生电击危险。

• 在便携式电子设备，如手机、媒体播放器和汽车中电路，在电源的一侧会连接一个大的导体（如印刷电路板上的"接地板"）。这个导体充当电路中各种元件的电流公用返回路径。在这些设备中，没有真实的接地，但仍然采用接地（或地）这个术语。对于这种连接，用"公共接地"或"虚拟接地"更适合。

7.3.9 势场总结

在第 5 章中，计算了不同电荷分布的电场强度。类似地，在第 6 章中，我们得到了这些电荷分布的通量密度表达式。同样，也可以得到不同电荷分布的电势场分布。为了对比，表 7-1 给出了电场强度 $\boldsymbol{E}$ 和电势 V 的表达式。在 V 的表达式中，线电荷分布、面电荷分布和体电荷分布的电势表达式中的 r 用 R 来表示。该表还给出了各表达式的方程式编号，以便随时参考。

7.4 不同电荷分布的等势面

等势面为曲面图形，曲面上各个点的势相同。图 7-1 至图 7-6 是二维（2D）曲线和三维（3D）曲面形式的等势面。在这些灰色图中，较高的电位面用较深的颜色表示，而较低电位面用较浅的颜色表示。在所有三维图形中，曲面都仅显示一半。

值得说明的是，所有这些草图都是基于想象绘制出来的。通过给表 7 - 1 中相关电势关系式赋予不同数值，可以得到真实和精确的等势面图。

7.4.1　单个正点电荷的等势图

图 7 - 1 为单个正电荷的等势结构图。如图所示，二维视图含有很多同心圆，而三维视图只包含同心球的下半部分。给方程（7 - 22）中的参数赋予适当的值，即可得到此图。

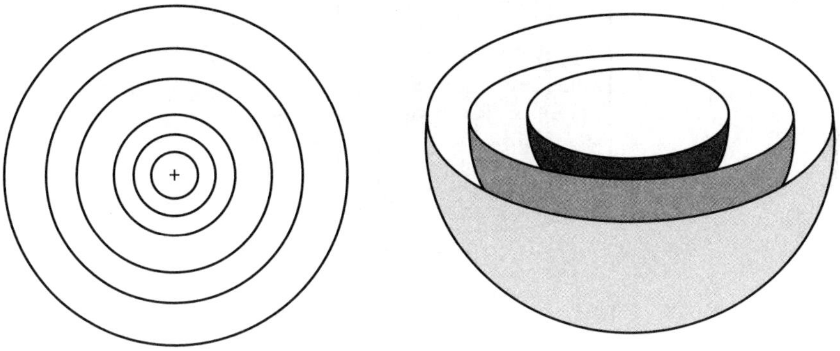

二维视图　　三维视图

图 7 - 1　单个正电荷的等势图

7.4.2　一对极性相反的点电荷等势图

图 7 - 2 为一对极性相反的点电荷等势图。该图包括二维和三维视图。在二维视图中，圆心分别从左、右两个方向逐渐远离正电荷和负电荷。三维等势面大致是球心移动、半径增大的球形。对方程（7 - 23）中所涉及的参数赋予合适的值，并针对适当的 n 进行级数求和，就可得到此图。

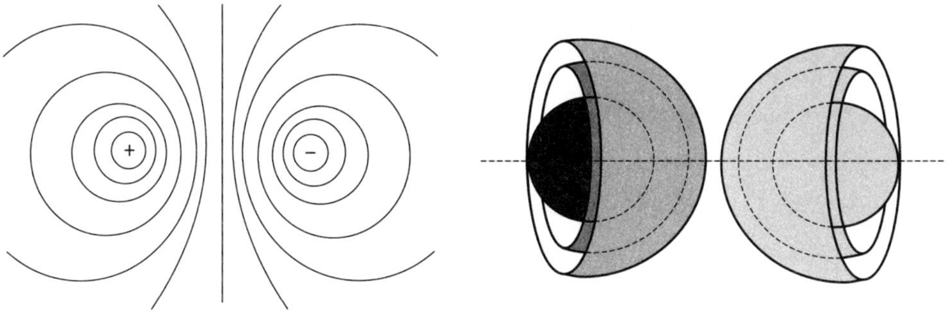

二维视图　　三维视图

图 7 - 2　一对极性相反点电荷的等势图

7.4.3 无限长均匀线电荷的等势图

图 7－3 为无限长均匀线电荷的等势图。该图仅显示了多个圆柱面的三维视图。沿线电荷方向所有圆柱面都是无限长的。设线电荷的长度无穷大，给方程（7－25）涉及的参数赋予适当的值，即可得到该等势图。

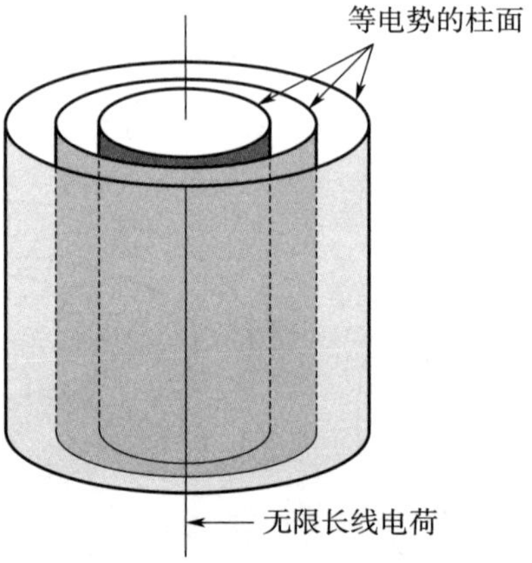

图 7－3 无限长均匀线电荷的等势图

7.4.4 有限长均匀线电荷的等势图

图 7－4 为有限长线电荷的二维和三维等势图。三维视图由多个抛物面构成。通过选取线电荷的有限长度，对方程（7－25）中涉及的参数赋予适当的值，即可得到该等势图。

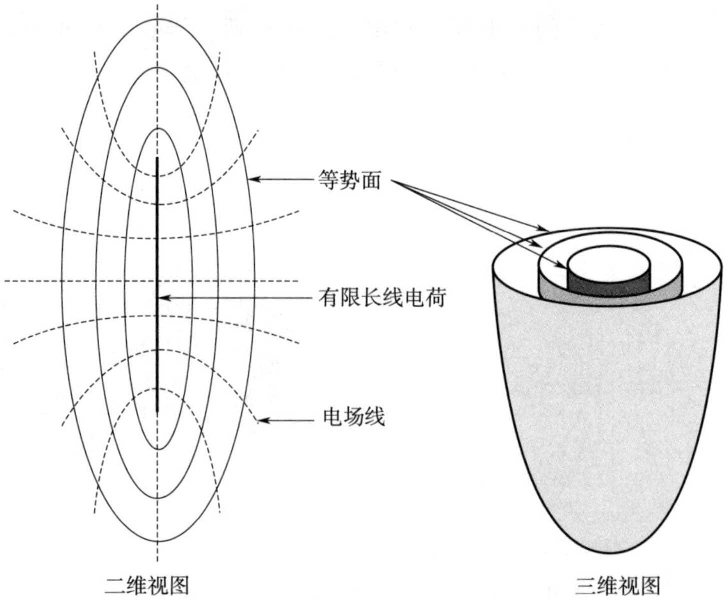

图 7－4 有限长均匀线电荷的等势图

7.4.5　无限大均匀电荷层的等势图

图 7 - 5 为无限大均匀电荷层的等势图。该图仅给出了三维视图，显示了许多平行于电荷层的平面。这样的平面出现在电荷层的两侧。这些表面实际上在无穷远处构成上、下、左、右端面的闭合曲面。选取无限大面电荷层，对方程（7 - 27）所涉及参数赋予适当的值，即可得到该等势图。

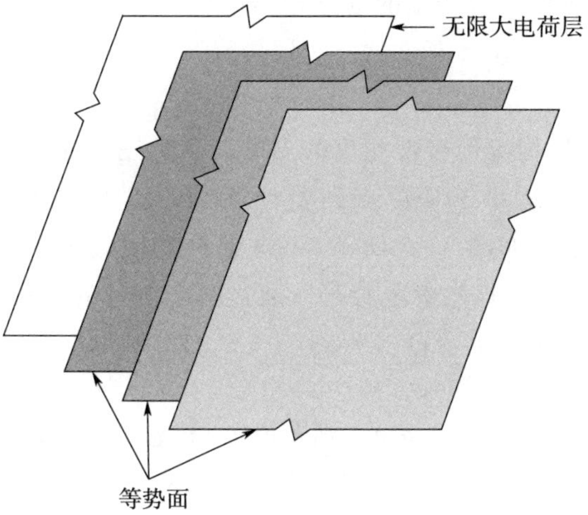

图 7 - 5　无限大均匀电荷层的等势图

7.4.6　有限大均匀电荷层的等势图

图 7 - 6 为均匀电荷分布的有限大矩形电荷层的等势图。该图也仅给出了三维视图，图中含多个曲面，这些曲面与电荷层形状相符并垂直于图 5 - 19 所示的电通量线。设置为有限的大面电荷，给方程（7 - 27）的参数赋予适当的值，就可得到该等势面图。

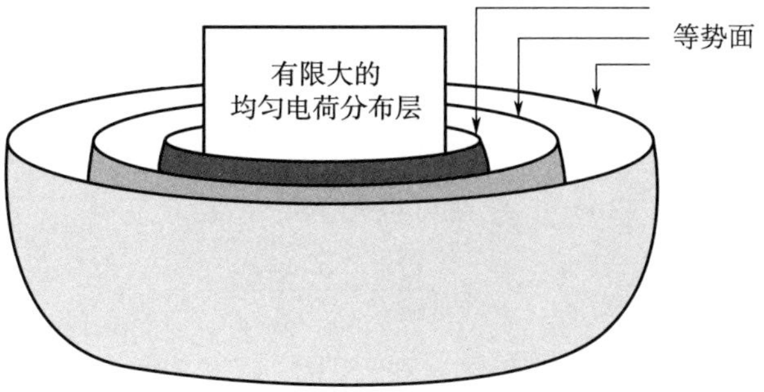

图 7 - 6　有限大均匀电荷层的等势图

7.5 电偶极子的场

如果两个极性相反的电荷彼此非常近，而且电荷之间的距离远小于从它们所在点到需要计算场的点之间的距离，则这样的电荷系统称为偶极子。偶极子的场具有非典型特征，因为偶极子的势场与距离的平方成反比，电场强度与距离的立方成反比。多个点电荷类似对称排列称为多极子。多极子所产生的场与距离更高幂次成反比。

7.5.1 势场

图 7 - 7 为两个电荷量相等但极性相反的点电荷示意图。两个电荷的间隔距离为 d，并沿 z 轴对称分布。距离 d 远小于从原点到要计算场的点 P 之间距离 r，P 点称为场点。$d \ll r$ 的情况称为**偶极子**。如图 7 - 7 所示，$+Q$ 到 P 的距离为 r_1，$-Q$ 到 P 的距离为 r_2。

在这样的电荷系统中，P 点的静电势可以通过两个电荷的电势相加得到

$$V=\frac{+Q}{4\pi\varepsilon_0 r_1}+\frac{-Q}{4\pi\varepsilon_0 r_2}=\frac{Q}{4\pi\varepsilon_0}\left(\frac{1}{r_1}-\frac{1}{r_2}\right)=\frac{Q}{4\pi\varepsilon_0}\left(\frac{r_2-r_1}{r_1 r_2}\right) \tag{7-30}$$

假设点 P 远离偶极子（即 $r \gg d$ ），则距离 r_1 和 r_2 可认为几乎平行和近似相等（即 $r_1 \cong r_2$）。因此，方程（7 - 30）分母中的乘积 $r_1 r_2$ 可以等于 r^2，而分子中的 $r_1 \cong r_2$ 关系是不合理的，更准确的值应根据 d 和 θ 给出（如图 7 - 7 右侧）。这个值为

$$r_2-r_1 \cong d\cos\theta \tag{7-31a}$$

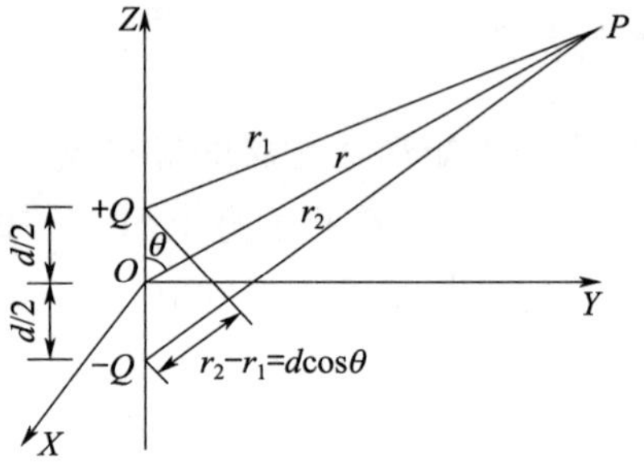

图 7 - 7 电偶极子示意图

P 点的电势［方程（7 - 30）］现在可以写为

$$V \cong \frac{Q}{4\pi\varepsilon_0}\cdot\frac{d\cos\theta}{r^2} \tag{7-31b}$$

需要注意，上述 V 的表达式［方程（7 - 31b）］仅为近似表达。为了给出精确的公式，我们定义偶极矩矢量 $\boldsymbol{\mathcal{P}}$［将在方程（7 - 32a）中出现］为

$$\boldsymbol{\mathcal{P}} \overset{\text{def}}{=\!=} \lim_{\substack{Q\to\infty \\ d\to 0}}(Q\cdot \boldsymbol{d}) \tag{7-31c}$$

在方程（7 - 31c）中，Q 是正电荷，$\boldsymbol{d}$ 是从负电荷指向正电荷的距离矢量，$\boldsymbol{\mathcal{P}}$ 矢量是这对电荷系统偶极矩。

考虑余弦项之后的电势表达式可以写为

$$V=\frac{\boldsymbol{\mathcal{P}}\cdot\boldsymbol{a}_r}{4\pi\varepsilon_0 r^2} \tag{7-32}$$

或

$$V=\frac{p}{4\pi\varepsilon_0}\cdot\frac{\cos\theta}{r^2} \tag{7-32a}$$

式中，$\boldsymbol{a}_r$ 是沿 z 轴从 $-Q$ 指向 $+Q$ 方向的单位矢量，θ 是偶极矩矢量 $\boldsymbol{\mathcal{P}}$ 与点 P 位置矢量之间的夹角，标量 p 为偶极矩的大小。

7.5.2　电场强度

利用球坐标系下的梯度关系，可以得到偶极子电场强度 $\boldsymbol{E}$ 的分布。因此

$$\boldsymbol{E}=-\nabla V=-\left[\frac{\partial V}{\partial r}\boldsymbol{a}_r+\left(\frac{1}{r}\right)\frac{\partial V}{\partial\theta}\boldsymbol{a}_\theta+\left(\frac{1}{r\sin\theta}\right)\frac{\partial V}{\partial\varphi}\boldsymbol{a}_\varphi\right] \tag{7-33}$$

将方程（7-32a）代入方程（7-33），得到

$$\boldsymbol{E}=\frac{p}{4\pi\varepsilon_0\cdot r^3}(2\cos\theta\boldsymbol{a}_r+\sin\theta\boldsymbol{a}_\theta) \tag{7-33a}$$

方程（7-22）表明，点电荷的电势与距离成反比，而方程（7-32a）表明，偶极子的电势与距离的平方成反比。类似地，点电荷的电场强度［方程（5-10）］与距离平方成反比，偶极子的电场强度［方程（7-33a）］与距离的三次方成反比。

7.6　点电荷的势能

我们来做一个思维实验：从无穷远处依次移动每个点电荷，将它们放到自由空间中不同的固定点处。如果从无穷远处移动一个点电荷 Q 放置在 P 点，所做的功 w 为

$$\boxed{w=-Q\int_\infty^P\boldsymbol{E}\cdot\mathrm{d}\boldsymbol{\ell}=Q\cdot V} \tag{7-34}$$

式中，$\boldsymbol{E}$ 为电场强度分布，V 为 P 点的标量电势，考虑无穷远处为零参考电势。场 $\boldsymbol{E}$ 和 V 是电荷 Q 到达之前，从无限远移动来的所有电荷所产生的场。此外，我们的目标是“储存的能量”，忽略移动这些电荷的过程中所辐射的任何能量，移动任意 n 个点电荷所做的总功 W_n 转换为 n 个点电荷群的势能 E_n。

7.6.1　静止点电荷的势能

考虑无限大的自由空间区域。我们从无穷远处移动一个点电荷 Q_1，将它放置在区域内任意的有限体积 v_0 内的一个固定点 P_1。势能 $\boldsymbol{e}$ 正比于点电荷与 P_1 点电势的乘积。从无穷远移动第一个点电荷 Q_1 并放置在 P_1 点所做的功 w_1 为零，势能 $\boldsymbol{e}_1$ 为零，即 $\boldsymbol{e}_1=w_1=0$。

从无穷远移动第二个电荷 Q_2 并放置在体积 v_0 内另一个固定点 P_2，做功 w_2 是电荷 Q_2 与 P_2 点电势 $V_{1,2}$ 的乘积，$V_{1,2}$ 是由已经在 P_1 点的电荷 Q_1 引起的，因此

$$w_2 = Q_2 \cdot V_{1,2} \tag{7-35}$$

现在，电荷 Q_1 所在 P_1 点的电势不再为零，由于新电荷 Q_2 的到来，该点的电势变为 $V_{2,1}$。因此，新电荷 Q_2 和已有电荷 Q_1 **同时获得电势能**$\boldsymbol{e}_2$。这个能量增量必然等于移动第二个电荷 Q_2 所做的功。因此有

$$\boldsymbol{e}_2 = w_2 = k \cdot Q_2 \cdot V_{1,2} + k \cdot Q_1 \cdot V_{2,1} \tag{7-36}$$

因此，从方程（7-35）和方程（7-36）可得

$$Q_2 \cdot V_{1,2} = k \cdot Q_1 \cdot V_{2,1} + k \cdot Q_2 \cdot V_{1,2} \tag{7-37}$$

由于

$$Q_1 \cdot V_{2,1} = Q_2 \cdot V_{1,2} = \frac{Q_1 \cdot Q_2}{4\pi\varepsilon_0 \cdot R_{12}} \tag{7-38}$$

式中，R_{12} 是 P_1 点和 P_2 点之间的距离。

因此，解比例常数 k 的方程（7-37），得到

$$k = 1/2 \tag{7-39}$$

方程（7-36）给出的移动电荷 Q_2 所作的功 w_2 等于**新电荷**的电势能以及**已有电荷**的电势能的增量 $\boldsymbol{e}_2$，因此可以重写如下

$$\boldsymbol{e}_2 = w_2 = \Big(\underbrace{\frac{1}{2} \cdot Q_2 \cdot V_{1,2}}_{\text{新电荷}} + \overbrace{\frac{1}{2} \cdot Q_1 \cdot V_{2,1}}^{\text{已有电荷}}\Big) \tag{7-40}$$

现在，从无穷远移动第三个点电荷 Q_3 并放置在体积 v_0 内另一个固定点 P_3，所做的功 w_3 等于点电荷 Q_3 与 P_3 点电势的乘积，P_3 点的电势是电荷 Q_1 在 P_3 点的电势 $V_{1,3}$ 与电荷 Q_2 在 P_3 点的电势 $V_{2,3}$ 相加。因此有

$$w_3 = Q_3 \cdot (V_{1,3} + V_{2,3}) \tag{7-41}$$

可以看出，由新电荷 Q_3 增加的电势能为

$$\frac{w_3}{2} = \frac{1}{2} \cdot Q_3 \cdot (V_{1,3} + V_{2,3}) \tag{7-42}$$

而 w_3 的另一半被储存，作为新移动电荷 Q_3 的势场对先前移动电荷（即 Q_1 和 Q_2）产生的势能，并入到**势能增量**中。所并入的增量为

$$\frac{w_3}{2} = \frac{1}{2} \cdot Q_1 \cdot V_{3,1} + \frac{1}{2} \cdot Q_2 \cdot V_{3,2} \tag{7-43}$$

因此，根据方程（7-42）和（7-43），移动电荷 Q_3 所做的功等于**新电荷**Q_3 和**已有电荷**（即 Q_1 和 Q_2）的电势能的增量 $\boldsymbol{e}_3$

$$\boldsymbol{e}_3 = w_3 = \Big[\underbrace{\frac{1}{2} \cdot Q_3 \cdot (V_{1,3} + V_{2,3})}_{\text{新电荷}} + \overbrace{\frac{1}{2} \cdot Q_1 \cdot V_{3,1} + \frac{1}{2} \cdot Q_2 \cdot V_{3,2}}^{\text{已有电荷}}\Big] \tag{7-44}$$

移动并放置三个点电荷所做的总功 W_3 和三个电荷的总电势能$\boldsymbol{E}_3$为

$$W_3 = w_1 + w_2 + w_3 = \boldsymbol{e}_1 + \boldsymbol{e}_2 + \boldsymbol{e}_3 \stackrel{\text{def}}{=\!=} \boldsymbol{E}_3 \tag{7-45}$$

或

$$W_3=\mathbb{E}_3=\left(\frac{1}{2}\cdot Q_1\cdot 0\right)+\left(\underbrace{\frac{1}{2}\cdot Q_2\cdot V_{1,2}}_{\text{新电荷}}+\overbrace{\frac{1}{2}\cdot Q_1\cdot V_{2,1}}^{\text{已有电荷}}\right] \tag{7-46}$$

$$+\left[\underbrace{\frac{1}{2}\cdot Q_3\cdot (V_{1,3}+V_{2,3})}_{\text{新电荷}}+\overbrace{\frac{1}{2}\cdot Q_1\cdot V_{3,1}+\frac{1}{2}\cdot Q_2\cdot V_{3,2}}^{\text{已有电荷}}\right]$$

整理方程右端，得到

$$W_3=\mathbb{E}_3=\frac{1}{2}[Q_1\cdot (V_{2,1}+V_{3,1})+Q_2\cdot (V_{1,2}+V_{3,2})+Q_3\cdot (V_{1,3}+V_{2,3})]$$

或

$$W_3=\mathbb{E}_3=\frac{1}{2}(V_1\cdot Q_1+V_2\cdot Q_2+V_3\cdot Q_3) \tag{7-47}$$

式中，V_1、V_2 和 V_3 是除了位于各自点的电荷外其他所有电荷在 P_1、P_2 和 P_3 点处的电势。

现在，方程（7－47）也可写为

$$W_3=\mathbb{E}_3=\frac{1}{2}\sum_{m=1}^{3}V_m^{(3)}\cdot Q_m \tag{7-48}$$

式中，Q_m 是从无穷远移动并放置在任意的有限体积 v_0 内的固定点 P_m 的第 m 个点电荷，$V_m^{(3)}$ 为除了点电荷 Q_m 外其他所有电荷在点 P_m 处的电势。

对于 n 个点电荷，方程（7－48）改写如下

$$W_n=\boxed{\mathbb{E}_n=\frac{1}{2}\sum_{m=1}^{n}V_m^{(n)}\cdot Q_m} \tag{7-49}$$

式中，$V_m^{(n)}$ 为除了位于点 P_m 的电荷 Q_m 外，其他所有 n 个电荷在点 P_m 的电势。

方程（7－49）给出了用点电荷和势场表示的总功 W_n，同样也是无穷远移动来的全部点电荷获得的总电势能 $\mathbb{E}_n$。因为**一个电荷和它的电势可正可负，所以合并的势能 $\mathbb{E}_n$ 也可正可负**。

由于 n 为 1 时 V_1 为零，方程（7－49）表明，**单个孤立的点电荷**的势能 $\mathbb{E}_1$ 等于零。

7.6.2　用场量表述的能量表达式

考虑如下定义的德尔塔-狄拉克（delta－dirac）函数

$$\begin{cases}\delta(x-x_0)\overset{\text{def}}{=\!=}0, x\neq x_0\\ \int_{-\infty}^{+\infty}\delta(x-x_0)\,\mathrm{d}x\overset{\text{def}}{=\!=}1\end{cases} \tag{7-50a}$$

因此，对于在 $x=x_0$ 点连续的任意函数 $F(x)$，有

$$\int_{x_1}^{x_2}F(x)\delta(x-x_0)\,\mathrm{d}x=\begin{cases}0 & (x_1<x_2<x_0)\\ F(x_0) & (x_1<x_0<x_2)\\ 0 & (x_0<x_1<x_2)\end{cases} \tag{7-50b}$$

采用德尔塔-狄拉克函数，点电荷可以表示为以下体电荷分布的形式

$$\rho = \sum_{m=1}^{n} Q_m \cdot \delta(x - x_m) \cdot \delta(y - y_m) \cdot \delta(z - z_m) \tag{7-50c}$$

式中，x_m、y_m 和 z_m 是点 P_m 的坐标。

因此，方程（7-49）可以转换为以下形式

$$W_n = \mathbb{E}_n = \boxed{\frac{1}{2}\sum_{m=1}^{n} V_m^{(n)} \cdot Q_m \rightleftarrows \frac{1}{2}\iiint_{v\to\infty} (V \cdot \rho) \cdot \mathrm{d}v} \tag{7-51}$$

如果将方程（7-50c）的电荷密度 ρ 表达式代入方程（7-51）的右边，然后在无限大的体积域上积分，同样满足这个方程，表述如下

$$\begin{aligned}\frac{1}{2}\iiint_{v\to\infty} (V \cdot \rho) \cdot \mathrm{d}v &= \frac{1}{2}\int_{x=-\infty}^{\infty}\int_{y=-\infty}^{\infty}\int_{z=-\infty}^{\infty}\sum_{m=1}^{n} f_m \cdot \mathrm{d}x \cdot \mathrm{d}y \cdot \mathrm{d}z \\ &= \frac{1}{2}\sum_{m=1}^{n}\int_{x=-\infty}^{\infty}\int_{y=-\infty}^{\infty}\int_{z=-\infty}^{\infty} f_m \cdot \mathrm{d}x \cdot \mathrm{d}y \cdot \mathrm{d}z \\ &= \frac{1}{2}\sum_{m=1}^{n} V(x_m, y_m, z_m) \cdot Q_m \overset{\text{def}}{=} \frac{1}{2}\sum_{m=1}^{n} V_m \cdot Q_m\end{aligned} \tag{7-52}$$

式中

$$f_m \overset{\text{def}}{=} V(x, y, z) \cdot Q_m \cdot \delta(x - x_m) \cdot \delta(y - y_m) \cdot \delta(z - z_m) \tag{7-53}$$

在无限大体积域上的积分，保证了积分中包含了所有 n 个从无穷远移动来并放置在不同静止点的点电荷。另一方面，如果只在包含 ℓ 个点电荷的有限体积 v_ℓ 上积分，而有些电荷（即 $n-\ell$ 个）在这个体积之外，所得到的体积分为仅在**体积 $\boldsymbol{v_\ell}$ 内的 $\boldsymbol{\ell}$ 个点电荷**的总电势能 $\mathbb{E}_\ell$。由于点电荷已重新标记，对于任意体积 v_ℓ 的方程（7-51）修改如下

$$\boxed{\mathbb{E}_\ell = \frac{1}{2}\sum_{k=1}^{l} V_k^{(n)} \cdot Q_k = \frac{1}{2}\iiint_{v_\ell} (V \cdot \rho) \cdot \mathrm{d}v} \tag{7-54}$$

其中

$$0 \leqslant \ell \leqslant n \tag{7-54a}$$

式中，$V_k^{(n)}$ 是体积 v_ℓ 中 P_k 点的电势，是除了体积 v_ℓ 中 P_k 点的电荷 Q_k 之外，体积内外其他所有 n 个电荷在 P_k 点产生的电势。

需要注意，如果 $n > 1$，$\mathbb{E}_\ell|_{\ell=1} \neq 0$；但是**如果在有限大的任意体积 $\boldsymbol{v_\ell}$ 内没有点电荷，即对于无电荷区域，方程（7-54）的体积分为零**

$$\mathbb{E}_\ell|_{\ell=0} = \frac{1}{2}\iiint_{v_\ell} (V \cdot \rho) \cdot \mathrm{d}v\bigg|_{\ell=0} = 0 \tag{7-54b}$$

应用麦克斯韦方程 $\rho = \nabla \cdot \boldsymbol{D}$，方程（7-54）可以重写为

$$\mathbb{E}_\ell = \frac{1}{2}\sum_{k=1}^{\ell} V_k^{(n)} \cdot Q_k = \frac{1}{2}\iiint_{v_\ell} (V \cdot \nabla \cdot \boldsymbol{D}) \cdot \mathrm{d}v \tag{7-55}$$

接下来，考虑方程（4-40b）给出的恒等式

$$(V \cdot \nabla \cdot \boldsymbol{D}) \equiv (-\nabla V) \cdot \boldsymbol{D} + \nabla \cdot (V\boldsymbol{D}) \tag{7-56}$$

因为对于静电场 $\nabla V=\boldsymbol{E}$ 和 $\nabla\cdot\boldsymbol{D}=\rho$，我们得到

$$(V\cdot\rho)=(V\cdot\nabla\cdot\boldsymbol{D})=\boldsymbol{E}\cdot\boldsymbol{D}+\nabla\cdot(V\boldsymbol{D}) \tag{7-57}$$

因此，方程（7-55）可以重写为

$$\mathbb{E}_{\ell}=\frac{1}{2}\sum_{k=1}^{l}V_k^{(n)}\cdot Q_k=\iiint_{v_l}\left(\frac{1}{2}\cdot\boldsymbol{E}\cdot\boldsymbol{D}\right)\cdot dv+\iiint_{v_l}\nabla\cdot\left(\frac{1}{2}\cdot V\boldsymbol{D}\right)\cdot dv \tag{7-58}$$

方程（7-58）给出了仅用场量描述的点电荷的势能。由此可以立即得到结论："点电荷的电势能也可以认为存储在静电场中"。

根据方程（7-51）和（7-58），从无穷远移动全部点电荷的组合势能如下

$$\boxed{\mathbb{E}_{n}=\iiint_{v\to\infty}\left(\frac{1}{2}\cdot\boldsymbol{E}\cdot\boldsymbol{D}\right)\cdot dv+\iiint_{v\to\infty}\nabla\cdot\left(\frac{1}{2}\cdot V\boldsymbol{D}\right)\cdot dv} \tag{7-59}$$

应用高斯定理，方程右边第二项可以转换为面积分，即

$$\iiint_{v\to\infty}\nabla\cdot\left(\frac{1}{2}\cdot V\boldsymbol{D}\right)\cdot dv\rightleftharpoons\oint\!\!\oint_{S\to\infty}\left(\frac{1}{2}\cdot V\boldsymbol{D}\right)\cdot d\boldsymbol{s}\overset{\text{def}}{=\!=}\oint\!\!\oint_{S\to\infty}\mathcal{E}_s\cdot d\boldsymbol{s} \tag{7-60}$$

式中，S 是体积 v 的表面，存储能量的面密度定义为

$$\mathcal{E}_s\overset{\text{def}}{=\!=}\left(\frac{1}{2}\cdot V\boldsymbol{D}\right) \tag{7-60a}$$

随着体积 v 增大，表面积 S 也增大，该表面与点电荷的平均距离 r 也增大。点电荷是电场的源；在曲面 S 上，V 随 $1/r$ 变化，$\boldsymbol{D}$ 随 $1/r^2$ 变化。因此，在方程（7-60a）中给出的 $\mathcal{E}_s$ 表达式中的 $V\boldsymbol{D}$ 必然随 $1/r^3$ 变化。由于 S 随 r^2 变化，随 r 的增加，表面积增加速率比被积函数的降低速率要快。因此，当曲面趋近于无穷大时，对无穷大曲面的积分必然趋近于零，即

$$\boxed{\oint\!\!\oint_{S\to\infty}\mathcal{E}_s\cdot d\boldsymbol{s}\rightleftharpoons 0} \tag{7-60b}$$

因此，方程（7-59）可以简化为

$$\boxed{\mathbb{E}_{n}=\iiint_{v\to\infty}\left(\frac{1}{2}\cdot\boldsymbol{E}\cdot\boldsymbol{D}\right)\cdot dv} \tag{7-61}$$

在这个方程中，存储在静电场中的能量密度 $\mathcal{E}$ 的表达式定义如下

$$\mathcal{E}\overset{\text{def}}{=\!=}\frac{1}{2}\cdot\boldsymbol{E}\cdot\boldsymbol{D} \tag{7-61a}$$

因此

$$\boxed{\mathbb{E}_{n}=\iiint_{v\to\infty}\mathcal{E}\cdot dv} \tag{7-61b}$$

7.6.3　静电场储存的能量

"点电荷的电势能也可以认为储存在静电场中"的说法，在本质上属于推测，而不是事实。需要考虑以下几个问题：

1）如果能量储存在无限大空间中散布的静电场中，对于给定的场分布，我们肯定能够计算在任何有限体积中储存的能量，而方程（7－61a）和（7－61b）定义的能量密度表达式仅对无限大体积区域有效。

2）从无穷远移动来的第一个电荷 Q_1 没有能量储存，即使在点电荷周围的无限大空间中建立了静电场。

3）针对方程（7－49），我们曾经指出，由于电荷和它的电势可正可负，因此，组合势能 $\mathbb{E}_n$ 也可正可负。方程（7－61a）定义的能量密度在任何情况下都不为负，因此，如果组合势能 $\mathbb{E}_n$ 为负，方程（7－61b）给出的结果就是错误的。

上述这些问题使我们得出这样的结论：静电场中不储存能量，即使点电荷的势能（如果是正的）可以用场量表示。如果这个结论是正确的，那么在时变电磁场情况下会如何呢？这个问题留在15.7节中讨论 。

7.6.4 点电荷位移的能量

在本小节中，我们将考虑将三个点电荷 Q_1、Q_2 和 Q_3，分别放置在点 P_1、P_2 和 P_3 的简单情况。各电荷的势能为

$$w_1 = \frac{1}{2}Q_1 \cdot (V_{1,2} + V_{1,3}) \tag{7-62a}$$

$$w_2 = \frac{1}{2}Q_2 \cdot (V_{2,1} + V_{2,3}) \tag{7-62b}$$

$$w_3 = \frac{1}{2}Q_3 \cdot (V_{3,1} + V_{3,2}) \tag{7-62c}$$

点电荷 Q_1 和 Q_2 在 P_4 点的电势为

$$V_4 \stackrel{\text{def}}{=} V_{4,1} + V_{4,2} = \frac{Q_1}{4\pi\varepsilon_0 R_{4,1}} + \frac{Q_2}{4\pi\varepsilon_0 R_{4,2}} \tag{7-63}$$

现在考虑如果点电荷 Q_3 移动到点 P_4，它将获得的电势能

$$\overline{w}_3 = \frac{1}{2}Q_3 \cdot (V_{4,1} + V_{4,2}) = \frac{1}{2}Q_3 \cdot \left(\frac{Q_1}{4\pi\varepsilon_0 R_{4,1}} + \frac{Q_2}{4\pi\varepsilon_0 R_{4,2}}\right) \tag{7-64a}$$

因此，点电荷 Q_3 的电势能增量为

$$\Delta w_3 = \overline{w}_3 - w_3 = \frac{1}{2}Q_3 \cdot [(V_{4,1} - V_{3,1}) + (V_{4,2} - V_{3,2})]$$

$$\Delta w_3 = \frac{1}{2}Q_3 \cdot [(V_{4,1} + V_{4,2}) - (V_{3,1} + V_{3,2})]$$

或

$$\Delta w_3 = \frac{1}{2}Q_3 \cdot \left[\left(\frac{Q_1}{4\pi\varepsilon_0 R_{4,1}} + \frac{Q_2}{4\pi\varepsilon_0 R_{4,2}}\right) - \left(\frac{Q_1}{4\pi\varepsilon_0 R_{3,1}} + \frac{Q_2}{4\pi\varepsilon_0 R_{3,2}}\right)\right] \tag{7-64b}$$

点电荷 Q_3 位置的移动改变了电荷 Q_1 和 Q_2 的电势能。点电荷 Q_1 和 Q_2 的电势能的修正值分别为

$$\overline{w}_1 = \frac{1}{2}Q_1 \cdot (V_{1,2} + V_{1,4}) \tag{7-65a}$$

$$\overline{w}_2 = \frac{1}{2}Q_2 \cdot (V_{2,1} + V_{2,4}) \tag{7-65b}$$

因此，两个点电荷的电势能增量分别为

$$\Delta w_1 = \overline{w}_1 - w_1 = \frac{1}{2}Q_1 \cdot (V_{1,4} - V_{1,3}) \tag{7-66a}$$

$$\Delta w_2 = \overline{w}_2 - w_2 = \frac{1}{2}Q_2 \cdot (V_{2,4} - V_{2,3}) \tag{7-66b}$$

因此，两个点电荷静电场的电势能增量为

$$\Delta w = \Delta w_1 + \Delta w_2 = \frac{1}{2}Q_1 \cdot (V_{1,4} - V_{1,3}) + \frac{1}{2}Q_2 \cdot (V_{2,4} - V_{2,3}) \tag{7-67a}$$

或

$$\Delta w = \frac{1}{2}\left[(Q_1 \cdot V_{1,4} + Q_2 \cdot V_{2,4}) - (Q_1 \cdot V_{1,3} + Q_2 \cdot V_{2,3})\right]$$

或

$$\Delta w = \frac{1}{2}\left[\left(Q_1 \frac{Q_3}{4\pi\varepsilon_0 R_{1,4}} + Q_2 \frac{Q_3}{4\pi\varepsilon_0 R_{2,4}}\right) - \left(Q_1 \cdot \frac{Q_3}{4\pi\varepsilon_0 R_{1,3}} + Q_2 \cdot \frac{Q_3}{4\pi\varepsilon_0 R_{2,3}}\right)\right]$$

或

$$\Delta w = \frac{1}{2}Q_3\left[\left(\frac{Q_1}{4\pi\varepsilon_0 R_{1,4}} + \frac{Q_2}{4\pi\varepsilon_0 R_{2,4}}\right) - \left(\frac{Q_1}{4\pi\varepsilon_0 R_{1,3}} + \frac{Q_2}{4\pi\varepsilon_0 R_{2,3}}\right)\right] \tag{7-67b}$$

由于 $R_{1,4} = R_{4,1}$、$R_{2,4} = R_{4,2}$、$R_{1,3} = R_{3,1}$ 和 $R_{2,3} = R_{3,2}$，可以得到

$$\Delta w_3 = \Delta w \tag{7-68}$$

因此，一般来说，如果一个点电荷移动到一个新的位置，它将获得新的势能，该势能等于原来全部点电荷电势能增量的总和。因此，移动一个点电荷所需要的能量是移动的点电荷所获得能量的两倍。这些能量被加到静电场已经储存的能量之中。因此，如果要从一组点电荷的静电场中提取能量或注入能量，可以通过适当的位移改变一个或多个点电荷的电势能。移动点电荷的机构需要提供额外的能量，用于移动过程中的辐射。

7.6.5　能量储存的类比

静电场中的能量储存与图 7－8 所示的弹簧系统类似。图 7－8（a）显示了两根标记为 A 和 B 的木（或铁）杆（或棒），在每根杆上固定 n 个环。如果每个环上有一个弹簧，则可以连接 n 个弹簧。如果杆 A 是固定的，除了悬挂弹簧的重量之外，杆 A 不受力。如果将弹簧逐个拉起并连接到固定杆 B 的环上，则两个杆都会受力，这个力试图将两个杆彼此拉近。n 越大，力越大。图 7－8（b）显示了连接到杆 B 上的拉伸弹簧。

现在我们来研究，两个杆之间连接弹簧情况下，拉伸的过程和所涉及的力的大小。当这个弹簧从原来的长度（如 L_1）拉伸到另一个长度（如 L'_1）时，需要施加一个力（如 F_1）。这个力取决于弹簧被拉伸的量 x 。这个拉伸过程需要做功，做功 W 由以下方程给出

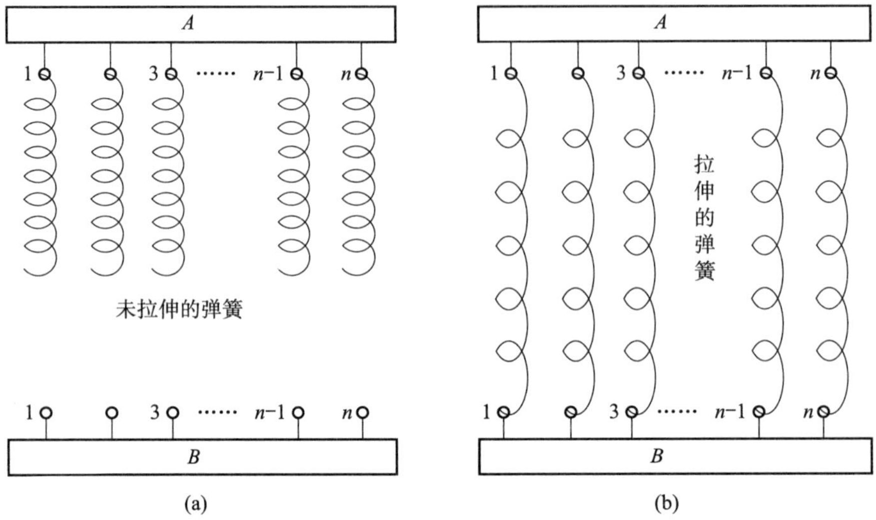

图 7-8　(a) 自由悬挂的弹簧；(b) 拉伸的弹簧

$$W=\int_{x=0}^{L_1'-L_1} F_1(x)\,\mathrm{d}x \tag{7-69}$$

只要弹簧连接两个固定杆，做功所消耗的能量就储存在被拉伸的弹簧中。弹簧一旦从上面或下面的杆上脱离，就会恢复到原来的长度并释放出储存的能量。假设用于连接杆 B 的各个弹簧的长度不同（比如 L_1，L_2, L_3，…，L_n），各弹簧的弹性不同，则施加到每个弹簧的力将是不同的（比如 F_1，F_2, F_3，…，F_n），而且每个弹簧所消耗的能量（或储存的能量）也会不同。

现在我们回到静电场中能量储存的描述。把电荷从无穷远移动到空间不同位置，类似于把弹簧拉伸不同长度。对于不同电荷，所做的功或所储存的能量通常是不同的。如果释放任何电荷，它都会回到原来的无穷远处位置。因此，粗略地说，在静电场中储存能量的过程可以定性地与拉伸弹簧中储存的能量相类比。然而，仔细研究会发现，这个类比是有问题的。这种类比实际上假定了电荷辐射的功率可以忽略不计，或者弹簧是理想的且无振荡。

对于某种类型的力，场的“势”可以这样定义：物体的势能只取决于物体在场中的位置。力对物体的作用只取决于物体的固有属性和物体在场中的位置。万有引力和静止电荷的静电力是两种众所周知的力。在本书中，电场的势称为标量静电势。在时变电场的研究中，我们将遇到时变标量电势。在载流区的磁场研究中，我们将会遇到矢量磁势。同样，在无电荷区，我们可以定义矢量电势，尽管很少这样定义。

为了巩固所学的知识，让我们来研究下面一些例子。

例 7.1　在 $\boldsymbol{E}=x^2\boldsymbol{a}_x+2y^2\boldsymbol{a}_y+5z^2\boldsymbol{a}_z$(单位为 V/m) 的电场中，将一个 10 μC 的电荷沿着 $\boldsymbol{a}_x-0.5\boldsymbol{a}_y-0.2\boldsymbol{a}_z$ 方向在10^{-4} m 增量长度上运动。求在条路径不同位置所做的功：(a)（1，0，0）；(b)（2，0，－2）。

解：已知 $Q=10\times10^{-6}$，$\boldsymbol{E}=x^2\boldsymbol{a}_x+2y^2\boldsymbol{a}_y+5z^2\boldsymbol{a}_z$，$\mathrm{d}\boldsymbol{L}=10^{-4}(\boldsymbol{a}_x-0.5\boldsymbol{a}_y-0.2\boldsymbol{a}_z)$，

根据方程（7-1a），做功增量可以写为

$$\mathrm{d}W=-Q\boldsymbol{E}\cdot\mathrm{d}\boldsymbol{L}=-10\times10^{-6}(x^2\boldsymbol{a}_x+2y^2\boldsymbol{a}_y+5z^2\boldsymbol{a}_z)\cdot10^{-4}(\boldsymbol{a}_x-0.5\boldsymbol{a}_y-0.2\boldsymbol{a}_z)$$
$$=-10^{-9}(x^2-y^2-z^2)$$

(a) $\mathrm{d}W|_{1,1,1}=-10^{-9}\ (x^2-y^2-z^2)\ |_{1,1,1}=10^{-9}\ \mathrm{J}$

(b) $\mathrm{d}W|_{2,1,-2}=-10^{-9}\ (x^2-y^2-z^2)\ |_{2,1,-2}=10^{-9}\ \mathrm{J}$

例 7.2　在 $\boldsymbol{E}=y\boldsymbol{a}_x-x\boldsymbol{a}_y+\boldsymbol{a}_z$（单位为 V/m）的电场中，将一个 5 μC 的电荷沿着 $x^2+y^2=1$、$z=1$ 的路径从 $B(1,1,0)$ 点移动至 $A(0.3,0.4,0.5)$ 点，求所做的功。

解：已知 $Q=5\times10^{-6}$，$\boldsymbol{E}=y\boldsymbol{a}_x-x\boldsymbol{a}_y+\boldsymbol{a}_z$，$\mathrm{d}\boldsymbol{L}=\mathrm{d}x\boldsymbol{a}_x+\mathrm{d}y\boldsymbol{a}_y+\mathrm{d}z\boldsymbol{a}_z$

根据方程（7-1c），所做的功可以写为

$$W=-Q\int_B^A\boldsymbol{E}\cdot\mathrm{d}\boldsymbol{L}=-5\times10^{-6}\int_B^A(y\boldsymbol{a}_x-x\boldsymbol{a}_y+\boldsymbol{a}_z)\cdot(\mathrm{d}x\boldsymbol{a}_x+\mathrm{d}y\boldsymbol{a}_y+\mathrm{d}z\boldsymbol{a}_z)$$
$$=-5\times10^{-6}\int_B^A(y\,\mathrm{d}x-x\,\mathrm{d}y+\mathrm{d}z)=-5\times10^{-6}\left(\int_1^{0.3}y\,\mathrm{d}x-\int_1^{0.4}x\,\mathrm{d}y+\int_1^{0.5}\mathrm{d}z\right)$$

因为 $x^2+y^2=1$，$x=\sqrt{1-y^2}$，$y=\sqrt{1-x^2}$

$$W=-5\times10^{-6}\left(\int_1^{0.3}\sqrt{1-x^2}\,\mathrm{d}x-\int_1^{0.4}x=\sqrt{1-y^2}\,\mathrm{d}y+\int_1^{0.5}\mathrm{d}z\right)$$
$$=-5\times10^{-6}\left[\left(x\sqrt{1-x^2}+\sin^{-1}x\right)_1^{0.3}-\left(y\sqrt{1-y^2}+\sin^{-1}y\right)_1^{0.4}+z\,|_1^{0.5}\right]$$
$$=-5\times10^{-6}[(0.3\times0.954+0.3047-1.571)-(0.4\times0.9165+0.4115-1.571)+$$
$$+(0.5-0)]$$
$$=-1.564\ \mu\mathrm{J}$$

例 7.3　在 $\boldsymbol{E}=3y\,x^2\boldsymbol{a}_x+2y^2x\boldsymbol{a}_y+5z^2\boldsymbol{a}_z$ 的电场中，将一个 3 mC 的电荷沿着直线 $z=1$ 的路径从 $B(0,0,0)$ 移动至 $A(0.4,0.6,0.8)$。求所做的功。

解：已知 $Q=3\times10^{-3}$，$\boldsymbol{E}=3yx^2\boldsymbol{a}_x+2y^2x\boldsymbol{a}_y+5z^2\boldsymbol{a}_z$，$\mathrm{d}\boldsymbol{L}=\mathrm{d}x\boldsymbol{a}_x+\mathrm{d}y\boldsymbol{a}_y+\mathrm{d}z\boldsymbol{a}_z$

根据方程（7-1c），所做的功可以写为

$$W=-Q\int_B^A\boldsymbol{E}\cdot\mathrm{d}\boldsymbol{L}$$
$$=-3\times10^{-3}\int_B^A(3y\,x^2\boldsymbol{a}_x+2y^2x\boldsymbol{a}_y+5z^2\boldsymbol{a}_z)\cdot(\mathrm{d}x\boldsymbol{a}_x+\mathrm{d}y\boldsymbol{a}_y+\mathrm{d}z\boldsymbol{a}_z)$$
$$=-3\times10^{-3}\int_B^A(3yx^2\,\mathrm{d}x+2y^2x\,\mathrm{d}y+5z^2\,\mathrm{d}z)$$
$$=-3\times10^{-3}\left(\int_0^{0.4}3yx^2\,\mathrm{d}x+\int_9^{0.6}2y^2x\,\mathrm{d}y+\int_0^{0.8}5z^2\,\mathrm{d}z\right)$$

根据方程（4-48），$y=\dfrac{y_A-y_B}{x_A-x_B}(x-x_B)=\dfrac{0.6-0}{0.4-0}(x-0)=1.5x$，因此，$y=1.5x$，$x=y/1.5$

$$W=-3\times10^{-3}\left[\int_0^{0.4}4.5x^2\,\mathrm{d}x+\int_9^{0.6}\frac{2y^3}{1.5}\mathrm{d}y+\int_0^{0.8}5z^2\,\mathrm{d}z\right]$$
$$=-3\times10^{-3}\left[\left(4.5\frac{x^4}{4}\right)_0^{0.4}+\left(\frac{2}{1.5}\frac{y^4}{4}\right)_0^{0.6}+\left(\frac{5z^3}{3}\right)_0^{0.8}\right]$$
$$=-3\times10^{-3}[0.0288+0.0432+0.8533]=-2.776\ \mathrm{mJ}$$

例 7.4　原点处点电荷产生的场在 $A(2, 0, 0)$ 和 $B(4, 0, 0)$ 两点的电势差为 12 V，求 $C(c, 0, 0)$ 点使得 $V_{BC}=8$ V。

解：根据方程（7－22），$V=\dfrac{1}{4\pi\varepsilon_0}\dfrac{Q}{R}$，因此，$V_A=\dfrac{1}{4\pi\varepsilon_0}\dfrac{Q}{A}$，$V_B=\dfrac{1}{4\pi\varepsilon_0}\dfrac{Q}{B}$，$V_{AB}=\dfrac{Q}{4\pi\varepsilon_0}\left(\dfrac{1}{A}-\dfrac{1}{B}\right)$

$$V_{AB}=\frac{Q}{4\pi\varepsilon_0}\left(\frac{1}{2}-\frac{1}{4}\right)=\frac{1}{4}\cdot\frac{Q}{4\pi\varepsilon_0}=12 \text{ 或 } Q=192\pi\varepsilon_0$$

$$V_{BC}=\frac{Q}{4\pi\varepsilon_0}\left(\frac{1}{4}-\frac{1}{c}\right)=\frac{192\pi\varepsilon_0}{4\pi\varepsilon_0}\left(\frac{1}{4}-\frac{1}{c}\right)=48\left(\frac{1}{4}-\frac{1}{c}\right)=12-\frac{48}{c}=8$$

$$c=12$$

例 7.5　在关系式 $V=\dfrac{Q}{4\pi\varepsilon_0 r}+k$ 中，如果 $Q=10^{-6}$ C，求给定条件下的 k：(a) $r=40$，$V=5$；(b) $r=20$，$V=10$；(c) $r=15$，$V=50$。

解：因为 $4\pi\varepsilon_0=4\pi\times\dfrac{10^{-9}}{36\pi}=\dfrac{10^{-9}}{9}$，$\dfrac{Q}{4\pi\varepsilon_0}=\dfrac{10^{-6}}{\dfrac{10^{-9}}{9}}=9000$

(a) $V\big|_{r=40}=\dfrac{Q}{4\pi\varepsilon_0 r}\bigg|_{r=40}+k=\dfrac{9000}{r}\bigg|_{r=40}+k=225+k=5$，因此，$k=-220$

(b) $V\big|_{r=20}=\dfrac{Q}{4\pi\varepsilon_0 r}\bigg|_{r=20}+k=\dfrac{9000}{r}\bigg|_{r=20}+k=450+k=10$，因此，$k=-440$

(c) $V\big|_{r=15}=\dfrac{Q}{4\pi\varepsilon_0 r}\bigg|_{r=15}+k=\dfrac{9000}{r}\bigg|_{r=15}+k=600+k=50$，因此，$k=-550$

例 7.6　电荷 $+Q$ 和 $-Q$ 分别位于 (0, 0, 1) 点和 (0, 0, −1) 点，假设它们在无穷远处的参考电势为零，求在 (0, 0, 50) 点与给定点的总电势比率：(a) (0, 0, 100)；(b) (0, 0, 150)；(c) (0, 0, 500)。

解：$V\big|_{r=50}=\dfrac{Q}{4\pi\varepsilon_0 r}\bigg|_{r=49}+\dfrac{-Q}{4\pi\varepsilon_0 r}\bigg|_{r=51}=\dfrac{Q}{4\pi\varepsilon_0}\left(\dfrac{51-49}{51\times 49}\right)=\dfrac{Q}{4\pi\varepsilon_0}\left(\dfrac{2}{51\times 49}\right)$

(a) $V\big|_{r=100}=\dfrac{Q}{4\pi\varepsilon_0 r}\bigg|_{r=99}+\dfrac{-Q}{4\pi\varepsilon_0 r}\bigg|_{r=101}=\dfrac{Q}{4\pi\varepsilon_0}\left(\dfrac{2}{99\times 101}\right)$，因此，$\dfrac{V\big|_{r=50}}{V\big|_{r=100}}=\dfrac{99\times 101}{51\times 49}\approx 4$

(b) $V\big|_{r=150}=\dfrac{Q}{4\pi\varepsilon_0 r}\bigg|_{r=149}+\left|\dfrac{-Q}{4\pi\varepsilon_0 r}\right|_{r=151}=\dfrac{Q}{4\pi\varepsilon_0}\left(\dfrac{2}{149\times 151}\right)$，因此，$\dfrac{V\big|_{r=50}}{V\big|_{r=150}}=\dfrac{149\times 151}{51\times 49}\approx 9$

(c) $V\big|_{r=500}=\dfrac{Q}{4\pi\varepsilon_0 r}\bigg|_{r=499}+\dfrac{-Q}{4\pi\varepsilon_0 r}\bigg|_{r=501}=\dfrac{Q}{4\pi\varepsilon_0}\left(\dfrac{2}{499\times 501}\right)$，因此，$\dfrac{V\big|_{r=50}}{V\big|_{r=500}}=\dfrac{499\times 500}{51\times 49}\approx 100$

例 7.7　在 $z=0$ 平面上，以原点为圆心，半径 3 m 的圆环上均匀分布 10^{-8} C 电荷，

求在 (0，0，10) 点的电势。

解：给定的电荷分布如图 7-9 所示。

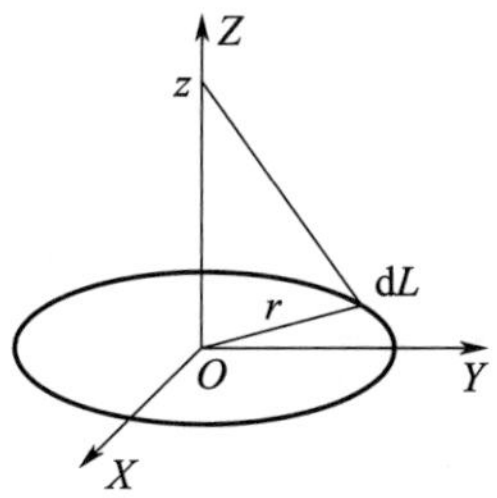

图 7-9　带电的圆环

根据图 7-9，总电荷 10^{-8} C 均匀分布在半径 3 m 的圆环上。圆环的周长为 $2\pi r = 6\pi$，因此 $\rho_L = 10^{-8}/6\pi$ 。因为 $\dfrac{1}{4\pi\varepsilon_0} = 9 \times 10^9$，$\dfrac{\rho_L}{4\pi\varepsilon_0} = 9 \times 10^9 \times \dfrac{10^{-8}}{6\pi} = \dfrac{90}{6\pi}$

$$\mathrm{d}L = r\mathrm{d}\varphi = 3\mathrm{d}\varphi \text{ , } R = \sqrt{r^2 + z^2} = \sqrt{3^2 + 10^2} = \sqrt{109}$$

根据方程（7-35）

$$V = \frac{1}{4\pi\varepsilon_0}\int_A^B \frac{\rho_L}{R}\mathrm{d}L = \frac{\rho_l}{4\pi\varepsilon_0}\int_A^B \frac{1}{R}\mathrm{d}L = \frac{90}{6\pi}\frac{1}{\sqrt{109}}\int_0^{2\pi} 3\mathrm{d}\varphi = \frac{90}{6\pi}\frac{1}{\sqrt{109}} = \frac{90}{10.44} = 8.62 \text{ V}$$

例 7.8　求不同条件下的标量电势 V：(a) 在半径为 R 的球面均匀分布面电荷 ρ_S；(b) 在半径为 R 的球体内均匀分布的体电荷 ρ_v 。

解：设球坐标系的原点在半径 R 的球的球心。

(a) 面电荷分布下的总电荷为：$Q = \rho_S 4\pi R^2 C$ 。根据高斯定律，当 $r \geqslant R$ 时，在 r 点的电势 $V = \dfrac{Q}{4\pi\varepsilon}\dfrac{1}{r}$；当 $r \leqslant R$ 时，$V = \dfrac{Q}{4\pi\varepsilon}\dfrac{1}{R}$（因为在 $r = R$ 点，电势为常数）。

(b) 体电荷分布的总电荷为 $Q = \rho_v \dfrac{4}{3}\pi R^3 C$，应用高斯定律，当 $r \geqslant R$ 时，电势 $V = \dfrac{Q}{4\pi\varepsilon}\dfrac{1}{r} = \dfrac{R^3}{3\varepsilon r}\rho_v$ 。

为了得到 $r \leqslant R$ 时球内部的电势，将 V 表示为两个电势函数 V_1 和 V_2 之和，V_1 为半径 r 区域内所有电荷产生的电势，V_2 为从 r 至 R 区域内所有电荷产生的电势。应用高斯定律

$$V = \frac{Q}{4\pi\varepsilon}\frac{1}{r}, Q = \frac{4}{3}\pi r^3 \rho_v$$

因此：$V_1 = \dfrac{r^2}{3\varepsilon}\rho_v$，$V_2 = \dfrac{1}{4\pi\varepsilon}\displaystyle\int_r^R\int_{\theta=0}^{\pi}\int_{\varphi=0}^{2\pi}\rho_v r\sin\theta\mathrm{d}\varphi\mathrm{d}\theta\mathrm{d}r = \dfrac{(R^2 - r^2)}{2\varepsilon}\rho_v$

因此，对于 $0 \leqslant r \leqslant R$ 有

$$V = V_1 + V_2 = \frac{3R^2 - r^2}{6\varepsilon}\rho_v$$

例 7.9　已知自由空间内 (0，0，0) 点的偶极矩为 $\boldsymbol{\mathcal{P}} = 50\pi\varepsilon_0(0.5\boldsymbol{a}_x - 0.5\boldsymbol{a}_y + \boldsymbol{a}_z)$，单位为 C · m，求在给定点的电势 V：(a) (3，0，0)；(b) (0，3，0)；(c) (0，0，3)；(d)

(1，2，3)。

解： 已知 $\boldsymbol{\mathcal{P}}=50\pi\varepsilon_0(0.5\boldsymbol{a}_x-0.5\boldsymbol{a}_y+\boldsymbol{a}_z)$，根据方程（7-32），$V=\dfrac{\boldsymbol{\mathcal{P}}\cdot\boldsymbol{a}_r}{4\pi\varepsilon_0 r^2}$

(a) 在 (3，0，0) 点，$\boldsymbol{r}=3\boldsymbol{a}_x$，$|\boldsymbol{r}|=3$，$\boldsymbol{a}_r=\boldsymbol{a}_x$，$\boldsymbol{\mathcal{P}}\cdot\boldsymbol{a}_r=25\pi\varepsilon_0$

$$V=\frac{\boldsymbol{\mathcal{P}}\cdot\boldsymbol{a}_r}{4\pi\varepsilon_0 r^2}=\frac{25\pi\varepsilon_0}{4\pi\varepsilon_0\ (3)^2}=0.6944\ \text{V}$$

(b) 在 (0，3，0) 点，$\boldsymbol{r}=3\boldsymbol{a}_y$，$|\boldsymbol{r}|=3$，$\boldsymbol{a}_r=\boldsymbol{a}_y$，$\boldsymbol{\mathcal{P}}\cdot\boldsymbol{a}_r=-25\pi\varepsilon_0$

$$V=\frac{\boldsymbol{\mathcal{P}}\cdot\boldsymbol{a}_r}{4\pi\varepsilon_0 r^2}=\frac{-25\pi\varepsilon_0}{4\pi\varepsilon_0\ (3)^2}=-0.6944\ \text{V}$$

(c) 在 (0，0，3) 点，$r=3\boldsymbol{a}_z$，$|r|=3$，$\boldsymbol{a}_r=\boldsymbol{a}_z$，$\boldsymbol{\mathcal{P}}\cdot\boldsymbol{a}_r=50\pi\varepsilon_0$

$$V=\frac{\boldsymbol{\mathcal{P}}\cdot\boldsymbol{a}_r}{4\pi\varepsilon_0 r^2}=\frac{50\pi\varepsilon_0}{4\pi\varepsilon_0\ (3)^2}=1.3889\ \text{V}$$

(d) 在 (1，2，3) 点，$\boldsymbol{r}=\boldsymbol{a}_x+2\boldsymbol{a}_y+3\boldsymbol{a}_z$，$|\boldsymbol{r}|=\sqrt{14}$，$\boldsymbol{a}_r=\dfrac{\boldsymbol{a}_x+2\boldsymbol{a}_y+3\boldsymbol{a}_z}{\sqrt{14}}$

$$\boldsymbol{\mathcal{P}}\cdot\boldsymbol{a}_r=50\pi\varepsilon_0(0.5\boldsymbol{a}_x-0.5\boldsymbol{a}_y+\boldsymbol{a}_z)\cdot\frac{\boldsymbol{a}_x+2\boldsymbol{a}_y+3\boldsymbol{a}_z}{\sqrt{14}}$$

$$=\frac{50\pi\varepsilon_0}{\sqrt{14}}\cdot(0.5-1+3)=\frac{125\pi\varepsilon_0}{\sqrt{14}}$$

$$V=\frac{\boldsymbol{\mathcal{P}}\cdot\boldsymbol{a}_r}{4\pi\varepsilon_0 r^2}=\frac{125\pi\varepsilon_0}{\sqrt{14}}\ \frac{1}{4\pi\varepsilon_0}\ \frac{1}{14}=-0.5966\text{V}$$

例 7.10 已知自由空间位于 (0，0，0.01) 和 (0，0，−0.01) 点有两个分别为 2 nC 和−2 nC 的电荷，在 $r=0.5$、$\theta-60°$、$\varphi=0°$ 点形成偶极子，求：(a) $\boldsymbol{E}$；(b) $|\boldsymbol{E}|$。

解： $Q=\pm2\times10^{-9}$，$d=0.02$，$Qd=0.04\times10^{-9}$，$4\pi\varepsilon_0=\dfrac{10^{-9}}{9}$

根据方程（7-33b）

$$\boldsymbol{E}=\frac{Qd}{4\pi\varepsilon_0\cdot r^3}(2\cos\theta\boldsymbol{a}_r+\sin\theta\boldsymbol{a}_\theta)=\frac{0.04\times10^{-9}}{\dfrac{10^{-9}}{9}}\ \frac{1}{r^3}(\boldsymbol{a}_r+0.866\boldsymbol{a}_\theta)$$

$$=\frac{1}{r^3}(0.36\boldsymbol{a}_r+0.312\boldsymbol{a}_\theta)$$

(a) $r=0.5$，$\boldsymbol{E}=\dfrac{1}{(0.5)^3}(0.36\boldsymbol{a}_r+0.312\boldsymbol{a}_\theta)=0.288\boldsymbol{a}_r+2.488\boldsymbol{a}_\theta$

(b) $|\boldsymbol{E}|=\sqrt{(0.288)^2+(2.488)^2}=\sqrt{8.2944+6.1901}=3.8\ \text{V/m}$

例 7.11 已知自由空间的电势场 $V=10xy^2+20yz^2+30zx^2$，求点 (1，1，1) 的 (a) V；(b) $\boldsymbol{E}$；(c) ρ；(d) $\mathrm{d}V/\mathrm{d}N$；(e) $\boldsymbol{a}_N$。

解： 已知 $V=10xy^2+20yz^2+30zx^2$

(a) $V|_{x=1,\ y=1,\ z=1}=(10xy^2+20yz^2+30zx^2)|_{x=1,\ y=1,\ z=1}=10+20+30=60\ \text{V}$

(b) 根据方程（7-6），$\boldsymbol{E}=-\nabla V=-\left[\dfrac{\partial V}{\partial x}\boldsymbol{a}_x+\dfrac{\partial V}{\partial y}\boldsymbol{a}_y+\dfrac{\partial V}{\partial z}\boldsymbol{a}_z\right]$

$$\boldsymbol{E}=-\left[(10y^2+60zx)\boldsymbol{a}_x+(20xy+20z^2)\boldsymbol{a}_y+(40yz+30x^2)\boldsymbol{a}_z\right]$$

$$\boldsymbol{E}\mid_{x=1,y=1,z=1}=-(70\boldsymbol{a}_x+40\boldsymbol{a}_y+70\boldsymbol{a}_z)\quad(\text{单位为 V/m})$$

(c) 根据方程 (6-19a) 和 (6-20a)

$$\boldsymbol{D}=\varepsilon_0\boldsymbol{E}=-\varepsilon_0\left[(10y^2+60zx)\boldsymbol{a}_x+(20xy+20z^2)\boldsymbol{a}_y+(40yz+30x^2)\boldsymbol{a}_z\right]$$

$$\rho=\nabla\cdot\boldsymbol{D}=-\varepsilon_0\left\{\frac{\partial D_x}{\partial x}+\frac{\partial D_y}{\partial y}+\frac{\partial D_z}{\partial z}\right\}$$

$$=-\varepsilon_0\left[\frac{\partial(10y^2+60zx)}{\partial x}+\frac{\partial(20xy+20z^2)}{\partial y}+\frac{\partial(40yz+30x^2)}{\partial z}\right]$$

$$=-\varepsilon_0(60z+20x+40y)_{x=1,y=1,z=1}=-120\varepsilon_0=120\times 8.854\times 10^{-12}$$

$$=-1.0625\ \text{nC/m}^2$$

(d) 根据方程 (4-8e)，$\boldsymbol{E}=\frac{\mathrm{d}V}{\mathrm{d}N}\boldsymbol{a}_N$，$\boldsymbol{E}\mid_{x=1,\ y=1,\ z=1}=-(70\boldsymbol{a}_x+40\boldsymbol{a}_y+70\boldsymbol{a}_z)$

$$|\boldsymbol{E}|_{x=1,y=1,z=1}=-\frac{\mathrm{d}V}{\mathrm{d}N}$$

$$\frac{\mathrm{d}V}{\mathrm{d}N}=|\boldsymbol{E}|=\sqrt{4900+1600+4900}=\sqrt{10400}=106.77\ \text{V/m}$$

(e) $\boldsymbol{a}_N=\frac{\boldsymbol{E}\mid_{x=1,\ y=1,\ z=1}}{|\boldsymbol{E}|}=\frac{-(70\boldsymbol{a}_x+40\boldsymbol{a}_y+70\boldsymbol{a}_z)}{106.77}=-(0.6556\boldsymbol{a}_x+0.3746\boldsymbol{a}_y+$ $0.6556\boldsymbol{a}_z)$

例 7.12　图 7-10 为两个点电荷 Q_1 和 Q_2 分别位于 $P_1(0,0,c)$ 和 $P_2(0,0,-c)$。如果 $Q_1=-Q$ 和 $Q_2=+Q$，则表明第三个点电荷 $Q_3=Q$ 放置于点 $P_3(a,b,0)$，存储在静电场中的能量不变。求在 $z=0$ 平面上的电势分布，证明电势与 Q 的大小及 z 坐标无关。

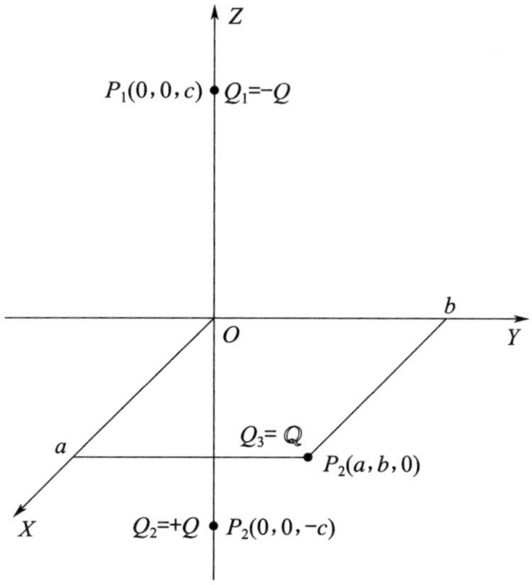

图 7-10　电荷位置和场点

解： 因为 $z=0$ 平面是零电势表面，因此，Q_3 的电势能为零。所以，存储在静电场中的能量保持不变，尽管由于 Q_3 的到来，$z=0$ 平面不再是等电势。但是，电荷 Q_3 的电势场改变了前两个电荷的电势能，而电势能之和不变。

将方程（7－51）中的静电势表达式代入，可以得到

$$W=\frac{1}{8\pi\varepsilon_0}\left[\left(\frac{Q_2}{2c}+\frac{Q_3}{\sqrt{a^2+b^2+c^2}}\right)\cdot Q_1+\left(\frac{Q_3}{\sqrt{a^2+b^2+c^2}}+\frac{Q_1}{2c}\right)\cdot Q_2\right.$$

$$\left.+\left(\frac{Q_1}{\sqrt{a^2+b^2+c^2}}+\frac{Q_2}{\sqrt{a^2+b^2+c^2}}\right)\cdot Q_3\right]$$

代入给定的点电荷，得到

$$W=\frac{1}{8\pi\varepsilon_0}\left[\left(\frac{Q}{2c}+\frac{Q}{\sqrt{\boldsymbol{a}^2+\boldsymbol{b}^2+\boldsymbol{c}^2}}\right\}\cdot(-Q)+\left\{\frac{Q}{\sqrt{\boldsymbol{a}^2+\boldsymbol{b}^2+\boldsymbol{c}^2}}+\frac{-Q}{2c}\right)\cdot Q\right.$$

$$\left.+\left(\frac{-Q}{\sqrt{\boldsymbol{a}^2+\boldsymbol{b}^2+\boldsymbol{c}^2}}+\frac{Q}{\sqrt{\boldsymbol{a}^2+\boldsymbol{b}^2+\boldsymbol{c}^2}}\right)\cdot Q\right]$$

式中，多项抵消，因此，存储的总能量 W 与第三个电荷无关。

$$W=-\frac{Q^2}{4\pi\varepsilon_0\cdot(2c)}$$

三个点电荷 Q_1、Q_2 和 Q_3 的电势能 $\boldsymbol{e}_1$、$\boldsymbol{e}_2$ 和 $\boldsymbol{e}_3$ 分别为

$$\boldsymbol{e}_1=\left[\frac{(-Q)}{4\pi\varepsilon_0(2c)}-\frac{Q}{4\pi\varepsilon_0\sqrt{a^2+b^2+c^2}}\right]\cdot Q$$

$$\boldsymbol{e}_2=\left[\frac{(-Q)}{4\pi\varepsilon_0(2c)}+\frac{Q}{4\pi\varepsilon_0\sqrt{a^2+b^2+c^2}}\right]\cdot Q$$

$$\boldsymbol{e}_3=0$$

可以看出，在点 $P_0(x,\ y,\ 0)$，三个点电荷产生的合并电势为

$$V_0=\frac{Q}{4\pi\varepsilon_0\sqrt{(x-a)^2+(y-b)^2}}$$

由于点电荷 Q 的出现，$x-y$ 平面不再是等势面。$x-y$ 平面上的电势与 $\mp Q$ 无关，也与它们位置的 z 坐标 $\pm c$ 无关。

在这个例子中，我们发现，如同方程（7－4）给出的那样，储存在点电荷中的总电势能 W 是负值。因此，**在无限空间范围分布的静电场中储存的能量也是负的。**

习　题

7.1　沿着矢量 $2\boldsymbol{a}_x-3\boldsymbol{a}_y-4\boldsymbol{a}_z$ 方向有一条 1 mm 长的微分路径，如果该路径位于不同点，求在电场 $E=2\boldsymbol{a}_x-3y^2\boldsymbol{a}_y-x\boldsymbol{a}_z$ 中沿该路径移动一个 $-5\ \mu C$ 电荷所做的功：(a) $P_a(1,\ 1,\ 1)$；(b) $P_b(2,\ 0,\ -2)$；(c) $P_c(3,\ 1,\ -4)$。

7.2　求在电场 $\boldsymbol{E}=2\boldsymbol{a}_x-3y^2\boldsymbol{a}_y-x\boldsymbol{a}_z$ 中沿指向为 $-0.5\boldsymbol{a}_x+0.5\boldsymbol{a}_y-2z^2\boldsymbol{a}_z$ 的 10^{-3} m 微分路径移动一个 20 μC 电荷所做的功。该增量路径位于：(a) (1，1，2)；(b) (2，－

1，－1）。

7.3　求在电场 $\boldsymbol{E}=y\boldsymbol{a}_x+x\boldsymbol{a}_y+z\boldsymbol{a}_z$ 中沿指定路径 $x^2+y^2=1$、$z=1$ 移动 5 C 电荷，从 $B(1，1，1)$ 移动到 $A(0.5，0.5，0.5)$ 所做的功。

7.4　求在电场 $\boldsymbol{E}=2x^2y\boldsymbol{a}_x-3x^2\boldsymbol{a}_y+4z\boldsymbol{a}_z$ 中移动 10 μC 电荷沿指定的不同路径从（0，0，0）移动到（1，2，3）所做的功：(a) 沿（0，0，0）至（1，0，0）到（1，2，0）到（1，2，3）的线段；(b) 由 $y=2x$、$z=3x$ 确定的直线；(c) 由 $y=2x$、$z=3x^4$ 确定的曲线。

7.5　求在非均匀场 $\boldsymbol{E}=y^2\boldsymbol{a}_x+x^2\boldsymbol{a}_y+5z\boldsymbol{a}_z$ 中沿直线 $z=1$ 路径移动 5 C 电荷从点 $B(0.6，0.4，0.8)$ 到 $A(1，1，1)$ 所做的功。

7.6　自由空间中一个 5 nC 的点电荷位于坐标原点，求不同参考电位情况下，在 $r=0.5$ m 的电势：(a) 无穷远为零电势参考点；(b) $r=0.8$ m 为零电势参考点；(c) $r=1$ m 时，$V=5$ V。

7.7　分别位于（1，0，0）和（2，0，0）的两点 A 和 B 之间的电势差为 10 V，假定场的源是位于原点的点电荷，确定在点 $C(c，0，0)$ 的 c 使得 $V_{BC}=3$ V。

7.8　在关系式 $V=\dfrac{Q}{4\pi\varepsilon_0 r}+k^2$ 中，如果 $Q=0.5\times10^{-6}$ C，求给定条件下的 k：(a) $r=5$，$V=0$；(b) $r=10$，$V=100$ V。

7.9　两个点电荷 $+Q$ 和 $-Q$ 分别位于（0，0，5）和（0，0，－5），考虑无穷远为零电势参考点，求在点（0，0，10）与给定点的总电势比：(a)（0，0，20）；(b)（0，0，30）；(c)（0，0，40）。

7.10　在 $z=0$ 平面上，以原点为圆心、半径 4 m 的圆盘上均匀分布 5×10^{-9} C 的总电荷，求在（0，0，20）点的电势。

7.11　求自由空间中点（0，0，4）在不同源时产生的电势 V：(a) $z=0$ 平面上半径 $\rho=3$ 的圆环，线电荷分布 $\rho_L=1$ nC/m；(b) $z=0$ 平面上 $0\leqslant\rho\leqslant3$ 的圆盘，面电荷分布 $\rho_s=2$ nC/m²；(c) $z=0$ 平面上 $2\leqslant\rho\leqslant3$ 的区域，面电荷分布 $\rho_s=3$ nC/m²。其中 (a)、(b)、(c) 部分的构型如图 7－3 所示。

7.12　已知自由空间内（0，0，0）点的偶极矩为 $\boldsymbol{\mathcal{P}}=100\pi\varepsilon_0(0.3\boldsymbol{a}_x+0.5\boldsymbol{a}_y-0.4\boldsymbol{a}_z)$，单位为 C·m，求在给定点的电势 V：(a)（5，0，0）；(b)（0，4，0）；(c)（0，0，3）；(d)（5，4，3）。

7.13　已知自由空间内的偶极矩为 $\boldsymbol{\mathcal{P}}=20\pi\varepsilon_0(0.5\boldsymbol{a}_x-0.7\boldsymbol{a}_y+0.9\boldsymbol{a}_z)$，单位为 C·m，求在给定点的电势 V：(a) $P_A(0，0，5)$；(b) $P_B(0，5，0)$；(c) $P_C(5，0，0)$；(d) $P_D(1，2，3)$。

7.14　已知自由空间位于（0，0，0.01）和（0，0，－0.01）点有两个分别为 1 nC 和 －1 nC 电荷形成偶极子，求在 $P(r=0.5，\theta=60°，\varphi=0°)$ 点的 (a) $\boldsymbol{E}$；(b) $|\boldsymbol{E}|$。

7.15　已知自由空间位于（0，0，0.02）和（0，0，－0.02）点有两个分别为 5 nC 和 －5 nC 电荷在 $(r=0.8，\theta=30°，\varphi=30°)$ 点形成偶极子，求 $\boldsymbol{E}$ 和 $|\boldsymbol{E}|$。

7.16　已知自由空间的电势场 $V=5x^2y^2+10y^2z^2-5z^2x^2$，求在点（1，2，－1）的

(a) V；(b) $\boldsymbol{E}$；(c) ρ；(d) $\mathrm{d}V/\mathrm{d}N$；(e) $\boldsymbol{a}_N$。

7.17　已知自由空间的电势场 $V=10x^2yz+5y^2z$，单位为 V，求在点 $P(2, 1, 3)$ 的 (a) V；(b) E_P；(c) ρ_P；(d) 在 P 点的 $\mathrm{d}V/\mathrm{d}N$；(e) 在 P 点的 $\boldsymbol{a}_N$。

7.18　对于给定的电势场，求自由空间中 $r\leqslant 10$ 的球形区域内所储存的能量：(a) $V=5r^2$；(b) $V=5r^2\sin\theta$。

7.19　三个点电荷 Q_1、Q_2 和 Q_3 分别位于标记为 P_1、P_2 和 P_3 的等边三角形的顶点，三角形每个边的长度为 l。如果 $Q_1=Q_2=+Q$，$Q_3=-Q$，求每个电荷的电势能。

7.20　两个点电荷 Q_1 和 Q_2 的量值为 Q，分别位于 $P_1(-a, 0, 0)$ 和 $P_2(+a, 0, 0)$，第三个点电荷 $Q_3=-Q$ 放置于点 $P_3(0, y, 0)$，求给定条件下的电势能 $\boldsymbol{e}_1$、$\boldsymbol{e}_2$ 和 $\boldsymbol{e}_3$：(a) $y=0$；(b) $y=\infty$；(c) 求净电势能为零情况下的 y 值。

叙述题

1. 区分力、做功、耗散的能量和电势差之间的不同。
2. 解释定义：电势的无限远。
3. 给出电势与电场强度之间的关系。
4. 描绘极性相同、大小相等的两个点电荷的等势面。
5. 绘制极性相反、电荷密度相同的两条平行均匀线电荷的等势面。
6. 绘制两个平行的极性相同、电荷密度相同的均匀面电荷的等势面。
7. 导出偶极子电势与电场强度的关系。

参考文献

[1] William H. Hayt, Jr, *Engineering Electromagnetics*, 5th Ed, Tata McGraw - Hill Publishing Company Limited, New Delhi, pp.106 - 108, 1997.

[2] Matthew N. O. Sadiku, *Principles of Electromlagnetics*, 4th Ed, Oxford University Press, New Delhi & Oxford, pp.114 - 115, 2009.

[3] David J. Grifths, *Introduction to Electrodynamics*, 3rd Ed, PHI Learning Private Limited, New Delhi, p.458, 2012.

[4] ibid, p. 29.

扩展阅读

在第 15 章末给出。

第 8 章　材料中的电场

8.1　引言

在第 7 章中介绍了电势这个新的物理量，讨论了不同类型电荷分布、电场强度与电势的关系。这是一个经常用到的量，尽管使用者或许并不掌握它的技术细节和真实含义。同样，另一个量也是大家熟知的，那就是电流。本章将描述电流和电流密度的含义、类型和相关关系，给出导体、半导体、电介质和超导材料的性质的简要描述，讨论各场量在不同材料的边界处所满足的条件。

8.2　电流和电流密度

本节描述两个常用术语：**电流**和**电流密度**。

8.2.1　电流

电荷的流动称为**电流**。导线中的移动电子、电解质中的离子或等离子体中的电子和离子都是带电的。在电子器件中，电阻或真空管中的电子流动可以产生电流，电池或神经元中的离子流动或半导体中的空穴流动也可以形成电流。电流通常用符号 I 表示，用一种称为**安培计**的装置测量，单位是**安培**，缩写为 A。1 安培电流是以每秒 1 库仑的速度流过表面的电荷。电流有多种效应，包括产生热量和在电感器、电动机、发电机中产生磁场。在金属导线和导体中，正电荷不动，而载流子是电子。在金属导体中，由于电子携带负电荷，电子向电流相反的方向运动，或者电流方向与电子的运动方向相反。电流有多种分类方式，下面几小节中将讨论不同类型的电流。

8.2.1.1　直流电和交流电

电流可以分为直流电（DC）和交流电（AC）。在**直流电**中，电荷的流动是单向的。直流电可以由电池、热电偶、太阳能电池和整流电机产生。直流电不仅可以在导体中流动，还可以在半导体中流动，甚至还能以电子束或离子束形式在真空中流动。这种类型的电流也称为**珈伐尼电流（galvanic current）**。流过导体的电流称为**传导电流**。电子束或离子束构成的电流称为**对流电流**。在**交流电流**中，载流子的运动方向以及因而导致的电流方向将周期性反转。天线中振荡电流的流动以电磁波的形式传输能量。振荡电流表明，载流导体中自由电子被加速和减速。1897 年，约瑟夫·拉莫尔从麦克斯韦方程组推导出如下关系式

$$\boxed{P = \frac{\mu_0 q^2 a^2}{6\pi c}} \tag{8-1}$$

此式给出了加速带电粒子辐射的功率 P 。在这个关系式中，a 是加速度，q 是电荷量，c 是自由空间中的光速，μ_0 是自由空间的磁导率（下一章讨论）。

8.2.1.2 传导电流、对流电流和位移电流

电流也可分为传导电流、对流电流和位移电流。**传导电流**是在电场的作用下，自由电子在导体中的运动或流动，是电子在导体中的有序运动。**对流电流**是在电场作用下，电荷（电子和/或离子）在流体或真空中的流动。**对流电流**也可以是导体表面上自由面电荷分布产生的电流。最后，作为最初在麦克斯韦方程组中出现的量，**位移电流**是用电位移场（在某种意义上也称为电通量密度场）的变化率定义的。与实际电流一样，位移电流也具有相关的磁场，它不是电荷流动产生的电流，而是时变电场产生的电流。在材料中，束缚电荷的轻微运动或时变电场引起的介质极化也对**位移电流**有贡献。

8.2.1.3 涡流和面电流

电流也可能由自然现象引起，如闪电、太阳风等。电流也可能由人造系统引起，输电线、电气和电子设备中的电子流动就是人为生成电流的例子。人造系统引起的电流称为**传导电流**。在变化磁场中的导体会产生另一种形式的电流，称为**涡流**。在**超导体表面，时不变磁场**会产生涡流，从而阻挡磁通进入超导体内部。在电磁波中的导体会产生**面电流**。

8.2.2 电流密度

在上节中，以多种方式对电流进行了分类。本节将讨论**电流密度**。对位移电流密度的详细讨论将在第 15 章进行，对涡流密度的详细讨论将在第 21 章进行。

电流密度是电的流动密度的度量，通常用 $\boldsymbol{J}$ 表示。电流密度用矢量来定义，矢量的大小为导体单位截面积的电流 I，矢量的方向为电流流动方向。电流密度的单位是安培每平方米（$\mathrm{A/m^2}$）。电流密度与截面积为 S 的导线中流动的电流之间的关系由积分方程表示

$$I = \iint_S \boldsymbol{J} \cdot \mathrm{d}\boldsymbol{s} \tag{8-2}$$

体电流密度 $\boldsymbol{J}$ 和面电流密度 $\boldsymbol{K}$ 分别定义为

$$\boldsymbol{J} \overset{\text{def}}{=\!=} \lim_{\Delta s \to 0} \frac{\Delta I}{\Delta s} \boldsymbol{a}_n \quad (\text{单位为 } \mathrm{A/m^2}) \tag{8-2a}$$

$$\boldsymbol{K} \overset{\text{def}}{=\!=} \lim_{\Delta \ell \to 0} \frac{\Delta I}{\Delta \ell} \boldsymbol{a}_n \quad (\text{单位为 } \mathrm{A/m}) \tag{8-2b}$$

在方程（8-2a）中，ΔI 是流过一个小面元 Δs 的小电流，单位矢量 $\boldsymbol{a}_n$ 垂直于面元 Δs，指向电流 ΔI 的流动方向。在方程（8-2b）中，ΔI 是流过一个小线段 $\Delta \ell$ 的小电流，单位矢量 $\boldsymbol{a}_n$ 垂直于这个线段，指向电流 ΔI 的流动方向。

8.2.2.1 对流电流密度

对流电流出现在绝缘体或介质中，如液体、真空和稀薄气体中，是由绝缘液体中的电

子或离子运动引起的。这种电流不满足欧姆定律，因为它不涉及导体。

图 8－1 为长度单元 ΔL、面元 Δs 和体积元 Δv 的示意图。该体积元含有连续电荷分布的电荷密度 ρ_v（或简化为 ρ）。根据方程（5－38a）和图 8－1，体积元内的电荷 ΔQ 为

$$\Delta Q=\rho_v \Delta v=\rho \Delta s \Delta L \tag{8-3a}$$

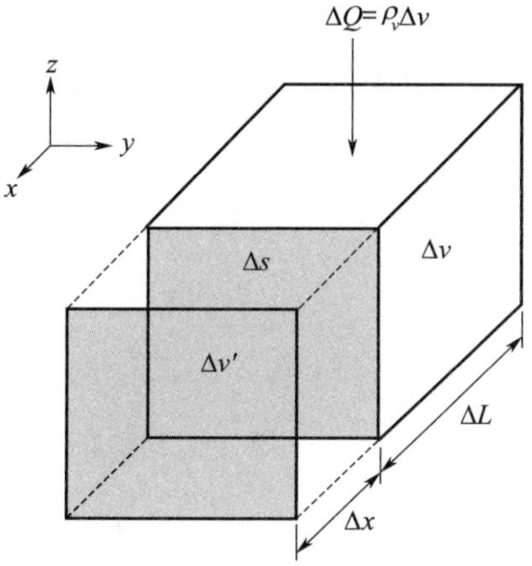

图 8－1　电荷在体积元中运动

假设这些电荷沿 x 方向以速度 $\boldsymbol{U}=U_x \boldsymbol{a}_x$ 移动。在 Δt 时间内，在体积 $\Delta s \Delta x$ 中有电荷量 $\Delta Q'$ 沿 x 轴方向运动，这种移动可以通过新的位置 Δs 来表示。这个离开原来体积 Δv 的移动体积内的电荷量为

$$\Delta Q'=\rho \cdot \Delta s \cdot \Delta x \tag{8-3b}$$

在 Δt 时间内移动的电荷为电流 ΔI，可以写为

$$\Delta I=\frac{\Delta Q'}{\Delta t}=\rho \cdot \Delta s \cdot \frac{\Delta x}{\Delta t} \tag{8-4a}$$

因此，根据方程（8－4a）

$$\Delta I=\rho \cdot \Delta s \cdot U_x \tag{8-4b}$$

尽管电流有流动方向，但它总是被视为一个标量。因此，需要定义一个新的量来表示电流的方向。如前所述，用 $\boldsymbol{J}$ 来表示这个量，称为电流密度，单位为安培/单位面积。在这种特殊情况下，假设电荷仅沿着 x 方向移动，因此，电流密度 $\boldsymbol{J}$ 只有一个 x 分量（用 J_x 来表示）。根据方程（8－4b）可以写为

$$J_x=\lim_{\Delta s \to 0} \frac{\Delta I}{\Delta s}=\rho \cdot U_x \tag{8-5}$$

在这种特殊情况下，我们假定了电荷沿 x 轴方向运动。如果电荷沿 y 或 z 方向有类似的运动，则电流密度将有 J_y 和 J_z 分量。为了推广这种结果，我们假设电荷在空间坐标的所有三个正方向（即 x，y 和 z）移动，则得到对流电流密度的关系式

$$\boldsymbol{J}=\rho \cdot \boldsymbol{U} \tag{8-6}$$

其中

$$\boldsymbol{U}=U_x \boldsymbol{a}_x+U_y \boldsymbol{a}_y+U_z \boldsymbol{a}_z \tag{8-7}$$

8.2.2.2 传导电流密度

传导电流出现在大量自由电子作为载流子的导体中。传导电流服从欧姆定律。当外部电场作用于金属导体时，电子的漂移运动产生传导电流。在施加电场的瞬间，导体内的电荷会受力，这个力迫使电荷移动并试图加速它们的运动，但由于与原子晶格的连续碰撞，速度又会降低。因此，电子以一种平均速度移动或漂移，这种速度称为漂移速度（$\boldsymbol{v}_d$）。漂移速度与所施加的电场（$\boldsymbol{E}$）成正比。因此，根据牛顿定律，如果一个质量为 m 的电子在电场 $\boldsymbol{E}$ 中以平均漂移速度 $\boldsymbol{v}_d$ 运动，自由电子的平均动量变化必然等于所施加的力 $\boldsymbol{F}=-e\boldsymbol{E}$，其中 $-e$ 为每个电子的电荷。如果 τ 是连续碰撞之间的平均时间间隔，则有

$$\frac{m\,\boldsymbol{v}_d}{\tau}=-e\boldsymbol{E} \tag{8-8a}$$

根据方程（8-8a）

$$\boldsymbol{v}_d=-\left(\frac{e\tau}{m}\right)\boldsymbol{E}\overset{\text{def}}{=\!=}-\mu_e\boldsymbol{E} \tag{8-8b}$$

方程（8-8b）的右边出现了一个新的量 μ_e，称为**电子迁移率**。电子迁移率定义为施加单位电场产生的漂移速度，根据方程（8-8b），电子迁移率为

$$\mu_e=\frac{e\tau}{m} \tag{8-9}$$

在导线中，电场作用下的电荷以漂移速度 $\boldsymbol{v}_d$ 运动。如果每立方米导体中的自由电子数为 n_e，则在导线中的体自由电荷密度（ρ_v 或 ρ）可以写为

$$\rho=-en_e \tag{8-10}$$

图 8-1 所示的漂移体积元 $\Delta v'$ 中的电荷可以写为

$$\Delta Q'=\rho\cdot\Delta v'=-e\cdot n_e\cdot\Delta s\cdot\Delta x=-e\cdot n_e\cdot\Delta s\cdot\nu_d\cdot\Delta t \tag{8-11}$$

在这个方程中，由于电荷以速度 ν_d 漂移，在 Δt 时间内漂移了 Δx 距离，因此，由于 $\nu_d=\Delta x/\Delta t$，Δx 可用 $\nu_d\Delta t$ 来替换。

因此，电流可以写为

$$\Delta I=\frac{\Delta Q'}{\Delta t}=-e\cdot n_e\cdot\Delta s\cdot\nu_d \tag{8-12a}$$

根据方程（8-8b）和（8-12a），可以得到

$$\Delta I=e\cdot n_e\cdot\Delta s\cdot\mu_e E \tag{8-12b}$$

最后，**传导电流**密度 $\boldsymbol{J}_c$ 的大小可以定义为

$$J_c=\frac{\Delta I}{\Delta s}=e\cdot n_e\cdot\mu_e\cdot E \tag{8-13a}$$

电流密度（用 $\boldsymbol{J}$ 取代 $\boldsymbol{J}_c$）可以写成下列通用形式

$$\boldsymbol{J}=\sigma\cdot\boldsymbol{E} \tag{8-13b}$$

在方程（8-13b）中，σ 称为材料的**电导率**，单位为姆欧/米（mhos/m，也即 S/m）。根据方程（8-13a）（8-13b）和（8-10），电导率为

$$\sigma=e\cdot n_e\cdot\mu_e=-\rho\cdot\mu_e \tag{8-14a}$$

在半导体中，电流由电子和空穴的运动产生，因此，电导率为

$$\sigma = -\rho_e \cdot \mu_e + \rho_h \cdot \mu_h \tag{8-14b}$$

式中，ρ_e 和 ρ_h 分别为电子电荷密度和空穴电荷密度，μ_e 和 μ_h 分别为电子迁移率和空穴迁移率。两种主要导电材料铜和铝的 μ_e 值分别为 0.0052 和 0.0014。

8.2.2.3　漂移速度

方程（8－8b）给出的漂移速度这一术语需要加以说明。前面提到，导电材料中存在大量的自由电子。这些电子在金属中充当载流子。如同气体中的粒子，这些移动的（或自由的）带电粒子在导体中以随机方向持续运动。在电荷净流动情况下，这些粒子也会以平均漂移速率一起运动。这些电子沿着不稳定的路径，从一个原子跳到另一个原子，但通常会向与电场相反的方向漂移。为了计算它们漂移的速度，我们假设每单位体积有 n 个带电粒子（或载流子密度），e 是每个粒子的电荷，s 是导体的截面积，I 是电流，则漂移速度 ν_d 可以由以下关系式给出

$$\nu_d = \frac{I}{n \cdot e \cdot s} \tag{8-15}$$

给方程（8－15）中的参数赋予适当的值，可以发现固体中的电荷运动非常缓慢。如同 5.2.8 节所述，1 cm^3 的铜中含有自由电子大约 8.5×10^{22} 个（每个电子电荷为 -1.6×10^{-19} C）。乘积 $n \cdot e$ 为 1 cm^3 有 13600 C 或 1 mm^3 有 13.6 C 的潜在移动电荷。在截面积为 0.5 mm^2 的铜导线中，携带 5 A 电流的电子以 $5/(13.6 \times 0.5) = 0.735$ mm/s的速度漂移。在接近于真空的阴极射线管中，电子近似于直线运动。在阴极射线管中，电子以约十分之一光速的速度运动。

加速的电荷或变化的电流会产生电磁波。这种波以很高的速度在导体外表面传播。这个速度是光速的主要部分，比电子的漂移速度快很多倍。在交流输电线中，电磁波携带能量从电源输送到目的地。电磁波在导线之间的空间中以非常快的速度传播，而导线中的电子只在很小的距离内往返运动（或漂移）。

8.3　金属导体中的电流

导体是能够使电流沿一个或多个方向流动的物体或材料。在铜或铝制成的金属导体中，可移动的带电粒子是电子。在这些导体中，电流以不同的形式分布，并遵循后面将描述的欧姆定律。

8.3.1　电流分布形式

在讨论电流效应的磁场定律之前，似乎有必要说明在应用中可能遇到的电流分布类型。下面将对电流分布类型简要介绍。

8.3.1.1　线电流

线电流是在圆形截面的均匀圆柱导体中流动的电流。丝状电流是导线半径趋于零时的

线电流的极限情况。线电流和丝状电流（用 I 来表示）都考虑为标量，单位为安培（A）。除非有电流流动的出口或有电流泄漏，否则都可以假定电流是均匀的。图 8－2（a）为线电流（或丝状电流）的示意图。

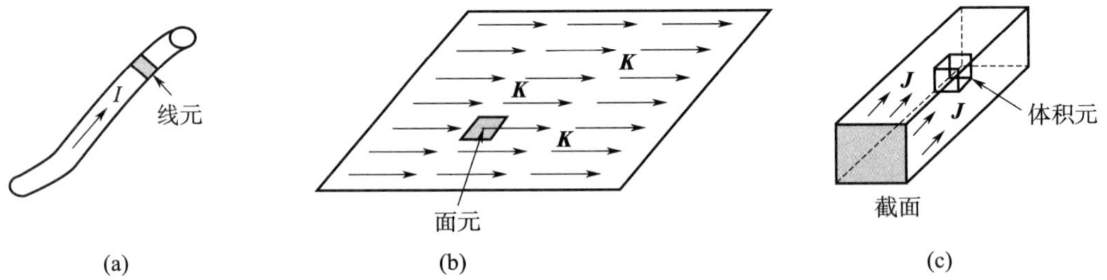

图 8－2　（a）线电流 I；（b）面电流密度 $\boldsymbol{K}$；（c）体电流密度 $\boldsymbol{J}$

8.3.1.2　线性（或表面）电流密度

图 8－2（b）给出了在有限长度和宽度导体表面上分布的电流，这些电流限定在极小的薄层内。这种电流的分布形式称为面电流密度。面电流密度是一个矢量，用 $\boldsymbol{K}$ 来表示。这种电流密度可以是均匀的，也可以是非均匀的，以安培每米（A/m）为单位。在表面上给定的 P 点，面电流密度定义为

$$\boldsymbol{K} \overset{\text{def}}{=\!=} \lim_{\Delta L \to 0} \frac{\Delta I}{\Delta L} \boldsymbol{a} \tag{8-16a}$$

式中，ΔL 为表面上 P 点的长度单元，该单元的方向垂直于电流 ΔI 的方向。矢量 $\boldsymbol{a}$ 是 P 点电流方向的单位矢量。

8.3.1.3　体电流密度

体电流密度是电流除以特定位置的截面积。在截面上的电流密度可以是均匀的，也可以是非均匀的。电流密度用矢量 $\boldsymbol{J}$ 表示，单位为安培每平方米（A/m^2）。如果横截面的一个维度变为零，则电流密度变为无穷大。图 8－2（c）为矩形导体截面上的电流密度 $\boldsymbol{J}$ 的分布。

在体积中的给定点 P，电流密度 $\boldsymbol{J}$ 的定义为

$$\boldsymbol{J} \overset{\text{def}}{=\!=} \lim_{\Delta s \to 0} \frac{\Delta I}{\Delta s} \boldsymbol{a} \tag{8-16b}$$

式中，Δs 为 P 点处的面积元，电流 ΔI 在垂直于该面元方向流动。矢量 $\boldsymbol{a}$ 是 P 点电流方向的单位矢量。反向关系式为

$$\iint_S \boldsymbol{J} \cdot \mathrm{d}\boldsymbol{s} = I \tag{8-16c}$$

式中，电流 I 是以电流密度 $\boldsymbol{J}$ 流过表面 S 的电流。

8.3.2　欧姆定律

方程（8－13b）为**点形式的欧姆定律**，该定律对于空间中各点都有效。图 8－3 有利

于理解欧姆定律的本质。

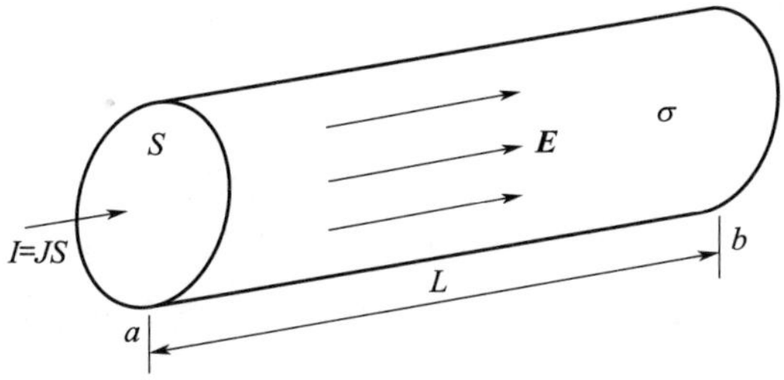

图 8－3　金属导体中的电流

图 8－3 给出了截面为 S、长度为 L、电导率为 σ 的金属导体。在电势差 V 的影响下，导体承载电流 I。均匀电流密度 $\boldsymbol{J}$ 的方程（8－1）可以写为

$$I = \iint_S \boldsymbol{J} \cdot \mathrm{d}\boldsymbol{s} = \boldsymbol{J} \cdot \iint_S \mathrm{d}\boldsymbol{s} = J \cdot S \tag{8-17a}$$

或

$$J = \frac{I}{S} \tag{8-17b}$$

在方程（7－8）中，导体中 a 和 b 点之间的电势差可以写为

$$V_{ab} = -\int_b^a \boldsymbol{E} \cdot \mathrm{d}\boldsymbol{L} = -\boldsymbol{E} \cdot \int_b^a \mathrm{d}\boldsymbol{L} = -\boldsymbol{E} \cdot \boldsymbol{L}_{ba} = \boldsymbol{E} \cdot \boldsymbol{L}_{ab} \tag{8-18a}$$

用 V 替换 V_{ab}，用 L 替换 $\boldsymbol{L}_{ab}$，可以得到

$$V = E \cdot L \tag{8-18b}$$

或

$$E = \frac{V}{L} \tag{8-18c}$$

在方程（8－17b）和（8－18c）中

$$J = \frac{I}{S} = \sigma E = \sigma \frac{V}{L} \tag{8-19a}$$

或

$$V = I \cdot \frac{L}{\sigma S} \tag{8-19b}$$

从（7－19b）可以得到

$$V = I \cdot R \tag{8-20a}$$

8.3.2.1　电阻率和电导率

在方程（8－20a）中，R 称为电阻。电阻是电路理论中所用的三个（无源）电路参数中的第一个参数。根据方程（8－20a）和（8－19b），电阻可以写为

$$R = \frac{L}{\sigma S} \tag{8-20b}$$

电导率σ 的单位为西门子/米（S/m）。**电导率**的倒数称为材料的**电阻率**或**比电阻**，用

欧姆表来测量。在某些情况下，人们发现一个称为**电导**的量相当有用，用字母G表示，是电阻R的倒数，因此可以写为

$$G=\frac{1}{R}=\frac{\sigma S}{L} \tag{8-20c}$$

方程式（8－20a）是另一种形式的欧姆定律。欧姆定律与V（电势差，V），I（电流，A）和R（电阻，Ω）相关。这些量在电路理论中经常使用。欧姆定律指出，电流与电阻器（或其他欧姆器件）两端电位差成正比。电导率随电流或电压变化的非线性材料不服从欧姆定律。

方程（8－20b）也是一个众所周知的关系式，这个关系式根据导体的截面面积S（单位为m^2）和长度L（单位为m）与材料的**电导率**“σ”或**电阻率**“$1/\sigma$”来确定电阻值。电阻率和电导率互为倒数。电阻率定义为材料抵抗电流流动的能力。由方程（8－20b）可知，导体的电阻取决于材料及其尺寸。对于给定的材料，导体的电阻与截面积成反比，与长度成正比。

在推导上述关系时，假定导体中的电流密度是完全均匀的，这在大多数实际情况下都是正确的。这种条件在线性材料（如金属）和低频下普遍成立。在交流电的情况下，由于**集肤效应和邻近效应**，上述关系不能给出正确的电阻值，下面将简要说明。这些效应将在第14章引入电感后给出进一步描述。

8.3.2.2 集肤效应

集肤效应抑制了交变电流向导体内部流动，导致导体中电流（密度）的非均匀分布。因此，电流实际流过的**有效**截面减小，与直流电情况相比，电阻会变得更高。

8.3.2.3 邻近效应

当承载交变电流的两个导体彼此靠近时，会出现**邻近效应**。在这种情况下，电流被限制在导体的一侧，改变了载流面积，在导体截面上的电流分布变为非均匀。因此，导体的电阻和电感增加。

8.3.2.4 载流容量

导体所能承载电流的量称为**载流容量（ampacity）**，是安培－容量（ampere－capacity）的简写形式。载流容量与导体的电阻成反比。导体的电阻是材料性质及其大小的函数。对于给定的材料，截面积大的导体比截面积小的导体电阻要小。低电阻的导体可以承载更多的电流。

8.3.2.5 各向同性和各向异性导体

如果对一种材料施加电场，所产生的电流方向相同，就称这种材料为**各向同性导电体**。如果电流与电场方向不同，这种材料就被称为**各向异性导体**，这种材料的电导率不是标量 。

8.3.3 连续性方程

在电磁学中，连续性方程是表述局部电荷守恒的经验定律。在数学上，连续性方程是

从麦克斯韦方程导出的，尽管与麦克斯韦方程相比，电荷守恒是更基础的问题。连续性方程具有积分和微分两种形式。

如前所述，电荷在导体中的流动形成传导电流，简称电流。假设有一个围成体积 v 的闭合曲面，电流 I 从这个闭合曲面流出。向外流动的电流（或电荷）意味着，这个封闭曲面内存储的总电荷 Q 随时间减少。这种减少只有在闭合曲面内没有电荷生成和电荷消失情况下才成立，用数学描述为

$$I = -\frac{\mathrm{d}Q}{\mathrm{d}t} \tag{8-21}$$

8.3.3.1　积分形式

根据方程（8－2）和（5－38b），方程（8－21）可以写为

$$\oiint_S \boldsymbol{J} \cdot \mathrm{d}\boldsymbol{s} = -\frac{\mathrm{d}}{\mathrm{d}t}\iiint_S \rho \cdot \mathrm{d}v \tag{8-22}$$

方程（8－22）是**积分形式的连续性方程**。在这个方程中，$\boldsymbol{J}$ 是电流密度，ρ 是由闭合曲面 S 所包围体积 v 中的电荷密度。

8.3.3.2　点形式

对方程（8－22）的左边应用散度定理，方程右边积分号内的项对时间求导，则方程变为

$$\iiint_v (\nabla \cdot \boldsymbol{J}) \cdot \mathrm{d}\boldsymbol{v} = \iiint_v \left(-\frac{\partial \rho}{\partial t}\right) \cdot \mathrm{d}v \tag{8-23}$$

由于体积 v 是任意的，两端积分相等，有

$$\nabla \cdot \boldsymbol{J} = -\frac{\partial \rho}{\partial t} \tag{8-24}$$

方程（8－24）称为**点形式的连续性方程**。该方程表明，电流密度 $\boldsymbol{J}$（$\mathrm{A/m^2}$）的散度等于电荷密度 ρ 的负变化率，即等于电荷密度的下降速率（$\mathrm{C/m^3}$）。由于电荷的运动形成电流，因此，如果电荷从体积元中移出（即电流密度散度为正），则体积内的电荷量必然减少，因此，电荷密度的变化率为负。所以，连续性方程相当于电荷守恒方程。

8.3.4　弛豫时间

导体的一个独有特性是，不会因任何外部的源在导体内部产生**静电场**。任何外部**静电场**都会使导体中的自由电荷移动并重新定位，直到导体内部的净场降为零。如果以某种方式将一个电荷注入导体内部，这个电荷会很快出现在导体表面。可以用捐赠者的器官移植到受体内作类比。器官移植后，除非受体通过药物免疫，否则植入的器官就会发生排斥反应。同样，导体将排斥任何注入的电荷，以保持导体内部的零净场。排斥的过程很简单。当一个电荷注入导体内部时，该电荷的周围就会建立一个电场，因而破坏了该区域的电中性。这个电场将对其邻近电荷施加作用力。在该力的影响下，另一个同样大小的电荷必然被移开，以维持这个局部区域的电中性。这个新的电荷移动到另一点，将再次扰乱附近的

电中性，迫使另一个电荷移动。这个过程将持续，直到相同的或相等的电荷出现在表面，**导体才得以松弛**。电荷到达导体表面所用的时间称为**弛豫时间**。这个时间取决于材料的性质。

8.3.4.1　数学表述

由方程（8-21）和（8-22）的左边可知

$$\frac{\mathrm{d}Q}{\mathrm{d}t}=-I=-\oiint_S \boldsymbol{J}\cdot \mathrm{d}\boldsymbol{s} \tag{8-25a}$$

根据关系式 $\boldsymbol{J}=\sigma\boldsymbol{E}=\boldsymbol{\sigma}(\boldsymbol{D}/\varepsilon)$，方程（8-25a）右边可以改写为

$$\frac{\mathrm{d}Q}{\mathrm{d}t}=-\frac{\sigma}{\varepsilon}\oiint_S \boldsymbol{D}\cdot \mathrm{d}\boldsymbol{s} \tag{8-25b}$$

根据散度定理

$$\frac{\mathrm{d}Q}{\mathrm{d}t}=-\frac{\sigma}{\varepsilon}\iiint_v (\nabla\cdot \boldsymbol{D})\cdot \mathrm{d}v \tag{8-25c}$$

应用麦克斯韦第二方程（$\nabla\cdot D=\rho$），得到

$$\frac{\mathrm{d}Q}{\mathrm{d}t}=-\frac{\sigma}{\varepsilon}\iiint_v \rho\cdot \mathrm{d}v \tag{8-25d}$$

应用方程（5-38b），得到

$$\frac{\mathrm{d}Q}{\mathrm{d}t}=-\frac{\sigma}{\varepsilon}\cdot \boldsymbol{Q} \tag{8-25e}$$

方程（8-25e）的解为

$$\boldsymbol{Q}=\boldsymbol{Q}_0\cdot \mathrm{e}^{-t/\tau} \tag{8-26a}$$

式中，Q_0 是体积内 v 的初始电荷，τ 为**弛豫时间**，定义为

$$\tau \overset{\text{def}}{=\!=} \varepsilon/\sigma \tag{8-26b}$$

根据方程（8-26a），**弛豫时间**定义为将电荷 $\left[\left(1-\frac{1}{\mathrm{e}}\right)\cdot Q_0\right]$ 移动到导体表面所花费的时间，其中 e 为自然对数的底。

对于 v 中的任意一点，方程（8-26a）也可用电荷密度来表示

$$\rho=\rho_0\cdot \mathrm{e}^{-t/\tau} \tag{8-27}$$

式中，ρ_0 是该点的初始电荷密度，通常为空间坐标的函数。

方程（8-27）的指数项需要无限长时间才能变为零，因此，在实际应用中，弛豫时间采用电荷（或电荷密度）减少到初始值的 1/e 倍的时间。

8.3.4.2　理想导体的弛豫时间

根据方程（8-26b）计算的一些理想导体的弛豫时间为：

- 银：$\sigma=6.17\times10^7$，$\varepsilon=\varepsilon_0=8.854\times10^{-12}$，$\tau\approx14.35\ \mu\mu\mu\mathrm{s}$
- 铜：$\sigma=5.8\times10^7$，$\varepsilon=\varepsilon_0=8.854\times10^{-12}$，$\tau\approx15.2675\ \mu\mu\mu\mathrm{s}$
- 铝：$\sigma=3.72\times10^7$，$\varepsilon=\varepsilon_0=8.854\times10^{-12}$，$\tau\approx23.80\ \mu\mu\mu\mathrm{s}$

从这些弛豫时间的结果可以看出，对于所有理想导体，电荷减少到原始值 1/e 倍所用

的时间为 $\mu\mu\mu$s 量级。

8.4　电气材料分类

电气材料可大致分为导体、半导体和绝缘体，这种分类基于价带、导带、禁带（或能隙）的能级。这些能带对于电气材料的性能起着关键的作用。能带的形成与原子结构和原子内部电子的行为有关。下面简要地描述它们的形成过程。

所有物质都是由称为原子的微小粒子组成的，原子中包含原子核和电子。电子绕自身轴旋转，同时以不同轨道围绕原子核旋转。原子的轨道数由量子力学定义，每条轨道对应着一定的势能能级。能级是将电子从原子核的内轨道移动到较远轨道所需的能量。原子的电子总是倾向于最内的轨道。然而，根据泡利（Pauli）的不相容原理（一个基本的自然规律），原子中不能有两个以上电子占据相同的能级，即使当这些电子具有相反的自旋时也是如此。因此，在一个正常的原子中，电子占据较低的能级，而较高的能级仍未被占据。

孤立原子中的电子处于完全确定的能态。这个能态的能量可以表示为 E_1 的直线。图 8-4（a）为单个原子和表示能级 E_1 的线。如果具有相同能级的两个相似原子靠得很近，它们的电子轨道就会相互作用。根据量子力学，由于这种相互作用，描述两个原子能级的线会稍微分开，并产生两个不同的能级 E_1 和 E_2， 如图 8-4（b）所示。类似地，当三个相同的原子聚集在一起时，电子轨道的相互作用将产生三个不同的能级。图 8-4（c）是三个不同能级 E_1、E_2 和 E_3。图 8-4（d）是 N 个相互靠近的相似原子的 N 个能级。从最后一个图中可以明显看出，能级的数目变得如此之大，如此之近，以至于可以把它们看作是一个连续的能带。此外，这种类似原子加入的过程可能导致固体的形成。

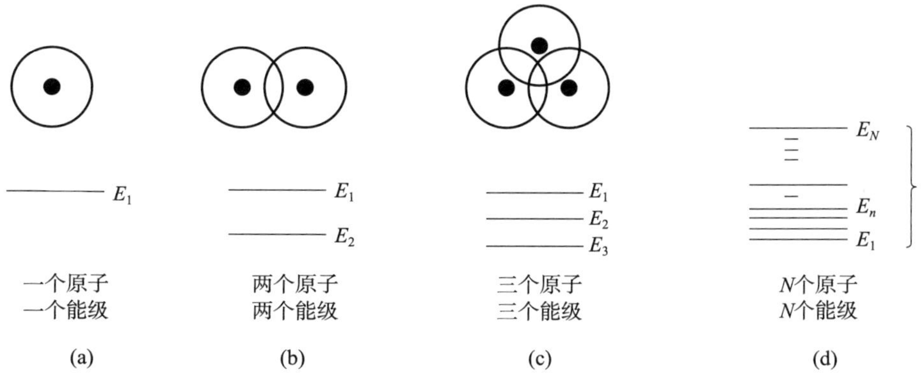

图 8-4　能级：（a）单个原子；（b）两个原子；（c）三个原子；（d）N 个原子

上述过程形成了能带。此外，量子力学表明，能带可以完全填满、部分填满或为空能带。前两种类型称为价带，后一种类型称为导带。此外，这两类能带可以重叠，可以相邻或者可以在能量尺度上分开一定距离。在以下几段中，将描述用于电气材料分类的有关类型和能带间隙（称为禁带）。

在导体中，导带刚好在价带之上。通过电子激发，可以很容易地使电子从价带跨越到导带。图 8－5（a）为一种半填充价带的能带，这种能带与只有一价电子的原子所构成的材料有关。大多数高导电性金属都满足这种条件，包括银、铜和金。图 8－5（b）为全填充价带与导带重叠的情况，这种材料含有两价电子的原子，也能表现出高导电性。

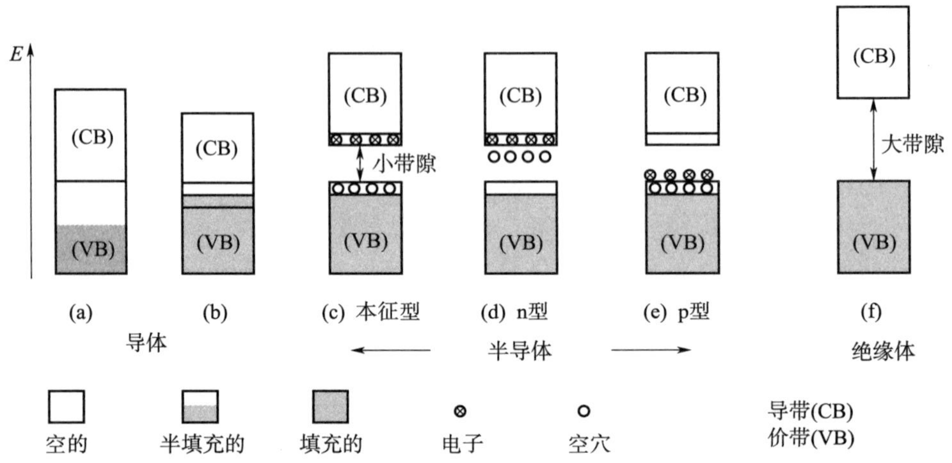

图 8－5　晶体的不同能带图：（a）半填充带；（b）两带重叠；（c）小带隙隔开的满带与空带；（d）n 型半导体带隙结构；（e）p 型半导体带隙结构；（f）大带隙隔开的满带和空带

图 8－5（c）为半导体材料的带隙图。其中，在导带和价带之间有一个小的禁能区，禁能带是价带顶部到导带底部的能级差。在这类材料中，载流子包括电子和空穴两种。在电激发作用下，载流子只有获得足够的能量才能越过禁带间隙，从价带移动到导带。半导体与金属和绝缘体的本质差别在于它们含有“几乎空的”导带和“几乎满的”价带。这种独特的情况使得载流子能够在两个能带中传输。前面提到的空穴，实际上是失去了电子的原子。当空穴与电子处于相同状态时，空穴的行为与电子的行为性质相同，差别只是带有正电荷。图 8－5（c）所示的是纯（或本征）半导体。为了提高半导体材料的导电性，可以在本征半导体材料中加入一定量的杂质。这种掺杂产生了两种类型的半导体。图 8－5（d）为 n 型（或负型）半导体，其中空穴充当供体，电子充当受体。类似地，图 8－5（e）为 p 型（或正型）半导体，其中空穴充当受体，电子充当供体。这些特性将在讨论半导体性质时进一步解释。

图 8－5（f）是一个大能隙将完全的满带与相邻的高空带分隔开的情况。这种大带隙使得电子不能从价带跨越到导带。因此，在这种材料（称为绝缘体）中不可能有传导，除非绝缘击穿。在绝缘击穿阶段，电介质将失去原有特性并开始导电。

8.4.1　导电材料

导电材料包括金属、非金属、电解质、超导体、半导体和等离子体。银、铜、金和铝是金属导体，而石墨和导电聚合物属于非金属的范畴。半导体和超导体将在后面几小节中分别描述。

8.4.1.1 金属导体

固体导电金属含有大量可移动电子或自由电子。这些电子被束缚在金属晶格内而不是单个原子上。这些电子由于热能而随机运动并形成电流。然而，在金属中，这种电流的平均值仍然是零。在室温下，这种随机运动的平均速度约为10^6 cm/s。在电场的作用下，自由电子向正极漂移形成电流。金属导体的导电性也取决于温度。随着温度的升高，金属原子中电子的运动受到限制。因此，电阻增加。

在金属中，金和银是最好的导体，但由于成本高，应用相对较少，仅限于一些专门的设备和应用。铜是另一种高导电性的金属导体，是一种常用的材料，但其导电性低于金和银。铝是另一种金属导体，电导率为铜的64%，其价格低于铜，并且在成本是决定因素之一的情况下使用。

8.4.1.2 非金属导体

除金属外，盐也能导电。盐中没有自由电子，导电性依赖于离子。当盐融化或溶解时，离子可以自由移动。

8.4.2 半导体材料

半导体材料的电导率介于导体和绝缘体之间，会因温度、激发态和杂质含量的改变而大范围变化，范围大约在10^{-2}～10^4西门子/厘米（S/cm）。半导体对电荷的输运不仅是电子特性的作用，也与固体中原子的排列密切相关。纯半导体称为本征半导体。含有杂质的半导体可以按照杂质的类型进行分类。杂质（也称为非本征材料）可分为n型或p型。n型（或负型）材料中有多余的电子，p型（或正型）材料中有多余的空穴。因此，在n型材料中，电子是载流子，而在p型材料，空穴是载流子。空穴（可移动的正载流子）可以认为是半导体晶体中缺失一个价电子的地方。

在典型的晶体半导体中，电子只能拥有特定能带的能量。这些能带在基态能量和自由电子能量之间。在基态下，电子紧紧地束缚在材料的原子核上，自由电子能量则描述了电子完全脱离材料所需要的能量。

能带对应于大量电子的离散量子态。大部分低能态都被电子占据，直到一种特定的能带，称为价带。低能态的电子是指在距原子核较近轨道运行的那些电子。

一般情况下，任何金属的价带几乎都充满了电子；但在半导体中，很少有价带会有这样的填充；而在绝缘体中，几乎没有一个价带是如此填充的。半导体中电子从价带激发到导带的难易程度取决于带隙能量。

当带隙能量很大时，例如5 V或10 V，会对应非常强的价键，电子不太可能从室温下的热效应获得足够的能量以跃迁到未填充带。因此，这种固体材料可以认为是一种良好的绝缘体。然而，如果能隙的量级在1 V左右，则对应仅有中等强度的价键，有足够多的电子可能获得跳跃间隙所必需的能量，导致明显的电导率。这种情况得到了半导体行业的关注。锗和硅的能隙分别为0.75 V和1.12 V。因此，半导体和绝缘体之间的分界线约4电子伏特（eV）。

一般来说，填充带对电导率没有贡献。然而，当温度上升到绝对零度以上时，半导体需要获得更多的能量用于晶格振动和将电子激发到导带。

8.4.3 介电材料

介电材料是电**绝缘体**或非导电材料。与金属不同的是，介电材料中没有松散束缚或可以在材料中漂移的自由电子。这种材料内没有电场影响下的电荷流动，因此，仅承载微不足道的电流。**理想电介质**电导率为零，并且介电常数无穷大，因此，介质中只有**位移电流**。理想电介质可以储存和释放电能，如同理想的电容器。“自由空间”是一种理想的绝缘体，但却是很差的电介质。

8.4.3.1 介质模型的经典方法

这种方法假设材料是由原子组成的，每个原子由负电荷（电子）云和中心的正点电荷（质子）组成，中心的正电荷束缚负电荷云，使其环绕在周围。在电场的作用下，电荷云会发生扭曲，在叠加原理下可简化为一个简单的偶极子。偶极子用偶极矩来表征，偶极矩为方程（7-31b）定义的矢量。电场 $\boldsymbol{E}$ 和偶极矩 $\boldsymbol{p}$ 之间的关系决定了电介质的特性。一般来说，场移除之后，原子会恢复到原来的状态。恢复时间称为**介质的弛豫时间**。

电介质的特性取决于多种因素，包括电场的方向性、电场随时间变化的性质、材料的均匀性以及对电场响应的线性度等。

电介质可以是固体、液体或气体。固体介质是最常用的，许多固体也是很好的绝缘体。固体电介质包括瓷器、玻璃和大部分塑料。空气、氮气和六氟化硫是最常用的气体电介质。相对介电常数为 1 的高真空是一种几乎无损耗的电介质。

需要指出，绝缘体和电介质这两个术语通常被认为是同义词。然而，绝缘体用来表述电阻，而电介质用来表述材料的储能能力。电容器内金属板之间的电绝缘材料是电介质的一个常见实例。在给定的电场强度下，施加电场导致电介质极化，能够增加电容器的面电荷。

8.4.3.2 极性和非极性分子

在第 7 章中，计算了偶极子的电场，用矢量 $\boldsymbol{p}(Q\boldsymbol{d})$ 来表示电偶极矩。在这个关系式中，Q 是正电荷，$\boldsymbol{d}$ 是从负电荷指向正电荷的距离矢量。通常，介质中整个体积的偶极矩指向是任意的。

因为物质是由原子和分子组成的，所以研究电介质需要了解这些组分的性质。在所有物质中，每个原子都含有正电荷和负电荷。与导电材料不同，介质中没有自由电荷。因此，介质中的电荷可以称为束缚电荷。这些正电荷和负电荷具有最小的自然间距。最小自然间距几乎为零的分子称为**非极性分子**。最小自然间距大于零的分子称为**极性分子**。图 8-6（a)和图 8-6（b）是分别为具有位移为 d_1 和 $d(d \to 0)$ 的这两类分子。这种位移是极性分子和非极性分子的平均平衡位置。相距很近极性相反的电荷结构可以用电偶极子来表征。

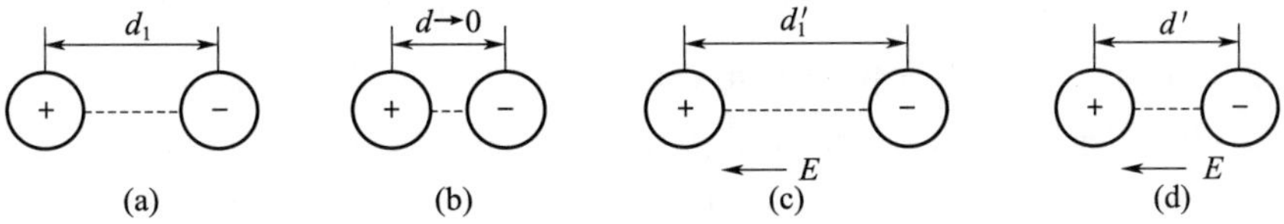

图 8－6　电荷之间的位移：(a) 无电场的极化分子；(b) 无电场下的非极化分子；(c) 电场影响下的极化分子；(d) 电场影响下的非极化分子

8.4.3.3　极化

在电场的影响下，介质中的正电荷和负电荷会偏离原来的平均平衡位置。图 8－6 (c) 和图 8－6 (d) 显示了在 $d'_1(d'_1 > d_1)$ 和 $d'_1(d'_1 > 0)$ 时极性分子和非极性分子的这种偏移。可以看出，这种偏移使正电荷向电场 E 的方向移动，而负电荷向相反的方向移动。由偶极子产生的内部电场会减小介质内的整体电场。

正电荷和负电荷之间的偏移称为**介电极化**，用矢量 $\boldsymbol{P}$ 表示。如果单位体积有 n 个相同的偶极子，则极化可以写为

$$\boldsymbol{P} = n \cdot Q\boldsymbol{d} = n \cdot \boldsymbol{p} \quad \text{或} \quad \boldsymbol{P} = n \cdot Q\boldsymbol{d}' = n \cdot \boldsymbol{p}' \tag{8-28a}$$

极化 $\boldsymbol{P}$ 等同于单位体积内的偶极矩。在偶极子不相同的情况下，可以将其写为样本体积 v 中的平均值

$$\boldsymbol{P} = \frac{1}{v}(Q_1\boldsymbol{d}_1 + Q_2 d_2 + \cdots + Q_n\boldsymbol{d}_n) = \frac{1}{v}\sum_{m=1}^{n} Q_m\boldsymbol{d}_m = \frac{1}{\nu}\sum_{m=1}^{n}\boldsymbol{p}_m \tag{8-28b}$$

如果介质是由弱束缚分子组成的，施加的电场不仅使分子极化，而且还能试图重定向偶极矩使其沿着电场方向排列。图 8－7 (a) 和图 8－7 (b) 给出了施加电场前后的偶极子方向。

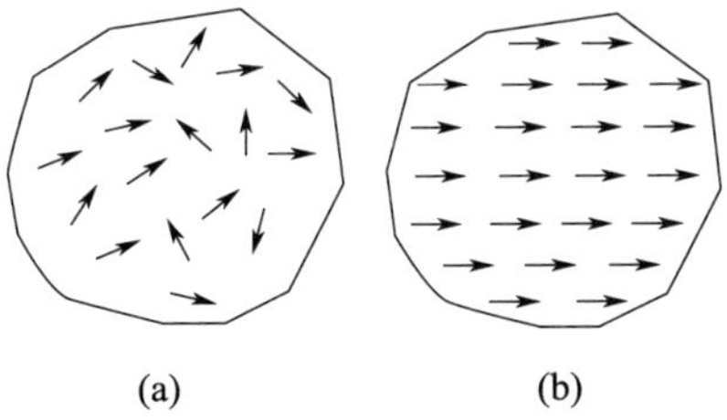

图 8－7　偶极子指向：(a) 施加电场之前；(b) 施加电场之后

8.4.3.4　束缚电荷密度

图 8－8 是电介质内部具有面积 ΔS 的体积元示意图。假设这个体积内包含 n 个非极性分子。因为不存在有偶极矩的分子，所以整个材料的极化 $\boldsymbol{P}$ 为零。对该样本施加电场将拉长正电荷和负电荷之间的距离，从而在每个分子中产生偶极矩 $\boldsymbol{p} = Q\boldsymbol{d}$ 。假设在体积内的重定向的偶极子与面元矢量 $\Delta\boldsymbol{S}$ 形成 θ 角。如图所示，在这个角度和高度 Δh 下，样本体积元 Δv 可以写为

$$\Delta h = d \cdot \cos\theta \tag{8-29a}$$

$$\Delta v = \Delta S \cdot \Delta h = \Delta S \cdot d \cdot \cos\theta \tag{8-29b}$$

假设最初每个分子都集中在位于面元 ΔS 下方距离 Δh 处的体积 Δv 中心。由于正电荷和负电荷之间距离的延长，$+Q$ 电荷将穿过表面 ΔS 向上偏移，$-Q$ 电荷将穿过表面 ΔS 向下偏移。由于每立方米有 n 个分子，跨过面元上方的净总电荷（现在可以称为束缚电荷 ΔQ_b）为

$$\Delta Q_b = n \cdot Q \cdot d \cdot \cos\theta \cdot \Delta S = n \cdot Q \cdot \boldsymbol{d} \cdot \Delta \boldsymbol{S} \tag{8-30a}$$

根据方程（8－28a）

$$\Delta Q_b = \boldsymbol{P} \cdot \Delta \boldsymbol{S} \tag{8-30b}$$

假设这个表面是界定该体积的闭合曲面，则曲面矢量指向外方向，则该体积内的净束缚电荷为

$$Q_b = -\oint_S \boldsymbol{P} \cdot \Delta \boldsymbol{S} \tag{8-31a}$$

如果假设电荷为束缚电荷密度 ρ_b 分布，Q_b 可以写为

$$Q_b = \iiint_v \rho_b \cdot dv \tag{8-31b}$$

根据方程（8－31a）和（8－31b）

$$\iiint_v \rho_b \cdot dv = -\oint_S \boldsymbol{P} \cdot \Delta \boldsymbol{S} \tag{8-32a}$$

方程（8－32a）右边应用散度定理，得到

$$\iiint_v \rho_b \cdot dv = -\iiint_v (\nabla \cdot \boldsymbol{P}) \cdot dv \tag{8-32b}$$

根据方程（8－32b）

$$\nabla \cdot \boldsymbol{P} = -\rho_b \tag{8-33}$$

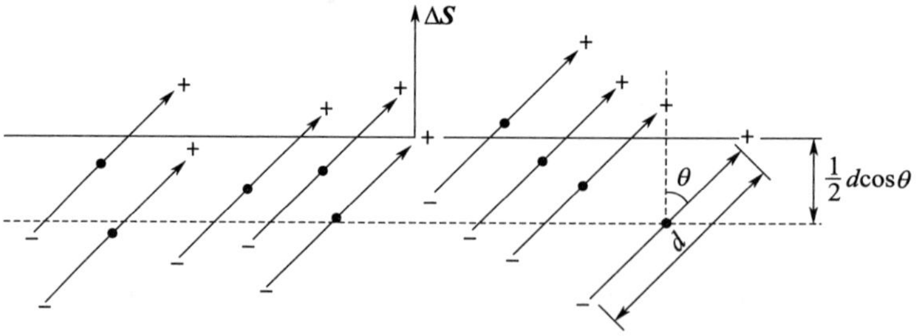

图 8－8　介质内部穿过面元 ΔS 的束缚电荷（箭头方向为电场方向，＋/－为极化分子的符号）

8.4.3.5　极化与束缚电荷的影响

上述关系式与方程（6－20a）（$\nabla \cdot \boldsymbol{D} = \rho$）相似，对于自由空间，用 $\boldsymbol{E}$ 来表示的方程为

$$\nabla \cdot (\varepsilon_0 \boldsymbol{E}) = \rho \tag{8-34}$$

如果体电荷密度包括自由电子密度 ρ_f 和束缚电子密度 ρ_b，则方程（8－34）的右边改写为

$$\nabla \cdot (\varepsilon_0 \boldsymbol{E}) = \rho_f + \rho_b \tag{8-35a}$$

根据方程（8－33）

$$\nabla \cdot (\varepsilon_0 \boldsymbol{E}) = \rho_f - \nabla \cdot \boldsymbol{P} \tag{8-35b}$$

整理方程后得到

$$\nabla \cdot (\varepsilon_0 \boldsymbol{E} + \boldsymbol{P}) = \rho_f \tag{8-35c}$$

因此，$\boldsymbol{D}$ 可改写为

$$\boldsymbol{D} = \varepsilon_0 \boldsymbol{E} + \boldsymbol{P} \tag{8-36}$$

从方程（8－36）中可以看出，在方程（6－5）给定的 $\boldsymbol{D}$ 关系式（$\boldsymbol{D} = \varepsilon_0 \boldsymbol{E}$）中增加了一项。这个增加项是由于极化材料导致。根据方程（8－35c）和（8－36），得到新的关系式为

$$\nabla \cdot \boldsymbol{D} = \rho_f \tag{8-37}$$

8.4.3.6　电极化率

介质材料的电极化率是材料在电场 $\boldsymbol{E}$ 中的极化敏感性量度，用希腊字母 χ_e 来表示，可以认为是电场 $\boldsymbol{E}$ 与感应的介质极化强度 $\boldsymbol{P}$ 之间的比例常数，其关系式为

$$\boldsymbol{P} = \varepsilon_0 \cdot \chi_e \cdot \boldsymbol{E} \tag{8-38}$$

因此，根据方程（8－36）和（8－38），可以得到

$$\boldsymbol{D} = \varepsilon_0 \cdot (1 + \chi_e) \cdot \boldsymbol{E} \tag{8-39}$$

介质的极化率也与相对介电常数 ε_r 有关

$$\chi_e = \varepsilon_r - 1 \tag{8-40}$$

自由空间和真空的电极化率为零。电极化对介质中的很多现象产生影响，例如电容器的电容和光的传输速度。

将方程（8－40）代入方程（8－39），可以得到

$$\boldsymbol{D} = \varepsilon_0 \cdot \varepsilon_r \cdot \boldsymbol{E} \stackrel{\text{def}}{=\!=} \varepsilon \boldsymbol{E} \tag{8-41}$$

根据方程（8－41）有

$$\varepsilon = \varepsilon_0 \cdot \varepsilon_r \tag{8-42}$$

8.4.3.7　介电常数

介质材料的极化率用**相对电容率**或**相对介电常数**来表征，通常用 ε_r 表示。自由空间或真空的介电常数用 ε_0 表示，其他所有材料的介电常数用相对介电常数来确定。因此，对于任意介质材料的介电常数 ε 的绝对值为方程（8－42）给定的 ε_0 和 ε_r 的乘积。

8.4.4　超导体

超导现象是由荷兰物理学家海克·卡梅林·昂尼斯（Heike Kamerlingh Onnes）于 1911 年发现的。在特征临界温度以下，某些材料表现出电阻为零和磁场排斥的量子力学现象。这种现象用迈斯纳（Meissner）效应来表征，即在转换为超导态时，磁场线会从超导体内全部发射出来。这种效应表明，超导现象不能简单地理解为经典物理中**理想导电性**的理想化。金属导体的电阻率随着温度的降低而逐渐减小。这种减小受到杂质和其他缺陷的限制，一般导体甚至在接近绝对零度时也具有一定的电阻。在超导体中，当材料冷却到

临界温度以下时，电阻突然降为零。超导导线回路中的时不变电流可以在无电源的情况下无限期持续地流动（因为没有 I^2R 损耗和直流电流的功率辐射）。

8.4.4.1 超导体的应用

超导体的应用包括：

- 超导磁体应用于核磁共振机、质谱仪和粒子加速器中的束流转向磁体。
- 用于磁性分选，如颜料行业中从较少或非磁性颗粒中提取弱磁性颗粒。
- 用于制作基于快速单通量的量子数字电路和移动电话基站的射频和微波滤波器。
- 在约瑟夫森结中用于构建超导量子干涉器件（SQUID）模块，作为已知最敏感的磁强计，超导量子干涉器件用于 SQUID 扫描显微镜和脑磁扫描仪。
- 根据运行模式，可以将超导体-绝缘体-超导体的约瑟夫森结用于光子探测器或混频器。
- 在低温微热量计光子探测器和超灵敏测辐射热计中，可将从正常状态到超导状态转变时的大电阻变化用于制作量热计。
- 有未来应用前景的超导应用包括高性能智能电网、电力传输、变压器、电力存储设备、电动机（用于磁悬浮列车中的车辆推进）、磁悬浮设备、故障电流限制器以及超导磁冰箱。由于超导性对移动的磁场具有敏感性，这些应用将比依赖于传统方法的应用更难开发。
- 基于高温超导的设备在相对效率、尺寸和重量方面的优势都超过了所涉及的额外成本。

8.5 边界条件

在许多应用中，场量（即 **D**、**E**、**B** 或 **H** ）可能会遇到不同特征参数的材料。例如，由气隙隔开的静态或旋转金属部件的电机，在树木、建筑物、小山和其他障碍物介质中传播的电磁波，以及导体和不同介质或不同磁性材料同时存在的设备和系统。在所有这些情况下，都需要知道从一种介质到另一种介质时的场特性。显然，电场（ **D** 和 **E** ）特性取决于电导率和介电常数，而磁场（ **B** 和 **H** ）特性取决于介质的相对磁导率。此外，在静电场、静磁场和时变场情况下的特性也会不同。由于存在不同性质的材料，场特性可以用所谓的边界条件来考虑。边界条件的研究围绕着两种不同介质界面上的电场或磁场连续性条件进行。

8.5.1 一般构型

图 8－9 是计算特定矢量场需满足的边界条件的简单构型。在此构型中，整个空间被分成标记为区域 1 和区域 2 的两个区域。这两个区域用两种不同的材料整体填充。区域 1 的上表面与区域 2 的下表面相连。由线段表示的两个表面层连接位置称为边界或界面。

图 8－9 给出了区域 1 和区域 2 的特征参数，分别标记为 k_1 和 k_2。在电场情况下，可

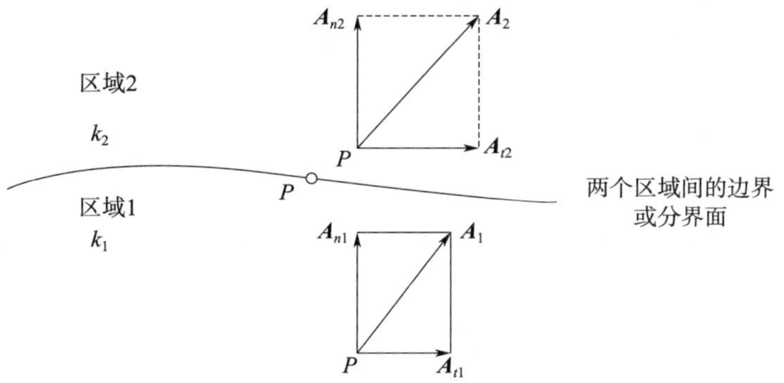

图 8 - 9　边界条件的一般构型

以表示两种不同的电导率或介电常数；在磁场情况下，可以表示两种不同的磁导率。$\boldsymbol{A}$ 矢量可以表示电场中 P 点的 $\boldsymbol{D}$ 和 $\boldsymbol{E}$（或磁场中 P 点的 $\boldsymbol{B}$ 和 $\boldsymbol{H}$ ）。$\boldsymbol{A}$ 的下标 1 和 2 表示区域号（例如，$\boldsymbol{A}_1$ 为区域 1，$\boldsymbol{A}_2$ 为区域 2）。由于两个区域的特征参数值不同，$\boldsymbol{A}_1$ 和 $\boldsymbol{A}_2$ 的方向也会不同。在同一点 P 的界面两侧同时存在 $\boldsymbol{A}_1$ 和 $\boldsymbol{A}_2$。此外，在任意区域，任意方向矢量可分解成法向分量和切向分量，可以用相应的下标加相应的区域编号来表示。因此，矢量切向分量可写成 $\boldsymbol{A}_{t1}$ 和 $\boldsymbol{A}_{t2}$， 法向分量写成 $\boldsymbol{A}_{n1}$ 和 $\boldsymbol{A}_{n2}$ ，或者写成 $\boldsymbol{A}_{\text{tan1}}$、$\boldsymbol{A}_{\text{tan2}}$、$\boldsymbol{A}_{\text{norm1}}$ 和 $\boldsymbol{A}_{\text{norm2}}$。

8.5.2　方程的一般形式

通常，两种常见的麦克斯韦方程形式用于计算静电场和静磁场的边界条件。其中一种是闭合曲线积分（也称围线积分），另一种是闭合曲面积分。闭合曲线积分可以在一个宽度为 Δw 和 Δh 的小矩形环路域上计算。这个环路可以标记为“$a-b-c-d-a$”，并假定环路包围两个区域，每个区域占所围范围的一半。根据 8.5.1 节的描述，可以针对图 8 - 10（a）所示的构型来计算 $\boldsymbol{E}$ 或 $\boldsymbol{H}$ 的线积分。

计算闭合曲面的积分通常采用一个高度为 Δh 、顶面和底面的面积为 ΔS 的小圆柱体。这个圆柱体也假定嵌入两个区域，每个区域占相等的一半。根据 8.5.1 节中给出的描述，可以计算图 8 - 10（b）所示构型的关于 $\boldsymbol{D}$（或 $\boldsymbol{B}$ ）的曲面积分。

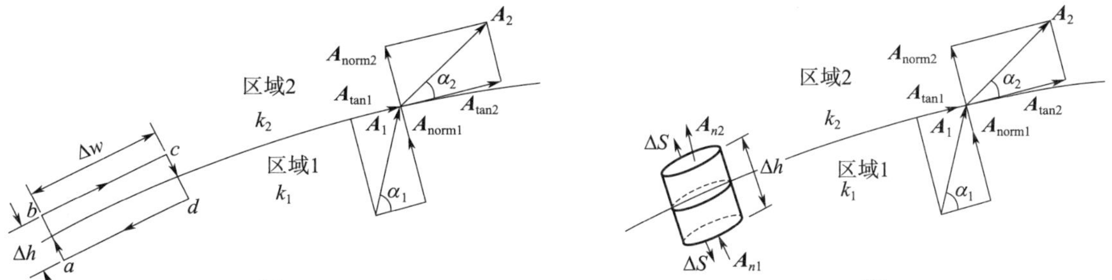

图 8 - 10　（a）线积分计算的构型；（b）面积分计算的构型

如前所述，边界条件表述了电场（或磁场）在两种不同介质界面上的连续性。为反映界面情况，图 8－10（a）和图 8－10（b）中的高度 Δh 必须趋向于零。这个条件极大地简化了线积分和曲面积分的计算，因为与 Δh 相关的所有积分都为零。

要使用这些数字，只需用上面提到的相关场量来替换 $\boldsymbol{A}$。在下面的小节中，给出了两种不同情况下静电场的电场强度 $\boldsymbol{E}$ 和电通量密度 $\boldsymbol{D}$ 的边界条件，包括导体-介质界面的边界条件和介质-介质界面的边界条件。在引入 $\boldsymbol{B}$ 矢量和 $\boldsymbol{H}$ 矢量之后，将分别在第 12 章和第 15 章讨论静磁场和时变场的边界条件。

在两个区域之间的界面上，由于场矢量可能会倾斜，因此需要分解为法向分量和切向分量，分量的值取决于倾斜角。当场矢量从一个区域进入到另一个区域时，由于两个区域的特征参数不同，可能会与边界形成不同的夹角。这就是所谓的折射现象，如图 8－10（a）和图 8－10（b）所示。

8.5.3 导体与介质的分界面

如前所述，在导电材料内部的任何一点都不可能有电荷，因此也不可能存在电场。然而，电荷可以面电荷的形式出现在表面上，与电荷相关的电场也可能存在于表面上。如果将导体表面的外场强度分解为切向分量和法向分量，则切向分量为零。如果不是这样，切向力将作用于面电荷而导致电荷的运动，这反过来会构成非静态条件。由于假定了静态条件，因此切向电场强度和电通量密度为零。

为了确定电通量密度的法向分量，我们考虑使用高斯定律。离开小面元的电通量必须等于该表面上的电荷。当导体内部的电场为零时，面电荷的极性决定了离开导体表面的电通量是垂直表面向外还是垂直表面向内。上述关于法向场和切向场的描述可在以下数学方程中进一步验证。

8.5.3.1 电场的边界条件

由方程（7－1）（$\oint \boldsymbol{E}\cdot d\boldsymbol{\ell}=0$）可以导出导体（区域 1）和介质（区域 2）之间的电场强度所满足的边界条件。图 8－10（a）所示环路上的闭合曲线积分可以根据环路的各段写出

$$\int_a^b+\int_b^c+\int_c^d+\int_d^a$$

根据给定的顺序和箭头的方向，各积分可以写为

$$E_{n1}\Delta h+E_{t2}\Delta w-E_{n2}\Delta h-E_{t1}\Delta w=0 \tag{8-43a}$$

在这个方程中，由于 Δh 趋于零，第一项和第三项等于零；由于导体内部没有电场（即 $E_{t1}=0$），第四项也等于零，因此得到

$$E_{t2}=D_{t2}=0 \tag{8-43b}$$

方程（8－43b）表明，在导体表面 $E_t=D_t=0$。

8.5.3.2 $\boldsymbol{D}$ 的边界条件

由方程（6－9）$\oiint \boldsymbol{D}\cdot d\boldsymbol{s}=\Psi=Q$ 可导出两个区域之间的电通量密度 $\boldsymbol{D}$ 所满足的边界

条件。与前面相同，区域 1 是导电的，区域 2 含有介质。根据图 8－10（b），可以将闭合曲面积分表示为面元各组成部分的积分

$$\iint_{\text{顶部}} + \iint_{\text{底部}} + \iint_{\text{曲面}}$$

保持各部分的顺序，小圆柱体的积分可以写为

$$D_{n2} \cdot \Delta S - D_{n1} \cdot \Delta S + D_{t1} \cdot \frac{\Delta h}{2} + D_{t2} \cdot \frac{\Delta h}{2} = \Delta Q = \rho_s \cdot \Delta S \tag{8-44a}$$

在方程（8－44a）中，由于 Δh 趋于零，方程左边后两项等于零；由于导体内部场为零（$D_{n1}=0$），对底部面的积分为零。因此，积分结果为

$$D_{n2} \cdot \Delta S = \Delta Q = \rho_s \cdot \Delta S \tag{8-44b}$$

方程（8－44b）表明，在导体表面

$$D_n = \varepsilon_0 E_n = \rho_s \tag{8-45}$$

8.5.4　介质与介质界面

在这种情况下，由于介质材料内部可能存在电场，边界条件得到了修正。为了获得介电常数分别为 ε_1 和 ε_2 的两个介质（1 和 2）之间的边界条件，在图 8－9 和图 8－10 中需要用 ε_1 和 ε_2 替换 k_1 和 k_2，在图 8－10（a）中用 $\boldsymbol{E}_1$、$\boldsymbol{E}_2$ 替换 $\boldsymbol{A}_1$、$\boldsymbol{A}_2$，在图 8－10（b）中用 $\boldsymbol{D}_1$、$\boldsymbol{D}_2$ 替换 $\boldsymbol{A}_1$、$\boldsymbol{A}_2$。

8.5.4.1　电场的边界条件

这两种介质之间电场强度需要满足的边界条件，可以由关系（$\oint \boldsymbol{E} \cdot \mathrm{d}\boldsymbol{\ell}=0$）和图 8－10（a）（用 $\boldsymbol{E}_1$、$\boldsymbol{E}_2$ 替换 $\boldsymbol{A}_1$、$\boldsymbol{A}_2$ 之后）重新推导，因此，在前述 Δh 趋于零的情况下，可以得到

$$E_{t2} \cdot \Delta W - E_{t1} \cdot \Delta W = 0 \tag{8-46a}$$

或

$$E_{t1} = E_{t2} \tag{8-46b}$$

在此关系式中，在两个区域中，$\boldsymbol{D}$ 的切向分量满足

$$\frac{D_{t1}}{D_{t2}} = \frac{\varepsilon_1}{\varepsilon_2} \tag{8-47}$$

在图 8－10（a）中，如果用 $\boldsymbol{E}$ 来替换 $\boldsymbol{A}$，则图中给出了 $\boldsymbol{E}$ 的折射。如图所示，切向分量 E_1 具有角度 α_1，E_2 具有角度 α_2，根据 $\boldsymbol{E}$ 的切向分量连续，有

$$E_1 \cdot \cos\alpha_1 = E_2 \cdot \cos\alpha_2 \tag{8-48}$$

8.5.4.2　$\boldsymbol{D}$ 的边界条件

与前面一样，两个介质之间的 $\boldsymbol{D}$ 场边界条件可以由关系或 $\oiint_S \boldsymbol{D} \cdot \mathrm{d}\boldsymbol{s} = Q$ 和图 8－10（b）（用 $\boldsymbol{D}_1$、$\boldsymbol{D}_2$ 替换 $\boldsymbol{A}_1$、$\boldsymbol{A}_2$ 之后）导出。因此，在前述 Δh 趋于零的情况下，可以得到

$$D_{n2} \cdot \Delta S - D_{n1} \cdot \Delta S = \Delta Q = \rho_s \cdot \Delta S \tag{8-49}$$

取决于是否存在面电荷密度 ρ_s，方程（8－49）可以得到两种结果

$$D_{n2}-D_{n1}=\rho_s \quad 和 \quad D_{n2}-D_{n1}=0 \tag{8-50}$$

如果 $\rho_s=0$，从方程（8－50）可以得到以下关系式

$$\frac{E_{n1}}{E_{n2}}=\frac{\varepsilon_2}{\varepsilon_1} \tag{8-51}$$

在图 8－10（b）中，如果用 $\boldsymbol{D}$ 来替换 $\boldsymbol{A}$，则图中给出了 $\boldsymbol{D}$ 的折射。如图所示，切向分量 $\boldsymbol{D}_1$ 具有角度 α_1，$\boldsymbol{D}_2$ 具有角度 α_2，根据 $\boldsymbol{D}$ 的法向分量连续，有

$$\boldsymbol{D}_1 \cdot \sin\alpha_1=\boldsymbol{D}_2 \cdot \sin\alpha_2 \tag{8-52}$$

用 ε_1，ε_2 乘以方程（8－48）（$E_1 \cdot \cos\alpha_1=E_2 \cdot \cos\alpha_2$）两端，可以得到

$$\varepsilon_2 \cdot \varepsilon_1 \cdot \boldsymbol{E}_1 \cdot \cos\alpha_1=\varepsilon_1 \cdot \varepsilon_2 \cdot \boldsymbol{E}_2 \cdot \cos\alpha_2$$

将 $\varepsilon_1\boldsymbol{E}_1=\boldsymbol{D}_1$ 和 $\varepsilon_2\boldsymbol{E}_2=\boldsymbol{D}_2$ 代入，得到

$$\varepsilon_2 \cdot \boldsymbol{D}_1 \cdot \cos\alpha_1=\varepsilon_1 \cdot \boldsymbol{D}_2 \cdot \cos\alpha_2$$

或，根据方程（8－46b）有

$$\frac{D_{t1}}{D_{t2}}=\frac{\varepsilon_1}{\varepsilon_2}\frac{E_{t1}}{E_{t2}}=\frac{\varepsilon_1}{\varepsilon_2}=\frac{D_1 \cdot \cos\alpha_1}{D_2 \cdot \cos\alpha_2} \tag{8-53}$$

因此，根据方程（8－53）和（8－52），在边界上任意点，有

$$\frac{\varepsilon_1}{\varepsilon_2}=\frac{D_1 \cdot \cos\alpha_1}{D_2 \cdot \cos\alpha_2}=\frac{\sin\alpha_2}{\sin\alpha_1}\frac{\cos\alpha_1}{\cos\alpha_2}=\frac{\tan\alpha_2}{\tan\alpha_1} \tag{8-54}$$

8.5.5 另一种方法

图 8－11 为两个介电常数值不同的区域边界面上的一个正则点 P（沿 x 轴和 y 轴延伸)，其中区域 1 和区域 2 的介电常数分别为 ε_1 和 ε_2。假设这个边界上有面电荷密度 ρ_s，z 方向垂直于边界，从区域 2 指向区域 1。该点的以下边界条件已知

$$E_{1x}|_P-E_{2x}|_P=0 \tag{8-55a}$$

$$E_{1y}|_P-E_{2y}|_P=0 \tag{8-55b}$$

式中，E_{1x}、E_{2x} 是区域 1 和区域 2 的 x 分量，E_{1y}、E_{2y} 是区域 1 和区域 2 的 y 分量。因此，对于边界上的切向导数有

情况 1：

$$\left.\frac{\partial E_{1x}}{\partial x}\right|_P-\left.\frac{\partial E_{2x}}{\partial x}\right|_P=0 \tag{8-56a}$$

$$\left.\frac{\partial E_{1y}}{\partial y}\right|_P-\left.\frac{\partial E_{2y}}{\partial y}\right|_P=0 \tag{8-56b}$$

因此，相加后可以得到

$$\left.\left(\frac{\partial E_{1x}}{\partial x}+\frac{\partial E_{1y}}{\partial y}\right)\right|_P-\left.\left(\frac{\partial E_{2x}}{\partial x}+\frac{\partial E_{2y}}{\partial y}\right)\right|_P=0 \tag{8-57}$$

这个边界条件对于线性或非线性、均匀或非均匀介质，有无电荷密度分布都成立。

让我们假定至少在接近两个区域边界面处是线性、均匀和无任何体电荷密度分布的，因此。在边界面附近有

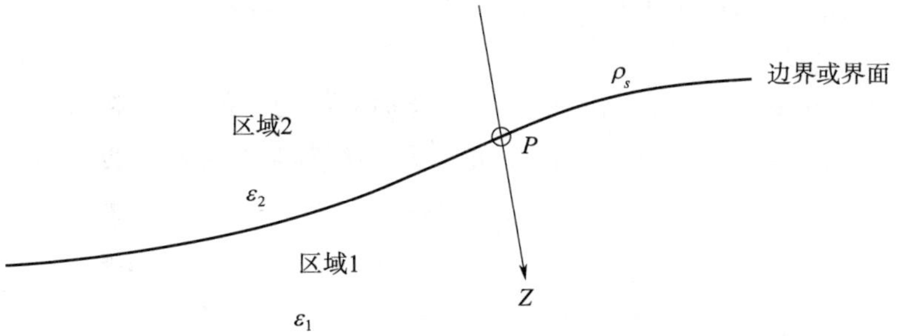

图 8－11　图 8－9 的修正版本

$$\nabla \cdot \boldsymbol{E}_1 = \nabla \cdot \boldsymbol{E}_2 = 0 \tag{8-58}$$

因此，方程（7－56）可以写为

$$\left.\frac{\partial E_{1z}}{\partial z}\right|_P - \left.\frac{\partial E_{2z}}{\partial z}\right|_P = 0 \tag{8-59}$$

因此，在两个区域的边界上电场强度法向分量（E_{1z}，E_{2z}）的法向导数连续，无论边界面上是否带有任何面电荷密度。这个边界条件可用于求解静电场的相关边值问题。

情况 2：

$$\left.\frac{\partial E_{1x}}{\partial y}\right|_P - \left.\frac{\partial E_{2x}}{\partial y}\right|_P = 0 \tag{8-60a}$$

$$\left.\frac{\partial E_{1y}}{\partial x}\right|_P - \left.\frac{\partial E_{2y}}{\partial x}\right|_P = 0 \tag{8-60b}$$

因此

$$\left.\frac{\partial E_{1y}}{\partial x}\right|_P - \left.\frac{\partial E_{1x}}{\partial y}\right|_P = \left.\frac{\partial E_{2y}}{\partial x}\right|_P - \left.\frac{\partial E_{2x}}{\partial y}\right|_P$$

或

$$[\nabla \times \boldsymbol{E}_1]_z|_P = [\nabla \times \boldsymbol{E}_2]_z|_P \tag{8-61a}$$

因此，在两个区域之间边界上电场强度旋度的法向分量连续。对于时不变场，电场强度的旋度为零，这就意味着

$$[\nabla \times \boldsymbol{E}_1]_z|_P - [\nabla \times \boldsymbol{E}_2]_z|_P = 0 \tag{8-61b}$$

方程（8－61a）和（8－61b）给出的边界条件对于线性或非线性、均匀或非均匀介质，在边界上的 P 点有无电荷密度分布都成立。

8.6　电容

电容器（capacitor 或 condenser）经常被用在家用电器上。电容器是一种在电路中引入电容的器件。电容器能够抵抗电压的瞬时变化。电容器由两个聚集极性相反电荷的平行表面组成。当电源给电容器充电时，电容器将能量储存在电场中，类似于注入空气（或水）的容器。电容器的充电（或去除电源后的放电）取决于电路的时间常数（$\tau = RC$）。

电容器表面的形式可以是两个平行的平板、两个同心圆柱或同心球，表面之间用介电材料或空气隔开。

当导体之间存在电位差时，电容是导体与介质系统的电能存储能力特性。电容（总是正的）用电荷 Q 与电势差 V（或 V_0）的比值表示，用数学术语表达为

$$C=\frac{Q}{V_0} \tag{8-62}$$

8.6.1 两个平行板之间的电场

图 8－12 为平行板电容器示意图，图 8－12（a）是标记为 A 和 B 、平行于 $y-z$ 平面、间隔距离为 d 的两个平行板，平板之间的间隙用介电常数为 ε 的介质填充，每个平板的表面积为 S 。两个平板分别含有电荷 $+Q$ 和 $-Q$，以面电荷密度 $+\rho_s$ 和 $-\rho_s$ 的形式均匀分布在平板的内表面。这种电荷分布导致平板之间的电场 $\boldsymbol{E}$ 可以通过方程（5－36）得到。需要注意的是，根据 5.5 节中的描述，图 8－12（b）中平板外的场为零。根据方程（5－36）得到的场为

$$\boldsymbol{E}=\frac{\rho_s}{\varepsilon}\boldsymbol{a}_x \tag{8-63a}$$

$$\boldsymbol{D}=\rho_s\boldsymbol{a}_x \tag{8-63b}$$

图 8－12（c）为两个平行板之间的电场 $\boldsymbol{E}$ 。

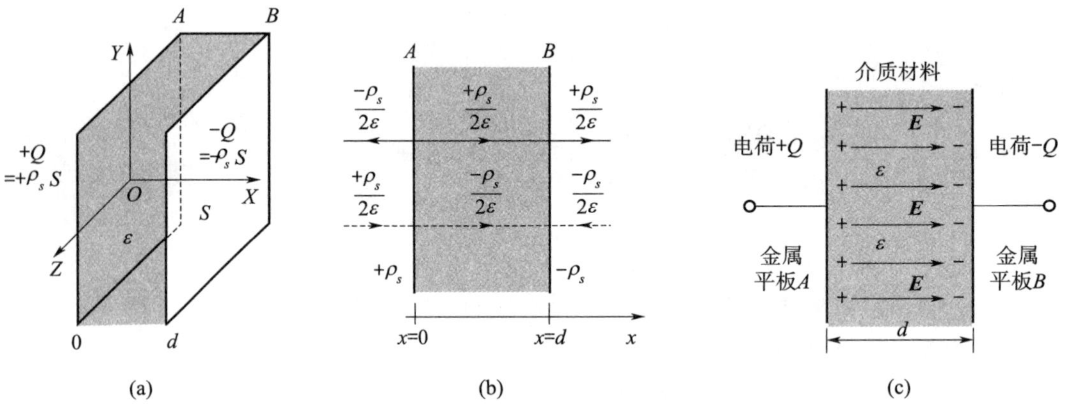

图 8－12　（a）平行板电容器；（b）和（c）平行板之间的场

8.6.2 电荷密度

根据方程（8－63a）和（8－63b）给出的 $\boldsymbol{E}$ 和 $\boldsymbol{D}$，可以计算两个平板上的电荷密度。在方程（8－63b）中，由于 $\boldsymbol{D}$ 指向右方，平板 A 上的电荷必须是正的。$\boldsymbol{D}$ 的法向分量 D_n 可以写为

$$\rho_s\big|_{\text{plate-}A}=D_n=D_x \tag{8-64a}$$

平板 A 的面电荷密度等于电位移矢量的 x 分量。平板 B 的面电荷密度可以写为电位

移矢量的 x 分量负值，因为该平板内表面的法线方向相反

$$\rho_s\big|_{\text{plate}-B}=D_n=-D_x \tag{8-64b}$$

8.6.3　电位差和总电荷

只要已知 $\boldsymbol{E}$，就可以计算出 A 板和 B 板之间的电位差 V_0。因此，根据方程（8－64a）和（7－8）

$$V_0=-\int_B^A \boldsymbol{E}\cdot \mathrm{d}\boldsymbol{\ell}=-\int_d^0 \frac{\rho_s}{\varepsilon}\boldsymbol{a}_x\cdot \mathrm{d}x\boldsymbol{a}_x=-\int_d^0 \frac{\rho_s}{\varepsilon}\cdot \mathrm{d}x=\frac{\rho_s}{\varepsilon}\cdot d \tag{8-65}$$

如果平板尺寸无限大，则在平板上的电荷积聚也将无限大，因为电荷量仅是 ρ_s 和平板面积的乘积。考虑有限面积为 S 的平板是更实际的方法。这种情况下，平板上的总电荷为

$$Q=\rho_s\cdot S \tag{8-66}$$

8.6.4　电容的计算

根据方程（8－62）、（8－65）和（8－66），电容为

$$C=\frac{Q}{V_0}=\frac{\varepsilon S}{d} \tag{8-67}$$

8.6.5　电容器中储存的能量

从方程（7－61）出发，可以计算如图 8－12 所示的电容器中所存储的能量。为了便于参考，将该方程复制到这里

$$\mathbb{E}_n=\iiint\limits_{v\to\infty}\left(\frac{1}{2}\cdot \boldsymbol{D}\right)\mathrm{d}v \tag{7-61}$$

因为能量储存等价于做功，上述方程可以写为

$$W_E=\iiint\limits_{v\to\infty}\left(\frac{1}{2}\boldsymbol{E}\cdot \boldsymbol{D}\right)\mathrm{d}v=\frac{1}{2}\iint\limits_S\left(\int_l \varepsilon E^2\,\mathrm{d}\ell\right)\mathrm{d}s$$

将方程（8－63a）的 $E=\dfrac{\rho_s}{\varepsilon}$ 代入，得到

$$W_E=\frac{1}{2}\iint\limits_S\left[\int_l \varepsilon\cdot\left(\frac{\rho_s}{\varepsilon}\right)^2\cdot \mathrm{d}\ell\right]\cdot \mathrm{d}s=\frac{1}{2}\cdot\frac{\rho_s^2}{\varepsilon}\cdot S\cdot d=\frac{1}{2}\cdot\frac{\rho_s^2}{\varepsilon}\cdot v \tag{8-68a}$$

用方程（8－67）和（8－65）乘以方程（8－68a）可得到

$$W_E=\left(\frac{\varepsilon\cdot d}{\varepsilon\cdot d}\right)\frac{1}{2}\cdot\frac{\rho_s^2}{\varepsilon}\cdot S\cdot d=\frac{1}{2}\cdot\left(\frac{\varepsilon S}{d}\right)\cdot\left(\frac{\rho_s^2 d^2}{\varepsilon^2}\right)=\frac{1}{2}\cdot C\cdot V_0^2 \tag{8-68b}$$

在方程（8－68b）中用 Q/V_0 替换 C，可得到下面的关系式

$$W_E=\frac{1}{2}\cdot Q\cdot V_0 \tag{8-68c}$$

在方程（8－68c）中，如果用 Q/C 替换 V_0，则得到

$$W_E = \frac{1}{2} \cdot \frac{Q^2}{C} \tag{8-68d}$$

8.6.6 同轴电缆的电容

图 8-13 是半径分别为 a 和 b 的两个同心圆柱形导体结构，其中 a 为内导体的外半径，b 为外导体的内半径，这种结构称为同轴电缆。下面来求长度 L 的同轴电缆的电容。

假设电容结构具有以下特性：

- 两个圆柱形导体之间的空间填充介电常数 ε_r 的介质材料。
- 内外导体的面电荷分布分别为 $+\rho_s$ 和 $-\rho_s$ 。
- 这种电荷分布在整个空间形成均匀电场。
- 电场只有径向分量，即 $E = E_\rho a_\rho$ 。

半径“a”的内导体表面的总电荷 Q 可以用均匀面电荷密度 ρ_s 乘以导体长度为 L 的表面积得到，因此

$$Q = 2\pi \cdot a \cdot L \cdot \rho_s \tag{8-69}$$

半径 a 和半径 $b(b > a)$ 的导体之间电势差为

$$V_{ab} = -\int_a^b \boldsymbol{E} \cdot \mathrm{d}\boldsymbol{\ell} = -\int_a^b E_\rho \boldsymbol{a}_\rho \cdot \mathrm{d}\rho \boldsymbol{a}_\rho = -\int_a^b E_\rho \mathrm{d}\rho \tag{8-70a}$$

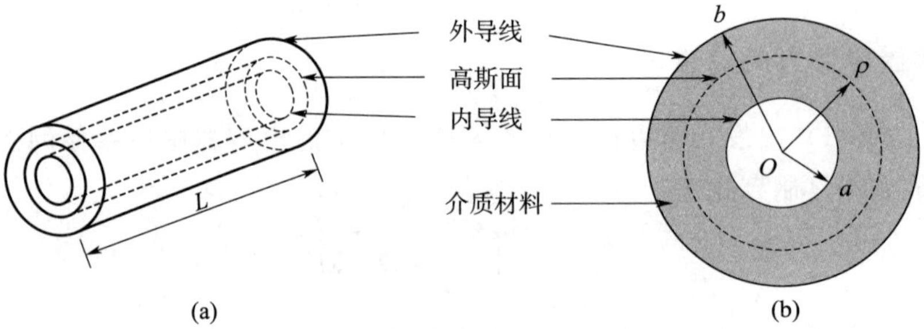

图 8-13 (a) 同轴电缆结构；(b) 同轴电缆截面

根据方程 (6-16)

$$E_\rho = \frac{a \cdot \rho_s}{\rho \varepsilon} (a \leqslant \rho \leqslant b) \tag{8-70b}$$

因此

$$V_{ab} = -\int_a^b \frac{a \cdot \rho_s}{\rho \varepsilon} \mathrm{d}\rho = -\frac{a \cdot \rho_s}{\varepsilon} \log\rho \Big|_a^b = -\frac{a \cdot \rho_s}{\varepsilon} \log\left(\frac{b}{a}\right) \tag{8-70c}$$

$$C = \frac{Q}{V_{ab}} = \frac{2\pi \cdot a \cdot L \cdot \rho_s}{\dfrac{a \cdot \rho_s}{\varepsilon_0 \varepsilon_r} \log\left(\dfrac{b}{a}\right)} = \frac{2\pi \cdot \varepsilon_0 \cdot \varepsilon_r \cdot L}{\log\left(\dfrac{b}{a}\right)} \quad \text{（单位为 F）}$$

或

$$C = \frac{2\pi \cdot \varepsilon_0 \cdot \varepsilon_r}{\log\left(\frac{b}{a}\right)} \quad （单位为 F/m） \tag{8-71}$$

8.6.7　两个球面之间的电容

图 8－14 是半径分别为 a 和 $b(b > a)$ 的两个同心球壳结构。下面来求这种结构的电容。

两球壳之间的电场为

$$\boldsymbol{E} = \frac{Q}{4\pi\varepsilon r^2}\boldsymbol{a}_r = E_r\boldsymbol{a}_r \quad (a \leqslant r \leqslant b) \tag{8-72}$$

两球壳之间的电势差为

$$\begin{aligned} V_{ab} &= -\int_a^b \boldsymbol{E} \cdot \mathrm{d}\boldsymbol{\ell} = -\int_a^b E_r\boldsymbol{a}_r \cdot \mathrm{d}r\boldsymbol{a}_r = -\int_a^b E_r \mathrm{d}r \\ &= \int_a^b \frac{Q}{4\pi\varepsilon r^2}\mathrm{d}r = \frac{Q}{4\pi\varepsilon_0\varepsilon_r}\left(\frac{1}{a} - \frac{1}{b}\right) \end{aligned} \tag{8-73}$$

式中，Q 为内球壳外表面的总电荷。因此，电容为

$$C = \frac{Q}{V_{ab}} = \frac{4\pi\varepsilon_0\varepsilon_r}{\frac{1}{a} - \frac{1}{b}} \tag{8-74}$$

如果外球无限大，则孤立球壳的电容变为

$$C = 4\pi\varepsilon_0\varepsilon_r a \tag{8-75}$$

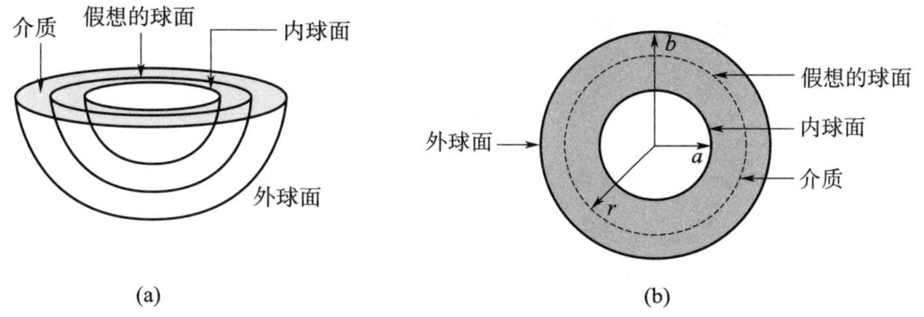

图 8－14　球形电容器的外形图

8.6.8　电容器的分类

电容器可以按结构所用的介质进行分类，如空气电容器、云母电容器、纸张电容器等；也可以按电极的形状分类，如平行板电容器、圆柱形电容器等。

8.6.9　电容器的应用

交流电路中最能反映电容器的重要性，其中随频率变化的阻抗对谐振电路很重要。电容器的其他重要应用包括滤波电路，其中时间常数起着关键作用。在电源电路、分布电路

和其他电路中，电容器都用来改进功率因数。生物电是球形电容器的另一个重要应用。

例 8.1 如果 $\boldsymbol{J}=10x^3y\boldsymbol{a}_x-2y^3\boldsymbol{a}_y+2z^3\boldsymbol{a}_z$，单位为 A/m，求（a）沿 $\boldsymbol{a}_x$ 方向穿过表面 $x=2$，$1\leqslant y\leqslant 2$，$3\leqslant z\leqslant 4$ 的总电流；（b）该区域中心的电流密度大小；（c）在表面上 J_x 的平均值。

解：（a）根据方程（8－2），$I=\iint_s \boldsymbol{J}\cdot \mathrm{d}\boldsymbol{s}$

已知 $\boldsymbol{J}=10x^3y\boldsymbol{a}_x-2y^3\boldsymbol{a}_y+2z^3\boldsymbol{a}_z$，$\mathrm{d}\boldsymbol{s}=\mathrm{d}y\mathrm{d}z\boldsymbol{a}_x$

$$\boldsymbol{J}\cdot \mathrm{d}\boldsymbol{s}=(10x^3y\boldsymbol{a}_x-2y^3\boldsymbol{a}_y+2z^3\boldsymbol{a}_z)\cdot \mathrm{d}y\mathrm{d}z\boldsymbol{a}_x=(10x^3y)\,\mathrm{d}y\mathrm{d}z$$

$$I=\int_{z=3}^{4}\int_{y=1}^{2}(10x^3y)\,\mathrm{d}y\mathrm{d}z=5x^3y^2z\,\Big|_{y=1,z=3}^{y=2,z=4}=15x^3\,\Big|_{x=2}=120\ \mathrm{A}$$

（b）$\boldsymbol{J}\,|_{\text{at center}}=10x^3y\boldsymbol{a}_x-2y^3\boldsymbol{a}_y+2z^3\boldsymbol{a}_z\,|_{x=2,\ y=1,\ z=1.5}$

$$=120\boldsymbol{a}_x-23.625\boldsymbol{a}_y+171.5\boldsymbol{a}_z$$

$$|\boldsymbol{J}|=\sqrt{(120)^2+(23.625)^2+(171.5)^2}=271.6296\ \mathrm{A/m^2}$$

（c）表面积 $S=\int_{z=3}^{4}\int_{y=1}^{2}\mathrm{d}y\mathrm{d}z=1$，$J_x$ 的平均值 $=\dfrac{I}{S}=\dfrac{120}{1}=120\ \mathrm{A/m^2}$

例 8.2 在原点附近径向（相外）的电流密度为 $\boldsymbol{J}=15r^{-1.5}\boldsymbol{a}_r$，单位为 A/m²。计算穿过球面的电流：(a) $r=1.6$ mm；(b) $r=3.2$ mm。

解：根据方程（8－2），$I=\iint_s \boldsymbol{J}\cdot \mathrm{d}\boldsymbol{s}$，根据方程（3－33a），$\mathrm{d}\boldsymbol{s}_r=r^2\sin\theta\cdot \mathrm{d}\theta\cdot \mathrm{d}\varphi\boldsymbol{a}_r$，因此

$$I=\iint_s 15r^{-1.5}\boldsymbol{a}_r\cdot r^2\sin\theta\cdot \mathrm{d}\theta\cdot \mathrm{d}\varphi\cdot \boldsymbol{a}_r=\int_{\theta=0}^{\pi}\int_{\varphi=0}^{2\pi}15r^{1/2}\cdot \sin\theta\cdot \mathrm{d}\theta\cdot \mathrm{d}\varphi$$

$$=30\pi r^{1/2}\int_{\theta=0}^{\pi}\sin\theta\cdot \mathrm{d}\theta=-30\pi r^{1/2}\ (\cos\theta)\,|_{\theta=0}^{\pi}=60\pi r^{1/2}$$

(a) $I\,|_{r=1.6\ \mathrm{mm}}=60\pi r^{1/2}\,|_{r=1.6\times10^{-3}}=60\pi\times0.04=7.54\ \mathrm{A}$

(b) $I\,|_{r=3.2\ \mathrm{mm}}=60\pi r^{1/2}\,|_{r=3.2\times10^{-3}}=60\pi\times0.05657=10.663\ \mathrm{A}$

例 8.3 在一定温度下，本征锗的电子和空穴体电荷密度为 2.35 C/m³，迁移率 $\mu_e=0.36$，$\mu_h=0.17$，单位为 m²/（V·s）。计算它的电导率。

解：已知 $\rho_e=\rho_h=2.35\ \mathrm{C/m^3}$，$\mu_e=0.36$，$\mu_h=0.17$

根据方程（8－14b），$\sigma=-\rho_e\cdot\mu_e+\rho_h\cdot\mu_h$

$$\sigma=-2.35\times0.36+2.35\times0.17=-0.4465\ \mathrm{S/m}$$

例 8.4 求不同条件下，铝样品内部电流密度的大小：（a）电场强度 $E=50$ mV/m；（b）漂移速度 $v_d=10^{-5}$ m/s；（c）样品为边长 1 mm 的立方体，总电流为 5 A；（d）样品为边长 1 mm 的立方体，两侧面电势差为 50 μV。

解：铝 $\sigma=3.82\times10^7\ \mathrm{S/m}$，$\mu_e=0.0012$

（a）根据方程（8－19a）

$|\boldsymbol{J}|=\sigma E=3.82\times10^7\times50\times10^{-3}=191\times10^4\ \mathrm{A/m^2}$

（b）根据方程（8－8b），$|\boldsymbol{E}|=\dfrac{v_d}{\mu_e}=\dfrac{10^{-5}}{0.0012}=8.333\times10^{-3}$

$|\boldsymbol{J}|=\sigma E=3.82\times10^{7}\times8.333\times10^{-3}=31.83\times10^{4}\ \text{A/m}^2$

（c）根据方程（8－17b），$|\boldsymbol{J}|=\dfrac{I}{S}=\dfrac{5}{10^{-6}}=5\times10^{6}\ \text{A/m}^2$

（d）根据方程（8－19a），$|\boldsymbol{J}|=\sigma\dfrac{V}{L}=3.82\times10^{7}\times\dfrac{50\times10^{-6}}{10^{-3}}=19.1\times10^{5}\ \text{A/m}^2$

例 8.5　长 50 m 的圆形铜导体承载 10 mA 电流，已知铜的电导率 $\sigma=5.8\times10^{7}$ S/m 。求：(a) 直径为 0.5 cm 的实心导体两端的电位差；(b) 内外径分别为 2 cm 和 5 cm 的空心导体两端的电位差。

解：(a) 对于实心导体

$$S=\frac{\pi}{4}d^2=\frac{\pi}{4}(5\times10^{-3})^2=19.635\times10^{-6}\text{m}^2$$

根据方程（8－20b），$R=\dfrac{L}{\sigma S}=\dfrac{10}{5.8\times10^{7}\times19.635\times10^{-6}}=8.78\ \text{m}\Omega$

根据方程（8－20a），$V=IR=10^{-2}\times8.78\times10^{-3}=8.78\times10^{-5}$ V

(b) 对于空心导体

$$S=\frac{\pi}{4}[(d_{\text{outer}})^2-(d_{\text{inter}})^2]=\frac{\pi}{4}[(5\times10^{-3})^2-(2\times10^{-3})^2]$$

$$=\frac{\pi}{4}(21\times10^{-6})=16.493\times10^{-6}\text{m}^2$$

$$R=\frac{L}{\sigma S}=\frac{10}{5.8\times10^{7}\times16.493\times10^{-6}}=0.01045\ \Omega$$

$$V=IR=10^{-2}\times0.01045=0.1045\times10^{-3}\ \text{V}$$

例 8.6　原点附近区域的电流密度为 $\boldsymbol{J}=10r^{-1}\boldsymbol{a}_r$，单位为 A/m^2。求：(a) $r=1$ mm 处电荷密度 ρ 的增加速率；(b) 在半径为 2 mm 的球体内总电荷量的增长率。

解：(a) 根据方程（8－24），$\dfrac{\partial\rho}{\partial t}=-\nabla\cdot\boldsymbol{J}$；根据方程（4－21c），$\nabla\cdot\boldsymbol{J}=-\dfrac{1}{r^2}\dfrac{\partial(r^2\cdot J_r)}{\partial r}$，因此

$$\frac{\partial\rho}{\partial t}=-\frac{1}{r^2}\frac{\partial(r^2\cdot10r^{-1})}{\partial r}=-\frac{1}{r^2}\frac{\partial(10r)}{\partial r}=-\frac{10}{r^2}$$

$$\left.\frac{\partial\rho}{\partial t}\right|_{r=10^{-3}}=-\left.\frac{10}{r^2}\right|_{r=10^{-3}}=-10^{7}\ \text{C/(m}^2\cdot\text{s)}$$

(b) 根据方程（8－25a），$\dfrac{\text{d}Q}{\text{d}t}=-I=-\oiint_S\boldsymbol{J}\cdot\text{d}\boldsymbol{s}$

$$\frac{\text{d}Q}{\text{d}t}=-\int_0^{\pi}\int_0^{2\pi}10r^{-1}\boldsymbol{a}_r\cdot r^2\sin\theta\cdot\text{d}\theta\cdot\text{d}\varphi\cdot\boldsymbol{a}_r=-\int_0^{\pi}\int_0^{2\pi}10r\sin\theta\cdot\text{d}\theta\cdot\text{d}\varphi$$

$$=-20\pi r\int_0^{\pi}\sin\theta\,\text{d}\theta=40\pi\,r\,|_{r=2\times10^{-3}}\approx0.25\ \text{C/s}$$

例 8.7　求材料的弛豫时间：(a) 胶木（$\varepsilon_r = 4.9$，$\sigma = 10^{-9}$）；(b) 瓷器（$\varepsilon_r = 6$，$\sigma = 2 \times 10^{-13}$）。

解：根据方程（8－26b），$\tau = \dfrac{\varepsilon}{\sigma} = \dfrac{\varepsilon_0 \varepsilon_r}{\sigma} = \dfrac{8.854 \times 10^{-12} \varepsilon_r}{\sigma}$

(a) 对于胶木，$\tau = \dfrac{8.854 \times 10^{-12} \times 4.9}{10^{-9}} = 4.3385 \times 10^{-2}\ \text{s}$

(b) 对于瓷器，$\tau = \dfrac{8.854 \times 10^{-12} \times 6}{10^{-9}} = 2.656 \times 10^{2}\ \text{s}$

例 8.8　求材料的极化率 P：(a) 电通量密度为 $2.5\ \mu\text{C/m}^2$，电场强度为 $5\ \text{kV/m}$；(b) 电通量密度为 $3\ \mu\text{C/m}^2$，电磁化率为 1.7。

解：(a) 根据方程（8－37）、(8－39)、(8－40) 和 (8－41)

$$\varepsilon = \frac{D}{E} = \frac{2.5 \times 10^{-6}}{5 \times 10^{3}} = 0.5 \times 10^{-9}$$

$$\varepsilon_r = \frac{\varepsilon}{\varepsilon_0} = \frac{0.5 \times 10^{-9}}{8.854 \times 10^{-12}} = 56.47$$

$$\chi_e = \varepsilon_r - 1 = 56.47 - 1 = 55.47$$

$$P = \varepsilon_r \cdot \chi_e \cdot E = 8.854 \times 10^{-12} \times 55.47 \times 5 \times 10^{3} = 2455\ \mu\text{C/m}$$

(b) 根据方程（8－37）、(8－39) 和 (8－40)

$$\chi_e = \varepsilon_r - 1 = 1.7, \varepsilon_r = \chi_e + 1 = 2.7$$

$$E = \frac{D}{\varepsilon} = \frac{3 \times 10^{-6}}{8.854 \times 10^{-12} \times 27} = 12.55 \times 10^{4}\ \text{V/m}$$

$$P = \varepsilon_r \cdot \chi_e \cdot E = 8.854 \times 10^{-12} \times 1.7 \times 12.55 \times 10^{4} = 1.889\ \mu\text{C/m}$$

例 8.9　导体位于自由空间中，导体的表面的点 $P(-2, 0, 1)$ 处的电场 $\boldsymbol{E} = 100\boldsymbol{a}_x - 200\boldsymbol{a}_y + 300\boldsymbol{a}_z$。求点 P 的下列值：(a) E_n；(b) E_t；(c) ρ_s。

解：(a) $E_n = |\boldsymbol{E}| = \sqrt{(100)^2 + (200)^2 + (300)^2} = 100\sqrt{14} = 374.166\ \text{V/m}$

(b) 根据方程（8－43c），$E_t = 0\ \text{V/m}$

(c) 根据方程（8－45），$\rho_s = D_n = \varepsilon_0 E_n = \dfrac{10^{-9}}{36\pi} \times 374.166 = 3.308\ \text{nC/m}$

例 8.10　两种介电常数为 $\varepsilon_{R1} = 3$ 和 $\varepsilon_{R2} = 5$ 的材料分别位于 $z \geqslant 0$ 和 $z \leqslant 0$，如果 $\boldsymbol{E}_2 = 10\boldsymbol{a}_x - 20\boldsymbol{a}_y + 30\boldsymbol{a}_z$，单位为 V/m，求：(a) $\boldsymbol{D}_2$；(b) $\boldsymbol{D}_1$；(c) $\boldsymbol{E}_1$；(d) $\boldsymbol{P}_1$。

解：在 $\boldsymbol{D} = \varepsilon \boldsymbol{E}$ 的线性关系中，$\boldsymbol{D}$ 和 $\boldsymbol{E}$ 方向相同或平行。此外，由于 z 轴垂直于两个介电区域，所有场矢量的法向分量是它们的 z 分量。同样，对于所有场向量，x 和 y 分量都是切向分量。因此，对于给定的 $\boldsymbol{E}_2$，法向分量 $\boldsymbol{E}_{n2} = 30\boldsymbol{a}_z$，切向分量 $\boldsymbol{E}_{t2} = 10\boldsymbol{a}_x - 20\boldsymbol{a}_y$。

(a) $\boldsymbol{D}_2 = \varepsilon_0 \varepsilon_{R2} \boldsymbol{E}_2 = 5\varepsilon_0 (10\boldsymbol{a}_x - 20\boldsymbol{a}_y + 30\boldsymbol{a}_z) = \varepsilon_0 (50\boldsymbol{a}_x - 100\boldsymbol{a}_y + 150\boldsymbol{a}_z)$

因此 $\boldsymbol{D}_{n2} = 150\varepsilon_0 \boldsymbol{a}_z$，$\boldsymbol{D}_{t2} = 50\varepsilon_0 \boldsymbol{a}_x - 100\varepsilon_0 \boldsymbol{a}_y$

(b) 根据方程（8－50b），$\boldsymbol{D}_{n1} = \boldsymbol{D}_{n2} = 150\varepsilon_0 \boldsymbol{a}_z$

根据方程（8－47），$\boldsymbol{D}_{t1} = \dfrac{\varepsilon_1}{\varepsilon_2} \boldsymbol{D}_{t2} = \dfrac{3\varepsilon_0}{5\varepsilon_0} (50\varepsilon_0 \boldsymbol{a}_x - 100\varepsilon_0 \boldsymbol{a}_y) = 30\varepsilon_0 \boldsymbol{a}_x - 60\varepsilon_0 \boldsymbol{a}_y$

因此 $\boldsymbol{D}_1 = 30\varepsilon_0 \boldsymbol{a}_x - 60\varepsilon_0 \boldsymbol{a}_y + 150\varepsilon_0 \boldsymbol{a}_z$

(c) $\boldsymbol{E}_1 = \dfrac{\boldsymbol{D}_1}{\varepsilon_0 \varepsilon_{R_1}} = \dfrac{\boldsymbol{D}_1}{3\varepsilon_0} = 10\boldsymbol{a}_x - 20a_y + 50\boldsymbol{a}_2$

(d) 根据方程（8－38）和（8－40）

$$\boldsymbol{P} = \varepsilon_r \cdot \chi_e \cdot \boldsymbol{E} = \varepsilon_0 \cdot (\varepsilon_{R1} - 1)\boldsymbol{E}_1 = 2\varepsilon_0 \cdot \boldsymbol{E}_1 = \varepsilon_0 \cdot (20\boldsymbol{a}_x - 40\boldsymbol{a}_y + 100\boldsymbol{a}_z)$$

例 8.11　求出平行板电容器的电容值：(a) $\varepsilon_r = 500$，$S = 20\ \text{cm}^2$，$d = 1\ \text{mm}$；(b) $V_0 = 200$，$W_E = 0.002\ \text{J}$；(c) 在（a）中给出的 S 和 d 加倍；(d) 在（a）中给出的每一个线性尺寸都加倍；(e) 在（a）中给出的每个线性尺寸减半。

解：(a) 根据方程（8－67）

$$C = \frac{\varepsilon S}{d} = \frac{\varepsilon_0 \varepsilon_r S}{d} = \frac{500 \times \dfrac{10^{-9}}{36\pi} \times 20 \times 10^{-4}}{1 \times 10^{-3}} = 0.00884\ \mu\text{F}$$

(b) 根据方程（8－68b）

$$C = \frac{2W_E}{V_0^2} = \frac{2 \times 0.002}{(200)^2} = 0.1\ \mu\text{F}$$

(c) 当（a）中给定的 S 和 d 加倍时，电容器的值不会发生变化。

(d) 当每个线性维度都翻倍时，新的区域将变成 $4S$，新的间隔将变成 $2d$。因此，方程（8－67）的分子乘以 4，分母乘以 2。因此，新电容将是情况（a）的两倍或 $C = 0.0176\ 8\ \mu\text{F}$。

(e) 当每个线性尺寸减半时，新的区域将成为 $S/4$，新的板分离将成为 $d/2$。因此，方程（8－67）的分子乘以 1/4，分母乘以 1/2。因此，新电容将是情况（a）电容的一半或 $C = 0.00442\ \mu\text{F}$。

习　题

8.1　如果 $\boldsymbol{J} = 8x^2 y\boldsymbol{a}_x - 4y^2 z\boldsymbol{a}_y + 6z^2 x\boldsymbol{a}_z$，单位为 A/m，求（a）沿 $\boldsymbol{a}_x$ 方向穿过表面 $x = 5$，$3 \leqslant y \leqslant 4$，$4 \leqslant z \leqslant 5$ 的总电流；(b) 该区域中心的电流密度大小；(c) 表面上 J_x 的平均值。

8.2　在原点附近径向（相外）的电流密度为 $\boldsymbol{J} = 2.5r^{-2.5}\boldsymbol{a}_r$，单位为 A/m^2。计算穿过球面的电流：(a) $r = 2\ \text{mm}$；(b) $r = 3\ \text{mm}$。

8.3　在一定温度下，硅的电子和空穴体电荷密度为 $4.85\ \text{C/m}^3$，迁移率 $\mu_e = 0.12$，$\mu_h = 0.05$，μ_e 和 μ_h 单位为 $\text{m}^2/（\text{V} \cdot \text{s}）$。计算它的电导率。

8.4　求不同条件下铜样品内部电流密度的大小：(a) 电场强度 $E = 100\ \text{mV/m}$；(b) 漂移速度 $v_d = 5 \times 10^{-5}\ \text{m/s}$；(c) 样品为边长 1.5 mm 的立方体，总电流为 3 A；(d) 样品为边长 2 mm 的立方体，两侧面电势差为 40 μV。

8.5　长 100 m 的圆形铝导体承载 10 mA 电流，已知铝的电导率 $\sigma = 3.72 \times 10^7\ \text{S/m}$。

求：(a) 直径为 0.8 cm 的实心导体两端的电位差；(b) 内外径分别为 2 cm 和 4 cm 的空心导体两端的电位差。

8.6 原点附近区域的电流密度为 $\boldsymbol{J}=5r^{-1.5}\boldsymbol{a}_r$，单位为 A/m^2。求：(a) $r=1.5$ mm 处电荷密度 ρ 的增加速率；(b) 在半径为 3 mm 的球体内总电荷量的增长率。

8.7 求材料的弛豫时间：(a) 石英（$\varepsilon_r=3.8$，$\sigma=10^{-17}$）；(b) 土壤（砂质）（$\varepsilon_r=3$，$\sigma=10^{-5}$）；(c) 蒸馏水（$\varepsilon_r=80$，$\sigma=2\times10^{-4}$）。

8.8 求材料的极化率 P：(a) $n=10^{20}$ 分子/m^2，每个分子偶极矩 $p=3.5\times10^{-26}$ C·m；(b) $E=7.5$ kV/m，相对介电常数为 2.6。

8.9 自由空间中导体表面的点 $P(-1, 2, 1)$ 处电场为 $\boldsymbol{E}=50\boldsymbol{a}_x+100\boldsymbol{a}_y+200\boldsymbol{a}_z$，求点 P 的下列值：(a) E_n；(b) E_t；(c) ρ_s。

8.10 两种介电常数为 $\varepsilon_{R1}=2$ 和 $\varepsilon_{R2}=4$ 的材料分别位于 $z<0$ 和 $z>0$，如果 $\boldsymbol{E}_2=5\boldsymbol{a}_x+30\boldsymbol{a}_y-10\boldsymbol{a}_z$，单位为 V/m，求：(a) D_2；(b) D_1；(c) E_1；(b) P_1。

8.11 求电容：(a) 两个半径 4 cm 和 5 cm 的球之间用 $\varepsilon_r=3.6$ 的介质隔开；(b) 自由空间中一个直径 5 cm 的孤立球体。

8.12 一根长 1 m 的同轴电缆，内导体外半径为 0.1 cm，外导体内半径为 0.5 cm，求电容：(a) 内外导体间充满空气；(b) 内外导体之间填充聚乙烯（$\varepsilon_r=2.26$）。

叙述题

1. 列出不同类型的电流，描述每种电流的基本特性。
2. 证明对流电流密度可以由关系式 $\boldsymbol{J}=\rho\boldsymbol{U}$ 给出。
3. 证明传导电流密度服从关系式 $\boldsymbol{J}=\sigma\boldsymbol{E}$。
4. 解释漂移速度的含义，说明漂移速度与电流的关系。
5. 讨论金属导体中的电流流动，得到点形式的欧姆定律。
6. 解释**集肤效应**、**邻近效应**和**载流容量**的含义。
7. 推导点形式和积分形式的**连续方程**。
8. 获得导体-介质界面上 $\boldsymbol{E}$ 场和 $\boldsymbol{D}$ 场边界条件。这些边界条件与介质-介质界面边界条件有什么不同？
9. 推导出下列关系，并解释其中每一项的含义。

(a) $E_2=E_1\sqrt{\cos^2\alpha_1+\left(\dfrac{\varepsilon_1}{\varepsilon_2}\right)^2\sin^2\alpha_1}$

(b) $D_2=D_1\sqrt{\sin^2\alpha_1+\left(\dfrac{\varepsilon_2}{\varepsilon_1}\right)^2\cos^2\alpha_1}$

10. 给出电容器的含义、类型和应用，推导间距为 d 的两个平行板之间的电容关系式。
11. 推导电容器中储存的能量关系式。

扩展阅读

在第 15 章末给出。

第 9 章　拉普拉斯场的静电边值问题

9.1　引言

在数学术语中，**边值问题**是一组具有附加约束的微分方程，这些约束称为**边界条件**。因此，边值问题的解就是满足某些特定边界条件的微分方程的解。在许多学科中都存在边值问题，包括电磁学。边值问题的处理，就是要在给定的输入条件下获得方程的唯一解。偏微分方程领域的很多理论工作都是为了解决这类问题。

在第 5 至第 8 章中，引入了许多场量，如电荷、电场强度、电通量、电通量密度、电势、电流和电流密度等。在大多数这类问题中，电荷和电势分布都是未知的。只有静电条件（即某些边界上电荷和电势的分布）已知的问题，可以采用泊松方程和拉普拉斯方程求解得到 E 场和 V 场。图像法是解决边界问题的另一种方法，有时也有助于解决这类问题。

本章首先从拉普拉斯场的定义、在不同坐标系中的关系式及其解开始，然后介绍解的唯一性概念并给出相关定理即唯一性定理。接下来详细讨论在笛卡儿坐标系下一维、二维和三维拉普拉斯场的求解方法。最后简要讨论柱坐标系和球坐标系下这些问题的解。

本章分为两部分。第一部分（9.2 节和 9.3 节）给出一般描述和场关系式；第二部分（9.4 节至 9.12 节）包括一维、二维和三维拉普拉斯场的例子。

9.2　场关系的性质和解的唯一性

9.2.1　拉普拉斯场和泊松场

考虑第 6 章和第 7 章中推导出的下列场的关系式

$$\boldsymbol{D}=\varepsilon \boldsymbol{E} \tag{6-5}$$

$$\nabla \cdot \boldsymbol{D}=\rho \tag{6-19a}$$

$$\boldsymbol{E}=-\nabla V \tag{7-6}$$

根据方程（6－5)、(6－19a）和（7－6）可以得到

$$\nabla \cdot \boldsymbol{D}=\nabla \cdot (\varepsilon \boldsymbol{E})=\varepsilon \cdot (\nabla \cdot \boldsymbol{E})=\varepsilon \cdot \nabla \cdot (-\nabla V)=-\varepsilon \cdot \nabla^2 V=\rho \tag{9-1}$$

或

$$\nabla^2 V=-\rho/\varepsilon \tag{9-1a}$$

方程（9－1a）的右端是空间坐标的已知函数。

在无电荷区域（$\rho=0$），方程（9-1a）简化为

$$\nabla^2 V=0 \tag{9-1b}$$

方程（9-1a）给出的关系式称为**泊松方程**，方程（9-1b）给出的关系式称为**拉普拉斯方程**。

拉普拉斯场定义为：如果拉普拉斯算子（∇^2）作用的场为零值，则该场为拉普拉斯场。因此，方程（9-1b）表述的场为拉普拉斯场。

泊松场定义为：如果拉普拉斯算子（∇^2）作用的场不为零，则该场为泊松场。因此，方程（9-1a）所表述的场为泊松场。

9.2.2　作为标量函数或矢量函数的拉普拉斯场

由式（9-1a）可以看出，当运算对象为空间坐标的标量函数时，拉普拉斯算子（∇^2）定义为梯度的散度［方程（4-40d）］。因此，如果 V 是空间坐标的任意标量函数，则

$$\nabla^2 V \overset{\text{def}}{=\!=} \nabla\cdot(\nabla V) \tag{9-2}$$

在拉普拉斯方程（9-1b）中，函数 V 称为**标量拉普拉斯场**。

另一方面，如果运算对象是空间坐标的矢量函数（例如 $\boldsymbol{A}$），则根据下面的矢量恒等式，方程（4-41d）定义为

$$\nabla^2\boldsymbol{A} \overset{\text{def}}{=\!=} \nabla(\nabla\cdot\boldsymbol{A})-\nabla\times\nabla\times\boldsymbol{A} \tag{9-3}$$

如果 $\boldsymbol{A}$ 是拉普拉斯场，则 $\boldsymbol{A}$ 必须满足拉普拉斯方程

$$\nabla^2\boldsymbol{A}=0 \tag{9-4a}$$

如果 $\boldsymbol{A}$ 不是拉普拉斯场，则 $\boldsymbol{A}$ 满足泊松方程

$$\nabla^2\boldsymbol{A}=-\mu\boldsymbol{J} \tag{9-4b}$$

方程右端量是一个空间坐标的已知函数。

类似于标量拉普拉斯场，方程（9-4a）中的函数 $\boldsymbol{A}$ 称为**矢量拉普拉斯场**。

9.2.3　拉普拉斯算子

拉普拉斯算子是一个标量微分算子。在笛卡儿空间坐标系中的定义由方程（4-34）给出。电势 V 在笛卡儿坐标系、柱坐标系和球坐标系中的拉普拉斯表达式分别由方程（4-35a）至方程（4-35c）给出。具体如下

$$\nabla^2 V\equiv\frac{\partial^2 V}{\partial x^2}+\frac{\partial^2 V}{\partial y^2}+\frac{\partial^2 V}{\partial z^2}\quad（笛卡儿坐标系）\tag{9-5}$$

$$\nabla^2 V=\frac{1}{\rho}\cdot\frac{\partial}{\partial\rho}\left(\rho\frac{\partial V}{\partial\rho}\right)+\frac{1}{\rho^2}\frac{\partial^2 V}{\partial\varphi^2}+\frac{\partial^2 V}{\partial z^2}\quad（柱坐标系）\tag{9-6}$$

$$\nabla^2 V=\frac{1}{r^2}\cdot\frac{\partial}{\partial r}\left(r^2\frac{\partial V}{\partial r}\right)+\frac{1}{r^2\sin\theta}\frac{\partial}{\partial\theta}\left(\sin\theta\frac{\partial V}{\partial\theta}\right)+\frac{1}{r^2\sin^2\theta}\frac{\partial^2 V}{\partial\varphi^2}\quad（球坐标系）\tag{9-7}$$

在无源均匀区域内的标量电势 V 和矢量磁势 $\boldsymbol{A}$ 是拉普拉斯场的例子。

9.2.4　标量电势

确定标量电势分布通常比确定有三个标量分量的矢量场更方便。根据恒等式

$$\nabla \times (\nabla V) \equiv 0 \tag{9-8}$$

可以得到结论，对于时不变电磁场，电场强度的旋度等于零，可以将电场强度表示为标量电势的负梯度。负号的选择有些随意，然而，这表明电场矢量由高电势指向低电势。只要确定了标量势的分布，通过梯度关系就能很容易得到矢量场，即

$$\boldsymbol{E} = -\nabla V \tag{7-6}$$

对于加速的电荷以电磁波形式辐射能量的情况，需要注意以下几点：

1）标量电势 V 只是计算电场强度矢量 $\boldsymbol{E}$ 的一个数学工具，没有通量与电场做功或电场能量储存等相关联的物理意义。

2）等势面是这样的曲面族，即对于每个曲面，曲面上所有点的标量电势都为常数值。然而，对于不同曲面，这个值应该是不同的。

3）如果将一个点电荷放在等势面上且不离开等势面移动，则没有做功，这种猜想显然是错误的。如果有任何电荷（包括试验电荷）移动，电场就不再是静电场。因此，电荷在一个闭合路径上移动就会做功，即使在有限的距离内没有其他电荷存在。

4）等势面是与通量线正交的曲面族。事实上，这是一个纯粹的数学概念。

标量电势分布的一个重要应用是确定导体系统的电容。

然而，上面提到的属性仅限于静电场。对于高频场，电场强度矢量 $\boldsymbol{E}$ 需要用标量电势和矢量磁势来表示。我们再次来考虑由方程（6－19a）给出的麦克斯韦方程

$$\nabla \cdot \boldsymbol{D} = \rho \tag{6-19a}$$

在这个方程中，ρ 是体电荷密度（单位为库仑每立方米），矢量 $\boldsymbol{D}$ 是电位移矢量或电通量密度矢量。矢量 $\boldsymbol{D}$ 与 $\boldsymbol{E}$ 的关系方程（6－5）如下

$$\boldsymbol{D} = \varepsilon \boldsymbol{E} \tag{6-5}$$

在方程（6－5）中，ε 是所考虑的电场点处介质的介电常数。对于均匀区域的任意点 ε 都是常数。

对于无电荷区域，方程（6－19a）变为

$$\nabla \cdot \boldsymbol{D} = 0 \tag{9-9}$$

因此，在无电荷区域

$$\nabla \cdot (\varepsilon \boldsymbol{E}) \equiv \boldsymbol{E} \cdot \nabla \varepsilon + \varepsilon (\nabla \cdot \boldsymbol{E}) = -\nabla V \cdot \nabla \varepsilon - \varepsilon (\nabla^2 V) = 0 \tag{9-10}$$

这个方程表明，标量电势 V 满足拉普拉斯方程的前提是：1）区域是均匀的，介电常数 ε 的梯度为零；2）介电常数 ε 的梯度与标量势 V 的梯度相互垂直，它们的标量积为零。需要指出，在无电荷区域，标量电势 V 满足齐次微分方程。对于有电荷密度分布的区域，方程（9－10）的右端为体电荷密度 ρ，而不再是 0。因此，对于非均匀区域，标量势将满足泊松方程，而不是拉普拉斯方程。泊松方程是一个非齐次微分方程。

9.2.5　唯一性定理

一般来说，拉普拉斯方程和泊松方程具有无限个不同的解。然而，在一定的边界条件下，可以得到相应条件的唯一解。因此，为了得到拉普拉斯方程的唯一解，必须在问题中指定边界条件。满足这些边界条件的拉普拉斯方程的解称为**唯一解**。根据**唯一性定理**可以更好地阐述这一点。

唯一性定理指出：**如果给定方程的解在特定的边界条件下存在，它是唯一可能的解，可以称为唯一解。**

唯一性定理的目标是确认解必然满足的边界条件，以便使该解具有唯一性。

为证明唯一性定理，假设给定体积 v 中电势分布的拉普拉斯方程有任意两个不同解 V_1 和 V_2，差电势 V_0 定义为

$$V_0 \overset{\text{def}}{=\!=} V_1 - V_2 \tag{9-11}$$

因为 V_1 和 V_2 各自都满足拉普拉斯方程，所以它们的差也满足拉普拉斯方程

$$\nabla^2 V_0 = 0 \tag{9-12}$$

考虑恒等式

$$\nabla \cdot (V_0 \nabla V_0) \equiv |\nabla V_0|^2 + V_0 \cdot \nabla^2 V_0 \tag{9-13}$$

根据方程（9－12），方程（9－13）简化为

$$\nabla \cdot (V_0 \nabla V_0) = |\nabla V_0|^2 \tag{9-14}$$

方程（9－14）两边沿体积 v 积分并应用散度定理，可以得到

$$\oiint_S (V_0 \nabla V_0) \cdot \mathrm{d}s = \iiint_v |\nabla V_0|^2 \mathrm{d}v \tag{9-15}$$

式中，S 为体积 v 的内外边界曲面。

在两个解 V_1 和 V_2 满足的特定边界条件下，方程（9－15）的左端简化为零。方程右端的体积分等于零表明，由于被积函数 $|V_0|^2$ 在任何地方都不会是负的，所以在体积 v 中每一点上 ∇V_0 都必须为零。因此，方程左端为零表明，电势差必须是常数，即在体积内的每个点以及该体积**边界面的每个点**，两个解必须只相差一个常数。

方程（9－15）的左端为零的条件为：1）整个边界面上 V_0 为零；2）在边界面 S 上的部分位置 V_0 为零，其余位置 V_0 的法向导数为零。满足这样的条件才能使恒定电势差为零。因此，为了获得唯一解，必须在部分边界面上定义电势分布，在其余部分边界面上定义电势分布的法向导数。只要求得区域内电势分布的唯一表达式，应用该表达式就可以唯一确定整个边界上的法向导数。因此，在边界面上任何部分，电势和它的法向导数都不能独立表示。然而，存在一种例外。如果在整个边界面上定义了电势的法向导数，为了获得唯一解，则还需要给出边界面上**一个点且仅一个点**的电势值或体积中任一点的电势值。这是因为使用整个边界面上的电势法向导数得到的解，彼此之间还存在一个任意常数的差异。可以根据区域中任何给定点的已知电势计算出这个常数。需要注意的是，必须在整个边界面上指定一个边界条件（但不能同时指定两个），即边界面的任何地方都应该定义边界条件。

9.2.6 场问题分类

标量电势问题可以按照坐标系和维数进行分类。根据物理结构的形状，可以采用笛卡儿坐标系、柱坐标系或球坐标系来解决问题。这里没有考虑其他可用的坐标系。一般来说，场问题涉及三维（3D）物理结构。如果在某一个方向没有场变化，问题就变为二维（2D）场问题。最后，如果场只随一个坐标变化，问题就变成了一维场问题。表 9－1 给出了在三种空间坐标系下 V 随坐标变化的可能情况。

关于这个表，需要注意以下几点：

- $V=f(\cdots)$ 表示 V 是小括号内参数的函数。
- 在一维情况下，当在任何地方出现偏导数时，都用导数（全导数）替换。
- 一维笛卡儿坐标问题｛即 $V=f(x)$，$V=f(y)$，$V=f(z)$｝和一维柱坐标问题｛即 $V=f(z)$｝的解类似，因此，只需考虑其中一种情况。
- 二维笛卡儿坐标问题｛即 $V=f(x, y)$，$V=f(y, z)$ 和 $V=f(z, x)$｝的解类似。因此，在后续章节中只考虑其中一种情况 。
- 所有其他的二维和三维问题分别讨论。

以下章节将根据上述分类描述求解方法。

表 9－1 不同坐标系和不同维度的 V

	笛卡儿坐标系	柱坐标系	球坐标系
一维	$V=f(x)$ 或 $f(y)$ 或 $f(z)$	$V=f(\rho)$ 或 $f(\varphi)$ 或 $f(z)$	$V=f(r)$ 或 $f(\theta)$ 或 $f(\varphi)$
二维	$V=f(x,y)$ 或 $f(y,z)$ 或 $f(x,z)$	$V=f(\rho,\varphi)$ 或 $f(\varphi,z)$ 或 $f(\rho,z)$	$V=f(r,\theta)$ 或 $f(\theta,\varphi)$ 或 $f(r,\varphi)$
三维	$V=f(x,y,z)$	$V=f(\rho,\varphi,z)$	$V=f(r,\theta,\varphi)$

9.3 一维场问题

本节讨论不同坐标系下的一维场问题，通过具体算例求得问题的解。

9.3.1 笛卡儿坐标系中的场问题

由方程（9－5）给出的笛卡儿坐标系中标量函数 V 的拉普拉斯算子为

$$\nabla^2 V \equiv \frac{\partial^2 V}{\partial x^2}+\frac{\partial^2 V}{\partial y^2}+\frac{\partial^2 V}{\partial z^2} \tag{9－5}$$

这个方程的右端包含三项。在一维情况下，电势 V 只是一个变量的函数。如果 V 是 x 的函数，则关于 y 和 z 的导数消失。同样，如果 V 是 y 的函数或 z 的函数，则与 z 和 x 相关的导数消失或与 x 和 y 相关的导数消失。根据方程（9－1b），相应项等于零。因此，用全导数替换偏导数后得到

$$\frac{\mathrm{d}^2 V}{\mathrm{d}x^2}=0 \tag{9－16a}$$

$$\frac{d^2V}{dy^2}=0 \tag{9-16b}$$

$$\frac{d^2V}{dz^2}=0 \tag{9-16c}$$

一维场问题只需要获得三个方程中的一个方程的解。根据沿坐标方向场的变化情况来选择方程。由于对三个不同坐标的方程求解过程相同，因此只需要考虑其中一个坐标的方程。在下面几节中，只有最后一个方程讨论了不同的例子。这些例子计算了均匀介质和非均匀介质中的势场。两个平行板之间的介质可能以不同的方式变为不均匀。下面的小节将讨论这些情况。

9.3.1.1　均匀介质中的电势场

图 9-1 是间隔距离为 d 的一对大的导电平行板。底板的上表面位于 $z=0$ 平面，顶板的下表面位于 $z=d$ 平面。顶板电势为零，底板电势为 V_0，两板之间的 $0<z<d$ 区域（对于所有 x 和 y）为自由空间，构成一个理想的空气电容器。在这种结构中，在两板之间的静电势分布仅是 z 坐标的函数。在这种情况下，通过求解方程（9-16c）可以得到电势分布。

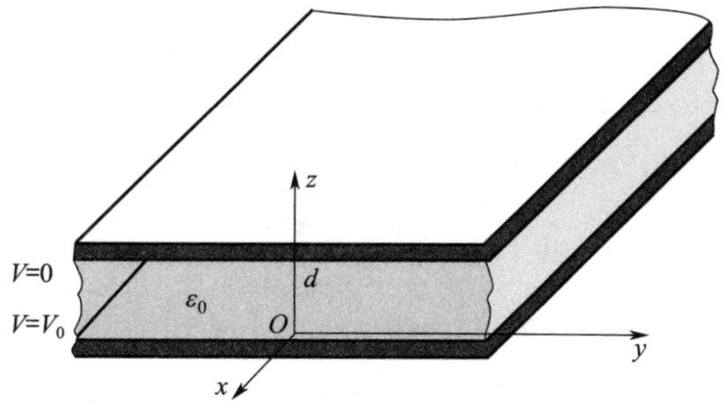

图 9-1　平行板电容器结构

方程（9-16c）具有下面形式的解

$$V=a\cdot z+b \tag{9-17}$$

式中，a 和 b 是两个任意常数。为了获得全解，需要确定这两个常数，可应用下列边界条件

$$V|_{z=d}=0 \tag{9-18a}$$

$$V|_{z=0}=V_0 \tag{9-18b}$$

根据（9-18a）和（9-18b）得到

$$a=-\frac{V_0}{d} \tag{9-19a}$$

$$b=V_0 \tag{9-19b}$$

因此

$$V=-V_0\left(\frac{z-d}{d}\right) \tag{9-20}$$

根据方程（9-20），可以得到两平行板间的自由空间的电场强度 $\boldsymbol{E}$ 为

$$\boldsymbol{E}=-\nabla V=-\frac{\mathrm{d}}{\mathrm{d}z}\left[-V_0\left(\frac{z-d}{d}\right)\right]\boldsymbol{a}_z=\left(V_0\frac{1}{d}\right)\boldsymbol{a}_z \tag{9-21}$$

这个结果表明，两个平行板之间的电场仅有 z 分量且随 V_0/d 变化。沉积在两个平行板上的电荷密度为

$$\rho_s\big|_{z=0}=D_z\big|_{z=0}=V_0\frac{1}{d}\varepsilon_0 \tag{19-22a}$$

$$\rho_s\big|_{z=d}=-D_z\big|_{z=d}=-V_0\frac{1}{d}\varepsilon_0 \tag{19-22b}$$

因此，平板上每单位面积的电容为

$$C=\frac{(\rho_s\big|_{z=0})}{V_0}=\frac{1}{d}\varepsilon_0 \tag{9-23}$$

9.3.1.2　沿 y 方向的两个均匀子区域

如图 9-2 所示，在这种情况下，两个平板之间的空间分成了标记为区域 1 和区域 2 的两个均匀子区域。区域 1 的域为 $-\infty<x<\infty$、$-\infty<y<0$、$0\leqslant z\leqslant d$；区域 2 的域为 $-\infty<x<\infty$、$0<y<\infty$、$0\leqslant z\leqslant d$。区域 1 的介电常数为 ε_1，区域 2 的介电常数为 ε_2. 这种情况下两个板块之间为分段均匀介质。每个子区域的标量电势都满足拉普拉斯方程。为确定各子区域的标量电势分布，必须指定两个子区域之间边界面上（即 $y=0$ 平面）的电势分布。假设这个未知的电势分布为

$$V\big|_{y=0}=-V_0\left(\frac{z-d}{d}\right)+\sum_{m-\mathrm{odd}}^{\infty}c_m\cdot\sin\left(\frac{m\pi}{d}z\right) \tag{9-24}$$

式中，c_m 为半域内傅里叶级数的傅里叶系数。

这个方程的目标是整合出在 $z=0$ 和 $z=d$ 平面上满足给定电势的势函数。这种 z 方向的变化可能不是线性的。这个傅里叶系数未知的半域傅里叶正弦级数引入了一种不影响 $z=0$ 和 $z=d$ 的电势值的任意变化。

根据方程（9-18a），（9-18b）和（9-24）给出的边界条件，通过求解拉普拉斯方程得到的两个子区域的势分布为

$$V_1=-V_0\left(\frac{z-d}{d}\right)+\sum_{m-\mathrm{odd}}^{\infty}c_m\cdot\sin\left(\frac{m\pi}{d}z\right)\cdot\mathrm{e}^{\frac{m\pi}{d}y} \tag{9-25a}$$

$$V_2=-V_0\left(\frac{z-d}{d}\right)+\sum_{m-\mathrm{odd}}^{\infty}c_m\cdot\sin\left(\frac{m\pi}{d}z\right)\cdot\mathrm{e}^{-\frac{m\pi}{d}y} \tag{9-25b}$$

应用两个介质子区域之间电通量密度法向分量连续的边界条件可确定傅里叶系数 c_m，即

$$-\varepsilon_1\frac{\partial V_1}{\partial y}\bigg|_{y=0}=-\varepsilon_2\frac{\partial V_2}{\partial y}\bigg|_{y=0} \tag{9-26}$$

因此，应用方程（9-25a）、（9-25b）和（9-26），可以得到

$$-\varepsilon_1\sum_{m-\mathrm{odd}}^{\infty}c_m\frac{m\pi}{d}\cdot\sin\left(\frac{m\pi}{d}z\right)=\varepsilon_2\sum_{m-\mathrm{odd}}^{\infty}c_m\frac{m\pi}{d}\cdot\sin\left(\frac{m\pi}{d}z\right) \tag{9-27a}$$

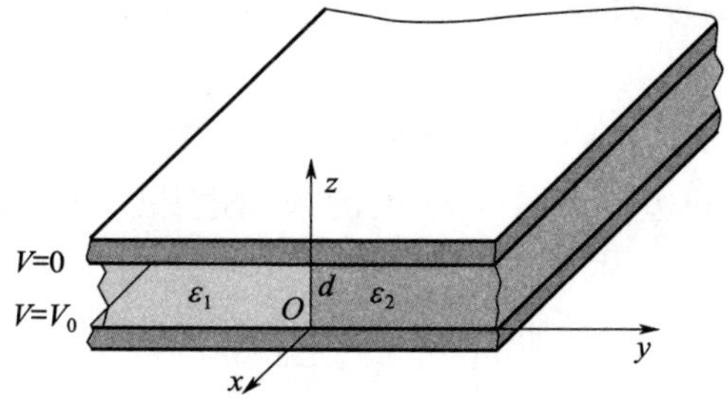

图 9-2　沿 y 轴有两个子区域的平行板电容器

或

$$(\varepsilon_1+\varepsilon_2)\sum_{m-\text{odd}}^{\infty}\left(c_m\frac{m\pi}{d}\right)\cdot\sin\left(\frac{m\pi}{d}z\right)=0\quad(0<z<d) \tag{9-27b}$$

由于 $(\varepsilon_1+\varepsilon_2)$ 不等于零，只能是 $c_m=0$。因此，得到

$$V_1=V_2=-V_0\left(\frac{z-d}{d}\right) \tag{9-28a}$$

$$E_{1z}=E_{2z}=\frac{V_0}{d} \tag{9-28b}$$

而

$$D_{1z}=\varepsilon_1\frac{V_0}{d} \tag{9-29a}$$

$$D_{2z}=\varepsilon_2\frac{V_0}{d} \tag{9-29b}$$

这就表明，所有通量线都是垂直于平面的直线。

沉积在两个平面上的电荷密度为

$$\rho_s\big|_{z=0}=\begin{cases}D_{1z}\big|_{z=0}=V_0\dfrac{1}{d}\varepsilon_1 & (-\infty<y<0)\\ D_{2z}\big|_{z=0}=V_0\dfrac{1}{d}\varepsilon_2 & (0<y<+\infty)\end{cases} \tag{9-30a}$$

和

$$\rho_s\big|_{z=d}=\begin{cases}-D_{1z}\big|_{z=d}=-V_0\dfrac{1}{d}\varepsilon_1 & (-\infty<y<0)\\ -D_{2z}\big|_{z=d}=-V_0\dfrac{1}{d}\varepsilon_2 & (0<y<+\infty)\end{cases} \tag{9-30b}$$

9.3.1.3　沿 z 方向的两个均匀子区域

在图 9-3 中，两个平板之间的空间沿 z 轴分为两个均匀子区域。因此，对于 $-\infty<x<+\infty$ 和 $-\infty<y<+\infty$，区域 1 的域为 $0<z<d_1$，区域 2 的域为 $d_1<z<(d_1+d_2)$。两个区域充满均匀的介质材料，区域 1 介质的介电常数为 ε_1，区域 2 介质的介电常数为 ε_2. 这是另一种分段均匀介质的情况。每个子区域的标量电势满足拉普拉斯方

程。此外，可以看出 $z=z_0$ 平面 $[0\leqslant z_0\leqslant (d_1+d_2)]$ 是一个等势面。为求出各子区域的电势分布，我们假定

$$V_1\big|_{z=d_1}=V_2\big|_{z=d_1}\stackrel{\text{def}}{=\!=}V'_0 \tag{9-31}$$

式中，V'_0 为两个子区域之间边界面 $z=d_1$ 处的未知电势。两个子区域的拉普拉斯方程的解为

$$V_1=z\cdot\frac{V'_0}{d_1} \tag{9-32a}$$

$$V_2=-(z-d_1-d_2)\cdot\frac{V'_0}{d_2}+(z-d_1)\cdot\frac{V_0}{d_2} \tag{9-32b}$$

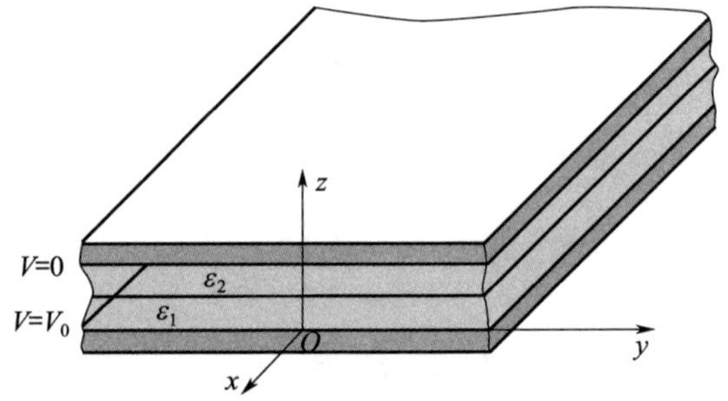

图 9－3　沿 z 轴有两个子区域的平行板电容器

为了确定边界面 $z=d_1$ 处的未知电势 V'_0，可以利用两种介质的子区域之间电通量密度法向分量连续的边界条件，即

$$-\varepsilon_1\frac{\partial V_1}{\partial z}\bigg|_{z=d_1}=-\varepsilon_2\frac{\partial V_2}{\partial z}\bigg|_{z=d_1} \tag{9-33}$$

因此

$$\varepsilon_1\frac{V'_0}{d_1}=\varepsilon_2\left(\frac{V_0}{d_2}-\frac{V'_0}{d_2}\right) \tag{9-34a}$$

$$V'_0\left[\frac{\varepsilon_1}{d_1}+\frac{\varepsilon_2}{d_2}\right]=V_0\frac{\varepsilon_2}{d_2} \tag{9-34b}$$

根据方程（9－34b），可以得到

$$V'_0=V_0\frac{d_1\varepsilon_2}{(d_1\varepsilon_2+d_2\varepsilon_1)} \tag{9-35}$$

9.3.1.4　平板之间介电常数连续变化

在前面两个例子中，介电常数的变化导致平行板之间成为分段均匀的介质区域。因此，各子区域的标量电势分布满足拉普拉斯方程。在本例中，假定两个平行板之间的介电常数 $\varepsilon(z)$ 连续变化，因此不会形成分段均匀区域。这个构型如图 9－4 所示。因为变化沿 z 方向，在 x 和 y 方向不变，电势分布 V 将仅是 z 的函数。因此，根据方程（9－10），可以得到

$$\nabla^2V\equiv-\frac{1}{\varepsilon}\nabla V\cdot\nabla\varepsilon \tag{9-36a}$$

或

$$\frac{d^2V}{dz^2} \equiv -\frac{1}{\varepsilon}\frac{d\varepsilon}{dz}\cdot\frac{dV}{dz} \tag{9-36b}$$

这个方程表明，如果介电常数连续变化（如沿 z 方向），介质中的电势分布不满足拉普拉斯方程。为了求解方程（9 - 36b），假设

$$Z \overset{\text{def}}{=\!=} \frac{dV}{dz} \tag{9-37a}$$

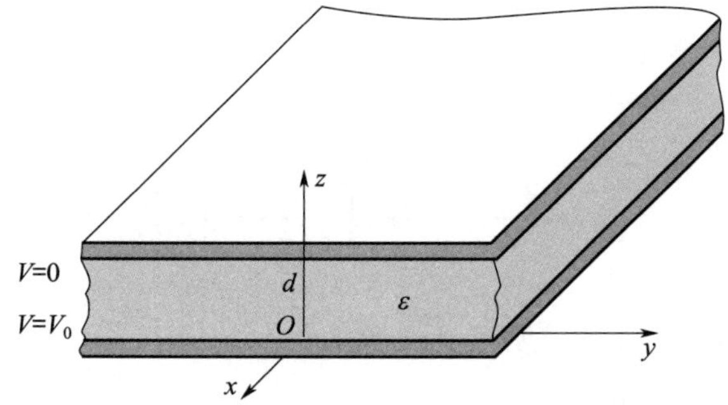

图 9 - 4　介电常数连续变化的平行板电容器

根据方程（9 - 37a），方程（9 - 36b）可以重写为

$$\frac{d}{dz}Z = -\frac{1}{\varepsilon}\cdot\frac{d\varepsilon}{dz}\cdot Z \tag{9-37b}$$

或

$$\frac{1}{Z}\frac{d}{dz}Z = -\frac{1}{\varepsilon}\cdot\frac{d\varepsilon}{dz} \tag{9-37c}$$

对方程（9 - 37c）两端积分后得到

$$\ln Z = \ln c_1 - \ln\varepsilon \tag{9-38a}$$

或

$$Z = c_1/\varepsilon \tag{9-38b}$$

式中，c_1 为积分常数。

将方程（9 - 38b）中的 Z 代入方程（9 - 37a）并对 z 积分，可以得到

$$V(z) = c_2 + c_1\int\frac{1}{\varepsilon(z)}dz \tag{9-39}$$

式中，c_2 为另一个积分常数。

为了计算未知的 c_1 和 c_2，考虑下面的边界条件

$$V(z)\big|_{z=0} = V_0 \tag{9-40a}$$

和

$$V(z)\big|_{z=d} = 0 \tag{9-40b}$$

则

$$V(0)=V_0=c_2+c_1\int\frac{1}{\varepsilon(z)}\mathrm{d}z\bigg|_{z=0} \tag{9-41a}$$

$$V(d)=0=c_2+c_1\int\frac{1}{\varepsilon(z)}\mathrm{d}z\bigg|_{z=d} \tag{9-41b}$$

因此

$$V_0=c_1\left[\int\frac{1}{\varepsilon(z)}\mathrm{d}z\bigg|_{z=0}-\int\frac{1}{\varepsilon(z)}\mathrm{d}z\bigg|_{z=d}\right] \tag{9-41c}$$

由此得到

$$c_1=\frac{V_0}{\displaystyle\int_0^d\frac{1}{\varepsilon(z)}\mathrm{d}z} \tag{9-42a}$$

$$c_2=\frac{V_0}{\displaystyle\int_0^d\frac{1}{\varepsilon(z)}\mathrm{d}z}\int\frac{1}{\varepsilon(z)}\mathrm{d}z\bigg|_{z=d} \tag{9-42b}$$

因此，作为 z 的函数的标量电势表达式为

$$V(z)=\frac{V_0}{\displaystyle\int_0^d\frac{1}{\varepsilon(z)}\mathrm{d}z}\int\frac{1}{\varepsilon(z)}\mathrm{d}z\bigg|_{z=d}-\frac{V_0}{\displaystyle\int_0^d\frac{1}{\varepsilon(z)}\mathrm{d}z}\int\frac{1}{\varepsilon(z)}\mathrm{d}z$$

或

$$V(z)=\frac{V_0}{\displaystyle\int_0^d\frac{1}{\varepsilon(z)}\mathrm{d}z}\left[\int\frac{1}{\varepsilon(z)}\mathrm{d}z\bigg|_{z=d}-\int\frac{1}{\varepsilon(z)}\mathrm{d}z\right]=V_0\left[\frac{\displaystyle\int_z^d\frac{1}{\varepsilon(z)}\mathrm{d}z}{\displaystyle\int_0^d\frac{1}{\varepsilon(z)}\mathrm{d}z}\right] \tag{9-43}$$

该解假设对于给定的 $\varepsilon(z)$ 方程右端的两个积分存在。

9.3.2　柱坐标系中的场问题

由方程（9－6）给出的柱坐标系中标量函数 V 的拉普拉斯算子为

$$\nabla^2V=\frac{1}{\rho}\cdot\frac{\partial}{\partial\rho}\left(\rho\frac{\partial V}{\partial\rho}\right)+\frac{1}{\rho^2}\frac{\partial^2V}{\partial\varphi^2}+\frac{\partial^2V}{\partial z^2} \tag{9-6}$$

在一维问题中，电势 V 仅是三个坐标中的一个坐标的函数，对另外两个坐标的导数必然为零。假设 V 仅是 ρ 的函数，则在方程（9－1b）和（9－6）中将偏导数替换为全导数，得到

$$\nabla^2V=\frac{1}{\rho}\cdot\frac{\mathrm{d}}{\mathrm{d}\rho}\left(\rho\frac{\mathrm{d}V}{\mathrm{d}\rho}\right)=0 \tag{9-44a}$$

如果 V 仅是 φ 或 z 的函数，则有

$$\nabla^2V=\frac{1}{\rho^2}\frac{\mathrm{d}^2V}{\mathrm{d}\varphi^2}=0 \tag{9-44b}$$

或

$$\nabla^2V=\frac{\mathrm{d}^2V}{\mathrm{d}z^2}=0 \tag{9-44c}$$

一维场问题是求解三个分量中一个分量解的问题。方程的选择取决于场沿哪个坐标变化。下面几小节将给出方程求解的过程。

9.3.2.1　两个常数 ρ 表面之间的标量电势

同轴圆柱体或同轴电缆之间的电容就是一个这样的例子，需要计算两个常数 ρ 表面之间的标量电势。在本节中，将求解方程（9－44a）给出的拉普拉斯方程。这种电容器的构型如图 9－5 所示，该图是内外导体半径分别为 a 和 b 的同轴电容器，内圆柱电势为 V_0，外圆柱电势为零，两圆柱之间填充介电常数 ε 的均匀介质。

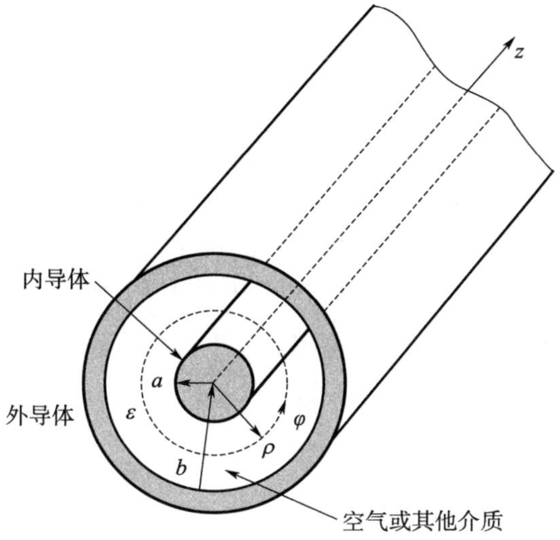

图 9－5　同轴电缆的构型

在这种构型下，标量电势满足

$$\frac{\mathrm{d}}{\mathrm{d}\rho}\left(\rho\,\frac{\mathrm{d}V}{\mathrm{d}\rho}\right)=0 \tag{9-45a}$$

即电势仅随径向变化。方程（9－54a）表明，括号内项 $\left(\rho\,\frac{\mathrm{d}V}{\mathrm{d}\rho}\right)$ 等于一个常数，比如等于 k，则

$$\frac{\mathrm{d}V}{\mathrm{d}\rho}=\frac{k}{\rho} \tag{9-45b}$$

现在，对方程两端积分，得到

$$V=k\ln c+k\ln\rho=k\ln(c\cdot\rho) \tag{9-45c}$$

在方程（9－45c）中，c 为积分常数，k 为未知量。为了确定这些量，需要应用下列边界条件

$$V\big|_{\rho=a}=0 \tag{9-46a}$$

和

$$V\big|_{\rho=b}=V_0 \tag{9-46b}$$

根据这个边界条件可以得到

$$c = 1/a \tag{9-47a}$$

和

$$k = V_0/\ln(b/a) \tag{9-47b}$$

因此，根据方程（9－45）、（9－47a）和（9－47b），得到

$$V = V_0 \frac{\ln(\rho/a)}{\ln(b/a)} \tag{9-48}$$

根据方程（9－48），外圆柱内表面的电通量密度为

$$D_\rho \big|_{\rho=b} = -\varepsilon \frac{\mathrm{d}V}{\mathrm{d}\rho}\bigg|_{\rho=b} = -\frac{\varepsilon}{a} \frac{V_0}{\ln(b/a)} \frac{1}{\rho}\bigg|_{\rho=b} = \frac{\varepsilon}{ab} \frac{V_0}{\ln(b/a)} \tag{9-49a}$$

面电荷密度可以写为

$$\rho_s \big|_{\rho=b} = D_\rho \big|_{\rho=b} = \frac{\varepsilon}{ab} \cdot \frac{V_0}{\ln(b/a)} \tag{9-49b}$$

因此，单位长度圆柱的电容为

$$C = \frac{Q}{V_0} = \frac{2\pi b \rho_s}{V_0} = \frac{2\pi\varepsilon}{a} \cdot \frac{1}{\ln(a/b)} \tag{9-50}$$

9.3.2.2　两个常数 φ 表面之间的标量电势

两个常数 φ 表面的构型如图 9－6 所示。

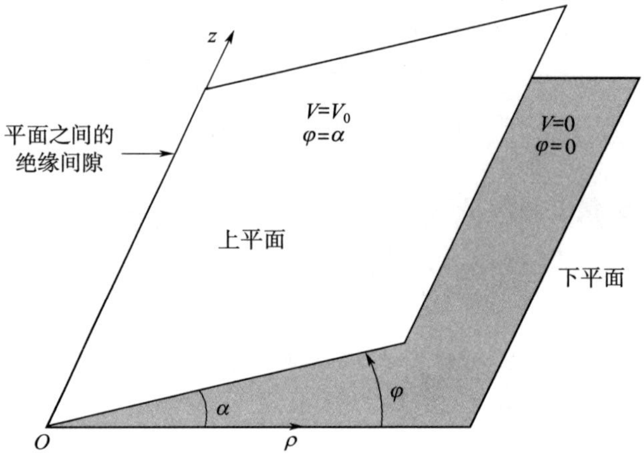

图 9－6　两个常数 φ 的表面构型

这种构型的标量电势满足方程（9－44b）

$$\frac{\mathrm{d}^2 V}{\mathrm{d}\varphi^2} = 0 \tag{9-44b}$$

这个方程的解可被写为

$$V = A \cdot \varphi + B \tag{9-51}$$

如图 9－6 所示，电势场必须满足下列边界条件

$$V \big|_{\varphi=0} = 0 \tag{9-52a}$$

和

$$V|_{\varphi=\alpha}=V_0 \tag{9-52b}$$

应用边界条件，可以得到

$$V=V_0\cdot\frac{\varphi}{\alpha} \tag{9-53}$$

根据梯度关系式（$\boldsymbol{E}=-\nabla V$）可以计算出电场强度。因此

$$\boldsymbol{E}=-\frac{V_0}{\alpha\cdot\rho}\boldsymbol{a}_\varphi \tag{9-54}$$

方程（9－53）和（9－54）给出的关系式表明，$\boldsymbol{E}$ 场是 ρ 的函数，与 φ 无关；而 V 是 φ 的函数，与 ρ 无关。

9.3.2.3　两个常数 z 表面之间的标量势

两个常数 z 表面的构型如图 9－7 所示。

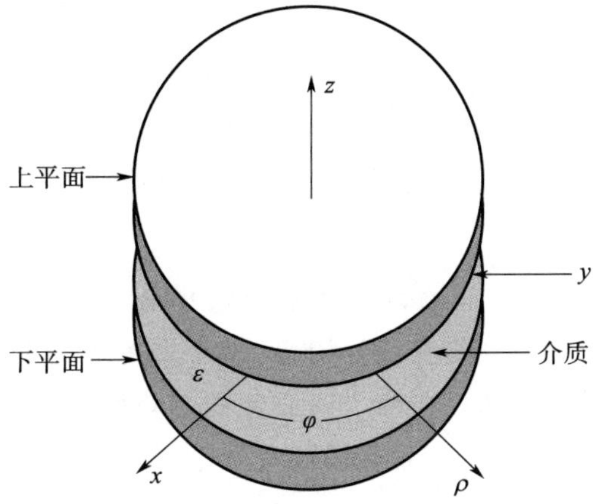

图 9－7　两个常数 z 表面的构型

对于这种构型

$$\frac{d^2V}{dz^2}=0 \tag{9-44c}$$

这个方程的解可被写为

$$V=A\cdot z+B \tag{9-55}$$

如图 9－7 所示，电势场必须满足下列边界条件

$$V|_{z=0}=0 \tag{9-56a}$$

和

$$V|_{z=d}=V_0 \tag{9-56b}$$

应用这些边界条件得到

$$V=\frac{V_0}{d}z \tag{9-57}$$

同样可以通过梯度关系计算出电场。

9.3.3 球坐标系中的场问题

由方程（9－7）给出的球坐标系中标量函数 V 的拉普拉斯方程为

$$\nabla^2 V=\frac{1}{r^2}\cdot\frac{\partial}{\partial r}\left(r^2\frac{\partial V}{\partial r}\right)+\frac{1}{r^2\sin\theta}\frac{\partial}{\partial\theta}\left(\sin\theta\frac{\partial V}{\partial\theta}\right)+\frac{1}{r^2\sin^2\theta}\frac{\partial^2 V}{\partial\varphi^2}\tag{9-7}$$

这个方程的右端有三项，对于一维场问题，根据场的变化性质仅保留其中的一项，则方程变为

$$\nabla^2 V=\frac{1}{r^2}\cdot\frac{\mathrm{d}}{\mathrm{d}r}\left(r^2\frac{\mathrm{d}V}{\mathrm{d}r}\right)=0\tag{9-58a}$$

或

$$\nabla^2 V=\frac{1}{r^2\sin\theta}\cdot\frac{\mathrm{d}}{\mathrm{d}\theta}\left(\sin\theta\frac{\mathrm{d}V}{\mathrm{d}\theta}\right)=0\tag{9-58b}$$

或

$$\nabla^2 V=\frac{1}{r^2\sin^2\theta}\frac{\mathrm{d}^2 V}{\mathrm{d}\varphi^2}=0\tag{9-58c}$$

一维场问题需要解其中一个分量方程。方程的选择取决于场的变化方向。在下面几小节中描述求解这些方程的过程。

9.3.3.1 两个常数 r 表面之间的均匀介质中的电势场

图 9－8 所示的是两个同心球等势面的构型，内球和外球的半径分别为 a 和 b 。内球的电势为 V_0， 外球的电势为 0。如果在两个同心球面等势面之间填充介电常数 ε 的均匀介质，则标量电势满足拉普拉斯方程，且只沿径向变化。

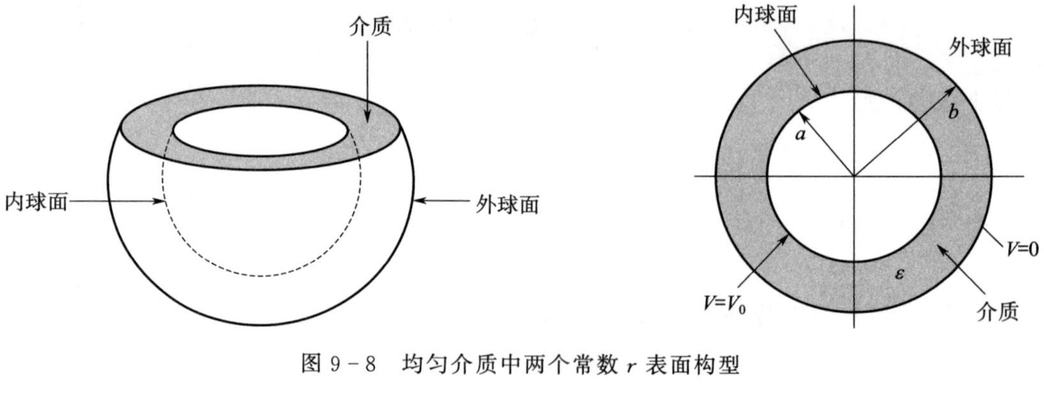

图 9－8 均匀介质中两个常数 r 表面构型

这种情况下的拉普拉斯方程为

$$\nabla^2 V=\frac{1}{r^2}\cdot\frac{\mathrm{d}}{\mathrm{d}r}\left(r^2\frac{\mathrm{d}V}{\mathrm{d}r}\right)=0\tag{9-58a}$$

这个方程意味着 $\left(r^2\frac{\mathrm{d}V}{\mathrm{d}r}\right)$ 等于常数，比如等于 k， 则

$$\frac{\mathrm{d}V}{\mathrm{d}r}=\frac{k}{r^2}\tag{9-59a}$$

现在，对方程两端积分，可以得到

$$V = c - \frac{k}{r} \tag{9-59b}$$

式中，c 是积分常数。为了计算未知量 k 和 c，考虑下列边界条件

$$V|_{r=a} = V_0 \tag{9-60a}$$

和

$$V|_{r=b} = 0 \tag{9-60b}$$

应用边界条件得到

$$k = V_0 \frac{ab}{(a-b)} \tag{9-61a}$$

和

$$c = V_0 \frac{b}{(a-b)} \tag{9-61b}$$

因此，根据方程（9-59b）、（9-61a）和（9-61b），有

$$V = V_0 \frac{a}{(a-b)}\left(1 - \frac{b}{r}\right) = V_0 \frac{a \cdot b}{(a-b)}\left(\frac{1}{b} - \frac{1}{r}\right) \tag{9-62}$$

因此，内球上的电通量密度为

$$D_\rho|_{r=a} = -\varepsilon \left.\frac{\mathrm{d}V}{\mathrm{d}r}\right|_{r=a} = -\varepsilon \cdot V_0 \frac{a \cdot b}{(a-b)} \left.\frac{1}{r^2}\right|_{r=a} = \varepsilon \cdot V_0 \frac{b/a}{(b-a)} \tag{9-63}$$

这个电通量密度等于内球上的电荷密度，因此得到电容为

$$C = \varepsilon \cdot \frac{b/a}{(b-a)} \cdot 4\pi a^2 = \varepsilon \cdot \frac{b}{(b-a)} \cdot 4\pi a \tag{9-64}$$

如果外半径 b 趋于无穷大，则半径为 a 的球的电容为

$$C|_{b\to\infty} = \varepsilon \cdot 4\pi a \tag{9-65}$$

对于地球，$\varepsilon = \varepsilon_0 = 8.854 \times 10^{-12} \cong \frac{10^{-9}}{36\pi}$，假设半径为 6000 km，则

$$C_{\mathrm{earth}} \cong \frac{10^{-9}}{36\pi} 4\pi \times 6 \times 10^6 \cong \frac{2}{3} \times 10^{-3} = \frac{2}{3}\ \mathrm{mF} \tag{9-66}$$

因此，如果要获得 1F 的电容，需要并联连接 1500 个地球尺度的导体球！很明显，1F 是非常大的电容单位。

9.3.3.2　两个常数 r 表面之间的非均匀介质中的电势场

图 9-9 是这种情况的构型，分别为半径为 a 和 $d(a<d)$ 的两个同心等势球面。内球的电势为 V_0，外球的电势为 0。

在两个球面（$a<r<b$，$b<d$）之间的区域内填充常数电容率 ε 的非均匀介质，使介电常数只沿 r 方向变化，这个区域的电势分布用符号 V_1 来定义；其余部分（$b<r<d$）为真空，这个区域的电势分布定义为 V_2。显然，所有的等势面是同心圆。

由于电势只是 r 的函数，即与 θ 和 φ 无关，根据方程（8-58a），电势的拉普拉斯方程如下

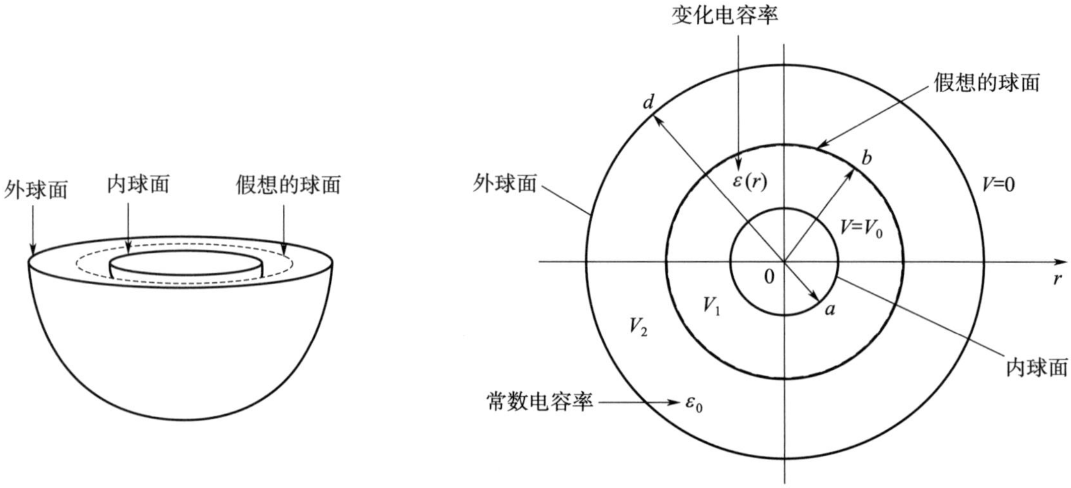

图 9－9　非均匀介质中两个常数 r 表面构型

$$\nabla^2 V = \frac{1}{r^2} \cdot \frac{\mathrm{d}}{\mathrm{d}r}\left(r^2 \frac{\mathrm{d}V}{\mathrm{d}r}\right) \tag{9-67a}$$

另外，由于介电常数 ε 仅为 r 坐标的函数，则

$$\nabla \varepsilon = \frac{\mathrm{d}\varepsilon}{\mathrm{d}r}\boldsymbol{a}_r \tag{9-67b}$$

因此，对于区域 1，根据方程（9－10），有

$$\nabla^2 V_1 = -\frac{1}{\varepsilon} \nabla V_1 \cdot \nabla \varepsilon \tag{9-68}$$

因此

$$\frac{1}{r^2} \cdot \frac{\mathrm{d}}{\mathrm{d}r}\left(r^2 \frac{\mathrm{d}V_1}{\mathrm{d}r}\right) = -\frac{1}{\varepsilon} \cdot \frac{\mathrm{d}\varepsilon}{\mathrm{d}r} \cdot \frac{\mathrm{d}V_1}{\mathrm{d}r} \tag{9-69}$$

注意，这些方程都不是拉普拉斯方程。

令

$$R \overset{\text{def}}{=\!=} \frac{\mathrm{d}V_1}{\mathrm{d}r} \tag{9-70}$$

则可以将方程（9－69）重写为

$$\frac{1}{r^2 R} \cdot \frac{\mathrm{d}}{\mathrm{d}r}(r^2 R) = -\frac{1}{\varepsilon} \cdot \frac{\mathrm{d}\varepsilon}{\mathrm{d}r} \tag{9-71}$$

对这个方程两端积分，可以得到

$$\ln(r^2 R) = \ln c_1 - \ln\varepsilon \tag{9-72a}$$

或

$$R = \frac{1}{r^2} \cdot \frac{c_1}{\varepsilon} \tag{9-72b}$$

式中，c_1 为积分常数。

现在，应用方程（9－70）和（9－72a），可以得到

$$\frac{dV_1}{dr}=\frac{1}{r^2}\cdot\frac{c_1}{\varepsilon} \tag{9-73}$$

对这个方程两端积分，可以得到

$$V_1=c_2+c_1\int\frac{1}{r^2}\cdot\frac{1}{\varepsilon}dr \quad a<r<b \tag{9-74}$$

式中，c_2 是另一个积分常数。为了确定这两个积分常数，需要用到下列边界条件

$$V_1\big|_{r=a}=V_0 \tag{9-75a}$$

和

$$V_1\big|_{r=b}=V'_0 \tag{9-75b}$$

式中，V'_0 是在 $r=b$ 表面的未知电势。

应用这些边界条件得到

$$V_0=c_2+c_1\int\frac{1}{r^2}\cdot\frac{1}{\varepsilon}dr\bigg|_{r=a} \tag{9-76a}$$

$$V'_0=c_2+c_1\int\frac{1}{r^2}\cdot\frac{1}{\varepsilon}dr\bigg|_{r=b} \tag{9-76b}$$

根据方程（9－76a）和（9－76b），得到

$$V_0-V'_0=c_1\left(\int\frac{1}{r^2}\cdot\frac{1}{\varepsilon}dr\bigg|_{r=a}-\int\frac{1}{r^2}\cdot\frac{1}{\varepsilon}dr\bigg|_{r=b}\right)=-c_1\int_a^b\frac{1}{r^2}\cdot\frac{1}{\varepsilon}dr \tag{9-76c}$$

从方程（9－76c）得到

$$c_1=-\frac{V_0-V'_0}{\int_a^b\frac{1}{r^2}\cdot\frac{1}{\varepsilon}dr} \tag{9-77a}$$

从方程（9－76b）和（9－77a）得到

$$\begin{aligned}c_2&=V'_0+(V_0-V'_0)\cdot\frac{\int\frac{1}{r^2}\cdot\frac{1}{\varepsilon}dr\Big|_{r=b}}{\int_a^b\frac{1}{r^2}\cdot\frac{1}{\varepsilon}dr}\\&=V_0\cdot\frac{\int\frac{1}{r^2}\cdot\frac{1}{\varepsilon}dr\Big|_{r=b}}{\int_a^b\frac{1}{r^2}\cdot\frac{1}{\varepsilon}dr}+V'_0\cdot\frac{\int_a^b\frac{1}{r^2}\cdot\frac{1}{\varepsilon}dr-\int\frac{1}{r^2}\cdot\frac{1}{\varepsilon}dr\Big|_{r=b}}{\int_a^b\frac{1}{r^2}\cdot\frac{1}{\varepsilon}dr} \qquad (9-77b)\\&=V_0\cdot\frac{\int\frac{1}{r^2}\cdot\frac{1}{\varepsilon}dr\Big|_{r=b}}{\int_a^b\frac{1}{r^2}\cdot\frac{1}{\varepsilon}dr}-V'_0\cdot\frac{\int\frac{1}{r^2}\cdot\frac{1}{\varepsilon}dr\Big|_{r=a}}{\int_a^b\frac{1}{r^2}\cdot\frac{1}{\varepsilon}dr}\end{aligned}$$

因此，应用方程（9－74），有

$$V_1 = V_0 \cdot \frac{\int \frac{1}{r^2} \cdot \frac{1}{\varepsilon} \mathrm{d}r \Big|_{r=b}}{\int_a^b \frac{1}{r^2} \cdot \frac{1}{\varepsilon} \mathrm{d}r} - V'_0 \cdot \frac{\int \frac{1}{r^2} \cdot \frac{1}{\varepsilon} \mathrm{d}r \Big|_{r=a}}{\int_a^b \frac{1}{r^2} \cdot \frac{1}{\varepsilon} \mathrm{d}r} - (V_0 - V'_0) \cdot \frac{\int \frac{1}{r^2} \cdot \frac{1}{\varepsilon} \mathrm{d}r}{\int_a^b \frac{1}{r^2} \cdot \frac{1}{\varepsilon} \mathrm{d}r}$$

$$= V_0 \cdot \frac{\int_r^b \frac{1}{r^2} \cdot \frac{1}{\varepsilon} \mathrm{d}r}{\int_a^b \frac{1}{r^2} \cdot \frac{1}{\varepsilon} \mathrm{d}r} + V'_0 \cdot \frac{\int_a^r \frac{1}{r^2} \cdot \frac{1}{\varepsilon} \mathrm{d}r}{\int_a^b \frac{1}{r^2} \cdot \frac{1}{\varepsilon} \mathrm{d}r} \qquad (a < r < b) \tag{9-78}$$

对于均匀区域的区域 2，可以应用上节中的方法导出标量电势分布，其结果为

$$V_2 = V'_0 \frac{\left(\frac{1}{r} - \frac{1}{d}\right)}{d - b} \cdot d \cdot b \tag{9-79}$$

现在，为了求得未知量 V'_0，应用下列边界条件

$$-\varepsilon \frac{\mathrm{d}V_1}{\mathrm{d}r}\Big|_{r=b} = -\varepsilon_0 \frac{\mathrm{d}V_2}{\mathrm{d}r}\Big|_{r=b} \tag{9-80}$$

根据方程（9－78）和（9－79），可以得到

$$\varepsilon \left(V_0 \cdot \frac{\frac{1}{r^2} \cdot \frac{1}{\varepsilon}}{\int_a^b \frac{1}{r^2} \cdot \frac{1}{\varepsilon} \mathrm{d}r} + V'_0 \cdot \frac{\frac{1}{r^2} \cdot \frac{1}{\varepsilon}}{\int_a^b \frac{1}{r^2} \cdot \frac{1}{\varepsilon} \mathrm{d}r} \right) \Bigg|_{r=b} = \varepsilon_0 V'_0 \cdot \frac{\frac{1}{r^2}}{d - b} \cdot b \cdot d \Bigg|_{r=b}$$

或

$$V'_0 = V_0 \cdot \frac{\dfrac{\frac{1}{b^2}}{\int_a^b \frac{1}{r^2} \cdot \frac{1}{\varepsilon} \mathrm{d}r}}{\dfrac{\frac{1}{b^2}}{\int_a^b \frac{1}{r^2} \cdot \frac{1}{\varepsilon} \mathrm{d}r} + \dfrac{\frac{d}{b} \cdot \varepsilon_0}{d - b}} = V_0 \cdot \frac{1}{1 + \frac{d \cdot b}{d - b} \cdot \varepsilon_0 \cdot \int_a^b \frac{1}{r^2} \cdot \frac{1}{\varepsilon} \mathrm{d}r} \tag{9-81}$$

根据方程（9－78）和（9－79），求得两个区域的电势分布分别为

$$V_1 = V_0 \cdot \left(\frac{\int_r^b \frac{1}{r^2} \cdot \frac{1}{\varepsilon} \mathrm{d}r}{\int_a^b \frac{1}{r^2} \cdot \frac{1}{\varepsilon} \mathrm{d}r} + \frac{\int_a^r \frac{1}{r^2} \cdot \frac{1}{\varepsilon} \mathrm{d}r}{\int_a^b \frac{1}{r^2} \cdot \frac{1}{\varepsilon} \mathrm{d}r} \cdot \frac{1}{1 + \frac{d \cdot b}{d - b} \cdot \varepsilon_0 \cdot \int_a^b \frac{1}{r^2} \cdot \frac{1}{\varepsilon} \mathrm{d}r} \right)$$

$$= V_0 \cdot \frac{1}{\int_a^b \frac{1}{r^2} \cdot \frac{1}{\varepsilon} \mathrm{d}r} \cdot \left(\int_r^b \frac{1}{r^2} \cdot \frac{1}{\varepsilon} \mathrm{d}r + \frac{\int_a^r \frac{1}{r^2} \cdot \frac{1}{\varepsilon} \mathrm{d}r}{1 + \frac{d \cdot b}{d - b} \cdot \varepsilon_0 \cdot \int_a^b \frac{1}{r^2} \cdot \frac{1}{\varepsilon} \mathrm{d}r} \right) \tag{9-82a}$$

和

$$V_2 = V'_0 \frac{d \cdot b}{d-b} \cdot \left(\frac{1}{r} - \frac{1}{d}\right) = V_0 \cdot \frac{\dfrac{d \cdot b}{d-b}}{1 + \dfrac{d \cdot b}{d-b} \cdot \varepsilon_0 \cdot \int_a^b \dfrac{1}{r^2} \cdot \dfrac{1}{\varepsilon} \mathrm{d}r} \cdot \left(\frac{1}{r} - \frac{1}{d}\right) \tag{9-82b}$$

对于 $d \to \infty$ 的特殊情况

$$V'_0 \big|_{d\to\infty} = \frac{V_0}{1 + b \cdot \varepsilon_0 \cdot \int_a^b \dfrac{1}{r^2} \cdot \dfrac{1}{\varepsilon} \mathrm{d}r} \tag{9-83a}$$

$$V_1 = V_0 \cdot \frac{1}{\int_a^b \dfrac{1}{r^2} \cdot \dfrac{1}{\varepsilon} \mathrm{d}r} \cdot \left(\int_r^b \frac{1}{r^2} \cdot \frac{1}{\varepsilon} \mathrm{d}r + \frac{\int_a^r \dfrac{1}{r^2} \cdot \dfrac{1}{\varepsilon} \mathrm{d}r}{1 + b \cdot \varepsilon_0 \cdot \int_a^b \dfrac{1}{r^2} \cdot \dfrac{1}{\varepsilon} \mathrm{d}r} \right) \tag{9-83b}$$

和

$$V_2 = V'_0 \cdot b \cdot \left(\frac{1}{r}\right) = V_0 \cdot \frac{b}{1 + b \cdot \varepsilon_0 \cdot \int_a^b \dfrac{1}{r^2} \cdot \dfrac{1}{\varepsilon} \mathrm{d}r} \cdot \frac{1}{r} \tag{9-83c}$$

半径为 a 的内球表面的面电荷密度为

$$\rho_s = D_{1r} \big|_{r=a} = \varepsilon \cdot \frac{\mathrm{d}}{\mathrm{d}r} V_1 \bigg|_{r=a} \tag{9-84}$$

或

$$\begin{aligned} \rho_s &= V_0 \cdot \frac{\dfrac{1}{r^2}}{\int_a^b \dfrac{1}{r^2} \cdot \dfrac{1}{\varepsilon} \mathrm{d}r} \cdot \left(1 - \frac{1}{1 + b \cdot \varepsilon_0 \cdot \int_a^b \dfrac{1}{r^2} \cdot \dfrac{1}{\varepsilon} \mathrm{d}r}\right) \Bigg|_{r=a} \\ &= \frac{V_0 \cdot b \cdot \varepsilon_0 \cdot \dfrac{1}{a^2}}{1 + b \cdot \varepsilon_0 \cdot \int_a^b \dfrac{1}{r^2} \cdot \dfrac{1}{\varepsilon} \mathrm{d}r} \end{aligned} \tag{9-85}$$

因此，电容为

$$C = \frac{4\pi a^2}{V_0} \cdot \rho_s = \frac{4\pi a^2}{V_0} \cdot \frac{V_0 \cdot b \cdot \varepsilon_0 \cdot \dfrac{1}{a^2}}{1 + b \cdot \varepsilon_0 \cdot \int_a^b \dfrac{1}{r^2} \cdot \dfrac{1}{\varepsilon} \mathrm{d}r} \tag{9-86}$$

当 $d \to \infty$ 时，有

$$C = \frac{4\pi b \cdot \varepsilon_0}{1 + b \cdot \varepsilon_0 \cdot \int_a^b \dfrac{1}{r^2} \cdot \dfrac{1}{\varepsilon} \mathrm{d}r} \tag{9-87}$$

9.3.3.3　两个常数 θ 表面之间的标量势

图 9－10 是这种情况的构型，分别为 $\theta = \alpha (\alpha < \pi/2)$ 和 $(\theta = \pi/2)$ 的两个锥面。内锥

面的电势为 V_0，外锥面的电势为 0。如果在两个锥形等势面之间填充常数电容率 ε 的均匀介质，则标量电势满足拉普拉斯方程，电场只沿 θ 方向变化。这种情况下的拉普拉斯方程为

$$\nabla^2 V=\frac{1}{r^2\sin\theta}\cdot\frac{\mathrm{d}}{\mathrm{d}\theta}\left(\sin\theta\frac{\mathrm{d}V}{\mathrm{d}\theta}\right)=0 \tag{9-58b}$$

从方程（9-58b）可以得到

$$\frac{\mathrm{d}}{\mathrm{d}\theta}\left(\sin\theta\frac{\mathrm{d}V}{\mathrm{d}\theta}\right)=0 \text{ 或 } \sin\theta\frac{\mathrm{d}V}{\mathrm{d}\theta}=A \tag{9-88a}$$

$$\frac{\mathrm{d}V}{\mathrm{d}\theta}=\frac{A}{\sin\theta} \tag{9-88b}$$

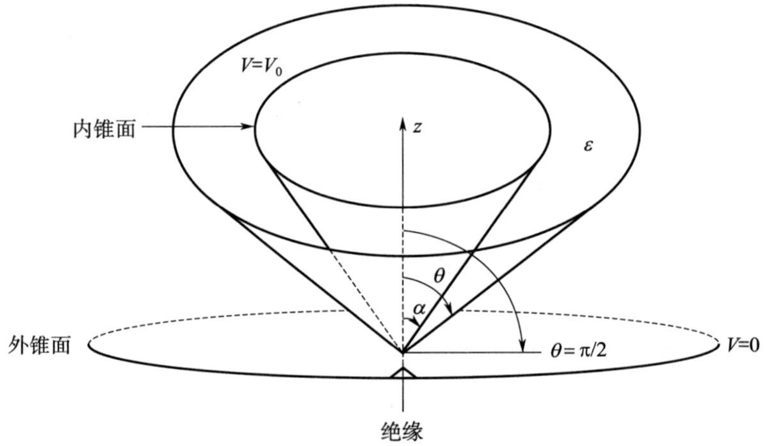

图 9-10　两个常数 θ 表面的构型

从这个方程可以得到

$$V=\int\frac{A}{\sin\theta}\mathrm{d}\theta+B \tag{9-89a}$$

方程（9-89a）给出

$$V=A\cdot\ln\left(\tan\frac{\theta}{2}\right)+B \tag{9-89b}$$

根据图 9-10，边界条件为

$$V\big|_{\theta=\alpha}=V_0 \tag{9-90a}$$

和

$$V\big|_{\theta=\pi/2}=0 \tag{9-90b}$$

应用边界条件得到下列关系式

$$V=V_0\cdot\frac{\ln\tan\frac{\theta}{2}}{\ln\tan\frac{\alpha}{2}} \tag{9-91}$$

9.3.3.4　两个常数 φ 表面之间的标量势

两个常数 φ 表面情况的构型如图 9－11 所示，是两个半径趋于无穷大的半圆曲面。两个半无限大曲面中的一个沿整个正 x 轴，覆盖 $x-z$ 平面的一半（$\varphi=0$）；另一个半无限大曲面与第一个曲面以一个角度（$\varphi=\alpha$）在 z 轴上相交。前者表面的电势为 V_0，后者表面的电势为 0。如果在等势面之间填充常数电容率 ε 的均匀介质，则标量电势满足拉普拉斯方程，电场只沿 φ 方向变化。这种情况下的拉普拉斯方程为

$$\nabla^2 V=\frac{1}{r^2\sin^2\theta}\frac{\mathrm{d}^2 V}{\mathrm{d}\varphi^2}=0 \tag{9-58c}$$

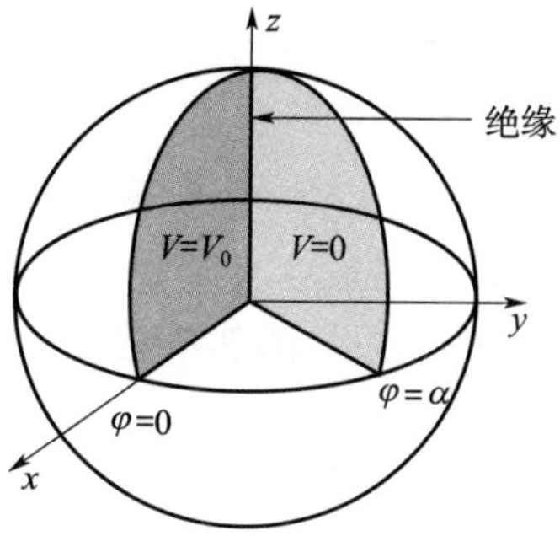

图 9－11　两个常数 φ 表面的构型

根据方程（9－58）可以得到

$$\frac{\mathrm{d}^2 V}{\mathrm{d}\varphi^2}=0 \tag{9-92}$$

这个方程的解很容易给出，即

$$V=A\cdot\varphi+B \tag{9-93}$$

根据图 9－11，边界条件为

$$V|_{\varphi=0}=V_0 \tag{9-94a}$$

和

$$V|_{\varphi=\alpha}=0 \tag{9-94b}$$

应用这个边界条件得到下列关系式

$$V=V_0\cdot\left(1-\frac{\varphi}{\alpha}\right) \tag{9-95}$$

9.4　二维场问题

本节讨论二维场问题。将通过具体实例说明在不同坐标下的求解方法。

9.4.1　笛卡儿坐标系中的场问题

笛卡儿坐标系中的拉普拉斯方程由方程（9－5）给出。对于二维场问题，这个方程有

以下三种形式

$$\frac{\partial^2 V}{\partial x^2}+\frac{\partial^2 V}{\partial y^2}=0 \tag{9-96a}$$

$$\frac{\partial^2 V}{\partial y^2}+\frac{\partial^2 V}{\partial z^2}=0 \tag{9-96b}$$

$$\frac{\partial^2 V}{\partial x^2}+\frac{\partial^2 V}{\partial z^2}=0 \tag{9-96c}$$

由于可以用类似的方法求解这三个方程，因此只需考虑其中一种情况。在方程（9-96a）所示的情况下，电势沿 z 轴没有变化。在下面几小节中，我们讨论二维空间中填充不同介质情况下对这个方程的求解问题。

9.4.1.1　均匀介质中的电势场

图 9-12 是一个二维矩形区域，各角分别位于 $(-w/2, h)$、$(w/2, h)$、$(w/2, 0)$、和 $(-w/2, 0)$，矩形的三条边（即 $x=\pm w/2$ 和 $y=0$）上电势为零，在第四条边（即 $y=h$）上，电势为任意给定 x 的偶函数，使电势沿着矩形区域的边界连续。求在这个矩形区域内得到标量电势分布。

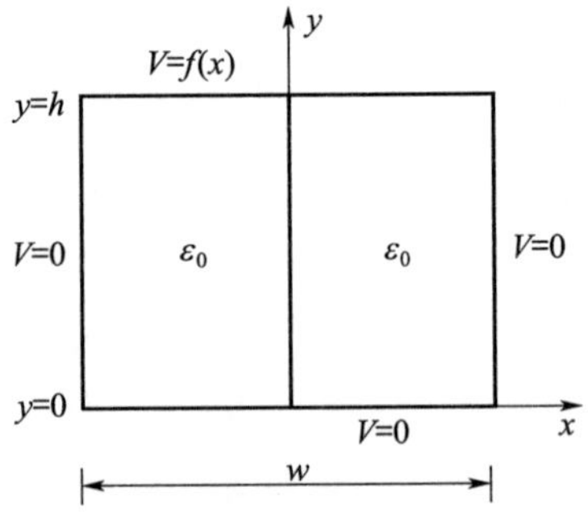

图 9-12　填充均匀介质的矩形区域

已知沿矩形上端（即 $y=h$）的电势分布可以表示为半域的傅里叶余弦级数，因此

$$V\big|_{y=h}=\sum_{m\text{-odd}}^{\infty} a_m \cos\left(m\pi\frac{x}{w}\right) \tag{9-97}$$

式中，根据所述的偶函数，傅里叶系数 a_m 是已知的。

我们**假设**拉普拉斯方程的解给出的势函数可以表示为两个未知函数 X 和 Y 的乘积，式中 X 仅是 x 的函数，Y 仅是 y 的函数。因此，我们暂时认为

$$V(x,y) \underset{=}{\text{def}} X(x)\cdot Y(y) \tag{9-98}$$

将方程（9-98）代入方程（9-96a）中，然后用 V 除以方程两端，得到

$$\frac{1}{X\cdot Y}\frac{\partial^2(X\cdot Y)}{\partial x^2}+\frac{1}{X\cdot Y}\frac{\partial^2(X\cdot Y)}{\partial y^2}=0 \tag{9-99}$$

从方程左边的第一项可以消去函数 Y，因为这项是 x 的偏导数；同理，从第二项可以消去函数 X。因此

$$\frac{1}{X}\frac{\partial^2(X)}{\partial x^2}+\frac{1}{Y}\frac{\partial^2(Y)}{\partial y^2}=0 \tag{9-100a}$$

现在，偏导数已经没有必要了，可以用普通导数来替换，得到如下方程

$$\frac{1}{X}\frac{\mathrm{d}^2X}{\mathrm{d}x^2}+\frac{1}{Y}\frac{\mathrm{d}^2Y}{\mathrm{d}y^2}=0 \tag{9-100b}$$

这是一个有趣的方程。方程左边第一项是 x 的函数，而第二项是 y 的函数。因为 x 和 y 是相互独立的，这两个函数，一个关于 x ，另一个关于 y ，怎么才能使它们之和为零呢？存在且仅存在一种可能性，即

$$\frac{1}{Y}\frac{\mathrm{d}^2Y}{\mathrm{d}y^2}=k^2\cdot y^0 \tag{9-101a}$$

$$\frac{1}{X}\frac{\mathrm{d}^2X}{\mathrm{d}x^2}=-k^2\cdot x^0 \tag{9-101b}$$

式中，k 为未知常数。因此，通过分离变量 x 和 y，我们成功地用两个常微分方程替换了一个偏微分方程。因此，未知常数 k 被称为分离常数。常数 k 通常是一个复常数，取决于所需要满足边界条件的性质。上述方程的通解为

$$Y=c_1\mathrm{e}^{ky}+c_2\mathrm{e}^{-ky} \tag{9-102a}$$

$$Y=c_1\cosh(ky)+c_2\sinh(ky) \tag{9-102b}$$

$$X=c_1\mathrm{e}^{\mathrm{j}kx}+c_2\mathrm{e}^{-\mathrm{j}kx} \tag{9-103a}$$

$$X=c_1\cos(kx)+c_2\sin(kx) \tag{9-103b}$$

其中，c_1 和 c_2 是积分常数。

现在，考虑由方程（9－97）定义的边界条件。这个边界条件表明，电势是 x 的偶函数。考察方程（9－102a）至（9－103b）后，我们选择 k 为实数值，选择常数 c_2 为零。从方程（9－97）中可进一步发现，k 需要设置不同的值，对于每个谐波 m 都需要设置一个值。因此，用 k_m 来替换 k，使得

$$k_m=\frac{m\pi}{w} \tag{9-104a}$$

此外，用 c_{1m} 替换 c_1，用 X_m 替换 X，使得

$$X_m=c_{1m}\cos(k_mx) \tag{9-104b}$$

现在，由于 $y=0$ 处电势为零，对于函数 Y，我们暂时选择

$$Y_m=c_{2m}\sinh(k_my) \tag{9-104c}$$

因此，方程（9－98）改写为

$$V_m(x,y)\stackrel{\text{def}}{=}X_m(x)\cdot Y_m(y) \tag{9-104d}$$

因为对于每个 m 值，上述表达式都满足拉普拉斯方程，所以，可以考虑全解为所有这些解之和。因此

$$V=\sum_m V_m(x,y)=\sum_m X_m(x)\cdot Y_m(y) \tag{9-105a}$$

由于电势是 x 的偶函数，在 $x=\pm w/2$ 处为零值，因此，根据方程（9－104a）、（9－104b）和（9－104c），可以得到

$$V=\sum_{m-\text{odd}}^{\infty}c_m\cos\left(\frac{m\pi}{w}x\right)\cdot\sinh\left(\frac{m\pi}{w}y\right)\qquad(9-105\text{b})$$

式中

$$c_m\overset{\text{def}}{=\!=}c_{m1}\cdot c_{m2}\qquad(9-105\text{c})$$

为了确定任意常数 c_m，考虑方程（9-97）给定的边界条件，因此

$$\sum_{m-\text{odd}}^{\infty}a_m\cos\left(m\pi\frac{x}{w}\right)=\sum_{m-\text{odd}}^{\infty}c_m\cdot\sinh\left(\frac{m\pi}{w}h\right)\cos\left(m\pi\frac{x}{w}\right)\qquad(9-106\text{a})$$

则

$$c_m=a_m\cdot\text{cosech}\left(\frac{m\pi}{w}h\right)\qquad(9-106\text{b})$$

需要注意，单独确定 c_{m1} 和 c_{m2} 既不可能也没必要，只有它们的乘积才是重要的。因此，最终解为

$$V=\sum_{m-\text{odd}}^{\infty}a_m\cos\left(\frac{m\pi}{w}x\right)\cdot\frac{\sinh\left(\frac{m\pi}{w}y\right)}{\sinh\left(\frac{m\pi}{w}h\right)}\qquad(9-107)$$

还需要注意的是，电势分布 V 的表达式与均匀区域的介电常数无关。

9.4.1.2　非均匀介质中的电势场（情况 1）

图 9-13 为由两种不同介质材料填充的矩形区域，在（$0<y<g$，$-w/2<x<w/2$）的区域 1 内，介电常数为 ϵ_1，在（$g<y<h$，$-w/2<x<w/2$）区域 2 内，介电常数为 ϵ_2。这种构型的边界条件与图 9-12 的边界条件相同。然而，分段均匀介质区域的电势分布表达式将与方程（9-107）得到的均匀介质区域的表达式不同。为求解这种构型的电势分布，将该矩形区域划分为电势分布分别为 V_1 和 V_2 的两个均匀子区域，每个子区域都服从拉普拉斯方程。因此，根据图 9-13

$$\nabla^2V_1=0\quad(0<y<g,-w/2<x<w/2)\qquad(9-108\text{a})$$

和

$$\nabla^2V_2=0\quad(g<y<h,-w/2<x<w/2)\qquad(9-108\text{b})$$

考虑两个子区域的共同边界（$y=g$，$-w/2<x<w/2$），利用上例所述的边界条件，共同边界的电势分布可以表示为未知系数的傅里叶余弦级数

$$V\big|_{y=g}\overset{\text{def}}{=\!=}\sum_{m-\text{odd}}^{\infty}b_m\cos\left(\frac{m\pi}{w}x\right)\qquad(9-109)$$

在上述边界条件下，方程（9-96a）、（9-108a）和（9-108b）的解分别为

$$V_1=\sum_{m-\text{odd}}^{\infty}b_m\cdot\frac{\sinh\left(\frac{m\pi}{w}y\right)}{\sinh\left(\frac{m\pi}{w}g\right)}\cdot\cos\left(\frac{m\pi}{w}x\right)\qquad(9-110\text{a})$$

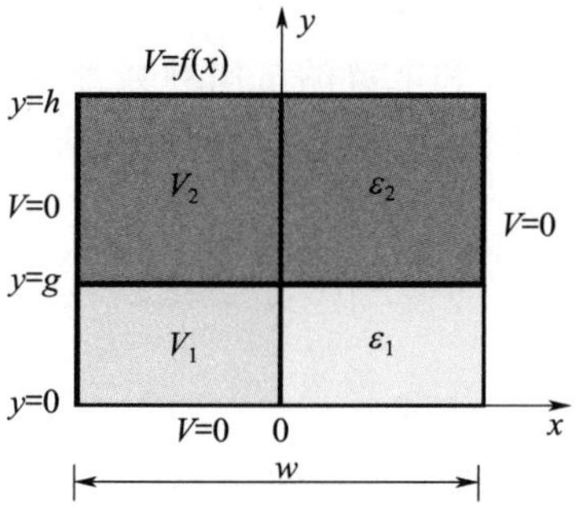

图 9-13　非均匀（或分段均匀）介质矩形区域的构型

$$V_2=\sum_{m-\mathrm{odd}}^{\infty}\left\{a_m\frac{\sinh\left[\frac{m\pi}{w}(y-g)\right]}{\sinh\left[\frac{m\pi}{w}(h-g)\right]}-b_m\cdot\frac{\sinh\left[\frac{m\pi}{w}(y-h)\right]}{\sinh\left[\frac{m\pi}{w}(h-g)\right]}\right\}\cdot\cos\left(\frac{m\pi}{w}x\right)\tag{9-110b}$$

为了确定傅里叶系数 b_m，需要用到下列边界条件

$$D_{1y}\big|_{y=g}=D_{2y}\big|_{y=g}\tag{9-111a}$$

因此

$$\epsilon_1\frac{\partial V_1}{\partial y}\bigg|_{y=g}=\epsilon_2\frac{\partial V_2}{\partial y}\bigg|_{y=g}\tag{9-111b}$$

现在，应用方程（9-110a）和（9-110b），可以得到

$$\epsilon_1\left\{a_m\cdot\mathrm{cosech}\left[\frac{m\pi}{w}(h-g)\right]-b_m\cdot\coth\left[\frac{m\pi}{w}(h-g)\right]\right\}=\epsilon_2\cdot b_m\cdot\coth\left(\frac{m\pi}{w}g\right)\tag{9-112a}$$

因此

$$b_m=a_m\cdot\frac{\epsilon_1\cdot\mathrm{cosech}\left[\frac{m\pi}{w}(h-g)\right]}{\epsilon_1\cdot\coth\left[\frac{m\pi}{w}(h-g)\right]+\epsilon_2\cdot\coth\left(\frac{m\pi}{w}g\right)}(m=1,3,5,\cdots)\tag{9-112b}$$

需要指出，为了求解矩形区域中的电势分布，我们根据一组未知的傅里叶系数，假设沿两个子区域共同边界有一个合适的分布。接下来在共同边界应用未使用过的边界条件计算这些系数。应进一步指出，现在每个子区域的电势分布是两个区域电容率（即 ϵ_1 和 ϵ_2）的函数。还需要指出的是，我们使用了不同的符号来表示电容率，即用 ϵ 替换了 ε，以便读者熟悉这两个符号。

9.4.1.3　非均匀介质中的电势场（情况 2）

这种情况与图 9-12 所示的矩形有关，沿四条边中的三条边的电势分布如下

$$V\big|_{y=0}=0\qquad(-w/2<x<w/2)\tag{9-113a}$$

$$V\big|_{x=-w/2}=0\qquad(0<y<h)\tag{9-113b}$$

$$V\big|_{x=w/2}=0 \qquad (0<y<h) \tag{9-113c}$$

沿第四条边（即 $y=h$），电势和电势的法向导数都未知。然而，作为附加边界条件，在 $y=0$ 边界上，电势的法向偏导数可用傅里叶级数表示

$$\frac{\partial V}{\partial y}\bigg|_{y=0}=\sum_{m-\text{odd}}^{\infty}a_m\cos\left(\frac{m\pi}{w}x\right)+\sum_{n=1}^{\infty}b_n\sin\left(\frac{n2\pi}{w}x\right) \quad (-w/2<x<w/2) \tag{9-113d}$$

式中，a_m 和 b_n 为两组**已知的**傅里叶系数。

我们的问题是，对于图 9－12 所示的均匀矩形区域，求解电势分布的拉普拉斯方程，获得方程的唯一解（如果存在的话）。

假设描述矩形区域沿 $y=h$ 边未知电势分布的函数用下列傅里叶级数来定义

$$V\big|_{y=h}\underline{\underline{\text{def}}}\sum_{m-\text{odd}}^{\infty}c_m\cos\left(\frac{m\pi}{w}x\right)+\sum_{n=1}^{\infty}d_n\sin\left(\frac{n2\pi}{w}x\right) \tag{9-114}$$

式中，c_m 和 d_n 是两组未知的傅里叶系数。现在，在矩形区域内满足方程（9－113a）、（9－113c）和（9－114）的电势分布可以用 c_m 和 d_n 得到

$$V=\sum_{m-\text{odd}}^{\infty}c_m\cos\left(\frac{m\pi}{w}x\right)\frac{\sinh\left(\frac{m\pi}{w}y\right)}{\sinh\left(\frac{m\pi}{w}h\right)}+\sum_{n=1}^{\infty}d_n\sin\left(\frac{n2\pi}{w}x\right)\frac{\sinh\left(\frac{n2\pi}{w}y\right)}{\sinh\left(\frac{n2\pi}{w}h\right)} \tag{9-115}$$

因此

$$\begin{aligned}\frac{\partial V}{\partial y}\bigg|_{y=0}=&\sum_{m-\text{odd}}^{\infty}\left[c_m\frac{m\pi}{w}\text{cosech}\left(\frac{m\pi}{w}h\right)\right]\cdot\cos\left(\frac{m\pi}{w}x\right)\\&+\sum_{n=1}^{\infty}\left[d_n\frac{n2\pi}{w}\text{cosech}\left(\frac{n2\pi}{w}h\right)\right]\sin\left(\frac{n2\pi}{w}x\right)\end{aligned} \tag{9-116}$$

方程（9－113d）和（9－116）的右端相等，则求得两组傅里叶系数为

$$c_m=a_m\left[\frac{w}{m\pi}\sinh\left(\frac{m\pi}{w}h\right)\right] \tag{9-117a}$$

和

$$d_n=b_n\left[\frac{w}{n2\pi}\sinh\left(\frac{n2\pi}{w}h\right)\right] \tag{9-117b}$$

因此，在图 9－12 所示矩形区域中，满足所有边界条件的电势分布为

$$\begin{aligned}V=&\sum_{m-\text{odd}}^{\infty}a_m\cdot\frac{w}{m\pi}\cdot\cos\left(\frac{m\pi}{w}x\right)\cdot\sinh\left(\frac{m\pi}{w}y\right)\\&+\sum_{n=1}^{\infty}b_n\cdot\frac{w}{n2\pi}\cdot\sin\left(\frac{n2\pi}{w}x\right)\cdot\sinh\left(\frac{n2\pi}{w}y\right)\end{aligned} \tag{9-118}$$

有两点需要指出：第一，电势分布是沿部分边界假设的，同时用这个边界条件来计算其他地方的电势分布；第二，在这个问题中，描述电势分布的傅里叶系数可以用非迭代的方式计算。后面的例子表明，并不是所有情况都能这样处理。

9.4.1.4 非均匀介质中的电势场（情况 3）

这种情况与图 9－12 中的矩形相关，矩形四条边中的三条边电势分布与上面的例子相

同［见方程（9－113a）至（9－113c）］。在第四条边（即 $y=h$ ）上，无论电势还是电势的法向导数都未知。但是，作为附加边界条件，已知

$$\left.\frac{\partial V}{\partial x}\right|_{x=w/2}=\sum_{p-\mathrm{odd}}^{\infty}a_p\cdot\cos\left(\frac{p\pi}{h}y\right)\qquad(0<y<h)\tag{9-119a}$$

和

$$\left.\frac{\partial V}{\partial x}\right|_{x=-w/2}=\sum_{p-\mathrm{odd}}^{\infty}b_p\cdot\sin\left(\frac{p\pi}{h}y\right)\qquad(0<y<h)\tag{9-119b}$$

式中，a_p 和 b_p 为两组已知的傅里叶系数。

我们要解决的问题是，在给定的矩形区域内，获得电势分布的拉普拉斯方程唯一解（如果存在的话）。

由于傅里叶系数 a_p 和 b_p 不相关（即 $a_p\pm b_p\neq 0$），因此，分布在矩形上条边的势函数既不是 x 的奇函数，也不是 x 的偶函数。设 $y=h$ 的电势分布定义为

$$V|_{y=h}\overset{\mathrm{def}}{=\!=}\sum_{m-\mathrm{odd}}^{\infty}c_m\cos\left(\frac{m\pi}{w}x\right)+\sum_{n=1}^{\infty}d_n\sin\left(\frac{n2\pi}{w}x\right)\tag{9-120}$$

式中，c_m 和 d_n 为两组未知的傅里叶系数。

注意，在 $x=\pm w/2$ 时，这个函数等于零。此外，这个函数是 x 的奇函数和偶函数的组合，根据方程（9－113a）至（9－113c)，电势分布 V 可表示为

$$V=\sum_{m-\mathrm{odd}}^{\infty}c_m\cos\left(\frac{m\pi}{w}x\right)\frac{\sinh\left(\frac{m\pi}{w}y\right)}{\sinh\left(\frac{m\pi}{w}h\right)}+\sum_{n=1}^{\infty}d_n\sin\left(\frac{n2\pi}{w}x\right)\frac{\sinh\left(\frac{n2\pi}{w}y\right)}{\sinh\left(\frac{n2\pi}{w}h\right)}\tag{9-121}$$

因此

$$\begin{aligned}\left.\frac{\partial V}{\partial x}\right|_{x=w/2}=&-\sum_{m-\mathrm{odd}}^{\infty}c_m\frac{m\pi}{w}\cdot\sin\left(\frac{m\pi}{2}\right)\frac{\sinh\left(\frac{m\pi}{w}y\right)}{\sinh\left(\frac{m\pi}{w}h\right)}\\&+\sum_{n=1}^{\infty}d_n\frac{n2\pi}{w}\cos(n\pi)\frac{\sinh\left(\frac{n2\pi}{w}y\right)}{\sinh\left(\frac{n2\pi}{w}h\right)}\end{aligned}\tag{9-122a}$$

和

$$\begin{aligned}\left.\frac{\partial V}{\partial x}\right|_{x=-w/2}=&\sum_{m-\mathrm{odd}}^{\infty}c_m\frac{m\pi}{w}\cdot\sin\left(\frac{m\pi}{2}\right)\frac{\sinh\left(\frac{m\pi}{w}y\right)}{\sinh\left(\frac{m\pi}{w}h\right)}\\&+\sum_{n=1}^{\infty}d_n\frac{n2\pi}{w}\cos(n\pi)\frac{\sinh\left(\frac{n2\pi}{w}y\right)}{\sinh\left(\frac{n2\pi}{w}h\right)}\end{aligned}\tag{9-122b}$$

现在，根据方程（9－119a）和（9－119b)，可以得到

$$\sum_{p-\text{odd}}^{\infty} a_p \cdot \cos\left(\frac{p\pi}{h}y\right) = -\sum_{m-\text{odd}}^{\infty} c_m \frac{m\pi}{w} \cdot \sin\left(\frac{m\pi}{2}\right) \frac{\sinh\left(\frac{m\pi}{w}y\right)}{\sinh\left(\frac{m\pi}{w}h\right)} + \sum_{n=1}^{\infty} d_n \frac{n2\pi}{w} \cos(n\pi) \frac{\sinh\left(\frac{n2\pi}{w}y\right)}{\sinh\left(\frac{n2\pi}{w}h\right)} \quad (0 < y < h)$$

(9－123a)

和

$$\sum_{p-\text{odd}}^{\infty} b_p \cdot \sin\left(\frac{p\pi}{h}y\right) = \sum_{m-\text{odd}}^{\infty} c_m \frac{m\pi}{w} \cdot \sin\left(\frac{m\pi}{2}\right) \frac{\sinh\left(\frac{m\pi}{w}y\right)}{\sinh\left(\frac{m\pi}{w}h\right)} + \sum_{n=1}^{\infty} d_n \frac{n2\pi}{w} \cos(n\pi) \frac{\sinh\left(\frac{n2\pi}{w}y\right)}{\sinh\left(\frac{n2\pi}{w}h\right)} \quad (0 < y < h)$$

(9－123b)

因此，应用傅里叶级数的性质，对于 $p=1$，3，5，…， 可以得到

$$a_p = -\sum_{m-\text{odd}}^{\infty} c_m \frac{2}{w} \cdot \sin\left(\frac{m\pi}{2}\right)\left[\frac{p \cdot m}{p^2 + \left(\frac{h}{w}m\right)^2}\right] + \sum_{n=1}^{\infty} d_n \frac{h}{w} \cos(n\pi)\left[\frac{p \cdot n2}{p^2 + \left(\frac{h}{w}n2\right)^2}\right]$$

(9－124a)

和

$$b_p = \sum_{m-\text{odd}}^{\infty} c_m \frac{2}{w} \cdot \sin\left(\frac{m\pi}{2}\right)\left[\frac{p \cdot m}{p^2 + \left(\frac{h}{w}m\right)^2}\right] + \sum_{n=1}^{\infty} d_n \frac{h}{w} \cos(n\pi)\left[\frac{p \cdot n2}{p^2 + \left(\frac{h}{w}n2\right)^2}\right]$$

(9－124b)

根据方程（9－124a）和（9－124b），对于 $p=1$，3，5，…， 得到

$$b_p + a_p = \sum_{n=1}^{\infty} d_n \frac{2h}{w} \cos(n\pi)\left[\frac{p \cdot n2}{p^2 + \left(\frac{h}{w}n2\right)^2}\right] \quad (9-125a)$$

和

$$b_p - a_p = \sum_{m-\text{odd}}^{\infty} c_m \frac{4}{w} \cdot \sin\left(\frac{m\pi}{2}\right)\left[\frac{p \cdot m}{p^2 + \left(\frac{h}{w}m\right)^2}\right] \quad (9-125b)$$

上述两组联立方程的解，确定了电势分布 V 中的傅里叶系数 c_m 和 d_n［见方程（9－121）］。在傅里叶系数 c_m 和 d_n 的数值计算中，必须使用截断的傅里叶级数。如果在 P 项之后，将 p 级数截断，则上限为 $2P-1$， 因此，m 级数的上限也是 $2P-1$。而对于 n 级数，它的上限为 P 。需要求解两组联立方程组，每组 P 个未知数。由于两组联立方程相

互线性无关，得到的 c_m 和 d_n 值是唯一的。因此，给出了电势分布 V 的唯一解，尽管这个解是近似的。

如果系数 a_p 和 b_p 相同，则系数 c_m 为零。另一方面，如果 a_p 等于负的 b_p，则系数 d_n 为零。在前一种情况下，势函数是 x 的奇函数，而在后一种情况下，势函数是 x 的偶函数。如果 a_p 和 b_p 任何一个没有确定，则无法求出唯一解。

9.4.1.5　三角形区域的电势场

图 9-14 给出了一个带虚线的正方形 $abcd$。这个正方形的一部分是一个直角等腰三角形区域，其中一条边是 x 轴上的 $0 \leqslant x \leqslant \ell$，另一条边是 y 轴上的 $0 \leqslant y \leqslant \ell$。显然，这两条线段在原点相交。三角形的斜边由两条边的自由端点连接而成。斜边位于直线 $y = \ell - x$ 上，长度为 $\ell\sqrt{2}$。在这个均匀三角形区域中，标量电势满足拉普拉斯方程

$$\frac{\partial^2 V}{\partial x^2} + \frac{\partial^2 V}{\partial y^2} = 0 \tag{9-126}$$

我们要解决的问题是，在这个给定的三角形区域（即 $abOa$）内，求解满足下列边界条件的电势分布拉普拉斯方程

$$V\big|_{x=0} = \sum_{n=1}^{\infty} \boldsymbol{a}_n \sin\left(\frac{n\pi}{\ell} y\right) \qquad (0 \leqslant y \leqslant \ell) \tag{9-127a}$$

$$V\big|_{y=0} = \sum_{n=1}^{\infty} b_n \sin\left(\frac{n\pi}{\ell} x\right) \qquad (0 \leqslant x \leqslant \ell) \tag{9-127b}$$

$$V\big|_{x'=l/\sqrt{2}} = \sum_{m-\text{odd}}^{\infty} c_m \cos\left(\frac{m\pi}{\ell\sqrt{2}} y'\right) \tag{9-127c}$$

式中，y' 轴平行于直角等腰三角形 $abOa$ 的斜边 ab。斜边的中点对应于 $y'=0$。

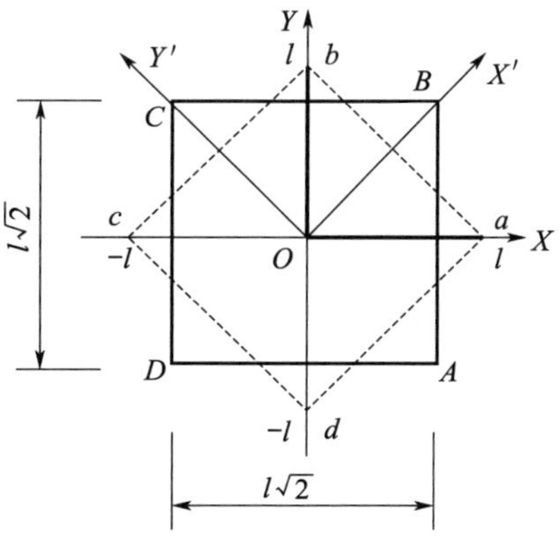

图 9-14　三角形区域

我们将三角形区域的电势场 V 分解为两个分量，每个分量都是拉普拉斯方程的一个解，且满足不同组边界条件

$$V = V_1 + V_2 \tag{9-128}$$

考虑图 9 - 14 中的矩形区域 $ABCD$，设这个区域中标量电势 V_1 满足以下边界条件

$$V_1\big|_{x=\pm\ell/\sqrt{2}}=\sum_{m-\mathrm{odd}}^{\infty}c_m\cdot\cos\left(\frac{m\pi}{\ell\sqrt{2}}y\right)\qquad(-\ell/\sqrt{2}<y<\ell/\sqrt{2})\tag{9-129a}$$

和

$$V_1\big|_{y=\pm\ell/\sqrt{2}}=-\sum_{m-\mathrm{odd}}^{\infty}c_m\cdot\cos\left(\frac{m\pi}{\ell\sqrt{2}}\Delta x\right)\qquad(-\ell/\sqrt{2}<x<\ell/\sqrt{2})\tag{9-129b}$$

针对这组边界条件，求解拉普拉斯方程，得到矩形区域 $ABCD$ 的电势分布为

$$V_1=\sum_{m-\mathrm{odd}}^{\infty}c_m\cdot\left[\cos\left(\frac{m\pi}{\ell\sqrt{2}}y\right)\cdot\frac{\cosh\left(\frac{m\pi}{\ell\sqrt{2}}x\right)}{\cosh\left(\frac{m\pi}{\ell\sqrt{2}}\cdot\frac{\ell}{\sqrt{2}}\right)}-\cos\left(\frac{m\pi}{\ell\sqrt{2}}x\right)\frac{\cosh\left(\frac{m\pi}{\ell\sqrt{2}}y\right)}{\cosh\left(\frac{m\pi}{\ell\sqrt{2}}\cdot\frac{\ell}{\sqrt{2}}\right)}\right]\tag{9-130}$$

可以看出，沿两条对角线 $y=\pm x$，电势场 V_1 等于零。如果图 9 - 14 中的正方形 $ABCD$ 绕它的中心逆时针旋转 $\pi/4$（得到的正方形 $abcd$ 在图中用虚线表示），则根据方程（9 - 130）求出的正方形 $abcd$ 的电势场分布 V_1 为

$$V_1=\sum_{m-\mathrm{odd}}^{\infty}c_m\cdot\left[\cos\left(\frac{m\pi}{\ell\sqrt{2}}y'\right)\cdot\frac{\cosh\left(\frac{m\pi}{\ell\sqrt{2}}x'\right)}{\cosh\left(\frac{m\pi}{\ell\sqrt{2}}\cdot\frac{\ell}{\sqrt{2}}\right)}-\cos\left(\frac{m\pi}{\ell\sqrt{2}}x'\right)\frac{\cosh\left(\frac{m\pi}{\ell\sqrt{2}}y'\right)}{\cosh\left(\frac{m\pi}{\ell\sqrt{2}}\cdot\frac{\ell}{\sqrt{2}}\right)}\right]\tag{9-131a}$$

这个表达式满足方程（9 - 127c）给出的边界条件。其中

$$x'=\frac{1}{\sqrt{2}}(x+y)\tag{9-131b}$$

和

$$y'=-\frac{1}{\sqrt{2}}(x-y)\tag{9-131c}$$

因此

$$V_1=\sum_{m-\mathrm{odd}}^{\infty}c_m\cdot\left\{\cos\left[\frac{m\pi}{2\ell}(x-y)\right]\cdot\frac{\cosh\left[\frac{m\pi}{2\ell}(x+y)\right]}{\cosh\left[\frac{m\pi}{2l}\cdot\ell\right]}-\cos\left[\frac{m\pi}{2l}(x+y)\right]\frac{\cosh\left[\frac{m\pi}{2l}(x-y)\right]}{\cosh\left(\frac{m\pi}{2\ell}\cdot\ell\right)}\right]\tag{9-132a}$$

注意到

$$V_1\big|_{x\ \mathrm{or}\ y=0}=0\tag{9-132b}$$

和

$$V_1\big|_{y=\ell-x}=\sum_{m-\mathrm{odd}}^{\infty}c_m\cdot\sin\left(\frac{m\pi}{2}\right)\cdot\sin\left(\frac{m\pi}{\ell}x\right)\tag{9-132c}$$

考虑图 9 - 14 所示的正方形 $ABCD$。由于原点移到 D 点，每条边的长度为 ℓ，而不

是 $\ell\sqrt{2}$ 。设这个正方形区域的电势 V_2 满足以下边界条件

$$V_2\big|_{x=0}=\sum_{n=1}^{\infty}a_n\cdot\sin\left(\frac{n\pi}{\ell}y\right)\qquad(0<y<\ell)\tag{9-133a}$$

$$V_2\big|_{y=0}=\sum_{n=1}^{\infty}b_n\cdot\sin\left(\frac{n\pi}{\ell}x\right)\qquad(0<x<\ell)\tag{9-133b}$$

$$V_2\big|_{x=\ell}=\sum_{n=1}^{\infty}b_n\cdot\cos(n\pi)\cdot\sin\left(\frac{n\pi}{\ell}y\right)\qquad(0<y<\ell)\tag{9-133c}$$

$$V_2\big|_{y=\ell}=\sum_{n=1}^{\infty}a_n\cdot\cos(n\pi)\cdot\sin\left(\frac{n\pi}{\ell}x\right)\qquad(0<x<\ell)\tag{9-133d}$$

方程（9－126）满足上述边界条件的解为

$$\begin{aligned}V_2=-\sum_{n=1}^{\infty}&\left\{a_n\cdot\left\{\sin\left(\frac{n\pi}{\ell}y\right)\cdot\frac{\sinh\left[\frac{n\pi}{\ell}\cdot(x-\ell)\right]}{\sinh\left(\frac{n\pi}{\ell}\cdot\ell\right)}-\cos(n\pi)\sin\left(\frac{n\pi}{l}\cdot x\right)\frac{\sinh\left(\frac{n\pi}{\ell}\cdot y\right)}{\sinh(n\pi)}\right\}\right.\\&\left.+b_n\cdot\left\{\sin\left(\frac{n\pi}{\ell}\cdot x\right)\cdot\frac{\sinh\left[\frac{n\pi}{\ell}\cdot(y-\ell)\right]}{\sinh\left(\frac{n\pi}{l}\cdot\ell\right)}-\cos(n\pi)\cdot\sin\left(\frac{n\pi}{\ell}\cdot y\right)\frac{\sinh\left(\frac{n\pi}{l}\cdot x\right)}{\sinh(n\pi)}\right\}\right\}\end{aligned}\tag{9-134a}$$

根据方程（9－134a），求得沿对角线 $y=\ell-x$ 的电势场为

$$V_2\big|_{y=l-x}=0\tag{9-134b}$$

根据方程（9－128）（9－132）和（9－134a），三角形区域的电势分布可以写为

$$\begin{aligned}V=\sum_{m-\text{odd}}^{\infty}&c_m\cdot\left\{\cos\left\{\frac{m\pi}{2\ell}(x-y)\right\}\cdot\frac{\cosh\left[\frac{m\pi}{2\ell}(x+y)\right]}{\cosh\left(\frac{m\pi}{2l}\cdot\ell\right)}-\cos\left[\frac{m\pi}{2\ell}(x+y)\right]\frac{\cosh\left[\frac{m\pi}{2\ell}(x-y)\right]}{\cosh\left(\frac{m\pi}{2l}\cdot\ell\right)}\right\}\\-\sum_{n=1}^{\infty}&\left\{a_n\cdot\left[\sin\left(\frac{n\pi}{\ell}\cdot y\right)\cdot\frac{\sinh\left\{\frac{n\pi}{\ell}\ell(x-l)\right\}}{\sinh\left(\frac{n\pi}{l}\cdot\ell\right)}-\cos(n\pi)\sin\left(\frac{n\pi}{l}\cdot x\right)\frac{\sinh\left(\frac{n\pi}{\ell}\cdot y\right)}{\sinh(n\pi)}\right]\right.\\&\left.+b_n\cdot\left\{\sin\left(\frac{n\pi}{l}\cdot x\right)\cdot\frac{\sinh\left[\frac{n\pi}{\ell}\cdot(y-l)\right]}{\sinh\left(\frac{n\pi}{\ell}\cdot\ell\right)}-\cos(n\pi)\cdot\sin\left(\frac{n\pi}{\ell}\cdot y\right)\frac{\sinh\left(\frac{n\pi}{\ell}\cdot x\right)}{\sinh(n\pi)}\right\}\right\}\end{aligned}\tag{9-135}$$

9.4.2　柱坐标系中的场问题

柱坐标系中标量函数 V 的拉普拉斯算子由方程（9－6）给出。在二维场的情况下，拉普拉斯关系式有以下三种形式

$$\nabla^2V=\frac{1}{\rho^2}\frac{\partial^2V}{\partial\varphi^2}+\frac{\partial^2V}{\partial z^2}\tag{9-136a}$$

$$\nabla^2 V = \frac{1}{\rho} \cdot \frac{\partial}{\partial \rho}\left(\rho \frac{\partial V}{\partial \rho}\right) + \frac{\partial^2 V}{\partial z^2} \tag{9-136b}$$

$$\nabla^2 V = \frac{1}{\rho} \cdot \frac{\partial}{\partial \rho}\left(\rho \frac{\partial V}{\partial \rho}\right) + \frac{1}{\rho^2} \frac{\partial^2 V}{\partial \varphi^2} \tag{9-136c}$$

9.4.2.1 与 ρ 无关的电势场

这种情况对应于方程（9－136a），拉普拉斯方程可以写为

$$\nabla^2 V = \frac{1}{\rho^2} \frac{\partial^2 V}{\partial \varphi^2} + \frac{\partial^2 V}{\partial z^2} = 0 \tag{9-137}$$

因此

$$\frac{\partial^2 V}{\partial \varphi^2} = \frac{\partial^2 V}{\partial z^2} = 0 \tag{9-138}$$

设方程的解为

$$V(\varphi, z) \stackrel{\text{def}}{=} \Phi(\varphi) Z(z) \tag{9-139a}$$

式中

$$\Phi(\varphi) = c_1 \varphi + c_2 \tag{9-139b}$$

$$Z(z) = d_1 z + d_2 \tag{9-139c}$$

式中，c_1、c_2、d_1 和 d_2 为任意常数。

需要指出，对于单值解，变量 φ 的范围小于 $\pi/2$。

9.4.2.2 与 φ 无关的电势场

这种情况对应于方程（9－136b），拉普拉斯方程可以写为

$$\nabla^2 V = \frac{1}{\rho} \cdot \frac{\partial}{\partial \rho}\left(\rho \frac{\partial V}{\partial \rho}\right) + \frac{\partial^2 V}{\partial z^2} = 0 \tag{9-140}$$

考虑方程（9－140），设电势 V 可以表示为 ρ 的函数 $R(\rho)$ 和 z 的函数 $Z(z)$ 的乘积，即

$$V(\rho, z) \stackrel{\text{def}}{=} R(\rho) Z(z) \tag{9-141}$$

将方程（9－141）代入到方程（9－140）中，然后两端除以 V，得到

$$\frac{1}{\rho \cdot R} \cdot \frac{\mathrm{d}}{\mathrm{d}\rho}\left(\rho \frac{\mathrm{d}R}{\mathrm{d}\rho}\right) + \frac{1}{Z} \frac{\mathrm{d}^2 Z}{\mathrm{d}z^2} = 0 \tag{9-142a}$$

令

$$\frac{1}{\rho \cdot R} \cdot \frac{\mathrm{d}}{\mathrm{d}\rho}\left(\rho \frac{\mathrm{d}R}{\mathrm{d}\rho}\right) = k^2 \tag{9-142b}$$

则

$$\frac{1}{Z} \frac{\mathrm{d}^2 Z}{\mathrm{d}z^2} = -k^2 \tag{9-142c}$$

此时，方程（9－142b）可以重写为

$$\frac{\partial^2 R}{\partial (k\rho)^2} + \frac{1}{(k\rho)} \frac{\partial R}{\partial (k\rho)} - R = 0 \tag{9-143a}$$

这个方程就是修正的零阶贝塞尔方程。该方程的解根据修正的贝塞尔函数 $I_0(k\rho)$ 和

$K_0(k\rho)$ 给出，如下

$$R=c_1I_0(k\rho)+c_2K_0(k\rho) \tag{9-143b}$$

很容易得到方程（9-142c）的解

$$Z=d_1\cdot\cos(kz)+d_2\cdot\sin(kz) \tag{9-143c}$$

式中，c_1、c_2、d_1 和 d_2 为任意常数。根据特定问题给出的边界条件，可以确定这些任意常数。然后将方程（9-143b）和（9-143c）代入方程（9-141）中得到 V 的值。

9.4.2.3　与 z 无关的电势场

这种情况对应于方程（9-136c），拉普拉斯方程可以写为

$$\nabla^2V=\frac{1}{\rho}\cdot\frac{\partial}{\partial\rho}\left(\rho\frac{\partial V}{\partial\rho}\right)+\frac{1}{\rho^2}\frac{\partial^2V}{\partial\varphi^2}=0 \tag{9-144a}$$

因此

$$\rho\frac{\partial}{\partial\rho}\left(\rho\frac{\partial V}{\partial\rho}\right)+\frac{\partial^2V}{\partial\varphi^2}=0 \tag{9-144b}$$

考虑方程（9-144a），让我们假设

$$V(\rho,\varphi)\overset{\text{def}}{=\!=}R(\rho)\Phi(\varphi) \tag{9-145}$$

将方程（9-145）代入（9-144a）中，两端同除以 V 得到

$$\frac{\rho}{R}\cdot\frac{\mathrm{d}}{\mathrm{d}\rho}\left(\rho\frac{\mathrm{d}R}{\mathrm{d}\rho}\right)+\frac{1}{\Phi}\frac{\mathrm{d}^2\Phi}{\mathrm{d}\varphi^2}=0 \tag{9-146a}$$

令

$$\frac{\rho}{R}\cdot\frac{\mathrm{d}}{\mathrm{d}\rho}\left(\rho\frac{\mathrm{d}R}{\mathrm{d}\rho}\right)=k^2 \tag{9-146b}$$

则

$$\frac{1}{\Phi}\frac{\mathrm{d}^2\Phi}{\mathrm{d}\varphi^2}=-k^2 \tag{9-146c}$$

通过观察可以发现，方程（9-146b）的解为

$$R=c_1\rho^k+c_2\rho^{-k}\qquad(k\neq0) \tag{9-147a}$$

$$R=c_1\ln(\rho)+c_2\qquad(k=0) \tag{9-147b}$$

方程（9-146c）的解为

$$\Phi=d_1\cdot\cos(k\varphi)+d_2\cdot\sin(k\varphi)\qquad(k\neq0) \tag{9-148a}$$

$$\Phi=d_1\cdot\varphi+d_2\qquad(k=0) \tag{9-148b}$$

在方程（9-147a）、（9-147b）、（9-148a）和（9-148b）中，c_1、c_2、d_1 和 d_2 为任意常数。

值得注意的是，如果 $k=0$，则对于单值解，变量 φ 的范围必须小于 2π。

9.4.2.4　同轴长圆柱中的周期场

图 9-15 为内半径为 R_1、外半径为 R_2 的长同轴圆柱。内圆柱上的电势随坐标 φ 按以下规律周期性变化

$$V|_{\rho=R_1}=\sum_{m-\mathrm{odd}}^{\infty}F_m\cdot\cos(m\varphi)\qquad(9-149)$$

式中，F_m 为已知波形的傅里叶系数。

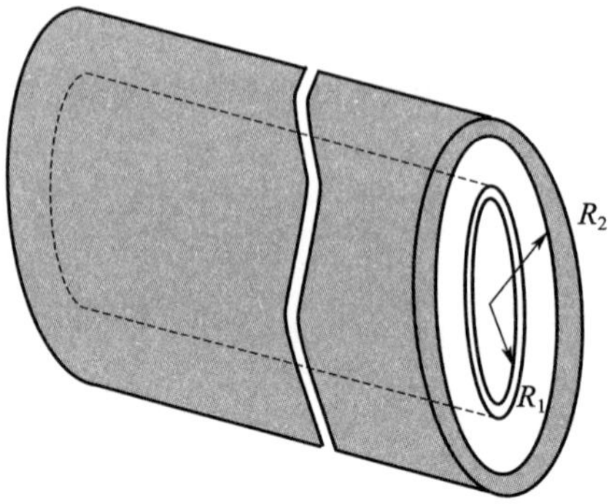

图 9 - 15　长圆柱形电容器

需要求解的问题是，在外筒为零电势情况下，确定在两个圆柱体之间介质区域的电势分布。

根据式（9 - 147a）以及所述边界条件，令

$$R|_{\rho=R_1}=c_{1m}R_1^m+c_{2m}R_1^{-m}=1\qquad(9-150\mathrm{a})$$

和

$$R|_{\rho=R_2}=c_{1m}R_2^m+c_{2m}R_2^{-m}=0\qquad(9-150\mathrm{b})$$

则

$$c_{1m}=\frac{1}{R_1^m[1-(R_2/R_1)^{2m}]}\qquad(9-151\mathrm{a})$$

$$c_{2m}=\frac{R_2^{2m}}{R_1^m[1-(R_2/R_1)^{2m}]}\qquad(9-151\mathrm{b})$$

因此，介质区域内的电势分布为

$$V=\sum_{m-\mathrm{odd}}^{\infty}F_m\cdot\frac{\rho^m-\rho^{-m}R_2^{2m}}{R_1^m[1-(R_2/R_1)^{2m}]}\cos(m\varphi)\qquad(9-152)$$

9.4.3　球坐标系中的场问题

球坐标系中标量函数 V 的拉普拉斯方程由方程（9 - 7）给出

$$\nabla^2V=\frac{1}{r^2}\cdot\frac{\partial}{\partial r}\left(r^2\frac{\partial V}{\partial r}\right)+\frac{1}{r^2\sin\theta}\frac{\partial}{\partial\theta}\left(\sin\theta\frac{\partial V}{\partial\theta}\right)+\frac{1}{r^2\sin^2\theta}\frac{\partial^2V}{\partial\varphi^2}\qquad(9-7)$$

对于 V 不随某一坐标变化的情况，拉普拉斯方程变为以下三个方程

$$\nabla^2V=\frac{1}{r^2\sin\theta}\frac{\partial}{\partial\theta}\left(\sin\theta\frac{\partial V}{\partial\theta}\right)+\frac{1}{r^2\sin^2\theta}\frac{\partial^2V}{\partial\varphi^2}=0\qquad[V\neq f(r)]\qquad(9-153\mathrm{a})$$

$$\nabla^2V=\frac{1}{r^2}\cdot\frac{\partial}{\partial r}\left(r^2\frac{\partial V}{\partial r}\right)+\frac{1}{r^2\sin^2\theta}\frac{\partial^2V}{\partial\varphi^2}=0\qquad[V\neq f(\theta)]\qquad(9-153\mathrm{b})$$

$$\nabla^2 V = \frac{1}{r^2} \cdot \frac{\partial}{\partial r}\left(r^2 \frac{\partial V}{\partial r}\right) + \frac{1}{r^2 \sin\theta} \frac{\partial}{\partial \theta}\left(\sin\theta \frac{\partial V}{\partial \theta}\right) = 0 \qquad [V \neq f(\varphi)] \tag{9-153c}$$

这三个方程都可以采用分离变量法求解。设方程（9－153a）、（9－153b）和（9－153c）中的 V 分别具有下列形式

$$V(\theta, \varphi) = \Theta(\theta)\Phi(\varphi) \tag{9-154a}$$

$$V(r, \varphi) = R(r)\Phi(\varphi) \tag{9-154b}$$

$$V(r, \theta) = R(r)\Theta(\theta) \tag{9-154c}$$

在下面这个小节中，将给出 $V \neq f(\theta)$ 情况下的解，在后面的小节中，将给出 $V \neq f(\varphi)$ 情况下的解。

9.4.3.1　与 θ 无关的电势场

方程（9－153b）给出了与 θ 坐标无关的电势场拉普拉斯方程。方程（9－154b）给出了 $V(r, \varphi)$ 的形式。将方程（9－154b）代入方程（9－153b）并在两端同除以 V，得到

$$\frac{1}{R} \cdot \frac{\mathrm{d}}{\mathrm{d}r}\left(r^2 \frac{\mathrm{d}R}{\mathrm{d}r}\right) + \frac{1}{\sin^2\theta} \cdot \frac{1}{\Phi} \cdot \frac{\mathrm{d}^2\Phi}{\partial \varphi^2} = 0 \tag{9-155}$$

由于电势 V 与 θ 无关，因此有

$$\frac{1}{R} \cdot \frac{\mathrm{d}}{\mathrm{d}r}\left(r^2 \frac{\mathrm{d}R}{\mathrm{d}r}\right) = \frac{1}{\Phi} \cdot \frac{\mathrm{d}^2\Phi}{\partial \varphi^2} = 0 \tag{9-156}$$

设

$$r^2 \frac{\mathrm{d}R}{\mathrm{d}r} = c_1 \tag{9-157a}$$

$$\frac{\mathrm{d}\Phi}{\mathrm{d}\varphi} = c_2 \tag{9-157b}$$

式中，c_1、c_2 为积分常数。

再次积分得到

$$R = c'_1 - c_1/r \tag{9-158a}$$

$$\Phi = c'_2 + c_2\varphi \tag{9-158b}$$

式中，c'_1、c'_2 为积分常数。

9.4.3.2　非均匀介质同心球

考虑内半径和外半径分别为 R_1 和 R_2 的同心圆球面，已知内球面上的电势为 V_0，外球面电势为零，两球面之间区域为非均匀介质区域，求该区域内的电势分布。已知介质的电容率 ε 是 θ 的函数，函数关系为

$$\varepsilon = \varepsilon_0 \cdot \mathrm{cosec}(\theta) \tag{9-159}$$

将方程（9－10）复制到此

$$\nabla^2 V + \frac{1}{\varepsilon} \nabla V \cdot \nabla \varepsilon = 0 \tag{9-160}$$

由于电势场与 φ 无关，相应拉普拉斯方程为

$$\nabla^2 V = \frac{1}{r^2} \cdot \frac{\partial}{\partial r}\left(r^2 \frac{\partial V}{\partial r}\right) + \frac{1}{r^2 \sin\theta} \frac{\partial}{\partial \theta}\left(\sin\theta \frac{\partial V}{\partial \theta}\right) \tag{9-161a}$$

和

$$\nabla V \cdot \nabla \varepsilon = \left(\frac{1}{r}\frac{\partial V}{\partial \theta}\right) \cdot \left(\frac{1}{r}\frac{\mathrm{d}\varepsilon}{\partial \theta}\right) = \frac{1}{r^2}\frac{\partial V}{\partial \theta}\frac{\mathrm{d}\varepsilon}{\partial \theta} \tag{9-161b}$$

则方程（9－160）可以写为

$$\left[\frac{1}{r^2} \cdot \frac{\partial}{\partial r}\left(r^2\frac{\partial V}{\partial r}\right) + \frac{1}{r^2 \sin\theta}\frac{\partial}{\partial \theta}\left(\sin\theta\frac{\partial V}{\partial \theta}\right)\right] + \frac{1}{\varepsilon}\left[\frac{1}{r^2}\frac{\partial V}{\partial \theta}\frac{\mathrm{d}\varepsilon}{\partial \theta}\right] = 0$$

根据方程（9－159），有

$$\frac{\partial}{\partial r}\left(r^2\frac{\partial V}{\partial r}\right) + \left(\frac{\partial^2 V}{\partial \theta^2} + \cot\theta \cdot \frac{\partial V}{\partial \theta}\right) + (-\cot\theta) \cdot \frac{\partial V}{\partial \theta} = 0$$

或

$$\frac{\partial}{\partial r}\left(r^2\frac{\partial V}{\partial r}\right) + \frac{\partial^2 V}{\partial \theta^2} = 0 \tag{9-162}$$

方程（9－162）的解可以写为

$$V(r,\theta) \underline{\underline{\mathrm{def}}} R(r)\Theta(\theta) \tag{9-163}$$

将方程（9－163）代入（9－162）并在两端同除以 V，可以得到

$$\frac{1}{R}\frac{\mathrm{d}}{\mathrm{d}r}\left(r^2\frac{\mathrm{d}R}{\mathrm{d}r}\right) = -\frac{1}{\Theta}\frac{\mathrm{d}^2\Theta}{\partial \theta^2} \underline{\underline{\mathrm{def}}} k^2 \tag{9-164}$$

式中，k 为**分离常数**。

从方程（9－164）可以得到

$$\frac{\mathrm{d}}{\mathrm{d}r}\left(r^2\frac{\mathrm{d}R}{\mathrm{d}r}\right) - k^2 R = 0 \tag{9-165a}$$

和

$$\frac{\mathrm{d}^2\Theta}{\partial \theta^2} + k^2\Theta = 0 \tag{9-165b}$$

现在，将**常数**k^2 替换为 $n(n+1)$，即

$$k^2 \underline{\underline{\mathrm{def}}} n(n+1) = n^2 + n \tag{9-166}$$

则对于任意实数 k，n 都取正值

$$n = \frac{\sqrt{1+4k^2}-1}{2} \tag{9-167}$$

方程（9－165a）的解为

$$R = c_1 r^n + c_2 r^{-n-1} \tag{9-168}$$

式中，c_1 和 c_2 为任意常数。

方程（9－165b）的解为

$$\Theta = d_1\cos(k\theta) + d_2\sin(k\theta) \tag{9-169}$$

式中 d_1 和 d_2 是两个任意常数。

可以看出，常数 k 可以有一个以上的值，因此，根据方程（9－165）至（9－169），对于一个 k 值，例如 k_m，方程的解为

$$V_m \underline{\underline{\mathrm{def}}} (c_{1m} r^{n_m} + c_{2m} r^{-n_m-1}) \cdot [d_{1m}\cos(k_m\theta) + d_{2m}\sin(k_m\theta)] \tag{9-170a}$$

其中，根据方程（9 - 167），可得

$$n_m = \frac{1}{2}\left(\sqrt{1+4k_m^2}-1\right) \tag{9-170b}$$

根据方程（9 - 168）和（9 - 169）给出的部分解，可以求出全解。因此，根据方程（9 - 170c），全解为

$$V=\sum_m^{\infty}(c_{1m}r^{n_m}+c_{2m}r^{-n_m-1})\cdot[d_{1m}\cos(k_m\theta)+d_{2m}\sin(k_m\theta)] \tag{9-171}$$

现在，考虑边界条件

$$V(r,\theta)\big|_{r=R_1}=V_0 \tag{9-172a}$$

$$V(r,\theta)\big|_{r=R_2}=0 \tag{9-172b}$$

则有

$$c_{2m}=\frac{V_0 R_2^{(2n_m+1)}}{[R_1^{(n_m)}-R_2^{(2n_m+1)}\cdot R_1^{-(n_m+1)}]} \tag{9-173a}$$

和

$$c_{1m}=\frac{V_0}{[R_1^{(n_m)}-R_2^{(2n_m+1)}\cdot R_1^{-(n_m+1)}]} \tag{9-173b}$$

因此

$$(c_{1m}r^{n_m}+c_{2m}r^{-n_m-1})=V_0\cdot\frac{[r^{n_m}-R_2^{(2n_m+1)}r^{-(n_m+1)}]}{[R_1^{n_m}-R_2^{(2n_m+1)}\cdot R_1^{-(n_m+1)}]} \tag{9-174}$$

可以注意到，对于 n_m 任何值，只要方程（9 - 169）中的 $[d_{1m}\cos(k_m\theta)+d_{2m}\sin(k_m\theta)]$ 在 $0<\theta<\pi$ 域内等于 1，则问题所规定的边界条件就可以满足。这个条件很容易实现，比如设置

$$d_{1m}\overset{\text{def}}{=\!=}0 \tag{9-175a}$$

$$d_{2m}\overset{\text{def}}{=\!=}d_m \tag{9-175b}$$

式中，$m=1,\ 3,\ 5,\ \cdots$。

则

$$V=\sum_m^{\infty}V_0\cdot\frac{[r^{n_m}-R_2^{(2n_m+1)}r^{-(n_m+1)}]}{[R_1^{n_m}-R_2^{(2n_m+1)}\cdot R_1^{-(n_m+1)}]}\cdot d_m\cdot\sin(k_m\theta) \tag{9-176}$$

要使得

$$V\big|_{r=R_2}=0 \tag{9-177a}$$

和

$$V\big|_{r=R_1}=V_0\cdot\sum_m^{\infty}d_m\cdot\sin(k_m\theta)=V_0 \tag{9-177b}$$

则

$$\sum_m^{\infty}d_m\cdot\sin(k_m\theta)=1\quad(0<\theta<\pi) \tag{9-178}$$

这个方程可以看作 1 的傅里叶级数在 $0<\theta<\pi$ 域上的展开式。

因此，我们选择

$$k_m = m \tag{9-179a}$$

根据方程（9－167）

$$n_m = \frac{1}{2}\left(\sqrt{1+4m^2}-1\right) \tag{9-179b}$$

式中，m 为整数。

因此，方程（9－187）可以重写为

$$\sum_m^{\infty} d_m \cdot \sin(m \cdot \theta) = 1 \qquad (0 < \theta < \pi) \tag{9-180}$$

现在，为了计算傅里叶系数 d_m，用 $\sin(p \cdot \theta)$ 乘以方程两端（其中 p 是一个整数），然后在 $0 < \theta < \pi$ 域上积分，则

$$\sum_m^{\infty} \frac{d_m}{2} \cdot \int_0^{\pi} 2\sin(m \cdot \theta)\sin(p \cdot \theta)\,\mathrm{d}\theta = \int_0^{\pi} \sin(p \cdot \theta)\,\mathrm{d}\theta$$

或

$$\sum_m^{\infty} \frac{d_m}{2} \cdot \left\{\frac{\sin[(m-p)\theta]}{m-p} - \frac{\sin[(m+p)\theta]}{m+p}\right\}_0^{\pi} = \left[-\frac{\cos(p \cdot \theta)}{p}\right]_0^{\pi}$$

或

$$\sum_m^{\infty} \frac{d_m}{2} \cdot \left\{\frac{\sin[(m-p)\pi]}{m-p}\right\} = \frac{1-\cos(p \cdot \pi)}{p} \tag{9-181a}$$

因此

$$\frac{\pi}{2} \cdot d_p = \frac{1-\cos(p \cdot \pi)}{p} \tag{9-181b}$$

或

$$d_p = \frac{2}{p \cdot \pi}[1-\cos(p \cdot \pi)] \tag{9-182a}$$

因此

$$d_p = \begin{cases} 0, & p\ \text{为偶数时} \\ \dfrac{4}{p \cdot \pi}, & p\ \text{为奇数时} \end{cases} \tag{9-182b}$$

可得到方程（9－176）最终结果

$$V = \sum_{m-\text{odd}}^{\infty} V_0 \cdot \frac{[r^{n_m} - R_2^{(2n_m+1)} r^{-(n_m+1)}]}{[R_1^{n_m} - R_2^{(2n_m+1)} \cdot R_1^{-(n_m+1)}]} \cdot \frac{4}{m \cdot \pi} \cdot \sin(m \cdot \theta) \tag{9-183}$$

9.5 三维场问题

在空间笛卡儿坐标系、柱坐标系和球坐标系中，标量电势 V 的拉普拉斯方程分别由方程（9－5）、（9－6）和（9－7）给出。本节将讨论求解这些方程的方法。在直角坐标系中，采用长方体的例子来说明求解方法，而在柱面和球面坐标系中，将仅给出方程的通解。

9.5.1　笛卡儿坐标系中的场问题

9.5.1.1　长方体内部的场

计算由六个矩形平面围成的长方体内的场是一个三维问题。图 9－16 为长方体示意图，其中正面和背面位于 $x=\pm a/2$，左面和右面分别位于 $y=\pm b/2$，顶面和底面分别位于 $z=c$ 和 $z=0$。已知这个长方体顶面上的电势分布为以下二重傅里叶级数

$$V|_{z=c}=\sum_{m-\text{odd}}^{\infty}\sum_{n=1}^{\infty}d_{m,n}\cdot\cos\left(\frac{m\pi}{a}\cdot x\right)\cdot\sin\left(\frac{n2\pi}{b}\cdot y\right) \tag{9-184}$$

这个长方体的其余五个面电势都为零，求长方体均匀区域内的标量电势分布。

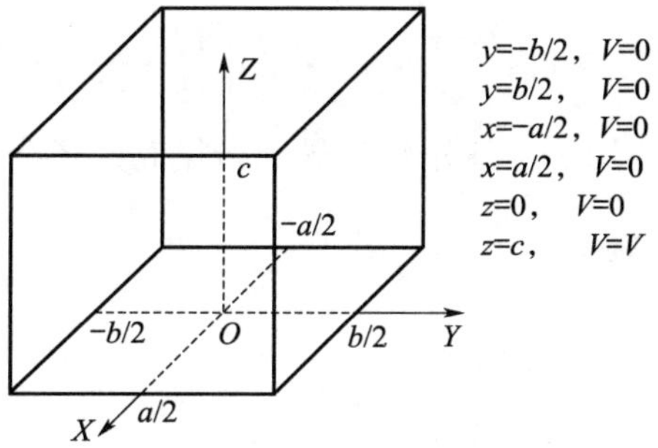

图 9－16　给定尺寸和电势的长方体

长方体均匀区域内的电势分布满足笛卡儿空间坐标系下的三维拉普拉斯方程，因此

$$\nabla^2 V\equiv\frac{\partial^2 V}{\partial x^2}+\frac{\partial^2 V}{\partial y^2}+\frac{\partial^2 V}{\partial z^2}=0 \tag{9-185}$$

我们尝试应用分离变量法，假定

$$V(x,y,z)\overset{\text{def}}{=\!=}X(x)\cdot Y(y)\cdot Z(z) \tag{9-186}$$

将方程（9－186）代入方程（9－185）并在方程两端除以 V，得到

$$\frac{1}{X}\frac{\mathrm{d}^2X}{\mathrm{d}x^2}+\frac{1}{Y}\frac{\mathrm{d}^2Y}{\mathrm{d}y^2}+\frac{1}{Z}\frac{\mathrm{d}^2Z}{\mathrm{d}z^2}=0 \tag{9-187}$$

此时，由于方程左端的每一项都必须为常数，而且它们之和为零，因此，应用方程（9－184），假定

$$\frac{1}{X}\frac{\mathrm{d}^2X}{\mathrm{d}x^2}=-\left(\frac{m\pi}{a}\right)^2 \tag{9-188a}$$

$$\frac{1}{Y}\frac{\mathrm{d}^2Y}{\mathrm{d}y^2}=-\left(\frac{n2\pi}{b}\right)^2 \tag{9-188b}$$

和

$$\frac{1}{Z}\frac{\mathrm{d}^2Z}{\mathrm{d}z^2}=k_{m,n}^2 \tag{9-188c}$$

式中

$$k_{m,n}^2=\left(\frac{m\pi}{a}\right)^2+\left(\frac{n2\pi}{b}\right)^2 \tag{9-189}$$

或

$$k_{m,n}=\sqrt{\left(\frac{m\pi}{a}\right)^2+\left(\frac{n2\pi}{b}\right)^2} \tag{9-189a}$$

因此，可以将方程（9－185）的一个暂定解写为

$$V=\sum_{m-\text{odd}}^{\infty}\sum_{n=1}^{\infty}f_{m,n}\cdot\cos\left(\frac{m\pi}{a}\cdot x\right)\cdot\sin\left(\frac{n2\pi}{b}\cdot y\right)\cdot\sinh(k_{m,n}\cdot z) \tag{9-190}$$

根据方程（9－184）求得任意常数 $f_{m,n}$ 为

$$f_{m,n}=\frac{d_{m,n}}{\sinh(k_{m,n}\cdot c)} \tag{9-191}$$

因此，求得满足所有已知边界条件的全解为

$$V=\sum_{m-\text{odd}}^{\infty}\sum_{n=1}^{\infty}d_{m,n}\cdot\cos\left(\frac{m\pi}{a}\cdot x\right)\cdot\sin\left(\frac{n2\pi}{b}\cdot y\right)\cdot\frac{\sinh(k_{m,n}^2\cdot z)}{\sinh(k_{m,n}^2\cdot c)} \tag{9-192}$$

这种方法在第 19 章中将用于求解矩形波导和谐振腔的场分量问题。

9.5.2 柱坐标系中的场问题

在柱坐标系中，三维拉普拉斯方程为

$$\nabla^2V\equiv\frac{1}{\rho}\cdot\frac{\partial}{\partial\rho}\left(\rho\frac{\partial V}{\partial\rho}\right)+\frac{1}{\rho^2}\frac{\partial^2V}{\partial\varphi^2}+\frac{\partial^2V}{\partial z^2}=0 \tag{9-193}$$

为了求解这个方程，我们仍尝试采用分离变量法，因此假定

$$V(\rho,\varphi,z)\overset{\text{def}}{=\!=}F_1(\rho)\cdot F_2(\varphi)\cdot F_3(z) \tag{9-194}$$

用 V 除方程（9－193），然后，根据方程（9－194），可以得到

$$\left[\frac{1}{F_1}\cdot\frac{1}{\rho}\cdot\frac{d}{d\rho}\left(\rho\frac{dF_1}{d\rho}\right)+\frac{1}{F_2}\cdot\frac{1}{\rho^2}\cdot\frac{d^2F_2}{d\varphi^2}\right]+\left[\frac{1}{F_3}\cdot\frac{d^2F_3}{dz^2}\right]=0 \tag{9-195}$$

这个方程的左边有两项，每个方括号中包含一项。第一项与 z 无关，而第二项仅是 z 的函数。因为两项之和为零，所以每一项都必须是相同的常数，但符号相反，令

$$\frac{1}{F_1}\cdot\frac{1}{\rho}\cdot\frac{d}{d\rho}\left(\rho\frac{dF_1}{d\rho}\right)+\frac{1}{F_2}\cdot\frac{1}{\rho^2}\cdot\frac{d^2F_2}{d\varphi^2}=-k^2 \tag{9-196a}$$

和

$$\frac{1}{F_3}\cdot\frac{d^2F_3}{dz^2}=k^2 \tag{9-196b}$$

式中，k 为分离常数。

方程（9－196b）的解为

$$F_3=c_1\cdot\cosh(k\cdot z)+c_2\cdot\sinh(k\cdot z) \tag{9-197}$$

式中，c_1 和 c_2 为任意常数。

现在来考虑方程（9－196a）。用 ρ^2 乘以方程两端，则方程可以重写为

$$\left[\frac{1}{F_1}\cdot\rho\cdot\frac{d}{d\rho}\left(\rho\frac{dF_1}{d\rho}\right)+\rho^2\cdot k^2\right]+\left[\frac{1}{F_2}\cdot\frac{d^2F_2}{d\varphi^2}\right]=0 \tag{9-198}$$

这个方程的左边有两项，第一项仅为 ρ 的函数，而第二项仅为 φ 的函数。尽管 ρ 和 φ

相互独立，但两项之和仍为零。这就意味着，每一项都等于相同的常数，但符号相反。假设

$$\frac{1}{F_1}\cdot\rho\cdot\frac{\mathrm{d}}{\mathrm{d}\rho}\left(\rho\frac{\mathrm{d}F_1}{\mathrm{d}\rho}\right)+\rho^2\cdot k^2=\ell^2 \tag{9-199a}$$

和

$$\frac{1}{F_2}\cdot\frac{\mathrm{d}^2F_2}{\mathrm{d}\varphi^2}=-\ell^2 \tag{9-199b}$$

式中，ℓ 为分离常数。

方程（9－199b）的解为

$$F_2=c_3\cdot\cos(\ell\cdot\varphi)+c_4\cdot\sin(\ell\cdot\varphi) \tag{9-200}$$

式中，c_3 和 c_4 为任意常数。

现在来考虑方程（9－199a），将

$$\xi\overset{\mathrm{def}}{=\!=}\rho\cdot k \tag{9-201}$$

代入方程中，得到

$$\frac{1}{F_1}\xi\cdot\frac{\mathrm{d}}{\mathrm{d}\xi}\left(\xi\cdot\frac{\mathrm{d}F_1}{\mathrm{d}\xi}\right)+\xi^2=\ell^2 \tag{9-202}$$

或

$$\xi^2\cdot\frac{\mathrm{d}^2F_1}{\mathrm{d}\,\xi^2}+\xi\cdot\frac{\mathrm{d}F_1}{\mathrm{d}\xi}+(\xi^2-\ell^2)\cdot F_1=0$$

或

$$\frac{\mathrm{d}^2F_1}{\mathrm{d}\,\xi^2}+\frac{1}{\xi}\cdot\frac{\mathrm{d}F_1}{\mathrm{d}\xi}+\left(1-\frac{\ell^2}{\xi^2}\right)\cdot F_1=0 \tag{9-203}$$

这个方程称为贝塞尔方程。对于非整数 ℓ 值，方程的解为

$$F_1=c_5\cdot J_\ell(\xi)+c_6\cdot J_{-\ell}(\xi) \tag{9-204a}$$

或

$$F_1=c_5\cdot J_\ell(\rho\cdot k)+c_6\cdot J_{-\ell}(\rho\cdot k) \tag{9-204b}$$

而对于整数 ℓ 值，方程的解为

$$F_1=c_5\cdot J_\ell(\xi)+c_6\cdot N_\ell(\xi) \tag{9-205a}$$

或

$$F_1=c_5\cdot J_\ell(\rho\cdot k)+c_6\cdot N_\ell(\rho\cdot k) \tag{9-205b}$$

式中，c_5 和 c_6 为任意常数，其值可随 k 和 ℓ 的值变化；函数 $J_l(\xi)$ 称为**ℓ 阶第一类贝塞尔函数**；$N_\ell(\xi)$ 称为**ℓ 阶第二类贝塞尔函数**，也称为**诺伊曼函数**。

由于有多个 k 和 ℓ 的值，拉普拉斯方程的全解可以写成

$$V(\rho,\varphi,z)=\sum_{k,\ell}F_{1k,\ell}(\rho\cdot k)\cdot F_{2\ell}(\ell\cdot\varphi)\cdot F_{3k}(k\cdot z) \tag{9-206}$$

这个方法将在第 19 章中用于求解圆形波导中的场分量问题。

9.5.3　球坐标系中的场问题

在球面空间坐标系中，三维拉普拉斯方程为

$$\nabla^2 V \equiv \frac{1}{r^2}\cdot\frac{\partial}{\partial r}\left(r^2\frac{\partial V}{\partial r}\right)+\frac{1}{r^2\sin\theta}\cdot\frac{\partial}{\partial\theta}\left(\sin\theta\frac{\partial V}{\partial\theta}\right)+\frac{1}{r^2\sin^2\theta}\cdot\frac{\partial^2 V}{\partial\varphi^2}=0 \quad (9-207)$$

求解这个方程可以采用分离变量法。假定

$$V(r,\theta,\varphi)\overset{\text{def}}{=}R(r)\cdot\Theta(\theta)\cdot\Phi(\varphi) \quad (9-208)$$

用 $r^2\sin^2\theta$ 乘以方程（9－207）的两端，再同除以 V，然后应用（9－208），可以得到

$$\left[\frac{\sin^2\theta}{R}\cdot\frac{\mathrm{d}}{\mathrm{d}r}\left(r^2\frac{\mathrm{d}R}{\mathrm{d}r}\right)+\frac{\sin\theta}{\Theta}\cdot\frac{\mathrm{d}}{\mathrm{d}\theta}\left(\sin\theta\frac{\mathrm{d}\Theta}{\mathrm{d}\theta}\right)\right]+\left[\frac{1}{\Phi}\cdot\frac{\mathrm{d}^2\Phi}{\mathrm{d}\varphi^2}\right]=0 \quad (9-209)$$

这个方程的左端有两项，每个方括号中包含一项。第一项与 φ 无关，而第二项仅是 φ 的函数。因为这两项之和为零，所以每一项都等于相同的常数，但符号相反。假设

$$\frac{\sin^2\theta}{R}\cdot\frac{\mathrm{d}}{\mathrm{d}r}\left(r^2\frac{\mathrm{d}R}{\mathrm{d}r}\right)+\frac{\sin\theta}{\Theta}\cdot\frac{\mathrm{d}}{\mathrm{d}\theta}\left(\sin\theta\frac{\mathrm{d}\Theta}{\mathrm{d}\theta}\right)=k^2 \quad (9-210a)$$

和

$$\frac{1}{\Phi}\cdot\frac{\mathrm{d}^2\Phi}{\mathrm{d}\varphi^2}=-k^2 \quad (9-210b)$$

方程（9－210b）的解为

$$\Phi=c_1\cdot\cos(k\varphi)+c_2\cdot\sin(k\varphi) \quad (9-211)$$

式中，c_1 和 c_2 为任意常数。

现在，我们来考虑方程（9－210a）。用 $\sin^2\theta$ 除以方程两端，方程变为

$$\left[\frac{1}{R}\cdot\frac{\mathrm{d}}{\mathrm{d}r}\left(r^2\frac{\mathrm{d}R}{\mathrm{d}r}\right)\right]+\left[\frac{1}{\Theta}\cdot\frac{1}{\sin\theta}\cdot\frac{\mathrm{d}}{\mathrm{d}\theta}\left(\sin\theta\frac{\mathrm{d}\Theta}{\mathrm{d}\theta}\right)-\frac{k^2}{\sin^2\theta}\right]=0 \quad (9-212)$$

在这个方程的左边有两项，每个方括号内含一项。第一项是 r 的函数，第二项是 θ 的函数。这两个坐标是相互独立的，因为两项之和为零，所以每一项都必须等于相同的常量，但符号相反。因此，令

$$\frac{1}{R}\cdot\frac{\mathrm{d}}{\mathrm{d}r}\left(r^2\frac{\mathrm{d}R}{\mathrm{d}r}\right)=\ell(\ell+1) \quad (9-213a)$$

和

$$\frac{1}{\Theta}\frac{1}{\sin\theta}\frac{\mathrm{d}}{\mathrm{d}\theta}\left(\sin\theta\frac{\mathrm{d}\Theta}{\mathrm{d}\theta}\right)-\frac{k^2}{\sin^2\theta}=-\ell(\ell+1) \quad (9-213b)$$

两个方程的右端为分离常数。

可以看出，方程（9－213）的解为

$$R=c_3\cdot r^{\ell}+c_4\cdot r^{-(\ell+1)} \quad (9-214)$$

式中，c_3 和 c_4 为任意常数。

现在考虑方程（9－213b）。这个方程可以重写为

$$\frac{1}{\sin\theta}\cdot\frac{\mathrm{d}}{\mathrm{d}\theta}\left(\sin\theta\frac{\mathrm{d}\Theta}{\mathrm{d}\theta}\right)+\left[\ell\cdot(\ell+1)-\frac{k^2}{\sin^2\theta}\right]\cdot\Theta=0 \quad (9-215)$$

这个方程可以通过 $\eta=\cos\theta$ 关系进行变换，因此

$$\frac{\mathrm{d}}{\mathrm{d}\theta}=\frac{\mathrm{d}\eta}{\mathrm{d}\theta}\cdot\frac{\mathrm{d}}{\mathrm{d}\eta}=-\sin\theta\cdot\frac{\mathrm{d}}{\mathrm{d}\eta}$$

因此，从方程（9-215）可以得到

$$\frac{\mathrm{d}}{\mathrm{d}\eta}\left[(1-\eta^2)\cdot\frac{\mathrm{d}\Theta}{\mathrm{d}\eta}\right]+\left[\ell\cdot(\ell+1)-\frac{k^2}{(1-\eta^2)}\right]\cdot\Theta=0 \qquad (9-216)$$

当 k 为零时，这个方程称为**勒让德（Legendre）方程**，而对于任意非零 k 值，这个方程称为**广义勒让德方程**。勒让德方程的解用**勒让德函数**的形式给出。如果 l 为正整数，则勒让德函数退化为勒让德多项式 $P_l(\eta)$，广义勒让德方程的解用广义勒让德多项式 $P_l^k(\eta)$ 给出。

在 9.2 节至 9.4 节中，我们的研究仍然局限于无源区域。有源区域中的电势场问题将在下一章中讨论。

例 9.1　柱坐标系下的势场为 $V=5(\rho^k+\rho^{-p})\cos(6\varphi)$，求 k 和 p，使 V 满足拉普拉斯方程；另外，求 $\rho=1$，$\varphi=\frac{\pi}{4}$ 条件下的 V 和 $\boldsymbol{E}$。

解： $\nabla^2 V=\frac{1}{\rho}\cdot\frac{\partial}{\partial\rho}\left(\rho\frac{\partial V}{\partial\rho}\right)+\frac{1}{\rho^2}\cdot\frac{\partial^2 V}{\partial\varphi^2}+\frac{\partial^2 V}{\partial z^2}=\frac{1}{\rho}\cdot\frac{\partial}{\partial\rho}\left(\rho\frac{\partial V}{\partial\rho}\right)+\frac{1}{\rho^2}\cdot\frac{\partial^2 V}{\partial\varphi^2}$

因为 $V\neq f(z)$，$\frac{\partial^2 V}{\partial z^2}=0$

已知 $V=5(\rho^k+\rho^{-p})\cos(6\varphi)$

第一项 $\frac{\partial V}{\partial\rho}=5(k\rho^{k-1}+p\rho^{-p-1})\cos(6\varphi)$

$$\rho\frac{\partial V}{\partial\rho}=5(k\rho^k+p\rho^{-p})\cos(6\varphi)$$

$$\frac{\partial}{\partial\rho}\left(\rho\frac{\partial V}{\partial\rho}\right)=5(k^2\rho^{k-1}+p^2\rho^{-p-1})\cos(6\varphi)$$

$$\frac{1}{\rho}\frac{\partial}{\partial\rho}\left(\rho\frac{\partial V}{\partial\rho}\right)=5(k^2\rho^{k-2}+p^2\rho^{-p-2})\cos(6\varphi)$$

第二项 $\frac{\partial V}{\partial\varphi}=-30(\rho^k+\rho^{-p})\sin(6\varphi)$

$$\frac{\partial^2 V}{\partial\varphi^2}=-180(\rho^k+\rho^{-p})\cos(6\varphi)$$

$$\frac{1}{\rho^2}\frac{\partial^2 V}{\partial\varphi^2}=-180(\rho^{k-2}+\rho^{-p-2})\cos(6\varphi)$$

$$\frac{1}{\rho}\cdot\frac{\partial}{\partial\rho}\left(\rho\frac{\partial V}{\partial\rho}\right)+\frac{1}{\rho^2}\cdot\frac{\partial^2 V}{\partial\varphi^2}=5(k^2\rho^{k-2}+p^2\rho^{-p-2})\cos(6\varphi)-180(\rho^{k-2}+\rho^{-p-2})\cos(6\varphi)=0$$

同类项比较，有 $k^2=36$，$k=\pm6$；$p^2=36$，$p=\pm6$。k 和 p 仅选择正值，有

$$V|_{\rho=1,\ \varphi=\frac{\pi}{4}}=5(1^k+1^{-p})\cos\left(6\cdot\frac{\pi}{4}\right)=5(1^6+1^{-6})\cos\left(\frac{3\pi}{2}\right)=10\ \mathrm{V}$$

$$\boldsymbol{E}=-\nabla V=-\frac{\partial V}{\partial\rho}\boldsymbol{a}_\rho-\left(\frac{1}{\rho}\right)\frac{\partial V}{\partial\varphi}\boldsymbol{a}_\varphi$$

$$=30(\rho^k+\rho^{-p})\sin(6\varphi)\boldsymbol{a}_\rho-30(\rho^{k-1}+\rho^{-p-1})\sin(6\varphi)\boldsymbol{a}_\varphi$$

$$\boldsymbol{E}\big|_{\rho=1,\varphi=\frac{\pi}{4}}=30(1^6+1^{-6})\sin\left(\frac{3\pi}{2}\right)\boldsymbol{a}_\rho-30(1^5+1^{-5})\sin\left(\frac{3\pi}{2}\right)\boldsymbol{a}_\varphi=60\boldsymbol{a}_\rho-60\boldsymbol{a}_\varphi$$

例 9.2 找出不满足拉普拉斯方程的势函数：(a) $V=C\cdot x\cdot y\cdot z$；(b) $V=C\cdot\rho\cdot\varphi\cdot z$；(c) $V=C\cdot r\cdot\theta\cdot\varphi$.

解：(a) 根据方程（9－5），拉普拉斯方程为

$$\nabla^2V=\frac{\partial^2V}{\partial x^2}+\frac{\partial^2V}{\partial y^2}+\frac{\partial^2V}{\partial z^2}=0$$

已知 $V=C\cdot x\cdot y\cdot z$，则第一项 $\dfrac{\partial^2V}{\partial x^2}=0$，第二项 $\dfrac{\partial^2V}{\partial y^2}=0$，第三项 $\dfrac{\partial^2V}{\partial z^2}=0$

方程（9－5）的三项之和等于零，该函数满足拉普拉斯方程。

(b) 根据方程（9－6），拉普拉斯方程为

$$\nabla^2V=\frac{1}{\rho}\cdot\frac{\partial}{\partial\rho}\left(\rho\frac{\partial V}{\partial\rho}\right)+\frac{1}{\rho^2}\frac{\partial^2V}{\partial\varphi^2}+\frac{\partial^2V}{\partial z^2}=0$$

已知 $V=C\cdot\rho\cdot\varphi\cdot z$，则第一项

$$\frac{\partial V}{\partial\rho}=C\cdot\varphi\cdot z,\quad \rho\frac{\partial V}{\partial\rho}=C\cdot\rho\cdot\varphi\cdot z,\quad \frac{\partial}{\partial\rho}\left(\rho\frac{\partial V}{\partial\rho}\right)=C\cdot\varphi\cdot z$$

$$\frac{1}{\rho}\cdot\frac{\partial}{\partial\rho}\left(\rho\frac{\partial V}{\partial\rho}\right)=\frac{C\cdot\varphi\cdot z}{\rho}\neq0$$

第二项 $\dfrac{\partial^2V}{\partial\varphi^2}=0$，$\dfrac{1}{\rho^2}\dfrac{\partial^2V}{\partial\varphi^2}=0$；第三项 $\dfrac{\partial^2V}{\partial z^2}=0$；

三项之和不等于零，该函数不满足拉普拉斯方程。

(c) 根据方程（9－7），拉普拉斯方程为

$$\nabla^2V=\frac{1}{r^2}\cdot\frac{\partial}{\partial r}\left(r^2\frac{\partial V}{\partial r}\right)+\frac{1}{r^2\sin\theta}\cdot\frac{\partial}{\partial\theta}\left(\sin\theta\frac{\partial V}{\partial\theta}\right)+\frac{1}{r^2\sin^2\theta}\cdot\frac{\partial^2V}{\partial\varphi^2}=0$$

已知 $V=C\cdot r\cdot\theta\cdot\varphi$

第一项 $\dfrac{\partial V}{\partial r}=C\cdot\theta\cdot\varphi$，$r^2\dfrac{\partial V}{\partial r}=C\cdot r^2\cdot\theta\cdot\varphi$，$\dfrac{\partial}{\partial r}\left(r^2\dfrac{\partial V}{\partial r}\right)=2C\cdot r\cdot\theta\cdot\varphi$

$$\frac{1}{r^2}\cdot\frac{\partial}{\partial r}\left(r^2\frac{\partial V}{\partial r}\right)=\frac{2C\theta\varphi}{r}\neq0$$

第二项 $\dfrac{\partial V}{\partial\theta}=C\cdot r\cdot\varphi$，$\sin\theta\dfrac{\partial V}{\partial\theta}=C\cdot r\cdot\varphi\cdot\sin\theta$，$\dfrac{\partial}{\partial\theta}\left(\sin\theta\dfrac{\partial V}{\partial\vartheta}\right)=C\cdot r\cdot\varphi\cos\theta$

$$\frac{1}{r^2\sin\theta}\cdot\frac{\partial}{\partial\theta}\left(\sin\theta\frac{\partial V}{\partial\vartheta}\right)=\frac{C\varphi}{r}\cot\theta\neq0$$

第三项 $\dfrac{\partial^2V}{\partial\varphi^2}=0$ $\dfrac{1}{r^2\sin\theta}\cdot\dfrac{\partial^2V}{\partial\varphi^2}=0$；

三项之和不等于零，该函数不满足拉普拉斯方程。

例 9.3 证明势函数 $V_1=\ln\rho$ 和 $V_2=\cosh^{-1}\left(\dfrac{\rho}{2}+\dfrac{1}{2\rho}\right)$ (a) 满足边界条件：$\rho=0$ 时 $V=0$，$\rho=2$ 时 $V=0.693$；(b) 在柱坐标下满足拉普拉斯方程；(c) 两个解相同。

解：(a) $V_1|_{\rho=1}=\ln 1=0$，$V_1|_{\rho=2}=\ln 2=0.693$

$$V_2|_{\rho=1}=\cosh^{-1}\left(\frac{1}{2}+\frac{1}{2}\right)=\cosh^{-1}1=0$$

$$V_2|_{\rho=2}=\cosh^{-1}\left(1+\frac{1}{4}\right)=\cosh^{-1}1.25=0.693$$

(b) 在柱坐标系中

$$\nabla^2 V=\frac{1}{\rho}\cdot\frac{\partial}{\partial\rho}\left(\rho\frac{\partial V}{\partial\rho}\right)+\frac{1}{\rho^2}\cdot\frac{\partial^2 V}{\partial\varphi^2}+\frac{\partial^2 V}{\partial z^2}$$

由于 V_1 和 V_2 只是 ρ 的函数，有 $\nabla^2 V=\frac{1}{\rho}\cdot\frac{\partial}{\partial\rho}\left(\rho\frac{\partial V}{\partial\rho}\right)$

$V_1=\ln\rho$，$\frac{\partial V_1}{\partial\rho}=\frac{1}{\rho}$，$\rho\frac{\partial V_1}{\partial\rho}=1$，$\frac{\partial}{\partial\rho}\left(\rho\frac{\partial V_1}{\partial\rho}\right)=0$，$\frac{1}{\rho}\cdot\frac{\partial}{\partial\rho}\left(\rho\frac{\partial V_1}{\partial\rho}\right)=0$

$V_2=\cosh^{-1}\left(\frac{\rho}{2}+\frac{1}{2\rho}\right)$，令 $\cosh^{-1}\left(\frac{\rho}{2}+\frac{1}{2\rho}\right)=\theta$，则

$$\cosh\theta=\frac{\rho}{2}+\frac{1}{2\rho}=\frac{1}{2}\left(\rho+\frac{1}{\rho}\right)=\frac{e^{\theta}+e^{-\theta}}{2}$$

注意到 $e^{\theta}=\rho$ 和 $e^{-\theta}=1/\rho$，得到 $\theta=\ln\rho$，因此

$$\frac{\partial V_2}{\partial\rho}=\frac{\partial}{\partial\rho}\cosh^{-1}\left(\frac{\rho}{2}+\frac{1}{2\rho}\right)=\frac{\partial\theta}{\partial\rho}=\frac{\partial}{\partial\rho}(\ln\rho)=\frac{1}{\rho}$$

$\rho\frac{\partial V_2}{\partial\rho}=1$，$\frac{\partial}{\partial\rho}\left(\rho\frac{\partial V_2}{\partial\rho}\right)=0$，$\frac{1}{\rho}\cdot\frac{\partial}{\partial\rho}\left(\rho\frac{\partial V_2}{\partial\rho}\right)=0$，$V_1$ 和 V_2 都满足拉普拉斯方程。

(c) 根据上面结果，两个势函数具有相同解。

例 9.4　求两个导体场中在点 $P(2,1,3)$ 处的电势 V：(a) 同轴柱体 $\rho=2$ 时，$V=50$；$\rho=3$ 时，$V=20$；(b) 径向平面 $\varphi=10°$ 时，$V=50$；$\varphi=30°$ 时，$V=20$；(c) 同心球体 $\theta=30°$ 时，$V=50$；$\theta=50°$ 时，$V=20$。

解：(a) 在这种情况下，V 仅为 ρ 的函数，因此，方程（9-44）为相关方程。求解如下：$\nabla^2 V=\frac{1}{\rho}\frac{d}{d\rho}\left(\rho\frac{dV}{d\rho}\right)=0$ 或 $\frac{d}{d\rho}\left(\rho\frac{dV}{d\rho}\right)=0$，解的形式为 $V=A\ln\rho+B$，任意常数 A 和 B 的值可根据给定 ρ 的 V 值确定，因此，$50=A\ln 2+B$，$20=A\ln 3+B$，由此得到 $A=-73.96$，$B=101.265$，因为 $\rho=\sqrt{x^2+y^2}=\sqrt{2^2+1^2}=\sqrt{5}$。

所以 $V=A\ln\rho+B=-73.96\ln\sqrt{5}+101.265=41.75\ \text{V}$

(b) 在这种情况下，V 仅为 φ 的函数，因此，方程（9-44b）为相关方程。求解如下：$\nabla^2 V=\frac{1}{\rho^2}\cdot\frac{d^2 V}{d\varphi^2}=0$ 或 $\frac{d^2 V}{d\varphi^2}=0$，解的形式为 $V=A\varphi+B$，任意常数 A 和 B 可根据给定 φ 的 V 值确定。

因此，$50=10A+B$，$20=30A+B$，由此得到 $A=-1.5$，$B=65$，因为 $\varphi=\tan^{-1}\left(\frac{y}{x}\right)=\tan^{-1}\left(\frac{1}{2}\right)=26.565°$，所以 $V=A\varphi+B=-1.5\times 26.565+65=25.2\ \text{V}$

(c) 在这种情况下，V 仅为 r 的函数，因此，方程（9－58a）为相关方程。求解如下：$\nabla^2 V=\frac{1}{r^2}\cdot\frac{\mathrm{d}}{\mathrm{d}r}\left(r^2\frac{\mathrm{d}V}{\mathrm{d}r}\right)=0$ 或 $\frac{\mathrm{d}}{\mathrm{d}r}\left(r^2\frac{\mathrm{d}V}{\mathrm{d}r}\right)=0$，解的形式为 $V=-\frac{A}{r}+B$，任意常数 A 和 B 可根据给定 r 的 V 值确定，因此，$50=-A/3+B$，$20=-A/5+B$，由此得到 $A=-225$，$B=-25$，因为 $r=\sqrt{x^2+y^2+z^2}=\sqrt{2^2+1^2+3^2}=\sqrt{14}$，所以 $V=-A/r+B=\frac{225}{\sqrt{14}}-25=35.134$ V。

(d) 在这种情况下，V 仅为 θ 的函数，因此，方程（9－58b）为相关方程。求解如下：$\frac{1}{r^2\sin\theta}\frac{\partial}{\partial\theta}\left(\sin\theta\frac{\mathrm{d}V}{\mathrm{d}\theta}\right)=0$ 或 $\frac{\partial}{\partial\theta}\left(\sin\theta\frac{\mathrm{d}V}{\mathrm{d}\theta}\right)=0$，解的形式为 $V=A\ln\left(\tan\frac{\theta}{2}\right)+B$，任意常数 A 和 B 可根据给定 θ 的 V 值确定，因此，$50=A\ln(\tan 15°)+B$，$20=A\ln(\tan 25°)+B$，由此得到 $A=-54.7$，$B=21.34$。

因为 $\theta=\cos^{-1}\frac{z}{\sqrt{x^2+y^2+z^2}}=\cos^{-1}\frac{3}{\sqrt{14}}=36.7°$

所以 $V=A\ln\left(\tan\frac{\theta}{2}\right)+B=-54.7\ln\left(\tan\frac{36.7°}{2}\right)+21.34=38.44$ V

习　题

9.1　求半径 $\rho=2$ m 时 $V=40$ V 和 $\rho=3$ m 时 $V=20$ V 的同轴导体圆柱体的场在 $P(1, 2, 3)$ 处的电势 V。

9.2　求场在 $P(1, 2, 3)$ 处的电势 V：(a) 半径 $\rho=2$ m 时 $V=40$ V 和 $\rho=3$ m 时 $V=20$ V 的同轴导体圆柱体；(b) $\varphi=10°$ 时 $V=40$ V 和 $\varphi=30°$ 时 $V=20$ V 的两个径向平面。

9.3　求半径 $r=3$ m 时 $V=40$ V 和 $r=5$ m 时 $V=30$ V 的两个同心导体球的场在 $P(2, 1, 3)$ 处的电势 V。

9.4　求半径 $\theta=30°$ 时 $V=40$ V 和 $\theta=45°$ 时 $V=30$ V 的两个同轴锥体的场在 $P(2, 1, 3)$ 处的电势 V。

9.5　如果 $r=0$ 处 $V=0$，$r=a$ 处 $V=V_0$，求解半径为 a 和 $b(b>a)$ 的两个同心导电球之间均匀区域中势场的拉普拉斯方程，并求出两球之间的电容。

9.6　已知两个球形区域（$1\leqslant r\leqslant 2$ 时，$\varepsilon_{r1}=3$）和（$3\leqslant r\leqslant 4$ 时，$\varepsilon_{r1}=1$），这两个区域中，在 $r=1$ 时电势为 $V=100$ V，在 $r=4$ 时电势为 $V=0$ V。求解这两个区域的拉普拉斯方程使在 $r=3$ 处得到等电势，可以由此确定介质边界条件。求：(a) $r=2$ 的电势；(b) $r=3$ 的电势；(c) $r=3.5$ 的电势。

9.7　同心导电圆柱体半径 2 cm 和 5 cm 之间区域内体电荷分布 $\rho_v=-10^{-8}(1+10r)$（单位为 $\mathrm{C/m^3}$）。如果内圆柱体上的 E_r 和 V 都为零，并假设 $\varepsilon=\varepsilon_0$，求外圆柱体上的 V。

叙述题

1. 确定导致拉普拉斯场或泊松场的情况。
2. 描述并解释拉普拉斯方程或泊松方程的唯一性定理。
3. 根据源结构形状和场参数随坐标的变化，对场问题进行分类。

扩展阅读

在第 15 章末给出。

第 10 章　泊松场的静电边值问题

10.1　引言

在第 9 章中，我们详细讨论了与拉普拉斯场（即无源区域）相关的静电边值问题。本章主要讨论有源区域的场问题。这些问题涉及方程（9－1a）定义的泊松方程。

在第 9 章中，拉普拉斯场定义为：拉普拉斯算子 ∇^2 作用下为零值的场。从公式（9－1a）可以明显看出，拉普拉斯算子 ∇^2 作用下的泊松场不等于零。对于拉普拉斯场，我们分别求解了不同坐标系下的一维、二维和三维问题。本章只讨论一维和二维问题。

10.2　标量电势泊松方程的解

对于均匀区域，标量势 V 满足泊松方程，而不是拉普拉斯方程。泊松方程是非齐次微分方程，其解分为特解积分 V_p 和余函数 V_c 两部分，因此可写为

$$V = V_p + V_c \tag{10-1}$$

余函数的确定已经在第 9 章中通过多个实例进行了讨论。在本节和下节中，将通过一些例子给出特解积分的解。需要指出，特解积分 V_p 的表达式不含任何任意常数。通过对全解 V 施加边界条件计算出余函数 V_c 表达式中的所有任意常数。特解积分 V_p 定义为满足下列方程的函数

$$\nabla^2 V_p \equiv -\frac{1}{\varepsilon} \cdot \rho \tag{10-2}$$

还应该指出，特解积分 V_p 不要求是唯一的。然而，全解 V 必须是唯一的。

场问题同样可以分为一维、二维和三维问题。以下仅讨论一维场和二维场问题。

10.3　一维场问题

本节讨论笛卡儿坐标、柱坐标和球坐标下的一维场问题。

10.3.1　笛卡儿坐标中的场问题

笛卡儿坐标系下电势的拉普拉斯表达式为

$$\nabla^2 V = \frac{\partial^2 V}{\partial x^2} + \frac{\partial^2 V}{\partial y^2} + \frac{\partial^2 V}{\partial z^2} \tag{9-5}$$

对三个坐标中任意一个坐标的问题，解法都相同，所以只需要研究其中一个坐标的情

况。假设电荷密度和电势场仅随 x 变化。下面一小节针对三种不同类型的边界条件处理相同的一维问题，包括：1）狄利克雷（Dirichlet）边界条件；2）在边界上特解积分为零；3）诺伊曼（Neumann）边界条件。在**狄利克雷边界条件**下，边界上的电势是已知的，而在**诺伊曼边界条件**下，已知的不是边界上的电势，而是规定了边界上电势的法向导数。

10.3.1.1　狄利克雷边界条件问题

由于电荷密度和电势场只随 x 坐标变化，可以写出

$$\nabla^2 V_p \equiv F(x) \qquad (x_2 \leqslant x \leqslant x_1) \tag{10-3}$$

式中，$F(x)$ 是随 x 变化的已知函数。

方程（10－3）可以写为

$$\frac{\mathrm{d}^2}{\mathrm{d}x^2} V_p(x) = F(x) \tag{10-4}$$

方程两端对 x 积分两次，忽略所有积分常数，得到特解积分所需要的解

$$V_p(x) = \int \left[\int F(x)\mathrm{d}x\right]\mathrm{d}x \tag{10-5a}$$

方程（10－4）的余函数为

$$V_c = ax + b \tag{10-5b}$$

式中，a 和 b 是任意常数。假定已知边界条件为

$$V = \begin{cases} V_1 & (x = x_1) \\ V_2 & (x = x_2) \end{cases} \tag{10-6}$$

则全解如下

$$V = V_p + V_c = \int \left[\int F(x)\mathrm{d}x\right]\mathrm{d}x + ax + b \tag{10-7}$$

施加边界条件后，得到

$$\int \left[\int F(x)\mathrm{d}x\right]\mathrm{d}x \bigg|_{x=x_1} + ax_1 + b = V_1 \tag{10-7a}$$

和

$$\int \left[\int F(x)\mathrm{d}x\right]\mathrm{d}x \bigg|_{x=x_2} + ax_2 + b = V_2 \tag{10-7b}$$

解这两个方程可以得到任意常数的表达式为

$$a = \frac{(V_2 - V_1) - \left(\int \left[\int F(x)\mathrm{d}x\right]\mathrm{d}x \bigg|_{x=x_1} - \int \left[\int F(x)\mathrm{d}x\right]\mathrm{d}x \bigg|_{x=x_2}\right)}{x_1 - x_2} \tag{10-8a}$$

和

$$b = \frac{\left\{V_2 - \int \left[\int F(x)\mathrm{d}x\right]\mathrm{d}x \bigg|_{x=x_2}\right\} \cdot x_1 - \left\{V_1 - \int \left[\int F(x)\mathrm{d}x\right]\mathrm{d}x \bigg|_{x=x_1}\right\} \cdot x_2}{x_1 - x_2} \tag{10-8b}$$

10.3.1.2　在边界上特解积分为零

解决上述问题的另一种方法是选择特解积分在边界上为零。这种方法便于确定余函数

中的任意常数。

设函数 $F(x)$ 在 $x_2 \leqslant x \leqslant x_1$ 域内的傅里叶级数展开式为

$$F(x)=\sum_{m=1}^{\infty} A_m \sin\left\{(x-x_2)\frac{m\pi}{x_1-x_2}\right\} \tag{10-9}$$

为了确定傅里叶系数 A_m，方程两端同乘以 $\sin\left[(x-x_2)\frac{n\pi}{x_1-x_2}\right]$，然后在 $x_2 \leqslant x \leqslant x_1$ 域内积分，得到

$$\int_{x_2}^{x_1} F(x)\sin\left[(x-x_2)\frac{n\pi}{x_1-x_2}\right]\mathrm{d}x$$

$$=\frac{1}{2}\sum_{m=1}^{\infty} A_m \cdot \left\{\frac{\sin\left[(x-x_2)\frac{(m-n)\pi}{x_1-x_2}\right]}{\frac{(m-n)\pi}{x_1-x_2}}-\frac{\sin\left[(x-x_2)\frac{(m+n)\pi}{x_1-x_2}\right]}{\frac{(m+n)\pi}{x_1-x_2}}\right\}_{x_2}^{x_1}$$

对于任意整数 n 有

$$\int_{x_2}^{x_1} F(x)\sin\left[(x-x_2)\frac{n\pi}{x_1-x_2}\right]\mathrm{d}x = A_n\frac{(x_1-x_2)}{2} \tag{10-9a}$$

因此，设定 $n=m$，可以得到

$$A_m=\frac{2}{x_1-x_2}\left\{\int_{x_2}^{x_1} F(x)\sin\left[(x-x_2)\frac{m\pi}{x_1-x_2}\right]\mathrm{d}x\right\} \tag{10-9b}$$

因此，根据方程（10-4）和（10-9），得到特解积分为

$$V_p(x)=-\sum_{m=1}^{\infty} A_m\left[\frac{(x-x_2)}{m\pi}\right]^2\sin\left[(x-x_2)\frac{m\pi}{(x_1-x_2)}\right] \tag{10-10}$$

应用方程（10-5b）和（10-10），可以得到全解为

$$V=V_c+V_p$$

或

$$V_p=ax+b-\sum_{m=1}^{\infty} A_m\left[\frac{(x-x_2)}{m\pi}\right]^2\sin\left[(x-x_2)\frac{m\pi}{x_1-x_2}\right] \tag{10-11}$$

应用方程（10-6）给出的边界条件，可以得到

$$V_1=ax_1+b$$

$$V_2=ax_2+b$$

解这两个方程，得到任意常数为

$$a=\frac{V_1-V_2}{x_1-x_2} \tag{10-11a}$$

$$b=\frac{V_2x_1-V_1x_2}{x_1-x_2} \tag{10-11b}$$

10.3.1.3 诺依曼边界条件问题

在**诺伊曼边界条件**下

$$\frac{\partial V}{\partial x}=\begin{cases} f_1 & (x=x_1) \\ f_2 & (x=x_2) \end{cases} \tag{10-12}$$

针对这类边界条件，我们要求解的是如下形式的一维问题

$$\nabla^2 V_p(x) \equiv F(x) \quad (x_2 \leqslant x \leqslant x_1) \tag{10-13}$$

应用方程（10－5b），全解为

$$V = V_c + V_p$$

或

$$V = ax + b + V_p \tag{10-14a}$$

因此

$$\frac{\partial V}{\partial x} = \frac{\mathrm{d}V}{\mathrm{d}x} = a + \frac{\mathrm{d}V_p}{\mathrm{d}x} \tag{10-14b}$$

这表明，使用方程（10－13）和（10－12），我们不能确定任意常数 b，而任意常数 a 有两个不同的值。显然，诺依曼边界条件不适用于这个一维问题。

第三种可能是应用如下的混合边界条件

$$\begin{cases} V = \not{f} & (x = x_1) \\ \dfrac{\mathrm{d}V}{\mathrm{d}x} = f & (x = x_2) \end{cases} \tag{10-15}$$

式中，$\not{f}$ 和 f 为已知常数。

应用这个方程，我们可以将 $F(x)$ 表示为在 $x_2 < x < x_1$ 域上的如下傅里叶级数

$$F(x) = \sum_{m-\mathrm{odd}}^{\infty} A_m \cos\left[(x - x_2)\frac{m\pi/2}{x_1 - x_2}\right] \tag{10-16a}$$

用 $\left\{\frac{1}{2}\cos\left[(x - x_2)\frac{n\pi/2}{x_1 - x_2}\right]\right\}$ 乘以方程两边，然后在 $x_2 < x < x_1$ 域上积分，当 n 为奇数时有

$$\frac{1}{2}\int_{x_2}^{x_1} F(x)\cos\left[(x - x_2)\frac{n\pi/2}{x_1 - x_2}\right]\mathrm{d}x = A_n(x_1 - x_2)$$

用 m 替换 n，得到

$$A_m = \frac{1}{2(x_1 - x_2)}\left\{\int_{x_2}^{x_1} F(x)\cos\left[(x - x_2)\frac{m\pi/2}{x_1 - x_2}\right]\mathrm{d}x\right\} \tag{10-16b}$$

则特解积分 V_p 可以写为

$$V_p(x) = -\sum_{m-\mathrm{odd}}^{\infty} A_m \left(\frac{x - x_2}{m\pi/2}\right)^2 \cos\left[(x - x_2)\frac{m\pi/2}{x_1 - x_2}\right] \tag{10-17}$$

因此，全解可以写为

$$V = ax + b + V_p \tag{10-18a}$$

或

$$V = ax + b - \sum_{m-\mathrm{odd}}^{\infty} A_m \left(\frac{x - x_2}{m\pi/2}\right)^2 \cos\left[(x - x_2)\frac{m\pi/2}{x_1 - x_2}\right] \tag{10-18b}$$

现在，可以应用方程（10－15）来解两个任意常数

$$V\big|_{x=x_1} = ax_1 + b = \not{f} \tag{10-19a}$$

和

$$\left.\frac{\mathrm{d}V}{\mathrm{d}x}\right|_{x=x_2}=a=f \tag{10-19b}$$

从方程（10-9a）得到

$$b=f-f\cdot x_1 \tag{10-19c}$$

至此，得到了问题的解。

10.3.2　柱坐标中的场问题

柱坐标下电势的拉普拉斯方程的表达式如下

$$\nabla^2 V=\frac{1}{\rho}\frac{\partial}{\partial\rho}\left(\rho\frac{\partial V}{\partial\rho}\right)+\frac{1}{\rho^2}\frac{\partial^2 V}{\partial\varphi^2}+\frac{\partial^2 V}{\partial z^2} \tag{9-6}$$

在柱形系统中，如果电势分布仅是 z 的函数，则 10.3.1 节中讨论的三种方法同样适用。在下几节中，将讨论与 ρ 和 φ 坐标有关问题的解。

10.3.2.1　V 仅随 ρ 变化（狄利克雷边界条件）

如果标量电势 V 仅为 ρ 的函数，则泊松方程可以简化为

$$\frac{1}{\rho}\frac{\mathrm{d}}{\mathrm{d}\rho}\left(\rho\frac{\mathrm{d}V}{\mathrm{d}\rho}\right)=F(\rho)\qquad(\rho_2<\rho<\rho_1) \tag{10-20}$$

式中，$F(\rho)$ 为仅随 ρ 变化的已知函数。

对上述方程积分并忽略积分常数可以得到

$$\rho\frac{\mathrm{d}V}{\mathrm{d}\rho}=\int\rho F(\rho)\mathrm{d}\rho$$

再次积分得到特解积分

$$V_p=\int\left[\frac{1}{\rho}\int\rho F(\rho)\mathrm{d}\rho\right]\mathrm{d}\rho \tag{10-21}$$

方程（10-20）的余函数很容易得到

$$V_c=k\cdot\ln(\rho/\rho_0)$$

式中，k 和 ρ_0 为两个任意常数。

因此，全解为

$$V=V_c+V_p$$

或

$$V=k\cdot\ln(\rho/\rho_0)+\int\left[\frac{1}{\rho}\int\rho F(\rho)\mathrm{d}\rho\right]\mathrm{d}\rho \tag{10-22}$$

如果已知的狄利克雷边界条件为

$$V=\begin{cases}V_1 & (\rho=\rho_1)\\ V_2 & (\rho=\rho_2)\end{cases} \tag{10-23}$$

则

$$V_1=k\cdot\ln(\rho_1/\rho_0)+\left.\int\left[\frac{1}{\rho}\int\rho F(\rho)\mathrm{d}\rho\right]\mathrm{d}\rho\right|_{\rho=\rho_1} \tag{10-23a}$$

和

$$V_2 = k \cdot \ln(\rho_2/\rho_0) + \int\left[\frac{1}{\rho}\int \rho F(\rho)\mathrm{d}\rho\right]\mathrm{d}\rho\Big|_{\rho=\rho_2} \tag{10-23b}$$

因此

$$k = \frac{(V_1 - V_2) - \int_{\rho_2}^{\rho_1}\left[\frac{1}{\rho}\int \rho F(\rho)\mathrm{d}\rho\right]\mathrm{d}\rho}{\ln(\rho_1/\rho_2)} \tag{10-24a}$$

和

$$\rho_0 = \sqrt{\rho_1\rho_2}\exp\left\{\frac{1}{2k}\int\left[\frac{1}{\rho}\int \rho F(\rho)\mathrm{d}\rho\right]\mathrm{d}\rho\Big|_{\rho=\rho_1} + \frac{1}{2k}\int\left[\frac{1}{\rho}\int \rho F(\rho)\mathrm{d}\rho\right]\mathrm{d}\rho\Big|_{\rho=\rho_2} - \frac{V_1+V_2}{2k}\right\} \tag{10-24b}$$

10.3.2.2　V 仅随 ρ 变化（混合边界条件）

如果标量电势 V 仅为 ρ 的函数，则泊松方程简化为下列形式

$$\frac{1}{\rho}\frac{\mathrm{d}}{\mathrm{d}\rho}\left(\rho\frac{\mathrm{d}V}{\mathrm{d}\rho}\right) = F(\rho)\quad(\rho_2 < \rho < \rho_1) \tag{10-20}$$

式中，$F(\rho)$ 为坐标 ρ 的已知函数。已知**混合边界条件**如下

$$\begin{cases} V = \mathscr{f} & (\rho = \rho_1) \\ \dfrac{\partial V}{\partial \rho} = f & (\rho = \rho_2) \end{cases} \tag{10-25}$$

式中，$\mathscr{f}$ 和 f 为已知常数。

特解积分 V_p 如下

$$V_p = \int\left[\frac{1}{\rho}\int \rho F(\rho)\mathrm{d}\rho\right]\mathrm{d}\rho \tag{10-21}$$

很容易求得方程（10 - 20）的余函数为

$$V_c = k \cdot \ln(\rho/\rho_0)$$

式中，k 和 ρ_0 为两个任意常数。

因此，全解为

$$V = V_c + V_p$$

或

$$V = k \cdot \ln\left(\frac{\rho}{\rho_0}\right) + \int\left[\frac{1}{\rho}\int \rho F(\rho)\mathrm{d}\rho\right]\mathrm{d}\rho \tag{10-22}$$

因此

$$\frac{\partial V}{\partial \rho} = \frac{\mathrm{d}V}{\mathrm{d}\rho} = \frac{k}{\rho} + \frac{1}{\rho}\int \rho F(\rho)\mathrm{d}\rho \tag{10-26}$$

现在，应用方程（10 - 25）给定的边界条件

$$\mathscr{f} = V\big|_{\rho=\rho_1} = k \cdot \ln(\rho_1/\rho_0) + \int\left[\frac{1}{\rho}\int \rho F(\rho)\mathrm{d}\rho\right]\mathrm{d}\rho\Big|_{\rho=\rho_1} \tag{10-27a}$$

和

$$f=\frac{\mathrm{d}V}{\mathrm{d}\rho}\bigg|_{\rho=\rho_2}=\frac{k}{\rho_2}+\left[\frac{1}{\rho}\int\rho F(\rho)\mathrm{d}\rho\right]\bigg|_{\rho=\rho_2} \tag{10-27b}$$

得到

$$k=f\cdot\rho_2-\left[\frac{1}{\rho}\int\rho F(\rho)\mathrm{d}\rho\right]\bigg|_{\rho=\rho_2} \tag{10-28a}$$

和

$$\rho_0=\rho_1\cdot\exp\left\{\frac{1}{k}\cdot\int\left[\frac{1}{\rho}\int\rho F(\rho)\mathrm{d}\rho\right]\mathrm{d}\rho\,|_{\rho=\rho_1}-f\cdot\frac{1}{k}\right\} \tag{10-28b}$$

10.3.2.3 V 仅随 φ 变化（狄利克雷边界条件）

如果标量电势 V 仅为 φ 坐标的函数，则方程（9-6）的泊松方程可简化为

$$\frac{1}{\rho^2}\cdot\frac{\partial^2 V}{\partial\varphi^2}=F(\varphi,\rho)\quad(\varphi_2<\varphi<\varphi_1) \tag{10-29}$$

式中，$F(\varphi,\rho)$ 是坐标 φ 和 ρ 的已知函数。需要指出，$V=V(\varphi)$ 表明方程（10-29）右边的函数必须是 φ 的已知函数，令该函数为 $\boldsymbol{F}(\varphi)$ 除以 ρ 的平方，即

$$F(\varphi,\rho)\equiv\boldsymbol{F}(\varphi)/\rho^2 \tag{10-30}$$

则方程（10-29）简化为

$$\frac{\mathrm{d}^2V}{\mathrm{d}\varphi^2}=\boldsymbol{F}(\varphi)\quad(\varphi_2<\varphi<\varphi_1) \tag{10-31}$$

已知狄利克雷边界条件为

$$F=\begin{cases}V_1 & (\varphi=\varphi_1)\\ V_2 & (\varphi=\varphi_2)\end{cases} \tag{10-32}$$

函数 $\boldsymbol{F}(\varphi)$ 的傅里叶级数展开式为

$$\boldsymbol{F}(\varphi)=\sum_{m=1}^{\infty}A_m\sin\left(m\pi\cdot\frac{\varphi-\varphi_2}{\varphi_1-\varphi_2}\right) \tag{10-33a}$$

其中

$$A_m=\frac{1}{2\cdot(\varphi_1-\varphi_2)}\int_{\varphi_2}^{\varphi_1}\boldsymbol{F}(\varphi)\cdot\frac{1}{2}\cdot\sin\left(n\pi\cdot\frac{\varphi-\varphi_2}{\varphi_1-\varphi_2}\right)\cdot\mathrm{d}\varphi \tag{10-33b}$$

因此，求得特解积分 V_p 为

$$V_p=-\sum_{m=1}^{\infty}A_m\cdot\left(\frac{\varphi_1-\varphi_2}{m\pi}\right)^2\cdot\sin\left(m\pi\cdot\frac{\varphi-\varphi_2}{\varphi_1-\varphi_2}\right) \tag{10-34a}$$

很容易求得方程（10-29）的余函数为

$$V_c=a\varphi+b \tag{10-34b}$$

式中，a 和 b 为任意常数。

因此，全解为

$$V=V_c+V_p$$

或

$$V=a\cdot\varphi+b-\sum_{m=1}^{\infty}A_m\cdot\left(\frac{\varphi_1-\varphi_2}{m\pi}\right)^2\cdot\sin\left(m\pi\cdot\frac{\varphi-\varphi_2}{\varphi_1-\varphi_2}\right) \tag{10-35}$$

现在，应用方程（10－32）给定的边界条件，可以得到

$$V_1 = a\varphi_1 + b \tag{10-36a}$$

$$V_2 = a\varphi_2 + b \tag{10-36b}$$

解上述方程，得到

$$a = \frac{V_1 - V_2}{\varphi_1 - \varphi_2} \tag{10-37a}$$

$$b = \frac{V_2 \cdot \varphi_1 - V_1 \cdot \varphi_2}{\varphi_1 - \varphi_2} \tag{10-37b}$$

10.3.2.4　V 仅随 φ 变化（混合边界条件）

如果标量电势 V 仅为 φ 坐标的函数，则如同前面的例子，泊松方程简化为以下形式

$$\frac{\mathrm{d}^2 V}{\mathrm{d}\varphi^2} = F(\varphi) \qquad (\varphi_2 < \varphi < \varphi_1) \tag{10-31}$$

式中，$F(\varphi)$ 是坐标 φ 的已知函数。

已知**混合边界条件**如下

$$\begin{cases} V = \not{f} & (\varphi = \varphi_1) \\ \dfrac{\mathrm{d}V}{\mathrm{d}\varphi} = f & (\varphi = \varphi_2) \end{cases} \tag{10-38}$$

式中，$\not{f}$ 和 f 为已知常数。

将 $F(\varphi)$ 表示为 $\varphi_2 < \varphi < \varphi_1$ 域上的傅里叶级数展开式

$$F(\varphi) = \sum_{m-\mathrm{odd}}^{\infty} A_m \cdot \cos\left[(\varphi - \varphi_2) \cdot \frac{m\pi/2}{\varphi_1 - \varphi_2}\right] \tag{10-39a}$$

用 $\dfrac{1}{2} \cdot \left\{\cos\left[(\varphi - \varphi_2) \cdot \dfrac{n\pi/2}{\varphi_1 - \varphi_2}\right]\right\}$ 乘以方程的两边，然后在 $\varphi_2 < \varphi < \varphi_1$ 域上积分，对于 n 的奇数值有

$$\frac{1}{2}\int_{\varphi_2}^{\varphi_1} F(\varphi)\cos\left[(\varphi - \varphi_2) \cdot \frac{n\pi/2}{\varphi_1 - \varphi_2}\right] \cdot \mathrm{d}\varphi = A_n \cdot (\varphi_1 - \varphi_2)$$

用 m 替换 n 可以得到

$$A_m = \frac{1}{2(\varphi_1 - \varphi_2)} \cdot \int_{\varphi_2}^{\varphi_1} F(\varphi)\cos\left[(\varphi - \varphi_2) \cdot \frac{m\pi/2}{\varphi_1 - \varphi_2}\right]\mathrm{d}\varphi \tag{10-39b}$$

因此，得到特解积分 V_p 为

$$V_p = -\sum_{m-\mathrm{odd}}^{\infty} A_m \cdot \left(\frac{\varphi_1 - \varphi_2}{m\pi/2}\right)^2 \cdot \cos\left[(\varphi - \varphi_2) \cdot \frac{m\pi/2}{\varphi_1 - \varphi_2}\right] \tag{10-40}$$

全解为

$$V = a\varphi + b + V_p \tag{10-41a}$$

或

$$V = a\varphi + b - \sum_{m-\mathrm{odd}}^{\infty} A_m \cdot \left(\frac{\varphi_1 - \varphi_2}{m\pi/2}\right)^2 \cdot \cos\left[(\varphi - \varphi_2) \cdot \frac{m\pi/2}{\varphi_1 - \varphi_2}\right] \tag{10-41b}$$

现在，应用方程（10－38）求得两个任意常数

$$V\big|_{\varphi=\varphi_1}=a\varphi_1+b=\boldsymbol{f} \tag{10-42}$$

和

$$\left.\frac{\mathrm{d}V}{\mathrm{d}\varphi}\right|_{\varphi=\varphi_2}=a=f \tag{10-42a}$$

因此

$$b=\boldsymbol{f}-f\varphi_1 \tag{10-42b}$$

10.3.3 球坐标中的场问题

球坐标中的电势拉普拉斯方程表达式为

$$\nabla^2 V=\frac{1}{r^2}\frac{\partial}{\partial r}\left(r^2\frac{\partial V}{\partial r}\right)+\frac{1}{r^2\sin\theta}\frac{\partial}{\partial\theta}\left(\sin\theta\frac{\partial V}{\partial\theta}\right)+\frac{1}{r^2\sin^2\theta}\frac{\partial^2 V}{\partial\varphi^2} \tag{9-7}$$

在这种情况下，涉及不同坐标的问题解法有所不同。因此，需要对不同情况分别讨论。

10.3.3.1 电势仅为 r 的函数（狄利克雷边界条件）

设标量电势 V 仅是 r 坐标的函数，方程（9－7）的泊松方程可简化为

$$\frac{1}{r^2}\frac{\mathrm{d}}{\mathrm{d}r}\left(r^2\frac{\mathrm{d}V}{\mathrm{d}r}\right)=F(r)\qquad(r_2<r<r_1) \tag{10-43}$$

式中，$F(r)$ 为随 r 坐标变化的已知函数。

因此，根据方程（10－43）可以得到下列特解积分 V_p

$$V_p=\int\left[\frac{1}{r^2}\int r^2F(r)\mathrm{d}r\right]\mathrm{d}r \tag{10-44a}$$

和余函数 V_c

$$V_c=a\cdot\frac{1}{r}+b \tag{10-44b}$$

式中，a 和 b 是任意常数。

因此，全解为

$$V=a\cdot\frac{1}{r}+b+V_p \tag{10-45a}$$

或

$$V=a\cdot\frac{1}{r}+b+\int\left[\frac{1}{r^2}\cdot\int r^2\cdot F(r)\cdot\mathrm{d}r\right]\cdot\mathrm{d}r \tag{10-45b}$$

假定给定的狄利克雷边界条件为

$$V=\begin{cases}V_1 & (r=r_1)\\ V_2 & (r=r_2)\end{cases} \tag{10-46}$$

则

$$V_1=a\cdot\frac{1}{r_1}+b+\boldsymbol{F}(r_1) \tag{10-47a}$$

和

$$V_2 = a \cdot \frac{1}{r_2} + b + \mathcal{F}\ (r_2) \tag{10-47b}$$

式中

$$\mathcal{F}\ (r_1)\ \overset{\text{def}}{=\!=} \int\left[\frac{1}{r^2}\cdot\int r^2\cdot F(r)\cdot \mathrm{d}r\right]\cdot \mathrm{d}r\,\bigg|_{r=r_1} \tag{10-48a}$$

$$\mathcal{F}\ (r_2)\ \overset{\text{def}}{=\!=} \int\left[\frac{1}{r^2}\cdot\int r^2\cdot F(r)\cdot \mathrm{d}r\right]\cdot \mathrm{d}r\,\bigg|_{r=r_2} \tag{10-48b}$$

解方程（10－47a）和（10－47b），得到

$$a = \{[\mathcal{F}\ (r_1) - \mathcal{F}\ (r_2)] - (V_1 - V_2)\}\cdot\frac{r_1\cdot r_2}{r_1 - r_2} \tag{10-49a}$$

和

$$b = \frac{\{(r_1V_1 - r_2V_2) - [r_1\,\mathcal{F}\ (r_1) - r_2\,\mathcal{F}\ (r_2)]\}}{r_1 - r_2} \tag{10-49b}$$

10.3.3.2　电势仅为 r 的函数（混合边界条件）

如果标量电势 V 仅是 r 坐标的函数，方程（9－7）的泊松方程可以简化为

$$\frac{1}{r^2}\frac{\mathrm{d}}{\mathrm{d}r}\left(r^2\frac{\mathrm{d}V}{\mathrm{d}r}\right) = F(r) \qquad (r_2 < r < r_1) \tag{10-43}$$

式中，$F(r)$ 为随 r 坐标变化的已知函数。

因此，将前面例子求得的解复制到此

$$V = a\cdot\frac{1}{r} + b + \int\left[\frac{1}{r^2}\int r^2F(r)\cdot \mathrm{d}r\right]\cdot \mathrm{d}r \tag{10-45b}$$

假设已知的**混合边界条件**如下

$$\begin{cases} V = \mathfrak{f} & (r = r_1) \\ \dfrac{\mathrm{d}V}{\mathrm{d}r} = f & (r = r_2) \end{cases} \tag{10-50}$$

式中，$\mathfrak{f}$ 和 f 为已知常数。

因此

$$\mathfrak{f} = a\cdot\frac{1}{r_1} + b + \mathcal{F}_1(r_1) \tag{10-51a}$$

式中

$$\mathcal{F}_1(r_1)\ \overset{\text{def}}{=\!=} \int\left[\frac{1}{r^2}\cdot\int r^2\cdot F(r)\cdot \mathrm{d}r\right]\cdot \mathrm{d}r\,\bigg|_{r=r_1} \tag{10-51b}$$

和

$$f = -a\cdot\frac{1}{r_2^2} + \mathcal{F}_2(r_2) \tag{10-52a}$$

式中

$$\mathcal{F}_2(r_2)\ \overset{\text{def}}{=\!=} \frac{1}{r^2}\int r^2\cdot F(r)\cdot \mathrm{d}r\,\bigg|_{r=r_2} \tag{10-52b}$$

解方程（10－51a）和（10－51b），得到

$$a = [\mathbb{F}_2(r_2) - f] \cdot r_2^2 \tag{10-53a}$$

$$b = \not{f} - [\mathbb{F}_2(r_2) - f] \cdot \frac{r_2^2}{r_1} - \mathbb{F}_1(r_1) \tag{10-53b}$$

10.3.3.3　电势仅为 θ 的函数

如果标量电势 V 仅是 θ 坐标的函数，方程（9－7）的泊松方程可简化为

$$\frac{1}{r^2\sin\theta} \cdot \frac{\partial}{\partial\theta}\left(\sin\theta\frac{\partial V}{\partial\theta}\right) = F(r,\theta) \qquad (\theta_2 < \theta < \theta_1) \tag{10-54a}$$

式中，$F(r,\theta)$ 是 r 和 θ 坐标的已知函数。

由于电势分布仅为 θ 坐标的函数，因此必然有

$$F(r,\theta) \equiv \frac{1}{r^2} \cdot \mathcal{F}(\theta) \tag{10-54b}$$

式中，$\mathcal{F}(\theta)$ 为 θ 的任意函数。因此，方程（10－54）可以重写为

$$\frac{1}{\sin\theta} \cdot \frac{\mathrm{d}}{\mathrm{d}\theta}\left(\sin\theta\frac{\mathrm{d}V}{\mathrm{d}\theta}\right) = \mathcal{F}(\theta) \quad (\theta_2 < \theta < \theta_1) \tag{10-55}$$

特解积分可以写为

$$V_p = \int\left[\frac{1}{\sin\theta} \cdot \int\sin\theta \cdot \mathcal{F}(\theta)\mathrm{d}\theta\right]\mathrm{d}\theta \tag{10-56a}$$

余函数为

$$V_c = a \cdot \ln\cot(\theta/2) + b \tag{10-56b}$$

式中，a 和 b 为两个任意常数。

因此，全解为

$$V = V_c + V_p \tag{10-57a}$$

或

$$V = a \cdot \ln\cot(\theta/2) + b + \int\left[\frac{1}{\sin\theta} \cdot \int\sin\theta \cdot \mathcal{F}(\theta)\mathrm{d}\theta\right]\mathrm{d}\theta \tag{10-57b}$$

假定给定的狄利克雷边界条件为

$$V = \begin{cases} V_1 & (\theta = \theta_1) \\ V_2 & (\theta = \theta_2) \end{cases} \tag{10-58}$$

则

$$V_1 = a \cdot \ln\cot(\theta_1/2) + b + \mathbb{F}(\theta_1) \tag{10-59a}$$

和

$$V_2 = a \cdot \ln\cot(\theta_2/2) + b + \mathbb{F}(\theta_3) \tag{10-59b}$$

式中

$$\mathbb{F}(\theta_1) \stackrel{\text{def}}{=\!=} \int\left[\frac{1}{\sin\theta} \cdot \int\sin\theta \cdot \mathcal{F}(\theta)\mathrm{d}\theta\right]\mathrm{d}\theta\bigg|_{\theta=\theta_1} \tag{10-60a}$$

$$\mathbb{F}(\theta_2) \stackrel{\text{def}}{=\!=} \int\left[\frac{1}{\sin\theta} \cdot \int\sin\theta \cdot \mathcal{F}(\theta)\mathrm{d}\theta\right]\mathrm{d}\theta\bigg|_{\theta=\theta_2} \tag{10-60b}$$

解方程（10－59a）和（10－59b），得到

$$a=\frac{[F(\theta_1)-F(\theta_2)]-(V_1-V_2)}{\ln\left[\frac{\tan(\theta_1/2)}{\tan(\theta_2/2)}\right]} \tag{10-61a}$$

$$b=\frac{[F(\theta_1)\ln\tan(\theta_2/2)-F(\theta_2)\ln\tan(\theta_1/2)]-[V_1\ln\tan(\theta_2/2)-V_2\ln\tan(\theta_1/2)]}{\ln\frac{\tan(\theta_1/2)}{\tan(\theta_2/2)}} \tag{10-61b}$$

10.3.3.4　电势仅为 φ 的函数

如果标量电势 V 仅为 φ 坐标的函数，则方程（9－7）的泊松方程可简化为

$$\frac{1}{r^2\sin^2\theta}\frac{\partial^2 V}{\partial\varphi^2}=F(r,\theta,\varphi)\quad(\varphi_2<\varphi<\varphi_1) \tag{10-62a}$$

式中，$F(r, \theta, \varphi)$ 是 r、θ 和 φ 坐标的已知函数。

由于电势分布仅为 φ 坐标的函数，必然有

$$F(r,\theta,\varphi)\equiv\frac{1}{r^2\sin^2\theta}\mathcal{F}(\varphi) \tag{10-62b}$$

式中，$\mathcal{F}(\varphi)$ 为 φ 的任意函数。因此，方程（10－62a）可以重写为

$$\frac{\partial^2 V}{\partial\varphi^2}=\frac{\mathrm{d}^2 V}{\mathrm{d}\varphi^2}=\mathcal{F}(\varphi)\qquad(\varphi_2<\varphi<\varphi_1) \tag{10-63}$$

这个方程类似于下面的方程

$$\frac{\mathrm{d}^2 V}{\mathrm{d}\varphi^2}=F(\varphi)\qquad(\varphi_2<\varphi<\varphi_1) \tag{10-31}$$

因此，方程（10－63）的解与方程（10－31）的解类似，在本节的前面已经讨论过。

10.4　二维场问题

本节介绍二维场问题的解法，包括五个笛卡儿坐标系的问题，三个柱坐标系的问题和三个球坐标系的问题。

10.4.1　笛卡儿坐标中的场问题

在笛卡儿坐标系中，V 的拉普拉斯方程的表达式为

$$\nabla^2 V=\frac{\partial^2 V}{\partial x^2}+\frac{\partial^2 V}{\partial y^2}+\frac{\partial^2 V}{\partial z^2} \tag{9-5}$$

根据方程（9－5），可以给出二维泊松方程为

$$\frac{\partial^2 V}{\partial x^2}+\frac{\partial^2 V}{\partial y^2}=F(x,y) \tag{10-64}$$

式中，$F(x, y)$ 是给定的 x 坐标和 y 坐标函数。

这个方程的余函数是有未知任意常数的拉普拉斯方程的解。关于拉普拉斯方程的解，

前面已经通过很多例子做了详尽的讨论。在这些解中广泛地应用了分离变量法。

10.4.1.1　有限大矩形区域内的电势分布（情况 1）

图 10-1 给出了在 $0\leqslant x\leqslant X_0$ 和 $-Y_0/2\leqslant y\leqslant Y_0/2$ 内的矩形区域。该区域的三条边为零电势，即 $x=0$ 和 $y=\pm Y_0/2$ 处电势为零。在第四条边（即 $x=X_0$）给定任意分布的电势 $f(y)$。该区域的电势 $V(x, y)$ 满足泊松方程

$$\frac{\partial^2 V}{\partial x^2}+\frac{\partial^2 V}{\partial y^2}=F(x,y)\quad (0\leqslant x\leqslant X_0, Y_0/2\leqslant y\leqslant Y_0/2) \tag{10-64a}$$

式中，$F(x, y)$ 是给定的 x 坐标和 y 坐标函数。

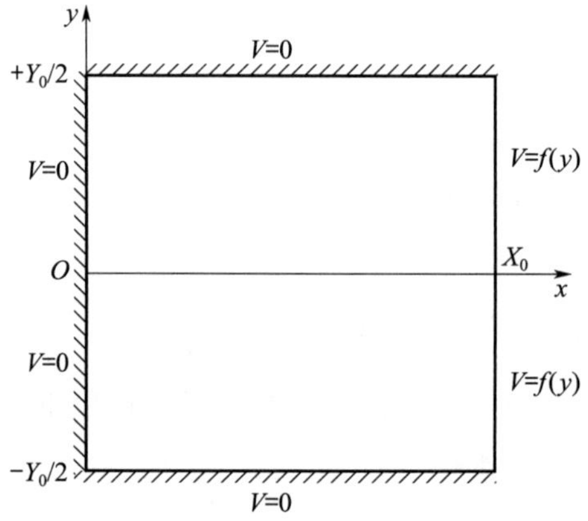

图 10-1　二维泊松方程问题（情况 1）

注意到 $y=\pm Y_0/2$ 处电势为零，势函数 $f(y)$ 可以分解为偶数分量和奇数分量，每个分量都可以表示成傅里叶级数。势函数 $f(y)$ 的表达式为

$$V\big|_{x=X_0}=f(y)=\sum_{m-\mathrm{odd}}^{\infty}A'_m\cdot\cos\left(m\pi\cdot\frac{y}{Y_0}\right)+\sum_{n=1}^{\infty}A''_n\cdot\sin\left(2n\pi\frac{y}{Y_0}\right) \tag{10-65}$$

为了求得 A'_m，将方程两边同乘以 $\cos\left(M\pi\frac{y}{Y_0}\right)$，然后在 $-Y_0/2\leqslant y\leqslant\frac{Y_0}{2}$ 域上积分，得到方程左边为

$$\mathrm{L.H.S}=\int_{-Y_0/2}^{Y_0/2}f(y)\cdot\cos\left(M\pi\frac{y}{Y_0}\right)\mathrm{d}y \tag{10-66}$$

由于 $m=M$（奇数值），方程右边第一项为

$$\begin{aligned}(\mathrm{R.H.S})_1&=\sum_{m-\mathrm{odd}}^{\infty}A'_m\cdot\int_{-Y_0/2}^{Y_0/2}\cos\left(m\pi\cdot\frac{y}{Y_0}\right)\cdot\cos\left(M\pi\cdot\frac{y}{Y_0}\right)\mathrm{d}y\\&=\sum_{m-\mathrm{odd}}^{\infty}\frac{1}{2}\cdot A'_m\cdot\int_{-Y_0/2}^{Y_0/2}\left[\cos(m-M)\pi\cdot\frac{y}{Y_0}+\cos(m+M)\pi\cdot\frac{y}{Y_0}\right]\mathrm{d}y\\&=\sum_{m-\mathrm{odd}}^{\infty}\frac{Y_0}{2\pi}\cdot A'_m\cdot\left[\frac{\sin(m-M)\pi\cdot\frac{y}{Y_0}}{m-M}+\frac{\sin(m+M)\pi\cdot\frac{y}{Y_0}}{m+M}\right]_{-Y_0/2}^{Y_0/2}=\frac{Y_0}{2}A'_m\end{aligned} \tag{10-66a}$$

对于 M（奇数值），方程右边第二项

$$
\begin{aligned}
(\mathrm{R.H.S})_2 &= \sum_{n=1}^{\infty} A''_n \cdot \int_{-Y_0/2}^{Y_0/2} \sin\left(2n\pi \cdot \frac{y}{Y_0}\right) \cdot \cos\left(M\pi \cdot \frac{y}{Y_0}\right) \mathrm{d}y \\
&= \sum_{n=1}^{\infty} \frac{1}{2} \cdot A''_n \cdot \int_{-Y_0/2}^{Y_0/2} \left[\sin(2n-M)\pi \cdot \frac{y}{Y_0} + \sin(2n+M)\pi \cdot \frac{y}{Y_0}\right] \mathrm{d}y \\
&= -\sum_{n=1}^{\infty} \frac{Y_0}{2\pi} A''_n \cdot \left[\frac{\cos(2n-M)\pi \cdot \frac{y}{Y_0}}{2n-M} + \frac{\cos(2n+M)\pi \cdot \frac{y}{Y_0}}{2n+M}\right]_{-Y_0/2}^{Y_0/2} = 0
\end{aligned}
\tag{10-66b}
$$

因此

$$
A'_m = \frac{2}{Y_0} \cdot \int_{-Y_0/2}^{Y_0/2} f(y) \cdot \cos\left(m\pi \cdot \frac{y}{Y_0}\right) \cdot \mathrm{d}y \tag{10-67}
$$

为了求得 A''_n，将方程两边同乘以 $\sin\left(2N\pi \dfrac{y}{Y_0}\right)$，然后在 $-Y_0/2 \leqslant y \leqslant Y_0/2$ 域上积分，得到方程左边为

$$
\mathrm{L.H.S} = \int_{-Y_0/2}^{Y_0/2} f(y) \cdot \sin\left(2N\pi \cdot \frac{y}{Y_0}\right) dy \tag{10-68}
$$

对于 N（整数值），方程右边第一项为

$$
\begin{aligned}
(\mathrm{R.H.S})_1 &= \sum_{m-\mathrm{odd}}^{\infty} A'_m \cdot \int_{-Y_0/2}^{Y_0/2} \sin\left(2N\pi \frac{y}{Y_0}\right) \cdot \cos\left(m\pi \frac{y}{Y_0}\right) \mathrm{d}y \\
&= \sum_{m-\mathrm{odd}}^{\infty} \frac{1}{2} A'_m \cdot \int_{-Y_0/2}^{Y_0/2} \left[\sin(2N-m)\pi \frac{y}{Y_0} + \sin(2N+m)\pi \frac{y}{Y_0}\right] \mathrm{d}y \\
&= -\sum_{m-\mathrm{odd}}^{\infty} \frac{Y_0}{2\pi} A'_m \cdot \left[\frac{\cos(2N-m)\pi \frac{y}{Y_0}}{(2n-M)} + \frac{\cos(2N+m)\pi \frac{y}{Y_0}}{(2n+M)}\right]_{-Y_0/2}^{Y_0/2} = 0
\end{aligned}
\tag{10-68a}
$$

对于 $n=N$（整数值），方程右边第二项

$$
\begin{aligned}
(\mathrm{R.H.S})_2 &= \sum_{n=1}^{\infty} A''_n \cdot \int_{-Y_0/2}^{Y_0/2} \sin\left(2N\pi \cdot \frac{y}{Y_0}\right) \cdot \sin\left(2n\pi \cdot \frac{y}{Y_0}\right) \mathrm{d}y \\
&= \sum_{n=1}^{\infty} \frac{1}{2} \cdot A''_n \cdot \int_{-Y_0/2}^{Y_0/2} \left[\cos(N-n)2\pi \cdot \frac{y}{Y_0} - \cos(N+n)2\pi \cdot \frac{y}{Y_0}\right] \mathrm{d}y \\
&= \sum_{n=1}^{\infty} \frac{Y_0}{4\pi} \cdot A''_n \cdot \left[\frac{\sin(N-n)2\pi \frac{y}{Y_0}}{N-n} - \frac{\sin(N+n)2\pi \cdot \frac{y}{Y_0}}{N+n}\right]_{-Y_0/2}^{Y_0/2} = \frac{Y_0}{2} A''_n
\end{aligned}
\tag{10-68b}
$$

因此

$$
A''_n = \frac{2}{Y_0} \cdot \int_{-Y_0/2}^{Y_0/2} f(y) \cdot \sin\left(2n\pi \cdot \frac{y}{Y_0}\right) \cdot \mathrm{d}y \tag{10-69}
$$

方程（10－67）和（10－69）给出了方程（10－65）中涉及的两个傅里叶系数。

接下来，考虑函数 $F(x, y)$，将函数表示为在 $0\leqslant x\leqslant X_0$，$-Y_0/2\leqslant y\leqslant Y_0/2$ 域上的双重傅里叶级数

$$F(x,y)=\sum_{p=1}^{\infty}\sum_{m-\text{odd}}^{\infty}A_{p,m}^{(1)}\cdot\sin\left(p\pi\cdot\frac{x}{X_0}\right)\cdot\cos\left(m\pi\cdot\frac{y}{Y_0}\right)+\sum_{p=1}^{\infty}\sum_{n=1}^{\infty}A_{p,n}^{(2)}\cdot\sin\left(p\pi\cdot\frac{x}{X_0}\right)\cdot\sin\left(2n\pi\cdot\frac{y}{Y_0}\right)\tag{10-70}$$

为确定傅里叶系数 $A_{p,m}^{(1)}$ 和 $A_{p,n}^{(2)}$，用 $\sin\left(p\pi\frac{x}{X_0}\right)$ 乘以方程的两端，然后在 $0\leqslant x\leqslant X_0$ 域上积分，则方程左边为

$$\text{L. H. S}=\int_0^{X_0}F(x,y)\cdot\sin\left(p\pi\cdot\frac{x}{X_0}\right)\cdot \mathrm{d}x\tag{10-71a}$$

方程右边第一项为

$$(\text{R. H. S})_1=\sum_{m-\text{odd}}^{\infty}A_{p,m}^{(1)}\cdot\frac{X_0}{2}\cdot\cos\left(m\pi\cdot\frac{y}{Y_0}\right)\tag{10-71b}$$

方程右边第二项为

$$(\text{R. H. S})_2=\sum_{n=1}^{\infty}A_{p,n}^{(2)}\cdot\frac{X_0}{2}\cdot\sin\left(2n\pi\cdot\frac{y}{Y_0}\right)\tag{10-71c}$$

因此

$$\int_0^{X_0}F(x,y)\cdot\sin\left(p\pi\cdot\frac{x}{X_0}\right)\cdot \mathrm{d}x=\sum_{m-\text{odd}}^{\infty}A_{p,m}^{(1)}\cdot\frac{X_0}{2}\cdot\cos\left(m\pi\cdot\frac{y}{Y_0}\right)+\sum_{n=1}^{\infty}A_{p,n}^{(2)}\cdot\frac{X_0}{2}\cdot\sin\left(2n\pi\cdot\frac{y}{Y_0}\right)\tag{10-72}$$

接下来，将这个方程两端乘以 $\cos\left(M\pi\cdot\frac{y}{Y_0}\right)$，然后在 $-Y_0/2\leqslant y\leqslant Y_0/2$ 域上积分，将得到结果中的 M 用 m 来替换，则方程左边为

$$\text{L. H. S}\overset{\text{def}}{=\!=}\mathcal{F}'_L(p,m)=\int_{-Y_0/2}^{Y_0/2}\left[\int_0^{X_0}F(x,y)\cdot\sin\left(p\pi\cdot\frac{x}{X_0}\right)\cdot \mathrm{d}x\right]\cdot\cos\left(m\pi\cdot\frac{y}{Y_0}\right)\cdot \mathrm{d}y\tag{10-73a}$$

方程右边第一项为

$$(\text{R. H. S})_1\overset{\text{def}}{=\!=}\mathcal{F}'_{R1}(p,m)=A_{p,m}^{(1)}\frac{X_0}{2}\cdot\frac{Y_0}{2}\tag{10-73b}$$

方程右边第二项为

$$(\text{R. H. S})_2\overset{\text{def}}{=\!=}\mathcal{F}'_{R2}(p,m)=0\tag{10-73c}$$

因此，$\mathcal{F}'_L(p, m)=A_{p,m}^{(1)}\dfrac{X_0}{2}\cdot\dfrac{Y_0}{2}+0$，因而

$$A_{p,m}^{(1)}=\frac{4}{X_0\cdot Y_0}\cdot\mathcal{F}'_L(p,m)\tag{10-74}$$

将方程（10－72）两端乘以 $\sin\left(2N\pi\cdot\frac{y}{Y_0}\right)$，然后在 $-Y_0/2\leqslant y\leqslant Y_0/2$ 域上积分，将得到结果中的 N 用 n 来替换，则方程左边为

$$\text{L. H. S} \stackrel{\text{def}}{=} \mathcal{F}''_L(p,n) = \int_{-Y_0/2}^{Y_0/2} \left[\int_0^{X_0} F(x,y) \cdot \sin\left(p\pi \cdot \frac{x}{X_0}\right) \cdot \mathrm{d}x \right] \cdot \sin\left(2n\pi \cdot \frac{y}{Y_0}\right) \cdot \mathrm{d}y \tag{10-75a}$$

方程右边第一项为

$$(\text{R. H. S})_1 \stackrel{\text{def}}{=} \mathcal{F}''_{R1}(p,n) = 0 \tag{10-75b}$$

方程右边第二项为

$$(\text{R. H. S})_2 \stackrel{\text{def}}{=} \mathcal{F}''_{R1}(p,n) = A^{(2)}_{p,n} \cdot \frac{X_0}{2} \cdot \frac{Y_0}{2} \tag{10-75c}$$

因此，$\mathcal{F}''_L(p,\ n) = 0 + A^{(2)}_{p,\ n} \dfrac{X_0}{2} \cdot \dfrac{Y_0}{2}$，因而得到

$$A^{(2)}_{p,n} = \frac{4}{X_0 \cdot Y_0} \cdot \mathcal{F}''_L(p,n) \tag{10-76}$$

因此，方程（10－74）和（10－76）确定了方程（10－70）的双重傅里叶级数中的两个系数。

现在，根据方程（10－70），得到泊松方程［即方程（10－64）］的特解积分为

$$V_p = -\sum_{p=1}^{\infty} \sin\left(p\pi \frac{x}{X_0}\right) \left[\sum_{m-\text{odd}}^{\infty} A^{(1)}_{p,m} \cdot \frac{1}{\left(\frac{p\pi}{X_0}\right)^2 + \left(\frac{m\pi}{Y_0}\right)^2} \cdot \cos\left(m\pi \cdot \frac{y}{Y_0}\right) + \sum_{n=1}^{\infty} A^{(2)}_{p,n} \cdot \frac{1}{\left(\frac{p\pi}{X_0}\right)^2 + \left(\frac{2n\pi}{Y_0}\right)^2} \cdot \sin\left(2n\pi \cdot \frac{y}{Y_0}\right) \right] \tag{10-77a}$$

泊松方程的余函数通过解二维拉普拉斯方程得到

$$V_c = \sum_{m-\text{odd}}^{\infty} A'_m \cdot \cos\left(\frac{m\pi}{Y_0} \cdot y\right) \cdot \frac{\sinh\left(\frac{m\pi}{Y_0} \cdot x\right)}{\sinh\left(\frac{m\pi}{Y_0} \cdot X_0\right)} + \sum_{n=1}^{\infty} A''_n \cdot \sin\left(\frac{2n\pi}{Y_0} y\right) \frac{\sinh\left(\frac{2n\pi}{Y_0} x\right)}{\sinh\left(\frac{2n\pi}{Y_0} X_0\right)} \tag{10-77b}$$

因此，得到泊松方程的全解为

$$V(x,y) = V_c + V_p \tag{10-78}$$

10.4.1.2　有限大矩形区域内的电势分布（情况 2）

考虑图 10－2 给出的 $0 \leqslant x \leqslant X_0$ 和 $-Y_0/2 \leqslant y \leqslant Y_0/2$ 矩形区域。该区域的三条边为零电势，即 $x=0$，$x=X_0$ 和 $y=-Y_0/2$ 处电势为零。在第四条边上（即 $y=Y_0/2$）给定任意分布的电势 $f(y)$。该区域内的电势 $V(x,\ y)$ 满足泊松方程

$$\frac{\partial^2 V}{\partial x^2} + \frac{\partial^2 V}{\partial y^2} = F(x,y) \qquad (0 \leqslant x \leqslant X_0, -Y_0/2 \leqslant y \leqslant Y_0/2) \tag{10-64}$$

式中，$F(x,\ y)$ 为 x、y 坐标的已知函数。

这个问题是 10.6.1 节中所讨论例子的一个变体。由于在 $x=0$ 和 $x=X_0$ 时电势为零，

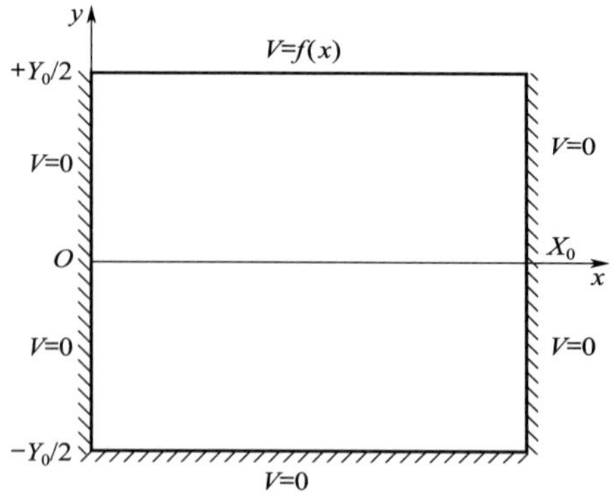

图 10-2　二维泊松方程问题（情况 2）

给定的势函数 $f(x)$ 可以表示为下列傅里叶级数

$$V|_{y=Y_0/2}=f(x)=\sum_{p=1}^{\infty}A_p\cdot\sin\left(\frac{p\pi}{X_0}\cdot x\right) \tag{10-78a}$$

因为

$$\int_0^{X_0}f(x)\cdot\sin\left(\frac{p\pi}{X_0}\cdot x\right)\cdot dx=\frac{X_0}{2}\cdot A_p$$

所以，傅里叶系数 A_p 为

$$A_p=\frac{2}{X_0}\cdot\int_0^{X_0}f(x)\cdot\sin\left(\frac{p\pi}{X_0}\cdot x\right)\cdot dx \tag{10-78b}$$

根据方程（10-77a），针对所有边界条件的余函数如下

$$V_c=\sum_{p=1}^{\infty}A_p\cdot\sin\left(\frac{p\pi}{X_0}\cdot x\right)\cdot\frac{\sinh\left\{\frac{p\pi}{X_0}\cdot(y+Y_0/2)\right\}}{\sinh\left(p\pi\cdot\frac{Y_0}{X_0}\right)} \tag{10-79}$$

特解积分与前面例子求得的结果相同，结果如下

$$V_p=-\sum_{p=1}^{\infty}\sin\left(p\pi\cdot\frac{x}{X_0}\right)\cdot\left[\sum_{m-\mathrm{odd}}^{\infty}A_{p,m}^{(1)}\cdot\frac{1}{\left(\frac{p\pi}{X_0}\right)^2+\left(\frac{m\pi}{Y_0}\right)^2}\cdot\cos\left(m\pi\cdot\frac{y}{Y_0}\right)\right.$$
$$\left.+\sum_{n=1}^{\infty}A_{p,n}^{(2)}\cdot\frac{1}{\left(\frac{p\pi}{X_0}\right)^2+\left(\frac{2n\pi}{Y_0}\right)^2}\cdot\sin\left(2n\pi\cdot\frac{y}{Y_0}\right)\right] \tag{10-80}$$

因此，泊松方程的全解为

$$V(x,y)=V_c+V_p \tag{10-81}$$

应该指出，我们从一开始就考虑了边界条件。

10.4.1.3　半无限大矩形区域的电势分布

考虑图 10-3 给出的 $0\leqslant x\leqslant\infty$ 和 $-Y_0/2\leqslant y\leqslant Y_0/2$ 半无限矩形区域。在该区域的

两条边上（即 $y=\pm Y_0/2$）电势为零。在 $x=0$ 的边上有一个已知任意分布的电势 $f(y)$。该区域内的电势 $V(x, y)$ 满足泊松方程

$$\frac{\partial^2 V}{\partial x^2}+\frac{\partial^2 V}{\partial y^2}=F(x,y) \qquad (0\leqslant x\leqslant\infty, -Y_0/2\leqslant y\leqslant Y_0/2) \tag{10-82}$$

式中，$F(x, y)$ 为 x、y 坐标的已知函数，$F(x, y)$ 的表达式如下

$$F(x,y)=\sum_{m-\mathrm{odd}}^{\infty}A_m^{(1)}\cdot\cos\left(m\pi\cdot\frac{y}{Y_0}\right)\cdot \mathrm{e}^{-\left(k_{1m}\frac{x}{Y_0}\right)}+\sum_{n=1}^{\infty}A_n^{(2)}\cdot\sin\left(2n\pi\cdot\frac{y}{Y_0}\right)\cdot \mathrm{e}^{-\left(k_{2n}\frac{x}{Y_0}\right)} \tag{10-83}$$

式中，$A_m^{(1)}$ 和 $A_n^{(2)}$ 为已知的实数，k_{1m} 和 k_{2n} 为已知的正实数。

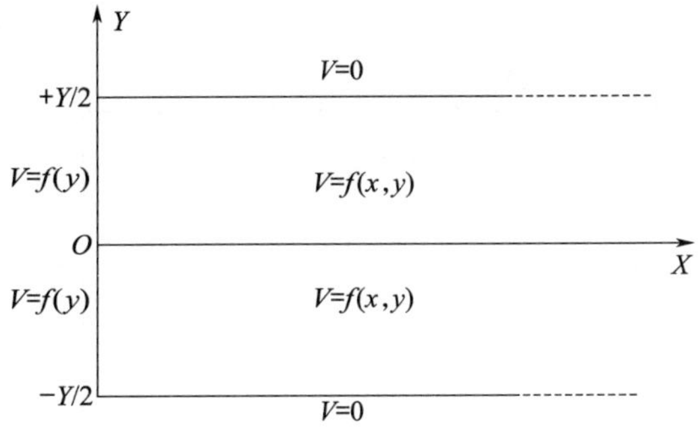

图 10-3　指定电势的半无限矩形区域

注意到在 $y=\pm Y_0/2$ 时电势为零，势函数 $f(y)$ 可以分解为偶分量和奇分量；每个分量都可以用傅里叶级数表示。势函数 $f(y)$ 的表达式为

$$V|_{x=0}=f(y)=\sum_{m-\mathrm{odd}}^{\infty}A'_m\cdot\cos\left(m\pi\cdot\frac{y}{Y_0}\right)+\sum_{n=1}^{\infty}A''_n\cdot\sin\left(2n\pi\cdot\frac{y}{Y_0}\right) \tag{10-84}$$

式中

$$A'_m=\frac{2}{Y_0}\cdot\int_{-Y_0/2}^{Y_0/2}f(y)\cdot\cos\left(m\pi\cdot\frac{y}{Y_0}\right)\cdot \mathrm{d}y \tag{10-84a}$$

$$A''_n=\frac{2}{Y_0}\cdot\int_{-Y_0/2}^{Y_0/2}f(y)\cdot\sin\left(2n\pi\cdot\frac{y}{Y_0}\right)\cdot \mathrm{d}y \tag{10-84b}$$

因此，余函数为

$$V_c=\sum_{m-\mathrm{odd}}^{\infty}A'_m\cdot\cos\left(m\pi\cdot\frac{y}{Y_0}\right)\mathrm{e}^{-\left(m\pi\frac{x}{Y_0}\right)}+\sum_{n=1}^{\infty}A''_n\cdot\sin\left(2n\pi\cdot\frac{y}{Y_0}\right)\cdot \mathrm{e}^{-\left(2n\pi\frac{x}{Y_0}\right)} \tag{10-85a}$$

根据方程（10-83），特解积分为

$$V_p=\sum_{m-\mathrm{odd}}^{\infty}A_m^{(1)}\cdot\frac{1}{k_{1m}^2-\left(\frac{m\pi}{Y_0}\right)^2}\cdot\cos\left(m\pi\cdot\frac{y}{Y_0}\right)\cdot \mathrm{e}^{-\left(k_{1m}\frac{x}{Y_0}\right)}+$$
$$\sum_{n=1}^{\infty}A_n^{(2)}\cdot\frac{1}{k_{2m}^2-\left(\frac{2n\pi}{Y_0}\right)^2}\cdot\sin\left(2n\pi\cdot\frac{y}{Y_0}\right)\cdot \mathrm{e}^{-\left(k_{2n}\frac{x}{Y_0}\right)} \tag{10-85b}$$

因此，泊松方程的全解为

$$V(x,y)=V_c+V_p \tag{10-86}$$

应该指出，我们从一开始就考虑了边界条件。

10.4.1.4　诺伊曼边界条件的矩形区域

考虑图 10－4 给出的 $X_0/2 \leqslant x \leqslant X_0/2$，$0 \leqslant y \leqslant Y_0$ 矩形区域。该区域的电势 $V(x,y)$ 满足泊松方程

$$\frac{\partial^2 V}{\partial x^2}+\frac{\partial^2 V}{\partial y^2}=F(x,y) \quad (-X_0/2 \leqslant x \leqslant X_0/2, 0 \leqslant y \leqslant Y_0) \tag{10-87}$$

式中，$F(x,y)$ 为 x，y 坐标的已知函数。

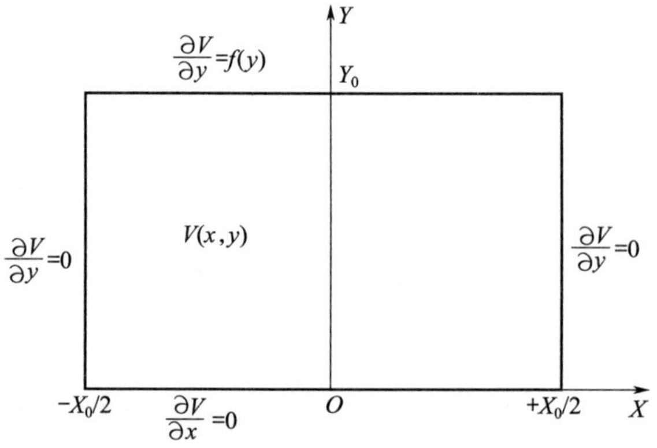

图 10－4　具有诺依曼边界条件的矩形区域

已知诺依曼边界条件为

$$\frac{\partial V}{\partial x}=0 \quad (x=\pm X_0/2) \tag{10-88a}$$

$$\frac{\partial V}{\partial y}=\begin{cases} 0 & (y=0) \\ f(x) & (y=Y_0) \end{cases} \tag{10-88b}$$

式中，$f(x)$ 为随 x 变化的任意已知函数。

我们可以将已知函数 $F(x,y)$ 表示为双重傅里叶级数，以便在四个边界线上，该函数的法向导数恒等于零。因此，在 $-X_0/2 < x < X_0/2$，$0 \leqslant y \leqslant Y_0$ 域内有

$$F(x,y)=\sum_{p=1}^{\infty}\sum_{m-\text{odd}}^{\infty} A_{p,m}^{(1)} \sin\left(m\pi \cdot \frac{x}{X_0}\right) \cdot \cos\left(p\pi \cdot \frac{y}{Y_0}\right)+\sum_{p=1}^{\infty}\sum_{n=1}^{\infty} A_{p,n}^{(2)} \cdot \cos\left(2n\pi \cdot \frac{x}{X_0}\right) \cdot \cos\left(p\pi \cdot \frac{y}{Y_0}\right) \tag{10-89}$$

前面已经讨论过，已知函数 $F(x,y)$ 的两个傅里叶系数 $A_{p,m}^{(1)}$ 和 $A_{p,n}^{(2)}$ 很容易求得。

根据方程（10－87）和（10－89），求得特解积分 V_p 为

$$V_p=-\sum_{p=1}^{\infty}\cos\left(p\pi \cdot \frac{y}{Y_0}\right) \cdot \left[\sum_{m-\text{odd}}^{\infty} A_{p,m}^{(1)} \cdot \frac{\sin\left(m\pi \cdot \frac{x}{X_0}\right)}{\left(\frac{m\pi}{X_0}\right)^2+\left(p\pi \cdot \frac{y}{Y_0}\right)^2}-\sum_{n=1}^{\infty} A_{p,n}^{(2)} \cdot \frac{\cos\left(2n\pi \cdot \frac{x}{X_0}\right)}{\left(\frac{2n\pi}{X_0}\right)^2+\left(p\pi \cdot \frac{y}{Y_0}\right)^2}\right] \tag{10-90}$$

现在，函数 $f(x)$ 可以表示为如下傅里叶级数

$$f(x)=\sum_{n=1}^{\infty}C_n\cdot\cos\left(2n\pi\cdot\frac{x}{X_0}\right)\qquad(-X_0/2\leqslant x\leqslant X_0/2)\tag{10-91}$$

式中，已知函数 $f(x)$ 的傅里叶系数 C_n 很容易求得。

因此，对于采用方程（10－88a）（10－88b）和（10－91）求得的特定边界条件，方程（10－87）的余函数 V_c 为

$$V_c=\sum_{n=1}^{\infty}\frac{C_n}{2n\pi}\cdot\cos\left(2n\pi\cdot\frac{x}{X_0}\right)\cdot\frac{\cosh\left(2n\pi\cdot\dfrac{y}{X_0}\right)}{\sinh\left(2n\pi\cdot\dfrac{Y_0}{X_0}\right)}\tag{10-92}$$

因此，方程（10－87）的全解为

$$V=V_c+V_p\tag{10-93}$$

需要注意的是，所得到的解不唯一。因为如果在这个方程的右边添加一个任意常数，得到的电势分布表达式仍然满足泊松方程和所有给定的边界条件。

10.4.1.5　混合边值问题

这是一个混合边值问题的例子。考虑图 10－5 给出的（$0\leqslant x\leqslant X_0$，$-Y_0/2\leqslant y\leqslant Y_0/2$）矩形区域。在该区域的三条边上（即 $x=0$ 和 $y=\pm Y_0/2$）电势为零。在第四条边（即 $x=X_0$）上已知电势 $f(y)$ 的任意分布法向导数。这个区域的电势 $V(x,y)$ 满足泊松方程

$$\frac{\partial^2V}{\partial x^2}+\frac{\partial^2V}{\partial y^2}=F(x,y)\qquad(0\leqslant x\leqslant X_0,-Y_0/2\leqslant y\leqslant Y_0/2)\tag{10-94}$$

式中，$F(x,y)$ 是 x 和 y 的已知函数。

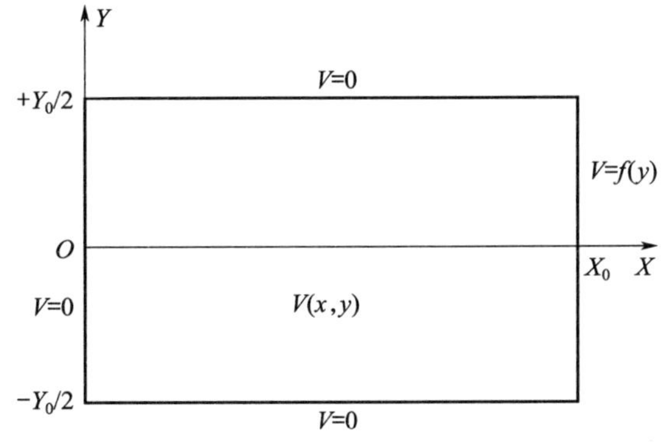

图 10－5　具有混合边界条件的矩形区域

注意到在 $y=\pm Y_0/2$ 处电势为零，已知的势函数 $f(y)$ 的法向导数可以分解为偶分量和奇分量；每个分量都可表示为傅里叶级数。因此，势函数 $f(y)$ 的法向导数表达式为

$$\left.\frac{\partial V}{\partial x}\right|_{x=X_0}=f(y)=\sum_{m-\text{odd}}^{\infty}A'_m\cdot\cos\left(m\pi\cdot\frac{y}{Y_0}\right)+\sum_{n=1}^{\infty}A''_n\cdot\sin\left(2n\pi\cdot\frac{y}{Y_0}\right)\tag{10-95}$$

方程（10－95）的两个傅里叶系数［方程（10－67）和（10－69）已给出］如下

$$A'_m=\frac{2}{Y_0}\int_{-Y_0/2}^{Y_0/2}f(y)\cdot\cos\left(m\pi\cdot\frac{y}{Y_0}\right)\cdot dy \tag{10-67}$$

$$A''_n=\frac{2}{Y_0}\int_{-Y_0/2}^{Y_0/2}f(y)\cdot\sin\left(2n\pi\cdot\frac{y}{Y_0}\right)\cdot dy \tag{10-69}$$

接下来考虑函数 $F(x, y)$。假设函数可表示为在 $0<x<X_0$，$-Y_0/2\leqslant y\leqslant Y_0/2$ 域上的双重傅里叶级数，以便函数在 $x=0$ 和 $y=\pm Y_0/2$ 为零，在 $x=X_0$ 处，法向导数为零。

$$F(x,y)=\sum_{p-\text{odd}}^{\infty}\sum_{m-\text{odd}}^{\infty}A_{p,m}^{(1)}\cdot\sin\left(p\pi\cdot\frac{x}{X_0}\right)\cdot\cos\left(m\pi\cdot\frac{y}{Y_0}\right)+\sum_{p-\text{odd}}^{\infty}\sum_{n=1}^{\infty}A_{p,n}^{(2)}\cdot \sin\left(p\pi\cdot\frac{x}{2X_0}\right)\cdot\sin\left(2n\pi\cdot\frac{y}{Y_0}\right) \tag{10-96}$$

为了确定傅里叶系数 $A_{p,m}^{(1)}$ 和 $A_{p,n}^{(2)}$，用 $\sin\left(P\pi\cdot\frac{x}{2X_0}\right)$ 乘以方程两边，然后在 $0<x<X_0$ 域上积分，将得到结果中的 P 替换为 p，则结果的方程左边

$$\text{L. H. S}=\int_0^{X_0}F(x,y)\cdot\sin\left(p\pi\cdot\frac{x}{2X_0}\right)\cdot dx \tag{10-97a}$$

方程右边第一项为

$$(\text{R. H. S})_1=\sum_{m-\text{odd}}^{\infty}A_{p,m}^{(1)}\cdot\frac{X_0}{2}\cdot\cos\left(m\pi\cdot\frac{y}{Y_0}\right) \tag{10-97b}$$

方程右边第二项为

$$(\text{R. H. S})_2=\sum_{n=1}^{\infty}A_{p,n}^{(2)}\cdot\frac{X_0}{2}\cdot\sin\left(2n\pi\cdot\frac{y}{Y_0}\right) \tag{10-97c}$$

因此

$$\int_0^{X_0}F(x,y)\cdot\sin\left(p\pi\cdot\frac{x}{2X_0}\right)\cdot dx=\sum_{m-\text{odd}}^{\infty}A_{p,m}^{(1)}\cdot\frac{X_0}{2}\cdot\cos\left(m\pi\cdot\frac{y}{Y_0}\right)+\sum_{n=1}^{\infty}A_{p,n}^{(2)}\cdot\frac{X_0}{2}\cdot\sin\left(2n\pi\cdot\frac{y}{Y_0}\right) \tag{10-98}$$

此外，用 $\cos\left(M\pi\cdot\frac{x}{2X_0}\right)$ 乘以方程两边，然后在 $-Y_0/2<y<Y_0/2$ 域上积分，将得到结果中的 M 替换为 m，则结果的方程左边

$$\text{L. H. S}\stackrel{\text{def}}{=}\mathcal{F}'_L(p,m)=\int_{-Y_0/2}^{Y_0/2}\left[\int_0^{X_0}F(x,y)\cdot\sin\left(p\pi\cdot\frac{x}{2X_0}\right)\cdot dx\right]\cdot\cos\left(m\pi\cdot\frac{y}{Y_0}\right)\cdot dy \tag{10-99a}$$

右边第一项

$$(\text{R. H. S})_1\stackrel{\text{def}}{=}\mathcal{F}'_{R1}(p,m)=A_{p,m}^{(1)}\cdot\frac{X_0}{2}\cdot\frac{Y_0}{2} \tag{10-99b}$$

右边第二项

$$(\text{R. H. S})_2\stackrel{\text{def}}{=}\mathcal{F}'_{R2}(p,m)=0 \tag{10-99c}$$

则

$$\mathcal{F}'_L(p,m)=A^{(1)}_{p,m}\frac{X_0}{2}\cdot\frac{Y_0}{2}+0$$

因此

$$A^{(1)}_{p,m}=\frac{4}{X_0\cdot Y_0}\cdot\mathcal{F}'_L(p,m) \tag{10-100}$$

式中，$\mathcal{F}'_L(p,\ m)$ 由方程（10－99a）给定。

用 $\sin\left(2N\pi\dfrac{y}{Y_0}\right)$ 乘以方程（10－98）两边，然后在 $-Y_0/2<y<Y_0/2$ 域上积分，将得到结果中的 N 替换为 n，则结果的方程左边

$$\text{L. H. S}\overset{\text{def}}{=\!=}\mathcal{F}''_L(p,n)=\int_{-Y_0/2}^{Y_0/2}\left[\int_0^{X_0}F(x,y)\cdot\sin\left(p\pi\cdot\frac{x}{2X_0}\right)\cdot\mathrm{d}x\right]\cdot\sin\left(2n\pi\cdot\frac{y}{Y_0}\right)\cdot\mathrm{d}y \tag{10-101a}$$

方程右边第一项

$$(\text{R. H. S})_1\overset{\text{def}}{=\!=}\mathcal{F}''_{R1}(p,n)=0 \tag{10-101b}$$

右边第二项

$$(\text{R. H. S})_1\overset{\text{def}}{=\!=}\mathcal{F}''_{R2}(p,n)=A^{(2)}_{p,n}\frac{X_0}{2}\cdot\frac{Y_0}{2} \tag{10-101c}$$

因此

$$\mathcal{F}''_L(p,n)=0+A^{(2)}_{p,n}\frac{X_0}{2}\cdot\frac{Y_0}{2}$$

即

$$A^{(2)}_{p,n}=\frac{4}{X_0Y_0}\overset{\text{def}}{=\!=}\mathcal{F}''_L(p,n) \tag{10-102}$$

式中，$\mathcal{F}''_L(p,\ n)$ 由方程（10－101a）给定。

方程（10－96）的双重傅里叶级数中两个系数分别由方程（10－100）和（10－102）确定。

现在，根据方程（10－96），得到泊松方程（10－94）的特解积分为

$$V_p=-\sum_{p-\text{odd}}^{\infty}\sin\left(p\pi\cdot\frac{x}{2X_0}\right)\cdot\left[\sum_{m-\text{odd}}^{\infty}A^{(1)}_{p,m}\cdot\frac{1}{\left(\dfrac{p\pi}{2X_0}\right)^2+\left(\dfrac{m\pi}{Y_0}\right)^2}\cos\left(m\pi\cdot\frac{y}{Y_0}\right)\right.$$
$$\left.+\sum_{n=1}^{\infty}A^{(2)}_{p,n}\cdot\frac{1}{\left(\dfrac{p\pi}{2X_0}\right)^2+\left(\dfrac{2n\pi}{Y_0}\right)^2}\cdot\sin\left(2n\pi\cdot\frac{y}{Y_0}\right)\right] \tag{10-103a}$$

解二维拉普拉斯方程得到的余函数如下

$$V_c=\sum_{m-\text{odd}}^{\infty}A'_m\cdot\left(\frac{Y_0}{m\pi}\right)\cdot\cos\left(\frac{m\pi}{Y_0}\cdot y\right)\cdot\frac{\sinh\left(\frac{m\pi}{Y_0}\cdot x\right)}{\cosh\left(\frac{m\pi}{Y_0}\cdot X_0\right)}+\sum_{n=1}^{\infty}A''_n\cdot\left(\frac{Y_0}{2n\pi}\right)\cdot$$

$$\sin\left(\frac{2n\pi}{Y_0}\cdot y\right)\cdot\frac{\sinh\left(\frac{2n\pi}{Y_0}\cdot x\right)}{\cosh\left(\frac{2n\pi}{Y_0}\cdot X_0\right)} \tag{10-103b}$$

因此，泊松方程的全解为

$$V(x,y)=V_c+V_p \tag{10-104}$$

需要注意的是，我们一开始就考虑了边界条件。

10.4.2 柱坐标中的场问题

在柱坐标下，电势的拉普拉斯方程表达式如下

$$\nabla^2 V=\frac{1}{\rho}\cdot\frac{\partial}{\partial\rho}\left(\rho\frac{\partial V}{\partial\rho}\right)+\frac{1}{\rho^2}\cdot\frac{\partial^2 V}{\partial\varphi^2}+\frac{\partial^2 V}{\partial z^2} \tag{9-6}$$

这个方程包含了与三个不同坐标相关的部分，接下来的几个小节中讨论图 10-6 所示的三种情况。每种情况都对应两部分的组合。图 10-6（a）、图 10-6（b）和图 10-6（c）的阴影部分给出了电势分别是 ρ 和 φ 的函数，φ 和 z 的函数以及 ρ 和 z 的函数所对应的区域。

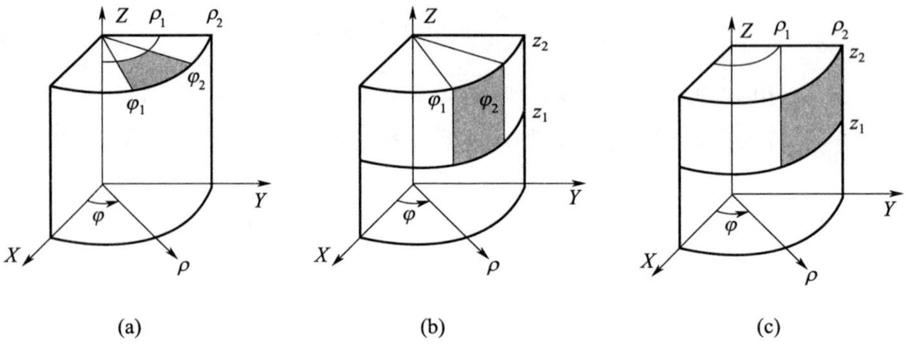

图 10-6 （a）ρ 和 φ 界定的区域；（b）φ 和 z 界定的区域；（c）ρ 和 z 界定的区域

10.4.2.1 ρ 和 φ 的势函数

泊松方程为

$$\frac{1}{\rho}\cdot\frac{\partial}{\partial\rho}\left(\rho\frac{\partial V}{\partial\rho}\right)+\frac{1}{\rho^2}\cdot\frac{\partial^2 V}{\partial\varphi^2}=F(\rho,\varphi) \tag{10-105a}$$

式中，$\rho_2<\rho<\rho_1$，$\varphi_2<\varphi<\varphi_1$。

已知函数 $F(\rho,\varphi)$ 具有以下形式

$$F(\rho,\varphi)=F_1(\rho)+\frac{1}{\rho^2}\cdot F_2(\varphi) \tag{10-105b}$$

式中，F_1 和 F_2 都是单一变量的已知函数。

方程（10－105a）的余函数已在 9.7.2.3 节进行了讨论并在本章的开始部分给出。以下例子中仅研究特解积分。

方程（10－105a）可以改写为

$$\left[\frac{1}{\rho}\cdot\frac{\partial}{\partial\rho}\left(\rho\frac{\partial V}{\partial\rho}\right)-F_1(\rho)\right]+\frac{1}{\rho^2}\cdot\left[\frac{\partial^2 V}{\partial\varphi^2}-F_2(\varphi)\right]=0$$

或

$$\left[\rho\cdot\frac{\partial}{\partial\rho}\left(\rho\cdot\frac{\partial V}{\partial\rho}\right)-\rho^2\cdot F_1(\rho)\right]+\left[\frac{\partial^2 V}{\partial\varphi^2}-F_2(\varphi)\right]=0 \tag{10-106}$$

为确定特解积分，令

$$V_p=V(\rho,\varphi)\overset{\text{def}}{=\!=}V_1(\rho)+V_2(\varphi) \tag{10-107}$$

则方程（10－106）可以写为

$$\left\{\rho\cdot\frac{\mathrm{d}}{\partial\rho}\left[\rho\cdot\frac{\mathrm{d}V_1(\rho)}{\mathrm{d}\rho}\right]-\rho^2\cdot F_1(\rho)\right\}+\left[\frac{\mathrm{d}^2V_2(\varphi)}{\mathrm{d}\varphi^2}-F_2(\varphi)\right]=0 \tag{10-108}$$

方程左边第一项是 ρ 的函数，而第二项是 φ 的函数。由于 ρ 和 φ 是相互独立的变量，而左边两项之和为零，只有每项都等于常数，等式才会成立。因此，令

$$\rho\cdot\frac{\mathrm{d}}{\partial\rho}\left(\rho\cdot\frac{\mathrm{d}V_1(\rho)}{\mathrm{d}\rho}\right)-\rho^2\cdot F_1(\rho)=K^2 \tag{10-109a}$$

和

$$\frac{\mathrm{d}^2V_2(\varphi)}{\mathrm{d}\varphi^2}-F_2(\varphi)=-K^2 \tag{10-109b}$$

式中，K 为分离常数。

上述方程可以重写为

$$\frac{\mathrm{d}}{\partial\rho}\left(\rho\cdot\frac{\mathrm{d}V_1(\rho)}{\mathrm{d}\rho}\right)=\rho F_1(\rho)+\frac{1}{\rho}\cdot K^2 \tag{10-110a}$$

和

$$\frac{\mathrm{d}^2V_2(\varphi)}{\mathrm{d}\varphi^2}=F_2(\varphi)-K^2 \tag{10-110b}$$

通过两次积分并忽略积分常数可以很容易解出这两个方程。得到函数 $V_1(\rho)$ 和 $V_2(\varphi)$ 后，可根据方程（10－107）求出特解积分。将特解积分与余函数相加，则可得到全解。利用全解上的边界条件计算余函数中的任意常数时，必然求得分离常数 K 的值。

10.4.2.2 ρ 和 z 的势函数

在柱坐标下的电势分布是 ρ 和 z 的函数，泊松方程为

$$\frac{1}{\rho}\cdot\frac{\partial}{\partial\rho}\left(\rho\frac{\partial V}{\partial\rho}\right)+\frac{\partial^2 V}{\partial z^2}=F(\rho,z) \tag{10-111}$$

式中，$\rho_2<\rho<\rho_1$，$z_2<z<z_1$。已知函数 $F(\rho,\ z)$ 为

$$F(\rho,z) \overset{\text{def}}{=} F_1(\rho)+F_2(z) \tag{10-112}$$

假设给定特解积分为

$$V_p=V(\rho,z)=V_1(\rho)+V_2(z) \tag{10-113}$$

则方程（10－111）可以重写如下

$$\frac{1}{\rho}\cdot\frac{\mathrm{d}}{\mathrm{d}\rho}\left[\rho\frac{\mathrm{d}V_1(\rho)}{\mathrm{d}\rho}\right]+\frac{\mathrm{d}^2V_2(z)}{\mathrm{d}z^2}=F_1(\rho)+F_2(z)$$

因此

$$\left\{\frac{1}{\rho}\cdot\frac{\mathrm{d}}{\mathrm{d}\rho}\left[\rho\frac{\mathrm{d}V_1(\rho)}{\mathrm{d}\rho}\right]-F_1(\rho)\right\}+\left[\frac{\mathrm{d}^2V_2(z)}{\mathrm{d}z^2}-F_2(z)\right]=0 \tag{10-114}$$

采用分离常数 K 可以将此方程分为两个方程

$$\frac{1}{\rho}\cdot\frac{\mathrm{d}}{\mathrm{d}\rho}\left(\rho\frac{\mathrm{d}V_1(\rho)}{\mathrm{d}\rho}\right)-F_1(\rho)=K^2 \tag{10-114a}$$

$$\frac{\mathrm{d}^2V_2(z)}{\mathrm{d}z^2}-F_2(z)=-K^2 \tag{10-114b}$$

因此

$$\frac{\mathrm{d}}{\mathrm{d}\rho}\left(\rho\frac{\mathrm{d}V_1(\rho)}{\mathrm{d}\rho}\right)=\rho\cdot[F_1(\rho)+K^2] \tag{10-115a}$$

$$\frac{\mathrm{d}^2V_2(z)}{\mathrm{d}z^2}=F_2(z)-K^2 \tag{10-115b}$$

通过两次积分并忽略积分常数可以很容易解出这两个方程。得到函数 $V_1(\rho)$ 和 $V_2(z)$ 后，可根据方程（10－113）求出特解积分。将特解积分与余函数相加，则可得到全解。利用全解上的边界条件计算余函数中的任意常数时，必然求得分离常数 K 的值。

10.4.2.3　φ 和 z 的势函数

柱坐标下的电势分布是 φ 和 z 的函数，满足泊松方程

$$\frac{1}{\rho^2}\cdot\frac{\partial^2V}{\partial\varphi^2}+\frac{\partial^2V}{\partial z^2}=F(\rho,\varphi,z) \tag{10-116}$$

式中，$\varphi_2<\varphi<\varphi_1$，$z_2<z<z_1$。已知函数 $F(\varphi,z)$ 为

$$F(\rho,\varphi,z) \overset{\text{def}}{=} \frac{1}{\rho^2}\cdot F_1(\varphi)+F_2(z) \tag{10-117}$$

假设给定特解积分为

$$V_p=V(\varphi,z)=V_1(\varphi)+V_2(z) \tag{10-118}$$

则方程（10－116）可重写为

$$\frac{1}{\rho^2}\cdot\frac{\mathrm{d}^2V_1(\varphi)}{\mathrm{d}\varphi^2}+\frac{\mathrm{d}^2V_2(z)}{\mathrm{d}z^2}=\frac{1}{\rho^2}F_1(\varphi)+F_2(z)$$

或

$$\frac{1}{\rho^2}\cdot\left[\frac{\mathrm{d}^2V_1(\varphi)}{\mathrm{d}\varphi^2}-F_1(\varphi)\right]+\left[\frac{\mathrm{d}^2V_2(z)}{\mathrm{d}z^2}-F_2(z)\right]=0 \tag{10-119a}$$

方程左边第一项是 ρ 和 φ 的函数，而第二项只是 z 的函数，两项之和为零，唯一的可

能是

$$\frac{d^2V_1(\varphi)}{d\varphi^2}-F_1(\varphi)=\frac{d^2V_2(z)}{dz^2}-F_2(z)=0 \tag{10-119b}$$

因此

$$\frac{d^2V_1(\varphi)}{d\varphi^2}=F_1(\varphi) \tag{10-120a}$$

$$\frac{d^2V_2(z)}{dz^2}=F_2(z) \tag{10-120b}$$

通过两次积分并忽略积分常数可以很容易解出这两个方程。得到函数 $V_1(\varphi)$ 和 $V_2(z)$ 后，可根据方程（10－119）求出特解积分

$$V_p=\int\left[\int F_1(\varphi)d\varphi\right]d\varphi+\int\left[\int F_2(z)dz\right]dz \tag{10-121}$$

显然，分离常数 K 的值为零。

10.4.3　球坐标中的场问题

将球坐标系中电势 V 的拉普拉斯算子表达式复制到此

$$\nabla^2V=\frac{1}{r^2}\cdot\frac{\partial}{\partial r}\left(r^2\frac{\partial V}{\partial r}\right)+\frac{1}{r^2\sin\theta}\cdot\frac{\partial}{\partial\theta}\left(\sin\theta\frac{\partial V}{\partial\theta}\right)+\frac{1}{r^2\sin^2\theta}\cdot\frac{\partial^2V}{\partial\varphi^2} \tag{9-7}$$

这个方程包含了与三个不同坐标相关的部分，接下来的几个小节中包含如图 10－7 所示的三种情况。每种情况都对应两部分的组合。图 10－7（a）、图 10－7（b）和图 10－7（c）的阴影部分给出了电势分别是 r 和 θ 的函数、r 和 φ 的函数以及 θ 和 φ 的函数所对应的区域。

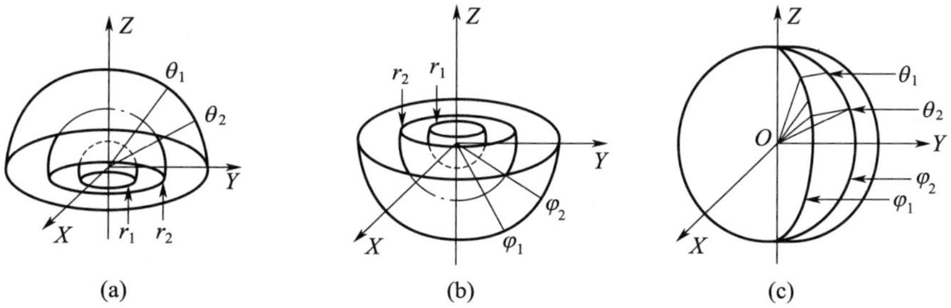

图 10－7　(a) r 和 θ 界定的区域 (b) r 和 φ 界定的区域 (c) θ 和 φ 界定的区域

10.4.3.1　r 与 θ 的势函数

球坐标系下电势分布是 r 和 θ 的函数，满足泊松方程

$$\frac{1}{r^2}\cdot\frac{\partial}{\partial r}\left(r^2\frac{\partial V}{\partial r}\right)+\frac{1}{r^2\sin\theta}\cdot\frac{\partial}{\partial\theta}\left(\sin\theta\frac{\partial V}{\partial\theta}\right)=F(r,\theta) \tag{10-122}$$

其中 $r_2<r<r_1$，$\theta_2<\theta<\theta_1$。已知函数 $F(r,\theta)$ 为

$$F(r,\theta)\overset{\text{def}}{=}F_1(r)+\frac{1}{r^2}\cdot F_2(\theta) \tag{10-123}$$

假设特解积分 V_p 可表示为

$$V_p = V(r,\theta) = V_1(r) + V_2(\theta) \tag{10-124}$$

则方程（10－122）可以重写为

$$\frac{1}{r^2}\cdot\frac{\mathrm{d}}{\mathrm{d}r}\left[r^2\frac{\mathrm{d}V_1(r)}{\partial r}\right]+\frac{1}{r^2\sin\theta}\cdot\frac{\mathrm{d}}{\mathrm{d}\theta}\left[\sin\theta\frac{\mathrm{d}V_2(\theta)}{\mathrm{d}\theta}\right]=F_1(r)+\frac{1}{r^2}\cdot F_2(\theta)$$

或

$$\left\{\frac{\mathrm{d}}{\mathrm{d}r}\left[r^2\frac{\mathrm{d}V_1(r)}{\partial r}\right]-r^2\cdot F_1(r)\right\}+\left\{\frac{1}{\sin\theta}\cdot\frac{\mathrm{d}}{\mathrm{d}\theta}\left[\sin\theta\frac{\mathrm{d}V_2(\theta)}{\mathrm{d}\theta}\right]-F_2(\theta)\right\}=0 \tag{10-125}$$

因此，可以将该方程分解为两个方程

$$\frac{\mathrm{d}}{\mathrm{d}r}\left[r^2\frac{\mathrm{d}V_1(r)}{\partial r}\right]=r^2\cdot F_1(r)+K^2 \tag{10-126a}$$

$$\frac{\mathrm{d}}{\mathrm{d}\theta}\left[\sin\theta\frac{\mathrm{d}V_2(\theta)}{\mathrm{d}\theta}\right]=[F_2(\theta)-K^2]\cdot\sin\theta \tag{10-126b}$$

式中，K 为分离常数。根据（10－102a）和（10－102b）可以得到

$$V_1(r)=\int\left\{\frac{1}{r^2}\int[r^2F_1(r)+K^2]\,\mathrm{d}r\right\}\mathrm{d}r \tag{10-127a}$$

$$V_2(\theta)=\int\left\{\frac{1}{\sin\theta}\int[F_2(\theta)-K^2]\sin\theta\mathrm{d}\theta\right\}\mathrm{d}\theta \tag{10-127b}$$

因此，根据方程（10－124）得到

$$V_p=\int\left\{\frac{1}{r^2}\int[r^2F_1(r)+K^2]\,\mathrm{d}r\right\}\mathrm{d}r+\int\left\{\frac{1}{\sin\theta}\int[F_2(\theta)-K^2]\sin\theta\mathrm{d}\theta\right\}\mathrm{d}\theta \tag{10-128}$$

10.4.3.2 r 与 φ 的势函数

在球坐标中电势分布是 r 和 φ 的函数，满足泊松方程

$$\frac{1}{r^2}\cdot\frac{\partial}{\partial r}\left(r^2\frac{\partial V}{\partial r}\right)+\frac{1}{r^2\sin^2\theta}\cdot\frac{\partial^2 V}{\partial\varphi^2}=F(r,\varphi) \tag{10-129}$$

式中 $r_2<r<r_1$，$\varphi_2<\varphi<\varphi_1$。已知函数 $F(r,\varphi)$ 具有下列形式

$$F(r,\varphi)\overset{\mathrm{def}}{=}F_1(r)+\frac{1}{r^2\sin^2\theta}\cdot F_2(\varphi) \tag{10-130}$$

假设特解积分 V_p 可以表示为

$$V_p=V(r,\varphi)=V_1(r)+V_2(\varphi) \tag{10-131}$$

则方程（10－129）可以重写为

$$\frac{1}{r^2}\cdot\frac{\mathrm{d}}{\mathrm{d}r}\left(r^2\frac{\mathrm{d}V_1(r)}{\mathrm{d}r}\right)+\frac{1}{r^2\sin^2\theta}\cdot\frac{\mathrm{d}^2V_2(\varphi)}{\mathrm{d}\varphi^2}=F_1(r)+\frac{1}{r^2\sin^2\theta}\cdot F_2(\varphi)$$

或

$$\left[\frac{\mathrm{d}}{\mathrm{d}r}\left(r^2\frac{\mathrm{d}V_1(r)}{\mathrm{d}r}\right)-r^2\cdot F_1(r)\right]+\frac{1}{\sin^2\theta}\cdot\left[\frac{\mathrm{d}^2V_2(\varphi)}{\mathrm{d}\varphi^2}-F_2(\varphi)\right]=0 \tag{10-132}$$

因此，可以将该方程拆分为两个方程

$$\frac{\mathrm{d}}{\mathrm{d}r}\left[r^2\frac{\mathrm{d}V_1(r)}{\mathrm{d}r}\right]=r^2\cdot F_1(r) \tag{10-132a}$$

和

$$\frac{\mathrm{d}^2V_2(\varphi)}{\mathrm{d}\varphi^2}=F_2(\varphi) \tag{10-132b}$$

分离常数明显为零。解方程（10－132a）和（10－132b），得到

$$V_1(r)=\int\left[\frac{1}{r^2}\int r^2\cdot F_1(r)\cdot \mathrm{d}r\right]\cdot \mathrm{d}r \tag{10-133a}$$

$$V_2(\varphi)=\int\left[\int F_2(\varphi)\cdot \mathrm{d}\varphi\right]\cdot \mathrm{d}\varphi \tag{10-133b}$$

因此，应用方程（10－131）求得特解积分为

$$V_p=\int\left[\frac{1}{r^2}\int r^2\cdot F_1(r)\cdot \mathrm{d}r\right]\mathrm{d}r+\int\left[\int F_2(\varphi)\cdot \mathrm{d}\varphi\right]\cdot \mathrm{d}\varphi \tag{10-134}$$

将余函数加到特解积分上就可得到完全解。任意常数可通过完全解的边界条件计算余函数而求得。

10.4.3.3　θ 与 φ 的势函数

在球坐标中电势分布是 θ 和 φ 的函数，满足泊松方程

$$\frac{1}{r^2\sin\theta}\cdot\frac{\partial}{\partial\theta}\left(\sin\theta\frac{\partial V}{\partial\theta}\right)+\frac{1}{r^2\sin^2\theta}\cdot\frac{\partial^2V}{\partial\varphi^2}=F(r,\theta,\varphi) \tag{10-135}$$

式中，$\theta_2<\theta<\theta_1$，$\varphi_2<\varphi<\varphi_1$。已知函数 $F(r,\theta,\varphi)$ 具有以下形式

$$F(r,\theta,\varphi)\overset{\mathrm{def}}{=}\frac{1}{r^2}F_1(\theta)+\frac{1}{r^2\sin^2\theta}F_2(\varphi) \tag{10-136}$$

假设特解积分 V_p 可以表示为

$$V_p=V(\theta,\varphi)=V_1(\theta)+V_2(\varphi) \tag{10-137}$$

则方程（10－135）可以重写为

$$\frac{1}{r^2\sin\theta}\cdot\frac{\mathrm{d}}{\mathrm{d}\theta}\left(\sin\theta\frac{\mathrm{d}V_1(\theta)}{\mathrm{d}\theta}\right)+\frac{1}{r^2\sin^2\theta}\cdot\frac{\mathrm{d}^2V_2(\varphi)}{\mathrm{d}\varphi^2}=\frac{1}{r^2}F_1(\theta)+\frac{1}{r^2\sin^2\theta}F_2(\varphi)$$

或

$$\frac{1}{r^2}\cdot\left[\frac{1}{\sin\theta}\cdot\frac{\mathrm{d}}{\mathrm{d}\theta}\left(\sin\theta\frac{\mathrm{d}V_1(\theta)}{\mathrm{d}\theta}\right)-F_1(\theta)\right]+\frac{1}{r^2\sin^2\theta}\cdot\left[\frac{\mathrm{d}^2V_2(\varphi)}{\mathrm{d}\varphi^2}-F_2(\varphi)\right]=0 \tag{10-138}$$

该方程可分解为两个方程

$$\frac{\mathrm{d}}{\mathrm{d}\theta}\left(\sin\theta\frac{\mathrm{d}V_1(\theta)}{\mathrm{d}\theta}\right)=\sin\theta\cdot F_1(\theta) \tag{10-139a}$$

$$\frac{\mathrm{d}^2V_2(\varphi)}{\mathrm{d}\varphi^2}=F_2(\varphi) \tag{10-139b}$$

因此

$$V_1(\theta)=\int\left[\frac{1}{\sin\theta}\cdot\int\sin\theta\cdot F_1(\theta)\mathrm{d}\theta\right]\mathrm{d}\theta \tag{10-140a}$$

和

$$V_2(\varphi)=\int\left[\int F_2(\varphi)\cdot\mathrm{d}\varphi\right]\cdot\mathrm{d}\varphi \tag{10-140b}$$

分离常数明显为零。

根据方程（10-137），特解积分 V_p 为

$$V_p=\int\left[\frac{1}{\sin\theta}\cdot\int\sin\theta\cdot F_1(\theta)\cdot\mathrm{d}\theta\right]\cdot\mathrm{d}\theta+\int\left[\int F_2(\varphi)\cdot\mathrm{d}\varphi\right]\cdot\mathrm{d}\varphi \tag{10-141}$$

将特解积分与余函数相加就可得到全解，利用全解的边界条件可计算出余函数中的任意常数。

扩展阅读

S. K. Mukerji, A. S. Khan and Y. P. Singh, *Electromagnetics for Electrical Machines*, CRC Press, New York, Mar. 2015.

David J. Griffiths, *Introduction to Electrodynamics*, PHI Learning Private Limited, New Delhi, 2012, pp. iii.

D. Polyanin, *Handbook of Linear Partial Differential Equation for Engineers and Scientists*, Chapman & Hall/CRC Press, Boca Raton, FL, 2002. ISBN 1-58488-299-9.

M. Hazewinkel (ed.), "oisson equation", *Encyclopedia of Mathematics*, Springer, Verlag Berlin, 2001. ISBN 978-1-55608-010-4.

L. C. Evans, *Partial Differential Equations*, American Mathematical Society, Providence, RI, 1998. ISBN 0-8218-0772-2.

Naum. S. Landkof, *Foundations of Modern Potential Theory*, Springer-Verlag, Berlin, 1972(Translated from Russian by Doohovskoy, A.P).

Corneliu. Constantinescu, Aurel Cornea, *Potential Theory on Harmonic Spaces*, Springer, Verlag Berlin, 1972.

N. M. Ginter, *Potential Theory and Its Applications to Basic Problems of Mathematical Physics*, F. Ungar, New York, 1967 (Translated from the French).

I. G. Petrovsky, *Partial Differential Equations*, W. B. Saunders, Philadelphia, PA, 1967.

A. Sommerfeld, *Partial Differential Equation in Physics*, Academic Press, New York, 1949.

其他扩展阅读见第 15 章末。

第 11 章　稳恒磁场

11.1　引言

到目前为止，我们对电场的研究都基于在介质中电荷是静止的假设。如果任何导体置于静电场中，电场就会使导体中的自由电子向导体的外表面移动。最终，自由电子的流动停止，导体表面的电荷密度会完全抵消导体内部的外电场，使其成为等势体。或者，如果导体位于无电场区域，从外部给它任何电荷都必然完全驻留在导体的外表面，以确保导体内部的电场为零。

本章将描述与稳恒电流相关的磁现象。与静态电荷产生（稳恒）电场相比，电荷稳恒流动直流电会产生一种新形式的场，称为稳恒磁场。稳恒磁场假定所有介质参数都与场和时间无关。

本章将讨论决定稳恒磁场特性的有关定律（即毕奥-萨伐尔定律和安培定律）、表述磁场特性的术语（即磁场强度、磁通密度和磁导率）以及定律的应用。

11.2　磁场

在讨论稳恒电流相关现象之前，有必要了解磁场的含义。“**磁场**”是由两个词组成的，第一个词表示原因（磁体 magnet），第二个词表示结果（场 field）。

我们在第 1 章中曾将场描述为受影响的区域。磁现象早已为人类所知。**磁体**即使没有触角，也能从远处迅速抓住（或吸引）**铁片**（以及其他一些被称为磁性材料的材料）。后来发现的另一种磁现象是磁体附近的载流导体（即使是非磁性材料）会受到力的作用。这些独特的现象促使人们思考磁体可能对铁片或载流导体传递力的方式。人们猜测，是否有什么东西从磁体中伸出来起作用，这就引出了磁力线的想象。在我们居住的环境中，包括我们的星球上，就可以进一步认识磁现象。地球有磁场这个常识表明，磁场以某种形式存在于地球的内部。众所周知，磁体包含两极，称为北极和南极，它们之间有磁通量线。

图 11 - 1 (a) 给出了地球磁场的粗略示意图，将源表示为一个假想的巨型条形磁体，磁体的轴沿着地球的自转轴。地球的北极在图的顶部，而南极在图的底部。磁南极在地球内部深处，位于地球地理北极以下。磁场线从南极洲附近出地球，在加拿大附近进入地球。众所周知，这两个磁极会翻转并互换位置，这种情况几千年才会发生一次。据推测，地球磁场是由于地核外部液体中的自激发电机（产生电流现象）产生的。地球磁场保护地球表面和地球上的人类免受来自太阳的有害宇宙辐射（高能质子）。根据右手螺旋法则，

来自太阳的带正电粒子向东偏转。

11.2.1 磁体的特性

地球具有磁场的说法要求进一步解释“磁体”一词。磁体是一种能在自身外部产生磁场或影响区域的物体。如图 11-1（b）所示，磁体总是包含成对的两极，称为北（N）极和南（S）极，没有孤立的磁极（或磁荷或磁单极子）。电荷可以被分离，而对于磁体，这种分离是不可能的。与电荷一样，相反的两极（N 和 S）相互吸引，而相同的两极（N 和 N、S 和 S）相互排斥。图 11-1（b）还给出了条形磁体内部和外部的两极之间通量线。

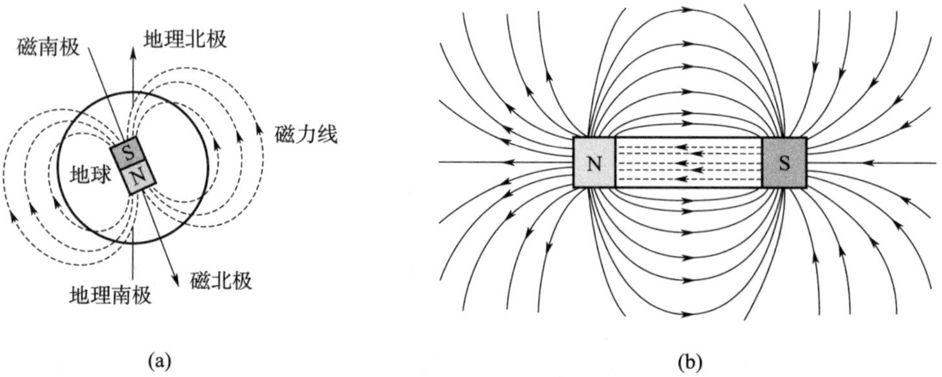

图 11-1 （a）地球磁场；（b）南极和北极之间的通量线

假定条形磁体垂直纸面放置，图 11-2（a）为正对的两极所产生的磁场，图 11-2（b）为错位的两极所产生的磁场。

在物理实验室中，通常将磁体放在布满铁屑的区域来证明磁体效应。图 11-2（c）为这种效应的示意图，其中磁场线以一种特殊的形状（称为磁力线）将铁屑排列。这些排列整齐的铁屑形成的图案与图 11-1（b）所示图形相似。在这些图中，条形磁体都假定垂直于纸面放置。

单个铁屑的高磁导率会导致它们的磁场集中在末端。不同磁极的相互吸引导致沿磁力线方向形成细长的铁屑簇。这些线并不能精确地表示磁体的磁力线，因为铁的存在会改变磁体的磁场。上面提到的磁导率一词用于表征材料的性质，这将在后面章节讨论。

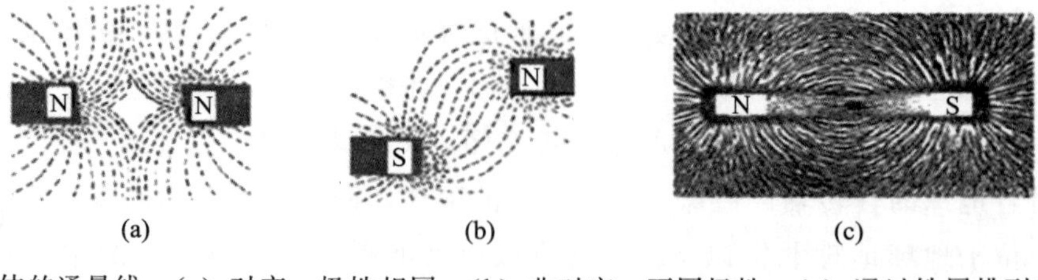

图 11-2 磁体的通量线：（a）对齐、极性相同；（b）非对齐、不同极性；（c）通过铁屑排列显示的磁力线

11.2.2　电场和磁场的比较

电荷是能够发出电力线或电通量线的实体。类似地，磁体是一种能发出磁通量线的物体。在电荷情况下，通量线从正电荷发出，终止于负电荷。对于**永磁体**，磁体外的磁通量线从北极发出，终止于南极；**永磁体**内部的磁通量线从南极发出，终止于北极。因此，磁通量线为闭合曲线形式。从这些方面可以得出结论，电通量线和磁通量线的特性完全不同。这种差异的根本原因可以归结为电荷与磁体的存在性。正负电荷可以独立存在，这使得在封闭表面内只有一种电荷的可能性；而由于南北磁极不能独立存在，任何封闭表面都不能只包含一种磁极。电荷和磁体之间的这种不同导致了以下结论。

• 从封闭表面发出的总电通量等于表面内部的总电荷。如果一个封闭的表面内存在两个极性的电荷，则净电荷是离散电荷的代数和。在电荷分布的情况下，净电荷是电荷密度的积分值。

• 在磁体情况下，从任何封闭表面发出的总磁通量一定为零。

这些结论最终形成了高斯定律，或关于电场和磁场的麦克斯韦方程积分形式。

11.2.3　磁体的类型

磁体通常分为两大类。第一类磁体称为永磁体，第二类磁体称为电磁体。永磁体可以是条形的，称为条形磁铁，也可以是 U 形的，称为**马蹄形磁铁**。

图 11-1（b）和图 11-2（c）所示的条形磁铁由铁磁材料（如铁、镍或钴）制成。如前所述，不同的两极之间存在着引力，而相同的两极之间存在着斥力。前面也指出，条形磁铁的磁场线构成了闭合曲线，两个磁极之间形成闭合路径的磁力线如图 11-3（a）所示。按照约定，磁场方向北极向外，南极向内。只要微观的极性排列没有受到干扰，这些条形磁铁就会维持“永久”磁化状态。

马蹄形（或 U 形）磁铁如图 11-3（b）所示。这种磁铁的南极和北极距离较近且在同一个平面上。磁力线或磁通量线与条形磁铁一样，从一个磁极指向另一个磁极。然而，由于两级靠近，磁通量线存在一条直接路径，磁场更集中于两极之间。

永磁体并不是磁场的唯一来源。1820 年，奥斯特证明了导线中的电流可以产生磁场。他观察到，隔开的长导线周围存在同轴的圆形磁场，其强度与导线所携带的电流大小成正比。根据他的观察，导线附近磁场强度最强，随着离开导线距离的增加而减弱。在大多数导体中，只要电流流动，就会存在磁场。然而，在铁磁材料中，去除电流后仍会留下残余磁场，这种现象称为“磁滞”。

奥斯特注意到，磁场的方向取决于导线中电流的方向。图 11-3（c）是三维磁场图，该图也给出了记住导体周围磁场方向的概念，称为**右手螺旋法则**。如果右手握住导体，大拇指指向电流的方向，沿着手指环绕导体的方向就是磁场方向，这也是众所周知的**右手螺旋法则**，如果顺时针旋转螺丝，螺丝会向前移动。因此，如果电流向前流动，顺时针方向就是通量线方向。

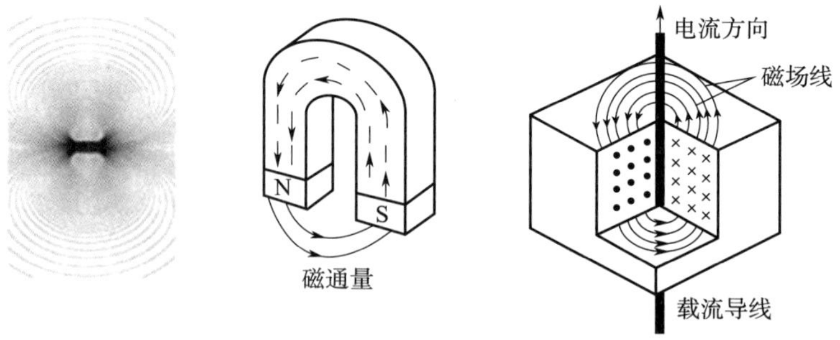

(a) (b) (c)

图 11-3 (a) 条形磁铁的磁通量线形状；(b) 具有两条通量线的马蹄形磁铁；(c) 三维磁力线

11.2.4 磁力线的性质

图 11-1 (b) 至图 11-3 (a) 所示的磁通量线具有以下特性：

- 不同磁极之间的磁通量线总是选择最小磁阻的路径，磁通量线形成闭合回路。
- 磁通量线既不交叉，也不相互接触。
- 磁通量线上的磁通强度相同。
- 磁通量线的密度随着扩散（即从高磁导率区向低磁导率区移动时）而下降。
- 离两极的距离越远，磁通量线密度越低。
- 磁通量线具有方向，其方向与磁力线上各点的磁通密度矢量方向相同。
- 磁体内的磁通量线方向从南极到北极，磁体外的磁通量线方向从北极到南极。

11.2.5 与磁场有关的术语

在理解了磁体、磁体的磁场性质以及磁力线特性之后，似乎应该定义一些与磁场现象有关的重要量。下面将对本书后面章节经常出现的量进行介绍。

11.2.5.1 *磁通量*

如图 11-3 (a) 所示，和电通量一样，磁通量也是一族假想的线。在**永磁体**中，磁通量认为起源于北极（或正极），落入到南极（或负极）。**电磁体**是由导电线圈的电流产生的，磁通量的极性取决于电流的方向。在静电学中，电荷是电通量线的源，电通量线从正电荷发出，终止于负电荷，而目前还没有发现磁通量线有这样的源。磁通量一般用希腊字母 Φ 表示，计量单位为韦伯（Wb），过去磁通量采用 CGS 单位制的麦克斯韦作为计量单位。我们的讨论将主要集中在电流产生的磁场。我们将在下一个小节中讨论磁通量的数学描述。

11.2.5.2 *磁场强度*

磁场强度这一术语本身是指某一点、某一表面区域上或某一体积内电流分布导致的磁场强度。在一个特定的位置或一点的磁场强度可以应用毕奥-萨伐尔定律或安培环路定律得到（两者都将在后面的章节中讨论）。一般用符号 $\boldsymbol{H}$ 表示，单位为安培/米（A/m）。过去，磁场采用 CGS 单位制给出。

11.2.5.3　*磁通量密度*

磁通量密度是磁场中某点周围磁通量线浓度的量度。磁通密度即磁感应强度用字母 $\boldsymbol{B}$ 表示。在静电学中，方程（6－5）（$\boldsymbol{D}=\varepsilon\boldsymbol{E}$）表示电通密度 $\boldsymbol{D}$ 与电场强度 $\boldsymbol{E}$ 之间的关系，磁通密度 $\boldsymbol{B}$ 与磁场强度 $\boldsymbol{H}$ 之间也存在类似的关系

$$\boldsymbol{B}=\mu\boldsymbol{H} \tag{11-1}$$

磁通量密度的计量单位为韦伯/平方米（$\mathrm{Wb/m^2}$）或特斯拉（T），其中特斯拉是 SI 单位制。在非 SI 单位制（或 CGS 单位制），用高斯（Gs）来计量，1 T＝10^4 Gs。

在 SI 单位制下 $\boldsymbol{B}$ 的近似值：1）地球磁场约 12 Gs 或约12×10^{-4} T；2）小的条形磁体约10^{-2} T；3）MRI 人体扫描仪磁体约 2 T；4）吹风机约（$10^{-7}\sim10^{-3}$）T；5）彩色电视机约10^{-6} T；6）物理实验室的磁体最高约 50 T；7）一个太阳黑子约 0.3 T；8）阳光约3×10^{-6} T；9）中子星表面磁场约10^8 T。根据《科学美国人》2003 年 2 月第 36 页（*Scientific American*，P36，February 2003）报道，一些天体目标（如磁星）的磁场范围从10^8 T 到10^{11} T。

11.2.5.4　*磁导率*

在方程（11－1）中，通过一个称为磁导率的介质参数将磁通密度和磁场强度相互关联。磁导率（通常）认为是一个常数和标量，是一种材料性质，用来描述在材料中建立磁通量的难易程度。通常用希腊字母 μ 表示。对于自由空间，用符号 μ_0 表示，在国际单位制下

$$\mu_0=4\pi\times10^7\quad(\text{单位为 T·m/A 或 H/m}) \tag{11-2a}$$

通常，磁性材料的磁导率都用相对磁导率 μ_r 来表示，相对磁导率定义为

$$\mu_r=\frac{\mu}{\mu_0} \tag{11-2b}$$

任何线性、均匀、各向同性介质的相对磁导率 μ_r 都是一个大于 1 的正实数。

11.3　稳恒磁场定律

本节讨论稳恒磁场特性遵从的两个定律。

11.3.1　毕奥-萨伐尔定律

库仑定律将**源点**的点电荷近似为微元线电荷 $\rho_L\mathrm{d}L$、微元面电荷 $\rho_S\mathrm{d}s$ 和微元体电荷 $\rho\mathrm{d}v$，建立了源点的点电荷与**场点**上的微元静电场强度 $\mathrm{d}\boldsymbol{E}$ 之间的联系。微元场完全是由微元电荷产生的。同样，毕奥-萨伐尔定律建立了**源点**的线电流元 $I\mathrm{d}\boldsymbol{L}$、面电流元 $\boldsymbol{K}\mathrm{d}s$ 和体电流元 $\boldsymbol{J}\mathrm{d}v$ 等微元磁源与**场点**的微元静磁场强度 $\mathrm{d}\boldsymbol{H}$ 之间的联系。微元磁场完全是由微元磁源引起的。在这两种情况下，给定**场点**处的场是通过对源及其位置进行积分得到的。因此，毕奥-萨伐尔定律可以看作是与库仑定律平行的定律。然而，值得注意的是，电场强度 $\boldsymbol{E}$ 是**标量源**引起的，而磁场强度 $\boldsymbol{H}$ 是**矢量源**产生的。

根据上述相似性和磁场特性知识，现在可以通过一个定律来描述稳恒电流相关的现象，这个定律是由法国物理学家毕奥（Jean - Baptiste Biot）（1774—1862）和法国教授萨伐尔（Felix Savart）（1791—1841）合作提出的。下面将会指出，这个定律用于处理稳恒电流产生时不变磁场的静磁学问题，可用于计算磁场强度。

11.3.1.1 定律的表述

在任意点 P，由电流微元产生的磁场强度大小，与电流、微元长度、细导线与细导线至场点 P 之间连线夹角正弦的乘积成正比，与微元到 P 点之间距离的平方成反比。在 MKS 单位制下，比例常数为 $1/4\pi$ 。

11.3.1.2 毕奥-萨伐尔定律的数学形式

为了将毕奥-萨伐尔定律的表述转化为数学语言，我们来考虑图 11 - 4（a）所示的任意几何形状的载流细导线。由于稳恒电流只能在闭合电路中流动，因此细导线实际上是图 11 - 4（b）所示闭合电路中的一个小段，这个闭合电路中含有一个源。设 I 是导线上的电流，$\mathrm{d}\boldsymbol{L}$ 是微元长度，点 P 至 $\mathrm{d}\boldsymbol{L}$ 的距离为 R，计算电流在 P 点处产生的场。

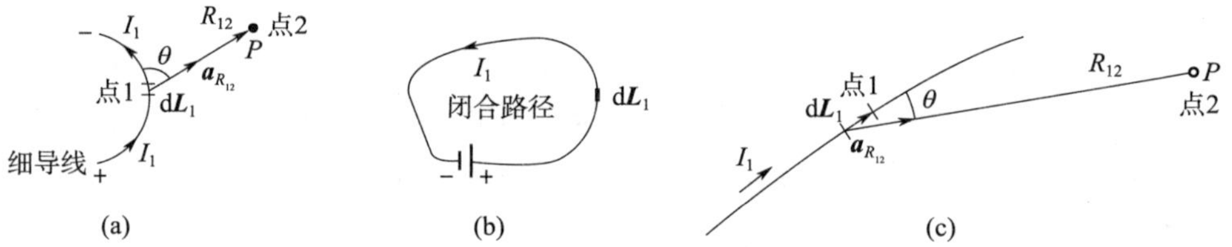

图 11 - 4 （a）细导线；（b）闭合回路；（c）放大的视图

在图 11 - 4（a）和放大的视图 11 - 4（c）中，电流 I 的位置标记为 1，P 点位置标记为 2。根据这些位置，电流 I 可以用 I_1 来替换，$\mathrm{d}\boldsymbol{L}$ 用 $\mathrm{d}\boldsymbol{L}_1$ 来替换，R 用 R_{12} 来替换，P 点的磁场强度增量值可以写成 $\mathrm{d}\boldsymbol{H}_2$， 因此，根据毕奥-萨伐尔的定律

$$\mathrm{d}\boldsymbol{H}_2 = \frac{I_1 \mathrm{d}\boldsymbol{L}_1 \times \boldsymbol{a}_{R_{12}}}{4\pi R_{12}^2} \tag{11 - 3}$$

根据毕奥-萨伐尔定律，磁场强度正比于电流 I_1 与微元长度 $\mathrm{d}\boldsymbol{L}_1$ 的乘积。这个定律还与微元细导线 $\mathrm{d}\boldsymbol{L}_1$ 和细导线（源点）到需要计算电场的 P 点（场点）连线 R_{12} 之间夹角 θ 的正弦有关，相当于两个矢量叉积的大小 $|\boldsymbol{A}\times\boldsymbol{B}| = |\boldsymbol{A}||\boldsymbol{B}|\sin\theta$ 中的 $\sin\theta$ 。根据矢量的性质，需要给 $\mathrm{d}\boldsymbol{L}_1$ 指定一个方向，可以取电流 I_1 的方向，而电流本身是一个标量。因为 R_{12} 代表点 1 和点 2 之间的距离，也给它指定一个方向，使它成为一个矢量。可以用单位矢量 $\boldsymbol{a}_{R_{12}}$ 与 $\boldsymbol{R}_{12}$ 的大小 $|R_{12}|$ 来表示，单位矢量 $\boldsymbol{a}_{R_{12}}$ 的方向从点 1 指向点 2。如果电流位置、微元长度、源点与场点之间的距离不使用下标，则方程（11 - 3）可以简化写为

$$\mathrm{d}\boldsymbol{H} = \frac{I\mathrm{d}\boldsymbol{L} \times \boldsymbol{a}_R}{4\pi R^2} \tag{11 - 4}$$

毕奥-萨伐尔定律有时被称为电流元的安培定律，但为了避免混淆，这个名称不再使用，因为已经存在另一个以安培命名的定律了。需要注意的是，不可能通过试验验证方程

(11-3）或方程（11-4）给出的表达式。实现这种验证最主要的障碍是，永远不可能隔离出一段载流微元长度。

由于目前研究仅限于直流电流，电荷密度不是时间的函数。在这种情况下，方程（8-23）给出的连续性方程可以简化为

$$\nabla \cdot \boldsymbol{J} = -\frac{\partial \rho}{\partial t} = 0 \tag{8-23}$$

将方程（8-23）对任意体积积分并应用散度定理，结果为

$$\oint\!\!\!\!\oint_S \boldsymbol{J} \cdot \mathrm{d}\boldsymbol{s} = 0 \tag{11-5}$$

式中，S 为任意体积的表面积。

这个方程表明，通过任何闭合表面的总电流为零。这个条件只有当电流流过一个闭合路径时才能满足。图 11-4（b）所示的是在闭合路径中流动的电流，图 11-4（b）中所示的电流元长度只是这个闭合路径上的一小段。因此，可以通过实验来验证方程（11-3）和方程（11-4）积分后所得到的量。这个量就是整个闭合路径载流导线在 P 点处产生的总磁场强度。将方程（11-3）两边积分得到

$$\boldsymbol{H}_2 = \oint_c \frac{I_1 \cdot \mathrm{d}\boldsymbol{L}_1 \times \boldsymbol{a}_{R_{12}}}{4\pi \cdot R_{12}^2} \tag{11-6}$$

式中，c 为电流流过的闭合路径。

根据方程（11-4），方程（11-6）可以写为

$$\boldsymbol{H} = \oint_c \frac{I\mathrm{d}\boldsymbol{L} \times \boldsymbol{a}_R}{4\pi \cdot R^2} \tag{11-7}$$

如前所述，根据这些关系，磁场强度 $\boldsymbol{H}$ 的单位为安培/米（A/m）。

方程（11-6）和方程（11-7）是在载流细导线条件下导出的。在实际问题中，电流可以分布在一个表面上或一个体积内。在 8.3.1 节中已对不同电流分布形式进行了讨论。我们将在下面小节中讨论不同电流分布情况下的磁场强度。

11.3.1.3　不同电流分布的磁场强度

不同形式的电流分布如图 8-2 所示，在 8.3.1 节中描述了电流分布关系式为

$$I \cdot \mathrm{d}\boldsymbol{L} = \boldsymbol{K} \cdot \mathrm{d}s = \boldsymbol{J} \cdot \mathrm{d}v \tag{11-8}$$

需要注意，在方程（11-8）中，由于 I 是标量，所以需要将 $\mathrm{d}\boldsymbol{L}$ 考虑为矢量。在等式的中间项和右边项中，以 $\boldsymbol{K}$ 和 $\boldsymbol{J}$ 为矢量，因此，$\mathrm{d}s$ 和 $\mathrm{d}v$ 必须是标量。方程中所有乘积的单位都应该具有相同的量纲，即磁场强度 $\boldsymbol{H}$ 的单位是 A/m。方程（11-7）给出了方程（11-8）左边项的磁场强度。根据方程（11-7），可以将方程（11-8）中间项和右边项的磁场强度改写为如下形式：

对于面电流密度 $\boldsymbol{K}$，有

$$\boldsymbol{H} = \iint_S \frac{\boldsymbol{K} \times \boldsymbol{a}_R}{4\pi \cdot R^2} \cdot \mathrm{d}s \tag{11-9}$$

对于体电流密度 $\boldsymbol{J}$，有

$$\boldsymbol{H}=\iiint_{v}\frac{\boldsymbol{J}\times\boldsymbol{a}_R}{4\pi\cdot R^2}\cdot \mathrm{d}v \tag{11-10}$$

需要指出，方程（11－9）中的曲面 S **不一定**是封闭的，而在方程（11－10）中，体积 v **不能**是封闭的。

11.3.1.4 无限长载流细导线的磁场

为了评估毕奥-萨伐尔定律的可用性，让我们考虑图 11－5（a）所示的无限长的细导线。该导线与 z 轴重合放置，承载电流 I 。

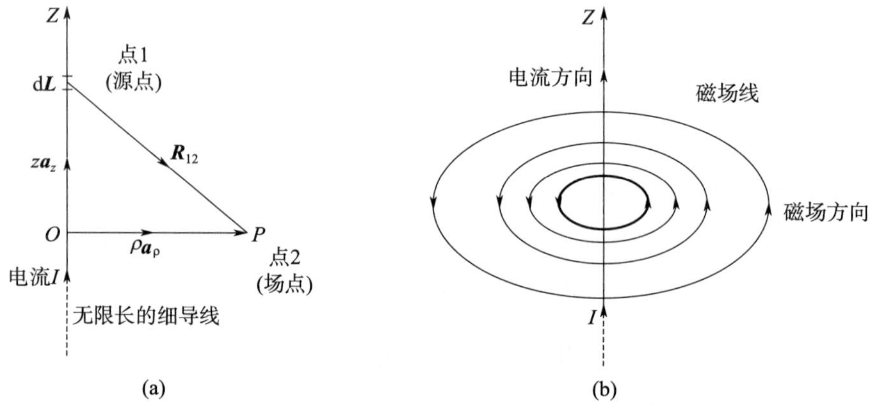

图 11－5 无限长载流细导线（a）源点和场点位置；（b）产生的磁场线

图 11－5（a）给出线元长度矢量 d$\boldsymbol{L}$（或源点）与场点 P 之间的矢量距离 $\boldsymbol{R}_{12}$，它的幅值为 $|\boldsymbol{R}_{12}|$ 、单位矢量 $\boldsymbol{a}_{R_{12}}$ 和线元源矢量 $I\mathrm{d}\boldsymbol{L}$ 可以写为

$$\boldsymbol{R}_{12}=\rho\cdot\boldsymbol{a}_\rho-z\cdot\boldsymbol{a}_z \tag{11-11a}$$

$$|\boldsymbol{R}_{12}|=\sqrt{\rho^2+z^2} \tag{11-11b}$$

$$\boldsymbol{a}_{R_{12}}\stackrel{\text{def}}{=}\frac{\boldsymbol{R}_{12}}{|\boldsymbol{R}_{12}|}=\frac{\rho\cdot\boldsymbol{a}_\rho-z\cdot\boldsymbol{a}_z}{\sqrt{\rho^2+z^2}} \tag{11-11c}$$

$$I\mathrm{d}\boldsymbol{L}=I_1\cdot\mathrm{d}\boldsymbol{L}_1=I\cdot\mathrm{d}z\boldsymbol{a}_z \tag{11-12}$$

将这些值代入方程（11－3）中，得到

$$\mathrm{d}\boldsymbol{H}_2\stackrel{\text{def}}{=}\mathrm{d}\boldsymbol{H}=\frac{I\cdot\mathrm{d}z\boldsymbol{a}_z\times(\rho\cdot\boldsymbol{a}_\rho-z\cdot\boldsymbol{a}_z)}{4\pi\cdot(\rho^2+z^2)^{3/2}} \tag{11-13}$$

该方程沿导线全长的积分为

$$\boldsymbol{H}=\int_{-\infty}^{\infty}\frac{I\cdot\mathrm{d}z\cdot\boldsymbol{a}_z\times(\rho\cdot\boldsymbol{a}_\rho-z\cdot\boldsymbol{a}_z)}{4\pi\cdot(\rho^2+z^2)^{3/2}}=\frac{I}{4\pi}\cdot\left[\int_{-\infty}^{\infty}\frac{\rho\cdot\mathrm{d}z}{(\rho^2+z^2)^{3/2}}\right]\cdot\boldsymbol{a}_\varphi \tag{11-14}$$

方程（11－14）涉及单位矢量 $\boldsymbol{a}_\varphi$，随 φ 值变化。因为与 ρ 和 z 无关，方程中的积分是对 z 积分，所以可以将它移到积分号外面。令

$$z\stackrel{\text{def}}{=}\rho\cdot\tan\theta \tag{11-15}$$

则有

$$\theta = \tan^{-1}(z/\rho) = \begin{cases} \dfrac{\pi}{2} & (z = +\infty) \\ -\dfrac{\pi}{2} & (z = -\infty) \end{cases} \tag{11-15a}$$

$$(\rho^2 + z^2)^{3/2} = \rho^3 \cdot (1 + \tan^2\theta)^{3/2} = (\rho \cdot \sec\theta)^3 \tag{11-15b}$$

$$dz = \rho \cdot \sec^2\theta d\theta \tag{11-15c}$$

方程（11－14）可以写为

$$\boldsymbol{H} = \frac{I}{4\pi} \cdot \left[\int_{-\infty}^{\infty} \frac{\rho \cdot dz}{(\rho^2 + z^2)^{3/2}}\right] \boldsymbol{a}_\varphi = \frac{I}{4\pi} \cdot \left[\int_{-\pi/2}^{\pi/2} \frac{\cos\theta}{\rho} \cdot d\theta\right] \boldsymbol{a}_\varphi = \frac{I}{2\pi\rho} \cdot \boldsymbol{a}_\varphi \tag{11-16}$$

11.3.1.5　有限长载流细导线的磁场

图 11－6 为沿 z 轴放置的有限长的载流细直导线，分别从导线下端点 $A(z_1)$ 和上端点 $B(z_2)$ 至要计算 $\boldsymbol{H}$ 的场点 P 之间连线夹角为 α_1 和 α_2，$d\boldsymbol{H}$ 是位于（0，0，z）的线元 $d\boldsymbol{L}$ 产生的场，线元 $d\boldsymbol{L}$ 和点 P 之间连线的夹角为 α 。

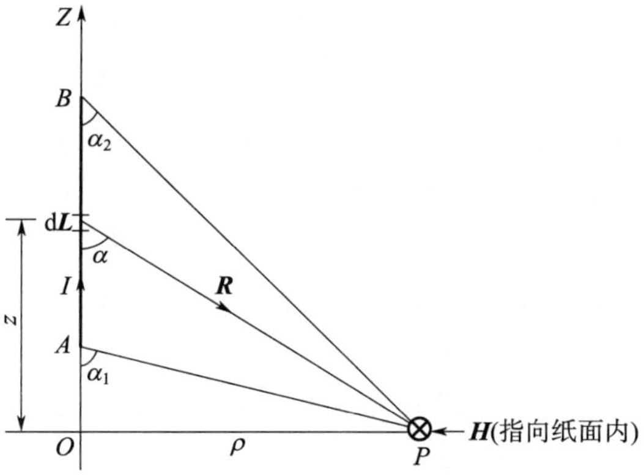

图 11－6　有限长载流细导线的源点与场点

根据方程（11－4）

$$d\boldsymbol{H} = \frac{I \cdot d\boldsymbol{L} \times \boldsymbol{a}_R}{4\pi \cdot R^2}$$

根据图 11－6［类似方程（11－11）］有

$$d\boldsymbol{L} = dz\boldsymbol{a}_z，\quad \boldsymbol{R} = \rho\boldsymbol{a}_\rho - z\boldsymbol{a}_z，\quad |\boldsymbol{R}| = \sqrt{\rho^2 + z^2}，\quad \boldsymbol{a}_R = \frac{\rho\boldsymbol{a}_\rho - z\boldsymbol{a}_z}{\sqrt{\rho^2 + z^2}}$$

$$d\boldsymbol{L} \times \boldsymbol{a}_R = \frac{\rho dz}{\sqrt{\rho^2 + z^2}}\boldsymbol{a}_\varphi$$

因此

$$d\boldsymbol{H} = \frac{I d\boldsymbol{L} \times \boldsymbol{a}_R}{4\pi \cdot R^2} = \frac{I \cdot \dfrac{\rho dz}{\sqrt{\rho^2 + z^2}}\boldsymbol{a}_\varphi}{4\pi \cdot (\rho^2 + z^2)} = \frac{I \cdot \rho dz\boldsymbol{a}_\varphi}{4\pi \cdot (\rho^2 + z^2)^{3/2}}$$

或

$$\boldsymbol{H}=\int_{z_1}^{z_2}\frac{I\cdot\rho\mathrm{d}z}{4\pi\cdot(\rho^2+z^2)^{3/2}}\boldsymbol{a}_\varphi \tag{11-17a}$$

类似方程（11－15），令 $z=\rho\cot\alpha$，$\mathrm{d}z=-\rho\ \mathrm{cosec}^2\alpha\,\mathrm{d}\alpha$，$(\rho^2+z^2)^{3/2}=\rho^3\ \mathrm{cosec}^3\alpha$

$$\boldsymbol{H}=-\frac{I}{4\pi}\int_{\alpha_1}^{\alpha_2}\frac{\rho^2\ \mathrm{cosec}^2\alpha\,\mathrm{d}\alpha}{\rho^3\mathrm{cosec}^3\alpha}\boldsymbol{a}_\varphi=-\frac{I}{4\pi\rho}\int_{\alpha_1}^{\alpha_2}\sin\alpha\,\mathrm{d}\alpha\boldsymbol{a}_\varphi$$

或

$$\boldsymbol{H}=\frac{I}{4\pi\rho}(\cos\alpha_2-\cos\alpha_1)\boldsymbol{a}_\varphi \tag{11-17b}$$

情形 1：当导线是半无限长的（相对于点 P），A 点位于 0(0，0，0)，B 点位于 0(0，0，∞)，$\alpha_1=90°$，$\alpha_2=0°$ 时，方程（11－17b）变为

$$\boldsymbol{H}=\frac{I}{4\pi\rho}\boldsymbol{a}_\varphi \tag{11-18a}$$

情形 2：当导线是有限长的（相对于点 P），即 A 点位于 0(0，0，$-\infty$)，B 点位于 0(0，0，$+\infty$)，$\alpha_1=180°$，$\alpha_2=0°$ 时，方程（11－17b）变为

$$\boldsymbol{H}=\frac{I}{4\pi\rho}\boldsymbol{a}_\varphi \tag{11-18b}$$

根据上面的结果，方程（11－17b）简化为（11－18a）和（11－18b）或（11－16）。因此，方程（11－17b）的表达式适用于任何直导线。需要注意的是，在方程（11－16）和方程（11－17）中，$\boldsymbol{H}$ 总是沿着同心圆轨迹或沿着单位矢量 $\boldsymbol{a}_\varphi$，而与导线长度或场点 P 无关。

从方程（11－16）、方程（11－18a）和（11－18b）引出了一些有趣的结论，如下：

- 磁场强度的大小与 φ 和 z 无关。
- 磁场强度与电流 I 成正比，即电流越大，磁场强度越大。
- 磁场强度与细导线之间的距离 ρ 成反比，P 点位置距离细导线越远，磁场强度就越弱。这种变化可以从图 11－5（b）中磁场线的疏密程度看出。
- 对于所有的 ρ 和 z 值，磁场强度都沿 φ 轴对称。因此，表征磁场强度的线为不同半径的圆。这些线包围载流细导线，如图 11－5（b）所示。

可以看出，方程（11－7）（11－9）（11－10）和（11－18）所给出的所有关系式都与源点和场点位置的介质磁导率 μ 无关。然而，对于非均匀介质，这种结论可能不成立。

11.3.2 安培环路定律

安培环路定律以法国物理学家和数学家安培（André Marie Ampère）（1775—1836）的名字命名，因为他的名字是电流的单位而容易被人们记住。安培环路定律提供了一种计算磁场的便捷方法，但仅适用于对称情况。对于非对称情况，毕奥-萨伐尔定律更好。安培环路定律是对电磁理论的一个基本贡献。安培环路定律（也称安培做功定律）如下所述。

11.3.2.1 定律表述

磁场强度 $\boldsymbol{H}$ 沿任意封闭路径 C 的线积分等于该路径所包围的电流。

这个表述可以与 6.2 节给出的高斯定律相比较。静磁场的安培环路定律可以视为与静

电场的高斯定律相平行的定律。这两个定律都给出了场的积分形式。安培环路定律涉及静磁场强度 $\boldsymbol{H}$ 在闭合曲线的线积分，高斯定律涉及通量密度 $\boldsymbol{D}$ 在闭合曲面上的面积分。在安培的定律中，“该路径所包围的电流”这个短语很重要，应用这条定律需要正确地理解这个短语的含义。

图 11－7（a）为载流导体和它的截面。图 11－7（b）显示的是圆形、矩形和任意形闭合曲线完全包围（封闭）了导体中的电流。图 11－7（c）示出了闭合曲线仅包围了导体中部分电流的情况，导体横截面上被包围的电流部分用阴影表示。在图 11－7（d）中，没有任意闭合曲线包围电流。

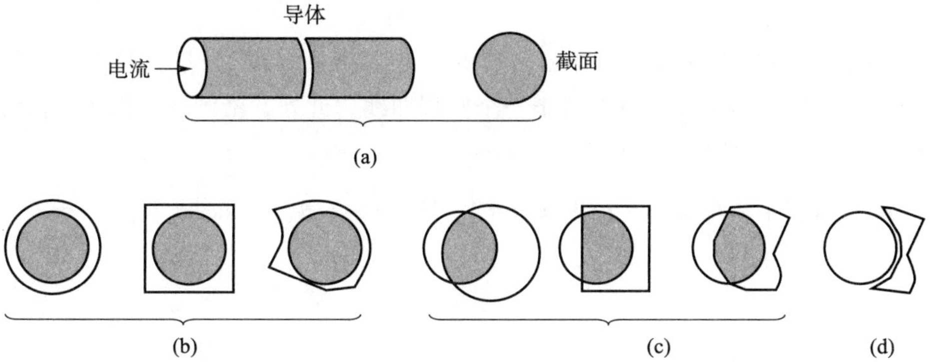

图 11－7　（a）载流导体和它的截面；（b）曲线完全包围了电流；（c）曲线包围了部分电流；（d）曲线没有包围电流

11.3.2.2　*安培环路定律的数学形式*

可以用简单的数学形式给出安培定律的表述

$$\oint_c \boldsymbol{H} \cdot \mathrm{d}\boldsymbol{\ell} = I \qquad (11-19)$$

式中，符号 c 是给定的闭合路径。

根据上面的描述，包围的电流与封闭路径的形状或轮廓无关，只取决于被包围的导体截面部分以及该截面流过的电流。在此阶段，方程（11－19）所涉及的线积分，需要特别注意以下两个方面。

当方程（11－19）的被积函数复杂而积分困难时，可以用求和来近似逼近积分。这种近似的准确性取决于用于构建闭合曲线的小直线段的数量。在求和中，要针对每段曲线分别计算被积函数中所涉及的点积项。这里需要注意，对于不同的曲线，点积的值可能不同，但点积的总和几乎相同。因此，所包含的总电流与曲线形状无关。

为了便于方程（6－9）的运算，我们在 6.4 节中描述了高斯面的选择。我们注意到，要选择适当的高斯面，使得 $\boldsymbol{D}$ 与高斯面垂直或与高斯面平行。当 $\boldsymbol{D}$ 与高斯面平行时，点积 $\boldsymbol{D} \cdot \mathrm{d}s$ 可以用 $D\mathrm{d}s$ 所取代，当 $\boldsymbol{D}$ 与高斯面垂直时，点积 $\boldsymbol{D} \cdot \mathrm{d}s$ 为零。此外，如果曲面上的 $\boldsymbol{D}$ 为常数，则可以提到积分号的外边。因此，如果所选曲面的电荷分布具有对称性，则问题就会简化很多。类似地，在方程（11－19）中，如果被积函数的分量（$\boldsymbol{H}$ 和 $\mathrm{d}\boldsymbol{\ell}$）相互垂直，则点积的结果为零。如果被积函数分量相互平行，则 $\boldsymbol{H}\cdot \mathrm{d}\boldsymbol{\ell}=H\cdot \mathrm{d}\ell$。如果 $\boldsymbol{H}$ 在曲线上为常数，就可以将其提到积分号外面。因此，选择合理的闭合曲线，能很大程度简化问题。

11.3.2.3　*无限长导线的磁场*

根据上述描述，让我们考虑 11.3.1.4 节中的图 11－5 所示的细导线。与前面一样，细导线与 z 轴重合，在正 z 方向上承载 I 安培电流。根据对称性，这根无限长细导线的磁场不随 φ 和 z 变化。此外，毕奥-萨伐尔定律指出，磁场垂直于线元长度（即 $\boldsymbol{a}_z$）方向和从该线元到场点连线（即 $\boldsymbol{a}_{R_{12}}$）方向。因此，根据方程（11－7），磁场明显沿 φ 方向，或者说 $\boldsymbol{H}$ 只有 H_φ 分量。

$\boldsymbol{H}$ 分量的知识使闭合曲线的选择相当简单。由于 $\boldsymbol{H}$ 只有 H_φ 分量，对于所有的 φ，只要导线通过该圆周的中心，H_φ 就平行于一个圆周曲线。此外，沿圆的周向 H_φ 相同或为常数。据此，方程（11－19）可以写为

$$\oint_C \boldsymbol{H}\cdot \mathrm{d}\boldsymbol{\ell}=\int_0^{2\pi}(H_\varphi \boldsymbol{a}_\varphi)\cdot(\rho\,\mathrm{d}\varphi\boldsymbol{a}_\varphi)=\int_0^{2\pi}H_\varphi\rho\,\mathrm{d}\varphi=H_\varphi\rho\int_0^{2\pi}\mathrm{d}\varphi=2\pi\rho H_\varphi=I \tag{11-20a}$$

或

$$H_\varphi=\frac{I}{2\pi\rho} \tag{11-20b}$$

$$\boldsymbol{H}=H_\varphi\boldsymbol{a}_\varphi=\frac{I}{2\pi\rho}\boldsymbol{a}_\varphi \tag{11-20c}$$

11.3.2.4　*点形式的安培定律*

散度的数学定义［方程（4－20b）］引出了麦克斯韦方程（$\nabla\cdot\boldsymbol{D}=\rho$），这个方程称为点形式的高斯定律。同样，4.4 节给出的旋度的数学公式引出了另一个麦克斯韦方程，就是点形式的安培定律。为了得到这样的关系，需要给矢量 $\boldsymbol{F}$ 赋予某些物理意义。因此，如果用磁场强度矢量 $\boldsymbol{H}$ 取代 $\boldsymbol{F}$，则方程（4－25a）（4－25b）和（4－25c）可以写为

$$\int_{1,2,3,4,1}\boldsymbol{H}\cdot \mathrm{d}\boldsymbol{\ell}\approx\left(\frac{\partial H_z}{\partial y}-\frac{\partial H_y}{\partial z}\right)\Delta y\Delta z \tag{11-21a}$$

$$\int_{5,6,7,8,5}\boldsymbol{H}\cdot \mathrm{d}\boldsymbol{\ell}\approx\left(\frac{\partial H_x}{\partial z}-\frac{\partial H_z}{\partial x}\right)\Delta x\Delta z \tag{11-21b}$$

$$\int_{9,10,11,12,9}\boldsymbol{H}\cdot \mathrm{d}\boldsymbol{\ell}\approx\left(\frac{\partial H_y}{\partial x}-\frac{\partial H_x}{\partial y}\right)\Delta x\Delta y \tag{11-21c}$$

这几个表达式仅为方程（11－19）沿常数 x 、y 、z 平面的环路给出的积分形式安培定律的左边。在方程（11－19）的右边，电流 I 可以用方程（8－16a 给出的表达式 $I=\iint_S \boldsymbol{J}\cdot \mathrm{d}\boldsymbol{s}$ 来表示，其中 $\boldsymbol{J}$ 是矢量电流密度，它有三个分量（$\boldsymbol{J}=J_x\boldsymbol{a}_x+J_y\boldsymbol{a}_y+J_z\boldsymbol{a}_z$），沿三个不同的坐标。同样，面元矢量 $\mathrm{d}\boldsymbol{s}$ 也可分解为三个分量（即 $\Delta y\Delta z\boldsymbol{a}_x$，$\Delta z\Delta x\boldsymbol{a}_y$，$\Delta x\Delta y\boldsymbol{a}_z$），分别对应三个不同的平面。从乘积 $\boldsymbol{J}\cdot \mathrm{d}\boldsymbol{s}$ 得到 $J_x\Delta y\Delta z$，$J_y\Delta z\Delta x$，

$J_z \Delta x \Delta y$。将它们代入方程（11－19）的右边，并与方程（11－21a）（11－21b）、（11－21c）的右端相等，得到

$$\left(\frac{\partial H_z}{\partial y}-\frac{\partial H_y}{\partial z}\right)=J_x \tag{11-22a}$$

$$\left(\frac{\partial H_x}{\partial z}-\frac{\partial H_z}{\partial x}\right)=J_y \tag{11-22b}$$

$$\left(\frac{\partial H_y}{\partial x}-\frac{\partial H_x}{\partial y}\right)=J_z \tag{11-22c}$$

根据方程（4－29），从这些分量之和可得到关系式

$$\left(\frac{\partial H_z}{\partial y}-\frac{\partial H_y}{\partial z}\right)\boldsymbol{a}_x+\left(\frac{\partial H_x}{\partial z}-\frac{\partial H_z}{\partial x}\right)\boldsymbol{a}_y+\left(\frac{\partial H_y}{\partial x}-\frac{\partial H_x}{\partial y}\right)\boldsymbol{a}_z=J_x\boldsymbol{a}_x+J_y\boldsymbol{a}_y+J_z\boldsymbol{a}_z=\boldsymbol{J} \tag{11-23}$$

方程（11－23）的左边是笛卡儿坐标系中矢量 $\boldsymbol{H}$ 的旋度。在方程（4－23a）（4－23b）和（4－23c）中，用矢量 $\boldsymbol{H}$ 替换矢量 $\boldsymbol{F}$，就可以得到不同坐标系中 $\boldsymbol{H}$ 的旋度表达式。现在，可以把方程（11－23）写为

$$\nabla\times\boldsymbol{H}=\boldsymbol{J} \tag{11-24}$$

高斯定律和安培定律都是通过笛卡儿坐标下处理散度和旋度运算得到的。方程（11－24）也称为点形式的静磁场**麦克斯韦第二方程**。在稳恒磁场下，这个方程建立了磁场强度 $\boldsymbol{H}$ 与电流密度 $\boldsymbol{J}$ 的关系。这个方程由安培定律的数学形式方程（11－19）（$\oint_C \boldsymbol{H}\cdot\mathrm{d}\boldsymbol{\ell}=I$）得到。同理，从方程（7－1）（$\oint_C \boldsymbol{E}\cdot\mathrm{d}\boldsymbol{\ell}=0$）得到

$$\nabla\times\boldsymbol{E}=\boldsymbol{0} \tag{11-25}$$

这就是与静电场相关的另一个麦克斯韦方程［在前面的方程（7－4）已说明］。

在数学形式的斯托克斯定理［方程（4－51a）］中，如果矢量 $\boldsymbol{A}$ 用磁场强度矢量 $\boldsymbol{H}$ 替换，则有

$$\iint_S(\nabla\times\boldsymbol{H})\cdot\mathrm{d}\boldsymbol{s}=\oint_C\boldsymbol{H}\cdot\mathrm{d}\boldsymbol{\ell} \tag{11-26}$$

从方程（8－15c）（11－9）和（11－24）可以看出，这个表达式是成立的。

如果积分形式旋度表达式的方程（4－51a）左边用另一个矢量 $\boldsymbol{B}$ 来替换，则可以简化为

$$\iint_S\boldsymbol{B}\cdot\mathrm{d}\boldsymbol{s}=\oint_C\boldsymbol{A}\cdot\mathrm{d}\boldsymbol{\ell} \tag{11-27}$$

式中

$$\boldsymbol{B}\overset{\text{def}}{=}\nabla\times\boldsymbol{A} \tag{11-28}$$

在方程（11－28）中，矢量 $\boldsymbol{B}$ 和 $\boldsymbol{A}$ 都具有物理意义。矢量 $\boldsymbol{B}$ 表示磁通量密度，而 $\boldsymbol{A}$ 表示一个新量，称为矢量磁势。磁通量密度在前面的 11.2.5.3 节中讨论过，而矢量磁势将在 11.5.2 节中讨论。

11.3.3 与静磁场相关的另一个麦克斯韦方程

在 11.2.2.4 节中，对点形式的安培定律研究引出了两个麦克斯韦方程。方程（11－24）给出的第一个麦克斯韦方程与静磁场有关，方程（11－25）给出的第二个麦克斯韦方程与静电场有关。通过磁通量与磁通量密度之间的关系，又得到了一个与静磁场有关的麦克斯韦方程。

11.2.5 节描述了一些与磁场有关的术语，分别是磁通量、磁场强度、磁通量密度和磁导率。因此，方程（11－1）描述了磁场强度与磁通密度的关系，方程中所涉及的介质磁导率由方程（11－2）表述。磁通量这个术语只给出了理论上的描述，没有补充任何数学关系式。本节首先给出与通量有关的数学关系，然后将这一关系推广到另一个麦克斯韦方程。

磁通量的性质表明，磁通量线或磁力线是正交于标量磁等势面的曲线族。通过任何特定表面 S 的通量 Φ 的计量单位为韦伯。因此，磁通量与磁通量密度 $\boldsymbol{B}$ 之间的关系为

$$\Phi=\int_S \boldsymbol{B}\cdot \mathrm{d}\boldsymbol{s} \tag{11-29a}$$

根据这个方程，任意点 P 磁通密度 $\boldsymbol{B}$ 可定义为

$$\boldsymbol{B}\overset{\text{def}}{=\!=}\lim_{\Delta S_n\to 0}\frac{\Delta\Phi}{\Delta S_n}\boldsymbol{a} \tag{11-29b}$$

式中，$\Delta\Phi$ 是点 P 附近垂直于小面积 ΔS_n 的小磁通量，而单位矢量 $\boldsymbol{a}$ 为点 P 的磁通量方向。

与电荷不同，不存在磁的单极子。因此，我们可以推断，离开闭合曲面的总磁通量为零。因此

$$\oiint_S \boldsymbol{B}\cdot \mathrm{d}\boldsymbol{s}=0 \tag{11-29c}$$

应用散度定理，我们得到

$$\iiint_v (\nabla\cdot\boldsymbol{B})\,\mathrm{d}v=0 \tag{11-29d}$$

式中，v 为闭合曲面 S 所包围的总体积。

由于表面 S 是任意的，方程（11－29d）中的被积函数必然为零，即

$$\nabla\cdot\boldsymbol{B}=0 \tag{11-30}$$

方程（11－30）是另一个与静磁场有关的麦克斯韦方程。需要指出的是，即使对于时变电磁场，麦克斯韦方程组也保留了这个方程。

11.4 场定律的应用

本节将讨论上述两个静磁场定律的一些应用。毕奥-萨伐尔定律可以用来计算对称和不对称构型的场，而对于安培定律，构型的对称性是基本要求。

11.4.1　磁偶极子的磁场

图 11－8（a）给出的是一个位于 $z=0$ 平面上，中心在原点，半径为 ρ 的圆形回路，在回路的单位矢量 $\boldsymbol{a}_\varphi$ 方向上承载有直流电流 I 。这个回路构成了一个磁偶极子。偶极矩的大小定义为

$$m \overset{\text{def}}{=} \lim_{I\to\infty,\rho\to 0}(I\cdot\pi\rho^2) \tag{11-31}$$

关于偶极矩将在 12.3.3 节中详细讨论，并给出关系式为 $m=IS$ 。在这个关系式中，I 是电流，S 是载流闭合曲线所包围的面积。

考虑一个坐标为 (r,θ,φ) 的场点 P_f ，由于偶极子的磁场分布与坐标 φ 无关，我们可以任意选取 $\varphi=0$ 作为场点。因此，场点的位置矢量 $\boldsymbol{r}$ 将位于 $\varphi=0$ 平面上。该位置矢量是原点与 P_f 点连线的线段，方向从原点指向 P_f 。矢量 $\boldsymbol{r}$ 与正 z 轴相交的角度 θ，矢量 $\boldsymbol{r}$ 在 y 方向上没有分量，因此，可以用常单位矢量 $\boldsymbol{a}_x$ 和 $\boldsymbol{a}_z$ 表示为

$$\boldsymbol{r}=r\boldsymbol{a}_r=r(\sin\theta\boldsymbol{a}_x+\cos\theta\boldsymbol{a}_z) \tag{11-32}$$

另外，在载流圆环回路上另取一个位置矢量 $\boldsymbol{\rho}$，与正 x 轴的夹角为 φ 。这个位置矢量表示源点 P_S 的位置。由于这个位置矢量 $\boldsymbol{\rho}$ 位于 $z=0$ 平面上，在 z 方向上没有分量，因此，可以用常单位矢量 $\boldsymbol{a}_x$ 和 $\boldsymbol{a}_y$ 表示为

$$\boldsymbol{\rho}=\rho\boldsymbol{a}_\rho=\rho(\cos\varphi\boldsymbol{a}_x+\sin\varphi\boldsymbol{a}_y) \tag{11-33}$$

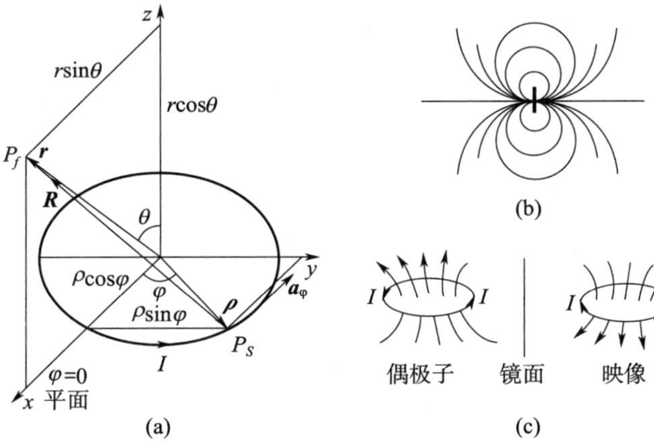

图 11－8　磁偶极子：(a) 尺度参数；(b) 指向右方向的磁偶极子的磁力线；(c) 作为伪矢量的磁场

现在用矢量 $\boldsymbol{R}$ 来表示源点 P_S 到场点 P_f 的距离，矢量方向指向场点 P_f，因此有

$$\boldsymbol{r}=\boldsymbol{\rho}+\boldsymbol{R} \quad 或 \quad \boldsymbol{R}=\boldsymbol{r}-\boldsymbol{\rho} \tag{11-34}$$

根据方程（11－32）和（11－33），方程（11－34）变为

$$\boldsymbol{R}=(r\sin\theta-\rho\cos\varphi)\boldsymbol{a}_x+(-\rho\sin\varphi)\boldsymbol{a}_y+(r\cos\theta)\boldsymbol{a}_z \tag{11-35a}$$

因此

$$|\boldsymbol{R}|=\sqrt{(r\sin\theta-\rho\cos\varphi)^2+(-\rho\sin\varphi)^2+(r\cos\theta)^2}$$

即

$$|\boldsymbol{R}| \stackrel{\text{def}}{=} R = \sqrt{r^2 + \rho^2 - 2r\rho\sin\theta\cos\varphi} \tag{11-35b}$$

对于小回路 $\rho \cong 0$ 和 $r \gg \rho$，方程（11-35b）变为

$$R \cong \sqrt{r^2 - 2r\rho\sin\theta\cos\varphi} \cong r\left[1 - 2\frac{\rho}{r}\cdot\sin\theta\cdot\cos\varphi\right] \tag{11-36}$$

在方程（11-36）中，用 $x = 2\dfrac{\rho}{r}\sin\theta\cos\varphi$ 替换，可以得到

$$R \cong r(1-x)\ ,R^{-3} \cong r^{-3}\ (1-x)^{-3} \cong \frac{1}{r^3}(1+3x)$$

或

$$\frac{1}{R^3} \cong \frac{1}{r^3}\left(1 + 6\frac{\rho}{r}\sin\theta\cos\varphi\right) \tag{11-37a}$$

在方程（11-4）中，代入 $\boldsymbol{a}_R = \dfrac{\boldsymbol{R}}{|\boldsymbol{R}|}$ 得到

$$\mathrm{d}\boldsymbol{H} = \frac{I\cdot\mathrm{d}\boldsymbol{L}\times\boldsymbol{a}_R}{4\pi\cdot R^2} = \frac{I\cdot\mathrm{d}\boldsymbol{L}\times\boldsymbol{R}}{4\pi\cdot R^3} \tag{11-37b}$$

电流回路单元长度 $\mathrm{d}\boldsymbol{L}$ 可以写为矢量形式

$$\mathrm{d}\boldsymbol{L} = (\rho\,\mathrm{d}\varphi)\,\boldsymbol{a}_\varphi \tag{11-38}$$

式中

$$\boldsymbol{a}_\varphi = -\sin\varphi\boldsymbol{a}_x + \cos\varphi\boldsymbol{a}_y \tag{11-39}$$

根据方程（11-37b）和（11-38）得到

$$\mathrm{d}\boldsymbol{H} = \frac{I\cdot\mathrm{d}\boldsymbol{L}\times\boldsymbol{R}}{4\pi\cdot R^3} = \frac{I}{4\pi}\cdot\frac{1}{r^3}\cdot\left(1 + 6\cdot\frac{\rho}{r}\cdot\sin\theta\cdot\cos\varphi\right)(\rho\,\mathrm{d}\varphi)\ (\boldsymbol{a}_\varphi\times\boldsymbol{R}) \tag{11-40}$$

而根据方程（11-39）和（11-35a）

$$\begin{aligned}\boldsymbol{a}_\varphi\times\boldsymbol{R} &= (-\sin\varphi\boldsymbol{a}_x + \cos\varphi\boldsymbol{a}_y)\times[(r\sin\theta - \rho\cos\varphi)\boldsymbol{a}_x - \rho\sin\varphi\boldsymbol{a}_y + r\cos\theta\boldsymbol{a}_z]\\ &= r\cdot\cos\theta\cdot\cos\varphi\boldsymbol{a}_x + r\cdot\cos\theta\cdot\sin\varphi\boldsymbol{a}_y + (\rho - r\cdot\sin\theta\cdot\cos\varphi)\boldsymbol{a}_z\\ &= r\cdot(\cos\theta\cdot\cos\varphi\boldsymbol{a}_x + r\cos\theta\cdot\sin\varphi\boldsymbol{a}_y - \sin\theta\cdot\cos\varphi\boldsymbol{a}_z) + \rho\cdot\boldsymbol{a}_z\end{aligned} \tag{11-41}$$

因此，方程（11-40）可以写为

$$\begin{aligned}\mathrm{d}\boldsymbol{H} = &\frac{I}{4\pi}\cdot\frac{\rho}{r^3}\cdot[r\cdot(\cos\theta\cdot\cos\varphi\boldsymbol{a}_x + r\cdot\cos\theta\cdot\sin\varphi\boldsymbol{a}_y - \sin\theta\cdot\cos\varphi\boldsymbol{a}_z) +\\ &6\cdot\frac{\rho^2}{r}\cdot\sin\theta\cdot\cos\varphi\boldsymbol{a}_z\mathrm{d}\varphi\Big] + \frac{I}{4\pi}\cdot\frac{\rho}{r^3}\cdot\Big[6\cdot\frac{\rho}{r}\cdot\sin\theta\cdot\cos\varphi\cdot r\cdot\\ &(\cos\theta\cdot\cos\varphi\boldsymbol{a}_x + \cos\theta\cdot\sin\varphi\boldsymbol{a}_y - \sin\theta\cdot\cos\varphi\boldsymbol{a}_z)]\,\mathrm{d}\varphi + \frac{I}{4\pi}\cdot\frac{\rho}{r^3}\cdot\rho\boldsymbol{a}_z\mathrm{d}\varphi\end{aligned} \tag{11-42}$$

在 $\varphi = 0$ 至 $\varphi = 2\pi$ 域上对方程右边积分，得到载流圆环回路在场点 P_f 的磁场强度 $\boldsymbol{H}$

$$\boldsymbol{H} = \frac{3}{2\pi}\cdot\frac{\pi\rho^2\cdot I}{r^3}\cdot[\sin\theta\cdot\cos\theta\boldsymbol{a}_x - (1-\cos^2\theta)\boldsymbol{a}_z] + \frac{1}{2\pi}\cdot\frac{I\pi\rho^2}{r^3}\boldsymbol{a}_z \tag{11-43}$$

根据方程（12－34b）（$m=I\cdot S=I\cdot\pi\rho^2$），方程（11－43）可以写为

$$\boldsymbol{H}=\frac{m}{4\pi r^3}\cdot[3\sin\theta\cdot\cos\theta\boldsymbol{a}_x-(1-3\cos^2\theta)\boldsymbol{a}_z] \tag{11-44}$$

现在，因为我们选择了 φ 为零的场点 P_f，在该点的磁场 $\boldsymbol{H}$ 表达式中，笛卡儿坐标系中的单位矢量可以用下面的球坐标系中的单位矢量来替换

$$\boldsymbol{a}_x=\sin\theta\boldsymbol{a}_r+\cos\theta\boldsymbol{a}_\theta \tag{11-45a}$$

$$\boldsymbol{a}_z=\cos\theta\boldsymbol{a}_r-\sin\theta\boldsymbol{a}_\theta \tag{11-45b}$$

因此，方程（11－44）可以重写为

$$\boldsymbol{H}=\frac{m}{4\pi r^3}\cdot(2\cos\theta\boldsymbol{a}_r+\sin\theta\boldsymbol{a}_\theta) \tag{11-46}$$

根据方程（11－46），**载流偶极子**的磁场强度与到偶极子距离的立方成反比。此外，该磁场与 φ 无关，磁场强度没有 φ 分量。该偶极子的磁场如图 11－8（b）所示。

这里应该指出，利用矢量磁势（在 11.5.2 节中讨论）也可以推导出方程（11－46）。然而，选择这种方法是为了说明毕奥-萨伐尔定律的一个典型应用。

在上面的例子中可以看到，载流导线回路产生了磁场。将导线镜像映射时，在镜像中产生的磁场**不是**反射，而是反射**加反转**。导线的位置和它的电流是（极性）矢量，所以它们正常反射。图 11－8（c）表明，磁场是一个伪矢量，因此反射时会改变符号。

11.4.2　无限大电流片的磁场

图 11－9（a）显示了在 $z=0$ 平面上的一个大的电流薄片，电流片承载均匀电流密度 $\boldsymbol{K}=k_y\boldsymbol{a}_y$ 的电流。电流的返回路径可以假设为两个相距较远的薄片，每片承载一半的电流。如图 11－9（b）所示，假定其中一片在该电流片的上方，另一片在该电流片的下方。

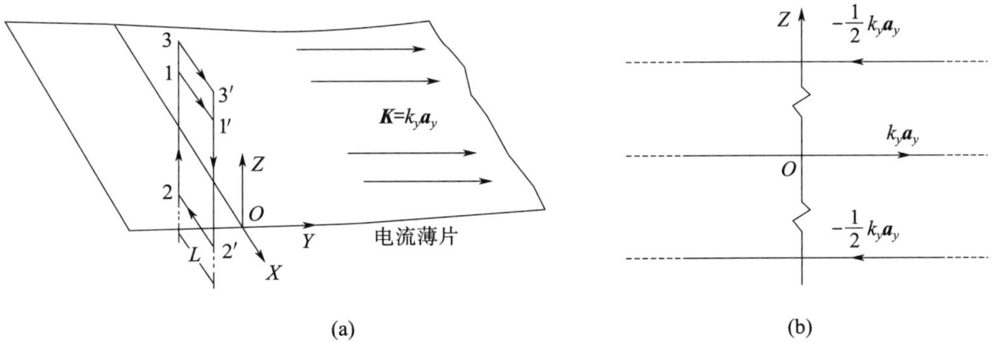

图 11－9　无限大的电流薄片：（a）由直线段构成的闭合路径；（b）在假设电流片中的电流密度与方向

观察图 11－9（a）可以得到下列结论：

• 由于均匀电流片在 x 轴和 y 轴方向是无限长的，$\boldsymbol{H}$ 不能随 x 和 y 坐标变化。

• 如果将这个薄片分割成一些载流细导线（沿 y 轴），因为电流沿这个方向流动，所以载流细导线不能产生磁场的 y 分量（即 $H_y=0$）。

• 根据毕奥-萨伐尔定律，在场点处，两个对称的载流细导线的 H_z 将会相互抵消

（即 $H_z=0$）。

• 最后，H_x 是唯一的磁场分量。

图 11－9（a）给出了一个由直线段组成的闭合路径 $1-1'-2'-2-1$，该闭合路径包围了一段电流薄片。应用安培回路定律，所包围的电流为

$$H_{x1}L+H_{x2}(-L)=k_yL \tag{11-47a}$$

$$H_{x1}-H_{x2}=k_y \tag{11-47b}$$

式中，H_{x1} 和 H_{x2} 分别为上面和下面电流片的磁场分量。

如果选择图中所示的另一个直线段组成的闭合路径 $3-3'-2'-2-3$，则计算由该闭合路径包围的电流为

$$H_{x3}-H_{x2}=k_y \tag{11-48a}$$

根据方程（11－47b）和（11－48a）得到

$$H_{x3}=H_{x1} \tag{11-48b}$$

方程（11－48b）表明，上面电流片的 H_x 与 z 无关。同样，可以看到下面电流片的 H_x 对所有 z 也是相同的。然而，根据电流片上下两侧的对称性，两侧的 H_x 极性相反。因此，根据方程（11－47b）

$$H_x=\begin{cases}\dfrac{1}{2}k_y & (z>0)\\ -\dfrac{1}{2}k_y & (z<0)\end{cases} \tag{11-48c}$$

$\boldsymbol{H}$ 的各分量可以用一个单位矢量 $\boldsymbol{a}_n$ 来表示，这个单位矢量垂直于电流片（即沿 z 方向），得到的表达式为

$$\boldsymbol{H}=\frac{1}{2}\boldsymbol{K}\times\boldsymbol{a}_n \tag{11-48d}$$

式中，面电流密度矢量为

$$\boldsymbol{K}=k_y\boldsymbol{a}_y \tag{11-48e}$$

如果另一个电流方向相反（即 $\boldsymbol{K}=-k_y\boldsymbol{a}_y$）的电流片放置在 $z=h$ 处，则方程（11－48d）将导致下面的结果

$$\boldsymbol{H}=\begin{cases}\boldsymbol{K}\times\boldsymbol{a}_n=k_y\boldsymbol{a}_x & (0<z<h)\\ 0 & (z<0,z>h)\end{cases} \tag{11-48f}$$

11.4.3　同轴电缆的磁场

同轴电缆由两个同心圆柱形导线组成，两个同心导线之间用空气或其他介质隔开，这种同心导线称为内导线和外导线。图 11－10（a）为实心内导线同轴电缆，图 11－10（b）为具有空心内导线的同轴电缆，内导线和外导线具有一定的尺寸参数和大小相等方向相反的稳态电流。由于内导线和外导线的总电流幅度相同，导致同轴电缆的外部磁场为零。由于电缆外无磁场，因而不会对电缆附近的电气设备和电路产生干扰。此外，除非磁场特别强，否则由稳定磁场引起的干扰不会产生严重的问题。承载高频信号的电缆都采用实心内

导线同轴电缆。对于时变电流，同轴电缆外的磁场可能不是零，但也很小。

为了获得同轴电缆的磁场，首先要确定磁场的分量及其随坐标的变化。问题的对称性表明，$\boldsymbol{H}$ 不是 φ 和 z 的函数。我们假设实心内导线是由如图 11－10（c）所示的大量细导线组成。这个假设使我们能够应用方程（11－18）来获得磁场，这也表明细导线的 $\boldsymbol{H}$ 没有 z 分量。

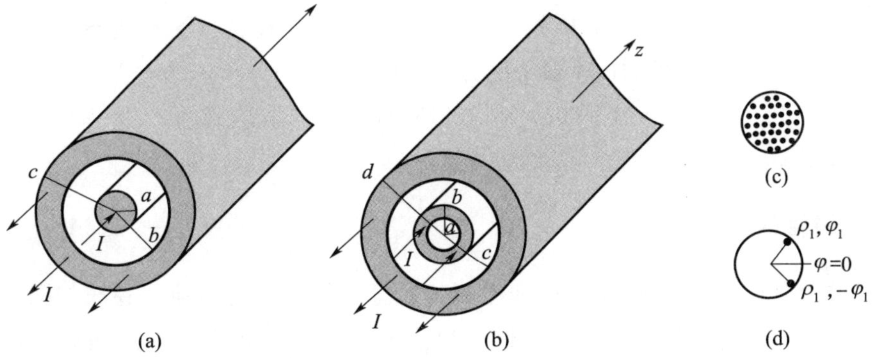

图 11－10 同轴电缆几何外形：(a) 实心内导线；(b) 空心内导线；(c) 构成截面的线元；(d) 线元的对称性

图 11－10（d）为位于（ρ_1，φ_1）和（ρ_1，$-\varphi_1$）的两根对称放置的细导线，其中一根细导线磁场的任何 ρ 分量都会与另一根细导线磁场的 ρ 分量相抵消。如果我们考虑整个导线中类似的对称分布细导线，则可以得到 $H_\rho=0$。因此，只有随半径 ρ 变化的 H_φ 分量存在。这个分量可以采用方程（11－18）分步骤得到。因为我们选择的闭合回路半径不同，包含的电流量不同，所以这些步骤是必需的。在实心内导线情况下，包围的电流和产生的磁场分量可以按下列步骤得到：

1）如果选择闭合回路的半径 ρ 小于内导线的外半径 a，则包围的电流将明显小于内导线所携带的总电流 I。因此，包围的电流 I_{enclosed} 和在 $\rho\leqslant a$ 域内的场分量 H_φ 可以写为

$$I_{\text{enclosed}}=I\cdot\frac{\rho^2}{a^2} \tag{11-49a}$$

$$H_\varphi=\frac{I_{\text{enclosed}}}{2\pi\rho}=\frac{I\cdot\rho}{2\pi\cdot a^2} \tag{11-49b}$$

2）如果闭合回路的半径 ρ 小于外导线的内半径 b，大于内导体的外半径 a，则包围的电流和磁场分量为

$$\left.\begin{aligned}I_{\text{enclosed}}&=I\\H_\varphi&=\frac{I_{\text{enclosed}}}{2\pi\rho}=\frac{I}{2\pi\rho}\end{aligned}\right\}\quad(a\leqslant\rho\leqslant b)\qquad\begin{aligned}&(11-50\text{a})\\&(11-50\text{b})\end{aligned}$$

3）如果闭合回路的半径 ρ 大于外导线的内半径 b，小于外导线的外半径 c，则将包围内导线的电流 I 和部分流过外导线的电流。由于内导线和外导线的电流方向相反，因此净电流小于 I。封闭的电流和 H_φ 为

$$\left.\begin{aligned} I_{\text{enclosed}} &= I\,\frac{c^2-\rho^2}{c^2-b^2} \quad (11-51\text{a}) \\ H_{\varphi} &= \frac{I}{2\pi\rho}\,\frac{c^2-\rho^2}{c^2-b^2} \quad (11-51\text{b}) \end{aligned}\right\} \quad (b \leqslant \rho \leqslant c)$$

4）如果闭合回路的半径 ρ 大于外导线的半径 c，则回路包围了大小相等、方向相反的两个电流。因此，包围的总电流为零，因此 H_{φ} 也为零。

5）由于 $\boldsymbol{H}$ 与包围的 I_{enclosed} 直接相关，当 $I_{\text{enclosed}}=0$ 时 $\boldsymbol{H}$ 为零。在内导线是空心的情况下，如果半径 ρ 小于内导线的内半径，$I_{\text{enclosed}}=0$。

根据方程（11－49b）、（11－50b）和（11－51b），选取适当的 a、b 和 c 的值，就可以给出 H_{φ} 的变化。

11.4.4　螺线管的磁场

我们考虑图 11－9（a）所示的平面电流片尺寸有限大，将电流片卷成如图 11－11（a）所示的圆柱形结构。图 11－11（a）中也给出了坐标轴适当改变后，卷曲后的面电流密度 $\boldsymbol{K}$。这种构型可以用导线制作类似弹簧的圆柱体结构来近似，如图 11－11（b）所示。这两种构型都称为螺线管。

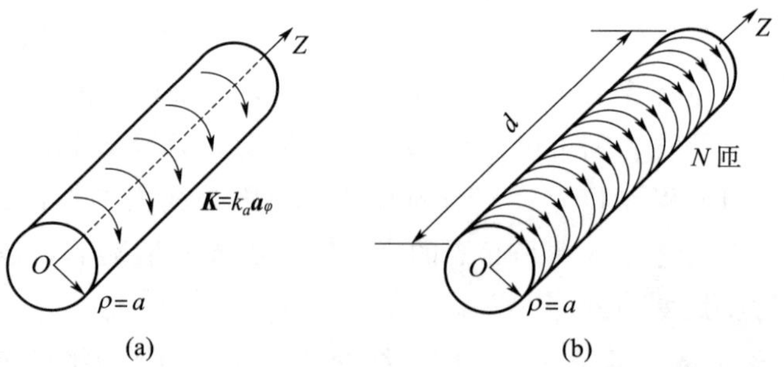

图 11－11　（a）用电流片制作的螺线管；（b）用导线制作的螺线管

根据螺线管芯的长度，螺线管可以分为长（或无限长）螺线管或短（有限长）螺线管。长螺线管如图 11－12（a）所示，短螺线管如图 11－12（b）所示。长螺线管中的磁场几乎均匀地集中在螺线管的中心，在两端几乎没有发散，外面的磁场几乎可以忽略不计。如果螺线管无限长，磁场的计算会变得很容易。对于短螺线管，磁力线在两端是发散的。因此，长度越短，磁力线越发散 。

如果将图 11－11（b）的导线缠绕在圆柱形铁芯上，使其结构为图 11－12（c）的形式，则这种构型称为铁芯螺线管。如果线圈内没有芯，则称为空心螺线管。与空心相比，铁芯会大大增强螺线管的磁场。由于铁芯螺线管在线圈内产生强磁场，因而是最常用的一种螺线管。电磁体通常是铁芯螺线管。需要指出，螺线管中电流产生的磁场与条形磁体产生的磁场类似。同一根导线在圆柱体上绕多圈，磁场就会变得相当强。螺线管也可以由相互靠近的若干环组成。

图 11－11（a）所示的螺线管内的磁场强度 $\boldsymbol{H}$ 为

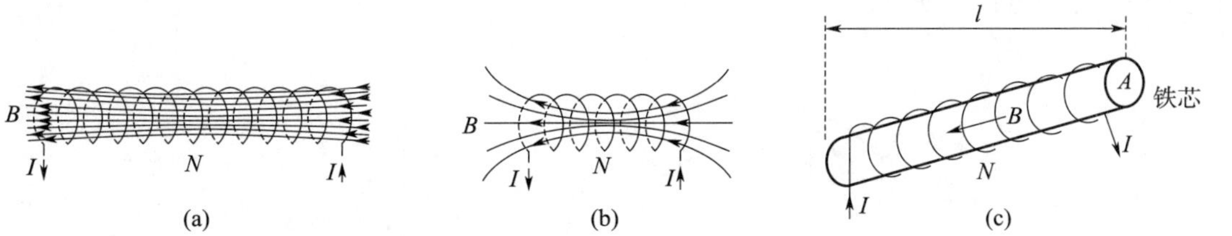

图 11-12　(a) 空心长螺线管；(b) 空心短螺线管；(c) 铁芯的长螺线管

$$\boldsymbol{H}=k_a\boldsymbol{a}_z \quad (\rho<a) \tag{11-52a}$$

$$\boldsymbol{H}=0 \quad (\rho>a) \tag{11-52b}$$

式中，a 是图中所示的直径，k_a 为面电流密度。

图 11-11 (b) 所示情况下的螺线管磁场强度 $\boldsymbol{H}$ 为

$$\boldsymbol{H}=\frac{NI}{d}\boldsymbol{a}_z \quad (\rho<a) \tag{11-52c}$$

$$\boldsymbol{H}=0 \quad (\rho>a) \tag{11-52d}$$

式中，I 是电流，N 是线圈的匝数。

螺线管内部的磁场与施加的电流和单位长度的线圈匝数成正比。磁场强度与螺线管的直径无关，也与螺线管内的位置无关，即，螺线管内部的磁场是常数。根据方程 (11-52c)，如果 $I=0$，则 $\boldsymbol{H}$ 为零。方程 (11-52) 适用于长螺线管，不适用于小的空心线圈。

11.4.5　螺线环的磁场

当图 11-11 (a) 或图 11-11 (b) 的螺线管卷成环状，呈圆形，称为螺线环。图 11-13 (a) 和图 11-13 (b) 是两个螺线环的示意图，图中给出了面电流密度 $\boldsymbol{K}$ 和相关尺寸参数。需要指出，在实际应用中，图 11-13 (b) 的螺线环更常用。螺线环的截面可以是圆形，也可以是矩形。

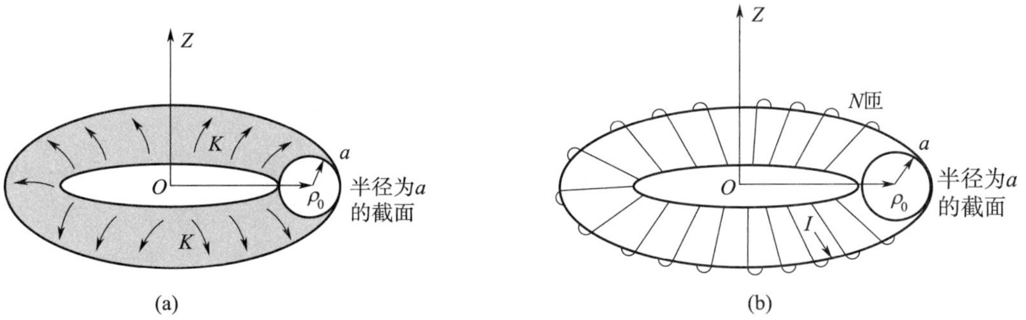

图 11-13　(a) 电流片制成的螺线环；(b) 导线制成的螺线环

图 11-14 给出了一个螺线环及其尺寸参数，也给出了在圆芯中输入和输出电流 I 的方向和磁通密度 $\boldsymbol{B}$ 的方向，导线缠绕铁芯 N 圈。螺线环的所有导线回路都对螺线环内的同方向磁场有贡献。磁场的方向可以用右手法则确定，通过检测单个电流回路的磁场可以

得到每个回路的磁场细节。

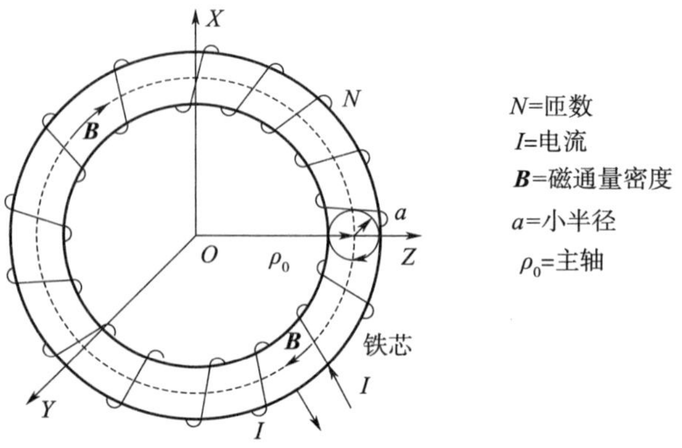

图 11-14　具有尺寸及其他参数的螺线环

如果在 $\rho=\rho_0-a$，$z=0$ 处，面电流密度 $\boldsymbol{K}=k_a\boldsymbol{a}_z$，则图 11-13（a）所示螺线环的磁场强度 $\boldsymbol{H}$ 为

$$\boldsymbol{H}=k_a\frac{\rho_0-a}{\rho}\boldsymbol{a}_\varphi \quad \text{（环形圈内）} \tag{11-53a}$$

$$\boldsymbol{H}=0 \quad \text{（外面）} \tag{11-53b}$$

式中，a、ρ_0 和 k_a 如图中的标注。

则图 11-13（b）所示螺线环的磁场强度 $\boldsymbol{H}$ 为

$$\boldsymbol{H}=\frac{NI}{2\pi\rho}\boldsymbol{a}_\varphi \quad \text{（螺旋管内）} \tag{11-53c}$$

$$\boldsymbol{H}=0 \quad \text{（外面）} \tag{11-53d}$$

式中，电流 I 和线圈的匝数 N 如图所示。

同样，在没有电流的地方磁场变为零。因此，在螺线环芯之外磁场为零。

如前所述，螺线管和螺线环（通常为导线制作）是最常用的。由于可以是空气芯或铁芯，方程（11-52c）和（11-53c）可以乘以 μ 或 μ_0（视情况而定）得到磁通量密度 $\boldsymbol{B}$

$$\boldsymbol{B}=\mu\frac{NI}{2\pi\rho}\boldsymbol{a}_\varphi \quad \text{（螺旋管内）} \tag{11-54a}$$

$$\boldsymbol{B}=\mu\frac{NI}{2\pi\rho}\boldsymbol{a}_z \quad \text{（环形体 } \rho<a\text{）} \tag{11-54b}$$

11.5　磁势

本节介绍标量磁势和矢量磁势。标量磁势可以类比于静电场中的标量电势，而在静电场中不存在与矢量磁势相类比的量。这是因为标量电势只能在无源区（即无电荷区域）定义，而矢量磁势可以在有电流源的区域内定义。

11.5.1　标量磁势

类似于电场 $\boldsymbol{E}$ 与标量电势 V 之间的关系 $\boldsymbol{E}=-\nabla V$，由关系式 $\boldsymbol{H}=-\nabla \boldsymbol{\mathcal{V}}$ 可定义标量磁势 $\boldsymbol{\mathcal{V}}$。由此得到关系式 $\boldsymbol{J}=\nabla\times\boldsymbol{H}=-\nabla\times\nabla\boldsymbol{\mathcal{V}}\equiv 0$，即标量磁势 $\boldsymbol{\mathcal{V}}$ 仅定义在电流密度为零（无电流区域）的地方。对于那些载流导体只占所研究区域很小部分的磁场问题，引入势垒面的标量磁势概念显得十分有用，因为标量磁势满足拉普拉斯方程。标量磁势也适用于永磁体。标量磁势的单位是安培。与标量电势 V 不同，$\boldsymbol{\mathcal{V}}$ 并不总是单值函数。因此，标量磁势并不总是保守场，而 V 是一个保守场。下面几小节将讨论标量磁势的数学描述。

11.5.1.1　数学描述

根据方程（11 - 1），对于均匀区域，方程（11 - 30）可写为

$$\nabla\cdot\boldsymbol{H}=0 \tag{11-55}$$

将方程（11 - 24）两端取旋度，用 $\boldsymbol{J}_0$ 取代 $\boldsymbol{J}$ 并应用由方程（4 - 41d）给出的矢量恒等式，则对于均匀区域

$$\nabla\times\nabla\times\boldsymbol{H}\equiv\nabla(\nabla\cdot\boldsymbol{H})-\nabla^2\boldsymbol{H}=\nabla\times\boldsymbol{J}_0 \tag{11-56}$$

因此，根据方程（11 - 55），方程（11 - 56）变为

$$\nabla^2\boldsymbol{H}=-\nabla\times\boldsymbol{J}_0 \tag{11-57}$$

11.5.1.2　定义关系式

对于给定的稳恒电流密度分布 $\boldsymbol{J}_0$，泊松方程需要求解矢量 $\boldsymbol{H}$ 的三个分量。在静电场中，由于 $\boldsymbol{E}$ 的旋度为零，我们能够定义标量电势 V。在磁场中［见方程（11 - 24）］，磁场强度的旋度一般不为零。因此，**仅在无电流区域可定义**标量磁势 $\mathcal{V}$ 为

$$\boldsymbol{H}\overset{\text{def}}{=\!=}-\nabla\boldsymbol{\mathcal{V}} \tag{11-58}$$

只要区域内无电流，电流密度 $\boldsymbol{J}$ 或 $\boldsymbol{J}_0$ 为零，这个定义同样满足方程（11 - 24）。

11.5.1.3　拉普拉斯方程

如果我们在方程（11 - 58）两边取散度，利用方程（4 - 40d）和方程（11 - 55）给出的恒等式，可以得到拉普拉斯方程

$$\nabla^2\boldsymbol{\mathcal{V}}=0 \tag{11-59}$$

因此，我们可以得出这样的结论：对于**无电流区域**，拉普拉斯方程的一个解给出了标量磁势的分布，利用方程（11 - 59）可以很容易求出该区域的磁场强度。当求解单个标量函数问题时，采用这样的处理能使问题得到简化。然而，这种方法的用途有限，因为不适用于载流区域。

11.5.1.4　多值性

图 11 - 15 为同轴电缆横截面图，同轴电缆的内导线外径为 a，外导线内径为 b，外导线外径为 c，该图可以用于解释标量磁势的多值性。内导线在正 z 方向上承载电流 I，外导线在负 z 方向上承载电流 I。将前面得到的两导线之间的场 $\boldsymbol{H}$ 以修正的形式写出

$$\boldsymbol{H}=\frac{I}{2\pi\cdot\rho}\boldsymbol{a}_\varphi\quad(a\leqslant\rho\leqslant b) \tag{11-60}$$

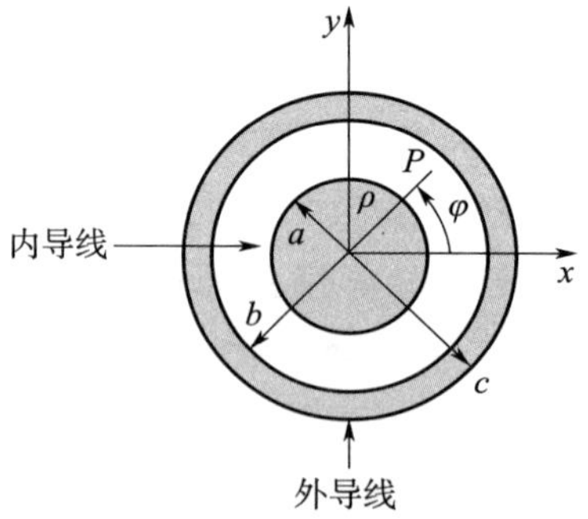

图 11－15 同轴电缆的截面

根据方程（11－60）和（11－59）可以得到

$$\frac{I}{2\pi\rho}=-\nabla \mathcal{V}|_{\varphi}=-\frac{1}{\rho}\frac{\partial \mathcal{V}}{\partial\varphi} \tag{11-61a}$$

$$\frac{\partial \mathcal{V}}{\partial\varphi}=\frac{\mathrm{d}\mathcal{V}}{\mathrm{d}\varphi}=-\frac{I}{2\pi} \tag{11-61b}$$

将方程（11－61b）两端对 φ 积分，得到

$$\mathcal{V}=k-\frac{I}{2\pi}\cdot\varphi \tag{11-62a}$$

在某些 φ 的参考值下使 $\mathcal{V}=0$，可以求得积分常数 k 值。在 $\varphi=0$ 时取 $\mathcal{V}$ 为零，有 $k=0$，则方程（11－62a）可简化为

$$\mathcal{V}=-\frac{I}{2\pi}\cdot\varphi \tag{11-62b}$$

在内导线和外导线之间的任意点 $P(\rho,\varphi)$，只要简单地用 φ 值代入，就可以很容易地得到标量磁势 $\mathcal{V}$。然而，方程（11－62b）导致了一种特殊情况。通过代入 $\varphi=\pi/4$，$5\pi/4$，$9\pi/4$ 等可以看出这种特殊性。这些 φ 值代入方程后会得到不同的 $\mathcal{V}$ 值，而这些 φ 值都属于同一点 P，这表明 $\mathcal{V}$ 不是单值函数。

11.5.1.5 $\mathcal{V}$ 为单值的条件

比较以前导出的静电场和静磁场的对应关系式，可以理解 $\mathcal{V}$ 的多值性。这些关系式是

$$\nabla\times\boldsymbol{E}=\boldsymbol{0} \quad（静电场） \tag{11-25}$$

$$\nabla\times\boldsymbol{H}=\boldsymbol{J} \quad（静磁场） \tag{11-24}$$

这些关系式可以从下面方程导出

$$\oint\boldsymbol{E}\cdot\mathrm{d}\boldsymbol{\ell}=0 \quad（静电场） \tag{7-1}$$

$$\oint\boldsymbol{H}\cdot\mathrm{d}\boldsymbol{\ell}=I \quad（静磁场） \tag{11-19}$$

在静电场情况下，A 和 B 两点之间的电势差为

$$V_{AB}=V_A-V_B=\int_A^B\boldsymbol{E}\cdot\mathrm{d}\boldsymbol{\ell} \tag{7-8}$$

根据方程（11－19），静磁场不存在这种关系。由方程（11－62b）可知，所包围的电流随 φ 值的增大而增大。然而，通过在 A 和 B 之间的某个适当位置的闭合路径上建立势垒，可以得到单值 $\mathcal{V}$ 。因此，在没有越过势垒的情况下，点与点之间的标量磁势可以写为

$$\mathcal{V}_{AB}=\int_A^B \boldsymbol{H}\cdot \mathrm{d}\boldsymbol{\ell} \tag{11-63}$$

表 11－1 总结了标量电势和标量磁势的描述和数学关系。

表 11－1　标量电势和标量磁势的比较

	标量电势	标量磁势
使用符号	V	$\mathcal{V}$
单位	伏特	安培
定义的区域	有电荷或无电荷	无电流
定义的关系式	$\boldsymbol{E} \overset{\text{def}}{=\!=} -\nabla V$	$\boldsymbol{H} \overset{\text{def}}{=\!=} -\nabla \mathcal{V}$
满足的方程	泊松方程（$\nabla^2 V=-\rho/\varepsilon$） 拉普拉斯方程（$\nabla^2 V=0$）	拉普拉斯方程（$\nabla^2 \mathcal{V}=0$）
场的性质	单值	多值
场的类型	保守场	非保守场

11.5.2　矢量磁势

矢量磁势 $\boldsymbol{A}$ 由关系式 $\boldsymbol{B} \overset{\text{def}}{=\!=} \nabla\times\boldsymbol{A}$ 定义［方程（11－28）］。因为矢量 $\boldsymbol{D}$ 的散度一般不为零，所以没有定义矢量电势。矢量磁势可以同时定义在无电流区和载流区。在分析辐射和其他时变问题时，一般将矢量磁势作为出发点。在无电流区域，矢量磁势满足拉普拉斯方程，而在有电流密度区域，满足泊松方程。矢量磁势的单位为安培。下面讨论矢量磁势的数学描述。

11.5.2.1　数学描述

前面已经指出，对于给定区域内的**静电场**，电场强度的旋度为零与该区域内是否存在源（即电荷分布）无关。正是这个事实使得我们能够定义电势 V 。对于给定区域的静磁场，只有当该区域的电流分布为零时，即场源在其他区域，磁场强度的旋度才为零。这就限制了静磁势 $\mathcal{V}$ 的可用性。因此需要定义另一种磁势，使得无论该区域的电流分布是否存在，都可以使用这种磁势。我们发现磁通密度的散度**毫无例外地**为零（即使对时变场也如此），让我们来尝试利用这一事实。对于任意矢量 $\boldsymbol{A}$，考虑矢量恒等式

$$\nabla\cdot(\nabla\times\boldsymbol{A})\equiv 0 \tag{11-64}$$

将此恒等式与方程（11－30）（$\nabla\cdot\boldsymbol{B}=0$）进行比较，发现能够通过方程（11－28）（$\boldsymbol{B} \overset{\text{def}}{=\!=} \nabla\times\boldsymbol{A}$）来定义矢量磁势 $\boldsymbol{A}$ 。将该方程重写为

$$\nabla\times\boldsymbol{A} \overset{\text{def}}{=\!=} \boldsymbol{B} \tag{11-65a}$$

因此，根据方程（11－1）（$\boldsymbol{B}=\mu\boldsymbol{H}$）有

$$\nabla\times\boldsymbol{A} \overset{\text{def}}{=\!=} \mu\boldsymbol{H} \tag{11-65b}$$

现在，将此方程两端取旋度，然后应用恒等式，有

$$\nabla\times\nabla\times\boldsymbol{A}\equiv\nabla(\nabla\cdot A)-\nabla^2\boldsymbol{A} \tag{11-66}$$

因此，根据方程（11－24）和（11－65b），可以得到

$$\nabla^2\boldsymbol{A}=\nabla(\nabla\cdot\boldsymbol{A})-\nabla\times(\mu\boldsymbol{H})=\nabla(\nabla\cdot\boldsymbol{A})-\mu(\nabla\times\boldsymbol{H}) \tag{11-67a}$$

因此

$$\nabla^2\boldsymbol{A}=\nabla(\nabla\cdot\boldsymbol{A})-\mu\boldsymbol{J}_0 \tag{11-67b}$$

到目前为止，我们已经通过方程（11－65）定义了矢量$\boldsymbol{A}$。然而，这个方程并不能唯一地定义矢量磁势$\boldsymbol{A}$。有一个矢量定理为**亥姆霍兹定理**，该定理指出，要定义唯一一个矢量，必须同时定义它的旋度和散度。在这一点上，我们重申，引入中间（矢量）函数$\boldsymbol{A}$的目的，只是为了使磁场$\boldsymbol{B}$或$\boldsymbol{H}$的计算简单。只要这个矢量满足方程（11－67b），我们就可以用方程（11－65a）和（11－66）来确定磁场。方程（11－67b）的解是否唯一无关紧要。显然，方程（11－67b）的解比原方程（11－58）的解更复杂。由于矢量$\boldsymbol{A}$的唯一定义更多是数学上的要求，我们利用这一点，通过选择$\boldsymbol{A}$的散度来简化方程（11－67b）。粗略观察，似乎定义

$$\nabla\cdot\boldsymbol{A}\underline{\underline{\mathrm{def}}}\,0 \tag{11-68}$$

是个好思路。因此，方程（11－67b）可简化为

$$\nabla^2\boldsymbol{A}=-\mu\boldsymbol{J}_0 \tag{11-69}$$

由于无电流区域$\boldsymbol{J}_0$为零，因此方程（11－69）可简化为

$$\nabla^2\cdot\boldsymbol{A}=0 \tag{11-70}$$

事实上，方程（11－70）比方程（11－57）简单一些。由方程（11－65a）和（11－68）定义的中间矢量函数$\boldsymbol{A}$称为静磁场的**矢量磁势**。该矢量磁势被广泛应用于确定两维磁场问题，其中该矢量只有一个分量存在。虽然这个方程是针对稳恒磁场导出的，但也可用于低时变场（例如，电源频率下），获得可接受的合理近似解。后面将看到，在研究一般时变电磁场（例如，高频率下）时，我们对矢量磁势散度选择了不同定义。

11.6 稳恒磁场定律的验证

通过方程（11－65a）和（11－65b）可以看出，$\boldsymbol{A}$的旋度与$\boldsymbol{B}$或$\boldsymbol{H}$有关。此外，方程（11－16）给出的载流长导线的$\boldsymbol{H}$可以用这些关系式来替换，得到的方程为

$$\nabla\times\boldsymbol{A}=\frac{\mu_0 I}{2\pi\rho}\boldsymbol{a}_\varphi \tag{11-71}$$

可以看出，即使方程（11－71）右边的所有参数都已知，也很难计算出$\boldsymbol{A}$的值。因此，可以在特定的边界条件下求解泊松方程（11－69），也可通过满足基本磁场定律的表达式获得$\boldsymbol{A}$的值。这种表达式通常用线积分、面积分和体积分来表达，都与相应的源相关。根据方程（11－8）（$I\cdot\mathrm{d}\boldsymbol{L}=\boldsymbol{K}\mathrm{d}s=\boldsymbol{J}\mathrm{d}v$）得到

$$\boldsymbol{A}=\int_L\frac{\mu_0 I}{4\pi R}\mathrm{d}\boldsymbol{L} \tag{11-72a}$$

$$\boldsymbol{A}=\iint_S \frac{\mu_0 \boldsymbol{K}}{4\pi R}\mathrm{d}s \tag{11-72b}$$

$$\boldsymbol{A}=\iiint_v \frac{\mu_0 \boldsymbol{J}}{4\pi R}\mathrm{d}v \tag{11-72c}$$

在接下来的两小节中，我们将证明方程（11－72）满足毕奥-萨伐尔定律和安培环路定律。

11.6.1　毕奥-萨伐尔定律的验证

图 11－16 为自由空间（$\mu=\mu_0$）中分别位于 $P_1(x_1, y_1, z_1)$ 和 $P_2(x_2, y_2, z_2)$ 的两个体积元 $\mathrm{d}v_1=\mathrm{d}x_1\mathrm{d}y_1\mathrm{d}z_1$ 和 $\mathrm{d}v_2=\mathrm{d}x_2\mathrm{d}y_2\mathrm{d}z_2$ 示意图。体积 $\mathrm{d}v_1$ 中的 P_1 点处电流密度 $\boldsymbol{J}_1$ 导致体积 $\mathrm{d}v_2$ 中的 P_2 点处产生矢量磁势 $\mathrm{d}\boldsymbol{A}_2$。通过方程（11－72c），体积 v_1 中分布的电流产生的矢量磁势 $\boldsymbol{A}_2$ 可以写为

$$\boldsymbol{A}_2=\iiint_{v_1} \frac{\mu_0 \boldsymbol{J}_1}{4\pi R_{12}}\mathrm{d}v_1 \tag{11-73}$$

根据方程（11－1）（$\boldsymbol{B}=\mu\boldsymbol{H}$）和方程（11－65a）（$\nabla\times\boldsymbol{A}\overset{\text{def}}{=\!=}\boldsymbol{B}$），$\boldsymbol{H}$ 可以写为

$$\boldsymbol{H}=\frac{\boldsymbol{B}}{\mu_0}=\frac{\nabla\times\boldsymbol{A}}{\mu_0} \tag{11-74}$$

根据方程（11－73）和（11－74）

$$\boldsymbol{H}_2=\frac{\nabla_2\times\boldsymbol{A}_2}{\mu_0}=\nabla_2\times\iiint_{v_1}\frac{\boldsymbol{J}_1}{4\pi R_{12}}\mathrm{d}v_1=\frac{1}{4\pi}\iiint_{v_1}\left[\nabla_2\times\left(\frac{\boldsymbol{J}_1}{R_{12}}\right)\right]\mathrm{d}v_1 \tag{11-75}$$

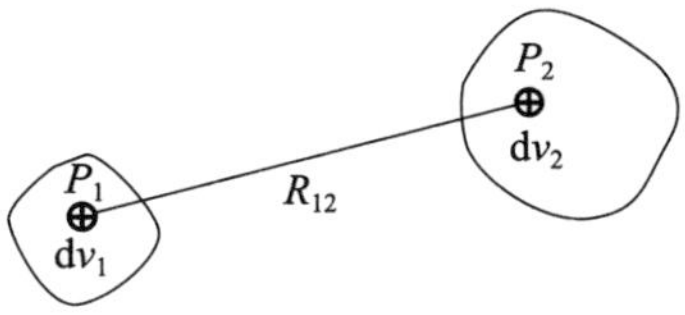

图 11－16　两个相距较远的体积元

方程（11－75）中括号项内包含矢量 $\boldsymbol{J}_1$ 和标量 R_{12}。该方程可以应用恒等式方程（4－41b）改写，该恒等式给出了标量和矢量乘积的旋度

$$\nabla\times(S\cdot\boldsymbol{V})\equiv(\nabla S)\times\boldsymbol{V}+S\cdot(\nabla\times\boldsymbol{V}) \tag{11-76}$$

修改后的方程（11－75）为

$$\boldsymbol{H}_2=\frac{1}{4\pi}\iiint_{v_1}\left\{\left[\nabla_2\left(\frac{1}{R_{12}}\right)\right]\times\boldsymbol{J}_1+\left(\frac{1}{R_{12}}\right)\cdot(\nabla_2\times\boldsymbol{J}_1)\right\}\mathrm{d}v_1 \tag{11-77}$$

在方程（11－77）中，由于 $\boldsymbol{J}_1$ 是 x_1、y_1、z_1 的函数，而 ∇_2 作用于 x_2、y_2、z_2，第二项变为零。因此，方程（11－77）简化为

$$\boldsymbol{H}_2=\frac{1}{4\pi}\iiint_{v_1}\left\{\left[\nabla_2\left(\frac{1}{R_{12}}\right)\right]\times\boldsymbol{J}_1\right\}\mathrm{d}v_1 \tag{11-78}$$

根据图 11－16，有

$$\boldsymbol{R}_{12}=(x_2-x_1)\boldsymbol{a}_x+(y_2-y_1)\boldsymbol{a}_y+(z_2-z_1)\boldsymbol{a}_z \tag{11-79a}$$

$$R_{12}=|\boldsymbol{R}_{12}|=\sqrt{(x_2-x_1)^2+(y_2-y_1)^2+(z_2-z_1)^2} \tag{11-79b}$$

和

$$\boldsymbol{a}_{R_{12}}=\frac{\boldsymbol{R}_{12}}{|\boldsymbol{R}_{12}|}=\frac{(x_2-x_1)\boldsymbol{a}_x+(y_2-y_1)\boldsymbol{a}_y+(z_2-z_1)\boldsymbol{a}_z}{\sqrt{(x_2-x_1)^2+(y_2-y_1)^2+(z_2-z_1)^2}} \tag{11-79c}$$

方程（11－78）中 $1/R_{12}$ 的梯度可以写为

$$\nabla_2\left(\frac{1}{R_{12}}\right)=-\frac{1}{R_{12}^2}\cdot(\nabla_2 R_{12})=-\frac{1}{R_{12}^2}\frac{\boldsymbol{R}_{12}}{R_{12}}=-\frac{1}{R_{12}^2}\boldsymbol{a}_{R_{12}} \tag{11-80}$$

将方程（11－80）代入方程（11－78）中，得到

$$\boldsymbol{H}_2=-\frac{1}{4\pi}\iiint_{v_1}\left[\boldsymbol{a}_{R_{12}}\times\frac{\boldsymbol{J}_1}{R_{12}^2}\right]\mathrm{d}v_1=\iiint_{v_1}\left[(\boldsymbol{J}_1\cdot\mathrm{d}v_1)\times\frac{\boldsymbol{a}_{R_{12}}}{4\pi R_{12}^2}\right] \tag{11-81a}$$

用 $I_1\mathrm{d}\boldsymbol{L}_1$ 替换 $\boldsymbol{J}_1\mathrm{d}v_1$，用沿闭合曲线 C 的线积分替换体积分，得到

$$\boldsymbol{H}_2=\oint_C\left[(I_1\cdot\mathrm{d}\boldsymbol{L}_1)\times\frac{\boldsymbol{a}_{R_{12}}}{4\pi R_{12}^2}\right] \tag{11-81b}$$

将毕奥-萨伐尔定律的数学关系式复制到这里

$$\boldsymbol{H}_2=\oint_C\left[\frac{I_1\cdot\mathrm{d}\boldsymbol{L}_1\times\boldsymbol{a}_{R_{12}}}{4\pi R_{12}^2}\right] \tag{11-3}$$

可以看出，方程（11－81b）与方程（11－3）相同。因此，由方程（11－72）给出的矢量磁势表达式完全满足毕奥-萨伐尔定律。

11.6.2　安培环路定律的验证

点形式的安培环路定律表达式为

$$\nabla\times\boldsymbol{H}=\boldsymbol{J} \tag{11-24}$$

根据方程（11－24）和（11－65a），方程（11－1）的左端可以写为

$$\nabla\times\boldsymbol{H}=\nabla\times\left(\frac{\boldsymbol{B}}{\mu_0}\right)=\frac{1}{\mu_0}(\nabla\times\nabla\times\boldsymbol{A}) \tag{11-82}$$

根据恒等式

$$\nabla\times\nabla\times\boldsymbol{A}\equiv\nabla(\nabla\cdot\boldsymbol{A})-\nabla^2\boldsymbol{A} \tag{11-83}$$

方程（11－82）变为

$$\nabla\times\boldsymbol{H}=\frac{1}{\mu_0}[\nabla(\nabla\cdot\boldsymbol{A})-\nabla^2\boldsymbol{A}] \tag{11-84}$$

方程（11－84）的右边与矢量 $\boldsymbol{A}$ 的散度和矢量 $\boldsymbol{A}$ 拉普拉斯方程相关。下面根据图 11－16 完成这些计算。

11.6.2.1　散度的计算

方程（11－81）给出的 $\boldsymbol{A}_2$ 散度可以写为

$$\nabla_2\cdot\boldsymbol{A}_2=\frac{\mu_0}{4\pi}\iiint_{v_1}\left[\nabla_2\cdot\left(\frac{\boldsymbol{J}_1}{R_{12}}\right)\right]\mathrm{d}v_1 \tag{11-85}$$

根据标量函数 S 和矢量函数 $\boldsymbol{V}$ 的恒等式

$$\nabla\cdot(S\boldsymbol{V})\equiv\boldsymbol{V}\cdot(\nabla S)+S(\nabla\cdot\boldsymbol{V}) \tag{11-86}$$

方程（11－85）可以写为

$$\nabla_2\cdot\boldsymbol{A}_2=\frac{\mu_0}{4\pi}\iiint_{v_1}\left\{J_1\cdot\left[\nabla_2\left(\frac{1}{R_{12}}\right)\right]+\frac{1}{R_{12}}(\nabla_2\cdot\boldsymbol{J}_1)\right\}\mathrm{d}v_1 \tag{11-87a}$$

在方程（11－87a）中，由于 $\boldsymbol{J}_1$ 是 x_1、y_1、z_1 的函数，而 ∇_2 作用于 x_2、y_2、z_2，第二项变为零。因此，（11－87a）简化为

$$\nabla_2\cdot\boldsymbol{A}_2=\frac{\mu_0}{4\pi}\iiint_{v_1}\left\{\boldsymbol{J}_1\cdot\left[\nabla_2\left(\frac{1}{R_{12}}\right)\right]\right\}\mathrm{d}v_1 \tag{11-87b}$$

方程（11－87b）中的梯度项与方程（11－80）给出的梯度项相同。计算 P_2 点的梯度，得到

$$\nabla_2\left(\frac{1}{R_{12}}\right)=-\frac{1}{R_{12}^2}\cdot\boldsymbol{a}_{R12} \tag{11-87c}$$

如果在 P_1 点计算 $1/R_{12}$ 梯度，则根据方程（11－79），有

$$\nabla_1\left(\frac{1}{R_{12}}\right)=\frac{1}{R_{12}^2}\cdot\boldsymbol{a}_{R12} \tag{11-88}$$

从方程（11－87c）和（11－88）可以得到

$$\nabla_1\left(\frac{1}{R_{12}}\right)=-\nabla_2\left(\frac{1}{R_{12}}\right) \tag{11-89}$$

根据方程（11－89），方程（11－87b）可变为

$$\nabla_2\cdot\boldsymbol{A}_2=-\frac{\mu_0}{4\pi}\iiint_{v_1}\left\{\boldsymbol{J}_1\cdot\left[\nabla_1\left(\frac{1}{R_{12}}\right)\right]\right\}\mathrm{d}v_1 \tag{11-90}$$

方程（11－86）的矢量恒等式可以改为下列形式

$$\boldsymbol{V}\cdot(\nabla S)\equiv\nabla\cdot(S\boldsymbol{V})-S(\nabla\cdot\boldsymbol{V}) \tag{11-91}$$

根据方程（11－91），方程（11－90）可以写为

$$\nabla_2\cdot\boldsymbol{A}_2=\frac{\mu_0}{4\pi}\iiint_{v_1}\left[\left(\frac{1}{R_{12}}\right)\cdot(\nabla_1\cdot\boldsymbol{J}_1)-\nabla_1\cdot\left(\frac{\boldsymbol{J}_1}{R_{12}}\right)\right]\mathrm{d}v_1 \tag{11-92}$$

根据方程（8－23），由于稳恒（时不变）磁场散度项为零，上面方程中的第一个积分项变为零。因此，方程（11－92）可简化为

$$\nabla_2\cdot\boldsymbol{A}_2=-\frac{\mu_0}{4\pi}\iiint_{v_1}\left[\nabla_1\cdot\left(\frac{\boldsymbol{J}_1}{R_{12}}\right)\right]\mathrm{d}v_1 \tag{11-93}$$

方程（11－93）右边应用散度定理有

$$\nabla_2\cdot\boldsymbol{A}_2=-\frac{\mu_0}{4\pi}\oiint_{s1}\left(\frac{1}{R_{12}}\right)\cdot\boldsymbol{J}_1\cdot\mathrm{d}\boldsymbol{s}_1 \tag{11-94a}$$

在方程（11－94a）中，$\boldsymbol{s}_1$ 是包围方程（11－93）中的体积 v_1 的表面。

在 P_2 点的矢量磁势 $\boldsymbol{A}_2$ 是体积 v_1 中的稳恒电流产生，而 v_1 以外的所有电流都假定为零。因此，在边界面 $\boldsymbol{s}_1$ 上的每一点，电流密度 $\boldsymbol{J}_1$ 的法线分量为零。这就使得方程（11－

94a）的右端为零。因此

$$\nabla_2 \cdot \boldsymbol{A}_2 = 0 \tag{11-94b}$$

因此，一般情况下

$$\nabla \cdot \boldsymbol{A} = 0 \tag{11-94c}$$

方程（11－94b）与方程（11－68）是一致的。现在，方程（11－85）可简化为

$$\nabla \times \boldsymbol{H} = -\frac{1}{\mu_0} \nabla^2 \boldsymbol{A} \tag{11-95}$$

因此，对于自由空间，根据方程（11－69）和（11－95），我们得到点形式的安培环路定律

$$\nabla \times \boldsymbol{H} = \boldsymbol{J} \tag{11-24}$$

因此，由方程（11－72）给出的矢量磁势表达式完全满足安培环路定律。

11.6.2.2　矢量 **A** 的拉普拉斯方程计算

矢量 **A** 的拉普拉斯方程可以在笛卡儿坐标下展开为

$$\nabla^2 \boldsymbol{A} = \nabla^2 (A_x \boldsymbol{a}_x + A_y \boldsymbol{a}_y + A_z \boldsymbol{a}_z) = (\nabla^2 A_x)\boldsymbol{a}_x + (\nabla^2 A_y)\boldsymbol{a}_y + (\nabla^2 A_z)\boldsymbol{a}_z \tag{11-96}$$

需要注意，在笛卡儿空间坐标系中，单位矢量是常矢量。方程右端括号项是矢量拉普拉斯算子的标量分量。

让我们来观察方程（7－29）与（11－72c）之间的相似性，将两个方程列于这里

$$V = \iiint_v \frac{\rho}{4\pi\varepsilon_0 \cdot R} \cdot \mathrm{d}v \tag{7-29}$$

$$\boldsymbol{A} = \iiint_v \frac{\mu_0 \cdot \boldsymbol{J}}{4\pi \cdot R} \cdot \mathrm{d}v \tag{11-72c}$$

方程（7－29）中的电势 V 等参数均为标量；方程（11－72c）中的磁势 **A** 和电流密度 **J** 是矢量。因为 **J** 是原因，**A** 是结果，所以 J_x 产生 A_x，J_y 产生 A_y，J_z 产生 A_z 。电流密度 **J** 必须有三个分量才能得到方程（11－95）。由于电势 V 满足泊松方程（$\nabla^2 V = -\rho/\varepsilon$），因此类似要求 **J** 也必须满足泊松方程。

根据方程（11－83）和（11－94c），有 $\nabla \times \boldsymbol{B} \stackrel{\text{def}}{=} \nabla \times \nabla \times \boldsymbol{A} \equiv \nabla(\nabla \cdot \boldsymbol{A}) - \nabla^2 \boldsymbol{A} = -\nabla^2 \boldsymbol{A}$。另外，在自由空间，$\nabla \times \boldsymbol{B} = \mu_0 \nabla \times \boldsymbol{H} = \mu_0 \boldsymbol{J}$ 。因此

$$\nabla^2 \boldsymbol{A} = -\mu_0 \boldsymbol{J} = -\mu_0 (J_x \boldsymbol{a}_x + J\boldsymbol{a}_y + J_z \boldsymbol{a}_z) \tag{11-97}$$

对于时不变场，$\boldsymbol{J} = \boldsymbol{J_0}$，则方程（11－97）与前面导出的方程（11－69）相同。因此，根据方程（11－96），**A** 的各分量满足的泊松方程可以写为

$$\nabla^2 A_x = -\mu_0 J_x \tag{11-98a}$$

$$\nabla^2 A_y = -\mu_0 J_y \tag{11-98b}$$

$$\nabla^2 A_z = -\mu_0 J_x \tag{11-98c}$$

例 11.1　自由空间中位于（3，－4，0）的电流元 $I\Delta L$ 等于 $2\pi\boldsymbol{a}_z(\mu\text{Am})$，求原点处磁场强度增量 $\Delta\boldsymbol{H}$ 。

解：已知源点为（3，－4，0），场点为（0，0，0）。

$$\boldsymbol{R}_{12}=-3\boldsymbol{a}_x+4\boldsymbol{a}_y,\quad |\boldsymbol{R}_{12}|=5,\quad |\boldsymbol{R}_{12}|^2=25$$

$$\boldsymbol{a}_R=\boldsymbol{a}_{R_{12}}=\frac{-3\boldsymbol{a}_x+4\boldsymbol{a}_y}{5}=-0.6\boldsymbol{a}_x+0.8\boldsymbol{a}_y$$

$$\mathrm{d}\boldsymbol{H}_2=\frac{I\mathrm{d}\boldsymbol{L}\times\boldsymbol{a}_R}{4\pi R^2}=\frac{2\pi\boldsymbol{a}_z\times(-0.6\boldsymbol{a}_x+0.8\boldsymbol{a}_y)}{4\pi\times 25}\times 10^{-6}$$

$$=\frac{\boldsymbol{a}_z\times(-0.6\boldsymbol{a}_x+0.8\boldsymbol{a}_y)}{50}\times 10^{-6}=-16\boldsymbol{a}_x-12\boldsymbol{a}_y\text{（单位为 nA/m）}$$

例 11.2　承载 0.5 A 电流的细导线通过（2，－4，0）点，如果该细导线平行于 z 轴并在区间（a）$-3\leqslant z\leqslant 3$，（b）$-\infty\leqslant z\leqslant\infty$，（c）$0\leqslant z\leqslant\infty$，（d）$-\infty\leqslant z\leqslant 0$，求在（0，2，0）点的 $\boldsymbol{H}$。

解：点（2，－4，0）与场点为（0，2，0）之间的距离矢量 $\rho\boldsymbol{a}_\rho$ 为

$$\rho\boldsymbol{a}_\rho=-2a_x+[2-(-4)]\boldsymbol{a}_y=-2a_x+6\boldsymbol{a}_y,\ |\boldsymbol{\rho}|=\sqrt{40},\ \rho^2=40,\ I\mathrm{d}\boldsymbol{L}=0.5\boldsymbol{a}_z$$

从源点 $I\mathrm{d}\boldsymbol{L}$ 指向场点（0，2，0）的矢量 $\boldsymbol{R}_{12}$ 为

$$\boldsymbol{R}_{12}=\rho\boldsymbol{a}_\rho-z\boldsymbol{a}_z,\ |\boldsymbol{R}_{12}|=\sqrt{\rho^2+z^2},\ \boldsymbol{a}_{R_{12}}=\frac{\rho\boldsymbol{a}_\rho-z\boldsymbol{a}_z}{\sqrt{\rho^2+z^2}}=\frac{-2\boldsymbol{a}_x+6\boldsymbol{a}_y-z\boldsymbol{a}_z}{\sqrt{\rho^2+z^2}}$$

$$\boldsymbol{H}=\int\frac{0.5\boldsymbol{a}_z\times(-2\boldsymbol{a}_x+6\boldsymbol{a}_y-z\boldsymbol{a}_z)}{4\pi\ (\rho^2+z^2)^{3/2}}\mathrm{d}z$$

$$=\int\frac{(-\boldsymbol{a}_y-3\boldsymbol{a}_x)}{4\pi\ (\rho^2+z^2)^{3/2}}\mathrm{d}z=-\int\frac{(3\boldsymbol{a}_x+\boldsymbol{a}_y)}{4\pi\ (\rho^2+z^2)^{3/2}}\mathrm{d}z$$

令 $z=\rho\cot\theta$，则 $\cot\theta=\dfrac{z}{\rho}$，$\cos\theta=\dfrac{z}{\sqrt{\rho^2+z^2}}$，$\mathrm{d}z=-\rho\ \csc^2\theta\,\mathrm{d}\theta$

$$\rho^2+z^2=\rho^2(1+\cot^2\theta)=\rho^2\ \csc^2\theta\quad(\rho^2+z^2)^{3/2}=\rho^3\ \csc^3\theta$$

$$\frac{\mathrm{d}z}{(\rho^2+z^2)^{3/2}}=\frac{-\rho\ \csc^2\theta\,\mathrm{d}\theta}{\rho^3\ \csc^3\theta}=-\frac{\sin\theta\,\mathrm{d}\theta}{\rho^2}$$

$$\boldsymbol{H}=-\int\frac{(3\boldsymbol{a}_x+\boldsymbol{a}_y)}{4\pi\ (\rho^2+z^2)^{3/2}}\mathrm{d}z=\int\frac{(3\boldsymbol{a}_x+\boldsymbol{a}_y)}{4\pi}\ \frac{\sin\theta\,\mathrm{d}\theta}{\rho^2}$$

$$=\int\frac{(3\boldsymbol{a}_x+\boldsymbol{a}_y)}{160\pi}\sin\theta\,\mathrm{d}\theta=-\frac{(3\boldsymbol{a}_x+\boldsymbol{a}_y)}{160\pi}\ \cos\theta\,\Big|_a^b$$

当 $z=-\infty$，$\theta=\pi$，$\cos\theta=-1$；当 $z=\infty$，$\theta=0$，$\cos\theta=1$；当 $z=0$，$\theta=\dfrac{\pi}{2}$，$\cos\theta=0$；当 $z=\pm 3$，$\cos\theta=\dfrac{\pm 3}{\sqrt{40+9}}=\pm\dfrac{3}{7}$。

（a）$\boldsymbol{H}=-\dfrac{(3\boldsymbol{a}_x+\boldsymbol{a}_y)}{160\pi}\cos\theta\,\Big|_{-3}^{3}=-\dfrac{(3\boldsymbol{a}_x+\boldsymbol{a}_y)}{160\pi}\ \dfrac{6}{7}\approx-(5.1\boldsymbol{a}_x+1.7\boldsymbol{a}_y)$（单位为 mA/m）

（b）$\boldsymbol{H}=-\dfrac{(3\boldsymbol{a}_x+\boldsymbol{a}_y)}{160\pi}\ \cos\theta\,\Big|_{\pi}^{0}=-2\ \dfrac{(3\boldsymbol{a}_x+\boldsymbol{a}_y)}{160\pi}\approx-(12\boldsymbol{a}_x+4\boldsymbol{a}_y)$（单位为 mA/m）

（c）$\boldsymbol{H}=-\dfrac{(3\boldsymbol{a}_x+\boldsymbol{a}_y)}{160\pi}\ \cos\theta\,\Big|_{\pi}^{\pi/2}=\dfrac{(3\boldsymbol{a}_x+\boldsymbol{a}_y)}{160\pi}\approx(6\boldsymbol{a}_x+2\boldsymbol{a}_y)$（单位为 mA/m）

(d) $\boldsymbol{H}=-\dfrac{(3\boldsymbol{a}_x+\boldsymbol{a}_y)}{160\pi}\cos\theta\Big|_{\pi/2}^{\pi}=-\dfrac{(3\boldsymbol{a}_x+\boldsymbol{a}_y)}{160\pi}\approx-(6\boldsymbol{a}_x+2\boldsymbol{a}_y)$（单位为 mA/m）

例 11.3 在（$z=0$，$y>0$）平面有电流密度为 $K_0\boldsymbol{a}_y$ 的均匀分布的电流，在（$y=0$，$z>0$）有平面电流密度为 $-K_0\boldsymbol{a}_z$ 的均匀分布的电流，其中 K_0 为常数，求各点的磁场强度 $\boldsymbol{H}$。

解： 给定两个电流层的电流密度分布，如图 11－17 所示。

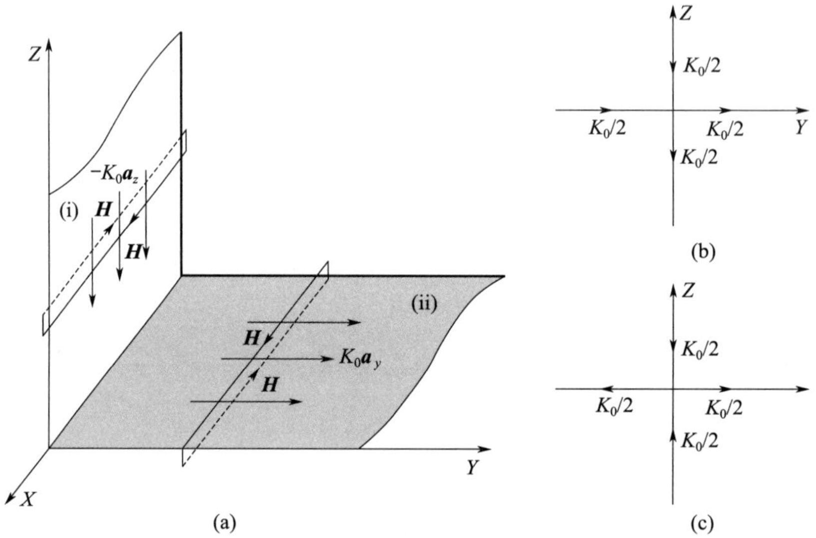

图 11－17　两个均匀分布的电流层

根据方程（11－48c），不同区域的磁场强度 $\boldsymbol{H}$ 为：

电流层（ⅰ）的 $\boldsymbol{H}$：

在电流层右侧：

当 $0<z<\infty$ 时，$\boldsymbol{H}$ 为 $-\dfrac{1}{2}K_0\boldsymbol{a}_z\times\boldsymbol{a}_y=\dfrac{1}{2}K_0\boldsymbol{a}_x$，当 $-\infty<z<0$ 时，$\boldsymbol{H}$ 为 0；

在电流层左侧：

当 $0<z<\infty$ 时，$\boldsymbol{H}$ 为 $-\dfrac{1}{2}K_0\boldsymbol{a}_z\times(-\boldsymbol{a}_y)=-\dfrac{1}{2}K_0\boldsymbol{a}_x$，当 $-\infty<z<0$ 时，$\boldsymbol{H}$ 为 0。

电流层（ⅱ）的 $\boldsymbol{H}$：

在电流层以上：

当 $0<y<\infty$ 时，$\boldsymbol{H}$ 为 $\dfrac{1}{2}K_0\boldsymbol{a}_z\times\boldsymbol{a}_y=\dfrac{1}{2}K_0\boldsymbol{a}_x$，当 $-\infty<y<0$ 时，$\boldsymbol{H}$ 为 0；

在电流层以下：

当 $0<y<\infty$ 时，$\boldsymbol{H}$ 为 $-\dfrac{1}{2}K_0\boldsymbol{a}_z\times(-\boldsymbol{a}_y)=-\dfrac{1}{2}K_0\boldsymbol{a}_x$，当 $-\infty<y<0$ 时，$\boldsymbol{H}$ 为 0。

因此，第一、第二个电流层以及两个电流层共同在不同象限内的磁场强度分量 H_x 为：

象限	电流层ⅰ	电流层ⅱ	两个电流层
Ⅰ($0<y<\infty,0<z<\infty$)	$\frac{1}{2}K_0$	$\frac{1}{2}K_0$	K_0
Ⅱ($-\infty<y<0,0<z<\infty$)	$-\frac{1}{2}K_0$	0	$-\frac{1}{2}K_0$
Ⅲ($-\infty<y<0,-\infty<z<0$)	0	0	0
Ⅳ($0<y<\infty,-\infty<z<0$)	0	$-\frac{1}{2}K_0$	$-\frac{1}{2}K_0$

例 11.4　两根无限长的载流细导线，第一根在 z 轴上沿 $-\boldsymbol{a}_z$ 方向，电流 $I_1=50$ mA；第二根位于 $x=0$，$y=0.01$，沿 $+\boldsymbol{a}_z$ 方向，电流 $I_1=25$ mA，求在 $P(0, 0.008, 0)$ 处 $\boldsymbol{H}$ 的直角分量。

解：令 $\boldsymbol{R}_1$ 为细导线 1［位于（0，0，0）点］至场点（0，0.008，0）的距离矢量，$\boldsymbol{R}_2$ 为细导线 2 在（0，0.01，0）点至相同场点的距离矢量。如图 11－18 所示，根据方程（11－18）

$$\boldsymbol{R}_1=0.008\boldsymbol{a}_y,\boldsymbol{a}_{R_1}=\boldsymbol{a}_y,\boldsymbol{R}_2=-0.002\boldsymbol{a}_y,\boldsymbol{a}_{R_2}=-a_y,\boldsymbol{a}_\varphi=\boldsymbol{a}_y$$

根据方程（11－4），场点的 $\boldsymbol{H}$ 为

$$\boldsymbol{H}=\frac{(l_1\boldsymbol{a}_z)\times\boldsymbol{a}_y}{2\pi R_1^2}+\frac{(l_2\boldsymbol{a}_z)\times(-\boldsymbol{a}_y)}{2\pi R_2^2}=\frac{(50\times10^{-3})\boldsymbol{a}_x}{2\pi\ (8\times10^{-3})^2}+\frac{(-25\times10^{-3})\boldsymbol{a}_x}{2\pi\ (2\times10^{-3})^2}$$

$$=\frac{(50\times10^{-3})\boldsymbol{a}_x}{2\pi\times64\times10^{-6}}-\frac{(25\times10^{-3})\boldsymbol{a}_x}{2\pi\times4\times10^{-6}}$$

$$=(123.449-994.178)\boldsymbol{a}_x=-870.229\boldsymbol{a}_x\text{（单位为 A/m）}$$

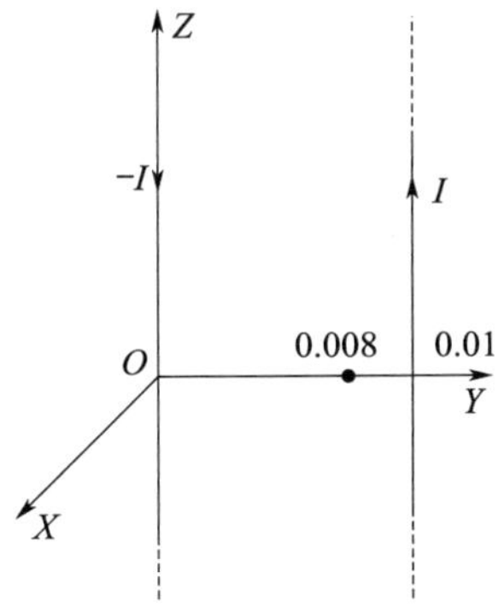

图 11－18　两根无限长细导线

例 11.5　有两个载流薄片，第一个位于 $y=3$ mm，电流密度为 $K_1=8\boldsymbol{a}_x$（单位为 A/m），第二个位于 $y=10$ mm，电流密度为 $K_2=-2\pi a_x$（单位为 A/m），求在 $P(0, 0.007, 0)$ 处 $\boldsymbol{H}$ 的直角分量。

解：图 11－19 为两个载流薄片示意图。

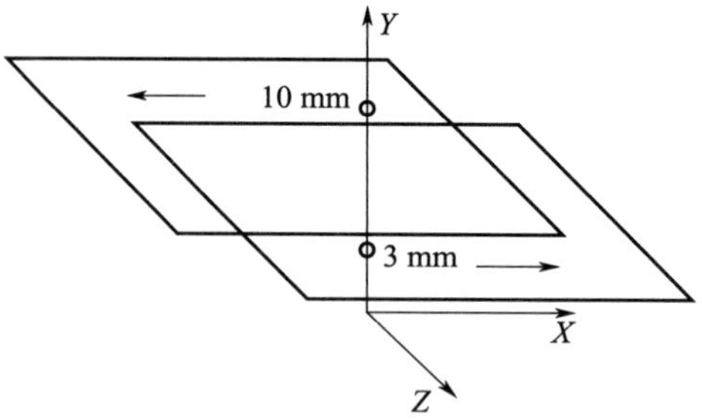

图 11-19　两个载流薄片示意图

根据方程（11-48c），$\boldsymbol{H}=\frac{1}{2}\boldsymbol{K}\times\boldsymbol{a}_n$

由于$\boldsymbol{K}$具有x分量，y垂直于薄片，因此，$y=0.007$位于3 mm和10 mm之间，位于$y=3$ mm的薄片1和位于$y=10$ mm的薄片2产生的磁场为

$$\boldsymbol{H}_1=\frac{1}{2}\boldsymbol{K}_1\times\boldsymbol{a}_n=\left(\frac{1}{2}8\boldsymbol{a}_x\right)\times\boldsymbol{a}_y=4\boldsymbol{a}_z$$

$$\boldsymbol{H}_2=\frac{1}{2}\boldsymbol{K}_2\times\boldsymbol{a}_n=\left[\frac{1}{2}(-2\pi)\boldsymbol{a}_x\right]\times(-\boldsymbol{a}_y)=\pi\boldsymbol{a}_z$$

在$y=0.007$点：$\boldsymbol{H}_1+\boldsymbol{H}_2=(4+3.1415)\boldsymbol{a}_z=3.1415\boldsymbol{a}_z$（单位为A/m）

例 11.6　空心内导线的同轴电缆半径为$a=5$ mm，$b=7$ mm，$c=19$ mm，$d=21$ mm，承载直流电流$I=1000$ A。求每个导线中的$\boldsymbol{H}$和$\boldsymbol{B}$以及导线之间的$\boldsymbol{H}$和$\boldsymbol{B}$。另外，求长度$L=1$ m的总通量：(a) 内导线；(b) 外导线；(c) 导线之间的空间。

解：图 11-20 为同轴电缆的示意图。图中$a=5$ mm，$b=7$ mm，$c=19$ mm，$d=21$ mm，$L=1$ m，$I=1000$ A。

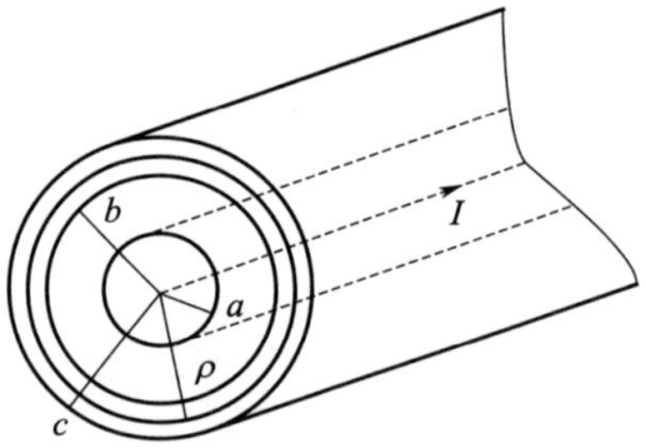

图 11-20　同轴电缆示意图

由于电流沿z方向，$\boldsymbol{H}=H_\varphi\boldsymbol{a}_\varphi$，另外，由于两个导线都是空心的，因此，方程（11-49b）可以改写为：

（a）对于$a\leqslant\rho\leqslant b$，$H_\varphi=\frac{I}{2\pi\cdot\rho}\cdot\frac{\rho^2-a^2}{b^2-a^2}=\frac{I}{2\pi}\left(\frac{\rho}{b^2-a^2}-\frac{1}{\rho}\frac{a^2}{b^2-a^2}\right)=\frac{I}{2\pi(b^2-a^2)}\left(\rho-\frac{a^2}{\rho}\right)$

$$\boldsymbol{H}=\frac{I}{2\pi(b^2-a^2)}\left(\rho-\frac{a^2}{\rho}\right)\boldsymbol{a}_\varphi,\qquad \boldsymbol{B}=\mu\boldsymbol{H}=\frac{\mu_0 I}{2\pi(b^2-a^2)}\left(\rho-\frac{a^2}{\rho}\right)\boldsymbol{a}_\varphi$$

$$\Phi=\int_s\boldsymbol{B}\cdot d\boldsymbol{s}=\int_0^L\int_a^b\frac{\mu_0 I}{2\pi(b^2-a^2)}\left(\rho-\frac{a^2}{\rho}\right)\boldsymbol{a}_\varphi\cdot d\rho dz$$

$$=\frac{\mu_0 I}{2\pi(b^2-a^2)}\int_0^1\int_{5\times10^{-3}}^{7\times10^{-3}}\left(\rho-\frac{a^2}{\rho}\right)d\rho dz$$

$$=\frac{\mu_0 I}{2\pi(b^2-a^2)}\int_{5\times10^{-3}}^{7\times10^{-3}}\left(\rho-\frac{a^2}{\rho}\right)d\rho$$

$$=\frac{4\pi\times10^{-7}\times1000}{2\pi[(7\times10^{-3})^2-(5\times10^{-3})^2]}\left[\frac{\rho^2}{2}-a^2\ln\rho\right]_{5\times10^{-3}}^{7\times10^{-3}}=29.9\ \mu\text{Wb}$$

(b) 对于 $b\leqslant\rho\leqslant c$，$H_\varphi=\dfrac{I}{2\pi\rho}$，$\boldsymbol{H}=\dfrac{I}{2\pi\rho}\boldsymbol{a}_\varphi$，$\boldsymbol{B}=\mu\boldsymbol{H}=\dfrac{\mu_0 I}{2\pi\cdot\rho}\boldsymbol{a}_\varphi$

$$\Phi=\frac{\mu_0 I}{2\pi}\int_0^1\int_{7\times10^{-3}}^{19\times10^{-3}}\frac{1}{\rho}d\rho dz=\frac{4\pi\times10^{-7}\times1000}{2\pi}(\ln\rho)_{7\times10^{-3}}^{19\times10^{-3}}$$

$$=2\times10^{-4}\ln\frac{19}{7}=199.7\ \mu\text{Wb}$$

(c) 对于 $c\leqslant\rho\leqslant d$，$H_\varphi=\dfrac{I}{2\pi\rho}\dfrac{d^2-\rho^2}{d^2-c^2}$，$\boldsymbol{B}=\mu\boldsymbol{H}=\dfrac{\mu_0 I}{2\pi\rho}\dfrac{d^2-\rho^2}{d^2-c^2}\boldsymbol{a}_\varphi$

$$\Phi=\frac{\mu_0 I}{2\pi(d^2-c^2)}\int_0^1\int_{19\times10^{-3}}^{21\times10^{-3}}\left(\frac{d^2}{\rho}-\rho\right)d\rho dz$$

$$=\frac{4\pi\times10^{-7}\times1000}{2\pi\times10^{-6}(21^2-19^2)}\left[441\ln\rho-\frac{\rho^2}{2}\right]_{19\times10^{-3}}^{21\times10^{-3}}=10.342\ \mu\text{Wb}$$

例 11.7　缠绕 N 匝的均匀螺绕环的平均半径为 R，截面径向厚度为 a 和轴向厚度为 b 的矩形。如果螺绕环的电流为 I，求磁场强度 $\boldsymbol{H}$。

解： 根据图 11 - 21，$\boldsymbol{H}$ 仅有 φ 分量。面电流密度如下

当 $\rho=R-\dfrac{a}{2}$ 时，$\boldsymbol{K}=\dfrac{IN}{\pi(2R-a)}\boldsymbol{a}_z$；当 $\rho=R+\dfrac{a}{2}$ 时，$\boldsymbol{K}=-\dfrac{IN}{\pi(2R-a)}\boldsymbol{a}_z$；

当 $z=b$ 时，$\boldsymbol{K}=\dfrac{IN}{2\pi\rho}\boldsymbol{a}_\rho$；当 $z=0$ 时，$\boldsymbol{K}=-\dfrac{IN}{2\pi\rho}\boldsymbol{a}_\rho$。

采用矩形回路，应用安培定律：

当 $\left(R-\dfrac{a}{2}\right)\leqslant\rho\leqslant\left(R+\dfrac{a}{2}\right)$ 且 $0\leqslant z\leqslant b$ 时，$\boldsymbol{H}=\dfrac{IN}{\pi(2R-a)}\boldsymbol{a}_\theta$

当 ρ 和 z 为其他值时，$\boldsymbol{H}=0$。$\boldsymbol{H}$ 与 φ 坐标无关。

例 11.8　两个同轴导电圆柱面放置在 $x-y$ 平面上，以 z 轴为公共轴线，每个圆柱的长度范围为 $0\leqslant z\leqslant\infty$。内圆柱面承载面电流 I 从 $z=\infty$ 流动到 $z=0$。外圆柱面为返回电流的路径，从 $z=0$ 流动到 $z=\infty$。如果圆柱面的半径是 a 和 b，且 $a<b$，求各点的 H。

解： 针对该问题的示意图如图 11 - 22 所示。

应用安培环路定律，可得到解为：

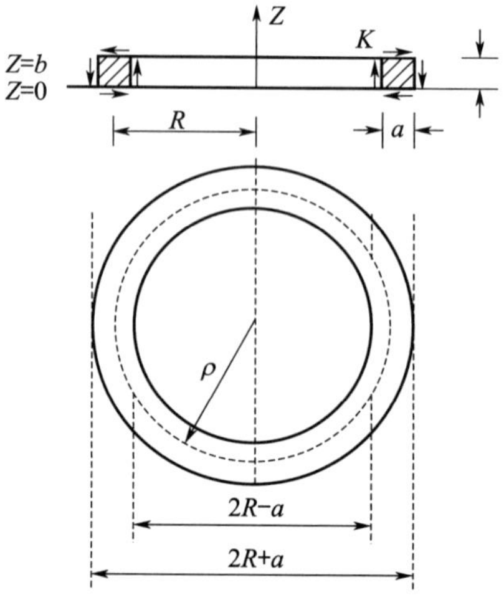

图 11-21　均匀螺绕环示意图

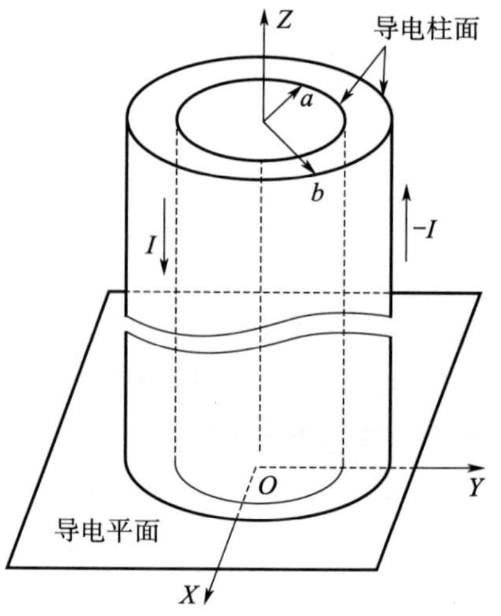

图 11-22　两个无限长的同轴导电圆柱面

当 $\rho < a$ 时，$H=0$；当 $\rho > b$ 时，$H=0$；$z<0$ 时，$H=0$；

当 $z>0$ 且 $a \leqslant \rho \leqslant b$ 时，$H=\dfrac{I}{2\pi\rho}$。

例 11.9　螺绕环 $\rho_0=10$ cm，$a=3$ cm，$K_a=100$ A/m。假设（a）在 $\varphi=0$ 处 $\mathcal{V}=0$，且在 $\varphi=\pi$ 处存在势垒；（b）在 $\varphi=-\dfrac{\pi}{2}$ 处 $\mathcal{V}=0$，在 $\varphi=\pi$ 处存在势垒；（c）在 $\varphi=0$ 处 $\mathcal{V}=0$，且在 $\varphi=0.1\pi$ 处存在势垒。求 $\rho=12$ cm，$\varphi=0.2\pi$，$z=15$ cm 处的标量磁势。

解： 带有相关参数的螺绕环如图 11-23 所示，图 11-24 是更为详细的问题描述示意图。

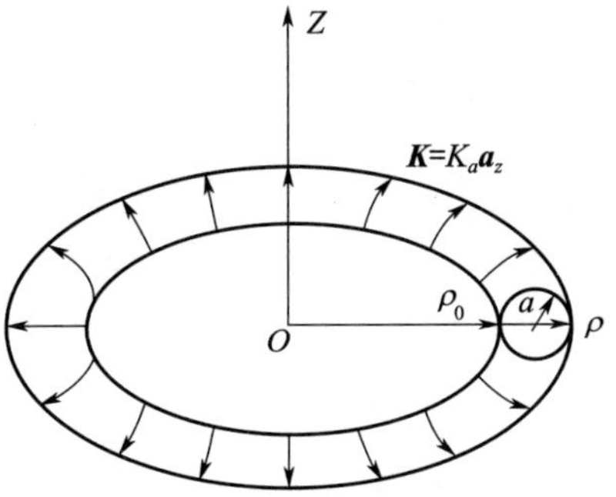

图 11－23　螺绕环示意图

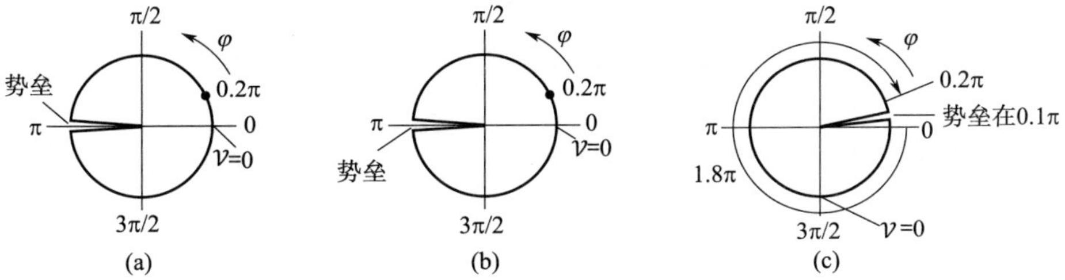

图 11－24　详细的螺绕环示意图

根据方程（11－53）

$$\boldsymbol{H}=K_a\frac{\rho_0-a}{\rho}\boldsymbol{a}_\varphi=100\,\frac{10-3}{12}\boldsymbol{a}_\varphi=\frac{700}{12}\boldsymbol{a}_\varphi$$

$$\boldsymbol{H}=-\nabla\nu|_\varphi=-\frac{1}{\rho}\frac{\partial\nu}{\partial\varphi}$$

$$\frac{\partial\nu}{\partial\varphi}=-\rho H\boldsymbol{a}_\varphi=-(12\times10^{-2})\left(\frac{700}{12}\right)\boldsymbol{a}_\varphi=-7\boldsymbol{a}_\varphi$$

$\nu=-7\varphi+C$，$C=\nu+7\varphi$

（a）当 $\varphi=0$ 时，$\nu=0$，因此 $C=0$，

$\nu|_{\varphi=0.2\pi}=-7\varphi=-7\times0.2\pi=-4.398$ A（势垒在 $\varphi=\pi$）

（b）当 $\varphi=-\dfrac{\pi}{2}$ 时，$\nu=0$，因此 $C=-7\times0.5\pi=-3.5\pi$

$\nu|_{\varphi=0.2\pi}=-7\times0.2\pi-3.5\pi=-15.39$ A（势垒在 $\varphi=\pi$）

（c）当 $\varphi=0$ 时，$\nu=0$，因此 $C=0$

$\nu|_{\varphi=-1.8\pi}=-7(-1.8\pi)=39.58$ A（势垒在 $\varphi=0.1\pi$）

例 11.10　四根半径 1 cm 的导线平行于 z 轴方向，其中两根以（－3，－3）和（3，3）为中心，在 $\boldsymbol{a}_z$ 方向上承载 10 mA 电流；另外两根中心在（－3，3）和（3，－3），承载－10 mA 电流。假设原点处 $\boldsymbol{A}=0$，应用关系式 $A_z=\dfrac{\mu_0 I}{2\pi}\ln\left(\dfrac{b}{\rho}\right)$，并设在 $\rho=b$ 处为零参考点。计算以下各点的矢量磁势 $\boldsymbol{A}$：(a)（2，2，0）；(b)（2，4，0）；(c) 无穷远处。

解：本题的构型如图 11－25 所示。

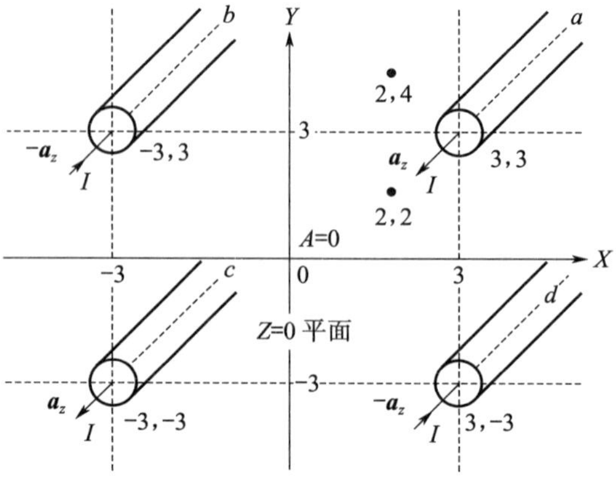

图 11－25　平行于 z 轴的四根导线

已知在坐标系的原点 $\boldsymbol{A}=0$，b 是原点至各导线中心的距离，根据给定的坐标系有

$$b=\sqrt{3^2+3^2}=\sqrt{18}$$

$$A_z=\frac{\mu_0 I}{2\pi}\ln\left(\frac{b}{\rho}\right)=\frac{(4\pi\times10^{-7})\times10\times10^{-3}}{2\pi}\ln\left(\frac{\sqrt{18}}{\rho}\right)=2\times10^{-9}\ln\left(\frac{18}{\rho}\right)$$

(a) 从导线 a、b、c、d 的中心到点 (2，2) 的 ρ 分别为 $\sqrt{2}$、$\sqrt{26}$、$\sqrt{50}$、$\sqrt{26}$，因此，在 (2，2，0) 点

$$A_z=2\times10^{-9}\left[\ln\left(\frac{\sqrt{18}}{\sqrt{2}}\right)+\ln\left(\frac{\sqrt{18}}{\sqrt{26}}\right)+\ln\left(\frac{\sqrt{18}}{\sqrt{50}}\right)+\ln\left(\frac{\sqrt{18}}{\sqrt{26}}\right)\right]=1.914$$

或 $\boldsymbol{A}=1.914\boldsymbol{a}_z$ (单位为 nWb/m)

(b) 从导线 a、b、c、d 的中心到点 (2，4) 的 ρ 分别为 $\sqrt{2}$、$\sqrt{26}$、$\sqrt{74}$、$\sqrt{50}$，因此，在 (2，4，0) 点

$$A_z=2\times10^{-9}\left[\ln\left(\frac{\sqrt{18}}{\sqrt{2}}\right)+\ln\left(\frac{\sqrt{18}}{\sqrt{26}}\right)+\ln\left(\frac{\sqrt{18}}{\sqrt{74}}\right)+\ln\left(\frac{\sqrt{18}}{\sqrt{50}}\right)\right]=2.1763$$

或 $\boldsymbol{A}=2.1763\boldsymbol{a}_z$ (单位为 nWb/m)

(c) 从导线 a、b、c、d 的中心到 ∞ 点的 ρ 的值为无穷大，因此，在 ∞ 点 $A_z=0$ 或 $\boldsymbol{A}=0$。

习　题

11.1　自由空间中有电流元：(a) 位于 (0，2，0)，$I\Delta L=3\pi(\boldsymbol{a}_x-\boldsymbol{a}_y+5\boldsymbol{a}_z)$，单位为 μAm；(b) 位于 (4，0，0)，$I\Delta L=5\pi(\boldsymbol{a}_x-2\boldsymbol{a}_y+3\boldsymbol{a}_z)$，单位为 μAm。求上述电流元在原点处产生的磁场强度增量 $\Delta\boldsymbol{H}$。

11.2　承载 1 A 电流的细导线通过 (2，3，0) 点，如果细导线平行于 z 轴并在区间 (a) $-5\leqslant z\leqslant 5$；(b) $-5\leqslant z\leqslant 0$；(c) $0\leqslant z\leqslant 5$；(d) $0\leqslant z\leqslant\infty$；求在 (1，2，0) 点的 $\boldsymbol{H}$。

11.3　电流密度为 $\boldsymbol{K}=100\boldsymbol{a}_y$ 和 $\boldsymbol{K}=-100\boldsymbol{a}_y$（单位为 A/m）的两个面电流分别位于 $z=3$ 和 $z=-3$ 处，区域 $|z|>3$ 是自由空间。如果 (a) 当 $|z|<3$ 时，$\mu=\mu_0$；(b) 当 $|z|<3$ 时，$\mu=15\mu_0$；(c) 当 $|z|<1$ 时，$\mu=\mu_0$，当 $1<|z|<3$ 时，$\mu=15\mu_0$；(d) 当 $y<0$ 时，$\mu=\mu_0$，当 $y>0$ 时 $\mu=1.5\mu_0$。求 $|z|<3$ 区域的 $\boldsymbol{H}$ 和 $\boldsymbol{B}$。

11.4　在 $z=0$、$y<0$ 平面有电流密度为 $-K_0\boldsymbol{a}_y$ 的均匀分布的电流，在 $y=0$、$z<0$ 有平面电流密度为 $K_0\boldsymbol{a}_y$ 的均匀分布的电流，其中 K_0 为常数，求各点的磁场强度 $\boldsymbol{H}$。

11.5　同轴电缆的半径为 $a=3$ cm，$b=5$ cm，$c=7$ cm，以 z 轴为中心的内导线在 $\boldsymbol{a}_z$ 方向的电流 $I=0.9$ A。求同轴电缆在 $P(0,\ 0.006,\ 0.1)$ 点磁场 $\boldsymbol{H}$ 的直角分量。

11.6　一个轴线在 $x=1$ cm，$y=2$ cm，长度从 $z=-5$ cm 到 $z=20$ cm，直径 5 cm，缠绕 2000 匝的螺线管，从 $z=10$ cm 点观察，顺时针方向有电流 $I=1$ mA。求在 $P(0,\ 0.005,\ 0.1)$ 点磁场 $\boldsymbol{H}$ 的直角分量。

11.7　一个中心在坐标原点，轴线在 x 轴上的螺线环，$\rho_0=3$ cm，$a=1$ mm，$N=500$，在外半径的 $\boldsymbol{a}_x$ 方向 $I=3$ mA。求螺线环在 $P(0,\ 0.006,\ 0.2)$ 点磁场 $\boldsymbol{H}$ 的直角分量。

11.8　同轴电缆具有两层空心导线，半径为 $a=3$ mm，$b=5$ mm，$c=9$ mm，$d=11$ mm，在 z 方向承载直流电流 $I=500$ A。求每个导线中的 $\boldsymbol{H}$ 和 $\boldsymbol{B}$ 以及导线之间的 $\boldsymbol{H}$ 和 $\boldsymbol{B}$。另外，求长度 $L=2$ m 的总通量：(a) 内导线；(b) 外导线；(c) 导线之间的空间。

11.9　半径为 R 的长螺线管具有电流密度 K_φ 的均匀面电流层，求各点的磁场强度。

11.10　螺线环 $\rho_0=15$ cm，$a=5$ cm，$K_a=50$ A/m。假设 (a) 在 $\varphi=0$ 处 $\mathcal{V}=0$，且在 $\varphi=\pi$ 处存在势垒；(b) 在 $\varphi=0.6\pi$ 处 $\mathcal{V}=0$，在 $\varphi=0.5\pi$ 处存在势垒；(c) 在 $\varphi=0.5\pi$ 处 $\mathcal{V}=0$，且在 $\varphi=0.3\pi$ 处存在势垒。求 $\rho=20$ cm，$\varphi=0.4\pi$，$z=2$ cm 处的标量磁势。

11.11　求半径为 a，沿 $\boldsymbol{a}_z$ 方向承载总电流 I 的固体非磁性导体内的矢量磁势 $\boldsymbol{A}$。应用 $\rho<a$ 时 $\boldsymbol{H}$ 或 $\boldsymbol{B}$ 的已知值以及关系式 $\boldsymbol{B}=\nabla\times\boldsymbol{A}$。如果 $\rho=a$ 时，$\boldsymbol{A}=\dfrac{\mu_0 I\cdot\ln 5}{2\pi}$，求在 (a) $\rho=0$；(b) $\rho=0.3a$；(c) $\rho=0.6a$；(d) $\rho=0.9a$ 时的 $\boldsymbol{A}$。

11.12　求距离边长为 a 和 b、电流为 I 的矩形导线线圈中心为 h 的 P 点的磁通密度。

叙述题

1. 比较电场和磁场。
2. 讨论磁力线的性质。
3. 解释术语磁场强度、磁通量密度和磁通量。
4. 描述并解释毕奥-萨伐尔定律。写出用毕奥-萨伐尔定律求不同电流分布形式的磁场强度表达式。

5. 描述安培环路定律并解释术语的含义：(a) 线积分；(b) 闭合路径；(c) 路径包围的电流。

6. 根据安培定律，推导出场的关系式：(a) 同轴电缆；(b) 电流层。

7. 定义标量磁势并讨论其性质。

8. 定义矢量磁势并讨论其实际应用。

9. 证明矢量磁势 $\boldsymbol{A}=\int_v \frac{\mu_0 J\,\mathrm{d}v}{4\pi R}$ 满足毕奥-萨伐尔定律。

10. 证明矢量磁势 $\boldsymbol{A}=\int_v \frac{\mu_0 J\,\mathrm{d}v}{4\pi R}$ 满足安培环路定律。

11. 在闭合的导电路径中，直流电流流动会产生稳恒磁场。解释为什么稳恒磁场不会导致磁场中闭合导通路径中的直流电流流动。

扩展阅读

在第 15 章末给出。

第 12 章　磁性材料中的场

12.1　引言

在第 11 章中已指出，无论电流分布性质如何，电流流动都会产生磁场。为了评估这个磁场，引入了某些参数，即磁场量（即 $\boldsymbol{H}$，$\boldsymbol{B}$，$\boldsymbol{\Phi}$，$\boldsymbol{\nu}$ 和 $\boldsymbol{A}$）。如同火焰温度升高会影响环境一样，磁场也通过对带电粒子施加作用力对周围产生影响。第 5 章至第 7 章中，我们已经讨论了电场的作用，它最终会导致力、功、电势和能量储存。同样，磁场最终会导致力、转矩和偶极矩。所有设备中涉及的材料都含有微小的带电粒子。在电场的情况下，这些粒子也会受到磁场的影响。此外，在运动和静止状态下，带电粒子的特性也有所不同。磁场对带电粒子的影响最终将转移到物质本身。因此，本章将讨论易受磁场影响的不同类型的材料。本章还描述了不同磁场量需要满足的边界条件。

12.2　作用在电荷和电流上的力

本节讨论作用在电荷和微电流元上的力，也包括电流元之间的力 。

12.2.1　移动电荷上的力

如前所述，电场和磁场都对带电粒子有作用力。下面几小节将说明两类场施加作用力之间的差异。

12.2.1.1　静电场的力

在第 5 章中，我们指出电场强度 $\boldsymbol{E}$ 对带电粒子 Q 会施加作用力 $\boldsymbol{F}$ 。这个力的数学关系式方程（5－9d）为

$$\boldsymbol{F}=Q\cdot\boldsymbol{E} \tag{12-1}$$

方程（12－1）意味着，静电场会对带电粒子施加作用力，无论带电粒子是静止的还是缓慢运动的。

12.2.1.2　稳恒磁场的力

在稳恒磁场中，作用在点电荷上的力为

$$\boldsymbol{F}=Q\cdot(\boldsymbol{U}\times\boldsymbol{B}) \tag{12-2}$$

式中，$\boldsymbol{B}$ 为磁通密度矢量，$\boldsymbol{U}$ 为带电粒子 Q 运动的速度矢量。从方程（12－2）可以明显看出，当 $\boldsymbol{U}=0$ 时，稳恒磁场对静止电荷没有作用力。

12.2.1.3 电场与磁场同时作用的力

如果电场和磁场同时存在，运动电荷所受的力就是方程（12－1）和（12－2）给出的力之和。因此

$$\boldsymbol{F}=Q\cdot(\boldsymbol{E}+\boldsymbol{U}\times\boldsymbol{B}) \tag{12-3}$$

这个方程称为**洛伦兹力方程**，在前面的方程（5－11）中提到过。它的解用于确定磁控管中的电子轨道和回旋加速器中的质子路径，或者一般来说，确定带电粒子在电磁场中的运动。

12.2.1.4 力密度

单个带电粒子所受的力最终会转换为受场影响的物质上。如果考虑受影响物质的一个单位体积，以单位体积为单位来测量力，获得的量就是**力密度**。力密度的单位是牛顿/立方米（N/m^3）。

点源形式的**洛伦兹力方程**为

$$\mathcal{P}=\rho\cdot\boldsymbol{E}+\boldsymbol{U}\times\boldsymbol{B}\quad（单位为\ N/m^3） \tag{12-3a}$$

对于线电流和面电流

$$\mathcal{P}_L=\rho_L\cdot\boldsymbol{E}+(I\,\mathrm{d}\boldsymbol{\ell})\times\boldsymbol{B}\quad（单位为\ N/m） \tag{12-3b}$$

和

$$\mathcal{P}_S=\rho_s\cdot\boldsymbol{E}+\boldsymbol{K}\times\boldsymbol{B}\quad（单位为\ N/m^2） \tag{12-3c}$$

12.2.2 作用在电流微元上的力

12.2.1节探讨了电场、磁场和电磁场对移动的单个带电粒子的影响。电荷在导线中、在表面上或在体积内的移动就构成了电流。因此，电流也很可能受到磁场的影响。因此，本小节专门研究磁场对线电流、面电流和体电流的影响。

12.2.2.1 作用在线电流上的力

如图12－1所示的是一根承载直流电流 I 的细长导线，导线处于稳态（时不变）磁场 $\boldsymbol{B}$ 中。

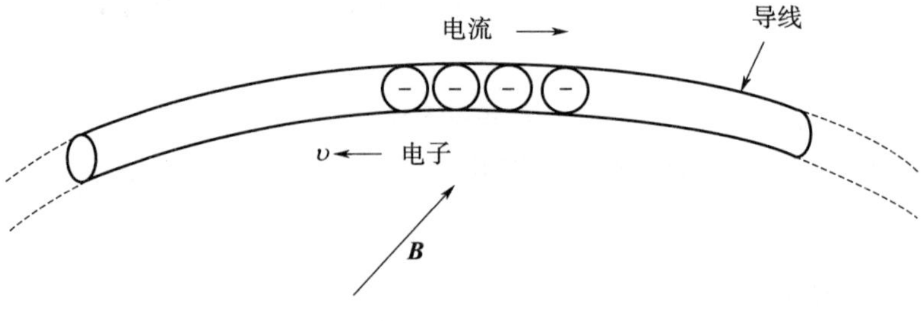

图12－1 在 $\boldsymbol{B}$ 场中的电流

在方程（12－2）中，磁场对导线的线元 $\mathrm{d}\ell$ 所产生的力可表示为

$$\mathrm{d}\boldsymbol{F}=\mathrm{d}q\cdot(\boldsymbol{U}\times\boldsymbol{B}) \tag{12-4a}$$

用 $\rho_L \cdot d\ell$ 替换 dq，应用方程（8－5），则方程变为

$$d\boldsymbol{F} = \rho_L \cdot d\ell \cdot (\boldsymbol{U} \times \boldsymbol{B}) \tag{12-4b}$$

或

$$d\boldsymbol{F} = (I \cdot d\boldsymbol{\ell}) \times \boldsymbol{B} \tag{12-4c}$$

对方程（12－4b）积分，得到

$$\boldsymbol{F} = \int (\boldsymbol{U} \times \boldsymbol{B}) \cdot \rho_L \cdot d\ell = \int [(\boldsymbol{U} \cdot \rho_L) \times \boldsymbol{B}] \cdot d\ell \tag{12-5a}$$

替换 $\boldsymbol{U} \cdot \rho_L \cdot d\ell = I \cdot d\boldsymbol{\ell} \overset{\text{def}}{=\!=} I d\ell \cdot \boldsymbol{a}_{\boldsymbol{\ell}}$，则关系式变为

$$\boldsymbol{F} = \int (\boldsymbol{a}_{\boldsymbol{\ell}} \times \boldsymbol{B}) \cdot I d\ell \tag{12-5b}$$

式中，$\boldsymbol{a}_{\boldsymbol{\ell}}$ 为电流方向的单位矢量。

在方程（12－5b）中，I、$\boldsymbol{U}$（或 v）和 $d\ell$ 在同一个方向上。

在细导线的情况下，电流沿整个导线长度是恒定的，因此，可以将方程（12－5b）改写为

$$\boldsymbol{F} = I \cdot \int (\boldsymbol{a}_{\boldsymbol{\ell}} \times \boldsymbol{B}) \cdot d\ell = I \cdot \int (d\boldsymbol{\ell} \times \boldsymbol{B}) \tag{12-5c}$$

12.2.2.2 作用在面电流上的力

图 12－2 是面元 ds 上电荷随面电荷密度 ρ_s 的运动。如果这些电荷的速度为 $\boldsymbol{U}$，导致具有面电流密度 $\boldsymbol{K}$ 的面电流，已知 $\boldsymbol{K} = \rho_s \boldsymbol{U}$，则 $\boldsymbol{B}$ 场对运动电荷的作用力可以写为

$$\boldsymbol{F} = \int (\boldsymbol{U} \times \boldsymbol{B}) \cdot \rho_s \cdot ds \tag{12-6a}$$

用 $\boldsymbol{K} = \rho_s \boldsymbol{U}$ 替换，则关系式变为

$$\boldsymbol{F} = \int (\boldsymbol{K} \times \boldsymbol{B}) \cdot ds \tag{12-6b}$$

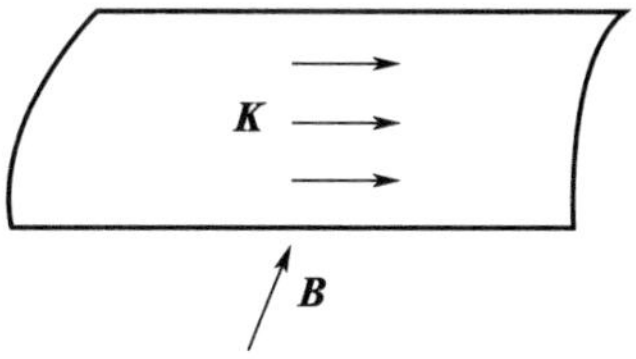

图 12－2 在 $\boldsymbol{B}$ 场中的面电流密度 $\boldsymbol{K}$

12.2.2.3 作用在体电流上的力

图 12－3 所示的是在体积元 dv 中，电荷随体电荷密度 ρ_v（或 ρ）的运动。如果这些电荷的速度为 $\boldsymbol{U}$，将导致体电流密度 $\boldsymbol{J}$ 的体电流，已知 $\boldsymbol{J} = \rho \boldsymbol{U}$，则通量密度 $\boldsymbol{B}$ 场对运动电荷的作用力可以写为

$$\boldsymbol{F} = \int (\boldsymbol{U} \times \boldsymbol{B}) \cdot \rho \cdot dv \tag{12-7a}$$

用 $\boldsymbol{J} = \rho \cdot \boldsymbol{U}$ 替换，则关系式变为

$$\boldsymbol{F}=\int(\boldsymbol{J}\times\boldsymbol{B})\cdot \mathrm{d}v \tag{12-7b}$$

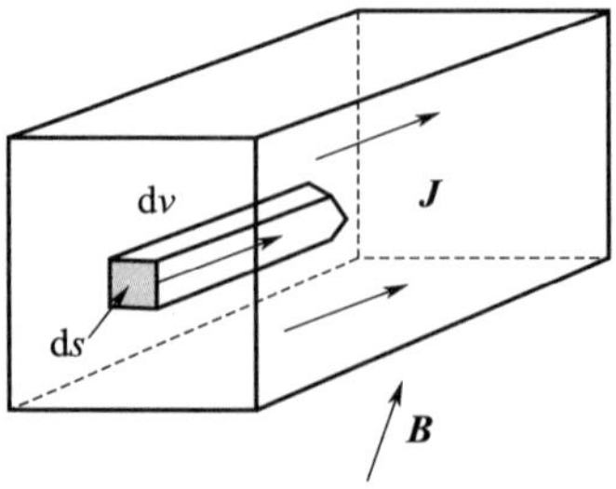

图 12－3　在 $\boldsymbol{B}$ 场中的体电流密度

12.2.3　电流元之间的力

本节讨论：1）两个电流元之间的力；2）两个平行的长直线电流之间的力；3）电场力与磁场力相等的条件。

12.2.3.1　*两个电流元之间的力*

图 12－4 显示的是两个无限长、间隔距离为 d 的平行（丝状）导线（或载流细导线）。在图 12－4（a）中，两根导线方向相同，这种情况下会产生吸引力。在图 12－4（b）中，电流方向相反或反平行，这种情况下两根导线之间会产生排斥力。

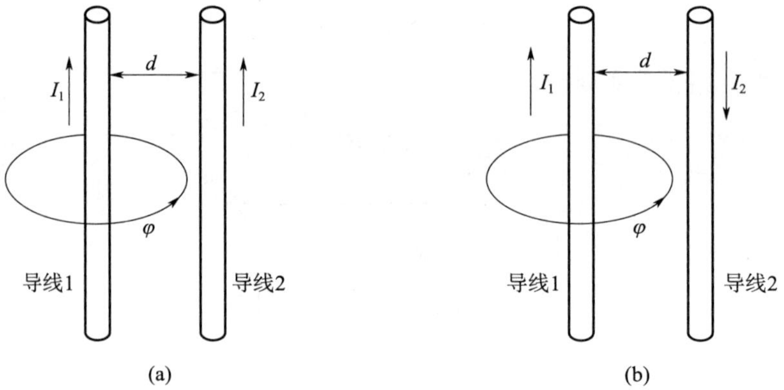

图 12－4　（a）电流平行的细导线；（b）电流反平行的细导线

与点电荷类似，微元载流导线也有相互作用力。然而，有两点不同：1）同电荷相斥，异电荷相吸；而同向电流元相吸引，不同向电流元相排斥；2）在电荷情况下，力来自于电场，而在电流元情况下，力来自于磁场。在距离确定的问题中，应用毕奥-萨伐尔定律获得了具有微元长度（如 $\mathrm{d}L_1$ 和 $\mathrm{d}L_2$）细导线线元之间的力。与电荷一样，在导线 1 和导线 2 中流动的电流 I_1 和电流 I_2 也是标量。然而，可以根据电流的流动方向指定线元 $\mathrm{d}\boldsymbol{L}_1$ 和 $\mathrm{d}\boldsymbol{L}_2$ 的方向使它们成为矢量。因此，采用电流和线元长度的乘积，以矢量形式出现了两个新的量（称为线电流元 $I_1\mathrm{d}\boldsymbol{L}_1$ 和 $I_2\mathrm{d}\boldsymbol{L}_2$）。需要获得间隔（标量）距离为 d 的两个平行

（或反平行）线电流元之间的力。标量距离可以用矢量距离 $\boldsymbol{R}_{12}$ 和 $\boldsymbol{R}_{21}$ 来代替，距离矢量的方向用力的方向来表示。根据毕奥-萨伐尔定律，这个力与两个线电流的乘积成正比，与它们之间距离的平方成反比。根据比例常数，该力也与介质参数（对于自由空间 $\mu=\mu_0$）成正比。因为这个力是两个**线电流矢量**的叉积 ，所以这个力也是矢量，其方向垂直于这两个电流矢量。细导线 1 作用于细导线 2 上或者相反的矢量力（ $\boldsymbol{F}_{12}$ 和 $\boldsymbol{F}_{21}$ ）的最终表达式，可通过以下步骤获得：

• 应用方程（11－4）得到 $I_1\mathrm{d}\boldsymbol{L}_1$ 在点 2（即 $I_2\mathrm{d}\boldsymbol{L}_2$ 的位置）的 $\boldsymbol{H}_2$ 为

$$\boldsymbol{H}_2=\oint_{C_1}\frac{(I_1\mathrm{d}\boldsymbol{L}_1)\times\boldsymbol{a}_{R_{12}}}{4\pi\cdot R_{12}^2} \tag{12-8a}$$

式中，C_1 是电流 I_1 流动的闭合路径。

• 应用方程（11－1）获得磁感强度 $\boldsymbol{B}_2$

$$\boldsymbol{B}_2=\mu_0\cdot\oint_{C_1}\frac{(I_1\mathrm{d}\boldsymbol{L}_1)\times\boldsymbol{a}_{R_{12}}}{4\pi\cdot R_{12}^2}=\frac{\mu_0\cdot I_1}{4\pi}\cdot\oint_{C_1}\frac{\mathrm{d}\boldsymbol{L}_1\times\boldsymbol{a}_{R_{12}}}{R_{12}^2} \tag{12-8b}$$

• 应用方程（12－4c），在 C_2 上积分得到作用于 $I_2\mathrm{d}\boldsymbol{L}_2$ 上的力 $\boldsymbol{F}_{12}$

$$\boldsymbol{F}_{12}=\oint_{C_2}[(I_2\mathrm{d}\boldsymbol{L}_2)\times B_2]=\oint_{C_2}\left[(I_2\mathrm{d}\boldsymbol{L}_2)\times\left(\frac{\mu_0\cdot I_1}{4\pi}\cdot\oint_{C_1}\frac{\mathrm{d}\boldsymbol{L}_1\times\boldsymbol{a}_{R_{12}}}{R_{12}^2}\right)\right] \tag{12-8c}$$

• 整理各项得到

$$\boldsymbol{F}_{12}=\frac{\mu_0}{4\pi}\cdot I_1\cdot I_2\oint_{C_2}\left(\oint_{C_1}\frac{\boldsymbol{a}_{R_{12}}\times\mathrm{d}\boldsymbol{L}_1}{R_{12}^2}\right)\times\mathrm{d}\boldsymbol{L}_2 \tag{12-9a}$$

• 重置下标，对所有下标出现的地方，用 1 来替换 2，用 2 来替换 1，得到微元 2 对微元 1 作用力的表达式。因此，可以得到

$$\boldsymbol{F}_{21}=\frac{\mu_0}{4\pi}\cdot I_1\cdot I_2\oint_{C_1}\left(\oint_{C_2}\frac{\boldsymbol{a}_{R_{21}}\times\mathrm{d}\boldsymbol{L}_2}{R_{21}^2}\right]\times\mathrm{d}\boldsymbol{L}_1 \tag{12-9b}$$

在方程（12－9a）和（12－9b）中

$$\boldsymbol{F}_{21}=-\boldsymbol{F}_{12} \tag{12-9c}$$

12.2.3.2　作用在线电流上单位长度的力

在本小节中，我们将讨论载有直流电流 I_2 的无限长的细导线作用于类似的细导线 I_1 上单位长度的力，两细导线之间的距离为 d，如图 12－4 所示。第二个细导线置于 z 轴上，电流 I_2 沿 z 正方向流动。两电流以间隔距离 R 相互平行放置，在载有电流 I_1 的细导线上取一点 P 。采用安培环路定律，可以很容易地求得另一个无限长细导线在 P 点的磁场强度，其表达式为

$$H_\varphi=\frac{I_2}{2\pi d} \tag{12-10}$$

因此，自由空间中 P 点的磁感强度为

$$\boldsymbol{B}=\mu_0\cdot\frac{I_2}{2\pi d}\boldsymbol{a}_\varphi \tag{12-11}$$

根据方程（12－3b），求得磁场对载有电流 I_1 的细导线上**单位长度的作用力**为

$$\mathcal{F}_L = (I_1 \boldsymbol{a}_1) \times \boldsymbol{B} \quad (\text{单位为 N/m}) \tag{12-12}$$

式中，单位矢量 $\boldsymbol{a}_1$ 沿电流 I_1 的方向，因此

$$\boldsymbol{a}_1 = \begin{cases} +\boldsymbol{a}_z & (I_1 \text{ 与 } I_2 \text{ 平行}) \\ -\boldsymbol{a}_z & (I_1 \text{ 与 } I_2 \text{ 反平行}) \end{cases} \tag{12-13}$$

因此，根据方程（10－11）和（10－12），可以得到

$$\mathcal{F}_L = \mu_0 \cdot \frac{I_1 \cdot I_2}{2\pi d}(\boldsymbol{a}_1 \times \boldsymbol{a}_\varphi) \quad (\text{单位为 N/m}) \tag{12-14}$$

或

$$\mathcal{F}_L = \mu_0 \cdot \frac{I_1 \cdot I_2}{2\pi d}\boldsymbol{a}_\rho \quad (\text{单位为 N/m}) \tag{12-15a}$$

其中

$$\boldsymbol{a}_1 = \begin{cases} -\boldsymbol{a}_\rho & (I_1 \text{ 与 } I_2 \text{ 平行}) \\ +\boldsymbol{a}_\rho & (I_1 \text{ 与 } I_2 \text{ 反平行}) \end{cases} \tag{12-15b}$$

根据方程（12－15a）和（12－15b）。当两导线为平行电流时，它们的作用力为吸引力；当两导线具有反平行电流时，它们的作用力为等量的排斥力。

12.2.3.3　电场力与磁场力相等的条件

图 12－5 是相隔距离为 a 的两条无限长的细线电荷分布，两条线电荷都有均匀的线电荷密度 ρ_L（C/m）。假设两条线电荷平行于 z 轴放置，都以速度 v 沿相同方向移动（如沿正 z 方向）。因此，两条线电荷可以看作沿正 z 方向流动的、具有稳恒对流电流 I_1 和 I_2 的线电流。

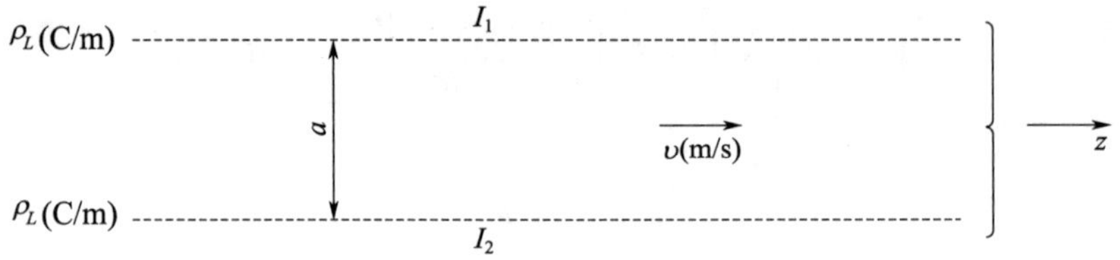

图 12－5　两条移动的平行线电荷

根据方程（11－1）和（11－60），自由空间中沿 z 轴放置的承载电流 I 的长直导线，在任意距离（比如 r）处产生的磁感应量 $\boldsymbol{B}$ 为

$$\boldsymbol{B} = \frac{\mu_0 \cdot I}{2\pi \cdot r} \cdot \boldsymbol{a}_\varphi \tag{12-16a}$$

由于假定电流沿着正 z 方向流动，$\boldsymbol{B}$ 仅有 B_φ 分量。令带有电流 I_1 的线电荷 1 沿着 z 轴，则线电荷 1 中的电流 I_1 在线电荷 2 处产生的场 $\boldsymbol{B}_2$ 为

$$\boldsymbol{B}_2 = \frac{\mu_0 \cdot I_1}{2\pi \cdot a}\boldsymbol{a}_\varphi \tag{12-16b}$$

式中，a 是两条平行运动的线电荷之间的距离。

如果在线电荷 2 上选取一个电流元 $I_2 \mathrm{d}\boldsymbol{\ell}_2$，则 $\boldsymbol{B}_2$（电流 I_1 产生的）对其施加的作用力为

$$\mathrm{d}\boldsymbol{F}_2 = I_2 \cdot \mathrm{d}\boldsymbol{\ell}_2 \times \boldsymbol{B}_2 \tag{12-17a}$$

因为 $I_2 \mathrm{d}\boldsymbol{\ell}_2 = I_2 \cdot \mathrm{d}z\boldsymbol{a}_z$ 和 $\boldsymbol{B}_2 = B_{2\varphi} \cdot \boldsymbol{a}_\varphi$，所以

$$I_2 \cdot \mathrm{d}z\, \boldsymbol{a}_z \times B_{2\varphi} \cdot \boldsymbol{a}_\varphi = -I_2 \cdot \mathrm{d}z \cdot B_{2\varphi} \cdot \boldsymbol{a}_\rho \tag{12-17b}$$

根据方程（12－17a）和（12－16b），带有电流 I_2 的线电荷 2 所受的力为

$$\mathrm{d}\boldsymbol{F}_2 = -\left(\frac{\mu_0 \cdot I_1 \cdot I_2}{2\pi \cdot a}\right) \cdot \mathrm{d}z \cdot \boldsymbol{a}_\rho \tag{12-17c}$$

在这个关系式中，负号表示对线电荷 2 作用的是吸引力。在单位长度域上使用积分方程（12－17c），可以得到单位长度的磁场力（$\mathcal{F}_{lm} = |\boldsymbol{F}_2|$）

$$\mathcal{F}_{lm} = \frac{\mu_0 \cdot I_1 \cdot I_2}{2\pi \cdot a} \tag{12-18}$$

由于假定两线电荷相等，因此电流也相等。根据线电荷密度和速度（$U = v$）可以得到

$$I_1 = I_2 = \rho_L \cdot U = \rho_L \cdot v \tag{12-19}$$

因此，方程（12－18）可以写为

$$\mathcal{F}_{lm} = \frac{\mu_0 \cdot (\rho_L \cdot v)^2}{2\pi \cdot a} \tag{12-20}$$

线电荷的电场 E 由方程（5－24）给出

$$E = \frac{\rho_L}{2\pi\varepsilon_0 \cdot a} \tag{5-24}$$

已知一条导线对另外一条导线单位长度作用的电排斥力或静电力 $\mathcal{F}_{le}$ 为

$$\mathcal{F}_{le} = \frac{\rho_L^{\ 2}}{2\pi\varepsilon_0 \cdot a} \tag{12-21}$$

令方程（12－20）和方程（12－21）给出的磁场力和电场力相等，即 $\mathcal{F}_{lm} = \mathcal{F}_{le}$，则有

$$\frac{\mu_0 \cdot (\rho_L \cdot v)^2}{2\pi \cdot a} = \frac{\rho_L^{\ 2}}{2\pi\varepsilon_0 \cdot a} \tag{12-22}$$

该关系式给出

$$v = 1/\sqrt{\varepsilon_0 \mu_0} = c = 2.998 \times 10^8 \ \mathrm{m/s} \tag{12-23}$$

因此，当两条线电荷的速度等于光速（即 $v = c$）时，电场力与磁场力就相等。这里比较的是库仑电力和移动电荷**对流电流**的磁力。导体中的**传导电流**速度与光的速度相当，尽管典型的漂移速度仅为 mm/s 至 cm/s 量级。

12.3　在均匀磁场中的载流回路

本节将讨论均匀磁场对闭合载流回路的影响。首先可能的影响是下面将讨论的对闭合回路的作用力。

12.3.1　对闭合回路的作用力

在闭合电路的情况下，方程（12－5c）可以写成以下修正形式

$$\boldsymbol{F}=-\oint\boldsymbol{B}\,[\times\,(I\,\mathrm{d}\boldsymbol{\ell})\,]\tag{12-24}$$

或

$$\boldsymbol{F}=-I\cdot\oint(\boldsymbol{B}\times\mathrm{d}\boldsymbol{\ell})\tag{12-24a}$$

如果 $\boldsymbol{B}$ 是均匀的，则方程可以进一步改写为

$$\boldsymbol{F}=-I\cdot\boldsymbol{B}\times\oint(\mathrm{d}\boldsymbol{\ell})\tag{12-24b}$$

在闭合线积分为零的情况下，均匀磁场作用于闭合细导线电路的力为零。在非均匀磁场 $\boldsymbol{B}$ 的情况下，可根据方程（12－24a）计算总的作用力，通常情况下，总的作用力不为零。

我们将第 11 章中涉及不同类型电流分布的方程（11－8）复制到这里

$$I\,\mathrm{d}\boldsymbol{\ell}=\boldsymbol{K}\cdot\mathrm{d}s=\boldsymbol{J}\cdot\mathrm{d}v\tag{11-8}$$

在方程（11－8）中，如果 $\boldsymbol{B}$ 是非均匀的，则方程（12－5c）也可改写为

$$\boldsymbol{F}=-\boldsymbol{B}\times\int\boldsymbol{K}\cdot\mathrm{d}s\tag{12-25a}$$

$$\boldsymbol{F}=-\boldsymbol{B}\times\int\boldsymbol{J}\cdot\mathrm{d}v\tag{12-25b}$$

12.3.2　闭合电路上的转矩

在确定均匀磁场对任何实际闭合直流电路施加的总矢量力为零之后，我们将注意力转移到另一个重要的量，这个量称为转矩。

转矩（也称为力矩）是一个矢量，用英文大写字母 $\boldsymbol{T}$ 表示，转矩的大小 $|\boldsymbol{T}|$ 是矢量力 $|\boldsymbol{F}|$、矢量力臂 $|\boldsymbol{R}|$ 以及两矢量夹角的正弦的乘积。转矩的方向垂直于力和力臂，且当力臂通过较小角度旋转至力矢量时，转矩的方向是右手螺旋的前进方向。通过上述对转矩的描述，可以得到如下数学表达式

$$\boldsymbol{T}=\boldsymbol{R}\times\boldsymbol{F}\tag{12-26}$$

在这个关系式中，问题再次归结为对闭合电路的力的计算。对于这样的计算，让我们来考虑图 12－6，图中示出了均匀 $\boldsymbol{B}$ 场中的一个微元电流回路。设回路中心（$x=y=0$）的 $\boldsymbol{B}=\boldsymbol{B}_0$，其中 $\boldsymbol{B}_0$ 可以写成

$$\boldsymbol{B}_0=B_{0x}\boldsymbol{a}_x+B_{0y}\boldsymbol{a}_y+B_{0z}\boldsymbol{a}_z\tag{12-27}$$

这个回路位于 $x-y$ 平面，电流为 I 安培。回路将面元 $\mathrm{d}\boldsymbol{s}\,(\mathrm{d}x\,\mathrm{d}y\cdot\boldsymbol{a}_z)$ 包围，面元的两侧 $\mathrm{d}x$ 和 $\mathrm{d}y$ 分别沿 x 轴和 y 轴排列。图中还显示了矢量力臂 $\boldsymbol{R}$。矢量力臂 $\boldsymbol{R}$ 可以根据它的方向赋予后缀。因此，$\boldsymbol{R}_1$、$\boldsymbol{R}_2$、$\boldsymbol{R}_3$ 和 $\boldsymbol{R}_4$ 分别表示指向 1、2、3 和 4 边的 $\boldsymbol{R}$。同理，$\boldsymbol{B}$ 场作用于 1、2、3 和 4 边上的力可以分别用 $\boldsymbol{F}_1$、$\boldsymbol{F}_2$、$\boldsymbol{F}_3$ 和 $\boldsymbol{F}_4$ 表示。根据方程（12－4c），可

以写出不同微元边长上的矢量力。

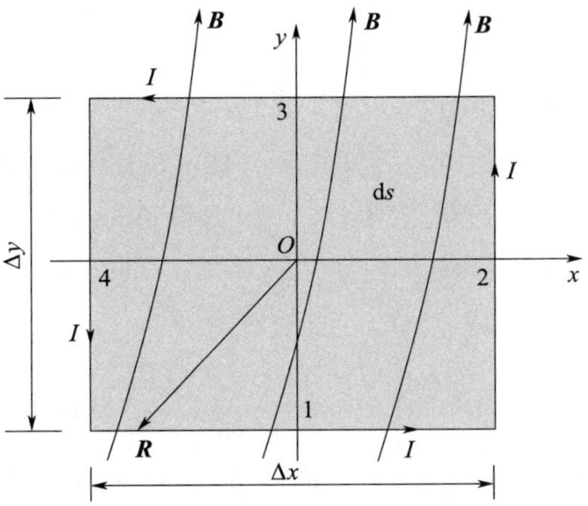

图 12－6　在均匀磁场中的闭合回路

第 1 条边上的矢量力为

$$\mathrm{d}\boldsymbol{F}_1=(I\cdot\mathrm{d}x\cdot\boldsymbol{a}_x)\times\boldsymbol{B}_0=I\cdot\mathrm{d}x\cdot\boldsymbol{a}_x\times(B_{0x}\boldsymbol{a}_x+B_{0y}\boldsymbol{a}_y+B_{0z}\boldsymbol{a}_z)$$

或

$$\mathrm{d}\boldsymbol{F}_1=I\cdot\mathrm{d}x\cdot(B_{0y}\boldsymbol{a}_z-B_{0z}\boldsymbol{a}_y)\tag{12-28a}$$

类似地，第 2、3 和 4 条边上的矢量力为

$$\mathrm{d}\boldsymbol{F}_2=I\cdot\mathrm{d}y\cdot(B_{0z}\boldsymbol{a}_x-B_{0x}\boldsymbol{a}_z)\tag{12-28b}$$

$$\mathrm{d}\boldsymbol{F}_3=-I\cdot\mathrm{d}x\cdot(B_{0y}\boldsymbol{a}_z-B_{0z}\boldsymbol{a}_y)\tag{12-28c}$$

$$\mathrm{d}\boldsymbol{F}_4=-I\cdot\mathrm{d}y\cdot(B_{0z}\boldsymbol{a}_x-B_{0x}\boldsymbol{a}_z)\tag{12-28d}$$

方程（12－28a）至（12－28d）给出的所有分量之和为

$$\mathrm{d}\boldsymbol{F}_1+\mathrm{d}\boldsymbol{F}_2+\mathrm{d}\boldsymbol{F}_3+\mathrm{d}\boldsymbol{F}_4=0\tag{12-28e}$$

因此，作用于闭合回路上总的力为零。

为了计算转矩，将图 12－6 中所示的 Δx 等用 $\mathrm{d}x$ 来替换，可将矢量力臂 $\boldsymbol{R}_1$、$\boldsymbol{R}_2$、$\boldsymbol{R}_3$ 和 $\boldsymbol{R}_4$ 写为

$$\boldsymbol{R}_1=\left(-\frac{1}{2}\right)\mathrm{d}y\cdot\boldsymbol{a}_y\tag{12-29a}$$

$$\boldsymbol{R}_2=\left(+\frac{1}{2}\right)\mathrm{d}x\cdot\boldsymbol{a}_x\tag{12-29b}$$

$$\boldsymbol{R}_3=\left(+\frac{1}{2}\right)\mathrm{d}y\cdot\boldsymbol{a}_y\tag{12-29c}$$

$$\boldsymbol{R}_4=\left(-\frac{1}{2}\right)\mathrm{d}x\cdot\boldsymbol{a}_x\tag{12-29d}$$

根据方程（12－26）（12－29a）和（12－28a）可以得到

$$\begin{aligned}\mathrm{d}\boldsymbol{T}_1&=\boldsymbol{R}_1\times\mathrm{d}\boldsymbol{F}_1=(-1/2)\,\mathrm{d}y\cdot\boldsymbol{a}_y\times I\cdot\mathrm{d}x\cdot(B_{0y}\boldsymbol{a}_z-B_{0z}\boldsymbol{a}_y)\\&=(-1/2)\,I\cdot B_{0y}\mathrm{d}x\cdot\mathrm{d}y\cdot\boldsymbol{a}_x\end{aligned}\tag{12-30a}$$

类似地，根据方程（12－26）（12－29c）和（12－28c）可以得到

$$\mathrm{d}\boldsymbol{T}_3=(-1/2)\,I\cdot B_{0y}\cdot \mathrm{d}x\cdot \mathrm{d}y\cdot \boldsymbol{a}_x \tag{12-30b}$$

因此

$$\mathrm{d}\boldsymbol{T}_1+\mathrm{d}\boldsymbol{T}_3=-I\cdot B_{0y}\cdot \mathrm{d}x\cdot \mathrm{d}y\cdot \boldsymbol{a}_x \tag{12-31a}$$

类似地，由方程（12－26）（12－29b）和（12－28b）可以得到 $\mathrm{d}\boldsymbol{T}_2$，由方程（12－26）（12－29d）和（12－28d）可以得到 $\mathrm{d}\boldsymbol{T}_4$，根据得到的结果

$$\mathrm{d}\boldsymbol{T}_2+\mathrm{d}\boldsymbol{T}_4=+I\cdot B_{0x}\cdot \mathrm{d}x\cdot \mathrm{d}y\cdot \boldsymbol{a}_y \tag{12-31b}$$

根据方程（12－31a）和（12－31b），总的转矩为

$$\mathrm{d}\boldsymbol{T}_1+\mathrm{d}\boldsymbol{T}_2+\mathrm{d}\boldsymbol{T}_3+\mathrm{d}\boldsymbol{T}_4=I\cdot \mathrm{d}x\cdot \mathrm{d}y\cdot (B_{0x}\cdot \boldsymbol{a}_y-B_{0y}\cdot \boldsymbol{a}_x)$$

或

$$\mathrm{d}\boldsymbol{T}=I\cdot \mathrm{d}x\cdot \mathrm{d}y\cdot (\boldsymbol{a}_z\times B_0)=I\cdot \mathrm{d}\boldsymbol{s}\times \boldsymbol{B}_0 \tag{12-32}$$

方程（12－32）表明，作用于闭合回路的力为零，但转矩不为零。

12.3.3 磁偶极矩

在式（12－32）中，$\mathrm{d}\boldsymbol{s}$ 是向量微分面元。去掉 $\boldsymbol{B}_0$ 的下标，微分转矩变为

$$\mathrm{d}\boldsymbol{T}=I\cdot \mathrm{d}\boldsymbol{s}\times \boldsymbol{B} \tag{12-33a}$$

在方程（12－33a）中，我们取

$$\mathrm{d}\boldsymbol{m}=I\cdot \mathrm{d}\boldsymbol{s} \tag{12-33b}$$

则

$$\mathrm{d}\boldsymbol{T}=\mathrm{d}\boldsymbol{m}\times \boldsymbol{B} \tag{12-33c}$$

量 $\mathrm{d}\boldsymbol{m}$ 定义为微分偶极矩。

在前面 7.5 节中定义过电偶极矩 $\boldsymbol{p}$，根据方程（7－31c）可以得到电偶极矩微分形式（$\mathrm{d}\boldsymbol{p}=\mathrm{d}q\cdot \boldsymbol{d}$）。根据微分形式的电偶极矩，可以很容易地写出与方程（12－33c）相似的关系

$$\mathrm{d}\boldsymbol{T}=\mathrm{d}\boldsymbol{p}\times \boldsymbol{E} \tag{12-33d}$$

对方程（12－33c）两端积分，得到

$$\boldsymbol{T}=\boldsymbol{m}\times \boldsymbol{B} \tag{12-34a}$$

式中，$\boldsymbol{m}$ 为总的偶极矩，与电流和总表面积的关系为

$$\boldsymbol{m}=I\cdot \boldsymbol{S} \tag{12-34b}$$

12.3.4 磁偶极矩的含义

如前所述，所有物质都是由称为分子和原子的微小粒子组成的。原子本身含有电子和原子核，原子核包含质子和中子。电子不仅绕着原子核旋转，而且还绕着自身轴旋转。这种旋转和自旋电子如图 12－7（a）所示。

一个旋转或自旋的电子可以认为是沿着所环绕闭合路径的电流流动。设 I_{orb} 和 I_{spin} 是由旋转和自旋的电子构成的电流，$\boldsymbol{S}_{\mathrm{orb}}$ 和 $\boldsymbol{S}_{\mathrm{spin}}$ 是这两种电流包围的微元面积。各自的电流

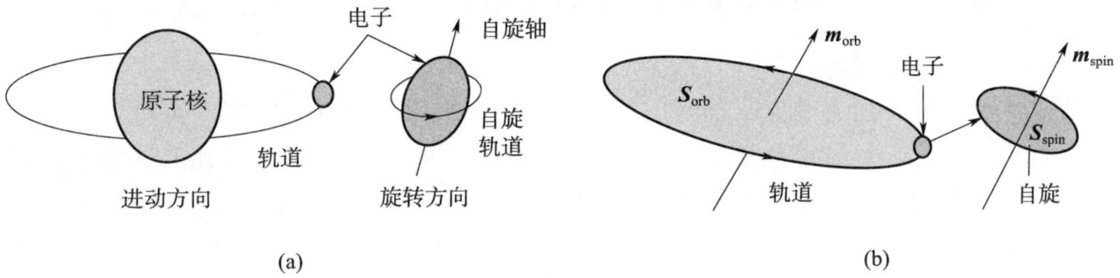

图 12－7　(a) 原子中的电子旋转与自旋；(b) 轨道和自旋偶极矩

和非闭合区域的乘积就是前面所述的磁偶极矩，可以写为

$$\boldsymbol{m}_{orb}=I_{orb}\cdot\boldsymbol{S}_{orb} \tag{12-35a}$$

$$\boldsymbol{m}_{spin}=I_{spin}\cdot\boldsymbol{S}_{spin} \tag{12-35b}$$

电流 I_{orb} 和 I_{spin}，非闭合区域面积 $\boldsymbol{S}_{orb}$ 和 $\boldsymbol{S}_{spin}$，偶极矩 $\boldsymbol{m}_{orb}$ 和 $\boldsymbol{m}_{spin}$ 如图 12－7 (b) 所示。这些偶极矩和与其他电子之间的相互作用构成了磁性的基础。研究表明，$\boldsymbol{m}_{spin}$ 对磁性能的影响比 $\boldsymbol{m}_{orb}$ 的影响更明显。由于偶极矩的影响，某些物质的内磁场（$\boldsymbol{B}_{int}$）会随着所施加的外磁场（$\boldsymbol{B}_{app}$）有很大的变化。

12.4　磁性材料

一般来说，所有的物质都可以认为是有磁性的，但有些物质磁性比其他物质更强。有些物质没有聚集性的原子磁矩相互作用，而另一些物质这种相互作用很强。因此，可以根据相互作用的程度对磁性材料进行分类。

不同材料对外部磁场的反应不同。这个反应取决于它们的原子和分子结构以及与原子相关的净磁场。如前所述，原子的磁矩源于电子的运动和电子的自旋。由于外部磁场的存在，这些粒子运动的变化也可能产生磁矩。

在某些物质中，电子以相反方向自旋的方式成对出现。这些成对电子的相反自旋会使磁场抵消。因此，在这种材料中，净磁场为零。这种材料在外磁场作用下很少发生反应。其他那些含有未成对电子的材料没有完全抵消，因此，净磁场不为零。这类材料更容易受外部磁场的影响。根据法拉第磁感应定律（将在第 15 章讨论），材料中电子的磁力将受到影响。

12.4.1　磁性材料分类

根据上述描述，磁性材料通常可分为抗磁性、顺磁性、铁磁性和亚铁磁性。尽管在传统意义上反铁磁材料和超顺磁材料不具有磁性，但为了便于讨论，这些材料通常也添加到磁性材料的列表中。反磁性材料和顺磁性材料不表现出聚集的磁性相互作用，且是磁无序的。在特定的临界温度下，铁磁性、亚铁磁性和反铁磁性材料表现出长程磁序。只有铁磁性和亚铁磁性的材料被认为是磁性材料，而其他所有材料都被认为是弱磁性或非磁性材料。只有铁磁材料、亚铁磁材料和超顺磁材料是具有实际意义的材料。

12.4.1.1 抗磁性材料

在这类材料中，所有的电子都是成对的，所以每个原子没有净磁矩。换句话说，轨道电子和自旋电子共同导致零偶极矩（即 $\boldsymbol{m}_{\text{orb}}+\boldsymbol{m}_{\text{spin}}=0$）。抗磁特性来自外部磁场影响下的电子路径重新排列。这类材料在磁场中有较弱的负磁化率（见 12.4.3 节），在外加磁场的作用下产生负磁化。因此，内磁场 $\boldsymbol{B}_{\text{int}}$ 变得略小于外加磁场 $\boldsymbol{B}_{\text{app}}$ 。这种减小非常少，可以认为内磁场和外磁场几乎相等。在这类材料中，磁化率与温度无关。当移除外部磁场时，这类材料将不再保持磁性。这类材料包括氢气、氦气和其他惰性气体、氯化钠、铜、金、硅、锗、石墨、硫和金属铋，最后一种材料的抗磁效应最强。

12.4.1.2 顺磁材料

在这类材料中，轨道偶极矩和自旋偶极矩之和几乎为零（即 $\boldsymbol{m}_{\text{orb}}+\boldsymbol{m}_{\text{spin}}\approx\boldsymbol{0}$）。这些材料在磁场中有较小的正磁化率。因此，在外磁场的作用下，内磁场略有增加。由于这种增加几乎可以忽略不计，因此，内磁场和外磁场可以看作是相同的。与抗磁性材料一样，当外场移除后，这类材料也不再具有磁性。这类材料的特性是由于一些未成对的电子的存在，以及由外部磁场引起的电子路径的重新排列而产生的。这类材料包括钾、氧、钨和其他稀土材料，以及它们的多种盐类，如氯化铒、氧化钕和氧化钇。

12.4.1.3 铁磁材料

在顺磁性材料中，原子和自旋电子相隔很远而不会相互影响。在铁磁材料中，由于原子和自旋电子之间的距离足够近，使得相互作用得到强化，从而导致磁场更强。在铁磁材料中，自旋电子导致的偶极矩要比轨道电子导致的偶极矩大得多。这类材料含有图 12－8 中所示的不同形状和大小的区域，这种小区域称为**畴**。如图 12－8（a）所示，这些畴中的偶极子方向是任意的。在有外磁场作用时，这些畴中的偶极子趋向于同一方向排列。图 12－8（b）为铁磁性的这种排列示意图。其结果是，内磁场变得比外磁场大得多，即 $\boldsymbol{B}_{\text{int}}\gg\boldsymbol{B}_{\text{app}}$ 。因此，在外磁场中，这类材料有很大的正磁化率。即使移除外磁场，这类材料仍会保持它们的磁特性。铁磁材料具有较大的 μ 和较高的 σ，在较高频率下能产生很大的涡流和很高的功率损耗。在室温下，仅有铁、镍和钴是铁磁性材料。某些合金也是铁磁性的，如磁钢（带有少量铜的铝镍钴合金）、稀土元素（在低温下），如钆和镝以及一些非铁磁金属的合金，如铋锰合金和铜锰合金。

12.4.1.4 反铁磁材料

在这类材料中，自旋电子对偶极矩的贡献远大于轨道电子，即 $|\boldsymbol{m}_{\text{spin}}|\gg|\boldsymbol{mB}_{\text{orb}}|$ 。这类材料也含有畴。相邻畴中的偶极矩相等，并以反平行方向排列。这就导致偶极矩完全抵消和内部净磁场保持为零。在外加磁场作用下，磁场变化不大，内磁场与外加磁场基本相等，即 $\boldsymbol{B}_{\text{int}}\approx\boldsymbol{B}_{\text{app}}$ 。图 12－8（c）所示的是在氧化锰中观察到的反铁磁效应。

12.4.1.5 亚铁磁材料

这类材料也称为铁氧体。在这类材料中，自旋电子对偶极矩的贡献大于轨道电子的贡

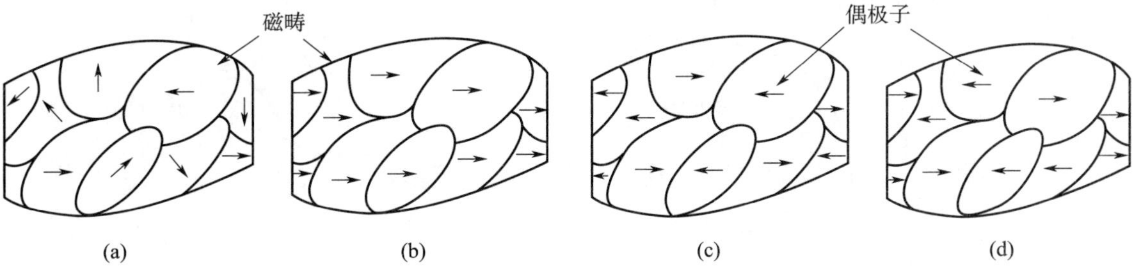

图 12－8　磁畴和偶极子指向：(a) 非磁性材料；(b) 铁磁性材料；(c) 反铁磁性材料；(d) 亚铁磁性材料

献，即 $|\boldsymbol{m}_{\text{spin}}|>|\boldsymbol{mB}_{\text{orb}}|$ 。这类材料还含有相邻畴中偶极矩不相等且相反的畴，因此，偶极矩没有完全抵消。在外磁场的作用下，内磁场增加，即 $\boldsymbol{B}_{\text{int}}>\boldsymbol{B}_{\text{app}}$ 。这种情况如图 12－8 (d) 所示。铁氧体具有相当低的电导率（约为金属的 10^{-14} 倍），因此，在高频率下，涡电流大大减小，从而降低了功率损失。铁氧体具有高 μ（5×10^3 数量级）和低 ε（仅有几十）的特性。这类材料包括氧化铁磁铁矿、镍锌铁氧体和镍铁氧体。

12.4.1.6　*超顺磁材料*

在这类材料中，自旋电子对偶极矩的贡献比轨道电子大得多。这类材料不具有传统意义上的磁性。这类材料是由磁性材料和非磁性材料结合而成的。磁性材料含有畴，非磁性材料存在防止畴侵入附近畴的畴域。在外磁场的作用下，内磁场增加，即 $\boldsymbol{B}_{\text{int}}>\boldsymbol{B}_{\text{app}}$ 。

表 12－1 列出了前面描述的磁性材料的一些性质。

表 12－1　图 12－8 所示磁性材料的特性

	(a)	(b)	(c)	(d)
状态	非磁化的	磁化的		
材料	(b),(c),(d)	铁磁性	反磁性	亚铁磁性
偶极子指向	随机	平行	相同且反平行	不同且反平行
磁场	弱	非常强	非常弱	中等强度

12.4.2　磁滞回线

方程（11－1）给出了磁通密度与磁力之间的简单关系（$\boldsymbol{B}=\mu\boldsymbol{H}$）。磁导率 μ 作为介质参数，对铁磁类之外的各类磁性材料都是恒定的，而铁磁类材料具有非线性特性。如图 12－9 所示，这种非线性特性构成 $\boldsymbol{B}-\boldsymbol{H}$ 曲线和磁滞回线 $\boldsymbol{B}-\boldsymbol{H}$ 。该曲线可以通过 H 从 $-H$ 变化到 $+H$，绘制出对应的 $-B$ 到 $+B$ 之间变化的 B 值。本节将通过 B 随 H 的变化来解释 $\boldsymbol{B}-\boldsymbol{H}$ 曲线和磁滞回线 $\boldsymbol{B}-\boldsymbol{H}$ 的形成。如图 12－9 (a) 所示，整个环路分为 $o-a$、$a-b$、$b-c$、$c-d$、$d-e$、$e-f$ 和 $f-a$ 段。

12.4.2.1　***B*－*H* 曲线与饱和**

由线段 $o-a$ 所示的曲线称为 **$\boldsymbol{B}-\boldsymbol{H}$ 曲线**，通过 H 值与相对应的 B 值作图得到。这条曲线的起点取 $B=H=0$。随着 H 从 0 增加到 $+H$，B 也从 0 增加到 $+B$ 。原始的或完全消

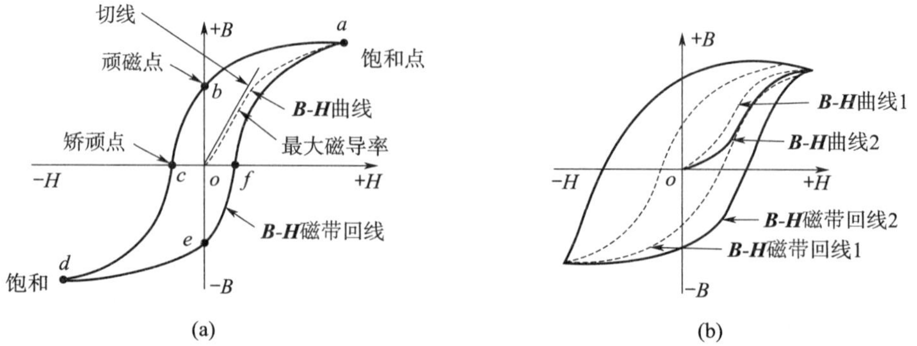

图 12－9　(a) 磁滞回线图；(b) 两条磁滞回线

磁的铁磁材料将沿着图 12－9 (a) 中“o”和“a”之间虚线所示的（非线性）路径。在点 a 处具有这样的值，几乎所有磁畴中的磁偶极子在域中对齐和 B 达到最大值。H 的进一步增加导致 B 的不再增加，材料被称为达到了**磁饱和**。

12.4.2.2　顽磁性

从 a－b 段可以看出，在从 a 点开始降低 H 值的情况下，B 并没有按照原来增加的路径而降低。当降低到 $H=0$ 时，B 移动到 b 点。在 b 点，B 的值远高于原来的零值。这表明该材料保留了一定的磁通量。因此 b 点被称为具有**顽磁性**。这就表明，有些磁偶极子已经失去了它们的排列。**顽磁性**是剩余通量密度的度量，对应于磁性材料的饱和磁感通量，是材料达到饱和状态之后，移除磁化力后仍能保留一定剩余磁性的能力。

剩余磁性或**剩余磁通**是与此区段相关的另一个术语，是材料在磁化力为零时所保留的磁通密度。当材料磁化至饱和点时，剩余磁性和顽磁性相同。在磁化力未达到饱和的情况下，剩余磁性低于顽磁性。

12.4.2.3　矫顽性

在 b－c 段，随着 H 或电流的极性逆转，H 进一步降低。在曲线的 c 点，B 减小到零，但 H 的值为非零负值。曲线上这一点称为具有**矫顽性**。在这一点，反向的 H 已经将足够多的畴翻转，致使材料内的净通量降低到零。因此，材料的**矫顽力**或矫顽性是去除材料剩余磁性所需的力。反过来说，**矫顽力**是施加在磁性材料上使磁通量归零的反向磁场量。

12.4.2.4　反方向饱和

在 c－d 段，H 从 c 点到 d 点沿负方向增加。材料在 d 点处再次达到磁饱和，但这一次的饱和方向相反。

12.4.2.5　反向剩余磁性

在 d－e 段，当 H 从 $-H$ 变为 0 时，曲线移动到 e 点。在这一点，剩余磁性的水平等于前面相反方向的剩余磁性水平。

12.4.2.6　反方向矫顽性

在 e－f 段，H 向正方向增加，B 会回到 0。需要注意的是，曲线不会回到曲线的原点。

回归需要一定的力来清除剩余磁性。但是，尽管没有为 f 点命名，但该点表示在负方向的矫顽性。

12.4.2.7　回到饱和点

从 $f-a$ 段可以看出，曲线从点 f 返回到饱和点 a 的路径不同，在 a 点完成循环。

12.4.2.8　最大磁导率

如同在第 11 章和本节开头所指出的，磁导率 μ 是材料的特性，描述了建立磁通量的难易程度。磁导率是材料内部产生的磁通密度 B 与磁化场 H 之比。关系式 $B=\mu H$ 描述了磁滞回线上任意点的曲线斜率。在文献中查到的通常是最大磁导率或最大相对磁导率。非磁化材料 $\boldsymbol{B}-\boldsymbol{H}$ 曲线斜率最大的点为磁导率最大值。在这一点，从原点出发的直线与 $\boldsymbol{B}-\boldsymbol{H}$ 曲线相切。相对磁导率 μ_r 是材料的磁导率 μ 与自由空间或空中的磁导率（$\mu_0=4\pi\times10^{-7}$）之比，即 $\mu_r=\mu/\mu_0$。

12.4.2.9　磁滞回线的形状

磁滞回线的形状反映了材料的磁化特性。图 12-9b 给出了两种不同材料的磁滞回线。其中一种形状较窄，另一种形状较宽。磁滞回线宽的材料具有较低的磁导率、较高的顽磁性、较高的矫顽力、较高的磁阻和较高的残余磁性。同样，磁滞回线窄的材料具有较高的磁导率、较低的顽磁性、较低的矫顽力、较低的磁阻和较低的残余磁性。磁导率与材料的含碳量和合金化程度有关。碳含量高的材料具有较低的磁导率，和碳含量低的材料相比会保留更多的磁通量。

12.4.3　磁化强度、磁化率和相对磁导率

本节讨论磁化强度、磁化率和磁导率三个相关量的数学表述。

12.4.3.1　磁化

方程（12-33b）定义了一个新的量，称为矢量微分偶极矩 $\mathrm{d}\boldsymbol{m}$（$\mathrm{d}\boldsymbol{m}=I\cdot\mathrm{d}\boldsymbol{s}$），其中 I 为电流，$\mathrm{d}\boldsymbol{s}$ 为微分曲面向量。所有的磁性材料都包含大量这类偶极子，这些偶极子可能相同，也可能不同。可以将含有 n 个这样的磁偶极子的磁性材料定义为另一个量，称为磁化强度，用 $\boldsymbol{M}$ 表示。n 个相同磁偶极子的磁化强度可以写为

$$\boldsymbol{M}=nI\,\mathrm{d}\boldsymbol{s} \tag{12-36a}$$

对于不相同的磁偶极子，磁化强度 $\boldsymbol{M}$ 可以通过求给定体积内的平均值得到。因此

$$\boldsymbol{M}=\frac{1}{\nu}\sum_{i=1}^{m}I_i\,\mathrm{d}\boldsymbol{s}_i \tag{12-36b}$$

磁化强度 $\boldsymbol{M}$ 是一个物体被磁化程度的量度，是物体单位体积磁偶极矩的量度。磁化强度也是一个矢量，与磁场强度 $\boldsymbol{H}$ 的单位相同，即安培/米（A/m）。

图 12-10 显示了封闭路径上的一个小段 $\mathrm{d}\boldsymbol{L}$，图中还给出了与该线元夹角为 θ_1 的一些偶极矩。每个偶极矩都是电流 I 沿封闭路径流动而形成的，该封闭路径所包围区域为 $\mathrm{d}\boldsymbol{s}$。根据图 12-10 所示的构型，微元体积可以写为

$$dv = ds\,dL\cos\theta_i = d\boldsymbol{s} \cdot d\boldsymbol{L} \tag{12-37a}$$

由于单位体积内有 n 个偶极矩，在体积内的总偶极子为

$$n\,dv = n\,d\boldsymbol{s} \cdot d\boldsymbol{L} \tag{12-37b}$$

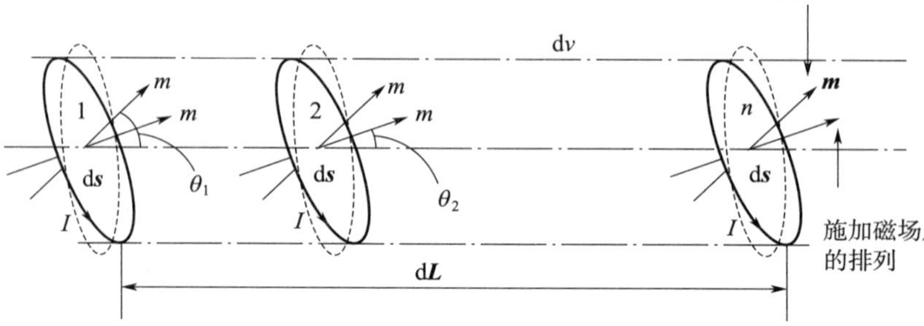

图 12-10　在施加磁场前后，偶极矩沿微元长度方向的排列

如果在 d$\boldsymbol{L}$ 上施加磁场，在体积 dv 内的偶极子将试图排列。受磁场的强度影响，偶极子可能会部分（或全部）沿微元长度方向排列。该图显示了偶极子向下扭曲并与 d$\boldsymbol{L}$ 形成夹角为 θ_2 的部分排列。

磁化的概念与第 7 章中介绍的极化概念相似。极化与束缚电荷密度有关，磁化与束缚电流密度 $\boldsymbol{J}_b$ 有关。在电场影响下，束缚电荷 Q_b 被拉长并穿过闭合体积的表面。同样，在磁场的影响下，束缚电流 dI_b 在偶极矩的重新排列中会穿过表面。当磁偶极矩试图与外加磁场一致时，每个 $n\,d\boldsymbol{s} \cdot d\boldsymbol{L}$ 偶极子的束缚电流增加，并穿过微元体积的闭合表面。因此可以写为

$$dI_b = nI\,d\boldsymbol{s} \cdot d\boldsymbol{L} = \boldsymbol{M} \cdot d\boldsymbol{L} \tag{12-38a}$$

根据方程（12-36a），可以得到积分形式的总束缚电流

$$I_b = \oint \boldsymbol{M} \cdot d\boldsymbol{L} \tag{12-38b}$$

如果束缚电流 I_b 用束缚电流密度 $\boldsymbol{J}_b$ 来表示，则方程（12-38b）的右端可以写为

$$\oint \boldsymbol{M} \cdot d\boldsymbol{L} = \int_S \boldsymbol{J}_b \cdot d\boldsymbol{s} \tag{12-38c}$$

应用斯托克斯定理，方程（12-38c）的左端为

$$\int_S (\nabla \times \boldsymbol{M}) \cdot d\boldsymbol{s} = \int_S \boldsymbol{J}_b \cdot d\boldsymbol{s} \tag{12-38d}$$

根据（12-38d）可以得到

$$\nabla \times \boldsymbol{M} = \boldsymbol{J}_b \tag{12-39}$$

现在我们将方程（11-25）给出的关系式复制过来

$$\nabla \times \boldsymbol{H} = \boldsymbol{J} \quad \text{（在自由空间中）} \tag{11-25}$$

这个关系式与方程（12-39）很相似。方程（11-25）是自由电荷在真空（或自由空间）中运动的结果，而方程（12-39）是产生磁化场的束缚电流导致。由于方程（12-39）中的束缚电流是单独列出的，方程（11-25）中涉及的电流密度 $\boldsymbol{J}$ 应该包括自由电荷

和束缚电荷的电流密度。因此，可以写为

$$\nabla \times \boldsymbol{H} = \boldsymbol{J}_f + \boldsymbol{J}_b \quad (\text{在自由空间中}) \tag{12-40a}$$

针对 $\boldsymbol{B}$，方程（12－40a）可以写为

$$\nabla \times \frac{\boldsymbol{B}}{\mu_0} = \boldsymbol{J}_f + \boldsymbol{J}_b \tag{12-40b}$$

此外，根据方程（12－39），可以得到

$$\nabla \times \frac{\boldsymbol{B}}{\mu_0} = \boldsymbol{J}_f + \nabla \times \boldsymbol{M} \tag{12-41a}$$

或

$$\nabla \times \left(\frac{\boldsymbol{B}}{\mu_0} - \boldsymbol{M}\right) = \boldsymbol{J}_f \tag{12-41b}$$

将 $\boldsymbol{M}$ 合并到方程（12－41b）的左端，避免了直接考虑束缚电流，且能够以更一般的形式来定义 $\boldsymbol{B}$ 和 $\boldsymbol{H}$ 的关系。因此，可以写为

$$\nabla \times \boldsymbol{H} = \boldsymbol{J}_f \tag{12-42}$$

其中

$$\boldsymbol{H} = \frac{\boldsymbol{B}}{\mu_0} - \boldsymbol{M} \tag{12-43a}$$

$$\boldsymbol{B} = \mu_0(\boldsymbol{H} + \boldsymbol{M}) \tag{12-43b}$$

方程（12－42）是有磁性材料存在时，稳态场的麦克斯韦方程修正形式。方程的左端明确描述了自由电荷的运动，而方程右端束缚电流的影响包含在 $\boldsymbol{H}$ 中，从方程（12－43a）和（12－43b）可以看出这种包含的情况。

12.4.3.2　磁化率

通过定义一个新的无量纲的量可以简化方程（12－43b），这个量称为磁化率，用希腊字母 χ_m 表示。磁化强度 $\boldsymbol{M}$ 与磁场强度 $\boldsymbol{H}$ 的关系为

$$\boldsymbol{M} = \chi_m \boldsymbol{H} \tag{12-44a}$$

抗磁性材料的磁化率与时间无关，而顺磁性材料的磁化率与时间成反比。图 12－11 给出了前面描述的一些磁性材料 χ_m 的变化。

因此，式（12－41b）可以写成

$$\boldsymbol{B} = \mu_0(\boldsymbol{H} + \chi_m \boldsymbol{H}) = \mu_0(1 + \chi_m)\boldsymbol{H} \tag{12-44b}$$

12.4.3.3　相对磁导率

在方程（12－44b）中，可以做如下替换

$$\mu_r = (1 + \chi_m) \tag{12-45a}$$

式中，μ_r 为前面介绍过的材料相对磁导率，也是一个无量纲的量。因此，方程（12－44b）变为

$$\boldsymbol{B} = \mu_0 \mu_r \boldsymbol{H} \tag{12-45b}$$

在方程（12－45b）中，将 μ_0 和 μ_r 合并得到

$$\mu = \mu_0 \mu_r \tag{12-45c}$$

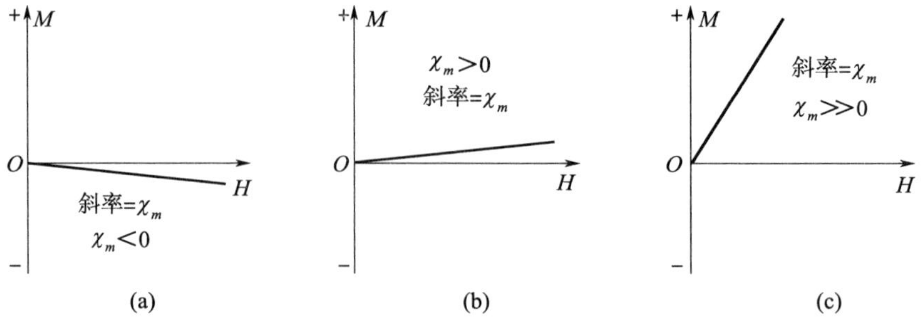

图 12－11　材料的磁化率：(a) 抗磁性材料；(b) 顺磁性材料；(c) 铁磁性材料

式中，μ 称为材料的磁导率，单位与 μ_0 的单位相同。因此，方程（12－44b）变为

$$\boldsymbol{B}=\mu\boldsymbol{H} \tag{12-46}$$

对于各向异性介质，如单铁磁晶体，μ 变为一个张量。根据方程（12－46），$\boldsymbol{B}$ 的分量可以写为

$$B_x=\mu_{xx}H_x+\mu_{xy}H_y+\mu_{xz}H_z \tag{12-47a}$$

$$B_y=\mu_{yx}H_x+\mu_{yy}H_y+\mu_{yz}H_z \tag{12-47b}$$

$$B_z=\mu_{zx}H_x+\mu_{zy}H_y+\mu_{zz}H_z \tag{12-47c}$$

需要指出的是，所给出的磁化率和磁导率的定义都是以线性假设为基础的。这个假设只适用于相对磁导率在 1 左右的顺磁性和抗磁性材料。表 12－2 给出了一些抗磁材料和顺磁材料的磁化率值 。

表 12－2　一些抗磁材料和顺磁材料的磁化率

抗磁材料		顺磁材料	
材料	磁化率	材料	磁化率
石墨(graphite)	-12×10^{-5}	氧(Oxygen)	2×10^{-6}
氢(Hydrogen)	-2×10^{-5}	氧化钇(Yurium oxide)	0.53×10^{-6}
铜(Copper)	-0.9×10^{-5}	锡(Tungsten)	6.8×10^{-5}
锗(Germanium)	-0.8×10^{-5}	氧化铁(Ferric oxide)	1.4×10^{-3}
硅(Silicon)	-0.3×10^{-5}		

铁磁材料的相对磁导率在 10～100000 之间，而超顺磁材料的相对磁导率值在 1～10 之间。

12.5　边界条件

在 8.5 节中曾经提到，在许多应用中，场量可能会遇到不同特征参数的材料。不同磁性的材料在电机和其他设备与装置中应用很普遍 ，设备和装置中的静态或旋转金属部件由气隙或其他非磁性材料隔开。在这种情况下，当磁场从一种介质穿过到另一种介质时，磁场的特性非常重要。这种特性取决于介质的相对磁导率。与静电场一样，磁场边界条件的研究也围绕界面附近区域的麦克斯韦方程展开。

在静电场的情况下，之前提到过，边界条件的计算涉及两种常见的构型和两种常见的方程形式。常见的构型（8.5.1 节）和常见的方程形式（8.5.2 节）对电场和磁场同样有效。还进一步指出，**E** 场或 **H** 场的边界条件的计算涉及线积分，而 **D** 场或 **B** 场的边界条件的计算涉及面积分。在 8.5.4 节中讨论了介质-介质界面的边界条件，用图 8－10（a）计算了线积分，用图 8－10（b）计算了面积分。由于两种磁性材料界面的边界条件计算也涉及线积分和面积分，因此图 8－10（a）和图 8－10（b）同样适用于磁场。在这两个图中，符号 k_1 和 k_2 分别用 μ_1 和 μ_2 代替，分别表示区域 1 和区域 2 的磁导率。此外，在图 8－10（a）中，$\boldsymbol{A}_1$、$\boldsymbol{A}_2$ 需要用 $\boldsymbol{H}_1$、$\boldsymbol{H}_2$ 来替换，而在图 8－10（b）中，需要用 $\boldsymbol{B}_1$、$\boldsymbol{B}_2$ 来替换。

12.5.1　*H* 场的边界条件

根据修改后的图 8－10（a）和安培环路定律，可以导出两种磁性材料之间磁场强度需要满足的边界条件

$$\oint \boldsymbol{H} \cdot \mathrm{d}\boldsymbol{\ell} = I \tag{11-19}$$

根据前面所述，由于 Δh 趋于零，从方程（11－47）得到

$$H_{t1} \cdot \Delta w - H_{t2} \cdot \Delta w = K \cdot \Delta w \tag{12-48a}$$

可以简化为

$$H_{t1} - H_{t2} = K \tag{12-48b}$$

在方程（12－48a）和（12－48b）中，K 为垂直于闭合路径平面的面电流分量。根据方程（12－48b），**B** 的切向分量可以写为

$$\frac{B_{t1}}{\mu_1} - \frac{B_{t2}}{\mu_2} = K \tag{12-48c}$$

12.5.2　*B* 场的边界条件

根据图 8－10（b）的修正形式和关系式，可以推导出磁性材料之间磁通密度 **B** 应满足的边界条件

$$\oiint \boldsymbol{B} \cdot \mathrm{d}\boldsymbol{s} = 0 \tag{11-29c}$$

根据前面所述，当 Δh 趋于零时，方程（8－29c）变为

$$B_{n1} \cdot \Delta S - B_{n2} \cdot \Delta S = 0 \tag{12-49a}$$

即

$$B_{n1} - B_{n2} = 0 \tag{12-49b}$$

根据方程（12－49b），H 的法向分量关系式为

$$\mu_1 \cdot H_{n1} - \mu_2 \cdot H_{n2} = 0 \tag{12-49c}$$

12.5.3 M 场的边界条件

对于磁性材料，磁化强度 **M** 定义如下

$$\boldsymbol{B} \stackrel{\text{def}}{=} \mu_0(\boldsymbol{H}+\boldsymbol{M}) \stackrel{\text{def}}{=} \mu_r \boldsymbol{H} \tag{12-50a}$$

通过磁化率 χ_m 给出的磁化强度 **M** 与磁场强度 **H** 之间的关系为

$$\boldsymbol{M} \stackrel{\text{def}}{=} \chi_m \boldsymbol{H} \tag{12-50b}$$

因此，材料的相对磁导率 μ_r 为

$$\mu_r = 1 + \chi_m \tag{12-50c}$$

在区域 1 和区域 2 之间磁化强度 **M** 的切向分量关系式为

$$\frac{M_{t2}}{\chi_{m2}} = \frac{M_{t1}}{\chi_{m1}} - K \tag{12-51a}$$

在区域 1 和区域 2 之间磁化强度 **M** 的法向分量关系式为

$$\frac{M_{n2}}{\chi_{m2}} \cdot \mu_2 = \frac{M_{n1}}{\chi_{m1}} \cdot \mu_1 \tag{12-51b}$$

从方程（12-48b）（12-49b）（12-50a）和（12-50b）得到了方程（12-51a）和（12-51b）。

12.5.4 附加边界条件

在这种情况下，还可以应用图 8-11。在这种构型中，考虑两个不同磁导率区域边界上的一个正则点 P，例如，区域 1 和区域 2 的磁导率分别为 μ_1 和 μ_2。设在这个边界点上有分量为 K_x 和 K_y 的面电流密度，z 方向垂直于边界从区域 2 指向区域 1。在边界上的这一点，众所周知下列条件

$$H_{1x}|_P - H_{2x}|_P = K_y|_P \tag{12-52a}$$

$$H_{1y}|_P - H_{2y}|_P = -K_x|_P \tag{12-52b}$$

因此，基于边界上方程（10-48b）的切向导数，存在两种情况。

情况 1

$$\left.\frac{\partial H_{1x}}{\partial x}\right|_P - \left.\frac{\partial H_{2x}}{\partial x}\right|_P = \left.\frac{\partial K_y}{\partial x}\right|_P \tag{12-53a}$$

$$\left.\frac{\partial H_{1y}}{\partial y}\right|_P - \left.\frac{\partial H_{2y}}{\partial y}\right|_P = -\left.\frac{\partial K_x}{\partial y}\right|_P \tag{12-53b}$$

因此，相加后得到

$$\left.\left(\frac{\partial H_{1x}}{\partial x} + \frac{\partial H_{1y}}{\partial y}\right)\right|_P - \left.\left(\frac{\partial H_{2x}}{\partial x} + \frac{\partial H_{2y}}{\partial y}\right)\right|_P = \left.\left(\frac{\partial K_y}{\partial x} - \frac{\partial K_x}{\partial y}\right)\right|_P \tag{12-53c}$$

这些边界条件对于线性、非线性、均匀或非均匀介质都适用。让我们假设至少在两个区域边界附近是线性和均匀的。则在边界面附近有

$$\nabla \cdot \boldsymbol{H}_1 = \nabla \cdot \boldsymbol{H}_2 = 0 \tag{12-54}$$

因此，方程（12-53c）可以写为

$$\left.\frac{\partial H_{1z}}{\partial z}\right|_P-\left.\frac{\partial H_{2z}}{\partial z}\right|_P=-[\nabla\times\boldsymbol{K}]_z|_P \tag{12-55}$$

因此，如果边界面上没有面电流密度或其面电流密度旋度的法向分量，则在两个区域之间的边界上，磁场强度法向分量的法向导数连续。这个边界条件已用于求解静磁场的边值问题。

情况 2

$$\left.\frac{\partial H_{1x}}{\partial y}\right|_P-\left.\frac{\partial H_{2x}}{\partial y}\right|_P=\left.\frac{\partial K_y}{\partial y}\right|_P \tag{12-56a}$$

$$\left.\frac{\partial H_{1y}}{\partial x}\right|_P-\left.\frac{\partial H_{2y}}{\partial x}\right|_P=-\left.\frac{\partial K_x}{\partial x}\right|_P \tag{12-56b}$$

对于稳恒磁场，面电流密度的导数为零，可以得到

$$\left.\frac{\partial H_{1x}}{\partial y}\right|_P-\left.\frac{\partial H_{1y}}{\partial x}\right|_P=\left.\frac{\partial H_{2x}}{\partial y}\right|_P-\left.\frac{\partial H_{2y}}{\partial x}\right|_P$$

或

$$[\nabla\times\boldsymbol{H}_1]_z|_P=[\nabla\times\boldsymbol{H}_2]_z|_P \tag{12-57a}$$

因此，在两个区域的边界上，磁场强度旋度的法向分量连续。这意味着，如果存在稳恒源电流密度 $\boldsymbol{J}$ 的分布，则在边界上法向分量必然连续，即

$$\boldsymbol{J}_{1z}|_P=\boldsymbol{J}_{2z}|_P \tag{12-57b}$$

方程（12－57a）和（12－57b）给出的边界条件适用于线性、非线性、均匀或非均匀介质。

在上述关系式中，H_{1x}、H_{1y}、H_{1z} 为区域 1 中 $\boldsymbol{H}$ 的 x、y、z 分量，H_{2x}、H_{2y}、H_{2z} 为区域 2 中 $\boldsymbol{H}$ 的 x、y、z 分量。

例 12.1　电量为 1.5 C 的点电荷速度为 $5\boldsymbol{a}_x+2\boldsymbol{a}_y-3\boldsymbol{a}_z$，求在不同场条件下，施加在点电荷上力的大小：(a) $\boldsymbol{E}=(10\boldsymbol{a}_x+16\boldsymbol{a}_y-6\boldsymbol{a}_z)$，单位为 V/m；(b) $\boldsymbol{B}=(-2\boldsymbol{a}_x+3\boldsymbol{a}_y+5\boldsymbol{a}_z)$，单位为 Wb/m^2；(c) $\boldsymbol{E}$ 和 $\boldsymbol{B}$。

解：(a) $\boldsymbol{F}=Q\boldsymbol{E}=1.5(10\boldsymbol{a}_x+16\boldsymbol{a}_y-6\boldsymbol{a}_z)=15\boldsymbol{a}_x+24\boldsymbol{a}_y-9\boldsymbol{a}_z$

$|\boldsymbol{F}|=\sqrt{15^2+24^2+9^2}=\sqrt{225+576+81}=\sqrt{882}=29.7\ \text{N}$

(b) $\boldsymbol{F}=Q(\boldsymbol{v}\times\boldsymbol{B})=1.5(5\boldsymbol{a}_x+2\boldsymbol{a}_y-3\boldsymbol{a}_z)\times(-2\boldsymbol{a}_x+3\boldsymbol{a}_y+5\boldsymbol{a}_z)$

$\quad=1.5(19\boldsymbol{a}_x-19\boldsymbol{a}_y+19\boldsymbol{a}_z)=28.5(\boldsymbol{a}_x-\boldsymbol{a}_y+\boldsymbol{a}_z)$

$|\boldsymbol{F}|=28.5\times\sqrt{3}=49.36\ \text{N}$

(c) $\boldsymbol{F}=Q(\boldsymbol{E}+\boldsymbol{v}\times\boldsymbol{B})=Q\boldsymbol{E}+Q(\boldsymbol{v}\times\boldsymbol{B})$

$\quad=(15\boldsymbol{a}_x+24\boldsymbol{a}_y-9\boldsymbol{a}_z)+28.5(\boldsymbol{a}_x-\boldsymbol{a}_y+\boldsymbol{a}_z)=43.5\boldsymbol{a}_x*4.5\boldsymbol{a}_y+19.5\boldsymbol{a}_z$

$|\boldsymbol{F}|=\sqrt{43.5^2+4.5^2+19.5^2}=47.88\ \text{N}$

例 12.2　沿 z 轴上 $\boldsymbol{a}_z$ 方向上有一根承载 5 A 电流的无限长细导线。求在以下场中 1 mm 长度导体所受力的大小：(a) $\boldsymbol{B}=(0.2\boldsymbol{a}_x-0.3\boldsymbol{a}_z)$，单位为 Wb/m^2；(b) $\boldsymbol{B}=(0.3\boldsymbol{a}_x+0.4\boldsymbol{a}_y)$，单位为 Wb/m^2；(c) $\boldsymbol{B}=0.5\boldsymbol{a}_x$，单位为 Wb/m^2，$\boldsymbol{E}=0.4\boldsymbol{a}_y$，单位为 mV/m。

解：$\text{d}\boldsymbol{L}=10^{-3}\boldsymbol{a}_z$，$I\text{d}\boldsymbol{L}=5\times10^{-3}\boldsymbol{a}_z$，$\text{d}\boldsymbol{F}=I\text{d}\boldsymbol{L}\times\boldsymbol{B}$

(a) $d\boldsymbol{F}=(5\times10^{-3}\boldsymbol{a}_z)\times(0.2\boldsymbol{a}_x-0.3\boldsymbol{a}_z)=10^{-3}\boldsymbol{a}_y$(单位为 N)

(b) $d\boldsymbol{F}=(5\times10^{-3}\boldsymbol{a}_z)\times(0.3\boldsymbol{a}_x+0.4\boldsymbol{a}_y)=(1.5\times10^{-3}\boldsymbol{a}_y-2\times10^{-3}\boldsymbol{a}_x)$(单位为 N)

(c) $d\boldsymbol{F}=(5\times10^{-3}\boldsymbol{a}_z)\times(0.5\boldsymbol{a}_x)=2.5\times10^{-3}\boldsymbol{a}_y$(单位为 N)

例 12.3 一根电流为 5 A 的线电流沿 $\boldsymbol{a}_x$ 方向通过 $P_1(-2, 3, 0)$ 点，另一根电流为 6 A 的线电流沿 $\boldsymbol{a}_y$ 方向通过 $P_2(3, -4, 0)$ 点。求 (a) P_1 点第一导体增量长度 ΔL_1 施加在 P_2 点第二导体增量长度 ΔL_2 上的矢量力；(b) P_2 点的 ΔL_2 施加在 P_1 点的 ΔL_1 上的矢量力 。

解： 图 12-12 示出了本题相关的参数。

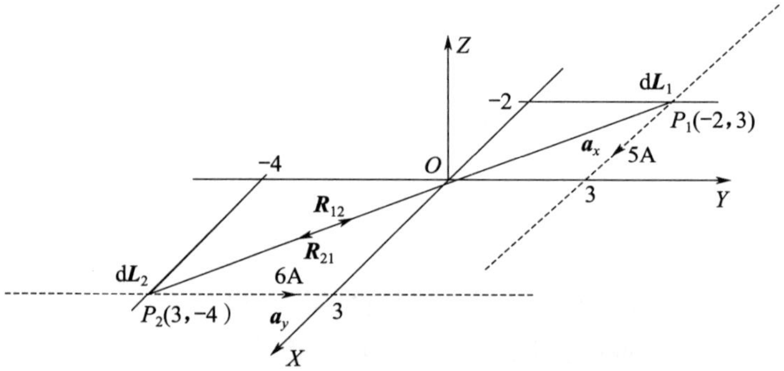

图 12-12 平行于 x 轴和 y 轴的两个线电流回路

(a) 根据方程 (11-6)，$d\boldsymbol{H}_2=\dfrac{I_1 d\boldsymbol{L}_1\times\boldsymbol{a}_{R_{12}}}{4\pi R_{12}^2}$

$I_1 d\boldsymbol{L}_1=5\Delta L_1\boldsymbol{a}_x$，$\boldsymbol{R}_{12}=(-2-3)\boldsymbol{a}_x+(3-(-4))\boldsymbol{a}_y=-5\boldsymbol{a}_x+7\boldsymbol{a}_y$

$|\boldsymbol{R}_{12}|=\sqrt{25+49}=\sqrt{74}=8.6$，$\boldsymbol{a}_{R_{12}}=\dfrac{-5\boldsymbol{a}_x+7\boldsymbol{a}_y}{8.6}=-0.581\boldsymbol{a}_x+0.814\boldsymbol{a}_y$

$$d\boldsymbol{H}_2=\frac{5\Delta L_1\boldsymbol{a}_x\times(-0.581\boldsymbol{a}_x+0.814\boldsymbol{a}_y)}{4\pi\times74}=\frac{4.07\Delta L_1\boldsymbol{a}_z}{4\pi\times74}$$

$$d\boldsymbol{B}_2=\mu d\boldsymbol{H}_2=\mu_0 d\boldsymbol{H}_2=4\pi\times10^{-7}\left(\frac{4.07\Delta L_1\boldsymbol{a}_z}{4\pi\times74}\right)=5.5\times10^{-9}\Delta L_1\boldsymbol{a}_z$$

$d(d\boldsymbol{F}_2)=I_2\Delta L_2\boldsymbol{a}_y\times d\boldsymbol{B}_2=6\Delta L_2\boldsymbol{a}_y\times(5.5\times10^{-9}\Delta L_1\boldsymbol{a}_z)=33\Delta L_1\Delta L_2\boldsymbol{a}_x$(单位为 nN)

(b) $d\boldsymbol{H}_1=\dfrac{I_2 d\boldsymbol{L}_2\times\boldsymbol{a}_{R_{21}}}{4\pi R_{21}^2}$

$I_2 d\boldsymbol{L}_2=6\Delta L_2\boldsymbol{a}_y$，$\boldsymbol{R}_{21}=-\boldsymbol{R}_{21}=5\boldsymbol{a}_x-7\boldsymbol{a}_y$

$|\boldsymbol{R}_{21}|=|\boldsymbol{R}_{12}|=\sqrt{74}=8.6$，$\boldsymbol{a}_{R_{21}}=-a_{R_{12}}=0.581\boldsymbol{a}_x-0.8139\boldsymbol{a}_y$

$$d\boldsymbol{H}_1=\frac{6\Delta L_2\boldsymbol{a}_y\times(0.581\boldsymbol{a}_x-0.8139\boldsymbol{a}_y)}{4\pi\times74}=\frac{-3.487\Delta L_2\boldsymbol{a}_z}{4\pi\times74}$$

$$d\boldsymbol{B}_1=\mu d\boldsymbol{H}_1=\mu_0 d\boldsymbol{H}_1=4\pi\times10^{-7}\left(\frac{-3.487\Delta L_1\boldsymbol{a}_z}{4\pi\times74}\right)=-4.712\times10^{-9}\Delta L_2\boldsymbol{a}_z$$

$d(d\boldsymbol{F}_1)=I_1\Delta L_1\boldsymbol{a}_x\times d\boldsymbol{B}_1=5\Delta L_1\boldsymbol{a}_x\times(-4.712\times10^{-9}\Delta L_2\boldsymbol{a}_z)$

$= 23.56\Delta L_1 \Delta L_2 \boldsymbol{a}_y$（单位为 nN）

例 12.4　半圆电流回路在磁场中 $\boldsymbol{B} = (0.5\boldsymbol{a}_x - 0.7\boldsymbol{a}_y + 0.9\boldsymbol{a}_z)$，单位为 $\mathrm{Wb/m^2}$。求（a）直边上的力；（b）在直边中点为原点的离臂回路上的力矩（图 12 - 13）。

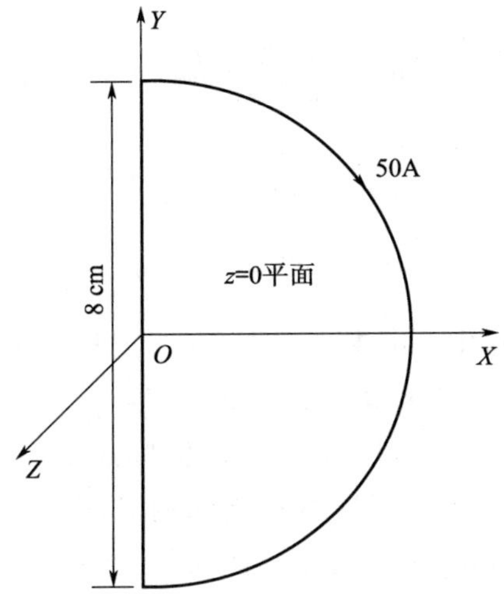

图 12 - 13　半圆形电流回路

解： $\boldsymbol{B} = 0.5\boldsymbol{a}_x - 0.7\boldsymbol{a}_y + 0.9\boldsymbol{a}_z$，$I = 50$ A，回路半径 $r = 4$ cm

回路面积 $\boldsymbol{S} = \dfrac{\pi r^2}{2}\boldsymbol{a}_z = \dfrac{\pi\ (4\times 10^{-2})^2}{2}\boldsymbol{a}_z = 25.1327\times 10^{-4}\boldsymbol{a}_z$

$\boldsymbol{IS} = 50\times 25.1327\times 10^{-4} a_z = 12.566\times 10^{-2}\boldsymbol{a}_z$

$\boldsymbol{F} = -I\int \boldsymbol{B}\times \mathrm{d}\boldsymbol{L} = 50\int_{-0.04}^{0.04}(0.5\boldsymbol{a}_x - 0.7\boldsymbol{a}_y + 0.9\boldsymbol{a}_z)\times \mathrm{d}y\boldsymbol{a}_y$

(a) $= 50\int_{-0.04}^{0.04}(0.5\boldsymbol{a}_z - 0.9\boldsymbol{a}_x)\,\mathrm{d}y = \int_{-0.04}^{0.04}(25\boldsymbol{a}_z - 45\boldsymbol{a}_x)\,\mathrm{d}y$

$= (25\boldsymbol{a}_z - 45\boldsymbol{a}_x)\,y\,|_{-0.04}^{0.04} = 0.08(25\boldsymbol{a}_z - 45\boldsymbol{a}_x) = 2\boldsymbol{a}_z - 3.6\boldsymbol{a}_x$　（单位为 N）

(b) $\boldsymbol{T} = \boldsymbol{IS}\times \boldsymbol{B} = 12.566\times 10^{-2} a_z \times (0.5\boldsymbol{a}_x - 0.7\boldsymbol{a}_y + 0.9\boldsymbol{a}_z)$

$= 0.0879\boldsymbol{a}_x + 0.0628\boldsymbol{a}_y$　（单位为 Nm）

例 12.5　求材料中磁场强度的大小 $|H|$。（a）磁通量密度 $B = 5\ \mathrm{mWb/m^2}$，相对磁导率 $\mu_r = 1.01$；（b）磁化率 $\chi_m = -0.005$，磁化强度 $M = 20$ A/m；（c）每立方厘米有 8.1×10^{28} 个原子，每个原子的偶极矩 $m = 4\times 10^{-30}\ \mathrm{Am^2}$，$\chi_m = 10^{-4}$。

解： $B = 5\ \mathrm{mWb/m^2}$，$\mu_r = 1.01$，$B = \mu H = \mu_0\mu_r H$

(a) $H = \dfrac{B}{\mu_0\mu_r} = \dfrac{5\times 10^{-3}}{4\pi\times 10^{-7}\times 1.01} = 3939$ A/m

(b) $\chi_m = -0.005$，$M = 20$ A/m，$H = \dfrac{M}{\chi_m} = \dfrac{20}{-0.005} = -4000$，$|H| = 4000$ A/m

(c) 每立方厘米原子数 $N = 8.1\times 10^{28}$，$m = 4\times 10^{-30}\ \mathrm{Am^2}$，$\chi_m = 10^{-4}$

$M = N\cdot m = 8.1\times 10^{28}\times 4\times 10^{-30} = 32.4\times 10^{-2}$

$$H = M/\chi_m = \frac{32.4\times10^{-2}}{10^{-4}} = 3240\ \text{A/m}$$

例 12.6 磁性材料 $\boldsymbol{H}=5\rho^4\boldsymbol{a}_\varphi$，单位为 A/m，$\mu=5\times10^{-6}$ H/m；求在 $\rho=3$ 处的（a）$\boldsymbol{J}$；（b）$\boldsymbol{J}_r$；（c）$\boldsymbol{J}_b$。

解：(a) $\boldsymbol{J}=\nabla\times\boldsymbol{H}=\dfrac{1}{\rho}\dfrac{\partial(\rho H_\varphi)}{\partial\rho}\boldsymbol{a}_z=\dfrac{1}{\rho}\dfrac{\partial(5\rho^5)}{\partial\rho}\boldsymbol{a}_z=25\rho^3\big|_{\rho=3}\boldsymbol{a}_z=675\boldsymbol{a}_z$ （单位为 A/m^2）

(b) $\mu=5\times10^{-6}=\mu_0\mu_r$，$\mu_r=\dfrac{\mu}{\mu_0}=\dfrac{5\times10^{-6}}{4\pi\times10^{-7}}=3.9788$，$B=\mu H=\mu_0\mu_r H$

$\boldsymbol{J}_r=\dfrac{\nabla\times\boldsymbol{B}}{\mu_0}=\nabla\times(\mu_r\boldsymbol{H})=\mu_r\boldsymbol{J}=3.9788\times675\boldsymbol{a}_z=2685.74\boldsymbol{a}_z$ （单位为 A/m^2）

(c) $\boldsymbol{B}=\mu_0(\boldsymbol{H}+\boldsymbol{M})=\mu_0\boldsymbol{H}+\mu_0\boldsymbol{M}$，$\boldsymbol{M}=(\boldsymbol{B}-\mu_0\boldsymbol{H})/\mu_0=\boldsymbol{B}/\mu_0-\boldsymbol{H}$

$\boldsymbol{J}_b=\nabla\times\boldsymbol{M}=\nabla\times\boldsymbol{B}/\mu_0-\nabla\times\boldsymbol{H}=\boldsymbol{J}_r-\boldsymbol{J}$

$\boldsymbol{J}_b=(2685.74-675)\boldsymbol{a}_z=2010.74\boldsymbol{a}_z$ （单位为 A/m^2）

例 12.7 在两个均匀线性各向同性材料之间的界面 $x=0$ 处的表面电流密度为 $\boldsymbol{K}=100\boldsymbol{a}_z$。对于 $x<0$（区域 1）$\mu_{R1}=3$，$\boldsymbol{H}_1=100\boldsymbol{a}_x-200\boldsymbol{a}_y+300\boldsymbol{a}_z$，对于 $x>0$（区域 2）$\mu_{R1}=5$。求：(a) $\boldsymbol{H}_2$；(b) $|\boldsymbol{B}_1|$；(c) $|\boldsymbol{B}_2|$。

解：$\boldsymbol{H}_1=100\boldsymbol{a}_x-200\boldsymbol{a}_y+300\boldsymbol{a}_z$，$\boldsymbol{H}_{n1}=100\boldsymbol{a}_x$，$\boldsymbol{H}_{t1}=-200\boldsymbol{a}_y+300\boldsymbol{a}_z$

$\boldsymbol{H}_{t1}-\boldsymbol{H}_{t2}=\boldsymbol{K}$，$\boldsymbol{K}=100\boldsymbol{a}_z$

$\boldsymbol{H}_{t2}=\boldsymbol{H}_{t1}-\boldsymbol{K}=-200\boldsymbol{a}_y+300\boldsymbol{a}_z-100\boldsymbol{a}_z=-200\boldsymbol{a}_y+200\boldsymbol{a}_z$

$\boldsymbol{B}_{n1}=\boldsymbol{B}_{n2}$，$\mu_1\boldsymbol{H}_{n1}=\mu_2\boldsymbol{H}_{n2}$

$\boldsymbol{H}_{n2}=\dfrac{\mu_1}{\mu_2}\boldsymbol{H}_{n1}=\dfrac{\mu_{R1}\mu_0}{\mu_{R2}\mu_0}\boldsymbol{H}_{n1}=\dfrac{3}{5}100\boldsymbol{a}_x=60\boldsymbol{a}_x$

(a) $\boldsymbol{H}_2=60\boldsymbol{a}_x-200\boldsymbol{a}_y+200\boldsymbol{a}_z$

(b) $\boldsymbol{B}_1=\mu_{R1}\mu_0\boldsymbol{H}_1=3\times4\pi\times10^{-7}(100\boldsymbol{a}_x-200\boldsymbol{a}_y+300\boldsymbol{a}_z)$

$\quad=(0.377\boldsymbol{a}_x-0.754\boldsymbol{a}_y+1.131\boldsymbol{a}_z)$ （单位为 mWb/m^2）

$|\boldsymbol{B}_1|\approx1.41\ \text{mWb/m}^2$

(c) $B_2=\mu_{R2}\mu_0H_2=5\times4\pi\times10^{-7}(60\boldsymbol{a}_x-200\boldsymbol{a}_y+200\boldsymbol{a}_z)$

$\quad=(0.377\boldsymbol{a}_x-1.2566\boldsymbol{a}_y+1.2566\boldsymbol{a}_z)$ （单位为 mWb/m^2）

$|\boldsymbol{B}_2|\approx2\ \text{mWb/m}^2$

习　题

12.1 电量为 5 C 的点电荷速度为 $\boldsymbol{u}=5\boldsymbol{a}_x-2\boldsymbol{a}_y+3\boldsymbol{a}_z$，求在不同场条件下，施加在点电荷上力的大小：(a) $\boldsymbol{E}=(20\boldsymbol{a}_x-10\boldsymbol{a}_y-6\boldsymbol{a}_z)$，单位为 V/m；(b) $\boldsymbol{B}=(2\boldsymbol{a}_x-5\boldsymbol{a}_y-5\boldsymbol{a}_z)$，单位为 Wb/m^2；(c) $\boldsymbol{E}$ 和 $\boldsymbol{B}$。

12.2 沿 z 轴上 $\boldsymbol{a}_z$ 方向上有一根承载 2 A 电流的无限长细导线，求在以下场中 1 mm 长度导体所受力的大小：(a) $\boldsymbol{B}=(0.2\boldsymbol{a}_x+0.5\boldsymbol{a}_z)$，单位为 $\mathrm{Wb/m^2}$；(b) $\boldsymbol{B}=(0.3\boldsymbol{a}_x-0.2\boldsymbol{a}_y)$，单位为 $\mathrm{Wb/m^2}$；(c) $\boldsymbol{B}=-0.4\boldsymbol{a}_x$，单位为 $\mathrm{Wb/m^2}$，$\boldsymbol{E}=0.5\boldsymbol{a}_y$，单位为 mV/m 。

12.3　两根细导线位于 $z=0$ 平面内，其中一根电流为 5 A 的线电流沿 $\boldsymbol{a}_x$ 方向通过 $P_1(-2, 3, 0)$ 点，另一根电流为 6 A 的线电流沿 $\boldsymbol{a}_y$ 方向通过 $P_2(3, -4, 0)$ 点。求：(a) P_1 点第一导体增量长度 ΔL_1 施加在 P_2 点第二导体增量长度 ΔL_2 上的矢量力；(b) P_2 点的 ΔL_2 施加在 P_1 点的 ΔL_1 上的矢量力 。

12.4　在 $z=0$ 平面内有一个直径为 10 cm、电流为 20 A 的半圆电流回路，在磁场中 $\boldsymbol{B}=(0.6\boldsymbol{a}_x+0.4\boldsymbol{a}_y-0.2\boldsymbol{a}_z)$，单位为 $\mathrm{Wb/m^2}$。求：(a) 直边上的力；(b) 在直边中点为原点的离臂回路上的力矩。

12.5　一个边长 6 cm 的方形线圈，电流为 10 A。中心在 $z=0$ 平面内，两侧平行于 x 轴和 y 轴。在 (3，0，0) cm 点的电流沿 $\boldsymbol{a}_y$ 方向。求给定的场绕一个通过原点的轴所产生的矢量矩 $\boldsymbol{T}$：(a) 在任何位置 $\boldsymbol{B}=2\boldsymbol{a}_x$，单位为 $\mathrm{Wb/m^2}$；(b) 对于 $x\geqslant 3$ cm，$\boldsymbol{B}=2\boldsymbol{a}_x$，单位为 $\mathrm{Wb/m^2}$，其他位置为零；(c) 对于 $x\geqslant 0$，$y\geqslant 3$，$\boldsymbol{B}=5\boldsymbol{a}_x$，单位为 $\mathrm{Wb/m^2}$，其他位置为零。

12.6　求材料中磁场强度的大小 $|H|$：(a) 磁通量密度 $B=3\ \mathrm{mWb/m^2}$，相对磁导率 $\mu_r=2.26$；(b) 磁化率 $\chi_m=0.004$，磁化强度 $M=10$ A/m；(c) 每立方厘米有 5.1×10^{26} 个原子，每个原子的偶极矩 $m=3\times 10^{-30}\ \mathrm{Am^2}$，$\chi_m=2\times 10^{-4}$ 。

12.7　磁性材料 $\boldsymbol{H}=10\rho^3\boldsymbol{a}_\varphi$，单位为 A/m，$\mu=3\times 10^{-6}$ H/m；求在 $\rho=5$ 处：(a) $\boldsymbol{J}$；(b) $\boldsymbol{J}_T$；(c) $\boldsymbol{J}_b$ 。

12.8　在 $x=0$ 处，两个均匀线性各向同性材料之间的表面电流密度为 $\boldsymbol{K}=50\boldsymbol{a}_z$ 。对于 $x<0$（区域 1）$\mu_{R1}=2$，$\boldsymbol{H}_1=10\boldsymbol{a}_x-20\boldsymbol{a}_y+30\boldsymbol{a}_z$，对于 $x>0$（区域 2）$\mu_{R1}=3$，求：(a) $\boldsymbol{H}_2$；(b) $|\boldsymbol{B}_1|$；(c) $|\boldsymbol{B}_2|$ 。

12.9　材料的 $\boldsymbol{B}-\boldsymbol{H}$ 曲线可用两条线段表示，第一段从 $H=0$，$B=0$ 至 $H=1000$ AT/m，$B=1\ \mathrm{Wb/m^2}$，第二段从 $H=1000$ AT/m，$B=1\ \mathrm{Wb/m^2}$ 至 $H=3000$ AT/m，$B=1.4\ \mathrm{Wb/m^2}$。用这种材料制成长度 10 cm 截面积 $1\ \mathrm{cm^2}$ 和长度 10 cm 截面积 $0.5\ \mathrm{cm^2}$ 的磁芯。求线圈承载电流：(a) 0.5 A；(b) 2.5 A 情况下，这个磁路中1000 匝产生的磁通。

叙述题

1. 推导磁场对线电流、面电流密度和体电流密度的作用力表达式。
2. 推导两个微分电流元之间作用力的关系式。
3. 获取电力与磁力相等的条件。
4. 推导闭合载流回路上的力和力矩的关系式。这些关系式和偶极矩有什么关系？
5. 参考磁偶极矩，讨论磁性材料。

6. 描述 **B**—**H** 回路的形成。讨论其主要特征及其对磁路的影响。
7. 推导磁化强度、磁化率和磁导率之间的关系。
8. 讨论两磁性材料界面上 **H** 场和 **B** 场满足的边界条件。

参考文献

[1] David J. Griffiths, Introduction to Electrodynamics, 3rd ed. , PHI Learning Private Limited, NewDelhi, 2012, pp. 477 - 525.

扩展阅读

在第 15 章末给出。

第 13 章　磁　路

13.1　引言

在第 11 章中介绍了稳恒磁场的概念、量和定律。在第 12 章中描述了静磁力、转矩、偶极矩和磁性材料，还介绍了磁性材料的性质和边界条件。在第 1 章中提到的各种设备的分析、设计和制造中，通常涉及所有这些方面。磁性材料组成的设备分析通常采用磁路形式来建模。因此，本章将讨论与电路非常相似的磁路。在第 8 章中，已经介绍了一些电路的参数（R 和 C）。本章将介绍另一个电路参数，称为**电感**，还将讨论静磁场中存储的能量。

13.2　磁路

实际上，并没有传统意义上的磁路。描述某些设备和系统磁现象的等效回路可以称为磁路。通过注意静电场和静磁场之间的关系和量值的相似性，可以很容易画出这样的磁路。下面介绍这些相似性。

13.2.1　场量和关系式的相似性

电场和磁场关系的相似性见表 13－1。表中 $\boldsymbol{H}$ 和 $\boldsymbol{E}$，V 和 $\mathcal{V}$，V_{AB} 和 $\mathcal{V}_{AB}$，B 和 J，μ 和 σ，Φ 和 I 是静磁场和静电场中的相似量。

表 13－1　电场与磁场关系的相似性

电　场		磁　场	
$\boldsymbol{E}=-\nabla V$	(7－17)	$\boldsymbol{H}\ \underline{\underline{\text{def}}}\ -\nabla\mathcal{V}$	(11－58)
$V_{AB}=\int_A^B\boldsymbol{E}\cdot\mathrm{d}\boldsymbol{\ell}$	(7－10b)	$\mathcal{V}_{AB}=\int_A^B\boldsymbol{H}\cdot\mathrm{d}\boldsymbol{\ell}$	(11－63)
		$\boldsymbol{B}=\mu\boldsymbol{H}$	(11－1)
$\boldsymbol{J}=\sigma\boldsymbol{E}$	(8－12b)	$\Phi=\int_s\boldsymbol{H}\cdot\mathrm{d}\boldsymbol{s}$	(11－29a)
$I=\int_s\boldsymbol{J}\cdot\mathrm{d}\boldsymbol{s}$	(8－1)	$\oint\boldsymbol{H}\cdot\mathrm{d}\boldsymbol{\ell}=\boldsymbol{I}$　（单匝线圈）	(11－17)
$\oint\boldsymbol{E}\cdot\mathrm{d}\boldsymbol{\ell}=0$	(7－13b)	$\oint\boldsymbol{H}\cdot\mathrm{d}\boldsymbol{\ell}=N\boldsymbol{I}$（$N$ 匝线圈）	

使用直流电源工作的电路包括电动势 EMF 或电压 V，电流 I 和电阻 R。在欧姆定律中，这些量的关系如下

$$V=I\cdot R \tag{8-19a}$$

式中，R 与导体的长度 L、截面积 S 和材料的电导率 σ 相关。它们之间的关系为

$$R=\frac{L}{\sigma S} \tag{8-19b}$$

在磁路中，这些分量（V，I，R）分别被磁动势 MMF($\mathcal{V}$)、磁通量 Φ 和**磁阻** $\mathfrak{R}$ 取代。因此，方程（8－19a）有如下形式

$$\mathcal{V}=\Phi\mathfrak{R} \tag{13-1a}$$

类比方程（8－19a）给出的欧姆定律，将方程（13－1a）所示的关系称为霍普金森（Hopkinson）定律或罗兰（Rowland）定律。在方程（13－1a）中，MMF($\mathcal{V}$)、磁通量 Φ 类似于电路的 EMF(V) 和电流 I。同理，类比方程（8－19b），**磁阻** $\mathfrak{R}$ 的表达式可以写为

$$\mathfrak{R}=\frac{L}{\mu S} \tag{13-1b}$$

如同电路中电阻阻挡电流流动一样，在磁性材料组成的磁路中，**磁阻**会抵抗磁场的建立。

与电路中的串联电阻计算方法相同，磁路中的串联磁阻也是相加的。安培定律有助于这种相加，类似于基尔霍夫电压（KVL）定律。同样，如果任何节点的磁通量之和总是零，则服从高斯定律，类似于用于分析电路的基尔霍夫电流定律（KCL）。在基尔霍夫电流定律中，施加到回路上的激励电压等于回路上的电压降（$V=IR$）之和。在磁路模拟中，磁动势 $\mathcal{V}$（等于 I 或 NI）等于回路中其余部分的磁动势降落（$\mathcal{V}=\Phi\mathfrak{R}$）之和。

如同电路一样，磁路也可能有分支和回路。在多回路系统的情况下，可以通过矩阵方程解出每个支路的电流。这些矩阵的构成方法与回路分析中求解网格电路支路电流的方法相同。通过对构成回路的电流进行加或减，可以得到各支路的电流。根据安培定律，磁动势 MMF($\mathcal{V}$) 是磁路中的激励源，是电流与构成回路个数的乘积（NI），单位为安培×匝。

根据斯托克斯定理，$\boldsymbol{H}$ 点乘 $\mathrm{d}\boldsymbol{l}$ 沿闭合曲线的积分，等于旋度 $\boldsymbol{H}$ 点乘 $\mathrm{d}\boldsymbol{s}$ 在该闭合曲线所围的开放曲面上的积分。方程（11－56b）给出的表述如下

$$\oint_l \boldsymbol{H}\cdot\mathrm{d}\boldsymbol{l}=\iint_S(\nabla\times\boldsymbol{H})\cdot\mathrm{d}\boldsymbol{s} \tag{13-2}$$

$\boldsymbol{H}\cdot\mathrm{d}\boldsymbol{l}$ 的闭合线积分计算了通过表面的总电流，总电流等于励磁 $N\boldsymbol{I}$。

表 13－2 中总结了电路和磁路中所涉及量的类比及其单位，以备随时参考。

表 13－2　电路和磁路中的类比量（单位）

电路量	单位	磁路量	单位
EMF（$V=\int\boldsymbol{E}\cdot\mathrm{d}\boldsymbol{l}$）	伏特（V）	MMF$\left(\mathcal{V}=\oint_l\boldsymbol{H}\cdot\mathrm{d}\boldsymbol{l}\right)=I$ 或 NI	安培×匝
电场强度（E）	伏特/米（V/m）	磁场强度（H）	安培/米（A/m）
电流（I）	安培（A）	磁通量（Φ）	韦伯（Wb）
电阻（R）	欧姆（Ω）	磁阻（$\mathfrak{R}$）	1/亨利（1/H）
电导（$G=I/R$）	西门子（S）	永磁性（$\mathfrak{P}=1/\mathfrak{R}$）	亨利（H）
欧姆定律（$V=IR$）		霍普金森定律或罗兰定律 $\mathcal{V}=\Phi\mathfrak{R}$	
微观欧姆定律（$\boldsymbol{J}=\sigma\boldsymbol{E}$）		$\boldsymbol{B}-\boldsymbol{H}$ 关系（$\boldsymbol{B}=\mu\boldsymbol{H}$）	

续表

电路量	单位	磁路量	单位
电流密度(J)	A/m^2	磁通量强度($\boldsymbol{B}$)	特斯拉(T)
电导率(σ)	S/m	磁导率(μ)	亨利 / 米(H/m)

13.2.2　类比的局限性

表 13 - 1 所示的电路和磁路之间相似性可以认为是表面的，表 13 - 3 给出了这种类比的局限性。在磁路构建时需要考虑这些局限性。

表 13 - 3　类比的局限性

电路	磁路
电流表述了电子的流动和携带的能量	磁场没有表述任何流动
在电阻中功率以热的形式耗散	在磁阻中没有功率耗散
电流限制在电路中,仅有很少泄漏或没有泄漏	所有磁场都没有限制在磁路中。在磁芯外的空间中有显著的泄漏磁通量
由于电路中的电阻是常数,电路一般是线性的	由于磁阻随磁场变化,磁路是非线性的
在电路中没有饱和概念	在高磁通下,含铁磁性材料有磁路饱和问题。在饱和水平以上,磁阻迅速增加
在电路中不存在类似磁滞的现象	在高磁通材料中(磁路中的关键元件)出现磁滞现象,因此,在这种材料中的通量不仅仅依赖于瞬态 MMF,还依赖于 MMF 的历史。磁通量源移除后,留下残余磁性,形成没有磁动势的磁通量

13.2.3　磁路的结构

图 13 - 1 (a) 显示了由磁导率 μ 的磁性材料组成的磁芯结构，包含 4 条长度为 l_1 的垂直支路。第 1、2、3、4 支路的截面积分别为 A_1、A_2、A_3、A_4， 这些与顶部和底部两个横截面为 A_5 的水平条连接，有效长度为 $3l_2$。中间两支路有长度为 l_3 的气隙。支路 1 有匝数 N_1、电流 I_1 的线圈；支路 2 有匝数 N_2、电流 I_2 的线圈。

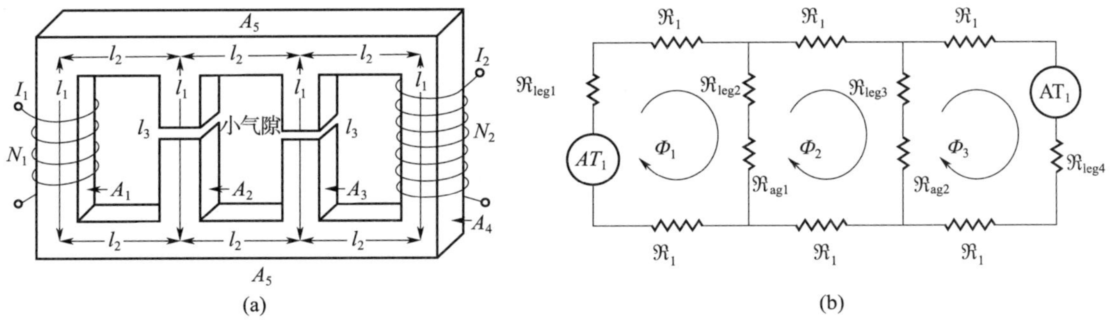

图 13 - 1　(a) 磁路；(b) 等效磁路

13.2.4 等效磁路

图 13－1（a）所示磁芯结构的等效磁路如图 13－1（b）所示。这个等效磁路可以通过以下步骤得到。

13.2.4.1 激励源的确定

如图 13－1 所示，该磁路包含两个源，可以写成

$$AT_1 = \mathcal{V}_1 = N_1 I_1 \quad (\text{在垂直支路 1 中}) \tag{13-2a}$$

$$AT_2 = \mathcal{V}_2 = N_2 I_2 \quad (\text{在垂直支路 2 中}) \tag{13-2b}$$

13.2.4.2 磁阻的估算

图 13－1（a）所示的不同段磁阻可以按照公式（13－1b）所给出的关系式来计算。在等长的情况下，垂直支路的磁阻可以写为一般形式

$$\mathfrak{R}_{\text{leg}n} = \frac{l_1}{\mu S_n} \tag{13-3a}$$

式中，n 可以取值 1、2、3、4。

需要注意的是，支路 2 和支路 3 包含长度为 l_3 的气隙，为了得到支路 2 和支路 3 磁阻的准确值，需要从长度 l_1 中减去这个长度。通常气隙长度相当小，这样的减法可以忽略。

由于顶部和底部条的每个水平段长度为 l_2，交叉截面为 S_5，其磁阻可以写为

$$\mathfrak{R}_{\text{horseg}} = \mathfrak{R}_1 = \frac{l_2}{\mu S_5} \tag{13-3b}$$

两个长度为 l_3，面积分别为 S_2 和 S_3 的气隙的磁阻可以写为

$$\mathfrak{R}_{\text{ag1}} = \frac{l_3}{\mu_0 S_2} \tag{13-3c}$$

$$\mathfrak{R}_{\text{ag2}} = \frac{l_3}{\mu_0 S_3} \tag{13-3d}$$

13.2.4.3 等效磁路的构成

图 13－1（b）的等效磁路可按以下步骤构建：

- 采用方程（13－2a）和（13－2b）计算支路 1 和 4 的激励 AT_1 和 AT_2。
- 用方程（13－3a）至方程（13－3d）计算不同磁芯结构支路的磁阻。
- 在顶部和底部的支路上，将三个长度为 l_1 的磁阻串联连接。
- 在支路 1 和 4 中各连接一个磁阻。
- 支路 2 和支路 3 各自含两个磁阻，一个代表磁芯，另一个代表气隙。
- 得到如图 13－1（b）所示的等效磁路图。
- 注意，等效磁路图如同一个电路，含有两个源（AT_1 和 AT_2），多个串联和并联磁阻及在不同的回路中流动的电流（或通量）。

13.2.4.4 通量计算

为了计算不同支路的通量，磁路方程可以写成

$$\Phi_1 A_{11} - \Phi_2 A_{12} = AT_1 \tag{13-4a}$$

$$-\Phi_1 A_{21} + \Phi_2 A_{22} - \Phi_3 A_{23} = 0 \tag{13-4b}$$

$$-\Phi_2 A_{32} + \Phi_3 A_{33} = AT_2 \tag{13-4c}$$

式中

$$A_{11} = \mathfrak{R}_{\text{leg1}} + 2\,\mathfrak{R}_1 + \mathfrak{R}_{\text{leg2}} + \mathfrak{R}_{\text{ag1}},\quad A_{12} = \mathfrak{R}_{\text{leg2}} + \mathfrak{R}_{\text{ag1}},\quad A_{13} = 0$$

$$A_{21} = \mathfrak{R}_{\text{leg2}} + \mathfrak{R}_{\text{ag1}},\quad A_{22} = 2\,\mathfrak{R}_1 + \mathfrak{R}_{\text{ag1}} + \mathfrak{R}_{\text{leg2}} + \mathfrak{R}_{\text{leg3}} + \mathfrak{R}_{\text{ag2}},\quad \boxed{A_{23} = \mathfrak{R}_{\text{ag3}} + \mathfrak{R}_{\text{leg2}}}$$

$$A_{31} = 0,\quad A_{32} = \mathfrak{R}_{\text{leg3}} + \mathfrak{R}_{\text{ag2}},\quad A_{33} = 2\,\mathfrak{R}_1 + \mathfrak{R}_{\text{ag2}} + \mathfrak{R}_{\text{leg3}} + \mathfrak{R}_{\text{leg4}}$$

这些方程可以写为

$$[A]\,[X] = [B] \tag{13-5}$$

式中

$$[A] = \begin{bmatrix} A_{11} & A_{12} & A_{11} \\ A_{21} & A_{22} & A_{23} \\ A_{31} & A_{32} & A_{33} \end{bmatrix}(\text{a}) \quad [X] = \begin{bmatrix} \Phi_1 \\ \Phi_2 \\ \Phi_3 \end{bmatrix}(\text{b}) \quad [B] = \begin{bmatrix} AT_1 \\ 0 \\ AT_2 \end{bmatrix}(\text{c}) \tag{13-6}$$

未知通量可以通过下列方程得到

$$[X] = [A]^{-1}\,[B] \tag{13-7}$$

式中，$[A]^{-1}$ 为矩阵 $[A]$ 的逆矩阵。

13.3　电感

任何电气、电子设备或元件都可以用三个无源元件来表征，即电阻、电容和电感。电阻 R 在 8.4 节中定义为电位差与电流的比值（即 V/I），其值用导体的几何参数（即长度和截面积）及其材料电导率的函数来描述，由方程（8-19b）给出。电容 C 在 8.6 节中定义为总电荷与电位差的比值（即 Q/V），其值为导电等势面的几何参数（即表面积和间距）及其内部或周围材料介电常数的函数，由方程（8-66）给出。本节将讨论电感——第三个特征元件。

13.3.1　电感的定义准则

电感可以用电场量和磁场量之间的对偶性来定义。对偶原理有以下两种应用方式：

1）电荷 Q 的对偶为磁通量 Φ，电位差 V 的对偶为电流 I。方程（8-66）定义电容为 $C = Q/V$。因此，可以根据 Q、V、C 的关系，定义电感 L 为磁通量与电流的比值 $L = \Phi/I$。

2）应用静电场或电容器中存储的能量 W_E 和静磁场或电感中存储的能量 W_H 的对偶原理。

13.3.2　数学关系

根据 1）和 2）所确定的对偶准则，可以得到下面电感的数学关系。

13.3.2.1　关系 1

根据 $C=Q/V$ 的对偶关系，电感 L 为

$$L=\Phi/I\text{（对于单匝线圈）}\quad L=N\Phi/I\text{（对于 }N\text{ 匝线圈）} \tag{13-8}$$

式中，Φ 为链接（或封闭）电流 I 的通量。

13.3.2.2　关系 2

方程（8－67）给出了用电容表示的电场贮存的能量

$$W_E=\frac{1}{2}C\cdot V^2 \tag{8-67}$$

因此，电容 C 可以写为

$$C=\frac{2W_E}{V^2} \tag{13-9a}$$

类似地，根据对偶原理，电感可以定义为

$$L=\frac{2W_H}{I^2} \tag{13-9b}$$

式中，I 是在闭合路径中流过的总电流，W_H 是这个电流产生的磁场中的能量。

此外，贮存在电场中的能量由方程（7－60b）给出，具有下列形式

$$W_E=\iiint\limits_{v\to\infty}\left(\frac{1}{2}\cdot \boldsymbol{D}\cdot \boldsymbol{E}\right)\cdot \mathrm{d}v \tag{13-10a}$$

根据对偶原理，可以写出

$$W_H=\iiint\limits_{v\to\infty}\left(\frac{1}{2}\cdot \boldsymbol{B}\cdot \boldsymbol{H}\right)\cdot \mathrm{d}v \tag{13-10b}$$

因此，根据方程（13－9b）和（13－10b），电感可以写为

$$L=\frac{1}{I^2}\iiint\limits_{v}(\boldsymbol{B}\cdot \boldsymbol{H})\cdot \mathrm{d}v \tag{13-11a}$$

将 $\boldsymbol{B}=\nabla\times\boldsymbol{A}$［方程（11－65a）］代入，方程（13－11a）则变为

$$L=\frac{1}{I^2}\iiint\limits_{v}[\boldsymbol{H}\cdot(\nabla\times\boldsymbol{A})]\,\mathrm{d}v \tag{13-11b}$$

根据方程（4－40）给出的恒等式

$$\nabla\cdot(\boldsymbol{H}\times\boldsymbol{A})\equiv\boldsymbol{H}\cdot(\nabla\times\boldsymbol{A})-\boldsymbol{A}\cdot(\nabla\times\boldsymbol{H}) \tag{13-12a}$$

或

$$\boldsymbol{H}\cdot(\nabla\times\boldsymbol{A})\equiv\nabla\cdot(\boldsymbol{A}\times\boldsymbol{H})-\boldsymbol{A}\cdot(\nabla\times\boldsymbol{H}) \tag{13-12b}$$

方程（13－11b）变为

$$L=\frac{1}{I^2}\left\{\iiint\limits_{v}[\nabla\cdot(\boldsymbol{A}\times\boldsymbol{H})]\,\mathrm{d}v+\iiint\limits_{v}[\boldsymbol{A}\cdot(\nabla\times\boldsymbol{H})]\,\mathrm{d}v\right\} \tag{13-13a}$$

将散度定理应用到第一个积分，将 $\nabla\times\boldsymbol{H}=\boldsymbol{J}$ 代入第二个积分，方程（13－13a）变为

$$L=\frac{1}{I^2}\left[\oiint\limits_{S}(\boldsymbol{A}\times\boldsymbol{H})\,\mathrm{d}s+\iiint\limits_{v}(\boldsymbol{A}\cdot\boldsymbol{J})\,\mathrm{d}v\right] \tag{13-13b}$$

在方程（13－13b）的右端第一项中，积分是对包含全部磁能量的体积的闭合曲面积分。由于表面上没有能量，在该表面上 $\boldsymbol{A}$ 和 $\boldsymbol{H}$ 必须为零，这就导致该曲面积分为零。因此，方程（13－13b）变为

$$L=\frac{1}{I^2}\iiint_v(\boldsymbol{A}\cdot\boldsymbol{J})\,\mathrm{d}v \tag{13-13c}$$

矢量磁势 $\boldsymbol{A}$ 与电流密度 $\boldsymbol{J}$ 的关系为

$$\boldsymbol{A}=\iiint_v\frac{\mu\boldsymbol{J}}{4\pi R}\mathrm{d}v \tag{13-14a}$$

根据这个关系式，方程（13－13c）可改写为

$$L=\frac{1}{I^2}\iiint_v\left(\iiint_v\frac{\mu\boldsymbol{J}}{4\pi R}\mathrm{d}v\right)\cdot\boldsymbol{J}\,\mathrm{d}v \tag{13-14b}$$

根据方程（11－8），具有电流密度（$\boldsymbol{J}\,\mathrm{d}v$）的体积元可以用线电流元（$I\,\mathrm{d}\boldsymbol{l}$）代替，体积分可以用闭合曲线的线积分代替，因此得到如下简化关系

$$L=\frac{\mu}{4\pi}\,\frac{1}{I^2}\oint_l\left(\oint_l\frac{I\,\mathrm{d}\boldsymbol{l}}{R}\right)\cdot I\,\mathrm{d}\boldsymbol{l}=\frac{\mu}{4\pi}\oint_l\left(\oint_l\frac{\mathrm{d}\boldsymbol{l}}{R}\right)\cdot\mathrm{d}\boldsymbol{l} \tag{13-14c}$$

方程（13－14b）和（13－14c）是电感与电流密度和线电流之间关系的积分形式。假设线元 $\mathrm{d}\boldsymbol{l}$ 取线电流的中心，方程（13－13c）中用 $I\,\mathrm{d}\boldsymbol{l}$ 替换 $\boldsymbol{J}\,\mathrm{d}v$ 可以得到以下关系式

$$L=\frac{1}{I}\oint_l\boldsymbol{A}\cdot\mathrm{d}\boldsymbol{l} \tag{13-15a}$$

应用斯托克斯定理，方程（13－15a）变为

$$L=\frac{1}{I}\iint_S(\nabla\times\boldsymbol{A})\cdot\mathrm{d}\boldsymbol{s} \tag{13-15b}$$

将 $\boldsymbol{B}=\nabla\times\boldsymbol{A}$［方程（9－72a）］代入得到

$$L=\frac{1}{I}\iint_S\boldsymbol{B}\cdot\mathrm{d}\boldsymbol{s} \tag{13-15c}$$

此外，根据方程（11－54a），电感可以写为

$$L=\frac{\Phi}{I} \tag{13-16a}$$

由于方程（13－16a）是从方程（13－15c）导出的，方程（13－15c）涉及面积分，其通量 Φ 是线电流路径环绕的每个任意开放表面总通量的一部分。如果表面被线电流环绕 N 次，通量也需要乘以 N，则电感变为

$$L=\frac{N\Phi}{I} \tag{13-16b}$$

正如所预料的，方程（13－8）和（13－16）给出的电感关系式是相同的。

13.3.3　电感的类型

电感一般分为自感和互感，用图 13－2 可以来解释。

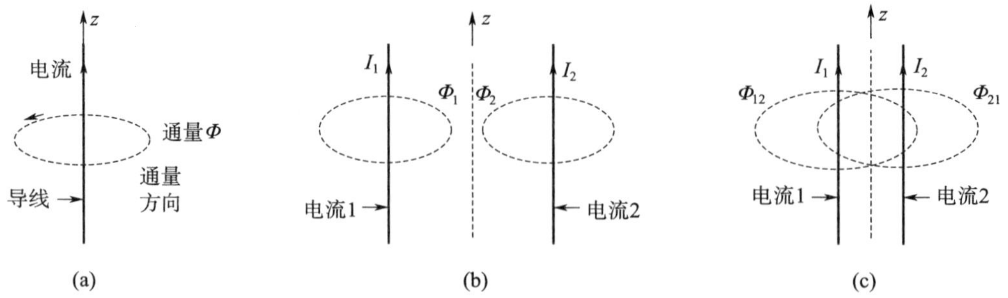

图 13－2　(a) 单导线；(b) 远距离双导线；(c) 近距离双导线

13.3.3.1　自感

在上述关系式中，如果磁通是由链接电感的电流产生的，则称为自感。图 13－2 (a) 是一条承载了电流 I 的直导线，可产生磁通 Φ 。该磁通包围了引起该磁通的电流，因此自感为 Φ/I 。图 13－2 (b) 给出了两根带有电流 I_1 和 I_2 的直导线。I_1 产生的通量为 Φ_1，I_2 产生的通量为 Φ_2。如果它们相距较远，则场之间互相不干扰，导线 1 和导线 2 的自感可写为

$$L_1 = \frac{\Phi_1}{I_1} \tag{13-17a}$$

$$L_2 = \frac{\Phi_2}{I_2} \tag{13-17b}$$

方程 (13－13c) 给出了 **A** 和 **J** 点乘的体积分形式的电感表达式。电流密度 **J** 只能存在于导体内部，由 **J** 引起的 **A** 可以同时存在于体积内和体积外。因为在体积外 **J** 为零，体积外的每个点上积分都为零，因此确定外面的 **A** 无意义。由方程 (13－13c) 计算的电感称为自感。因此，方程 (13－16a) (13－16b) 与方程 (13－17a) (13－17b) 给出的关系式是相同的。

13.3.3.2　互感

如果在一根导线（线圈或电路）中流动的电流（如 I_1）产生的磁通与另一根导线（线圈或电路）中流动的电流（如 I_2）相关联，则产生的电感称为**互感**。反过来，电流 I_2 产生的磁通与电流 I_1 相关联，产生的电感也称为互感。图 13－2 (c) 可以观察到这种情况，即携带电流 I_1 和 I_2 的两个相互靠近的直导线，一个电流产生的磁通与另一个电流相关。如果 I_1 产生的磁通与 I_2 相关，该通量记为 Φ_{12} 。这种相关导致互感 M_{12} 。类似地，由 I_2 产生的通量与 I_1 相关，该通量记为 Φ_{21}， 产生互感为 M_{21} 。这两个互感分别为

$$M_{12} = \frac{\Phi_{12}}{I_1} \tag{13-18a}$$

$$M_{21} = \frac{\Phi_{21}}{I_2} \tag{13-18b}$$

如果导线 1 和导线 2 分别有 N_1 匝和 N_2 匝，则方程 (13－17a) (13－17b) (13－18a) 和 (13－18b) 为下列形式

$$L_1=\frac{N_1\Phi_1}{I_1} \tag{13-19a}$$

$$L_2=\frac{N_2\Phi_2}{I_2} \tag{13-19b}$$

$$M_{12}=\frac{N_2\ \Phi_{12}}{I_1} \tag{13-20a}$$

$$M_{21}=\frac{N_1\Phi_{21}}{I_2} \tag{13-20b}$$

在方程（13 - 20a）和（13 - 20b）中，第一个后缀表示产生通量的电流，第二个后缀表示与之关联的电流。值得注意的是，由于磁通的方向与电流的方向相关，因此，电感总是正实数。

根据上述描述可以得出结论，互感是两个电流之间磁场相互作用的结果。在只有一个电流的情况下，磁场中存储的总能量可以通过自感给出，而在两个非零电流的情况下，总能量变成两个自感和互感的函数。

由能量表示，方程（13 - 20a）和（13 - 20b）给出的互感值可以写为

$$M_{12}=\frac{\iiint_v (B_1\cdot H_2)\,\mathrm{d}v}{I_1I_2}=\frac{\iiint_v (\mu H_1\cdot H_2)\,\mathrm{d}v}{I_1I_2} \tag{13-21a}$$

类似地

$$M_{21}=\frac{\iiint_v (B_2\cdot H_1)\,\mathrm{d}v}{I_1I_2}=\frac{\iiint_v (\mu H_2\cdot H_1)\,\mathrm{d}v}{I_1I_2} \tag{13-21b}$$

根据方程（13 - 21a）和（13 - 21b），可得

$$M_{12}=M_{21} \tag{13-22}$$

13.3.4　几种一般构型的电感

本节推导同轴电缆、螺线管和环形线圈电感的数学关系式，这些电感经常与其他器件和系统一起应用。

13.3.4.1　同轴电缆

根据图 11 - 9（a）和方程（11 - 48），同轴电缆的场 $\boldsymbol{H}$ 为

$$\boldsymbol{H}=\frac{I}{2\pi\rho}\boldsymbol{a}_{\varphi} \tag{13-23a}$$

从关系式 $\boldsymbol{B}=\mu_0\boldsymbol{H}$ 可以得到

$$\boldsymbol{B}=\frac{\mu_0 I}{2\pi\rho}\boldsymbol{a}_{\varphi} \tag{13-23b}$$

方程（11 - 29a）给出的磁通量为

$$\Phi = \oint_s \boldsymbol{B} \cdot \mathrm{d}\boldsymbol{s} = \oint_0^l \int_a^b \frac{\mu_0 I}{2\pi\rho} \boldsymbol{a}_\varphi \cdot (\mathrm{d}\rho\, \mathrm{d}z \boldsymbol{a}_\varphi)$$

$$= \int_0^l \int_a^b \frac{\mu_0 I}{2\pi\rho} \mathrm{d}\rho\, \mathrm{d}z = \frac{\mu_0 Il}{2\pi\rho} \ln\left(\frac{b}{a}\right) \tag{13-24a}$$

最后得到单位长度的电感为

$$L = \frac{\Phi}{I} = \frac{\mu_0}{2\pi} \ln\left(\frac{b}{a}\right) \quad (\text{单位为 H/m}) \tag{13-24b}$$

13.3.4.2　螺线管

图 11－2（c）为铁芯螺线管示意图。假设这个螺线管的相对磁导率为 μ_r，匝数为 N，磁芯截面面积为 A，长度为 l，则由方程（11－52b）可得

$$B = \mu_0 \mu_r NI = \mu NI \tag{13-25a}$$

$$\Phi = \int_S \boldsymbol{B} \cdot \mathrm{d}\boldsymbol{s} = B \cdot A = \mu NIA \tag{13-25b}$$

单位长度的电感为

$$L = \frac{N\Phi}{l} = \frac{\mu N^2 A}{l} \tag{13-26}$$

需要注意的是，小螺线管电感可能是空气芯体，而大螺线管是磁铁芯体。磁铁的相对磁导率在 200 左右。

13.3.4.3　环形线圈

根据图 11－16，由方程（11－53b）得到 B 为

$$B = \frac{\mu NI}{2\pi\rho_0} \tag{13-28a}$$ ①

如果 A 为环形线圈的截面积，则磁通量为

$$\Phi = B \cdot A \tag{13-28b}$$

因此，环形线圈的电感 L 为

$$L \cong \frac{N\Phi}{I} = \frac{N \cdot B \cdot A}{I} = \frac{\mu N^2 A}{2\pi\rho_0} \tag{13-28c}$$

在这些关系式中，N 为匝数，A 为截面面积，$\mu = \mu_0 \mu_r$ 为磁芯材料的磁导率，μ_0 为自由空间的磁导率，μ_r 为磁芯材料的相对磁导率。小电感器可以是空气磁芯，而大电感器是磁铁磁芯，磁铁的相对磁导率在 200 左右。由于从环面中心线开始，磁场随半径变化，因此方程（13－28c）采用了近似等于的符号。如果环形半径 ρ_0 比线圈半径 a 大得多，这时采用中心线值作为 B 的平均值会引入一个小的误差。

13.4　储存在静磁场中的能量

在第 7 章中，对储存在静电场中的能量密度已进行了详细的推导。然而，存储在静磁

① 原著公式号缺（13－27），为使正文引用正确，此处保持与原著一致。

场中的能量密度还没有类似推导。考虑到静电场中的能量密度表达式，即

$$E_{\text{elect}}=\frac{1}{2}\boldsymbol{E}\cdot\boldsymbol{D} \tag{7-61a}$$

对于磁场中的能量密度通常采用平行的表达式，即

$$\mathcal{E}_{\text{magt}}=\frac{1}{2}\boldsymbol{H}\cdot\boldsymbol{B} \tag{13-29}$$

方程（7－61）可以写为

$$\mathcal{E}_{\text{elect}}=\frac{1}{2}\boldsymbol{E}\cdot\boldsymbol{D}=\frac{\varepsilon}{2}E^2=\frac{D^2}{2\varepsilon}$$

类似地，方程（13－29）也可以写为

$$\mathcal{E}_{\text{magt}}=\frac{1}{2}\boldsymbol{H}\cdot\boldsymbol{B}=\frac{\mu}{2}H^2=\frac{B^2}{2\mu} \tag{13-29a}$$

方程（13－29）可以采用集总电路法或磁荷法得到，下面讨论这两种方法。

13.4.1　集总电路法

考虑一个时不变的、线性的、无损耗的、均匀缠绕的长圆柱形电感，终端具有时变电流 i 。施加在终端上的电压 v 与感应的电动势（EMF）相反。电动势 $\boldsymbol{e}$ 是由于连接电感绕组（线圈）的磁通变化而引起的。法拉第电磁感应定律（将在第 15 章讨论）指出，在闭合路径 c 周围感应的电动势，等于闭合路径 c 的磁通衰减速率 Φ_c 。因此

$$\boldsymbol{e}=-\frac{\mathrm{d}\Phi_c}{\mathrm{d}t} \tag{13-30}$$

因此

$$v=-\boldsymbol{e}=\frac{\mathrm{d}\Phi_c}{\mathrm{d}t} \tag{13-31}$$

式中

$$\boldsymbol{e}\overset{\text{def}}{=\!=}\oint_c\boldsymbol{E}\cdot\mathrm{d}\boldsymbol{\ell} \tag{13-32a}$$

$$\Phi_c\overset{\text{def}}{=\!=}\iint_S\boldsymbol{B}\cdot\mathrm{d}\boldsymbol{s} \tag{13-32b}$$

式中，符号 S 表示任何开放曲面，其边界与封闭路径 c 重合；$\boldsymbol{B}$ 是该曲面上的通量密度。

因此，电感为 L 的电感器的瞬时输入功率 p 为

$$p=i\cdot v=i\cdot\frac{\mathrm{d}\Phi_c}{\mathrm{d}t}=i\frac{\mathrm{d}(L\cdot i)}{\mathrm{d}t}=L\cdot i\cdot\frac{\mathrm{d}i}{\mathrm{d}t}=\frac{1}{2}L\frac{\mathrm{d}i^2}{\mathrm{d}t}=\frac{\mathrm{d}}{\mathrm{d}t}\left(\frac{1}{2}\cdot L\cdot i^2\right) \tag{13-33}$$

式中，电感定义为单位电流的磁链，即

$$L\overset{\text{def}}{=\!=}\Phi_c/i \tag{13-33a}$$

由于功率是能量的变化率，从方程（13－33）可以得到贮存在电感器中的能量为

$$W_L=\frac{1}{2}\cdot L\cdot i^2 \tag{13-34}$$

时不变的电流 I 是时变电流 i 的特定情况，因此，对于直流情况下贮存在电感中的能量可以写为

$$W_L = \frac{1}{2} \cdot L \cdot I^2 \tag{13-35}$$

根据方程（13－33）

$$L \stackrel{\text{def}}{=} \Phi_c / I \tag{13-35a}$$

因为在直流励磁电流的稳态条件下，电场为零，所以没有能量辐射，没有终端电压，理想的电感没有功率输入。因此，方程（13－35）给出了存储在电感器内的静磁场能量。对于直流励磁的均匀缠绕长圆柱电感，磁芯的磁通几乎是轴向的，可以忽略漏磁，在电感中各点的磁通密度 B_z 都是相同的。因此，根据方程（13－32b）

$$\frac{\Phi_c}{N} = B_z \cdot a \tag{13-36}$$

式中，符号 a 和 N 分别为电感线圈的截面积和线圈的匝数。

现在，根据方程（13－35）（13－35a）和（13－36）

$$W_L = \frac{1}{2} \cdot \Phi_c \cdot I = \frac{1}{2} \cdot (B_z \cdot a \cdot N) \cdot I \tag{13-37}$$

在均匀缠绕长电感线圈中的直流电流可以用均匀密度为 K_φ 的电流层来取代，即

$$N \cdot I = K_\varphi \cdot \ell \tag{13-38}$$

式中，ℓ 为电感线圈的轴向长度。

由于均匀缠绕的长电感器的磁场在电感器外可以忽略，由此得到

$$H_z = K_\varphi \tag{13-39}$$

因此，根据方程（13.37）（13－38）和（13－39）

$$W_L = \frac{1}{2} \cdot (B_z \cdot a) \cdot (K_\varphi \cdot \ell) = \frac{1}{2} \cdot (B_z \cdot a) \cdot (H_z \cdot \ell) \tag{13-40}$$

或

$$W_L = \frac{1}{2} \cdot (H_z \cdot B_z) \cdot (a \cdot \ell) = \frac{1}{2} \cdot (H_z \cdot B_z) \cdot v \tag{13-40a}$$

式中，v 为电感线圈内的圆柱体积。

因此，在电感器内部磁场中贮存的能量密度可以用下式表示

$$\mathcal{E}_{\text{magt}} = \frac{1}{2} \boldsymbol{H} \cdot \boldsymbol{B} \tag{13-41}$$

上述推导是在均匀一维磁场的限制条件下进行的。另一种处理方法可参见 Matthew N. O. Sadiku 2007（本章末尾的参考文献［1］）。基于波印廷定理的一般处理方法将在后面的时变电磁场一章中给出。所有这些处理方法的出发点都是时变电磁场。

13.4.2 磁荷法

对储存在静电场中的能量密度推导，我们是从点电荷及其势能出发的。静止点电荷是静电场的源。储存在静电场中的能量就是电荷中储存的势能，用场矢量来表示。能量密度

表达式并没有明确指出点电荷这个源。按照类似的途径，我们来寻求静磁场中的能量密度表达式，将限定在没有任何永磁体存在的自由空间。

通过对静磁场和静电场进行比较，不难发现二者的差异：1）静磁场的源是直流电流分布；2）磁点电荷（也称为磁单极子）显然不存在。由 1）可知，标量静磁势只能在无电流区域内定义。虽然磁荷可能不存在，但在某些情况下，这些假想磁荷的概念还是有用的[2]。这也是下面将要证明的。

想象一个大的、线性的、均匀的空间，这个空间被分为两个区域。带有直流电流区域的体积表示为 v_1，而无电流区域的体积是 v_2。利用毕奥-萨伐尔定律，给定区域 1 中的电流分布，可以求出两个区域的磁场强度 $\boldsymbol{H}_1$ 和 $\boldsymbol{H}_2$。区域 2 是一个无电流区域，因此对于该区域，标量磁势 $\mathcal{V}_2$ 可由以下方程定义

$$\boldsymbol{H}_2 \stackrel{\text{def}}{=\!=} \nabla \mathcal{V}_2 \tag{13-42}$$

假定无穷远处的电势为零，则在区域 2 中，任意点 P 的磁势由下面方程确定

$$\mathcal{V}_P = -\int_{\infty}^{P} \boldsymbol{H}_2 \cdot \mathrm{d}\boldsymbol{\ell} \tag{13-43}$$

点 P 可以是区域 2 的任何位置，包括两个区域的**公共边界**面上。

接下来考虑区域 1。我们用虚构的点磁荷 $\mathfrak{M}_{(i)}$ 和对应的磁荷密度$\mathcal{Q}$的**等效**分布来代替电流分布。用磁荷密度分布替换电流分布，该区域的标量磁势 $\mathcal{V}_1$ 可由下式定义

$$\widetilde{\boldsymbol{H}}_1 \stackrel{\text{def}}{=\!=} \nabla \mathcal{V}_1 \tag{13-44}$$

由于这个区域内磁通量密度的散度等于磁荷密度，即

$$\nabla \cdot \widetilde{\boldsymbol{B}}_1 = \mathcal{Q} \tag{13-45}$$

式中

$$\widetilde{\boldsymbol{B}}_1 = \mu_0 \widetilde{\boldsymbol{H}}_1 \tag{13-45a}$$

注意到

$$\nabla \cdot \boldsymbol{B}_1 = 0 \tag{13-45b}$$

则通常情况下

$$\begin{cases} \widetilde{\boldsymbol{H}}_1 \neq \boldsymbol{H}_1 \\ \widetilde{\boldsymbol{B}}_1 \neq \boldsymbol{B}_1 \end{cases} \tag{13-45c}$$

因此，在方程（13-44）和方程（13-45）中，标量 $\mathcal{V}_1$ 服从泊松方程

$$\nabla^2 \mathcal{V}_1 = -\frac{1}{\mu_0}\mathcal{Q} \tag{13-46}$$

对于一个给定的磁荷密度 $\mathcal{Q}$，磁势 $\mathcal{V}_1$ 的唯一解必须满足两个区域**公共边界面**上势的连续性。对于虚拟磁荷密度 $\mathcal{Q}$ 的**等效**分布，磁势的法向导数必须在两个区域的**公共边界面**上连续。

"离散分布的点磁荷" $\mathfrak{M}_{(i)}$ 的势能 W_{MD} 为

$$W_{MD} = \frac{1}{2}\sum_i \mathfrak{M}_{(i)} V_{1(i)} \tag{13-47a}$$

"连续分布磁荷密度" $\mathcal{Q}$ 的势能 W_{MC} 为

$$W_{MC}=\frac{1}{2}\iiint_{v}(\mathcal{Q}\cdot\mathcal{V}_{1})\cdot dv \tag{13-47b}$$

式中，v 表示任意的体积。

因此，根据方程（13－45），可得

$$W_{MC}=\frac{1}{2}\iiint_{v}[(\nabla\cdot\widetilde{\boldsymbol{B}}_{1})\cdot\mathcal{V}_{1}]\cdot dv \tag{13-48}$$

考虑下面的矢量恒等式

$$\nabla\cdot(\mathcal{V}\boldsymbol{B})\equiv\mathcal{V}\cdot(\nabla\cdot\boldsymbol{B})+(\nabla\mathcal{V})\cdot\boldsymbol{B} \tag{13-49}$$

得到

$$(\nabla\cdot\boldsymbol{B})\cdot\mathcal{V}=\nabla\cdot(\mathcal{V}\boldsymbol{B})-(\nabla\mathcal{V})\cdot\boldsymbol{B} \tag{13-49a}$$

因此，方程（13－48）可以重写为

$$W_{MC}=\frac{1}{2}\iiint_{v}[\nabla\cdot(\mathcal{V}_{1}\widetilde{\boldsymbol{B}}_{1})-(\nabla\mathcal{V}_{1})\cdot\widetilde{\boldsymbol{B}}_{1}]\cdot dv$$

或

$$W_{MC}=\frac{1}{2}\iiint_{v}[\nabla\cdot(\mathcal{V}_{1}\widetilde{\boldsymbol{B}}_{1})]\cdot dv-\frac{1}{2}\iiint_{v}[(\nabla\mathcal{V}_{1})\cdot\widetilde{\boldsymbol{B}}_{1}]\cdot dv \tag{13-50}$$

应用方程（13－44），可以得到

$$W_{MC}=\frac{1}{2}\iiint_{v}[\nabla\cdot(\mathcal{V}_{1}\widetilde{\boldsymbol{B}}_{1})]\cdot dv+\frac{1}{2}\iiint_{v}[\widetilde{\boldsymbol{H}}_{1}\cdot\widetilde{\boldsymbol{B}}_{1}]\cdot dv \tag{13-51}$$

应用散度定理和方程（13－51），得到

$$W_{MC}=\frac{1}{2}\oint_{S}(\mathcal{V}_{1}\widetilde{\boldsymbol{B}}_{1})\cdot d\boldsymbol{s}+\frac{1}{2}\iiint_{v}(\widetilde{\boldsymbol{H}}_{1}\cdot\widetilde{\boldsymbol{B}}_{1})\cdot dv \tag{13-52}$$

式中，S 是任意体积 v 的表面。

因为这个方程与源的分布无关，对于两个区域都适用。因此，可以重写方程（13－51）和（13－52）

$$W_{MC}=\frac{1}{2}\iiint_{v}[\nabla\cdot(\mathcal{V}\boldsymbol{B})]\cdot dv+\iiint_{v}\frac{1}{2}(\boldsymbol{H}\cdot\boldsymbol{B})\cdot dv \tag{13-53a}$$

$$W_{MC}=\frac{1}{2}\oint_{S}(\mathcal{V}\boldsymbol{B})\cdot d\boldsymbol{s}+\iiint_{v}\frac{1}{2}(\boldsymbol{H}\cdot\boldsymbol{B})\cdot dv \tag{13-53b}$$

每个方程的右边两项共同给出了储存在静磁场中的能量，这些能量分布在包括两个区域的整个无限空间中。如第 7 章所述，第一项给出了存储在**任意体积 v** 外的能量，第二项给出了在任意体积 v 内存储在静磁场中的能量。根据第二项，可以确定磁场中的能量密度表达式为

$$\mathcal{E}_{\text{magt}}=\frac{1}{2}\cdot\boldsymbol{H}\cdot\boldsymbol{B} \tag{13-54}$$

只要该任意体积完全处于区域 1 或区域 2 中，这个表达式就成立。

对于无源区域 2，根据方程（13－52），有

$$W_{MC}=\frac{1}{2}\oiint_{S}(\mathcal{V}_2\boldsymbol{B}_2)\cdot\mathrm{d}\boldsymbol{s}+\frac{1}{2}\iiint_{v}(\boldsymbol{H}_2\cdot\boldsymbol{B}_2)\cdot\mathrm{d}v \tag{13-54a}$$

当 $v=\mathcal{V}_2$ 和 $S=S_2$ 时，得到

$$W_{MC}=\frac{1}{2}\oiint_{S_2}(\mathcal{V}_2\boldsymbol{B}_2)\cdot\mathrm{d}\boldsymbol{s}+\frac{1}{2}\cdot\iiint_{v_2}(\boldsymbol{H}_2\cdot\boldsymbol{B}_2)\cdot\mathrm{d}v \tag{13-54b}$$

因为在给定区域 1 电流分布的情况下，区域 2 的静磁势 $\mathcal{V}_2$ 和磁场矢量 $\boldsymbol{H}_2$ 及 $\boldsymbol{B}_2$ 是精确已知的，因此，该方程右边第二项给出了存储在区域 2 的磁能，方程右边的第一项给出了存储在区域 1 的磁能。同理，当 $v=\mathcal{V}_1$ 和 $S=S_1$ 时，方程（13-52）可简化为

$$W_{MC}=\frac{1}{2}\oiint_{S_1}(\mathcal{V}_1\boldsymbol{B}_1)\cdot\mathrm{d}\boldsymbol{s}+\frac{1}{2}\cdot\iiint_{v_1}(\boldsymbol{H}_1\cdot\boldsymbol{B}_1)\cdot\mathrm{d}v \tag{13-55}$$

因为在给定区域 1 电流分布的情况下，在两个区域之间边界处静磁势 $\mathcal{V}_1$ 和区域 1 的磁场矢量 $\boldsymbol{H}_1$ 和 $\boldsymbol{B}_1$ 都是精确确定的，该方程右边第二项为区域 1 中存储的磁能，右边第一项为区域 2 中存储的磁能。因此，两个区域所存储的能量 W_{MC} 为

$$W_{MC}=\begin{cases}\dfrac{1}{2}\cdot\displaystyle\iiint_{v_1}(\boldsymbol{H}_1\cdot\boldsymbol{B}_1)\cdot\mathrm{d}v=\dfrac{1}{2}\cdot\displaystyle\oiint_{S_2}(\mathcal{V}_2\boldsymbol{B}_2)\cdot\mathrm{d}\boldsymbol{s}\text{（区域 1）}\\ \dfrac{1}{2}\cdot\displaystyle\iiint_{v_2}(\boldsymbol{H}_2\cdot\boldsymbol{B}_2)\cdot\mathrm{d}v=\dfrac{1}{2}\cdot\displaystyle\oiint_{S_1}(\mathcal{V}_1\boldsymbol{B}_1)\cdot\mathrm{d}\boldsymbol{s}\text{（区域 2）}\end{cases} \tag{13-56}$$

需要注意，在 S_1 和 S_2 的公共区域，$\mathcal{V}_1=\mathcal{V}_2$。

另一方面，如果体积 v 全部在区域 1 内（$v<v_1$），则在任意体积 v 外存储的能量 W_{MC} 应该满足不等式

$$W_{MC}\neq\frac{1}{2}\cdot\oiint_{S}(\mathcal{V}_1\boldsymbol{B}_1)\cdot\mathrm{d}\boldsymbol{s} \tag{13-57a}$$

这是因为在区域 1 中的静磁势 $\mathcal{V}_1$ 是一个虚构的量。

如果体积 v 全部在区域 2 内（$v<v_2$），则在任意体积 v 外存储的能量 W_{MC} 应该满足不等式

$$W_{MC}\neq\frac{1}{2}\cdot\oiint_{S}(\mathcal{V}_2\boldsymbol{B}_2)\cdot\mathrm{d}\boldsymbol{s} \tag{13-57b}$$

这是因为任意体积 v 外部空间的一部分在区域 1 中，而区域 1 中虚构的势分布对区域 2 中的势场没有响应（边界处除外）。

因为磁荷分布不能如同电流分布那样产生场分布，所以这些不等式是合理的。选择适当的磁荷分布只是为了保证无电流的区域 2 中场分布不受扰动。同样的原因导致任意体积 v 外存储的能量 W_{MC} 存在如下不等式，其中任意体积 $\bar{v}_1$ 的一部分在区域 1 内，其余部分 $\bar{v}_2$ 在区域 2 内

$$W_{MC}\neq\frac{1}{2}\cdot\oiint_{\bar{S}_1}(\mathcal{V}_1\boldsymbol{B}_1)\cdot\mathrm{d}\boldsymbol{s}+\frac{1}{2}\cdot\oiint_{\bar{S}_2}\cdot(\mathcal{V}_2\boldsymbol{B}_2)\cdot\mathrm{d}\boldsymbol{s} \tag{13-58}$$

式中，$\bar{S}_1$ 和 $\bar{S}_2$ 分别为体积 $\bar{v}_1$ 和 $\bar{v}_2$ 的边界曲面。

然而，储存在任意体积 v 中的能量可以写为

$$W_{MC}=\iiint_{v}\frac{1}{2}(\boldsymbol{H}\cdot\boldsymbol{B})\cdot\mathrm{d}v$$
$$=\iiint_{v_1}\frac{1}{2}(\boldsymbol{H}_1\cdot\boldsymbol{B}_1)\cdot\mathrm{d}v+=\iiint_{v_2}\frac{1}{2}(\boldsymbol{H}_2\cdot\boldsymbol{B}_2)\cdot\mathrm{d}v \tag{13-59}$$

方程（13－29）（13－41）和（13－54）给出了能量密度，通过类比方程（7－61a）和（7－61），可以得到存储在静磁场中的能量。因此

$$W_H=W_{MC}=\int_{v\to\infty}\mathcal{E}_{\mathrm{mag}}\cdot\mathrm{d}v=\int_{v\to\infty}\left(\frac{\boldsymbol{B}\cdot\boldsymbol{H}}{2}\right)\cdot\mathrm{d}v$$
$$=\int_{v\to\infty}\frac{B^2}{2\mu}\cdot\mathrm{d}v=\int_{v\to\infty}\frac{\mu H^2}{2}\mathrm{d}v \tag{13-60a}$$

如同第 7 章中所指出的，做功等于消耗的能量。在方程（7－1a）和（7－1b）中，静磁力做功的表达式可以写为

$$\mathrm{d}W_H=F\mathrm{d}L=\frac{B^2}{2\mu}S\mathrm{d}L\quad 或\quad F=\frac{B^2S}{2\mu} \tag{13-60b}$$

例 13.1　在如图 13－3 所示的磁路中，$B=0.6\ \mathrm{Wb/m^2}$，$H=150\ \mathrm{At/m}$。在硅钢的左支路中点处，$L_1=10\ \mathrm{cm}$，$L_2=15\ \mathrm{cm}$，$S_1=6\ \mathrm{cm^2}$，$S_2=4\ \mathrm{cm^2}$。求（a）气隙长度 $g=0.5\ \mathrm{cm}$ 时的 $\mathcal{V}_{\mathrm{air}}$；（b）$\mathcal{V}_{\mathrm{steel}}$；（c）在 2000 匝线圈的左支路所需的电流。

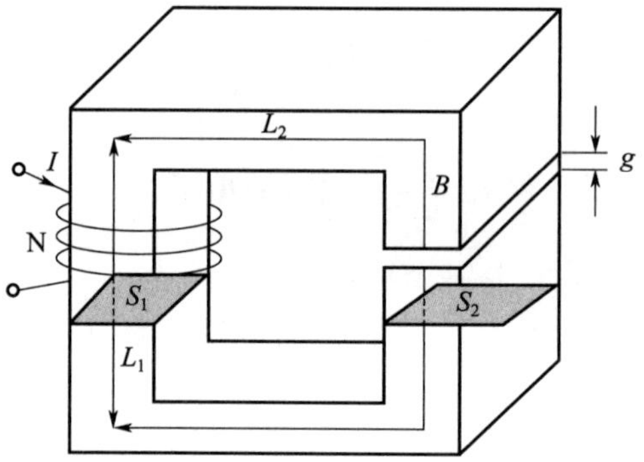

图 13－3　例题 13.1 的磁路

解：因为 $B=0.6\ \mathrm{Wb/m^2}$，$H=150\ \mathrm{At/m}$，$\mu=\frac{B}{H}=\frac{0.6}{150}=0.004$，$\mu_r=\frac{\mu}{\mu_0}=\frac{0.004}{4\pi\times10^{-7}}=318.3$。另外，已知 $L_1=10\ \mathrm{cm}$，$L_2=15\ \mathrm{cm}$，$S_1=6\ \mathrm{cm^2}$，$S_2=4\ \mathrm{cm^2}$。根据方程（13－1b）（11－29a）和（13－1a），有

(a) $g=0.5\ \mathrm{cm}=0.5\times10^{-2}\ \mathrm{m}$

$$\mathfrak{R}_{\mathrm{air}}=\frac{g}{\mu_0 S_2}=\frac{0.5\times10^{-2}}{(4\times10^{-7})4\times10^{-4}}=9.947\times10^6\ \mathrm{At/Wb}$$

$$\Phi=BS_1=0.6\times6\times10^{-4}=3.6\times10^{-4}\ \mathrm{Wb}$$

$$\mathcal{V}_{\mathrm{air}}=(3.6\times10^{-4})(9.947\times10^6)=358.1\ \mathrm{At}$$

(b) 因为 Φ 始终是相同的，硅钢右支路的 B 为

$$B=\frac{\Phi}{S_2}=\frac{3.6\times10^{-4}}{4\times10^{-4}}=0.9\ \mathrm{Wb/m^2}$$

根据硅钢片的磁曲线 $B=0.6\ \mathrm{Wb/m^2}$ 对应于 $H\approx100\ \mathrm{At/m}=H_1$，$B=0.9\ \mathrm{Wb/m^2}$ 对应于 $H\approx150\ \mathrm{At/m}=H_2$，因此

$$\mathcal{V}_{\mathrm{steel}}=H_1\times L_1+H_2\times L_2=100\times10\times10^{-2}+150\times10\times10^{-2}=32.5\ \mathrm{At}$$

(c) 总 At = 总 mmf $=\mathcal{V}_{\mathrm{air}}+\mathcal{V}_{\mathrm{steel}}=358.1+32.5=390.6\ \mathrm{At}$

$$I=\text{总 mmf/ 总匝数}=\frac{\text{总 At}}{N}=\frac{390.6}{2000}=0.1953\ \mathrm{A}$$

例 13.2　图 13-4 是一个磁路示意图，两个外支路的长度 $L_1=10\ \mathrm{cm}$，截面积 $S_1=1.2\ \mathrm{cm^2}$，中支路长度 $L_2=5\ \mathrm{cm}$，截面积 $S_2=2.4\ \mathrm{cm^2}$。中支路上有一个 $N=1500$ 匝的线圈携带 $I=10\ \mathrm{mA}$ 电流。如果两侧垂直外支路上都有 $g=2\ \mathrm{mm}$ 的气隙，求三个支路中的 B。对于 B 值，假设在硅钢磁化曲线拐点以下以 $\mu_r=4000$ 线性工作。

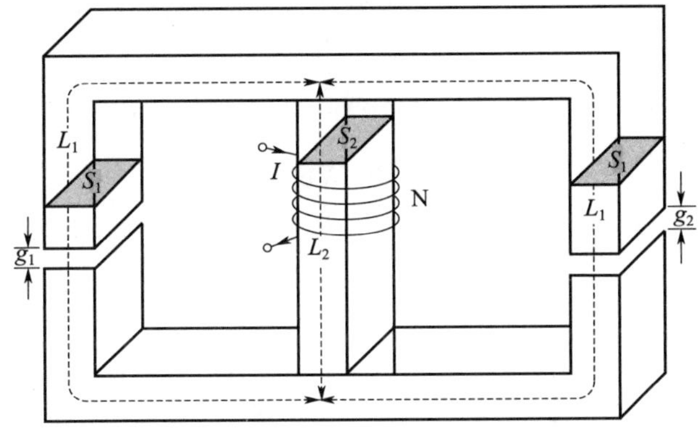

图 13-4　例题 13.2 的磁路

解：已知 $S_1=1.2\ \mathrm{cm^2}$，$L_1=10\ \mathrm{cm}$，$S_2=2.4\ \mathrm{cm^2}$，$L_2=5\ \mathrm{cm}$，$g=2\ \mathrm{mm}$，$\mu_r=4000$，$N=1500$，$I=10\ \mathrm{mA}$；$\mathcal{V}=NI=1500\times10\times10^{-3}=15\ \mathrm{At}$

$$\mathfrak{R}_{\mathrm{steel}}(\mathrm{left})=\mathfrak{R}_{\mathrm{steel}}(\mathrm{right})=\frac{L_1}{\mu_0\mu_r S_1}$$

$$=\frac{10\times10^{-2}}{(4\pi\times10^{-7})\times4000\times(1.2\times10^{-4})}=0.16578\times10^6\ \mathrm{At/Wb}$$

$$\mathfrak{R}_{\mathrm{steel}}(\mathrm{central})=\frac{L_2}{\mu_0\mu_r S_2}$$

$$=\frac{5\times10^{-2}}{(4\pi\times10^{-7})\times4000\times(2.4\times10^{-4})}=0.01446\times10^6\ \mathrm{At/Wb}$$

$$\mathfrak{R}_{\mathrm{air}}(\mathrm{left})=\mathfrak{R}_{\mathrm{air}}(\mathrm{right})=\frac{g}{\mu_0 S_1}$$

$$=\frac{2\times10^{-3}}{(4\pi\times10^{-7})\times(1.2\times10^{-4})}=13.26\times10^6\ \mathrm{At/Wb}$$

在图 13 - 5 中的等效电路中

$$R_{1ag}=\Re_{air}(\text{left})=R_{3ag}=\Re_{air}(\text{right})=13.26\times10^{6}\ \text{At/Wb}$$

$$R_{1st}=R_{3st}=\Re_{steel}(\text{left})=\Re_{steel}(\text{right})=0.16578\times10^{6}\ \text{At/Wb}$$

$$R_{2st}=\Re_{steel}(\text{central})=0.01446\times10^{6}\ \text{At/Wb}$$

$$R_1=R_{1ag}+R_{1st}=13.26\times10^{6}+0.16578\times10^{6}=13.426\times10^{6}\ \text{At/Wb}$$

$$R_3=R_{3ag}+R_{3st}=13.26\times10^{6}+0.16578\times10^{6}=13.426\times10^{6}\ \text{At/Wb}$$

$$R_2=R_{2st}=0.01446\times10^{6}\ \text{At/Wb}$$

$$R_{13}=\frac{R_1+R_3}{R_1R_3}=\frac{13.426\times10^{6}+13.426\times10^{6}}{(13.426\times10^{6})(13.426\times10^{6})}=\frac{2}{13.426\times10^{6}}=0.1489\times10^{-6}$$

$$R=R_2+R_{13}\approx R_2=0.01446\times10^{6}+0.11489\times10^{6}=0.01446\times10^{6}\ \text{At/Wb}$$

$$\Phi=\Phi_{central}=\frac{\mathcal{V}}{R}=1.037\times10^{-3}\ \text{Wb}$$

由于 $R_1=R_3$，将 Φ 一分为二，得到

$$\Phi_{left}=\Phi_{right}=\frac{\Phi}{2}=\frac{1.037\times10^{-3}}{2}=0.5186\times10^{-3}\ \text{Wb}$$

$$B_{leftleg}=B_{rightleg}=\frac{\Phi}{2}\times R_1=(0.5186\times10^{-3})(13.426\times10^{6})$$

$$=6.96\times10^{3}\ \text{Wb/m}^2$$

$$B_{centrslleg}=\Phi\times R_1=(1.037\times10^{-3})(0.01446\times10^{6})=14.995\ \text{Wb/m}^2$$

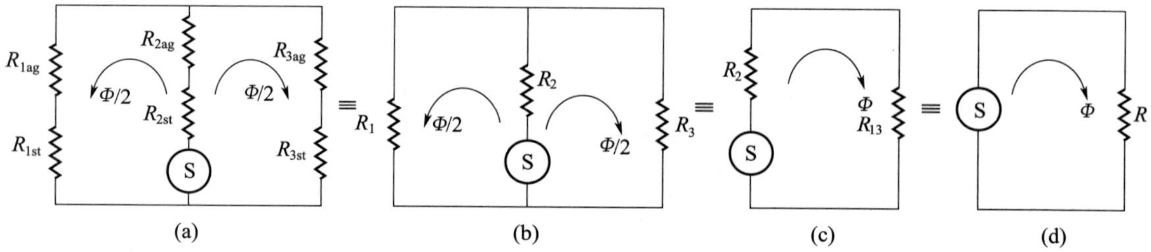

图 13 - 5 例 13.2 的等效磁路

例 13.3 用磁路近似描述的电磁继电器如图 13 - 6 所示。磁路的铁片长度 $L=10$ cm，截面积 $S=1\ \text{cm}^2$，当继电器打开时，具有面积相同的气隙长度 g。继电器线圈 $N=5000$ 匝，承载 $I=15$ mA 电流。铁的相对磁导率 $\mu_r=1500$。求 (a) $g=1$ mm (b) $g=0.1$ mm 时，电枢（磁路运动段）所受的力 。

解： 图中 $L=0.1$ m，$S=10^{-4}\text{m}^2$，$N=5000$，$I=15\times10^{-3}$ A，$\mu_r=1500$

因此 $NI=5000\times15\times10^{-3}=75$ At 。根据方程（13 - 1b）和（13 - 60b），可以进一步得到

$$\Re_{steel}=\frac{L}{\mu_0\mu_rS}=\frac{0.1}{(4\pi\times10^{-7})\times1500\times10^{-4}}=0.53\times10^{6}\ \text{At/Wb}$$

$$F=\frac{B_{st}^2S}{2\mu_0}=\frac{B_{st}^2\times10^{-4}}{2\times4\pi\times10^{-7}}=39.788B_{st}^2$$

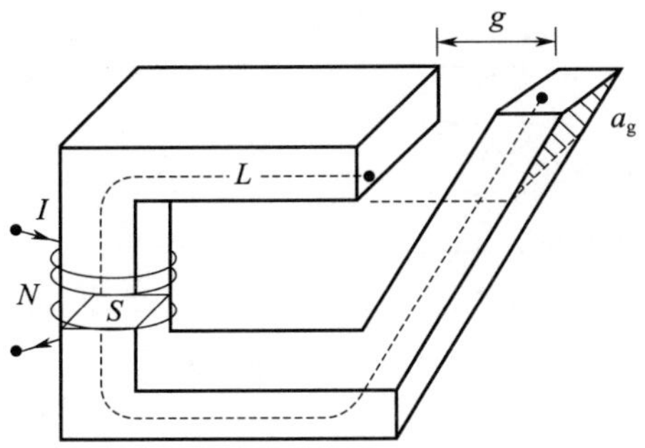

图 13 - 6　描述电磁继电器的磁路

(a) 对于 $g=1$ mm

$$\Re_{gap}=\frac{g}{\mu_0 S}=\frac{10^{-3}}{(4\pi\times10^{-7})\times10^{-4}}=7.9577\times10^6\ \text{At/Wb}$$

$$\Re_{total}=0.53\times10^6+7.9577\times10^6=8.488\times10^6\ \text{At/Wb}$$

$$\Phi_1=\frac{NI}{\Re_{total}}=\frac{75}{8.488\times10^6}=8.836\times10^{-6}\ \text{Wb}$$

$$B_{st1}=\frac{\Phi_1}{S}=\frac{8.836\times10^{-6}}{10^{-4}}=0.08836\ \text{Wb/m}^2$$

$$F_1=39.788B_{st1}^2=39.788\ (0.08836)^2=0.31\ \text{N}$$

(b) 对于 $g=0.1$ mm

$$\Re_{gap}=\frac{g}{\mu_0 S}=\frac{10^{-4}}{(4\pi\times10^{-7})\times10^{-4}}=0.79577\times10^6\ \text{At/Wb}$$

$$\Re_{total}=0.53\times10^6+0.79577\times10^6=1.326\times10^6\ \text{At/Wb}$$

$$\Phi_2=\frac{NI}{\Re_{total}}=\frac{75}{1.326\times10^6}=56.56\times10^{-6}\ \text{Wb}$$

$$B_{st2}=\frac{\Phi_2}{S}=\frac{56.56\times10^{-6}}{10^{-4}}=0.5656\ \text{Wb/m}^2$$

$$F_2=39.788B_{st1}^2=39.788\ (0.5656)^2=12.72\ \text{N}$$

例 13.4　同轴电缆（图 13 - 7）内导体外径 $a=2.5$ mm，外导体内径 $b=7.5$ mm，长度 $d=2$ m，中间填充 $\mu_r=150$ 的材料，求同轴电缆的自感。

解：图 13 - 7 同轴电缆的尺寸数据为 $a=2.5$ mm，$b=7.5$ mm，$d=2$ m，$\mu_r=150$。根据方程（13 - 24b）

$$L=\frac{\mu d}{2\pi}\ln\left(\frac{b}{a}\right)=\frac{\mu_0\mu_r d}{2\pi}\ln\left(\frac{b}{a}\right)=\frac{(4\pi\times10^{-7})\times150\times2}{2\pi}\ln\left(\frac{7.5}{2.5}\right)=65.917\ \mu\text{H}$$

例 13.5　一个 2 cm×2 cm 方形截面木质圆环的内半径 $\rho=2.5$ cm，求：(a) $N=600$ 匝的自感；(b) $N=100$ 匝的自感。

解：如图 13 - 8 所示，$\rho=2.5$ cm，$2a=2$ cm，$\mu_r=1$（木材），$\rho_0=\rho+a=2.5+1=3.5$ cm。

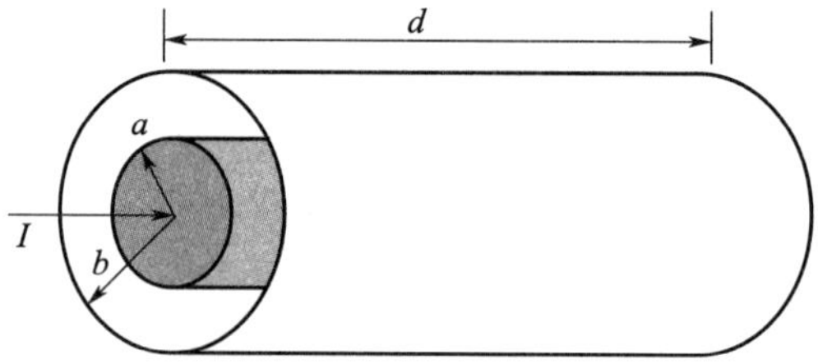

图 13-7 同轴电缆

根据方程（13-28）可得

$$L=\frac{\mu N^2 A}{2\pi\rho_0}=\frac{4\pi\times10^{-7}\times1\times N^2\times(4\times10^{-4})}{2\pi\times3.5\times10^{-2}}=2.2857\times10^{-9}N^2$$

（a）对于 $N=600$，$L=2.2857\times10^{-9}\times600^2=8.22852\ \mu\text{H}$

（b）对于 $N=100$，$L=2.2857\times10^{-9}\times100^2=0.22857\ \mu\text{H}$

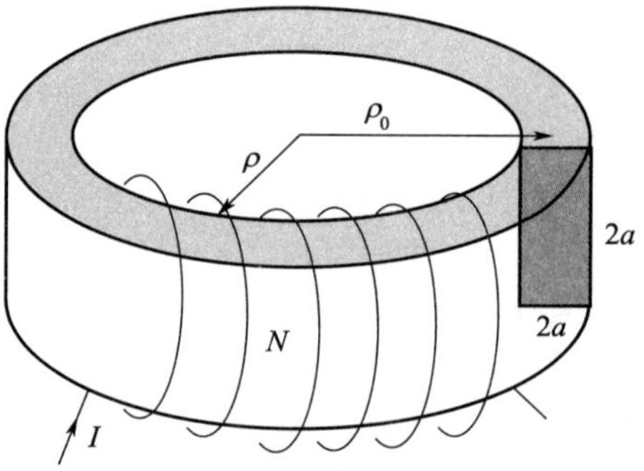

图 13-8 方形截面的木质圆环

例 13.6 螺线管长 $d=40$ cm，$N=600$，半径 $\rho=2$ cm，当 $0<\rho<5$ mm，$\mu_r=100$；当 5 mm $<\rho<2cm$，$\mu_r=1$，求螺线管的自感。

解：在图 13-9 中，$\rho=2$ cm，$N=600$，$d=40$ cm，当 $0<\rho<5$ mm，$\mu_r=100$；当 5 mm $<\rho<2$ cm，$\mu_r=1$。根据方程（13-25a）至（13-25d）以及（13-26）

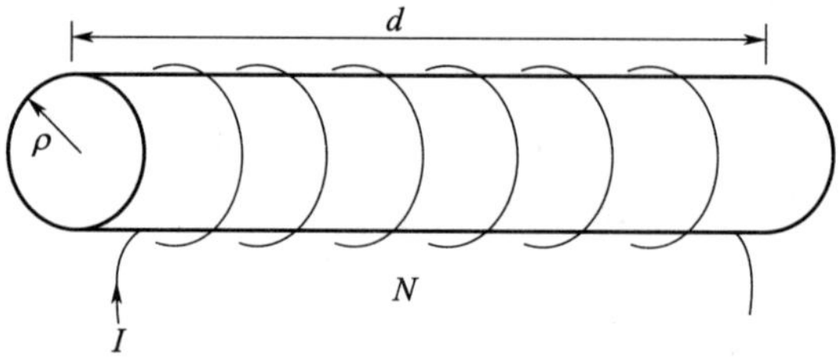

图 13-9 长螺线管

$$H=\frac{NI}{d}=\frac{600I}{40\times10^{-2}}=1\ 500I$$

$$B=\mu_0\mu_r H=4\pi\times10^{-7}\times\mu_r\times1\ 500I=6\pi\times10^{-4}\mu_r I$$

当 $0 < \rho < 5$ mm，$B_1 = 6\pi \times 10^{-4} \times 100I = 60\pi \times 10^{-3} I$

当 5 mm $< \rho <$ 2 cm，$B_2 = 0.6\pi \times 10^{-3} I$

$$\Phi = B \cdot S, \quad \Phi_1 = B_1 \cdot S_1, \quad \Phi_2 = B_2 \cdot S_2$$

当 $\rho_1 = 5$ mm，$S_1 = \pi\rho_1^2 = \pi \times (5 \times 10^{-3})^2 = 25\pi \times 10^{-6}$

当 $\rho_2 = 20$ mm，$S_2 = \pi(\rho_2^2 - \rho_1^2) = \pi \times (400 - 25) \times 10^{-6} = 375\pi \times 10^{-6}$

$$\Phi_1 = B_1 \cdot S_1 = 60\pi \times 10^{-3} I \times 25\pi \times 10^{-6} = 14.8 \times 10^{-6} I$$

$$\Phi_2 = B_2 \cdot S_2 = 0.6\pi \times 10^{-3} I \times 375\pi \times 10^{-6} = 2.22 \times 10^{-6} I$$

$$\Phi = \Phi_{\text{total}} = \Phi_1 + \Phi_2 = 14.8 \times 10^{-6} I + 2.22 \times 10^{-6} I = 17.02 \times 10^{-6} I$$

$$L = \frac{N\Phi}{I} = \frac{600 \times 17.02 \times 10^{-6} I}{I} = 10.213 \text{ mH}$$

例 13.7 图 13-10 为一个内外同轴的螺线管，长度均为 50 cm。内螺线管半径 $a =$ 0.5 cm，$N_1 = 1000$ 匝，承载电流 I_1；外螺线管半径 $b = 1.5$ cm，$N_2 = 800$ 匝，承载电流 I_2；如果两者的相对磁导率都为 $\mu_r = 12$，求每个螺线管的自感和两个螺线管之间的互感。

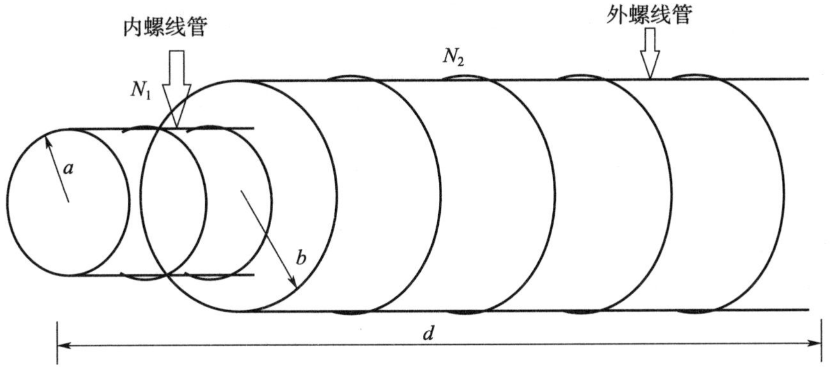

图 13-10 两个同轴柱形螺线管

解： 在图 13-10 中，$N_1 = 1000$，电流为 I_1，$d = 50$ cm，当 $a = 0.5$ cm，$\mu_r = 12$，$N_2 = 800$，电流为 I_2，$d = 50$ cm，$b = 1.5$ cm

$S_1 = \pi a^2 = 25\pi \times 10^{-6}$，$S_2 = (225 - 25)\pi \times 10^{-6} = 200\pi \times 10^{-6}$，$H = \dfrac{NI}{d}$

对于 $0 \leqslant \rho \leqslant a$，$H_1 = \dfrac{N_1 I_1}{d} = \dfrac{1000 I_1}{50 \times 10^{-2}} = 2000 I_1$，当 $\rho > a$，$H_1 = 0$；

对于 $0 \leqslant \rho \leqslant b$，$H_2 = \dfrac{N_2 I_2}{d} = \dfrac{800 I_2}{50 \times 10^{-2}} = 1600 I_2$，当 $\rho > b$，$H_2 = 0$

$$B_1 = \mu_1 H_1 = 12 \times 4\pi \times 10^{-7} \times 2000 I_1 = 30.16 \times 10^{-3} I_1$$

$$B_2' = \mu_1 H_2 = 12 \times 4\pi \times 10^{-7} \times 1600 I_1 = 24.13 \times 10^{-3} I_2$$

$$B_2'' = \mu_2 H_2 = 4\pi \times 10^{-7} \times 1600 I_1 = 2.01 \times 10^{-3} I_2$$

$$\Phi_1 = B_1 \cdot S_1 = (31.16 \times 10^{-3}) I_1 (25\pi \times 10^{-6}) = 2.368 \times 10^{-6} I_1$$

$$\Phi_2' = B_2' \cdot S_2 = (24.13 \times 10^{-3}) I_2 (25\pi \times 10^{-6}) = 1.895 \times 10^{-6} I_2$$

$$\Phi''_2 = B''_2 \cdot S_2 = (2.01\times 10^{-3})I_2(200\pi\times 10^{-6}) = 1.263\times 10^{-6}I_2$$

$$\Phi_2 = \Phi'_2 + \Phi''_2 = 3.16\times 10^{-6}I_2$$

根据方程（13－19a）（13－19）（13－20a）和（13－20b）

$$L_1 = \frac{N_1\Phi_1}{I_1} = \frac{1000\times 2.368\times 10^{-6}I_1}{I_1} = 2.368\ \text{mH}$$

$$L_2 = \frac{N_2\Phi_2}{I_2} = \frac{800\times 3.16\times 10^{-6}I_2}{I_2} = 2.528\ \text{mH}$$

$$M_{12} = \frac{N_2\Phi_{12}}{I_1} = \frac{N_2\Phi_2}{I_1} = \frac{800\times 2.368\times 10^{-6}I_1}{I_1} = 1.895\ \text{mH}$$

$$M_{21} = \frac{N_1\Phi_{21}}{I_2} = \frac{N_1\Phi'_2}{I_2} = \frac{1000\times 1.895\times 10^{-6}I_1}{I_2} = 1.895\ \text{mH} = M_{12}$$

习　题

13.1　在硅钢磁芯中，在左支路中点处，$B=0.5\ \text{Wb/m}^2$，$H=100\ \text{At/m}$。在磁芯中，$L_1=5$ cm，$L_2=10$ cm，$S_1=4\ \text{cm}^2$，$S_2=2\ \text{cm}^2$。求：(a) 气隙长度 $g=0.1$ cm 时的 ν_{air}；(b) ν_{steel}；(c) 在左支路中 1000 匝线圈情况下所需的电流。

13.2　硅钢磁芯有三个支路，两个外支路的长度 $L_1=12$ cm，截面积 $S_1=1\ \text{cm}^2$，中支路长度 $L_2=4$ cm，截面积 $S_2=1.2\ \text{cm}^2$。左外支路上有一个 $N=1200$ 匝的线圈携带 $I=10$ mA 电流。如果中垂直支路和右垂直支路上都有 $g=1.5$ mm 的气隙，求三个支路中的 B。对于 B 值，假设在硅钢磁化曲线拐点以下以 $\mu_r=5000$ 线性工作。

13.3　描述电磁继电器的磁路含有一个固定和一个移动的铁部件，两者总长度 $L=20$ cm，截面积 $S=2\ \text{cm}^2$，当继电器打开时，气隙长度 g 的面积相同。固定部件含有线圈 $N=1000$ 匝，承载 $I=10$ mA 电流。对于铁，相对磁导率 $\mu_r=500$。求：(a) $g=2$ mm；(b) $g=0.5$ mm 时，作用在磁路移动部件上的力。

13.4　同轴电缆内导体外径 $a=1.5$ mm，外导体内径 $b=4.5$ mm，长度 $d=1$ m，中间填充 $\mu_r=100$ 的材料，求同轴电缆的自感。

13.5　一个 3 cm×3 cm 方形截面圆环的内半径 $\rho=4.5$ cm，$N=300$ 匝。求：(a) 磁芯为 $\mu_r=5000$ 的软铁时的自感；(b) 磁芯为 $\mu_r=250$ 的钴时的自感。

13.6　螺线管长 $d=60$ cm，$N=300$，半径 $\rho=4$ cm，求：(a) 当 $0<\rho<2$ cm，$\mu_r=200$；当 $2\ \text{cm}<\rho<4$ cm 时，$\mu_r=1$ 情况下的自感；(b) 当 $0<\rho<2$ cm，$\mu_r=1$；当 $2\ \text{cm}<\rho<4$ cm 时，$\mu_r=200$ 情况下的自感。

13.7　如图 13－8 所示的内外同轴的螺线管，外螺线管 $N_1=500$ 匝，承载电流 I_1，$d=25$ cm，半径 $a=2$ cm；内螺线管 $N_2=400$ 匝，承载电流 I_2，半径 $b=4$ cm；如果两者的相对磁导率都为 $\mu_r=10$，求每个螺线管的自感和两个螺线管之间的互感。

13.8　两条承载电流为 $\pm I_1\boldsymbol{a}_z$ 的传输导线位于 $x=3\mp 1$ cm；类似的两条承载电流为 $\pm I_2\boldsymbol{a}_z$ 的传输导线位于 $x=-3\mp 1$ cm。假设两者都处于自由空间。求：单位长度上 I_1 与

I_2 和 M_{11} 相关联而产生的通量（单位长度）。

叙述题

1. 描述磁滞回线的形成，讨论它的特征及其对磁路的影响。
2. 讨论电路和磁路类比的局限性。
3. 根据对偶性原理，得到两个电路间的自感和互感表达式。
4. 根据磁场中储存的能量，推导出两个电路之间的自感和互感表达式。
5. 写出电感表达式：(a) 同轴电缆；(b) 螺线管；(c) 环形线圈。

参考文献

[1] Matthew N. O. Sadiku, *Principles of Electromagnetics*, 4th Ed, Oxford University Press, 2007, pp. 303 - 306.

[2] Carl T. A. Johnk, *Engineering Electromagnetic Fields cdnd Waves*, Wiley Eastern Limited, Edition 1975, pp.618 - 632.

扩展阅读

在第15章末给出。

第 14 章　静磁场边值问题

14.1　引言

在第 9 章和第 10 章中，我们讨论了一些静电场的边值问题。第 9 章主要讨论了拉普拉斯场问题，第 10 章讨论了泊松场相关问题。本章主要讨论静磁场边值问题。静磁场理论及其相关问题已在第 11 章至第 13 章中进行了讨论。

利用第 12 章所述的边界条件，可以很容易求解静电边值问题。下面几节中将给出静磁场边值问题的实例，采用的方法与解静电场问题的方法几乎相同。14.2 节中的第一个例子是在已知尺寸和磁性质的情况下，分段均匀磁芯体的静磁场问题；在 14.3 节中的第二个例子是异质磁芯中的静磁场问题。

14.2　分段均匀磁芯的静磁场

设备、系统或部件的静磁场计算需要了解其物理结构、磁场控制方程及适当的边界条件。如果需要，可以将结构划分为不同区域，并确定每个区域的边界条件。根据适当的场方程写出每个区域的场分量。场分量表达式中所涉及的任意常数，可以根据相应的边界条件确定。以下几节将通过一些例子，系统地描述计算过程。

14.2.1　物理结构

求解的问题是一个沿 z 轴同轴放置的长方体磁芯，磁芯的截面为 $-a<x<a$ 和 $-b<y<b$，如图 14-1 所示。磁芯的磁导率以 $(c+d)$ 的周期长度沿轴向周期性变化。磁芯的磁导率分段均匀分布，在 $0<z<c$ 区间为 $\mu=\mu_1$，在 $-d<z<0$ 范围为 $\mu=\mu_2$。轴向的磁导率变化使问题变为一个三维问题。下面介绍计算磁芯中静磁场分布的过程。

14.2.2　边界条件

由图 14-1 可知，H 的不同分量满足如下边界条件

$$H_z\big|_{x=\pm a}=H_0 \quad (-b<y<b) \tag{14-1a}$$

$$H_z\big|_{y=\pm b}=H_0 \quad (-a<x<a) \tag{14-1b}$$

$$H_y\big|_{x=\pm a}=0 \quad (-b<y<b) \tag{14-1c}$$

$$H_x\big|_{y=\pm b}=0 \quad (-a<x<a) \tag{14-1d}$$

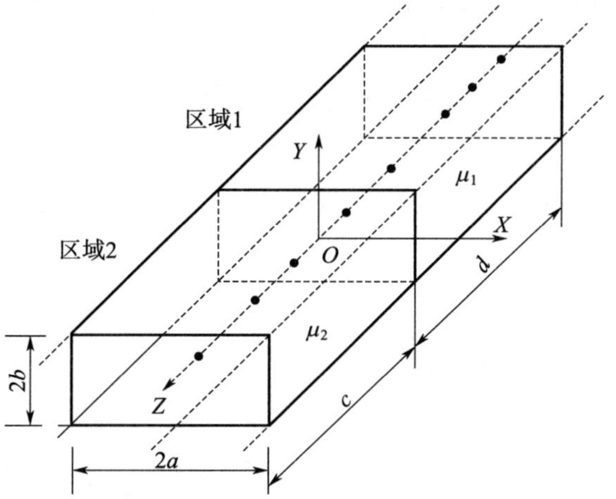

图 14 - 1　分段均匀的长矩形磁芯

14.2.3　区域和场分量

将图 14 - 1 所示的结构划分为两个区域。区域 1 的范围是 $0 < z < c$，区域 2 的范围是 $-d < z < 0$。区域 1 的磁场分量为 H_{x1}、H_{y1}、H_{z1}，区域 2 的磁场分量为 H_{x2}、H_{y2}、H_{z2}。对于无电流的均匀区域，磁场强度矢量的旋度和散度均为零，即

$$\nabla \times \boldsymbol{H} = 0 \tag{14-2a}$$

$$\nabla \cdot \boldsymbol{H} = 0 \tag{14-2b}$$

根据恒等式

$$\nabla \times (\nabla \times \boldsymbol{H}) \equiv \nabla (\nabla \cdot \boldsymbol{H}) - \nabla^2 \boldsymbol{H} \tag{14-3a}$$

$$\nabla^2 \boldsymbol{H} = \boldsymbol{0} \tag{14-3b}$$

因此，在笛卡儿坐标系中，描述磁场的每个分量都满足拉普拉斯方程。可以看出，如果 $\mu_1 = \mu_2$，在磁芯内部只存在均匀分布的磁场轴向分量。因此，我们可以暂时认为

$$H_{z1} \stackrel{\text{def}}{=\!=} \sum_{m-\text{odd}}^{\infty} \sum_{n-\text{odd}}^{\infty} A'_{m,n} \cdot \cos\left(\frac{m\pi}{2a}x\right) \cdot \cos\left(\frac{n\pi}{2b} \cdot y\right) \cdot \frac{\cosh \alpha_{m,n}\left(z - \frac{c}{2}\right)}{\cosh\left(\alpha_{m,n} \cdot \frac{c}{2}\right)} + H_0 \tag{14-4a}$$

$$H_{z2} \stackrel{\text{def}}{=\!=} \sum_{m-\text{odd}}^{\infty} \sum_{n-\text{odd}}^{\infty} A''_{m,n} \cdot \cos\left(\frac{m\pi}{2a} \cdot x\right) \cdot \cos\left(\frac{n\pi}{2b} \cdot y\right) \cdot \frac{\cosh \alpha_{m,n}\left(z + \frac{d}{2}\right)}{\cosh\left(\alpha_{m,n} \cdot \frac{d}{2}\right)} + H_0 \tag{14-4b}$$

式中

$$\alpha_{m,n} = \sqrt{\left(\frac{m\pi}{2a}\right)^2 + \left(\frac{n\pi}{2b}\right)^2} \tag{14-4c}$$

在方程（14－4a）和（14－4b）中，$A'_{m,n}$ 和 $A''_{m,n}$ 是函数在 $z=0$ 点的双重傅里叶级数的系数。

此外，根据相关边界条件，其他场分量可以写为

$$H_{y1} \stackrel{\text{def}}{=} \sum_{m-\text{odd}}^{\infty} \sum_{n-\text{odd}}^{\infty} B'_{m,n} \cdot \cos\left(\frac{m\pi}{2a} \cdot x\right) \cdot \sin\left(\frac{n\pi}{2b} \cdot y\right) \cdot \frac{\sinh \alpha_{m,n}\left(z-\frac{c}{2}\right)}{\cosh\left(\alpha_{m,n} \cdot \frac{c}{2}\right)} \tag{14-5a}$$

$$H_{y2} \stackrel{\text{def}}{=} \sum_{m-\text{odd}}^{\infty} \sum_{n-\text{odd}}^{\infty} B''_{m,n} \cdot \cos\left(\frac{m\pi}{2a} \cdot x\right) \cdot \sin\left(\frac{n\pi}{2b} \cdot y\right) \cdot \frac{\sinh \alpha_{m,n}\left(z+\frac{d}{2}\right)}{\cosh\left(\alpha_{m,n} \cdot \frac{d}{2}\right)} \tag{14-5b}$$

$$H_{x1} \stackrel{\text{def}}{=} \sum_{m-\text{odd}}^{\infty} \sum_{n-\text{odd}}^{\infty} C'_{m,n} \cdot \sin\left(\frac{m\pi}{2a} \cdot x\right) \cdot \cos\left(\frac{n\pi}{2b} \cdot y\right) \cdot \frac{\sinh \alpha_{m,n}\left(z-\frac{c}{2}\right)}{\cosh\left(\alpha_{m,n} \cdot \frac{c}{2}\right)} \tag{14-5c}$$

$$H_{x2} \stackrel{\text{def}}{=} \sum_{m-\text{odd}}^{\infty} \sum_{n-\text{odd}}^{\infty} C''_{m,n} \cdot \sin\left(\frac{m\pi}{2a} \cdot x\right) \cdot \cos\left(\frac{n\pi}{2b} \cdot y\right) \cdot \frac{\sinh \alpha_{m,n}\left(z+\frac{d}{2}\right)}{\cosh\left(\alpha_{m,n} \cdot \frac{d}{2}\right)} \tag{14-5d}$$

在方程（14－5a）至方程（14－5d）中，$B'_{m,n}$、$B''_{m,n}$、$C'_{m,n}$ 和 $C''_{m,n}$ 是四组任意常数。

14.2.4 任意常数计算

由于边界面（$z=0$）上没有电流，边界上的磁场强度切向分量连续，因此

$$H_{y1}\big|_{z=0} = H_{y2}\big|_{z=0} \tag{14-6a}$$

$$H_{x1}\big|_{z=0} = H_{x2}\big|_{z=0} \tag{14-6b}$$

因此，从方程（14－5a）至（14－5d）中，可以得到

$$-B'_{m,n} \cdot \tanh\left(\alpha_{m,n} \cdot \frac{c}{2}\right) = B''_{m,n} \cdot \tanh\left(\alpha_{m,n} \cdot \frac{d}{2}\right) \tag{14-7a}$$

$$-C'_{m,n} \cdot \tanh\left(\alpha_{m,n} \cdot \frac{c}{2}\right) = C''_{m,n} \cdot \tanh\left(\alpha_{m,n} \cdot \frac{d}{2}\right) \tag{14-7b}$$

由于在 $z=0$ 处，磁通强度的法向分量连续

$$B_{z1}\big|_{z=0} = B_{z2}\big|_{z=0} \tag{14-8a}$$

因此，应用（14－4a）和（14－4b）可以得到

$$\begin{aligned} &\mu_1 \cdot \sum_{m-\text{odd}}^{\infty} \sum_{n-\text{odd}}^{\infty} A'_{m,n} \cos\left(\frac{m\pi}{2a}x\right) \cos\left(\frac{n\pi}{2b}y\right) + \mu_1 \cdot H_0 \\ &= \mu_2 \cdot \sum_{m-\text{odd}}^{\infty} \sum_{n-\text{odd}}^{\infty} A''_{m,n} \cos\left(\frac{m\pi}{2a}x\right) \cos\left(\frac{n\pi}{2b}y\right) + \mu_2 \cdot H_0 \end{aligned} \tag{14-8b}$$

用 $\cos\left(\frac{p\pi}{2a}x\right) \cdot \cos\left(\frac{q\pi}{2b}y\right)$ 乘以方程两边，其中 p 和 q 为整奇数，然后在 $-a<x<a$ 和 $-b<y<b$ 范围内积分，得到

$$\mu_1 \cdot H_0 \cdot \frac{\sin(p\pi/2) \cdot \sin(q\pi/2)}{p \cdot q} \cdot \left(\frac{4}{\pi}\right)^2 + \mu_1 \cdot A'_{p,q} \cdot (a \cdot b)$$

$$= \mu_2 \cdot H_0 \cdot \frac{\sin(p\pi/2) \cdot \sin(q\pi/2)}{p \cdot q} \cdot \left(\frac{4}{\pi}\right)^2 + \mu_2 \cdot A''_{p,q} \cdot (a \cdot b)$$

此外，分别用 m 和 n 来替换 p 和 q，对于（m，$n=1$，3，5，…），有

$$\mu_1 \cdot A'_{m,n} - \mu_2 \cdot A''_{m,n} = (\mu_2 - \mu_1) \cdot H_0 \cdot \frac{\sin(m\pi/2) \cdot \sin(n\pi/2)}{(m \cdot n) \cdot (a \cdot b)} \cdot \left(\frac{4}{\pi}\right)^2 \tag{14-9}$$

现在，我们有六组任意常数和三组方程，还缺少三组方程。由于 $z=0$ 表面没有电流分布，因此，以下边界条件成立

$$\left.\frac{\partial H_{z1}}{\partial z}\right|_{z=0} = \left.\frac{\partial H_{z2}}{\partial z}\right|_{z=0} \tag{14-10}$$

应用方程（14－4a）和（14－4b），对于（m，$n=1$，3，5，…），有

$$-A'_{m,n} \cdot \tanh\left(\alpha_{m,n} \cdot \frac{c}{2}\right) = A''_{m,n} \cdot \tanh\left(\alpha_{m,n} \cdot \frac{d}{2}\right) \tag{14-11}$$

通过求解方程（14－10）和（14－11），能够得到 $A'_{m,n}$ 和 $A''_{m,n}$ 的表达式，对于（m，$n=1$，3，5，…），有

$$A'_{m,n} = H_0 \cdot \frac{\sin\left(\frac{m\pi}{2}\right) \cdot \sin\left(\frac{n\pi}{2}\right)}{(m \cdot n) \cdot (a \cdot b)} \cdot \left(\frac{4}{\pi}\right)^2 \cdot \frac{(\mu_2 - \mu_1) \cdot \tanh\left(\alpha_{m,n} \cdot \frac{d}{2}\right)}{\left[\mu_1 \cdot \tanh\left(\alpha_{m,n} \cdot \frac{d}{2}\right) + \mu_2 \cdot \tanh\left(\alpha_{m,n} \cdot \frac{c}{2}\right)\right]} \tag{14-12a}$$

$$A''_{m,n} = H_0 \cdot \frac{\sin\left(\frac{m\pi}{2}\right) \cdot \sin\left(\frac{n\pi}{2}\right)}{(m \cdot n) \cdot (a \cdot b)} \left(\frac{4}{\pi}\right)^2 \cdot \frac{(\mu_1 - \mu_2) \cdot \tanh\left(\alpha_{m,n} \cdot \frac{c}{2}\right)}{\left[\mu_1 \cdot \tanh\left(\alpha_{m,n} \cdot \frac{d}{2}\right) + \mu_2 \cdot \tanh\left(\alpha_{m,n} \cdot \frac{c}{2}\right)\right]} \tag{14-12b}$$

现在，需要在不同任意常数之间确定两组以上线性无关的方程。可以考虑从下面的磁场强度的旋度 x 分量和 y 分量表达式来得到

$$\nabla \times \boldsymbol{H}\big|_x = \frac{\partial H_{z1}}{\partial y} - \frac{\partial H_{y1}}{\partial z} = 0 \tag{14-13}$$

根据方程（14－4a）和（14－5a）有

$$B'_{m,n} = -\frac{A'_{m,n}}{\alpha_{m,n}} \cdot \left(\frac{\pi}{2}\right) \cdot \left(\frac{n}{b}\right) \tag{14-14a}$$

因此，根据方程（14－7a），对于（m，$n=1$，3，5…），有

$$B''_{m,n} = -\frac{A'_{m,n}}{\alpha_{m,n}} \cdot \left(\frac{\pi}{2}\right) \cdot \left(\frac{n}{b}\right) \cdot \frac{\tanh\left(\alpha_{m,n} \cdot \frac{c}{2}\right)}{\tanh\left(\alpha_{m,n} \cdot \frac{d}{2}\right)} \tag{14-14b}$$

同样

$$\nabla \times \boldsymbol{H}\big|_y = \frac{\partial H_{x1}}{\partial z} - \frac{\partial H_{z1}}{\partial x} = 0 \tag{14-15}$$

根据方程（14－4a）和（14－5a）有

$$C'_{m,n} = -\frac{A'_{m,n}}{\alpha_{m,n}}\left(\frac{\pi}{2}\right)\cdot\left(\frac{m}{a}\right) \tag{14-16a}$$

根据方程（14－7b），对于（m，$n=1$，3，5，…），有

$$C''_{m,n} = -\frac{A'_{m,n}}{\alpha_{m,n}}\cdot\left(\frac{\pi}{2}\right)\cdot\left(\frac{m}{a}\right)\cdot\frac{\tanh\left(\alpha_{m,n}\cdot\dfrac{c}{2}\right)}{\tanh\left(\alpha_{m,n}\cdot\dfrac{d}{2}\right)} \tag{14-16b}$$

由于方程（14－14a）（14－14b）（14－16a）（14－16b）分别是$B'_{m,n}$、$B''_{m,n}$、$C'_{m,n}$、$C''_{m,n}$与$A'_{m,n}$之间的关系，$A'_{m,n}$由方程（14－12a）给出，因此，可以得到场方程中出现的所有任意常数的表达式。

14.3 非均匀磁芯中的静磁场

这个问题几乎可以用14.2节中描述的方法来处理。这里也画出了所有尺度参数的物理结构，确认了相应的边界条件，根据相应的场关系写出了场分量，并利用相应的边界条件求出了场分量表达式中的相关任意常数。下面介绍解题步骤。

14.3.1 物理结构

图14－2为一个沿z轴同轴放置的长方体磁芯，磁芯截面为$-a<x<a$和$-b<y<b$，磁导率沿轴向指数变化。因此，磁芯是非均匀的，例如$\mu=\tilde{\mu}\cdot e^{-\nu|z|}$，其中$\tilde{\mu}$和$\nu$是（已知/给定）的正实数。磁导率沿轴向的变化（$-\infty<z<\infty$）使问题成为一个三维问题。由于$\mu$连续变化的特点，对结构不进行区域划分。

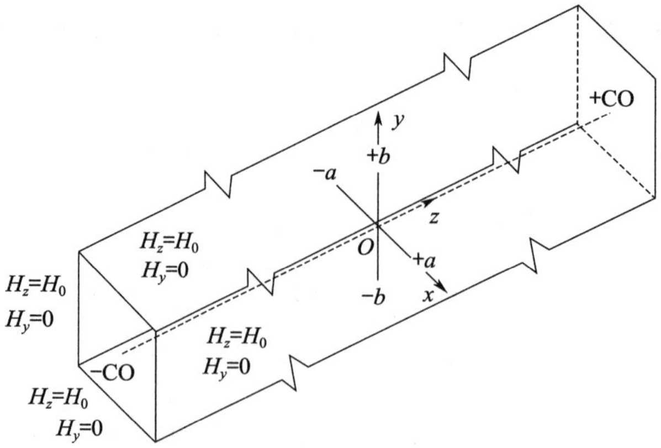

图14－2 非均匀的长矩形磁芯

14.3.2　边界条件

这种结构满足以下边界条件

$$H_z\big|_{x=\pm a}=H_0 \quad (-b<y<b) \tag{14-17a}$$

$$H_z\big|_{y=\pm b}=H_0 \quad (-a<x<a) \tag{14-17b}$$

$$H_y\big|_{x=\pm a}=0 \quad (-b<y<b) \tag{14-17c}$$

$$H_x\big|_{y=\pm b}=0 \quad (-a<x<a) \tag{14-17d}$$

14.3.3　场分量

磁芯为无电流区域

$$\nabla\times\boldsymbol{H}=0 \tag{14-18a}$$

$$\nabla\cdot\boldsymbol{B}=0 \tag{14-18b}$$

$$令\ H_z=H_0 \tag{14-19}$$

则

$$B_z=\mu\cdot H_0=\widetilde{\mu}\cdot \mathrm{e}^{-\nu|z|}\cdot H_0 \tag{14-20a}$$

即

$$B_z=\begin{cases}\widetilde{\mu}\cdot \mathrm{e}^{-\nu z}\cdot H_0 & (z\geqslant 0)\\ \widetilde{\mu}\cdot \mathrm{e}^{+\nu z}\cdot H_0 & (z\leqslant 0)\end{cases} \tag{14-20b}$$

为了满足方程（14－18b），$\boldsymbol{B}$ 和 $\boldsymbol{H}$ 必然有其他分量。

根据方程（14－17c）和（14－17d），设

$$H_x=\sum_{m-\mathrm{odd}}^{\infty}A_{1m}\cdot\cos\left(\frac{m\pi}{2b}\cdot y\right)\cdot\frac{\sinh(k_{1m}\cdot x)}{\cosh(k_{1m}\cdot a)} \tag{14-21a}$$

$$H_y=\sum_{n-\mathrm{odd}}^{\infty}A_{2n}\cdot\cos\left(\frac{n\pi}{2a}\cdot x\right)\cdot\frac{\sinh(k_{2n}\cdot y)}{\cosh(k_{2n}\cdot b)} \tag{14-21b}$$

式中，A_{1m} 和 A_{2n} 是两组任意参数。

因为

$$\nabla\times(\nabla\times\boldsymbol{H})\equiv\nabla(\nabla\cdot\boldsymbol{H})-\nabla^2\boldsymbol{H} \tag{14-22}$$

因此，根据方程（14－18a），从（14－22）得到

$$\nabla^2\boldsymbol{H}=\nabla(\nabla\cdot\boldsymbol{H}) \tag{14-23a}$$

或

$$\nabla^2(H_x\boldsymbol{a}_x+H_y\boldsymbol{a}_y+H_z\boldsymbol{a}_z)=\left(\boldsymbol{a}_x\frac{\partial}{\partial x}+\boldsymbol{a}_y\frac{\partial}{\partial y}+\boldsymbol{a}_z\frac{\partial}{\partial z}\right)\cdot(\nabla\cdot\boldsymbol{H}) \tag{14-23b}$$

式中

$$\nabla\cdot\boldsymbol{H}=\frac{\partial H_x}{\partial x}+\frac{\partial H_y}{\partial y}+\frac{\partial H_z}{\partial z} \tag{14-23c}$$

根据方程（14－18b）（14－19）和（14－20b）

$$\nabla\cdot\boldsymbol{H}=\left[\frac{\mathrm{e}^{\nu\cdot z}}{\widetilde{\mu}}\cdot\left(\frac{\partial B_x}{\partial x}+\frac{\partial B_y}{\partial y}+\frac{\partial B_z}{\partial z}\right)+\nu H_0\frac{\mathrm{e}^{\nu\cdot z}}{\widetilde{\mu}}\cdot(\widetilde{\mu}\,\mathrm{e}^{-\nu\cdot z})\right]+\frac{\partial H_z}{\partial z}=\nu H_0$$

νH_0 是一个未知常数。因此，根据方程（14－23a）可得

$$\nabla^2 \boldsymbol{H} = \nabla(\nabla \cdot \boldsymbol{H}) = \boldsymbol{0} \tag{14-24}$$

因此，根据方程（14－21a）和（14－21b）可得

$$k_{1m} = \left(\frac{m\pi}{2b}\right) \tag{14-25a}$$

$$k_{2n} = \left(\frac{n\pi}{2a}\right) \tag{14-25b}$$

考虑下列恒等式

$$\int_{-a}^{a} \sin\left(\frac{N\pi}{2a}\cdot x\right)\cdot \sin\left(\frac{n\pi}{2a}\cdot x\right)\mathrm{d}x \equiv \begin{cases} 1/a & (N=n) \\ 0 & (N \neq n)\end{cases} \tag{14-26a}$$

$$\int_{-a}^{a} \sin\left(\frac{N\pi}{2a}\cdot x\right)\cdot \sinh\left(\frac{m\pi}{2b}\cdot x\right)\mathrm{d}x \equiv \cosh\left(\frac{m\pi}{2b}\cdot a\right)\cdot \frac{2\cdot\left(\frac{m\pi}{2b}\right)\cdot \sin\left(\frac{N\pi}{2}\right)}{\left[\left(\frac{N\pi}{2a}\right)^2 + \left(\frac{m\pi}{2b}\right)^2\right]} \tag{14-26b}$$

$$\int_{-b}^{b} \sin\left(\frac{M\pi}{2b}\cdot y\right)\cdot \sin\left(\frac{m\pi}{2b}\cdot y\right)\mathrm{d}y \equiv \begin{cases} 1/b & (M=m) \\ 0 & (M \neq m)\end{cases} \tag{14-26c}$$

$$\int_{-b}^{b} \sin\left(\frac{M\pi}{2b}\cdot y\right)\cdot \sinh\left(\frac{n\pi}{2a}\cdot y\right)\mathrm{d}y \equiv \cosh\left(\frac{n\pi}{2a}\cdot b\right)\cdot \frac{2\cdot\left(\frac{n\pi}{2a}\right)\cdot \sin\left(\frac{M\pi}{2}\right)}{\left[\left(\frac{M\pi}{2b}\right)^2 + \left(\frac{n\pi}{2a}\right)^2\right]} \tag{14-26d}$$

由于

$$\nabla \times \boldsymbol{H}\big|_z = \frac{\partial H_y}{\partial x} - \frac{\partial H_x}{\partial y} = 0 \tag{14-27a}$$

应用方程（14－25a）和（14－25b），可以通过方程（14－21a）（14－21b）和（14－27a）得到

$$\sum_{m-\mathrm{odd}}^{\infty} A_{1m}\cdot\left(\frac{m\pi}{2b}\right)\cdot \sin\left(\frac{m\pi}{2b}\cdot y\right)\cdot \frac{\sinh\left(\frac{m\pi}{2b}\cdot x\right)}{\cosh\left(\frac{m\pi}{2b}\cdot a\right)} = \sum_{n-\mathrm{odd}}^{\infty} A_{2n}\cdot\left(\frac{n\pi}{2a}\right)\cdot \sin\left(\frac{n\pi}{2a}\cdot x\right)\cdot \frac{\sinh\left(\frac{n\pi}{2a}\cdot y\right)}{\cosh\left(\frac{n\pi}{2a}\cdot b\right)} \tag{14-27b}$$

方程两边同乘以 $\left[\sin\left(\frac{N\pi}{2a}\cdot x\right)\cdot \sin\left(\frac{M\pi}{2b}\cdot y\right)\right]$，然后在 $-a<x<a$ 和 $-b<y<b$ 范围内积分，用 m 来替换 M，用 n 来替换 N，对于（m，$n=1$，3，5，…），得到

$$A_{1m}\cdot\frac{1}{b}\cdot\left(\frac{m\pi}{2b}\right)^2\cdot \sin\left(\frac{m\pi}{2b}\right) = A_{2n}\cdot\frac{1}{a}\cdot\left(\frac{n\pi}{2a}\right)^2\cdot \sin\left(\frac{n\pi}{2a}\right) \tag{14-28}$$

同样

$$\nabla \times \boldsymbol{H}\,|_{x} = \frac{\partial H_z}{\partial y} - \frac{\partial H_y}{\partial z} = 0 \tag{14-29a}$$

和

$$\nabla \times \boldsymbol{H}\,|_{y} = \frac{\partial H_x}{\partial z} - \frac{\partial H_z}{\partial x} = 0 \tag{14-29b}$$

这两个方程同样满足。

考虑到方程（14－18b）（14－20b）（14－21b）和（14－21c），对于区域 1，即 $z \geqslant 0$，有

$$\left[\sum_{m-\text{odd}}^{\infty} k_{1m} \cdot A_{1m} \cdot \cos\left(\frac{m\pi}{2b} \cdot y\right) \cdot \frac{\cosh(k_{1m} \cdot x)}{\cosh(k_{1m} \cdot a)} + \sum_{n-\text{odd}}^{\infty} k_{2n} \cdot A_{2n} \cdot \cos\left(\frac{n\pi}{2a} \cdot x\right) \cdot \frac{\cosh(k_{2n} \cdot y)}{\cosh(k_{2n} \cdot b)}\right] - \nu H_0 = 0 \tag{14-30}$$

方程两边同乘以 $\left[\cos\left(\frac{N\pi}{2a} \cdot x\right)\cos\left(\frac{M\pi}{2b} \cdot y\right)\right]$，然后在 $-a < x < a$ 和 $-b < y < b$ 范围内积分，用 m 来替换 M，用 n 来替换 N，对于（m，$n=1$，3，5，…），得到

$$2\nu \cdot H_0 = A_{1m} \cdot \frac{1}{b} \cdot \left(\frac{m\pi}{2b}\right)^2 \cdot \frac{\left(\frac{n\pi}{2a}\right)^2 \cdot \sin\left(\frac{m\pi}{2}\right)}{\left[\left(\frac{n\pi}{2a}\right)^2 + \left(\frac{m\pi}{2b}\right)^2\right]} + A_{2n} \cdot \frac{1}{a}\left(\frac{n\pi}{2a}\right)^2 \cdot \frac{\left(\frac{m\pi}{2b}\right)^2 \cdot \sin\left(\frac{n\pi}{2}\right)}{\left[\left(\frac{m\pi}{2b}\right)^2 + \left(\frac{n\pi}{2a}\right)^2\right]} \tag{14-31}$$

联立求解方程（14－28）和（14－31），可确定 A_{1m} 和 A_{2n} 的值。

对于区域 2，即 $z \leqslant 0$，可得到与方程（14－31）相似的方程，但方程的左边为负号。用方程（14－28）求解方法，将得到与 A_{1m} 和 A_{2n} 相同的值，但两个未知量的符号相反。这表明磁场强度的切向分量不连续，除非它们在 $z=0$ 时为零。

由于在 $z=0$ 处没有表面电流层，因此必须保证在 $z=0$ 点磁场强度的切向分量为零。为此，方程（14－21a）和（14－21b）的修正形式如下

$$H_x = \sum_{m-\text{odd}}^{\infty} A_{1m} \cdot \cos\left(\frac{m\pi}{2b} \cdot y\right) \cdot \frac{\sinh\left(\frac{m\pi}{2b} \cdot x\right)}{\cosh\left(\frac{m\pi}{2b} \cdot a\right)} + \sum_{m-\text{odd}}^{\infty} \sum_{n-\text{odd}}^{\infty} A'_{1mn} \cdot \sin\left(\frac{n\pi}{2a} \cdot x\right) \cdot \cos\left(\frac{m\pi}{2b} \cdot y\right) \cdot e^{-\gamma_{mn} \cdot z} \tag{14-32a}$$

和

$$H_y = \sum_{n-\text{odd}}^{\infty} A_{2n} \cdot \cos\left(\frac{n\pi}{2a} \cdot x\right) \cdot \frac{\sinh\left(\frac{n\pi}{2a} \cdot y\right)}{\cosh\left(\frac{n\pi}{2a} \cdot b\right)} + \sum_{m-\text{odd}}^{\infty} \sum_{n-\text{odd}}^{\infty} A'_{2mn} \cdot \cos\left(\frac{n\pi}{2a} \cdot x\right) \sin\left(\frac{m\pi}{2b} \cdot y\right) \cdot e^{-\gamma_{mn} \cdot z} \tag{14-32b}$$

式中，A'_{1mn} 和 A'_{2mn} 是两组任意常数。且

$$\gamma_{mn}=\sqrt{\left(\frac{m\pi}{2b}\right)^2+\left(\frac{n\pi}{2a}\right)^2} \tag{14-32c}$$

因此，在 $-a<x<a$ 和 $-b<y<b$ 范围内，切向场分量的零值为

$$H_x\big|_{z=0}=\sum_{m-\text{odd}}^{\infty}A_{1m}\cdot\cos\left(\frac{m\pi}{2b}\cdot y\right)\cdot\frac{\sinh\left(\frac{m\pi}{2b}\cdot x\right)}{\cosh\left(\frac{m\pi}{2b}\cdot a\right)}$$

$$+\sum_{m-\text{odd}}^{\infty}\sum_{n-\text{odd}}^{\infty}A'_{1mn}\cdot\sin\left(\frac{n\pi}{2a}\cdot x\right)\cos\left(\frac{m\pi}{2b}\cdot y\right)=0 \tag{14-33a}$$

和

$$H_y\big|_{z=0}=\sum_{n-\text{odd}}^{\infty}A_{2n}\cdot\cos\left(\frac{n\pi}{2a}\cdot x\right)\frac{\sinh\left(\frac{n\pi}{2a}\cdot y\right)}{\cosh\left(\frac{n\pi}{2a}\cdot b\right)}$$

$$+\sum_{m-\text{odd}}^{\infty}\sum_{n-\text{odd}}^{\infty}A'_{2mn}\cdot\cos\left(\frac{n\pi}{2a}\cdot x\right)\sin\left(\frac{m\pi}{2b}\cdot y\right)=0 \tag{14-33b}$$

由此得到，在 $-a<x<a$ 范围内

$$A_{1m}\cdot\frac{\sinh\left(\frac{m\pi}{2b}\cdot x\right)}{\cosh\left(\frac{m\pi}{2b}\cdot a\right)}+\sum_{n-\text{odd}}^{\infty}A'_{1mn}\cdot\sin\left(\frac{n\pi}{2a}\cdot x\right)=0 \tag{14-34a}$$

在 $-b<y<b$ 范围内

$$A_{2n}\cdot\frac{\sinh\left(\frac{n\pi}{2a}\cdot y\right)}{\cosh\left(\frac{n\pi}{2a}\cdot b\right)}+\sum_{n-\text{odd}}^{\infty}A'_{2mn}\cdot\sin\left(\frac{m\pi}{2b}\cdot y\right)=0 \tag{14-34b}$$

方程（14－34a）乘以 $\sin\left(\frac{N\pi}{2a}\cdot x\right)$，然后在 $-a<x<a$ 范围内积分，用 n 来替换 N，得到

$$A'_{1mn}=-A_{1m}\cdot\frac{2a\cdot\left(\frac{m\pi}{2b}\right)\cdot\sin\left(\frac{n\pi}{2}\right)}{\left(\frac{n\pi}{2a}\right)^2+\left(\frac{m\pi}{2b}\right)^2} \tag{14-35a}$$

方程（14－34b）乘以 $\sin\left(\frac{M\pi}{2b}\cdot y\right)$，然后在 $-b<y<b$ 范围内积分，用 m 来替换 M，得到

$$A'_{2mn}=-A_{2n}\cdot\frac{2b\cdot\left(\frac{n\pi}{2a}\right)\cdot\sin\left(\frac{m\pi}{2}\right)}{\left(\frac{m\pi}{2b}\right)^2+\left(\frac{n\pi}{2a}\right)^2} \tag{14-35b}$$

因为

$$\nabla \times \boldsymbol{H}\big|_z = \frac{\partial H_y}{\partial x} - \frac{\partial H_x}{\partial y} = 0 \tag{14-36a}$$

则

$$\begin{aligned}
&\sum_{m-\text{odd}}^{\infty} A_{1m} \cdot \left(\frac{m\pi}{2b}\right) \cdot \sin\left(\frac{m\pi}{2b} \cdot y\right) \frac{\sinh\left(\frac{m\pi}{2b} \cdot x\right)}{\cosh\left(\frac{m\pi}{2b} \cdot a\right)} \\
&+ \sum_{m-\text{odd}}^{\infty} \sum_{n-\text{odd}}^{\infty} A'_{1mn} \cdot \sin\left(\frac{n\pi}{2a} \cdot x\right)\left(\frac{m\pi}{2b}\right) \cdot \sin\left(\frac{m\pi}{2b} y\right) \cdot \mathrm{e}^{-\gamma_{mn} \cdot z} \\
&= \sum_{n-\text{odd}}^{\infty} A_{2n} \cdot \left(\frac{n\pi}{2a}\right) \cdot \sin\left(\frac{n\pi}{2a} \cdot x\right) \cdot \frac{\sinh\left(\frac{n\pi}{2a} \cdot y\right)}{\cosh\left(\frac{n\pi}{2a} \cdot b\right)} \\
&+ \sum_{m-\text{odd}}^{\infty} \sum_{n-\text{odd}}^{\infty} A'_{2mn} \cdot \left(\frac{n\pi}{2a}\right) \cdot \sin\left(\frac{n\pi}{2a} \cdot x\right) \cdot \sin\left(\frac{m\pi}{2b} \cdot y\right) \cdot \mathrm{e}^{-\gamma_{mn} \cdot z}
\end{aligned} \tag{14-36b}$$

方程两边同乘以 $\left[\sin\left(\frac{N\pi}{2a} \cdot x\right)\sin\left(\frac{M\pi}{2b} \cdot y\right)\right]$，然后在 $-a < x < a$ 和 $-b < y < b$ 范围内积分，用 m 来替换 M，用 n 来替换 N，对于 m，$n = 1$，3，5，…，得到

$$\begin{aligned}
&A_{1m} \cdot \left(\frac{m\pi}{2b}\right) \cdot \frac{1}{b} \cdot \frac{\left(\frac{m\pi}{2b}\right) \cdot \sin\left(\frac{n\pi}{2}\right)}{\left(\frac{n\pi}{2a}\right)^2 + \left(\frac{m\pi}{2b}\right)^2} + A'_{1mn} \cdot \left(\frac{m\pi}{2b}\right) \cdot \frac{1}{a} \cdot \frac{1}{b}\, \mathrm{e}^{-\gamma_{mn} \cdot z} \\
&= A_{2n} \cdot \left(\frac{n\pi}{2a}\right) \cdot \frac{1}{a} \cdot \frac{\left(\frac{n\pi}{2a}\right) \cdot \sin\left(\frac{m\pi}{2}\right)}{\left(\frac{n\pi}{2a}\right)^2 + \left(\frac{m\pi}{2b}\right)^2} + A'_{2mn} \cdot \left(\frac{n\pi}{2a}\right) \cdot \frac{1}{a} \cdot \frac{1}{b}\, \mathrm{e}^{-\gamma_{mn} \cdot z}
\end{aligned} \tag{14-37}$$

代入到方程（14－35a）和（14－35b）的 A'_{1mn} 和 A'_{2mn} 表达式中，得到一个与方程(14－28)等价的方程。解方程（14－28）和方程（14－31），有

$$2\nu \cdot H_0 = A_{1m} \cdot \frac{1}{b} \cdot \left(\frac{m\pi}{2b}\right)^2 \cdot \sin\left(\frac{m\pi}{2}\right) = A_{2n} \cdot \frac{1}{a} \cdot \left(\frac{n\pi}{2a}\right)^2 \cdot \sin\left(\frac{n\pi}{2}\right) \tag{14-38}$$

因此，对于（m，$n = 1$，3，5，…），有

$$A_{1m} = \nu \cdot H_0 \cdot 2b \cdot \left(\frac{2b}{m\pi}\right)^2 \cdot \sin\left(\frac{m\pi}{2}\right) \tag{14-39a}$$

$$A_{2n} = \nu \cdot H_0 \cdot 2a \cdot \left(\frac{2a}{n\pi}\right)^2 \cdot \sin\left(\frac{n\pi}{2}\right) \tag{14-39b}$$

从方程（14－35a）和（14－35b）中得到

$$A'_{1mn} = -\nu \cdot H_0 \cdot 4ab \cdot \frac{\sin\left(\frac{m\pi}{2}\right) \cdot \sin\left(\frac{n\pi}{2}\right)}{\left(\frac{n\pi}{2a}\right)^2 + \left(\frac{m\pi}{2b}\right)^2} \cdot \left(\frac{2b}{m\pi}\right) \tag{14-40a}$$

$$A'_{2mn}=-\nu \cdot H_0 \cdot 4ab \cdot \frac{\sin\left(\frac{m\pi}{2}\right)\cdot \sin\left(\frac{n\pi}{2}\right)}{\left(\frac{n\pi}{2a}\right)^2+\left(\frac{m\pi}{2b}\right)^2}\cdot\left(\frac{2a}{n\pi}\right) \tag{14-40b}$$

式中，m，$n=1$，3，5，… 。

扩展阅读

在第 15 章末给出。

第 15 章　时变场

15.1　引言

第 5 章至第 14 章，已经详细地描述了时不变的电场和磁场，指出了不同形式的静电荷分布是静电场的源，而静磁场可以由永磁体产生，也可以由不同形式的稳恒电流分布产生，同时还指出，静电场和静磁场是相互独立的。通过研究得出了由方程(6 - 19)、(11 - 24)、(11 -25)和(11 - 30)描述的四个麦克斯韦方程。

直到 1820 年，奥斯特(Hans Christain Oersted)证明了电流对指南针的影响时，交流电的概念才出现。英国科学家法拉第研究了这个实验后，认为永磁体同样能够使磁铁附近闭合导电回路产生直流电。虽然他的实验并不支持这个猜想，但他发现了电磁感应定律，这是最早的时变电磁场研究，也是本章的主题。

15.2　法拉第电磁感应定律

时变电磁场理论基于 1831 年法拉第的实验定律，称为“法拉第电磁感应定律”，定律指出：

在闭合路径(回路)周围所感应的电动势(EMF)等于该闭合路径的磁通量变化率。

1833 年，俄罗斯物理学家楞次(Heinrich Friedrich Emil Lenz)对这一定律略作修正，因此通常称为法拉第-楞次定律。法拉第-楞次定律指出：

在闭合路径(回路)上感应的电动势(EMF)等于该闭合路径的磁通量衰减率。

当奥斯特证明电流产生磁场时，法拉第指出磁场也应该能够产生电流。他采用简单的装置完成了一项实验。这个装置如图 15 - 1 所示，将两个线圈绕在一个环形体上(磁性材料的闭合环)，其中一个线圈接入电流表“G”，另一个线圈连接一个直流源(电池“B”)和一个开关“S”。法拉第证明了打开和关闭开关时，电流表上出现方向相反的瞬态偏转。

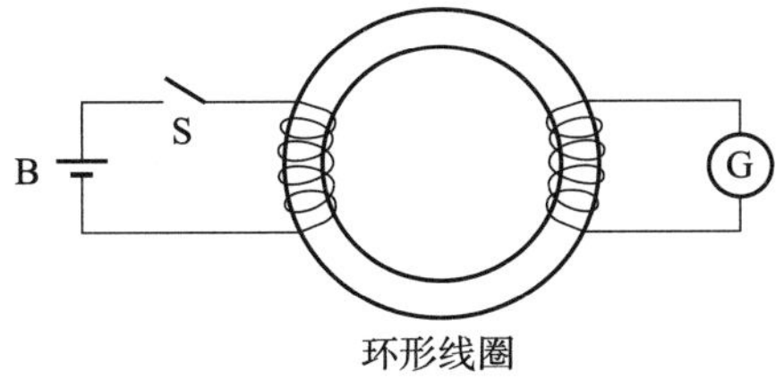

图 15 - 1　法拉第的实验装置

图 15 - 2 为磁铁和含有偏转装置(未显示)的闭合导电回路示意图。磁铁可以在这个回路中移动(顶部视图)。当磁铁向上移动时,回路的磁通链增加,而当它向下移动时,回路的磁通链减少。当磁铁处于静止状态,导电回路上下移动时,也得到了类似的结果。因为电动势(EMF)是导体在磁场中运动或磁场变化产生的电压,所以电动势或回路中的电流是反向的。只有在相对运动时电流才会持续。如图 15 - 2(a)和图 15 - 2(b)所示,这两种情况表明,线圈(或磁铁)的相对运动导致了电压表的偏转。

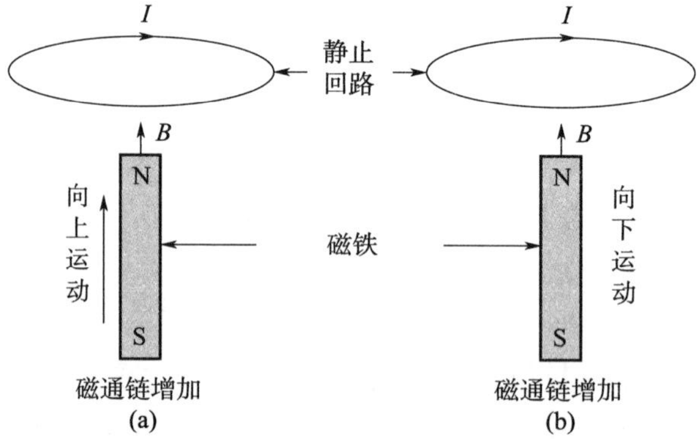

图 15 - 2 (a)向上运动的磁铁;(b)向下运动的磁铁

应该指出的是,磁铁或线圈的(向上或向下)运动涉及时间。因此,时变磁场产生了电动势,电动势可以在闭合电路中产生电流。这个论证表明,在时变场中,E 场与 H 场的存在是相互关联的。因此,对于时变场,电场和磁场失去了独立存在性,两者变得相互依赖。

图 15 - 3(a)表明,在开放的导线回路中,根据法拉第定律,电动势出现在开路终端之间。虽然电动势分布在整个回路,但沿闭合路径的导通部分是短路的。因此,总的电动势体现在开放终端上。如果将终端短路,在电动势的作用下会有电流“ i ”流动。如果连接回路的磁通随时间减小,感应电动势在闭合的导电回路中形成如图所示的电流。用数学语言描述为

$$emf=-\frac{\mathrm{d}\phi}{\mathrm{d}t} \tag{15 - 1}$$

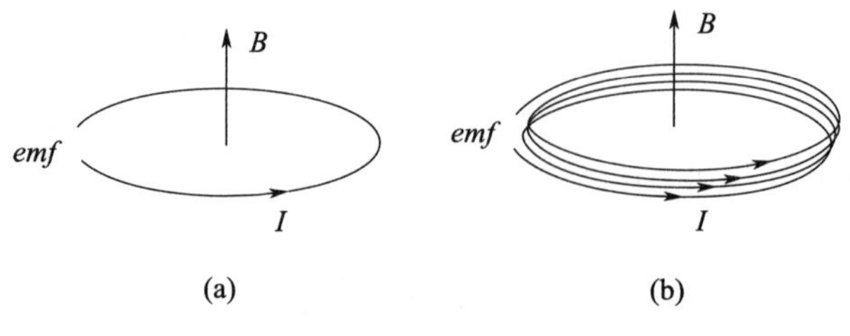

图 15 - 3 在 (a) 1 匝和 (b) 多匝导电回路的开放终端之间感应电动势引起的电流

方程 (15 - 1) 表明,闭合路径周围会感应电动势,但不一定是导电的闭合路径,它可以包括一个串联电容器,也可以是空间中的一个想象的闭合路径。ϕ 是磁通量,是穿过边缘(边界)为封闭路径的任何表面的磁通量。负号表示电动势在闭合导电路径中产生电流的方向,具有使该电流产生的 ϕ_i 通量与磁链变化相反的趋势。因此,如果原始通量 ϕ_0

随时间减小，则感应通量 ϕ_i 将与原通量 ϕ_0 的方向相同；如果原始通量 ϕ_0 增加，则感应通量 ϕ_i 将与原通量 ϕ_0 的方向相反。因此，感应通量总是试图维持原来的状态而不希望发生任何变化。感应电压会产生通量以反对任何变化的表述称为**楞次定律**。方程（15－1）描述了法拉第-楞次定律。

图 15－3（b）给出了含有 N 匝细导线的闭合路径。在这种情况下，每一匝链接相同的通量，总磁链是通量 ϕ 的 N 倍。因此，固定匝数的电动势可以写为

$$emf=-\frac{\mathrm{d}}{\mathrm{d}t}(N\phi)=-N\frac{\mathrm{d}\phi}{\mathrm{d}t} \tag{15-2}$$

注意：符号 ϕ（不是在静磁场中使用的 Φ）用于表示时变磁通量，而符号 φ 用于表示柱坐标系和球坐标系统中的坐标。

15.2.1　法拉第定律的应用

法拉第定律是电磁学最基本的定律之一。该定律构成了变压器、电动机、发电机、电磁炉、电磁流量计、乐器（如电吉他、电小提琴等）以及人们日常生活中其他无数设备运行的基础。除了应用之外，法拉第定律还构成了电磁理论的基础。根据这个定律，磁场的任何变化都会引起电场的变化，反之亦然。因此，时变的电场和磁场是相互依赖的。由法拉第引出的力线概念（通量线的同义词）已应用于麦克斯韦方程组。

15.3　感应情况

似乎有必要探讨能够感应电动势的各种可能情况，并为不同情况指定合适的名称以便区分电动势的类型。下面几小节将研究这些情况。

15.3.1　时变磁场中的稳态回路

当稳态回路位于时变磁场中时，回路中会感应电动势。这个电动势具有如下形式

$$emf=\oint_c \boldsymbol{E}\cdot\mathrm{d}\boldsymbol{\ell} \tag{15-3}$$

式中，c 为电动势的闭合路径。

由于矢量 $\boldsymbol{E}$ 的单位为 V/m，因而电动势的单位为 V。

根据斯托克斯定理，方程（15－3）可以变换为下列形式

$$emf=\iint_S(\nabla\times\boldsymbol{E})\cdot\mathrm{d}\boldsymbol{s} \tag{15-4}$$

式中，S 是以 c 为边界的开放曲面。

应用方程（15－1）和（11－29a）$\left(\phi=\iint_S\boldsymbol{B}\cdot\mathrm{d}\boldsymbol{s}\right)$，应用积分号下的偏导数关系并注意到表面 S 与时间无关，即不随时间变化，可以得到

$$emf=-\frac{\mathrm{d}\phi}{\mathrm{d}t}=-\frac{\mathrm{d}}{\mathrm{d}t}\iint_S\boldsymbol{B}\cdot\mathrm{d}\boldsymbol{s}=-\iint_S\frac{\partial\boldsymbol{B}}{\partial t}\cdot\mathrm{d}\boldsymbol{s} \tag{15-5}$$

方程（15－4）与方程（15－5）相等，可得到

$$\iint_S (\nabla \times \boldsymbol{E}) \cdot \mathrm{d}\boldsymbol{s} = -\iint_S \frac{\partial \boldsymbol{B}}{\partial t} \cdot \mathrm{d}\boldsymbol{s} \tag{15-6a}$$

方程（15－6a）对任意 S 都成立，因此

$$\nabla \times \boldsymbol{E} = -\frac{\partial \boldsymbol{B}}{\partial t} \tag{15-6b}$$

根据方程（15－3）和（15－5）可以得到

$$emf = \oint_c \boldsymbol{E} \cdot \mathrm{d}\boldsymbol{\ell} = -\iint_S \frac{\partial \boldsymbol{B}}{\partial t} \cdot \mathrm{d}\boldsymbol{s} \tag{15-6c}$$

如果 $\boldsymbol{B}$ 不是时间的函数，则方程（15－6b）和（15－6c）的右端变为零，方程简化为

$$\nabla \times \boldsymbol{E} = 0 \tag{15-7a}$$

和

$$\oint_c \boldsymbol{E} \cdot \mathrm{d}\boldsymbol{\ell} = 0 \tag{15-7b}$$

方程（15－6b）和（15－6c）分别为在某一点，时变场的麦克斯韦方程点形式和积分形式，方程（15－7a）和（15－7b）是时不变场麦克斯韦方程的点形式和积分形式。

15.3.2　在时变磁场中变化的闭合回路

图 15－4（a）示出了一个固定形状的“U”形导电杆，中间有一个电压表，一个直滑动杆导体在 y 方向以恒定的速度 $\boldsymbol{U}$ 在“U”形导体的两个平行边上滑动，即 $\boldsymbol{U}=U_y\boldsymbol{a}_y$。这两者一起形成位于 $x-y$ 平面上沿 z 方向的均匀时变磁场（即 $\boldsymbol{B}=B_z\boldsymbol{a}_z$）中的一个线性时变闭合回路。假设这两个杆的电导率为无限大，假定电压表的尺寸可以忽略不计，并且电压表具有非常高的内阻使产生的电流可以忽略不计。

通过面积 S 的磁通量密度 $\boldsymbol{B}$ 的通量 ϕ 为

$$\phi = \iint_S \boldsymbol{B} \cdot \mathrm{d}\boldsymbol{s} = \boldsymbol{B} \cdot \boldsymbol{S} = B \cdot S \tag{15-8a}$$

根据图 15－4（a）所示的参数 L 和 y，面矢量为

$$\boldsymbol{S} = (L\Delta y)\boldsymbol{a}_z \stackrel{\text{def}}{=\!=} S\boldsymbol{a}_z \tag{15-8b}$$

方程（15－8a）和（15－8b）给出

$$\phi = B \cdot L \cdot y \tag{15-8c}$$

由于滑动杆沿 y 轴方向随时间变化，其速度可以写为

$$\boldsymbol{U} = \frac{\mathrm{d}y}{\mathrm{d}t}\boldsymbol{a}_y \stackrel{\text{def}}{=\!=} U_y\boldsymbol{a}_y \tag{15-8d}$$

根据方程（15－1）（15－3）（15－8c）和（15－8d），电动势 EMF 可以写为

$$emf = \oint_c \boldsymbol{E} \cdot \mathrm{d}\boldsymbol{\ell} = -\frac{\mathrm{d}\phi}{\mathrm{d}t} = -B \cdot L \cdot \frac{\mathrm{d}y}{\mathrm{d}t} = -B \cdot L \cdot U_y \tag{15-9}$$

此外，考虑到假设 $\sigma \rightleftharpoons \infty$，则有 $E_{\tan}=0$。这表明，理想导体特性就如同短路，除了电压表，整个闭合路径都被短路。因此，整个电动势或电压（为 $B \cdot L \cdot U_y$）出现在电压表两

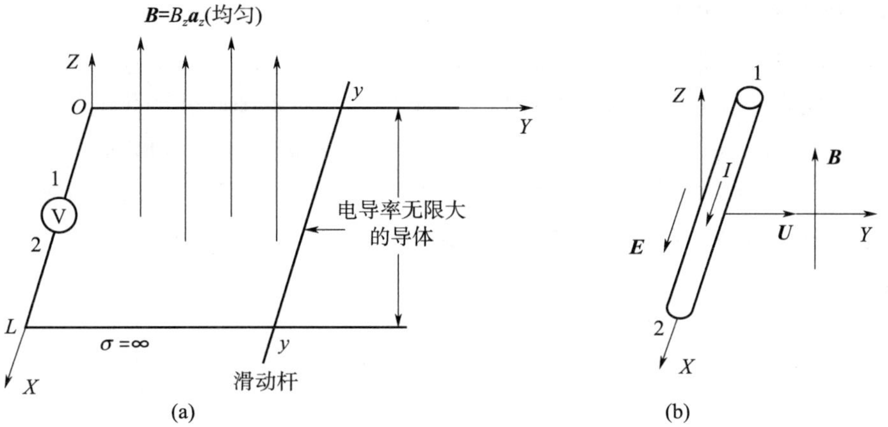

图 15-4　(a) 带有电压表的固定 U 形杆和在磁场 B 中的滑动杆；(b) I、B、U 的方向

端。由于 $\boldsymbol{E}$ 场从 2 号端指向 1 号端，2 号端为正，1 号端为负。

电荷 Q 在磁场 $\boldsymbol{B}$ 中以速度 $\boldsymbol{U}=U_y\boldsymbol{a}_y$ 运动，粒子所受的洛伦兹力 $\boldsymbol{F}$ 由下面的关系式给出

$$\boldsymbol{F}=Q\cdot(\boldsymbol{U}\times\boldsymbol{B}) \tag{15-10a}$$

滑动的导电杆是由正电荷和负电荷组成的，两种电荷都受到这个力的作用。因此，从方程 (15-10a) 得到

$$\frac{\boldsymbol{F}}{Q}=\boldsymbol{U}\times\boldsymbol{B} \tag{15-10b}$$

方程 (15-10b) 表示单位电荷所受的力。这种力称为**动生电动势**(motion EMF)，用 $\boldsymbol{E}_m$ 来表示或简写为 $\boldsymbol{E}$，可以写为

$$\boldsymbol{E}_m \overset{\text{def}}{=\!=} \boldsymbol{E}=\boldsymbol{U}\times\boldsymbol{B} \tag{15-10c}$$

根据方程 (15-9) 和 (15-10c)，可以得到

$$emf=\oint_c \boldsymbol{E}\cdot\mathrm{d}\boldsymbol{\ell}=\oint_c(\boldsymbol{U}\times\boldsymbol{B})\cdot\mathrm{d}\boldsymbol{\ell} \tag{15-11a}$$

在方程 (15-11a) 中，忽略了导电部分的线积分，因此，高内阻电压表两端的电动势几乎就是全部电动势。

因此，根据方程 (15-9)，EMF 变为

$$emf=-B\cdot L\cdot U_y=V \tag{15-11b}$$

式中，V 是电压表上的电压降，即电压表读数。

综上所述，如果磁通密度 $\boldsymbol{B}$ 沿 z 方向（即垂直于页面），当滑动导体在 y 方向以恒定速度 $\boldsymbol{U}$ 移动时，连接回路的磁通量随时间线性增加。感应电动势的方向总是反对磁链的增加。因此，任何可能流动的电流，都必须从 2 号端进入电压表，从 1 号端离开。图 15-4 (b) 给出了滑动导体中电流的方向。在图中标记为 1 和 2 的点连接到电压表的相应端。

15.3.3　时变磁场中的时变闭合回路

在这一节中，我们将考虑磁场的均匀空间分布和非均匀空间分布两种情况。

15.3.3.1 均匀分布的磁场

在 15.3.1 节中，讨论了位于时变磁场中的一个稳态回路，而在 15.3.2 节中，讨论了矩形回路（或闭合路径）随着时间线性增大，但均匀磁场不随时间变化的情况。在本小节中，我们将探讨第三种可能性。参照图 15－4（a），假设闭合矩形路径的**感应电动势**（induced EMF）是由于矩形的一条边以恒定的速度 $\boldsymbol{U}$ 移动，同时磁场是时变的情况下得到的。这个电动势将由两项组成。第一项由边的位移产生，第二个项由时变场产生。净电动势的表达式可以写为

$$emf=-\frac{\mathrm{d}\phi}{\mathrm{d}t}=-\frac{\mathrm{d}}{\mathrm{d}t}\iint_S \boldsymbol{B}\cdot\mathrm{d}\boldsymbol{s}=-\frac{\mathrm{d}}{\mathrm{d}t}[(B_z\boldsymbol{a}_z)(L\cdot y)\boldsymbol{a}_z]=-\frac{\mathrm{d}}{\mathrm{d}t}(B_z\cdot L\cdot y) \tag{15-11c}$$

由于通量密度 B_z 是均匀分布

$$\begin{aligned}emf&=-\left(L\cdot B_z\cdot\frac{\mathrm{d}y}{\mathrm{d}t}+L\cdot y\cdot\frac{\mathrm{d}B_z}{\mathrm{d}t}\right)=-\left(L\cdot B_z\cdot U_y+S\cdot\frac{\mathrm{d}B_z}{\mathrm{d}t}\right)\\&=-\left\{[(U_y\boldsymbol{a}_y]\times(B_z\boldsymbol{a}_z)]\cdot(L\boldsymbol{a}_x)+(S\boldsymbol{a}_z)\cdot\frac{\mathrm{d}(B_z\boldsymbol{a}_z)}{\mathrm{d}t}\right\}\\&=-\left[(\boldsymbol{U}\times\boldsymbol{B})\cdot(L\boldsymbol{a}_x)+\frac{\mathrm{d}(B_z\boldsymbol{a}_z)}{\mathrm{d}t}\cdot(S\boldsymbol{a}_z)\right]\end{aligned} \tag{15-11d}$$

或

$$emf=-\left[\int_0^L(\boldsymbol{U}\times\boldsymbol{B})\cdot\mathrm{d}\boldsymbol{\ell}+\iint_S\frac{\mathrm{d}\boldsymbol{B}}{\mathrm{d}t}\cdot\mathrm{d}\boldsymbol{s}\right]=\int_L^0(\boldsymbol{U}\times\boldsymbol{B})\cdot\mathrm{d}\boldsymbol{\ell}-\iint_S\frac{\partial\boldsymbol{B}}{\partial t}\cdot\mathrm{d}\boldsymbol{s}$$

由于闭合路径的其他部分没有运动，这部分不会产生动生电动势。因此

$$emf=\oint(\boldsymbol{U}\times\boldsymbol{B})\cdot\mathrm{d}\boldsymbol{\ell}-\iint_S\frac{\partial\boldsymbol{B}}{\partial t}\cdot\mathrm{d}\boldsymbol{s} \tag{15-12}$$

其中

$$\mathrm{d}\boldsymbol{\ell}=\mathrm{d}\ell\boldsymbol{a}_x \tag{15-12a}$$

和

$$\mathrm{d}\boldsymbol{s}=\mathrm{d}S\boldsymbol{a}_z \tag{15-12b}$$

15.3.3.2 任意分布的磁场

在通量密度 $\boldsymbol{B}$ 任意空间分布的情况下，由方程（15－11c）可得

$$emf=-\frac{\mathrm{d}}{\mathrm{d}t}\iint_S\boldsymbol{B}\cdot\mathrm{d}\boldsymbol{s}=-\frac{\mathrm{d}}{\mathrm{d}t}\left[\int_0^y\left(\int_0^L B_z\mathrm{d}x'\right)\mathrm{d}y'\right] \tag{15-13}$$

令

$$\int_0^L B_z\mathrm{d}x'\ \underline{\underline{\mathrm{def}}}\ \int_0^L B_z(x',y',t)\,\mathrm{d}x'\ \underline{\underline{\mathrm{def}}}\ F(y',t) \tag{15-14}$$

这里 x'、y' 和 t 是三个独立的变量，在匀速 U_y 情况下，距离 y 表示为 $y=U_y\cdot t$，因此，方程（15－13）可以重写为如下形式

$$emf=-\frac{\mathrm{d}}{\mathrm{d}t}\left[\int_0^y F(y',t)\,\mathrm{d}y'\right]=-\frac{\partial}{\partial y}\left[\int_0^y F(y',t)\,\mathrm{d}y'\right]\cdot\frac{\mathrm{d}y}{\mathrm{d}t}-\frac{\partial}{\partial t}\left[\int_0^y F(y',t)\,\mathrm{d}y'\right] \tag{15-15}$$

因此

$$\begin{aligned}emf&=-\left\{\frac{\partial}{\partial y}\int_0^y\left[\int_0^L B_z(x',y',t)\,\mathrm{d}x'\right]\mathrm{d}y'\cdot U_y\right\}-\left\{\frac{\partial}{\partial t}\int_0^y\left[\int_0^L B_z(x',y',t)\,\mathrm{d}x'\right]\mathrm{d}y'\right\}\\&=-U_y\cdot\int_0^L\left\{\frac{\partial}{\partial y}\left[\int_0^y B_z(x',y',t)\,\mathrm{d}y'\right]\right\}\mathrm{d}x'-\frac{\partial}{\partial t}\left\{\int_0^y\left[\int_0^L B_z(x',y',t)\,\mathrm{d}x'\right]\mathrm{d}y'\right\}\end{aligned} \tag{15-16}$$

由于微分与积分互为逆运算，可以得到

$$\frac{\partial}{\partial y}\left[\int_0^y B_z(x',y',t)\,\mathrm{d}y'\right]\equiv B_z(x',y',t) \tag{15-17}$$

因此

$$emf=-U_y\cdot\int_0^L B_z(x',y',t)\,|_{at\ y}\,\mathrm{d}x'-\frac{\partial}{\partial t}\int_0^y\left[\int_0^L B_z(x',y',t)\,\mathrm{d}x'\right]\mathrm{d}y'$$

因为 U_y 为常数，可以将 U_y 放入积分号内

$$\begin{aligned}emf&=-\int_0^L\ [(U_y\boldsymbol{a}_y)\times(B_z\boldsymbol{a}_z)]\,|_{at\ y}\cdot\mathrm{d}(\ell\boldsymbol{a}_x)-\frac{\partial}{\partial t}\int_0^y\int_0^L B_z(x',y',t)\cdot\mathrm{d}x'\mathrm{d}y'\\&=-\int_0^L\ (\boldsymbol{U}\times\boldsymbol{B})\,|_{at\ y}\cdot\mathrm{d}\boldsymbol{\ell}-\iint_S\frac{\mathrm{d}\boldsymbol{B}}{\mathrm{d}t}\cdot\mathrm{d}\boldsymbol{s}=\int_L^0\ (\boldsymbol{U}\times\boldsymbol{B})\,|_{at\ y}\cdot\mathrm{d}\boldsymbol{\ell}-\iint_S\frac{\partial\boldsymbol{B}}{\partial t}\cdot\mathrm{d}\boldsymbol{s}\end{aligned}$$

由于闭合路径的其他部分没有运动，这部分不会感应动生电动势。因此

$$emf=\oint(\boldsymbol{U}\times\boldsymbol{B})\cdot\mathrm{d}\boldsymbol{l}-\iint_S\frac{\partial\boldsymbol{B}}{\partial t}\cdot\mathrm{d}\boldsymbol{s} \tag{15-18}$$

这个方程与方程（15-12）相同。

15.3.4　时变磁场中具有两个运动邻边的闭合回路

假设图 15-4 中所示闭合环路的相邻两条边分别以恒定的速度 U_x 和 U_y 沿垂直于长度的方向远离闭合环路所围成的区域移动，则这个闭合环路的尺度随时间增大。这种情况下，方程（15-13）应改写为

$$emf=-\frac{\mathrm{d}}{\mathrm{d}t}\iint_S\boldsymbol{B}\cdot\mathrm{d}\boldsymbol{s}=-\frac{\mathrm{d}}{\mathrm{d}t}\left\{\int_0^y\left[\int_0^x B_z(x',y',t)\,\mathrm{d}x'\right]\mathrm{d}y'\right\} \tag{15-19}$$

因此，沿这个环路的感应电动势如下

$$\begin{aligned}emf=&-\frac{\partial}{\partial x}\left\{\int_0^y\left[\int_0^x B_z(x',y',t)\,\mathrm{d}x'\right]\mathrm{d}y'\right\}\cdot\frac{\mathrm{d}x}{\mathrm{d}t}-\frac{\partial}{\partial y}\left\{\int_0^y\left[\int_0^x B_z(x',y',t)\,\mathrm{d}x'\right]\mathrm{d}y'\right\}\cdot\\&\frac{\mathrm{d}y}{\mathrm{d}t}-\left\{\frac{\partial}{\partial t}\int_0^y\left[\int_0^x B_z(x',y',t)\,\mathrm{d}x'\right]\mathrm{d}y'\right\}\end{aligned} \tag{15-20}$$

或

$$emf = -\frac{\partial}{\partial x}\left[\int_0^y B_z(x',y',t)\,|_x\,\mathrm{d}y'\right]\cdot U_x - \frac{\partial}{\partial y}\left[\int_0^y B_z(x',y',t)\,|_y\,\mathrm{d}x'\right]\cdot U_y - \left\{\frac{\partial}{\partial t}\int_0^y\left[\int_0^x B_z(x',y',t)\,\mathrm{d}x'\right]\mathrm{d}y'\right\} \tag{15-20a}$$

或

$$emf = \int_0^y [(U_x\boldsymbol{a}_x)\times(B_z\boldsymbol{a}_z)]\,|_x\cdot\mathrm{d}(\ell\boldsymbol{a}_y) + \int_x^0 [(U_y\boldsymbol{a}_y)\times(B_z\boldsymbol{a}_z)]\,|_y\cdot\mathrm{d}(\ell\boldsymbol{a}_x) - \frac{\partial}{\partial t}\iint_S (B_z\boldsymbol{a}_z)\cdot\mathrm{d}\boldsymbol{s} \tag{15-20b}$$

式中

$$\mathrm{d}\boldsymbol{s} = \mathrm{d}x'\cdot\mathrm{d}y'\cdot\boldsymbol{a}_z \tag{15-20c}$$

由于矩形环路其余部分没有感应电动势，可以得到

$$emf = \oint_c (\boldsymbol{U}\times\boldsymbol{B})\cdot\mathrm{d}\boldsymbol{\ell} - \iint_S \frac{\partial\boldsymbol{B}}{\partial t}\cdot\mathrm{d}\boldsymbol{s} \tag{15-21}$$

式中，闭合环路 c 是表面积 S 的边界。

这个方程与方程（15－12）和（15－18）相同。尽管我们是针对特定情况推导的这个方程，但对于一般情况也是成立的。例如，环路 c 不必是共面的。这个环路的每个长度单元都可以有独立的恒定线速度。环路的形状和大小会随时间而变化，因此，它可能会发生变形和位移。如果环路上每一点的速度 $\boldsymbol{U}$ 都相等，对于均匀磁场，矢量 $(\boldsymbol{U}\times\boldsymbol{B})$ 为常数。根据方程（15－21）可得到

$$\oint_c (\boldsymbol{U}\times\boldsymbol{B})\cdot\mathrm{d}\boldsymbol{\ell} = (\boldsymbol{U}\times\boldsymbol{B})\cdot\oint_c \mathrm{d}\boldsymbol{\ell} \tag{15-21a}$$

由于该方程右端的曲线积分为零，因此没有动生电动势。对于另一种特殊情况，考虑一个任意环路，其上各点速度为 $\boldsymbol{U}$ 。设通量密度 $\boldsymbol{B}$ 沿环路任意分布。矢量 $(\boldsymbol{U}\times\boldsymbol{B})$ 在环路每个点上都是法线，因此，在环路的每个点上 $(\boldsymbol{U}\times\boldsymbol{B})\cdot\mathrm{d}\boldsymbol{\ell}$ 都为零。因此，在这种情况下也不会有动生电动势（例如，围绕自身轴缓慢旋转的圆形路径）。最后，我们注意到方程（15－21）不涉及 ε、μ 和 σ 等介质参数，因此，该方程对非均匀介电常数、磁导率和电导率同样有效。

15.4　位移电流

由方程（11－24）确定的麦克斯韦方程如下

$$\nabla\times\boldsymbol{H} = \boldsymbol{J} \tag{11-24}$$

式中，$\boldsymbol{J} = \sigma\boldsymbol{E} + \boldsymbol{J}_0$，其中符号 $\boldsymbol{J}_0$ 为有源情况下的源电流密度。

方程两端取散度得到

$$\nabla\cdot(\nabla\times\boldsymbol{H}) = \nabla\cdot\boldsymbol{J} \tag{15-22}$$

由于旋度的散度恒等于零［方程（4－40e）］，方程（15－22）左边恒等于零。但是，

根据连续方程，方程的右边不一定为零。将连续方程复制如下

$$\nabla \cdot \boldsymbol{J} = -\frac{\partial \rho}{\partial t} \neq 0 \tag{8-24}$$ [①]

需要注意，尽管电荷是时不变的，但电荷密度可以是时变的。

由于方程（11－24）的左边和右边不等，因此该方程不适用于时变场。为了修正这个关系式，需要增加一个新的矢量（比如 $\boldsymbol{G}$ ），因此，方程变为

$$\nabla \times \boldsymbol{H} = \boldsymbol{J} + \boldsymbol{G} \tag{15-24a}$$

方程（15－24a）两端取散度，得到

$$\nabla \cdot (\nabla \times \boldsymbol{H}) = \nabla \cdot \boldsymbol{J} + \nabla \cdot \boldsymbol{G} = -\frac{\partial \rho}{\partial t} + \nabla \cdot \boldsymbol{G} = 0 \tag{15-24b}$$

对于空间坐标不随时间变化的方程（15－24b），可以改变空间导数与时间导数的顺序

$$\nabla \cdot \boldsymbol{G} = \frac{\partial \rho}{\partial t} = \frac{\partial (\nabla \cdot \boldsymbol{D})}{\partial t} = \nabla \cdot \frac{\partial \boldsymbol{D}}{\partial t} \tag{15-24c}$$

得到

$$\boldsymbol{G} = \frac{\partial \boldsymbol{D}}{\partial t} + \nabla \times \boldsymbol{G}'$$

式中，矢量 $\boldsymbol{G}'$ 是冗余的，随意取为零。因此

$$\boldsymbol{G} = \frac{\partial \boldsymbol{D}}{\partial t} \stackrel{\text{def}}{=} \boldsymbol{J}_d \tag{15-24d}$$

式中，$\boldsymbol{J}_d$ 称为位移电流密度。方程（11－24）变为

$$\nabla \times \boldsymbol{H} = \boldsymbol{J} + \boldsymbol{J}_d = \boldsymbol{J} + \frac{\partial \boldsymbol{D}}{\partial t} \tag{15-25}$$

方程（15－25）是一般形式（点形式）的麦克斯韦方程组中的一个方程。在特殊情况下为

$$\nabla \times \boldsymbol{H} = \boldsymbol{J}_0 \text{（时不变场）} \tag{15-25a}$$

式中，$\boldsymbol{J}_0$ 为时不变源的电流密度。

$$\nabla \times \boldsymbol{H} = \frac{\partial \boldsymbol{D}}{\partial t} \quad \text{（自由空间 } \boldsymbol{J} = 0\text{）} \tag{15-25b}$$

方程（15－25）两边沿任意固定曲面 S 积分，得到

$$\iint_S \nabla \times \boldsymbol{H} \cdot \mathrm{d}\boldsymbol{s} = \iint_S \boldsymbol{J} \cdot \mathrm{d}\boldsymbol{s} + \iint_S \frac{\partial \boldsymbol{D}}{\partial t} \cdot \mathrm{d}\boldsymbol{s} \stackrel{\text{def}}{=} I_{cs} + I_d \tag{15-26}$$

式中

$$I_{cs} \stackrel{\text{def}}{=} \iint_S \boldsymbol{J} \cdot \mathrm{d}\boldsymbol{s} \tag{15-26a}$$

和

$$I_d \stackrel{\text{def}}{=} \iint_S \boldsymbol{J}_d \cdot \mathrm{d}\boldsymbol{s} = \iint_S (\partial \boldsymbol{D} / \partial t) \cdot \mathrm{d}\boldsymbol{s} = \frac{\partial}{\partial t} \iint_S \boldsymbol{D} \cdot \mathrm{d}\boldsymbol{s} \tag{15-26b}$$

① 原著公式号缺（15－23），为使正文引用正确，此处保持与原著一致。

式中，I_{cs} 为传导电流 I_c 与源电流 I_s（如果有的话）之和，而位移电流用 I_d 来表示。这些量定义如下

$$I_c \stackrel{\text{def}}{=} \iint_S \sigma \boldsymbol{E} \cdot \mathrm{d}\boldsymbol{s} \tag{15-27a}$$

源电流 I_s 用源电流密度 $\boldsymbol{J_0}$ 来定义

$$I_s \stackrel{\text{def}}{=} \iint_S \boldsymbol{J_0} \cdot \mathrm{d}\boldsymbol{s} \stackrel{\text{def}}{=} \iint_S (\boldsymbol{J} - \sigma \boldsymbol{E}) \cdot \mathrm{d}\boldsymbol{s} \tag{15-27b}$$

因此

$$I_{cs} = I_c + I_s = \iint_S \boldsymbol{J} \cdot \mathrm{d}\boldsymbol{s} \tag{15-27c}$$

总电流密度 I 为

$$I = I_{cs} + I_d = (I_c + I_s) + I_d = \iint_S (\boldsymbol{J} + \boldsymbol{J}_d) \cdot \mathrm{d}\boldsymbol{s} \tag{15-27d}$$

根据斯托克斯定理，方程（15－25）变为

$$\iint_S (\nabla \times \boldsymbol{H}) \cdot \mathrm{d}\boldsymbol{s} = \oint_c \boldsymbol{H} \cdot \mathrm{d}\boldsymbol{\ell} = (I_c + I_s) + I_d = I$$

或

$$\oint_c \boldsymbol{H} \cdot \mathrm{d}\boldsymbol{\ell} = \iint_S \boldsymbol{J} \cdot \mathrm{d}\boldsymbol{s} + \iint_S (\partial \boldsymbol{D}/\partial t) \cdot \mathrm{d}\boldsymbol{s} \tag{15-28}$$

式中，c 为曲面 S 的边界。

方程（15－28）是积分形式的麦克斯韦方程，见方程（15－25）。在特殊条件下采用以下形式

$$\oint_c \boldsymbol{H} \cdot \mathrm{d}\boldsymbol{\ell} = \boldsymbol{I}_s \stackrel{\text{def}}{=} \iint_S \boldsymbol{J_0} \cdot \mathrm{d}\boldsymbol{s} \quad \text{（对于时不变场）} \tag{15-28a}$$

注意，对于稳态时不变场：对于电导率 σ 的所有有限值，都有 $\sigma \boldsymbol{E} \equiv \boldsymbol{0}$。

$$\oint_c \boldsymbol{H} \cdot \mathrm{d}\boldsymbol{\ell} = \iint_S (\partial \boldsymbol{D}/\partial t) \cdot \mathrm{d}\boldsymbol{s} \quad \text{（对于 } J=0 \text{ 的时变场）} \tag{15-28b}$$

15.4.1 位移电流的性质

图 15－5（a）是一个由分立元件构成的电路示意图，通过电阻 R（连接在点 1 和 2 之间）和平行板电容器 C 形成一个闭合路径。该电路位于正弦时变磁场 $\boldsymbol{B}$ 中，磁场将在电路的闭合路径周围产生电动势。由于 $\boldsymbol{B}$ 的时变特性，电动势和由此产生的流过电路的瞬时电流 i 也将具有正弦时变特性，极性也是交变的。设该电路的电动势为

$$emf \stackrel{\text{def}}{=} \nu = V_0 \cdot \cos(\omega t) \tag{15-29}$$

总电动势降在电阻和电容上，根据基尔霍夫电压定律，两个元件上的电压降之和必须等于感应电动势，因此

$$emf \stackrel{\text{def}}{=} \nu = \nu_R + \nu_C \tag{15-30}$$

定义电路中的感应电流 i 为

$$i = I_0 \cdot \cos(\omega t + \theta) \tag{15-31}$$

式中，峰值电流 I_0 和相角 θ 是未知量。

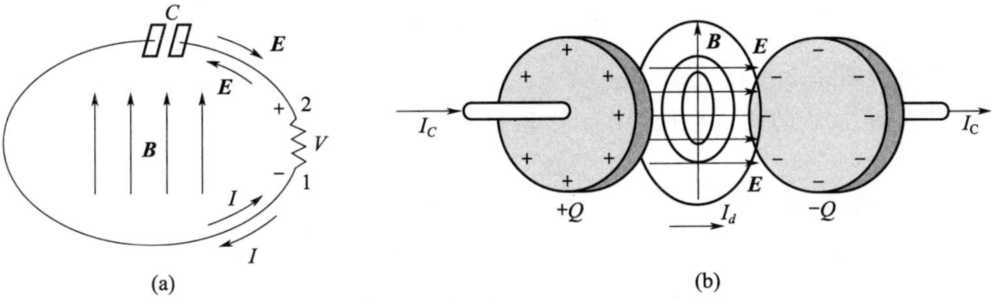

图 15-5　(a) 在时变磁场中的闭合电路；(b) 产生磁场的电容电流

（注意，左边平板的电荷标注在外面，而实际上是在内表面上）

根据电路原理，有

$$\nu_R = R \cdot i \qquad v_C = \frac{1}{C}\int i \cdot \mathrm{d}t$$

因此，从方程（15-29）（15-30）和（15-31）可以得到

$$V_0 \cdot \cos(\omega t) = R \cdot I_0 \cdot \cos(\omega t + \theta) + \frac{1}{C}\int I_0 \cdot \cos(\omega t + \theta) \cdot \mathrm{d}t$$

或

$$V_0 \cdot \cos(\omega t) = R \cdot I_0 \cdot \cos(\omega t + \theta) + \frac{I_0}{\omega C}\sin(\omega t + \theta) + C_0$$

略去积分常数 C_0，可以得到

$$V_0 \cdot \cos\omega t = R \cdot I_0 \cdot (\cos\omega t\cos\theta - \sin\omega t\sin\theta) + \frac{I_0}{\omega C}(\sin\omega t\cos\theta + \cos\omega t\sin\theta)$$

或

$$V_0 \cdot \cos\omega t = \cos\omega t\left(R \cdot I_0 \cdot \cos\theta + \frac{I_0}{\omega C}\sin\theta\right) - \sin\omega t\left(R \cdot I_0\sin\theta - \frac{I_0}{\omega C}\cos\theta\right) \tag{15-32}$$

因为余弦函数和正弦函数是正交函数，可以使两个函数的系数相等，得到的结果为

$$\left(R \cdot I_0 \cdot \cos\theta + \frac{I_0}{\omega C}\sin\theta\right) = V_0 \tag{15-33a}$$

$$\left(R \cdot I_0\sin\theta - \frac{I_0}{\omega C}\cos\theta\right) = 0 \tag{15-33b}$$

解这两个方程，得到

$$\theta = \cot^{-1}(\omega CR) \tag{15-34a}$$

$$I_0 = \frac{V_0}{\sqrt{R^2 + \left(\frac{1}{\omega C}\right)^2}} \tag{15-34b}$$

在理想电容器情况下，$R-C$ 电路中的传导电流不能跨越电容器两平板间的介质。其结果是，电荷沉积在电容器平板的内表面上，平均面电荷密度 ρ_s 如下

$$\rho_s \cong \pm \int \frac{i}{A} \cdot \mathrm{d}t \tag{15-35}$$

式中，A 为电容器每个平行板的面积。

对于小间距为 d 的两个平行平面，电通量密度 $\boldsymbol{D}$ 为

$$\boldsymbol{D} \cong \rho_s \boldsymbol{a}_N \tag{15-36}$$

单位矢量 $\boldsymbol{a}_N$ 的方向任何时刻都从正极板指向负极板。

根据方程（15－35）（15－36）和（15－37），位移电流密度 $\boldsymbol{J}_d$ 为

$$\boldsymbol{J}_d = \frac{\mathrm{d}\boldsymbol{D}}{\mathrm{d}t} = \frac{\mathrm{d}\rho_s}{\mathrm{d}t}\boldsymbol{a}_N = \left(\frac{\mathrm{d}}{\mathrm{d}t}\int \frac{i}{A} \cdot \mathrm{d}t\right)\boldsymbol{a}_N = \frac{i}{A}\boldsymbol{a}_N \tag{15-37}$$

因此，两电容器平板之间的位移电流为

$$i_d = \iint_A \boldsymbol{J}_d \cdot \mathrm{d}\boldsymbol{s} = i = I_0 \cdot \cos(\omega t + \theta) \tag{15-38}$$

15.4.2　位移电流的概念

在任何电路中，电流只能通过一个完整的闭合通路流动。图 15－5（a）所示电路包含一个极板上初始电荷为零的电容，电容与电阻串联连接。如 8.6 节所述，电容器由介质隔开的两个平行板电极组成。电路中间有电介质，相当于导电路径不连续。因此，当不随时间变化的阶跃电压施加到电路时，从电源的正极开始的传导电流到达电容器的一个极板时不能穿过介电介质；同时，等量的返回电流会从电容器另一个极板流向电源的负极。然而，这些电流会继续在连接电源和电容器板之间的导线中流动。由于电介质导致的电流中断，使电容器的一个平板内表面上开始聚集正电荷，同时，在另一个平板的内表面上开始聚集负电荷。这就导致两个平行板之间逐渐形成电场。因此，在电容器两端出现一个从零值开始逐渐增加的电压。这个电压的极性与所施加的恒压相反。最终，两个极性相反的电压变得相等。此时，电路中的电流停止流动。其结果是，电荷停止在电容器板上的积聚，电压停止进一步增长。显然，电容以外的传导电流的流动与沉积在电容器极板的电荷增加速率有关，因此，传导电流等于沉积在电容器极板上的电荷的增加速率。在电容器极板上沉积的电荷的增加速率称为位移电流。因此

$$I_d = I_c = \frac{\mathrm{d}Q}{\mathrm{d}t} = \frac{\mathrm{d}}{\mathrm{d}t}\int_A \rho_s \,\mathrm{d}s = \int_S \frac{\partial}{\partial t}\rho_s \,\mathrm{d}s = \iint_S \left(\frac{\partial \boldsymbol{D}}{\partial t}\right)\bigg|_s \cdot \mathrm{d}\boldsymbol{s} \tag{15-39}$$

因此，传导电流与两个电容器板之间电场的增加速率有关。

在闭合电路不同部分沿同一方向同时流动两种类型的电流，维持了电流的连续性，从而共同满足了电流在完整闭合电路中流动的要求。

对于两个平行板之间的小间隔距离 d，电位移矢量（也称为电通量密度矢量）是相当均匀的，即

$$\left(\frac{\partial \boldsymbol{D}}{\partial t}\right)\bigg|_s \cong \frac{\partial \boldsymbol{D}}{\partial t} \tag{15-39a}$$

因此，位移电流密度 $\boldsymbol{J}_d$ 为

$$\boldsymbol{J}_d=\frac{\partial \boldsymbol{D}}{\partial t} \tag{15-40}$$

所有这些都与 15.2 节中用法拉第实验来解释的位移现象相关。法拉第认为，两个极板之间有某种电流在流动。这种电流肯定不是传导电流，而是其他某种形式。这种电流称为位移电流。

图 15-5（b）是通过交流电源给电容器施加时变（交流）电动势的示意图。当传导电流 I_c 到达左极板时，极板充正电。由于位移现象，右极板充负电。位移电流 I_d 在两个极板之间流动，传导电流 I_c 在另一端接管，流过电路的其余部分并完成指定的工作。当电动势的极性改变时，同样的过程从右极板开始。只要交流电源保持连接，这个过程就一直重复。在电动势变化过程中，电容器不断地充电和放电。根据安培环路定律，任何非零净电流的流动都伴随着一个环绕电流的磁场。因此，传导电流会产生磁场。同理，当电容充电时，位移电流 I_d 可视为磁场的源。根据积分形式的安培定律有

$$\oint_c \boldsymbol{H}\cdot \mathrm{d}\boldsymbol{\ell}=I_d \tag{15-41a}$$

式中，I_d 是连接闭合回路 c 的总位移电流。

点形式的安培定律为

$$\nabla\times\boldsymbol{H}=\frac{\partial \boldsymbol{D}}{\partial t}\overset{\text{def}}{=}\boldsymbol{J}_d \tag{15-41b}$$

式中，$\boldsymbol{D}$ 和 $\boldsymbol{J}_d$ 分别表示磁场强度为 $\boldsymbol{H}$ 位置的电位移矢量（也称电通量密度矢量）和位移电流密度。

15.5　麦克斯韦方程

我们已经通过前面的介绍得到了点形式和积分形式的麦克斯韦方程关系式，这些关系式是在时不变场和时变场，无电荷区和含电荷区条件下得到的。方程（6-19a）（6-19b）（11-24）（15-6b）（15-7a）（15-25）（15-25a）和（15-25b）为点形式的关系式，方程（6-21a）（6-21b）（11-19）（15-6c）（15-7b）（15-28）（15-28a）和（15-28b）给出了积分形式的关系式。下面讨论这些方程的本质。

被称为**运动定律的牛顿（三）定律**描述了物理系统的动力学。运动定律描述了力作用于物体时，物体的行为，但没有说明力的来源。**牛顿万有引力定律**指出，任何具有**静止质量**的物体之间都会相互施加作用力。采用这个定律可以计算出引力的方向和强度。这些定律仅适用于速度远小于光速的粒子。**麦克斯韦方程组**（四个方程）适用于任何速度运动的粒子，被认为相对更准确。

高斯定律是**麦克斯韦方程组第一方程**，指出了通过任意闭合曲面的电通量等于表面内封闭的总电荷量。该定律适用于任何形状和大小的闭合表面，适用于表面内的任何电荷分布，可以是移动的也可以是静止的。该定律的使用比**库仑定律**更普遍，库仑定律只适用于

电荷的加速度很小或为零的情况。库仑定律可以从静态条件（即所有电荷处于静止或匀速运动）的麦克斯韦方程组的前两个方程推导出来。麦克斯韦方程组的前两个方程［方程（6－19）和（15－7）］能够根据任何静电荷分布计算出电场 $\boldsymbol{E}$ 。只要电场已知，就可以计算出这种电荷分布对其他电荷所作用的力。如果电荷分布具有很高的对称性，那么仅用高斯定律，即麦克斯韦方程组第一方程［方程（6－21）］，就可以确定 $\boldsymbol{E}$ 的大小，$\boldsymbol{E}$ 的方向则可以根据对称性情况判断出来。

15.6　边界条件

只要电场的性质是静态的或时不变的，静电荷分布就是电场强度、电通量密度和电势的源。同样，稳态电流将导致磁场强度、磁通量密度及相关量的存在。稳恒电场和静磁场相互独立存在（即忽略狭义相对论的影响）。只要涉及时间概念，上述所有场量都将变成时变的量。电场和磁场就不再孤立存在，因为变化的电场产生磁场，反之亦然。奥斯特、法拉第、楞次和麦克斯韦的开创性工作，引出了时变电场和磁场的相关方程。这些（麦克斯韦）方程的积分形式可用于计算 $\boldsymbol{E}$、$\boldsymbol{D}$、$\boldsymbol{H}$、$\boldsymbol{B}$ 所服从的边界条件。时变场量所满足的边界条件为

$$E_{t1}=E_{t2} \tag{15-42a}$$

$$D_{n1}-D_{n2}=\rho_s \quad \text{或} \quad D_{n1}=D_{n2} \quad (\text{当 } \rho_s=0 \text{ 时}) \tag{15-42b}$$

$$H_{t1}-H_{t2}=K \quad \text{或} \quad H_{t1}=H_{t2} \quad (\text{当 } K=0 \text{ 时}) \tag{15-42c}$$

$$B_{n1}=B_{n2} \tag{15-42d}$$

在理想的物理条件下（$\sigma_2=\infty$），时变电流以面电流密度 K 在导体表面传导，称为“集肤效应”。在这种情况下，由于区域 2 为零穿透，该区域无电磁场，上述条件变为

$$E_{t1}=0 \tag{15-43a}$$

$$D_{n1}=\rho_s \tag{15-43b}$$

$$H_{t1}=K \tag{15-43c}$$

$$B_{n1}=0 \tag{15-43d}$$

在方程（15－42）和（15－43）中，E_t、D_t、H_t、B_t 分别为 $\boldsymbol{E}$、$\boldsymbol{D}$、$\boldsymbol{H}$、$\boldsymbol{B}$ 在边界面的切向分量，E_n、D_n、H_n、B_n 分别为 $\boldsymbol{E}$、$\boldsymbol{D}$、$\boldsymbol{H}$、$\boldsymbol{B}$ 在边界面的法向分量。下标 1 和 2 表示这些量在边界上所属的区域。此外，ρ_s 为面电荷密度，K 为面电流密度。需要指出，面电荷密度和面电流密度可以认为是介质或导体可能的物理状态。这种状态可以通过配置或诱导来实现。

15.7　延迟势

在辐射问题中，经常使用**延迟势**这个术语。为了理解它的本质，考虑方程（7－29）和（11－72a）给出的关系式

$$V=\iiint \frac{\rho \cdot \mathrm{d}v}{4\pi\varepsilon R} \tag{7-29}$$

$$\mathbf{A}=\iiint \frac{\mu \cdot \boldsymbol{J} \cdot \mathrm{d}v}{4\pi R} \tag{11-72a}$$

在方程中，ρ 和 $\boldsymbol{J}$ 是源，V 和 $\mathbf{A}$ 是相关的势。这些势的性质显然与源的性质有关。因此，在时变源的情况下，相应的势也将是时变的。这些关系式中不涉及空间项，而在所有辐射问题中，空间项的介入是不可避免的。离开天线后的波在空间传播，如果要计算某空间位置的势，就不能采用上述关系式。因此，用带括号的 $[\rho]$ 和 $[\boldsymbol{J}]$ 来替代方程（7－29）和（11－72a）中的 ρ 和 $\boldsymbol{J}$，可以得到方程

$$V=\iiint \frac{[\rho] \cdot \mathrm{d}v}{4\pi\varepsilon R} \tag{15-44a}$$

$$\mathbf{A}=\iiint \frac{\mu \cdot [\boldsymbol{J}] \cdot \mathrm{d}v}{4\pi R} \tag{15-44b}$$

用 $[\rho]$ 和 $[\boldsymbol{J}]$ 来表明具有更强的时间相关性。为了进一步阐述，令参数 ρ 由以下关系给出

$$\rho=\mathrm{e}^{-t}\cos(\omega t) \tag{15-45a}$$

带括号的 ρ 可以写为

$$[\rho]=\mathrm{e}^{-t'}\cos(\omega t') \tag{15-45b}$$

在该式中，用 t' 来取代时间 t，其中 $t'=t-R/U$。采用这个替换，方程（15－45b）变为

$$[\rho]=\mathrm{e}^{-(t-R/U)}\cos\omega(t-R/U) \tag{15-45c}$$

类似地，如果用 t'' 来取代 t，其中 $t''=t+R/U$，方程（15－45a）变为

$$\rho=\mathrm{e}^{-t''}\cos(\omega t'')=\mathrm{e}^{-(t+R/U)}\cos\omega(t+R/U) \tag{15-45d}$$

时间 t' 称为**延迟时间**，与 $[\rho]$ 相关的势 V 称为**延迟势**。同样地，时间 t'' 称为**超前（或加速）时间**，与**ρ 相关的势 V** 称为**超前（或加速）势**。类似地，可以用 t' 描述 $[\boldsymbol{J}]$，用 t'' 描述 $[\![\boldsymbol{J}]\!]$。这种替换使方程（11－72a）给出的 $\mathbf{A}$ 成为**延迟势**或**加速势**。

延迟势的真正含义在于延迟（或推迟）时间（$t'=t-R/U$），其中包含距离 R 和速度 U。因此，延迟势给出了 V（或 $\mathbf{A}$）在距离原点 R 处的瞬时值，该距离被“R/U”所**延迟**，即波以速度 U 传播距离 R 所花费的时间。超前势或**加速**势表明，在距离原点 R 处的电势瞬时值是波到达距离 R **之前**的值。然而，这个势是**非因果**的，它发生在理想化的情况下[1-3]（在本章中，上标数字代表本章末尾给出的参考文献）。

15.8　一些场关系的修正

在前面几章中，推导了一些预测静电场和静磁场特性的关系式。有些关系式只对于时不变场才成立。在本节中，将修正这些关系式使之适用于时变场。

15.8.1 梯度关系

方程（7－6）给出了电场 $\boldsymbol{E}$ 和电势 V 之间的梯度关系 $\boldsymbol{E}=-\nabla V$ 。为了评估这个关系式对时变场的适用性，将方程两边取旋度，得到

$$\nabla\times\boldsymbol{E}=\nabla\times(-\nabla V)\equiv 0 \tag{15-7a}$$

对于时不变场，方程（15－7a）是正确的，但对于时变场，有

$$\nabla\times\boldsymbol{E}=-\frac{\partial\boldsymbol{B}}{\partial t} \tag{15-6b}$$

比较方程（15－7a）和（15－6b），很容易发现两关系式之间的不相容性。为了解决这种不相容问题，在方程（7－6）的左边增加一个新的矢量 $\boldsymbol{N}$，方程变为

$$\boldsymbol{E}=-\nabla V+\boldsymbol{N} \tag{15-46a}$$

方程（15－46a）两边取旋度并等于方程（15－6b），有

$$\nabla\times\boldsymbol{E}=\nabla\times(-\nabla \mathrm{V})+\nabla\times\boldsymbol{N}\equiv\nabla\times\boldsymbol{N}=-\frac{\partial\boldsymbol{B}}{\partial t} \tag{15-46b}$$

因为 $\boldsymbol{B}\overset{\text{def}}{=}\nabla\times\boldsymbol{A}$，从方程（15－46b）得到

$$-\frac{\partial}{\partial t}\boldsymbol{B}=\underbrace{-\frac{\partial}{\partial t}(\nabla\times\boldsymbol{A})=-\nabla\times\left(\frac{\partial}{\partial t}\boldsymbol{A}\right)}=\boxed{\nabla\times\left(-\frac{\partial\boldsymbol{A}}{\partial t}\right)=\nabla\times\boldsymbol{N}} \tag{15-46c}$$

在**空间坐标时不变**的静态系统中，空间微分与时间微分的顺序是可以交换的。因此

$$N\overset{\rightharpoonup}{=}-\frac{\partial\boldsymbol{A}}{\partial t} \tag{15-46d}$$

因此，从方程（15－46a）可以得到

$$\boldsymbol{E}=-\nabla V-\frac{\partial\boldsymbol{A}}{\partial t} \tag{15-47}$$

15.8.2 矢量磁势的泊松方程

本小节将评估由方程（9－4b）给出的泊松方程（$\nabla^2\boldsymbol{A}=-\mu\cdot\boldsymbol{J}_0$）对于时变场的适用性。根据方程（15－25）和（15－47），有

$$\nabla\times\boldsymbol{H}=\boldsymbol{J}+\frac{\partial\boldsymbol{D}}{\partial t}=(\boldsymbol{J}_0+\sigma\boldsymbol{E})+\varepsilon\cdot\frac{\partial\boldsymbol{E}}{\partial t}=\boldsymbol{J}_0+\left(\sigma+\varepsilon\cdot\frac{\partial}{\partial t}\right)\cdot\left(-\nabla V-\frac{\partial\boldsymbol{A}}{\partial t}\right) \tag{15-48a}$$

$$\nabla\times\boldsymbol{H}=\nabla\times\left(\frac{\boldsymbol{B}}{\mu}\right)=\frac{1}{\mu}\nabla\times\boldsymbol{B}=\frac{1}{\mu}\cdot\nabla\times\nabla\times\boldsymbol{A}=\frac{1}{\mu}\cdot[-\nabla(\nabla\cdot\boldsymbol{A})-\nabla^2\boldsymbol{A}] \tag{15-48b}$$

方程（15－48a）和方程（15－48b）相等，得到

$$\frac{1}{\mu}\cdot[\nabla(\nabla\cdot\boldsymbol{A})-\nabla^2\boldsymbol{A}]=\boldsymbol{J}_0-\sigma\cdot\left(\nabla V+\frac{\partial\boldsymbol{A}}{\partial t}\right)-\varepsilon\cdot\left(\nabla\frac{\partial V}{\partial t}+\frac{\partial^2\boldsymbol{A}}{\partial t^2}\right)$$

或

$$\nabla(\nabla\cdot A)-\nabla^2\boldsymbol{A}=\mu\cdot\boldsymbol{J}_0-\nabla\underbrace{\left(\mu\cdot\sigma\cdot V+\mu\cdot\varepsilon\cdot\frac{\partial V}{\partial t}\right)}-\mu\cdot\sigma\cdot\frac{\partial\boldsymbol{A}}{\partial t}-\mu\cdot\varepsilon\cdot\frac{\partial^2\boldsymbol{A}}{\partial t^2}\tag{15-48c}$$

根据**亥姆霍兹定理（Helmholtz Theorem）**，只有当矢量场的旋度和散度都已知时，才能完整地定义矢量场。$\boldsymbol{A}$ 的旋度已经由方程（11－65a）确定，即 $\boldsymbol{B}=\nabla\times\boldsymbol{A}$，但在方程（15－48c）左边的散度项还未知。可以用一些条件（称为**规范条件**）来指定。两种最常用的规范条件是

$$\nabla\cdot\boldsymbol{A}\ \underline{\underline{\mathrm{def}}}\ -\mu\varepsilon\frac{\partial V}{\partial t}\tag{15-49a}$$

$$\nabla\cdot\boldsymbol{A}\ \underline{\underline{\mathrm{def}}}\ 0\tag{15-49b}$$

第一个规范条件称为“洛伦兹规范条件”，而第二个规范条件称为“库仑规范条件”。

对于导电区，可以定义如下“修正的洛伦兹规范条件”

$$\nabla\cdot\boldsymbol{A}\ \underline{\underline{\mathrm{def}}}\ -\mu\sigma V-\mu\varepsilon\frac{\partial V}{\partial t}\tag{15-49c}$$

规范条件的选择取决于应用的问题以及能否满足要求。在时变场的情况下，应当选择导电介质中修正的洛伦兹规范条件。对于非导电区域的时不变场，**修正的洛伦兹规范条件**退化为**库仑规范条件**。因此，根据方程（15－49c），可以将方程（15－48c）改写为

$$\nabla\left\{-\mu\cdot\sigma\cdot V-\mu\cdot\varepsilon\frac{\partial V}{\partial t}\right\}-\nabla^2\boldsymbol{A}=\nabla\left\{\mu\cdot\sigma\cdot V+\mu\cdot\varepsilon\frac{\partial V}{\partial t}\right\}+\mu\cdot\boldsymbol{J}_0-\mu\cdot\sigma\cdot\frac{\partial\boldsymbol{A}}{\partial t}-\mu\cdot\varepsilon\cdot\frac{\partial^2 A}{\partial t^2}\tag{15-50a}$$

最后得到

$$\nabla^2\boldsymbol{A}=-\mu\cdot\boldsymbol{J}_0+\mu\cdot\sigma\cdot\frac{\partial\boldsymbol{A}}{\partial t}+\mu\cdot\varepsilon\cdot\frac{\partial^2\boldsymbol{A}}{\partial t^2}\tag{15-50b}$$

在没有源电流的区域，矢量磁势满足有阻尼的波动方程。

15.8.3　标量电势的泊松方程

方程（9－1）给出了时不变标量电势所满足的泊松方程 $\nabla^2 V=-\rho/\varepsilon$ 。时变标量电势的修正形式可通过以下步骤获得：

1）从方程（6－19a）给出的第一个麦克斯韦方程出发

$$\boxed{\nabla\cdot\boldsymbol{D}=\varepsilon(\nabla\cdot\boldsymbol{E})=\rho}\xrightarrow{yields}\boxed{\nabla\cdot\boldsymbol{E}=\frac{\rho}{\varepsilon}}\tag{15-51a}$$

2）将方程（15－47）的 $\boldsymbol{E}=-\nabla V-\dfrac{\partial\boldsymbol{A}}{\partial t}$ 代入，得到

$$\nabla\cdot\left(\nabla V+\frac{\partial\boldsymbol{A}}{\partial t}\right)=\nabla\cdot(\nabla V)+\nabla\cdot\left(\frac{\partial\boldsymbol{A}}{\partial t}\right)=\nabla^2 V+\frac{\partial(\nabla\cdot\boldsymbol{A})}{\partial t}=-\frac{\rho}{\varepsilon}\tag{15-51b}$$

3）应用方程（15－49c）修正的洛伦兹规范条件得到

$$\nabla^2 V+\frac{\partial}{\partial t}\left(-\mu\cdot\sigma\cdot V-\mu\cdot\varepsilon\cdot\frac{\partial V}{\partial t}\right)=\nabla^2 V-\mu\cdot\sigma\cdot\frac{\partial V}{\partial t}-\mu\cdot\varepsilon\cdot\frac{\partial^2 V}{\partial t^2}=-\frac{\rho}{\varepsilon} \tag{15-52}$$

4）根据方程（15－52），得到修正的泊松方程

$$\boxed{\nabla^2 V=-\frac{\rho}{\varepsilon}+\mu\cdot\sigma\cdot\frac{\partial V}{\partial t}+\mu\cdot\varepsilon\cdot\left(\frac{\partial^2 V}{\partial t^2}\right)} \tag{15-53}$$

对于无电荷区域，标量电势满足阻尼波动方程。需要注意，如果场是时变的，在导电区内可以有自由电荷分布 ρ，而对于时不变场，导电区域内 ρ 为零。

15.9 坡印亭定理

坡印亭对电磁场理论具有非常重要的贡献，他的贡献可能仅次于麦克斯韦。麦克斯韦方程组的解描述了电磁场的性质与电磁场的时空分布。坡印亭定理[1-2]描述了通过闭合曲面的电磁功率流并确定了它的分量。坡印亭将矢量恒等式巧妙地用于麦克斯韦方程组的推演，得出了一些至关重要的结论。

坡印亭矢量 $\boldsymbol{\mathcal{P}}$ 定义为

$$\boldsymbol{\mathcal{P}}\overset{\text{def}}{=\!=}\boldsymbol{E}\times\boldsymbol{H} \tag{15-54}$$

考虑恒等式

$$\nabla\cdot\boldsymbol{\mathcal{P}}\overset{\text{def}}{=\!=}\nabla\cdot(\boldsymbol{E}\times\boldsymbol{H})\equiv\boldsymbol{H}\cdot(\nabla\times\boldsymbol{E})-\boldsymbol{E}\cdot(\nabla\times\boldsymbol{H}) \tag{15-55}$$

应用麦克斯韦方程组的两个旋度方程：方程（15－6b）和（15－25），可以得到

$$\nabla\cdot\boldsymbol{\mathcal{P}}=-\boldsymbol{H}\cdot\left(\frac{\partial\boldsymbol{B}}{\partial t}\right)-E\cdot\left(\boldsymbol{J}+\frac{\partial\boldsymbol{D}}{\partial t}\right) \tag{15-56}$$

因此，对于时不变的磁导率 μ 、电容率 ε 和电导率 σ 的线性区域，从本构方程可以得到

$$\nabla\cdot\boldsymbol{\mathcal{P}}=-\boldsymbol{H}\cdot\left(\mu\frac{\partial\boldsymbol{H}}{\partial t}\right)-\boldsymbol{E}\cdot\left(\overline{\sigma\boldsymbol{E}+\boldsymbol{J}_0}+\varepsilon\frac{\partial\boldsymbol{E}}{\partial t}\right) \tag{15-57}$$

式中，$\boldsymbol{J}_0$ 为可能出现在区域中任意“受控源”的电流密度。这个电流也简单地称为源电流，是对电磁场有贡献的电流。因此

$$\begin{aligned}\nabla\cdot\boldsymbol{\mathcal{P}}&=-\mu\left(\boldsymbol{H}\cdot\frac{\partial H}{\partial t}\right)-\sigma E^2-\boldsymbol{E}\cdot\boldsymbol{J}_0-\varepsilon\left(\boldsymbol{E}\cdot\frac{\partial\boldsymbol{E}}{\partial t}\right)\\&=-\mu\left(\frac{1}{2}\frac{\partial^2 H}{\partial t}\right)-\varepsilon\left(\frac{1}{2}\cdot\frac{\partial^2 E}{\partial t}\right)-\sigma E^2-\boldsymbol{E}\cdot\boldsymbol{J}_0\\&=-\frac{\partial}{\partial t}\left(\frac{1}{2}\boldsymbol{H}\cdot\boldsymbol{B}\right)-\frac{\partial}{\partial t}\left(\frac{1}{2}\boldsymbol{E}\cdot\boldsymbol{D}\right)-\sigma E^2-\boldsymbol{E}\cdot\boldsymbol{J}_0\end{aligned}$$

或

$$\nabla\cdot\boldsymbol{\mathcal{P}}=-\frac{\partial}{\partial t}\left(\frac{1}{2}\boldsymbol{H}\cdot\boldsymbol{B}+\frac{1}{2}\boldsymbol{E}\cdot\boldsymbol{D}\right)-\sigma E^2-\boldsymbol{E}\cdot\boldsymbol{J}_0 \tag{15-58}$$

方程（15－58）两边在以曲面 S 为边界的任意体积 v 上积分，然后对得到的方程左边

应用散度定理，可以得到

$$\oint_S \boldsymbol{\mathcal{P}} \cdot \mathrm{d}s = -\iiint_v \frac{\partial}{\partial t}\left(\frac{1}{2}\boldsymbol{H} \cdot \boldsymbol{B} + \frac{1}{2}\boldsymbol{E} \cdot \boldsymbol{D}\right) \cdot \mathrm{d}v - \iiint_v (\sigma E^2 - \boldsymbol{E} \cdot \boldsymbol{J}_0) \cdot \mathrm{d}v \tag{15-59a}$$

或

$$\oint_S \boldsymbol{\mathcal{P}} \cdot \mathrm{d}s = \left[-\iiint_v \frac{\partial}{\partial t}\left(\frac{1}{2}\boldsymbol{H} \cdot \boldsymbol{B} + \frac{1}{2}\boldsymbol{E} \cdot \boldsymbol{D}\right) \cdot \mathrm{d}v - \iiint_v (\boldsymbol{E} \cdot \boldsymbol{J}_0) \cdot \mathrm{d}v\right] - \iiint_v \sigma E^2 \cdot \mathrm{d}v \tag{15-59b}$$

考察方程（15－59b），它的右边是两项的差值。第一个括号内的时间导数项是场量体积分的衰减率。该场量具有单位体积能量的量纲，即能量密度 $\mathcal{E}$。因此

$$\mathcal{E} \stackrel{\text{def}}{=\!=} \frac{1}{2}\boldsymbol{H} \cdot \boldsymbol{B} + \frac{1}{2}\boldsymbol{E} \cdot \boldsymbol{D} \tag{15-60}$$

可以认为，$\mathcal{E}$ 的这个表达式给出了电磁场中单位体积内存储的能量。方程（15－60）的右边有两项。对于时变电磁场，电场和磁场是相互依赖的。因此，这两项共同给出了存储在电磁场中的能量密度。对于时变场，这两项没有单独的恒等式。这个体积分给出了电磁场在整个体积内存储的总能量。因此，方括号内的时间导数给出了存储能量的衰减率。储存能量的减少会释放能量。在没有任何导电区域的情况下，如果体积内不含任何受控源电流密度 $\boldsymbol{J}_0$（对电磁场有贡献），则方程（15－59a）的右边第二项应该为零。在这种情况下，释放的全部能量都通过封闭体积的曲面流出。因此，坡印亭矢量在闭合曲面上的积分给出了由该闭合曲面所包围体积释放并通过该闭合曲面流出的电磁场总功率。然而，如果在这个闭合曲面内部有导电区域以及源电流密度分布 $\boldsymbol{J}_0$，根据焦耳定律，释放的能量的一部分在导电区域以欧姆损耗的形式耗散，而另一部分能量在体积内转换为受控源电流密度分布 $\boldsymbol{J}_0$ 的电流源。从体积内电磁场储存能量中释放的其余能量，将通过该体积的闭合曲面流出。

因此，坡印亭定理可以表述为：

坡印亭矢量在含有导电区域和电流源的闭合曲面上积分，给出了通过闭合曲面流出的功率，这部分功率是从分布于曲面内的电磁场所储存能量中释放出的总功率，减去欧姆损耗所耗散的功率和转换到电流源的功率。

因为矢量 $\boldsymbol{J}_0$ 是任意的，所以 $\boldsymbol{E} \cdot \boldsymbol{J}_0$ 可以是正值、零或负值。如果是正值，电场 $\boldsymbol{E}$ 通过将功率（即 $\boldsymbol{E} \cdot \boldsymbol{J}_0$ 的体积分）传递到驱动该电流的源中而支持源电流的流动。另一方面，如果 $\boldsymbol{E} \cdot \boldsymbol{J}_0$ 是负值，电场 $\boldsymbol{E}$ 抵抗源电流流动，因此电流源必须提供额外的功率，额外功率与 $\boldsymbol{E} \cdot \boldsymbol{J}_0$ 的体积分相当。如果两个向量 $\boldsymbol{E}$ 和 $\boldsymbol{J}_0$ 相互垂直，则不发生功率转移。

需要注意，体积内可能存在的任意静态分布自由电荷密度 ρ 对电场的时不变分量都有贡献，但是，这种贡献并没有明显出现在我们的讨论中。存储在时不变电场（和磁场）中的能量，通常不参与功率传递。但是，在任何时不变电场和任何时不变电流源之间都可能存在功率转移。这是因为电流由移动的电荷构成，时不变电场可以加速或延缓电荷的运动。另一方面，受控源电流密度 $\boldsymbol{J}_0$ 不仅是电磁场的源，而且在推导过程中也明显地出现。

最初的坡印亭定理认为对无源区域是有效的。

推论 1

坡印亭矢量的负值在含有导电区域和源电流的闭合曲面上积分，给出了穿过该闭合曲面流入曲面所包围体积内的功率，该功率增加了该曲面内分布的电磁场所存储的能量、欧姆损耗所耗散的功率和传输到电流源的功率。

这个坡印亭定理的推论很容易实现，只要方程（15-59a）两边乘以 -1，可以得到方程

$$-\oint_S \boldsymbol{\mathcal{P}} \cdot \mathrm{d}s = \left[\frac{\partial}{\partial t}\iiint_v \left(\frac{1}{2}\boldsymbol{H} \cdot \boldsymbol{B} + \frac{1}{2}\boldsymbol{E} \cdot \boldsymbol{D}\right)\mathrm{d}v\right] + \left[\iiint_v \sigma E^2 \mathrm{d}v + \iiint_v \boldsymbol{E} \cdot \boldsymbol{J}_0 \mathrm{d}v\right] \tag{15-61}$$

方程（15-61）的左边给出了通过闭合曲面流入体积的总功率，右边的第一项给出了以闭合曲面为边界的体积内存储在电磁场中的能量增长率，第二项给出了欧姆损耗加上传递到电流源的功率。这是流入体积中能量的三个组成部分。对于无源的非导电体积，流入全部功率导致体积内电磁场中存储的能量增加。仍然没有回答的问题是：为什么会有能量流入到无源非导电体积中？

推论 2

在具有时不变电磁场的无源区中，坡印亭矢量在任意闭合曲面上的积分为零。

考虑方程（15-61），对于时不变电磁场的无源区（即 $\boldsymbol{J}_0$），方程简化成如下形式

$$-\oint_S \boldsymbol{\mathcal{P}} \cdot \mathrm{d}s = \iiint_v \sigma E^2 \mathrm{d}v \tag{15-62a}$$

将封闭曲面 S 内的体积 v 分为两部分，分别标记为 v_1 和 v_2，其中 v_1 是 v 中非导电区的总体积，v_2 是 v 中导电区的总体积，因此

$$-\oint_S \boldsymbol{\mathcal{P}} \cdot \mathrm{d}s = \iiint_{v_1} \sigma E^2 \cdot \mathrm{d}v + \iiint_{v_2} \sigma E^2 \cdot \mathrm{d}v \tag{15-62b}$$

方程右边第一项为零，因为绝缘区的电导率 σ 为零。由于导电区的时不变电场 E 为零，因此方程右边第二项也为零。这就证明了推论。

坡印亭定理被广泛应用于处理天线、波导、微波炉和其他辐射系统问题。坡印亭定理可以推广到旋转电机中的**机电功率**转换问题[3,4]，可以认为机械功率是电机在静止和运动之间所交换总功率的一部分。

15.9.1 另一个坡印亭定理

坡印亭定理的两个核心特征是：1）通过闭合曲面的能量流动；2）分布在闭合曲面内的时变电磁场中所存储的能量。电磁场中储存能量的密度表达式［方程（15-60）］排除了储存负能量的可能性。因此，坡印亭定理不能作为电磁场中能量储存的证明。本节中给出了另一个坡印亭定理，描述了功率通过一个闭合曲面的流动，而不涉及电磁场中任何能量存储存在性问题。该定理的表述如下：

贝德福德（Bedford）矢量 $\mathfrak{B}$ 沿含有导电区域和受控源电流的封闭曲面上的积分，给

出了封闭曲面流出的功率，该功率是电流源传递的总功率，是导致闭合曲面内受控源电流密度分布的电流源功率减去导电区内欧姆损耗而耗散的功率。

贝德福德矢量 $\mathfrak{B}$ 由下面的散度和旋度唯一确定[5]

$$\nabla \cdot \mathfrak{B} \overset{\text{def}}{=\!=} \frac{\partial}{\partial t}\left(\frac{1}{2}\boldsymbol{H}\cdot\boldsymbol{B}+\frac{1}{2}\boldsymbol{E}\cdot\boldsymbol{D}\right) \tag{15-63a}$$

和

$$\nabla \times \mathfrak{B} \overset{\text{def}}{=\!=} \frac{1}{c}\cdot\frac{\partial}{\partial t}(\boldsymbol{E}\times\boldsymbol{H}) \tag{15-63b}$$

为证明这个定理，根据方程（15－59a），我们注意到

$$\oint\!\!\!\oint_S (\mathfrak{B}+\boldsymbol{\mathcal{P}})\cdot \mathrm{d}\boldsymbol{s} = \left[\iiint_v (\nabla\cdot\mathfrak{B}) - \frac{\partial}{\partial t}\left(\frac{1}{2}\boldsymbol{H}\cdot\boldsymbol{B}+\frac{1}{2}\boldsymbol{E}\cdot\boldsymbol{D}\right)\cdot \mathrm{d}v\right] - \left(\iiint_v \sigma E^2\cdot \mathrm{d}v + \iiint_v \boldsymbol{E}\cdot\boldsymbol{J}_0\cdot \mathrm{d}v\right) \tag{15-64}$$

根据方程（15－63b）可得

$$\boldsymbol{\mathcal{P}} \overset{\text{def}}{=\!=} \boldsymbol{E}\times\boldsymbol{H} = c\int(\nabla\times\mathfrak{B})\,\mathrm{d}t$$

或

$$\boldsymbol{\mathcal{P}} = \nabla\times\left(c\int\mathfrak{B}\,\mathrm{d}t\right) \tag{15-65a}$$

其中传播速度 c 为

$$c = 1/\sqrt{\mu\varepsilon} \tag{15-65b}$$

因此，方程（15－64）可以重写为

$$\iint_S \mathfrak{B}\cdot \mathrm{d}\boldsymbol{s} + \oint\!\!\!\oint \left[\nabla\times\left(c\int\mathfrak{B}\,\mathrm{d}t\right)\right]\cdot \mathrm{d}\boldsymbol{s} = \left[\iiint_v (\nabla\cdot\mathfrak{B}) - \frac{\partial}{\partial t}\left(\frac{1}{2}\boldsymbol{H}\cdot\boldsymbol{B}+\frac{1}{2}\boldsymbol{E}\cdot\boldsymbol{D}\right)\cdot \mathrm{d}v\right]$$
$$-\left(\iiint_v \sigma E^2\cdot \mathrm{d}v + \iiint_v \boldsymbol{E}\cdot\boldsymbol{J}_0 \mathrm{d}v\right) \tag{15-66}$$

由于任意矢量的旋度沿闭合曲面的积分恒等于零，方程左边第二项消失；而根据方程（15－63a），方程右边第一项消失。因此，方程（15－66）可以简化为

$$\boxed{\iint_S \mathfrak{B}\cdot \mathrm{d}\boldsymbol{s} = -\iiint_v \sigma E^2\cdot \mathrm{d}v - \iiint_v \boldsymbol{E}\cdot\boldsymbol{J}_0\cdot \mathrm{d}v} \tag{15-67}$$

因此，由 S 界定的体积 v 内无源的非导电有限区域内，有

$$\iint_S \mathfrak{B}\cdot \mathrm{d}\boldsymbol{s} = 0 \tag{15-67a}$$

该定理表明，不需要引用电磁场中储存能量的概念，就可以解释在一个闭合曲面上的能量转移。显然，在有限的非导电无源区表面上没有功率流出。电磁场中的能量储存不是电磁学理论中必要的概念。

推论 1

贝德福德矢量 $\mathfrak{B}$ 负值在含有导电区域和受控源电流的闭合曲面上的积分，给出了通过闭合曲面流入体积内的能量，该能量是欧姆损耗中耗散的功率和转换为电流源功率的代数和。

推论 2

在具有时不变电磁场的体积 v 内的有限区域中，贝德福德矢量在该区域界定曲面上的积分为零。

对于时不变场，由方程（15－64a）和（15－64b）定义的贝德福德矢量 $\mathfrak{B}$ 为零。因此，它在有限区域界定的闭合曲面上积分为零。

15.9.2 两个坡印亭定理的比较

1）由方程（15－65）可知，对于没有导电区也没有源电流分布的有限体积，贝德福德矢量在整个表面上的积分为零。另一方面，方程（15－59a）给出的坡印亭矢量在该曲面上的积分为

$$\oiint_S \boldsymbol{\mathcal{P}} \cdot \mathrm{d}s = -\left[\frac{\partial}{\partial t}\iiint_v \left(\frac{1}{2}\boldsymbol{H} \cdot \boldsymbol{B} + \frac{1}{2}\boldsymbol{E} \cdot \boldsymbol{D}\right)\mathrm{d}v\right] \tag{15-68}$$

如果体积中存储的能量随时间变化，方程左边通常是非零量。

2）根据散度定理有

$$-\oiint_S \mathfrak{B} \cdot \mathrm{d}s = -\iiint_v (\nabla \cdot \mathfrak{B}) \cdot \mathrm{d}v \tag{15-69a}$$

应用方程（15－59a）可以得到

$$-\oiint_S \mathfrak{B} \cdot \mathrm{d}s = -\iiint_v \frac{\partial}{\partial t}\left(\frac{1}{2}\boldsymbol{H} \cdot \boldsymbol{B} + \frac{1}{2}\boldsymbol{E} \cdot \boldsymbol{D}\right) \cdot \mathrm{d}v \tag{15-69b}$$

比较方程（15－67）和方程（15－69b），对于任意体积，有

$$-\frac{\partial}{\partial t}\left(\frac{1}{2}\boldsymbol{H} \cdot \boldsymbol{B} + \frac{1}{2}\boldsymbol{E} \cdot \boldsymbol{D}\right) = \sigma E^2 + \boldsymbol{E} \cdot \boldsymbol{J}_0 \tag{15-70a}$$

或

$$\sigma E^2 + \left[\boldsymbol{E} \cdot \boldsymbol{J}_0 + \frac{\partial}{\partial t}\left(\frac{1}{2}\boldsymbol{H} \cdot \boldsymbol{B} + \frac{1}{2}\boldsymbol{E} \cdot \boldsymbol{D}\right)\right] = 0 \tag{15-70b}$$

因为方程左边第一项不能是负值，所以，方括号内的两项之和不能是正值。对于没有任何受控源电流分布的有限非导电区

$$\frac{\partial}{\partial t}\left(\frac{1}{2}\boldsymbol{H} \cdot \boldsymbol{B} + \frac{1}{2}\boldsymbol{E} \cdot \boldsymbol{D}\right) = 0 \tag{15-70c}$$

这个方程表明，对于有限大非导电无源区域，通常认为括号内的两项是电磁场中的能量密度，尽管其中每一项都是时变的，两项之和**必须**是一个时不变的量。

这是一个重要的结论。例如，在时谐场情况下，如果 $\boldsymbol{H} \cdot \boldsymbol{B} = F\cos^2(\omega t)$，则必须有 $\boldsymbol{E} \cdot \boldsymbol{D} = F\sin^2(\omega t)$，其中 F 为空间坐标的任意标量函数。这意味着磁场与对应的电场之间的时相差为 90°，存在如下关系

$$F \overset{\text{def}}{=\!=} \mu\ |\boldsymbol{H}|^2 = \varepsilon\ |\boldsymbol{E}|^2 \tag{15-71a}$$

即

$$\xi \overset{\text{def}}{=\!=} \sqrt{\frac{\mu}{\varepsilon}} = \frac{|\boldsymbol{E}|}{|\boldsymbol{H}|} \overset{\text{def}}{=\!=} \frac{E}{H} \tag{15-71b}$$

式中，ξ 为介质的特征阻抗。

对于有限大的无源非导电区域，从坡印亭定理得到恒等式

$$\nabla \cdot \boldsymbol{\mathcal{P}} \stackrel{\text{def}}{=\!=} \nabla \cdot (\boldsymbol{E} \times \boldsymbol{H}) \equiv \frac{\partial}{\partial t}\left(\frac{1}{2}\boldsymbol{H} \cdot \boldsymbol{B} + \frac{1}{2}\boldsymbol{E} \cdot \boldsymbol{D}\right) \tag{15-72}$$

这是一个基于麦克斯韦方程组的恒等式，方程右边括号内的两项（通常认为是电磁场中的能量密度）相加不一定是时不变的量。如果两项之和是时不变的，就没有能量流过这个区域的表面。

15.10　基于相对论效应的场关系式修正

在 15.8 节中，将方程（7－6）（9－1a）和（9－97）分别修改为方程（15－47）（15－53)和（15－50b)，使其与时变场一致。到目前为止，只要介质相对于观察者来说是静止的，得到的所有时不变和时变关系都是正确的。如果介质变成非静态的，所有这些关系都需要根据相对论效应进一步加以修正。本节将探讨这些修正问题。

相对论效应的概念与基于经验发现的相对论密切相关，经验发现有助于理解自然过程的一般特征。相对论一般分为狭义相对论和广义相对论两大类。狭义相对论适用于除重力以外的所有物理现象。广义相对论给出了万有引力定律以及万有引力与其他自然力的关系。在以下几节中，我们的研究只局限于狭义相对论。

15.10.1　狭义相对论

狭义相对论是一种时空结构理论[6-8]。爱因斯坦在 1905 年的论文《论运动物体的电动力学》中介绍了狭义相对论。该理论基于两个假设[9]：

1）物理定律对所有处于相对非加速运动中的观察者都是相同的。因此，从一个参照系变换到另一个线性、匀速相对运动的参照系时，物理定律的正确表述是不变的。

2）无论是观察者之间相对运动还是光源运动，对于所有的观察者来说，真空中的光速都是相同的。因此，在自由空间中的电磁扰动传播速度是一个宇宙常数 c，与参照系无关。

与经典力学相比，基于上述假设的理论更符合实验结果。这个理论产生了许多有趣的结果，具体如下。

- **同时的相对性**：有两个事件，如果观察者是相对运动的，则对于一个观察者是同时发生的，对于另一个观察者可能不是同时发生的。
- **时间膨胀**：相比观察者的“静止”时钟，移动的时钟运行较慢。
- **相对质量**：运动物体的质量大于静止物体的质量。
- **长度收缩**：相对于观察者，移动的物体在移动方向上长度缩短。
- **质能等效**：$E = mc^2$，能量和质量是等效的，可以相互转换。
- **最大速度是有限的**：在真空中，任何物理实体、信息或场线的传播速度都不能超过光速。

狭义相对论的特征是用洛伦兹变换代替了经典力学的伽利略变换。

15.10.1.1 麦克斯韦的观点

经典电磁学的基础认为光是一种以特征速度运动的波。现代观点认为光不需要传播介质，而麦克斯韦和他的同代人认为光波在介质中传播[10]，如同声音在空气中传播一样，是波纹在物体表面传播。这种假设的介质称为光以太，或简称**以太**，地球运动就是通过以太实现的。

为了探测“以太风”的二阶效应，即以太相对于地球的运动，设计了迈克逊-莫利（Michelson - Morley）实验。迈克逊设计了一种称为迈克逊干涉仪的仪器来完成这项工作。这台仪器的精确度足以探测到预期的效果，但他在1881年进行的第一次实验[11]和1887年的第二次实验[12]都没有得到结果。尽管探测以太风失败令人失望，但实验结果却被科学界所接受[13]。为了挽救以太范式，菲茨杰拉德（Fitzgerald）和洛仑兹（Lorentz）各自独立提出，物体的长度随着它们在以太中的运动而变化，即[13]

$$l = l_0\sqrt{1-\beta^2} \tag{15-73}$$

式中

$$\beta = u/c \tag{15-73a}$$

符号 u 表示物体在其长度 l 方向上的速度。真空中的光速用 c 表示，而 l_0 是物体静止时的长度。

这是最早的菲茨杰拉德-洛仑兹收缩，而这种假设并没有理论基础。爱因斯坦的狭义相对论为菲茨杰拉德-洛仑兹收缩提供了理论基础。

迈克逊-莫利实验指出，光速是各向同性的（在所有方向上都相同），但没有说在不同的惯性系中速度的大小是如何变化的（如果有的话）。为回答这个问题，设计了肯尼迪-桑代克（Kennedy - Thorndike）实验，并于1932年由罗伊·肯尼迪和爱德华·桑代克首次完成了实验[14]。他们也没有得到结果，因此得出结论：在所有惯性（无加速度）参照系中，光的往返时间都是相同的。

1938年，赫伯特·艾夫斯和史迪威首次完成了艾夫斯-史迪威（Ives - Stilweii）实验[15]，在1941年获得了更高的精度[16]。该实验旨在测试横向“多普勒效应”，即从垂直于爱因斯坦1905年预测速度方向移动的光源所发出光的红移。该项研究的思路是将观测到的多普勒频移与经典理论预测的频移相比较，寻求对洛仑兹因子的修正。实验观测到了这种修正，并由此得出根据狭义相对论来改变运动原子钟频率[15,16]的结论。移动时钟的时间膨胀（变慢）由以下公式表示

$$t = \frac{t_0}{\sqrt{1-\beta^2}} \tag{15-74}$$

式中，t_0 为静止时钟测量的事件持续时间，t 为运动时钟测量的同一事件持续时间。

核能和核弹的工作原理都是基于爱因斯坦的方程，即静止质量 m_0 可以按照以下关系转化为能量 E_0

$$E_0 = m_0 \cdot c^2 \tag{15-75}$$

式中，c 为真空中的光速。

对于质量为 m 、以直线匀速 u 运动的物体，总能量 E 由下式给出

$$E = mc^2 \tag{15-75a}$$

总能量 E 必须包含动能，有

$$m_0 c^2 = mc^2 - \frac{1}{2}mu^2 \cong mc^2\sqrt{1-(u/c)^2} \tag{15-75b}$$

因此

$$m = \frac{m_0}{\sqrt{1-(u/c)^2}} \tag{15-76}$$

根据狭义相对论理论，运动物体的质量 m 取决于它的静止质量 m_0 和恒定的线速度 u 。物体质量随速度的增加而增加，当速度接近光速时达到无穷大。因此得出结论：非零质量的静止物体不可能以光速运动。**光子**的静止质量为零，所以它总是以光速运动。运动的光子可以认为是具有非零电磁动量的电磁波。方程（15－76）表明，只要运动粒子的速度**始终**大于光速，就可能存在静止质量为虚数的运动粒子。到目前为止，还没有发现这种粒子。

上述的经典实验已经重复了许多次，精度也越来越高。例如，在高速度下相对论能量和动量的增加以及运动粒子时间膨胀的实验。

目前可以说，对时间测量的相对论效应分析，远非简单的理论科学兴趣或实验验证的需要，而是全球定位系统（如 GPS、GLONASS 和伽利略）运行中的一个重要的实际工程问题以及高精度授时问题[7,17]。如果不考虑相对论效应，从电子显微镜到粒子加速器等各种仪器都将无法工作。

15.10.2　洛仑兹变换

假设在 $t=0$ 时刻，光源位于参照系 $R(x, y, z, t)$ 的原点 O 。参照系中 (x, y, z) 点的观察者将在 t 时刻收到光信号，即

$$t = \frac{\sqrt{x^2+y^2+z^2}}{c} \tag{15-77}$$

因此

$$x^2+y^2+z^2-c^2t^2=0 \tag{15-77a}$$

同一个观测者相对于第二个参照系 $R'(x', y', z', t')$ 来测量位置和时间，而第二个参照系沿 z 轴（或 z' 轴）相对 O 以匀速度 u 运动。假设原点 O 与 O' 在 $t=0$（或 $t'=0$）时刻重合。由于光速与两个参照系之间的相对速度 u 无关，有

$$(x')^2+(y')^2+(z')^2-c^2(t')^2=0 \tag{15-77b}$$

根据菲茨杰拉德-洛仑兹收缩，可以得到[18]：

$$\begin{cases} x' = x & y' = y \\ z' = \dfrac{1}{\sqrt{1-\beta^2}}(z-ut) & t' = \dfrac{1}{\sqrt{1-\beta^2}}(t-uz/c^2) \end{cases} \tag{15-78}$$

这个方程称为**洛仑兹变换**。在这个变换下，麦克斯韦方程组是不变的。在相对速度小的情况下，即 $u \ll c$（或 $c \to \infty$），方程简化为

$$\begin{cases} x' = x & y' = y \\ z' = z - ut & t' = t \end{cases} \tag{15-79}$$

这个方程等同于**伽利略变换**。在伽利略变换下麦克斯韦方程组是不变的。

15.10.3 运动介质的麦克斯韦方程

在对于观测者静止的介质中，麦克斯韦方程组为

$$\begin{cases} \nabla \times \boldsymbol{E} + \dfrac{\partial \boldsymbol{B}}{\partial t} = 0 & \nabla \cdot \boldsymbol{B} = 0 \\ \nabla \times \boldsymbol{H} + \dfrac{\partial \boldsymbol{D}}{\partial t} = \boldsymbol{J} & \nabla \cdot \boldsymbol{D} = \rho \end{cases} \tag{15-80a}$$

根据爱因斯坦第一假设，在相对于同一观察者以直线匀速 u 运动的介质中，麦克斯韦方程为[13]

$$\begin{cases} \nabla' \times \boldsymbol{E}' + \dfrac{\partial \boldsymbol{B}'}{\partial t'} = 0 & \nabla' \cdot \boldsymbol{B}' = 0 \\ \nabla' \times \boldsymbol{H}' + \dfrac{\partial \boldsymbol{D}'}{\partial t'} = \boldsymbol{J}' & \nabla' \cdot \boldsymbol{D}' = \rho' \end{cases} \tag{15-80b}$$

根据方程（15-78），对电流密度分量的**洛仑兹变换**如下[13]

$$\begin{cases} J'_x = J_x & J'_y = J_y \\ J'_z = \dfrac{1}{\sqrt{1-\beta^2}}(J_z - u \cdot \rho) & \rho' = \dfrac{1}{\sqrt{1-\beta^2}} \cdot (\rho - u \cdot J_z / c^2) \end{cases} \tag{15-81}$$

在相对速度小，即 $u \ll c$ 的情况下，方程简化为

$$\begin{cases} J'_x = J_x & J'_y = J_y \\ J'_z \cong J_z - u \cdot \rho & \rho' \cong \rho \end{cases} \tag{15-81a}$$

场矢量 $\boldsymbol{B}$ 和 $\boldsymbol{E}$ 分量的**洛仑兹变换**为

$$\begin{cases} B'_x = \dfrac{1}{\sqrt{1-\beta^2}}(B_x + u \cdot E_y / c^2) & E'_x = \dfrac{1}{\sqrt{1-\beta^2}}(E_x - u \cdot B_y) \\ B'_y = \dfrac{1}{\sqrt{1-\beta^2}}(B_y - u \cdot E_x / c^2) & E'_y = \dfrac{1}{\sqrt{1-\beta^2}}(E_y + u \cdot B_x) \\ B'_z = B_z & E'_z = E_z \end{cases} \tag{15-82}$$

将 $\boldsymbol{u}$ 写为矢量，可以去除沿 z 轴方向运动的限制

$$\begin{cases} \boldsymbol{B}'_\perp = \dfrac{1}{\sqrt{1-\beta^2}}(\boldsymbol{B} + \boldsymbol{u} \times \boldsymbol{E} / c^2)_\perp & \boldsymbol{E}'_\perp = \dfrac{1}{\sqrt{1-\beta^2}}(\boldsymbol{E} + \boldsymbol{u} \times \boldsymbol{B})_\perp \\ \boldsymbol{B}'_\parallel = \boldsymbol{B}_\parallel & \boldsymbol{E}'_\parallel = \boldsymbol{E}_\parallel \end{cases} \tag{15-83}$$

在相对速度小，即 $u \ll c$ 的情况下，方程简化为

$$\begin{cases} \boldsymbol{B}'_\perp \cong \boldsymbol{B}_\perp & \boldsymbol{E}'_\perp \cong (\boldsymbol{E} + \boldsymbol{u} \times \boldsymbol{B})_\perp \\ \boldsymbol{B}'_\parallel = \boldsymbol{B}_\parallel & \boldsymbol{E}'_\parallel = \boldsymbol{E}_\parallel \end{cases} \tag{15-83a}$$

对场矢量 $\boldsymbol{H}$ 和 $\boldsymbol{D}$ 分量的**洛仑兹变换**为

$$\begin{cases} H'_x = \dfrac{1}{\sqrt{1-\beta^2}}(H_x + u \cdot D_y) & D'_x = \dfrac{1}{\sqrt{1-\beta^2}}(D_x - u \cdot H_y/c^2) \\ H'_y = \dfrac{1}{\sqrt{1-\beta^2}}(H_y - u \cdot D_x) & D'_y = \dfrac{1}{\sqrt{1-\beta^2}}(D_y + u \cdot H_x/c^2) \\ H'_z = H_z & D'_z = D_z \end{cases} \tag{15-84}$$

将 $\boldsymbol{u}$ 写为矢量，可以去除沿 z 轴方向运动的限制

$$\begin{cases} \boldsymbol{H}'_{\perp} = \dfrac{1}{\sqrt{1-\beta^2}}(\boldsymbol{H} - \boldsymbol{u} \times \boldsymbol{D})_{\perp} & \boldsymbol{D}'_{\perp} = \dfrac{1}{\sqrt{1-\beta^2}}(\boldsymbol{D} + \boldsymbol{u} \times \boldsymbol{H}/c^2)_{\perp} \\ \boldsymbol{H}'_{\parallel} = \boldsymbol{H}_{\parallel} & \boldsymbol{D}'_{\parallel} = \boldsymbol{D}_{\parallel} \end{cases} \tag{15-85}$$

在相对速度小，即 $u \ll c$ 的情况下，方程简化为

$$\begin{cases} \boldsymbol{H}'_{\perp} \cong (\boldsymbol{H} - \boldsymbol{u} \times \boldsymbol{D})_{\perp} & \boldsymbol{D}'_{\perp} \cong \boldsymbol{D}_{\perp} \\ \boldsymbol{H}'_{\parallel} = \boldsymbol{H}_{\parallel} & \boldsymbol{D}'_{\parallel} = \boldsymbol{D}_{\parallel} \end{cases} \tag{15-85a}$$

符号 $\boldsymbol{A}_{\parallel}$ 和 $\boldsymbol{A}_{\perp}$ 分别表示平行和垂直速度矢量 $\boldsymbol{u}$ 的方向。算子 ∇' 是相对带撇的空间坐标的微分。

15.10.4　稳态传导电流作用于静止电荷的力

本节讨论导体中直流电流产生的电场的相对论效应。

原子由原子核中带正电的质子和绕原子核旋转的带等量负电的电子组成。原子的净电荷为零，是电中性的。固体导电材料中的原子是静止的，并且有一些束缚较松的电子。这些电子经常离开原子，以零平均速度在原子间的空间内随机运动。因此，在固体导体中，我们经常发现带正电的静止原子和随机运动的带负电的自由电子云。然而，导体整体是电性的。如果在长导线上施加稳定的电场，电子云会以非零平均速度向高电势方向漂移。这就构成了导体中的电流。按照惯例，电流的流动方向与电子云的移动方向相反。由于自由电子对于固体导体中的电流流动起主要作用，因此，这些自由电子也被称为传导电子。

爱因斯坦的狭义相对论适用于非加速运动，它基于两个假设[1]。作为第二种假设的结果，在运动方向上移动物体的长度缩短。这种现象称为**洛仑兹收缩**。这种现象同样适用于长度 ℓ_0 的虚线，该虚线以恒定速度 u 沿长度方向移动，其长度为

$$\ell = \ell_0 \cdot \sqrt{1-(u/c)^2} \tag{15-86}$$

式中，ℓ 为移动线段的长度，符号 c 表示光在自由空间中的速度。

考虑一根细长的不带电导线，假设导线中两个相邻的正电荷原子之间的平均距离为 l_+ 。对于一个漂移速度为零的不带电导体，两个相邻的自由电子之间的平均距离也是相同的。因此，单位长度上的正电荷原子数 n_+ 等于单位长度上的自由电子数。现在，如果在导线中有直流电流 I 流动，漂移速度 u 与该电流成正比

$$u \propto I \overset{\text{def}}{=\!=} k \cdot I \tag{15-87}$$

式中，对于给定导体，k 是常数。

当自由电子以平均速度 u 运动时，相邻两个电子之间的距离 ℓ_- 简化为

$$\ell_- = \ell_+ \sqrt{1-(u/c)^2} \tag{15-88}$$

因此，单位长度自由电子数 n_- 增加到

$$n_- = n_+ / \sqrt{1-(u/c)^2} \tag{15-89}$$

因此，承载电流导体的线电荷密度为

$$\rho_L = e \cdot n_+ - e \cdot n_- \tag{15-90}$$

式中，e 代表一个质子的电荷，而电子的电荷为这个值取负号。

应用方程（15－89）和（15－90），因为 $u \ll c$，可以得到

$$\rho_L = e \cdot n_+ \cdot \left[1 - \frac{1}{\sqrt{1-(u/c)^2}}\right] = e \cdot n_+ \cdot \left[\frac{\sqrt{1-(u/c)^2}-1}{\sqrt{1-(u/c)^2}}\right] \tag{15-91}$$

或

$$\rho_L \cong -e \cdot n_+ \cdot \frac{1}{2}\left(\frac{u}{c}\right)^2 \tag{15-92}$$

因此，根据方程（15－87）可得

$$\rho_L \cong -e \cdot n_+ \cdot \frac{1}{2}\left(\frac{k}{c}\right)^2 \cdot I^2 \tag{15-92a}$$

或

$$\rho_L \cong -e \cdot n_+ \cdot \frac{k^2}{2}\mu_0\varepsilon_0 \cdot I^2 \tag{15-92b}$$

在相对长导线电荷的距离为 ρ 的点，电场强度为

$$\boldsymbol{E} = E_\rho \cdot \boldsymbol{a}_\rho = \frac{\rho_L}{2\pi\rho\varepsilon_0} \cdot \boldsymbol{a}_\rho \tag{15-93}$$

式中，$\boldsymbol{a}_\rho$ 是背离该导线方向的单位矢量。

应用方程（15－92b）和（15－93），可以得到

$$\boldsymbol{E} = -K \cdot \frac{I^2}{\rho} \cdot \boldsymbol{a}_\rho \tag{15-94}$$

式中，常数 K 由下式给出

$$K \overset{\text{def}}{=\!=} e \cdot n_+ \cdot \frac{k^2}{4\pi} \cdot \mu_0 \tag{15-94a}$$

因此，离承载直流电流 I 的导线距离为 ρ 的点电荷 Q 受到的力为

$$\boldsymbol{F} = Q \cdot \boldsymbol{E} = -Q \cdot K \cdot \frac{I^2}{\rho} \cdot \boldsymbol{a}_\rho \tag{15-95}$$

值得注意的是，静电荷通常是时不变电场的源，但这个方程表明，导体中的直流电流也可认为是电场的源。漂移速度通常是一个很小的量，因此，方程（15－92）的近似是非常合理的。对于理想导体，导体单位长度内的正电荷原子数 n_+ 是一个很大的量，因此，方程（15－94a）中的常数 K 是不可忽略的。

15.10.5　第二观察者悖论

设想有两个相同的平行长直线电荷（类似于图 12－5），各自具有均匀线电荷密度 ρ_L 。假设我们在一个虚拟实验室中进行实验，让线电荷朝相同的轴向以恒定的速度 u 移动，线电荷之间的间隔距离为 a 。如果一个观察者也以相同的速度朝相同的方向运动，则两条线电荷相对于这个观察者都是静止的。应用库仑定律，根据方程（12－21），观察者得到两个线电荷之间单位长度的斥力 $\boldsymbol{\mathcal{F}}_{Le}$ 为

$$\boldsymbol{\mathcal{F}}_L = \boldsymbol{\mathcal{F}}_{Le} \overset{\text{def}}{=\!=} \frac{\rho_L^2}{2\pi\varepsilon_0 \cdot a} \tag{12-21}$$

发现这个观察者计算出力的数值，与仪表上显示的两个线电荷中一个单位长度上所测量的力相同。

现在，假设坐在实验室里的另一个观察者注意到，两个**移动的线电荷**之间除了电的斥力外，还有磁吸引力。在方程（12－20）和（12－21）中，单位长度的净斥力 $\boldsymbol{\mathcal{F}}_L$ 为

$$\boldsymbol{\mathcal{F}}_L = \boldsymbol{\mathcal{F}}_{Le} + \boldsymbol{\mathcal{F}}_{Lm} = \frac{\rho_L^2}{2\pi\varepsilon_0 \cdot a} - \frac{\mu_0 \cdot (\rho_L \cdot u)^2}{2\pi a} \tag{15-96}$$

第二个观察者也计算了单位长度的斥力 $\boldsymbol{\mathcal{F}}_L$ 数值，发现与仪表上显示的两个线电荷之一的单位长度上所测量的力不相同。这个差异是由方程右边第二项造成的。那么，哪一个是正确的呢？错误在于第二个观测者使用库仑定律来计算移动电荷所受的力。他不应该使用线电荷密度 ρ_L，而应该使用**等效静止**的线电荷密度 ρ'_L，使两个观测者求得的力相同

$$\frac{\rho_L'^2}{2\pi\varepsilon_0 \cdot a} - \frac{\mu_0 \cdot (\rho_L \cdot u)^2}{2\pi a} = \frac{\rho_L^2}{2\pi\varepsilon_0 \cdot a} \tag{15-97}$$

对 ρ'_L 求解得到

$$\rho'_L = \rho_L \cdot \sqrt{1+\mu_0\varepsilon_0 u^2} = \rho_L \cdot \sqrt{1+(u/c)^2} \overset{\text{def}}{=\!=} \rho_L \cdot \sqrt{1+\beta^2} \tag{15-98a}$$

如果 $u \ll c$，则

$$\rho'_L = \frac{\rho_L}{\sqrt{1-\beta^2}} \tag{15-98b}$$

这就给出了移动线电荷密度的**洛仑兹变换**。这种变换的形成基于这样一个事实：光在自由空间中的速度与光源的速度无关。值得注意的是，以恒定相对速度移动的两个观测者，得到的两个线电荷之间的力相同。本节所介绍的内容与爱因斯坦的狭义相对论是一致的。

15.10.6　静电场相对论效应的静磁场

本节将研究直流电流通过一对无限长的细、直、平行导线（类似图 12－4 所示）时产生的电场相对论效应。在 15.10.5 节中，我们已经看到，由于**洛仑兹收缩**，直流电流通过电中性导体就会带负电。考虑一根沿 z 轴正方向流动直流电流 I_1 的无限长直导线和另一根承载直流电流 I_2 的相同导线，第二根导线沿 z 轴方向，两根载流导线相互平行，间距

为 R 。

设两个相同导线中带正电的相邻原子之间平均距离为 ℓ_+， 对于漂移速度为零的不带电导线，两个相邻的自由电子之间的平均距离是相同的，因此，单位长度上的自由电子数等于单位长度上的正电荷原子数 n_+ 。假设有直流电流 I_2 流过第二根导线，漂移速度 u_2 与电流成正比

$$u_2 \propto I_2 \stackrel{\text{def}}{=\!=} k \cdot I_2 \tag{15-99}$$

对于给定导线，式中的 k 为常数。

第一根导线中带正电的静态原子看到第二根导线中两个相邻自由电子间的距离为

$$\ell_{-2} = \ell_+ \cdot \sqrt{1-(u_2/c)^2} = \ell_+ \cdot \sqrt{1-(k \cdot I_2/c)^2} \tag{15-100}$$

因此，**第一根导线中带正电的原子**感知的第二根导线中单位长度的负电荷数 n_{-2}^{+1} 为

$$n_{-2}^{+1} = n_+ / \sqrt{1-(k \cdot I_2/c)^2} \tag{15-101}$$

第一根导线中带正电的静止原子受到其他带正电静止原子的斥力和带负电移动电子的吸引力；第二根导线中带正电的原子也同样受这两种力。第二根导线中的带电粒子可以表示为第一根导线中带正电的原子感知的线电荷分布

$$\rho_{L2+}^{+1} = e \cdot n_+ \tag{15-102a}$$

和

$$\rho_{L2-}^{+1} = -e \cdot n_{-2}^{+1} = -e \cdot n_+ / \sqrt{1-(k \cdot I_2/c)^2} \tag{15-102b}$$

因此，第一根导线中每个正电荷感知的净电荷分布 ρ_{L2}^{+1} 为

$$\rho_{L2}^{+1} = \rho_{L2+}^{+1} + \rho_{L2-}^{+1} = e \cdot n_+ \cdot \left[1 - \frac{1}{\sqrt{1-(k \cdot I_2/c)^2}}\right] = e \cdot n_+ \cdot \left[\frac{\sqrt{1-(k \cdot I_2/c)^2} - 1}{\sqrt{1-(k \cdot I_2/c)^2}}\right] \tag{15-103a}$$

或

$$\rho_{L2}^{+1} \cong -e \cdot n_+ \cdot \frac{1}{2}\left(\frac{k \cdot I_2}{c}\right)^2 \tag{15-103b}$$

因此，**第一根导线**中每个带正电的原子所受到的力为

$$\boldsymbol{F}_+ = e \cdot \frac{\rho_{L2+}^{+1}}{2\pi R}\boldsymbol{a}_\rho = -\left[e^2 \cdot n_+ \cdot \frac{1}{2} \cdot \left(\frac{k}{c}\right)^2\right] \cdot \frac{(I_2)^2}{2\pi R}\boldsymbol{a}_\rho \tag{15-104}$$

由于第二根导线沿 z 轴放置，矢量 $\boldsymbol{a}_\rho$ 的方向从第二根导线指向第一根导线。上式中的减号表示第一根导线对第二根导线产生吸引力。

因此，**第一根导线**中**带正电**原子感知到单位长度的力 $\boldsymbol{\mathcal{F}}_{L1+}$ 为

$$\boldsymbol{\mathcal{F}}_{L1+} = n_+ \cdot \boldsymbol{F}_+ = -K \cdot \frac{(I_2)^2}{4\pi R}\boldsymbol{a}_\rho \tag{15-105}$$

式中

$$K \stackrel{\text{def}}{=\!=} \left(\frac{e}{c} \cdot k \cdot n_+\right)^2 \tag{15-105a}$$

接下来，我们考虑承载直流电流 I_1 的第一根导线中带负电的电子。假定漂移速度 u_1

与电流成正比

$$u_1 \propto I_1 \stackrel{\text{def}}{=\!=} k \cdot I_1 \tag{15-106}$$

第一根导线中带负电的电子感知的**第二根导线**中两个相邻的**带正电**原子间的平均距离为

$$\ell_{+2} = \ell_+ \cdot \sqrt{1-(u_1/c)^2} = \ell_+ \cdot \sqrt{1-(k \cdot I_1/c)^2} \tag{15-107}$$

因此，**第一根导线**中**带负电**的自由电子感知的第二根导线单位长度带正电原子数 n_{+2}^{+1} 为

$$n_{+2}^{+1} = n_+ / \sqrt{1-(k \cdot I_1/c)^2} \tag{15-108}$$

第一根导线中带负电的自由电子感知的第二根导线中两个相邻带负电的电子之间的平均距离为

$$\ell_{-2} = \ell_+ \cdot \sqrt{1-(u_\pm/c)^2} \tag{15-109}$$

式中，$u_\pm$ 是第二根导线中的电子相对于第一根导线中自由电子的漂移速度。相对速度的爱因斯坦公式[1]为

$$u_\pm = \mp \frac{u_1 \mp u_2}{1 \mp (u_2 \cdot u_1)/c^2} \tag{15-110}$$

式中，u_+ 是平行速度，u_- 是反平行速度。

因此，应用方程（15-99）和（15-106），有

$$u_\pm = \mp k \cdot \frac{I_1 \mp I_2}{1 \mp (I_2 \cdot I_1) \cdot (k/c)^2} \tag{15-111}$$

式中

$$I_{o\pm} \stackrel{\text{def}}{=\!=} \mp \frac{I_1 \mp I_2}{1 \mp (I_2 \cdot I_1) \cdot (k/c)^2} \tag{15-111a}$$

因为 $(I_2 \cdot I_1) \cdot (k/c)^2 \ll 1$，得到

$$I_{o\pm} \cong \mp (I_1 \mp I_2) \cong I_2 \mp I_1 \tag{15-111b}$$

则

$$u_\pm = k \cdot I_{o\pm} \cong k \cdot (I_2 \mp I_1) \tag{15-112}$$

因此，根据方程（15-75），得到

$$\ell_{-2} = \ell_+ \cdot \sqrt{1-[k \cdot (I_2 \mp I_1)/c]^2} \tag{15-113}$$

第一根导线中带负电的电子感知的第二根导线单位长度上带负电的电子数量 n_{-2}^{-1} 为

$$n_{-2}^{-1} = n_+ / \sqrt{1-[k \cdot (I_2 \mp I_1)/c]^2} \tag{15-114}$$

第一根导线带负电的电子受到带正电原子的吸引力和带负电电子的排斥力；**第二根导线**中的带负电电子也受到同样的两种力。第二根导线中的带电粒子可以表示为第一根导线中带负电的电子感知的线电荷分布。等效线电荷密度 ρ_{L2+}^{-1} 和 ρ_{L2-}^{-1} 分别为

$$\rho_{L2+}^{-1} = e \cdot n_{+2}^{-1} = e \cdot n_+ / \sqrt{1-(k \cdot I_1/c)^2} \tag{15-115a}$$

和

$$\rho_{L2-}^{-1} = -e \cdot n_{-2}^{-1} = -e \cdot n_+ / \sqrt{1-[k \cdot (I_2 \mp I_1)/c]^2} \tag{15-115b}$$

因此，第一根导线中带负电的电子感知的净线电荷密度 ρ_{L2}^{-1} 为

$$\rho_{L2}^{-1}=\rho_{L2+}^{-1}+\rho_{L2-}^{-1}=e\cdot n_{+}\cdot\left[\frac{1}{\sqrt{1-(k\cdot I_1/c)^2}}-\frac{1}{\sqrt{1-[k\cdot(I_2\mp I_1)/c]^2}}\right]\tag{15-116a}$$

或

$$\rho_{L2}^{-1}\cong e\cdot n_{+}\cdot\frac{1}{2}\cdot\left(\frac{k}{c}\right)^2\cdot[(I_1)^2-(I_2\mp I_1)^2]\tag{15-116b}$$

第一根导线中每个带负电的电子所受的力为

$$\boldsymbol{F}_{-}=-e\cdot\frac{\rho_{L+2}^{-1}}{2\pi R}\boldsymbol{a}_{\rho}=-\mathrm{e}^2\cdot n_{+}\cdot\frac{1}{2}\cdot\left(\frac{k}{c}\right)^2\cdot\frac{(I_1)^2-(I_2\mp I_1)^2}{2\pi R}\boldsymbol{a}_{\rho}\tag{15-117}$$

第一根导线中带负电的电子感知的单位长度的力 $\boldsymbol{\mathcal{F}}_{L1-}$ 为

$$\boldsymbol{\mathcal{F}}_{L1-}=n_{+}\cdot\boldsymbol{F}_{-}=-K\cdot\frac{(I_1)^2-(I_2\mp I_1)^2}{4\pi R}\boldsymbol{a}_{\rho}\tag{15-118}$$

式中，K 是方程（15－94a）定义的常数。

因此，由第一根导线感知的单位长度上的力 $\boldsymbol{\mathcal{F}}_{L1}$ 为

$$\boldsymbol{\mathcal{F}}_{L1}=\boldsymbol{\mathcal{F}}_{L1+}+\boldsymbol{\mathcal{F}}_{L1-}=-K\cdot\frac{(I_2)^2}{4\pi R}\boldsymbol{a}_{\rho}-K\cdot\frac{(I_1)^2-(I_2\mp I_1)^2}{4\pi R}\boldsymbol{a}_{\rho}\tag{15-119}$$

或

$$\boldsymbol{\mathcal{F}}_{L1}=-\frac{K}{4\pi R}[(I_2)^2+(I_1)^2-(I_2\mp I_1)^2]\boldsymbol{a}_{\rho}=\mp\frac{K}{2\pi R}(I_2\cdot I_1)\boldsymbol{a}_{\rho}\tag{15-120}$$

比较方程（15－120）与方程（12－14b），得到

$$K=\mu_0\tag{15-121a}$$

从方程（15－105a）可以得到

$$k\cdot n_{+}=\frac{1}{e\sqrt{\varepsilon_0}}=\frac{c}{e}\sqrt{\mu_0}\tag{15-121b}$$

因此，方程（15－120）可以重写为

$$\boldsymbol{\mathcal{F}}_{L1}=\mp\frac{\mu_0}{2\pi R}(I_2\cdot I_1)\boldsymbol{a}_{\rho}\tag{15-122a}$$

类似地

$$\boldsymbol{\mathcal{F}}_{L2}=\pm\frac{\mu_0}{2\pi R}(I_2\cdot I_1)\boldsymbol{a}_{\rho}\tag{15-122b}$$

可以得出两个结论：1）方程（15－121b）表明，$k\cdot n_{+}$ 是一个普适常数；2）根据方程（12－14b）和（15－122a）可知，静磁场可以认为是静电场的相对论效应。

15.10.7　时间无关场的相对论效应

麦克斯韦方程组表明，静电场和静磁场不是相互依存的。如前所述，随着狭义相对论的出现，这个概念发生了变化。现在看来，静电场和静磁场是相互关联的。可能在某些情

况下两者的联系很弱。在下面几个小节中，我们将用两个例子来说明，直流电流在导体中流动情况下，静电场和静磁场之间的能量密度关系。

15.10.7.1　线电流的能量密度

考虑一根沿 z 轴放置的细长直导线。当不承载电流时，导线是电中性的。沿导线的电荷密度 ρ_L^+ 定义为

$$\rho_L^+ \overset{\text{def}}{=} N \cdot e \tag{15-123}$$

式中，e 是缺失一个电子的原子的电荷，N 是单位长度导线中这种原子的数量。

当导线电流为零时，自由电子云的漂移速度为零。导线是电中性的，可以用带负号的同样线电荷密度来表示自由电子分布。现在，如果导线中有直流电流 I 流动，电子云以 $u(u=u_z)$ 的速度漂移。自由电子的修正线电荷密度为

$$\rho_L^- = -\frac{\rho_L^+}{\sqrt{1-\beta^2}} \tag{15-124}$$

式中

$$\beta \overset{\text{def}}{=} u/c \tag{15-124a}$$

符号 c 为自由空间中的光速。

因此，线电荷净密度 ρ_L 为

$$\rho_L = \rho_L^+ + \rho_L^- = -\rho_L^+ \cdot \left(\frac{1}{\sqrt{1-\beta^2}} - 1\right) \tag{15-125}$$

因为

$$I = -\rho_L^- \cdot u = \frac{\rho_L^+ \cdot u}{\sqrt{1-\beta^2}} \tag{15-126a}$$

所以，距电荷为 R 位置的电场强度为

$$E_R = \frac{\rho_L}{2\pi R \cdot \varepsilon_0} = -\frac{\rho_L^+}{2\pi R \cdot \varepsilon_0} \cdot \left(\frac{1}{\sqrt{1-\beta^2}} - 1\right) = -\frac{\sqrt{1-\beta^2}}{2\pi R \cdot \varepsilon_0} \cdot \left(\frac{1}{\sqrt{1-\beta^2}} - 1\right) \cdot \frac{I}{u} \tag{15-126b}$$

安培环路定律给出的磁场强度 H_φ 为

$$I = 2\pi R \cdot H_\varphi \tag{15-127}$$

因此

$$E_R = -\frac{\sqrt{1-\beta^2}}{2\pi R \cdot \varepsilon_0} \cdot \left(\frac{1}{\sqrt{1-\beta^2}} - 1\right) \cdot \frac{2\pi R \cdot H_\varphi}{u} = -\frac{\sqrt{1-\beta^2}}{\mu_0 \cdot \varepsilon_0}\left(\frac{1}{\sqrt{1-\beta^2}} - 1\right) \cdot \frac{B_\varphi}{u} \tag{15-128}$$

根据方程（15－78）可得

$$D_R = E_R \cdot \varepsilon_0 = -\sqrt{1-\beta^2} \cdot \left(\frac{1}{\sqrt{1-\beta^2}} - 1\right) \cdot \frac{H_\varphi}{u} \tag{15-129}$$

根据方程（15－78）和（15－79）可以得到

$$\frac{1}{2}E_R \cdot D_R = \frac{1-\beta^2}{\beta^2}\left(\frac{1}{\sqrt{1-\beta^2}}-1\right)^2 \cdot \frac{1}{2}H_\varphi \cdot B_\varphi \tag{15-130}$$

因此

$$\boxed{\frac{\mathcal{E}_{\text{elect}}}{\mathcal{E}_{\text{magt}}} = \left(\frac{1-\sqrt{1-\beta^2}}{\beta}\right)^2} = \begin{cases}0 & (\beta=0)\\ 1 & (\beta=1)\end{cases} \tag{15-131}$$

该方程表明，静电场中相对论效应产生的能量密度是导线中直流电流产生的静磁场能量密度的一部分。

15.10.7.2 表面电流的能量密度

设想在 $x-y$ 平面放置一个薄的大导电片。假设 x 和 y 方向上每个单位长度有 N 个原子，且每个原子缺失一个电子。因此，离子化的原子产生的表面电荷密度为

$$\rho_s^+ \stackrel{\text{def}}{=} N \cdot e \tag{15-132a}$$

式中，e 表示一个质子的电荷量。

当没有电流时，导电层是电中性的。因此，沿 x 和 y 方向每单位长度上的自由电子数相同。由自由电子引起的表面电荷密度 ρ_s^- 等于负的 ρ_s^+ 。当直流电在导电片上流动时，自由电子云漂移，比如在 y 方向达到一个平均速度 $u(u=u_z)$ 。由自由电子引起的修正表面电荷密度为

$$\rho_s^- = -\frac{\rho_s^+}{\sqrt{1-\beta^2}} \tag{15-132b}$$

现在，假设均匀面电流密度 K_y 为

$$K_y \stackrel{\text{def}}{=} -\rho_s^- \cdot u = -\frac{\rho_s^+}{\sqrt{1-\beta^2}} \cdot u \tag{15-133}$$

则面电荷净密度 ρ_s 为

$$\rho_s = \rho_s^+ + \rho_s^- = \rho_s^+ - \frac{\rho_s^+}{\sqrt{1-\beta^2}} = -\rho_s^+ \cdot \left(\frac{1}{\sqrt{1-\beta^2}}-1\right) \tag{15-134a}$$

或

$$\rho_s = -\frac{\sqrt{1-\beta^2}}{u} \cdot \left(\frac{1}{\sqrt{1-\beta^2}}-1\right) \cdot K_y \tag{15-134b}$$

对于 $z>0$，有

$$H_x = \frac{1}{2} \cdot K_y \tag{15-135}$$

因此

$$\rho_s = -\frac{2\sqrt{1-\beta^2}}{u} \cdot \left(\frac{1}{\sqrt{1-\beta^2}}-1\right) \cdot H_x \tag{15-136}$$

此外，对于 $z>0$，有

$$D_z = \frac{1}{2}\rho_s \tag{15-137}$$

因此

$$D_z=-\frac{\sqrt{1-\beta^2}}{u}\cdot\left(\frac{1}{\sqrt{1-\beta^2}}-1\right)\cdot H_x=-\frac{1}{u}\cdot\left(1-\sqrt{1-\beta^2}\right)\cdot H_x \quad (15-138)$$

和

$$E_z=-\frac{1}{u\cdot\varepsilon_0\cdot\mu_0}\left(1-\sqrt{1-\beta^2}\right)\cdot\mu_0\cdot H_x=-\frac{1}{u\cdot\varepsilon_0\cdot\mu_0}\left(1-\sqrt{1-\beta^2}\right)\cdot B_x \quad (15-139)$$

因此，从方程（15－87）和（15－88）可以得到

$$\frac{1}{2}E_z\cdot D_z=\frac{\left(1-\sqrt{1-\beta^2}\right)^2}{\beta^2}\cdot\frac{1}{2}H_x\cdot B_x \quad (15-140a)$$

或

$$\boxed{\frac{\mathcal{E}_{\text{elect}}}{\mathcal{E}_{\text{magt}}}=\left(\frac{1-\sqrt{1-\beta^2}}{\beta}\right)^2}=\begin{cases}0 & (\beta=0)\\ 1 & (\beta=1)\end{cases} \quad (15-140b)$$

因此，相对论效应在静电场中产生的能量密度是在导体表面均匀直流面电流产生的静磁场能量密度的一部分。

图 15－6 给出了两种能量密度比相对于单位速度 $\beta(\beta=u/c)$ 的变化。

值得注意的是，根据方程（15－131）和（15－140b），两种情况下的能量密度之间关系是相同的。这种修正形式的关系式对于粒子加速器和磁流体动力学（MHD）发电机中的高速带电粒子所引起的对流非常重要。

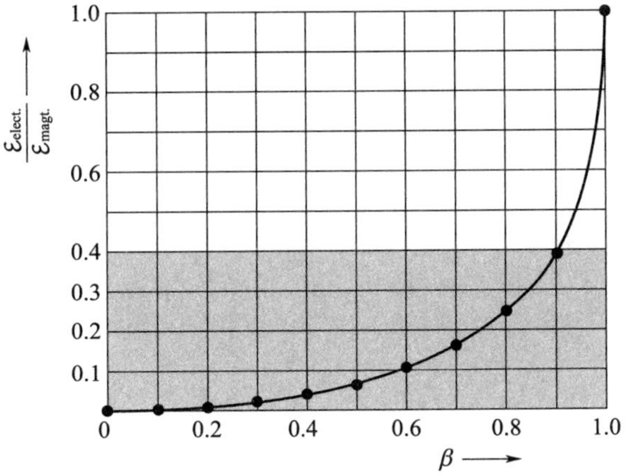

图 15－6　两种能量密度比随单位速度 β 的变化

例 15.1　图 15－7 给出了一个配置构型，其中 $d=0.15$ m，$\boldsymbol{B}=0.2\boldsymbol{a}_z$。如果 $t=0$ 时，$y=0.1$ m 和 $v=150y\boldsymbol{a}_y$，（a）求 $t=10$ ms 时的 v_y；（b）求 $t=10$ ms 时的 V_{12}；（c）如果电压表的内阻为 25 kΩ，求进入电压表 2 端的电流。

解：已知 $d=0.15$ m，$\boldsymbol{B}=0.2\boldsymbol{a}_z$，$v=150y\boldsymbol{a}_y$；$t=0$ 时，$y=0.1$ m。

(a) $\boldsymbol{v}=150y\boldsymbol{a}_y=v_y\boldsymbol{a}_y$，$v_y=\mathrm{d}y/\mathrm{d}t=150y$，$\mathrm{d}y/y=150\mathrm{d}t$

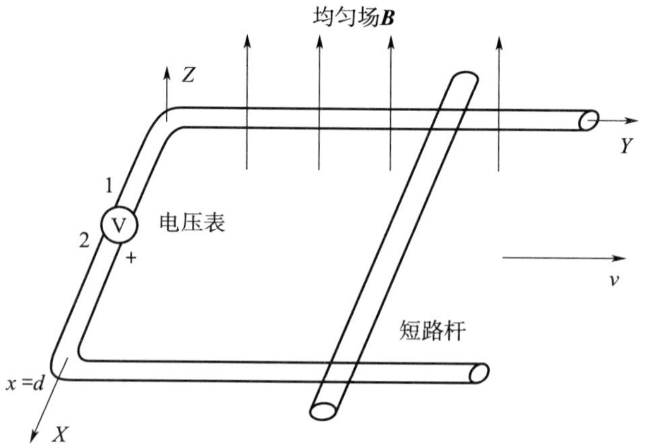

图 15-7 带有滑动杆的 U 形固定杆

$\int \frac{\mathrm{d}y}{y} = \int 150\mathrm{d}t$，$\log y + k = 150t$

令积分常数 $k = \log A$，则 $\log y + \log A = \log Ay = 150t$

$Ay = \mathrm{e}^{150t}$ $y = \frac{\mathrm{e}^{150t}}{A}$

$t = 0$ 时，$y = 0.1$ m，$0.1 = \frac{1}{A}$，或 $A = 10$ 或 $y = \frac{\mathrm{e}^{150t}}{10}$

$t = 10$ ms 时，$y = \frac{\mathrm{e}^{150t}}{10} = \frac{\mathrm{e}^{1.50}}{10} = 0.448$

$v = 150y\boldsymbol{a}_y = 150 \times 0.448\boldsymbol{a}_y = 67.2\boldsymbol{a}_y$ （单位为 m/s）

(b) 根据方程（15-9）

$$V_{12} = -B \cdot d \cdot v = -0.2 \times 0.15 \times 67.2 = -2.016 \text{ V}$$

(c) $I_2 = V_{12}/R = 2.016/(25 \times 10^3) = 80.64\ \mu\text{A}$

例 15.2 求位移电流密度 $\boldsymbol{D}$：(a) $\boldsymbol{H} = 0.5\cos[2.1(3\times10^8 t - x)]\boldsymbol{a}_z$，单位为 A/m；(b) $\boldsymbol{B} = 1.5\cos[1.275\times10^{-6}(3\times10^8 t - y)]\boldsymbol{a}_x$，单位为 Wb/m，$\mu_r = 1$；(c) $\boldsymbol{E} = 120\sin[1.275\times10^{-6}(3\times10^8 t - 2.45z)]\boldsymbol{a}_x$，单位为 kV/m，$\varepsilon_r = 6$；(d) $J = 10^6\sin[111.7(3.22t - z)]\boldsymbol{a}_x$，单位为 A/m²，$\sigma = 3\times10^7$ S/m，$\varepsilon_r = 1$，$f = 60$ Hz。

解：(a) 已知 $\boldsymbol{H} = 0.5\cos[2.1(3\times10^8 t - x)]\boldsymbol{a}_z$ A/m，$\boldsymbol{H}$ 仅有 $\boldsymbol{a}_z$ 分量，只是 x 和 t 的函数，因此，位移电流为

$$\frac{\partial \boldsymbol{D}}{\partial t} = \nabla \times \boldsymbol{H} = -\frac{\partial H_z}{\partial x}\boldsymbol{a}_y$$

$$= -\frac{\partial\{0.5\cos[2.1(3\times10^8 t - x)]\}}{\partial x}\boldsymbol{a}_y$$

$$= -1.05\sin[2.1(3\times10^8 t - x)]\boldsymbol{a}_y \quad (\text{单位为 A/m}^2)$$

(b) 已知 $\boldsymbol{B} = 1.5\cos[1.275\times10^{-6}(3\times10^8 t - y)]\boldsymbol{a}_x$（单位为 Wb/m）和 $\mu_r = 1$，$\boldsymbol{B}$ 仅有 $\boldsymbol{a}_x$ 分量，只是 y 和 t 的函数；另外，$\boldsymbol{H} = \boldsymbol{B}/\mu_0$。因此，位移电流为

$$\frac{\partial \boldsymbol{D}}{\partial t}=\nabla\times\boldsymbol{H}=-\frac{\partial H_x}{\partial y}\boldsymbol{a}_z=-\frac{\partial\{1.5\cos[1.275\times10^{-6}(3\times10^8 t-y)]/\mu_0\}}{\partial y}\boldsymbol{a}_z$$

$$=-\frac{1.5\times1.275\times10^{-6}\sin[1.275\times10^{-6}(3\times10^8 t-y)]}{4\pi\times10^{-7}}\boldsymbol{a}_z$$

$$=-1.5\sin[1.275\times10^{-6}(3\times10^8 t-y)]\boldsymbol{a}_z\quad（单位为 A/m^2）$$

(c) 已知 $\boldsymbol{E}=120\sin[1.275\times10^{-6}(3\times10^8 t-2.45z)]\boldsymbol{a}_x$（单位为 kV/m），$\varepsilon_r=6$

$$\boldsymbol{D}=\varepsilon\boldsymbol{E}=\varepsilon_r\varepsilon_0\boldsymbol{E}=6\times\frac{10^{-9}}{36\pi}\boldsymbol{E}=\frac{10^{-9}}{6\pi}\boldsymbol{E}$$

因此，位移电流为

$$\frac{\partial \boldsymbol{D}}{\partial t}=\varepsilon\frac{\partial \boldsymbol{E}}{\partial t}=\frac{10^{-9}}{6\pi}\frac{\partial\{120\sin[1.275\times10^{-6}(3\times10^8 t-2.45z)]\}}{\partial t}\boldsymbol{a}_x$$

$$=\frac{10^{-9}}{6\pi}\{120\times1.275\times10^{-6}\times3\times10^8\cos[1.275\times10^{-6}(3\times10^8 t-2.45z)]\}\boldsymbol{a}_x$$

$$=2.4\{\cos[1.275\times10^{-6}(3\times10^8 t-2.45z)]\}\boldsymbol{a}_x\quad（单位为 \mu A/m^2）$$

(d) 已知 $\boldsymbol{J}=10^6\sin[111.7(3.22t-z)]\boldsymbol{a}_x$（单位为 A/m²），$\sigma=3\times10^7$ S/m

$$\varepsilon_r=1, f=60\ \text{Hz}$$

$$\boldsymbol{J}=\sigma\boldsymbol{E},\quad \boldsymbol{E}=\boldsymbol{J}/\sigma,\quad \boldsymbol{D}=\varepsilon\boldsymbol{E}=\varepsilon_0\varepsilon_r\boldsymbol{E}=\frac{\varepsilon_0}{\sigma}\boldsymbol{J}$$

$$\frac{\partial \boldsymbol{D}}{\partial t}=\frac{\varepsilon_0}{\sigma}\frac{\partial \boldsymbol{J}}{\partial t},\ \frac{\varepsilon_0}{\sigma}=\frac{10^{-9}}{36\pi}\times\frac{1}{2\times10^7}=\frac{10^{-16}}{108\pi}$$

因此，位移电流为

$$\boldsymbol{J}_d=\frac{\varepsilon_0}{\sigma}\frac{\partial \boldsymbol{J}}{\partial t}=\frac{10^{-16}}{108\pi}\frac{\partial\{10^6\sin[111.7(3.22t-z)]\}}{\partial t}\boldsymbol{a}_x$$

$$=\frac{10^{-16}}{108\pi}\times10^6\times111.7\times3.22\times\cos[111.7(3.22t-z)]\boldsymbol{a}_x$$

$$=106\cos[111.7(3.22t-z)]\boldsymbol{a}_x\quad（单位为 mmA/m^2）$$

例 15.3　如果 $\sigma=0$，$\mu_r=10$，$\varepsilon_r=2.5$，判断给定的场对是否满足麦克斯韦方程。(a) $\boldsymbol{E}=2y\boldsymbol{a}_y$，$\boldsymbol{H}=5x\boldsymbol{a}_x$；　(b) $\boldsymbol{E}=100\sin(6\times10^7 t)\sin z\boldsymbol{a}_y$，$\boldsymbol{H}=-0.1328\cos(6\times10^7 t)\cos z\boldsymbol{a}_x$；(c) $\boldsymbol{D}=(z+6\times10^7 t)\boldsymbol{a}_x$，$B=(-754z+4.52\times10^{10}t)\boldsymbol{a}_y$。

解： 已知 $\sigma=0$，$\mu_r=10$，$\varepsilon_r=2.5$

(a) 给定 $\boldsymbol{E}=2y\boldsymbol{a}_y$ 和 $\boldsymbol{H}=5x\boldsymbol{a}_x$，两个与 $\boldsymbol{E}$ 和 $\boldsymbol{H}$ 的麦克斯韦方程为

$$\nabla\times\boldsymbol{H}=\boldsymbol{J}+\frac{\partial \boldsymbol{D}}{\partial t}=\frac{\partial \boldsymbol{D}}{\partial t}=\varepsilon\frac{\partial \boldsymbol{E}}{\partial t}\quad（对于 \sigma=0, J=\sigma, E=0）$$

$$\nabla\times\boldsymbol{E}=-\frac{\partial \boldsymbol{B}}{\partial t}=-\mu\frac{\partial \boldsymbol{H}}{\partial t}$$

给定 $\boldsymbol{E}$ 和 $\boldsymbol{H}$ 的值不是时间的函数，因此，上述两方程变为 $\nabla\times\boldsymbol{H}=-0$ 和 $\nabla\times\boldsymbol{E}=0$。

因为 $\boldsymbol{H}=H_x\boldsymbol{a}_x$，与 H_x 相关的旋度分量为 $\frac{\partial H_x}{\partial z}\boldsymbol{a}_y$ 和 $-\frac{\partial H_x}{\partial y}\boldsymbol{a}_z$，因为 H_x 仅为 x 的

函数，这两个导数为 0。类似，因为 $\boldsymbol{E}=E_y\boldsymbol{a}_y$，与 E_y 相关的旋度分量为 $-\dfrac{\partial E_y}{\partial z}\boldsymbol{a}_x$ 和 $\dfrac{\partial E_y}{\partial x}\boldsymbol{a}_z$。因为 E_y 仅为 y 的函数，这两个导数也为 0。因此，$\boldsymbol{E}$ 和 $\boldsymbol{H}$ 的旋度恒等于 0。这对场量不满足麦克斯韦方程。

(b) 已知 $\boldsymbol{E}=100\sin(6\times10^7t)\sin z\boldsymbol{a}_y$ 和 $\boldsymbol{H}=-0.1328\cos(6\times10^7t)\cos z\boldsymbol{a}_x$，$\boldsymbol{E}$ 和 $\boldsymbol{H}$ 仅为 z 和 t 的函数，$\boldsymbol{E}$ 仅有 y 分量，$\boldsymbol{H}$ 仅有 x 分量。

麦克斯韦方程：$\nabla\times\boldsymbol{E}=-\dfrac{\partial\boldsymbol{B}}{\partial t}$

$$\text{方程右端}=-\mu\frac{\partial\boldsymbol{H}}{\partial t}=-\mu\frac{\partial[-0.1328\cos(6\times10^7t)\cos z]}{\partial t}\boldsymbol{a}_x$$
$$=-0.1328\times6\times10^7\mu_0\mu_r[\sin(6\times10^7t)\cos z]\boldsymbol{a}_x$$
$$=-0.1328\times6\times10^7\times4\pi\times10^{-7}\times10\times[\sin(6\times10^7t)\cos z]\boldsymbol{a}_x$$
$$=-100\sin(6\times10^7t)\cos z\boldsymbol{a}_x$$
$$\text{左端}=\nabla\times\boldsymbol{E}=-\frac{\partial E_y}{\partial z}\boldsymbol{a}_x=\frac{\partial[100\sin(6\times10^7t)\sin z]}{\partial z}\boldsymbol{a}_x$$
$$=-100\sin(6\times10^7t)\cos z\boldsymbol{a}_x$$

由于方程左端等于右端，给定的一对场量满足麦克斯韦方程。

麦克斯韦方程：$\nabla\times\boldsymbol{H}=\varepsilon\dfrac{\partial\boldsymbol{E}}{\partial t}$

$$\text{方程右端}=\varepsilon\frac{\partial\boldsymbol{E}}{\partial t}=\varepsilon\frac{\partial\{[100\sin(6\times10^7t)\sin z]\}}{\partial t}\boldsymbol{a}_y$$
$$=\varepsilon_0\varepsilon_r\times100\times6\times10^7\times\cos(6\times10^7t)\sin z\boldsymbol{a}_y$$
$$=2.5\times\frac{10^{-9}}{36\pi}\times100\times6\times10^7\times\cos(6\times10^7t)\sin z\boldsymbol{a}_y$$
$$=0.1326\cos(6\times10^7t)\sin z\boldsymbol{a}_y$$
$$\text{左端}=\frac{\partial H_x}{\partial z}\boldsymbol{a}_y=\frac{\partial[-0.1328\cos(6\times10^7t)\cos z]}{\partial z}\boldsymbol{a}_y$$
$$=0.1328\cos(6\times10^7t)\sin z\boldsymbol{a}_y$$

由于方程左端等于右端，给定的一对场量满足麦克斯韦方程。

(c) 给定 $\boldsymbol{D}=(z+6\times10^7t)\boldsymbol{a}_x=D_x\boldsymbol{a}_x$，$\boldsymbol{B}=(-754z+4.52\times10^{10}t)\boldsymbol{a}_y=B_y\boldsymbol{a}_y$，$\boldsymbol{D}$ 和 $\boldsymbol{B}$ 仅为 z 和 t 的函数，$\boldsymbol{D}$ 仅有 x 分量，$\boldsymbol{B}$ 仅有 y 分量。

$$\boldsymbol{E}=\frac{\boldsymbol{D}}{\varepsilon}=\frac{\boldsymbol{D}}{\varepsilon_0\varepsilon_r}=\frac{\boldsymbol{D}}{2.5\varepsilon_0}=\frac{(z+6\times10^7t)}{2.5\varepsilon_0}\boldsymbol{a}_x$$
$$=\frac{(z+6\times10^7t)}{2.5\times8.854\times10^{-12}}\boldsymbol{a}_x=45.2\times10^9(z+6\times10^7t)\boldsymbol{a}_x$$

麦克斯韦方程 $\nabla\times\boldsymbol{E}=-\dfrac{\partial\boldsymbol{B}}{\partial t}$

$$方程左端 = \nabla \times \boldsymbol{E} = \frac{\partial E_x}{\partial z}\boldsymbol{a}_y = \frac{\partial[45.2\times10^9(z+6\times10^7 t)]}{\partial z}\boldsymbol{a}_y = 45.2\times10^9\boldsymbol{a}_y$$

$$方程右端 = -\frac{\partial \boldsymbol{B}}{\partial t} = -\frac{\partial(-754z+4.52\times10^{10}t)}{\partial t}\boldsymbol{a}_y = 45.2\times10^9\boldsymbol{a}_y$$

由于方程左端等于右端，给定的一对场量满足麦克斯韦方程。

麦克斯韦方程 $\nabla \times \boldsymbol{H} = \frac{\partial \boldsymbol{D}}{\partial t}$

$$\boldsymbol{H} = \frac{\boldsymbol{B}}{\mu} = \frac{\boldsymbol{B}}{\mu_0\mu_r} = \frac{\boldsymbol{B}}{10\mu_0} = \frac{(-754z+4.52\times10^{10}t)}{10\times4.7\times10^{-7}}\boldsymbol{a}_y$$
$$= (-160.42\times10^6 z - 0.9617\times10^{16}t)\boldsymbol{a}_y$$

$$方程左端 = \nabla \times \boldsymbol{H} = -\frac{\partial H_y}{\partial z}\boldsymbol{a}_y = -\frac{\partial(-160.42\times10^6 z - 0.9617\times10^{16}t)}{\partial z}\boldsymbol{a}_y$$
$$= 160.42\times10^6\boldsymbol{a}_y$$

$$方程右端 = \frac{\partial \boldsymbol{D}}{\partial t} = \varepsilon\frac{\partial(z+6\times10^7 t)}{\partial t}\boldsymbol{a}_x = 6\times10^7\boldsymbol{a}_x$$

由于方程左端不等于右端，给定的一对场量不满足麦克斯韦方程。

例 15.4　已知圆柱坐标系中 $\rho < 0.2$ m 的磁通量密度为 $B_z = \frac{1}{1+100\rho^2}\sin(1000\pi t)$，单位为 $\mathrm{mWb/m^2}$。求（a）通过 $\rho \leqslant 0.1$ m，$z=0$，在 $\boldsymbol{a}_z$ 方向的磁通量密度；（b）在 $\rho = 0.1$，$\varphi = \frac{\pi}{4}$，$z=0$ 点的 $\boldsymbol{E}$；（c）在电阻 1 Ω/cm 的导线中沿 $\boldsymbol{a}_\varphi$ 方向的电流，假定电流形成了 $\rho=0.1$，$z=0$ 的回路。

解：（a）$\boldsymbol{B} = B_z\boldsymbol{a}_z$，$B_z = \frac{1}{1+100\rho^2}\sin(1000\pi t)$，$\rho < 0.2$ m，$\mathrm{d}\boldsymbol{s} = \rho\,\mathrm{d}\rho\,\mathrm{d}\varphi\boldsymbol{a}_z$

$$\Phi = \int \boldsymbol{B}\cdot\mathrm{d}\boldsymbol{s} = \int_{\varphi=0}^{2\pi}\int_{\rho=0}^{0.1} B_z\boldsymbol{a}_z\cdot\rho\,\mathrm{d}\rho\,\mathrm{d}\varphi\boldsymbol{a}_z\int_{\varphi=0}^{2\pi}\int_{\rho=0}^{0.1}\frac{\rho\,\mathrm{d}\rho}{1+100\rho^2}\sin(1000\pi t)\,\mathrm{d}\varphi$$
$$= 2\pi\cdot\sin(1000\pi t)\int_{\rho=0}^{0.1}\frac{\rho\,\mathrm{d}\rho}{1+100\rho^2}$$

令 $p = 1+100\rho^2$，$\mathrm{d}p = 200\rho\,\mathrm{d}\rho$，$\rho\,\mathrm{d}\rho = \frac{\mathrm{d}p}{200}$，当 $\rho=0$ 时，$p=1$；

当 $\rho = 0.1$ 时，$p=2$，替换到上式中有

$$\Phi = 2\pi\cdot\sin(1000\pi t)\int_{p=1}^{2}\frac{\mathrm{d}p}{200p} = \frac{2\pi}{200}\cdot\sin(1000\pi t)\ln p\,\Big|_1^2$$
$$= 0.01\pi\cdot\sin(1000\pi t)\ln 2 = 21.776\sin(1000\pi t)\quad（单位为\ \mu\mathrm{Wb}）$$

$$（b）\nabla\times\boldsymbol{E} = -\frac{\partial\boldsymbol{B}}{\partial t} = -\frac{\partial\left[\frac{1}{1+100\rho^2}\sin(1000\pi t)\boldsymbol{a}_z\right]}{\partial t} = \frac{1000\pi}{1+100\rho^2}\cos(1000\pi t)\boldsymbol{a}_z$$

为了使上述关系匹配，$\nabla\times\boldsymbol{E}$ 应该仅有 $\boldsymbol{a}_z$ 分量，即

$$\nabla\times\boldsymbol{E}\,\Big|_{z-\mathrm{comp}} = \left(\frac{1}{\rho}\right)\left[\frac{\partial(\rho E_\varphi)}{\partial\rho} - \frac{\partial E_\rho}{\partial\varphi}\right]$$

此外，因为 $\boldsymbol{B}$（或 $\boldsymbol{H}$）是 ρ 和 t 的函数，$\boldsymbol{E}$ 也应该是 ρ 和 t 的函数或仅有 E_φ 分量，因此

$$\frac{1}{\rho}\frac{\partial(\rho E_\varphi)}{\partial\rho}=\frac{1000\pi}{1+100\rho^2}\cos(1000\pi t),\frac{\partial(\rho E_\varphi)}{\partial\rho}=\frac{1000\pi\rho}{1+100\rho^2}\cos(1000\pi t)$$

$$\rho E_\varphi=-1000\pi\cdot\cos(1000\pi t)\int_{\rho=0}^{0.1}\frac{\rho d\rho}{1+100\rho^2}$$

采用与前面相同的变量替换，有

$$\rho E_\varphi=-1000\pi\cdot\cos(1000\pi t)\int_{p=1}^{2}\frac{\mathrm{d}p}{200p}$$

$$=-\frac{1000\pi}{200}\cdot\cos(1000\pi t)\ln p\Big|_{p=1}^{p=2}=-5\pi\cos(1000\pi t)\ln 2$$

$$E_\varphi=-\frac{5\pi}{\rho}\cos(1000\pi t)\ln 2=-\frac{5\pi}{0.1}\cos(1000\pi t)\ln 2=-108.879(1000\pi t)$$

$$\boldsymbol{E}=E_\varphi\boldsymbol{a}_\varphi=-108.879(1000\pi t)\boldsymbol{a}_\varphi$$

(c) 从 (a) 得到的结果：$\Phi=21.776\sin(1000\pi t)$ （单位为 μWb）

$$emf=-\frac{\partial\Phi}{\partial t}=-\frac{\partial[21.776\sin(1000\pi t)]}{\partial t}=21.776\times1000\pi\times\cos(1000\pi t)\ (\text{单位为}\ \mu\text{V})$$

在路径上的总电阻等于导线长度（或回路周长）乘以 1 Ω/cm，导线总长度等于 $2\pi\rho=2\pi\times10$ cm，总电阻等于 $20\pi\times1=20\pi\ \Omega$，因此

$$\frac{emf}{R}=\frac{21.776\times1000\pi\times\cos(1000\pi t)}{20\pi}=1088.8\cos(1000\pi t)\quad(\text{单位为}\ \mu\text{A})$$

例 15.5 已知单位矢量 $\boldsymbol{a}_N=0.48\boldsymbol{a}_x-0.6\boldsymbol{a}_y+0.64\boldsymbol{a}_z$ 从区域 2（$\sigma_2=0$，$\varepsilon_{r2}=2.5$，$\mu_{r2}=2$）指向区域 1（$\sigma_1=0$，$\varepsilon_{r1}=5$，$\mu_{r1}=10$），边界面无电荷密度。如果在区域 1 的边界连接点 P 的电场强度 $\boldsymbol{E}=(-10a_x-5\boldsymbol{a}_y+20\boldsymbol{a}_z)\sin400t$。求：(a) $\boldsymbol{E}_{t1}$ 的大小；(b) $\boldsymbol{E}_{n2}$ 的大小；(c) E_2 的大小。

解： $\boldsymbol{a}_N=0.48\boldsymbol{a}_x-0.6\boldsymbol{a}_y+0.64\boldsymbol{a}_z$

$$\boldsymbol{E}_1=(-10\boldsymbol{a}_x-5\boldsymbol{a}_y+20\boldsymbol{a}_z)\sin400t,|\boldsymbol{E}_1|=\sqrt{10^2+5^2+20^2}=22.91$$

$$\boldsymbol{E}_1=22.91(-0.436_x-0.218\boldsymbol{a}_y+0.872\boldsymbol{a}_z)\sin400t=22.91\sin400t\boldsymbol{a}_E$$

其中 $\boldsymbol{a}_{E1}=-0.436\boldsymbol{a}_x-0.218\boldsymbol{a}_y+0.872\boldsymbol{a}_z$

$$\boldsymbol{a}_N\cdot\boldsymbol{a}_{E1}=(0.48\boldsymbol{a}_x-0.6\boldsymbol{a}_y+0.64\boldsymbol{a}_z)\cdot(-0.436\boldsymbol{a}_x-0.218\boldsymbol{a}_y+0.872\boldsymbol{a}_z)$$

$$=0.218=\cos\theta$$

$$\theta=\cos^{-1}(0.218)=77.4°,\quad \sin\theta=0.976$$

(a) $|\boldsymbol{E}_{t1}|=|\boldsymbol{E}_1|_s\text{in}\theta=22.91\times0.976=22.359\ \text{V/m}=|E_{t2}|$

(b) $|\boldsymbol{E}_{n1}|=|\boldsymbol{E}_1|\cos\theta=22.91\times0.218=4.994\ \text{V/m}$

(c) $D_{n1}=D_{n2}$，$\varepsilon_1E_{n1}=\varepsilon_2E_{n2}$，$E_{n2}=\frac{\varepsilon_1}{\varepsilon_2}E_{n1}=\frac{5}{2.5}\times4.994=9.988\ \text{V/m}$

$$|\boldsymbol{E}_2|=\sqrt{(E_{t2})^2+(E_{n2})^2}=\sqrt{(22.359)^2+(9.988)^2}=24.488\ \text{V/m}$$

例 15.6 图 15-8 给出了位于 $y=2$ m 和 $y=2.1$ m 的两个理想导体平面，中间用 $\sigma=0$，

$\varepsilon_r=9$，$\mu_r=1$ 的材料隔开，如果平面之间电场 $\boldsymbol{E}=300\cos(10^8t-z)\boldsymbol{a}_y$，单位为 V/m，求：(a) 在 $t=2$ ns 时刻在 (5，2.06，1.1) 点的 $|\boldsymbol{H}|$；(b) 在 $t=0$ 时刻点 (0.7，2，0) 的 $|\boldsymbol{K}|$。

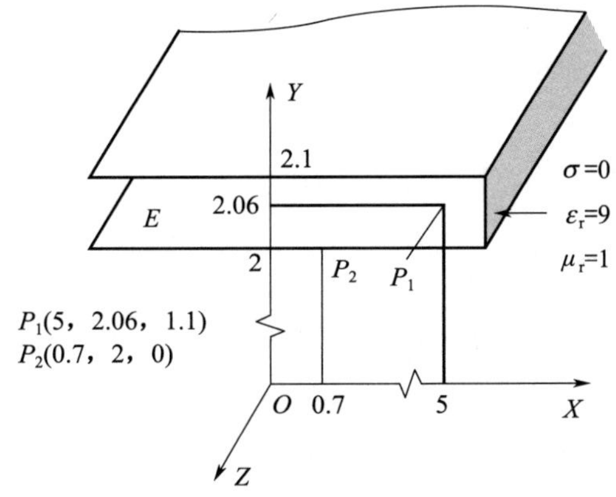

图 15-8　两个理想导体平面位置

解：

$$\nabla\times\boldsymbol{E}=-\frac{\partial\boldsymbol{B}}{\partial t}=-\mu_0\frac{\partial\boldsymbol{H}}{\partial t}$$

由于 $\boldsymbol{E}$ 仅有 $\boldsymbol{a}_y$ 分量，仅为 z 和 t 的函数，根据方程（4-34a）可以得到

$$\nabla\times\boldsymbol{E}=-\frac{\partial E_y}{\partial z}\boldsymbol{a}_x=-\frac{\partial[300\cos(10^8t-z)]}{\partial z}\boldsymbol{a}_x=300\sin(10^8t-z)\boldsymbol{a}_x=-\frac{\partial\boldsymbol{B}}{\partial t}$$

$$\frac{\partial\boldsymbol{H}}{\partial t}=\frac{1}{\mu_0}\frac{\partial\boldsymbol{B}}{\partial t}$$

或

$$\boldsymbol{H}=\frac{1}{\mu_0}\int(\nabla\times\boldsymbol{E})\,\mathrm{d}t=\frac{300}{\mu_0}\times10^8\cos(10^8t-z)\boldsymbol{a}_x+C$$

(a) $$|\boldsymbol{H}|\Big|_{\substack{z=1.1\\t=2\text{ ns}}}=\frac{300}{4\pi\times10^{-7}}\times10^{-8}\cos(10^8\times2\times10^{-9}-1.1)$$

$$=\frac{30}{4\pi}\cos(-0.9)=1.484\ \text{A/m}$$

(b) 在点 (0.7，2，0) 和 $t=0$：$|\boldsymbol{H}|=|\boldsymbol{H}_t|=|\boldsymbol{K}|$

$$|\boldsymbol{K}|\Big|_{\substack{z=0\\t=0}}=\frac{300}{4\pi\times10^{-7}}\times10^{-8}\cos(0-0)=\frac{30}{4\pi}=2.387\ \text{A/m}$$

例 15.7　位于 (0，0，−1.5) 的点电荷为 $-4\cos10^8\pi t$，单位为 μC，而位于 (0，0，1.5) 的点电荷为 $4\cos10^8\pi t$，单位为 μC，两者均在自由空间。求在下列条件下的 V：(a) $t=0$，点 (0，0，2998.5)；(b) $t=0$，点 (0，0，2999)；(c) 在 x 轴上距每个电荷的距离为 2998.5 m，作为 t 的函数。

解： 已知 $Q_1=-4\cos10^8\pi t$，$Q_2=4\cos10^8\pi t$

用 $t'=\left(t-\dfrac{R}{v}\right)$ 替换 t，对于自由空间 $v=3\times10^8$ m/s，得到

$$Q_1=-4\cos 10^8\pi\left(t-\frac{R_1}{v}\right)$$

$$Q_2=4\cos 10^8\pi\left(t-\frac{R_2}{v}\right)$$

在 $t=0$ 时刻，$Q_1=-4\cos 10^8\pi\left(-\dfrac{R_1}{3\times10^8}\right)=-4\cos\left(\dfrac{\pi R_1}{3}\right)$

$$Q_2=4\cos 10^8\pi\left(\frac{R_2}{3\times10^8}\right)=4\cos\left(\frac{\pi R_2}{3}\right)$$

(a) 根据图 15-9，从 Q_1 到场点的距离为 $R_1=2998.5-1.5=2997$，从 Q_2 到场点的距离为 $R_2=2998.5+1.5=3000$，因此

$$Q_1=-4\cos\left(\frac{\pi R_1}{3}\right)=-4\cos\left(\frac{2997\pi}{3}\right)=-4\cos(999\pi)=4\ \mu\text{C}$$

$$Q_2=4\cos\left(\frac{\pi R_2}{3}\right)=4\cos\left(\frac{3000\pi}{3}\right)=4\cos(1000\pi)=4\ \mu\text{C}$$

$$V=\frac{Q_1}{4\pi\varepsilon_0 R_1}+\frac{Q_2}{4\pi\varepsilon_0 R_2}=\frac{Q_1}{4\pi\varepsilon_0}\left(\frac{1}{R_1}+\frac{1}{R_2}\right)$$

$$=\frac{10^{-6}}{\pi\dfrac{10^{-9}}{36\pi}}\left(\frac{1}{2997}+\frac{1}{3000}\right)=36\times10^{-3}\times6.67\times10^{-4}=24\ \text{V}$$

(b) 根据图 15-9，从 Q_1 到场点的距离为 $R_1=2999-1.5=2997.5$，从 Q_2 到场点的距离为 $R_2=2999+1.5=3000.5$，因此：在 $t=0$ 时刻

$$Q_1=-4\cos\left(\frac{\pi R_1}{3}\right)=-4\cos\left(\frac{2997.5\pi}{3}\right)=-4\cos(999.1667\pi)=3.464\ \mu\text{C}$$

$$Q_2=4\cos\left(\frac{\pi R_2}{3}\right)=4\cos\left(\frac{3000.5\pi}{3}\right)=4\cos(1000.167\pi)=3.464\ \mu\text{C}$$

$$V=\frac{3.464\times10^{-6}}{4\pi\varepsilon_0}\left(\frac{1}{R_1}+\frac{1}{R_2}\right)=\frac{3.464\times10^{-6}}{4\pi\dfrac{10^{-9}}{36\pi}}\left(\frac{1}{2997.5}+\frac{1}{3000.5}\right)=10.395\ \text{V}$$

(c) $R_1=R_2=R=2998.5$

$$V=\frac{Q_1}{4\pi\varepsilon_0 R}+\frac{Q_2}{4\pi\varepsilon_0 R}=\frac{1}{4\pi\varepsilon_0 R}(Q_1+Q_2)=\frac{9\times10^{-9}}{2998.5}(Q_1+Q_2)$$

$$Q_1=-4\cos 10^8\pi\left(t-\frac{R_1}{v}\right)$$

$$Q_2=4\cos 10^8\pi\left(t-\frac{R_2}{v}\right)$$

当 $R_1=R_2$ 时，$Q_1+Q_2=-4\cos 10^8\pi\left(t-\dfrac{R_1}{v}\right)+4\cos 10^8\pi\left(t-\dfrac{R_2}{v}\right)=0$

因此，$V=0$ V

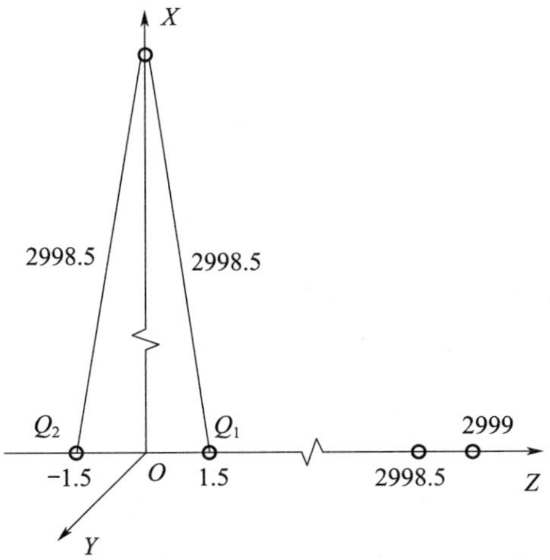

图 15-9　两个点电荷的位置

习　题

15.1　求 $t=0$ 时沿路径 $r=0.5$，$z=0$ 的感应电动势：(a) $\boldsymbol{B}=0.1\boldsymbol{a}_z\sin 377t$；(b) $\boldsymbol{B}=0.1\boldsymbol{a}_r(\sin 377t)/r$；(c) $B=10^7\boldsymbol{a}_z\sin(2\pi\,10^8t-2\pi r/3)$。

15.2　在图 15-1 中，令 $\boldsymbol{B}$ 为随时间变化的常数，但不一定是在自由空间。如果 $d=0.4$ m，$U=\mathrm{d}y/\mathrm{d}t$，求以下条件下 $t=0.2$ s 的电压表读数：(a) $y=10t$ m，$\boldsymbol{B}=0.5y\boldsymbol{a}_z$（单位为 $\mathrm{Wb/m^2}$）；(b) $y=50t^2$ m，$\boldsymbol{B}=0.5y\boldsymbol{a}_z$（单位为 $\mathrm{Wb/m^2}$）；(c) $y=50t^2$ m，$\boldsymbol{B}=0.5(x+y)\boldsymbol{a}_z$（单位为 $\mathrm{Wb/m^2}$）。

15.3　求 $t=0$ 时，(a) 在 10 pF 电容器平面之间的位移电流，如果电容器间的电压为 $0.1\sin 120\pi t$（单位为 V）；(b) 具有 0.1Ω 总电阻的圆形截面铜导体，电压为 $200\sin 5\times 10^5\pi t$（单位为 V）的位移电流；(c) 在半径 3 mm 的聚苯乙烯柱体中的位移电流，如果在其表面上 $\boldsymbol{H}|_{t=0}=H_\varphi\boldsymbol{a}_\varphi=5\times10^{-9}\boldsymbol{a}_\varphi$。对于铜 $\varepsilon=\varepsilon_0=\dfrac{10^{-9}}{36\pi}$，$\sigma=5.8\times10^7$，$\varepsilon_0/\sigma=0.152\times10^{-18}$。

15.4　判断给定的场对在 ($\sigma=0$，$\mu_r=2$，$\varepsilon_r=8$) 的线性、各向同性、均匀介质中是否满足麦克斯韦方程。(a) $\boldsymbol{E}=2\boldsymbol{a}_y$，$\boldsymbol{B}=4x\boldsymbol{a}_x$；(b) $\boldsymbol{E}=60\cos(3\times10^8t-4x)\boldsymbol{a}_y$，$\boldsymbol{H}=\dfrac{1}{\pi}\cos(3\times10^8t-4x)\boldsymbol{a}_z$；(c) $\boldsymbol{E}=9\times10^{10}yt\boldsymbol{a}_x$，$\boldsymbol{B}=(80\times10^{-6}y^2+4\times10^9t^2)\boldsymbol{a}_z$。

15.5　已知两个具有参数 $\varepsilon_{r1}=8$、$\varepsilon_{r2}=3$、$\mu_{r1}=2$、$\mu_{r2}=3$ 非导体材料界面上从区域 1 指向区域 2 的单位矢量 $\boldsymbol{a}_{n1}=(-2\boldsymbol{a}_x-\boldsymbol{a}_y+2\boldsymbol{a}_z)/3$，在区域 1 的边界上 $\boldsymbol{B}_1=(2\boldsymbol{a}_x-3\boldsymbol{a}_y+\boldsymbol{a}_z)\cos 1000t$。求 $t=0$ 时 (a) $|\boldsymbol{B}_{n2}|$；(b) $|\boldsymbol{B}_{t1}|$；(c) $|\boldsymbol{B}_{t2}|$。

15.6　已知空气填充的、具有理想导体壁面正方形腔体内的场为 $E_y=1130\sin 2x\sin 3z\cos\omega t$（单位为 V/m），$H_x=3\sin 2x\sin 3z\sin\omega t$（单位为 A/m），$H_z=-2\cos 2x\sin 3z\sin\omega t$（单

位为 A/m)，示出该腔体在 $x=0$、$x=\frac{\pi}{2}$、$y=0$、$y=0.7316$、$z=0$、$z=\frac{\pi}{3}$ 情况下可能的壁面位置，并求在下面条件下的面电流密度的峰值幅度：(a) $x=0$，$y=0.216$，$z=\frac{\pi}{10}$；(b) $x=\frac{\pi}{8}$，$y=0.1247$，$z=0$；(c) $x=\frac{\pi}{8}$，$y=0.7316$，$z=\frac{\pi}{12}$。

15.7 长度为 $L=0.2$ m 的同轴电缆两端沿面导电。同轴电缆的内外导体半径为 $a=2$ mm，$b=8$ mm，在区域 $a<\rho<b$ 用 $\varepsilon_r=6.25$，$\mu_r=1$，$\sigma=0$ 的材料填充，如果 $\boldsymbol{E}=\frac{100}{\rho}\sin 5\pi z\sin\omega t\boldsymbol{a}_r$(单位为 V/m)，求 (a) ω； (b) 在 $t=\frac{\pi}{2\omega}$ 时内导体上的总电荷；(c) 在 $t=0$、$\rho=3$ mm、$\varphi=0$、$z=0$ 条件下的面电流密度。

15.8 无限延伸的均匀介质由 $\varepsilon=2\times10^{-10}$ F/m，$\mu=1.25\times10^{-5}$ H/m，$\sigma=0$ 来表征，如果 $\boldsymbol{E}=400\cos(10^9 t-kz)\boldsymbol{a}_x$(单位为 V/m)，求 $\boldsymbol{D}$，$\boldsymbol{B}$，$\boldsymbol{H}$ 和 $\boldsymbol{K}$。

叙述题

1. 阐述并解释法拉第电磁感应定律。
2. 讨论不同类型的感应电动势。
3. 解释位移电流的含义、性质和概念。
4. 写出麦克斯韦方程组和麦克斯韦方程的积分形式，指出由这些方程产生的定律。
5. 延迟势与简单的时变电势有什么不同?
6. 详细陈述和解释坡印亭定理。
7. 为什么梯度关系 $\boldsymbol{E}=-\nabla V$ 不适合时变场? 修改这个关系，使它对时变和时间不变的情况同样有效。
8. 证明 $\nabla^2 A=-\mu J+\mu\varepsilon(\partial^2 A/\partial t^2)$ 关系式，并解释每项的含义。
9. 修改泊松方程 $\nabla^2 A=-\rho/\varepsilon$，以满足时间变化的要求。
10. 在衰减常数为 α 和 θ_η 的有耗电介质中，在已知 E_x 和 H_y 之间相角情况下，证明通过垂直于 z 轴的任意表面平均功率流 $P_{z,av}$ 为：$P_{z,av}=\frac{1}{2}\frac{E_{x0}^2}{\eta_m}e^{-\alpha z}\cos\theta_\eta$。

参考文献

[1] William H. Jr, *Engineering Electromagnetics*, Fifth Edition, Tata McGraw - Hill Publishing Company Limited, New Delhi, pp. 353 - 357, (1997).

[2] Sadiku, Matthew N. O., *Principles of Electromagnetics*, *Fourth Edition*, Oxford University Press, New Delhi and Oxford, pp. 390 - 394, (2009).

[3] Mukerji, S. K. , Goel, S. K. , Bhooshan, S. , and Basu, K. P. "Electromagnetic fields theory of electrical machines Part I: Poynting theorem for electromechanical energy conversion", *International Journal of Electrical Engineering Education* **41** (2): 137 - 145, 2004.

[4] Mukerji, S. K. , Khan, A. S, and Singh, Y. P. , *Electromagnetics for Electrical Machines* , First Edition, CRC Press, Taylor & Francis Group, pp. 49 - 57, 2015).

[5] ibid, pp. 4548 and pp. 298 - 310, (2015).

[6] Einstein, Albert, "Time, space, and gravitation", *The Times*, (November 28, 1919).

[7] Bergmann, Peter G. , *Introduction to the Theory of Relativity*, Dover Publications, ISBN 0486632822, (1976).

[8] Taylor, Edwin F, and Wheeler, John Archibald, ed. , *Spacetime Physics: Introduction to Special Relativity*, Second Edition, New York: W. H. Freeman, 84 - 88, ISBN 0716723271, (1992).

[9] Robertson, H. P. , "Postulate versus observation in the special theory of relativity", *Reviews of Modern Physics* **21** (3): 378 - 382, (July 1949).

[10] Maxwell, James Clerk, "On a possible mode of detecting a motion of the solar system through the luminiferous ether", *Nature* **21**: 314 - 315, (1880).

[11] Michelson, Albert A. , "The relative motion of the Earth and the luminiferous ether", *American Journal of Science* **22**: 120 - 129, (1881).

[12] Michelson, Albert A. , and Morley, Edward W. , "On the relative motion of the Earth and the luminiferous ether", *American Journal of Science* **34**: 333 - 345, (1887).

[13] Pais, Abraham, *Subtle is the Lord…*: The Science and the Life of Albert Einstein, First Edition, Oxford University Press, pp. 111 - 113, ISBN 0192806726, (1982).

[14] Kennedy, R. J. , and Thorndike, E. M. , "Experimental establishment of the relativity of time", *Physical Review* **42** (3): 400 - 418, (1932).

[15] Ives, H. E. , and Stilwell, G. R. , "An experimental study of the rate of a moving atomic clock", *Journal of the Optical Society of America* **28** (7);: 215, (1938).

[16] *Ives, H. E.. and Stilwell, G. R. , "An experimental study of the rate of a moving atomic clock. II"*, Journal of the Optical Society of America **31** (5): 369, (1941).

[17] Francis, S, Ramsey, B. , Stein, S, Leitner, J, Moreau, J. M. , Burns, R. , Nelson, R. A. , Bartholomew, T. R, and Gifford, A. , "Timekeeping and Time Dissemination in a Distributed Space - Based Clock Ensemble", *Proceedings 34th Annual Precise Time and Time Interval (PTTI) Systems and Applications*

Meeting: 201 - 214, (2002) . Retrievedon: 14 April 2013.

[18] Stratton, J. A. , *Electromagnetic Theory*, McGraw - Hill Book Company, Inc,, pp. 74 - 80, ISBN 2223242526, (1941).

扩展阅读

Bo, Thide, *Electromagnetic Field Theory*, Second Edition, Dover Pubns, Mineola, New York, 2011, ISBN 13: 978 - 0 - 486 - 4773 - 2.

Cheng, D. K. , *Field and Wave Electromagnetics*, Second Edition, Addison - Wesley, Reading, MA, (1989).

Chow, Tai L. , *Introduction to Electromagnetic Theory*, Jones & Bartlett, ISBN 0 -7637 - 3827 - 1, (2006).

Demarest, K. R. , *Engineering Electromagnetics*, Prentice - Hall, Upper Saddle River, NJ, (1998).

Fleisch, D. , A *Student's Guide to Mawvell's Equations*, Cambridge University Press, New York, ISBN13: 978 - 0 - 521 - 87761 - 9, e - ISBN: 052187761X, (2008).

Grant, LS. , and Phillips, W. R. , *Electromagnetism*, Second Edition, Manchester Physics Series, ISBN 0 - 471 - 92712 - 0, (2008).

Grifiths, David J. , *Introduction to Electrodynamics*, Third Edition, PHI Learning Private Limited, New Delhi, pp. 477525, (2012).

Harrington, R. F. , *Introduction to Electromagnetic Engineering*, McGraw Hill, New York, (1968).

Ida, N, *Engineering Electromagnetics*, Second Edition, Springer, New York, (2004).

Inan, U. S. , and Inan, A. S. , *Engineering Electromagnetics*, Addison - Wesley - Longman, Menlo Park, CA, (1999).

Iskander, M. F, *Electromagnetic Fields and Waves*, Waveland Press, Prospect Hills, IL, (2000).

Jackson, John D. , *Classical Electrodynamics*, Third Edition, Wiley, ISBN 0 - 471 - 30392 - X, (1999).

Johnk, C. T. A. , *Engineering Electromagnetic Fields and Waves*, Second Edition, Wiley, NY, (1988).

Kraus, J. D. , and Carver, KR, *Electromagnetics*, Third Edition, McGraw - Hill, New York, (1984).

Kraus, J. D. , and Fleisch, D. A. , *Electromagnetics with Applications*, Fifh Edition, McGraw - Hill, NY, (1999).

Liao, S. Y, *Engineering Applications of Electromagnetic Theory*, West Publishing Company, St. Paul, MN, (1988).

Lonngren, K. E., Savov, S. V., and Jost, R. J., *Fundamentals of Electromagnetics with MATLAB*, Second Edition, Raleigh, NC: SciTech, (2007).

Mukerji, S. K., Manoj Bhardwaj, Moley kutty George and G. K. Sharma, "Asynchronous operation of hysteresis machines", *International Jourmal of Applied Engineering and Computer Science* **1**(1): 1 - 12, (January 2014).

Mukerji, S. K., Goel, S. K., Bhooshan, Sunil, and Basu, K. P, "Electromagnetic fields theory of electrical machines Part I: Poynting theorem for electromechanical energy conversion", *International Journal of Eletrical Engineering Education* **41**(2): 137 - 145, (2004).

Mukerji, S. K, Singh, G. K., Goel, S. K, and Manuja, S., "A theoretical study of electromagnetic transients in a large conducting plate due to current impact excitation", *Progress In Electromagnetics Research* **76**: 15 - 29, (2007).

Mukerji, S. K, Singh, G. K., Goel, S. K., and Manuja, S., "A theoretical study of electromagnetic transients in a large conducting plate due to voltage impact excitation", *Progress In Electromagnetics Research* **78**: 377 - 392, (2008).

Notaroš, B. M., *Electromagnetics*, Pearson Prentice - Hall, Upper Saddle River, NJ, (2010).

Paris, Demetrius T, and Hurd, K. Kenneth, *Basic Electromagnetic Theory*, McGraw - Hill, Physical and Quantum Electronics Series, (1969).

Paul, C. R., *Electromagnetics for Engineers with Applications*, Wiley, NY, (2004).

Plonsey, R., and Collins, R. E., *Principles and Applications of Electromagnetic Fields*, McGraw Hill, New York, (1961).

Rao, N. N., *Elements of Engineering Electromagnetics*, Sixth Edition, Prentice - Hall, Upper Saddle River, NJ, (2004).

Schelkunoff, S. A., *Electromagnetic Fields*, Blaidsell Publishing Co., Walthham, Mass, (1963).

Seely, S, and Poularikas, A. D., *Electromagnetics*, *Classical and Modern Theory and Applications*, Marcel Dekker, Inc., New York, (1979).

Siegel, Daniel M., *Innovation in Maxwell's Electromagnetic Theory*, Cambridge University Press, ISBN 0 - 521 - 53329 - 5, (2003).

Skitek, G. G, and Marshall, S. V., *Electromagnetic Concepts and Applications*, Prentice - Hall, Englewood Cliffs, NJ, (1987).

Slater, J. C, and Frank, N. H., *Electromagnetism*, (Reprint of 1947 edition, ed.). Courier Dover Publications, ISBN 0 - 486 - 62263 - 0, (1969).

Ulaby, FT. , *Electromagnetics for Engineers*, Prentce – Hall, Upper Saddle River, NJ, (2005).

Ulaby, FT, *Fundamentals of Applied Electromagnetics*, Fifth Edition, Prentice – Hall, Upper Saddle River, NJ, (2006).

Wentworth, S. M, *Fundamentals of Electromagnetics with Engineering Applications*, Wiley, NY, (2005).

Zaher, FA. A. ,"An analytical solution for the field of a hysteresis motor based on complex permeabilty", *IEEE Transactions on Energy Conversion* **5**(1); 156 – 163, (March 1990).

第 16 章　电磁波

16.1　引言

电磁波可以用电场和磁场矢量来表示，它们遵循称为**波动方程**的数学关系式。波动方程可以通过前面所述的麦克斯韦方程组推导得到。电磁波可以分为两大类，即非导向波和导向波。非导向波是从天线发出后在空间中传播的波。在这种模式下，天线辐射的能量根据介质和天线的特性而变化。对于导向波，能量被馈入一种传输结构并通过该结构来传播。这种结构包括双绞线、同轴电缆、导体波导与介质波导、平面线和光纤。在第 18 章将介绍这种结构。

非导向波又进一步分为平面波和非平面波。平面波本身是均匀的或非均匀的。在几乎所有非导向波通信情况下，均匀平面波起着最关键的作用。根据传播方式的不同，非导向波还可以分为地面波、空间波和空中波。天线将在第 20 章中讨论。

无论是导向波还是非导向波，都可能遇到不同类型的环境或不同形状和介质参数的障碍。根据性质不同，波可能被反射、折射、衍射或吸收。非导向波，特别是均匀平面波，需要仔细研究和深入分析。本章主要讨论均匀平面波在无耗介质和有耗介质中的传播，在第 17 章将讨论反射和折射现象。

16.2　场的关系式与假设

本节讨论麦克斯韦方程组和波动分析简化的某些假设。

16.2.1　麦克斯韦方程组

电磁波现象与四个麦克斯韦方程密切相关。这些方程已经在第 15 章中进行了讨论。将这些方程的一般形式重写如下

$$\nabla \times \boldsymbol{H} = \boldsymbol{J} + \frac{\partial \boldsymbol{D}}{\partial t} \tag{16-1a}$$

$$\nabla \times \boldsymbol{E} = -\frac{\partial \boldsymbol{B}}{\partial t} \tag{16-1b}$$

$$\nabla \cdot \boldsymbol{D} = \boldsymbol{\rho} \tag{16-1c}$$

$$\nabla \cdot \boldsymbol{B} = 0 \tag{16-1d}$$

上述方程中涉及的矢量场量包括电场强度 $\boldsymbol{E}$ 、磁场强度 $\boldsymbol{H}$ 、电流密度 $\boldsymbol{J}$ 、电通量密度 $\boldsymbol{D}$ 、磁通量密度 $\boldsymbol{B}$ 。通过“介质参数”建立这些矢量之间关系的方程称为本构关系。

这些关系为

$$\boldsymbol{D}=\varepsilon\boldsymbol{E} \tag{16-2a}$$

$$\boldsymbol{B}=\mu\boldsymbol{H} \tag{16-2b}$$

$$\boldsymbol{J}=\sigma\boldsymbol{E}+\boldsymbol{J}_0 \tag{16-2c}$$

在上面关系式中，$\boldsymbol{J}_0$ 是可控源的电流密度；ε，μ 和 σ 分别是介质中的电容率、磁导率和电导率。

16.2.2　基本假设

需要注意的是，麦克斯韦方程组中涉及的所有场量（即 $\boldsymbol{E}$、$\boldsymbol{H}$、$\boldsymbol{J}$、$\boldsymbol{D}$ 和 $\boldsymbol{B}$）通常都是时变的。此外，电场和磁场必须以波的形式在空间中传播。因此，需要确定这些场量的性质随时间和空间的变化。

傅里叶级数分析表明，任何方形、三角形、梯形或任何其他规则或不规则形状的“周期波”都可以是若干谐波的合成。因此，将考虑正弦时变得到的波动方程解适当组合，就可以获得任何想要的波形。对于**非周期波**，采用**傅里叶积分**也可以得到类似的结果。因此，研究时变的问题可以假设所有场量都是正弦的。根据这个假设，所有场量都需要乘以一个因子 $e^{j\omega t}$，其中 t 为**时间**，ω 为**角频率**。

方程（16－1a）至（16－1d）的表达式涉及矢量场的旋度或散度。由于旋度、散度和梯度运算都涉及对空间的导数，因此，需要用空间参数来确定场量变化的性质。一般来说，波可以沿任意方向（如 r）传播。需要适当规定方向上的**变化**。所有场的量都乘以一个因子 $e^{-(\gamma\cdot r)}$ 就能完全达到这样目的，其中 γ 为**传播常数**。

传播常数 γ 由 α 和 β 两个量组成，其关系式为

$$\gamma=\alpha+j\beta \tag{16-3}$$

下面对方程（16－3）中两个参数 α 和 β 的含义加以说明。

当 α 为正时，波的振幅随距离衰减，称为**衰减常数**。当 α 为负时，波的振幅随距离增大，α 为**增益系数**。这两种情况下，参数 α 计量单位均为奈珀/米（nep/m）。对于空间传播的波，α 不会出现负值。

方程（16－3）中的第二个参数 β 称为**相位常数**，是单位距离相位漂移的量度，单位为弧度/米（rad/m）。

16.3　介质分类

研究波的传播需要完全理解波传播过程中可能遇到介质的性质和特征。介质材料可能是固态、液态、气态或电离态，并可能具有任何物理形式，如平面或曲面。

电磁波一般用 $\boldsymbol{E}$ 和 $\boldsymbol{H}$ 随时间和空间的变化来表示。这些量受介质参数（如 σ、ε、μ）变化的影响，障碍物的形状或几何特征也会起到重要作用。电磁波经历的路径可能会有各种不同情况，包括发射和接收天线的高度和位置、电磁能量进入空间的发射角、工作频

率、极化等。因此，需要深入研究介质，且必须对介质进行分类，以便揭示空间和时间变化的真实性质。介质通常用下面这些术语来定义。

16.3.1　线性介质与非线性介质

如果 $\boldsymbol{E}$ 和 $\boldsymbol{D}$（或 $\boldsymbol{B}$ 和 $\boldsymbol{H}$）服从线性关系，则称介质是线性的。如果 $\boldsymbol{E}$ 与 $\boldsymbol{D}$（或 $\boldsymbol{H}$ 与 $\boldsymbol{B}$）的关系随时间变化，则称介质是非线性的。在非线性介质中，介质参数（如 ε、μ）与场相关。例如，在铁磁材料中 $\boldsymbol{B}$ 与 $\boldsymbol{H}$ 就不是线性关系。

16.3.2　均匀介质与非均匀介质

均匀介质（或区域）是指在整个介质（或区域）中参数 σ、μ 和 ε 是恒定的。如果任何一个参数在不同位置有不同的值，则介质（或区域）就被称为异构的或非均匀的。

16.3.3　各向同性介质和各向异性介质

如果介质的 ε（或 μ）是标量，使得在任何位置处 $\boldsymbol{D}$ 和 $\boldsymbol{E}$（或 $\boldsymbol{B}$ 和 $\boldsymbol{H}$）矢量的方向相同，则介质为各向同性的。如果介质参数（ε 或 μ）的任何一个值使得矢量 $\boldsymbol{D}$ 和 $\boldsymbol{E}$（或 $\boldsymbol{B}$ 和 $\boldsymbol{H}$）有不同方向，则介质为各向异性的或非各向同性的。电离层是一个各向异性介质的例子。

16.3.4　无源介质

无源介质（或区域）是没有施加电压或电流的介质（或区域），即不存在电荷分布和可控的电流分布。

16.3.5　双向介质与单向介质

波在介质内前向和后向传播特性相同的介质为双向介质。在单向介质情况下，如磁化铁氧体，波前向和后向的传播特性不同。

16.3.6　透明介质

波穿过介质的过程中，在任何位置上，其特性都没有发生变化，这种介质为透明介质。自由空间和真空属于这类介质。

16.3.7　半透明介质

波在介质内传播时，会由于吸收而损失部分波能量，这种介质称为半透明介质。在这种情况下，波的相位和振幅特性会发生部分变化。具有微弱导电性的电介质都属于这一类。

16.3.8　不透明介质

在不透明介质内，波的振幅和相位特性会发生显著变化，介质表面的电特性引起的反射会导致行波转换成驻波。所有良导体都属于这一类。

16.3.9 无耗介质

如果介质的$\alpha=0$、$\gamma\rightleftharpoons j\beta$，则介质称为是**无耗的**。波在这种介质中保持无衰减的传播。自由空间可以认为是无耗介质。

16.3.10 有耗介质

有耗介质是以α和β同时存在为特征的介质。因此，波在传播过程中既有传播又有衰减。衰减速率取决于α值。如果β为零，波将不会传播。

后面两节将分别描述在无耗介质和有耗介质中波的传播。这两节中还将研究对波特性的影响因素。在无耗和有耗情况下，都假定介质为均匀、各向同性、无源、双向和线性的。

16.4 无耗介质中的波

在本节中，假定介质是**无耗的**，即$\alpha=0$、$\gamma\rightleftharpoons j\beta$。如前所述，**自由空间**被认为是无耗介质。自由空间既没有电荷，也没有源电流。对于这样的介质，方程（16-1a）至（16-1d）可以改写为以下形式

$$\nabla\times\boldsymbol{H}=\frac{\partial\boldsymbol{D}}{\partial t}=\varepsilon_0\frac{\partial\boldsymbol{E}}{\partial t}\tag{16-4a}$$

$$\nabla\times\boldsymbol{E}=-\frac{\partial\boldsymbol{B}}{\partial t}=-\mu_0\frac{\partial\boldsymbol{B}}{\partial t}\tag{16-4b}$$

$$\nabla\cdot\boldsymbol{D}=\boldsymbol{\rho}\tag{16-4c}$$

$$\nabla\cdot\boldsymbol{B}=0\tag{16-4d}$$

16.4.1 波动方程

控制电磁波行为的方程称为**波动方程**。从麦克斯韦方程出发，可以通过以下步骤得到波动方程：

1）方程（16-4a）两端对时间求导，改变对时间和空间微分顺序，得到

$$\frac{\partial}{\partial t}(\nabla\times\boldsymbol{H})=\nabla\times\frac{\partial\boldsymbol{H}}{\partial t}=\varepsilon_0\frac{\partial^2\boldsymbol{E}}{\partial t^2}\tag{16-5}$$

2）方程（16-4b）两端取旋度

$$\nabla\times\nabla\times\boldsymbol{E}=\nabla\times\left(-\mu_0\frac{\partial\boldsymbol{H}}{\partial t}\right)=-\mu_0\left(\nabla\times\frac{\partial\boldsymbol{H}}{\partial t}\right)\tag{16-6a}$$

3）将方程（16-5）代入方程（16-6a），得到

$$\nabla\times\nabla\times\boldsymbol{E}=-\mu_0\varepsilon_0\cdot\frac{\partial^2\boldsymbol{E}}{\partial t^2}\tag{16-6b}$$

4）对方程（16－6b）左侧应用矢量恒等式（4－41d）

$$\nabla\times\nabla\times\boldsymbol{E}\equiv\nabla(\nabla\cdot\boldsymbol{E})-\nabla^2\boldsymbol{E} \tag{16-7a}$$

5）根据方程（16－4c），对于无电荷区域，将方程（16－7a）右侧第一项写为

$$\nabla(\nabla\cdot\boldsymbol{E})=\nabla[\nabla\cdot(\boldsymbol{D}/\varepsilon_0)]=\nabla\left(\frac{\nabla\cdot\boldsymbol{D}}{\varepsilon_0}\right)=0 \tag{16-7b}$$

6）根据方程（16－7b）重写方程（16－7a）

$$\nabla\times\nabla\times\boldsymbol{E}=-\nabla^2\boldsymbol{E} \tag{16-7c}$$

7）根据方程（16－7c）改写方程（16－6b），得到方程（16－8a）

$$\nabla^2\boldsymbol{E}=\mu_0\varepsilon_0\cdot\frac{\partial^2\boldsymbol{E}}{\partial t^2} \tag{16-8a}$$

8）采用类似的步骤可以得到

$$\nabla^2\boldsymbol{H}=\mu_0\varepsilon_0\cdot\frac{\partial^2\boldsymbol{H}}{\partial t^2} \tag{16-8b}$$

方程（16－8a）和（16－8b）称为波动方程。在自由空间，$\boldsymbol{E}$ 和 $\boldsymbol{H}$ 服从波动方程。对于随角频率 ω 正弦时变的场，场量对时间的二阶偏导数都等于该场量与 $(-\omega^2)$ 的乘积。因此，方程（16－8a）和（16－8b）可以重写为

$$\nabla^2\boldsymbol{E}=-\omega^2\mu_0\varepsilon_0\cdot\boldsymbol{E}\overset{\text{def}}{=\!=}-\beta_0^2\cdot\boldsymbol{E}\xrightarrow{\text{yields}}\boxed{\nabla^2\boldsymbol{E}+\beta_0^2\cdot\boldsymbol{E}=0} \tag{16-9a}$$

$$\nabla^2\boldsymbol{H}=-\omega^2\mu_0\varepsilon_0\cdot\boldsymbol{H}\overset{\text{def}}{=\!=}-\beta_0^2\cdot\boldsymbol{H}\xrightarrow{\text{yields}}\boxed{\nabla^2\boldsymbol{H}+\beta_0^2\cdot\boldsymbol{H}=0} \tag{16-9b}$$

式中，自由空间的**相位常数**可以定义为

$$\beta_0\overset{\text{def}}{=\!=}\omega\cdot\sqrt{\mu_0\varepsilon_0}=\frac{\omega}{c} \tag{16-10a}$$

式中，c 为自由空间的光速。

β_0 也称为**自由空间的波数**或**空间频率**，它实际上是均匀平面波在自由空间中的相移常数。

对于其他无电荷的线性介质（$\mu\neq\mu_0$，$\varepsilon\neq\varepsilon_0$），可以用 β 来替换 β_0

$$\beta\overset{\text{def}}{=\!=}\omega\sqrt{\varepsilon\mu} \tag{16-10b}$$

β 给出的是任意介质的**波数**。如前所述，它是在给定介质中单位距离上相位漂移的量度。方程（16－10a）和（16－10b）确定的关系式表明，**波数是介质参数和频率的函数**。

16.4.2 波动方程的解

如前所述，$\boldsymbol{E}$ 和 $\boldsymbol{H}$ 在空间和时间上的变化导致波现象的发生。为了考虑空间变化，需要一个能够方便描述场变化的坐标系。最常用的三种坐标系分别为笛卡儿坐标系、柱坐标系和球坐标系。坐标系的选择取决于场分布的物理结构。为方便起见，这里的研究仅限于笛卡儿坐标系。需要注意的是，$\boldsymbol{E}$ 场和 $\boldsymbol{H}$ 场可能随一个、两个或所有三个坐标变化，且 $\boldsymbol{E}$ 场和 $\boldsymbol{H}$ 场矢量可能只有一个、两个或所有三个分量。假设 $\boldsymbol{E}$（或 $\boldsymbol{H}$）仅是一个空间坐标（如 x）的函数，则方程（16－8a）和（16－8b）可写为

$$\frac{\partial^2 \boldsymbol{E}}{\partial x^2}=\mu_0\varepsilon_0\cdot\frac{\partial^2 \boldsymbol{E}}{\partial t^2} \tag{16-11a}$$

$$\frac{\partial^2 \boldsymbol{H}}{\partial x^2}=\mu_0\varepsilon_0\cdot\frac{\partial^2 \boldsymbol{H}}{\partial t^2} \tag{16-11b}$$

方程（16-11a）或（16-11b）本质上各有三个标量方程，即 $\boldsymbol{E}$（或 $\boldsymbol{H}$）的各标量分量方程。由于 $\boldsymbol{E}$ 和 $\boldsymbol{H}$ 都服从波动方程，只需要得到其中一个的解。从现在开始，我们将只关注 $\boldsymbol{E}$ 的解。

假定电场仅为 $\boldsymbol{E}=E_y\boldsymbol{a}_y$，方程（16-11a）取下面的形式

$$\frac{\partial^2 E_y}{\partial x^2}=\mu_0\varepsilon_0\cdot\frac{\partial^2 E_y}{\partial t^2} \tag{16-12a}$$

方程（16-12a）的解可写为下列通解形式

$$E_y=f_1(x-v_0t)+f_2(x+v_0t) \tag{16-12b}$$

式中，v_0 是**波传播速度**。对于自由空间，有

$$v_0=\frac{1}{\sqrt{\varepsilon_0\mu_0}}\overset{\text{def}}{=\!=}c \tag{16-12c}$$

式中，c 是真空或自由空间的光速。

方程（16-12b）给出的解如图 16-1 所示。

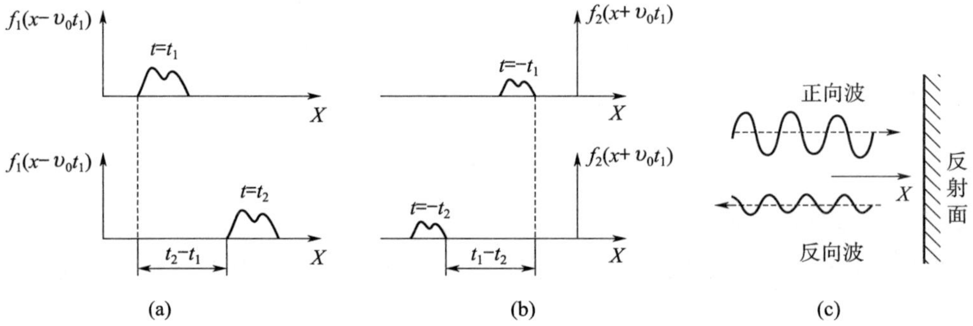

图 16-1 方程（16-12b）给出的 E_y 分量：(a) 正向波 (b) 反向波 (c) 波的方向相反

E_y 中的第一项 f_1 表示沿正 x 方向传播的波，称为**正向波**，通常来自一个源，并沿指定的前向传播，如图 16-1（a）所示。E_y 中的第二项 f_2 表示沿负 x 方向传播的波，称为**反向波**，通常是**反射波**，如图 16-1（b）所示。当正向波撞击反射面时就会产生**反向波**。根据反射面或波撞击表面的性质和特征，反射可以是全反射或部分反射。图 16-1（c）中给出了正向波和反向波的反射现象。

当一个波沿特定方向传播且没有反射波叠加时，这种行进的波称为**行波**。由方程 $E_y=C_1\cdot\cos(\omega t-\beta x)$ 表示的波是沿 x 正方向传播的行波。$E_y=C_2\cdot\cos(\omega t+\beta x)$ 也是一个行波，但它沿 x 的负方向传播。行波如图 16-2（a）所示，其中 $T=1/f=2\pi/\omega$（f 为波的频率，单位为 Hz）。

当正向波和反向波以等幅度同时出现时，它们的合成构成一种波，称为**驻波**（或静止

波)。这种波不传播,它的极大值和极小值出现在相同的空间位置。如图 16-2(b)所示,驻波似乎只是随时间膨胀和收缩(即幅度上增加和减少)。行波和驻波的性质将在 16.4.5 节中进一步讨论。

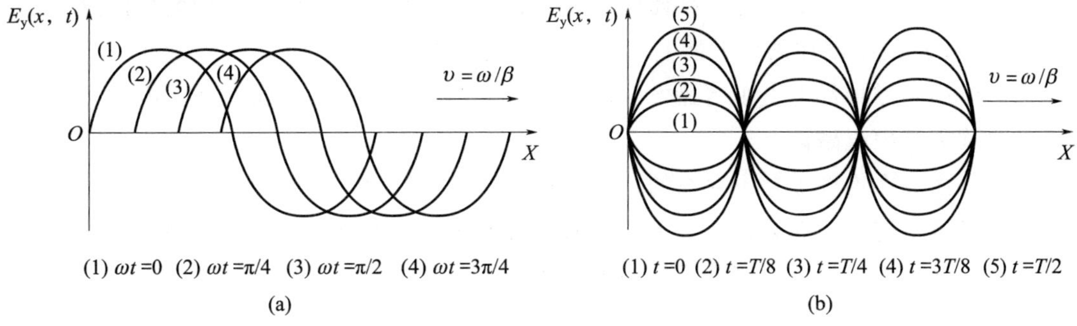

图 16-2 (a)行波;(b)驻波

16.4.3 对方程解的研究

假定 $\boldsymbol{E}$ 只是 x 和 t 的函数。方程(16-8a)相当于三个标量方程,$\boldsymbol{E}$ 的三个标量分量各一个方程,这三个方程可以写为

$$\frac{\partial^2 E_x}{\partial x^2}=\mu_0\varepsilon_0\cdot\frac{\partial^2 E_x}{\partial t^2} \tag{16-13a}$$

$$\frac{\partial^2 E_y}{\partial x^2}=\mu_0\varepsilon_0\cdot\frac{\partial^2 E_y}{\partial t^2} \tag{16-13b}$$

$$\frac{\partial^2 E_z}{\partial x^2}=\mu_0\varepsilon_0\cdot\frac{\partial^2 E_z}{\partial t^2} \tag{16-13c}$$

对于无电荷区域,方程(16-1c)可以写为

$$\frac{\partial E_x}{\partial x}+\frac{\partial E_y}{\partial y}+\frac{\partial E_z}{\partial z}=0 \tag{16-14a}$$

因为 $\boldsymbol{E}$ 不是 y 和 z 的函数,因此偏导数 $\partial E_y/\partial y$ 和 $\partial E_z/\partial z$ 不存在,方程(16-14a)可以简化为 $\partial E_x/\partial x=0$, 表明 E_x 在 x 方向上无变化。将它代入方程(16-13a)可得到

$$\frac{\partial^2 E_x}{\partial x^2}=0=\mu_0\varepsilon_0\cdot\frac{\partial^2 E_x}{\partial t^2}\xrightarrow{\text{yields}}\boxed{\frac{\partial^2 E_x}{\partial t^2}=0} \tag{16-14b}$$

因此,E_x 可能等于 0 或常数,或者 E_x 随时间均匀(线性)变化。这三种可能情况用数学语言描述为:(i) $E_x=0$;(ii) $E_x=k$;(iii) $E_x=kt$, 其中 k 为常数。

在这三个可能的选项中,(ii)和(iii)不满足波动方程,只有选项(i)即 $E_x=0$ 是唯一的可能。因此,在 x 方向上传播的波没有 x 分量。类似地,根据方程(16-1d),在 x 方向上传播的波也没有 $\boldsymbol{H}$ 的 x 分量。一般来说,沿着某个特定轴向传播的波,$\boldsymbol{E}$ 和 $\boldsymbol{H}$ 都没有沿该轴向的分量。

图 16-2(a)给出了 $\boldsymbol{E}(y, t)$ 不同时刻在不同 x 位置达到最大值的行波。如果标记

出等相点的空间位置并将这些点连接起来，连接后能得到一个平面构型，则称该构型为**等相面**。类似地，如果标记出等幅点的空间位置并连接起来，连接后能得到一个平面构型，则称这种构型为**等幅面**。等相面和等幅面可以用于波的进一步分类。

以等相面形式表征的波称为**平面波**。等相面和等幅面相同的波称为**均匀平面波**。在均匀平面波中，$\boldsymbol{E}$ 的幅度在某个平面上（如 $z=$常数）是均匀的。

因为电场和磁场都垂直于传播方向，而且都位于垂直于传播方向的平面内，所以均匀平面波也称为**横向电磁波**。

均匀平面波在物理上是不存在的，因为它在二维（至少）空间中延伸到无限远，代表无限多的能量。但是，在某种意义上，远离发射天线的场可以视为均匀平面波；照射一个遥远的目标的雷达信号也很接近于均匀平面波。

16.4.4　特征阻抗

假定波沿 x 方向传播，则波没有 E_x 和 H_x 分量，E_x 和 H_x 也不是 y 和 z 的函数。方程（16-1b）可以写为展开形式

$$\nabla\times\boldsymbol{E}=\begin{bmatrix}\boldsymbol{a}_x & \boldsymbol{a}_y & \boldsymbol{a}_z\\ \partial/\partial x & 0 & 0\\ 0 & E_y & E_z\end{bmatrix}=-\frac{\partial E_z}{\partial x}\boldsymbol{a}_y+\frac{\partial E_y}{\partial x}\boldsymbol{a}_z=-\frac{\partial \boldsymbol{B}}{\partial t}=-\mu_0\frac{\partial \boldsymbol{H}}{\partial t} \tag{16-15a}$$

方程（16-1a）可写为

$$\nabla\times\boldsymbol{H}=\begin{bmatrix}\boldsymbol{a}_x & \boldsymbol{a}_y & \boldsymbol{a}_z\\ \partial/\partial x & 0 & 0\\ 0 & H_y & H_z\end{bmatrix}=-\frac{\partial H_z}{\partial x}\boldsymbol{a}_y+\frac{\partial H_y}{\partial x}\boldsymbol{a}_z=\frac{\partial \boldsymbol{D}}{\partial t}=\varepsilon_0\frac{\partial \boldsymbol{E}}{\partial t} \tag{16-15b}$$

根据方程（16-15a）和（16-15b）可得

$$-\frac{\partial E_z}{\partial x}\boldsymbol{a}_y+\frac{\partial E_y}{\partial x}\boldsymbol{a}_z=-\mu_0\frac{\partial H_y}{\partial t}\boldsymbol{a}_y-\mu_0\frac{\partial H_z}{\partial t}\boldsymbol{a}_z \tag{16-16a}$$

$$-\frac{\partial H_z}{\partial x}\boldsymbol{a}_y+\frac{\partial H_y}{\partial x}\boldsymbol{a}_z=\varepsilon_0\frac{\partial E_y}{\partial t}\boldsymbol{a}_y+\varepsilon_0\frac{\partial E_z}{\partial t}\boldsymbol{a}_z \tag{16-16b}$$

方程（16-15a）和（16-15b）的 $\boldsymbol{a}_y$ 和 $\boldsymbol{a}_z$ 系数相等

$$-\frac{\partial H_z}{\partial x}=\varepsilon_0\frac{\partial E_y}{\partial t} \tag{16-17a}$$

$$\frac{\partial E_z}{\partial x}=\mu_0\frac{\partial H_y}{\partial t} \tag{16-17b}$$

$$\frac{\partial H_y}{\partial x}=\varepsilon_0\frac{\partial E_z}{\partial t} \tag{16-17c}$$

$$\frac{\partial E_y}{\partial x}=-\mu_0\frac{\partial H_z}{\partial t} \tag{16-17d}$$

我们仅研究方程（16-12b）的正向波分量，即

$$E_y=f_1(x-v_0t)\overset{\text{def}}{=\!=}f_1 \tag{16-18}$$

则

$$\frac{\partial E_y}{\partial t}=\frac{\partial f_1(x-v_0t)}{\partial t}=\frac{\partial f_1(x-v_0t)}{\partial(x-v_0t)}\cdot\frac{\partial(x-v_0t)}{\partial t}=f_1'(x-v_0t)\cdot(-v_0)$$

或

$$\frac{\partial E_y}{\partial t}=-v_0 f_1' \tag{16-18a}$$

式中

$$f_1'=f_1'(x-v_0t)=\frac{\partial f_1(x-v_0t)}{\partial(x-v_0t)} \tag{16-18b}$$

根据方程（17 - 16a）和（16 - 18a）可得

$$\frac{\partial H_z}{\partial x}=v_0\cdot\varepsilon_0\cdot f_1'=\frac{1}{\sqrt{\mu_0\cdot\varepsilon_0}}\cdot\varepsilon_0\cdot f_1'=\sqrt{\varepsilon_0/\mu_0}\cdot f_1' \tag{16-19a}$$

则

$$H_z=\sqrt{\varepsilon_0/\mu_0}\cdot\int f_1'\cdot \mathrm{d}x+k \tag{16-19b}$$

因为

$$\frac{\partial f_1}{\partial t}=\frac{\partial f_1(x-v_0t)}{\partial(x-v_0t)}\cdot\frac{\partial(x-v_0t)}{\partial t}=f_1' \tag{16-20}$$

由于 k 是常数，不是时间 t 的函数，不构成波运动的一部分，可以略去。因此，根据方程（16 - 19b）得到

$$\begin{aligned}H_z&=\sqrt{\varepsilon_0/\mu_0}\cdot\int f_1'\cdot \mathrm{d}x=\sqrt{\varepsilon_0/\mu_0}\cdot\int\frac{\partial f_1'}{\partial x}\cdot \mathrm{d}x\\&=\sqrt{\varepsilon_0/\mu_0}\cdot f_1=\sqrt{\varepsilon_0/\mu_0}\cdot E_y\end{aligned} \tag{16-21}$$

根据方程（16 - 21）得到

$$E_y/H_z=\sqrt{\mu_0/\varepsilon_0}\qquad\text{（对于自由空间或大气）} \tag{16-22a}$$

$$E_y/H_z=\sqrt{\mu/\varepsilon}\qquad\text{（对于任意线性介质）} \tag{16-22b}$$

采用上述方法还可以得到另一个 E_z/H_y 的关系式

$$E_z/H_y=-\sqrt{\mu/\varepsilon}\qquad\text{（对于任意线性介质）} \tag{16-22c}$$

由于 $E_x=H_x=0$，有

$$\boldsymbol{E}=|E|=\sqrt{E_y^2+E_z^2}=\sqrt{\left(H_z\sqrt{\mu/\varepsilon}\right)^2+\left(-H_y\sqrt{\mu/\varepsilon}\right)^2}$$

或

$$E=\sqrt{H_z^2+H_y^2}\cdot\sqrt{\mu/\varepsilon} \tag{16-23a}$$

$$H=\sqrt{H_z^2+H_y^2} \tag{16-23b}$$

因此有

$$E/H=\sqrt{\mu/\varepsilon}\overset{\text{def}}{=\!=}\eta\qquad\text{（对于任意线性介质）} \tag{16-24a}$$

$$E/H=\sqrt{\mu_0/\varepsilon_0}\overset{\text{def}}{=\!=}\eta_0\qquad\text{（对于自由空间）} \tag{16-24b}$$

方程（16－24a）给出了电场强度和磁场强度之比，它具有电阻的单位（欧姆），用符号 η 来表示。这个比率称为介质的**特征（或本征）**阻抗。

特征阻抗 η_0 是自由空间的一个普适常数。在方程（16－24b）中，用 $\varepsilon_0=8.854\times10^{-12}=\dfrac{10^{-9}}{36\pi}$F/m 替换 ε，用 $\mu_0=4\pi\times10^{-7}$ H/m 替换 μ 。参数 η 用 η_0 来替换，得到

$$\eta_0=120\pi\approx377\ \Omega \tag{16-25}$$

16.4.5 波的性质

为了进一步理解波的性质，我们考虑下面的方程（16－9a）

$$\nabla^2\boldsymbol{E}+\beta_0^2\boldsymbol{E}=0 \tag{16-9a}$$

假定 $\boldsymbol{E}$ 仅是 x 和 t 的函数，且仅含有 E_y 分量（即 $\boldsymbol{E}=E_y\boldsymbol{a}_y$），方程（16－9a）可以写为

$$\frac{\partial^2E_y}{\partial x^2}+\beta^2E_y=0 \tag{16-26}$$

方程（16－26）的解可以写为

$$E_y(x)=C_1\mathrm{e}^{-\mathrm{j}\beta x}+C_2\mathrm{e}^{+\mathrm{j}\beta x} \tag{16-27a}$$

加入时变项 $\mathrm{e}^{-\mathrm{j}\omega t}$ 后，方程（16－27a）变为

$$E_y(x,t)=C_1\mathrm{e}^{-\mathrm{j}(\beta x-\omega t)}+C_2\mathrm{e}^{+\mathrm{j}(\beta x+\omega t)} \tag{16-27b}$$

如同方程（16－12b）中所看到的，方程（16－27b）包含两部分解（复数形式），分别表示正向波和反向波。由方程（16－27b）确定的 $E_y(x,t)$ 的实部（Re）和虚部（Im）为

$$\mathrm{Re}[E_y(x,t)]=C_1\cos(\omega t-\beta x)+C_2\cos(\omega t+\beta x) \tag{16-28a}$$

$$\mathrm{Im}[E_y(x,t)]=C_1\sin(\omega t-\beta x)+C_2\sin(\omega t+\beta x) \tag{16-28b}$$

由方程（16－26a）和（16－28b）给出的 $E_y(x,t)$ 的实部和虚部中的两项也表示正向波和反向波。解中仅表示正向波的实部是

$$\mathrm{Re}[E_y(x,t)]=C_1\cdot\cos(\omega t-\beta x) \tag{16-29}$$

方程（16－29）表明，当波沿 x 方向走完一个波长时（即 $x=\lambda$），其相位变化 2π 弧度。因此

$$\beta x=\beta\lambda=2\pi \tag{16-29a}$$

根据众所周知的关系式 $v=f\lambda$，有 $\lambda=v/f$ 。用频率 f 乘以方程（19－29a）（即 $\beta\lambda=2\pi$）两边，我们得到 $\beta\lambda f=\beta v=2\pi f=\omega$ 。根据这个关系式得到

$$v=\frac{\omega}{\beta} \tag{16-29b}$$

这个关系也可以从余弦项 $(\omega t-\beta x)$ 的参数中得到，将其等于一个常数（最方便等于零）。因此

$$\omega t-\beta x=0 \tag{16-30a}$$

$$\frac{x}{t}=v=\frac{\omega}{\beta} \tag{16-30b}$$

速度 υ 称为**相速度**。υ 有时用于表示波的传播速度，在真空或自由空间中就变为 v_0（等于 c，c 为光速），在这种情况下，相速度用 v_p 表示。

方程（16 - 29）中的 ωt 替换不同的值可以得到下列结果表达式

$$\mathrm{Re}\left[E_y(x,t)\right]\big|_{\omega t=0}=C_1\cos\beta x \tag{16 - 31a}$$

$$\mathrm{Re}\left[E_y(x,t)\right]\big|_{\omega t=\pi/4}=C_1\cos(\pi/4-\beta x)=\frac{C_1}{\sqrt{2}}(\cos\beta x-\sin\beta x) \tag{16 - 31b}$$

$$\mathrm{Re}\left[E_y(x,t)\right]\big|_{\omega t=\pi/2}=C_1\cos(\pi/2-\beta x)=C_1\sin\beta x \tag{16 - 31c}$$

用类似的方法，可以得到更多 ωt 值的表达式。

根据方程（16 - 31a）至（16 - 3c）的 E_y 表达式绘制的曲线与图 16 - 2a 所示的**行波**图相同。从图 16 - 2a 可以明显看出，随着 ωt 值增大，波峰向右移动。图 16 - 2b 给出了驻波图，以便在最大值或最小值位置不变情况下对两个波进行比较。

16.5　有耗介质中的波

在有耗介质中，电导率 σ 不为零。介质中存在的弱导电性会导致存在一些传导电流。

16.5.1　波动方程

在有耗介质中，$\sigma\neq 0$，因此，由方程（16 - 1a）和（16 - 1b）给出的麦克斯韦方程可以写为

$$\nabla\times\boldsymbol{H}=\boldsymbol{J}+\frac{\partial\boldsymbol{D}}{\partial t}=\sigma\boldsymbol{E}+\varepsilon\frac{\partial\boldsymbol{D}}{\partial t} \tag{16 - 3a}$$

$$\nabla\times\boldsymbol{E}=-\frac{\partial\boldsymbol{B}}{\partial t}=-\mu\frac{\partial\boldsymbol{H}}{\partial t} \tag{16 - 3b}$$

这种情况下的波动方程可以类似无耗介质情况下所采用的步骤得到，这些步骤如下。

1）方程（16 - 3a）两端对时间求导，改变对时间和空间微分顺序，得到

$$\frac{\partial}{\partial t}(\nabla\times\boldsymbol{H})=\nabla\times\frac{\partial\boldsymbol{H}}{\partial t}=\sigma\frac{\partial\boldsymbol{E}}{\partial t}+\varepsilon\frac{\partial^2\boldsymbol{E}}{\partial t^2} \tag{16 - 32}$$

2）方程（16 - 3b）两端取旋度并应用（16 - 32），得到

$$\nabla\times\nabla\times\boldsymbol{E}=-\nabla^2\boldsymbol{E}=-\mu\,\nabla\times\frac{\partial\boldsymbol{H}}{\partial t}=-\mu\left(\sigma\frac{\partial\boldsymbol{E}}{\partial t}+\varepsilon\frac{\partial^2\boldsymbol{E}}{\partial t^2}\right)$$

或

$$\nabla^2\boldsymbol{E}=\left(\mu\sigma\frac{\partial\boldsymbol{E}}{\partial t}+\mu\varepsilon\frac{\partial^2\boldsymbol{E}}{\partial t^2}\right)$$

因此

$$\nabla^2\boldsymbol{E}-\mu\sigma\frac{\partial\boldsymbol{E}}{\partial t}-\mu\varepsilon\frac{\partial^2\boldsymbol{E}}{\partial t^2}=0 \tag{16 - 33a}$$

$$\nabla^2\boldsymbol{H}-\mu\sigma\frac{\partial\boldsymbol{H}}{\partial t}-\mu\varepsilon\frac{\partial^2\boldsymbol{H}}{\partial t^2}=0 \tag{16 - 33b}$$

方程（16－33a）和（16－33b）为有耗介质中 $\boldsymbol{E}$ 和 $\boldsymbol{H}$ 遵循的波动方程。$\boldsymbol{E}$ 的正弦时变波动方程可写为

$$\nabla^2\boldsymbol{E}-\mathrm{j}\omega\mu\sigma\boldsymbol{E}+\omega^2\mu\varepsilon\boldsymbol{E}=\nabla^2\boldsymbol{E}+(\omega^2\mu\varepsilon-\mathrm{j}\omega\mu\sigma)\boldsymbol{E}$$
$$=\nabla^2\boldsymbol{E}-\mathrm{j}\omega\mu(\sigma+\mathrm{j}\omega\varepsilon)\boldsymbol{E}=0$$

根据上面结果和类似的步骤，可以得到

$$\nabla^2\boldsymbol{E}-\gamma^2\boldsymbol{E}=0 \tag{16－34a}$$

$$\nabla^2\boldsymbol{H}-\gamma^2\boldsymbol{H}=0 \tag{16－34b}$$

式中

$$\gamma=\sqrt{\mathrm{j}\omega\mu(\sigma+\mathrm{j}\omega\varepsilon)}=\alpha+\mathrm{j}\beta \tag{16－34c}$$

参数 α 和 β 在前面已经解释过。如前所述，β 为相移常数，是波的相位变化的量度。β_0 和 β 的值由方程（16－10a）和（16－10b）给出，分别为自由空间的波数和一般介质的波数。

16.5.2 波动方程的解

方程（16－34a）的解可写为

$$E_y(x)=C_1\mathrm{e}^{-\gamma x}+C_2\mathrm{e}^{+\gamma x} \tag{16－35a}$$

考虑时间变化，方程（16－35a）变为

$$E_y(x,t)=[C_1\mathrm{e}^{-(\alpha+\mathrm{j}\beta)x}+C_2\mathrm{e}^{(\alpha+\mathrm{j}\beta)x}]\mathrm{e}^{\mathrm{j}\omega t} \tag{16－35b}$$

同样，方程（16－35b）也包含正向波和反向波，而且两个波都包含实部和虚部。仅考虑正向波的实部，即

$$\mathrm{Re}[E_y(x,t)]=C_1\mathrm{e}^{-\alpha x}\cos(\omega t-\beta x) \tag{16－36}$$

方程（16－36）中的 ωt 取不同的值，得到下列表达式

$$\mathrm{Re}\;[E_y(x,t)]\,|_{\omega t=0}=C_1\mathrm{e}^{-\alpha x}\cos\beta x \tag{16－36a}$$

$$\mathrm{Re}\;[E_y(x,t)]\,|_{\omega t=\pi/4}=C_1\mathrm{e}^{-\alpha x}\cos(\pi/4-\beta x)=\frac{C_1}{\sqrt{2}}\mathrm{e}^{-\alpha x}(\cos\beta x+\sin\beta x) \tag{16－36b}$$

$$\mathrm{Re}[E_y(x,t)]\,|_{\omega t=\pi/2}=C_1\mathrm{e}^{-\alpha x}\cos(\pi/2-\beta x)=C_1\mathrm{e}^{-\alpha x}\sin\beta x \tag{16－36c}$$

用类似的方法，可以得到更多 ωt 值的表达式。下面几个小节将讨论通过这些表达式得到的波的性质。

采用 16.4.4 节中的方法得到有耗介质的特征阻抗可以写为

$$\frac{\boldsymbol{E}}{\boldsymbol{H}}=\eta=\sqrt{\frac{\mathrm{j}\omega\mu}{\sigma+\mathrm{j}\omega\varepsilon}} \tag{16－37}$$

根据方程（16－36）的 E_y 表达式绘制的曲线如图 16－3 所示。这是一个行波的波形，但与图 16－2（a）不同。在这种情况下，α 的出现导致随 x 轴传播的波幅度逐渐降低。

应用坡印亭定理可以得到沿 x 轴方向波传播的时间平均功率密度。如果 $\boldsymbol{E}=E_x\boldsymbol{a}_x$，则 $\boldsymbol{H}=H_y\boldsymbol{a}_y$。根据坡印亭定理

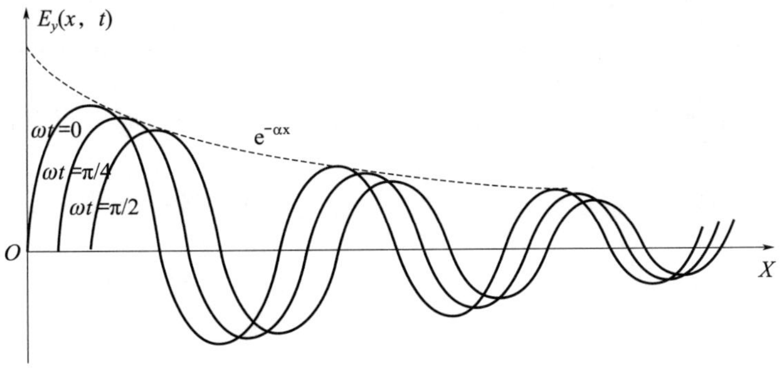

图 16－3　有耗介质中的行波图

$$\boldsymbol{P}=\boldsymbol{E}\times\boldsymbol{H}=E_x\boldsymbol{a}_x\times H_y\boldsymbol{a}_y=p_z\boldsymbol{a}_z$$

令 $E_x=E_{x0}\cos(\omega t-\beta z)$ 则 $H_y=\dfrac{E_{x0}}{\eta}\cos(\omega t-\beta z)$

$$p_z=\frac{E_{x0}^2}{\eta}\cos^2(\omega t-\beta z)\tag{16－38a}$$

$$p_{z,av}=f\int_0^{1/f}\frac{E_{x0}^2}{\eta}\cos^2(\omega t-\beta z)\,\mathrm{d}t=\frac{f}{2}\frac{E_{x0}^2}{\eta}\int_0^{1/f}[1+\cos(2\omega t-2\beta z)]\,\mathrm{d}t$$

$$=\frac{f}{2}\frac{E_{x0}^2}{\eta}[t+\sin(2\omega t-2\beta z)]_0^{1/f}=\frac{f}{2}\frac{E_{x0}^2}{\eta}\frac{1}{f}=\frac{1}{2}\frac{E_{x0}^2}{\eta}$$

(16－38b)

$$p_{z,av}(\mathrm{rms})=\frac{E_{x0}^2}{\eta}\quad（无耗介质）\tag{16－38c}$$

$$p_{z,av}=\frac{E_{x0}^2}{2\eta}\mathrm{e}^{-\alpha x}\cos\theta_\eta\quad(\eta=\eta_m\angle\theta_\eta)\tag{16－38d}$$

16.6　导体与电介质

在第 8 章已详细讨论了导体材料和电介质材料。由于在那个阶段还没有完整的麦克斯韦方程图像，因此，也没有区分导体和电介质的准则。这个准则基于方程（16－1a）给出的麦克斯韦方程。将该方程复制到这里为

$$\nabla\times\boldsymbol{H}=\boldsymbol{J}+\frac{\partial D}{\partial t}=\boldsymbol{J}+\boldsymbol{J}_d\tag{16－1a}$$

方程的右边有两项，第一项表示传导电流密度 $\boldsymbol{J}$，第二项为位移电流密度或电容电流密度 $\boldsymbol{J}_d$。两个电流密度之比的幅度（对于正弦时变情况）可以写为

$$\left|\frac{\boldsymbol{J}}{\boldsymbol{J}_d}\right|=\frac{|\sigma\boldsymbol{E}|}{|\omega\varepsilon\boldsymbol{E}|}=\frac{\sigma}{\omega\varepsilon}\tag{16－39}$$

考察方程（16－39）的右侧可以看出：1）电导率 σ 的值在 0 到 ∞ 之间；2）角频率 ω 的值在 0 到 ∞ 之间；3）对于电介质情况（$\varepsilon=\varepsilon_0\varepsilon_r$），$\varepsilon_r$ 不会小于 1（真空），不会大于 80

(蒸馏水)；4）以上参数均不会取负值。

根据上面提到的限制，方程（16－39）的右侧可以取 0 到 ∞ 之间的任何值（包括 1）。比值为 1 通常是区分导体和电介质的分界线。因此，当 $\frac{\sigma}{\omega\varepsilon}>1$ 时，可以认为材料是导体，当 $\frac{\sigma}{\omega\varepsilon}<1$ 时，可以认为材料是电介质。此外，这个比值离分界线越远，则电介质越理想 $\left(\text{即 } \frac{\sigma}{\omega\varepsilon}\ll 1\right)$ 或导体更理想 $\left(\text{即 } \frac{\sigma}{\omega\varepsilon}\gg 1\right)$，视情况而定。这种材料的分类可以用图 16－4 来描述。

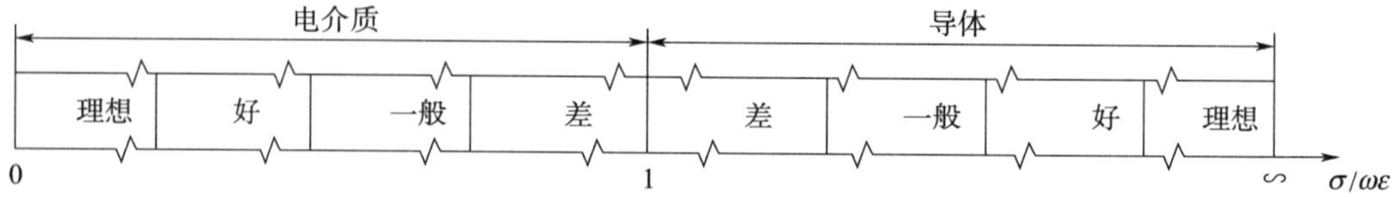

图 16－4 导体和电介质的 $\sigma/\omega\varepsilon$ 相对值

16.6.1 电介质的相关参数

还有一些特殊参数用于进一步说明电介质性质，这些参数包括耗散因子、功率因子和损耗正切。下面用 ε 和 σ 来描述这些参数。

电介质的**耗散因子**用 $\mathcal{D}$ 来表示，表达式为

$$\mathcal{D}=\frac{\sigma}{\varepsilon\omega} \tag{16-39a}$$

功率因子由 $\sin\varphi$ 来确定，φ 与 $\mathcal{D}$ 之间关系为

$$\varphi=\tan^{-1}\mathcal{D} \tag{16-39b}$$

当 $\mathcal{D}$ 小于 0.15 时，耗散因子 $\mathcal{D}$ 与功率因子 $\sin\varphi$ 之差约为 1%。

损耗正切定义为

$$\tan\varphi=\mathcal{D} \tag{16-39c}$$

对于小量值有：$\varphi\approx\mathcal{D}$。

应该注意，在音频频率下，云母的 $\sigma/\omega\varepsilon$ 约为 0.002，而铜在 30 GHz 下的 $\sigma/\omega\varepsilon$ 值约为 3.5×10^8。此外，对于大多数电介质，σ 和 ε 是频率的函数，而对于良导体，σ 和 ε 与频率无关。

16.6.2 电介质参数中的 α 和 β 值

可以通过下列步骤获得 α 和 β 的值：

1）根据方程（16－34c）写出 γ

$$\gamma=\sqrt{\mathrm{j}\omega\mu(\sigma+\mathrm{j}\omega\varepsilon)}=\alpha+\mathrm{j}\beta \tag{16-34c}$$

2）方程（16－34c）两端平方

$$(\alpha+\mathrm{j}\beta)^2=\alpha^2-\beta^2+2\mathrm{j}\alpha\beta=-\omega^2\mu\varepsilon+\mathrm{j}\omega\mu\sigma \tag{16-40a}$$

3）方程（16－40a）实部和虚部分离

$$\alpha^2-\beta^2=-\omega^2\mu\varepsilon \tag{16-40b}$$

$$2\alpha\beta=\omega\mu\sigma \tag{16-40c}$$

4）通过方程（16－40c）得到 α 和 β

$$\alpha=\frac{\omega\mu\sigma}{2\beta} \tag{16-40d}$$

$$\beta=\frac{\omega\mu\sigma}{2\alpha} \tag{16-40e}$$

5）将方程（16－40d）的 α 代入（16－40b），化简得到

$$\beta=\omega\sqrt{\frac{\mu\varepsilon}{2}\left\{\sqrt{\left[1+\frac{\sigma^2}{\omega^2\varepsilon^2}\right]}+1\right\}} \tag{16-41a}$$

6）将方程（16－40e）的 β 代入（16－40b），化简得到

$$\alpha=\omega\sqrt{\frac{\mu\varepsilon}{2}\left\{\sqrt{\left[1+\frac{\sigma^2}{\omega^2\varepsilon^2}\right]}-1\right\}} \tag{16-41b}$$

16.6.3　电导率对 α、β、v 和 η 的影响

对于**理想电介质**，$\frac{\sigma}{\omega\varepsilon}\ll 1$，方程（16－41a）和（16－31b）中的平方根项可以简化为

$$\sqrt{1+\frac{\sigma^2}{\omega^2\varepsilon^2}}\approx 1+\frac{\sigma^2}{2\omega^2\varepsilon^2} \tag{16-42a}$$

根据方程（16－42a），由方程（16－41a）和（16－41b）给出的 α 和 β 的表达式分别简化为

$$\alpha=\frac{\sigma}{2}\sqrt{\frac{\mu}{\varepsilon}} \tag{16-42b}$$

$$\beta=\omega\sqrt{\mu\varepsilon}\left(1+\frac{\sigma^2}{8\,\omega^2\varepsilon^2}\right) \tag{16-42c}$$

根据方程（16－42c），由方程（16－29b）给出的速度 v 的表达式变为

$$v=\frac{\omega}{\beta}\approx v_0\left(1-\frac{\sigma^2}{8\,\omega^2\varepsilon^2}\right) \tag{16-43}$$

由方程（16－25）给出的特征阻抗 η 的表达式变为

$$\eta=\sqrt{\frac{\mathrm{j}\omega\mu}{\sigma+\mathrm{j}\omega\varepsilon}}\approx\sqrt{\frac{\mu}{\varepsilon}}\left(1+\frac{j\sigma}{2\omega\varepsilon}\right) \tag{16-44a}$$

$$\eta=\sqrt{\frac{\mu}{\varepsilon}}=\eta_0 \qquad （当\ \sigma=0\ 时） \tag{16-44b}$$

$$\eta\approx\eta_0\left(1+\frac{\mathrm{j}\sigma}{2\omega\varepsilon}\right) \qquad （当\ \sigma\neq 0\ 时） \tag{16-44c}$$

由方程（16－43）可以看出，在良好的电介质中，小 σ 出现会导致波的传播速度略有降低。同样，方程（16－44c）解释了小 σ 出现会导致特征阻抗增加了一个小的电抗分量。

对于**理想导体**，σ 很大，$\omega\varepsilon/\sigma$ 趋近于 0，方程（16－34c）可以改写为

$$\gamma = \alpha + \mathrm{j}\beta = \sqrt{\mathrm{j}\omega\mu(\sigma + \mathrm{j}\omega\varepsilon)} = \sqrt{\mathrm{j}\omega\mu\sigma\left(1 + \frac{\mathrm{j}\omega\varepsilon}{\sigma}\right)} \approx \sqrt{\mathrm{j}\omega\mu\varepsilon} \tag{16－45a}$$

因此

$$\alpha = \beta = \sqrt{\omega\mu\varepsilon}\angle 45^\circ = \sqrt{\frac{\omega\mu\varepsilon}{2}} \tag{16－45b}$$

$$v = \frac{\omega}{\beta} = \sqrt{\frac{2\omega}{\mu\sigma}} \tag{16－46a}$$

$$\eta = \sqrt{\frac{\mathrm{j}\omega\mu}{\sigma + \mathrm{j}\omega\varepsilon}} = \sqrt{\frac{\mathrm{j}\omega\mu}{\sigma(1 + \mathrm{j}\omega\varepsilon/\sigma)}} \approx \sqrt{\frac{\omega\mu}{\sigma}}\angle 45^\circ \tag{16－46b}$$

从方程（16－45）和（16－46）可以看出，α 和 β 都很大。因此，由于 α 大，波在通过导体时大大衰减。由于 β 也很大，它导致波速骤减，几乎达到了空气中的声波水平。特征阻抗也非常小且含有一个电抗分量。从方程（16－46b）可以看出，对于理想导体，阻抗角始终为 45°。

16.7　极化

极化可以根据 $\boldsymbol{E}$ 矢量相对于地面（或地球表面，假设是完全光滑和平坦的）的方向来定义。为了详细说明极化的含义，考虑安装一个天线在地面 。如果在波发出的瞬间，它的 $\boldsymbol{E}$ 场垂直于地面，就称波为**垂直极化**，如果是平行于地面，就称波为**水平极化**。从垂直天线发出的波，期望是**垂直极化**，而水平天线发出的波，期望是**水平极化**。然而，对于水平天线发出的波，确实是水平极化，而垂直天线发出的波，却不是理想的垂直极化。上面的描述仅涉及一个瞬间，而在传播过程中，由于电介质参数的变化，$\boldsymbol{E}$ 的方向也会发生变化。因此，波的极化通常至少用一个完整周期内 $\boldsymbol{E}$ 矢量的方向来定义。根据每个周期内 $\boldsymbol{E}$ 矢量的大小和（或）方向的变化，这个矢量在垂直传播方向的平面上可能映射出椭圆、圆或直线。由于这种映射，波可以被称为**椭圆极化**、**圆极化**或**线极化**。事实上，椭圆极化是极化的一般形式，圆极化和线极化是椭圆极化的特例。

为了进一步阐述，让我们考虑一个沿任意方向（例如，为简单起见，取正 z 方向）传播的波。因此，它的 $\boldsymbol{E}$ 矢量的垂直分量可能在 x 轴或 y 轴上，或者在 x 和 y 之间，这个 $\boldsymbol{E}$ 矢量可以写成 $\boldsymbol{E} = E_x\boldsymbol{a}_x + E_y\boldsymbol{a}_y$ 。根据这个 $\boldsymbol{E}$ 矢量的表达式，可以得出下列结论：

1）如果 $E_y = 0$ 而 E_x 存在，则称为波是**在 $\boldsymbol{x}$ 方向极化**。

2）如果 $E_x = 0$ 而 E_y 存在，则称为波是**在 $\boldsymbol{y}$ 方向极化**。

3）如果 E_x 和 E_y 都存在并且同相位，合成的 $\boldsymbol{E}$ 矢量幅度发生变化，方向不变。这种波称为线性极化波。

4）如果 E_x 和 E_y 都存在，但具有 180° 相位差，这种波也称为线极化，但是矢量方向与同相位情况相反。

5）如果 E_x 和 E_y 都存在，但具有 90° 相位差，在不同时刻合成的 $\boldsymbol{E}$ 矢量的幅度相同，

但方向不同。连接这个矢量不同时刻的端点的包络线是一个圆。这样的波称为**圆极化波**。

6）如果 E_x 和 E_y 之间具有 270° 相位差，则这种波也称为圆极化波，但极化的旋转方向相反。即 $\boldsymbol{E}$ 矢量的方向与 90° 相位差的情况相反。

7）如果 E_x 和 E_y 之间具有相位差，但不是 0°、90°、180° 和 270° 的情况，合成的 $\boldsymbol{E}$ 矢量的幅度和方向都会变化。连接这个矢量不同时刻端点的包络线是一个椭圆，这样的波称为**椭圆极化波**。角度在 0° 至 180° 之间的极化旋转方向与角度在 180° 至 360° 之间的极化旋转方向相反。

在椭圆中，短轴与长轴之比（称为轴比）称为**椭圆度**，用 dB 表示且总是小于 1。椭圆长轴的方向称为**极化方向**。波的极化由**轴比、方向和旋转方向**完全确定，并定义在均匀各向同性介质中的某一点上。下面将进一步讨论线极化、圆极化和椭圆极化。

16.7.1　线极化

线极化波定义为横电磁波（TEM），这种波的电场矢量总是沿着一个固定的直线方向。线极化波可以认为是椭圆极化波在椭圆度无限大情况下的特例。图 16－5（a）示出了不同时刻（T_1、T_2 等）$\boldsymbol{E}$ 矢量的方向。在这种情况下，$\boldsymbol{E}$ 矢量的幅度不断变化，而它的方向保持不变。

16.7.2　圆极化

圆极化波定义为一种 TEM 波，这种波在某一点的电场矢量描绘了一个圆。圆极化波可以认为是椭圆极化波在椭圆度趋于零情况下的特例。图 16－5（b）示出了在 T_1、T_2 等不同时刻 $\boldsymbol{E}$ 矢量的方向。在这种情况下，$\boldsymbol{E}$ 矢量的幅度虽然保持不变，但它的方向却在不断变化。

16.7.3　椭圆极化

如前所述，这是一种最基本的极化形式。在这种情况下，$\boldsymbol{E}$ 矢量在垂直于传播方向的平面内映射了一个椭圆。图 16－5（c）示出了椭圆极化情况下 $\boldsymbol{E}$ 矢量的方向。在 T_1、T_2 等不同时刻，$\boldsymbol{E}$ 矢量的幅度和它的方向在不断变化。

在大多数实际应用中，线极化波起着主要作用。然而，圆极化波对任意方向的线性极化波都有响应。当介质引起极化面旋转时，圆极化可能是必要的。此外，雷达应用圆极化有助于抑制降水杂波。

16.7.4　极化旋转方向

极化旋转方向可以根据观察者来确定。观察者顺着传播方向看，在横向平面上，电场矢量**顺时针旋转是右旋极化，逆时针旋转是左旋极化**。椭圆极化和圆极化的波可以是**左旋**的也可以**右旋**的。图 16－6（a）和 16－6（b）描述了圆极化情况下 $\boldsymbol{E}$ 矢量的右旋和左旋。类似地，图 16－6（c）和 16－6（d）描述了椭圆极化情况下 $\boldsymbol{E}$ 矢量的右旋和左旋。

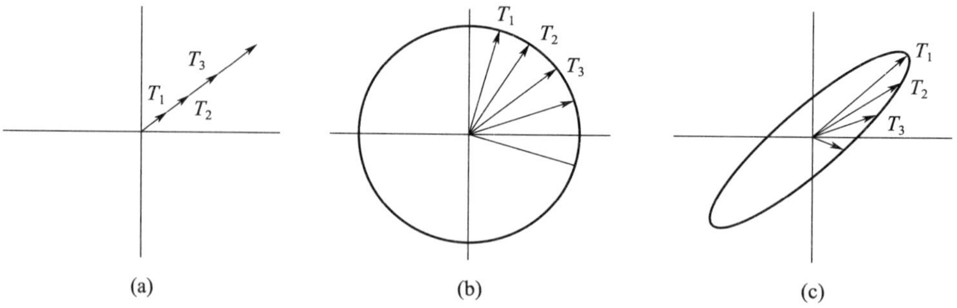

图 16-5　**E** 矢量的方向：(a) 线极化；(b) 圆极化；(c) 椭圆极化

圆极化波的旋转方向可通过两个旋转方向相反的螺旋天线来确定。右旋螺旋天线发射或接收右旋极化，左旋螺旋天线发射或接收左旋极化。如果一个圆极化波先由右旋螺旋天线接收，再由左旋螺旋天线接收，如果右旋螺旋天线接收到的信号比左旋螺旋天线接收到的信号多，则该波是右旋的。因此，接收信号量较大的天线所具有的极化旋转方向就是所接收波的极化旋转方向。在椭圆极化情况下，极化旋转方向应与主圆形分量的极化旋转方向相同。

如果在两个天线中，一个天线对另一个天线发出的波无响应，则称这两个天线的极化是**正交的**。圆极化天线在任何对称的反射面上完全看不到自己的图像。这是由于反射波具有相反的极化旋转方向，因此，反射波的极化与发射它的天线的极化是正交的。

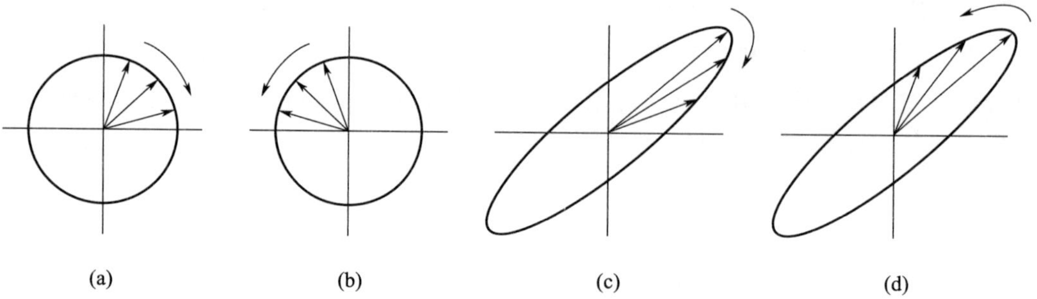

图 16-6　圆极化的 **E** 矢量旋转：(a) 顺时针，(b) 逆时针；
椭圆极化的 **E** 矢量旋转：(c) 顺时针，(d) 逆时针

16.7.5　极化的数学描述

通过研究无衰减行波可以获得描述极化的数学表达式。考虑一个正 z 方向传播的波，具有 E_x 和 E_y 分量，它们之间相移为 θ 。根据方程 (16-29)，E_x 和 E_y 分量解的实部可写为

$$E_x(z,t)=E_{0x}\cos(\omega t-\beta z) \tag{16-47a}$$

$$E_y(z,t)=E_{0y}\cos(\omega t-\beta z+\theta) \tag{16-47b}$$

式中，E_{0x} 和 E_{0y} 分别为 $E_x(z, t)$ 和 $E_y(z, t)$ 的幅度。

在某一固定空间位置（比如 $z=0$），上述方程可以简化为

$$E_x(t)=E_{0x}\cos(\omega t) \tag{16-48a}$$

$$E_y(t)=E_{0y}\cos(\omega t+\theta) \tag{16-48b}$$

由于 $E_x(t)$ 和 $E_y(t)$ 相互正交，$\boldsymbol{E}$ 矢量现在可以写为

$$\boldsymbol{E}=E_x(t)+\mathrm{j}E_y(t)=E_{0x}\cos(\omega t)+\mathrm{j}E_{0y}\cos(\omega t+\theta) \tag{16-49}$$

通过方程（16-49）可以得到 $\boldsymbol{E}$ 的幅度 $|\boldsymbol{E}|$ 和相位 φ 为

$$|\boldsymbol{E}|=\sqrt{[E_{0x}\cos(\omega t)]^2+[E_{0y}\cos(\omega t+\theta)]^2} \tag{16-50a}$$

$$\varphi=\tan^{-1}\left[\frac{E_{0y}\cos(\omega t+\theta)}{E_{0x}\cos(\omega t)}\right] \tag{16-50b}$$

根据方程（16-49）或（16-50a）（16-50b），对相关参数赋以适当的值，就可以得到极化曲线图。

16.8 趋肤深度与表面阻抗

本节将研究平面波的两个重要问题，即趋肤深度和表面阻抗。

16.8.1 趋肤深度

波在传播路径上可能会遇到不同类型的障碍。当波投射到一个表面时，它可能会被反射回来或透射到表面内部。这种反射或透射显然取决于材料的性质和表面的几何形状。此外，透射的量取决于表面的导电性和波的频率。透射波的振幅将按因子 $e^{-\alpha x}$ 的规律而减小，其中 x 为透过深度。假设在 $x=0$ 处透射波幅度为 1，则在 $x=\delta$ 处幅度减小原始幅度的 $e^{-\alpha\delta}$ 倍。根据上述描述，术语“趋肤深度 δ ”可以定义为波透过的量度，根据这种量度，在趋肤深度，波的幅度减少到原始值的 e^{-1} 倍。由此得到 $\alpha\delta=1$ 或 $\delta=1/\alpha$ 。

因此，根据方程（16-45b）

$$\alpha=\beta\approx\sqrt{\frac{\omega\mu\sigma}{2}} \tag{16-45b}$$

$$\delta=\frac{1}{\alpha}\approx\sqrt{\frac{2}{\omega\mu\sigma}} \tag{16-51}$$

从方程（17-51）可以看出，趋肤深度与频率是反比关系。在低频或甚低频下，波可以透射到很深的土地或水中，因此，这种频率可以用于探矿或水下通信。

16.8.2 表面阻抗

众所周知，在交流条件下，导体的电阻大于直流条件下的电阻。这种电阻的差异归因于趋肤效应。产生这种效应的原因是电感的存在，当电流在导体中流动时，不论它是交流还是直流，电感就会产生。由于电感是以每安培的磁链来定义的，因此，导体内部的电流比在边界处具有更多的磁链或更多的电感。只要频率为零，电感就不起任何作用。当频率

增大时，电抗或阻抗开始增大，因而扰动了电流的均匀性。根据电流的固有性质，它会选择阻力最小的路径。在较高频率下，会有更多电流开始在导体外围流动而不在导体内部流动。如图 16－7 所示，在非常高的频率下，电流几乎完全局限在导体表面的一个非常薄的薄层上。表面对电流流动的阻抗称为表面阻抗 Z_s，由下式给出

$$Z_s = \frac{E_{\tan}}{J_s} \tag{16-52}$$

式中，$E_{\tan}$ 是位于表面并与表面平行的电场，J_s 是由 $E_{\tan}$ 产生的线电流密度，是每米宽度薄层中流动的总传导电流。

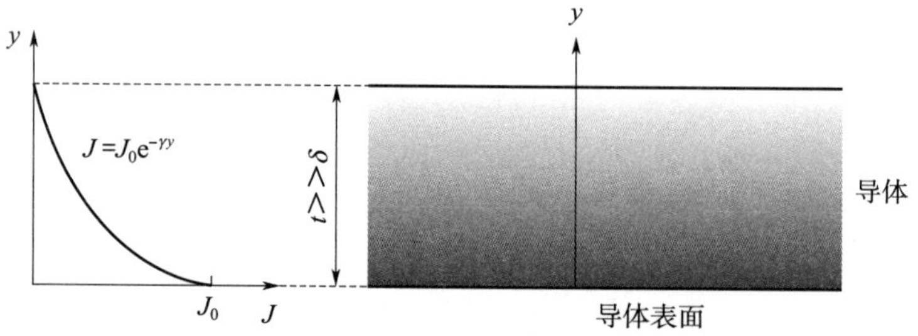

图 16－7　在薄（导电）平面中的面电流

假设导体绝对平坦，其中有一个表面位于 $y=0$ 的平面上，则导体 y 方向上的电流可写为

$$\boldsymbol{J} = \boldsymbol{J}_0 \mathrm{e}^{-\gamma y} \tag{16-53}$$

式中，$\boldsymbol{J}_0$ 是表面的电流密度。

由于假定导体的厚度 t 远大于趋肤深度 δ，因此没有来自导体背面的反射，面电流密度 J_s 可以写为

$$\boldsymbol{J}_s = \int_0^{\infty} \boldsymbol{J}\,\mathrm{d}y = \boldsymbol{J}_0 \int_0^{\infty} \mathrm{e}^{-\gamma y}\,\mathrm{d}y = \left(-\frac{\boldsymbol{J}_0}{y}\mathrm{e}^{-\gamma y} \right)_0^{\infty} = \frac{\boldsymbol{J}_0}{\gamma} \tag{16-54a}$$

而表面上的电流密度为

$$J_0 = \sigma E_{\tan} \tag{16-54b}$$

因此

$$J_s = \sigma \frac{E_{\tan}}{\gamma} \tag{16-54c}$$

或

$$\frac{\gamma}{\sigma} = \frac{E_{\tan}}{J_s} = Z_s \tag{16-54d}$$

理想导体中的 γ 表达式为

$$\gamma \approx \sqrt{\mathrm{j}\omega\mu\sigma} \tag{16-45a}$$

从方程（16－45a）和（16－54d）可以得到

$$Z_s = \frac{\sqrt{\mathrm{j}\omega\mu\sigma}}{\sigma} = \sqrt{\frac{\mathrm{j}\omega\mu}{\sigma}} = R_s + \mathrm{j}X_s \tag{16-55}$$

于是给出

$$R_s = X_s = \sqrt{\frac{\omega\mu}{2\sigma}} \tag{16-56a}$$

因为

$$\delta = \frac{1}{\alpha} \approx \sqrt{\frac{2}{\omega\mu\sigma}} \tag{16-51}$$

$$R_s = X_s = \frac{1}{\sigma\delta} \tag{16-56b}$$

表面阻抗的概念与很多应用密切相关，例如地波传播。当电波在地球表面传播时，在路径上会遇到不同的电导率和介电常数。因此，电波可能仅沿着地表面传播，也可能透射到地面内。此时，地表面或地面以下就会有电荷出现和电荷消失，或者电流流动。当波透过地面时，地面就会给以阻抗。这种阻抗称为地表阻抗，是趋肤深度 δ 、地面参数 σ 和 ε 的函数。

例 16.1　求频率为 5 MHz 的平面波的波数：(a) 通过自由空间；(b) 通过 $\mu_r=2$，$\varepsilon_r=3$ 的介质。

解：已知 $f=5$ MHz，$\omega=2\pi f=\pi\times10^7$

(a) 对于自由空间，$\mu=\mu_0$，$\varepsilon=\varepsilon_0$，根据方程 (16-10a)

$$\beta_0 \overset{\text{def}}{=\!=} \omega\cdot\sqrt{\mu_0\varepsilon_0}=\frac{\omega}{c}=\frac{\pi\times10^7}{3\times10^8}=0.1045\ \text{rad/m}$$

(b) 对于介质，$\mu_r=2$，$\varepsilon_r=3$，$\mu=\mu_0\mu_r=2\mu_0$，$\varepsilon=\varepsilon_0\varepsilon_r=3\varepsilon_0$，根据方程 (16-10b)

$$\beta_0 \overset{\text{def}}{=\!=} \omega\cdot\sqrt{\mu\varepsilon}=\pi\times10^7\sqrt{2\mu_0 3\varepsilon_0}=\pi\sqrt{6}\times10^7\sqrt{\mu_0\varepsilon_0}$$

$$=\frac{\pi\sqrt{6}\times10^7}{3\times10^8}=0.26\ \text{rad/m}$$

例 16.2　频率为 50 MHz 的平面波的平均坡印亭矢量为 10 W/m^2，波通过相对磁导率 $\mu_r=1$、相对介电常数 $\varepsilon_r=4$ 的无耗介质，求：(a) 传播速度 v；(b) 波长 λ；(c) 介质阻抗 η；(d) 电场 RMS 值 E_{rms} 。

解：已知 $f=5$ MHz，$P=10$ W/ m^2，$\mu_r=1$，$\varepsilon_r=4$

(a) $$v=\frac{1}{\sqrt{\mu\varepsilon}}=\frac{1}{\sqrt{\mu_0\mu_r\varepsilon_0\varepsilon_r}}=\frac{1}{\sqrt{\mu_r\varepsilon_r}}\frac{1}{\sqrt{\mu_0\varepsilon_0}}=\frac{c}{\sqrt{\mu_r\varepsilon_r}}=\frac{3\times10^8}{\sqrt{1\times4}}=1.5\times10^8\ \text{m/s}$$

(b) $$\lambda=\frac{v}{f}=\frac{1.5\times10^8}{50\times10^6}=3\ \text{m}$$

(c) $$\eta=\sqrt{\frac{\mu}{\varepsilon}}=\sqrt{\frac{\mu_0\mu_r}{\varepsilon_0\varepsilon_r}}=\sqrt{\frac{\mu_0}{\varepsilon_0}}\sqrt{\frac{\mu_r}{\varepsilon_r}}=120\pi\sqrt{\frac{1}{4}}=60\pi=188.5\ \Omega$$

(d) $$P=E\cdot H=\frac{(E_{\text{rms}})^2}{\eta},\ (E_{\text{rms}})^2=\eta\cdot P=10\times188.5=1885$$

$$E_{\text{rms}}=43.416\ \text{V/m}$$

例 16.3　在自由空间中以 1.5×10^8 m/s 速度传播的平面波的 $\boldsymbol{E}$ 矢量实部为 $E_y(x,t)=$

$10\cos(10^8 t - \beta x)$ 。求 β、λ 和 H 。

解：根据方程（16-29），$\mathrm{Re}[E_y(x, t)] = C_1\cos(\omega t - \beta x)$，将此式与给定的表达式比较，可以得到 $\omega = 10^8 = 2\pi f$，因此 $f = \dfrac{\omega}{2\pi} = \dfrac{10^8}{2\pi} = 15.915\ \mathrm{MHz}$

已知 $v = 1.5 \times 10^8 = f\lambda$，因此 $\lambda = \dfrac{v}{f} = \dfrac{1.5 \times 10^8}{15.915 \times 10^6} = 0.9425\ \mathrm{m}$

$$\beta = \frac{\omega}{v} = \frac{10^8}{1.5 \times 10^8} = 0.6666\ \mathrm{rad/m}$$

$H = \dfrac{E}{\eta_0} = \dfrac{10\cos(10^8 t - \beta x)}{377} = 0.0265\cos(10^8 t - \beta x)$ （单位为 A/m）

例 16.4 均匀平面波 $\boldsymbol{E} = 30e^{-\alpha x}\cos(10^8 t - \beta x)\boldsymbol{a}_z$（单位为 V/m）在具有以下特征的介质中传播，(a) μ_0，ε_0 (b) $\varepsilon_r = 2.26$，$\sigma = 0$。求在 $x = 1$ 处的平均功率密度（$\mathrm{PW/m^2}$）。

解：由于功率在 x 方向传输且 $\boldsymbol{E}$ 有 E_z 分量（或 $\boldsymbol{E} = E_z\boldsymbol{a}_z$），$\boldsymbol{H}$ 有 $-H_y$ 分量（或 $\boldsymbol{H} = -H_y\boldsymbol{a}_y$），

$$\boldsymbol{P} = \boldsymbol{E} \times \boldsymbol{H} = E_z\boldsymbol{a}_z \times (-H_y\boldsymbol{a}_y) = E_z H_y\boldsymbol{a}_x = P_x\boldsymbol{a}_x$$

$$E_z = 30e^{-\alpha x}\cos(10^8 t - \beta x) \qquad E_{z0} = 30$$

(a) 对自由空间 $\alpha = 0$，$\mu_r = \varepsilon_r = 1$，$\eta = \eta_0 = 377\ \Omega$

根据方程（16-38b）

$$P_{x,av} = \frac{1}{2}\frac{E_{z0}^2}{\eta} = \frac{E_{z0}^2}{2\eta_0} = \frac{450}{377} = 1.19 \qquad \boldsymbol{P} = P_x\boldsymbol{a}_x = P_{x,av}\boldsymbol{a}_x = 1.19\boldsymbol{a}_x$$

(b) 由于 $\sigma = 0$，$\varepsilon_r = 2.26$

$$\eta = \sqrt{\frac{\mu}{\varepsilon}} = \sqrt{\frac{\mu}{\varepsilon_0\varepsilon_r}} = \sqrt{\frac{\mu_0}{\varepsilon_0}}\sqrt{\frac{1}{\varepsilon_r}} = \eta_0\sqrt{\frac{1}{\varepsilon_r}} = 377\sqrt{\frac{1}{2.26}} = 250.777$$

$$P_{x,av} = \frac{1}{2}\frac{E_{z0}^2}{\eta} = \frac{(30)^2}{2 \times 250.777} = \frac{900}{501.55} = 1.7944 \qquad \boldsymbol{P} = 1.7944\boldsymbol{a}_x$$

例 16.5 采用 $\dfrac{\sigma}{\omega\varepsilon} = 1$ 作为界限，判别这些材料在不同频率下是理想电介质还是理想导体：(a) 陶瓷；(b) 铜。

解：根据方程（16-38），如果 $\dfrac{\sigma}{\omega\varepsilon} \ll 1$，则材料是理想电介质；如果 $\dfrac{\sigma}{\omega\varepsilon} \gg 1$，则材料是理想导体。

(a) 对于陶瓷 $\sigma = 2 \times 10^{-13}\ \mathrm{S/m}$，$\varepsilon_r = 6$

当 $f = 10\ \mathrm{kHz}$ 时，$\omega = 2\pi \times 10^4$，$\dfrac{\sigma}{\omega\varepsilon} = \dfrac{2 \times 10^{-13}}{2\pi \times 10^4 \times 6} = 0.05305 \times 10^{-17} \ll 1$

当 $f = 10\ \mathrm{MHz}$ 时，$\omega = 2\pi \times 10^7$，$\dfrac{\sigma}{\omega\varepsilon} = \dfrac{2 \times 10^{-13}}{2\pi \times 10^7 \times 6} = 0.05305 \times 10^{-20} \ll 1$

当 $f = 10\ \mathrm{GHz}$ 时，$\omega = 2\pi \times 10^{10}$，$\dfrac{\sigma}{\omega\varepsilon} = \dfrac{2 \times 10^{-13}}{2\pi \times 10^{10} \times 6} = 0.05305 \times 10^{-23} \ll 1$

陶瓷在很宽频率范围内满足 $\frac{\sigma}{\omega\varepsilon} \ll 1$，因此，陶瓷是理想电介质。

(b) 对于铜 $\sigma = 5.8 \times 10^7$ mhos/m，$\varepsilon_r = 1$

当 $f = 10$ kHz 时，$\frac{\sigma}{\omega\varepsilon} = \frac{5.8 \times 10^7}{2\pi \times 10^4 \times 8.854 \times 10^{-12}} = 0.104258 \times 10^{15} \gg 1$

当 $f = 10$ MHz 时，$\frac{\sigma}{\omega\varepsilon} = \frac{5.8 \times 10^7}{2\pi \times 10^7 \times 8.854 \times 10^{-12}} = 0.104258 \times 10^{12} \gg 1$

当 $f = 10$ GHz 时，$\frac{\sigma}{\omega\varepsilon} = \frac{5.8 \times 10^7}{2\pi \times 10^{10} \times 8.854 \times 10^{-12}} = 0.104258 \times 10^{9} \gg 1$

铜在很宽频率范围内都满足 $\frac{\sigma}{\omega\varepsilon} \gg 1$，因此，铜是理想导体。

例 16.6　具有场分量 $E_x = E_{0x}\angle\theta_1$ 和 $E_y = E_{0y}\angle\theta_2$ 的波沿正 z 方向传播，求它们的极化类型：(a) $E_{0x} = E_{0y} = 5$，$\theta_1 = \theta_2 = 45°$；(b) $E_{0x} = 5$，$E_{0y} = 10$，$\theta_1 = \theta_2 = 45°$；

(c) $E_{0x} = E_{0y} = 5$，$\theta_1 = 0°$，$\theta_2 = 90°$；(d) $E_{0x} = 5$，$E_{0y} = 10$，$\theta_1 = 15°$，$\theta_2 = 75°$。

解：在空间某固定点（比如 $z = 0$），不同情况下的场分量可以写为：

(a) $E_x(t) = 5\cos(\omega t + 45°)$，$E_y(t) = 5\cos(\omega t + 45°) = 1 \times E_x(t)$

因为 $E_y(t)$ 与 $E_x(t)$ 是线性关系，波是线极化的。

(b) $E_x(t) = 5\cos(\omega t + 45°)$，$E_y(t) = 10\cos(\omega t + 45°) = 2 \times E_x(t)$

因为 $E_y(t)$ 与 $E_x(t)$ 是线性关系，波是线极化的。

(c) $E_x(t) = 5\cos(\omega t + 0°) = 5\cos\omega t$，$E_y(t) = 5\cos(\omega t + 90°) = -5\sin\omega t$，$E_x^2(t) + E_y^2(t) = 50$

这个方程是圆的方程，因此，波是圆极化的。

(d) $E_x(t) = 5\cos(\omega t + 15°) = 5\cos\omega t\cos 15° - 5\sin\omega t\sin 15°$

$= 4.83\cos\omega t - 1.294\sin\omega t$

$E_y(t) = 10\cos(\omega t + 75°) = (10\cos\omega t\cos 75° - 10\sin\omega t\sin 75°)$

$= 2.588\cos\omega t - 9.66\sin\omega t$

根据方程（16-50a）和（16-50b）分别计算出 E 和 φ，为 ωt 赋予合适的值，就得到了极化图。其结果为椭圆，因此，波是椭圆极化的。

例 16.7　在不同频率下，求波在铜中的趋肤深度：(a) 20 MHz；(b) 5 GHz；(c) 50 GHz。

解：根据方程（16-51）

$$\delta = \sqrt{\frac{2}{\omega\mu\sigma}} = \sqrt{\frac{1}{\omega}}\sqrt{\frac{2}{\mu\sigma}} = \sqrt{\frac{1}{\omega}}\sqrt{\frac{2}{(4\pi \times 10^{-7})(5.8 \times 10^7)}} = \frac{0.16565}{\sqrt{\omega}}$$

(a) 当 $f = 20$ MHz 时，$\omega = 40\pi \times 10^6$，$\sqrt{\omega} = 11.21 \times 10^3$，$\delta = \frac{0.16565}{11.21 \times 10^3} = 14.777\ \mu$m

(b) 当 $f = 5$ GHz 时，$\omega = \pi \times 10^{10}$，$\sqrt{\omega} = 1.772 \times 10^5$，$\delta = \frac{0.16565}{1.772 \times 10^5} = 0.9346\ \mu$m

(c) 当 $f=50$ GHz 时，$\omega=10\pi\times10^{10}$，$\sqrt{\omega}=5.6\times10^5$，$\delta=\dfrac{0.16565}{5.6\times10^5}=0.2955\ \mu\text{m}$

例 16.8　求指定频率下的砂土表面电阻和表面电抗，参数 $\sigma=2\times10^{-5}$ S/m，$\varepsilon_r=3$，$\mu_r=1$。频率：(a) 5 kHz，(b) 50 kHz；(c) 500 kHz。

解：已知 $\sigma=2\times10^{-5}$ S/m，$\varepsilon_r=3$，$\varepsilon=3\varepsilon_0$；$\mu_r=1$，$\mu=\mu_0$

$$\sqrt{\frac{\mu}{2\sigma}}=\sqrt{\frac{\mu_0}{2\sigma}}=\sqrt{\frac{4\pi\times10^{-7}}{4\times10^{-5}}}=\sqrt{\frac{\pi}{100}}=0.1772$$

根据方程（16－56a）

$$R_s=X_s=\sqrt{\frac{\omega\mu}{2\sigma}}=\sqrt{\omega}\sqrt{\frac{\mu}{2\sigma}}=0.1772\sqrt{\omega}$$

(a) $f=5$ kHz，$\omega=2\pi f=\pi\times10^4$，$\sqrt{\omega}=100\sqrt{\pi}=177.2$

$$R_s=X_s=0.1772\sqrt{\omega}=0.1772\times177.2=31.4\ \Omega$$

(b) $f=50$ kHz，$\omega=2\pi f=\pi\times10^5$，$\sqrt{\omega}=100\sqrt{10\pi}=560.5$

$$R_s=X_s=0.1772\sqrt{\omega}=0.1772\times560.5=99.32\ \Omega$$

(c) $f=500$ kHz，$\omega=2\pi f=\pi\times10^6$，$\sqrt{\omega}=1000\sqrt{\pi}=1772$

$$R_s=X_s=0.1772\sqrt{\omega}=0.1772\times1772=314\ \Omega$$

习　题

16.1　求频率为 20 MHz 的平面波通过介质时的波数：(a) $\mu_r=1$，$\varepsilon_r=3$；(b) $\mu_r=2$，$\varepsilon_r=4$。

16.2　频率为 150 MHz 的平面波在无耗介质中传播，相对磁导率 $\mu_r=2$，相对介电常数 $\varepsilon_r=3$，平均坡印亭矢量为 1 W/m²，求：(a) 传播速度 v；(b) 波长 λ；(c) 介质阻抗 η；(d) 电场 E_{rms} 的值。

16.3　求非磁性介质的相对介电常数 ε_r，该介质中的波为：(a) 特征阻抗 $\eta=200\ \Omega$；(b) 相位常数 $\beta=0.01$，频率 $f=200$ kHz；(c) 在频率 $f=10$ GHz 下，波长 $\lambda=2$ cm。

16.4　均匀平面波 $E=20\mathrm{e}^{-\alpha x}\cos(10^6t-\beta x)\boldsymbol{a}_z$（单位为 V/m）在具有以下特征的介质中传播：(a) $\varepsilon_r=4.9$，$\sigma=0$；(b) $\varepsilon_r=3.4$，$\dfrac{\sigma}{\omega\varepsilon}=0.2$。求在 $x=1$ 处的平均功率密度（PW/m²）。

16.5　求铜在 5 MHz 时的 α、β、v 和 η 值。

16.6　求陶瓷在 5 MHz 时的 α、β、v 和 η 值。

16.7　具有场分量 $E_x=E_{0x}\angle\theta_1$ 和 $E_y=E_{0y}\angle\theta_2$ 的波沿正 z 方向传播，求它们的极化类型：(a) $E_{0x}=5$，$E_{0y}=10$，$\theta_1=\theta_2=30°$；(b) $E_{0x}=5$，$E_{0y}=25$，$\theta_1=\theta_2=60°$。

16.8　具有场分量 $E_x=E_{0x}\angle\theta_1$ 和 $E_y=E_{0y}\angle\theta_2$ 的波沿正 z 方向传播。求它们的极化类型：　(a) $E_{0x}=E_{0y}=10$，$\theta_1=15°$，$\theta_2=105°$；　(b) $E_{0x}=5$，$E_{0y}=10$，$\theta_1=$

40°，θ_2 =80°。

16.9 求频率 100 Hz 波在不同表面降到原始幅度值 1/e 倍之前的穿透深度。(a) 银（$\sigma = 6.17\times10^7$ S/m）；(b) 铝（$\sigma = 3.72\times10^7$ S/m）；(c) 黄铜（$\sigma = 1.5\times10^7$ S/m）。

16.10 求给定材料板的表面电阻，假定在 1000 Hz 的电导率和趋肤深度为：(a) 银 $\sigma = 6.17\times10^7$ S/m，$\delta = 0.002$ m；(b) 铜 $\sigma = 5.8\times10^7$ S/m，$\delta = 0.0021$ m；(c) 铝 $\sigma = 3.72\times10^7$ S/m，$\delta = 0.0026$ m；(d) 黄铜 $\sigma = 1.5\times10^7$S/m，$\delta = 0.0041$ m。

叙述题

1. 假设时间变化为正弦而实际信号可能不是正弦的逻辑是什么？
2. 讨论电磁波可能遇到的介质类型。
3. 获得无耗介质中 **E** 场的波动方程解后，如何引出包含正向波和后向波的复合解？
4. 解释关于平面波、均匀平面波、行波和驻波的术语。
5. 获取描述介质特性阻抗的关系式。
6. 获得有耗介质中波动方程的解。它与无耗介质的区别是什么？
7. 讨论区分导体和电介质的准则。
8. 讨论电介质中小电导率对 α、β、v 和 η 的影响。
9. 解释波极化的含义和类型。
10. 解释趋肤深度和表面阻抗的含义。

扩展阅读

在第 17 章末给出。

第 17 章　电磁波的反射和折射

17.1　引言

电磁波的反射和折射在任何通信系统中都是关键问题，必须妥善处理。无论是导向波还是非导向波，都可能遇到具有不同几何特征与介质参数的环境和障碍。因此，波会产生反射、折射、衍射和吸收。我们需要对波在不同介质界面处的特性有一定程度的理解，如方向余弦、波速度、相速度、介质特性、所满足的边界条件以及驻波特性等。在本章中，根据材料的类型、表面类型、入射的模式和波的极化，对反射和折射情况进行了分类。在第一类情况中，材料可以是理想导体、理想电介质或两种材料的混合体。在第二类情况中，表面可以是完全平整的（没有任何畸变和不规则）或不规则形状。在第三类情况中，波可以垂直于表面入射或斜入射。最后，在第四类情况中，波可以是水平极化或垂直极化。

17.2　基本术语描述

在电磁学术语中，电场 $\boldsymbol{E}$ 和磁场 $\boldsymbol{H}$ 随时间和空间周期的变化构成了波。因此，术语**照射波**是指 $\boldsymbol{E}$ 和 $\boldsymbol{H}$ 入射到边界上或两种介质的界面上。照射波可能会导致表面的感应电荷或使材料中的电流流向表面。然而，感应的电荷仍留在表面上，而电流可以存在于表层或渗入到一定深度。正如第 16 章所讨论的，渗入深度取决于材料特性和波的频率。

相互垂直的表面称为**正交表面**。图 17－1 所示的表面称为**界面**或**入射面**。

在第 16 章已说明过，**射线**是垂直于等相面的。照射到一个表面上的射线称为**入射射线**，从表面上弹回的射线称为**反射射线**。入射射线和法线之间的夹角为**入射角**，反射射线与法线之间的夹角为**反射角**，折射射线与法线之间的夹角为**折射角**。**法线**在入射点处垂直于表面向外。

图 17－1（a）给出了 XYZ 空间坐标系中的两个平面。两个平面具有不同的特性参数，分别称为介质 1 和介质 2。图 17－1（b）给出了两个相互垂直的表面，称为**界面**和**入射面**。图中也给出了入射角 θ，为射线与法线的夹角。当波照射到界面时，如果射线的传播方向沿着法线方向，则称为**垂直入射**。当波以 0° 至 90° 之间的角度照射到界面时，称为**斜入射**。图 17－1（c）示出了波的传播方向和射线照射到垂直于波传播方向的平面。用一条直线表示的射线并不表明该方向是 $\boldsymbol{E}$ 或 $\boldsymbol{H}$ 的方向。图 17－1（c）也给出了 $\boldsymbol{E}$ 和 $\boldsymbol{H}$ 分量。在图17－1（b)中，垂直于入射面进入平面的 $\boldsymbol{E}$ 场用一个中间带叉的圆圈表示，而从平面

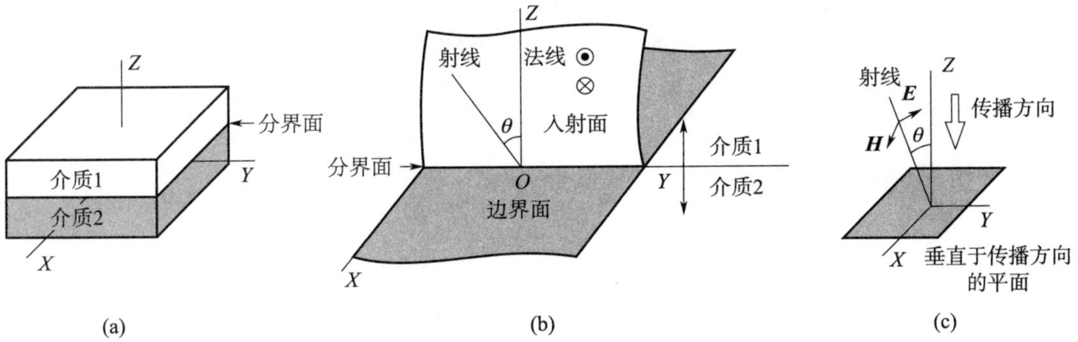

图 17-1　(a) 介质 1 和介质 2 的边界；(b) 界面、入射面、射线和法线；(c) 波的传播方向和垂直传播方向的平面

中出来的 ***E*** 场用带点的圆圈来表示。图 17-2 中示出了这些术语。

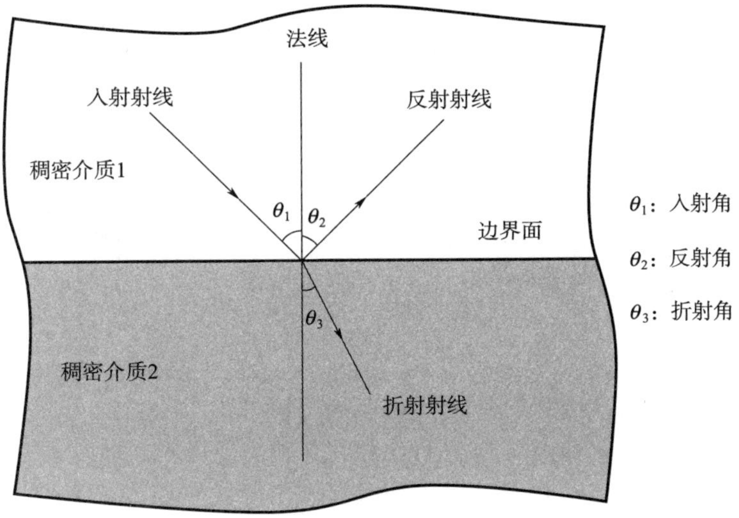

图 17-2　同反射与折射相关的参数

反射表示电场（或光、热、声）从入射场所在的介质表面反弹。**折射**表示斜入射的射线穿过两种介质的分界面后射线方向发生变化，在两种介质中，射线传播速度不同。将反射和折射联系起来可以看出：1）在各向同性介质中，当射线从稀疏介质到稠密介质传播时，会朝向法线折射，而当射线从稠密介质到稀疏介质传播时，会偏离法线折射；2）对于给定的介质，入射角和折射角的正弦之比为常数；如果第一个介质是空气（或者真空），则这个比率称为**折射率**或**折射指数**；3）入射、反射和折射处于同一个平面内；4）入射角与反射角总是相等的。

关于波的反射、折射和传输还有很多通用术语，包括 1）反射波和入射波的场量 ***E***（或 ***H***）比值称为**反射系数**；2）折射波和入射波的场量 ***E***（或 ***H***）比值称为**折射系数**；3）透射波和入射波的场量 ***E***（或 ***H***）比值称为**透射系数**。

照射射线也称为照射波，因此也需要用 ***E*** 和 ***H*** 场来表述。这种表述导致了波的极化特征不同。因此，当 **E** 垂直于入射平面且 **H** 垂直于界面时，称波是**垂直波**或**水平极化**；当 **E** 平行于入射面且 **H** 平行于界面时，称波为**平行波**或**垂直极化**。图 17－3（a）和图 17－3（b）给出了这两种情况。在后面几节中，将针对导体和电介质分别讨论这两种情况。

17.3 边界条件及其含义

反射和折射的概念源自当波照射到边界上时，边界处电场和磁场应该满足的条件。在第 15 章中，我们已经讨论了时变 **E**、**D**、**H** 和 **B** 场的边界条件。

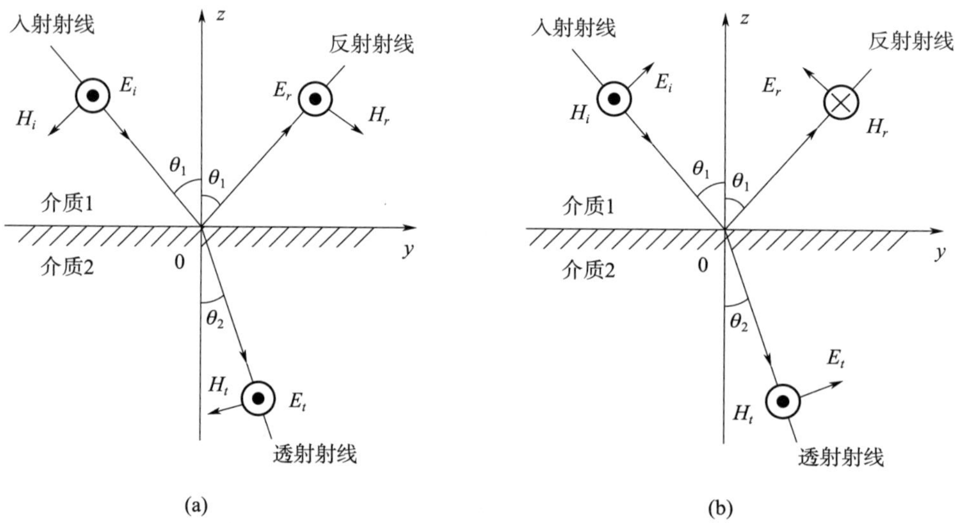

图 17－3 （a）垂直波（水平）极化；（b）平行波（垂直）极化

在第 8 章中已经指出，非时变的 **E** 场能存在于理想导体中。同时也指出，如果以某种方式将电荷放到导体中，电荷将会在很短的时间内出现在表面。这个时间称为**弛豫时间**。对于铜来说，这个时间在 10^{-19} s 量级。因此，射线照射到理想导体表面的瞬间，它必然会反射，因为 **E** 场不能穿透到内部。如果是垂直入射，反弹也是垂直的，如果是斜入射，反弹也是斜的。此外，反射射线在它的传播方向上携带能量。因此，在垂直入射时，反射射线的方向与入射射线方向刚好相反，而在斜入射情况下，反射方向与表面呈一个角度，而这个角度与入射角相等，但在法线的另一侧。同样，因为没有场渗透到内部，电流将被束缚在理想导体的表面层内。在电导率无限大的情况下，反射是全反射。当电导率减小时，场可能穿透表面，反射变为部分反射。在理想电介质情况下，波会透过表面并通过折射穿过介质。折射方向或偏离法线的方向，将取决于两种介质的相对介电常数。

如果在光滑表面的界面上反射，可以观察到：1）当**垂直极化波**被反射，则反射波特征没有变化；2）当**水平极化波**被反射，则反射波会有 180°相位的变化，因为逆着传播方向观察，坐标系在空间是相反的；3）当反射的是**圆极化波**时，反射波的水平分量会有 180°的相位变化，因为垂直分量和水平分量的大小相等，所以极化相反；4）在**椭圆极化**

波反射的情况下，反射波水平分量的相位变化 180°，极化再次反转。但是，由于水平分量和垂直分量大小不相等，将垂直分量和相位相反的水平分量矢量合成，可以得到新的极化椭圆 。

17.4　波速度和相速度

在第 16 章中，讨论了等相面和等幅面，这些被用来定义平面波和均匀平面波。为了将这些概念转化为数学语言，对于幅度为 E_0， 沿正方向（如 x 方向）传播的波，$\boldsymbol{E}$ 场的表达式可以写为

$$\boldsymbol{E}(x)=E_0\mathrm{e}^{-\mathrm{j}\beta x} \tag{17-1a}$$

对于这个波，方程（17-1a）中的 x 用一个常数来替换，可以得到一个**恒定相平面**。令 S 为这样一个 x 值，则可得到一个恒定相平面。因此，方程（17-1a）中，x 可以用 S 来取代而得到一个恒定相平面。尽管 S 垂直于一个恒定相平面，但它有可能与某个特定的轴对齐，也可能不与任何特定轴对齐。因此，需要用一个表达式来代替它，这个表达式可以表示坐标系中的任何轴或所有三个轴。如果这个表达式等于一个常数，则这个表达式就描述了一个等相面。

令一个平面的方程为 $\widetilde{\boldsymbol{n}}\cdot\check{\boldsymbol{r}}=a$， 其中 a 是一个常数。在这个关系式中，$\check{\boldsymbol{r}}$ 是分量为 x、y、z 的矢量，$\widetilde{\boldsymbol{n}}$ 是与三个轴夹角分别为 A、B、C 的单位矢量（在 S 上）。因此，$\cos A$、$\cos B$、$\cos C$ 为单位矢量 $\widetilde{\boldsymbol{n}}$ 沿 x 轴、y 轴和 z 轴的分量。相关矢量和角度如图 17-4 所示。根据这种描述可以写出

$$\widetilde{\boldsymbol{n}}\cdot\check{\boldsymbol{r}}=x\cos A+y\cos B+z\cos C \tag{17-1b}$$

在方程（17-1b）中，$\cos A$、$\cos B$ 和 $\cos C$ 称为方向余弦。因此，当用 $\widetilde{\boldsymbol{n}}$ 来表示恒定相平面的法线时，在 $\check{\boldsymbol{r}}$ 方向传播的平面波可以写为

$$E(r)=E_0\mathrm{e}^{-\mathrm{j}\beta\tilde{n}\cdot\check{r}}=E_0\mathrm{e}^{-\mathrm{j}\beta(x\cos A+y\cos B+z\cos C)} \tag{17-2a}$$

在时变情况下，假定 $E_0(=E_r+\mathrm{j}E_i)$ 为复数，方程（17-1a）的时变因子为 $\mathrm{e}^{\mathrm{j}\omega t}$， 则方程（17-2a）可写为

$$E(r,t)=\mathrm{Re}[E_0\mathrm{e}^{-\mathrm{j}(\beta\boldsymbol{n}\cdot\boldsymbol{r}\omega t)}]=E_r\cos(\beta\boldsymbol{n}\cdot\boldsymbol{r}-\omega t)+E_i\sin(\beta\boldsymbol{n}\cdot\boldsymbol{r}-\omega t) \tag{17-2b}$$

在方程（16-12c）中，已经定义了波速度这个术语，用 v_0 来表示。在无耗介质中，波速度就等于**光速**。在方程（16-30）中，定义了另一种速度，即相速度，是波相位随空间变化的速度。在自由空间，波速度和相速度相等。如果介质有任何轻微的缺陷，则相速度会有一定的减小。方程（16-43）给出了两种速度的差别。对于高电导率的导体，**相速度**的值由方程（16-46a）确定。

通常，波在空间的传播是三维现象。假定一个特定频率的波在任意方向以一定速度（比如 v ）传播，根据它的频率，它将具有一定的波长（比如 λ ）。如果求得任意位置上波的速度和波长，会发现结果显然是不同的。在这种情况下，速度和波长是沿不同轴方向得到的，需要将它们向不同坐标轴投影。

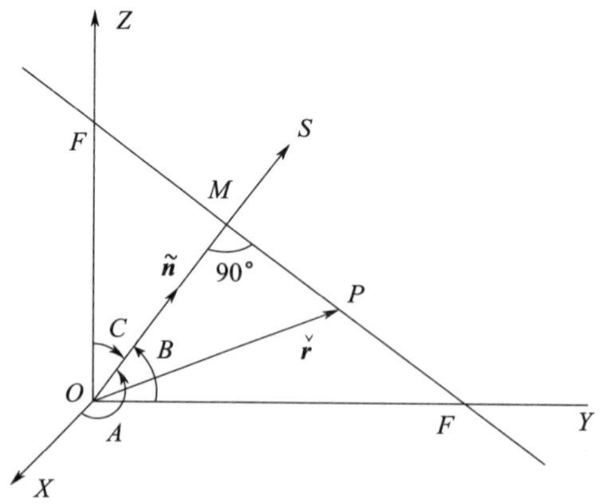

图 17-4　方程（17-1）和方程（17-2）中不同矢量和角度示意图

图 17-5 所示的是波以速度 v_0（或 c）照射在 y 轴上的情况。如前所述，波与 x、y、z 轴的夹角分别为 A、B、C。在图中，沿各轴向的波长 λ 和速度 v 分量是

$$\lambda_x = \frac{2\pi}{\beta\cos A} = \frac{\lambda}{\cos A} \tag{17-3a}$$

$$\lambda_y = \frac{2\pi}{\beta\cos B} = \frac{\lambda}{\cos B} \tag{17-3b}$$

$$\lambda_z = \frac{2\pi}{\beta\cos C} = \frac{\lambda}{\cos C} \tag{17-3c}$$

$$v_x = \frac{\omega}{\beta\cos A} = \frac{v}{\cos A} \tag{17-4a}$$

$$v_y = \frac{\omega}{\beta\cos B} = \frac{v}{\cos B} \tag{17-4b}$$

$$v_z = \frac{\omega}{\beta\cos C} = \frac{v}{\cos C} \tag{17-4c}$$

只要角度 A、B、C 不为零，各轴方向的波长和相速度就大于波法线方向的波长和相速度（即 λ_y，$\lambda_z > \lambda$）。图 17-5 示出了沿 y 轴和 z 轴的波长（λ_y，λ_z）和相速度（v_y，v_z）。这些值取决于入射角。需要指出，λ_x、λ_y、λ_z 只是 λ 在 x、y、z 轴上的投影，而不像 v_x、v_y、v_z 那样作为矢量的分量。

17.5　从理想导体上的反射

在理想导体情况下，假定表面为完全导电且平整无畸变。由于射线可以法向入射和斜入射到表面上，因此分两种情况进行讨论。

17.5.1　法向入射

我们来研究波照射到理想导体表面的情况。在边界条件中，一个理想导体不容许电场

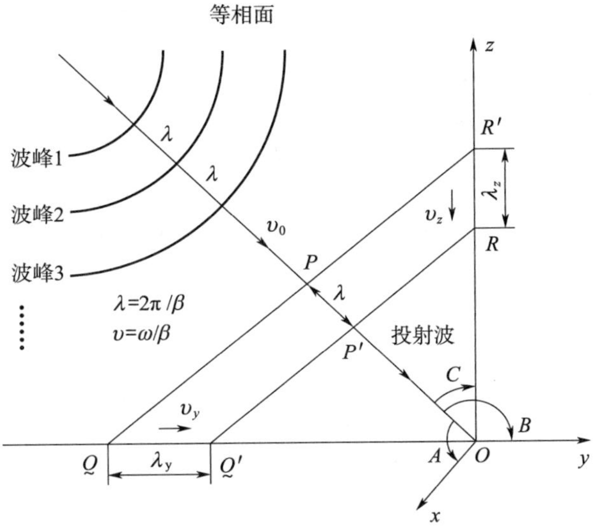

图 17－5　波长和速度分量

进入或存在于内部，照射的能量必然会反射。这种情况如图 17－6 所示，图中给出了一个前向的波（或入射波）和一个后向的波（或反射波）。

设 E_r 和 E_i 分别是入射波和反射波在表面（$x=0$）的电场强度。由于完全反射和两个相反方向传播波（入射波和反射波）的电场切向分量连续的要求，入射波和反射波的电场强度必须满足 $E_i=-E_r$。在坡印亭定理（$\boldsymbol{P}=\boldsymbol{E}\times\boldsymbol{H}$）中，能流方向的反转需要矢量 $\boldsymbol{E}$ 或矢量 $\boldsymbol{H}$ 的相位改变，而不是两者都改变。因此，在 $x=0$ 处，磁场强度 $\boldsymbol{H}$ 无相位变化且 $H_i=H_r$。由于介质无损耗的假定，入射波和反射波的表达式分别为 $E_i\mathrm{e}^{-\mathrm{j}\beta x}$ 和 $E_r\mathrm{e}^{\mathrm{j}\beta x}$，因此，在沿 x 轴方向任意点的总电场 $E_t(x)$ 可以写为

$$E_t(x)=E_i\mathrm{e}^{-\mathrm{j}\beta x}+E_r\mathrm{e}^{\mathrm{j}\beta x}=E_i(\mathrm{e}^{-\mathrm{j}\beta x}-\mathrm{e}^{\mathrm{j}\beta x})=-2\mathrm{j}E_i\sin(\beta x) \tag{17-5a}$$

$$E_t(x,t)=\mathrm{Re}[-2\mathrm{j}E_i\sin(\beta x)\mathrm{e}^{\mathrm{j}\omega t}]=2E_i\sin(\beta x)\sin(\omega t) \tag{17-5b}$$

用类似方法得到的总磁场 $H_t(x)$ 可以写为

$$H_t(x)=H_i\mathrm{e}^{-\mathrm{j}\beta x}+H_r\mathrm{e}^{\mathrm{j}\beta x}=H_i(\mathrm{e}^{-\mathrm{j}\beta x}+\mathrm{e}^{\mathrm{j}\beta x})=2H_i\cos(\beta x) \tag{17-6a}$$

$$H_t(x,t)=\mathrm{Re}[2HE_i\cos(\beta x)\mathrm{e}^{\mathrm{j}\omega t}]=2H_i\cos(\beta x)\cos(\omega t) \tag{17-6b}$$

方程（17－5b）和（17－6b）的研究表明，$\boldsymbol{E}$ 和 $\boldsymbol{H}$ 具有驻波的模式。如图 17－7 所示，$\boldsymbol{E}$ 波和 $\boldsymbol{H}$ 波都不传播，它们的最小值和最大值都停留在相同的 x 位置上。但是，在不同瞬间，E_t 和 H_t 最大值的幅度不同。从方程（17－5b）和（17－6b）以及图 17－7 中，可以清晰地看出 $\boldsymbol{E}$ 和 $\boldsymbol{H}$ 的正交性质。

17.5.2　斜入射

分别研究垂直波极化和平行波极化的斜入射情况。

17.5.2.1　垂直波极化

图 17－8 为垂直波极化情况的示意图，其中 $\boldsymbol{E}$ 垂直于入射面。在这个图中，E_{ref} 和

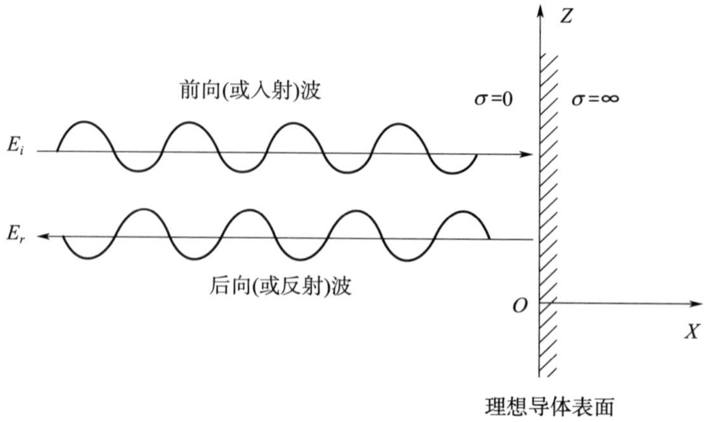

图 17-6　垂直入射理想导体

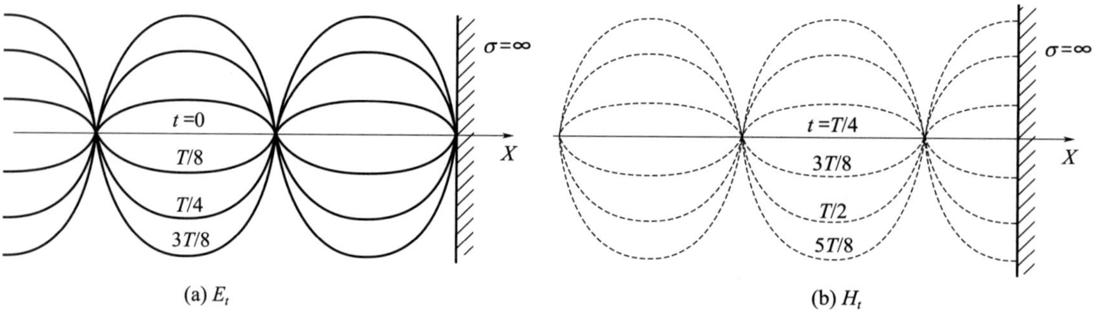

图 17-7　E_t 场和 H_t 场的驻波

H_{ref} 可以写为

$$E_{\text{ref}} = E_r \mathrm{e}^{-\mathrm{j}\beta \boldsymbol{n}\cdot\boldsymbol{r}} = E_r \mathrm{e}^{-\mathrm{j}\beta(x\cos A + y\cos B + z\cos C)} \tag{17-7a}$$

其中

$$\boldsymbol{n}\cdot\boldsymbol{r} = \left[x\cos\frac{\pi}{2} + y\cos\left(\frac{\pi}{2}-\theta\right) + z\cos\theta\right] = y\sin\theta + z\cos\theta \tag{17-7b}$$

因此

$$E_{\text{ref}} = E_r \mathrm{e}^{-\mathrm{j}\beta(y\sin\theta + z\cos\theta)} \tag{17-7c}$$

类似地

$$E_{\text{inc}} = E_i \mathrm{e}^{-\mathrm{j}\beta \boldsymbol{n}\cdot\boldsymbol{r}} \tag{17-8a}$$

其中

$$\boldsymbol{n}\cdot\boldsymbol{r} = \left[x\cos\frac{\pi}{2} + y\cos\left(\frac{\pi}{2}-\theta\right) + z\cos(\pi-\theta)\right] = y\sin\theta - z\cos\theta \tag{17-8b}$$

因此

$$E_{\text{inc}} = E_i \mathrm{e}^{-\mathrm{j}\beta(y\sin\theta - z\cos\theta)} \tag{17-8c}$$

在 z 轴上的任意点，总场 E_t 总是入射场与反射场之和，可以通过 E_{ref} 与 E_{inc} 相加得到。因为在 $z=0$ 点 $E_t=0$，所以有关系式 $E_i=-E_t$ 。因此

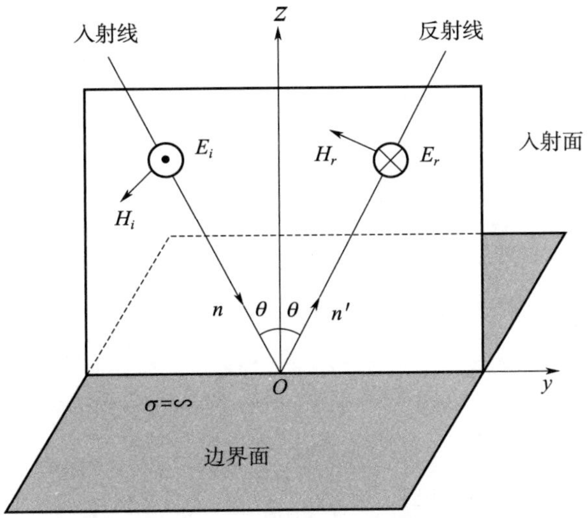

图 17 - 8　垂直波极化情况

$$E_t = E_i \left[e^{-j\beta(y\sin\theta - z\cos\theta)} - e^{-j\beta(y\sin\theta + z\cos\theta)} \right] = 2jE_i(\sin\beta_z z e^{-j\beta_y y}) \tag{17-9a}$$

其中

$$\beta_z = \beta\cos\theta \tag{17-9b}$$

$$\beta_y = \beta\sin\theta \tag{17-9c}$$

由方程（17 - 9b）和（17 - 9c）确定的 β_z 和 β_y 分别为沿 z 和 y 方向上的相位漂移常数。方程（17 - 9a）描述了 E 沿 z 轴方向的驻波分布。沿 z 轴方向的波长（节点之间距离的两倍）λ_z 大于入射波的波长 λ 。

如图 17 - 9 所示，$\boldsymbol{E}$ 为零的平面出现在距离反射面 $\lambda_z/4$ 的偶数倍位置，$\boldsymbol{E}$ 最大的平面出现在距离反射面 $\lambda_z/4$ 的奇数倍位置。$\boldsymbol{E}$ 的整个驻波分布可以认为是以速度 $v_y = \dfrac{\omega}{\beta_y} = \dfrac{\omega}{\beta\sin\theta} = \dfrac{v}{\sin\theta}$ 向 y 方向运行。这就是波峰沿 y 轴方向移动的速度。在这个方向的波长为 $\lambda_y = \dfrac{\lambda}{\sin\theta}$ 。

17.5.2.2　平行波极化

在平行波极化的情况下，反射的 $\boldsymbol{H}$ 没有相位反转，即 $H_i = H_r$ 。平行于边界面的 E_i 和 E_r 分量也必须大小相等且方向相反。

同样

$$\frac{E_i}{H_i} = \frac{E_r}{H_r} = \eta \tag{17-10}$$

从图 17 - 10 可以看出

$$H_{\text{inc}} = H_i e^{-j\beta(y\sin\theta - z\cos\theta)} \tag{17-11a}$$

$$H_{\text{ref}} = H_r e^{-j\beta(y\sin\theta + z\cos\theta)} \tag{17-11b}$$

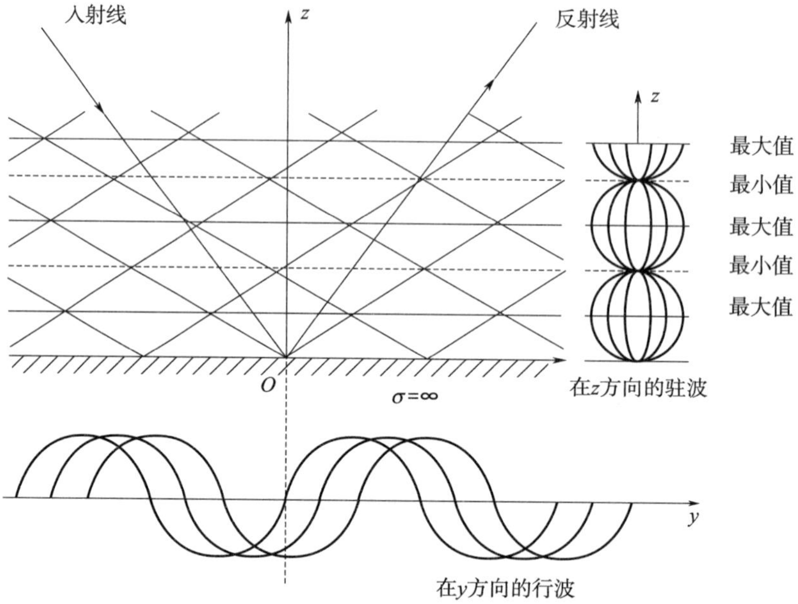

图 17-9　沿 z 轴的驻波和沿 y 轴的行波波形

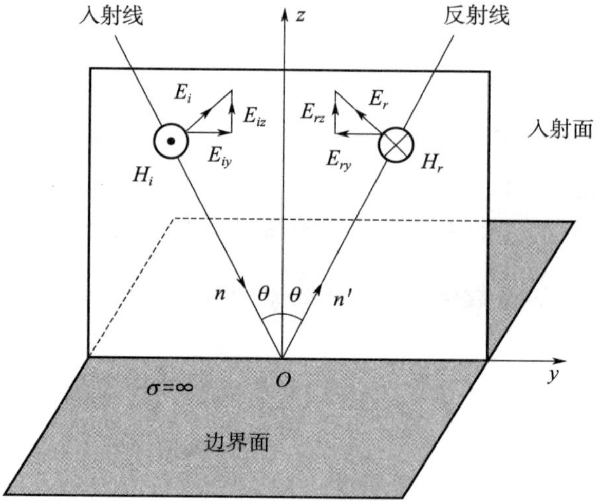

图 17-10　平行波极化的 $\boldsymbol{E}$

因此

$$H_t = H_i + H_r = 2H_i \cos\beta_z z \mathrm{e}^{-\mathrm{j}\beta_y y} \tag{17-12}$$

同样

$$\beta_z = \beta\cos\theta \tag{17-13a}$$

$$\beta_y = \beta\sin\theta \tag{17-13b}$$

可以看出，$\boldsymbol{H}$ 在 z 方向有驻波分布，$\boldsymbol{H}$ 最大值平面出现在 $z=0$ 处和距该表面 $\lambda_z=4$ 的偶数倍处；$\boldsymbol{H}$ 等于零的平面出现在距该表面 $\lambda_z=4$ 的奇数倍处。同样，总的 E_z 和 E_y 可以

写为

$$E_z = 2\eta\cos\theta H_i(\cos\beta_z z \mathrm{e}^{-\mathrm{j}\beta_y y}) \tag{17-14a}$$

$$E_y = 2\mathrm{j}\eta\cos\theta H_i(\sin\beta_z z \mathrm{e}^{-\mathrm{j}\beta_y y}) \tag{17-14b}$$

因此，E_z 和 E_y 在反射面之上都有驻波分布。E_z 的最大值出现在该平面和距该平面 $\lambda_z = 4$ 的奇数倍处，E_y 的最小值出现在该平面和距该平面 $\lambda_z = 4$ 的偶数倍处。

17.6　从理想电介质上的反射

在理想电介质情况下，假定介质表面平整无畸变。由于射线可以法向入射和斜入射到表面上，下面分两种情况讨论。

17.6.1　法向入射

在这种情况下，入射的能量只有部分被反射。一部分能量穿透介质进入（或透射）到区域 2 中。反射和透射的量取决于两种介质的相对介电常数。这种情况如图 17 - 11 所示。

在这种情况下，以关系 $\eta = E/H$ 作为出发点。如果介质 1 的特征阻抗为 η_1，介质 2 的特征阻抗为 η_2，则 E 和 H 可以建立联系为

$$E_i = \eta_1 H_i \tag{17-15a}$$

$$E_r = -\eta_1 H_r \tag{17-15b}$$

$$E_t = \eta_2 H_t \tag{17-15c}$$

因为在 $x = 0$ 点，$E_{\tan}$ 和 H_{norm} 连续，可以得到

$$H_i + H_r = H_t \tag{17-16a}$$

$$E_i + E_r = E_t \tag{17-16b}$$

$$H_i + H_r = \frac{E_i - E_r}{\eta_1} = \frac{E_i + E_r}{\eta_2} \tag{17-17a}$$

$$\eta_2(E_i - E_r) = \eta_1(E_i + E_r) \tag{17-17b}$$

$$\eta_2 - \eta_1 = E_r(\eta_2 + \eta_1) \tag{17-17c}$$

最后得到

$$\frac{E_r}{E_i} = \frac{\eta_2 - \eta_1}{\eta_2 + \eta_1} \tag{17-18}$$

方程（17 - 18）是用特征阻抗来描述的 **E** 的反射系数。反射系数也可以用介质参数来描述。此外，**H** 的反射系数以及 **E** 和 **H** 的透射系数都可以通过 **E** 的反射系数来获得。

E 的反射系数 Γ_E

$$\Gamma_E = \frac{E_r}{E_i} = \frac{\eta_2 - \eta_1}{\eta_2 + \eta_1} = \frac{\sqrt{\mu_0/\varepsilon_2} - \sqrt{\mu_0/\varepsilon_1}}{\sqrt{\mu_0/\varepsilon_2} + \sqrt{\mu_0/\varepsilon_1}} = \frac{\sqrt{\varepsilon_1} - \sqrt{\varepsilon_2}}{\sqrt{\varepsilon_1} + \sqrt{\varepsilon_2}} \tag{17-19a}$$

E 的透射系数 T_E

$$T_E = \frac{E_t}{E_i} = \frac{E_r + E_i}{E_i} = 1 + \frac{E_r}{E_i} = \frac{2\eta_2}{\eta_2 + \eta_1} = \frac{2\sqrt{\varepsilon_1}}{\sqrt{\varepsilon_1} + \sqrt{\varepsilon_2}} \tag{17-19b}$$

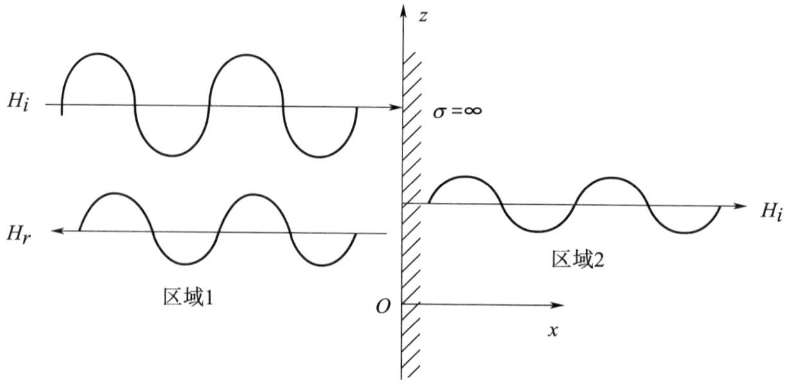

图 17－11　垂直入射理想电介质

H 的反射系数 Γ_H

$$\Gamma_H = \frac{H_r}{H_i} = -\frac{E_r}{E_i} = \frac{\eta_1 - \eta_2}{\eta_2 + \eta_1} = \frac{\sqrt{\varepsilon_2} - \sqrt{\varepsilon_1}}{\sqrt{\varepsilon_1} + \sqrt{\varepsilon_2}} \tag{17-20a}$$

H 的透射系数 T_H

$$T_H = \frac{H_t}{H_i} = \frac{\eta_1 E_t}{\eta_2 E_i} = \frac{2\eta_1}{\eta_1 + \eta_2} = \frac{2\sqrt{\varepsilon_2}}{\sqrt{\varepsilon_1} + \sqrt{\varepsilon_2}} \tag{17-20b}$$

17.6.2　斜入射

与理想导体情况一样，也需要分别研究垂直波极化和平行波极化。在讨论这两种情况之前，先引出后面将要用到的关系式。

图 17－12 为两种介质之间的分界面示意图，其中分界面沿着 y 轴。介质 1 用 μ_0、ε_1 来表征，介质 2 用 μ_0、ε_2 来表征。两条入射射线在 A 点和 B 点投射到这个分界面上。射线的能量部分被反射并维持在介质 1 中，其他能量通过折射穿过介质 2。由于波的速度取决于介质参数，因而在两种介质中速度明显不同。我们假定介质 1 和介质 2 的波速分别为 v_1 和 v_2。由于速度的不同，在同样时间内，入射射线从 C 传输到 B，透射射线从 A 传输到 D 。

根据图和上面的描述，可以写出

$$CB = AB\sin\theta_1 \tag{17-21a}$$

和

$$AD = AB\sin\theta_2 \tag{17-21b}$$

因此

$$\frac{CB}{AD} = \frac{\sin\theta_1}{\sin\theta_2} = \frac{v_1}{v_2} \tag{17-22}$$

式中

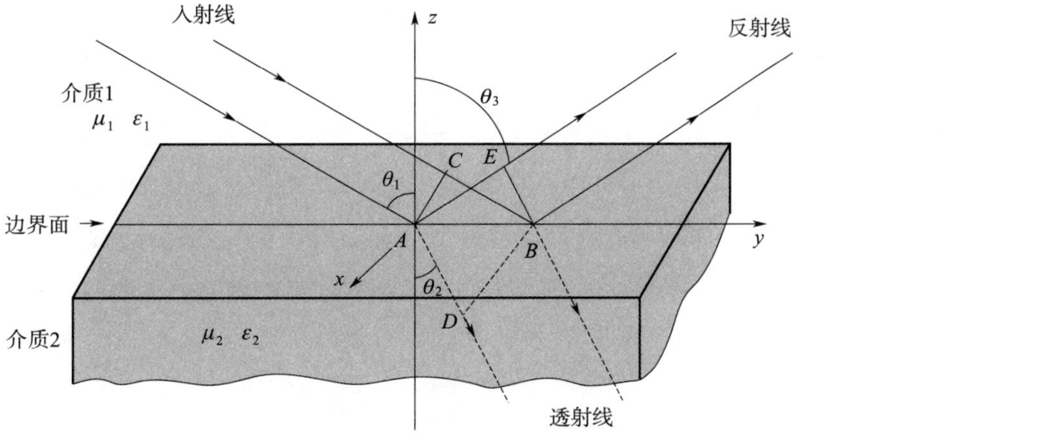

图 17－12　理想电介质上的入射、反射和透射

$$v_1=\frac{1}{\sqrt{\mu_1\varepsilon_1}}=\frac{1}{\sqrt{\mu_0\varepsilon_1}} \tag{17－23a}$$

$$v_2=\frac{1}{\sqrt{\mu_1\varepsilon_2}}=\frac{1}{\sqrt{\mu_0\varepsilon_2}} \tag{17－23b}$$

$$\frac{\sin\theta_1}{\sin\theta_2}=\sqrt{\frac{\varepsilon_2}{\varepsilon_1}} \tag{17－23c}$$

$$\sin\theta_2=\sqrt{\frac{\varepsilon_1}{\varepsilon_2}}\sin\theta_1 \tag{17－23d}$$

此外，由于 $AE=CB$，因此得到关系式

$$\sin\theta_1=\sin\theta_3 \tag{17－24}$$

这个关系式称为**正弦定律或斯涅尔（Snell）定律**。

根据坡印亭定理（$P=E\times H=E^2/\eta$），能量的三部分可以分为：

1）照射到 AB 上的入射波能量正比于 $\dfrac{E_i^2\cos\theta_1}{\eta_1}$；

2）从 AB 上反射的波能量正比于 $\dfrac{E_r^2\cos\theta_1}{\eta_1}$；

3）从 AB 上透射的波能量正比于 $\dfrac{E_t^2\cos\theta_2}{\eta_2}$。

根据能量守恒可以得到下列关系式

$$\frac{E_i^2\cos\theta_1}{\eta_1}=\frac{E_r^2\cos\theta_1}{\eta_1}+\frac{E_t^2\cos\theta_2}{\eta_2} \tag{17－25a}$$

从方程（17－25a）可以得到

$$\frac{E_r^2}{E_i^2}=1-\frac{\eta_1E_t^2\cos\theta_2}{\eta_2E_i^2\cos\theta_1}=1-\frac{\sqrt{\varepsilon_2}\,E_t^2\cos\theta_2}{\sqrt{\varepsilon_1}\,E_i^2\cos\theta_1} \tag{17－25b}$$

该方程也可写为

$$\left(\frac{E_r}{E_i}\right)^2=1-\frac{\sqrt{\varepsilon_2}}{\sqrt{\varepsilon_1}}\left(\frac{E_t}{E_i}\right)^2\frac{\cos\theta_2}{\cos\theta_1} \tag{17-25c}$$

17.6.2.1　垂直波（水平）极化

从图 17-3（a）可以看出

$$E_t=E_i+E_r \tag{17-26a}$$

因此

$$\frac{E_t}{E_i}=1+\frac{E_r}{E_i}$$

或

$$-\frac{E_r}{E_i}=1-\frac{E_t}{E_i} \tag{17-26b}$$

从方程（17-26b）可以看出

$$\left(\frac{E_r}{E_i}\right)^2=\left(1-\frac{E_t}{E_i}\right)^2=1-\frac{\sqrt{\varepsilon_2}}{\sqrt{\varepsilon_1}}\left(1+\frac{E_r}{E_i}\right)^2\left(\frac{\cos\theta_2}{\cos\theta_1}\right) \tag{17-27a}$$

方程（17-2a）可以改写为

$$1-\left(\frac{E_r}{E_i}\right)^2=\left(1-\frac{E_r}{E_i}\right)\left(1+\frac{E_r}{E_i}\right)=\sqrt{\frac{\varepsilon_2}{\varepsilon_1}}\left(1+\frac{E_r}{E_i}\right)\left(1+\frac{E_r}{E_i}\right)\left(\frac{\cos\theta_2}{\cos\theta_1}\right)$$

$$\left(1-\frac{E_r}{E_i}\right)=\sqrt{\frac{\varepsilon_2}{\varepsilon_1}}\left(1+\frac{E_r}{E_i}\right)\left(\frac{\cos\theta_2}{\cos\theta_1}\right)$$

$$\frac{E_r}{E_i}=\frac{\sqrt{\varepsilon_1}\cos\theta_1-\sqrt{\varepsilon_2}\cos\theta_2}{\sqrt{\varepsilon_1}\cos\theta_1+\sqrt{\varepsilon_2}\cos\theta_2} \tag{17-27b}$$

应用方程（17-23d），$\sin\theta_2=\sqrt{\frac{\varepsilon_1}{\varepsilon_2}}\sin\theta_1$，可以得到

$$\frac{E_r}{E_i}=\frac{\sqrt{\varepsilon_1}\cos\theta_1-\sqrt{\varepsilon_2-\varepsilon_1\sin^2\theta_1}}{\sqrt{\varepsilon_1}\cos\theta_1+\sqrt{\varepsilon_2-\varepsilon_1\sin^2\theta_1}} \tag{17-28}$$

最后得到

$$\frac{E_r}{E_i}=\frac{\cos\theta_1-\sqrt{\frac{\varepsilon_2}{\varepsilon_1}-\sin^2\theta_1}}{\cos\theta_1+\sqrt{\frac{\varepsilon_2}{\varepsilon_1}-\sin^2\theta_1}} \tag{17-29}$$

17.6.2.2　平行波（垂直）极化

从图 17-3（b）和（17-12）可以看出

$$(E_i-E_r)\cos\theta_1=E_t\cos\theta_2 \tag{17-30}$$

$$\frac{E_t}{E_i}=\left(1-\frac{E_r}{E_i}\right)\frac{\cos\theta_1}{\cos\theta_2}\quad 或\quad \left(\frac{E_t}{E_i}\right)^2=\left(1-\frac{E_r}{E_i}\right)^2\frac{\cos^2\theta_1}{\cos^2\theta_2}$$

将方程（17-25c）的 $\left(\frac{E_t}{E_i}\right)^2$ 等价关系式代入，可以得到

$$\left(\frac{E_r}{E_i}\right)^2=1-\frac{\sqrt{\varepsilon_2}}{\sqrt{\varepsilon_1}}\left(\frac{E_t}{E_i}\right)^2\frac{\cos\theta_2}{\cos\theta_1}=1-\frac{\sqrt{\varepsilon_2}}{\sqrt{\varepsilon_1}}\left(1-\frac{E_r}{E_i}\right)^2\frac{\cos^2\theta_1}{\cos^2\theta_2}\frac{\cos\theta_2}{\cos\theta_1}$$

$$=1-\frac{\sqrt{\varepsilon_2}}{\sqrt{\varepsilon_1}}\left(1-\frac{E_r}{E_i}\right)^2\frac{\cos\theta_1}{\cos\theta_2}$$

$$1-\left(\frac{E_r}{E_i}\right)^2=\left(1-\frac{E_r}{E_i}\right)\left(1+\frac{E_r}{E_i}\right)=\frac{\sqrt{\varepsilon_2}}{\sqrt{\varepsilon_1}}\left(1-\frac{E_r}{E_i}\right)^2\frac{\cos\theta_1}{\cos\theta_2}$$

$$1+\frac{E_r}{E_i}=\frac{\sqrt{\varepsilon_2}}{\sqrt{\varepsilon_1}}\left(1-\frac{E_r}{E_i}\right)\frac{\cos\theta_1}{\cos\theta_2}=\frac{\sqrt{\varepsilon_2}}{\sqrt{\varepsilon_1}}\frac{\cos\theta_1}{\cos\theta_2}-\frac{\sqrt{\varepsilon_2}}{\sqrt{\varepsilon_1}}\frac{\cos\theta_1}{\cos\theta_2}\frac{E_r}{E_i}$$

$$\frac{\sqrt{\varepsilon_2}}{\sqrt{\varepsilon_1}}\frac{\cos\theta_1}{\cos\theta_2}-1=\frac{E_r}{E_i}\left(\frac{\sqrt{\varepsilon_2}}{\sqrt{\varepsilon_1}}\frac{\cos\theta_1}{\cos\theta_2}+1\right)$$

$$\frac{\sqrt{\varepsilon_2}\cos\theta_1-\sqrt{\varepsilon_1}\cos\theta_2}{\sqrt{\varepsilon_1}\cos\theta_2}=\frac{E_r}{E_i}\frac{\sqrt{\varepsilon_2}\cos\theta_1+\sqrt{\varepsilon_1}\cos\theta_2}{\sqrt{\varepsilon_1}\cos\theta_2}$$

或

$$\frac{E_r}{E_i}=\frac{\sqrt{\varepsilon_2}\cos\theta_1-\sqrt{\varepsilon_1}\cos\theta_2}{\sqrt{\varepsilon_2}\cos\theta_1+\sqrt{\varepsilon_1}\cos\theta_2}$$

采用方程（17－23d），用 θ_1 替换 θ_2，最后得到

$$\frac{E_r}{E_i}=\frac{\frac{\varepsilon_2}{\varepsilon_1}\cos\theta_1-\sqrt{\frac{\varepsilon_2}{\varepsilon_1}-\sin^2\theta_1}}{\frac{\varepsilon_2}{\varepsilon_1}\cos\theta_1+\sqrt{\frac{\varepsilon_2}{\varepsilon_1}-\sin^2\theta_1}}\tag{17－31}$$

17.6.2.3　布儒斯特（Brewster）角

从方程（17－31）可以看出，如果该式等于零，则表示没有反射。满足这种条件的情况是

$$\sqrt{\frac{\varepsilon_2}{\varepsilon_1}-\sin^2\theta_1}=\frac{\varepsilon_2}{\varepsilon_1}\cos\theta_1\tag{17－32}$$

两端取平方并用 $\sin\theta_1$ 的恒等式替换 $\cos\theta_1$

$$\frac{\varepsilon_2}{\varepsilon_1}-\sin^2\theta_1=\left(\frac{\varepsilon_2}{\varepsilon_1}\right)^2-\left(\frac{\varepsilon_2}{\varepsilon_1}\right)^2\sin^2\theta_1$$

或

$$(\varepsilon_1^2-\varepsilon_2^2)\sin^2\theta_1=\varepsilon_2(\varepsilon_1-\varepsilon_2)\tag{17－33}$$

根据方程（17－33）可得

$$\sin^2\theta_1=\frac{\varepsilon_2}{\varepsilon_1+\varepsilon_2}\tag{17－34a}$$

$$\cos^2\theta_1=\frac{\varepsilon_1}{\varepsilon_1+\varepsilon_2}\tag{17－34b}$$

因此可以得到

$$\tan\theta_1 = \sqrt{\varepsilon_2/\varepsilon_1} \tag{17-35a}$$

和

$$\theta_1 = \tan^{-1}\sqrt{\varepsilon_2/\varepsilon_1} \tag{17-35b}$$

角度 θ_1 称为**布儒斯特角**，在该角度下完全无反射。从方程（17－29）可以看出，在垂直波极化下不存在这样的条件。

17.6.3　内全反射

内全反射概念是光在光纤中传播的基础。

当 $\varepsilon_1 > \varepsilon_2$，$\sin^2\theta_1 > \sqrt{\varepsilon_2/\varepsilon_1}$ 时，方程（17－29）和（17－31）可以写为

$$\frac{E_r}{E_i} = \frac{\cos\theta_1 - \mathrm{j}\sqrt{\sin^2\theta_1 - \frac{\varepsilon_2}{\varepsilon_1}}}{\cos\theta_1 + \mathrm{j}\sqrt{\sin^2\theta_1 - \frac{\varepsilon_2}{\varepsilon_1}}} \tag{17-36}$$

$$\frac{E_r}{E_i} = \frac{\frac{\varepsilon_2}{\varepsilon_1}\cos\theta_1 - \mathrm{j}\sqrt{\sin^2\theta_1 - \frac{\varepsilon_2}{\varepsilon_1}}}{\frac{\varepsilon_2}{\varepsilon_1}\cos\theta_1 + \mathrm{j}\sqrt{\sin^2\theta_1 - \frac{\varepsilon_2}{\varepsilon_1}}} \tag{17-37}$$

方程（17－36）和（17－37）可以写为

$$\frac{E_r}{E_i} = \frac{a - \mathrm{j}b}{a + \mathrm{j}b} \tag{17-38a}$$

或

$$\left|\frac{E_r}{E_i}\right| = 1 \tag{17-38b}$$

当方程（17－38b）中的幅度为 1 时，表明入射波被完全反射。因此，如果 θ_1 足够大且介质 1 比介质 2 致密，当斜投射到介质上时，波将全部在内部反射。内全反射模式如图 17－13 所示。

波在杆形波导和光纤中传播遵循内全反射原理。在这种情况下，能量以锯齿形路径传播并维持在杆或光纤中。遵循这个原理，入射角 θ_i（也称发射角）必须大于下式给出的临界角 θ_c

$$\theta_c = \tan^{-1}\sqrt{1/(\mu_r\varepsilon_e)} \tag{17-39}$$

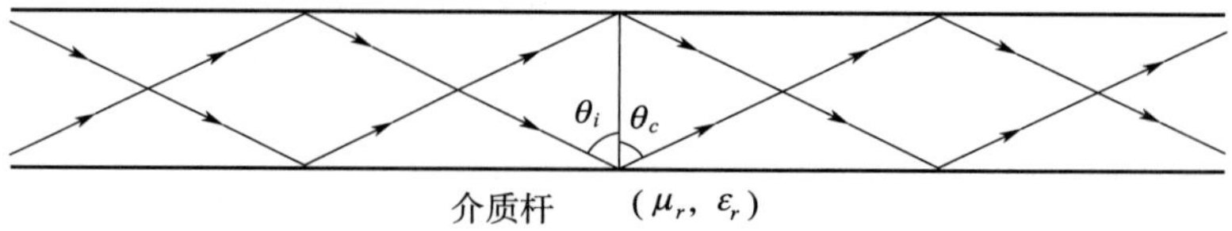

图 17－13　内全反射示意图

17.7　非理想材料的反射

在 17.5 节和 17.6 节中，我们讨论了假定表面是理想导体或理想电介质情况下的反射问题。但在实际中很少有这种情况。传播的波可能会照射到壁面、树、高塔、山上或照射到地面上。很少有材料是理想导体或理想电介质。这就需要研究非理想材料的反射情况。本节将分析这种非理想材料对反射系数的影响，特别是斜入射的情况。这里仍然假定是平整的平面。

斜入射到理想介质上的反射系数关系式分别由水平极化的方程（17 - 29）和垂直极化的方程（17 - 31）确定。对于非理想材料，需要重新审视麦克斯韦方程组中的一个基本方程，将该方程复制到此

$$\nabla\times\boldsymbol{H}=\boldsymbol{J}+\frac{\partial\boldsymbol{D}}{\partial t}=\sigma\boldsymbol{E}+\varepsilon\,\frac{\partial\boldsymbol{E}}{\partial t}\tag{17-40a}$$

因为

$$\boldsymbol{E}=\boldsymbol{E}_0\mathrm{e}^{\mathrm{j}\omega t}\qquad\frac{\partial\boldsymbol{E}}{\partial t}=\mathrm{j}\omega\,\boldsymbol{E}_0\mathrm{e}^{\mathrm{j}\omega t}=\mathrm{j}\omega\boldsymbol{E}\quad\boldsymbol{E}=\frac{1}{\mathrm{j}\omega}\frac{\partial\boldsymbol{E}}{\partial t}\tag{17-40b}$$

根据方程（17 - 40b），可以将（17 - 40a）写为

$$\nabla\times\boldsymbol{H}=\sigma\boldsymbol{E}+\varepsilon\,\frac{\partial\boldsymbol{E}}{\partial t}=(\sigma+\mathrm{j}\omega\varepsilon)\boldsymbol{E}\tag{17-40c}$$

将方程（17 - 40b）代入到方程（17 - 40c）中，得到

$$\nabla\times\boldsymbol{H}=(\sigma+\mathrm{j}\omega\varepsilon)\boldsymbol{E}=\frac{\sigma+\mathrm{j}\omega\varepsilon}{\mathrm{j}\omega}\frac{\partial\boldsymbol{E}}{\partial t}=\left(\varepsilon+\frac{\sigma}{\mathrm{j}\omega}\right)\frac{\partial\boldsymbol{E}}{\partial t}=\varepsilon'\,\frac{\partial\boldsymbol{E}}{\partial t}\tag{17-40d}$$

式中

$$\varepsilon'=\varepsilon+\frac{\sigma}{\mathrm{j}\omega}=\varepsilon\left(1+\frac{\sigma}{\mathrm{j}\omega\varepsilon}\right)=\varepsilon\left(1-\mathrm{j}\,\frac{\sigma}{\omega\varepsilon}\right)\tag{17-40e}$$

在方程（17 - 40e）中，ε' 为复介电常数。

图 17 - 14 是入射线示意图，入射线与平面（比如地面）的法线夹角为 θ_1。该角度与图 17 - 12 和方程（17 - 29）及方程（17 - 31）所用的角度相同。该射线与平面也构成另一个角 ψ_2。图中有 $\psi_2=90°-\theta_1$ 或 $\theta_1=90°-\psi_2$。根据 θ_1 和 ψ_2 的关系，有 $\cos\theta_1=\sin\psi_2$ 和 $\sin\theta_1=\cos\psi_2$。因此，用 ε_0 替换 ε_1，用 ε' 替换 ε_2，用 $\sin\psi_2$ 替换 $\cos\theta_1$，用 $\cos\psi_2$ 替换 $\sin\theta_1$，则得到方程（17 - 29）的新形式

$$\frac{E_r}{E_i}=\frac{\cos\theta_1-\sqrt{(\varepsilon_2/\varepsilon_1)-\sin^2\theta_1}}{\cos\theta_1+\sqrt{(\varepsilon_2/\varepsilon_1)-\sin^2\theta_1}}=\frac{\sin\psi_2-\sqrt{(\varepsilon'/\varepsilon_0)-\cos^2\psi_2}}{\sin\psi_2+\sqrt{(\varepsilon'/\varepsilon_0)-\cos^2\psi_2}}\tag{17-41a}$$

根据方程（17 - 40e）可得

$$\begin{aligned}\frac{\varepsilon'}{\varepsilon_0}&=\frac{\varepsilon}{\varepsilon_0}\left(1+\frac{\sigma}{\mathrm{j}\omega\varepsilon}\right)=\varepsilon_r\left(1+\frac{\sigma}{\mathrm{j}\omega\varepsilon}\right)=\left(\varepsilon_r+\frac{\sigma\varepsilon_r}{\mathrm{j}\omega\varepsilon}\right)=\left(\varepsilon_r+\frac{\sigma(\varepsilon/\varepsilon_0)}{\mathrm{j}\omega\varepsilon}\right)\\&=\left(\varepsilon_r+\frac{\sigma}{\mathrm{j}\omega\varepsilon_0}\right)=\left(\varepsilon_r-\mathrm{j}\,\frac{\sigma}{\omega\varepsilon_0}\right)=(\varepsilon_r-\mathrm{j}x)\end{aligned}\tag{17-41b}$$

式中

$$x=\frac{\sigma}{\omega\varepsilon_0}=\frac{\sigma}{2\pi f\varepsilon_0}=\frac{\sigma}{2\pi f(10^{-9}/36\pi)}=\frac{(18\times10^9)\sigma}{f}=\frac{(18\times10^3)\sigma}{f_{\mathrm{MHz}}} \quad (17-41c)$$

根据方程（17－41b），方程（17－41a）可以重写为

$$R_h=\frac{E_r}{E_i}=\frac{\sin\psi_2-\sqrt{(\varepsilon_r-\mathrm{j}x)-\cos^2\psi_2}}{\sin\psi_2+\sqrt{(\varepsilon_r-\mathrm{j}x)-\cos^2\psi_2}} \quad (17-42)$$

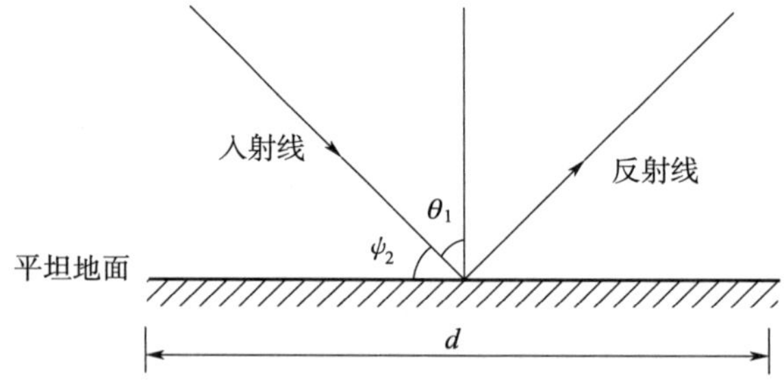

图 17－14　入射波与反射波

采用同样的方法，方程（17－31）也可以改写为下列形式

$$R_v=\frac{E_r}{E_i}=\frac{(\varepsilon_r-\mathrm{j}x)\cdot\sin\psi_2-\sqrt{(\varepsilon_r-\mathrm{j}x)-\cos^2\psi_2}}{(\varepsilon_r-\mathrm{j}x)\cdot\sin\psi_2+\sqrt{(\varepsilon_r-\mathrm{j}x)-\cos^2\psi_2}} \quad (17-43)$$

方程（17－42）和（17－43）分别为水平极化波和垂直极化波的反射系数。从方程可以看出，由于材料的非理想性，R_h 和 R_v 都变为复数量。因此，R_h 和 R_v 可以写为

$$R_h=|R_h|\angle R_h \quad (17-44a)$$

和

$$R_v=|R_v|\angle R_v \quad (17-44b)$$

式中，$|R_h|$ 和 $|R_v|$ 分别表示 R_h 和 R_v 的大小，$\angle R_h$ 和 $\angle R_v$ 分别表示 R_h 和 R_v 的相位。

这些参数（R_h 和 R_v）是理解地波传播的关键。对于从高架发射天线发射出的能量部分投射到地面，经过地面反射后到达接收天线的空间波的情况也要用到这些参数。

17.8　在电离材料内的折射

到目前为止，我们的研究主要围绕反射现象。仅在有些地方偶尔接触电磁波的折射问题。由于这个现象与波的传播密切相关，本节将进行专门的讨论。

17.2 节的基本术语含义中包括了关于折射的表述。在那里指出，当波从光疏介质进入到光密介质或从光密介质进入到光疏介质时都会发生折射。对于前一种情况，折射偏向法线方向，而后一种情况，折射背离法线方向。用这种描述不应该得到光疏介质和光密介质仅仅是介电常数或折射指数不同的两块平板的结论，还可能存在折射指数逐渐变化的情况，此时，波会逐渐折射。如果条件合适，甚至可能出现传播方向的改变。当波通过电离区域时常常会出现这种情况。

为了理解折射导致的射线逐渐弯曲的过程，我们来考虑如图 17－15 所示的阴影矩形区域。该图表明，在底部边缘颜色很深，由下边缘到上边缘逐渐变浅。这种阴影的变化表示了介电常数 (ε) 或折射指数 ($n=\sqrt{\varepsilon}$) 的变化。尽管折射指数的变化非常平滑，但是为了解释方便，我们仍然将它分为一些薄层，每层的 ε（或 n）具有常数值，即（ε_1，ε_2，…，ε_n）。

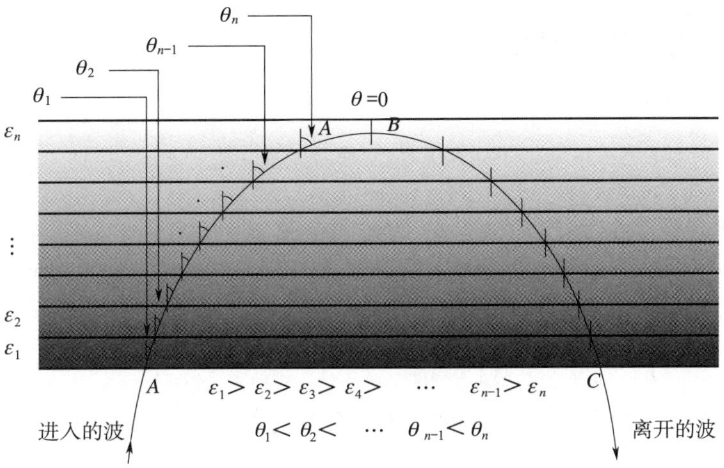

图 17－15　波逐渐弯曲的过程

我们假定波从底部边缘进入，比如在 A 点。当向上传播时，由于第二层比第一层光疏（即 $\varepsilon_1>\varepsilon_2$），它朝远离法线（图中在每层的底边上标出）的方向偏转。在继续进入到第三层的过程中，由于 $\varepsilon_2>\varepsilon_3$，它继续向远离法线的方向偏转，到达 B 点之前一直重复这个过程。这种向偏离法线方向漂移的结果是，法线与波传播方向的夹角逐渐增大，直到 B 点夹角为 90°。值得注意的是，点 B 不一定是最顶层。

如果这个波继续传播并且折射率不变，它的路径就不会继续弯曲，波就会继续沿着直线不受阻碍地向前运行。如果它达到最大高度后向下偏转，它就具备了朝向上运行时向相反方向偏转的条件。此时，连续层的折射率是递增的。这就导致波经过每一层时，它运行的方向就会朝法线方向靠近。最终，波会到达 C 点。

17.9　电磁波衍射

衍射是电磁波传播过程中出现的另一种现象。特别是，地波必须穿过树林、建筑物、山丘以及其他自然的或人造的结构。波可能会投射到尖角、尖锐棱边、平面以及各种各样外形和尺寸的物体。在平面情况下，波会根据阻挡物体的材料属性发生反射或折射，当波遇到尖角或弯曲部位时，它的能量可能发生散射或者周围部分能量方向发生变化。障碍物对波的影响与波长有关。因此，波长大于障碍物尺度的波能够很容易绕过障碍物。随着波长的减小，越来越多的能量被阻挡，波就会越来越衰减。在高频下会形成一个**阴影区**。本质上，阴影区是发射机到接收机视线上的障碍物背面的黑色区域。衍射现象可以将无线电作用范围扩展到视线以外。使用高功率和低频率无线电波可以通过衍射环绕地球。图 17－16 为发射机和接收机天线之间由于山丘障碍物而形成的阴影区。

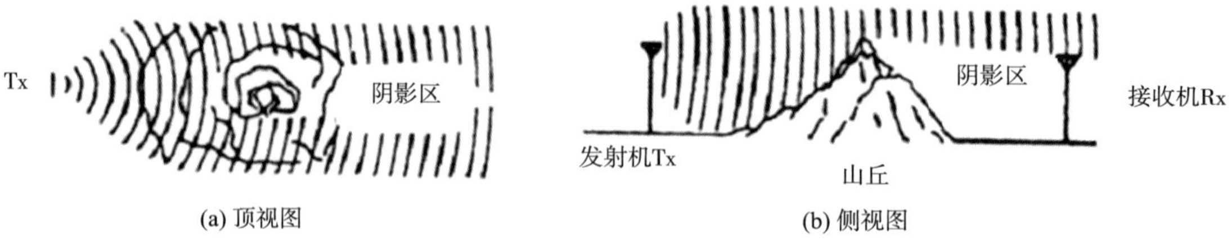

图 17－16　物体周围的衍射

例 17.1　确定位置矢量 $\check{\boldsymbol{r}}(1,2,3)$ 的方向余弦。

解：矢量 $\check{\boldsymbol{r}}$ 可以写为 $\check{\boldsymbol{r}}=\boldsymbol{a}_x+2\boldsymbol{a}_y+3\boldsymbol{a}_z$，$|\check{\boldsymbol{r}}|=\sqrt{1+4+9}=\sqrt{14}$

$$\boldsymbol{a}_r=\frac{\check{\boldsymbol{r}}}{|\check{\boldsymbol{r}}|}=\frac{\boldsymbol{a}_x+2\boldsymbol{a}_y+3\boldsymbol{a}_z}{\sqrt{14}}=0.267\boldsymbol{a}_x+0.534\boldsymbol{a}_y+0.802\boldsymbol{a}_z$$

方向余弦是单位矢量与三个轴之间夹角的余弦。在方程（17－1b）中

$$\check{\boldsymbol{n}}\cdot\check{\boldsymbol{r}}=x\cos A+y\cos B+z\cos C$$

因此，方向余弦是 $\cos A=0.267$，$\cos B=0.534$，$\cos C=0.802$。

位置矢量的角度为

$$A=\cos^{-1}0.267=74.51°,B=\cos^{-1}0.534=57.72°,C=\cos^{-1}0.802=36.7°。$$

例 17.2　一个波长为 $\lambda=3$ m 的波在自由空间中传播，如果其方向余弦为 $\cos A=0.3$、$\cos B=0.6$，$\cos C=0.8$，求它的波长和速度分量。

解：在自由空间中，$v=c=3\times10^8$，通过方程（17－3）和（17－4）可以得到

$$\lambda_x=\frac{\lambda}{\cos A}=\frac{3}{0.3}=10\ \text{m}\qquad v_x=\frac{v}{\cos A}=\frac{3\times10^8}{0.3}=10\times10^8\ \text{m/s}$$

$$\lambda_y=\frac{\lambda}{\cos B}=\frac{3}{0.6}=5\ \text{m}\qquad v_x=\frac{v}{\cos B}=\frac{3\times10^8}{0.6}=5\times10^8\ \text{m/s}$$

$$\lambda_z=\frac{\lambda}{\cos C}=\frac{3}{0.8}=10\ \text{m}\qquad v_x=\frac{v}{\cos C}=\frac{3\times10^8}{0.8}=3.75\times10^8\ \text{m/s}$$

例 17.3　均匀平面波在介电常数为 ε_1 的介质中传播，它垂直投射到介电常数为 ε_2 的第二个介质表面，求：(a) 如果 $\varepsilon_1=2.53$ 和 $\varepsilon_2=1$，$\boldsymbol{E}$ 和 $\boldsymbol{H}$ 的反射系数和透射系数；(b) 反射能量和透射能量的百分比。

解：根据方程（17－19a）（17－19b）（17－20a）和（17－20b），可以得到：

$\boldsymbol{E}$ 的反射系数

$$\Gamma_E=\frac{\sqrt{\varepsilon_1}-\sqrt{\varepsilon_2}}{\sqrt{\varepsilon_1}+\sqrt{\varepsilon_2}}=\frac{\sqrt{2.53}-\sqrt{1}}{\sqrt{2.53}+\sqrt{1}}=\frac{0.59}{2.59}=0.228$$

$\boldsymbol{E}$ 的透射系数

$$T_E=\frac{2\sqrt{\varepsilon_1}}{\sqrt{\varepsilon_1}+\sqrt{\varepsilon_2}}=\frac{2\sqrt{2.53}}{\sqrt{2.53}+\sqrt{1}}=\frac{3.18}{2.59}=1.228$$

H 的反射系数

$$\Gamma_H=\frac{\sqrt{\varepsilon_2}-\sqrt{\varepsilon_1}}{\sqrt{\varepsilon_1}+\sqrt{\varepsilon_2}}=-0.228$$

H 的透射系数

$$T_H=\frac{2\sqrt{\varepsilon_2}}{\sqrt{\varepsilon_1}+\sqrt{\varepsilon_2}}=\frac{2}{2.59}=0.772$$

根据坡印亭定理，功率是 ***E*** 和 ***H*** 的乘积。因此，反射和透射的功率分别为 ***E*** 和 ***H*** 的反射系数与透射系数的乘积。因此，反射功率 $P_r=\Gamma_E\Gamma_H=0.228\times(-0.228)=-0.052$ 或 5.2%， 透射功率 $P_t=T_ET_H=1.228\times0.772=0.948$ 或 94.8% 。

例 17.4　一个水平极化波斜入射到两个区域的界面。它与界面法线之间的夹角为 30° 。如果区域 1 和区域 2 的相对介电常数 $\varepsilon_1=2.53$ 和 $\varepsilon_2=2.26$，求反射系数 (Γ) 。

解：因为 $\theta=\theta_1=30°$，$\cos30°=0.866$，$\sin30°=0.5$，$\frac{\varepsilon_2}{\varepsilon_1}=\frac{2.26}{2.53}=0.893$

根据方程（17－29）可得

$$\Gamma_E=\frac{E_r}{E_i}=\frac{\cos\theta_1-\sqrt{\frac{\varepsilon_2}{\varepsilon_1}-\sin^2\theta_1}}{\cos\theta_1+\sqrt{\frac{\varepsilon_2}{\varepsilon_1}-\sin^2\theta_1}}$$

$$\Gamma_E=\frac{E_r}{E_i}=\frac{0.866-\sqrt{0.893-0.25}}{0.866+\sqrt{0.893-0.25}}=\frac{0.866-\sqrt{0.616}}{0.866+\sqrt{0.616}}$$

$$=\frac{0.866-0.7848}{0.866+0.7848}=\frac{0.0811}{1.65}=0.04913$$

例 17.5　区域 1 和区域 2 的相对介电常数分别为 ε_1 和 ε_2， 如果 (a) $\varepsilon_1=2.53$ 和 $\varepsilon_2=1$ ；(b) $\varepsilon_1=1$ 和 $\varepsilon_2=3.4$。求布儒斯特角 (θ_1) 。

解：根据方程（17－35），$\theta_1=\tan^{-1}\sqrt{\varepsilon_2/\varepsilon_1}$

(a) $\theta_1=\tan^{-1}\sqrt{1/2.53}=\tan^{-1}0.628=32.16°$

(b) $\theta_1=\tan^{-1}\sqrt{3.4/1}=\tan^{-1}1.84=61.52°$

例 17.6　用 $\sigma=4\times10^{-5}$ 估算地面的参数 χ：(a) $f=300$ kHz ；(b) $f=3$ MHz 。

解：根据方程（17－41），$\chi=\frac{(18\times10^3)\sigma}{f_{\text{MHz}}}$

(a) $\chi=\frac{(18\times10^3)\times4\times10^{-5}}{0.3}=2.4$

(b) $\chi=\frac{(18\times10^3)\times4\times10^{-5}}{3}=0.24$

例 17.7　求在 3 MHz 地面平均的 R_h、R_v、$\angle R_h$ 、$\angle R_v$ ，采用数据 $\varepsilon_r=15$、$\chi=$

0.24、$\psi_2=45°$。

解：根据方程（17-42）和（17-43），由于 $\varepsilon_r=15$，$\chi=0.24$，$\psi_2=45°$，有

$$\sin\psi_2=\sin45°=0.707,\cos\psi_2=\cos45°=0.707$$

$$\cos^2\psi_2=0.5\ ,\ \varepsilon_r-j\chi=15-j0.24$$

$$R_h=\frac{\sin\psi_2-\sqrt{(\varepsilon_r-jx)-\cos^2\psi_2}}{\sin\psi_2+\sqrt{(\varepsilon_r-jx)-\cos^2\psi_2}}=\frac{0.707-\sqrt{(15-j0.24)-0.5}}{0.707+\sqrt{(15-j0.24)-0.5}}$$

$$=\frac{0.707-\sqrt{(14.5-j0.24)}}{0.707+\sqrt{(14.5-j0.24)}}=\frac{0.707-3.808\sqrt{(1-j0.01655)}}{0.707+3.808\sqrt{(1-j0.01655)}}$$

$$=\frac{0.707-3.808\times(1-j0.01655)}{0.707+3.808\times(1-j0.01655)}=-\frac{3.101+j0.0315}{4.515-j0.0374}$$

$$=-\frac{3.101+j0.0315}{4.515-j0.0374}\cdot\frac{4.515+j0.0374}{4.515+j0.0374}\approx\frac{14+j0.0258}{20.3814}$$

$$\approx-0.687+j0.01266$$

$$|R_h|=\sqrt{0.472-0.01266}=0.6777\quad\theta=\tan^{-1}\left(-\frac{0.01266}{0.687}\right)=-1.055°$$

$$\angle R_h=\theta=-0.1055°$$

$$R_v=\frac{(\varepsilon_r-jx)\sin\psi_2-\sqrt{(\varepsilon_r-jx)-\cos^2\psi_2}}{(\varepsilon_r-jx)\sin\psi_2+\sqrt{(\varepsilon_r-jx)-\cos^2\psi_2}}=\frac{(15-j0.24)\,0.707-\sqrt{(15-j0.24)-0.5}}{(15-j0.24)\,0.707+\sqrt{(15-j0.24)-0.5}}$$

$$=\frac{(10.605-j0.164)-3.808\sqrt{(1-j0.01655)}}{(10.605-j0.164)+3.808\sqrt{(1-j0.01655)}}=\frac{(10.605-j0.164)-(3.808-j0.0315)}{(10.605-j0.164)+(3.808-j0.0315)}$$

$$\approx\frac{6.797-j0.1355}{14.413-j0.1985}=\frac{6.797-j0.1355}{14.413-j0.1985}\cdot\frac{14.413+j0.1985}{14.413+j0.1985}$$

$$=\frac{98-j0.604}{207.74}=0.4717+j0.0029$$

$$|R_v|\approx0.4717$$

$$\angle R_v=\theta=\tan^{-1}0.0061=0.35°$$

习　题

17.1　求与 x 轴、y 轴和 z 轴的夹角分别为 70°、50° 和 30° 的位置矢量，假定它的模为 5。

17.2　一个波长 $\lambda=30$ m 的波在自由空间中传播，传播方向与 x 轴、y 轴和 z 轴的夹角分别为 30°、40° 和 50°，求波沿各轴的波长分量。

17.3　一个以光速在自由空间中传播的波，传播方向与 x 轴、y 轴和 z 轴的夹角分别为 30°、45° 和 60°，求波沿各轴的速度分量。

17.4　一个均匀平面波在某区域传播，然后透射到另一个区域的表面，求 $\boldsymbol{E}$ 和 $\boldsymbol{H}$ 的反射系数和透射系数。两个区域的相对介电常数为 $\varepsilon_1=3.4$ 和 $\varepsilon_2=2.53$。

17.5　如果电场 E 的反射系数（Γ_E）、磁场 H 的反射系数（Γ_H）、电场 E 的透射系

数 (T_E) 和磁场 H 的透射系数 (T_H) 分别为 0.06、−0.06、0.9 和 1.1，计算反射功率和透射功率的百分比。

17.6 一个垂直极化波斜入射到两个区域的界面，它与界面法线之间的夹角为 60°，如果区域 1 和区域 2 的相对介电常数 $\varepsilon_1=2.26$ 和 $\varepsilon_2=3.4$，求反射系数 (Γ)。

17.7 如果区域 1 和区域 2 的相对介电常数分别为 ε_1 和 ε_2，求下列两种情况的布儒斯特角 (θ_1)。(a) $\varepsilon_1=2.53$ 和 $\varepsilon_2=2.26$；(b) $\varepsilon_1=2.26$ 和 $\varepsilon_2=3.4$。

17.8 用 $\sigma=2\times10^{-5}$ 估算平整地面的参数 χ，(a) $f=250$ kHz；(b) $f=6$ MHz。

17.9 求在 5 MHz 地面平均的 R_h、$\angle R_h$，其中 $\varepsilon_r=10$、$\chi=3$、$\psi_2=30°$。

17.10 求在 5 MHz 地面平均的 R_h、R_v，其中 $\varepsilon_r=10$、$\chi=3$、$\psi_2=30°$。

叙述题

1. 解释波速度、相速度和方向余弦。
2. 解释垂直极化和平行极化的含义。
3. 说明复数介电常数的概念与波现象的关系。
4. 描述电离层折射现象。
5. 讨论衍射现象对波传播的影响。

扩展阅读

A. S. Khan, *Microwave Engineering: Concepts and Fundamentals*, CRC Press, New York, Mar.2014.

M. F. Iskander, *Electromagnetic Fields and Waves*, Waveland Press, Prospect Hills, IL, 2000.

Y. Ito, *Radio Wave Propagation Handbook*, ed. Y. Hosoya, Realize Inc., Japan, 1999, pp.171－199.

E. C. Jordon, K. G. Balmain, *Electromagnetic Waves and Radiating Systems*, Prentice Hall Ltd., New Delhi, 1987.

J. R. Wait, *Electromagnetic Wave Theory*, Harper and Row, New York, 1985.

Richard Arthur Waldron, *Theory of Guided Electromagnetic Waves*, Van Nostrand Reinhold, London, New York, 1970.

S. Ramo, J. R. Whinnery, T. Van Duzer, *Fields and Waves in Communication Electronics*, John Wiley & Sons, Inc, New York, 1965.

Raghunath Shevgoankar, *Electromagnetic Waves*, McGraw Hill Education India, 2005. ISBN13 978－0－07－059116－5.

第 18 章　传输线

18.1　引言

在特定的边界内引导和限制能量，需要某种形式的结构。这种结构可以有不同的形状和尺寸。这种结构所输运的波称为导波，结构本身称为传输线。在传输线内，波能够在内部、结构表面或表面之上传输。在某些结构中（如双导线），场并没有完全限制在传输线内部，而对于有些结构（如同轴电缆和波导），场完全维持在结构内。在这些结构中，对波的指导原理理解，需要以麦克斯韦方程为基础。

传输线作为一种材料介质，能够为能量提供从一个地方传输到另一个地方的路径。这种线路可以在很宽的频率范围内使用。在低频下，可用于电力传输和分送。在高频率下，可以用传输线连接无线电发射机与带有天线的接收机，分发电视信号或用于计算机网络。在低频情况下，传输线能够以高效和有效的方式用于各种目的，但在高频情况下，能量倾向于辐射，射频电流从间断处反射。这些因素导致功率损耗并阻止功率到达目的地。为了减小损耗和反射，高频传输线采用精确的导线尺寸结构和阻抗匹配的连接间隙。这类传输线包括阶梯线、同轴电缆、电介质板、带状线、波导和光纤。

一般情况下，传输频率的波长必须是传输线长度量级。在较高频率下，如毫米波和光波，波长变得远小于导波结构的尺寸。在这种频率下，由于传统技术不适用且效率低下而被光学方法所取代。

在低频电路中，可以认为导线上各点的电压是相同的，连接元件的导线长度可以忽略不计。如果这种电压恒定的假定不成立，则导线的长度就变得很重要了。换句话说，当包含频率分量的信号所对应的波长与线路长度接近或小于线路长度时，线路的长度就变得很重要。通常，只要电缆或电线的长度大于 $\lambda/10$，就认为它是传输线。在这个长度下，相位延迟和反射引起的干扰很重要，可能会导致不可预测的传输线相关系统问题。根据应用需求，传输线的长度和类型可能会有很大差别。传输路径的长度从处理器中的几毫米甚至更小，到远距离互联网络的成百上千公里。传输线有多种类型，其中一些在本章中有所提及。

传输线通常至少由两条导线组成，导线之间存在电压。波导包含不同形状和尺寸的空心导体，形状和尺寸由频率和应用来确定。由于存在电阻，这些传输结构中会有部分功率损耗。这种损耗称为**欧姆损耗**或**电阻损耗**。在高频下，由于结构内部绝缘材料对能量的吸收，**介电损耗**也会变得重要。传输线通常在串联时用电阻（R）和电感（L）来建模，在并联时用电容（C）和电导（G）来建模。电阻和电导对损耗的贡献通常取决于信号频率，用 dB/m 来表示。通过一般的传输线理论，分布式参数配置可以用集总参数配置来表示。这种配置不仅有利于电路理论规则和定理的应用，还搭建了麦克斯韦方程与电路理论之间的桥梁。

在传输结构中，电磁波的 ***E*** 场和 ***H*** 场有多种分布。这种分布产生了其他的分类，称为横电波（TE）、横磁波（TM）和横电磁波（TEM）。对于 TEM 波，场在平行平面之间完全是横向的。这种模式具有最低的截止频率，因此可以将可传输的频率降为零。只要平面之间的空间是理想介质，它的传播速度就能维持在自由空间中的速度量级。在非理想介质情况下，波速会略有减小。在较低频率下，用于输送电力和信号的所有传输线都使用 TEM 波。需要指出的是，TEM 波不会存在于通常称为波导的空心管状结构中，这种结构旨在传输 TE 波和 TM 波。

18.2　采用电路方法的传输线建模

海维赛德（Oliver Heaviside）提出的传输线模型是以麦克斯韦方程为基础的。这个模型含有一组方程，称为电报或**电报方程**。为了得到这些方程，特将传输线表示为无限小的小段组成的无穷级数，如图 18－1（a）所示。每个小段用基本元件构成的两端口网络来表示，如图 18－1（b）所示。

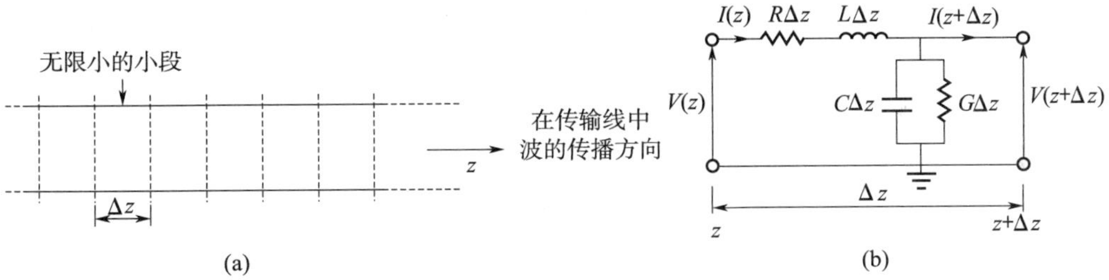

图 18－1　（a）传输线的小段；（b）等效电路

这个模型中涉及的网络含有下列分布参数：

- 导体中的电阻（R， 单位 Ω），作为串联电阻器。
- 由于导线之间的磁场导致的自感（L， 单位为 H），作为串联电感元件。
- 两个导体之间的电容（C， 单位为 F），作为分流电容器。
- 分隔两种导体的介质材料电导（G， 单位为 S），作为信号线和返回线之间的分流电阻。

可以规定上述分布参数 R、L、C、G 单位长度的值。

电报方程含有一对线性微分方程。对于沿 z 轴的线路，这些方程描述了电力传输线上的电压和电流随距离（z）和时间（t）的变化。在频域中，线路的电压 $V(z)$ 和电流 $I(z)$ 可以表示为

$$\frac{\partial V(z)}{\partial z} = -(R + \mathrm{j}\omega L)I(z) \tag{18-1a}$$

$$\frac{\partial I(z)}{\partial z} = -(G + j\omega C)V(z) \tag{18-1b}$$

方程（18－1）中涉及的 R 和 G 表示为有损耗线路。当 R 和 G 小到可以忽略时，传输线认为是无损耗结构。在无损耗情况下，模型仅取决于 L 和 C 元件。这种情况使得线路分析得到很大程度的简化。对于无损耗电路，二阶稳态电报方程为

$$\frac{\partial^2 V(z)}{\partial z^2} + \omega^2 LCV(z) = 0 \tag{18-2a}$$

$$\frac{\partial^2 I(z)}{\partial z^2} + \omega^2 LCI(z) = 0 \tag{18-2b}$$

方程（18－2a）和（18－2b）为两个波动方程。两个方程的解代表两个平面波，前向和后向的两个平面波具有相等的传播速度。前向波沿传输线传播，反向的反射波与原始信号发生相互干扰。这就是传输线理论的基本方程。如果 R 和 G 不可忽略，电报方程将变为

$$\frac{\partial^2 V(z)}{\partial z^2} = \gamma^2 V(z) \tag{18-3a}$$

$$\frac{\partial^2 I(z)}{\partial z^2} + \gamma^2 I(z) = 0 \tag{18-3b}$$

方程（18－3a）和（18－36）会产生两个代数关系式，分别为表示传播常数（γ）的方程（16－34c）和表示特征阻抗（Z_0）的方程（16－37）。两个关系式为

$$\gamma = \sqrt{(R + j\omega L)(G + j\omega C)} \tag{18-4a}$$

$$Z_0 = \sqrt{\frac{R + j\omega L}{G + j\omega C}} \tag{18-4b}$$

18.3　采用场方法的传输线建模

由于任何承载低频 TEM 波的导线系统都可称为传输线，因此，方程（18－1）和（18－2）也可采用场方法得到。图 18－2（a）是含有两条宽度为 b、厚度为 t、间隔为 a 的窄条带线路。由于具有最低截止频率，TEM 模式适用于所有功率以及 200 或 300 MHz 以下所有频率的各种实际输电线路。由于这种模式的传播要求平行平面之间的隔离间隔远小于波长，因此，从这种构型中可以导出基本传输线方程。

如图 18－2（a）所示，平行条带沿着 z 轴，假定该方向也是波的传播方向。图 18－2（b）给出了两个平行条带之间的场分布，图 18－2（c）给出了场分布的顶视图。根据图 18－2，可以应用电动势（EMF）和磁动势（MMF）的概念得到传输线方程和相关参数。这些概念来自麦克斯韦方程，传输线特性服从麦克斯韦方程。点形式和积分形式的麦克斯韦方程为

$$\nabla \times \boldsymbol{E} = -\frac{\partial \boldsymbol{B}}{\partial t} = -j\omega \boldsymbol{B} \tag{18-5a}$$

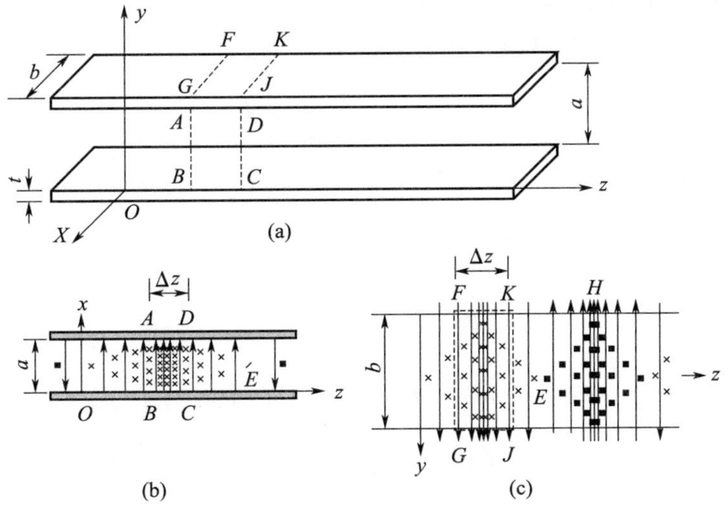

图 18－2　(a) 两个平行条带和一些参数；(b) E 场的循环 $ABCDA$；(c) H 场的循环 $FGJKF$

$$\oint \boldsymbol{E} \cdot \mathrm{d}l = -\mathrm{j}\omega \int \boldsymbol{B} \cdot \mathrm{d}s \tag{18-5b}$$

$$\nabla \times \boldsymbol{H} = \frac{\partial \boldsymbol{D}}{\partial t} = \mathrm{j}\omega \boldsymbol{D} \tag{18-6a}$$

$$\oint \boldsymbol{H} \cdot \mathrm{d}l = \mathrm{j}\omega \int \boldsymbol{D} \cdot \mathrm{d}s \tag{18-6b}$$

方程（18－5a）和（18－5b）称为 EMF 方程，方程（18－6a）和（18－6b）称为 MMF 方程。从这些方程中导出传输线方程的过程涉及两个循环 $ABCDA$ 和 $MGJKM$，如图 18－2（a）所示，在图 18－2（b）和图 18－2（c）中也再次标出。在接下来的两小节中，专门讨论无损耗和有损耗传输线的 EMF 方程与 MMF 方程。

18.3.1　EMF 方程

考虑图 18－2（b）中所示的循环 $ABCDA$，对于该循环方程（18－5b）给出

$$V_{AB} + V_{BC} - V_{CD} - V_{DA} = -\mathrm{j}\omega B_y a \Delta z \tag{18-7a}$$

对于**无损耗线路**，假定条带的电导率 σ 无限大，$V_{BC} = V_{DA} = 0$，方程（18－7a）可简化为

$$V_{AB} - V_{CD} = -\mathrm{j}\omega B_y a \Delta z \tag{18-7b}$$

将 $B_y = \mu H_y = \mu J_{sz} = \mu I/b$ 代入（18－7b），得到

$$\frac{\mathrm{d}V}{\mathrm{d}z} = -\mathrm{j}\omega \frac{\mu a}{b} I = -\mathrm{j}\omega L I \tag{18-7c}$$

其中

$$L = \frac{\mu a}{b} \tag{18-7d}$$

在方程（18－7d）中，L 是单位长度上的电感，是传输介质的磁导率 μ 与因子 a/b 的

乘积。如果 $a=b=1$，则 $L=\mu$ 。

对于非理想导体的**有损耗线路**，符合 $\sigma \neq \infty$，$V_{BC}=V_{DA}=J_{sz}Z_s\Delta z$， 方程（18－7a）则变为

$$V_{AB}-V_{CD}=\Delta V=-\mathrm{j}\omega B_y a\Delta z-2J_{sz}Z_s\Delta z \tag{18－8a}$$

将 $B_y=\mu I/b$ 代入，得到

$$\frac{\Delta V}{\Delta z}=-\mathrm{j}\omega LI-\frac{2Z_s}{b}I=-\mathrm{j}\omega LI-Z_s^* I \tag{18－8b}$$

$$Z_s^*=\left(\frac{2Z_s}{b}\right)=R^*+\mathrm{j}\omega L^* \tag{18－8c}$$

因此，$\dfrac{\Delta V}{\Delta z}=-\mathrm{j}\omega LI-(R^*+\mathrm{j}\omega L^*)I$ 。如果用 R 替换 R^*， 用 L 替换 $L+L^*$， 则有

$$\frac{\Delta V}{\Delta z}=-(R+\mathrm{j}\omega L)I \tag{18－8d}$$

$$Z=R+\mathrm{j}\omega L \tag{18－8e}$$

在（18－8e）中，Z（阻抗）和 R（电阻）都为单位长度的量。

18.3.2　MMF 方程

类似地，根据图 18－2（c）的循环 $FGHKF$ 和方程（18－6b），有

$$bH_{FG}+\Delta zH_{GH}-bH_{HK}-\Delta zH_{KF}=-\mathrm{j}\omega\varepsilon E_x b\Delta z \tag{18－9a}$$

对于**无损耗线路**，由于理想电介质 $\sigma=0$，$H_{GH}=H_{KF}=0$， 方程（18－9a）可简化为

$$-b(H_{HK}-H_{FG})=-\mathrm{j}\omega\varepsilon E_x b\Delta z \tag{18－9b}$$

由于 $E_x=\dfrac{V}{a}$，$-b(H_{HK}-H_{FG})=\Delta(bH_y)=\Delta I=\mathrm{j}\omega\varepsilon Vb\Delta z/a$， 方程（18－5b）可修改为

$$\frac{\mathrm{d}I}{\mathrm{d}z}=-\mathrm{j}\omega\frac{\varepsilon b}{a}V=-\mathrm{j}\omega CV \tag{18－9c}$$

其中

$$C=\frac{\varepsilon b}{a} \tag{18－9d}$$

在方程（18－9d）中，C 是单位长度上的电容，是传输介质的介电常数 ε 与因子 b/a 的乘积。如果 $a=b=1$， 则 $C=\varepsilon$ 。

对于非理想导体的**有损耗线路**，$\sigma\neq 0$，$H_{GH}=H_{KF}=\sigma E_x b$， 因此

$$-b(H_{HK}-H_{FG})=(\sigma E_x+\mathrm{j}\omega\varepsilon E_x)b\Delta z \tag{18－10a}$$

或

$$\frac{\mathrm{d}(bH_y)}{\mathrm{d}z}=-b(\sigma+\mathrm{j}\omega\varepsilon)E_x \tag{18－10b}$$

用 $bH_y=I$ 替换 bH_y，V/a 替换 E_x， 得到

$$\frac{\mathrm{d}I}{\mathrm{d}z}=-\left(\frac{b\sigma}{a}+\frac{\mathrm{j}\omega\varepsilon b}{a}\right)V=-(G+\mathrm{j}\omega C)V=-YV \tag{18－10c}$$

式中

$$Y = G + \mathrm{j}\omega C \tag{18-10d}$$

$$G = \frac{b\sigma}{a} \tag{18-10e}$$

在方程（18－10d）中，Y 为单位长度的导纳。在（18－10e）中，G 为单位长度的电导，是电导率 σ 与因子 b/a 的乘积。如果 $a=b=1$，则 $G=\sigma$ 。

从方程（18－7d）和（18－9d）可以得到下面有用的关系式

$$V = \frac{1}{\sqrt{LC}} = \frac{1}{\sqrt{\mu\varepsilon}} \tag{18-11a}$$

$$Z_0 = \sqrt{\frac{L}{C}} = \sqrt{\frac{\mu}{\varepsilon}} \tag{18-11b}$$

18.4 电压与电流的关系式

将上面得到的方程（18－8d）和（18－10c）复制到这里

$$\frac{\mathrm{d}V}{\mathrm{d}z} = -(R + \mathrm{j}\omega L)I \tag{18-8d}$$

$$\frac{\mathrm{d}I}{\mathrm{d}z} = -(G + \mathrm{j}\omega C)V \tag{18-10c}$$

发现这与前面方程（18－1a）和（18－1b）给出的电报方程是相同的。

将方程（18－8d）和（18－10c）对 z 求导，然后将结果整理后得到

$$\frac{\mathrm{d}^2 V}{\mathrm{d}z^2} = -(R + \mathrm{j}\omega L)\frac{\mathrm{d}I}{\mathrm{d}z} = (R + \mathrm{j}\omega L)(G + \mathrm{j}\omega C)V = \gamma^2 V \tag{18-12a}$$

$$\frac{\mathrm{d}^2 I}{\mathrm{d}z^2} = -(G + \mathrm{j}\omega C)\frac{\mathrm{d}V}{\mathrm{d}z} = (R + \mathrm{j}\omega L)(G + \mathrm{j}\omega C)I = \gamma^2 I \tag{18-12b}$$

方程（18－12a）和（18－12b）与方程（18－2a）和（18－2b）是相同的。在方程中，γ（传播常数）是复数量，与方程（18－4c）有类似的关系

$$\gamma = \sqrt{(R + \mathrm{j}\omega L)(G + \mathrm{j}\omega C)} = \alpha + \mathrm{j}\beta \tag{18-12c}$$

在方程（18－12c）中，γ 由衰减常数（α）和相位漂移常数（β）组成。

从后面两小节的描述可知，方程（18－12a）和（18－12b）可以有两种形式的解。

18.4.1 指数形式

$$V = V'\mathrm{e}^{\gamma z} + V''\mathrm{e}^{-\gamma z} \tag{18-13a}$$

$$I = I'\mathrm{e}^{\gamma z} + I''\mathrm{e}^{-\gamma z} \tag{18-13b}$$

方程（18－13a）和（18－13b）含有两部分，其中 $V'\mathrm{e}^{\gamma z}$ 和 $I'\mathrm{e}^{\gamma z}$ 表示前向的波，$V''\mathrm{e}^{-\gamma z}$ 和 $I''\mathrm{e}^{-\gamma z}$ 表示后向的波。V' 和 V'' 分别是前向波和后向（反射）波的电压幅度，I' 和 I'' 分别是前向波和后向（反射）波的电流幅度。在方程（18－13a）和（18－13b）中涉及的不同

量的比率给出了三个重要量，即特征阻抗、终端阻抗和反射系数。

特征阻抗用 Z_0 来表示，是前向波电压与电流的比值或后向波电压与电流的比值。即

$$\frac{V'}{I'}=Z_0 \tag{18-14a}$$

$$\frac{V''}{I''}=-Z_0 \tag{18-14b}$$

式中，Z_0 在前面的方程（18-4b）中给出。这个参数描述了线路的特性。以特征阻抗为终点的线路，能够确保将最大功率转移到负载上，反射到源上的功率最小。

终端阻抗用 Z_R 或 Z_L 来表示，是终端电压与电流的比值。即

$$Z_R=Z_L=\frac{V}{I}\bigg|_{z=0}=\frac{V'+V''}{I'+I''}=Z_0\frac{I'-I''}{I'+I''}=Z_0\frac{V'-V''}{V'+V''} \tag{18-15}$$

传输电力或信号的传输线最终要连接到某个负载上或终止于某种阻抗，电力或信号在那里得到应用或被吸收。这个负载称为终端阻抗。

反射系数定义为前向波和后向波的电压幅度之比或它们的电流幅度之比。用希腊字母 Γ 来表示。即

$$\frac{V''}{V'}=\Gamma\text{（电压）} \tag{18-16a}$$

$$\frac{I''}{I'}=-\Gamma\text{（电流）} \tag{18-16b}$$

整理方程（18-16a）与（18-16b），有

$$\Gamma=\frac{Z_R-Z_0}{Z_R+Z_0}\text{（电压）} \tag{18-16c}$$

$$\Gamma=\frac{Z_0-Z_R}{Z_R+Z_0}\text{（电流）} \tag{18-16d}$$

如前所述，如果传输线不终止于特征阻抗，则波会被反射。线路上有不连续点也会出现反射。反射系数决定了反射的量。

18.4.2 双曲线形式

方程（18-13a）和（18-13b）双曲线形式的解为

$$V=A_1\cosh(\gamma z)+B_1\sinh(\gamma z) \tag{18-17a}$$

$$I=A_2\cosh(\gamma z)+B_2\sinh(\gamma z) \tag{18-17b}$$

在传输线中，令 V_s 和 I_s 分别为发送端点（$z=-l$）的电压和电流，V_R 和 I_R 分别为接收端点（$z=0$）的电压和电流。将 $z=0$ 代入方程（18-17a）和（18-17b）中，得到 $A_1=V_R$，$A_2=I_R$。因此

$$V=V_R\cosh(\gamma z)+B_1\sinh(\gamma z) \tag{18-18a}$$

$$I=I_R\cosh(\gamma z)+B_2\sinh(\gamma z) \tag{18-18b}$$

方程（18-18a）和（18-18b）对 z 求导，然后代入方程（18-8d）和（18-10c），得到

$$\frac{\mathrm{d}V}{\mathrm{d}z}=\gamma V_R\sinh(\gamma z)+\gamma B_1\cosh(\gamma z)=-(R+\mathrm{j}\omega L)I \tag{18-19a}$$

$$\frac{\mathrm{d}V}{\mathrm{d}z}=\gamma I_R\sinh(\gamma z)+\gamma B_2\cosh(\gamma z)=-(G+\mathrm{j}\omega C)V \tag{18-19b}$$

再次使用 $z=0$ 条件，得到 $V=V_R$，$I=I_R$ 。将这些量代入方程（18-19a）和（18-19b）中，可以得到 $B_1=-Z_0I_R$ 和 $B_2=-V_R/Z_0$，最终得到

$$V=V_s=V_R\cosh(\gamma z)-Z_0I_R\sinh(\gamma z) \tag{18-20a}$$

$$I=I_s=I_R\cosh(\gamma z)-\frac{V_R}{Z_0}\sinh(\gamma z) \tag{18-20b}$$

从图 18-3 可以看出，$z=-l$ 代表发送端。将 $z=-l$ 代入方程（18-20a）和（18-20b），得到

$$V_s=V_R\cosh(\gamma l)+Z_0I_R\sinh(\gamma l) \tag{18-21a}$$

$$I_s=I_R\cosh(\gamma l)-\frac{V_R}{Z_0}\sinh(\gamma l) \tag{18-21b}$$

方程（18-21a）和（18-21b）是一般传输线方程，用于描述发射端和接收端的电压与电流的关系。

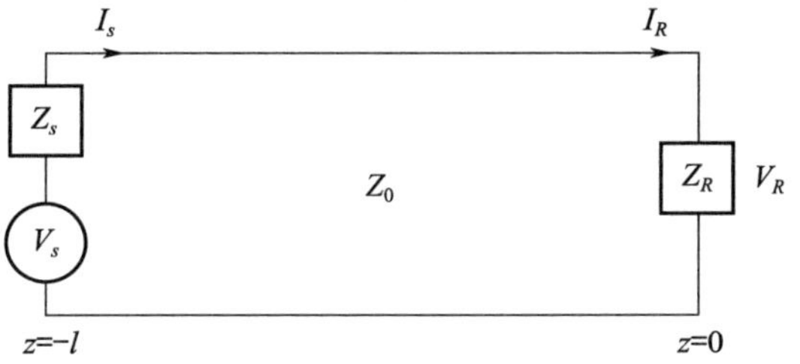

图 18-3　传输线电路

18.4.2.1　输入阻抗

从方程（18-21a）和（18-21b）得到了另一个重要的量，称为**输入阻抗**，是传输线发送端的电压与电流之比。用 Z_{in} 或 Z_s 来表示，由下式给出

$$Z_{in}=Z_s=\frac{V_s}{I_s}=\frac{V_R\cosh(\gamma l)+Z_0I_R\sinh(\gamma l)}{I_R\cosh(\gamma l)-\dfrac{V_R}{Z_0}\sinh(\gamma l)} \tag{18-22a}$$

输入阻抗明显取决于传输线的终端。当接收端是短路或开路时，由方程（18-22a）得到的输入阻抗为：

在**短路**情况下，$Z_R=0$，$V_R=0$，输入阻抗为

$$Z_{in}=Z_{sc}=Z_0\tanh(\gamma l) \tag{18-22b}$$

在**开路**情况下，$Z_R=\infty$，$I_R=0$，输入阻抗为

$$Z_{in}=Z_{oc}=Z_0\coth(\gamma l) \tag{18-22c}$$

将方程（18-22b）与（18-22c）相乘得到

$$Z_{sc}Z_{oc}=Z_0^2 \tag{18-22d}$$

方程（18－22d）是传输线中最重要的关系式之一，用于线路段内的阻抗与电压变换。

18.5 高频下的无损耗线路

在 18.2 节和 18.3 节中，提到了两种类型的传输线，称为无损耗线路和有损耗线路。不完全属于上述两类的线路称为低损耗线路。如果线路的衰减常数远小于它的相位漂移常数（即 $\alpha \ll \beta$），则线路称为是低损耗的。在高频下这种状况是最实际的情况。根据 18.2 节和 18.3 节导出的参数，如果线路满足下列条件，则认为是低损耗的

$$R \ll \omega L \tag{18－23a}$$

$$G \ll \omega C \tag{18－23b}$$

根据（18－23a）和（18－23b），可将方程（18－8e）和（18－10d）变为

$$R = R + \mathrm{j}\omega L \approx \mathrm{j}\omega L \tag{18－24a}$$

$$Y = G + \mathrm{j}\omega C \approx \mathrm{j}\omega C \tag{18－24b}$$

根据（18－24a）和（18－24b），可将方程（18－12c）和（18－4b）变为

$$\gamma = \sqrt{(R+\mathrm{j}\omega L)(G+\mathrm{j}\omega C)} \approx \mathrm{j}\omega\sqrt{LC} \tag{18－25a}$$

$$Z_0 = \sqrt{\frac{R+\mathrm{j}\omega L}{G+\mathrm{j}\omega C}} = \sqrt{\frac{L}{C}} \tag{18－25b}$$

由于 $\gamma = \alpha + \mathrm{j}\beta$，因此方程（18－25a）给出

$$\alpha = 0 \tag{18－26a}$$

$$\beta \approx \omega\sqrt{LC} \tag{18－26b}$$

18.5.1 α 的近似值

上述 α 的近似值在大多数情况下是成立的，但有时 $\alpha = 0$ 不成立。下式给出更接近 α 的近似值

$$\begin{aligned}
\gamma &= \sqrt{(R+\mathrm{j}\omega L)(G+\mathrm{j}\omega C)} = \sqrt{(\mathrm{j}\omega L)(\mathrm{j}\omega C)\left(1+\frac{R}{\mathrm{j}\omega L}\right)\left(1+\frac{G}{\mathrm{j}\omega C}\right)} \\
&\approx \mathrm{j}\omega\sqrt{LC}\left(1+\frac{R}{\mathrm{j}2\omega L}\right)\left(1+\frac{G}{\mathrm{j}2\omega C}\right) \approx \mathrm{j}\omega\sqrt{LC}\left(1+\frac{R}{\mathrm{j}2\omega L}+\frac{G}{\mathrm{j}2\omega C}\right) \\
&\approx \mathrm{j}\omega\sqrt{LC} + \mathrm{j}\omega\sqrt{LC}\,\frac{R}{\mathrm{j}2\omega L} + \mathrm{j}\omega\sqrt{LC}\,\frac{G}{\mathrm{j}2\omega C} \\
&\approx \frac{R}{2}\sqrt{\frac{C}{L}} + \frac{G}{2}\sqrt{\frac{L}{C}} + \mathrm{j}\omega\sqrt{LC} = \alpha + \mathrm{j}\beta
\end{aligned}$$

因此

$$\alpha \approx \frac{R}{2}\sqrt{\frac{C}{L}} + \frac{G}{2}\sqrt{\frac{L}{C}} = \frac{1}{2}\left(\frac{R}{Z_0} + GZ_0\right) \tag{18－26c}$$

$$\alpha \approx \frac{R}{2Z_0} \quad (G\text{ 较小时}) \tag{18－26d}$$

18.5.2　修正的电压与电流关系式

根据上述情况，可将方程（18－21a）和（18－21b）简化为

$$V_s = V_R\cos(\beta l) + \mathrm{j}Z_0 I_R\sin(\beta l) \tag{18－27a}$$

$$I_s = I_R\cos(\beta l) + \mathrm{j}\frac{V_R}{Z_0}\sin(\beta l) \tag{18－27b}$$

方程（18－22）也可修改为

$$Z_s = \frac{V_R\cos(\beta l) + \mathrm{j}Z_0 I_R\sin(\beta l)}{I_R\cos(\beta l) + \mathrm{j}\frac{V_R}{Z_0}\sin(\beta l)} = Z_R\frac{\cos(\beta l) + \mathrm{j}\left(\frac{Z_0}{Z_R}\right)\sin(\beta l)}{\cos(\beta l) + \mathrm{j}\left(\frac{Z_R}{Z_0}\right)\sin(\beta l)} \tag{18－27c}$$

$$= Z_0\frac{Z_R\cos(\beta l) + \mathrm{j}Z_0\sin(\beta l)}{Z_0\cos(\beta l) + \mathrm{j}Z_R\sin(\beta l)}$$

18.5.3　任意位置的电压与电流的关系

要得到线路上任意位置（x）的电压与电流，可以简单地用 x 来替换 l 。方程（18－27a）和（18－27b）可变为

$$V_x = V_R\cos(\beta x) + \mathrm{j}Z_0 I_R\sin(\beta x) \tag{18－28a}$$

$$I_x = I_R\cos(\beta x) + \mathrm{j}\frac{V_R}{Z_0}\sin(\beta x) \tag{18－28b}$$

此外，如果这个线路的终端是纯电阻性的（即 $Z_R = R$），特征阻抗是纯电阻的（即 $Z_0 = R_0$），则方程（18－28a）和（18－28b）可写为

$$|V_x| = V_R\sqrt{\cos^2(\beta x) + \left(\frac{R_0}{R}\right)^2\sin^2(\beta x)} \tag{18－29a}$$

$$|I_x| = I_R\sqrt{\cos^2(\beta x) + \left(\frac{R}{R_0}\right)^2\sin^2(\beta x)} \tag{18－29b}$$

不同类型的终端情况下，方程（18－28）和（18－29）可以进一步改写。包括以下几种情况：

（a）在短路线路中，$V_R = 0$，$I_R R_0 = V_m$ 和 $I_R = I_m$，因此

$$|V_x| = |V_m\sin(\beta x)| \tag{18－30a}$$

$$|I_x| = |I_m\cos(\beta x)| \tag{18－30b}$$

在这种情况下，终端点的电压最低，电流最大。电压和电流的驻波波形如图 18－4 所示。

（b）在开路的线路中，$I_R = 0$，$V_R/R_0 = I_m$ 和 $V_R = V_m$，因此

$$|V_x| = |V_m\cos(\beta x)| \tag{18－31a}$$

$$|I_x| = |I_m\sin(\beta x)| \tag{18－31b}$$

在这种情况下，终端点的电压最高，电流最小。电压和电流的驻波波形如图 18－5 所示。

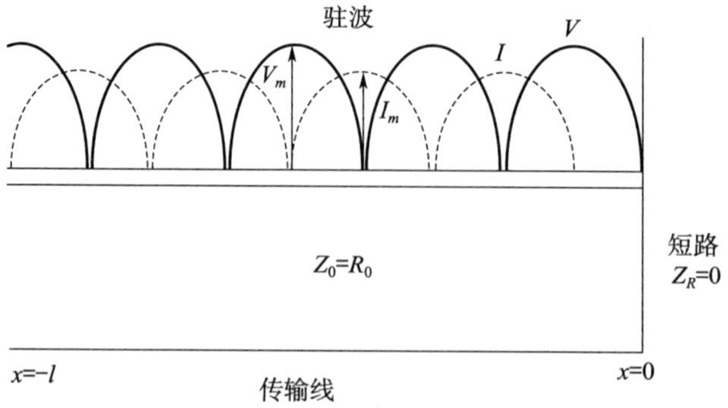

图 18－4　线路短路的电流与电压驻波

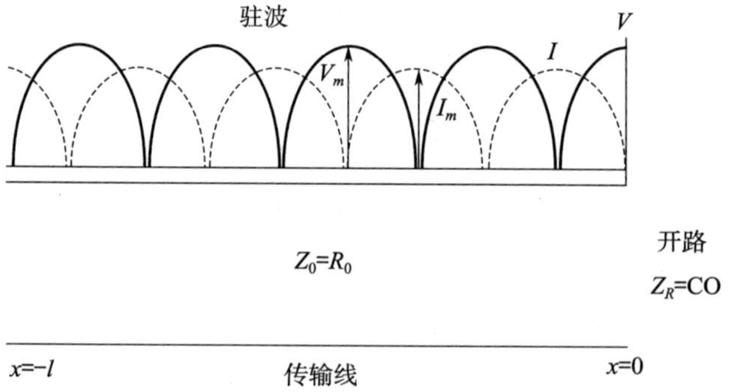

图 18－5　开路线路的电流与电压驻波

(c) 如果线路终止于特征阻抗，这种线路是纯电阻性的，则 $Z_R = Z_0 = R_0$，可以得到

$$|V_x| = V_R\sqrt{\cos^2(\beta x) + \sin^2(\beta x)} = V_R \tag{18-32a}$$

$$|I_x| = I_R\sqrt{\cos^2(\beta x) + \sin^2(\beta x)} = I_R \tag{18-32b}$$

在这种情况下，电压和电流的波形为如图 18－6 所示的直线。由于没有反射，线路中没有驻波。

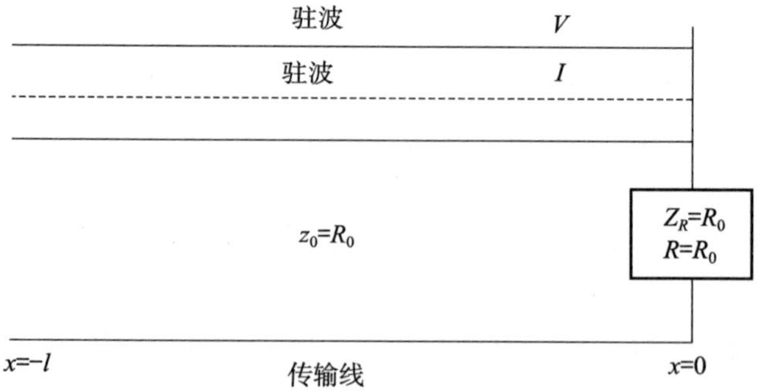

图 18－6　终止在线路的特征阻抗

(d) 如果线路不终止于纯电阻性的特征阻抗，则 $Z_R \neq Z_0 (Z_R = R_0)$，可以得到

$$|V_x|=\left|V_R\left[\cos(\beta x)+\mathrm{j}\frac{Z_0}{Z_R}\sin(\beta x)\right]\right| \tag{18-33a}$$

$$|I_x|=\left|I_R\left[\cos(\beta x)+\mathrm{j}\frac{Z_R}{Z_0}\sin(\beta x)\right]\right| \tag{18-33b}$$

这种情况下，端点电压或电流可能会出现极小值或极大值，但它们的幅度都达不到（a）和（b）情况下的极大值或极小值。电压和电流仍然会出现驻波波形，如图 18－7 所示。这些波形取决于 R 和 R_0 的相对值，进一步分为以下情况。

（i）当 $R<R_0$，$\frac{Z_0}{Z_R}=\frac{R_0}{R}>1$ 或 $\frac{Z_R}{Z_0}=\frac{R}{R_0}<1$ 时，在这种情况下：

当 sin 项最大时，$|V_x|$ 达到极大值，因此 $V_{\max}=V_R\frac{R_0}{R}$；

当 cos 项最大时，$|I_x|$ 达到极大值，因此 $I_{\max}=I_R$；

当 cos 项最小时，$|V_x|$ 达到极小值，因此 $V_{\min}=V_R$；

当 sin 项最小时，$|I_x|$ 达到极小值，因此 $I_{\min}=I_R\frac{R}{R_0}$。

根据这些情况可以得到

$$\frac{V_{\max}}{V_{\min}}=\frac{R_0}{R} \quad 和 \quad \frac{I_{\max}}{I_{\min}}=\frac{R_0}{R} \tag{18-34}$$

（ii）当 $R>R_0$，$\frac{Z_0}{Z_R}=\frac{R_0}{R}<1$ 或 $\frac{Z_R}{Z_0}=\frac{R}{R_0}>1$ 时，在这种情况下：

当 cos 项最大时，$|V_x|$ 达到极大值，因此 $V_{\max}=V_R\frac{R}{R_0}$；

当 sin 项最大时，$|I_x|$ 达到极大值，因此 $I_{\max}=I_R$；

当 sin 项最小时，$|V_x|$ 达到极小值，因此 $V_{\min}=V_R$；

当 cos 项最小时，$|I_x|$ 达到极小值，因此 $I_{\min}=I_R\frac{R}{R_0}$。

根据这些情况可以得到

$$\frac{V_{\max}}{V_{\min}}=\frac{R}{R_0} \quad 和 \quad \frac{I_{\max}}{I_{\min}}=\frac{R}{R_0} \tag{18-35}$$

在方程（18－34）和（18－35）中，$V_{\max}/V_{\min}$ 和 $I_{\max}/I_{\min}$ 是非常重要的量，分别称为**电压驻波比**和**电流驻波比**。电压驻波比（VSWR）和电流驻波比（CSWR）用符号 ρ 和 s 来表示。VSWR 的值总是大于 1。因此有

$$\rho=\frac{R}{R_0} \quad （当 R>R_0） \tag{18-36a}$$

$$\rho=\frac{R_0}{R} \quad （当 R<R_0） \tag{18-36b}$$

根据方程（18－16）和方程（18－35）描述的条件，可以得到驻波比与反射系数之间的关系

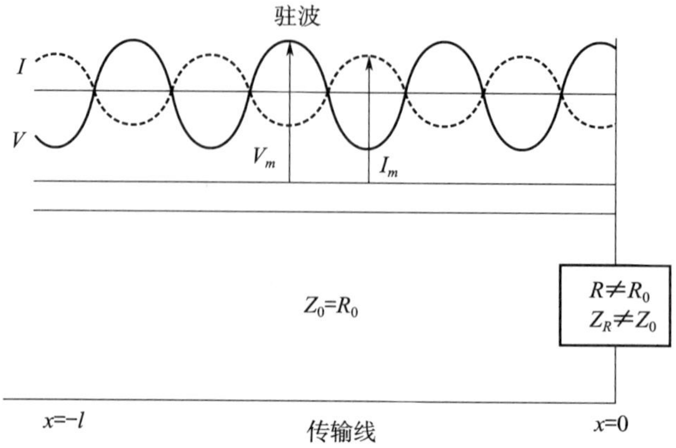

图 18-7　终端阻抗不等于线路的特征阻抗

$$\rho = \frac{1+\Gamma}{1-\Gamma} \tag{18-36c}$$

(e) 如果线路终止于一个复数量阻抗但不等于特征阻抗，即 $Z_R = R + \mathrm{j}X \neq R_0$，则在终端位置处，电压或电流既不会有极大值，也不会有极小值。极小值或极大值总是移到终端的任意一边。位移的方向和位置以及驻波测量能够用于估算电抗值。电抗的符号代表它的类型。

图 18-8 (a) 给出了传输线 ($Z_0 = R_0$) 终止在未知阻抗为 $(R \pm \mathrm{j}X)$ 的位置 c 的示意图。为了知道 R 和 X 的值，令线路在假设的延伸距离 L_1 处终止于纯电阻 R_1，如图 18-8 (b)所示。在这个位置上，电压（或电流）变为最小值（最大值）或相反。在位置 c 的 R_1 值为 $R \pm \mathrm{j}X$。值得注意的是，因为它是终端阻抗，所以被称为 Z_R，但对以 R_1 为终点的延伸长度 L_1 来说，它是位置 c 的输入阻抗，因此，可以被认为是在 c 处的输入阻抗 Z_s。因此，根据（18-27c)，Z_s（现在是 Z_R）可以写为修改后的形式

$$Z_s = R \pm \mathrm{j}X = R_0 \frac{R_1\cos(\beta L_1) + \mathrm{j}R_0\sin(\beta L_1)}{R_0\cos(\beta L_1) + \mathrm{j}R_1\sin(\beta L_1)} \tag{18-37a}$$

将方程（18-37a）简化，得到

$$R \pm \mathrm{j}X = R_0 \frac{\{R_1\cos(\beta L_1) + \mathrm{j}R_0\sin(\beta L_1)\}\{R_0\cos(\beta L_1) - \mathrm{j}R_1\sin(\beta L_1)\}}{\{R_0\cos(\beta L_1) + \mathrm{j}R_1\sin(\beta L_1)\}\{R_0\cos(\beta L_1) - \mathrm{j}R_1\sin(\beta L_1)\}}$$

$$R \pm \mathrm{j}X = R_0 \frac{\{R_0R_1\cos^2(\beta L_1) + R_0R_1\sin^2(\beta L_1)\} + \mathrm{j}\{R_0^2\sin(\beta L_1)\cos(\beta L_1) - R_1^2\sin(\beta L_1)\cos(\beta L_1)\}}{R_0^2\cos^2(\beta L_1) + R_1^2\sin^2(\beta L_1)}$$

因此

$$R = \frac{R_0^2 R_1}{R_0^2\cos^2(\beta L_1) + R_1^2\sin^2(\beta L_1)} \tag{18-37b}$$

$$X = \frac{R_0(R_0^2 - R_1^2)\sin(\beta L_1)\cos(\beta L_1)}{R_0^2\cos^2(\beta L_1) + R_1^2\sin^2(\beta L_1)} \tag{18-37c}$$

在方程（18-37b）和（18-37c）中，长度 L_1 是无法测量的，需要用一个可测量的长度来替换。根据图 18-8 (b)，$L_1 = \frac{\lambda}{2} - L_2$，因此

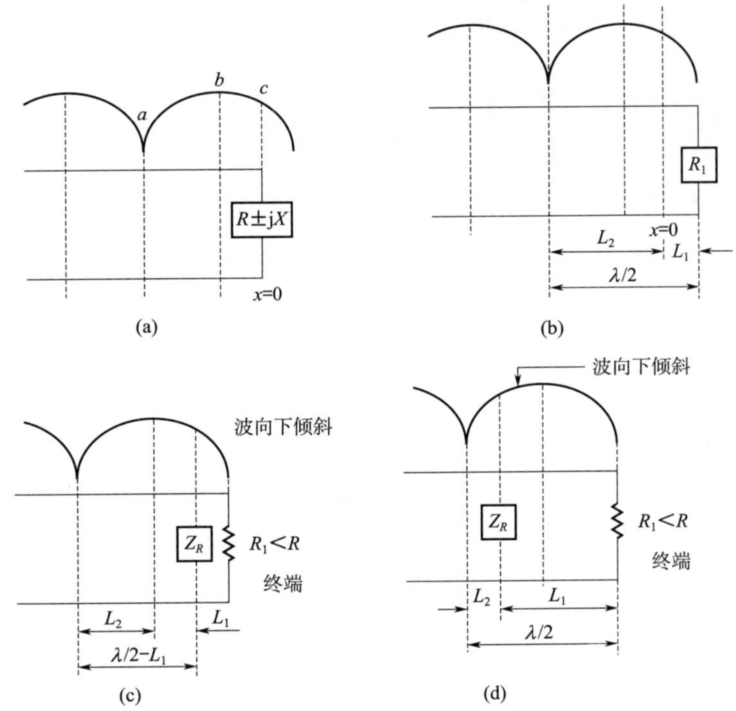

图 18-8　电压与电流分布（a）具有复数终端阻抗 $Z=R\pm jX$；（b）线路在假设的延伸距离 L_1 处终止于纯电阻 R_1；（c）波向下倾斜；（d）波向上倾斜

$$\sin(\beta L_1)=\sin\left[\beta\left(\frac{\lambda}{2}-L_2\right)\right]=\sin(\beta L_2)$$

$$\cos(\beta L_1)=\cos\left[\beta\left(\frac{\lambda}{2}-L_2\right)\right]=-\cos(\beta L_2)$$

根据方程（18-36b）（18-37b）和（18-37c）以及上述关系式，可以得到

$$R=\frac{\rho R_0}{\rho^2\cos^2(\beta L_2)+\sin^2(\beta L_2)} \tag{18-37d}$$

$$X=\frac{-R_0(\rho^2-1)\sin(\beta L_2)\cos(\beta L_2)}{\rho^2\cos^2(\beta L_2)+\sin^2(\beta L_2)} \tag{18-37e}$$

从方程（18-37d）和（18-37e）可以看出，对于 $R_1<R_0$ 有：（a）当 $L_2=\frac{\lambda}{4}$ 时，波向上倾斜，X 是正的或是电感的；（b）当 $\frac{\lambda}{4}<L_2<\frac{\lambda}{2}$ 时，波向下倾斜，X 是负的或电容性的。以上两种情况分别在图 18-8（c）和 18-8（d）中给出。

18.6　作为电路单元的线段

如前所述，低频传输线用于远距离传输电力，而高频传输线用于传输信号。类似地，在较低的频率下，电路可以由集总元件构成，而在较高的频率下，集总元件就失去了其重要性。到达一定频率后，集总元件的架构变得很困难，需要传输线截面的物理尺寸足够小。在 150 MHz（$\lambda < 2$ m）以上，用于取代集总元件的主要是线段。这种线段能够用到约 3000 MHz 频率，一旦超过这个频率，就要求尺寸变得太小而难以处理，将由波导技术来取代。那么，这些线段怎样描述？显然，无损耗线路所描述的单元与损耗线路所描述的单元不同。因此，下面将分小节分别讨论。

18.6.1　无损耗线路

对于无损耗线路，将（18－27c）确定的输入阻抗复制到这里

$$Z_s = Z_0 \frac{Z_R \cos(\beta l) + \mathrm{j} Z_0 \sin(\beta l)}{Z_0 \cos(\beta l) + \mathrm{j} Z_R \sin(\beta l)} \tag{18-27c}$$

当线路为**短路**时，$Z_R = 0$，线路的输入阻抗变为

$$Z_s = \mathrm{j} Z_0 \tan(\beta l) \tag{18-38a}$$

方程（18－38a）表明，对于 $0 < l < \frac{\lambda}{4}$ 或 $0 < \beta l < \frac{\lambda}{2}$，输入阻抗是正的（或电感的），当 $\frac{\lambda}{4} < l < \frac{\lambda}{2}$ 或 $\frac{\pi}{4} < \beta l < \pi$ 时，输入阻抗是负的（或电容的）。

当线路为**开路**时，$Z_R = \infty$，线路的输入阻抗变为

$$Z_s = \mathrm{j} Z_0 \cot(\beta l) \tag{18-38b}$$

方程（18－38b）表明，对于 $0 < l < \frac{\lambda}{4}$ 或 $0 < \beta l < \frac{\lambda}{2}$，输入阻抗是负的（或电容的），当 $\frac{\lambda}{4} < l < \frac{\lambda}{2}$ 或 $\frac{\pi}{4} < \beta l < \pi$ 时，输入阻抗是正的（或电感的）。

18.6.2　损耗线路

对于损耗线路，方程（18－22a）确定的输入阻抗可以写为以下修正形式

$$Z_s = Z_0 \frac{Z_R \cosh(\gamma l) + \mathrm{j} Z_0 \sinh(\gamma l)}{Z_0 \cosh(\gamma l) + \mathrm{j} Z_R \sinh(\gamma l)} \tag{18-22a}$$

在该方程中，用 $\alpha + \mathrm{j}\beta$ 取代 γ，可以得到带有 $\sin(\beta l)$、$\cos(\beta l)$、$\cosh(\alpha l)$、$\sinh(\alpha l)$ 的项。由于假定 α 很小，采用由方程（18－26d）给出的近似值 $\alpha \approx \frac{R}{2Z_0}$。当 α 很小时，$\cosh(\alpha l) \approx 1$，$\sinh(\alpha l) \approx \alpha l$。由于我们考虑的线段等价于 $l = \frac{\lambda}{4}$ 和 $l = \frac{\lambda}{2}$，因此，对于 $l = \frac{\lambda}{4}$，$\beta l = \frac{\pi}{2}$，$\sin(\beta l) = 1$，$\cos(\beta l) = 0$，对于 $l = \frac{\lambda}{2}$，$\beta l = \pi$，$\sin(\beta l) = 0$，$\cos(\beta l) = -1$。在不同终端条件下，方程（18－22a）有下面不同的形式。

当线路为**短路**时，$Z_R = 0$，方程（18－22a）为

$$Z_s = Z_0 \frac{\sinh(\gamma l)}{\cosh(\gamma l)} = Z_0 \frac{\sinh[(\alpha + \mathrm{j}\beta) l]}{\cosh[(\alpha + \mathrm{j}\beta) l]} = Z_0 \frac{\sinh\alpha l \cosh\beta l + \mathrm{j}\cosh\alpha l \sinh\beta l}{\cosh\alpha l \cosh\beta l + \mathrm{j}\sinh\alpha l \sinh\beta l} \tag{18-39a}$$

从方程（18－39a）得到的**四分之一波长线段**和**半波长线段**的输入阻抗分别由（18－39b）和（18－39c）给出

$$Z_s=\frac{2Z_0^2}{Rl}\quad\left(l=\frac{\lambda}{4}\right)\tag{18-39b}$$

$$Z_s=\frac{Rl}{2}\quad\left(l=\frac{\lambda}{2}\right)\tag{18-39c}$$

对于线路长度为 $\lambda/4$ 奇数倍的短路线路，方程（18－39b）表达式也成立。

当线路为**开路**时，$Z_R=\infty$，方程（18－22a）给出

$$Z_s=Z_0\frac{\cosh[(\alpha+j\beta)l]}{\sinh[(\alpha+j\beta)l]}=Z_0\frac{\cosh\alpha l\cosh\beta l+j\sinh\alpha l\sinh\beta l}{\sinh\alpha l\cosh\beta l+j\cosh\alpha l\sinh\beta l}\tag{18-40a}$$

由方程（18－40a）得到的**四分之一波长线段**和**半波长线段**的输入阻抗分别由（18－40b）和（18－40c）给出

$$Z_s=\frac{Rl}{2}\quad\left(l=\frac{\lambda}{4}\right)\tag{18-40b}$$

$$Z_s=\frac{2Z_0^2}{Rl}\quad\left(l=\frac{\lambda}{2}\right)\tag{18-40c}$$

由方程（18－39）和（18－40）给出的等效单元如图 18－9 所示。

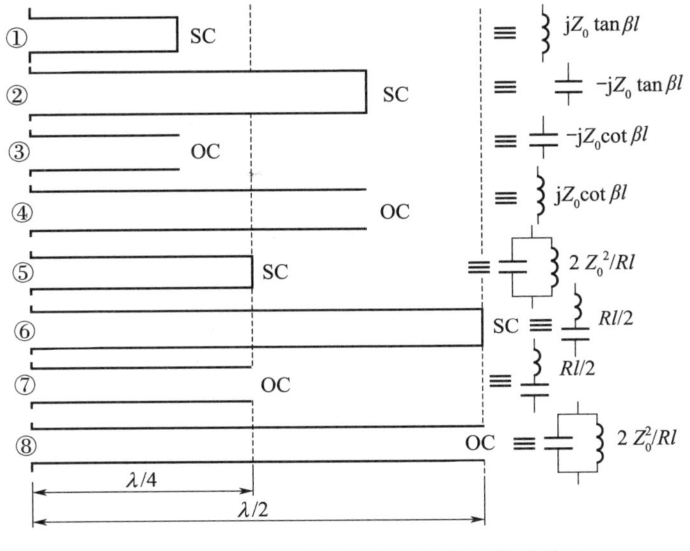

图 18－9　不同长度和端点的线段和等效单元

18.6.3　谐振线段的品质因数

方程（18－39a）给出了短路线路的输入阻抗。在谐振频率 $f=f_0$ 时，$\beta l=\frac{n\pi}{2}$，其中 n 为奇整数。这种情况下，$\cos\beta l=0$，$\sin\beta l=\pm1$，因此，方程（18－39a）可简化为

$$Z_s = Z_0 \frac{\cosh(\alpha l)}{\sinh(\alpha l)} = \frac{Z_0}{\alpha l} \tag{18-41a}$$

令频率有一个增量变化，即 $f = f_0 + \delta f$，则

$$\beta l = \frac{2\pi f l}{v} = \frac{2\pi(f_0 + \delta f)l}{v} = \frac{n\pi}{2} + \frac{2\pi\delta f l}{v}, \quad \cos\beta l = -\sin\left(\frac{2\pi\delta f l}{v}\right), \quad \sin\beta l = \cos\left(\frac{2\pi\delta f l}{v}\right)$$

$$Z_s = Z_0 \frac{-\sinh\alpha l \cdot \sin\left(\frac{2\pi\delta f l}{v}\right) + \mathrm{j}\cosh\alpha l \cdot \cos\left(\frac{2\pi\delta f l}{v}\right)}{\cosh\alpha l \cdot \sin\left(\frac{2\pi\delta f l}{v}\right) + \mathrm{j}\sinh\alpha l \cdot \cos\left(\frac{2\pi\delta f l}{v}\right)} \tag{18-41b}$$

因为 $\sinh\alpha l \approx \alpha l$，$\cosh\alpha l \approx 1$，$\cos\left(\frac{2\pi\delta f l}{v}\right) \approx 1$，$\sin\left(\frac{2\pi\delta f l}{v}\right) \approx \frac{2\pi\delta f l}{v}$，则

$$Z_s = Z_0 \frac{-\alpha l \cdot \left(\frac{2\pi \cdot \delta f \cdot l}{v}\right) + \mathrm{j}}{-\left(\frac{2\pi \cdot \delta f \cdot l}{v}\right) + \mathrm{j}\alpha l} = \frac{Z_0}{\alpha l + \mathrm{j}\left(\frac{2\pi \cdot \delta f \cdot l}{v}\right)} \tag{18-41c}$$

略去两个小量的乘积 $-\alpha l \cdot \left(\frac{2\pi\delta f l}{v}\right)$，$Z_s$ 变为

$$Z_s = \frac{Z_0}{\alpha l + \mathrm{j}\left(\frac{2\pi \cdot \delta f \cdot l}{v}\right)} \tag{18-41d}$$

如果我们令 $\delta f = \Delta f/2$，$\alpha l = \frac{\pi \cdot \Delta f \cdot l}{v}$，$\Delta f = \frac{\alpha v}{\pi} = \frac{2\alpha v}{2\pi} = \frac{2\alpha f_{0\lambda}}{2\pi} = \frac{2\alpha f_0}{\beta}$，则得到质量因子 Q

$$Q = \frac{f_0}{\Delta f} = \frac{\beta}{2\alpha} = \frac{2\pi/\lambda}{2\alpha} = \frac{\pi f_0}{v\alpha} = \frac{\pi f_0}{v(R/2Z_0)} = \frac{2\pi f_0 Z_0}{vR} = \frac{2\pi f_0 L}{R} = \frac{\omega_0 L}{R} \tag{18-42a}$$

或

$$Q = \frac{\omega L}{R} \tag{18-42b}$$

上述方程中，$v = f\lambda$，$\lambda = \frac{v}{f}$，$\beta = \frac{2\pi}{\lambda}$，$Z_0 = \sqrt{\frac{L}{C}}$，$v = \frac{1}{\sqrt{LC}}$，$\frac{Z_0}{v} = L$。

18.7　短截线匹配

为了防止反射到达发电机（或发送端），传输线通常使用一些辅助线或短截线进行匹配。可以使用一条或两条辅助线路来防止反射，分别称为单短截线匹配或双短截线匹配。下面简要介绍短截线的工作原理。

18.7.1　单短截线匹配

单短截线匹配只使用一根（可变）长的（比如说 S）辅助线，这条线可在主线上滑

动。从负载端到它的位置（比如说 d ）决定了它引入的导纳。图 18 - 10 给出了单短截线匹配和相关相量的示意图。根据图 18 - 10，负载导纳 Y_R 通过长度 d 转换为 $Y_A = G_A \pm JB_A$，Y_{SC} 也通过长度 S 转换为 Y_S 。如果 $Y_S = JB_A$ 且 $G_A = Y_C$，则 Y_A 与 Y_S 之和就是特征导纳 Y_C，到达发电机的线路是平稳的或者说没有从短截线位置反射。如果没有反射，则称传输线是匹配的（或平稳的）。

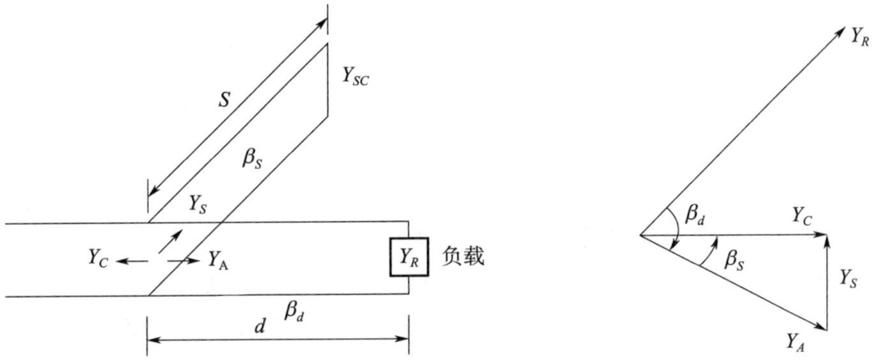

图 18 - 10　单短截线匹配

18.7.2　双短截线匹配

双短截线匹配使用两根可变长度的辅助线（比如 s_1 和 s_2）。两根短截线的长度决定了它们引入的导纳。从终端通过主线路到两根短截线的位置（l 和 $l+d$ ）是固定的。图 18 - 11 为双短截线匹配和相关相量的示意图。根据图 18 - 11，负载导纳 Y_R 通过长度 l 转换为 $Y_{11} = G_{11} \pm JB_{11}$，此外，短截线 1 的 Y_{SC} 也通过长度 S_1 转换为纯电纳 $Y_{S1} = \mathrm{j}b_1$，短截线 2 的 Y_{SC} 转换为 $Y_{S2} = \mathrm{j}b_2$。在位置 1，Y_{S1} 被加到 Y_{11} 上，部分中和了 Y_{11} 的电纳，因此，净导纳变为 Y_d 。Y_d 又通过长度 d 变换为新值 $Y_{22} = G_{22} \pm \mathrm{j}B_{22}$ 。如果 Y_{S2} 加入 Y_{22} 部分中和了它的电纳 $\pm \mathrm{j}B_{22}$，则在 $G_{22} = Y_C$ 条件下实现匹配。因此，$\pm \mathrm{j}B_{22}$ 和 $\mathrm{j}b_2$ 必须相加才能使电纳为零。

在单短截线情况下，匹配是通过两个变量 S 和 d 来完成的，而双短截线系统的匹配过程也需要两个变量。短截线长度 S_1 和 S_2 就是用于匹配的，短截线的长度很容易通过短接柱塞来改变。在单短截线匹配系统中的 d 变化不如改变短截线长度方便。因此，双短截线匹配通常优于单短截线匹配。

18.8　一些传输线结构

本节将简要介绍同轴电缆和平面传输线这两类传输线的结构。

18.8.1　同轴电缆

在前面的 11.4.2.1 节和 13.3.4.1 节中曾经讨论了同轴电缆。图 8 - 15（a）、图9 - 5、

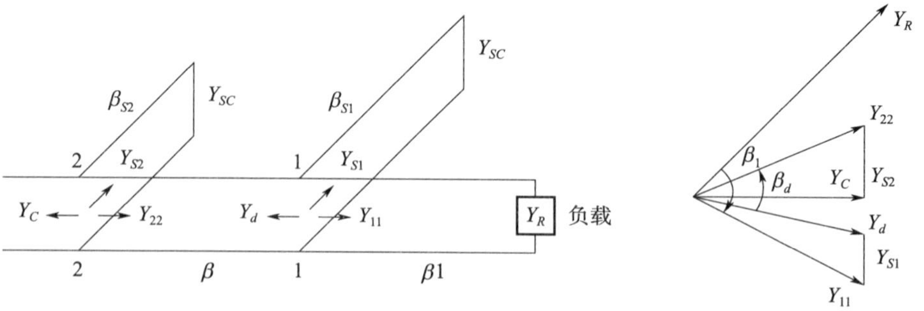

图 18－11　双短截线匹配

图 11－9（a）、图 11－14、图 11－19（b）、图 11－20 和图 13－8（a）中也给出了同轴电缆的构型图。同轴电缆的电容和电感关系式分别由方程（8－70）和方程（13－24b）给出。

在同轴电缆中，场完全局限在内外导线之间。在这种约束条件下，一定允许范围内的弯曲和扭转对场的分布没有负面影响。同轴电缆也可以固定在导电支架上，且不会感应不需要的电流。像平行电线一样，同轴电缆可以传输的 TEM 模态高达几千兆赫兹。在更高的频率下也可传播 TE 和 TM 模态的波。TEM 模态是同轴电缆的主要传播模式。在多模态传播的情况下，其几何形状中的任何弯曲或不规则都可能导致模态间的功率转移。同轴电缆最常见的应用包括电视和几兆赫兹带宽的信号。同轴电缆的特性阻抗为 50～75 Ω 量级。

18.8.2　平面传输线

平面传输线是用于引导厘米到亚毫米范围电磁波的传输线形式。平面传输线与其他传输线结构的表征参数（Z_0、α、β、v_p 等）相同。在平面传输线中，这些参数由一个平面内尺寸确定的几何特征所控制。由于这种独有的特性，完整的传输线电路可以利用薄膜和光刻技术一步制成。这类传输线有很多种形式，比如带状线、微带线、槽线、共面线和鳍线，且每一种都有许多版本。每种传输线的特性可以用场分布特性、可达到的特征阻抗水平、相速度和结构所支持的模态来表征。这些传输线可以通过组合生成延迟线、跨频器、谐振器、转换器，功率分配器、功率合成器和滤波器。微带和其他平面传输线可以用来实现集总参数，如电阻、电感、电容，甚至变压器。这些线路的设计、分析和电路实现均已完善。添加普通金属，也可成为终端和宽带吸收体。这些传输线的电路响应可以很容易地根据要求调整。

18.8.2.1　带状线

带状线是平面传输线的一种形式，如图 18－12 所示。在这种传输线中，一个扁平的导电条带对称放置在两个大的接地层（GP）之间，接地层之间填充了没有气孔的均匀介电材料。传统的带状线是平衡线。在这种结构中，几乎所有的场都局限在靠近中心导线的地方，场在条带上迅速衰减。带状线的这种特性能够在不影响传输特性情况下使横向场终止。

带状线非常适用于微波集成电路和光刻制造。带状线通常适用于纯 TEM 模态，也能支持更高阶的 TE 和 TM 模态，但在实际中都避免使用这类模式。带状线可以有许多版本，包括 1）中心带状线，2）偏心带状线和 3）双正交带状线。每种都有各自的优点。图 18－12 所示的是最常用的中心带状线。图中示出了外导线之间的间隔 b 、中心导线的厚度 t 和宽度 w 。条带的宽度一般要比厚度大得多。厚度约为 1.4 ～ 2.8 mils 。

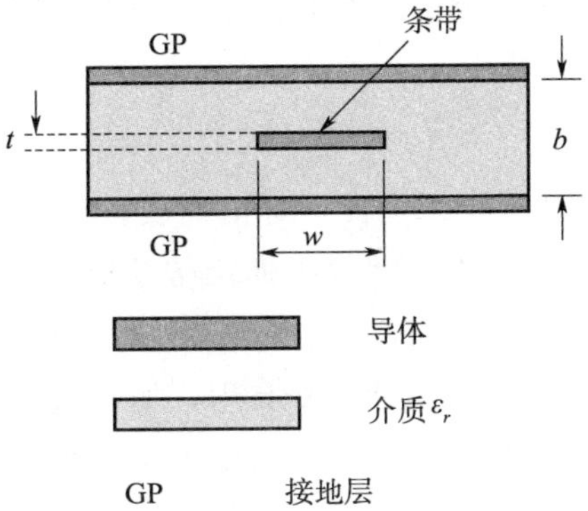

图 18－12　带状线的几何特征

18.8.2.2　微带线

移除带状线的上接地层的构型称为微带线或简称微带，是目前能够采用光刻工艺的最流行的传输线之一。微带线的版本包括：1）通用微带；2）嵌入式微带；3）覆盖式微带。

图 18－13 是包含底部接地层和导电条带的微带（称为开带线）示意图。由于没有接地层，对微带的访问更容易。这就使得连接离散的无源元件和有源微波器件很方便，信号也很容易探测。此外，电路制作完成后还可以进行小的调整。

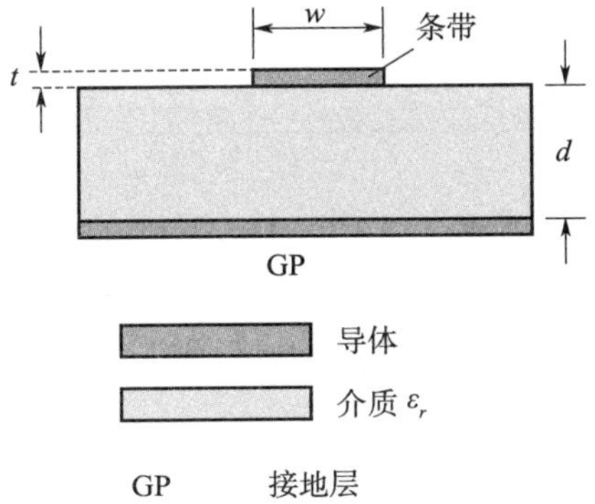

图 18－13　微带的几何特征

这种带结构的开放性也存在一些负面问题，包括：1）将一些传输的能量耦合到空间或邻近的线路；2）存在辐射损耗或附近导体干扰的可能性。这些损耗在短路点、弯角等不连续点处可能会变得更严重，因此需要采取一些补救措施来减少这些损失。采用高介电常数的基板就是这样一种补救措施，可以将场限制在更靠近条带的地方。因此，相位速度、导波波长和电路尺寸都会减小。场向空间的渗透使微带结构成为一种混合介质传输结构，因而使分析变得复杂。

由于集成电路技术的进步，微波半导体器件通常作为半导体芯片来制造。由于体积小（在 0.008 ～ 0.08 mm^3 量级），微带通常用于向芯片馈入能量或从芯片提取能量。在很多实际应用中，介质基板的厚度 d 要比电波波长小得多（$d \ll \lambda$）。由于这种厚度的微带不支持纯 TEM 波，在这种微带中传播的模态通常称为准 TEM 波。因此，在微带线情况下，TEM 耦合传输线理论仅是近似成立。

18.8.2.3　槽线

图 18－14 为槽线的示意图，槽线包含一对接地层，接地层之间有一个窄槽。在槽线中，信号以 TE 模态传播，使其成为非理想的通用传输介质。然而，TE 模态对于需要推挽操作的平衡混频器和放大器电路很有用。在槽线的横截面上，有一个位置的磁场是圆极化的。这种特性使得它对某些元件的设计非常有用，如铁氧体隔离器。在一个平面上有两根导线的槽线使有源部件或无源部件的分流安装变得非常容易。

将槽线与其他平面线比较，可以总结出以下几个特点。

1）由于槽的宽度大，槽线产生的特性阻抗高，而微带需要的条带非常窄。窄条带的制造存在技术限制。

2）共面线具有准 TEM 模态，槽线具有 TE 模态，两者结合可形成有用的混合连接和转换电路。

3）共面线到槽线转换是一种最流行的形式，已经证明了巴伦操作在两个八度带宽以上，并已用于小型化单平面混频器和放大器。

4）同轴线到微带线转换比同轴线到狭缝线转换相对容易制作。

5）槽线比微带更色散，即 Z_0 和 I_0/I_g 随频率的变化更大。

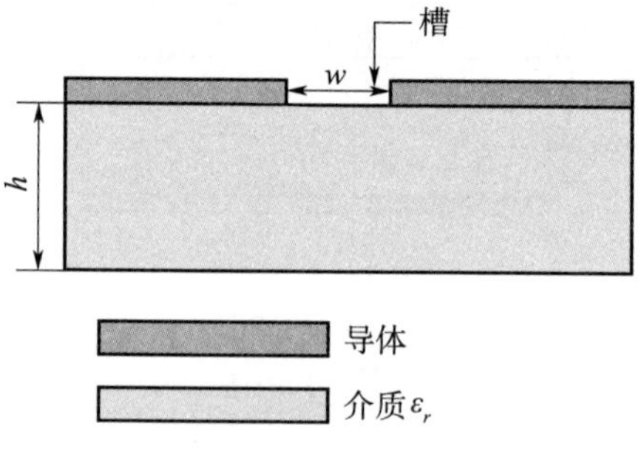

图 18－14　开槽线的几何特征

18.8.2.4　共面线

图 18－15 是两个接地层之间含有一个导体的共面线（或共面波导）示意图。在这种传输线中，准 TEM 模态为主模式，没有低频截止。共面线具有微带线和槽线的一些优点。微带形状便于在条带导体的间隙上串联安装元器件，而槽线适合在槽上并联安装元器件。在共面线中，串联和并联安装元器件很容易加以合并。

共面线向同轴线和微带线的转换很容易实现。在共面线中，为了获得均匀阻抗，尺寸可以逐渐变小，以便连接尺寸从大到小的组件。共面线广泛地用于平衡混频器、平衡调制器等，其中平衡信号和不平衡信号都需要传输。共面线也具有槽线圆极化磁场区域的优点。共面线结构包括接地的和不接地的共面波导。

共面线的主要吸引力在于不需要通过基板的通孔来接地。共面线具有低色散特性，其芯片组件的寄生电容较小。通过槽线宽度和间隙的组合变化可实现恒定的 Z_0。接地层可以提供一些线路之间的屏蔽。共面线的主要缺点之一是传输模式，很容易从准 TEM 模态退化为平衡耦合槽线模态，特别是在不连续点处。可以通过接地导线或使用第二金属层在接地层间共同接地来防止这种退化。

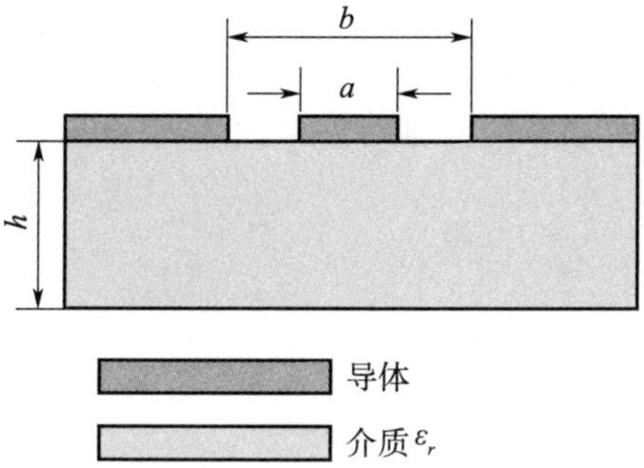

图 18 - 15　共面线几何特征

18.8.2.5　鳍线

集成的鳍线基本上是电容性负载形式的矩形波导中的平面电路。在鳍线中，采用印刷电路技术将金属鳍线集成到介质板上。鳍线的带宽大于一个倍频，衰减略大于微带。由于边缘处的场密度高，鳍线仅限于中低功率范围应用。鳍线用于制造低成本的毫米波电路。像其他平面线一样，鳍线也有多种，包括单边线、双边线和绝缘线等。单边鳍线如图 18 - 16 所示。

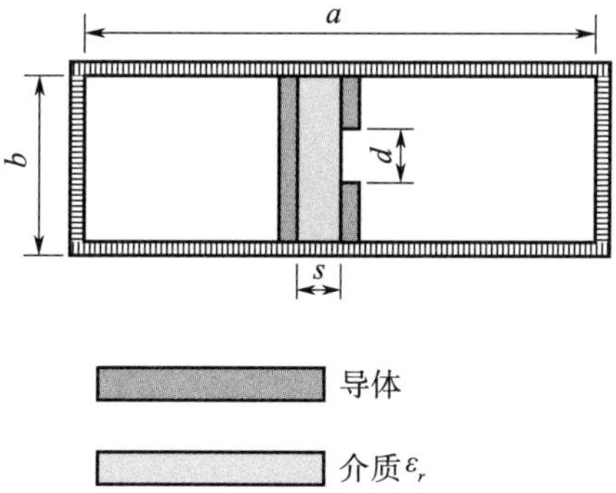

图 18 - 16　集成的单边鳍线

18.9 史密斯圆图

史密斯圆图是一种用来求解传输线问题的工具，是一个包含大量交错圆的圆形图。虽然它是从双线传输线的关系中得到的，但同样适用于波导、同轴线、平面线和其他用于传输或引导电磁能量的结构。史密斯圆图含有一对阻抗和导纳坐标，并可以表示所有可能的（实数、虚数或复数）值。它为阻抗和导纳之间的相互转换提供了一种简单的方法，是一种确定由于传输线长度导致阻抗和导纳转换的图解法。

18.9.1 史密斯圆图的构成

史密斯圆图可以通过方程（18－12）至（18－16）给出的指数形式解得到。方程（18－16）中用 Z 替换 Z_R，关于电压和电流的反射系数 Γ 表达式可以写为

$$\Gamma=\frac{Z-Z_0}{Z+Z_0}\quad（电压）\qquad \Gamma=\frac{Z_0-Z}{Z_0+Z}\quad（电流）\tag{18-43}$$

整理方程（18－43）得到

$$Z=Z_0\frac{1+\Gamma}{1-\Gamma}\quad 或\quad z=\frac{Z}{Z_0}=\frac{1+\Gamma}{1-\Gamma}=r+\mathrm{j}x\tag{18-44a}$$

类似地

$$Y=Y_0\frac{1+\Gamma}{1-\Gamma}\quad 或\quad y=\frac{Y}{Y_0}=\frac{1-\Gamma}{1+\Gamma}=g+\mathrm{j}b\tag{18-44b}$$

在式（18－44a）和（18－44b）中 z、y、r、x、g、b 分别为阻抗、导纳、电阻、电抗、归一化电导和归一化电纳。因为 Γ 可能是复数量，可将 $\Gamma=p+\mathrm{j}q$ 代入方程（18－44a）中。其中 $p=\mathrm{Re}(\Gamma)=\Gamma\cos(2\gamma l)$，$q=\mathrm{Im}(\Gamma)=\Gamma\sin(2\gamma l)$，通过替换得到

$$\begin{aligned}r+\mathrm{j}x&=\frac{1+\Gamma}{1-\Gamma}=\frac{(1+p)+\mathrm{j}q}{(1-p)-\mathrm{j}q}=\frac{[(1+p)+\mathrm{j}q]\,[(1-p)+\mathrm{j}q]}{[(1-p)+\mathrm{j}q]\,[(1-p)+\mathrm{j}q]}\\&=\frac{1-p^2-q^2}{1+p^2+q^2-2p}+\mathrm{j}\,\frac{-2q}{1+p^2+q^2-2p}\end{aligned}$$

因此得到

$$r=\frac{1-p^2-q^2}{1+p^2+q^2-2p}\tag{18-45a}$$

$$x=\frac{-2q}{1+p^2+q^2-2p}\tag{18-45b}$$

方程（18－45）可以整理为

$$\left[p-\left(\frac{r}{1+r}\right)\right]^2+q^2=\left(\frac{1}{1+r}\right)^2\tag{18-46a}$$

$$(p-1)^2+\left(q+\frac{1}{x}\right)^2=\left(\frac{1}{x}\right)^2\tag{18-46b}$$

方程（18－46a）是一个圆的方程，其中水平轴为 $p=\mathrm{Re}(\Gamma)$，垂直轴为 $q=\mathrm{Im}(\Gamma)$，

半径为 $R=\frac{1}{1+r}$，圆心位置 $p=\frac{r}{1+r}$，$q=0$。常数 r 圆的圆心轨迹在 $q=0$ 的平面上或 p 轴上。当 r 从 $0\sim\infty$ 变化，这个中心从 $p=0$ 移动到 $p=1$。最大常数 r 圆的圆心位于 $p=0$，$q=0$，半径为 1，对应于 $r=0$；最小常数 r 圆的圆心位于 $p=1$，$q=0$，半径为 0，对应于 $r=\infty$。水平线是 $x=0$ 线，是阻抗坐标的电阻轴，r 的取值范围为 $0\sim\infty$。

类似地，方程（18－46b）也是一个圆的方程，p 为水平轴，q 为垂直轴，半径为 $R=1/|x|$，圆心位置 $p=1$，$q=-1/x$。因为 x 为实数，当 x 为电感的（或正的），$q=-1/x$，当 x 为电容的（或负的），$q=1/x$。常数 x 圆的圆心轨迹在 $p=1$ 的轴上。因为归一化的 x 可以是正值也可以是负值，所以，常数 x 圆的中心将逐渐远离 $p=1$，$q=0$。圆心沿 q 轴移动的方向与 x 的符号相反。最大常数 x 圆的圆心位于 $p=1$，$q=\pm\infty$，半径无穷大，对应于 $x=0$；最小常数 x 圆的圆心位于 $p=1$，$q=0$，半径为零，对应于 $x=\infty$。在最外（$r=0$）圆的所有阻抗值为 $0\sim\infty$ 的纯实数。这与纯电抗（即最外圆）的 $|\Gamma|=1$ 是一致的。

需要注意的是，根据方程（18－36a）（18－36b）和（18－36c），ρ 分别与 r（当 $R>R_0$）、$\frac{1}{r}$（当 $R<R_0$）和 Γ 相关。根据方程（18－45a）和（18－45b）得到的表 18－1 描述了这种关系。

根据以上描述和表 18－1 绘制了一些图。图 18－17（a）为常数 r 的圆，图 18－17（b）为常数 x 的圆。

将图 18－17（a）常数 r 的圆和图 18－7（b）常数 x 的圆叠加，得到的图形称为史密斯圆图。图 18－18（a）所示的史密斯圆图称为阻抗图，因为它是基于方程（18－44a）给出的归一化阻抗。图 18－18（b）是根据方程（18－44b）给出的归一化导纳表达式，也可以用类似方法得到另一个史密斯圆图，称为导纳图。

从图 18－18（a）和 18－18（b）中可以看出，标记为阻抗图或导纳图的史密斯圆图是相同的，包含有同样的轴，标为“电感电抗”和“电容电抗”。这是因为阻抗图中的短路代表导纳图中的开路，导纳图中的短路代表阻抗图中的开路。

表 18－1　电阻圆与电抗圆

电阻圆				电抗圆			
归一化电阻	圆心坐标		半径	归一化电抗	圆心坐标		半径
r	q	$p=\frac{r}{1+r}$	$R=\frac{1}{1+r}$	x	p	$q=-\frac{1}{x}$	$R=\frac{1}{\vert x\vert}$
0.0	0	0	1	0	1	$\mp\infty$	∞
0.25	0	0.2	0.8	±0.1	1	∓10	10
0.5	0	0.333	0.667	±0.5	1	∓2	2
1.0	0	0.5	0.5	±1	1	∓1	1
4.0	0	0.8	0.2	±5	1	∓0.2	0.2
9.0	0	0.9	0.1	±10	1	∓0.1	0.1
∞	0	1.0	0.0	$\pm\infty$	1	0.0	0.0

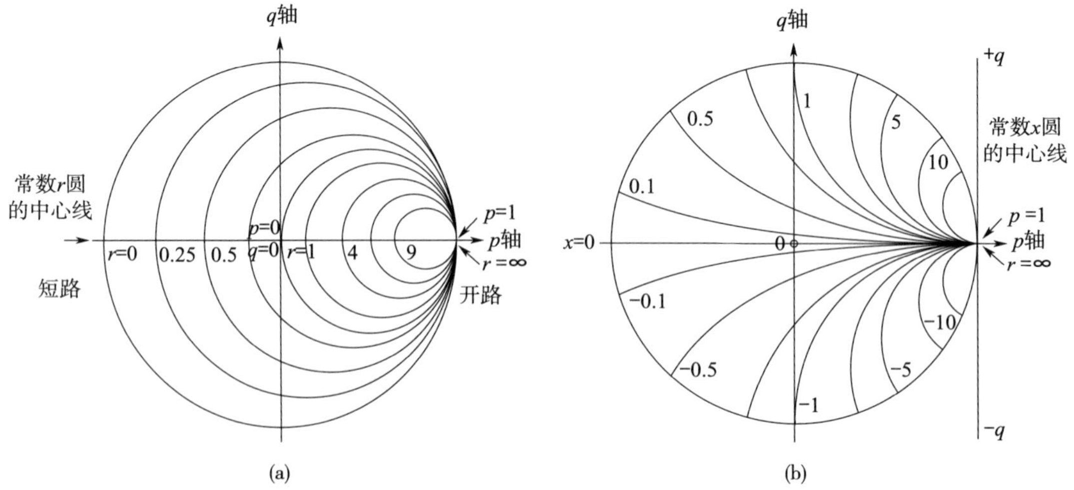

图 18-17 （a）常数 r 的圆；（b）常数 x 的圆

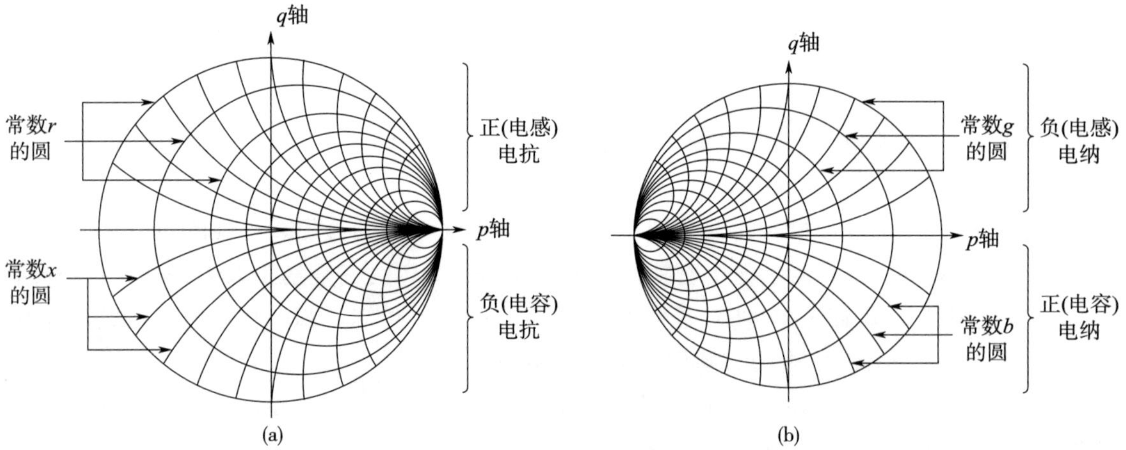

图 18-18 （a）阻抗图；（b）导纳图

18.9.2 史密斯圆图的应用

如前所述，通过史密斯圆图可以很容易地得到传输线问题的解。下面将介绍可以通过史密斯圆图（特别是阻抗图）进行的一些运算。

18.9.2.1 阻抗映射

所有归一化阻抗值（实数值、虚数值和复数值）都可以映射到史密斯圆图上。图 18-19（a）为某些归一化阻抗在史密斯圆图上的映射。需要注意的是，实轴上的阻抗总是实数，最外面的圆的阻抗总是虚数，常数 r 圆与常数 x 圆的交点的阻抗总是复数。

18.9.2.2 阻抗变换

如果史密斯圆图上表示阻抗（或导纳）的点沿任意方向旋转 180°，将得到新的（相反的）导纳值（或阻抗）。图 18－19（b）说明了用史密斯圆图实现阻抗或导纳的相互反演。图中显示了 A 和 B 两个点，由于史密斯圆图上半部分为正 x，下半部分为负 x，点 A 和点 B 分别对应 $z_1=r_1+\mathrm{j}x_1$ 和 $z_2=r_2-\mathrm{j}x_2$。如果点 A 旋转 180°，得到的点 A' 表示归一化的导纳 $y_1=g_1+\mathrm{j}b_1$，是 z_1 的倒数。类似地，B 旋转 180°得到 B'，其中 $y_2=g_2-\mathrm{j}b_2$ 是 z_2 的倒数。A' 和 B' 是表示 y_1 和 y_2 的原始点，如果这两个点都旋转 180°，得到的值将分别表示归一化阻抗 z_1 和 z_2。

18.9.2.3　反射系数与透射系数

方程（18－44）建立了归一化 z（或 y）与反射系数 Γ 的关系，而 p 和 q 分别为 Γ 的实数值和虚数值。因此，如果 z 位于史密斯圆图上，则长度 Oz 代表反射系数的大小 $|\Gamma|$，长度 $O'z$ 代表透射系数的大小 $|T|$。对于复数值的 Γ 和 T，应测量 Oz 和 $O'z$ 与实轴的夹角，再对各自的值进行计算。图 18－19（c）给出了史密斯圆图上的反射系数 Γ 和透射系数 T。

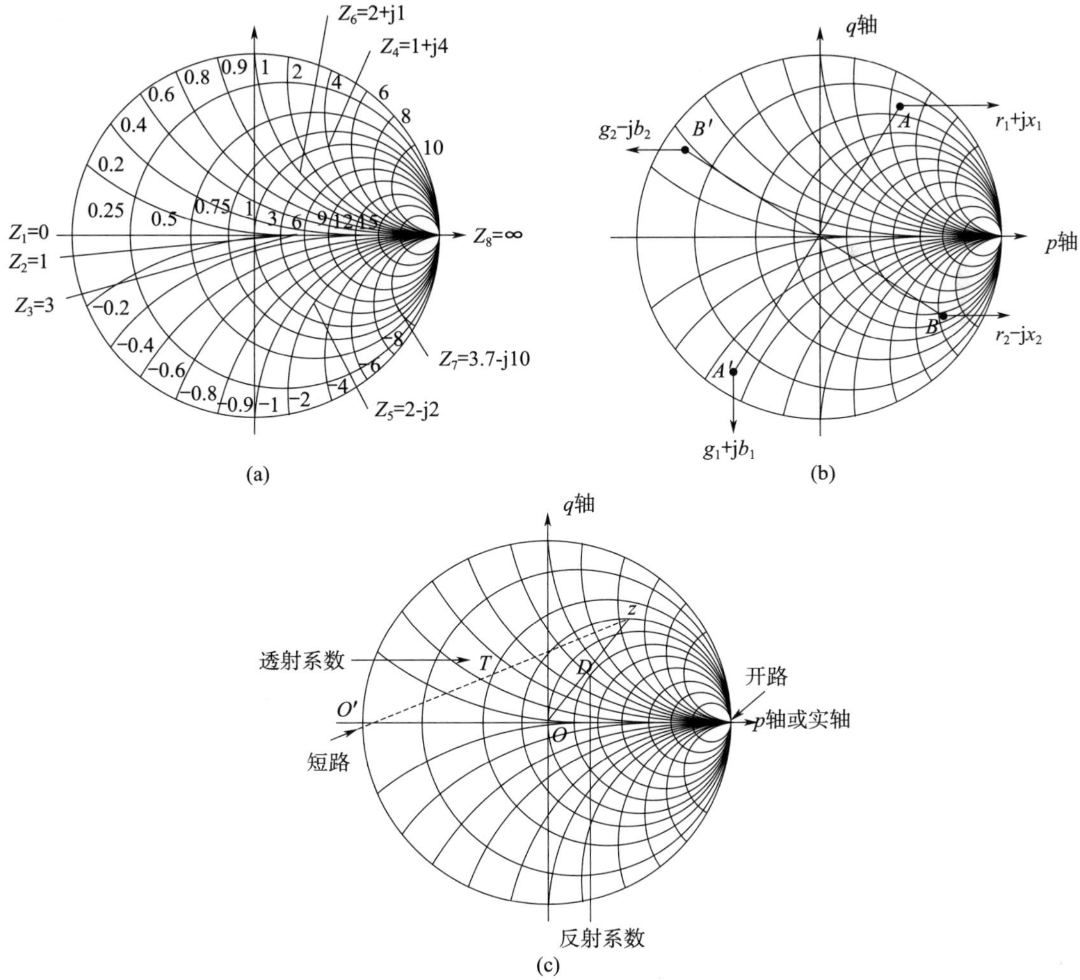

图 18－19　（a）归一化的阻抗；（b）阻抗与导纳之间的反演；（c）反射系数与透射系数

18.9.2.4　常数电压驻波比（ρ）圆

根据方程（18－36a）和（18－36b），当 $R>R_0$ 时，$\rho=\dfrac{R}{R_0}=r$，当 $R<R_0$ 时，$\rho=\dfrac{R}{R_0}=\dfrac{1}{r}$。因此，可以用史密斯圆图来估算电压（或电流）驻波比。电压驻波比（VSWR）可以是整实数或非整实数。为了确定电压驻波比，以 $p=0$、$q=0$ 点为中心，以 $p=k$（k 对应于 r）为半径，在史密斯圆图上画一个圆。这个圆与实轴一侧的交点对应于 $p=r$，在另一侧的交点对应于 $p=1/r$。这两点分别对应电压的最大值和最小值。因此，在 p 轴上，电压最小值与阻抗最小值 $1/r$ 相对应，电压最大值与阻抗最大值 r 相对应。因为 ρ 总大于 1，由于 $R>R_0$ 的假设，ρ 就对应于 r。因此，没有关于 ρ 的圆，因为它只有一个值，而这个值也对应于 r。然而，对应 r 值的圆就称为驻波比圆。图 18－20（a）给出了一些这样的圆。

18.9.2.5　常数 Γ 圆

方程（18－36c）给出了 ρ 与 Γ 之间的关系 $\rho=\dfrac{1+\Gamma}{1-\Gamma}$，从中可得到 $\Gamma=\dfrac{\rho-1}{\rho+1}$。如果已知其中一个的值，就能得到另一个的值。因此，ρ 与常数 Γ 圆与实轴相交处的 r 值相对应。图 18－20（b）给出了史密斯圆图中的一些 Γ 圆。

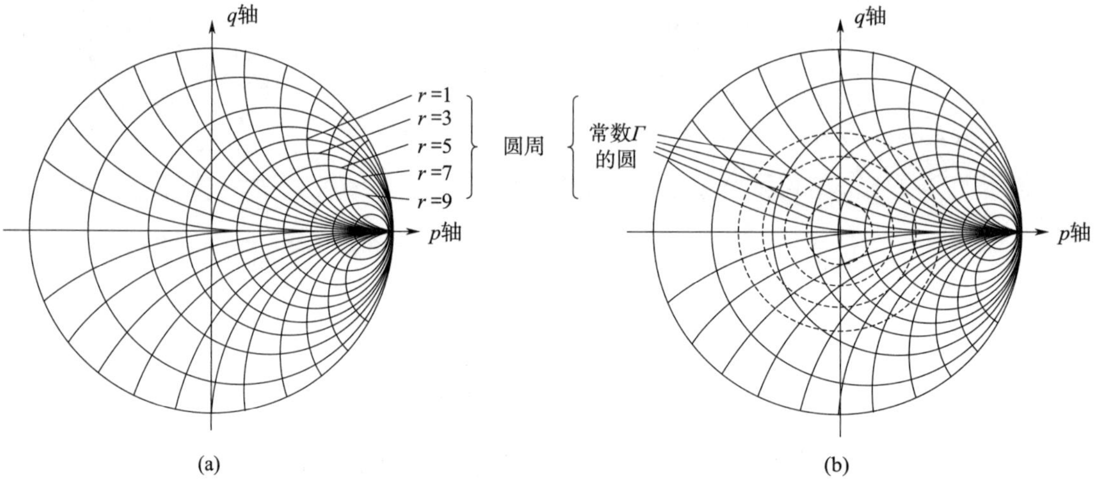

图 18－20　（a）史密斯圆图上的电压驻波比圆；（b）史密斯圆图上的 ρ 圆

18.9.2.6　外圆标度

图 18－21（a）显示了外圆给出的两个波长标度。两个标度都在短路端从零开始。其中一个标度的波长值沿顺时针方向增加，而另一个标度的波长值沿逆时针方向增加。在实轴上两个标度重合，其值为四分之一波长。半波长处覆盖了任何方向上的完整外圆。

18.9.2.7　史密斯圆图上移动与传输线上移动的对应关系

如前所述，所有容易发生反射的传输系统都需要进行阻抗匹配。在 18.7 节中提到，可以使用一种称为短截线的辅助线实现匹配。这些短截线可以在主线上向源（或发电机）或向终端（或负载）方向滑动。图 18－21（b）给出了短截线最初在 $a-a$ 位置的传输线。该短截线向发电机方向移动 l_1 到新位置 $c-c$， 向负载方向移动 l_2 到 $b-b$ 。显然，这些位置的阻抗是不同的，可以用史密斯圆图来得到阻抗。在传输线上向发电机方向的运动，在史密斯圆图上对应顺时针方向的轨迹运动，向负载方向的运动，在史密斯圆图上对应逆时针方向的轨迹运动。此外，传输线上沿任意方向移动 θ 度，在史密斯圆图轨迹上某一点就移动了 2θ 度，因为反射波必须横向移动往返距离。在均匀传输线上每移动半个波长，阻抗就重复一次，在史密斯圆图上的一次移动也会给出同样的阻抗，而移动四分之一波长就会导致阻抗反转。

图 18－21（c）表明史密斯圆图上的移动相当于传输线上短截线的移动。根据该图，$a-a$ 位置的阻抗 r_a+jx_a（在史密斯圆图上的“a”点读出的阻抗）在 $b-b$ 位置将变为 r_b-jx_b， 即在距离负载 l_2 位置的阻抗（在史密斯圆图上的“b”点读出的阻抗），在 $c-c$ 位置将变为 r_c+jx_c， 即在距离发电机 l_1 位置的阻抗（在史密斯圆图上的“c”点读出的阻抗）。

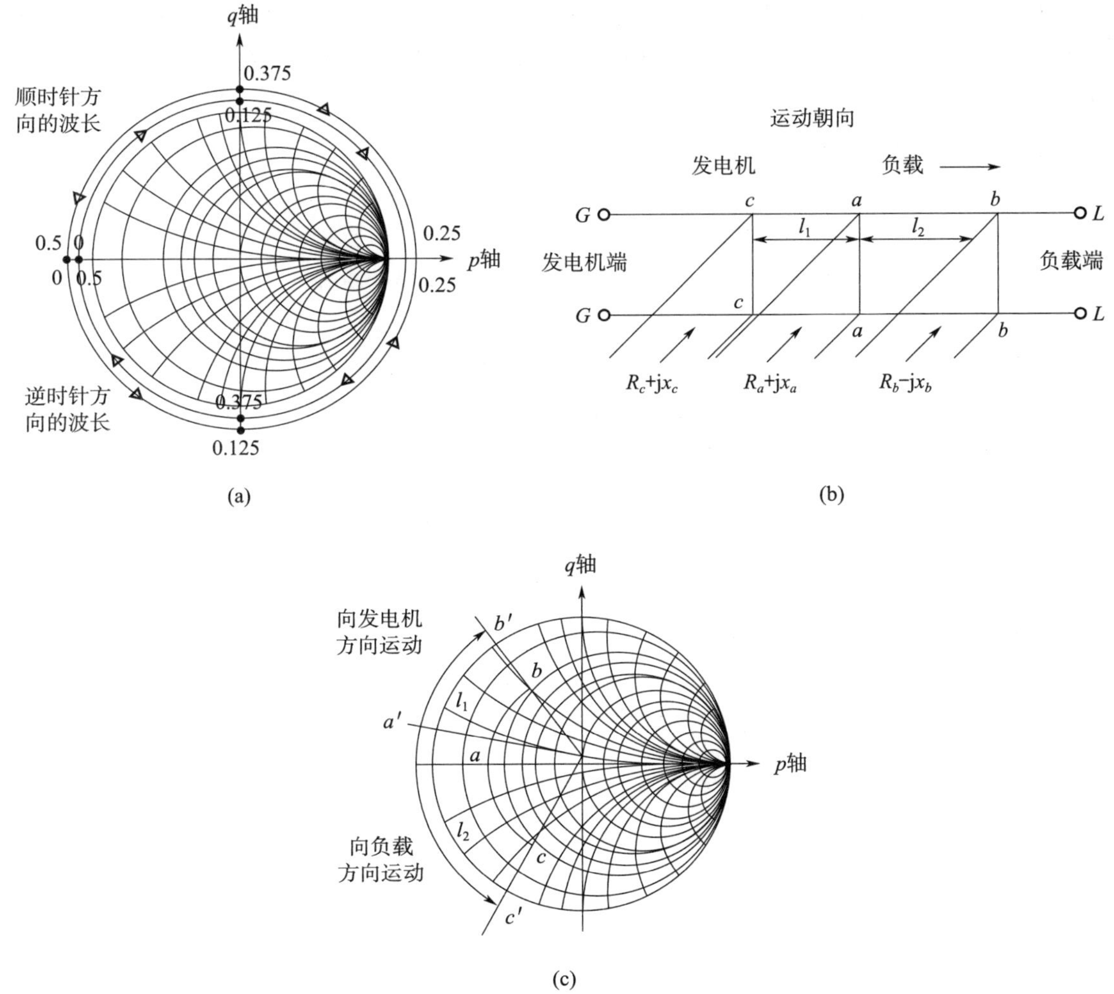

图 18－21　（a）波长尺度；（b）带短截线的传输线；（c）传输线上的等效运动

需要指出，在一个频带上，传输的任何物理长度都会变为可变的电长度。因此，当通过连接的传输线观察时，任何固定阻抗都会向点位扩散。这将有利于设备附近或在不连续点处的宽带匹配。

例 18.1 平行导线传输线含有两条带状导体。带的宽度 $b=4$ cm 和厚度 $t=1$ cm，间隔距离 $a=5$ cm 。如果 $\mu=\mu_0$，$\varepsilon=\varepsilon_0$，$\sigma=3.72\times10^7$ S/m，计算电感 L 、电容 C 和电导 G。

解：根据方程（18 - 7d）（18 - 9d）和（18 - 10e），有 $a=5\times10^{-2}$，$b=4\times10^{-2}$，$t=1\times10^{-2}$

$$L=\frac{\mu a}{b}=\frac{4\pi\times10^{-7}\times5\times10^{-2}}{4\times10^{-2}}=1.57\times10^{-6}$$

$$C=\frac{\varepsilon b}{a}=\frac{8.854\times10^{-12}\times4\times10^{-2}}{5\times10^{-2}}=7.0832\times10^{-12}\ \text{F}$$

$$G=\frac{\sigma b}{a}=\frac{3.72\times10^{7}\times4\times10^{-2}}{5\times10^{-2}}=2.976\times10^{7}\ \text{S/m}$$

例 18.2 求 100 MHz 正弦信号传输线的传输速率，传输线电感 $L=0.5\ \mu\text{H/m}$，电容 $C=50$ pF/m ：（a）$R=0$，$G=0$；（b）$R=0.3\ \Omega/\text{m}$，$G=10^{-5}$ S/m ；（c）$R=200\ \Omega/\text{m}$，$G=0$。

解：已知 $f=100\times10^6=10^8$ Hz，$\omega=2\pi f=6.283\times10^8$，$L=0.5\times10^{-6}$ H/m，$C=50\times10^{-12}$ F/m

$$\omega L=6.283\times10^{8}\times0.5\times10^{-6}=3.1415\times10^{2}$$
$$\omega C=6.283\times10^{8}\times50\times10^{-6}=3.1415\times10^{-2}$$

（a）$R=0$，$G=0$，$\gamma=\alpha+\mathrm{j}\beta$

$$(R+\mathrm{j}\omega L)=\mathrm{j}\omega L=\mathrm{j}3.1415\times10^{2}$$
$$(G+\mathrm{j}\omega C)=\mathrm{j}\omega C=\mathrm{j}3.1415\times10^{-2}$$

根据方程（18 - 12c），$\gamma=\sqrt{(R+\mathrm{j}\omega L)(G+\mathrm{j}\omega C)}=\alpha+\mathrm{j}\beta$

因此 $\gamma=\sqrt{(\mathrm{j}3.1415\times10^{2})(\mathrm{j}3.1415\times10^{-2})}=\mathrm{j}3.1415$，$\alpha=0$，$\beta=3.1415$

$$v=\frac{\omega}{\beta}=\frac{6.283\times10^{8}}{3.1415}=2\times10^{8}\ \text{m/s}$$

（b）$R=0.3\ \Omega/\text{m}$，$G=10^{-5}$ S/m

$R+\mathrm{j}\omega L=0.3+\mathrm{j}3.1415\times10^{2}$，$G+\mathrm{j}\omega C=10^{-5}+\mathrm{j}3.1415\times10^{2}$

$$\begin{aligned}\gamma&=\sqrt{(0.3+\mathrm{j}3.1415\times10^{2})(10^{-5}+\mathrm{j}3.1415\times10^{2})}\\&=\sqrt{3\times10^{-6}-9.87+\mathrm{j}3.1415(3\times10^{-3}+1\times10^{-3})}\\&\approx\sqrt{-9.87+\mathrm{j}12.566\times10^{-3}}=\mathrm{j}3.1416\ (1-\mathrm{j}1.273\times10^{-3})^{1/2}\\&=\mathrm{j}3.1416(1-\mathrm{j}0.636\times10^{-3})=2\times10^{-3}+\mathrm{j}3.1416\end{aligned}$$

$$\alpha=2\times10^{-3},\ \beta=3.1416$$

$$v=\frac{\omega}{\beta}=\frac{6.283\times10^{8}}{3.1415}=2\times10^{8}\ \text{m/s}$$

(c) $R=200$，$G=0$

$$R+\mathrm{j}\omega L=200+\mathrm{j}3.1415\times 10^{2},G+\mathrm{j}\omega C=\mathrm{j}3.1415\times 10^{2}$$

$$\gamma=\sqrt{(200+\mathrm{j}3.1415\times 10^{2})(\mathrm{j}3.1415\times 10^{2})}$$

$$=\sqrt{-9.87+\mathrm{j}6.283}=\mathrm{j}3.1416(1+\mathrm{j}0.6365)^{1/2}$$

$$=\mathrm{j}3.1416(1+\mathrm{j}0.3183)=-1+\mathrm{j}3.1416$$

$$\alpha=2\times 10^{-3},\ \beta=3.1416$$

$$v=\frac{\omega}{\beta}=\frac{6.283\times 10^{8}}{3.1415}=2\times 10^{8}\ \mathrm{m/s}$$

例 18.3　一根 10 cm 长的传输线特征阻抗为 50 Ω，求它在 50 MHz 下的输入阻抗：(a) 开路；(b) 短路；(c) 末端电容 10 pF。

解： 已知 $f=50\times 10^{6}$ Hz，$Z_0=50\ \Omega$，$l=0.1$ m，$\omega=100\pi\times 10^{6}$，$v=3\times 10^{8}$ m/s

$$\beta=\omega/v=\frac{100\pi\times 10^{6}}{3\times 10^{8}}=\frac{\pi}{3}\qquad \beta l=\frac{\pi}{3}\times 0.1=0.1047$$

$\sin(\beta l)=\sin(0.1047)=0.1045$　$\cos(\beta l)=\cos(0.1047)=0.9945$

$\tan(\beta l)=\tan(0.1047)=0.0.1051$　$\cot(\beta l)=\cot(0.1047)=9.5156$

(a) 线路开路，$Z_R=\infty$

$$Z_{in}=-Z_0\cot(\beta l)=-\mathrm{j}50\times 9.5161=-\mathrm{j}475.81\ \Omega$$

(b) 线路短路，$Z_R=0$

$$Z_{in}=\mathrm{j}Z_0\tan(\beta l)=\mathrm{j}50\times 0.1051=\mathrm{j}5.245\ \Omega$$

(c) 线路末端电容 10 pF

$$X_C=\omega C=100\pi\times 10^{6}\times 10\times 10^{-12}=\pi\times 10^{-3}$$

$$Z_R=\frac{-\mathrm{j}}{\omega C}=\frac{-\mathrm{j}}{\pi\times 10^{-3}}=-\mathrm{j}318.31\ \Omega$$

$$Z_{in}=Z_0\frac{Z_R\cos(\beta l)+\mathrm{j}Z_0\sin(\beta l)}{Z_0\cos(\beta l)+\mathrm{j}Z_R\sin(\beta l)}=50\frac{-\mathrm{j}318.31\times 0.9945+\mathrm{j}50\times 0.1045}{50\times 0.9945+318.31\times 0.9945}=-\mathrm{j}187.561\ \Omega$$

例 18.4　传输线电感 $L=0.5\ \mu$H/m，电容 $C=30$ pF/m，电阻 $R=0.25\ \Omega$/m，电导 $G=2\times 10^{-5}$ S/m，求传播速率 v、特征阻抗 Z_0、传播常数 γ 和相位漂移常数 β：(a) 20 MHz (b) 500 MHz。

解： 已知 $R=0.25\ \Omega$/m，$G=2\times 10^{-5}$ S/m，$L=0.5\ \mu$H/m，$C=30$ pF/m

(a) $f=20$ MHz，$\omega=2\pi\times 20\times 10^{6}=4\pi\times 10^{7}$

$$Z=R+\mathrm{j}\omega L=0.25+\mathrm{j}(4\pi\times 10^{7})(0.5\times 10^{-6})=0.25+\mathrm{j}20\pi$$

$$Y=G+\mathrm{j}\omega C=2\times 10^{-5}+\mathrm{j}(4\pi\times 10^{7})(30\times 10^{-12})=2\times 10^{-5}+\mathrm{j}12\pi\times 10^{-4}$$

$$\gamma=\alpha+\mathrm{j}\beta=\sqrt{(R+\mathrm{j}\omega L)(G+\mathrm{j}\omega C)}=\sqrt{(0.25+\mathrm{j}20\pi)(2\times 10^{-5}+\mathrm{j}12\pi\times 10^{-4})}$$

$$=\sqrt{-0.23678+\mathrm{j}0.0022}=\mathrm{j}0.4867(1-\mathrm{j}0.0029)^{1/2}$$

$$=\mathrm{j}0.4867(1-\mathrm{j}0.002)=0.00097+\mathrm{j}0.4867$$

$$\alpha=0.00097,\ \beta=0.4867$$

$$v=\frac{\omega}{\beta}=\frac{4\pi\times10^{7}}{0.4867}=2.58125\times10^{8}\ \text{m/s}$$

$$Z_0=\sqrt{\frac{R+j\omega L}{G+j\omega C}}=\sqrt{\frac{0.25+j20\pi}{2\times10^{-5}+j12\pi\times10^{-4}}}$$

$$=\sqrt{\frac{(0.25+j20\pi)(2\times10^{-5}-j12\pi\times10^{-4})}{(2\times10^{-5}+j12\pi\times10^{-4})(2\times10^{-5}-j12\pi\times10^{-4})}}$$

$$\approx\sqrt{\frac{0.23687+j\pi\times10^{-4}}{1421\times10^{-8}}}=\sqrt{1.6667\times10^{-4}+j22.1}$$

$$=1.291\times10^{2}(1+j13.25\times10^{-4})^{\frac{1}{2}}$$

$$=1.291\times10^{2}(1+j6.625\times10^{-4})=1.291+j0.085523\Omega$$

(b) $f=500$ MHz，$\omega=2\pi\times500\times10^{6}=\pi\times10^{9}$

$$Z=R+j\omega L=0.25+j(\pi\times10^{9})(0.5\times10^{-6})=0.25+j1570.8$$

$$Y=G+j\omega C=2\times10^{-5}+j(\pi\times10^{9})(30\times10^{-12})=2\times10^{-5}+j9.425\times10^{-2}$$

$$\gamma=\alpha+j\beta=\sqrt{(R+j\omega L)(G+j\omega C)}=\sqrt{(0.25+j500\pi)(2\times10^{-5}+j3\pi\times10^{-2})}$$

$$\approx\sqrt{-148.044+j0.055}=j12.167(1-j3.7136\times10^{-4})^{1/2}$$

$$=j12.167(1-j1.8568\times10^{-4})=22.5916\times10^{-4}+j12.167$$

$$\alpha=22.5916\times10^{-4},\ \beta=12.167$$

$$v=\frac{\omega}{\beta}=\frac{\pi\times10^{9}}{12.167}=2.582\times10^{8}\ \text{m/s}$$

$$Z_0=\sqrt{\frac{R+j\omega L}{G+j\omega C}}=\sqrt{\frac{0.25+j1579.8}{2\times10^{-5}+j9.425\times10^{-2}}}$$

$$=\sqrt{\frac{(0.25+j1579.8)(2\times10^{-5}-j9.425\times10^{-2})}{(2\times10^{-5}+j9.425\times10^{-2})(2\times10^{-5}-j9.425\times10^{-2})}}=129.1+j0.0342\ \Omega$$

例 18.5　一条100 MHz的传输线，具有电感$L=0.4\ \mu$H/m，电容$C=40$ pF/m，电阻$R=0.1\ \Omega$/m，电导$G=10^{-5}$ S/m，求传播速率v、相位漂移常数β、特征阻抗Z_0和衰减系数α。

解：已知$f=10^{8}$ Hz，$L=0.4\times10^{-6}$ H/m，$C=40\times10^{-12}$ F/m，$R=0.1\ \Omega$/m，$G=10^{-5}$ S/m

$$\omega=2\pi f=2\pi\times10^{8}$$

$$v=\frac{1}{\sqrt{LC}}=\frac{1}{\sqrt{0.4\times10^{-6}\times40\times10^{-12}}}=2.5\times10^{8}\ \text{m/s}$$

$$\beta=\frac{\omega}{v}=\frac{2\pi\times10^{8}}{2.5\times10^{8}}=2.51327\ \text{rad/m}$$

$$Z=R+j\omega L=0.1+j2\pi\times10^{8}\times0.4\times10^{-6}=0.1+j0.8\pi\times10^{2}\ \Omega$$

$$Y=G+j\omega C=10^{-5}+j2\pi\times10^{8}\times40\times10^{-12}=10^{-5}+j0.8\pi\times10^{-2}\ \Omega$$

$$Z_0=\sqrt{\frac{Z}{Y}}=\sqrt{\frac{0.1+\mathrm{j}0.8\pi\times10^{2}}{10^{-5}+\mathrm{j}0.8\pi\times10^{-2}}}$$

$$=\sqrt{\frac{(0.1+\mathrm{j}0.8\pi\times10^{2})(10^{-5}-\mathrm{j}0.8\pi\times10^{-2})}{(10^{-5}+\mathrm{j}0.8\pi\times10^{-2})(10^{-5}-\mathrm{j}0.8\pi\times10^{-2})}}=100\ \Omega$$

$$\alpha=\frac{R}{2}\sqrt{\frac{C}{L}}+\frac{C}{2}\sqrt{\frac{L}{C}}=\frac{0.1}{2}\sqrt{\frac{40\times10^{-12}}{0.4\times10^{-6}}}+\frac{10^{-5}}{2}\sqrt{\frac{0.4\times10^{-6}}{40\times10^{-12}}}$$

$$=0.5\times10^{-3}+0.5\times10^{-3}=10^{-3}\ \mathrm{nep/m}$$

例 18.6　一条特征阻抗为 50 Ω 的 50 MHz 传输线终止于 200 Ω。求反射系数 Γ 和电压驻波比 ρ。如果该传输线是谐振段，它的电感 $L=0.4\ \mu\mathrm{H/m}$，电容 $C=40\ \mathrm{pF/m}$，电阻 $R=0.1\ \Omega/\mathrm{m}$，电导 $G=10^{-5}\ \mathrm{S/m}$，求它的品质因子 Q。

解： 已知 $Z_R=200\ \Omega$，$Z_0=50\ \Omega$，$L=0.4\times10^{-6}\ \mathrm{H/m}$，$C=40\times10^{-12}\ \mathrm{F/m}$，

$$R=0.1\ \Omega/\mathrm{m},G=10^{-5}\ \mathrm{S/m},f=50\times10^{6}\ \mathrm{Hz},\omega=2\pi f=\pi\times10^{8}$$

反射系数　$\Gamma=\dfrac{Z_R-Z_0}{Z_R+Z_0}=\dfrac{200-50}{200+50}=0.6$

电压驻波比　$\rho=\dfrac{1+\Gamma}{1-\Gamma}=\dfrac{1+0.6}{1-0.6}=4$

品质因子　$Q=\dfrac{\omega L}{R}=\dfrac{\pi\times10^{8}\times0.4\times10^{-6}}{0.1}=1256.6$

例 18.7　一条特征阻抗为 50 Ω 的 300 MHz 传输线终止于未知阻抗 $R+\mathrm{j}X$，传输线的电压驻波比为 3，如果第一个最小值与终止端之间的距离 l_2 为 0.7 m，求 R 和 X。

解： 已知 $f=3\times10^{8}$ Hz，$\omega=2\pi f=6\pi\times10^{8}$，$v=3\times10^{8}$ m/s，$\beta=\dfrac{\omega}{v}=\dfrac{6\pi\times10^{8}}{3\times10^{8}}=2\pi$

$$Z_0=Z_R=50\ \Omega,\rho=3,\rho^2=9,\rho^2-1=8,l_2=0.7\ \mathrm{m},\beta l_2=1.4\pi$$

$$\cos(\beta l_2)=\cos(1.4\pi)=-0.309\cos^2(\beta l_2)=0.0955$$

$$\sin(\beta l_2)=\sin(1.4\pi)=-0.951\ \sin^2(\beta l_2)=0.9044$$

根据方程（18－37d）和（18－37e）可得

$$R=\frac{\rho R_0}{\rho^2\cos^2(\beta l_2)+\sin^2(\beta l_2)}=\frac{3\times50}{9\times0.0955+0.9044}=\frac{150}{0.95}=157.9\ \Omega$$

$$X=\frac{-R_0(\rho^2-1)\sin(\beta l_2)\cos(\beta l_2)}{\rho^2\cos^2(\beta l_2)+\sin^2(\beta l_2)}=\frac{-50(8)\times0.951\times0.309}{0.95}=-123.72\Omega$$

例 18.8　计算 3 GHz 的无损耗同轴线的电感 L、电容 C、传输速率 v 和特征阻抗 Z_0：(a) $a=1$ mm，$b=3$ mm，$\mu_r=\varepsilon_r=1$；(b) $a=1$ mm，$b=3$ mm，$\mu_r=1$，$\varepsilon_r=3$；(c) $a=1$ mm，$b=5$ mm，$\mu_r=1$，$\varepsilon_r=3$。

解： 已知 $f=3\times10^{9}$，$\mu_0=4\pi\times10^{-7}$，$\varepsilon_0=8.854\times10^{-12}$

$$v=3\times10^{8},\qquad \lambda_0=\frac{v_0}{f}=\frac{3\times10^{8}}{3\times10^{9}}=0.1\ \mathrm{m}$$

(a) $a=10^{-3}$，$b=3\times10^{-3}$，$d=1$ m，$\mu_r=1$，$\varepsilon_r=1$，$\mu=\mu_0=4\pi\times10^{-7}$，

$$\varepsilon=\varepsilon_0=8.854\times10^{-12}$$

根据方程（13－24b）可得

$$L=\frac{\mu d}{2\pi}\ln\left(\frac{b}{a}\right)=\frac{\mu_0}{2\pi}\ln\left(\frac{b}{a}\right)=\frac{4\pi\times10^{-7}}{2\pi}\ln\left(\frac{3}{1}\right)=0.2197\ \mu\text{H/m}$$

根据方程（8－70）可得

$$C=\frac{2\pi\cdot\varepsilon_0\cdot\varepsilon_r}{\log\left(\frac{b}{a}\right)}=\frac{2\pi\times8.854\times10^{-12}}{\log\left(\frac{3}{1}\right)}=50.666\ \text{pF/m}$$

根据方程（18－11a）可得

$$v=\frac{1}{\sqrt{LC}}=\frac{1}{\sqrt{0.2197\times10^{-6}\times50.666\times10^{-12}}}=2.997\times10^{8}\ \text{m/s}$$

$$\lambda=\frac{v}{f}=\frac{2.997\times10^{8}}{3\times10^{9}}=10\ \text{cm}$$

根据方程（18－11b）可得

$$Z_0=\sqrt{\frac{L}{C}}=\sqrt{\frac{0.2197\times10^{-6}}{50.666\times10^{-12}}}=65.85\ \Omega$$

(b) $a=10^{-3}$，$b=3\times10^{-3}$，$\mu_r=1$，$\varepsilon_r=3$，$\mu=\mu_0=4\pi\times10^{-7}$，

$$\varepsilon=3\varepsilon_0=3\times8.854\times10^{-12}$$

$$L=\frac{\mu d}{2\pi}\ln\left(\frac{b}{a}\right)=\frac{4\pi\times10^{-7}}{2\pi}\ln\left(\frac{3}{1}\right)=0.2197\ \mu\text{H/m}$$

$$C=\frac{2\pi\cdot\varepsilon_0\cdot\varepsilon_r}{\log\left(\frac{b}{a}\right)}=\frac{2\pi\times3\times8.854\times10^{-12}}{\log\left(\frac{3}{1}\right)}=151.998\ \text{pF/m}$$

$$v=\frac{1}{\sqrt{LC}}=\frac{1}{\sqrt{0.2197\times10^{-6}\times151.998\times10^{-12}}}=1.73\times10^{8}\ \text{m/s}$$

$$\lambda=\frac{v}{f}=\frac{1.73\times10^{8}}{3\times10^{9}}=5.77\ \text{cm}$$

$$Z_0=\sqrt{\frac{L}{C}}=\sqrt{\frac{0.2197\times10^{-6}}{151.998\times10^{-12}}}=38.02\ \Omega$$

(c) $a=10^{-3}$，$b=5\times10^{-3}$，$\mu_r=1$，$\varepsilon_r=3$，$\mu=\mu_0=4\pi\times10^{-7}$，

$$\varepsilon=3\varepsilon_0=3\times8.854\times10^{-12}$$

$$L=\frac{\mu d}{2\pi}\ln\left(\frac{b}{a}\right)=\frac{4\pi\times10^{-7}}{2\pi}\ln\left(\frac{5}{1}\right)=0.3218\ \mu\text{H/m}$$

$$C=\frac{2\pi\cdot\varepsilon_0\cdot\varepsilon_r}{\log\left(\frac{b}{a}\right)}=\frac{2\pi\times3\times8.854\times10^{-12}}{\log\left(\frac{5}{1}\right)}=103.7\ \text{pF/m}$$

$$v=\frac{1}{\sqrt{LC}}=\frac{1}{\sqrt{0.2197\times10^{-6}\times151.998\times10^{-12}}}=1.731\times10^{8}\ \text{m/s}$$

$$\lambda=\frac{v}{f}=\frac{1.73\times10^{8}}{3\times10^{9}}=5.77\ \text{cm}$$

$$Z_0=\sqrt{\frac{L}{C}}=\sqrt{\frac{0.3218\times10^{-6}}{103.7\times10^{-12}}}=55.7\ \Omega$$

习　题

18.1　平行导线传输线有两根宽 $b=3$ cm、厚 $t=1$ cm、间距 $a=2$ cm 的带状导线。当 $\mu=\mu_0$、$\varepsilon=\varepsilon_0$、$\sigma=5.8\times10^7$ S/m 时，分别求电感 L、电容 C、电导 G、传输速度 v 和特征阻抗 Z_0。

18.2　求 100 MHz 正弦信号传输线的传输速度 v：传输线电感 $L=0.3\ \mu$H/m，电容 $C=20$ pF/m，$R=10\ \Omega$，$G=0$。

18.3　求 100 MHz 正弦信号传输线的传输速度 v：传输线电感 $L=0.3\ \mu$H/m，电容 $C=20$ pF/m，$R=100\ \Omega$/m，$G=10^{-3}$ S/m。

18.4　一根 30 cm 长、特性阻抗为 50 Ω 的无损耗传输线，求它在 15 MHz 频率下的输入阻抗，如果它终止于 (a) 开路，(b) 短路。

18.5　一根 30 cm 长、特性阻抗为 50 Ω 的无损耗传输线，以 5 μH 的电感为终端，求它在 15 MHz 频率下的输入阻抗。

18.6　一根具有电感 $L=0.4\ \mu$H/m、电容 $C=20$ pF/m、电阻 $R=0.2\ \Omega$/m、$G=10^{-5}$ S/m 的传输线，求 50 MHz 的传播速度 v、特征阻抗 Z_0、传播常数 γ、衰减常数 α 和相移常数 β。

18.7　一根具有电感 $L=0.2\ \mu$H/m、电容 $C=20$ pF/m、电阻 $R=0.25\ \Omega$/m、$G=10^{-4}$ S/m 的 50 MHz 传输线，求它的传播速度 v、相移常数 β、特征阻抗 Z_0 和衰减常数 α。

18.8　一根具有特性阻抗 100 Ω 的传输线工作在 50 MHz 频率，如果它的终端为 0.2 μH/m 的电感，求它的电压反射系数和电流反射系数。

18.9　具有特性阻抗 30 Ω 的 100 MHz 传输线终止于 100 Ω，求其反射系数 Γ 和电压驻波比 ρ。如果这条线是一个谐振部分，其电感 $L=0.2\ \mu$H/m，电容 $C=50$ pF/m，电阻 $R=0.2\ \Omega$/m，$G=0$ S/m，求它的品质因子 Q。

18.10　特性阻抗 30 Ω 的 100 MHz 传输线终端为未知阻抗 $R+\mathrm{j}X$，线路上的电压驻波比为 5。如果第一个极小值之间的距离 L_2 为 0.5 m，求 R 和 X。

18.11　无损耗的同轴电缆 $a=1$ mm、$b=5$ mm，工作在 1 GHz 频率下，内外导体间的空间中充满 $\mu_r=1$、$\varepsilon_r=3$ 的材料，计算电感 L、电容 C、传播速度 v、波长 λ 和特性阻抗 Z_0。

18.12　工作在 3 GHz，$a=3$ mm、$b=5$ mm 的同轴线，内外导体间的空间中充满 $\mu_r=2$、$\varepsilon_r=4$ 的材料，求它的电感 L、电容 C、传播速度 v、波长 λ 和特性阻抗 Z_0。

叙述题

1. 描述电报方程和电报方程给出的信息。

2. 写出有损耗和无损耗传输线的 EMF 和 MMF 方程。

3. 推导无损耗和有损耗传输线特性表达式。

4. 求传输线方程指数形式的解，获得特性阻抗、终端阻抗和反射系数。

5. 获得传输线方程的双曲线形式的解，写出输入阻抗的一般表达式。

6. 什么是传播常数？它与传输线参数有什么关系？

7. 写出端接不同阻抗的传输线中电压分布和电流分布表达式，用表达式说明传输线的电压和电流的变化。

8. 写出短路和开路传输线的输入阻抗表达式。

9. 讨论传输线线段作为电路元件的应用。

10. 举例说明不同传输线线段的等效电路元件。

11. 说明并解释单短截线匹配和双短截线匹配的工作原理。

12. 什么是平面线？讨论它们的优缺点。

扩展阅读

A. S. Khan, *Microwave Engineering: Concepts and Fundamentals*, CRC Press, New York, Mar.2014.

David M. Pozar, *Microwave Engineering*, 3rd Ed, John Wiley & Sons, Inc, New Jersey, 2005.

T. H. Lee, *Planar Microwave Engineering*, Cambridge University Press, UK, 2004.

K. Chang, I. Bahl, V. Nair, *RF and Microwave Circuits and Component Design for Wireless Systems*, John Wiley & Sons, New York, 2002.

W. Hayt, Jr., J. A. Buck, *Engineering Electromagnetics*, 4th Ed, McGraw Hill Publishing Co.Ltd, New Delhi, 2001.

I Bahl, P. Bhartia, K. C. Gupta, *Microstrip Lines and Slotlines*, Artech House, Norwood, MA, 1996.

T. C. Edward, *Foundation for Micro strip Circuit Design*, Wiley, Chichester, UK, 1981 (2nd Ed, 1992).

Brian C. Wadell, *Transmission Line Design Handbook*, Artech House, Norwood, MA, 1991.

F. Gardiol, *Micro Strip Circuits*, Wiley, New York, 1990.

S. Y. Liao, *Engineering Applications of Electromagnetic Theory*, West Publishing Company, St. Paul, MN, 1988.

R. K. Hoffmann, *Handbook of Microwave Integrated Circuits*, Artech House, Norwood, MA, 1987.

E. C. Jordon, K. G. Balmain, *Electromagnetic Waves and Radiating Systems*, Prentice Hall Ltd, New Delhi, 1987.

L. N. Dworsky, *Modern Transmission Line Theory and Applications*, John Wiley & Sons, New York, 1979.

W. Sinnema, *Electronic Transmission Technology: Lines and Applications*, Prentice - Hall, Inc., Englewood Cliffs, NJ, 1979.

K. C. Gupta, R. Garg, I. J. Bahl, *Micro Strip Lines and Slot Lines*, Artech House, Dedham, MA, 1979.

H. Howe, Jr., Strip Line Circuit Design, Artech House, Dedham, MA, 1974. R. A. Waldron, *Theory of Guided Electromagnetic Waves*, London, New York, Van Nostrand Reinhold, 1970.

Richard B. Alder, Lan Jen Chu, Robert M. Fano, *Electromagnetic Energy Transmission and Radiation*, MIT Press, Cambridge, MA, 1969.

R. K. Moore, *Travelling - Wave Engineering*, McGraw - Hill Book Company, New York, 1960.

W. C. Johnson, *Transmission Lines and Networks*, McGraw - Hill Book Company, New York, 1950.

W. L. Everitt, *Communication Engineering*, McGraw - Hill, New York, 1937.

第 19 章　波导与谐振腔

19.1　引言

在第 18 章中已经指出，平行线或平面线传输结构只能用于传播零截止频率的 TEM 模态低频信号。在较高的频率下，由于衰减增加，TEM 模态的适用性会降低。因此，在更高的频率下，必须采用 TE 和 TM 模态。另一种称为波导的传输结构可以支持这类模态。波导在形状和材料方面有多种形式，可以是空心矩形、圆形金属管道、固体介质棒或板的形式。除了模态不同外，这些结构的许多特征与平行线或平面传输线相似，包括反射，导体表面层中的电流，四分之一波长和半波长段的特性，不连续对传播的影响等概念。

波导是引导厘米波和毫米波电磁能量的关键手段，本章将注重研究波导中的场特性，围绕矩形和圆形波导的数学理论，描述不同模态及其激励，并给出各相关术语的物理解释。

19.2　矩形波导

矩形波导是最简单也是使用最普遍的波导。矩形波导是有四个金属壁面的中空矩形管道。矩形波导的实体结构以及尺寸参数和坐标系统如图 19-1 所示。由于存在四个金属壁面，$\boldsymbol{E}$ 和 $\boldsymbol{H}$ 场必须满足适当的边界条件，包括对于适当的 x 和 y，$\boldsymbol{E}$ 的切向分量连续性和 $\boldsymbol{H}$ 的法向分量连续性。

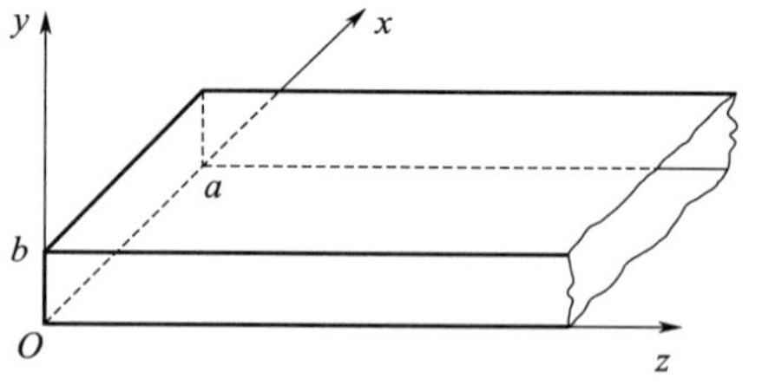

图 19-1　矩形波导

19.2.1　基本数学描述

为了理解矩形波导内的波动现象，需要采用一定的数学描述。下面几节给出相应的数学模型。

假设波沿 z 轴传播。与传输线情况一样，所有场参数随时间的变化都用 $e^{j\omega t}$ 计算，空间变化都用 $e^{-\gamma z}$ 计算。参数 γ 仍然是一个具有实部 α 和虚部 $j\beta$ 的复数。这些参数（γ、α

和 β）分别表示传播常数、衰减常数和相位常数。此外，这个结构中的波传播特性仅服从麦克斯韦方程。对于无电流区域，由方程（15 - 25b）和（15 - 6b）给出的麦克斯韦方程如下

$$\nabla\times\boldsymbol{H}=\frac{\partial\boldsymbol{D}}{\partial t}=\mathrm{j}\omega\boldsymbol{D}=\mathrm{j}\omega\varepsilon\boldsymbol{E} \tag{19 - 1a}$$

$$\nabla\times\boldsymbol{E}=-\frac{\partial\boldsymbol{B}}{\partial t}=-\mathrm{j}\omega\boldsymbol{B}=-\mathrm{j}\omega\mu\boldsymbol{H} \tag{19 - 1b}$$

$\boldsymbol{E}$ 和 **$\boldsymbol{H}$** 场服从的波动方程为方程（16 - 34a）和（16 - 34b）

$$\nabla^2\boldsymbol{E}=\gamma^2\boldsymbol{E} \tag{19 - 2a}$$

$$\nabla^2\boldsymbol{H}=\gamma^2\boldsymbol{H} \tag{19 - 2b}$$

式中 γ 和 β 为

$$\gamma=\sqrt{(\sigma+\mathrm{j}\omega\varepsilon)\,\mathrm{j}\omega\mu}\quad（一般情况） \tag{19 - 3a}$$

$$\gamma=\mathrm{j}\beta=\mathrm{j}\omega\sqrt{\mu\varepsilon}\quad(\sigma=0) \tag{19 - 3b}$$

$$\beta=\omega\sqrt{\mu\varepsilon}\quad（任意介质） \tag{19 - 3c}$$

$$\beta=\beta_0=\omega\sqrt{\mu_0\varepsilon_0}\quad（自由空间） \tag{19 - 3d}$$

由方程（19 - 1a）和（19 - 1b）给出的麦克斯韦方程的时间和空间变化可以写为下面的展开形式

$$\frac{\partial H_x}{\partial z}-\frac{\partial H_z}{\partial x}=\frac{\partial H_z}{\partial x}+\gamma H_x=-\mathrm{j}\omega\varepsilon E_y \tag{19 - 4a}$$

$$\frac{\partial H_y}{\partial x}-\frac{\partial H_x}{\partial y}=\mathrm{j}\omega\varepsilon E_z \tag{19 - 4b}$$

$$\frac{\partial E_z}{\partial y}-\frac{\partial E_y}{\partial z}=\frac{\partial E_z}{\partial y}+\gamma E_x=-\mathrm{j}\omega\varepsilon H_x \tag{19 - 5a}$$

$$\frac{\partial E_x}{\partial z}-\frac{\partial E_z}{\partial x}=\frac{\partial E_z}{\partial x}+\gamma E_x=\mathrm{j}\omega\varepsilon H_y \tag{19 - 5b}$$

$$\frac{\partial E_y}{\partial x}-\frac{\partial E_x}{\partial y}=-\mathrm{j}\omega\varepsilon H_z \tag{19 - 5c}$$

类似地，关于 E_z 和 H_z（$\sigma=0$）的方程（19 - 2a）和（19 - 2b）的微分形式为

$$\frac{\partial^2 E_z}{\partial x^2}+\frac{\partial^2 E_z}{\partial y^2}+\frac{\partial^2 E_z}{\partial z^2}=\frac{\partial^2 E_z}{\partial x^2}+\frac{\partial^2 E_z}{\partial y^2}+\gamma^2 E_z=-\omega^2\mu\varepsilon E_z \tag{19 - 6a}$$

$$\frac{\partial^2 H_z}{\partial x^2}+\frac{\partial^2 H_z}{\partial y^2}+\frac{\partial^2 H_z}{\partial z^2}=\frac{\partial^2 H_z}{\partial x^2}+\frac{\partial^2 H_z}{\partial y^2}+\gamma^2 H_z=-\omega^2\mu\varepsilon H_z \tag{19 - 6b}$$

由于波沿 z 轴方向传播，将方程（19 - 4）与方程（19 - 5）进行处理，使所有场分量都用 E_z 和 H_z 来表示，处理后得到下面的关系式

$$E_x=-\frac{\gamma}{h^2}\frac{\partial E_z}{\partial x}-\frac{\mathrm{j}\omega\mu}{h^2}\frac{\partial H_z}{\partial y} \tag{19 - 7a}$$

$$E_y=-\frac{\gamma}{h^2}\frac{\partial E_z}{\partial y}+\frac{\mathrm{j}\omega\mu}{h^2}\frac{\partial H_z}{\partial x} \tag{19 - 7b}$$

$$H_x = -\frac{\gamma}{h^2}\frac{\partial H_z}{\partial x} + \frac{\mathrm{j}\omega\varepsilon}{h^2}\frac{\partial E_z}{\partial y} \tag{19-7c}$$

$$H_x = -\frac{\gamma}{h^2}\frac{\partial H_z}{\partial y} - \frac{\mathrm{j}\omega\varepsilon}{h^2}\frac{\partial E_z}{\partial x} \tag{19-7d}$$

观察方程（19－7a）至（19－7d）可以发现，当 E_z 和 H_z 都为零时，所有场分量都为零。如果其中一个分量为零，而另一个分量不为零，则产生的波被赋予不同的名称。当 $H_z \equiv 0$ 时，称这种波为**横磁（TM）波**，当 $E_z \equiv 0$ 时，称这种波为**横电（TE）波**。这个术语的起源在于一个条件，即 H 或 E 场横截于传播方向或垂直于传播方向。由于 TE 波和 TM 波的场分布模态不同，因此需要分别处理。

方程（19－7）涉及了一个新的参数 h^2，与角频率、介质参数和传播常数相关，由下式给出

$$h^2 = \omega^2\mu\varepsilon + \gamma^2 \tag{19-8}$$

进一步根据导电表面 E 的切向分量连续，E 的各分量边界条件可以写为

$$E_z = E_z = 0 \qquad (y = 0 \text{ 与 } y = b) \tag{19-9a}$$

$$E_z = E_z = 0 \qquad (x = 0 \text{ 与 } x = a) \tag{19-9b}$$

根据上面的描述，下面两小节讨论用 TM 波和 TE 波分类的电磁波。

19.2.2　横磁（TM）波

在 TM 波中，磁场完全是横向的（即 $H_z \equiv 0$），平均能量传输由 E_z（因为 $E_z \neq 0$）完成。因此，对于 TM 波，采用第 9 章讨论的分离变量法获得方程（19－2a）的解。一般来说，E_z 是所有三个坐标（x，y 和 z）的函数，可以写成

$$E_z(x, y, z) = E_z(x, y)\mathrm{e}^{-\gamma z} \tag{19-10a}$$

式中

$$E_z(x, y) = X(x)Y(y) \text{ 或 } XY \tag{19-10b}$$

在方程（19－10b）中，$X(x)$ 表示 X 仅是 x 的函数，$Y(y)$ 表示 Y 仅是 y 的函数。

将方程（19－10b）代入到（19－2a）中，考虑到 $\sigma = 0$，得到

$$Y\left(\frac{\mathrm{d}^2 X}{\mathrm{d}x^2}\right) + X\left(\frac{\mathrm{d}^2 Y}{\mathrm{d}y^2}\right) + \gamma^2 XY = -\omega^2\mu\varepsilon XY \tag{19-11}$$

方程（19－11）两端同除 XY，然后将 X 和 Y 项分离得到关系式

$$\frac{1}{X}\left(\frac{\mathrm{d}^2 X}{\mathrm{d}x^2}\right) + h^2 = A^2 \tag{19-12a}$$

$$\frac{1}{Y}\left(\frac{\mathrm{d}^2 Y}{\mathrm{d}y^2}\right) = -A^2 \tag{19-12b}$$

方程（19－12）可以整理成以下形式

$$\frac{\mathrm{d}^2 X}{\mathrm{d}x^2} + (h^2 - A^2)X = \frac{\mathrm{d}^2 X}{\mathrm{d}x^2} + B^2 X = 0 \tag{19-13a}$$

$$\frac{\mathrm{d}^2 Y}{\mathrm{d}y^2} + A^2 Y = 0 \tag{19-13b}$$

式中

$$B^2 = h^2 - A^2 \quad \text{或} \quad h^2 = A^2 + B^2 \tag{19-13c}$$

方程（19－13a）和（19－13b）的解可以写为

$$X = C_1 \cos(Bx) + C_2 \sin(Bx) \tag{19-14a}$$

$$Y = C_3 \cos(Ay) + C_4 \sin(Ay) \tag{19-14b}$$

因此

$$E_z = XY = [C_1 \cos(Bx) + C_2 \sin(Bx)]\,[C_3 \cos(Ay) + C_4 \sin(Ay)] \tag{19-14c}$$

方程（19－14c）是方程（19－2a）中用 E_z 替代 E 的解，这个解中有四个任意常数。为了计算这些任意常数，将方程（19－9a）和（19－9b）给定的边界条件分别应用到由方程（19－14a）和（19－14b）给定的 $X(x)$ 和 $Y(y)$ 中，根据边界条件可得

$$\text{在 } x = 0 \text{ 点 } E_z = 0, \quad \text{因此 } C_1 = 0 \tag{19-15a}$$

$$\text{在 } y = 0 \text{ 点 } E_z = 0, \quad \text{因此 } C_3 = 0 \tag{19-15b}$$

将 $C_1 = 0$ 和 $C_3 = 0$ 代入（19－14c）中得到

$$E_z = C_2 \sin(Bx) C_4 \sin(Ay) = C \sin(Bx) \sin(Ay) \tag{19-16a}$$

$$C = C_2 C_4 \tag{19-16b}$$

将另外两个边界条件应用到（19－16a）中。观察这个方程会发现，$x = a$ 时 $E_z = 0$ 的条件只有 $Ba = m\pi$ 时满足，$y = b$ 时 $E_z = 0$ 的条件只有 $Ab = n\pi$ 时满足。因此，参数 B 和 A 以及场强 E_z 可以写为

$$B = \frac{m\pi}{a} \tag{19-17a}$$

$$A = \frac{n\pi}{b} \tag{19-17b}$$

$$E_z = C \sin\left(\frac{m\pi}{a}x\right) \sin\left(\frac{n\pi}{b}y\right) \tag{19-17c}$$

根据（19－13c）（19－17a）和（19－17b）

$$h^2 = A^2 + B^2 = \left(\frac{n\pi}{b}\right)^2 + \left(\frac{m\pi}{a}\right)^2 \tag{19-18a}$$

或

$$h = \sqrt{\left(\frac{n\pi}{b}\right)^2 + \left(\frac{m\pi}{a}\right)^2} \tag{19-18b}$$

参数 h（有时也用 h_{nm} 来表示）称为**截止波数**。

根据方程（19－18a）和（19－18b），γ 可以写为

$$\gamma = \sqrt{\left(\frac{n\pi}{b}\right)^2 + \left(\frac{m\pi}{a}\right)^2 - \omega^2 \mu \varepsilon} \tag{19-19}$$

方程中 m 和 n 是正整数，可以取值 0，1，2，… 。

如果用 E_{0z} 表示 E_z 的幅度并替换方程（19－17）中的 C，可以得到

$$E_z = E_{0z} \sin\left(\frac{m\pi}{a}x\right) \sin\left(\frac{n\pi}{b}y\right) e^{-j\beta z} = E_{0z} \sin(Bx) \sin(Ay) e^{-j\beta z} \tag{19-20a}$$

根据方程（19－20a），对于自由空间，方程（19－7a）至（19－7d）的其他场分量的表达式可以写为

$$E_x = E_{0x}\cos(Bx)\sin(Ay)\,e^{-j\beta z} \quad (19-20b)$$

$$E_y = E_{0y}\sin(Bx)\cos(Ay)\,e^{-j\beta z} \quad (19-20c)$$

$$H_x = H_{0x}\sin(Bx)\cos(Ay)\,e^{-j\beta z} \quad (19-20d)$$

$$H_y = H_{0y}\cos(Bx)\sin(Ay)\,e^{-j\beta z} \quad (19-20e)$$

在方程（19－20b）至（19－20e）中

$$E_{0x} = CB\left(\frac{-j\beta}{h^2}\right) \quad (19-20f)$$

$$E_{0y} = CA\left(\frac{-j\beta}{h^2}\right) \quad (19-20g)$$

$$H_{0x} = CA\left(\frac{j\omega\varepsilon}{h^2}\right) \quad (19-20h)$$

$$H_{0y} = CB\left(-\frac{j\omega\varepsilon}{h^2}\right) \quad (19-20i)$$

根据方程（19－17），A 和 B 分别为 n 和 m 的函数。方程（19－20a）至（19－20e）表明，如果 $m=0$ 或 $n=0$，所有场分量都为零，因此，m 和 n 的最小值是 1。

19.2.3 横电（TE）波

在 TE 波中，电场完全是横向的（即 $E_z \equiv 0$），平均能量通过 H_z 传输（因为 $H_z \neq 0$），因此，对于 TE 波，仅需要求解方程（19－2b）。利用方程（19－10）至方程（19－20）所采用的步骤就可以得到方程的解。但是，在这种情况下，不能直接应用于 H_z 的边界条件，因为这个边界条件是切向分量，在 **H** 场情况下，只需要保证法向分量连续。对于边界条件，可以用方程（19－7）求得 E_x 和 E_y。方程（19－9a）和（19－9b）给出的边界条件现在可以用于 **E** 的切向分量。求得任意常数后，就可以再返回到 H_z 并求得 H_z 的表达式。加入时间变化后，最终的 H_z 表达式为

$$H_z = H_{0z}\cos(Bx)\cos(Ay)\,e^{-j\beta z} \quad (19-21a)$$

式中，H_{0z} 为 H_z 的幅度。

根据（19－7）和（19－21a），其余的场分量可以写为

$$E_x = E_{0x}\cos(Bx)\sin(Ay)\,e^{-j\beta z} \quad (19-21b)$$

$$E_y = E_{0y}\sin(Bx)\cos(Ay)\,e^{-j\beta z} \quad (19-21c)$$

$$H_x = H_{0x}\sin(Bx)\cos(Ay)\,e^{-j\beta z} \quad (19-21d)$$

$$H_y = H_{0y}\cos(Bx)\sin(Ay)\,e^{-j\beta z} \quad (19-21e)$$

在方程（19－21b）至（19－21e）中

$$E_{0x} = CA\left(\frac{j\omega\varepsilon}{h^2}\right) \quad (19-21f)$$

$$E_{0y} = CB\left(\frac{-j\omega\varepsilon}{h^2}\right) \quad (19-21g)$$

$$H_{0x} = CB\left(\frac{\mathrm{j}\beta}{h^2}\right) \tag{19-21h}$$

$$H_{0y} = CA\left(\frac{\mathrm{j}\beta}{h^2}\right) \tag{19-21i}$$

在这些关系式中，A 和 B 的含义与方程（19－16c）至（19－16d）相同。此外，方程（19－18）和（19－19）同样适用于 TM 和 TE 波。

方程（19－21a）至（19－21e）表明，当 $m=0$、$n \neq 0$、$B=0$、$H_x=E_y=0$，只有 H_z、H_y 和 E_x 分量；当 $n=0$、$m \neq 0$、$A=0$、$H_y=E_x=0$，只有 H_z、H_x 和 E_y 分量；当 $m=n=0$，只有 H_z 分量，所有 E 分量都不存在。因此，在 TE 波的情况下，m 和 n 的最小值是 0 和 1，或者 1 和 0。

19.2.4　波特性随频率的变化

对方程（19－19）的研究可以得到下面一些波特性术语。

19.2.4.1　衰减常数

当 $\left[\left(\frac{n\pi}{b}\right)^2 + \left(\frac{m\pi}{a}\right)^2\right] > \omega^2\mu\varepsilon$，$\gamma$ 是纯实数（即 $\gamma = \alpha$），波没有传播而且衰减。波的衰减常数为

$$\alpha = \sqrt{\left(\frac{n\pi}{b}\right)^2 + \left(\frac{m\pi}{a}\right)^2 - \omega^2\mu\varepsilon} \text{ 或 } \alpha_{nm}^2 = h_{nm}^2 - \omega^2\mu\varepsilon \tag{19-22a}$$

19.2.4.2　相位常数

当 $\left[\left(\frac{n\pi}{b}\right)^2 + \left(\frac{m\pi}{a}\right)^2\right] < \omega^2\mu\varepsilon$，$\gamma$ 是纯虚数（即 $\gamma = \mathrm{j}\beta$），波无衰减（理论上）地传播。波的相移常数为

$$\beta = \sqrt{\omega^2\mu\varepsilon - \left[\left(\frac{n\pi}{b}\right)^2 + \left(\frac{m\pi}{a}\right)^2\right]} \quad \text{或} \quad \beta_{nm}^2 = \omega^2\mu\varepsilon - h_{nm}^2 \tag{19-22b}$$

19.2.4.3　截止频率

当 $\left[\left(\frac{n\pi}{b}\right)^2 + \left(\frac{m\pi}{a}\right)^2\right] = \omega^2\mu\varepsilon$ 时，ω 可用 ω_c 或 $2\pi f_c$ 来替换，其中 f_c 为

$$f_c = \frac{1}{2\sqrt{\mu\varepsilon}}\sqrt{\left(\frac{m}{a}\right)^2 + \left(\frac{n}{b}\right)^2} \tag{19-22c}$$

方程（19－22c）给出的 f_c 称为截止频率或临界频率。这个频率是从波传播到停止的分界线。

19.2.4.4　截止波长

根据（19－22c）给定的 f_c 和关系式 $v = f\lambda$ 与 $\lambda_c = v/f$

$$\lambda_c = \frac{2}{\sqrt{(m/a)^2 + (n/b)^2}} \tag{19-22d}$$

19.2.4.5　色散现象

波在传播过程中会出现色散的现象。这种现象会导致很长时间周期内信号能量发散。这种发散会降低信号的有效性，因此色散不是理想的传播特征。

19.2.4.6　可用的频率范围

色散主要发生在 f_c 和 $2f_c$ 之间，因此，应避免在这个范围内的极端情况下使用波导，这个范围称为**可用的频率范围**。

19.2.4.7　相速度

沿波导壁面的相速度并不是真正的波速度。实际上，给出的是相位的变化率，并且总是大于 c 。对于矩形波导中 TM 波和 TE 波，相速度为

$$v_p = \frac{c}{\sqrt{1-(f_c/f)^2}} \tag{19-22e}$$

19.2.4.8　群速度

在空气或真空的中空波导中，电磁波以光速 c 传播，但遵循“之”字形路径。因此，信号在波导内的总传播速度总是小于 c， 这个信号速度称为群速度，用 v_g 来表示。根据 $v_p v_g = c^2$ 的关系和 v_p 的表达式，v_g 的表达式可以写成

$$v_g = c\sqrt{1-(f_c/f)^2} \tag{19-22f}$$

19.2.4.9　群波长

在相同频率下，矩形（或圆形）波导中的波长 λ_g 大于自由空间的波长。对于 TM 波和 TE 波，群波长为

$$\lambda_g = \frac{\lambda}{\sqrt{1-(f_c/f)^2}} \tag{19-22g}$$

19.2.4.10　波导相移常数

根据截止频率，波导中的相位漂移常数为

$$\beta_g = \beta\sqrt{1-(f_c/f)^2} \tag{19-22h}$$

19.2.4.11　平行于波导壁面的波长

因为 $\left(\frac{\omega_c}{\omega}\right)^2 = \left(\frac{\lambda_c}{\lambda}\right)^2$，平行于波导壁面的波长可以写为

$$\lambda = \frac{\lambda_0 \lambda_c}{\sqrt{\lambda_c^2 - \lambda_0^2}} \quad 或 \quad \lambda_0 = \frac{\lambda \lambda_c}{\sqrt{\lambda_c^2 + \lambda^2}} \tag{19-22i}$$

19.2.5　模态

术语“模态”表示在波导中 ***E*** 场和 ***H*** 场的分布方式。每种模态都有一个截止频率，这个频率以下的波将不再传播。此外，对于不同模态，波沿波导传播的时间不同。

19.2.5.1　TE 模态

横电（或 TE）模态是电场分量与传播方向成直角的模态。在方程（19 - 20a）至（19 - 20e）中，参数 A 和 B 分别是 n 和 m 的函数。因此，当描述这个模态时，应给 TE 加一个下标，TE 应改为 TE_{mn}。当给出 m 和 n 数值时，其结果就完全指定了实际的传播模态。如前所述，TE 情况下可以给 m 和 n 的最小值是 1、0 或 0、1。因此，TE_{10} 和 TE_{01} 就是最低的 TE 模态。

19.2.5.2　TM 模态

横磁（或 TM）模态是磁场分量与传播方向成直角的模态。在方程（19 - 20a）至（19 - 20e）中，参数 A 和 B 分别是整数 n 和 m 的函数。因此，当描述这个模态时，应给 TM 加一个下标，加了下标之后 TM 应改为 TM_{mn}。当给出 m 和 n 数值时，其结果就完全指定了实际的传播模态。如前所述，TM 情况下可以给 m 和 n 的最小值是 1、1。因此，在矩形波导中，TM_{11} 是最低的 TM 模态。

19.2.5.3　主模态

具有最低截止频率的模态称为**主模态**。对于矩形波导，TE_{10} 模态具有最低的截止频率，因此，它是主 TE 模态。这种模态在波导较宽尺寸方向上有一个半周期。由于 $a = \lambda_c/2$，波长 λ 与 a 有关，其中 c 是光速。接下来的较高截止频率模态是 TE_{01} 和 TE_{20}。在 TM 波情况下，TM_{11} 模态具有最低截止频率，因此称为主 TM 模态。根据方程（19 - 22g），TM 模态和 TE 模态的截止波长分别为 $\dfrac{2ab}{\sqrt{(a^2+b^2)}}$ 和 $2a$ 。

19.2.5.4　TEM 模态

TEM 模态是 $\boldsymbol{E}$ 场和 $\boldsymbol{H}$ 场均垂直于传播方向的模态。TEM 模态的频率截止为 0。输电线中的波以 TEM 模态传播，在一些平面线路中，也可能具有 TEM 模态或准 TEM 模态。对于波导，无论截面的形状如何，都**不可能存在 TEM 波**。这是由于如果中空波导中存在 TEM 波，磁力线必然在横面内，也就是说，在非磁性材料中，$\boldsymbol{B}$（或 $\boldsymbol{H}$ ）的散度必须为 0。因此，$\boldsymbol{H}$ 线必须在垂直于波传播方向的平面上以闭合回路的形式存在。根据第一个麦克斯韦方程$\left(\nabla\times\boldsymbol{H}=\boldsymbol{J}+\dfrac{\partial\boldsymbol{D}}{\partial t}\right)$，每个闭合回路周围的磁动势，必须等于通过回路的轴向电流。这个要求只有当传导电流密度 $\boldsymbol{J}$ 或位移电流密度 $\partial\boldsymbol{D}/\partial t$ 存在时才能满足，而这又反过来需要 E_z 存在。由于不存在传导电流和位移电流，因此，在任意形状的空心波导中都不可能存在 TEM 波。

19.2.5.5　单模传播

如果波导中只有一种模态的波传播，则称为单模传播。单模传播**色散较小**，因此是一种期望的传播模态。

19.2.5.6　多模传播

当波导中的传播模态有一个以上时，称为**多模传播**。根据速度关系，低阶模态的速度较快，高阶模态的速度较慢。相应地，与低阶模态下相比，高阶模态下波会更频繁地与波导两壁面碰撞。多模特性会导致色散的增加。

19.2.5.7　模态扰动

模态扰动是指多个模态同时传播。当波导较宽壁面的长度或较窄壁面的长度与激发模态不匹配时，就会发生这种情况。在 TE_{10} 模态情况下，较宽的壁必须是 $\lambda/2$ 的长度。如果它略小于或大于 $\lambda/2$，传播模态将与 TE_{10} 不同，就变成了一种以上模态的组合。这种混合会导致模态扰动。

19.2.5.8　模态阶数的影响

如前所述，m 和 n 是模态的阶数。因此，如果保持频率不变，改变 m 和 n，则方程（19－22a）至（19－22h）中涉及的所有参数都会受到影响。

19.2.5.9　波前运动

波前就是一个等相面。当波在波导中前进时，波前的极性不断变化。这种极性变化对应于波的速度，因此对应于模态阶数。

19.2.6　场分布图

根据方程（19－20a）至（19－20e）和方程（19－21a）至（19－21e），TM 模态和 TE 模态的场分布图可以通过以下方法代入 m 和 n 的值得到。

19.2.6.1　TE 波

将 $m=1$ 和 $n=0$ 代入方程（19－20a）至（19－20e），得到 $E_x=H_y=0$。其余的分量 E_y、H_x 和 H_z 均乘以 $e^{-j\beta z}$ 后的实部表达式为

$$H_z=H_{0z}\cos\left(\frac{\pi x}{a}\right)\cos(\beta z) \tag{19－23a}$$

$$E_y=E'_{0y}\sin\left(\frac{\pi x}{a}\right)\sin(\beta z) \tag{19－23b}$$

$$H_x=H'_{0x}\sin\left(\frac{\pi x}{a}\right)\sin(\beta z) \tag{19－23c}$$

式中，$H_{0z}=C$，$E'_{0y}=CB\left(-\frac{\omega\mu}{h^2}\right)$，$H'_{0x}=CB\left(\frac{\beta}{h^2}\right)$ 分别为 H_z、E_y 和 H_x 的幅度。

根据方程（19－23a）至（19－23c），E 只有 E_y 分量，而 H 有 H_x 和 H_z 分量。因此，E 和 H 可以写为

$$E=E'_{0y}\sin\left(\frac{\pi x}{a}\right)\sin(\beta z) \tag{19－24a}$$

$$H=\sqrt{H_x^2+H_z^2} \tag{19－24b}$$

根据方程（19－24a），E 场沿 x 轴（或较宽壁面）为正弦变化，在 $x=0$ 和 $x=a$ 点，E 为零，在 $x=a/2$ 点，E 达到最大值。E 场沿 z 轴也是正弦变化。如果 $m=1$ 和 $n=0$，在 $x=0$、$x=a/2$、$x=a$ 点 E 为零，在 $x=a/4$ 和 $x=3a/4$ 点 E 达到最大值。类似地，如果

$m=0$ 和 $n=1$，在 $y=0$、$y=b$ 点 E 为零，在 $x=b/2$ 点 E 达到最大值。因此，最大值和最小值的位置取决于 m 和 n。TE_{10} 模态在 $x-y$、$y-z$ 和 $x-z$ 平面上的场分布如图 19-2 所示；不同 TE 模态在 $x-y$ 平面上的场分布如图 19-3 所示。

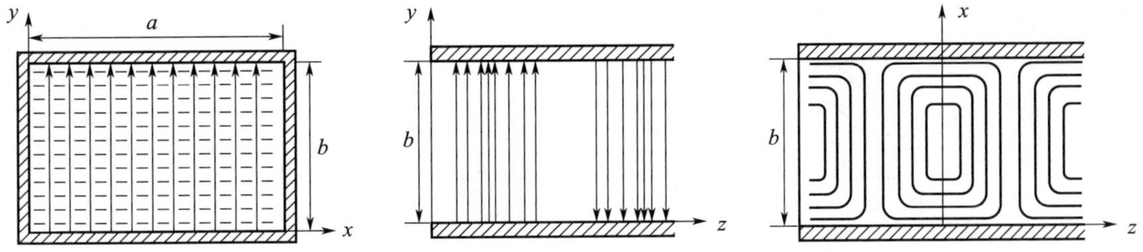

(a) x-y平面　(b) y-z平面　(c) x-z平面

图 19-2　在 $x-y$、$y-z$ 和 $z-x$ 平面上 TE_{10} 模态的场分布

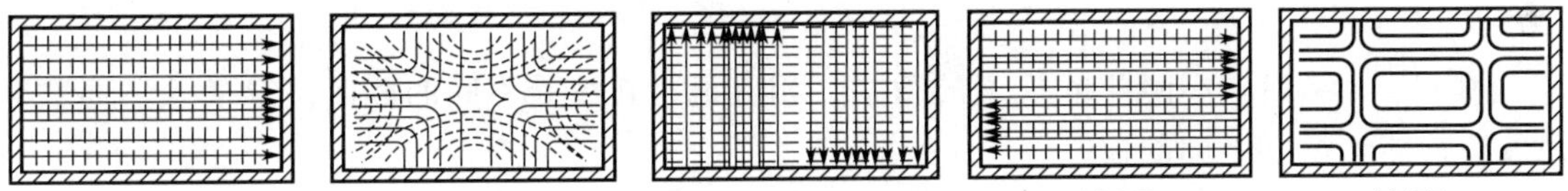
(a) TE_{01}　(b) TE_{11}　(c) TE_{20}　(d) TE_{02}　(e) TE_{22}

——— E　--------- H

图 19-3　在 $x-y$ 平面上不同 TE 模态的场分布

19.2.6.2　TM 波

将 m 和 n 代入方程（19-20a）至（19-20e），经适当整理可得到不同的 TM 模态。由于在这种情况下，m 和 n 最小值都是 1，所以由方程（19-20a）至（19-20e）给出的所有分量都存在。因此，合成的 E 取决于 E_x，E_y 和 E_z，合成的 H 取决于 H_x 和 H_y。从这些合成 E 和 H，可以得到不同 m 和 n 的场分布图。图 19-4 给出了一些这样的场分布图。

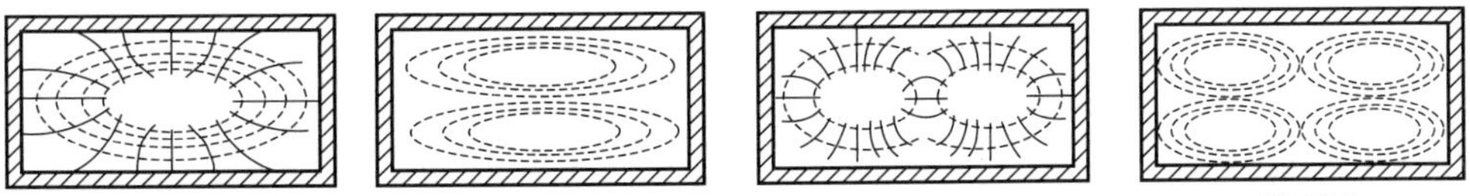
(a) TM_{11}　(b) TM_{12}　(c) TM_{21}　(d) TM_{22}

——— E　--------- H

图 19-4　在 $x-y$ 平面上 TM 模态的场分布

19.2.7　激励模式

由设备产生的电磁信号需要馈送到波导中，这种馈送称为激励。信号一旦被馈送，波导会以电磁波的形式将信号送到目的地。一般来说，信号发生器的输出是通过导线或探针完成的。探针在合适的位置插入波导中，激发 TM 和 TE 模态。下面将描述这种激励。

19.2.7.1　TE 模态

图 19－5 给出了不同 TE 模态的激励。信号发生器的能量被馈送到波导中。位于较宽或较窄壁面上的探针会激发特定的模态。一旦激发了某种模态，它的场分布图就会沿着传播方向前行。

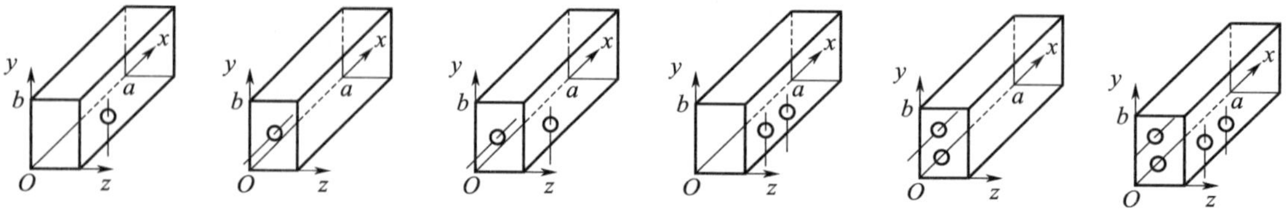

(a) TE_{10}　(b) TE_{01}　(c) TE_{11}　(d) TE_{20}　(e) TE_{02}　(f) TE_{22}

图 19－5　不同 TE 模态的激励

19.2.7.2　TM 模态

图 19－6 给出了不同 TM 模态的激励。相应地，在波导不同的截面位置插入不同数量的探针，能够激发不同的模态。

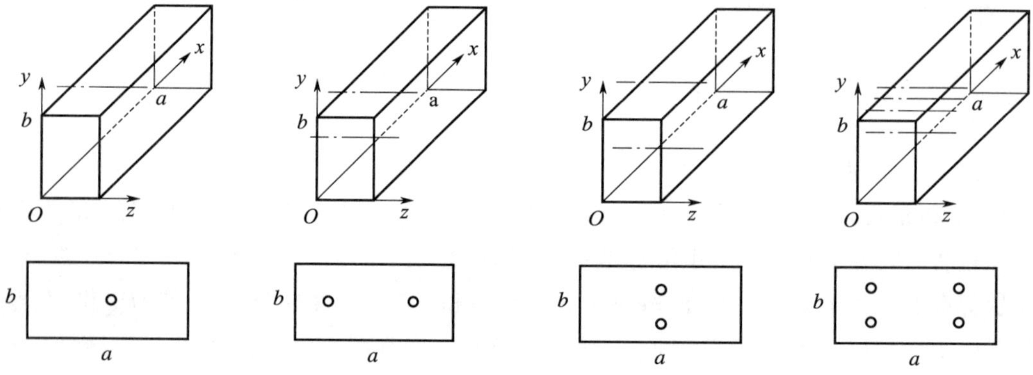

(a) TM_{11}　(b) TM_{21}　(c) TM_{12}　(d) TM_{22}

图 19－6　不同 TM 模态的激励

19.2.8　波阻抗

波向不同方向传播可能会遇到不同类型的环境或障碍。例如，向东可能会遇到一些建筑物，向西可能会遇到茂密的森林，向北可能会遇到潮湿的大气，而向南可能会遇到干燥的大气。显然，波在每个方向上都会有不同的阻抗。因此，出现了一个称为“波阻抗”的新概念。波阻抗可以认为是波在一个特定方向传播时的阻抗。此外，在不同时间，不同 TE 和 TM 模态对同样环境的响应可能不同。

在波导的情况下，波只沿 z 方向传播的假设，使问题变得非常简单。波的阻抗就是 $x-y$ 平面上正交的 E 和 H 分量之比。数学分析给出下面 TM 波和 TE 波的阻抗关系式。

$$Z_z(\mathrm{TM})=\frac{\beta}{\omega\varepsilon}=\eta\sqrt{1-\left(\frac{\omega_c}{\omega}\right)^2}=\eta\sqrt{1-\left(\frac{f_c}{f}\right)^2} \tag{19-25a}$$

$$Z_z(\mathrm{TE})=\frac{\omega\mu}{\beta}=\frac{\eta}{\sqrt{1-\left(\frac{\omega_c}{\omega}\right)^2}}=\frac{\eta}{\sqrt{1-\left(\frac{f_c}{f}\right)^2}} \tag{19-25b}$$

根据方程（19－25a）和（19－25b）得到的 TM 波和 TE 波的特征阻抗随频率变化如图 19－7 所示。根据方程（19－22a）至（19－22h）能够得到其他参数的变化。

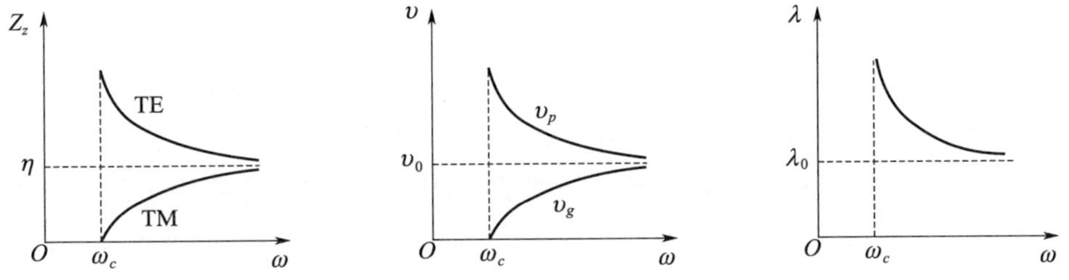

(a) 阻抗变化　(b) 速度变化　(c) 波长变化

图 19－7　Z_z(TM) 和 Z_z(TE) 随频率的变化

19.2.9　TM 波与 TE 波的等效电路

根据数学分析，波可以用等效电路表示。TM 波和 TE 波的等效电路显然是不同的。两种波的最终关系以不同情况下的串联阻抗 Z 和并联阻抗 Y 的形式给出。在 TM 波中，Z 和 Y 以 π 网络形式连接，而在 TE 波中，Z 和 Y 以 T 网络形式连接。等效电路如图 19－8 所示。这些关系式为

$$Z_z(\mathrm{TM})=\sqrt{\frac{Z}{Y}}=\sqrt{\frac{\mathrm{j}\omega\mu+\frac{h^2}{\mathrm{j}\omega\varepsilon}}{\mathrm{j}\omega\varepsilon}}=\sqrt{\frac{\mu}{\varepsilon}}\sqrt{1-\left(\frac{\omega_c}{\omega}\right)^2}=\eta\sqrt{1-\left(\frac{f_c}{f}\right)^2} \tag{19-26a}$$

$$Z_z(\mathrm{TE})=\sqrt{\frac{Z}{Y}}=\sqrt{\frac{\mathrm{j}\omega\mu}{\mathrm{j}\omega\varepsilon+\frac{h^2}{\mathrm{j}\omega\varepsilon}}}=\sqrt{\frac{\mu}{\varepsilon}}\frac{1}{\sqrt{1-\left(\frac{\omega_c}{\omega}\right)^2}}=\frac{\eta}{\sqrt{1-\left(\frac{f_c}{f}\right)^2}} \tag{19-26b}$$

在这些关系式中，下标 z 表示波的传播方向，(TM) 和 (TE) 表示波的类型。事实上，Z_z(TM) 和 Z_z(TE) 表示两种等效电路的阻抗。可以看出，方程（19－26a）和（19－26b）与方程（19－25a）和（19－25b）是相同的，因为波在波导中所遇到的环境相同。

需要指出，如果波导中不是空气或真空，而是用电介质填充的，在方程任何地方遇到 c 都应该用 v 来替换，η_0 用 η 来替换。

19.3　圆形波导

圆形波导是一种截面为圆形的中空金属管道，通过波导的表面或壁面连续反射来传播电

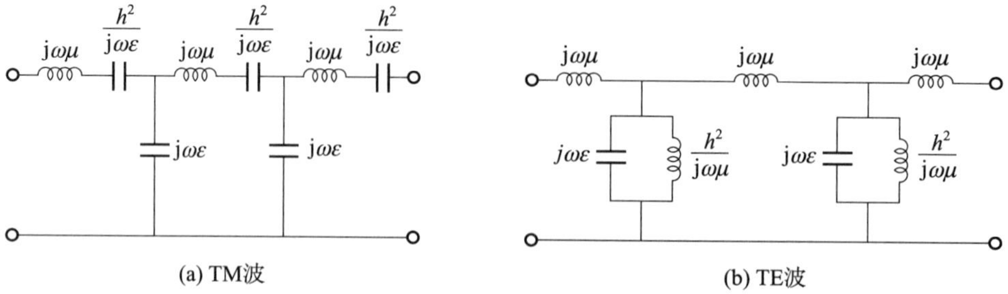

图 19－8　等效电路：(a) TM 波；(b) TE 波

磁波。通常应避免使用圆形波导，因为 (a) 主模与临近模之间最低频率的频率差小于矩形波导，$b/a = 0.5$；(b) 波导的轴对称性有可能无法在波导长度内保持极化不变；(c) 在相同的工作频率下，圆形波导的尺寸比矩形波导的尺寸大。圆形波导主要用于制作一些微波器件，如环行器、隔离器等。圆形波导的物理结构、半径和坐标系统如图 19－9 所示。

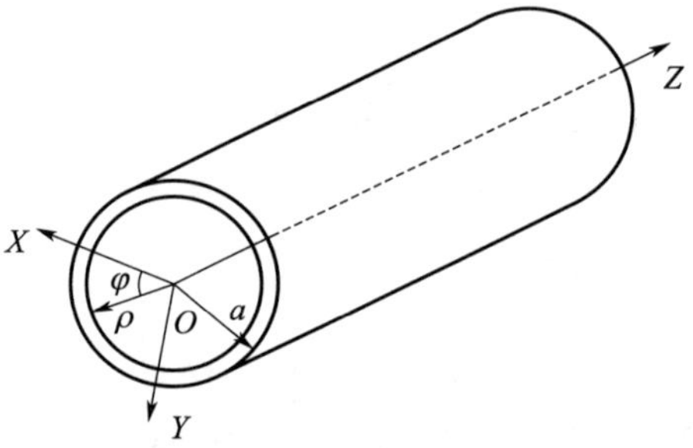

图 19－9　圆形波导几何外形

19.3.1　基本数学模型

与矩形波导情况相同，在圆形波导中，假设波沿 z 的正方向传播，时间变化用 $e^{j\omega t}$ 表示，沿 z 轴的空间变化用 $e^{j\gamma z}$ 表示，各参数的含义与 9.2.1 节相同。进一步假设波导是由 $\sigma=\infty$ 的导体材料制作。因此，导体表面的 E_{tan} 和 H_{norm} 连续条件在 $0\leqslant\varphi\leqslant 2\pi$，$0\leqslant z\leqslant\infty$ 范围成立。假设波导内用空气或电介质填充，因而有 $\sigma=0$、$\gamma=j\beta$ 。根据波导的形状，采用圆柱坐标系 (ρ, φ, z) 。

理想介质的麦克斯韦方程和波动方程与方程 (19－1) 和 (19－2) 相同。此外，参数 γ 的含义与方程 (19－3) 相同。在这种情况下，控制方程 (19－1a) 和 (19－1b) 在柱坐标下可以展开为如下形式

$$\frac{1}{\rho}\frac{\partial H_z}{\partial\varphi}-\frac{\partial H_\varphi}{\partial z}=j\omega\varepsilon E_\rho \tag{19－27a}$$

$$\frac{\partial H_\rho}{\partial z}-\frac{\partial H_z}{\partial\rho}=j\omega\varepsilon E_\varphi \tag{19－27b}$$

$$-\frac{1}{\rho}\frac{\partial}{\partial\rho}(\rho H_\varphi)-\frac{1}{\rho}\frac{\partial H_\rho}{\partial\varphi}=j\omega\varepsilon E_z \tag{19－27c}$$

$$\frac{1}{\rho}\frac{\partial E_z}{\partial \varphi}-\frac{\partial E_\varphi}{\partial z}=-\mathrm{j}\omega\mu H_\rho \tag{19-28a}$$

$$\frac{\partial E_\rho}{\partial z}-\frac{\partial E_z}{\partial \rho}=\mathrm{j}\omega\mu H_\varphi \tag{19-28b}$$

$$\frac{1}{\rho}\frac{\partial}{\partial \rho}(\rho E_\varphi)-\frac{1}{\rho}\frac{\partial E_\rho}{\partial \varphi}=\mathrm{j}\omega\mu H_z \tag{19-28c}$$

加入 z 的导数之后，方程（19－27）和（19－28）变为

$$\frac{1}{\rho}\frac{\partial H_z}{\partial \varphi}+\gamma H_\varphi=-\mathrm{j}\omega\varepsilon E_\rho \tag{19-29a}$$

$$-\gamma H_\rho+\frac{\partial H_z}{\partial \rho}=\mathrm{j}\omega\varepsilon E_\varphi \tag{19-29b}$$

$$\frac{1}{\rho}\frac{\partial}{\partial \rho}(\rho H_\varphi)-\frac{1}{\rho}\frac{\partial H_\rho}{\partial \varphi}=\mathrm{j}\omega\varepsilon E_z \tag{19-29c}$$

$$\frac{1}{\rho}\frac{\partial E_z}{\partial \varphi}+\gamma E_\varphi=-\mathrm{j}\omega\mu H_\rho \tag{19-30a}$$

$$-\gamma E_\rho+\frac{\partial E_z}{\partial \rho}=-\mathrm{j}\omega\mu H_\varphi \tag{19-30b}$$

$$\frac{1}{\rho}\frac{\partial}{\partial \rho}(\rho E_\varphi)-\frac{1}{\rho}\frac{\partial E_\rho}{\partial \varphi}=-\mathrm{j}\omega\mu H_z \tag{19-30c}$$

进一步整理方程（19－29）和（19－30）得到以下关系式

$$H_\rho=\frac{\mathrm{j}\omega\varepsilon}{h^2}\frac{1}{\rho}\frac{\partial E_z}{\partial \varphi}-\frac{\gamma}{h^2}\frac{\partial H_z}{\partial \rho} \tag{19-31a}$$

$$H_\varphi=-\frac{\mathrm{j}\omega\varepsilon}{h^2}\frac{\partial E_z}{\partial \rho}-\frac{\gamma}{h^2}\frac{1}{\rho}\frac{\partial H_z}{\partial \varphi} \tag{19-31b}$$

$$E_\rho=-\frac{\gamma}{h^2}\frac{\partial E_z}{\partial \rho}-\frac{\mathrm{j}\omega\mu}{h^2}\frac{1}{\rho}\frac{\partial H_z}{\partial \varphi} \tag{19-31c}$$

$$E_\varphi=-\frac{\gamma}{h^2}\frac{1}{\rho}\frac{\partial E_z}{\partial \varphi}+\frac{\mathrm{j}\omega\mu}{h^2}\frac{\partial H_z}{\partial \rho} \tag{19-31d}$$

在方程（19－31a）至（19－31d）中，h^2 的含义与方程（19－19）中相同（$h^2=\omega^2\mu\varepsilon+\gamma^2$）。与前面相同，将 $H_z\equiv 0$ 和 $E_z\equiv 0$ 代入方程（19－31a）至（19－31d）中可以得到 TM 波和 TE 波，波的相应表达式在下面几小节中给出。

19.3.2　横磁波

在方程（19－31a）至（19－31d）中，如果 $H_z\equiv 0$，则 TM 波的场分量变为

$$E_\rho=-\frac{\gamma}{h^2}\frac{\partial E_z}{\partial \rho} \tag{19-32a}$$

$$E_\varphi=-\frac{\gamma}{h^2}\frac{1}{\rho}\frac{\partial E_z}{\partial \varphi} \tag{19-32b}$$

$$H_\rho=\frac{\mathrm{j}\omega\varepsilon}{h^2}\frac{1}{\rho}\frac{\partial E_z}{\partial \varphi} \tag{19-32c}$$

$$H_{\varphi}=-\frac{\mathrm{j}\omega\varepsilon}{h^{2}}\frac{1}{\rho}\frac{\partial E_{z}}{\partial\rho} \tag{19-32d}$$

19.3.3 横电波

对于 TE 波 $E_z\equiv 0$，方程（19-31a）至（19-31d）中的场分量变为

$$E_{\rho}=-\frac{\mathrm{j}\omega\mu}{h^{2}}\frac{1}{\rho}\frac{\partial H_{z}}{\partial\varphi} \tag{19-33a}$$

$$E_{\varphi}=\frac{\mathrm{j}\omega\mu}{h^{2}}\frac{\partial H_{z}}{\partial\rho} \tag{19-33b}$$

$$H_{\rho}=-\frac{\gamma}{h^{2}}\frac{\partial H_{z}}{\partial\rho} \tag{19-33c}$$

$$H_{\varphi}=-\frac{\gamma}{h^{2}}\frac{1}{\rho}\frac{\partial H_{z}}{\partial\varphi} \tag{19-33d}$$

19.3.4 波动方程的解

从方程（19-31）和（19-32）中可以看出，所有场分量都与 E_z 或 H_z 相关。通过解 $\boldsymbol{E}$ 或 $\boldsymbol{H}$ 的方程（19-2a）或（19-2b）可以得到 E_z 和 H_z。这两个方程可以写为柱坐标系中的微分形式

$$\frac{1}{\rho}\frac{\partial}{\partial\rho}\left(\rho\frac{\partial E_{z}}{\partial\rho}\right)+\frac{1}{\rho^{2}}\frac{\partial^{2}E_{z}}{\partial\varphi^{2}}+h^{2}E_{z}=0 \tag{19-34a}$$

$$\frac{1}{\rho}\frac{\partial}{\partial\rho}\left(\rho\frac{\partial H_{z}}{\partial\rho}\right)+\frac{1}{\rho^{2}}\frac{\partial^{2}H_{z}}{\partial\varphi^{2}}+h^{2}H_{z}=0 \tag{19-34b}$$

通过分离变量法，可以得到方程（19-34a）和（19-34b）的解。在柱坐标系中，令

$$E_{z}=R(\rho)S(\varphi)\qquad\text{或}\qquad H_{z}=R(\rho)S(\varphi) \tag{19-35}$$

在方程（19-35）中，R 仅为 ρ 的函数，S 仅为 φ 的函数。替换方程（18-34a）中的 E_z 和（18-34b）中的 H_z 得到下列关系

$$S\frac{\mathrm{d}^{2}R}{\mathrm{d}\rho^{2}}+\frac{1}{\rho}S\frac{\mathrm{d}R}{\mathrm{d}\rho}+\frac{R}{\rho^{2}}\frac{\mathrm{d}^{2}S}{\partial\varphi^{2}}+R\cdot S\cdot h^{2}=0 \tag{19-36}$$

将方程（19-36）除以 $R\cdot S$，在结果中再加和减 n^2/ρ^2，整理后得到

$$\left(\frac{1}{R}\frac{\mathrm{d}^{2}R}{\mathrm{d}\rho^{2}}+\frac{1}{R\rho}\frac{\mathrm{d}R}{\mathrm{d}\rho}+h^{2}-\frac{n^{2}}{\rho^{2}}\right)+\left(\frac{1}{S\rho^{2}}\frac{\mathrm{d}^{2}S}{\mathrm{d}\varphi^{2}}+\frac{n^{2}}{\rho^{2}}\right)=0 \tag{19-37}$$

将 R 和 S 项分离得到

$$\frac{1}{R}\frac{\mathrm{d}^{2}R}{\mathrm{d}\rho^{2}}+\frac{1}{R\rho}\frac{\mathrm{d}R}{\mathrm{d}\rho}+h^{2}-\frac{n^{2}}{\rho^{2}}=\frac{\mathrm{d}^{2}R}{\mathrm{d}\rho^{2}}+\frac{1}{\rho}\frac{\mathrm{d}R}{\mathrm{d}\rho}+Rh^{2}-R\frac{n^{2}}{\rho^{2}}=0 \tag{19-38a}$$

$$\frac{1}{S\rho^{2}}\frac{\mathrm{d}^{2}S}{\partial\varphi^{2}}+\frac{n^{2}}{\rho^{2}}=0 \tag{19-38b}$$

将方程（19-38a）除以 h^2，再将 h 与 ρ 合并，相当于用 ρh 取代原来的 ρ。因此，方程就变为下列形式

$$\frac{d^2R}{d(\rho h)^2}+\frac{1}{\rho h}\frac{dR}{d(\rho h)}+\left[1-\frac{n^2}{(\rho h)^2}\right]R=0 \tag{19-39}$$

方程（19－39）与方程（9－203）有相同的形式，该方程是贝塞尔方程。它的解可以写为

$$R(\rho h)=A_{n1}J_n(\rho h)+B_{n1}Y_n(\rho h) \tag{19-40}$$

方程（19－40）中，J 和 Y 为第一类和第二类贝塞尔函数，下标 n 代表它的阶数，ρh 代表它的参数。

方程（19－38b）可以写为

$$\frac{d^2S}{\partial\varphi^2}+n^2S=0 \tag{19-41}$$

方程（19－41）的解可以写为

$$S=C_{n1}\cos(n\varphi)+D_{n1}\sin(n\varphi) \tag{19-42}$$

将方程（19－40）和（19－42）代入方程（19－35）得到

$$E_z\ 或\ H_z=[A_{n1}J_n(\rho h)+B_{n1}Y_n(\rho h)]\ [C_{n1}\cos(n\varphi)+D_{n1}\sin(n\varphi)] \tag{19-43}$$

方程（19－43）为 E_z 和 H_z 场的通解。通解中含有四个任意常数（即 A_{n1}、B_{n1}、C_{n1} 和 D_{n1}）。下面介绍计算这些常数的过程。

在方程（19－43）中，如果 $\rho=0$、$\rho h=0$、$Y_n(\rho h)=\infty$，则 Y_n 不是一个物理场。这种情况可以通过取 B_{n1} 为零来满足。常数 A_{n1} 可以与 C_{n1} 和 D_{n1} 合并，导致下列新的任意常数集

$$A_n\ 或\ C_n=A_{n1}C_{n1} \tag{19-44a}$$

$$B_n\ 或\ D_n=A_{n1}D_{n1} \tag{19-44b}$$

从方程（19－43）可以看出，E_z 和 H_z 具有相同形式的解。为了区分 E_z 和 H_z 的解，采用不同的符号表示它们的任意常数。因此，对于 TM 波

$$E_z=J_n(\rho h)\ [A_n\cos(n\varphi)+B_n\sin(n\varphi)]\quad (\text{TM 波}) \tag{19-45a}$$

$$H_z=J_n(\rho h)\ [C_n\cos(n\varphi)+D_n\sin(n\varphi)]\quad (\text{TE 波}) \tag{19-45b}$$

在方程（19－45a）中，A_n 和 B_n 的相对值决定了场在波导中的方向。在圆形波导中，可以通过 φ 轴（对于任意 n 值）定向，使 A_n 或 B_n 等于零。当 $\varphi=0$、2π 时，$A_n=0$，当 $\varphi=\frac{\pi}{2}$、$\frac{3\pi}{2}$ 时，$B_n=0$。

选择 $\varphi=\pi/2$，$B_n=0$。因此，E_z 的表达式变为

$$E_z=A_nJ_n(\rho h)\cos(n\varphi) \tag{19-46a}$$

根据方程（19－46a）和（19－32），得到 TM 波的其他场分量为

$$E_\rho=-\frac{\gamma}{h^2}A_nJ_n(\rho h)\cos(n\varphi) \tag{19-46b}$$

$$E_\varphi=-\frac{\gamma}{h^2}\frac{n}{\rho}A_nJ'_n(\rho h)\sin(n\varphi) \tag{19-46c}$$

$$H_\rho=-\frac{j\omega\varepsilon}{h^2}\frac{n}{\rho}A_nJ'_n(\rho h)\sin(n\varphi) \tag{19-46d}$$

$$H_{\varphi}=-\frac{\mathrm{j}\omega\varepsilon}{h^{2}}A_{n}J_{n}(\rho h)\cos(n\varphi) \tag{19-46e}$$

采用类似的方法使 H_z 的表达式变为

$$H_{z}=C_{n}J'_{n}(\rho h)\cos(n\varphi) \tag{19-47a}$$

根据方程（19－47a）和（19－32），得到 TE 波的其他场分量为

$$E_{\rho}=-\frac{\mathrm{j}\omega\mu}{h^{2}}\frac{n}{\rho}C_{n}J_{n}(\rho h)\sin(n\varphi) \tag{19-47b}$$

$$E_{\varphi}=-\frac{\mathrm{j}\omega\mu}{h^{2}}C_{n}J'_{n}(\rho h)\cos(n\varphi) \tag{19-47c}$$

$$H_{\rho}=-\frac{\gamma}{h^{2}}C_{n}J'_{n}(\rho h)\cos(n\varphi) \tag{19-47d}$$

$$H_{\varphi}=-\frac{\gamma}{h^{2}}\frac{n}{\rho}C_{n}J_{n}(\rho h)\sin(n\varphi) \tag{19-47e}$$

在方程（19－46c）和（19－47）中，J'_n 是 $J_n(\rho h)$ 对 ρ（或 ρh）的导数。此外，这些方程中的所有表达式都假定要乘以 $\mathrm{e}^{-\mathrm{j}\beta z}$。$J_n(x)$ 随参数 x 的变化如图 19－10 所示。

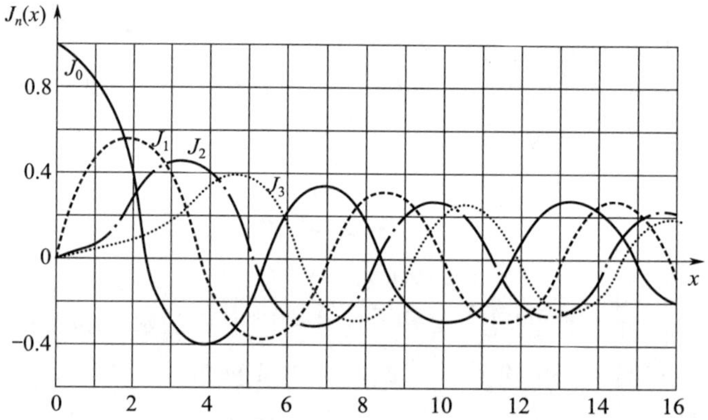

图 19－10　$J_n(x)$ 随参数 x 的变化

对于 TE 波，在波导的导电壁处（即 $\rho=a$ 处）$E_z=0$。根据方程（13－46a），当 $J_n(ha)=0$ 时 $E_z=0$。图 19－10 表明，对于任何整数 n，有无限次 $J_n(ha)$ 等于零。$J_n(ha)=0$ 处的参数值 (ha) 称为贝塞尔函数的零值。

对于圆柱波导，在 TE 波情况下，边界条件不能直接应用于 H_z。首先，需要获得 E_{φ} 的切向分量，然后再应用边界条件。这个运算可以得到 $J'_n(ha)=0$，其中 J 上标（′）表示它的导数。与 $J_n(ha)$ 一样，$J'_n(ha)$ 对于任意整数 n，也有无限次 $J'_n(ha)$ 等于零。$J'_n(ha)=0$ 处的参数值 (ha) 称为 $J'_n(ha)$ 的零值。若用 x 代替 ha，则 $J_n(ha)$ 和 $J'_n(ha)$ 可分别用 $J_n(x)$ 和 $J'_n(x)$ 来代替。将不同阶数 n 的 $J_n(x)$ 和 $J'_n(x)$ 的前几个零值列于表 19－1 中。在表中，p 是 0 的个数。

表 19－1　$J_n(x)$ 和 $J'_n(x)$ 的零值

$J_n(x)$ 的零值					$J_n(x)$ 的零值				
$p \rightarrow$	1	2	3	4	$p \rightarrow$	1	2	3	4
$J_0(x)$	2.405	5.520	8.645	11.792	$J'_0(x)$	0.000	3.832	7.016	10.173
$J_1(x)$	3.832	7.106	10.173	13.324	$J'_1(x)$	1.841	5.331	8.536	11.706
$J_2(x)$	5.136	8.417	11.620	14.709	$J'_2(x)$	3.054	6.706	9.969	13.170
$J_3(x)$	6.380	9.761	13.015	16.223	$J'_3(x)$	4.201	8.015	11.346	14.586
$J_4(x)$	7.588	11.605	14.372	16.616	$J'_4(x)$	5.317	9.282	12.682	15.964

19.3.5　模态的命名

在圆形波导中，模态的名称没有矩形波导那样简单。接下来介绍圆形波导的模态命名过程。

19.3.5.1　TM 模态的命名

对于 TM 模态，需要求解 E_z 的波动方程。在导体波导表面 $E_z=0$，因此，$J_n(ha)=0$。方程（19－22b）表明，仅当 h^2 小于 $\omega^2\mu\varepsilon$ 时，波才能在波导中传播。只有 h 很小或 ω 很大时，这个条件才能满足。前面已经注意到，$J_n(ha)$ 无数次变为零，在它变为零时的“ha”称为贝塞尔函数的零值（或根）。这些根被指定为 $(ha)_{nm}$，其中第一个下标 n 表示贝塞尔函数的阶，第二个下标 m 表示根数。在表 19－1 中列出的贝塞尔函数的零值中，实际重要的只有少数几个，包括 $(ha)_{01}$、$(ha)_{11}$、$(ha)_{02}$ 和 $(ha)_{12}$。同样，$J'_n(ha)=0$ 中也只有前几个根具有实际重要意义，包括 $(ha)'_{01}$、$(ha)'_{11}$、$(ha)'_{02}$ 和 $(ha)'_{12}$。这些根被指定为 $(ha)'_{nm}$。TM 模态有TM_{01}、TM_{02}、TM_{11}和TM_{12}。圆形波导中可能的 TM 模态及其它们的根值是

$$\text{对于}TM_{01}, (ha)_{01}=2.405 \quad \text{对于}TM_{02}, (ha)_{02}=5.53$$

$$\text{对于}TM_{11}, (ha)_{11}=3.85 \quad \text{对于}TM_{12}, (ha)_{12}=7.02$$

19.3.5.2　TE 模态的命名

关于 TM 情况的模态命名的描述适用于 TE 波的情况。在 TE 波情况下，$E_z\equiv 0$，场分量由方程（19－47）给定。根据 $J_n(ha)=0$ 和 $J'_n(ha)=0$ 的零值（或根），TE 模态有TE_{01}、TE_{02}、TE_{11}和TE_{12}。这些模态的根值为：

$$\text{对于}TE_{01}, (ha)_{01}=3.85 \quad \text{对于}TE_{02}, (ha)_{02}=7.02$$

$$\text{对于}TE_{11}, (ha)_{11}=1.841 \quad \text{对于}TE_{12}, (ha)_{12}=5.53$$

19.3.5.3　TEM 模态

如前所述，不能在圆形波导中传播 TEM 模态。

19.3.5.4　主模态

圆形波导中的**主模态**定义为具有最低根值的最低阶模态。圆形波导中 TE 波的主模态是TE_{11}，因为它的最低根值是 1.841。TM 波的主模态是TM_{01}，最低根值为 2.405。由于

TE_{11}的根值低于TM_{01}，TE_{11}是圆形波导的主模态或最低阶模态。

19.3.5.5　截止波数

模态的根 $(ha)_{nm}$ 和 $(ha)'_{nm}$ 与方程（19－18b）给出的 h 和 h_{nm} 可以通过以下关系式建立联系

$$h_{nm}=\frac{(ha)_{nm}}{a}=\omega_c\sqrt{\mu\varepsilon}\quad(\mathrm{TM})\tag{19-48a}$$

$$h'_{nm}=\frac{(ha)'_{nm}}{a}=\omega_c\sqrt{\mu\varepsilon}\quad(\mathrm{TE})\tag{19-48b}$$

这些参数分别称为 TM 波和 TE 波的截止波数。根据方程（19－48a）和（19－48b），可以用 h_{nm} 或 h'_{nm} 代替 h 将方程（19－46）和（19－47）写成修正形式的表达式。

19.3.5.6　相移常数

TM 波和 TE 波的相移常数表达式可以采用以下形式

$$\beta'_{nm}=\sqrt{\omega^2\mu\varepsilon-h'_{nm}}\quad(\mathrm{TE})\tag{19-49a}$$

$$\beta_{nm}=\sqrt{\omega^2\mu\varepsilon-h_{nm}}\quad(\mathrm{TM})\tag{19-49b}$$

19.3.5.7　截止频率

截止频率或临界频率可以写为

$$f_c=\frac{h'_{nm}}{2\pi\sqrt{\mu\varepsilon}}\quad(\mathrm{TE})\tag{19-50a}$$

$$f_c=\frac{h_{nm}}{2\pi\sqrt{\mu\varepsilon}}\quad(\mathrm{TM})\tag{19-50b}$$

19.3.5.8　其他参数

圆形波导 TM 波和 TE 波的 v_p、v_g、λ_p、λ_g、β_g、Z_z(TM) 和 Z_z(TE) 等关系式与方程（19－22）和（19－26）给出的矩形波导的关系式相同。

19.3.6　场分布

根据上述分析，可以得到不同 TM 和 TE 模态的场分布。圆形波导横截面上的一些场分布如图 19－11 所示。

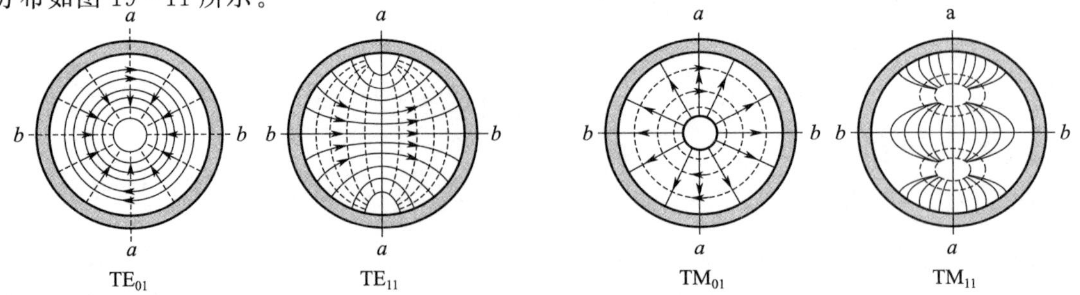

图 19－11　圆形波导的 TM 和 TE 模态的场分布

19.3.7　模态激励

图 19－12 给出了圆形波导中TE_{11}和TM_{01}模态的激励。

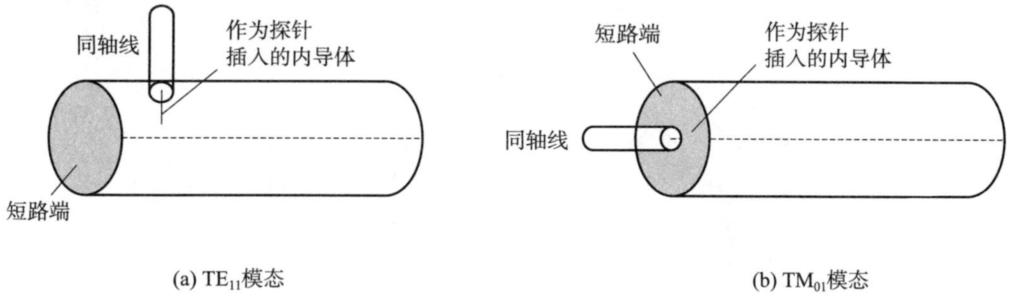

图 19－12　TE_{11}和TM_{01}模态的激励

19.3.8　模态转换

本章的概述指出了矩形波导是最常用的，但在某些应用中，不可避免会涉及圆形波导。在某些情况下，有必要同时使用两种波导，而且两种波导能够连接。通过一个矩形到圆形转换组件完成两种不同形状之间的转换。经过转换，将矩形波导的TE_{10}模态转换到圆形波导中的TE_{11}模态，反之亦然。

如果能将矩形波导锤击使它变成圆形波导的形状 ，则这种转换是合理的。矩形波导的TE_{10}模态就转换为圆形波导的TE_{11}模态。同样，如果能将圆形波导锤击成矩形波导的形状，圆形波导的TE_{11}模态就会转换为矩形波导的TE_{10}模态。图 19－13 描述了这样一个转换。

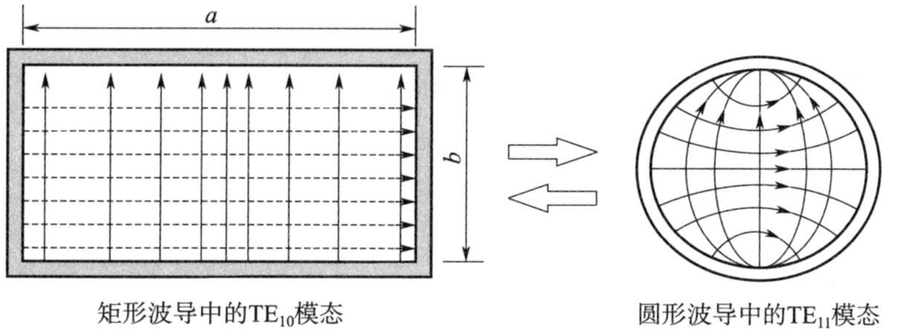

图 19－13　模态的转换

19.4　介质波导

波导也可以用电介质来制作。介质波导可以是矩形的，也可以是圆形的。图 19－14 给出了一些介质波导示意图，包括介质板波导、带接地面的介质板波导和介质棒波导。随着频率的提高，普通波导的制作会变得困难。介质波导提供了一个更好的选择，特别是在毫米波范围内。在这种频率下，介质棒波导可以安全地用作低损耗的传输线。在100 GHz或更高频率下，棒波导具有良好的传播特性。在这种波导中，波以“之”字形传播，当发射角或入射角 θ_i 大于临界角 θ_c 时，波就会被限定在波导内，其中 $\theta_c=\tan^{-1}\sqrt{\dfrac{1}{\mu_r\varepsilon_r}}$。

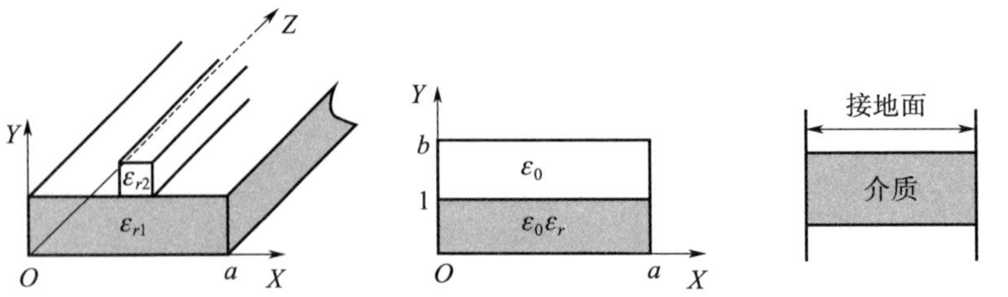

(a) 矩形介质波导的构型　(b) 部分填充的介质波导　(c) H平面型介质波导

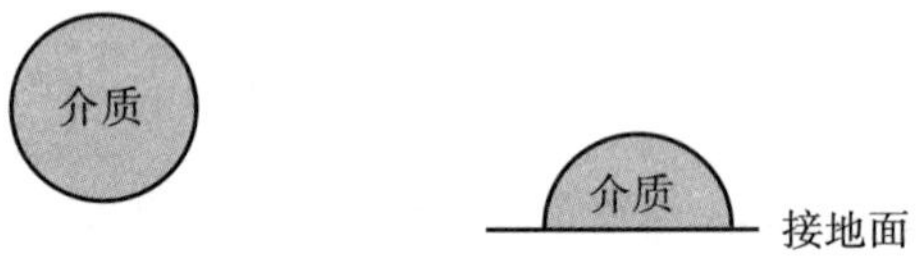

(d) 圆棒介质波导　(e) 有接地面的介质波导

图 19－14　不同形状的介质波导

波在介质波导中的传播方式与在金属波导中的传播方式相似，遵循全内反射原理，波在介质板的两个表面间多次反射而不衰减地传播。与前面的描述相同，波动现象服从麦克斯韦方程和波动方程。在这种情况下，假设波沿 z 方向传播，时间和空间变化用 $e^{j\omega t}$ 和 $e^{-\gamma z}$ 表示。由于这种波导通常被空气包围，因此，波动方程需要在两个不同的区域求解，即外区域（0 或空气）和内区域（1 或介质）。两个解在这两个区域的边界上匹配，得到任意常数和其他参数的值。在两个区域内，传播常数 γ 分别取 γ_0 和 γ_1。进一步假设场在 x 方向无变化，因此，所有对 x 的导数$\left(即\ \dfrac{\partial}{\partial x}\equiv 0\right)$消失，只需计算沿 y 方向的场变化。

19.5　谐振腔

在较低频率下使用的调谐（或谐振）电路是由集总电感和电容元件串联或并联组合而成。随着频率的增高，这种电路的性能开始恶化，主要原因包括：

- 频率越高，电阻越大，因为集肤效应越强，损耗越大，因此，品质因数变低。
- 为了适应更高频率，电感和电容就会越来越小。但超出最小限度后，继续减少参数值就会变得不切实际。
- 频率越高，杂散电感和杂散电容就越明显。

因此，在超高频和更高频率下，集总参数的谐振（或槽）电路变得无效，而被另一种称为空腔谐振器或谐振腔设备所取代。常规谐振电路有效运行的上限在 2～3 GHz 之间。

空腔谐振器是用导电壁完全封闭的空间，能够包含振荡的电磁场。这种外壳具有共振特性，可以在多个频率上共振。这就与低频电路不同，低频电路只在一个频率上共振。

在 18.7 节中已经指出，四分之一波长的传输线截面可起到谐振电路作用。由于传输线和波导的基本原理是相同的，与四分之一波长传输线截面的情况相同，可将四分之一波长空心波导截面看作具有类似条件的谐振腔。

物理形状是决定谐振腔谐振频率的主要因素之一。谐振腔可以由波导、同轴电缆和球形结构挖空而成。尽管这些谐振腔的物理结构各不相同，但它们都遵循相同的基本工作原理。常用的一些谐振腔结构如图 19－15 所示。这些谐振腔也可分为吸收腔和透射腔。这种区分基于腔体透射或吸收电磁能量的能力。吸收腔在谐振频率点有最大的吸收，而透射腔在谐振频率点有最大的能量传输。

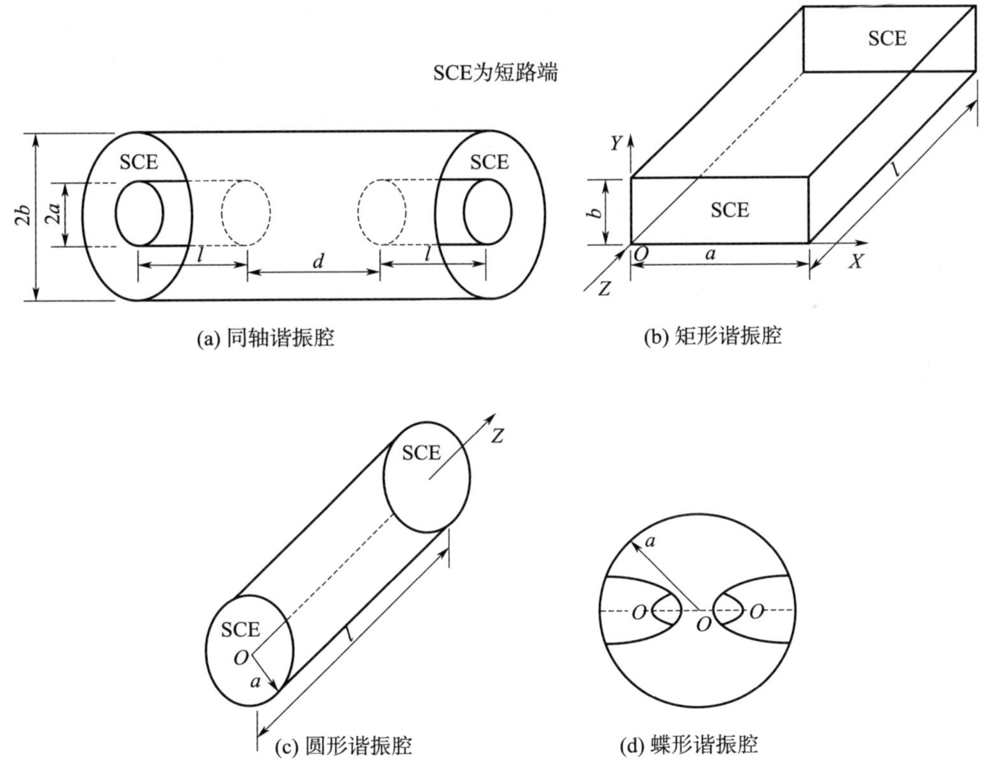

(a) 同轴谐振腔　(b) 矩形谐振腔

(c) 圆形谐振腔　(d) 蝶形谐振腔

图 19－15　常用的谐振腔结构

谐振腔的尺寸是控制谐振频率的另一个关键因素。一般来说，谐振腔越小，谐振频率就越高。半波谐振腔的谐振频率在主频率 f 及其偶数倍处，而四分之一波谐振腔的谐振频率在主频率 f 及其奇数倍处。对于球形谐振腔，第一共振频率对应的谐振波长 λ_r 为 $2.28a$，第二谐振频率对应于波长 $1.4a$，其中 a 为球的半径。

19.5.1 同轴谐振腔

同轴谐振腔如图 19－15（a）所示。同轴谐振腔由两端短接同轴线，中心连接一个电容器构成。该谐振腔支持无限多的谐振频率或振荡模态。其谐振频率为

$$f_r=\frac{c}{2\pi\sqrt{\varepsilon_r}}\left\{al\left[\frac{a}{2d}-\frac{2}{l}\ln\frac{0.765}{\sqrt{l^2+(b-a)^2}}\right]\ln\frac{b}{a}\right\}^{-\frac{1}{2}} \tag{19-51}$$

式中，a 和 b 是导体的内半径和外半径，d 是构成电容的内导体两端间隔，c 是自由空间的光速，ε_r 是相对介电常数，l 是同轴电缆的长度。当 $b/a=3.6$ 时可获得同轴腔的最高品质因子。

19.5.2 矩形谐振腔

矩形谐振腔如图 19－15（b）所示。矩形谐振腔是在矩形波导的半波长段两端用导电板短接而成。矩形谐振腔中的场分量可以采用与矩形波导相同的方法得到。这些分量是

$$E_z=E_{0z}\sin\left(\frac{m\pi x}{a}\right)\sin\left(\frac{n\pi y}{b}\right)\cos\left(\frac{p\pi z}{l}\right)\quad(\text{对于 }TM_{mnp}\text{模式}) \tag{19-52a}$$

$$H_z=H_{0z}\cos\left(\frac{m\pi x}{a}\right)\cos\left(\frac{n\pi y}{b}\right)\sin\left(\frac{p\pi z}{l}\right)\quad(\text{对于 }TE_{mnp}\text{ 模式}) \tag{19-52b}$$

这种情况下的相位常数为

$$\beta^2=\omega^2\mu\varepsilon-h_{mnp}^2\quad(TM_{mnp}\text{模式和 }TE_{mnp}\text{模式}) \tag{19-52c}$$

式中

$$h_{mnp}=\sqrt{\left(\frac{m\pi}{a}\right)^2+\left(\frac{n\pi}{b}\right)^2+\left(\frac{p\pi}{l}\right)^2} \tag{19-52d}$$

该谐振腔的谐振频率（对 TM_{mnp} 模式和 TE_{mnp} 模式）为

$$f_r=\frac{1}{2\sqrt{\mu\varepsilon}}\sqrt{\left(\frac{m}{a}\right)^2+\left(\frac{n}{b}\right)^2+\left(\frac{p}{l}\right)^2} \tag{19-52e}$$

在这些关系中，a、b 和 c 分别是宽壁的长度、窄壁的长度和波导的长度。在谐振腔中，TM_{mnp} 模式和 TE_{mnp} 模式用沿 x、y 和 z 轴的场来描述。因此，下标 m、n 和 p 分别表示沿 x、y 和 z 轴的半波长数。在方程（19－52）中，m，$n=1$，2，3，… 和 $p=0$，1，2，3，… 。在波导中用两个下标表示模态，而在谐振腔中则用三个下标。参数 p 与 $p=2l/\lambda_g$ 有关，其中 l 为谐振腔的长度，λ_g 为波导的波长。谐振腔体的物理长度由 $l=\lambda_g p/2$ 给出。TE_{101} 是非等尺寸腔（即 $a>b>1$）的主模态。

19.5.2.1 模态简并

如果多个模态具有相同的谐振频率，这种情况称为模态简并。

如果 $a\neq b\neq 1$，则有二重简并。

如果 $a=b$、$a\neq 1$ 或 $a=1$、$a\neq b$ 或 $b=1$、$b\neq a$，则有四重简并。

如果 $a=b=1$，则有十二重简并（TE 和 TM 模态各六个）。

轻微的制作缺陷都会导致模态的分离和退化。

19.5.3　立方体谐振腔

当矩形谐振腔的 a、b 和 c 长度相等时就构成了立方体谐振腔形式。这种谐振腔的谐振频率可以通过将 $a=b=1$ 代入方程（19－52e）得到

$$f_r=\frac{1}{2\sqrt{\mu\varepsilon}}\sqrt{m^2+n^2+p^2} \tag{19-53a}$$

根据方程（19－53a），可得到 TE_{101} 模态（即 $m=p=1$，$n=0$）的谐振波长表达式为

$$\lambda_r=\sqrt{2}a \tag{19-53b}$$

实际上的有限共振数 N 可以用谐振腔的体积 V 和最小波长 λ_m 来表示，其关系为

$$N=\frac{8\pi V}{3\lambda_m^3} \tag{19-54}$$

当 $a=b=1$ 时，矩形谐振腔具有最高品质因子。

19.5.4　圆形谐振腔

圆形谐振腔如图 19－15（c）所示。圆形谐振腔是在圆形波导两端用金属电板短接而成。在这种谐振腔中，TM 模式和 TE 模式的场分量是 TM_{mnp} 和 TE_{mnp}。

$$H_z=H_{0z}J'_n(h'_{mn}r)\cos(n\varphi)\sin(p\pi z/l) \quad (TE_{mnp}\text{模态}) \tag{19-55a}$$

$$E_z=E_{0z}J_n(h_{mn}r)\cos(n\varphi)\sin(p\pi z/l) \quad (TM_{mnp}\text{模态}) \tag{19-55b}$$

TE 模式和 TM 模式的分离方程为

$$h^2=(h'_{nm})^2+(q\pi/l)^2 \quad (\text{TE 模式}) \tag{19-55c}$$

$$h^2=(h_{nm})^2+(p\pi/l)^2 \quad (\text{TM 模式}) \tag{19-55d}$$

这种谐振腔的谐振频率为

$$f_r=\frac{1}{2\sqrt{\mu\varepsilon}}\sqrt{(h'_{nm})^2+(q\pi/l)^2} \quad (TE_{mnp}\text{模态}) \tag{19-55e}$$

$$f_r=\frac{1}{2\sqrt{\mu\varepsilon}}\sqrt{(h_{nm})^2+(p\pi/l)^2} \quad (TM_{mnp}\text{模态}) \tag{19-55f}$$

式中

$$h'_{nm}=\frac{(ha)'_{nm}}{a} \tag{19-55g}$$

$$h_{nm}=\frac{(ha)_{nm}}{a} \tag{19-55h}$$

在上述关系式中，a 是圆形谐振腔的半径，l 是圆形谐振腔的长度，（$n=1$，2，…），（$m=1$，2，…），（$q=1$，2，…），（$p=1$，2，…）。从这些方程中可以看出，TM_{110} 模态是主模态，因为 $2a<l$；当 $l>2a$ 时，TE_{111} 模态为主模态。对于圆形谐振腔，当 $2a=l$ 时获得最高品质因子。

19.5.5 半圆形谐振腔

半圆形谐振腔通过缩短半径为 a 、长度为 l 的半圆形波导的两端而形成。

对于 TE 模式和 TM 模式，圆形谐振腔和半圆形谐振腔的共振频率表达式相同。但是，半圆形谐振腔的 n、m 和 p 值与圆形谐振腔的值不同。当 $l > a$ 时，TE_{111} 模态为主模态，当 $l < a$ 时，TM_{110} 模态为主模态。

19.5.6 重入式谐振腔

重入式谐振腔是最有用的一种谐振腔形式。这种谐振腔应用于速调管和其他微波管。如图 19－15（d）所示，这种腔体的金属边界延伸到腔体内部，有助于降低电容。当 $\theta = 33.5°$ 时，具有最大的品质因子，其中 θ 是重入锥角。

19.5.7 介质谐振腔

像介质波导一样，谐振腔也由电介质制成。这种谐振腔称为介质谐振腔或介质谐振腔振荡器（DRO）。DRO 是一种具有谐振特性的电子元件，能捕获极窄频带内的能量。这种谐振腔的谐振性能类似于圆形中空金属波导的谐振性能，其辐射损耗可以忽略不计。

介质谐振腔的边界条件不同于金属谐振腔。在介质谐振腔中，用介电常数突变来定义边界，而在圆形波导中，由导体来定义边界。介质谐振腔边界通常由具有大介电常数和低损耗因子的陶瓷“圆盘”组成，共振频率主要由圆盘的物理尺寸和材料的介电常数决定。可以使用探针（对于 $\boldsymbol{E}$ 场）方法或回路耦合方法（对于 $\boldsymbol{H}$ 场）来加载。介质谐振腔在场分布方面也不同于金属谐振腔。金属谐振腔在腔壁外的 $\boldsymbol{E}$ 场和 $\boldsymbol{H}$ 场为零，而介质谐振腔外的 $\boldsymbol{E}$ 场和 $\boldsymbol{H}$ 场不为零。然而，在介质谐振腔情况下，谐振腔壁外的 $\boldsymbol{E}$ 场和 $\boldsymbol{H}$ 场会迅速衰减。在给定的谐振频率下，介电常数足够高的谐振腔可以储存大部分能量。这种谐振腔表现出很高的品质因子，可与金属谐振腔相媲美。

介质谐振腔可用于滤波器、组合器、频率选择限制器等，通常用于卫星通信、GPS 天线和无线互联网。

例 19.1 在截面为 $a = 4$ cm、$b = 2$ cm 的矩形波导中传播有 TE_{10} 波，如果传播波相邻的最大值和最小值距离 d 为 5 cm，求信号频率。

解： 给定模态为 TE_{10}，$m = 1$，$n = 0$，$a = 0.04$ m，$b = 0.02$ m，$v_0 = 3 \times 10^8$ m/s，$d = 0.05$ m，$\lambda = 4d = 0.2$ m 。

根据方程（19－22f）

$$\lambda_c = \frac{2}{\sqrt{(m/a)^2 + (n/b)^2}} = \frac{2}{\sqrt{(1/0.04)^2 + (0/0.02)^2}} = 0.08 \text{ m}$$

根据方程（19－22h）

$$\lambda_0 = \frac{\lambda \lambda_c}{\sqrt{\lambda_c{}^2 + \lambda^2}} = \frac{0.2 \times 0.08}{\sqrt{0.08^2 + 0.2^2}} = 0.07428 \text{ m}$$

信号频率为

$$f_0=\frac{v_0}{\lambda_0}=\frac{3\times10^8}{0.07428}=4.03887\ \text{GHz}$$

例 19.2　有空气介质的矩形波导，尺寸为 $a=4$ cm、$b=2$ cm，承载 5 GHz 的 TE_{10} 模态信号。计算：(a) 截止频率 f_c；(b) 截止波长 λ_c；(c) 相速度 v_p；(d) 群速度 v_g；(e) 波导波长 λ_g；(f) 相移常数 β_g；(g) 波导阻抗 Z_g。

解：已知模态为 TE_{10}，$m=1$，$n=0$，$a=0.04$ m，$b=0.02$ m，$f=5\times10^9$ Hz，$\omega=2\pi f=\pi\times10^{10}$，$\mu_0=4\pi\times10^{-7}$，$\varepsilon_0=\dfrac{10^{-9}}{36\pi}$，$\lambda=\dfrac{c}{f}=\dfrac{3\times10^8}{5\times10^9}=0.06$ m

$$v_0=\frac{1}{\sqrt{\mu_0\varepsilon_0}}=3\times10^8,\ \frac{1}{2\sqrt{\mu\varepsilon}}=\frac{3\times10^8}{2},\ \eta=\sqrt{\frac{\mu_0}{\varepsilon_0}}=120\pi$$

$$\beta=\frac{\omega}{v_0}=\frac{\pi\times10^{10}}{3\times10^8}=104.72,\ \sqrt{\left(\frac{m}{a}\right)^2+\left(\frac{n}{b}\right)^2}=\sqrt{\left(\frac{1}{0.04}\right)^2+\left(\frac{0}{0.02}\right)^2}=25$$

(a) 根据方程 (19-22c)

$$f_c=\frac{1}{2\sqrt{\mu\varepsilon}}\sqrt{\left(\frac{m}{a}\right)^2+\left(\frac{n}{b}\right)^2}=\frac{3\times10^8}{2}25=3.75\times10^9\ \text{m/s}$$

(b) 根据方程 (19-22d)

$$\lambda_c=\frac{2}{\sqrt{(m/a)^2+(n/b)^2}}=\frac{2}{25}=0.08$$

(c) 根据方程 (19-22e)

$$\sqrt{1-(f_c/f)^2}=\sqrt{1-(3.75\times10^9/5\times10^9)^2}=0.66144$$

$$v_p=\frac{c}{\sqrt{1-(f_c/f)^2}}=\frac{3\times10^8}{0.66144}=4.53557\times10^8\ \text{m/s}$$

(d) 根据方程 (19-22f)

$$v_g=c\sqrt{1-(f_c/f)^2}=3\times10^8\times0.66144=1.58342\times10^8\ \text{m/s}$$

(e) 根据方程 (19-22g)

$$\lambda_g=\frac{\lambda}{\sqrt{1-(f_c/f)^2}}=0.06\times1.51186=0.0907\ \text{m}$$

(f) 根据方程 (19-22g)

$$\beta_g=\beta\sqrt{1-(f_c/f)^2}=104.72\times0.66144=69.265\ \text{rad/s}$$

(g) 根据方程 (19-26b)

$$Z_g=Z_z(\text{TE})=\frac{\eta_0}{\sqrt{1-(f_c/f)^2}}=\frac{120\pi}{0.66144}=569.96\ \Omega$$

例 19.3　尺寸为 6 cm×4 cm 的矩形波导以 TM_{11} 模态工作，工作频率 5 GHz。如果波导内充满 $\mu_r=1$、$\varepsilon_r=2.1$ 的电介质，计算：(a) 截止频率 f_c；(b) 波导波长 λ_g；(c) 相位常数 β_g；(d) 相速度 v_p；(e) 群速度 v_g；(f) 阻抗 Z_g。

解：已知模态为 TM_{11}，$m=1$，$n=1$，$a=0.06$ m，$b=0.04$ m，$f=5\times10^9$ Hz，

$\omega=\pi\times10^{10}$，$\mu=\mu_0=4\pi\times10^{-7}$，$\varepsilon_0=\dfrac{10^{-9}}{36\pi}$，$\varepsilon=\varepsilon_0\varepsilon_r=\dfrac{10^{-9}}{36\pi}\times2.1$

$v_0=\dfrac{1}{\sqrt{\mu_0\varepsilon_0}}=3\times10^8$ m/s，$v=\dfrac{1}{\sqrt{\mu\varepsilon}}=\dfrac{v_0}{\sqrt{2.1}}=2.07\times10^8$，$\dfrac{v}{2}=1.035\times10^8$

$\eta_0=120\pi$，$\sqrt{\left(\dfrac{m}{a}\right)^2+\left(\dfrac{n}{b}\right)^2}=\sqrt{\left(\dfrac{1}{0.06}\right)^2+\left(\dfrac{1}{0.04}\right)^2}=30.046$

(a) 根据方程（19－22c）

$$f_c=\frac{v}{2}\sqrt{\left(\frac{m}{a}\right)^2+\left(\frac{n}{b}\right)^2}=1.035\times10^8\times30.046=31.1\times10^8\ \text{m/s}$$

(b) $\lambda_g=\dfrac{v/f}{\sqrt{1-(f_c/f)^2}}=\dfrac{2.07\times10^8/5\times10^9}{0.783}=0.05287$ m

(c) $\beta_g=\dfrac{\omega}{v}\sqrt{1-(f_c/f)^2}=\dfrac{\pi\times10^{10}}{2.07\times10^8}\times0.783=118.837$ rad/s

(d) $v_p=\dfrac{v}{\sqrt{1-(f_c/f)^2}}=\dfrac{2.07\times10^8}{0.783}=2.644\times10^8$ m/s

(e) $v_g=v\sqrt{1-(f_c/f)^2}=2.07\times10^8\times0.783=1.621\times10^8$ m/s

(f) $Z_g=\eta\sqrt{1-(f_c/f)^2}=\dfrac{120\pi}{\sqrt{2.1}}\times0.783=203.7\ \Omega$

例 19.4 充满空气的中空矩形波导尺寸为 $a=5$ cm、$b=2.5$ cm，承载 20 GHz 的信号。计算波导的波阻抗：(a) TE_{11}模态，(b) TM_{11}模态。

解：已知 TE_{11} 和 TM_{11} 模态，$m=1$，$n=1$，$a=0.05$ m，$b=0.025$ m，$f=20\times10^9$ Hz，空气介质 $v_0=3\times10^8$ m/s，$\eta_0=377\ \Omega$；

$$f_c=\frac{v}{2}\sqrt{\left(\frac{m}{a}\right)^2+\left(\frac{n}{b}\right)^2}=1.5\times10^8\times\sqrt{\left(\frac{1}{0.05}\right)^2+\left(\frac{1}{0.025}\right)^2}=67.08\times10^8\ \text{m/s}$$

$$\frac{f_c}{f}=\frac{67.08\times10^8}{20\times10^9}=0.3354\quad\left(\frac{f_c}{f}\right)^2=(0.3354)^2=0.1125$$

$$\sqrt{1-(f_c/f)^2}=\sqrt{1-0.1125}=0.942$$

根据方程（19－26a）和（19－26b）

(a) $Z(\text{TE})=\dfrac{\eta_0}{\sqrt{1-(f_c/f)^2}}=\dfrac{120\pi}{0.942}=400.2\ \Omega$

(b) $Z(\text{TM})=\eta_0\sqrt{1-(f_c/f)^2}=120\pi\times0.942=355.125\ \Omega$

例 19.5 充满空气的矩形波导尺寸为 $a=5$ cm、$b=2.5$ cm，传播 10 GHz 的波：(a) TE_{11}模态，(b) TM_{11}模态。计算等效电路的电感电抗和容性电抗值，并计算相应的 $Z_z(\text{TM})$ 和 $Z_z(\text{TE})$。

解：已知 $m=1$，$n=1$，$a=0.05$ m，$b=0.025$ m，$f=10\times10^9$ Hz

空气介质 $v_0=3\times10^8$ m/s，$\eta_0=377\ \Omega$，$\omega=2\pi\times10^{10}$

$$h=\sqrt{\left(\frac{m\pi}{a}\right)^2+\left(\frac{n\pi}{b}\right)^2}=\sqrt{\left(\frac{\pi}{0.05}\right)^2+\left(\frac{\pi}{0.025}\right)^2}=\sqrt{2000\ \pi^2}=140.5$$

根据图 19－8：

串联电感电抗 $=\omega\mu_0=2\pi\times10^{10}\times4\pi\times10^{-7}=7.895\times10^4\,\Omega$

并联电容电抗 $=\omega\varepsilon_0=2\pi\times10^{10}\times\dfrac{10^{-9}}{36\pi}=\dfrac{5}{9}=0.5555\ \Omega$

串联电容电抗 $=\dfrac{h^2}{\omega\varepsilon_0}=\dfrac{(140.5)^2}{0.5555}=\dfrac{19739}{0.5555}=3.5532\times10^4\ \Omega$

并联电感电抗 $=\dfrac{h^2}{\omega\mu_0}=\dfrac{(140.5)^2}{78.95\times10^3}=\dfrac{19739}{78.95\times10^3}=0.25\ \Omega$

根据方程（19－26），填充空气波导的 $Z_z(\mathrm{TM})$ 和 $Z_z(\mathrm{TE})$ 为

$$Z_z(\mathrm{TM})=\sqrt{\frac{\mathrm{j}\omega\mu_0+\dfrac{h^2}{\mathrm{j}\omega\varepsilon_0}}{\mathrm{j}\omega\varepsilon_0}}=\sqrt{\frac{j7.895\times10^4+\mathrm{j}(7.895\times10^4)}{j0.5555}}=279.57\ \Omega$$

$$Z_z(TE)=\sqrt{\frac{\mathrm{j}\omega\mu_0}{\mathrm{j}\omega\varepsilon_0+\dfrac{h^2}{\mathrm{j}\omega\mu_0}}}=\sqrt{\frac{j7.895\times10^4}{j0.5555-\mathrm{j}0.25}}=508\ \Omega$$

例 19.6　充气圆形波导在 5 GHz 时承载 TE_{11} 模态的波，波导的截止频率为工作频率的 80%。计算：(a) 直径；(b) 相速度；(c) 波导波长；(d) 波导相移；(e) 波阻抗。

解： 已知 $m=1$，$n=1$，$v_0=\dfrac{1}{\sqrt{\mu_0\varepsilon_0}}=3\times10^8$，$f=5\times10^9$ Hz

$f_c=0.8f_0=4\times10^9$ Hz，$\lambda=\dfrac{v_0}{f}=\dfrac{3\times10^8}{5\times10^9}=0.06$ m，$\beta=\dfrac{\omega}{v_0}=\dfrac{\pi\times10^{10}}{3\times10^8}=104.72$ m

$\eta=\eta_0=377$；根据表 19－1 有 $(ha)'=1.841$

(a) 根据方程（19－48b），半径 $a=\dfrac{(ha)'}{2\pi f_c}v_0=\dfrac{1.841}{2\pi\times4\times10^9}\times3\times10^8=0.02197$ m

$$直径=2a=0.044\ \mathrm{m}$$

(b) $\sqrt{1-(f_c/f)^2}=\sqrt{1-(0.8)^2}=0.6$，根据方程（19－22e）

$$v_p=\frac{c}{\sqrt{1-(f_c/f)^2}}=\frac{3\times10^8}{0.6}=5\times10^8\ \mathrm{m/s}$$

(c) 根据方程（19－22g）

$$\lambda_g=\frac{\lambda}{\sqrt{1-(f_c/f)^2}}=\frac{0.06}{0.6}=0.1\ \mathrm{m}$$

(d) 方程（19－22g）

$$\beta_g=\beta\sqrt{1-(f_c/f)^2}=104.72\times0.6=62.832\ \mathrm{rad/s}$$

(e) 根据方程（19－26b）

$$Z_z(\mathrm{TE})=\frac{\eta_0}{\sqrt{1-(f_c/f)^2}}=\frac{377}{0.6}=628.333\ \Omega$$

例 19.7　圆形波导工作在主模态，截止频率 10 GHz，填充有介质 $\mu_r=1$、$\varepsilon_r=2.5$，计算波导的内径。

解：已知主模态为 TE_{11}，$m=1$，$n=1$，$f=10\times10^9$ Hz，根据表 19－1 有 $(ha)'=1.841$，根据已知条件 $\mu_r=1$，$\varepsilon_r=2.5$，有 $\mu=\mu_0=4\pi\times10^{-7}$

$$\varepsilon=2.5\varepsilon_0=2.5\times\frac{10^{-9}}{36\pi},v=\frac{v_0}{\sqrt{2.5}}=1.879\times10^8$$

$$d=\frac{2v(ha)'}{2\pi f_c}=\frac{2\times1.879\times10^8\times1.841}{2\pi\times10^{10}}=0.01111\text{ m}$$

例 19.8　直径 5 cm 充满空气的圆形波导的截止频率 6 GHz，判断它能够承载的模态。

解：已知 $a=0.025$ m，$f_c=6\times10^9$ Hz，因此，$\omega_c=12\pi\times10^9$

对于空气 $\mu=\mu_0$，$\varepsilon=\varepsilon_0$，因此 $v_0=3\times10^8$ m/s

$$\omega_c\sqrt{\varepsilon\mu}=\frac{\omega_c}{v_0}=\frac{12\pi\times10^9}{3\times10^8}=125.664,\omega_c\sqrt{\varepsilon\mu}a=125.664\times0.025=3.1416$$

根据方程（19－48），对于波导中的传播模态，h_{nm}（对于 TM 波）和 h'_{nm}（对于 TE 波）或对应的 $J_n(x)$ 或 $J'_n(x)$ 的零值必须小于 $\omega_c\sqrt{\varepsilon\mu}a(=3.1416)$。

根据表 19－1，$(ha)_{01}=2.405$，$(ha)'_{01}=1.841$，$(ha)'_{21}=3.054$，因此，只有 TM_{01}、TE_{11} 和 TE_{21} 可以在给定的波导中传播。

例 19.9　充满空气的矩形谐振腔的宽度 $a=6$ cm，高度 $b=4$ cm，长度 $l=4$ cm，工作在主模 TE_{101} 模态。计算：(a) 截止波数；(b) 谐振频率。

解：已知 TE_{101} 模态，$m=1$，$n=0$，$p=1$，$a=0.06$ m，$b=0.04$ m，$l=0.08$ m

$$\mu=\mu_0=4\pi\times10^{-7},\varepsilon=\varepsilon_0=\frac{10^{-9}}{36\pi},v_0=\frac{1}{\sqrt{\varepsilon_0\mu_0}}=3\times10^8\text{ m/s}$$

(a) 根据方程（19－52d）

$$h_{mnp}=\sqrt{\left(\frac{m\pi}{a}\right)^2+\left(\frac{n\pi}{b}\right)^2+\left(\frac{p\pi}{l}\right)^2}=\pi\sqrt{\left(\frac{1}{0.06}\right)^2+\left(\frac{1}{0.08}\right)^2}=65.45$$

(b) 根据方程（19－52e）

$$f_r=\frac{1}{2\sqrt{\mu\varepsilon}}\sqrt{\left(\frac{m}{a}\right)^2+\left(\frac{n}{b}\right)^2+\left(\frac{p}{l}\right)^2}=\frac{v_0}{2}\frac{h}{\pi}=\frac{3\times10^8}{2}\frac{65.45}{\pi}=3.125\times10^9\text{ Hz}$$

例 19.10　充满空气的矩形谐振腔的宽度 $a=6$ cm，高度 $b=4$ cm，谐振频率 12 GHz，工作在主模 TE_{101} 模态。计算它的长度。

解：已知 TE_{101} 模态，$m=1$，$n=0$，$p=1$，$a=0.06$ m，$b=0.04$ m，$\mu=\mu_0=4\pi\times10^{-7}$，$\varepsilon=\varepsilon_0=\frac{10^{-9}}{36\pi}$，$v_0=\frac{1}{\sqrt{\varepsilon_{0\mu0}}}=3\times10^8$ m/s，$f_r=12\times10^9$

因为 $f_r=\frac{v_0}{2}\frac{h}{\pi}$，$h=\frac{2\pi f_r}{v_0}=\frac{2\pi\times12\times10^9}{3\times10^8}=80\pi=251.327$，$h^2=63165$

$$h=\sqrt{\left(\frac{m\pi}{a}\right)^2+\left(\frac{n\pi}{b}\right)^2+\left(\frac{p\pi}{l}\right)^2}=\sqrt{\left(\frac{\pi}{0.06}\right)^2+\left(\frac{\pi}{l}\right)^2}$$

$$h^2=63165=\left(\frac{\pi}{0.06}\right)^2+\left(\frac{\pi}{l}\right)^2=2741.57+\left(\frac{\pi}{l}\right)^2$$

$$\frac{\pi}{l}=\sqrt{63165-2741.57}=245.811$$

$$l=\frac{\pi}{245.811}=0.01284\ \mathrm{m}$$

例 19.11　充满空气的圆形谐振腔的长度 8 cm，半径 5 cm，工作在 TE_{111}模态，求它的谐振频率。

解：已知 TE_{111}模态，$m=1$，$n=1$，$q=1$，$a=0.05$ m，$l=0.08$ m，$v_0=3\times10^8$ m/s。根据表 19－1，$h'_{11}=\frac{1.841}{0.05}=36.82$，根据方程（19－55e）可得

$$f_r=\frac{1}{2\sqrt{\mu\varepsilon}}\sqrt{(h'_{11})^2+\left(\frac{q\pi}{l}\right)^2}=3\times10^8\sqrt{(36.82)^2+\left(\frac{\pi}{0.08}\right)^2}=8.07\ \mathrm{GHz}$$

例 19.12　填充空气的圆形谐振腔，半径 3 cm，工作在 10 GHz 的 TE_{111}模态，求谐振腔长度。

解：已知 TE_{111}模态，$m=1$，$n=1$，$p=1$，$a=0.03$ m，$f=10$ GHz，$v_0=3\times10^8$ m/s

根据表 19－1 和方程（19－48b），$h'_{11}=\frac{1.841}{0.03}=61.366$，根据方程（19－55e）可得

$$f_r=\frac{1}{2\sqrt{\mu\varepsilon}}\sqrt{(h'_{11})^2+\left(\frac{p\pi}{l}\right)^2}=1.5\times10^8\sqrt{(61.366)^2+\left(\frac{\pi}{l}\right)^2}=10\ \mathrm{GHz}$$

$$\sqrt{(61.366)^2+\left(\frac{\pi}{l}\right)^2}=\frac{10^{10}}{1.5\times10^8}=66.667$$

$$\left(\frac{\pi}{l}\right)^2=4444.44-3765.78$$

$$l=\frac{\pi}{\sqrt{4444.44-3765.78}}=0.121\ \mathrm{m}$$

习　题

19.1　在截面为 $a=2$ cm、$b=1$ cm 的矩形波导中传播 TE_{10} 波，如果传播波相邻的最大值和最小值距离 d 为 10 cm，求信号频率。

19.2　尺寸为 $a=6$ cm、$b=3$ cm 矩形波导，承载 10 GHz 的 TE_{10}模态信号，波导内填充 $\mu_r=1$、$\varepsilon_r=2.6$ 的电介质。求：(a) 截止频率 f_c；(b) 截止波长 λ_g；(c) 相速度 v_p；(d) 群速度 v_g；(e) 波导波长 λ_g；(f) 相移常数 β_g；(g) 波导阻抗 Z_g。

19.3　在 $\beta_g=1.1$ rad/m 的充气矩形波导中，沿 z 方向运动的 6 GHz 频率 TE_{11} 波的磁场强度为 $H_z=H_{z0}\cos\left(\frac{\pi x}{0.06}\right)\cos\left(\frac{\pi y}{0.04}\right)$（单位为 A/m）。求：(a) 截止频率 f_c，(b) 波导波长 λ_g；(c) 相速度 v_p (d) 群速度 v_g。另外，写出还存在的 E 场分量。

19.4 矩形波导尺寸为 $a=8$ cm、$b=4$ cm，填充了 $\mu=\mu_0$、$\varepsilon_r=3.6$ 电介质，承载 10 GHz 的信号。求波阻抗 Z_0(TM) 和 Z_0(TE)：(a) TE_{11} 模态；(b) TM_{11} 模态。

19.5 填充了 $\mu=\mu_0$、$\varepsilon_r=2.6$ 电介质的矩形波导尺寸为 $a=6$ cm、$b=3$ cm，传播 5 GHz 的波：(a) TE_{11} 模态，(b) TM_{11} 模态。计算等效电路的电感电抗和容性电抗值，并计算相应的 Z_0(TM) 和 Z_0(TE)。

19.6 充气圆形波导在 10 GHz 时承载 TM_{11} 模态的波，波导的截止频率为工作频率的 90%。计算：(a) 直径；(b) 相速度；(c) 群速度；(d) 波阻抗。

19.7 圆形波导采用 TE_{01} 模态，截止频率 5 GHz，波导内充满空气，计算波导的内径。

19.8 用 $\mu=\mu_0$，$\varepsilon_r=2.1$ 的材料填充直径 6 cm 的圆形波导，判断 5 GHz 截止频率下所承载的模态。

19.9 矩形谐振腔的宽度 $a=8$ cm，高度 $b=4$ cm，长度 $l=10$ cm，腔中充满 $\mu_r=1$、$\varepsilon_r=2.6$ 的材料，工作在主模 TE_{111} 模态。计算：(a) 截止波数；(b) 谐振频率。

19.10 矩形谐振腔的宽度 $a=4$ cm，高度 $b=2$ cm，谐振频率 10 GHz，工作在主模 TE_{111} 模态。计算充气矩形谐振腔的长度。

19.11 充满空气的圆形谐振腔的长度 10 cm，半径 6 cm，工作在 TM_{111} 模态，求它的谐振频率。

19.12 填充空气的圆形谐振腔，半径 8 cm，工作在 9 GHz 的 TM_{111} 模态，求谐振腔长度。

叙述题

1. 解释 TE、TM 和 TEM 波的含义。写出空心矩形波导中的波动方程和场 $\boldsymbol{E}$ 满足的边界条件。

2. 从衰减常数、相位常数和截止频率三个方面讨论随频率变化的电磁波的特性。

3. 解释色散、相速度、群速度、截止波长、波导波长和模态的含义。

4. 写出最低可能的 TE 和 TM 模态。哪一种被称为主模态，为什么？

5. 说明 TE_{11}、TE_{21}、TM_{11} 和 TM_{12} 模态在波导截面上的分布。

6. 说明在矩形波导中 TE_{10}、TE_{02}、TM_{21} 和 TM_{22} 的激发。

7. 解释圆波导中模态的命名。

8. 讨论矩形波导和圆形波导之间的模态转换。

9. 说明不同形状的介质波导。

10. 讨论谐振腔的要求和形状。

11. 谐振腔的模态与波导的模态有什么不同？

扩展阅读

A. S. Khan, *Microwave Engineering: Concepts and Fundamentals*, CRC Press, New York, Mar.2014.

A. Das, S. K. Das, *Microwave Engineering*, Tata McGraw Hill, New Delhi, 2002.

Peter A. Rizzi, *Microwave Engineering - Passive Circuits*, Prentice Hall, New Delhi, 2001.

David M. Pozar, *Microwave Engineering*, 2nd Ed, John Wiley & Sons, New Delhi, 1999.

S. Y. Liao, *Microwave Devices & Circuits*, 3rd Ed, Prentice Hall of India, New Delhi, 1995.

R. Chatterjee, *Microwave Engineering*, East West Press, New Delhi, 1990.

E. C. Jordon, K. G. Balmain, *Electromagnetic Waves and Radiating Systems*, Prentice Hall Ltd., New Delhi, 1987.

O. P. Gandhi, *Microwave Engineering and Applications*, Pergamon Press, New York, 1981.

K. C. Gupta, *Microwaves*, Wiley Eastern, New Delhi, 1979.

H. J. Reich, et al. *Microwaves*, A filiated East West Press, 1976.

T. Saad, and R. C. Hansen, *Microwave Engineer's Handbook* Vol. 1, Artech House, Dedham, MA, 1971.

S. F. Adam, *Microwave Theory and Applications*, Prentice Hall, Inc., 1969.

A. L. Lance, *Introduction to Microwave Theory and Measurements*, McGraw Hill, 1969.

R. E. Collins, *Foundation for Microwave Engineering*, McGraw - Hill, New York, 1966.

G. J. Wheeler, *Introduction to Microwaves*, Prentice Hall, Upper Saddle River, NJ, 1963.

第 20 章　辐射机制

20.1　引言

电磁能量辐射是场现象中最重要的方面之一。这种现象是雷达通信、卫星通信、移动通信、视频通信、对流层散射通信以及无数其他无线系统的灵魂。如果没有辐射，就无法实现无线服务。因此，有必要充分理解辐射的质量和数量两方面的问题。辐射过程也与基本麦克斯韦方程组密切相关。麦克斯韦方程在第 15 章中已进行了详细讨论，本章将重点理解相关的电磁能量辐射机制。

20.2　辐射现象

在第 18 章已经指出，沿传输线向前传播的波，如果没有终止于它的特性阻抗，就会从接收端反射回来。进一步观察可以发现，特性阻抗与终端阻抗的差异越大，反射越强。在线路的终端短路或开路这两种极端情况下，电磁能会全部反射。

20.2.1　能量逃逸过程

图 18 - 5 所示的是全反射和驻波形成的开路线路。全反射的假设是正确的。但是，因为反射能量需要反方向传输，所以必须要改变方向。在方向逆转的过程中，由于具有某种惯性矩性质，能量逆转需要一段时间。尽管在自由空间中，波的速度是光速量级，逆转所需的时间非常短，但仍会有一些能量逃逸到空间中。这种逃逸被称为辐射。

图 20 - 1 是有交变电场的两根平行传输线示意图。在 OC 端，理论上一定会全部反射，能量必须反向传播。但是，由于能量具有某种惯性矩性质，返回需要一些时间。同时部分能量可能会逃逸到空间中。此外，开路端开始出现一种边缘现象，E 场线开始向外弯曲（或隆起）。由于这种弯曲，方向逆转比末端是直线需要用多一点时间，这种弯曲导致更多的能量逃逸到空间中。

图 20 - 1（b）表明，如果线的末端向外分开，E 场线开始向外弯曲并呈曲线形状。因此，能量流动的方向逆转将需要更长的时间，这将导致更多的能量逃逸。图 20 - 1（c）表明，如果在线的末端 $\lambda/4$ 长度位置上下完全向外折弯，将导致 E 场线的最大弯曲和最大的能量逃逸。这种形状称为半波偶极子。

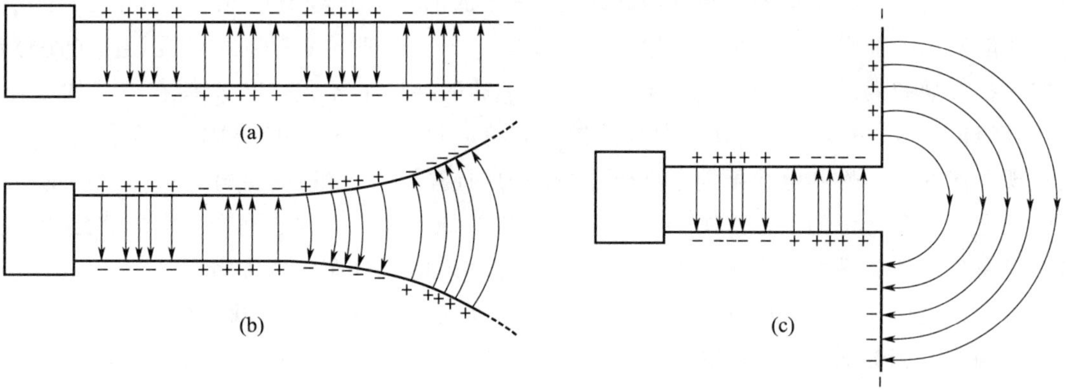

图 20－1　传输线间的 E 场：(a) 平行线；(b) 末端部分外扩；(c) 完全分开

20.2.2　回路的形成过程

图 20－2 给出了传输线的回路形成过程。假设一条传输线被分成许多小段。图 20－2 (a) 显示了其中一段的简化等效电路，包含一个串联电阻 R，一个串联电感 L，一个并联电容 C。在参数中忽略了 G（通常很小）。在这个电路中，传导电流 I 在上面导线中表示为从左到右流动，在下面导线中表示为从右到左。另一种称为电容（或位移）电流 I_c 的电流表示为两端导线中从上到下和从下到上。因此，可以认为电流在每个小段内形成了回路。

图 20－2 (b) 图示了 E 场回路的形成。由于传导电流密度和位移电流密度与 E 的关系分别为 $J=\sigma E$ 和 $J_d=\varepsilon_0\dot{E}$。因此，和电流相同，E 场也会在线路的每段中形成回路。这些回路一个接一个地沿着线路向开路端移动。在接近终点时，这些环路开始向前方膨胀。只要线路输入端馈入的是交变源，E 场就会沿着线路向前移动，则持续回路的形成和分离过程继续进行。

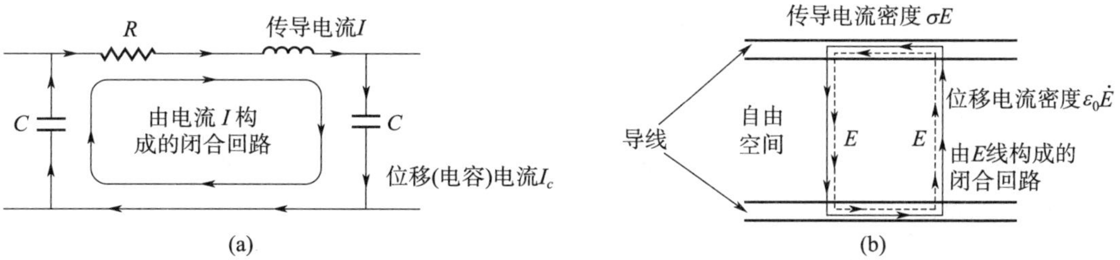

图 20－2　封闭回路的形成：(a) 电流；(b) E 场

20.2.3　赫兹（振荡）偶极子

图 20－3 (a) 给出了非常短且非常细的导电（交变）载流单元示意图。图 20－3 (b) 显示了交替携带极性相反电荷的一串小球体。如果每个小球的电荷量相同，则除了位于导

线两端的电荷外，其他所有相邻的电荷就会完全抵消。只有载流单元中的电流完全均匀时，才能满足电荷量相等的条件。事实上，图 20－3（a）所示正是这种情况，两个小球体接在一根细导线两端。该图还给出了连接两个小球的导线半径 r'，电荷所在小球的半径 r 以及导线的长度 dl。只有当这些参数的相对值满足 $r' \ll r$，$r \ll dl$，$dl \ll \lambda$ 条件时，才可能实现电流的均匀性和电荷抵消。在电流不均匀的情况下，就不满足每个球体上电荷量相等以及电荷完全抵消的条件。图 20－3（a）中连接线的细度也要求两个带电球体之间的分布电容忽略不计。图 20－3（c）显示了均匀和非均匀电流分布的两种情况。

由于载流单元中电流的交变特性，两端小球上电荷的极性将不断变化（或振荡）。这样的结构称为**振荡偶极子**或**赫兹偶极子**。

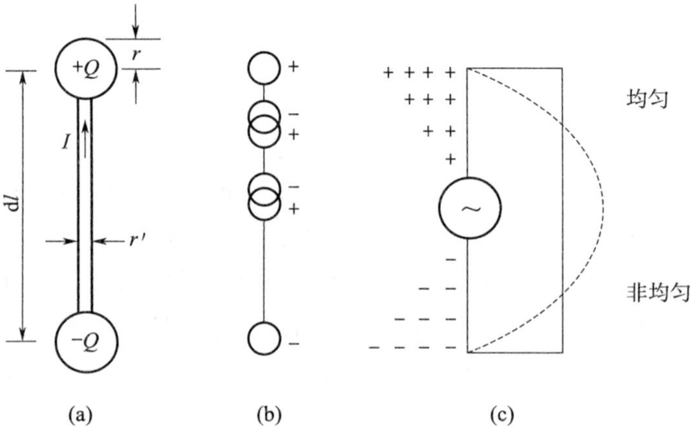

图 20－3　赫兹偶极子：（a）端接两个小球的电流元；（b）相邻两个小球的电荷；（c）产生的电流分布

20.2.4　回路的分离与扩展

图 20－4 为两个大小相等、极性相反的电荷组成的振荡偶极子示意图。图 20－4（a）为从正电荷出来进入到负电荷的一条 E 场线。这条线可以想象为波阵面。由于偶极子在振荡，两个电荷的位置在逐步交换。在位置交换过程中，电荷进入时波前向外移动。当电荷通过中点时，波前与回路断开，这种情况如图 20－4（c）所示。图 20－4（d）示出了分离的波前移出，同时，第二个波前形成。图 20－4 给出了各个阶段以及特定事件发生的时间顺序。只要这种回路的形成、膨胀和分离的过程继续下去，偶极子就继续向空间辐射电磁能。分离的能量或辐射的能量在空间中继续向前移动，直到它被接收或遇到某种障碍物为止。

图 20－4 还揭示了简单偶极子和振荡偶极子之间区别的最重要信息。如同第 7 章所述，偶极子的电荷间距与极性总是保持不变，而振荡偶极子的间距和极性随时间变化。

解释了回路分离与扩散之后，我们可以再回去观察图 20－1 的传输线图。图 20－5 可以看作是图 20－1 的延伸，从该图可以看出，在向前移动的同时，分离的闭合回路开始扩展。随着距离传输线输出端越来越远，分离的回路扩展就越来越大。值得注意的是，在这些闭合回路中，E 场线方向不仅交替变化，而且还保持它们的相对距离，以符合传输结构

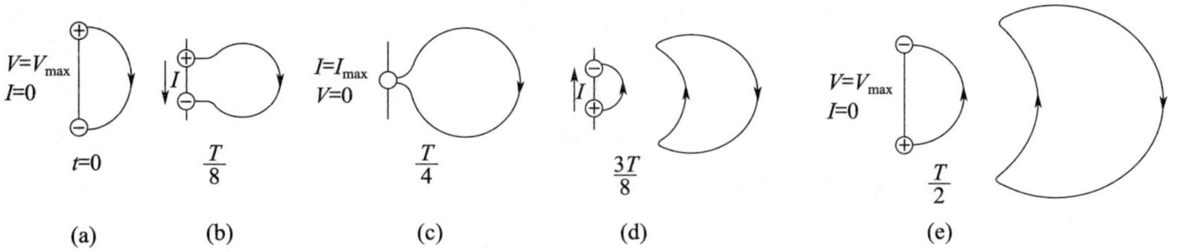

图 20－4　(a) $t=0$ 时，偶极子两端电荷的 E 场线或波前；(b) 在 $t=T/8$ 时，电荷进入，波前向外移动；(c) 在 $t=T/4$ 时，电荷到达中间点，波前与回路断开；(d) 在 $t=3T/8$ 时，分离的波前移出，第二个波前形成；(e) 在 $t=T/2$ 时，第一个波前扩散，第二个波前向外移动

中的场模式。这种回路的扩展和移动，可以形象地视为吸烟者释放烟圈的扩展和移动，当然烟圈没有极性。

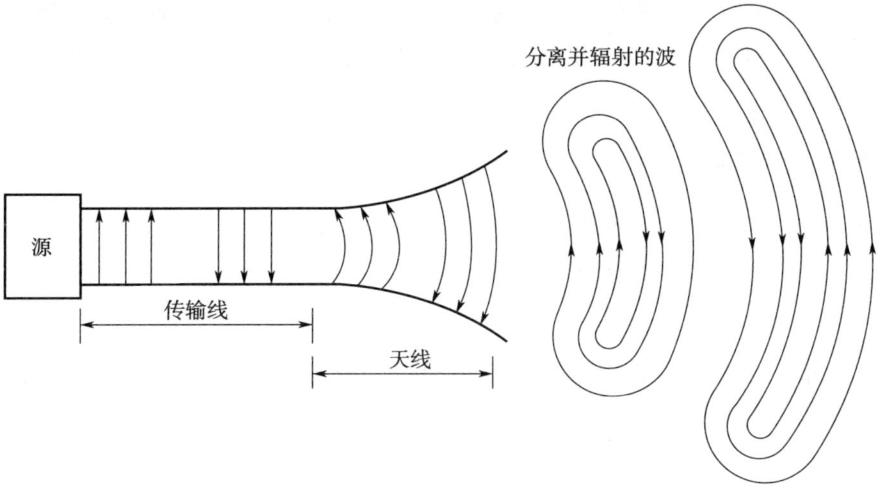

图 20－5　E 场形成的分离回路的运动与扩展

20.3　延迟（或时变）势

本节将首先回顾麦克斯韦方程组，它是辐射现象研究的基础。然后对第 15 章介绍过的延迟势进行简要的讨论。

20.3.1　麦克斯韦方程组

在第 15 章中已经给出了麦克斯韦方程组的微分形式和积分形式。微分形式适合辐射问题的研究，将这些方程复制如下

$$\nabla \times \boldsymbol{H} = \frac{\partial \boldsymbol{D}}{\partial t} \tag{20-1a}$$

$$\nabla \times \boldsymbol{E} = \frac{\partial \boldsymbol{B}}{\partial t} \tag{20-1b}$$

$$\nabla \cdot \boldsymbol{D} = 0 \tag{20-1c}$$

$$\nabla \cdot \boldsymbol{B} = 0 \tag{20-1d}$$

方程（20－1）中场量之间的联系方程是

$$\boldsymbol{D} = \varepsilon \boldsymbol{E} \tag{20-2a}$$

$$\boldsymbol{B} = \mu \boldsymbol{H} \tag{20-2b}$$

$$\boldsymbol{J} = \sigma \boldsymbol{E} \tag{20-2c}$$

式中，ε 是介质的介电常数，μ 是介质的磁导率，σ 是电导率。

20.3.2　假设

在第 16 章中已经指出，对于波的传播，所有场量的时间变化都可以用 $e^{j\omega t}$ 来考虑，空间变化用 $e^{-j\gamma r} = e^{-(\alpha+j\beta)r}$ 来考虑。这种考虑的意义和 γ、α、β、r 的性质已经进行了完整的解释。这些假设对于辐射机制也同样成立。由于自由空间 $\alpha = 0$，辐射研究仅围绕由 $e^{-j\beta r}$ 表征的场进行。

20.3.3　标量势和矢量势

不同电荷分布的标量电势 V 的关系式由方程（7－25）（7－27）和（7－29）给出。类似地，不同电流分布的矢量磁势 $\boldsymbol{A}$ 的关系式由方程（11－72a）至（11－72c）给出。

20.3.3.1　稳恒源

在电荷分布和电流分布的方程中，都假定电荷和电流分布是不随时间变化的。为了便于参考，将这些方程复制如下

$$V = \int_L \frac{\rho_L}{4\pi\varepsilon_0 R} d\ell = \iint_S \frac{\rho_s}{4\pi\varepsilon_0 R} ds = \iiint_V \frac{\rho_v}{4\pi\varepsilon_0 R} dv \tag{20-3a}$$

$$A = \int_L \frac{\mu_0 \cdot I}{4\pi \cdot R} d\boldsymbol{L} = \iint_S \frac{\mu_0 \cdot \boldsymbol{K}}{4\pi \cdot R} \cdot ds = \iiint_V \frac{\mu_0 \cdot \boldsymbol{J}}{4\pi \cdot R} \cdot dv \tag{20-3b}$$

在这些关系中，线电荷密度 ρ_L 、表面电荷密度 ρ_s 和体积电荷密度 ρ_v 表示标量势 V 的源，电流 $\boldsymbol{I}$ 、面电流密度 $\boldsymbol{K}$ 和体电流密度 $\boldsymbol{J}$ 表示矢量磁势 $\boldsymbol{A}$ 的源。在所有关系式中，参数 R 表示源点至某场点的距离，该场点是我们想要计算标量势或矢量势的位置。电荷密度或电流密度是 V 或 $\boldsymbol{A}$ 的源，电荷驻留在其中或电流在其中流动，这些单元称为辐射单元或天线。

20.3.3.2　时变源

只要源与时间无关，场就是时不变的。但由于波的传播和辐射机制是时变现象，因此，所有这些源都必然与时间相关。因此，在方程（20－3a）和（20－3b）中，所有的时不变量都可以用时变量代替。将这些方程重写如下

$$V = \int_L \frac{\rho_L(t)}{4\pi\varepsilon_0 R} dl = \iint_s \frac{\rho_s(t)}{4\pi\varepsilon_0 R} ds = \iiint_v \frac{\rho_v(t)}{4\pi\varepsilon_0 R} dv \tag{20-3c}$$

$$\boldsymbol{A}=\int_{L}\frac{\mu_{0}\cdot I(t)}{4\pi\cdot R}\mathrm{d}\boldsymbol{L}=\iint_{S}\frac{\mu_{0}\cdot\boldsymbol{K}(t)}{4\pi\cdot R}\cdot\mathrm{d}s=\iiint_{V}\frac{\mu_{0}\cdot\boldsymbol{J}(t)}{4\pi\cdot R}\cdot\mathrm{d}v \tag{20-3d}$$

由于时间的介入，上述方程给出的两个电势变得相互依赖，这一点从方程（15－49a）给出的洛仑兹（Lorentz）规范条件可以看出。

20.3.3.3　时间修正

离开辐射单元后的能量以电磁波的形式传播。以速度 v 移动一段距离 R 后，V 和 A 会出现不同的值。为了解释这个移动距离 R 对 V 和 A 的影响，它们表达式中的时间 t 将用另一个时间（比如 t'）来替换，其中 $t'=t-R/v$ 。根据这个新定义的时间，$\rho(t)$ 和 $J(t)$ 分别用 $[\rho]$ 和 $[J]$ 来替换。因此，在方程（20－3c）中用 ρ 替换 ρ_v， 方程（20－3c）和（20－3d）的最后部分可以改写为

$$V=\int_{v}\frac{[\rho]\,\mathrm{d}v}{4\pi\varepsilon R} \tag{20-4a}$$

$$A=\int_{v}\frac{\mu\cdot[J]}{4\pi\cdot R}\mathrm{d}v \tag{20-4b}$$

与以前一样，如果 $\rho=\rho_0\cos\omega t$， 用 t' 替换 t， 得到 $[\rho]=\rho_0\cos[\omega(t-R/v)]$ 。式中 ρ_0 是 ρ 的大小（$t=0$ 时刻），R 是载流导体中体积元 $\mathrm{d}v$ 与如图 20－6 所示的任意点 P 之间的距离，v 是场传播或波运行的速度。如第 15 章所述，由方程（20－4a）和（20－4b）给出的 V 和 A 称为延迟势。

20.3.3.4　原点位置

由方程（20－4a）和（20－4b）可知，参数 R 是 $\mathrm{d}v$ 到 P 点的距离。当原点在体积元内时，可以直接代入 R 。如果原点在体积元之外，距离 R 需要重新计算。在图 20－6 中，原点在载流导线之外。由此可知，体积元 $\mathrm{d}v$ 在距离 r' 处， 点 P 在距离 r 处。因此，用 r' 和 r 来计算距离 R 。在这种情况下，方程（20－4a）和（20－4b）需要相应的修正。如果方程中的 V 用 $V(r,t)$ 来替换，A 用 $A(r,t)$ 来替换，将表明这些量是相对给定原点的距离（某任意距离）r 的函数和相对初始时间 t 的函数。因此，方程（20－4a）和（20－4b）可改写为

$$V(r,t)=\frac{1}{4\pi\varepsilon}\int_{v}\frac{\rho(r',t)}{R}\mathrm{d}v' \tag{20-5a}$$

$$A(r,t)=\frac{\mu}{4\pi}\int_{v}\frac{J(r',t)}{R}\mathrm{d}v' \tag{20-5b}$$

方程（20－5a）和（20－5b）中的 r' 如图 20－6 所示。由于原点的漂移，积分限也会改变，为考虑一致性，在方程（20－5a）和（20－5b）中用 t' 替换 t， 得到的延迟势表达式为

$$V(r,t)=\frac{1}{4\pi\varepsilon}\int_{v}\frac{\rho(r',t-R/v)}{R}\mathrm{d}v' \tag{20-6a}$$

$$A(r,t)=\frac{\mu}{4\pi}\int_{v}\frac{J(r',t-R/v)}{R}\mathrm{d}v' \tag{20-6b}$$

方程（20－6b）可以作为辐射问题研究的出发点。

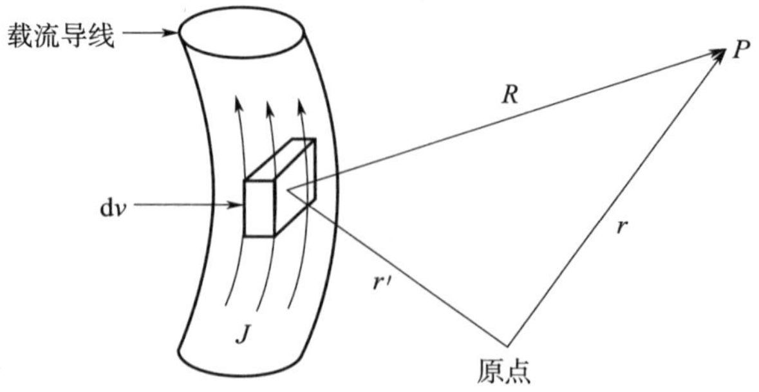

图 20－6　体积元 dv 与任意点 P 之间关系示意图

20.4　振荡偶极子的场

如前所述，符合 20.2.3 节中讨论的条件的振荡偶极子就可认为是赫兹偶极子。如同前面对辐射现象的描述，这种无限小单元的辐射同样遵循形成回路、分离和扩展的原理。在本节中，我们将进行电磁能辐射量的计算。

20.4.1　矢量磁势的分量

图 20－7 给出了一个沿 z 轴放置的载流细导线单元，实际上是微元长度为 $d\boldsymbol{L}$ 的极细极短的导线（$d\boldsymbol{L}$ 趋于零），承载 z 方向流动的时变电流为 $I d\boldsymbol{L}\cos\omega t$。因此，电流密度 $\boldsymbol{J}$ 仅有 z 分量（或 $\boldsymbol{J}=J_z\boldsymbol{a}_z$）。因为矢量磁位势 $\boldsymbol{A}$ 的分量与 $\boldsymbol{J}$ 的分量相对应，有 $\boldsymbol{A}=A_z\boldsymbol{a}_z$ 和 $A_\rho=A_\varphi=0$。由于在载流区矢量磁位势 $\boldsymbol{A}$ 服从泊松方程，可以得到

$$\nabla^2\boldsymbol{A}=\nabla^2\boldsymbol{A}_z=-\mu\cdot\boldsymbol{J} \tag{20-7}$$

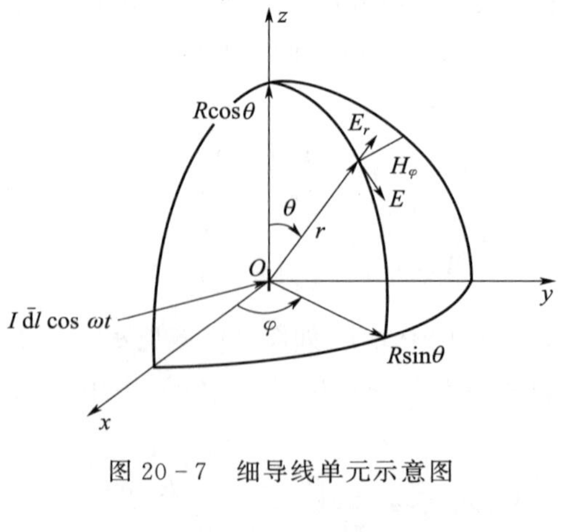

图 20－7　细导线单元示意图

根据前面的描述，这种构型用柱坐标系表述更合适。但是，根据对赫兹偶极子的描述，这个细载流微元可能会向所有方向辐射。因此，该问题需要在球坐标系下解决，A_z 需

要从柱坐标系转换为球坐标系。由于 $\boldsymbol{a}_z$ 在柱坐标系中的意义和笛卡儿坐标系中的意义是一样的，实际的转换成为从直角坐标系向球坐标系的转换。根据表 3－4，这个转换的相关分量是

$$\boldsymbol{a}_z \cdot \boldsymbol{a}_r = \boldsymbol{a}_r \cdot \boldsymbol{a}_z = \cos\theta \tag{20-8a}$$

$$\boldsymbol{a}_z \cdot \boldsymbol{a}_\theta = \boldsymbol{a}_\theta \cdot \boldsymbol{a}_z = -\sin\theta \tag{20-8b}$$

$$\boldsymbol{a}_z \cdot \boldsymbol{a}_\varphi = \boldsymbol{a}_\varphi \cdot \boldsymbol{a}_z = 0 \tag{20-8c}$$

根据方程（20－8），A 还存在的两个分量为

$$A_r = A_z \cos\theta \tag{20-8d}$$

$$A_\theta = -A_z \sin\theta \tag{20-8e}$$

根据关系式 $I\mathrm{d}\boldsymbol{l} = \boldsymbol{K}\mathrm{d}s = \boldsymbol{J}\mathrm{d}v$，载流细导线的 A_z 可以写为

$$A_z = \frac{\mu}{4\pi} \frac{I\mathrm{d}l\cos\left(t - \frac{r}{v}\right)}{r} \tag{20-9}$$

根据方程（20－8）和（20－9）可得

$$A_r = \frac{\mu}{4\pi} \frac{I\mathrm{d}l\cos\left(t - \frac{r}{v}\right)}{r}\cos\theta \tag{20-10a}$$

$$A_\theta = -\frac{\mu}{4\pi} \frac{I\mathrm{d}l\cos\left(t - \frac{r}{v}\right)}{r}\sin\theta \tag{20-10b}$$

20.4.2　电场分量和磁场分量

根据方程（20－8c），$A_\varphi = 0$。需要指出，由于沿 φ 方向的对称性，对于所有场分量，都有 $\frac{\partial}{\partial\varphi} \equiv 0$。因此，从 $\boldsymbol{B} = \nabla \times \boldsymbol{A}$ 关系式，可以得到 $\nabla \times \boldsymbol{A}$ 的分量为

$$(\nabla \times \boldsymbol{A})_r = \frac{1}{\sin\theta}\left[\frac{\partial}{\partial\theta}\left(\sin\theta A_\varphi - \frac{\partial\theta}{\partial\varphi}\right)\right] = B_r = 0 \tag{20-11a}$$

$$(\nabla \times \boldsymbol{A})_\theta = \left[\frac{1}{r\sin\theta}\frac{\partial A_r}{\partial\varphi} - \frac{1}{r}\frac{\partial(rA_\varphi)}{\partial r}\right] = B_\theta = 0 \tag{20-11b}$$

$$(\nabla \times \boldsymbol{A})_\varphi = \frac{1}{r}\left[\frac{\partial}{\partial r}(rA_\theta) - \frac{\partial A_r}{\partial\theta}\right] = B_\varphi = \mu H_\varphi \tag{20-11c}$$

在上述关系式中，仅有 H_φ 继续存在。因此，根据方程（20－10）和（21－11）有

$$H_\varphi = \frac{I\mathrm{d}l\sin\theta}{4\pi}\left[-\frac{\omega}{rv}\sin\omega\left(t - \frac{r}{v}\right) + \frac{\cos\omega\,(t - r/v)}{r^2}\right] \tag{20-12}$$

方程（20－1a）也可写为下列修正形式

$$\boldsymbol{E} = \frac{1}{\varepsilon}\int(\nabla \times \boldsymbol{H})\,\mathrm{d}t \tag{20-13}$$

根据方程（20－13）可以得到 $\boldsymbol{E}$ 的两个分量

$$\boldsymbol{E}_r=\frac{1}{\varepsilon}\int(\nabla\times\boldsymbol{H})_r\,\mathrm{d}t \tag{20-14a}$$

$$\boldsymbol{E}_\theta=\frac{1}{\varepsilon}\int(\nabla\times\boldsymbol{H})_\theta\,\mathrm{d}t \tag{20-14b}$$

根据方程（4－31c）有

$$\nabla\times\boldsymbol{H}=\frac{1}{r\sin\theta}\frac{\partial(H_\varphi\sin\theta)}{\partial\theta}\boldsymbol{a}_r-\frac{1}{r}\frac{\partial(rH_\varphi)}{\partial r}\boldsymbol{a}_\theta \tag{20-15}$$

将方程（20－12）中的 H_φ 代入方程（20－15）得到

$$(\nabla\times\boldsymbol{H})_r=\frac{1}{r\sin\theta}\frac{\partial}{\partial\theta}\left\{\frac{I\mathrm{d}l}{4\pi}\sin^2\theta\left[-\frac{\omega}{rv}\sin\omega(t-r/v)+\frac{\cos\omega(t-r/v)}{r^2}\right]\right\} \tag{20-16a}$$

$$(\nabla\times\boldsymbol{H})_\theta=\frac{1}{r}\frac{\partial}{\partial r}\left\{\frac{I\mathrm{d}l}{4\pi}\sin\theta\left[-\frac{\omega}{v}\sin\omega(t-r/v)+\frac{\cos\omega(t-r/v)}{r}\right]\right\} \tag{20-16b}$$

根据方程（20－14）和（20－16），将 $t'=t-\frac{r}{v}$ 代入得到

$$E_r=\frac{2I\mathrm{d}l\cos\theta}{4\pi\varepsilon}\left(\frac{\cos\omega t'}{r^2v}+\frac{\sin\omega t'}{\omega r^3}\right) \tag{20-17a}$$

$$E_\theta=\frac{I\mathrm{d}l\sin\theta}{4\pi\varepsilon}\left(\frac{-\omega\sin\omega t'}{rv^2}+\frac{\cos\omega t'}{r^2v}+\frac{\sin\omega t'}{\omega r^3}\right) \tag{20-17b}$$

将 $t'=t-\frac{r}{v}$ 代入 H_φ 的表达式得到

$$H_\varphi=\frac{I\mathrm{d}l\sin\theta}{4\pi}\left(\frac{\cos\omega t'}{r^2}+\frac{\omega\sin\omega t'}{rv}\right) \tag{20-17c}$$

20.4.3 场的分类

方程（20－17a）（20－17b）和（20－17c）表明，这些方程涉及与 r、r^2 和 r^3 成反比的表达式。根据这种分量类型的不同，将场分为以下三种类型：

1）与 r^3 成反比的项是静电场。方程（20－17a）和（20－17b）的 E_θ 和 E_r 表达式包含这类项。

2）与 r^2 成反比的项是感应场或近场。方程（20－17a）（20－17b）和（20－17c）的 E_θ、E_r 和 E_φ 表达式包含这类项。

3）与 r 成反比的项是辐射场、距离场或远场。方程（20－17b）和（20－17c）的 E_θ 和 H_φ 表达式包含这类项。

下面来解释静电场、感应场和辐射场。

20.4.3.1 静电场

在 7.5 节中已经讨论了偶极子的电场。由两个电量相等极性相反电荷构成的偶极子如图 7－7 所示。根据这种构型的几何形状以及 P 点远离的假设，R_1 和 R_2 可以视为与 r 平行。P 点的电势和电场强度分别由方程（7－32）和（7－33）给出，将它们复制到这里

$$V \cong \frac{Q}{4\pi\varepsilon_0} \cdot \frac{d \cdot \cos\theta}{r^2} \tag{20-18a}$$

$$V = \frac{Qd}{4\pi\varepsilon_0 r^3} \cdot (2\cos\theta \cdot \boldsymbol{a}_r + \sin\theta \cdot \boldsymbol{a}_\theta) \tag{20-18b}$$

方程（20－18b）由下列两个 E 的分量构成

$$E_r = \frac{2Qd\cos\theta}{4\pi\varepsilon_0 r^3} \tag{20-19a}$$

$$E_\theta = \frac{Qd\sin\theta}{4\pi\varepsilon_0 r^3} \tag{20-19b}$$

根据关系式 $\dfrac{\mathrm{d}Q}{\mathrm{d}t} = I\cos\omega t$

$$Q = \frac{I\sin\omega t}{\omega} \tag{20-20}$$

用方程（20－20）中的等价项替换 Q，用电流元 $\mathrm{d}l$ 替换 d，用 t' 替换 t，得到方程（20－19）的下列表达式

$$E_\theta = \frac{I\,\mathrm{d}l\sin\theta\sin\omega t'}{4\pi\omega\varepsilon_0 r^3} \tag{20-21a}$$

$$E_r = \frac{2I\,\mathrm{d}l\cos\theta\sin\omega t'}{4\pi\,\omega\varepsilon_0 r^3} \tag{20-21b}$$

方程（20－21a）和（20－21b）为偶极子的静电场，与方程（20－17a）和（20－17b）给出的 E_θ 和 E_r 表达式相同。

20.4.3.2　*感应场*

将方程（11－4）给出的磁场强度表达式复制到这里

$$\mathrm{d}\boldsymbol{H} = \frac{I\,\mathrm{d}\boldsymbol{l} \times \boldsymbol{a}_R}{4\pi \cdot R^2} \tag{20-22}$$

用 $I\,\mathrm{d}\boldsymbol{l}\cos\omega t$ 替换 $I\,\mathrm{d}\boldsymbol{l}$，用 r 替换 R，用 $\sin\theta$ 替换 $\mathrm{d}\boldsymbol{l} \times \boldsymbol{a}_R$，可将方程（20－22）改写。因为丝状电流就是电流，可以用 $\boldsymbol{H}$ 替换 $\mathrm{d}\boldsymbol{H}$。另外，电流沿 z 方向流动，$\boldsymbol{H}$ 仅有 H_φ 分量。最后，用 t 来替换 t'。通过这种替换，方程（20－22）变为

$$H = \frac{I\,\mathrm{d}l\sin\theta\cos\omega t'}{4\pi r^2} \tag{20-23}$$

方程（20－23）就是方程（20－17）中涉及的感应场表达式。

20.4.3.3　*主要场*

观察发现，如果满足以下关系，方程（20－17c）中括号内的两项变得大小相等

$$\frac{1}{r^2} = \frac{\omega}{rv} \quad 或 \quad r = \frac{v}{\omega} = \frac{f\lambda}{2\pi f} = \frac{\lambda}{2\pi} \quad 或 \quad r \approx \frac{\lambda}{6} \tag{20-24}$$

方程（20－24）表明，当 $r < \dfrac{\lambda}{6}$ 时，感应场占主导地位；当 $r > \dfrac{\lambda}{6}$ 时，辐射场占主导地位。在实际中，辐射场（远场）的距离 r 要远大于 $\lambda/6$。

20.4.4　辐射功率

从方程（20－17a）（20－17b）和（20－17c）可以看出，$\boldsymbol{E}$ 没有 φ 分量，而 $\boldsymbol{H}$ 只有 φ 分量。因此，$\boldsymbol{E}$ 和 $\boldsymbol{H}$ 可以写为

$$\boldsymbol{E}=E_r\boldsymbol{a}_r+E_\theta\boldsymbol{a}_\theta \tag{20-25a}$$

$$\boldsymbol{H}=H_\varphi\boldsymbol{a}_\varphi \tag{20-25b}$$

辐射功率可以用坡印亭矢量 $\boldsymbol{P}$ 来描述

$$\boldsymbol{P}=\boldsymbol{E}\times\boldsymbol{H}=(E_r\boldsymbol{a}_r+E_\theta\boldsymbol{a}_\theta)\times H_\varphi\boldsymbol{a}_\varphi=-E_rH_\varphi\boldsymbol{a}_\theta+E_\theta H_\varphi\boldsymbol{a}_r=P_\theta\boldsymbol{a}_\theta+p_r\boldsymbol{a}_r \tag{20-26}$$

式中

$$\begin{aligned}P_\theta&=-E_rH_\varphi\\&=-\frac{2I^2\mathrm{d}l^2\sin\theta\cos\theta}{16\pi^2\varepsilon}\left[-\frac{\omega\sin\omega t'\cos\omega t'}{r^3v^2}+\frac{\cos^2\omega t'}{r^4v}-\frac{\omega\sin^2\omega t'}{\omega r^4v}+\frac{\sin\omega t'\cos\omega t'}{\omega r^5}\right]\\&=\frac{I^2\mathrm{d}l^2\sin2\theta}{16\pi^2\varepsilon}\left[-\frac{\cos2\omega t'}{r^4v}-\frac{\sin2\omega t'}{2\omega r^5}+\frac{\omega\sin\omega t'}{2r^3v^2}\right]\end{aligned} \tag{20-27a}$$

类似地

$$P_r=E_\theta H_\varphi=\frac{I^2\mathrm{d}l^2\sin^2\theta}{16\pi^2\varepsilon}\left[\frac{\cos2\omega t'}{r^4v}-\frac{\omega\sin\omega t'}{r^3v^2}+\frac{\sin2\omega t'}{2\omega r^5}+\frac{\omega^2(1-\cos2\omega t')}{2r^2v^3}\right] \tag{20-27b}$$

20.4.4.1　平均功率

为了计算辐射功率的平均值，需要对方程（20－27a）和（20－27b）中的相关项取平均值。因为 $\sin2\omega t'$ 和 $\cos2\omega t'$ 项在一个完整周期内的平均值为零，所以，可以消去 P_θ 和 P_r 表达式中所有这类项。

在 P_θ［方程（20－27a）］情况下，所有三项都涉及这种形式，因此，平均功率为零。事实上，功率在每半周期内来回变化。换句话说，正半周期从振荡偶极子发出的能量，负半周期返回到偶极子。因此，这个分量对辐射功率没有任何贡献。

对于 P_r［方程（20－27b）］，消去 $\sin2\omega t'$ 和 $\cos2\omega t'$ 项后得到

$$P_r=\frac{\omega^2I^2\mathrm{d}l^2\sin^2\theta}{32\pi^2r^2v^3\varepsilon}=\frac{1}{2\varepsilon v}\left(\frac{\omega I\,\mathrm{d}l\sin\theta}{4\pi rv}\right)^2=\frac{\eta}{2}\left(\frac{\omega I\,\mathrm{d}l\sin\theta}{4\pi rv}\right)^2 \tag{20-28}$$

根据方程（20－28）可得

$$v=\frac{1}{\sqrt{\mu\varepsilon}}\qquad\eta=\sqrt{\frac{\mu}{\varepsilon}}\qquad\text{因此}\qquad\varepsilon v=\sqrt{\frac{\varepsilon}{\mu}}=\frac{1}{\eta}$$

因为 P_θ 对向外辐射没有贡献，所以 $P_{av}=P_r$ 是唯一的辐射功率。

从方程（20－28）可以看出，对净能流有贡献的各分量的幅度为

$$|E_\theta|=\frac{\omega I\,\mathrm{d}l\sin\theta}{4\pi r\varepsilon v^2}=\frac{\eta I\,\mathrm{d}l\sin\theta}{2\pi r}=\frac{60\pi I\,\mathrm{d}l\sin\theta}{\lambda r} \tag{20-29a}$$

$$|H_{\varphi}| = \frac{\omega I \mathrm{d}l \sin\theta}{4\pi r v} = \frac{I \mathrm{d}l \sin\theta}{2\lambda r} \tag{20-29b}$$

20.4.4.2 特征阻抗

从方程（20－29a）和（20－29b）可得到

$$\frac{E_{\theta}}{H_{\varphi}} = 120\pi = \eta_0 = 377\ \Omega \tag{20-30}$$

参数 η_0 称为自由空间的**特征阻抗**。

20.4.4.3 总辐射功率

由于振荡偶极子是无限短的单元，可以认为是点源。因此，该偶极子可以视为可向各方向辐射的全向天线。总辐射功率 P_T 可以通过平均功率 P_{av} 在半径为 r 的虚构球面上的积分得到

$$P_T = \int_S P_{av} \mathrm{d}s \tag{20-31}$$

式中，半径为 r 的虚构球面的微元面积 ds 为

$$\mathrm{d}s = r \mathrm{d}\varphi r \mathrm{d}\theta \sin\theta = 2\pi r^2 \sin\theta \mathrm{d}\theta \tag{20-32}$$

根据方程（20－31）和（20－32），可以得到

$$P_T = \pi \int_0^{\pi} \frac{\eta}{2} \left(\frac{\omega I \mathrm{d}l \sin\theta}{4\pi r v}\right)^2 2\pi r^2 \sin\theta \mathrm{d}\theta = \frac{\eta \omega^2 I^2 \mathrm{d}l^2}{12\pi v^2} \tag{20-33}$$

方程（20－33）中的 I 表示峰值电流。如果用有效电流 I_{eff}，则 P_T 可写为

$$P_T = \frac{20\ \omega^2 I_{\mathrm{eff}}^2\ \mathrm{d}l^2}{v^2} \tag{20-34}$$

用 $2\pi f$ 替换 ω，用光速 c 替换 v，从方程（20－34）得到

$$P_T = 20 \frac{(2\pi f)^2}{c^2} I_{\mathrm{eff}}^2\ \mathrm{d}l^2 = 80\ \pi^2 \left(\frac{\mathrm{d}l}{\lambda}\right)^2 I_{\mathrm{eff}}^2 = R_{\mathrm{rad}} I_{\mathrm{eff}}^2 \tag{20-35}$$

从方程（20－31）到方程（20－33），用到了下面关系式

$$\int_0^{\pi} \sin^3\theta \mathrm{d}\theta = \left[\frac{1}{3}\cos 3\theta - \cos\theta\right]_0^{\pi} = \frac{4}{3} \tag{20-36}$$

方程（20－35）中，R_{rad} 是辐射电阻，可以写为

$$R_{\mathrm{rad}} = 80\ \pi^2 \left(\frac{\mathrm{d}l}{\lambda}\right)^2 \tag{20-37}$$

方程（20－35）和（20－37）中的辐射电阻将在下节中展开讨论。

20.4.5 辐射电阻

“辐射电阻”是一个虚构的电阻，当与天线串联时，辐射电阻消耗的功率与天线实际辐射的功率相同。

图 20－8 给出了三种不同的辐射单元。根据方程（20－37），采用给定的电流分布可以得到这些辐射单元的辐射电阻。

20.4.5.1 长度单元

图 20－8（a）为均匀电流分布的长度单元 dl 的示意图。方程（20－37）辐射电阻的表达式可修改为下面的形式

$$R_{\mathrm{rad}}=80\,\pi^2\left(\frac{\mathrm{d}l}{\lambda}\right)^2\approx 800\left(\frac{\mathrm{d}l}{\lambda}\right)^2 \tag{20-38a}$$

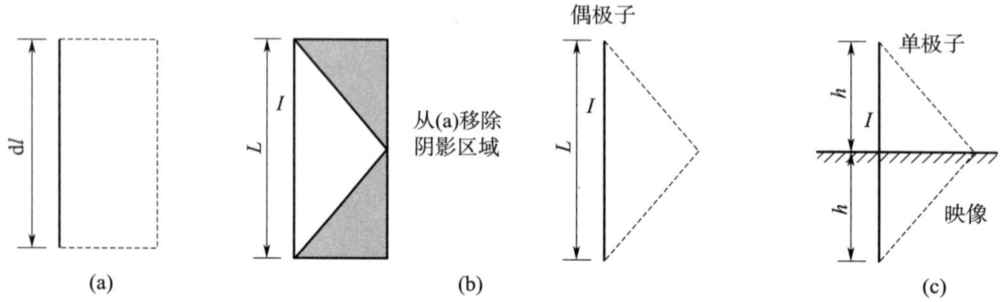

图 20－8 辐射单元的电流分布：(a) 沿单元长度 dl 均匀分布；(b) 沿长度为 L 的短偶极子渐变（非均匀）分布（用 L 代替 dl）；(c) 沿着长度为 h 的短单极渐变（非均匀）分布（用 $2h$ 代替 L）

20.4.5.2 短偶极子

短偶极子情况如图 20－8（b）所示。如前所述，时变电流的均匀性只能假设在非常短的（或单元）长度 dl 上成立。长度较长时（比如说 L），电流将不再保持均匀。如果我们假设电流具有不均匀（渐变）分布，需要用 L 取代长度 dl。根据这种渐变，辐射电阻减少到单元长度的四分之一。因此，方程（20－38a）中用 L 取代长度 dl 的短偶极子辐射电阻变为

$$R_{\mathrm{rad}}=20\,\pi^2\left(\frac{\mathrm{d}l}{\lambda}\right)^2\approx 200\left(\frac{L}{\lambda}\right)^2 \tag{20-38b}$$

20.4.5.3 短单极子

短单极子情况如图 20－8（c）所示。在这种情况下，长度单元具有非均匀（渐变）的电流分布。由于辐射单元长度只有偶极子的一半，所以辐射电阻减半。因此，长度为 $L=2h$ 的短单极子的辐射电阻变为

$$R_{\mathrm{rad}}=10\,\pi^2\left(\frac{\mathrm{d}l}{\lambda}\right)^2\approx 100\left(\frac{L}{\lambda}\right)^2=400\left(\frac{h}{\lambda}\right)^2 \tag{20-38c}$$

由方程（20－38a）（20－38b）和（20－38c）给出的关系式适用于非常短的天线。一般来说，天线长度不应该超过 $\lambda/10$（某些情况下 $\lambda/8$），否则，在电气术语中不应称为短天线。

20.5 正弦电流分布天线的场

如图 20－9 所示，天线周围的场被划分为两个主要区域。靠近天线的区域称为**近场**或**菲涅耳区**，而远离天线的区域称为**远场**或**夫琅和费区**。下面两小节将讨论两种情况。这些

场都是由正弦电流分布的半波长（或四分之一波长）天线单元生成的。

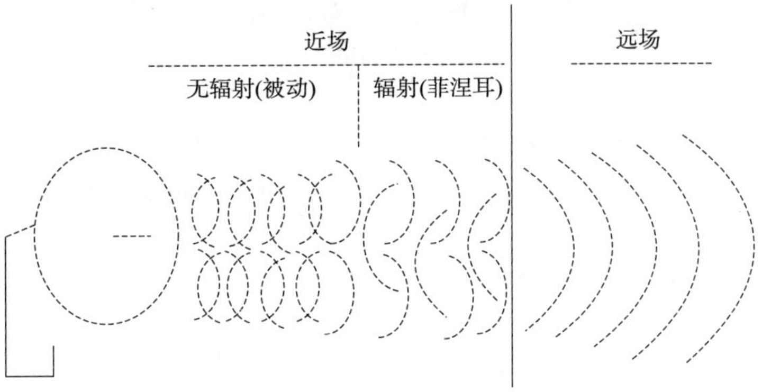

图 20 - 9　天线的近场和远场

20.5.1　远场

到目前为止，我们已经描述了短长度单元所产生的场，并假定电流分布均匀。如果单元长度增加或电流分布变得不均匀，采用前面的分析方法就不能得到预期的结果，必须重新分析。在本节中，单元的长度取波长的一半，并假定电流为正弦分布。这种构型可称为半波偶极子。如果这个长度再减半，得到的构型称为四分之一波单极子。这两种构型如图 20 - 10 所示。

20.5.1.1　几何构型

半波偶极子如图 20 - 10（a）所示，其中导线单元的长度沿 z 轴从 $-H$ 到 $+H$ 。单元内各段的正弦分布的电流可表示为

$$I = I_m \sin\beta(H - z) \quad (z > 0) \tag{20-39a}$$

$$I = I_m \sin\beta(H + z) \quad (z < 0) \tag{20-39b}$$

与偶极子有相同电流分布的四分之一波长单极子如图 20 - 10（b）所示。假设单极子位于理想导电性能的地面上。

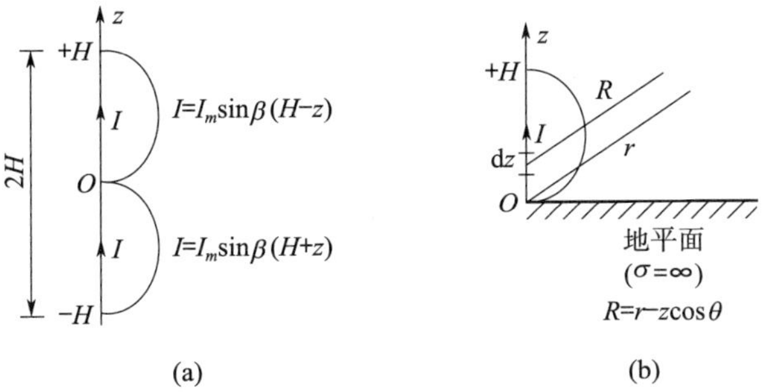

图 20 - 10　（a）半波偶极子；（b）四分之一波单极子

如图 20 - 10（b）所示，r 是从原点到要计算的场点之间距离，R 是长度 dz 到场点的距

离。当距离较远时，通常认为 r 和 R 是平行的。

考虑电流沿 z 方向，有 $\boldsymbol{J}=J_z\boldsymbol{a}_z$ 和 $\boldsymbol{A}=A_z\boldsymbol{a}_z$，微分矢量磁势可以写为

$$\mathrm{d}A_z=\frac{\mu I\,\mathrm{d}z}{4\pi R}\mathrm{e}^{-\mathrm{j}\beta R} \tag{20-40}$$

根据方程（20－39）和（20－40）有

$$A_z=\frac{\mu}{4\pi}\int_{-H}^{0}\frac{I_m\sin\beta(H+z)}{R}\mathrm{e}^{-\mathrm{j}\beta R}\mathrm{d}z+\frac{\mu}{4\pi}\int_{0}^{H}\frac{I_m\sin\beta(H-z)}{R}\mathrm{e}^{-\mathrm{j}\beta R}\mathrm{d}z$$

对于幅度计算，用 r 替换 R，对于相位 β 计算，用 $r-z\cos\theta$ 替换 R，方程变为

$$A_z=\frac{\mu I_m}{4\pi r}\mathrm{e}^{-\mathrm{j}\beta r}\left\{\int_{-H}^{0}\sin[\beta(H+z)]\,\mathrm{e}^{\mathrm{j}\beta z\cos\theta}\mathrm{d}z+\int_{0}^{H}\sin[\beta(H-z)]\,\mathrm{e}^{-\mathrm{j}\beta z\cos\theta}\mathrm{d}z\right\} \tag{20-41}$$

对于半波偶极子，$H=\frac{\lambda}{4}$，$\beta H=\frac{2\pi}{\lambda}\frac{\lambda}{4}=\frac{\pi}{2}$，可以得到

$$\sin[\beta(H+z)]=\sin\left(\frac{\pi}{2}+\beta z\right)=\cos\beta z \tag{20-42a}$$

$$\sin[\beta(H-z)]=\sin\left(\frac{\pi}{2}-\beta z\right)=\cos\beta z \tag{20-42b}$$

可将方程（20－41）改为

$$\begin{aligned}A_z&=\frac{\mu I_m}{4\pi r}\mathrm{e}^{-\mathrm{j}\beta r}\left[\int_{0}^{\lambda/4}\cos\beta z\left(\mathrm{e}^{\mathrm{j}\beta z\cos\theta}+\mathrm{e}^{-\mathrm{j}\beta z\cos\theta}\right)\mathrm{d}z\right]\\&=\frac{\mu I_m}{4\pi r}\mathrm{e}^{-\mathrm{j}\beta r}2\int_{0}^{\lambda/4}\cos\beta z\cos(\beta z\cos\theta)\,\mathrm{d}z\\&=\frac{\mu I_m}{2\pi r}\mathrm{e}^{-\mathrm{j}\beta r}\int_{0}^{\lambda/4}[\cos\beta z(1+\cos\theta)+\cos\beta z(1-\cos\theta)]\,\mathrm{d}z\\&=\frac{\mu I_m}{2\pi r}\mathrm{e}^{-\mathrm{j}\beta r}\left[\frac{\sin\beta z(1+\cos\theta)}{\beta(1+\cos\theta)}+\frac{\sin\beta z(1-\cos\theta)}{\beta(1-\cos\theta)}\right]_{0}^{\lambda/4}\\&=\frac{\mu I_m}{2\pi\beta r}\mathrm{e}^{-\mathrm{j}\beta r}\left\{\left[(1-\cos\theta)\left(\frac{\pi}{2}\cos\theta\right)+(1+\cos\theta)\left(\frac{\pi}{2}\cos\theta\right)\right]\frac{1}{\sin^2\theta}\right\}\\&=\frac{\mu I_m}{2\pi\beta r}\mathrm{e}^{-\mathrm{j}\beta r}\left[\frac{\cos\left(\frac{\pi}{2}\cos\theta\right)}{\sin^2\theta}\right]\end{aligned} \tag{20-43}$$

20.5.1.2 场分量

获得场分量的过程如下：

因为 $\boldsymbol{J}=J_z\boldsymbol{a}_z$，仅有 $\boldsymbol{B}=\nabla\times\boldsymbol{A}=B_\varphi\boldsymbol{a}_\varphi$ 和 $E_\theta=\eta H_\varphi=120\pi H_\varphi$，因此

$$H_\varphi=-\frac{1}{\mu}\frac{\partial A_z}{\partial r}\sin\theta=\frac{\mathrm{j}I_m\mathrm{e}^{-\mathrm{j}\beta r}}{2\pi r}\frac{\cos\left(\frac{\pi}{2}\cos\theta\right)}{\sin\theta} \tag{20-44}$$

$$E_\theta = -\frac{\mathrm{j}60 I_m \mathrm{e}^{-\mathrm{j}\beta r}}{r} \frac{\cos\left(\frac{\pi}{2}\cos\theta\right)}{\sin\theta} \tag{20-45}$$

E_θ 和 H_φ 的幅度为

$$|E_\theta| = \frac{60 I_m}{r} \frac{\cos\left(\frac{\pi}{2}\cos\theta\right)}{\sin\theta} \tag{20-46a}$$

$$|H_\varphi| = \frac{I_m}{2\pi r} \frac{\cos\left(\frac{\pi}{2}\cos\theta\right)}{\sin\theta} \tag{20-46b}$$

20.5.1.3 辐射功率

根据方程（20－46），辐射的平均功率 P_{av} 和总功率 P_T 表达式为

$$P_{av} = |E_\theta||H_\varphi| = \frac{\eta I_m^2}{8\pi^2 r^2} \frac{\cos^2\left(\frac{\pi}{2}\cos\theta\right)}{\sin^2\theta} \tag{20-47a}$$

$$P_T = \int P_{av}\,\mathrm{d}s = \frac{\eta I_m^2}{4\pi}\int_0^{\pi/2} \frac{\cos^2\left(\frac{\pi}{2}\cos\theta\right)}{\sin^2\theta}\mathrm{d}\theta \tag{20-47b}$$

对方程（20－47）计算得到

$$P_T = \frac{0.609\eta I_m^2}{4\pi} = \frac{0.609\eta I_{\mathrm{eff}}^2}{4\pi} = 36.5 I_{\mathrm{eff}}^2 = R_{\mathrm{rad}} I_{\mathrm{eff}}^2 \tag{20-48}$$

20.5.1.4 辐射电阻

推导方程（20－48）时，依据的是图 20－10（b）的构型。由于这种构型代表四分之一波单极子，辐射电阻可以写为

$R_{\mathrm{rad}} = 36.5\ \Omega$ （四分之一波长的单极子）

$R_{\mathrm{rad}} = 73\ \Omega$ （半波偶极子）

20.5.2 近场

近场的计算一般意义不大，除非天线位于如机场、海港等附近。对于天线单元紧密排列的阵列天线，近场有重要意义。在这两种情况下，一个天线（或单元）产生的场可能会影响相邻的天线或单元。这种情况要求对近场进行严格的研究。

20.5.2.1 几何构型

图 20－11 给出了沿 z 轴方向的正弦载流偶极子。图中还显示了至计算场点 P 的四个距离，包括从源点到 P 点的距离 r 、从原点沿 z 轴距离 h 位置的单元长度 $\mathrm{d}h$ 到 P 点的距离 R ，从偶极子的上尖点（位于 $z=+H$ ）至 P 点的距离 R_1 和从偶极子下尖点（位于 $z=-H$ ）至 P 点的距离 R_2。根据构型的几何形状，四个距离可以写为

$$R_1 = \sqrt{(z-H)^2 + y^2} \tag{20-49a}$$

$$R_2 = \sqrt{(z+H)^2 + y^2} \tag{20-49b}$$

$$R = \sqrt{(z-h)^2 + y^2} \tag{20-49c}$$

$$r = \sqrt{z^2 + y^2} \tag{20-49d}$$

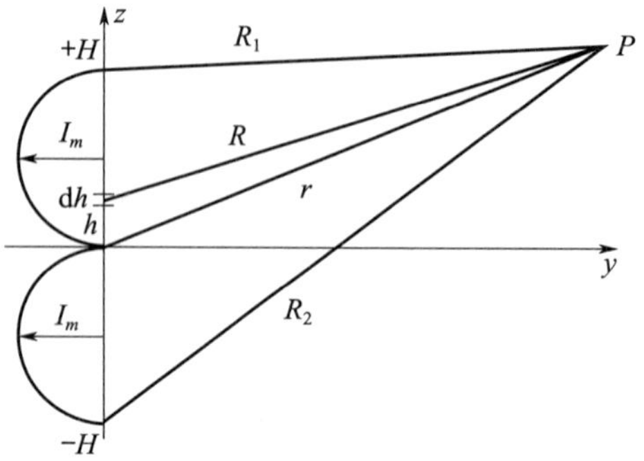

图 20-11　正弦电流分布的偶极子

正弦电流分布的表达式可以写为

$$I = I_m \sin\beta(H-h) \quad (h>0) \tag{20-50a}$$

$$I = I_m \sin\beta(H+h) \quad (h<0) \tag{20-50b}$$

如前所述，P 点的坐标可以在球坐标系中表示，但对于近场情况，用直角坐标系和柱坐标系更好。因此，根据图 20-11 及方程（20-49）和（20-50），A 的 z 分量可以写为

$$A_z = \frac{\mu I_m}{j8\pi}\left[e^{j\beta H}\int_0^H \frac{e^{-j\beta(R+h)}}{R}dh - e^{-j\beta H}\int_0^H \frac{e^{-j\beta(R-h)}}{R}dh + e^{j\beta H}\int_0^H \frac{e^{-j\beta(R-h)}}{R}dh - e^{-j\beta H}\int_0^H \frac{e^{-j\beta(R+h)}}{R}dh \right] \tag{20-51}$$

20.5.2.2　场分量

根据方程（20-51），存留的磁场强度分量可以写为

$$H_\varphi = \frac{1}{\mu}(\nabla \times \mathbf{A})_\varphi = -\frac{1}{\mu}\frac{\partial A_z}{\partial \rho} = -\frac{1}{\mu}\frac{\partial A_z}{\partial y} = -H_x \tag{20-52}$$

在方程（20-51）中，用 y 替换 ρ，然后，通过方程（20-51）和（20-52）可以得到

$$H_\varphi = -\frac{I_m}{j8\pi}\left\{ e^{j\beta H}\int_0^H \frac{\partial}{\partial y}\left[\frac{e^{-j\beta(R+h)}}{R}\right]dh - e^{-j\beta H}\int_0^H \frac{\partial}{\partial y}\left[\frac{e^{-j\beta(R-h)}}{R}\right]dh \right\} - \frac{I_m}{j8\pi}\left\{ e^{j\beta H}\int_{-H}^0 \frac{\partial}{\partial y}\left[\frac{e^{-j\beta(R-h)}}{R}\right]dh - e^{-j\beta H}\int_{-H}^0 \frac{\partial}{\partial y}\left[\frac{e^{-j\beta(R+h)}}{R}\right]dh \right\} \tag{20-53}$$

方程（20-53）包含四个积分表达式，每个积分表达式又包含对 y 的导数。第一项可以重写为

$$\int_0^H \frac{\partial}{\partial y}\left[\frac{e^{-j\beta(R+h)}}{R}\right]dh \tag{20-54}$$

式中的参数 R 由方程（20-49c）给出。这项可以通过 u 和 v 为 x 的函数的下列标准关系

式求导

$$\frac{\mathrm{d}}{x}\left(\frac{u}{v}\right)=\frac{v\left(\frac{\mathrm{d}u}{\mathrm{d}x}\right)-u\left(\frac{\mathrm{d}v}{\mathrm{d}x}\right)}{v^2} \tag{20-55}$$

因此，式（20－54）变为

$$\int_0^H\left[\frac{\mathrm{e}^{-\mathrm{j}\beta y}\,\mathrm{e}^{-\mathrm{j}\beta(R+h)}}{R^2}-\frac{y\,\mathrm{e}^{-\mathrm{j}\beta(R+h)}}{R^3}\right]\mathrm{d}h \tag{20-56}$$

式（20－56）的被积函数恰好就是一个全微分。式（20－56）中的积分可用乘积项的关系求出

$$\int uv\,\mathrm{d}x=u\int v\,\mathrm{d}x-\int\left[\left(\frac{\mathrm{d}u}{\mathrm{d}x}\right)\int v\,\mathrm{d}x\right] \tag{20-57}$$

根据方程（20－57），通过式（20－56）可得到

$$\mathrm{e}^{\mathrm{j}\beta H}\left[\frac{y\,\mathrm{e}^{-\mathrm{j}\beta(R+h)}}{R(R+h-z)}\right]_{h=0}^{h=H}=y\,\mathrm{e}^{\mathrm{j}\beta H}\left[\frac{\mathrm{e}^{-\mathrm{j}\beta(R+h)}}{R_1(R_1+H-z)}-\frac{(r+z)\,\mathrm{e}^{-\mathrm{j}\beta r}}{r(r-z)}\right] \tag{20-58}$$

但是，根据方程（20－49a）

$$R^2-(H-z)^2=r^2-z^2=y^2 \tag{20-59}$$

因此，式（20－56）的各项变为

$$\frac{\mathrm{e}^{\mathrm{j}\beta H}}{y}\left[\left(1-\frac{H-z}{R_1}\right)\mathrm{e}^{-\mathrm{j}\beta(R_1+h)}-\left(1-\frac{z}{r}\right)\mathrm{e}^{-\mathrm{j}\beta r}\right] \tag{20-60a}$$

$$\frac{\mathrm{e}^{\mathrm{j}\beta H}}{y}\left[\left(1+\frac{H-z}{R_1}\right)\mathrm{e}^{-\mathrm{j}\beta(R_1-h)}-\left(1-\frac{z}{r}\right)\mathrm{e}^{-\mathrm{j}\beta r}\right] \tag{20-60b}$$

$$\frac{\mathrm{e}^{-\mathrm{j}\beta H}}{y}\left[\left(1-\frac{H+z}{R_2}\right)\mathrm{e}^{-\mathrm{j}\beta(R_2+h)}-\left(1-\frac{z}{r}\right)\mathrm{e}^{-\mathrm{j}\beta r}\right] \tag{20-60c}$$

$$\frac{\mathrm{e}^{-\mathrm{j}\beta H}}{y}\left[\left(1+\frac{H+z}{R_2}\right)\mathrm{e}^{-\mathrm{j}\beta(R_2-h)}-\left(1-\frac{z}{r}\right)\mathrm{e}^{-\mathrm{j}\beta r}\right] \tag{20-60d}$$

将式（20－60）的四项相加得到总磁场为

$$H_\varphi=\frac{-I_m}{4j\pi}\left(\frac{\mathrm{e}^{-\mathrm{j}\beta R_1}}{y}+\frac{\mathrm{e}^{-\mathrm{j}\beta R_2}}{y}-\frac{2\cos\beta H\,\mathrm{e}^{-\mathrm{j}\beta r}}{y}\right) \tag{20-61}$$

应用第一个麦克斯韦方程，对于自由空间可以写为 $\boldsymbol{E}=\frac{1}{\mathrm{j}\omega\varepsilon}\nabla\times\boldsymbol{H}$。现在，用 y 表示 $x=0$ 平面，可以得到

$$E_y=-\frac{1}{\mathrm{j}\omega\varepsilon}\frac{\partial H_\varphi}{\partial z} \tag{20-62a}$$

$$E_z=-\frac{1}{\mathrm{j}\omega\varepsilon y}\frac{\partial(yH_\varphi)}{\partial y} \tag{20-62b}$$

因为 H_φ 是 H 仅有的一个分量，因此 $\boldsymbol{H}$ 的旋度变为

$$\nabla\times\boldsymbol{H}=\frac{\partial H_\varphi}{\partial z}\boldsymbol{a}_y+\frac{1}{y}\frac{\partial(yH_\varphi)}{\partial y}\boldsymbol{a}_z \tag{20-63}$$

从方程（20－62）和（20－63）得到

$$E_z = \frac{-\mathrm{j}\beta I_m}{4\pi\varepsilon\omega y}\left(\frac{y\,\mathrm{e}^{-\mathrm{j}\beta R_1}}{R_1} + \frac{y\,\mathrm{e}^{-\mathrm{j}\beta R_2}}{R_2} - 2\cos\beta H\,\frac{y\,\mathrm{e}^{-\mathrm{j}\beta r}}{r}\right) \tag{20-64a}$$

$$= -\mathrm{j}30 I_m\left(\frac{\mathrm{e}^{-\mathrm{j}\beta R_1}}{R_1} + \frac{\mathrm{e}^{-\mathrm{j}\beta R_2}}{R_2} - 2\cos\beta H\,\frac{y\,\mathrm{e}^{-\mathrm{j}\beta r}}{r}\right)$$

$$E_y = -\mathrm{j}30 I_m\left(\frac{z-H}{y}\,\frac{\mathrm{e}^{-\mathrm{j}\beta R_1}}{R_1} + \frac{z+H}{y}\,\frac{\mathrm{e}^{-\mathrm{j}\beta R_2}}{R_2} - 2\,\frac{z\cos\beta H}{y}\,\frac{\mathrm{e}^{-\mathrm{j}\beta r}}{r}\right) \tag{20-64b}$$

$$H_\varphi = \frac{-\mathrm{j}30 I_m}{\eta y}\left(\mathrm{e}^{-\mathrm{j}\beta R_1} + \mathrm{e}^{-\mathrm{j}\beta R_2} - 2\cos\beta H\,\mathrm{e}^{-\mathrm{j}\beta r}\right) \tag{20-64c}$$

20.5.2.3 对各项的解释

方程（20-64a）至（20-64c）的 E_z、E_y 和 H_φ 表达式中的各项给出了以下信息：

1）与 $\mathrm{e}^{-\mathrm{j}\beta R_1}$ 相关的表达式表示球面波，源自天线顶部。

2）与 $\mathrm{e}^{-\mathrm{j}\beta R_2}$ 相关的表达式表示球面波，在偶极子情况下源自天线底部，在单极子情况下源自映像的下尖端。

3）与 $\mathrm{e}^{-\mathrm{j}\beta r}$ 相关的表达式表示球面波，在偶极子情况下源自天线中心，在单极子情况下源自天线的底部。

4）波的幅度取决于长度 H，因为 $\beta H=\pi/2$，$\cos\beta H=0$。因此，对于四分之一波长的单极子或半波偶极子，幅度为 0。

5）自然界中所有球面波都是全方位的。

6）在所有表达式中，分子表示相位因子，分母表示距离因子的倒数。

7）方程（20-64a）和（20-64b）分别表示平行分量 E_z 和垂直分量 E_y。只要给定相关参数值，由天线附近的这些关系式就可计算出 E_z 和 E_y。

20.6 辐射图

“辐射图”也称方向图，是天线向空间辐射的场分布的图形表示，是方向或空间坐标的函数。这种图形的形式通常被称为波束。这种波束可以很窄（铅笔束），很宽（扇形束），全向或任意形状。辐射图可以包含一束或多束。在雷达中，可以通过机械或电子的方法操纵这些波束。

辐射图可以用电场（称为 E 图）、磁场（称为 H 图）或功率来定义。当用电场 E 或磁场 H 来定义时称为辐射密度图或 E 或 H 场的空间变化。当用功率来定义时称为**功率图**。功率图是单位立体角接收功率（$\boldsymbol{P}=\boldsymbol{E}\times\boldsymbol{H}$）的轨迹（单位为瓦每球面度）。由于 E 图更常用，下一节将仅讨论 E 图。

20.6.1 主要关系式

将方程（20-41）给出的 A_z 表达式复制到此

$$A_z = \frac{\mu I_m}{4\pi r}\mathrm{e}^{-\mathrm{j}\beta r}\left\{\int_{-H}^{0}\sin\left[\beta(H+z)\right]\mathrm{e}^{\mathrm{j}\beta z\cos\theta}\,\mathrm{d}z + \int_{0}^{H}\sin\left[\beta(H-z)\right]\mathrm{e}^{-\mathrm{j}\beta z\cos\theta}\,\mathrm{d}z\right\} \tag{20-41}$$

其中，$\beta=2\pi/\lambda$，$\beta H=(2\pi/\lambda)H$。

表 20－1 是对于一些选定的 H 值的 βH、$\sin\beta(H+z)$ 和 $\sin\beta(H-z)$ 的结果。

在 20.4 节中，考虑了 $H=\lambda/4$ 的情况，并相应考虑了 z 的极限。根据方程（20－27b），E_θ 是对辐射功率有贡献的唯一分量，因此只需考虑 E_θ 分量。将方程（20－46a）给出的 E_θ 的幅度复制到这里

$$|E_\theta|=\frac{60I_m}{r}\left[\frac{\cos\left(\frac{\pi}{2}\cos\theta\right)}{\sin\theta}\right] \tag{20-46a}$$

如果在方程（20－41）中不代入 βH 值，只代入 $\sin\beta(H+z)$ 和 $\sin\beta(H-z)$ 的值，可得到如下关系式

$$|E_\theta|=\frac{60I_m}{r}\left[\frac{\cos\beta H-\cos(\beta H\cos\theta)}{\sin\theta}\right] \tag{20-65}$$

表 20－1　不同 H 值的 βH、$\sin\beta(H+z)$ 和 $\sin\beta(H-z)$ 值

H	$\lambda/4$	$\lambda/2$	$3\lambda/4$	λ	$3\lambda/2$	2λ
$\beta H=(2\pi/\lambda)H$	$\pi/2$	π	$3\pi/2$	2π	3π	4π
$\sin\beta(H+z)$	$\cos(\beta z)$	$-\sin(\beta z)$	$-\cos(\beta z)$	$\sin(\beta z)$	$-\sin(\beta z)$	$\sin(\beta z)$
$\sin\beta(H-z)$	$\cos(\beta z)$	$\sin(\beta z)$	$-\cos(\beta z)$	$-\sin(\beta z)$	$\sin(\beta z)$	$-\sin(\beta z)$

如果给 H 赋予不同的值（如 $\lambda/4$、$\lambda/2$、$3\lambda/4$、λ 等），可以得到相应的 βH 值（如 $\pi/2$、π、$3\pi/2$、2π 等）。在方程（20－65）中代入这些值将得到新的 $|E_\theta|$ 表达式。因此，可以在选定的范围内改变 r 和 θ 来计算 $|E_\theta|$ 的值。我们假设 $I_m=I$，r 在 0 到 1 之间变化，θ 在 0 到 π 之间变化，将结果绘制在极坐标图上就可以得到辐射图。在接下来两小节中，将按水平辐射图和垂直辐射图的分类进行讨论。

20.6.2　水平辐射图

水平辐射图（HRP）是在水平面上（或 $\theta=0$）绘制的，其中 φ 在 0 到 2π 之间变化。由于在 $|E_\varphi|$ 表达式中没有涉及 φ，因此，在 $\theta=0$ 平面上所有的长度曲线都是圆，如图 20－12（a）所示。

20.6.3　垂直辐射图

垂直辐射图（VRP）绘制在垂直平面上，是 φ 取不同常数，θ 在 $0\sim\pi$ 之间变化的辐射图。

20.6.3.1　$I<\lambda/10$ 的垂直辐射图

如果辐射单元的长度小于 $\lambda/10$，通过方程（20－29a）可得到它的垂直辐射图。将该方程复制到这里

$$E_\theta=\frac{60\pi I\,\mathrm{d}l}{\lambda r}\sin\theta \tag{20-29a}$$

根据这个关系式得到 dl 的垂直辐射图如图 20－12（b）所示。

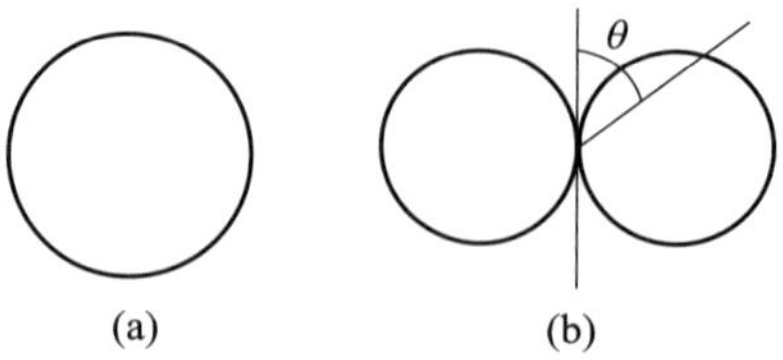

图 20－12　（a）所有长度的水平辐射图；（b）单元长度 dl 的垂直辐射图

20.6.3.2　$I>\lambda/10$ 的垂直辐射图

对于其他长度（$I>\lambda/10$），垂直辐射图由前面讨论过的 $|E_\theta|$ 关系式得到。由于 θ 参与了 $|E_\theta|$ 的所有表达式，因此，对于图 20－9 中所示的不同长度 H，垂直辐射图形状不同。图 20－13 给出了某些选定长度的垂直辐射图。

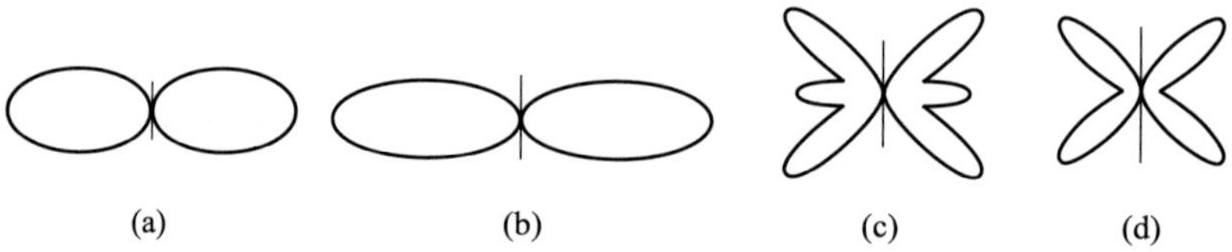

图 20－13　垂直辐射图：(a) $H=\lambda/2$；（b）$H=\lambda$；（c）$H=3\lambda/2$；（d）$H=2\lambda$

20.6.3.3　辐射图构成

前面曾提到，辐射图是 E、H 或 P 空间分布的图形表示，因此，辐射图是方向或空间坐标的函数。事实上，图 20－13 所示的波束是三维结构。

辐射图可以由一束或多束组成。如果只有一个波束，则在某一个角位置辐射最大。从这个角位置向任何方向偏离，辐射都会减少，最后到达零辐射点。在多波束的情况下，辐射将从这个零辐射点开始再次增加，达到第二个最大值然后开始减少，直到再次到达零辐射点。这个过程在所有波束间重复。

图 20－14 显示了波束的组成部分，由一个主瓣、一个或多个旁瓣和一个后瓣组成。主波束包括一个最大辐射方向、辐射减少到最大值一半的方向和零辐射方向。两个半功率点之间的角距称为半功率波束宽度，两个零辐射点之间的角距称为第一零点的波束宽度。

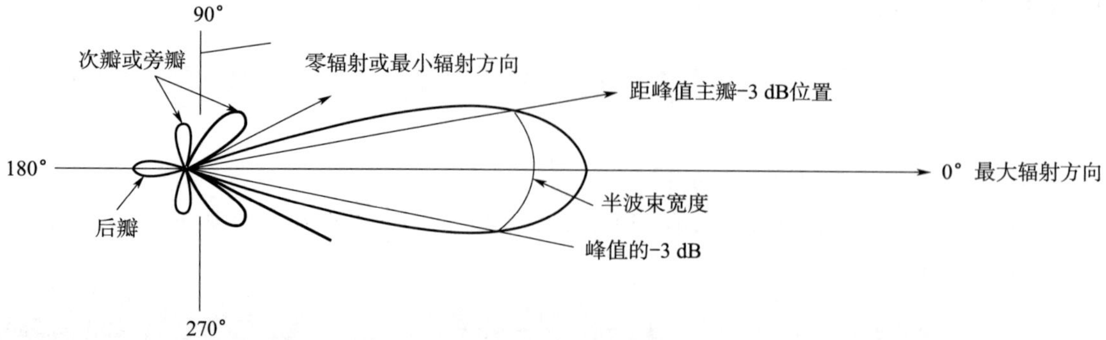

图 20－14　波瓣构成

与波束有关的其他一些参数包括波束效率、功率增益、定向增益和方向性。**波束效率**是主波束面积与总波束面积之比。**增益**是点源全向天线在特定方向上的压缩或集中辐射的量度。功率增益是给定方向上辐射强度与平均总功率之比。**定向增益**是在某一点特定方向上的功率密度与全向天线在相同距离上的辐射功率之比。最后，**方向性**是最大定向增益。

20.6.4　垂直辐射图的方向

辐射图的方向取决于馈源的位置。图 20－13 所示的所有情况下，都假定馈源位于辐射单元的中心。当将馈源移到单元的一端时，垂直辐射图也将扭向那一端。图 20－15（a）和 20－15（b）分别说明了 $l=\lambda/2$ 和 $l=\lambda$ 时的这个基本准则。图 20－15（a）（ii）和 20－15（b）（ii）表明，馈源位于单元左侧末端，垂直辐射图也扭向同一末端。类似地，在图 20－15（a）（iii）和 20－15（b）（iii）中，馈源位于单元右侧，垂直辐射图也向右侧扭转。对于其他长度，无论大小也都如此。

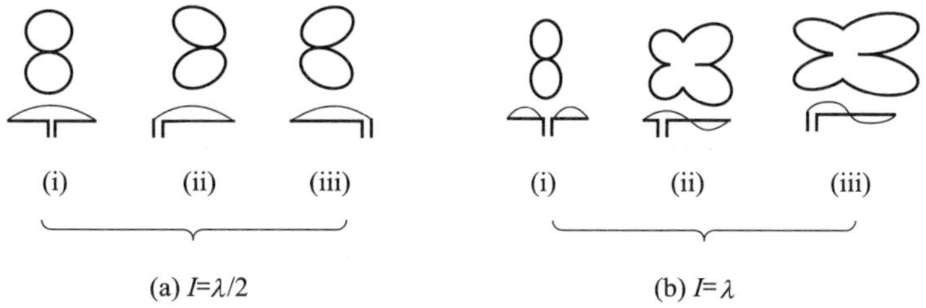

图 20－15　馈源在不同位置情况下的垂直辐射图

20.6.5　终端对辐射图的影响

天线的辐射图除了受馈电长度和馈源位置的影响外，还受终端的影响。这就导致了下面的天线分类。

20.6.5.1　无终端天线

没有终端的天线称为**无终端天线**。这种天线具有驻波电流分布，也称为**驻波天线**、**周期波天线**或**谐振天线**。在第 16 章中已经提到，驻波是前行波和反射波的合成。因此，由于存在方向相反的两种波，也就存在同时前向和后向的两个方向辐射，如图 20－16（a）所示。

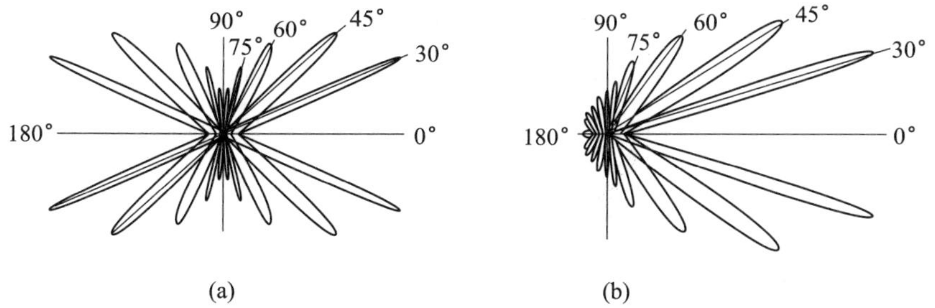

图 20－16　垂直辐射图：（a）谐振天线；（b）非谐振天线

20.6.5.2 终端天线

终止于一端的天线称为**终端天线**。这种天线具有行波电流分布，也称为**行波天线**、**非周期天线**或**非共振天线**。在这种情况下，由于没有反射和后向波，能量只向前方辐射，其辐射图如图 20－16（b）所示。

从图 20－16（a）和 20－16（b）中可以看出，辐射图有大量的波瓣。波瓣的数量取决于天线的馈电长度。一般来说，在辐射图中，每 $\lambda/2$ 长度就会有一个波瓣。因此，对于长度为 $n\lambda/2$ 的单元，会有 n 个波瓣。这里，n 是整偶数或整奇数。如果 n 是偶数，在垂直导线或单元轴线上会对称地出现两个主波瓣。对于奇数 n，在垂直导线轴线上只有一个主波瓣。

20.6.5.3 相对定向增益

在图 20－16（a）中，辐射有正、反两个方向，而图 20－16（b）仅为正方向。后者在前向集中了更多的能量。这使得非谐振天线有更多的定向增益。表 20－2 显示了两根不同电长度天线的相对定向增益。

表 20－2 不同电长度的相对定向增益

天线的电长度		$\lambda/2$	λ	$3\lambda/2$	2λ	3λ	4λ	8λ
定向增益	谐振	1.64	1.8	2	2.3	2.8	3.5	7.1
	非谐振	3.2	4.3	5.5	6.5	8.6	10.5	17.4

20.6.6 电流分布对辐射图的影响

20.4 节中，在假设电流分布为正弦曲线的条件下推导出了相应的场关系式。当电流分布偏离正弦曲线时，这些关系需要修正。相应地，也需要对辐射图和相关波束参数进行修正。Jesic 的《**天线工程手册**》（*Antenna Engineering Handbook*）包含了导线上不同电流分布的相对增益和半功率波束宽度（HPBW）。天线不总是直导线的形式，可以是折叠线、环形线、平面或弯曲表面形式。该手册还包括称为矩形和圆形孔径分布的矩形和圆形平面的电流分布。

20.6.7 地面对辐射图的影响

不同长度和（或）电流分布的天线辐射图可能会被附近的反射面改变。地面也起到反射面的作用。天线可能在地面上或接近地面的位置安装（或飞机或其他车辆的平台上），辐射图必然会受到影响。电导率、相对介电常数和天线到地面或表面的距离决定了影响的程度，这种影响还取决于天线相对于地面或表面的方向。下面来讨论这种效应。

理想的地面或接地层（GP）起到了辐射系统镜子的作用。地面上方的天线能看到边界面另一侧自己的映像。图 20－17 显示了地平面上方的垂直辐射器和水平辐射器及其它们映像的形成。该图也显示了天线中电流方向和感应电荷的极性及其图像，使得在不同距离上形成的图像与天线的位置一致。

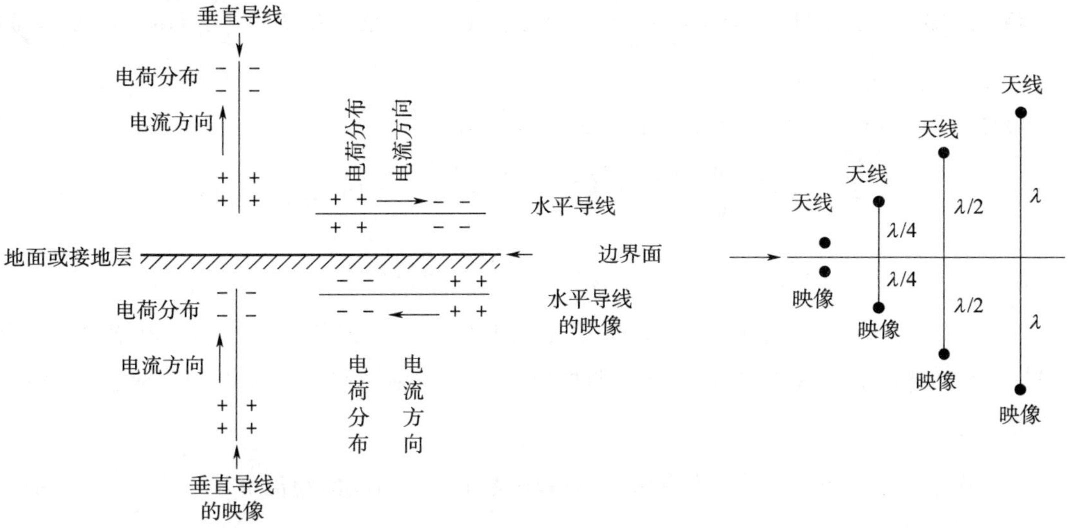

图 20－17　地平面上方不同高度的天线及其成像信息

图 20－18 给出了高度为 h_1 和 h_2 的发射天线和接收天线，两者相距为 d 。从天线 A 辐射出的能量通过直接射线（DR）和反射射线（RR）到达天线 B 。假定反射射线来自图像的下端，满足 $AC+CB=A'C+CB$ 的关系。在理想接地层情况下将会完全反射，而在非理想接地层情况下，部分照射射线的能量会被吸收。这种情况可以视为模糊的镜子。因此，改变了天线的辐射图，改变的程度取决于接地层的不理想程度。

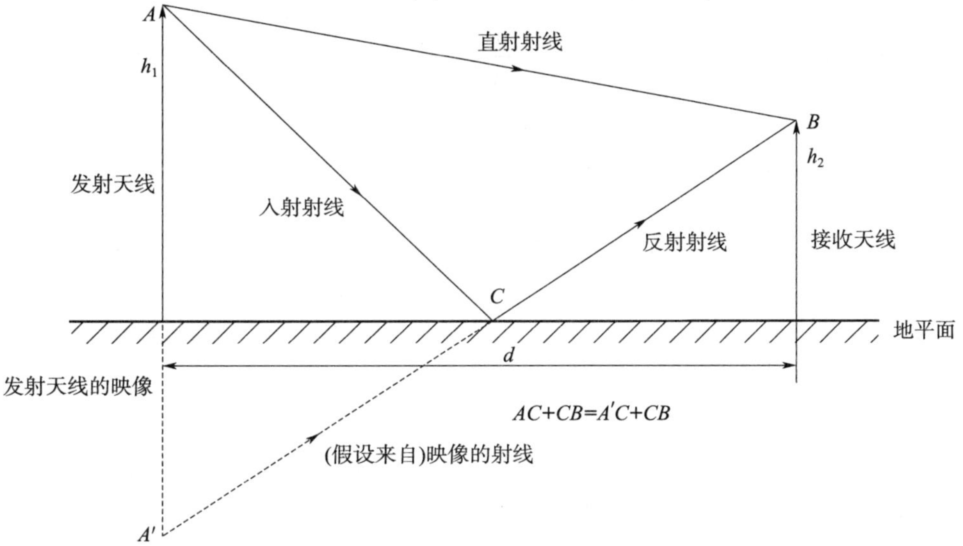

图 20－18　发射与接收天线之间的直射射线和反射射线

例 20.1　一条 4 m 长的导线携带 1 A 电流，以 $f=5$ MHz 的频率在自由空间中向 $\theta=15^\circ$ 方向辐射。求在距离辐射单元 100 km 处的 $|E|$ 和 $|H|$ 。

解：已知 $f=5\ \mathrm{MHz}$，则 $\lambda=60\ \mathrm{m}$，单元长度 $l=4\ \mathrm{m}$，则 $l=\dfrac{\lambda}{15}$，$I\mathrm{d}l=4\ \mathrm{Am}$，$\theta=15^\circ$，$\sin\theta=0.2588$，$r=10^5\ \mathrm{m}$

根据方程（20－29），对辐射场有贡献的分量为

$$|E_\theta|=\frac{60\pi I\mathrm{d}l\sin\theta}{\lambda r}=\frac{60\pi\times4\times0.2588}{60\times10^5}=19.513\ \mu\mathrm{V/m}$$

$$|H_\varphi|=\frac{I\mathrm{d}l\sin\theta}{2\lambda r}=\frac{4\times0.2588}{2\times60\times10^5}=0.0863\ \mu\mathrm{A/m}$$

例 20.2 如果（a）电磁波的频率是 15 MHz，以光速传播；（b）电磁波频率是 5 kHz，传播速度为光速的 80%。在这两种情况下，多远距离上电磁波的感应场和辐射场大小相等？

解：根据方程（20－24），感应场和辐射场具有相同幅度的距离 $r=\dfrac{v}{\omega}=\dfrac{v}{2\pi f}$，因此

(a) $r=\dfrac{v}{2\pi f}=\dfrac{3\times10^8}{2\pi\times15\times10^9}=3.1831\ \mathrm{m}$

(b) $r=\dfrac{v}{2\pi f}=\dfrac{0.8\times3\times10^8}{2\pi\times5\times10^9}=0.00764\ \mathrm{m}$

例 20.3 辐射单元长度 1 cm，承载 1 A 等效电流，计算它的辐射功率：（a）频率 $f=5\ \mathrm{GHz}$；（b）频率 $f=10\ \mathrm{GHz}$。

解：已知 $I_{\mathrm{eff}}=1\ \mathrm{A}$，$\mathrm{d}l=10^{-2}\ \mathrm{m}$，$v=c\approx3\times10^8\ \mathrm{m/s}$，因此，根据方程（20－34）：

(a) $f=5\ \mathrm{GHz}$，$\omega=2\pi f=2\pi\times5\times10^9=\pi\times10^{10}$

$$P=\frac{20\,\omega^2I_{\mathrm{eff}}^2\,\mathrm{d}l^2}{v^2}=\frac{20\times(\pi\times10^{10})^2\times(1)^2\times(10^{-2})^2}{(3\times10^8)^2}=21.93\ \mathrm{W}$$

(b) $f=10\ \mathrm{GHz}$，$\omega=2\pi f=2\pi\times10\times10^9=2\pi\times10^{10}$

$$P=\frac{20\,\omega^2I_{\mathrm{eff}}^2\,\mathrm{d}l^2}{v^2}=\frac{20\times(2\pi\times10^{10})^2\times(1)^2\times(10^{-2})^2}{(3\times10^8)^2}=87.72\ \mathrm{W}$$

例 20.4 辐射单元长度 3 m，计算它的辐射电阻：（a）频率 $f=200\ \mathrm{kHz}$；（b）频率 $f=20\ \mathrm{MHz}$。

解：（a）已知 $f=200\ \mathrm{kHz}$，$\lambda=1.5\times10^3$，$\lambda/10=150\ \mathrm{m}$，因为给定长度 $L=3\ \mathrm{m}$，$L\ll\lambda/10$，辐射电阻用方程（20－38a）来计算

$$R_{\mathrm{rad}}=800\ (\mathrm{d}l/\lambda)^2=800\ (3/1.5\times10^3)^2=3.2\ \mathrm{m\Omega}$$

（b）已知 $f=20\ \mathrm{MHz}$，$\lambda=15\ \mathrm{m}$，$\lambda/10=1.5\ \mathrm{m}$，因为给定长度 $L=3\ \mathrm{m}$，$L>\lambda/10$，短偶极子和短单极子的辐射电阻分别用方程（29－38b）和（20－38c）计算：

对于短偶极子，$R_{\mathrm{rad}}=200\ (\mathrm{d}l/\lambda)^2=200\ (3/15)^2=8\ \Omega$

对于短单极子，$L=2h$，或 $h=L/2=1.5\ \mathrm{m}$

$R_{\mathrm{rad}}=400\ (\mathrm{d}l/\lambda)^2=400\ (1.5/15)^2=4\ \Omega$

例 20.5 如果一个单元携带最大 3 A 电流，（a）向 $\theta=45^\circ$ 方向的自由空间辐射；（b）向 $\theta=30^\circ$ 方向的自由空间辐射；计算 10 km 距离的平均功率。

解： 已知 $r=10^4$ m，$\eta=120\pi \cdot I_m=3$ A，根据方程（20-47a）可得

$$P_{av}=\frac{\eta I_m^2}{8\pi^2 r^2}\left[\frac{\cos^2\left(\frac{\pi}{2}\cos\theta\right)}{\sin^2\theta}\right]$$

$$\frac{\eta I_m^2}{8\pi^2 r^2}=\frac{120\pi\times(3)^2}{8\pi^2\ (10^4)^2}=\frac{3392.9}{78.95\times10^8}=42.97\times10^{-8}$$

（a）对于 $\theta=45°$，$\sin45°=0.707$，$\sin^2 45°=0.5$，$\cos45°=0.707$，$\frac{\pi}{2}\cos45°=1.11$，$\cos^2\left(\frac{\pi}{2}\cos45°\right)=1.233$

$$\frac{\cos^2\left(\frac{\pi}{2}\cos45°\right)}{\sin^2 45°}=\frac{1.233}{0.5}=2.466$$

$$P_{av}=42.97\times10^{-8}\times2.466=1.0596\ \mu\text{W}$$

（b）对于 $\theta=30°$，$\sin30°=0.5$，$\sin^2 30°=0.25$，$\cos30°=0.866$，$\frac{\pi}{2}\cos30°=1.36$，$\cos^2\left(\frac{\pi}{2}\cos30°\right)=1.8496$

$$\frac{\cos^2\left(\frac{\pi}{2}\cos30°\right)}{\sin^2 30°}=\frac{1.8496}{0.25}=7.3984$$

$$P_{av}=42.97\times10^{-8}\times7.3984=3.1791\ \mu\text{W}$$

习　题

20.1　一条 3 m 长的导线携带 3 A 电流，以 $f=10$ MHz 的频率在自由空间中向 $\theta=25°$ 方向辐射。求距离原点 50 km 处的 E 和 H 的幅度比。

20.2　如果电磁波的频率是 5 MHz，计算电磁波的感应场和辐射场之比为以下值的距离：(a) 1/4；(b) 2；(c) 5。

20.3　如果电磁波的频率是 3 GHz，在介质中传播速度为光速的 70%。在多远距离上电磁波的感应场和辐射场的大小相等？

20.4　辐射单元长度 1 cm，在 3 GHz 频率下辐射功率 1 W，计算辐射单元承载的电流。

20.5　辐射单元长度 $L=2$ m，计算它的辐射电阻：(a) 频率 $f=500$ kHz；(b) 频率 $f=50$ MHz。

20.6　一个 2 A 电流单元，向 (a) $\theta=15°$，(b) $\theta=25°$ 的方向辐射，计算 100 km 距离的平均功率。

叙述题

1. 什么是赫兹偶极子？它与丝状电流有什么关系？

2. 解释波前从振荡偶极子分离的过程。

3. 什么是延迟电位？这个概念与辐射机制有什么关系？

4. 根据 $\boldsymbol{E}$ 和 $\boldsymbol{H}$ 关系的相关术语对场进行分类。

5. 什么是辐射阻抗？给出短偶极子和短单极子的辐射阻抗值。

6. 什么是水平辐射图和垂直辐射图？针对以下长度画垂直辐射图：(a) $<\lambda/10$；(b) $\lambda/4$；(c) $\lambda/2$；(d) 2λ；(e) 3λ。

7. 绘制一个波瓣图，指出它的不同组成部分。

8. 绘制一个馈电点在不同位置的垂直辐射图，辐射器的长度为：(a) $3\lambda/2$；(b) 2λ。

9. 什么是终端天线和非终端天线？给出两者的辐射图，导线长度为：(a) 5λ；(b) 6λ。

10. 孔径分布的意义是什么？对辐射有什么影响？

11. 讨论地面对 (a) 垂直辐射器和 (b) 水平辐射器的影响。

12. 导出沿 z 轴排列的振荡偶极子电场和磁场的远场分量关系。

13. 如果电场和磁场分量如下式，给出辐射的功率：

$$E_r=\frac{2I\,\mathrm{d}l\cos\theta}{4\pi\varepsilon}\left(\frac{\cos\omega t'}{r^2 v}+\frac{\sin\omega t'}{\omega r^3}\right)$$

$$E_\theta=\frac{I\,\mathrm{d}l\sin\theta}{4\pi\varepsilon}\left(\frac{-\omega\sin\omega t'}{r v^2}+\frac{\cos\omega t'}{r^2 v}+\frac{\sin\omega t'}{\omega r^3}\right)$$

$$H_\varphi=\frac{I\,\mathrm{d}l\sin\theta}{4\pi}\left(\frac{\cos\omega t'}{r^2}+\frac{\omega\sin\omega t'}{r v}\right)$$

式中，$t'=t-\dfrac{r}{v}$，其他参数具有通常的含义。

14. 如果电场和磁场的远场分量如下式，给出正弦电流分布下的辐射功率：

$$|E_\theta|=\frac{60I_m}{r}\frac{\cos\left[\cos\left(\frac{\pi}{2}\right)\cos\theta\right]}{\sin\theta}$$

$$|H_\varphi|=\frac{I_m}{2\pi r}\frac{\cos\left[\cos\left(\frac{\pi}{2}\right)\cos\theta\right]}{\sin\theta}$$

扩展阅读

J. D. Kraus, R. J. Marhefka, A. S. Khan, *Antennas and Wave Propagation*, 5th Ed, Tata McGraw, New Delhi, 2018.

M. L. Sisodia, V. L. Gupta, *Microwaves - Introduction to Circuits Devices and Antennas*, New Age International (Pvt) Ltd., New Delhi, 2006.

Y. Ito, *Radio Wave Propagation Handbook*, ed. Y. Hosoya, Realize Inc., Japan, 1999, pp.171 - 199.

K. Chang, *Microwave Ring Circuits and Antennas*, Wiley, New York, 1996.

E. C. Jordon, K. G. Balmain, *Electromagnetic Waves and Radiating Systems*, Prentice Hall Ltd., New Delhi, 1987.

R. S. Elliot, *Antenna Theory and Design*, Prentice Hall, New Delhi, 1985.

W. L. Weeks, *Antenna Engineering*, Tata McGraw Hill, New Delhi, 1974.

R. G. Brown, et al., *Lines, Waves and Antennas*, 2nd Ed, John Wiley & Sons, New York, 1970.

R. B. Alder, et al., *Electromagnetic Energy Transmission and Radiation*, MIT Press, Cambridge, MA, 1969.

H. Jesic, *Antenna Engineering Handbook*, McGraw Hill Book Co., USA, 1961.

第 21 章　涡　流

21.1　引言

在第 8 章中已经介绍了电流、电流密度以及它们的类型。第 15 章详细描述了位移电流和位移电流密度。本章将讨论另外一种电流，称为涡流。主要介绍涡流的产生、意义、重要性以及涡流的应用；然后讨论涡流方程及其一维、二维和三维解；最后描述各向异性介质中的涡流。

21.2　基本问题

根据**法拉第感应定律**，**涡流**是变化磁场在导体内感应的环电流，也称为**涡电流（Foucault currents）**。这种电流在导体内部垂直于磁场的平面内沿闭合回路流动。涡电流由磁铁或变压器产生的时变磁场（例如，磁铁和附近导体之间的相对运动）对附近的静止导体的感应而产生。回路中电流的大小与磁场强度、回路面积和磁通变化率成正比，与材料的电阻率成反比。

根据**楞次定律**，涡流会产生一个与生成涡流的磁场相反的磁场，因此，涡流会对源磁场产生反作用。例如，附近的导体表面将对运动磁铁施加一个阻止其运动的阻力，这是由于运动的磁场在表面诱导了涡流。**涡流制动器**就是应用了这种效应，使电动工具关闭时快速停止旋转。流过导体电阻中的电流会以热的形式耗散材料中的能量。因此，涡流是交流（AC）**电感**、**变压器**、**电动机**和**发电机**以及其他交流机械中的能量损耗源，需要采用特殊的结构（如**层压磁芯**），以最大限度减少涡流。涡流还用于**感应加热炉和设备**中的物体加热。应用**涡流检测仪**可以检测金属部件的裂纹和缺陷。

在处理涡流的数学问题之前，有必要了解一些涡流的基本问题。下面几小节中将给出相关介绍。

21.2.1　起源和意义

法国第 25 任总理、数学家、物理学家和天文学家弗朗西斯-阿拉戈（Francis Arago）在 1824 年首次观测到涡流并将涡流称为**旋磁**。法拉第完善并解释了这个发现。根据 1834 年楞次（Heinrich Lenz）提出的楞次定律，物体中感应电流的磁场方向与导致电流流动的磁场变化方向相反。涡流产生的二次磁场抵消了一部分外部磁场，导致部分外磁通量避开了导体。1855 年，法国物理学家福科（Leon Foucault）发现，当铜盘在磁铁两极之间旋转时，铜盘旋转所需的力会增大，同时铜盘会被金属中感应的涡流加热。据报道，1879 年，休斯（David E. Hughes）利用涡流原理进行冶金分选试验，首次将涡流用于无损检测。

在导电介质中，时变磁通量的存在会产生电动势。这个力位于垂直通量变化方向的平面上，导致材料中的电流流动，这种电流称为**涡流**。电流的大小取决于**介质的几何形状、磁通的变化率**以及相关**材料的磁性质**。这种电流的方向总是对抗产生该电流的通量变化。这种电流阻止通量瞬态进入物质的内部。因此，对于连续变化的外加磁场，材料内部的磁化力永远不会超过表面磁化力的一小部分。

为了理解涡流的含义，我们来考虑一个带有侧沟的水渠，如图 21-1（a）所示。水流方向为从左到右，水流将在 A 处向下进入沟槽，到达沟槽的死角 B 后，将转向右方向，然后在 C 点转向上方。根据主渠道和沟槽内的水流相对速度，水流的一部分可能在 D 处加入到向前的水流，另一部分转向 A，后者将再次转向 B。这个过程不断重复，部分沟槽中的水会继续循环，形成所谓的漩涡。如下所述，这类漩涡可以用于理解金属芯中的涡流的流动。

图 21-1（b）给出了一个带孔的扁平金属薄片（如变压器箱的顶部），一根载有交变电流的载流导线穿过这个孔洞，图中标出了电流的大小和方向以及薄片与导线之间的绝缘材料。交变电流会产生电动势，该电动势与金属薄片相关。这种相关电动势导致金属薄片中有电流流动。在有限尺寸的薄片中，电流首先向上流动，然后向右流动，然后向下流动，最后向左流动。由于这种电流的流动如同水中产生的漩涡形式，因此称之为涡流。这个电流也会感应一个电动势，这个电动势方向与产生这个涡流的电动势方向相反。

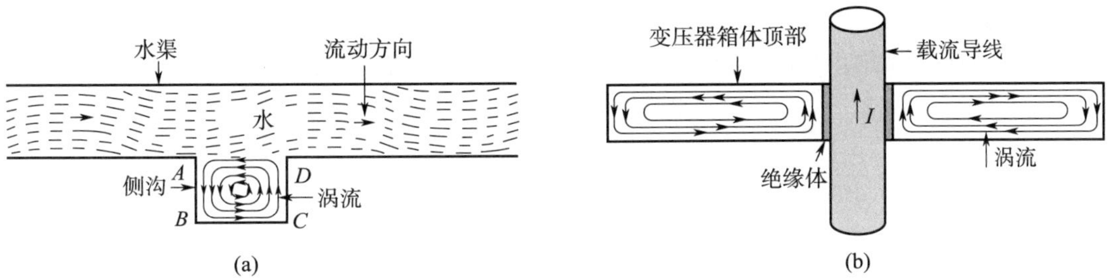

图 21-1 （a）水流产生的涡流；（b）电流产生的涡流

图 21-2（a）和 21-2（b）分别显示了固体芯和分层芯中的电流流动。

21.2.2 重要性及其应用

涡流与感应场之间的相互作用会产生力矩。在固体转子多相感应电机中可以观察到这种有用的现象。这种电流流动也会产生功率损耗，称为涡流损耗。这种功率损耗会在材料中产生热量，因而成为感应加热的基础。在许多情况下，特别是在导电介质中的场和电流时变的情况下，涡流现象的研究变得至关重要。在**机电离合器、涡流制动器、电磁耦合器、固体铁转子感应电机**和**自启动同步电机**的设计中，需要深入了解涡流现象并适当估算进入到固态铁中的交变磁通。

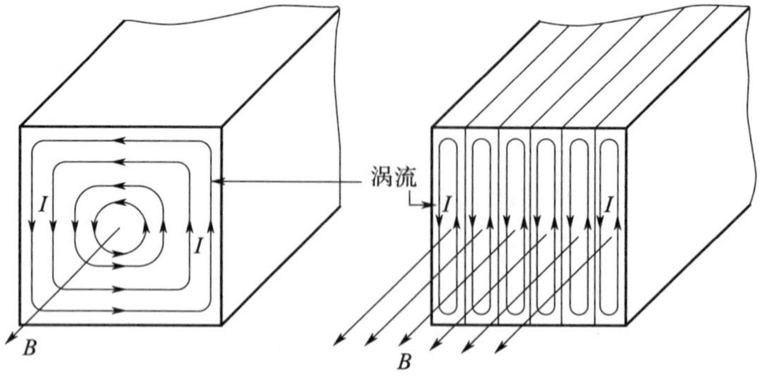

(a) 固体芯　　(b) 分层芯

图 21-2　电流流动图像：(a) 固体芯；(b) 分层芯

21.2.3　涡流方程

涡流方程(物理学中称为**扩散方程**）是模拟材料中涡流效应的有用工具。涡流方程可从下面描述电流密度 $\boldsymbol{J}$ 周围磁场 $\boldsymbol{H}$ 表达式的微分、静磁形式的安培定律导出

$$\nabla\times\boldsymbol{H}=\boldsymbol{J} \tag{11-24}$$

根据方程（4-41d）和方程（11-24）

$$\nabla\times\boldsymbol{H}(\nabla\cdot\boldsymbol{H})-\nabla^2\boldsymbol{H}=\nabla\times\boldsymbol{J}$$

由于 $\nabla\cdot\boldsymbol{H}=\boldsymbol{0}$［方程（11-55）］，可以得到

$$\nabla^2\boldsymbol{H}=-\nabla\times\boldsymbol{J} \tag{21-1a}$$

针对各向同性的均匀导体，应用 $\boldsymbol{J}=\sigma\boldsymbol{E}$ 关系式，上述方程变为

$$\nabla^2\boldsymbol{H}=-\sigma(\nabla\times\boldsymbol{E}) \tag{21-1b}$$

应用 $\nabla\times\boldsymbol{E}=-\dfrac{\partial\boldsymbol{B}}{\partial t}$［方程（15-6b）］得到

$$\nabla^2\boldsymbol{H}=-\sigma\left(-\frac{\partial\boldsymbol{B}}{\partial t}\right) \tag{21-1c}$$

将 $\boldsymbol{B}=\mu\boldsymbol{H}$［方程（11-1）］代入，最后得到

$$\nabla^2\boldsymbol{H}=\sigma\mu\left(\frac{\partial\boldsymbol{H}}{\partial t}\right) \tag{21-2a}$$

方程（21-2a）称为**涡流方程**(或**扩散方程**)。如果进一步考虑关系式 $\boldsymbol{B}=\mu_0(\boldsymbol{H}+\boldsymbol{M})$ 中的材料磁化 $\boldsymbol{M}$，则方程变为

$$\nabla^2\boldsymbol{H}=\sigma\mu_0\left(\frac{\partial\boldsymbol{H}}{\partial t}+\frac{\partial\boldsymbol{M}}{\partial t}\right) \tag{21-2b}$$

缓慢时变的电磁场通常称为准静态场。在导体介质中随时间缓慢变化（如工业频率）的磁场强度满足方程（21-1a）给定的涡流方程。在这个方程中，μ 和 σ 分别为均匀介质中的电容率和电导率。

上面表述的含义是，这个方程最适合随时间周期变化的场，因为随时间的变化可以用能确保随时间变化缓慢的有限傅里叶级数来表达。因此，能够用相矢形式的 $\widetilde{\boldsymbol{H}}$ 来描述磁场 $\boldsymbol{H}$ 的每个谐波，使得

$$\boldsymbol{H} = \mathrm{Re}\,[\widetilde{\boldsymbol{H}}\,\mathrm{e}^{\mathrm{j}\omega t}] \tag{21-3}$$

方程（21－2a）对应的形式为

$$\nabla^2 \widetilde{\boldsymbol{H}} = (\mathrm{j}\omega\mu\sigma)\,\widetilde{\boldsymbol{H}} \tag{21-4}$$

21.2.4　边界条件

为了在指定区域内确定这个方程给定的场分布的唯一解，必须规定下列任意一组边界条件，且解必须满足相同的条件。这些条件包括：

1）在界定区域的整个边界面上，磁场强度的切向分量已知。

2）在界定区域的整个边界面上，电场强度的切向分量已知。

3）在界定区域的整个边界面上，可以指定沿任选切线方向上的磁场和电场强度分量。

4）上述任何两种或所有三种条件的组合，对封闭边界面的不同部分各自有效。

21.2.5　涡流问题的类型

电磁场问题通常分为一维、二维和三维边值问题。这个特征在第 4 章讨论的拉普拉斯算子 ∇^2 的表达式中有所体现。与第 9 章和第 10 章讨论的拉普拉斯方程和泊松方程以及第 16 章讨论的波动方程问题相同，涡流方程的有关问题也属于**边值问题**。涡流方程（21－4）的唯一解必须满足上述某种边界条件。在下面几节中，将详细讨论求解一维、二维和三维涡流方程边值问题的方法。

21.3　一维问题

下面的例子将讨论一维问题的求解。

21.3.1　具有两个区域的无限空间

在无限空间中，涡流的一维边值问题可采用以下步骤求解。

21.3.1.1　物理构型

求解涡流的一维边值问题所用的物理构型如图 21－3 所示。在该图中，将整个空间分为两个半无限大区域。区域 1 包含 $z>0$ 的整个空间，区域 2 覆盖 $z<0$ 的整个空间。区域 1 为自由空间，区域 2 为均匀导电区。图中还显示了位于 $z=0$ 的电流层，作为导电层中涡流的源，电流层反映了电流沿坐标变化的基本性质，也决定了问题是一维、二维还是三维问题。现在这种情况下，场仅沿 z 轴变化。

21.3.1.2　源

磁场的源是位于 $z=0$ 处均匀分布的正弦时变电流层。面电流的密度为

$$K_x = \mathrm{Re}\,[\widetilde{K}_0\,\mathrm{e}^{\mathrm{j}\omega t}] \tag{21-5}$$

或简单地记为

$$K_x \overset{\text{def}}{=\!=} \widetilde{K}_0 \tag{21-6}$$

这里常数 $|\widetilde{K}_0|$ 为面电流的均方根值。

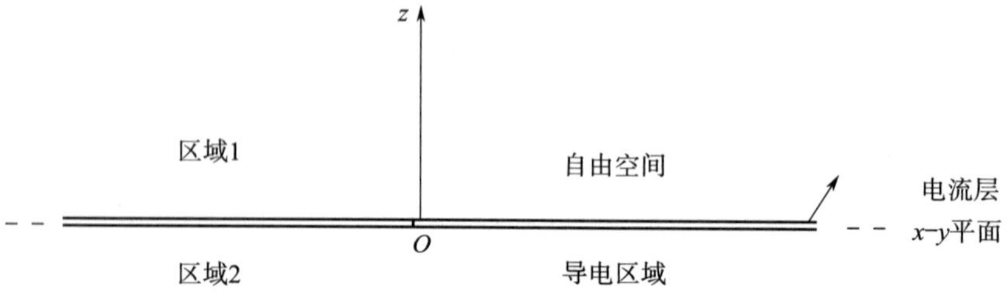

图 21-3　物理构型

21.3.1.3　边界条件

场需要满足的边界条件为

$$H_{2y}\big|_{z=0} = H_{1y}\big|_{z=0} + K_x \tag{21-7}$$

$$H_{2y}\big|_{z=-\infty} = \text{有限值} \tag{21-8}$$

$$H_{1y}\big|_{z=+\infty} = \text{有限值} \tag{21-9}$$

因为两个半无限区域都是均匀的，源与 x 和 y 坐标无关，所以磁场也与 x 和 y 坐标无关。区域 1 为自由空间，场分量 H_{1y} 满足拉普拉斯方程，即

$$\nabla^2 H_{1y} = 0 \tag{21-10a}$$

$$\frac{\mathrm{d}^2}{\mathrm{d}z^2} H_{1y} = 0 \tag{21-10b}$$

21.3.1.4　解

方程（21-10b）的通解可以写为

$$H_{1y} \overset{\text{def}}{=\!=} \widetilde{H}_{1y} = c_1 + \tilde{c}'_1 \cdot z \tag{21-11}$$

式中，c_1 和 $\tilde{c}'_1$ 是两个任意常数。根据方程（21-9），场在 $z=+\infty$ 为有限值，因此

$$\tilde{c}'_1 = 0 \tag{21-12}$$

由此得到

$$\widetilde{H}_{1y} = c_1 \tag{21-13}$$

这表明，在自由空间中，该场无阻尼，即离电流源的任何距离上，场都是相同的。

区域 2 为均匀导电区域，在该区域磁场满足如下方程

$$\nabla^2 \widetilde{H}_{2y} = (\mathrm{j}\omega\mu\sigma)\widetilde{H}_{2y} \tag{21-14}$$

因为 $\widetilde{H}_{2y}$ 仅为 z 坐标的函数，方程（21-14）简化为

$$\frac{\mathrm{d}^2}{\mathrm{d}z^2}\widetilde{H}_{2y} = (\mathrm{j}\omega\mu\sigma)\widetilde{H}_{2y} \tag{21-15}$$

这是一个普通的二阶常微分方程，其通解为

$$\widetilde{H}_{2y} = \tilde{c}_2 \mathrm{e}^{\frac{1+\mathrm{j}}{d}z} + \tilde{c}'_2 \mathrm{e}^{-\frac{1+\mathrm{j}}{d}z} \tag{21-16}$$

式中，$\tilde{c}_2$ 和 $\tilde{c}'_2$ 是两个任意常数。

对于**一维场**，经典的集肤深度定义为

$$d \overset{\text{def}}{=\!=} \sqrt{\frac{2}{\omega\mu\sigma}} \tag{21-17a}$$

采用方程（21－8）的边界条件得到

$$\tilde{c}'_2 = 0 \tag{21-17b}$$

因此，方程（21－16）简化为

$$\tilde{H}_{2y} = \tilde{c}_2 e^{\frac{1+j}{d}z} \tag{21-18}$$

根据方程（21－7），得到相量形式的磁场边界条件

$$\tilde{H}_{2y}\big|_{z=0} = \tilde{H}_{1y}\big|_{z=0} + \tilde{K}_0 \tag{21-19}$$

因此，从方程（21－13）和（21－18）得到

$$\tilde{c}_2 = \tilde{c}_1 + \tilde{K}_0 \tag{21-20}$$

这是两个未知量的方程，而且似乎没有更多的边界条件可用了！我们将方程（21－18）重写如下

$$\tilde{H}_{2y} = \tilde{c}_2 - \tilde{c}_2(1 - e^{\frac{1+j}{d}z}) \tag{21-21}$$

当区域的电导率为零时，由于 d 变为无穷大，方程右端的第二项为零。因此，这一项可以认为是该区域内感应的涡流所引起的阻尼场。注意，在边界处（即 $z=0$），阻尼场为零，阻尼场随至电流片距离的增加而增加，在无限远处（即 $z=-\infty$），该场变为非阻尼场。由此可知，阻尼场对方程（21－19）的边界条件没有影响。此外，在没有涡流的情况下，磁场强度沿 $z=0$ 平面呈非对称分布，可以表示为

$$\tilde{H}_{2y}(\sigma=0)\big|_{z\leqslant 0} = -\tilde{H}_{1y}\big|_{z\geqslant 0} \tag{21-22}$$

这就是我们寻求的边界条件。从这个方程可以得到

$$\tilde{c}_2 = -\tilde{c}_1 \tag{21-23}$$

解方程（21－20）和（21－23），得到

$$\tilde{c}_2 = -\tilde{c}_1 = \frac{1}{2}\tilde{K}_0 \tag{21-24}$$

因此，涡流方程的解为

$$\tilde{H}_{2y} = \frac{1}{2}\tilde{K}_0 e^{\frac{1+j}{d}z} \tag{21-25}$$

在没有其他源的情况下，磁场的 x 分量和 z 分量为零。

21.3.1.5 涡流密度

涡流密度 $\tilde{J}_{2x}$ 可以从准静态场的麦克斯韦方程得到

$$\boldsymbol{J} \cong \nabla \times \boldsymbol{H} \tag{21-26}$$

因此

$$\tilde{J}_{2x} = -\frac{d}{dz}\tilde{H}_{2y} = -\frac{1}{2}\tilde{K}_0\frac{1+j}{d}e^{\frac{1+j}{d}z} \tag{21-27}$$

21.4　二维边值问题

本节将讨论两种情况下的二维涡流问题。两种情况都假定场沿 y 方向和 z 方向变化，两种情况的电流源特性不同。

21.4.1　分为两个区域的无限大空间

分为两个区域的无限大空间的涡流问题求解如下。

21.4.1.1　物理构型

这种情况的构型如图 21-3 所示，将整个空间划分为如 21.3.1 节描述的两个半无限大区域。

21.4.1.2　源

对于这种情况，在 $z=0$ 处的面电流密度分布为

$$K_x=\mathrm{Re}\left[\widetilde{K}_0\cos\left(\frac{\pi}{\tau}y\right)\mathrm{e}^{\mathrm{j}\omega t}\right] \tag{21-28}$$

或简单地记为

$$\widetilde{K}_x \overset{\mathrm{def}}{=\!=} \widetilde{K}_0\cos\left(\frac{\pi}{\tau}y\right) \tag{21-29}$$

该电流层模拟了旋转电机的理想单相电枢绕组，忽略了所有绕组谐波。

21.4.1.3　边界条件

这种情况的边界条件为

$$\widetilde{H}_{2y}\big|_{z=0}=\widetilde{H}_{1y}\big|_{z=0}+\widetilde{K}_0\cos\left(\frac{\pi}{\tau}y\right) \tag{21-30}$$

$$\widetilde{H}_{2y}\big|_{z=-\infty}=\text{有限值} \tag{21-31}$$

$$\widetilde{H}_{1y}\big|_{z=+\infty}=\text{有限值} \tag{21-32}$$

21.4.1.4　解

区域 1 的场服从拉普拉斯方程。因此，根据方程（21-30）和（21-32），可以假设

$$\widetilde{H}_{1y}=\widetilde{c}_1\cos\left(\frac{\pi}{\tau}y\right)\mathrm{e}^{-\frac{\pi}{\tau}z} \tag{21-33}$$

式中，$\widetilde{c}_1$ 为任意常数。

由于场与 x 坐标无关，且由于没有生成该场的源，场的散度为零，该场没有 x 分量；而场的 z 分量可以根据方程（21-33）确定

$$\widetilde{H}_{1z}=-\widetilde{c}_1\sin\left(\frac{\pi}{\tau}y\right)\mathrm{e}^{-\frac{\pi}{\tau}z} \tag{21-34}$$

边界条件中还需要增加另一个边界条件

$$\mu\widetilde{H}_{2z}\big|_{z=0}=\mu_0\widetilde{H}_{1z}\big|_{z=0} \tag{21-35}$$

现在来考虑区域 2。根据目前为止所学到的方法，我们选择方程（21－14）的一个尝试性解为

$$\widetilde{H}_{2y}=\widetilde{c}_2\cos\left(\frac{\pi}{\tau}y\right)e^{\widetilde{\alpha}z} \tag{21-36}$$

式中，$\widetilde{c}_2$ 表为任意常数。为了确定表达式中的 $\widetilde{\alpha}$，我们将这个 $\widetilde{H}_{2y}$ 表达式代入方程（21－14）中，得到

$$\left(\frac{\partial^2}{\partial x^2}+\frac{\partial^2}{\partial y^2}+\frac{\partial^2}{\partial z^2}\right)\widetilde{c}_2\cos\left(\frac{\pi}{\tau}y\right)e^{\widetilde{\alpha}z}=(j\omega\mu\sigma)\widetilde{c}_2\cos\left(\frac{\pi}{\tau}y\right)e^{\widetilde{\alpha}z}$$

因此

$$\left[-\left(\frac{\pi}{\tau}\right)^2+\widetilde{\alpha}^2\right]\widetilde{c}_2\cos\left(\frac{\pi}{\tau}y\right)e^{\widetilde{\alpha}z}=(j\omega\mu\sigma)\widetilde{c}_2\cos\left(\frac{\pi}{\tau}y\right)e^{\widetilde{\alpha}z}$$

或

$$-\left(\frac{\pi}{\tau}\right)^2+\widetilde{\alpha}^2=j\omega\mu\sigma \tag{21-37}$$

根据方程（21－37）

$$\widetilde{\alpha}=\sqrt{\left(\frac{\pi}{\tau}\right)^2+j\omega\mu\sigma} \tag{21-38}$$

由于场与 x 坐标无关，场的散度为零，因为没有生成该场的源，该场没有 x 分量，而根据方程（21－36），场的 z 分量为

$$\widetilde{H}_{2z}=\widetilde{c}_2\frac{\pi}{\widetilde{\alpha}\tau}\sin\left(\frac{\pi}{\tau}y\right)e^{\widetilde{\alpha}z} \tag{21-39}$$

在场的表达式推导中，已经考虑了方程（21－31）和（21－32）确定的边界条件。现在，还剩下方程（21－30）和方程（21－35）的两个边界条件。必须使用两个边界条件来确定两个任意常数 $\widetilde{c}_1$ 和 $\widetilde{c}_2$。根据方程（21－30）（21－33）和（21－36）可以得到

$$\widetilde{c}_2=\widetilde{c}_1+\widetilde{K}_0 \tag{21-40}$$

根据方程（21－35）（21－34）和（21－39）得到

$$\mu\widetilde{c}_2\frac{\pi}{\widetilde{\alpha}\tau}=\mu_0\widetilde{c}_1$$

或

$$\widetilde{c}_1=-\mu_r\frac{\pi}{\widetilde{\alpha}\tau}\widetilde{c}_2 \tag{21-41}$$

式中，μ_r 为区域 2 的相对磁导率。

解方程（21－40）和（21－41），可以得到

$$\widetilde{c}_2=\frac{\widetilde{K}_0}{1+\mu_r\dfrac{\pi}{\widetilde{\alpha}\tau}} \tag{21-42a}$$

$$\widetilde{c}_1=-\frac{\mu_r\widetilde{K}_0}{\mu_r+\dfrac{\widetilde{\alpha}\tau}{\pi}} \tag{21-42b}$$

21.4.2　矩形导体芯

下面介绍求解这个二维涡流问题的方法。

21.4.2.1　物理构型

图 21-4 为这种二维情况的物理构型，包含一个矩形截面为 $a \times b$ 的实心长导电芯。

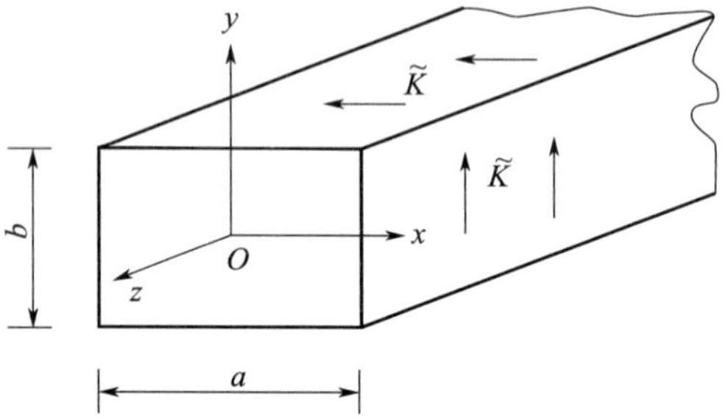

图 21-4　矩形实心导电芯

21.4.2.2　源

在这种情况下，由铁芯周围均匀分布绕组中的交变电流产生励磁。这种载流绕组通过铁芯表面的电流层来模拟。电流层中的电流密度定义为

$$\widetilde{\boldsymbol{K}}\big|_{x=\pm a/2} \overset{\text{def}}{=\!=} \pm \widetilde{K}_0 \boldsymbol{a}_y \qquad (-b/2 < y < b/2) \tag{21-43a}$$

$$\widetilde{\boldsymbol{K}}\big|_{y=\pm b/2} \overset{\text{def}}{=\!=} \mp \widetilde{K}_0 \boldsymbol{a}_x \qquad (-a/2 < y < a/2) \tag{21-43b}$$

式中，$\widetilde{K}_0$ 为面电流密度的均方根值。

在工频下，位移电流可以忽略，导电芯体外的磁场为零，芯体内磁场仅存在轴向分量 $\widetilde{H}_z$ 。

21.4.2.3　边界条件

边界条件如下

$$\widetilde{H}\big|_{x=\pm a/2} \overset{\text{def}}{=\!=} \widetilde{K}_0 \qquad (-b/2 < y < b/2) \tag{21-44a}$$

$$\widetilde{H}\big|_{y=\pm b/2} \overset{\text{def}}{=\!=} \widetilde{K}_0 \qquad (-a/2 < x < a/2) \tag{21-44b}$$

由于场与 z 坐标无关，方程（21-14）可以重写为

$$\left(\frac{\partial^2}{\partial x^2} + \frac{\partial^2}{\partial y^2}\right)\widetilde{H}_z = (\mathrm{j}\omega\mu\sigma)\widetilde{H}_z \tag{21-45}$$

方程（21-44a）和（21-44b）的边界条件表明，满足第一个边界条件的场表达式可选择为 y 的周期函数，而满足第二个边界条件的场表达式应该是 x 的周期函数。

21.4.2.4　解

对于方程（21-45），不存在 x 方向和 y 方向上是周期的，同时又与 z 无关的简单解。一种解决方法是将方程（21-45）的解拆分为两部分，每部分都满足该方程。拆分后的一个解满足方程（21-44a）给定的边界条件并给其余边界赋零值；另一个解应该满足方程（21-44b）给定的边界条件，其余边界值为零。这样，两个解之和将满足所有边界条件。

因此，令

$$\widetilde{H}_z \stackrel{\text{def}}{=} \widetilde{H}'_z + \widetilde{H}''_z \tag{21-46}$$

由于 $\widetilde{H}_z$ 是 x 和 y 的偶函数，尝试性的部分解为

$$\widetilde{H}'_z = \sum_{m-\text{odd}}^{\infty} F'_m \cos\left(\frac{m\pi}{b}y\right)\frac{\cosh(\gamma'_m \cdot x)}{\cosh(\gamma'_m \cdot a/2)} \tag{21-47a}$$

和

$$\widetilde{H}''_z = \sum_{n-\text{odd}}^{\infty} F''_m \cos\left(\frac{n\pi}{a}x\right)\frac{\cosh(\gamma''_n \cdot y)}{\cosh(\gamma''_n \cdot b/2)} \tag{21-47b}$$

式中，选择的两个傅里叶系数 F'_m 和 F''_m 分别满足方程（21－44a）和（21－44b）规定的边界条件，即

$$\widetilde{H}_z\big|_{x=\pm a/2} = \widetilde{H}'_z\big|_{x=\pm a/2} = \sum_{m-\text{odd}}^{\infty} F'_m \cos\left(\frac{m\pi}{b}y\right)$$

因此

$$\sum_{m-\text{odd}}^{\infty} F'_m \cos\left(\frac{m\pi}{b}y\right) = \widetilde{K}_0 \tag{21-48}$$

为了确定傅里叶系数 F'_m，方程（21－48）两端乘以 $\cos\left(\frac{n\pi}{b}y\right)$，然后在 $-b/2<y<b/2$ 域上积分。如果对 n 选择奇数积分值，方程的左端除了 $m=n$ 项以外，其他项都不存在了。因此，方程的左端为

$$\int_{-b/2}^{b/2} F'_n \cos^2\left(\frac{n\pi}{b}y\right)\mathrm{d}y = \int_{-b/2}^{b/2} F'_n \cdot \frac{1}{2}\left[1+\cos\left(\frac{2n\pi}{b}y\right)\right]\mathrm{d}y = \frac{b}{2}F'_n$$

方程的右端为

$$\int_{-b/2}^{b/2} \widetilde{K}_0 \cos\left(\frac{n\pi}{b}y\right)\mathrm{d}y = \frac{b}{n\pi}2\sin\left(\frac{n\pi}{2}\right)\widetilde{K}_0$$

因此有

$$F'_n = \widetilde{K}_0 \frac{4}{n\pi}\sin\left(\frac{n\pi}{2}\right)$$

最后，用 m 替换 n 得到

$$F'_m = \widetilde{K}_0 \frac{4}{m\pi}\sin\left(\frac{m\pi}{2}\right) \tag{21-49a}$$

和

$$F''_n = \widetilde{K}_0 \frac{4}{n\pi}\sin\left(\frac{n\pi}{2}\right) \tag{21-49b}$$

因此，通解为

$$\begin{aligned}\widetilde{H}_z = &\sum_{m-\text{odd}}^{\infty} \widetilde{K}_0 \frac{4}{m\pi}\sin\left(\frac{m\pi}{2}\right)\cos\left(\frac{m\pi}{b}y\right)\frac{\cosh(\gamma'_m \cdot x)}{\cosh(\gamma'_m \cdot a/2)} + \\ &\sum_{n-\text{odd}}^{\infty} \widetilde{K}_0 \frac{4}{n\pi}\sin\left(\frac{n\pi}{2}\right)\cos\left(\frac{n\pi}{a}x\right)\frac{\cosh(\gamma''_n \cdot y)}{\cosh(\gamma''_n \cdot b/2)}\end{aligned} \tag{21-50}$$

将两部分分别代入方程（21-45）得到

$$\gamma'_m=\sqrt{\left(\frac{m\pi}{b}\right)^2+\mathrm{j}\omega\mu\sigma} \tag{21-51a}$$

$$\gamma''_n=\sqrt{\left(\frac{n\pi}{a}\right)^2+\mathrm{j}\omega\mu\sigma} \tag{21-51b}$$

21.5　三维边值问题

本节讨论三维涡流的边值问题。

21.5.1　矩形导电芯

以下介绍处理这个问题的步骤。

21.5.1.1　物理结构

这种情况下也采用了如图 21-4 所示的矩形铁芯结构。

21.5.1.2　源

由缠绕铁芯周围并承载多相平衡电流的多相绕组产生磁场。这里将不再应用符号 Re 和指数因子（表示随时间 t 的正弦变化和沿轴向 z 的变化）。

21.5.1.3　边界条件

该结构满足以下边界条件

$$\widetilde{H}\big|_{x=\pm a/2}=\mathrm{Re}\left[\widetilde{H}_0\cdot \mathrm{e}^{\mathrm{j}\left(\omega t-\frac{\pi}{\tau}z\right)}\right]\qquad(-b/2<y<b/2) \tag{21-52a}$$

或

$$\widetilde{H}\big|_{x=\pm a/2}\overset{\text{def}}{=\!=}\widetilde{H}_0\qquad(-b/2<y<b/2) \tag{21-52b}$$

$$\widetilde{H}\big|_{y=\pm b/2}=\mathrm{Re}\left[\widetilde{H}_0\cdot \mathrm{e}^{\mathrm{j}\left(\omega t-\frac{\pi}{\tau}z\right)}\right]\qquad(-a/2<x<a/2) \tag{21-53a}$$

或

$$\widetilde{H}\big|_{y=\pm b/2}\overset{\text{def}}{=\!=}\widetilde{H}_0\qquad(-a/2<x<a/2) \tag{21-53b}$$

21.5.1.4　解

以下是这个问题的求解过程。

在这种情况下，由于场与 z 坐标相关，需要将方程（21-45）改写为

$$\left(\frac{\partial^2}{\partial x^2}+\frac{\partial^2}{\partial y^2}+\frac{\partial^2}{\partial z^2}\right)\widetilde{H}_z=(\mathrm{j}\omega\mu\sigma)\widetilde{H}_z \tag{21-54}$$

注意到 $\widetilde{H}_z$ 是相对于 x 坐标和 y 坐标的偶函数，通解具有如下形式

$$\begin{aligned}\widetilde{H}_z=&\sum_{m-\mathrm{odd}}^{\infty}\widetilde{H}_0\frac{4}{m\pi}\sin\left(\frac{m\pi}{2}\right)\cos\left(\frac{m\pi}{b}y\right)\frac{\cosh(\delta'_m\cdot x)}{\cosh(\delta'_m\cdot a/2)}+\\&\sum_{n-\mathrm{odd}}^{\infty}\widetilde{H}_0\frac{4}{n\pi}\sin\left(\frac{n\pi}{2}\right)\cos\left(\frac{n\pi}{a}x\right)\frac{\cosh(\delta''_n\cdot y)}{\cosh(\delta''_n\cdot b/2)}\end{aligned} \tag{21-55}$$

将两部分分别代入方程（21－54）得到

$$\delta'_m=\sqrt{\left(\frac{m\pi}{b}\right)^2+\left(\frac{\pi}{\tau}\right)^2+\mathrm{j}\omega\mu\sigma} \tag{21-56a}$$

$$\delta''_n=\sqrt{\left(\frac{n\pi}{a}\right)^2+\left(\frac{\pi}{\tau}\right)^2+\mathrm{j}\omega\mu\sigma} \tag{21-56b}$$

对于矩形磁芯内的均匀区域，磁场强度 $\widetilde{H}$ 的散度为零。由方程（21－55）给出的 $\widetilde{H}_z$ 的表达式可知，$\widetilde{H}_z$ 是 z 的正弦函数。因此，在芯体内部，场的 x 和 y 分量也应该存在，因此

$$\begin{aligned}\frac{\partial^2}{\partial x^2}\widetilde{H}_x+\frac{\partial^2}{\partial y^2}\widetilde{H}_y&=-\frac{\partial}{\partial z}\widetilde{H}_z\\&=\sum_{m-\text{odd}}^{\infty}\widetilde{H}_0\mathrm{j}\frac{4}{m\tau}\sin\left(\frac{m\pi}{2}\right)\cos\left(\frac{m\pi}{b}y\right)\frac{\cosh(\delta'_m\cdot x)}{\cosh(\delta'_m\cdot a/2)}+\\&\quad\sum_{n-\text{odd}}^{\infty}\widetilde{H}_0\mathrm{j}\frac{4}{n\tau}\sin\left(\frac{n\pi}{2}\right)\cos\left(\frac{n\pi}{a}x\right)\frac{\cosh(\delta''_n\cdot y)}{\cosh(\delta''_n\cdot b/2)}\end{aligned} \tag{21-57}$$

为了确定进一步的边界条件，假定

$$\widetilde{H}\,\big|_{y=\pm b/2}\overset{\text{def}}{=\!=}0 \qquad (-a/2<x<a/2) \tag{21-58a}$$

和

$$\widetilde{H}\,\big|_{x=\pm a/2}\overset{\text{def}}{=\!=}0 \qquad (-b/2<y<b/2) \tag{21-58b}$$

根据方程（21－57）和（21－58a），可以得到

$$\widetilde{H}_x=\sum_{m-\text{odd}}^{\infty}\widetilde{H}_0\cdot\frac{4\mathrm{j}}{m\tau\,\delta'_m}\cdot\sin\left(\frac{m\pi}{2}\right)\cdot\cos\left(\frac{m\pi}{b}y\right)\cdot\frac{\sinh(\delta'_m\cdot x)}{\cosh(\delta'_m\cdot a/2)} \tag{21-59}$$

根据方程（21－57）和（21－58b），可以得到

$$\widetilde{H}_y=\sum_{n-\text{odd}}^{\infty}\widetilde{H}_0\cdot\frac{4\mathrm{j}}{n\tau\,\delta''_n}\cdot\sin\left(\frac{n\pi}{2}\right)\cdot\cos\left(\frac{n\pi}{a}x\right)\cdot\frac{\sinh(\delta''_n\cdot y)}{\cosh(\delta''_n\cdot b/2)} \tag{21-60}$$

由于四个边界面上都定义了磁场强度的切向分量，见方程（21－47）（21－47b）（21－57a）和（21－57b），因此，由方程（21－55）（21－59）（21－60）确定的磁场表达式是唯一的。

21.5.1.5 涡流密度

涡流密度的分量由以下关系式得到

$$\boldsymbol{J}\cong\nabla\times\boldsymbol{H}$$

因此

$$\begin{aligned}\widetilde{J}_x=\frac{\partial}{\partial y}\widetilde{H}_z-\frac{\partial}{\partial z}\widetilde{H}_y&=-\sum_{m-\text{odd}}^{\infty}\widetilde{H}_0\cdot\frac{4}{b}\cdot\sin\left(\frac{m\pi}{2}\right)\cdot\sin\left(\frac{m\pi}{b}y\right)\cdot\frac{\cosh(\delta'_m\cdot x)}{\cosh(\delta'_m\cdot a/2)}\\&\quad+\sum_{n-\text{odd}}^{\infty}\widetilde{H}_0\cdot\frac{4\,\delta''_n}{n\pi}\cdot\sin\left(\frac{n\pi}{2}\right)\cdot\cos\left(\frac{n\pi}{a}x\right)\cdot\frac{\sinh(\delta''_n\cdot y)}{\cosh(\delta''_n\cdot b/2)}\\&\quad-\sum_{n-\text{odd}}^{\infty}\widetilde{H}_0\cdot\frac{4}{m\tau\,\delta''_n}\cdot\frac{\pi}{\tau}\sin\left(\frac{n\pi}{2}\right)\cdot\cos\left(\frac{n\pi}{a}x\right)\cdot\frac{\sinh(\delta''_n\cdot y)}{\cosh(\delta''_n\cdot b/2)}\end{aligned} \tag{21-61a}$$

$$\widetilde{J}_y=\frac{\partial}{\partial z}\widetilde{H}_x-\frac{\partial}{\partial x}\widetilde{H}_z=\sum_{m-\mathrm{odd}}^{\infty}\widetilde{H}_0\cdot\frac{4}{m\tau\delta'_m}\cdot\frac{\pi}{\tau}\sin\left(\frac{m\pi}{2}\right)\cdot\cos\left(\frac{m\pi}{b}y\right)\cdot\frac{\sinh(\delta'_m\cdot x)}{\cosh(\delta'_m\cdot a/2)}$$
$$-\sum_{m-\mathrm{odd}}^{\infty}\widetilde{H}_0\cdot\frac{4\delta'_m}{m\pi}\cdot\sin\left(\frac{m\pi}{2}\right)\cdot\cos\left(\frac{m\pi}{b}y\right)\cdot\frac{\sinh(\delta'_m\cdot x)}{\cosh(\delta'_m\cdot a/2)}$$
$$+\sum_{n-\mathrm{odd}}^{\infty}\widetilde{H}_0\cdot\frac{4}{a}\cdot\sin\left(\frac{n\pi}{2}\right)\cdot\sin\left(\frac{n\pi}{a}x\right)\cdot\frac{\cosh(\delta''_n\cdot y)}{\cosh(\delta''_n\cdot b/2)}\tag{21-61b}$$

$$\widetilde{J}_z=\frac{\partial}{\partial x}\widetilde{H}_y-\frac{\partial}{\partial y}\widetilde{H}_x=-\sum_{n-\mathrm{odd}}^{\infty}\widetilde{H}_0\cdot\frac{\mathrm{j}4}{\tau\delta''_n}\cdot\frac{\pi}{a}\sin\left(\frac{n\pi}{2}\right)\cdot\sin\left(\frac{n\pi}{a}x\right)\cdot\frac{\sinh(\delta''_n\cdot y)}{\cosh(\delta''_n\cdot b/2)}$$
$$+\sum_{m-\mathrm{odd}}^{\infty}\widetilde{H}_0\cdot\frac{\mathrm{j}4}{\tau\delta'_m}\cdot\frac{\pi}{b}\sin\left(\frac{m\pi}{2}\right)\cdot\sin\left(\frac{m\pi}{b}y\right)\cdot\frac{\sinh(\delta'_m\cdot x)}{\cosh(\delta'_m\cdot a/2)}\tag{21-61c}$$

根据方程（21－59）和（21－60），我们注意到

$$\widetilde{H}_x\big|_{x=\pm a/2}\neq 0\tag{21-62a}$$

$$\widetilde{H}_y\big|_{y=\pm b/2}\neq 0\tag{21-62b}$$

因此，可以得到结论，在这种问题中，即使在低频下，磁场也可能出现在长矩形芯体之外。

21.6　各向异性介质中的涡流

业已发现，冷轧钢具有各向异性的特性，即轧制方向上的介质参数与垂直轧制方向上的介质参数不同。此外，为了在非均匀（更确切地说，分段均匀）介质中进行场分析，通常将层状的芯体视为均质但各向异性的介质。本节研究均匀各向异性介质中时谐场的分布。

假设各场向量之间的本构关系如下

$$\widetilde{\boldsymbol{B}}\stackrel{\mathrm{def}}{=\!=}\mu_x\widetilde{H}_x\boldsymbol{a}_x+\mu_y\widetilde{H}_y\boldsymbol{a}_y+\mu_z\widetilde{H}_z\boldsymbol{a}_z\tag{21-63a}$$

$$\widetilde{\boldsymbol{D}}\stackrel{\mathrm{def}}{=\!=}\varepsilon_x\widetilde{E}_x\boldsymbol{a}_x+\varepsilon_y\widetilde{E}_y\boldsymbol{a}_y+\varepsilon_z\widetilde{E}_z\boldsymbol{a}_z\tag{21-63b}$$

$$\widetilde{\boldsymbol{J}}\stackrel{\mathrm{def}}{=\!=}\sigma_x\widetilde{E}_x\boldsymbol{a}_x+\sigma_y\widetilde{E}_y\boldsymbol{a}_y+\sigma_z\widetilde{E}_z\boldsymbol{a}_z\tag{21-63c}$$

式中，对于给定的区域，(μ_x，μ_y，μ_z)（ε_x，ε_y，ε_z）和（σ_x，σ_y，σ_z）是常数。

考虑时谐场的麦克斯韦方程

$$\nabla\times\widetilde{\boldsymbol{E}}=-\mathrm{j}\omega\widetilde{\boldsymbol{B}}\tag{21-64a}$$

方程两端的单位矢量 $\boldsymbol{a}_x$ 的系数相等，有

$$\frac{\partial\widetilde{E}_z}{\partial y}-\frac{\partial\widetilde{E}_y}{\partial z}=-\mathrm{j}\omega\mu_x\widetilde{H}_x\tag{21-64b}$$

因此

$$\widetilde{H}_x=\frac{\mathrm{j}}{\omega\mu_x}\left(\frac{\partial}{\partial y}\widetilde{E}_z-\frac{\partial}{\partial z}\widetilde{E}_y\right)=\frac{\mathrm{j}}{\omega\mu_x}\left(\frac{1}{\sigma_z}\cdot\frac{\partial}{\partial y}\widetilde{J}_z-\frac{1}{\sigma_y}\cdot\frac{\partial}{\partial z}\widetilde{J}_y\right)\tag{21-65}$$

类似有

$$\widetilde{H}_y = \frac{\mathrm{j}}{\omega\mu_y}\left(\frac{\partial}{\partial z}\widetilde{E}_x - \frac{\partial}{\partial x}\widetilde{E}_z\right) = \frac{\mathrm{j}}{\omega\mu_y}\left(\frac{1}{\sigma_x}\cdot\frac{\partial}{\partial z}\widetilde{J}_x - \frac{1}{\sigma_z}\cdot\frac{\partial}{\partial x}\widetilde{J}_z\right) \tag{21-66}$$

$$\widetilde{H}_z = \frac{\mathrm{j}}{\omega\mu_z}\left(\frac{\partial}{\partial x}\widetilde{E}_y - \frac{\partial}{\partial y}\widetilde{E}_x\right) = \frac{\mathrm{j}}{\omega\mu_z}\left(\frac{1}{\sigma_y}\cdot\frac{\partial}{\partial x}\widetilde{J}_y - \frac{1}{\sigma_x}\cdot\frac{\partial}{\partial y}\widetilde{J}_x\right) \tag{21-67}$$

接下来，我们考虑无源区域的准静态场麦克斯韦方程

$$\nabla\times\widetilde{\boldsymbol{H}} = \widetilde{\boldsymbol{J}} \tag{21-68}$$

可以得到

$$\widetilde{J}_x = \frac{\partial}{\partial y}\widetilde{H}_z - \frac{\partial}{\partial z}\widetilde{H}_y \tag{21-69a}$$

$$\widetilde{J}_y = \frac{\partial}{\partial z}\widetilde{H}_x - \frac{\partial}{\partial x}\widetilde{H}_z \tag{21-69b}$$

$$\widetilde{J}_z = \frac{\partial}{\partial x}\widetilde{H}_y - \frac{\partial}{\partial y}\widetilde{H}_x \tag{21-69c}$$

将这里得到的电流密度分量代入方程（21－65）（21－66）和（21－67），可以得到磁场强度分量之间的唯一性方程

$$\widetilde{H}_x = \frac{\mathrm{j}}{\omega\mu_x}\left[\frac{1}{\sigma_z}\cdot\frac{\partial}{\partial y}\left(\frac{\partial}{\partial x}\widetilde{H}_y - \frac{\partial}{\partial y}\widetilde{H}_x\right) - \frac{1}{\sigma_y}\cdot\frac{\partial}{\partial z}\left(\frac{\partial}{\partial z}\widetilde{H}_x - \frac{\partial}{\partial x}\widetilde{H}_z\right)\right] \tag{21-70}$$

$$\widetilde{H}_y = \frac{\mathrm{j}}{\omega\mu_y}\left[\frac{1}{\sigma_x}\cdot\frac{\partial}{\partial z}\left(\frac{\partial}{\partial y}\widetilde{H}_z - \frac{\partial}{\partial z}\widetilde{H}_y\right) - \frac{1}{\sigma_z}\cdot\frac{\partial}{\partial x}\left(\frac{\partial}{\partial x}\widetilde{H}_y - \frac{\partial}{\partial y}\widetilde{H}_x\right)\right] \tag{21-71}$$

$$\widetilde{H}_z = \frac{\mathrm{j}}{\omega\mu_z}\left[\frac{1}{\sigma_y}\cdot\frac{\partial}{\partial x}\left(\frac{\partial}{\partial z}\widetilde{H}_x - \frac{\partial}{\partial x}\widetilde{H}_z\right) - \frac{1}{\sigma_x}\cdot\frac{\partial}{\partial y}\left(\frac{\partial}{\partial y}\widetilde{H}_z - \frac{\partial}{\partial z}\widetilde{H}_y\right)\right] \tag{21-72}$$

同样将方程（21－65）（21－66）和（21－67）的磁场分量代入方程（21－69a）（21－69b）和（21－69c），可以得到电流密度分量之间的唯一性方程

$$\widetilde{J}_x = \frac{\mathrm{j}}{\omega\mu_z}\frac{\partial}{\partial y}\left(\frac{1}{\sigma_y}\cdot\frac{\partial}{\partial x}\widetilde{J}_y - \frac{1}{\sigma_x}\cdot\frac{\partial}{\partial y}\widetilde{J}_x\right) - \frac{\mathrm{j}}{\omega\mu_y}\frac{\partial}{\partial z}\left(\frac{1}{\sigma_x}\cdot\frac{\partial}{\partial z}\widetilde{J}_x - \frac{1}{\sigma_z}\cdot\frac{\partial}{\partial x}\widetilde{J}_z\right) \tag{21-73}$$

$$\widetilde{J}_y = \frac{\mathrm{j}}{\omega\mu_x}\frac{\partial}{\partial z}\left(\frac{1}{\sigma_z}\cdot\frac{\partial}{\partial y}\widetilde{J}_z - \frac{1}{\sigma_y}\cdot\frac{\partial}{\partial z}\widetilde{J}_y\right) - \frac{\mathrm{j}}{\omega\mu_z}\frac{\partial}{\partial x}\left(\frac{1}{\sigma_y}\cdot\frac{\partial}{\partial x}\widetilde{J}_y - \frac{1}{\sigma_x}\cdot\frac{\partial}{\partial y}\widetilde{J}_x\right) \tag{21-74}$$

$$\widetilde{J}_z = \frac{\mathrm{j}}{\omega\mu_y}\frac{\partial}{\partial x}\left(\frac{1}{\sigma_x}\cdot\frac{\partial}{\partial z}\widetilde{J}_x - \frac{1}{\sigma_z}\cdot\frac{\partial}{\partial x}\widetilde{J}_z\right) - \frac{\mathrm{j}}{\omega\mu_x}\frac{\partial}{\partial y}\left(\frac{1}{\sigma_z}\cdot\frac{\partial}{\partial y}\widetilde{J}_z - \frac{1}{\sigma_y}\cdot\frac{\partial}{\partial z}\widetilde{J}_y\right) \tag{21-75}$$

这些场方程的应用将通过两个不同的例子来说明。第一种情况与感应电机的简化模型相关，第二种情况用于处理长矩形分层芯体。

21.6.1　实心转子感应电机

图 21－5 显示了用冷轧钢制成的实心转子感应电机的高度简化模型。在这个图中，$z>0$ 的半无限空间表示实心转子，$z<0$ 的半无限空间表示高渗透定子芯体。两者之间的气隙

长度忽略不计。

用 $z=0$ 处的电流层 K_x 模拟定子绕组承载的平衡多相电流

$$K_x = \mathrm{Re}\left[\widetilde{K}_0 \cdot \mathrm{e}^{\mathrm{j}\left(\omega t - \frac{\pi}{\tau} y\right)}\right] \tag{21-76a}$$

或简单地写为

$$\widetilde{K}_x \stackrel{\mathrm{def}}{=\!=} \widetilde{K}_0 \tag{21-76b}$$

符号 $\widetilde{K}_0$ 表示面电流密度的均方根值。

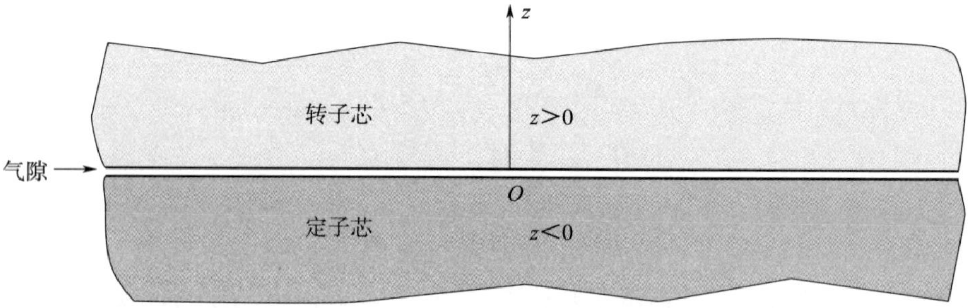

图 21-5 感应电机的简化模型

进一步假定场沿主轴方向（比如 x 方向）的变化是可以忽略的，沿其他方向（比如 y 方向）随时间正弦变化。

忽略沿 x 方向的场变化，前面推导出来的场方程简化为

$$\widetilde{H}_x = \frac{\mathrm{j}}{\omega\mu_x}\left[\frac{1}{\sigma_z}\cdot\left(\frac{\pi}{\tau}\right)^2 \widetilde{H}_x - \frac{1}{\sigma_y}\cdot\frac{\mathrm{d}^2}{\mathrm{d}z^2}\widetilde{H}_x\right] \tag{21-77}$$

$$\widetilde{H}_y = \frac{\mathrm{j}}{\omega\mu_y}\cdot\frac{1}{\sigma_x}\left[-\mathrm{j}\left(\frac{\pi}{\tau}\right)\frac{\mathrm{d}}{\mathrm{d}z}\widetilde{H}_z - \frac{\mathrm{d}^2}{\mathrm{d}z^2}\widetilde{H}_y\right] \tag{21-78}$$

$$\widetilde{H}_z = \frac{\mathrm{j}}{\omega\mu_z}\cdot\frac{1}{\sigma_x}\left[-\mathrm{j}\left(\frac{\pi}{\tau}\right)\frac{\mathrm{d}}{\mathrm{d}z}\widetilde{H}_y + \left(\frac{\pi}{\tau}\right)^2 \widetilde{H}_z\right] \tag{21-79}$$

类似有

$$\widetilde{J}_x = \frac{\mathrm{j}}{\omega\,\sigma_x}\left[\frac{1}{\mu_z}\cdot\left(\frac{\pi}{\tau}\right)^2 \widetilde{J}_x - \frac{1}{\mu_y}\cdot\frac{\mathrm{d}^2}{\mathrm{d}z^2}\widetilde{J}_x\right] \tag{21-80}$$

$$\widetilde{J}_y = \frac{\mathrm{j}}{\omega\mu_x}\left[-\frac{1}{\sigma_y}\cdot\frac{\mathrm{d}^2}{\mathrm{d}z^2}\widetilde{J}_y - \frac{1}{\sigma_x}\cdot\mathrm{j}\left(\frac{\pi}{\tau}\right)\frac{\mathrm{d}}{\mathrm{d}z}\widetilde{J}_z\right] \tag{21-81}$$

$$\widetilde{J}_z = \frac{\mathrm{j}}{\omega\mu_x}\left[\frac{1}{\sigma_x}\cdot\left(\frac{\pi}{\tau}\right)^2 \widetilde{J}_z - \frac{1}{\sigma_y}\cdot\mathrm{j}\left(\frac{\pi}{\tau}\right)\frac{\mathrm{d}}{\mathrm{d}z}\widetilde{J}_y\right] \tag{21-82}$$

注意，所有相矢形式的场分量都只是 z 坐标的函数。

位于 $z=0$ 的面电流层是电场的源，距离源无限远的地方，即 $z=\infty$ 处，电磁场必然为零。第二个边界条件如下

$$\widetilde{H}_y\big|_{z=0} = -\widetilde{K}_0 \tag{21-83}$$

现在，由于没有场分量 $\widetilde{H}_x$ 的源，$\widetilde{H}_x$ 必须始终为零。因此，根据方程（21-69b）和（21-69c）得到

$$\widetilde{J}_y = \widetilde{J}_z = 0 \qquad (21-84)$$

因此，根据方程（21－66）和（21－67）得到

$$\widetilde{H}_y = \frac{\mathrm{j}}{\omega\mu_y} \cdot \frac{1}{\sigma_x} \cdot \frac{\mathrm{d}}{\mathrm{d}z}\widetilde{J}_x \qquad (21-85)$$

$$\widetilde{H}_z = -\frac{\mathrm{j}}{\omega\mu_z} \cdot \frac{1}{\sigma_x} \cdot \frac{\pi}{\tau} \cdot \widetilde{J}_x \qquad (21-86)$$

现在，根据方程（21－80）

$$\frac{\mathrm{d}^2}{\mathrm{d}z^2}\widetilde{J}_x = \left[\frac{\mu_y}{\mu_z} \cdot \left(\frac{\pi}{\tau}\right)^2 + \mathrm{j}\omega\,\sigma_x\mu_y\right] \cdot \widetilde{J}_x \qquad (21-87)$$

可以选这个方程的尝试性解为

$$\widetilde{J}_x = \widetilde{J}_0 \cdot \mathrm{e}^{-\tilde{k}\cdot z} \qquad (21-88)$$

式中，$\widetilde{J}_0$ 为任意常数，$\tilde{k}$ 是具有正实部的复数（因为 $z=\infty$ 时，场为零）

$$\tilde{k} = \sqrt{\frac{\mu_y}{\mu_z} \cdot \left(\frac{\pi}{\tau}\right)^2 + \mathrm{j}\omega\,\sigma_x\mu_y} \qquad (21-89)$$

为了求出任意常数 $\widetilde{J}_0$，将方程（21－88）的 $\widetilde{J}_x$ 表达式代入方程（21－86）得到

$$\widetilde{H}_y = -\frac{\mathrm{j}}{\omega\mu_y} \cdot \frac{1}{\sigma_x} \cdot \tilde{k} \cdot \widetilde{J}_0 \cdot \mathrm{e}^{-\tilde{k}\cdot z} \qquad (21-90)$$

应用方程（21－83）给出的边界条件，得到

$$\widetilde{J}_0 = -\mathrm{j}\omega\,\mu_y\sigma_x \cdot \frac{1}{\tilde{k}} \cdot \widetilde{K}_0 \qquad (21-91)$$

因此，从方程（21－85）（21－86）和（21－88）得到电磁场分布为

$$\widetilde{H}_y = -\widetilde{K}_0 \cdot \mathrm{e}^{-\tilde{k}\cdot z} \qquad (21-92)$$

$$\widetilde{H}_z = \mathrm{j}\frac{\mu_y}{\mu_z} \cdot \frac{\pi}{\tau} \cdot \frac{1}{\tilde{k}} \cdot \widetilde{K}_0 \cdot \mathrm{e}^{-\tilde{k}\cdot z} \qquad (21-93)$$

$$\widetilde{J}_x = -\mathrm{j}\omega\,\mu_y\sigma_x\,\frac{1}{\tilde{k}} \cdot \widetilde{K}_0 \cdot \mathrm{e}^{-\tilde{k}\cdot z} \qquad (21-94)$$

21.6.2　长矩形分层芯体

图 21－6 是一个长方体分层芯体，其表面位于 $x=\pm a/2$（对于 $-b/2<y<b/2$）和 $y=\pm a/2$（对于 $-a/2<x<a/2$）。这些表面带有均匀分布的电流层，模拟交变电流的励磁线圈。

面电流密度为

$$\boldsymbol{K}\big|_{x=\pm a/2} = \pm\mathrm{Re}\,[\widetilde{K}_0 \cdot \mathrm{e}^{\mathrm{j}\omega t}]\,\boldsymbol{a}_y \qquad (-b/2<y<b/2) \qquad (21-95\mathrm{a})$$

或简单地写为

$$K_y\big|_{x=\pm a/2} = \pm\widetilde{K}_0 \qquad (-b/2<y<b/2) \qquad (21-95\mathrm{b})$$

和

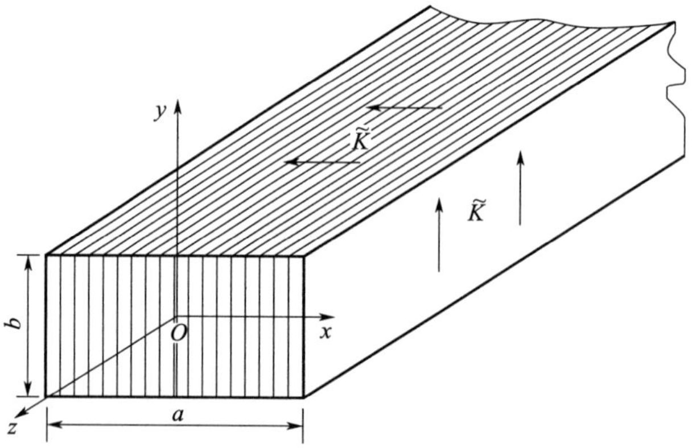

图 21-6　长矩形分层芯体

$$\boldsymbol{K}\big|_{y=\pm b/2} = \mp \mathrm{Re}[\widetilde{K}_0 \cdot e^{j\omega t}]\boldsymbol{a}_x \qquad (-a/2 < x < a/2) \tag{21-96a}$$

或简单地写为

$$K_x\big|_{y=\pm b/2} = \mp \widetilde{\boldsymbol{K}}_0 \qquad (-a/2 < x < a/2) \tag{21-96b}$$

采用实心均匀各向异性介质来模拟非均匀分层芯体。对于表面均匀分布低频电流的长芯体，芯体外的场可以忽略不计。此外，芯体内的场沿轴向（即 z 方向）无变化。因此，由方程（21-72）得到

$$\widetilde{H}_z = -\frac{j}{\omega\mu_z}\left[\frac{1}{\sigma_y}\cdot\frac{\partial^2}{\partial x^2}\widetilde{H}_z + \frac{1}{\sigma_x}\cdot\frac{\partial^2}{\partial y^2}\widetilde{H}_z\right]$$

或

$$\frac{1}{\sigma_y}\cdot\frac{\partial^2}{\partial x^2}\widetilde{H}_z + \frac{1}{\sigma_x}\cdot\frac{\partial^2}{\partial y^2}\widetilde{H}_z = j\omega\mu_z \cdot \widetilde{H}_z \tag{21-97}$$

这个待求解的方程应该满足以下边界条件

$$H_z\big|_{x=\pm a/2} = \widetilde{K}_0 \qquad (-b/2 < y < b/2) \tag{21-98a}$$

$$H_z\big|_{y=\pm b/2} = \widetilde{K}_0 \qquad (-a/2 < x < a/2) \tag{21-98b}$$

假定 $\widetilde{H}_z$ 可以表示为 $\widetilde{\mathbb{X}}(x)$ 和 $\widetilde{\mathbb{Y}}(y)$ 乘积形式，前者仅为 x 的函数，后者仅为 y 的函数。因此

$$\widetilde{H}_z \overset{\text{def}}{=\!=} \widetilde{\mathbb{X}}(x)\cdot\widetilde{\mathbb{Y}}(y) \tag{21-99}$$

从方程（21-97）和（21-99）可以得到

$$\frac{1}{\sigma_y\widetilde{\mathbb{X}}}\frac{\partial^2}{\partial x^2}\widetilde{\mathbb{X}} + \frac{1}{\sigma_x\widetilde{\mathbb{Y}}}\frac{\partial^2}{\partial y^2}\widetilde{\mathbb{Y}} = j\omega\mu_z \tag{21-100}$$

根据方程（21-100），我们可以得出这样的结论：方程左端的每一项都必须是常数，令它们分别为 α_m^2 和 β_n^2，使得

$$(\alpha^2/\sigma_y) + (\beta^2/\sigma_x) = j\omega\mu_z \tag{21-101}$$

因此

$$\frac{d^2}{dx^2}\widetilde{\mathbb{X}} = \alpha^2\widetilde{\mathbb{X}} \tag{21-102a}$$

$$\frac{\mathrm{d}^2}{\mathrm{d}x^2}\widetilde{Y}=\beta^2\widetilde{Y} \tag{21-102b}$$

采用这种方法，我们将一个偏微分方程转化为两个独立的常微分方程。这种方法称为分离变量法。系数 α 和 β 称为分离常数。

因此，求解这两个方程，得到

$$\widetilde{X}=c_1\mathrm{e}^{\alpha x}+c_2\mathrm{e}^{-\alpha x} \tag{21-103a}$$

$$\widetilde{Y}=c_3\mathrm{e}^{\beta x}+c_4\mathrm{e}^{-\beta x} \tag{21-103b}$$

接下来需要确定分离常数 α 和 β 。考虑由方程（21－98a）和（21－98b）给出的边界条件。设方程（21－97）的解是两部分解之和

$$\widetilde{H}_z=\widetilde{H}_{1z}+\widetilde{H}_{2z} \tag{21-104}$$

使得部分解 $\widetilde{H}_{1z}$ 满足方程（21－98a），并在其余边界上取零值，而部分解 $\widetilde{H}_{2z}$ 满足方程（21－98b），并在其余边界上取零值。由于场分量 $\widetilde{H}_z$ 是 x、y 的偶函数，暂时令第一部分解为

$$\widetilde{H}_{1z}=\sum_{m-\text{odd}}^{\infty}\widetilde{d}_{1m}\cdot\cos\left(\frac{m\pi}{b}\cdot y\right)\cdot\frac{\cosh(\gamma_m\cdot x)}{\cosh(\gamma_m\cdot a/2)} \tag{21-105}$$

在该表达式中，$\widetilde{d}_{1m}$ 是任意常数。分离常数 β 取值为 $\left(\mathrm{j}\frac{m\pi}{b}\right)$，而分离常数 α 通过方程（21－101）求得如下

$$\alpha\overset{\text{def}}{=\!=}\gamma_m=\sqrt{\frac{\sigma_y}{\sigma_x}\left(\frac{m\pi}{b}\right)^2+\mathrm{j}\omega\mu_z\sigma_y} \tag{21-106}$$

同样，令第二部分解由下式给出

$$\widetilde{H}_{2z}=\sum_{n-\text{odd}}^{\infty}\widetilde{d}_{2n}\cdot\cos\left(\frac{n\pi}{a}\cdot x\right)\cdot\frac{\cosh(\delta_n\cdot y)}{\cosh(\delta_n\cdot b/2)} \tag{21-107}$$

在这个表达式中，$\widetilde{d}_{2n}$ 是任意常数。分离常数 α 取值为 $\left(\mathrm{j}\frac{n\pi}{a}\right)$，而分离常数 β 通过方程（21－101）求得如下

$$\beta\overset{\text{def}}{=\!=}\delta_n=\sqrt{\frac{\sigma_x}{\sigma_y}\left(\frac{n\pi}{a}\right)^2+\mathrm{j}\omega\mu_z\sigma_x} \tag{21-108}$$

因此，根据方程（21－104）求得方程（21－97）的通解为

$$\begin{aligned}\widetilde{H}_z=&\sum_{m-\text{odd}}^{\infty}\widetilde{d}_{1m}\cdot\cos\left(\frac{m\pi}{b}\cdot y\right)\cdot\frac{\cosh(\gamma_m\cdot x)}{\cosh(\gamma_m\cdot a/2)}\\&+\sum_{n-\text{odd}}^{\infty}\widetilde{d}_{2n}\cdot\cos\left(\frac{n\pi}{a}\cdot x\right)\cdot\frac{\cosh(\delta_n\cdot y)}{\cosh(\delta_n\cdot b/2)}\end{aligned} \tag{21-109}$$

现在，为了确定这个方程中的任意常数，我们确定 $\widetilde{d}_{1m}$ 和 $\widetilde{d}_{2n}$ 分别为方程（21－98a）和（21－98b）右端傅里叶级数展开的傅里叶系数。因此

$$\widetilde{d}_{1m}=\widetilde{K}_0\cdot\frac{4}{m\pi}\cdot\sin\left(\frac{m\pi}{2}\right) \tag{21-110a}$$

$$\widetilde{d}_{2n} = \widetilde{K}_0 \cdot \frac{4}{n\pi} \cdot \sin\left(\frac{n\pi}{2}\right) \tag{21-110b}$$

叙述题

1. 您对涡流的理解是什么？它与其他电流有什么不同？
2. 描述产生涡流的条件。
3. 讨论涡流的重要性和应用。
4. 写出涡流方程，描述得到其唯一解的边界条件。
5. 为什么有必要根据尺寸对边值问题进行分类，特别是与涡流有关的边值问题？

扩展阅读

S. K. Mukerji, A. S. Khan, Y. P. Singh, *Electromagnetics for Electrical Machines*, CRC Press, New York, Mar. 2015.

S. K. Mukerji, Y. P. Singh, M. George, P. Gautam, "Eddy currents in cores with triangular cross - sections", *International Journal of Applied Engineering and Computer Science* Vol. 1, No.1, pp. 29 - 32, Jan.2014.

S. K. Mukerji, Y. P. Singh, "Eddy currents in long solid conducting cores with triangular crosssections", National Conference on Recent Advances in Technology and Engineering(RATE 2013), Mangalayatan University, Aligarh, India, 2013, pp.1 - 3.

S. K. Mukerji, D. S. Srivastava, Y. P. Singh, D. V. Avasthi, "Eddy current phenomena in laminated structures due to travelling electromagnetic fields", *Progress in Electromagnetics Research M* Vol. 18, pp. 159 - 169, 2011.

S. K. Mukerji, M. George, M. B. Ramamurthy, K. Asaduzzaman, "Eddy currents in solid rectangular cores", *Progress in Electromagnetics Research B* Vol. 7, pp. 117 - 131, 2008.

S. K. Mukerji, M. George, M. B. Ramamurthy, K. Asaduzzaman, "Eddy currents in laminated rectangular cores", *Progress in Electromagnetics Research* Vol. 83, pp. 435 - 445, 2008.

V. Subbarao, *Eddy Currents in Linear and Non - Linear Media*, Omega Scientific Publishers, New Delhi, 1991, pp. 36 - 39.

L. V. Bewley, *Two - Dimensional Fields in Electrical Engineering*, Dover Publication, New York, 1963.

第 22 章　电磁兼容

22.1　引言

电气和电子工程领域的迅速发展极大地造福了人类，这些进步使人们的生活轻松舒适。与此同时，这些进步也给工程师和研究人员带来了新问题。这些问题大多与不同器件近距离工作的电磁信号混合有关。这种混合被称为“电磁干扰”，缩写为“EMI”。所有紧密安装的设备平稳高效运行，需要有效的措施来克服电磁干扰的有害影响。此类措施的探索促成了一个电子科学分支的发展，涵盖电磁干扰不良影响下的电磁能生成、传播和接收。这个领域称为“电磁兼容性”，简称“EMC”。电磁兼容的基本目标是提供纠正措施，以消除电磁干扰在不同设备电磁环境中的有害影响。

电磁干扰问题是不同电磁设备广泛使用的结果。过去传统建筑中安装使用的大多数电器负载，本质上都是线性的，包括交流和直流电机、电阻负载和白炽灯等。这些不同设备或装置之间产生的干扰是微不足道的。随着技术的进步，变频器驱动的交流电机、放电灯、节能灯等的使用已经变得非常普遍。所有这些都会产生可能扩散到整个网络的窄带噪声。这些设备在 9 kHz 以上固定频率的切换是产生这种噪声的根本原因。工作在 10～100 kHz 范围的“电源开关模块”会产生这种类型的干扰。此外，数字系统的使用，如用于技术管理的 IT 设备、工业自动化系统、多媒体等也成倍地增加了这种干扰，进一步使电磁干扰的状况恶化。

供电系统正在逐步强大，因此提高了电磁干扰的概率。此外，数字网络的使用日益增多，网络变得越来越敏感。这些网络正在以更高的数据传输速率运行，并越来越多地用于与安全相关的任务。根据发展的需求，所有建筑物的电气装置质量必须是高品质的，换句话说，所有涉及电磁现象的设备必须是兼容的。电磁不兼容的设备可能会导致更高的成本或安全标准的降低。开发和安装电磁装置的人员正在试图理解和解决这些问题。本章总结了电磁兼容领域一些最新的进展。

22.2　电磁兼容的作用和电磁干扰源

本节简要介绍电磁兼容的作用和电磁干扰源。

22.2.1　电磁兼容的作用

电磁兼容是指电气或电子设备系统具有在电磁干扰环境中正常工作的能力，同时不干扰其他系统的设备或元件的工作，主要解决了“发射”和“易感性”或“抗扰性”的问题。发射问题是指各种源产生的无用电磁能量以及需要的应对措施。需要采取措施减少这种电磁能量的产生并防止能量逃逸到外部环境中。易感性（或抗扰性）是指在电磁干扰存在情况下，电气设备（“受害者”）能否正确运行。为了实现电磁兼容，这两个问题都必须妥善解决。必须要抑制干扰源，也必须要加固潜在的受害者。此外，还应深入研究和解决源与受害者之间的耦合路径，以最大限度地减少电磁干扰。

22.2.2 电磁干扰源

一般情况下，建筑物和设施的所有导电部件都可能产生电磁干扰，可以作为源（或电磁干扰发射器）或作为排放设施（或电磁干扰接收器），或两者兼有。在建筑物中，安装的导电体、金属管道、钢筋、金属外墙和结构钢制品都可能成为电磁干扰源。可能导致电磁干扰的典型系统包括：1）供电线路；2）测量装置；3）控制装置；4）报警装置；5）计算机装置（包括网络）。由于电流的流动和终端之间存在电位，因此，所有这些系统都会涉及不同形式的场现象，成为电磁感应源。在低频时，电场和磁场作用相互独立，而在高频时，传播的电磁场变得更为重要。由于不同频率范围的所有场都是由电荷和电流产生的，因此，电磁干扰可以根据频率范围进行分类。

22.2.2.1 低频电磁干扰

在低频时，电场和磁场有相对较短的作用距离，主要由于场的强度与它们与源的距离成反比。因此，电场和磁场主要局限于载流导体附近。

电场与电气设备的电压成正比。电场对电磁干扰效应的贡献仅在高压情况下才变得明显。通常情况下，在距离较远的大多数装置中，电场不起主要作用。但是，当距离较短时，电场可能成为潜在的电磁干扰源，例如，在与电缆一起工作的电缆管道中。

与电场（正比于电压）不同，磁场与电流强度成正比。在许多电源系统中，电流可能会非常大，这将导致很强的磁场，从而产生很大的电磁干扰效应。这种影响在 TNC（Trans - National Corporation 跨国公司）类设施中可能更为突出。中性导体（N）和保护接地导体（PE）结合形成接地保护 PEN 导体。由于这些导体与建筑物的其他部分连接在一起，电流可能在建筑物的各个部分流动并产生磁场。这个磁场可能会在几乎所有地方造成电磁干扰。此外，由于部分中性返回电流在外部金属部件中流动，可能会增加 PEN 网络中的电流，这就造成了一种不平衡的条件，增强 PEN 网络的磁场。

阴极射线管（CRT）计算机终端容易受到 1.5 μT 量级的磁场干扰。在屏幕上可以观察到这种闪烁形式的干扰。单根 10 A、50 Hz 电源线在 1.3 m 距离内就可以生成这个量级的磁场。更大的 CRT 计算机终端（屏幕大于 17 英寸）对外部磁场更敏感。如果导线中的电流含有更高的频率成分，磁场甚至可能导致更强的电磁干扰。

22.2.2.2 高频电磁干扰

高频时，电场和磁场结合形成电磁场。电磁场以电磁波形式在空间中以光速传播。因此，电磁波在更大的距离上具有干扰其他设备的潜力。雷达、无线电和电视发射台、移动电话、DEC（数字增强无线通信）电话、无线局域网（WLAN）、蓝牙链接和微波范围内的工业装置是一些典型的电磁场源。有时，输电电缆也充当天线，传播高频信号。在这些信号中，有些是有意利用它的传播性能，如在电力传输线情况下的通信。在其他情况下，电磁场是由于网络上的快速瞬变而无意中产生的。

可以得出结论，电气装置需要适当抑制有害的电磁场。因此，谨慎的设计和适当的屏蔽安装已成为必要。

22.2.2.3　电磁干扰的主要耦合模式

如图 22-1 所示，电磁干扰的机制可以用一个包括源、耦合介质或机构，以及受干扰的设备或受害者这样非常简单的模型来表示。

源可以包括电力系统传输线、无线局域网系统的天线等。如果不同电路的公共导线被电场、磁场或电磁场共享，则会通过电流建立耦合。受害者或干扰排解装置可能是电气设备的一部分。建筑物或设施中所有装置的总电磁相互作用是这些基本相互作用的复杂组合。需要指出的是，干扰排解装置或受害者也可能是电磁干扰的潜在源。

在规划或改建新装置时，要生成一个包含所有可能的源、耦合路径和受干扰对象的矩阵。这个矩阵可以用来评估可能的相互干扰强度，判断电磁干扰的发生和相关性。这种评估有助于规划更好的预防措施并迅速实施，以及费用效益分析。影响排解低压和高压电缆的电磁干扰形式包括：1）阻抗或传导耦合；2）电感耦合；3）电容耦合；4）辐射耦合。电感耦合和电容耦合是阻抗耦合的两种典型情况。表 22-1 总结了这些源的基本物理性质。在评估和规划一个系统时，每类源都应该得到适当的重视。

感应耦合是建筑物中最主要的干扰现象，其次是电容耦合和阻抗耦合。在辐射耦合情况下，场强通常远低于所要求的限定值。因此，它的影响至今仍未得到足够的重视。随着无线应用的增加，辐射耦合未来可能成为电磁干扰的一个潜在源。

图 22-1　电磁干扰的基本耦合模式

表 22-1　电磁干扰耦合类型的基本特性

源场特性	相互作用范围	耦合特征	作用距离
电	低频	电容	短
磁	低频	电感	短
电磁	高频	辐射	长

22.3　干扰的类型

按频率分类是一种电磁干扰研究的分类方法，另一种方法是根据源和信号的特性分类。噪声的来源可以是人为的，也可以是自然的。

22.3.1　连续波（CW）干扰

连续波干扰是源在给定的频率范围内连续发射产生的干扰。根据频率可以进一步分为以下子类，频率变化范围可能会很宽，即从直流到日光频率。

22.3.1.1　音频干扰（AFI）

音频干扰是由音频范围的源所产生的。一般情况下，音频范围从非常低的频率开始，最高到 20 kHz，这个范围有时可以扩展到 1000 kHz。音频干扰可能是由供电设备、附近的供电线路、输电线路或变电站的电源嗡嗡声引起的。音频处理设备（即音频功率放大器和扬声器）和高频载波的解调（即 FM 无线电传输）也可以成为这个频率范围内的干扰源。

22.3.1.2　射频干扰（RFI）

射频范围的源包括无线和射频传输，电视和无线电接收器，工业、科学和医疗设备（ISM），以及微控制器类的数字处理电路。

22.3.1.3　宽带干扰

宽带干扰源包括太阳活动，连续工作的火花隙（如弧焊），以及 CDMA（扩频）移动电话。这类噪声可以跨越部分音频或无线电频率范围，或都跨越。

22.3.2　脉冲或瞬态干扰

有些辐射源会发出一种短时间的能量脉冲。这样的脉冲称为电磁脉冲，简称 EMP，由 EMP 引起的扰动也称为瞬态扰动。电磁脉冲的能量本质上通常是宽频的。电磁脉冲通常会在受损者内部激发一个窄带的阻尼正弦波响应。电磁脉冲源可以是孤立的源，也可以是重复性的源。

22.3.2.1　孤立的电磁脉冲源

孤立的脉冲由以下源产生：1）含有电感负载（如继电器、螺线管和电动机）的电路开关动作；2）两个带电物体接近或接触时的静电放电；3）闪电的电磁脉冲；4）核爆炸时的核电磁脉冲；5）非核电磁脉冲武器；6）输电线浪涌/脉冲。

22.3.2.2　重复性的电磁脉冲源

产生定期（或重复）脉冲串的源包括：1）电动机；2）汽油发动机点火系统；3）数字电子电路的开关动作。

22.4　耦合机制

22.2 节描述了影响受害者的各种可能的源。图 22－2 显示了噪声源、耦合路径和受害者（受体或接收器）的基本情况。源和受害者通常是电子硬件设备。源也可能是自然现象，如闪电或静电放电（ESD）。

本节将讨论四种基本的耦合机制，包括电导、电感、电容和辐射机制。受害者可能受这些机制中的任何一种或多种耦合机制结合的影响。如图 22－2 所示，下部的路径为电感、电导和电容模式。

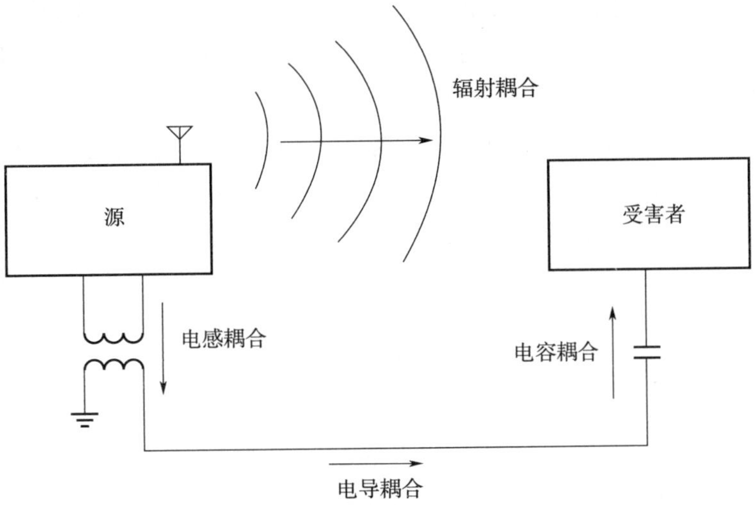

图 22－2　四种电磁耦合模式

22.4.1　电导耦合

电导耦合也称为阻抗耦合或电耦合。当不同电路使用共同线路和/或耦合阻抗时，就会出现这种情况。当不同电路使用相同的电压源时，需要注意这种情况。当源和接收机之间通过导体直接接触形成耦合路径时，也会发生这种情况。在传输线路、导线、电缆、印刷电路板线路或金属外壳等情况下都可能形成这种路径。

可以根据不同导体上的表现方式来表征传导噪声。在共模耦合或共阻抗耦合的情况下，两个导体上出现的噪声相位或方向相同。在差模情况下，两个导体上的噪声相位不同或方向相反。

在较高的频率下，线路的自感起着重要的作用。即使考虑集肤效应引起的线路电阻增加，这种情况仍然占主导地位，这对于快速瞬变和数字信号，通常是不可忽略的。

根据基尔霍夫定律，通过这种耦合模式，干扰信号可能会扩散到整个设施，甚至可能影响邻近的设施。避免独立系统之间的连接可以使这种耦合最小化。在必须采用这种连接的情况下，自感电感应该尽可能低。

一般来说，使用 TN－S 系统比使用 TN－C 系统更容易实现供电电路的电流解耦。

22.4.2　电感耦合

电感耦合也称为磁耦合。当两个间距较近（通常小于一个波长）的并联导体间（或源和接收机）存在时变磁场时就会发生电感耦合。外部时变电流会产生磁场，在邻近的电路中产生干扰电压。这种耦合的强度主要取决于：1）扰动电流的强度；2）源和汇之间的距离；3）扰动场的频率。因此，磁耦合是与几何和频率相关的现象。在以下情况下干扰信号变得显著：1）外部电路的电流变大；2）往返线路的电流变得不平衡；3）电路位置很近并占用了很大区域；4）外电路的信号随时间迅速变化，因而具有大量高频分量。

在某些情况下，电感耦合在控制扰动中可能是有用的，可以采用电缆槽和同轴电缆正确安装，或以低阻抗和高频率短路径可靠连接来探索这方面问题。在这种情况下，特别是在更高频率下，电感耦合为电缆提供屏蔽外部磁场的能力。

研究表明，在高频下使用低电阻屏蔽设施（如电缆槽、电缆通道、机柜等）的连接能够降低（如果没有完全中和）电感耦合的影响。由于集肤效应会增加导线的电阻，这种效应在高频率下会变得更显著，因此必须选择使表观电阻最小的导线形状。这就表明，标准的圆形导线并不是最好的，需要用扁平带或编织状的导线来替代，因为这种导线的表面积大而且不厚。只要保护电流流动且短接回路没有断路，短接回路就可以有效地作为屏蔽装置。屏蔽必须在两端接地，以确保屏蔽电流无阻碍流动。

可以通过以下方法降低磁耦合强度：1）保持任何电气装置的面积尽可能小；2）与大电流线路之间的距离最大化；3）将电源线与数据线分离；4）使用适合电磁兼容的 TN－S 型网络。TN－C 网络的不平衡电流产生的磁场是 TN－S 网络的两倍。

22.4.3　电容耦合

当两个相邻导体之间的距离很小（通常小于一个波长）时，时变电场存在就会发生电容耦合。在扰动系统中，外部系统的这种场会产生时变电荷。位移电流的流动将两个系统连接起来，源端和接收端之间的间隙将引起干扰电压。与电感耦合类似，在以下情况下电容耦合会增大：1）两电路间距较近；2）两电路之间电压差大；3）外部电路中的信号随时间变化迅速，高频含量较大。通过合理规划电缆和屏蔽以及细致安装，可以避免这种类型的干扰或至少降到能够容忍的水平。

电容耦合特性与电感耦合特性相似。低频下扰动电压随扰动信号频率线性增加，高频下扰动达到饱和。此外，快速干扰信号含有大量严重影响干扰电路的高频分量。使用屏蔽电缆可以减少电容耦合。

22.4.4　辐射耦合

辐射耦合也称为电磁耦合。当源和受害者之间距离很大时（通常超过一个波长），就会发生辐射耦合。在这种耦合中，源和受害者都充当无线电天线的作用。源辐射电磁信号以波的形式在自由空间中光速传播。辐射的电磁信号可影响附近或远处的电气设施。这种信号源包括无线电或电视传输、移动电话或任何其他种类的无线设备。快速信号或快速瞬变（静电放电、浪涌、闪电等）的高频分量也可能导致辐射。辐射场可能通过电缆或电气装置的任何其他导电部分渗透进来，并对建筑物中的电气系统造成干扰。对含有高频元件的电源或数据网络的扰动也可能导致辐射。为了估计辐射场的大小，可以把“赫兹偶极子”作为一个基本模型来研究。可能起到天线作用的电气装置导电部分包括：1）电缆；2）机箱、隔断的开口和槽等；3）印刷板跳线。机箱的开口和槽向周围环境或外壳辐射干扰信号。这种信号可能会干扰环境中的其他物体。在导电元件的线性尺寸超过半波长时，导电元件（即电缆和槽）开始辐射。

实际上，完全关闭外壳是不可能的。电缆的进入需要提供入口，门周围的通风槽和缝隙也是不可避免的。由于这类开口，任何外壳的屏蔽效果必然会降低。然而，可以通过合理的外壳构造来实现可接受的屏蔽水平。屏蔽的间断点造成的泄漏量主要取决于：1）开口的最大线性尺寸；2）波阻抗；3）源的频率。在所有实际安装中，槽的最大长度应该小于 $\lambda/20$，以确保屏蔽效能在至少 20 dB 范围内调节。

22.4.5　复杂的电磁干扰的场景

图 22－3 说明了在一个系统中，所有类型的电磁干扰耦合共存的可能性。新建筑和翻新建筑的规划过程中，需要编制和评价这一系统正常运作的所谓电磁兼容矩阵。

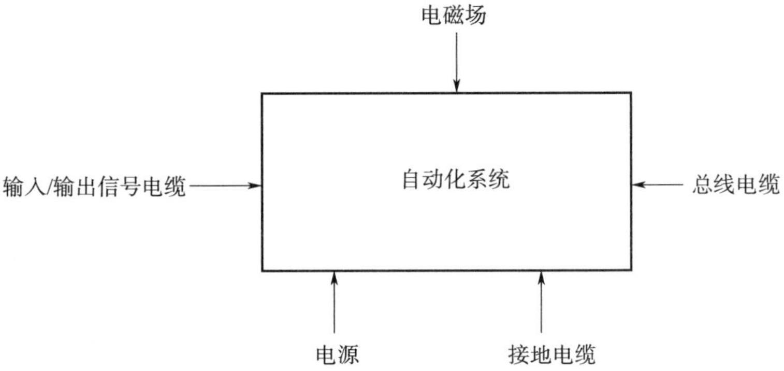

图 22－3　一个自动化系统的耦合路径

22.5　电磁兼容控制计划

根据电磁干扰的损伤效应，有必要控制这种干扰，将风险降低到可接受的水平。为了控制电磁干扰，确保电磁兼容，需要解决许多方面的问题。包括：1）威胁表征；2）辐射和易感性水平标准设置；3）标准设计的符合性；4）标准测试的符合性。对于复杂的设备，电磁兼容可能需要一个涉及所有方面的专门电磁兼容控制计划。

22.5.1　威胁描述

威胁表征需要掌握以下几方面情况：1）干扰源和信号；2）到受害者的耦合路径；3）受害者的电特性。威胁带来的风险通常是统计性质的。因此，威胁的表征和标准设置的目的是将破坏性电磁干扰的概率降低到可接受的水平，而不是完全消除它。下面几小节中将讨论其他措施。

22.5.1.1　切断耦合路径

这在路径的起点和终点同样有效。

22.5.1.2　接地和屏蔽

接地和屏蔽的目标是通过可替代的低阻抗路径来减少发射或分流电磁干扰，包括：1）屏蔽外壳；2）屏蔽电缆；3）接地方案，如用于音频设备的星形接地和用于射频设备的接地平面。

22.5.1.3　其他措施

其他措施包括：1）在关键点（如电缆入口和高速开关）使用射频扼流圈和/或 RC 元件解耦或滤波；2）电缆和布线的传输线技术，如平衡差分信号和返回路径、阻抗匹配；3）规避不利的天线结构，如循环电流回路、机械结构共振、电缆阻抗不平衡或接地屏蔽不良等。

22.5.2　辐射抑制技术

辐射抑制技术包括：1）使用扩频技术来降低电磁兼容峰值；2）避免不必要的开关；3）避免噪声电路；4）使用谐波滤波器；5）在较低信号电平下运行。

22.5.3　易感性加固

可用于磁化率加固的措施包括：1）保险丝、跳闸开关和断路器的使用；2）瞬态吸收装置；3）在高信号水平运行的设计和降低相对噪声水平的设计。

叙述题

1. 解释电磁干扰和 EMC 的含义。
2. 讨论电磁兼容的作用。
3. 描述不同频率范围内的电磁干扰源。
4. 讨论不同类型的干扰源。
5. 描述一个源影响受害者的耦合机制。
6. 讨论 EMC 控制计划，以尽量减小电磁干扰的破坏性影响。

扩展阅读

V. P. Kodali, *Engineering Electromagnetic Compatibility*, IEEE Press, 1996.

C. R. Paul, *Introduction to Electromagnetic Compatibility*, John Wiley, 1992.

H. W. Ott, *Noise Reduction Techniques in Electronic Systems*, A Wiley, 1988.

B. Keiser, *Principles of EMC*, Artech House, 1987.